郝庆波 编著

中文版

# SolidWorks 2018 完全实战技术手册

清华大学出版社
北京

## 内容简介

SolidWorks 2018 软件较以前版本，在设计创新、易学易用和提高整体性能等方面都有了显著的加强，包括增强了“大装配”的处理能力、复杂曲面的设计能力，以及专门为中国市场进一步完善了有关国标（GB）的内容等。

本书从软件的基本应用及行业知识入手，以 SolidWorks 2018 软件的模块和插件程序的应用为主线，以实例为引导，按照由浅入深、循序渐进的方式，讲解了软件的新特性和软件的操作方法，使读者能快速掌握 SolidWorks 的设计技巧。

本书既可以作为高等院校机械设计、模具设计、产品设计等专业的教材，也可以作为对制造行业有浓厚兴趣的读者的自学用书。



**图书在版编目（CIP）数据**

中文版SolidWorks 2018完全实战技术手册 / 郝庆波编著. -- 北京 : 清华大学出版社, 2019.10
ISBN 978-7-302-53821-9

Ⅰ.①中… Ⅱ.①郝… Ⅲ.①计算机辅助设计－应用软件－技术手册 Ⅳ.①TP391.72-62

中国版本图书馆CIP数据核字(2019)第205775号

**责任编辑**：陈绿春
**封面设计**：潘国文
**责任校对**：徐俊伟
**责任印制**：刘海龙

**出版发行**：清华大学出版社
网　　址：http://www.tup.com.cn，http://www.wqbook.com
地　　址：北京清华大学学研大厦 A 座　　邮　编：100084
社 总 机：010-62770175　　邮　购：010-62786544
投稿与读者服务：010-62776969, c-service@tup.tsinghua.edu.cn
质量反馈：010-62772015, zhiliang@tup.tsinghua.edu.cn
**印 装 者**：清华大学印刷厂
**经　　销**：全国新华书店
**开　　本**：188mm×260mm　　**印　张**：39　　**字　数**：1052 千字
**版　　次**：2019 年 10 月第 1 版　　**印　次**：2019 年 10 月第 1 次印刷
**定　　价**：99.90 元

---

产品编号：075308-01

# 前言

SolidWorks 软件是法国达索公司的旗舰产品。自问世以来，以其优异的性能以及易用性和创新性，极大地提高了机械工程师的设计效率。在与同类软件的激烈竞争中，已经确立了其市场地位，成为三维机械设计软件的标准，其应用范围涉及机械、航空航天、汽车、造船、通用机械、医疗器械和电子等诸多领域。

## 本书内容

本书以 SolidWorks 2018 为基础，向读者详细地讲解了 SolidWorks 的基本功能及其插件功能的应用方法。

全书分 5 大篇共 27 章，包括基础篇、机械设计篇、产品设计篇、模具设计篇和其他模具设计篇。

- 基础篇（第 1 ～ 9 章）：本篇以循序渐进的方法介绍了 SolidWorks 2018 软件的基本概况、常见的基本操作技巧、软件设置与界面设置、参考几何体的创建、草图指令及其应用、文件与数据管理等内容。
- 机械设计篇（第 10 ～ 15 章）：本篇主要讲解了与机械零件设计相关的功能指令，包括基本实体、高级实体、特征编辑与操作、零件装配设计、机械工程图设计及 SolidWorks 机械设计案例等内容。
- 产品设计篇（第 16 ～ 21 章）：本篇主要讲解了与产品外观造型相关的功能指令及其应用方法，包括基本曲面特征、高级曲面特征、曲面编辑与操作、产品检测与分析、产品高级渲染和 SolidWorks 产品设计案例等内容。
- 模具设计篇（第 22 ～ 25 章）：本篇主要讲解了关于模具设计相关的功能指令及模具设计插件的综合应用方法，包括模具设计基础、Plastics 模流分析、SolidWorks 分模设计、机构动画与运动分析等内容。
- 其他模具设计篇（第 26、27 章）：SolidWorks 除了上述模块及插件应用外，行业应用也是十分广泛的，包括钣金结构件设计、管道与线路设计等，本篇着重讲解了关于这两个模块的基本应用方法。

## 本书特色

本书的内容是按照行业应用进行划分的，基本上覆盖了现今热门的设计与制造行业，可读性很强。本书能让不同专业的读者学习到相同的知识，确实不可多得。

本书是以一条指令或相似指令 + 案例的形式进行讲解的，讲解生动而不乏味，动静结合、相得益彰。全书展示了 100 多个实战案例，涵盖各行各业，其中不乏有专家点评。

本书既可以作为高等院校机械设计、模具设计、钣金设计、电气设计、产品设计等专业的教材，也可以作为对制造行业有浓厚兴趣的读者的自学用书。

## 作者信息及技术支持

本书由空军航空大学飞行器与动力系的郝庆波老师编著。感谢您选择了本书，希望我们的努力对您的工作和学习有所帮助，如果在学习过程中碰到问题，请使用微信扫描右侧的二维码联系相关技术人员进行解决。

技术支持

## 配套资源

本书配套资源请使用微信扫描右侧的二维码进行下载，如果在下载过程碰到问题，请联系陈老师，联系邮箱 chenlch@tup.tsinghua.edu.cn。

配套资源

作者

2019 年 8 月

# 目录

## 第1篇　基础篇

## 第 4 章 踏出 SolidWorks 2018 的第三步



## 第 5 章 草图绘制实体

## 第6章 草图操作工具



## 第7章 草图尺寸与几何约束



## 第8章 3D草图与空间曲线

## 第 9 章 SolidWorks 文件与数据管理



# 第2篇 机械设计篇

## 第 10 章 创建基本实体特征



## 第 11 章 创建高级实体特征

## 第12章 特征编辑与操作



## 第13章 零件装配设计

## 第 17 章 高级曲面特征



## 第 18 章 曲面编辑与操作



## 第 19 章 产品检测与分析



## 第 20 章 产品高级渲染

## 第 21 章 SolidWorks 产品设计案例



# 第4篇 模具设计篇

## 第 22 章 模具设计基础



## 第 23 章 Plastics 模流分析

## 第 24 章 SolidWorks 分模设计



## 第 25 章 机构动画与运动分析



# 第5篇 其他模具设计篇

## 第 26 章 钣金结构件设计

## 第 27 章 管道与线路设计

# 第 1 章　SolidWorks 2018 概述

学习 SolidWorks 2018，首先要了解入门知识。在本章中将着重介绍 SolidWorks 2018 简介、SolidWorks 2018 的安装方法、SolidWorks 2018 的界面、系统选项设置、SolidWorks 参考几何体及标注与控标等知识。通过学习入门知识，读者可以对 SolidWorks 2018 软件有一个初步印象，并为后续的学习打下良好的基础。

- SolidWorks设计意图体现
- SolidWorks 2018的安装方法
- SolidWorks 2018用户界面
- 任务窗格
- SolidWorks帮助
- SolidWorks指导教程

## 1.1 了解 SolidWorks 2018

SolidWorks 软件是法国达索公司旗下的一款基于 Windows 平台开发的三维 CAD 系统软件。下面就 SolidWorks 软件在行业中的应用做简要介绍。

### 1.1.1 SolidWorks 的发展历程

SolidWorks 公司成立于 1993 年，由 PTC 公司的技术副总裁与 CV 公司的副总裁发起，总部位于美国马萨诸塞州的康克尔郡（Concord,Massachusetts），当初软件所赋予的任务是希望在每一位工程师的桌面上提供一套具有生产力的实体模型设计系统。从 1995 年推出第一套 SolidWorks 三维机械设计软件至今，它已经拥有位于全球的办事处，并经由 300 家经销商在全球 140 个国家及地区进行销售与分销该软件。SolidWorks 是世界上第一个基于 Windows 平台开发的三维 CAD 系统。该系统在 1995—1999 年获得全球微机平台 CAD 系统评比第一名；从 1995 年至今，已经累计获得 17 项国际大奖，其中仅从 1999 年起，美国权威的 CAD 专业杂志《CADENCE》连续 4 年授予 SolidWorks 最佳编辑奖，以表彰 SolidWorks 的创新与活力。至此，SolidWorks 所遵循的易用、稳定和创新三大原则得到了全面的落实和证明。使用它，设计师大幅缩短了设计时间，产品可以快速、高效地投入市场。

由于 SolidWorks 出色的技术和市场表现，1997 年法国达索公司将 SolidWorks 全资并购。并购后的 SolidWorks 以原来的品牌和管理技术团队继续独立运作，成为 CAD 行业一家高素质的专业化公司，SolidWorks 三维机械设计软件也成为达索公司最具竞争力的 CAD 软件产品。

### 1.1.2 SolidWorks 的功能概览

SolidWorks 采用了参数化和特征造型技术，能方便地创建任何复杂的实体、快速组成装配体、灵活地生成工程图，并可以进行装配体干涉检查、碰撞检查、钣金设计、生成爆炸图；

利用 SolidWorks 插件还可以进行管道设计、工程分析、高级渲染、数控加工等。可见，SolidWorks 不只是一个简单的三维建模工具，而是一套高度集成的 CAD/CAE/CAM 一体化软件，是一个产品级的设计和制造系统，为工程师提供了一个功能强大的模拟工作平台。

对于习惯了操作以绘图为主的二维 CAD 软件的设计师来说，SolidWorks 的三维功能和特点主要有以下几个方面。

### 1. 参数化尺寸驱动

SolidWorks 采用的是参数化尺寸驱动建模技术，即尺寸控制图形。当改变尺寸时，相应的模型、装配体、工程图的形状和尺寸将随之变化，非常有利于新产品在设计阶段的反复修改，如图 1-1 所示。

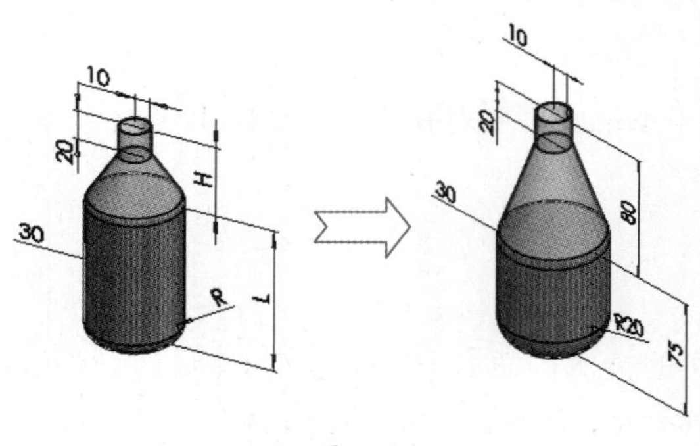


图 1-1

### 2. 三维实体造型

在传统的二维 CAD 设计过程中，设计师欲绘制一个复杂的零件工程图，由于不可能一下子记住所有的设计细节，必须经过“三维→二维→三维→二维”这样一个反复不断的过程，时刻都要进行投影关系的校正，这就使设计师的工作十分枯燥和乏味。

而用 SolidWorks 进行设计工作时，直接从三维空间开始，设计师可以马上知道自己的操作是否会影响零件的形状。由于把大量烦琐的投影工作让计算机来完成，设计师可以专注于零件的功能和结构设计，工作过程轻松了许多，也增加了工作中的趣味性。实体造型模型中包含精确的几何、质量等特性信息，可以方便、准确地计算零件或装配体的体积和重量，轻松地进行零件模型之间的干涉检查，如图 1-2 所示。

图 1-2

### 3. 3 个基本模块联动

SolidWorks 具有 3 个功能强大的基本模块，即零件模块、装配体模块和工程图模块，分别用于完成零件设计、装配体设计和工程图设计。虽然这三个模块处于不同的工作环境，但依然保持了二维与三维几何数据的全相关性，如图 1-3 所示。

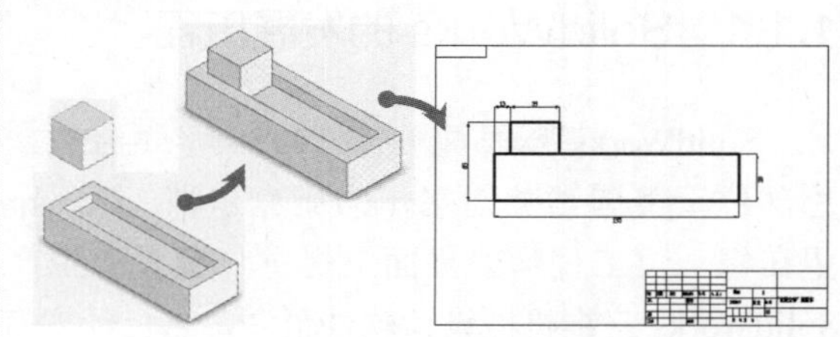

图 1-3

### 4. 特征管理器

设计师完成的二维 CAD 图纸，表现不出线条绘制的顺序、文字标注的先后，也不能反映设计师的操作过程。

与之不同的是，SolidWorks 采用了特征管理器（设计树）技术，如图 1-4 所示。可以详细地记录零件、装配体和工程图环境中的每一个操作步骤，非常有利于设计师在设计过程中的修改与编辑。设计树各节点与图形区的操作对象相互联动，为设计师的操作带来了极大的便利。

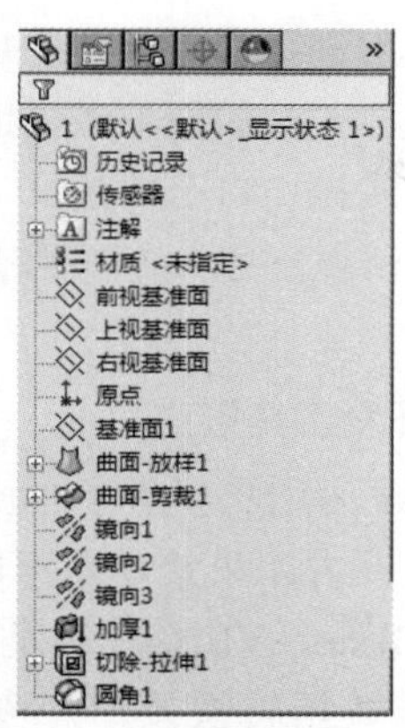


图 1-4

### 5．源于黄金伙伴的高效插件

SolidWorks 在 CAD 领域的出色表现以及在市场销售上的迅猛势头，吸引了世界上许多著名的专业软件公司成为自己的重要合作伙伴。

SolidWorks 向他们开放了自己软件的底层代码，使其所开发的世界顶级的专业化软件与自身无缝集成，为用户提供了高效且具有特色的 COSMOS 系列插件（如图 1-5 所示）：有限元分析软件 COSMOSWorks、运动与动力学动态仿真软件 COSMOSMotion、流体分析软件 COSMOSFloWorks、动画模拟软件 MotionManager、高级渲染软件 PhotoWorks、数控加工控制软件 CAMWorks 等。

图 1-5

### 6．支持国标（GB）的智能化标准件库 Toolbox

Toolbox 是与三维软件 SolidWorks 完全集成的三维标准零件库。

SolidWorks 2018 中的 Toolbox 支持中国国家标准（GB），如图 1-6 所示。Toolbox 包含了机械设计中常用的型材和标准件，诸如：角钢、槽钢、紧固件、联接件、密封件、轴承等。在 Toolbox 中，还有符合国际标准（ISO）的三维零件库，包含了常用的动力件——齿轮，与中国国家标准（GB）一致，调用非常方便。Toolbox 是充分利用了 SolidWorks 的智能零件技术而开发的三维标准零件库，与 SolidWorks 的智能装配技术相配合，可以快速进行大量标准件的装配工作，其速度之快，令人瞠目。

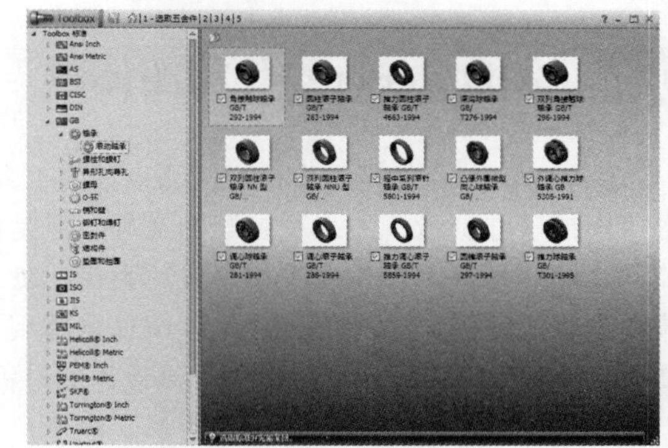

图 1-6

有了 Toolbox，你无须再翻阅《机械设计手册》来查找标准件的规格和尺寸，无须进行零件模型设计，无须逐个进行垫片、螺栓、螺母的装配。

### 7．eDrawings——网上设计交流工具

SolidWorks 免费为用户提供 eDrawings（一个通过电子邮件传递设计信息的工具），如图 1-7 所示。该工具专门用于设计师在网上进行交流，当然也可以用于设计师与客户、业务员、主管领导之间的沟通，共享设计信息。eDrawings 可以使传输的文件变得尽可能小，极大地提高了在网上的传输速度。eDrawings 可以在网上传输二维工程图形，也可以进行零

件、装配体3D模型的传输。eDrawings还允许将零件、装配体文件转存为.exe文件。

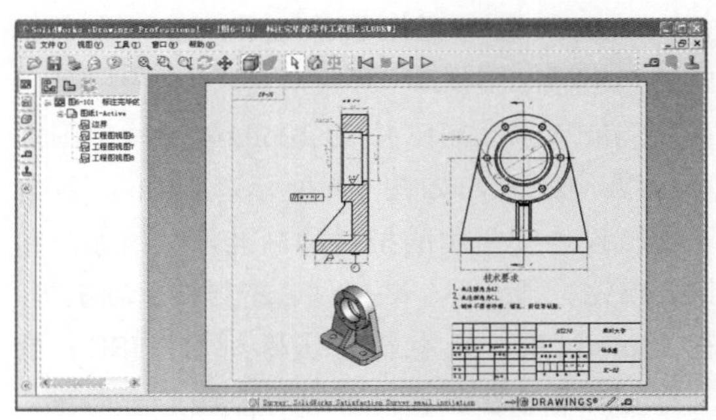

图 1-7

用户无须安装SolidWorks和其他任何CAD软件，就可以在网上快速浏览eDrawings的.exe文件，随心所欲地旋转查看三维零件和装配体模型，轻松了解设计信息。eDrawings还提供了在网上进行信息反馈的功能，允许浏览者在图纸需要更改的地方夸张地圈红批注，并用留言的方式提出自己的建议，发回给设计者进行修改，所以它是一个非常有用的设计交流工具。

### 8. API开发工具接口

SolidWorks为用户提供了自由、开放、功能完整的API开发工具接口，可以选择Visual C++、Visual Basic、VBA等开发程序进行二次开发。通过数据转换接口，可以很容易地将目前市场上几乎所有的机械CAD软件集成到现在的设计环境中。其支持的数据标准有：IGES、STEP、SAT、STL、DWG、DXF、VDAFS、VRML、Parasolid等，可直接与Pro/E、UG等软件的文件交换数据。

## 1.2 SolidWorks设计意图体现

SolidWorks软件是用户进行产品设计的工具，用户通过该软件在计算机上对产品进行设计构思，模拟零件制造、加工及装配的过程。但是如何体现设计者在制造加工过程中的若干问题，如何正确运用基本操作命令体现设计意图、处理问题，是设计中非常重要的问题。本节通过对典型事例的归纳，总结出设计过程中如何体现设计者设计思想和意图的方法。通过这些方法，使设计者更好地将设计思想融入三维设计的过程中，更好地运用三维软件解决实际问题。

### 1.2.1 零件建模与加工工艺分析

在三维软件中对零件进行三维建模，实质上是对零件加工的过程进行模拟。对零件加工的工艺过程进行描述，是在三维软件的环境下进行的虚拟加工。

零件建模的常用方法有：旋转法、层叠法、加工法。下面以过轮轴为例，分别用这三种方法进行建模，对比分析它们的优劣。

#### 1. 旋转法

在一幅草图上画出零件的多个复杂外形轮廓，通过旋转命令“一步到位”地生成零件。此方法经常用于回转零件的建模，如图1-8所示为过轮轴旋转法建模。

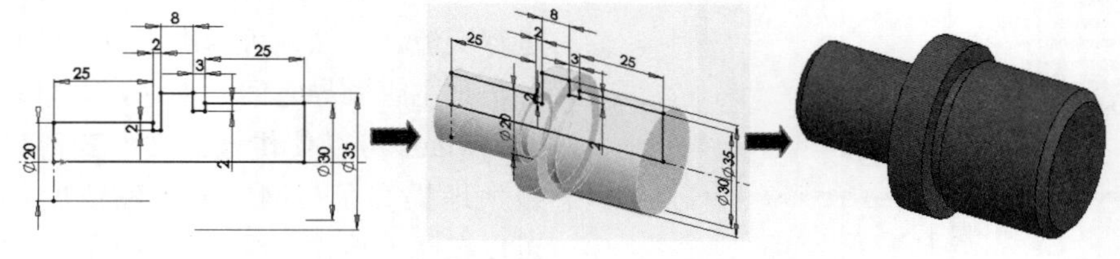


图 1-8

**技术要点：**

从上文可知，该方法只用了一个草图和一个旋转命令，建模步骤非常简单。但是如果要对零件进行编辑修改往往比较麻烦，常会出现“牵一发而动全身”的关联错误。

**2. 层叠法**

单独建立零件的每个特征，用堆积的方式将各个特征层层堆叠起来，如图 1-9 所示为过轮轴层叠法的建模过程。

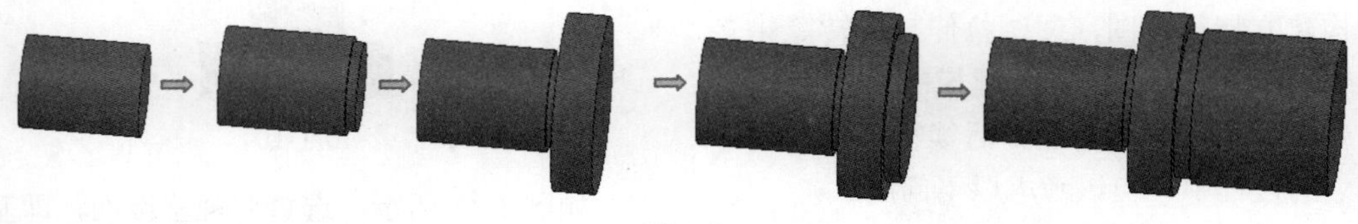

图 1-9

**技术要点：**

通过该实例不难发现该建模方法局部性强，缺乏总体布局，没有毛坯选择，没有总体的特征规划。但此方法适用于大型的焊接件，其建模思路与焊接方法正好吻合。

**3. 加工法**

顾名思义，加工法就是模拟零件产品在实际加工过程中的基本特征，即实际加工的毛坯，然后一道道工序地逐渐加工，最终生成成品零件。

过轮轴加工法建模见表 1-1。

表 1-1　过轮轴加工法建模

| 建模过程图 | 实际加工方法 |
| --- | --- |
| | 毛坯的生成（通常采用车削、铸造或者其他方法生成棒料毛坯） |
| | 夹持工件的一端，在车床上对工件进行圆柱面、砂轮越程槽、端面倒角车削 |
| | 掉头工件，夹持已加工的圆柱面，对工件的另一端完成圆柱面、砂轮越程槽、端面倒角车削 |

在该加工过程中，装夹一次完成多道工序，从而节省装夹时间，提高生产效率。

**技术要点：**

加工法最符合零件实际生产过程，其建模过程符合零件实际加工步骤，也体现了一个专业设计者的设计过程。

通过上述方法的对比我们不难发现，加工法最符合实际的生产过程，它的建模顺序符合实际加工步骤，也符合一个专业设计者的设计过程。因此，在建模之前，我们有必要对产品零件进行特征规划，这样不仅使设计者对后续的建模有一个总体把控，而且最后的编辑修改也很方便。

零件的三维建模过程，实质上是对零件的加工过程进行模拟。脱离加工的建模就成了“空中楼阁”，所以建模命令与加工方法的关联、对应，就是建模命令对加工方法的抽象描述，零件建模是建立在它的加工基础上的，而建立的模型如果无法加工，那它也失去了实际的生产意义。

零件的加工，首先是从毛坯的选择开始的；而在建模过程中，基本特征的生成，即毛坯的生成往往被忽视。因此在造型时根据产品的主要结构建立特征草图，通过拉伸、旋转等建立一个合理的“毛坯”是零件建模的第一步。

毛坯建模完成后需进行后续特征规划。特征规划的过程中，应该考虑以下问题。

- 基本特征反映零件的整体面貌（例如选择圆柱棒料作为毛坯，表明该零件的整体外形为圆形）。
- 每个特征应尽量简单，这便于特征的修改和管理。
- 应明确特征之间的关系以及特征的实现方法。

### 1.2.2 在建模过程中体现设计意图

使用 SolidWorks 建立模型的方法多种多样，关键的问题是要正确地表达零件的加工信息，全面地将设计者的思想融入设计建模中。

在 SolidWorks 零件建模中体现设计者的设计意图有 3 种方法。

- 绘图平面的选择。
- 添加几何关系。
- 尺寸标注。

#### 1. 绘图平面的选择

绘图平面的选择能体现设计者的设计思想与意图。建立模型后，需要确定一些重要的尺寸，这些尺寸对零件的安装定位等起着决定性作用，而对其余尺寸的要求并不高。选择绘图平面不仅有利于将重要尺寸体现出来，而且还能为后续零件模型的编辑修改提供方便。

如图 1-10 所示，选择基体的柱体表面作为其上圆柱的草图绘图平面。在加工制造时，需要符合圆台上顶面与柱体上顶面尺寸的要求。在对尺寸进行修改时，修改下面柱体高度，圆柱体高度保持不变，零件的总高度发生变化。

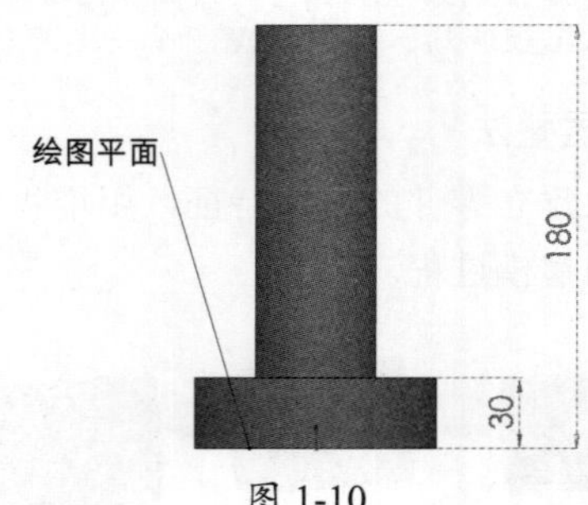

图 1-10

如图 1-11 所示，选择前视基准面，即基体柱体底面作为其上圆柱的草图绘图平面。表现出上面圆柱体上顶面相对于基体柱体下底面高度 180 这个尺寸为重要尺寸，即总高度保持不变。在对尺寸进行编辑修改时，修改下面圆柱体的高度，不会影响整个零件的总高度。

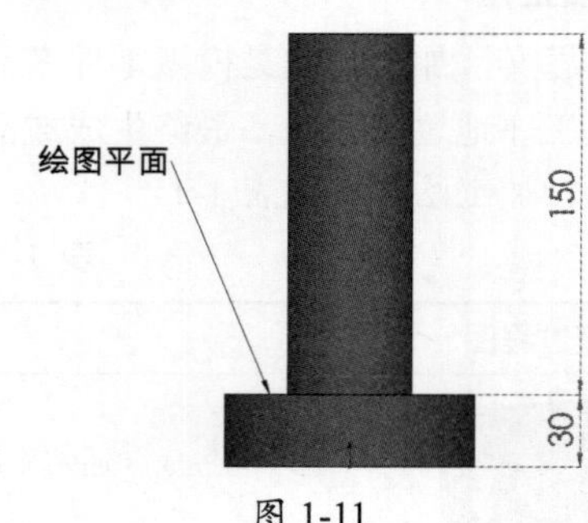

图 1-11

通过图 1-10 和图 1-11 的比较不难发现，选择不同绘图平面体现不同设计意图。因此，在设计过程中，应当根据实际要求选择合适的平面作为草图的绘图平面。

> **技术要点：**
> 基准面的选择可以从两个方面体现设计者的意图：一是利于保证重要尺寸，便于后续修改；二是基准面往往代表了设计基准，它与工艺基准、装配基准协调配合体现设计、加工、装配的一致性，利于生产的顺利进行。

#### 2. 添加几何关系

通常在草图中确定一些几何关系或辅助的几何元素可以减少尺寸的重复标注，而且还有利于体现设计者的设计思想与意图。

如图 1-12 所示，零件几何关系的添加：添加圆心与水平中心线为“重合”的关系；草图绘制中的“镜像实体”，勾选“复制”选项，选择竖直中心线为“镜像点”。镜像后，两个实体就自动地添加上相等共线的几何关系。

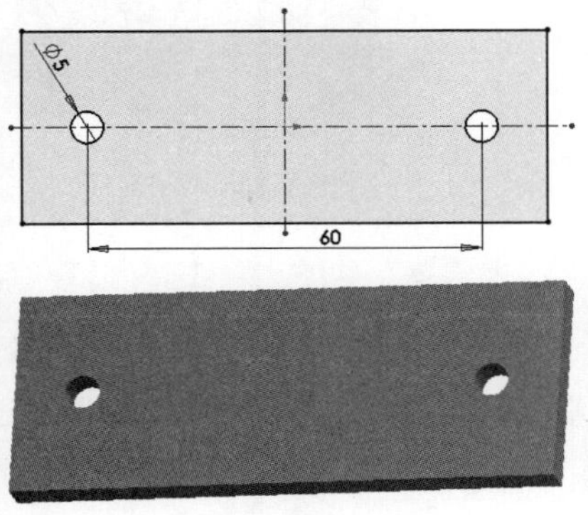


图 1-12

**技术要点：**

添加几何关系有利于简化零件的尺寸标注，将零件的特征、草绘图元通过几何关系关联，将设计者的思想通过图元几何关系表达出来。如添加草图中多个孔径“相等”的关系后，修改一个圆的直径便可使与它具有“相等”关系的孔径发生相应变化。

### 3. 尺寸标注

与实体关联时，不同的标注方法体现不同的设计意图。

如图 1-13 所示，对于孔而言，在水平方向上，不同的标注方法体现不同的设计意图。两圆孔的圆心均在水平中心线上，表明两孔均上下对称。

- 图（a）：选择左、右两端分别对两孔各自进行定位，左、右两端面为通孔的设计和安装基准。
- 图（b）：两孔圆心在中心线上，两孔互为基准。对两孔间的距离要求高，两孔的水平距离 60mm 为重要尺寸。
- 图（c）：左端面为设计基准，左孔相对于设计基准 10mm，右孔相对于左边孔 60mm。
- 图（d）：左端面为设计基准，右孔相对于设计基准 70mm，左孔相对于右孔 10mm。

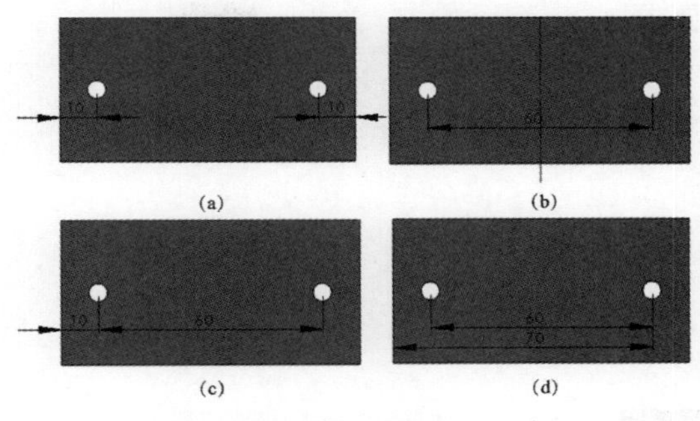


图 1-13

**技术要点：**

尺寸标注是通过图元之间的尺寸位置关系限定其位置和尺寸的。合理的尺寸标注往往能使设计者通过图形和尺寸表达自己的设计目的。

## 1.2.3 装配体约束关系、要求体现设计

在 SolidWorks 中进行装配体的设计，实际上是根据装配实体的形状特点创建实体模型，并把这些模型按照装配关系进行装配，得到装配体的三维实体模型。装配体的设计过程就是一个模拟实际零件与零件、零件与部件装配的过程。

设计者通过采用合理的装配配合关系，能够体现设计意图、表达设计目的。通常能够采用不同的配合命令达到装配的效果，但是往往却体现出设计者不同的设计意图。

通常在进行配合的时候，选择两个接触平面的配合关系为“重合”，而在实际装配过程中，往往需要对其进行调整，例如，在该两配合面之间加垫片、密封环、垫圈，在两接触面之间加入润滑油形成一层油膜等。下面以减速器装配体中轴承端盖与箱体的配合为例进行讲述。

轴承端盖用于轴承外圈紧固、防尘和密封。通常在轴承端盖与箱体之间添加调整垫片，从而调整轴承端盖与轴承外圈的距离，达到装配要求。可见，轴承端盖与箱体之间并不是简单

的重合。如图 1-14 所示，选择“平行”和“距离”的配合来达到轴承端盖与箱体之间的装配要求。

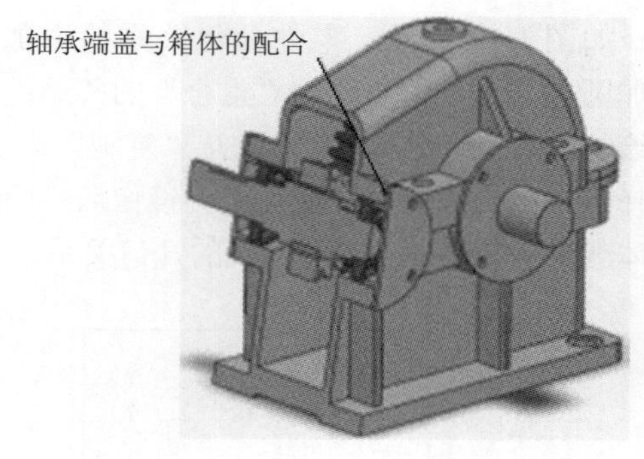


图 1-14

## 1.3 SolidWorks 2018 的安装方法

SolidWorks 软件产品的安装分单机安装和多个客户端安装两种，这里仅对单机安装的过程进行介绍。软件需要自行购买，特此提示。

### 动手操作——安装 SolidWorks 2018

SolidWorks 2018 的安装可以在有网络或无网络连接的情况下进行。

操作步骤

1. 安装主程序

**01** 在安装目录中，双击 setup.exe 文件，启动安装管理程序。

**02** 保留该界面中各选项默认设置，单击“下一步”按钮进入下一个界面，如图 1-15 所示。

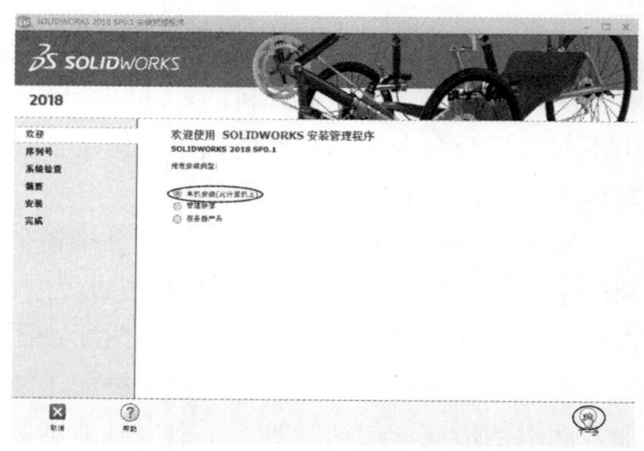

图 1-15

**03** 随后弹出序列号输入界面。在序列号文本框内依次输入 SolidWorks 产品提供的序列号，单击“下一步”按钮，如图 1-16 所示。

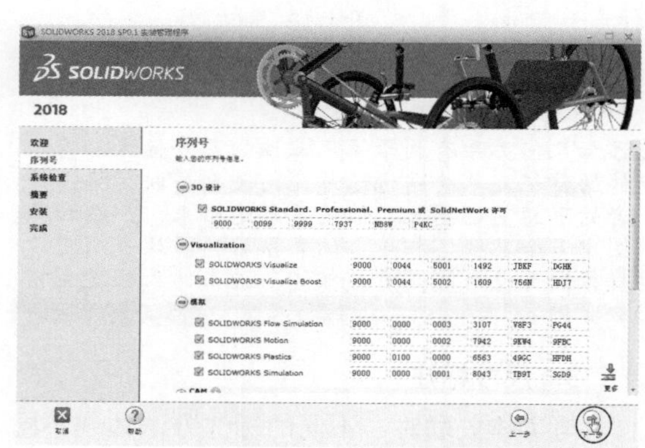

图 1-16

**技术要点：**

若用户在安装前已断开网络，则系统会弹出“SOLIDWORKS 安装管理程序”对话框。此时可单击“取消”按钮，直接进入下一步安装操作，如图1-17所示。

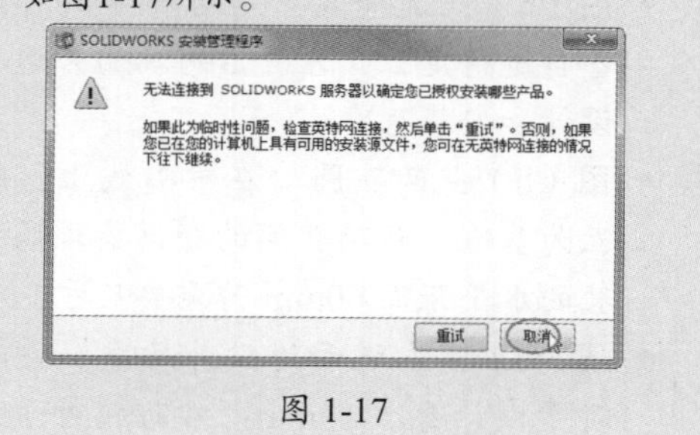


图 1-17

**04** 经过系统查询序列号正确后，安装程序进行创建管理镜像界面。用户可以根据需要，通过单击界面中的“更改”按钮，更改要安装的产品、是否创建映像、设置安装路径等。勾选“我接受 SOLIDWORKS 条款”复选框后，单击“现在安装”按钮，进入 SolidWorks 主程序的安装进程，如图 1-18 所示。

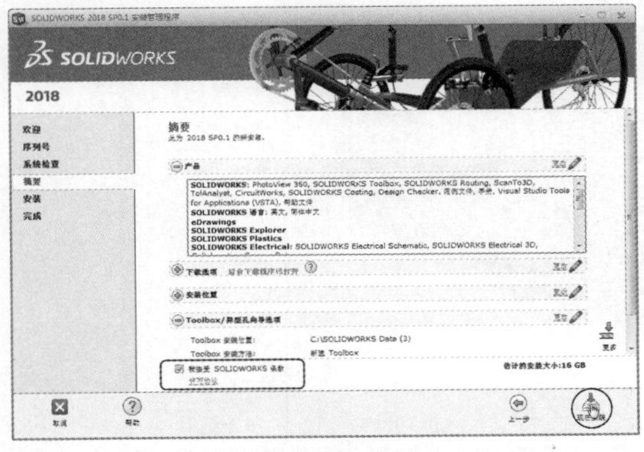


图 1-18

**05** 经过一段时间的程序安装过程后，再单击安装界面中的“完成”按钮，结束 SolidWorks 主程序的安装操作，如图 1-19 所示。

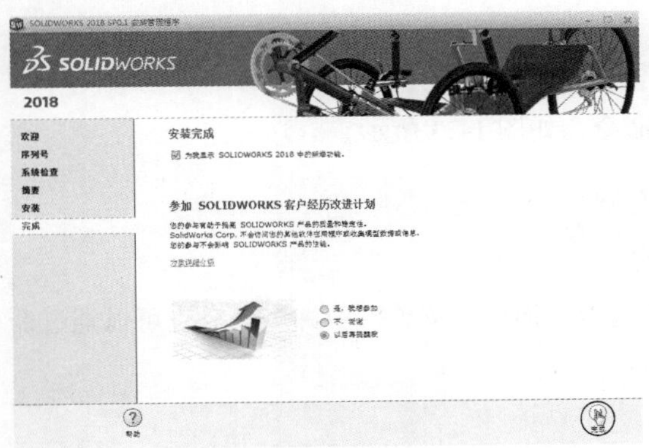


图 1-19

### 2. 产品激活

**01** 在 SolidWorks 安装完成后，必须首先激活个人计算机的许可，才能在该计算机上运行 SolidWorks。

**02** 在桌面上双击“SolidWorks 2018”按钮，启动 SolidWorks 2018 软件，如图 1-20 所示为软件的启动界面。

图 1-20

**03** 如图 1-21 所示为“SOLIDWORKS 产品激活”对话框，通过该对话框可以激活产品。

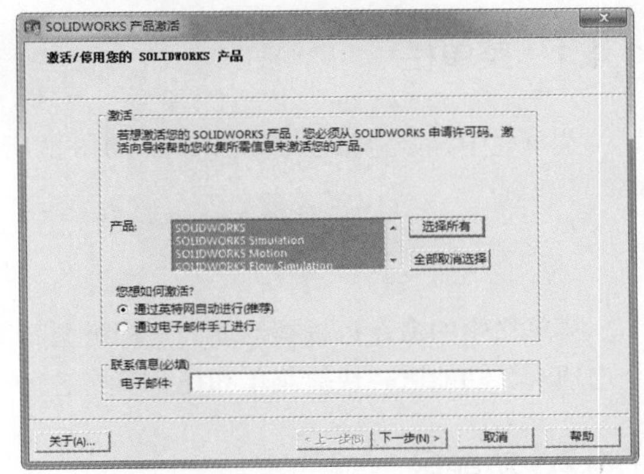


图 1-21

## 1.4 SolidWorks 2018 的操作界面

SolidWorks 2018 经过重新设计，进一步利用了界面空间，虽然功能增加不少，但整体界面并没有多大变化，基本上与 SolidWorks 2017 保持一致。如图 1-22 所示为 SolidWorks 2018 的操作界面。

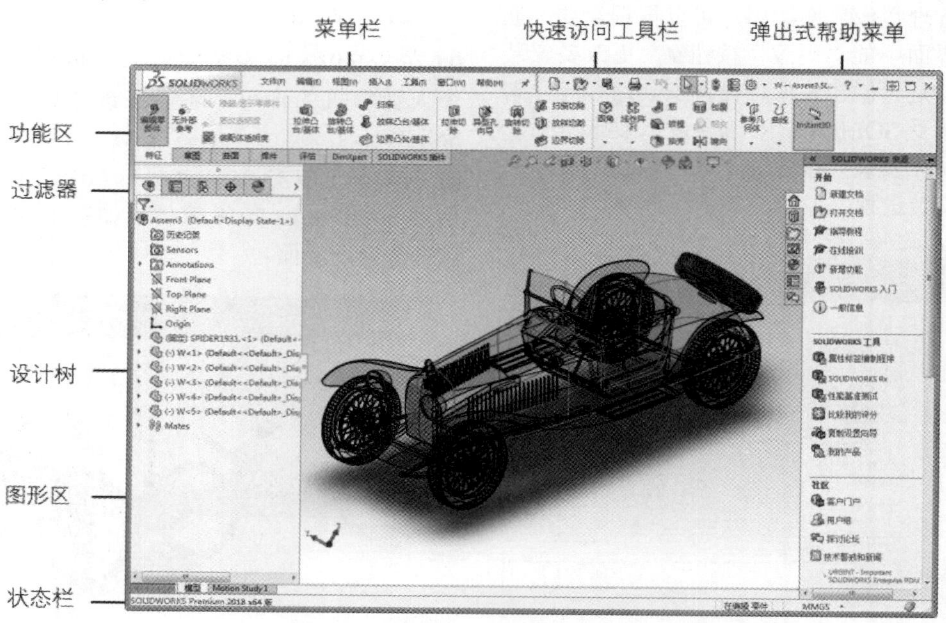


图 1-22

SolidWorks 2018 操作界面中包括菜单栏、功能区、设计树、状态栏、过滤器、图形区、快速访问工具栏及弹出式帮助菜单等内容，现对部分内容介绍如下。

## 1.4.1 菜单栏

菜单栏中几乎包括了 SolidWorks 2018 的所有命令，如图 1-23 所示。

图 1-23

菜单栏中的命令可根据活动的文档类型和工作流程来调用，菜单栏中许多命令也可以通过命令选项卡、功能区、快捷菜单和任务窗格进行调用。

## 1.4.2 功能区

功能区对于大部分 SolidWorks 工具及插件产品均可使用。命名的工具选项卡可帮助用户进行特定的设计任务，如应用曲面或工程图曲线等。由于命令选项卡中的命令显示在功能区中，并占用了功能区的大部分空间，其余工具条一般情况下是默认关闭的。要显示其余 SolidWorks 工具条，则可通过执行快捷菜单命令，将 SolidWorks 工具条调出来，如图 1-24 所示。

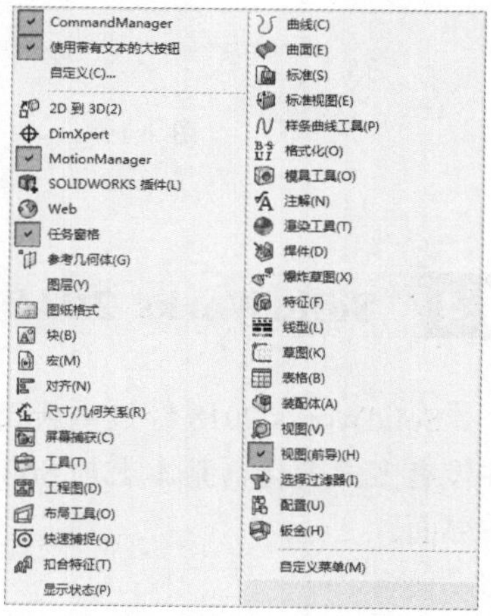

CommandManager
使用带有文本的大按钮
自定义(C)...
2D 到 3D(2)
DimXpert
MotionManager
SOLIDWORKS 插件(L)
Web
任务窗格
参考几何体(G)
图层(Y)
图纸格式
块(B)
宏(M)
对齐(N)
尺寸/几何关系(R)
屏幕捕获(C)
工具(T)
工程图(D)
布局工具(O)
快速捕捉(Q)
扣合特征(T)
显示状态(P)
曲线(C)
曲面(E)
标准(S)
标准视图(E)
样条曲线工具(P)
格式化(O)
模具工具(O)
注解(N)
渲染工具(T)
焊件(D)
爆炸草图(X)
特征(F)
线型(L)
草图(K)
表格(B)
装配体(A)
视图(V)
视图(前导)(H)
选择过滤器(I)
配置(U)
钣金(H)
自定义菜单(M)

图 1-24

### 1.4.3 命令选项卡

命令选项卡是一个上下文相关工具选项卡，它可以根据用户要使用的工具条进行动态更新。默认情况下，它根据文档类型嵌入相应的工具条，例如导入的文件是实体模型，“特征”功能区中将显示用于创建特征的所有命令，如图 1-25 所示。

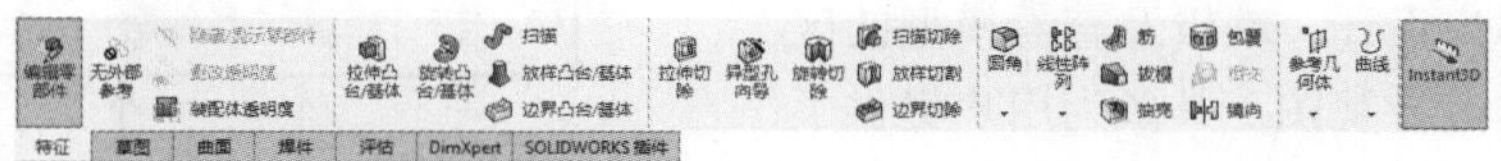

图 1-25

若用户需要使用其他命令选项卡中的命令，可单击位于命令选项卡下面的选项卡按钮，它将更新以显示该功能区。例如，选择“草图”选项卡，草图工具将显示在功能区中，如图 1-26 所示。

图 1-26

**技术要点：**

在选项卡中执行快捷菜单中的“使用不带有文本的大按钮”命令，命令选项卡中将不显示工具命令的文本。

### 1.4.4 设计树

SolidWorks 界面窗口左侧的设计树提供了激活零件、装配体或工程图的大纲视图。用户通过设计树将使观察模型设计状态或装配体如何建造以及检查工程图中的各个图纸和视图变得更加容易。设计树控制面板包括特征管理器（Feature Manager）、属性管理器（Property Manager）、配置管理器（Configuration Manager）和尺寸管理器（DimXpert Manager）等选项卡，如图 1-27 所示。Feature Manager 设计树如图 1-28 所示。

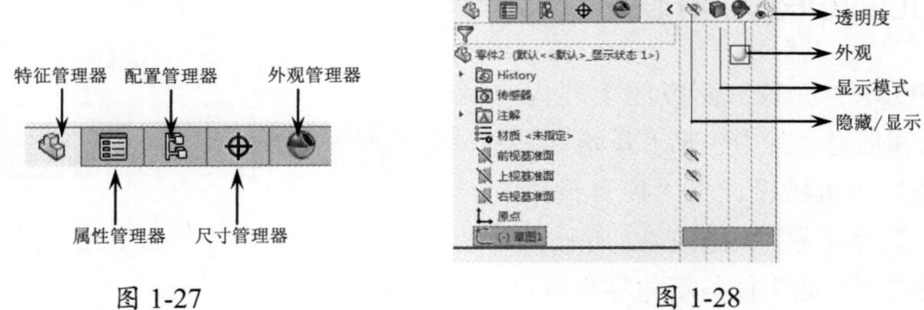


图 1-27 图 1-28

### 1.4.5 状态栏

状态栏是设计人员与计算机进行信息交互的主要窗口之一，很多系统信息都显示在这里，包括操作提示、警告信息、错误信息等，所以，设计人员在操作过程中要养成随时浏览状态栏的习惯。状态栏如图 1-29 所示。

RKS Premium 2018 x64 版　在编辑 零件　MMGS

图 1-29

### 1.4.6 前导视图工具条

图形区是用户设计、编辑及查看模型的区域。图形区中的前导视图工具条为用户提供了模型外观编辑和视图操作工具，它包括“整屏显示全图”“局部放大视图”“上一视图”“剖面视图”“视图定向”“显示样式”“显示/隐藏项目”“编辑外观”“应用布景”及“视图设定”等视图工具，如图 1-30 所示。

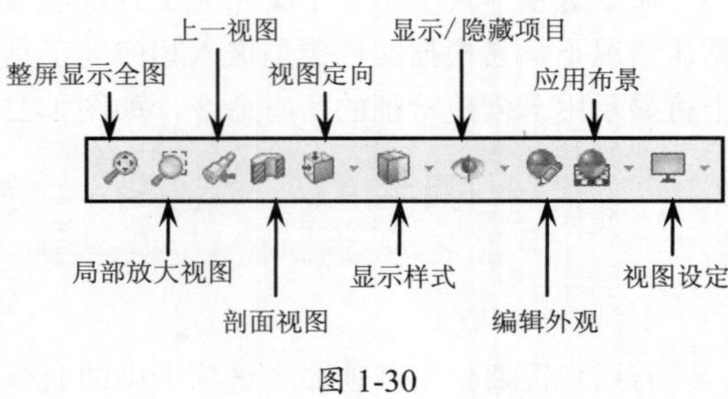


图 1-30

## 1.5 任务窗格

任务窗格向用户提供当前设计状态下的多重任务工具，它包括 SOLIDWORKS 资源、设计库、文件探索器、查看调色板、外观、布景和贴图以及自定义属性等工具面板，如图 1-31 所示。

图 1-31

### 1.5.1 SOLIDWORKS 资源

“SOLIDWORKS 资源”面板的主要内容包括命令、链接和信息，其中包括“开始”“社区”“在线资源”“机械设计”“模具设计”及“消费品设计”等任务，如图 1-32 所示。

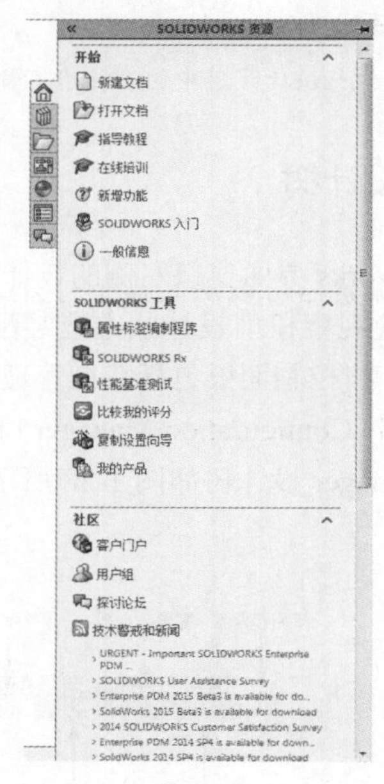


图 1-32

用户可以通过“开始”任务新建零件模型，并可参考指导教程来完成零件模型的设计。同理，在每个任务中，用户皆可参考相关的指导教程来完成各项设计任务。

**技术要点：**

用户在设计过程中还可以在“SOLIDWORKS资源”面板底部参考“日积月累”提示来操作。单击“下一提示”按钮将显示其他提示。

### 1.5.2 设计库

任务窗格中的“设计库”面板提供了可重复使用的元素（如零件、装配体及草图）。它不识别不可重用的单元，如 SolidWorks 工程图、文本文件或其他非 SolidWorks 文件，如图 1-33 所示。

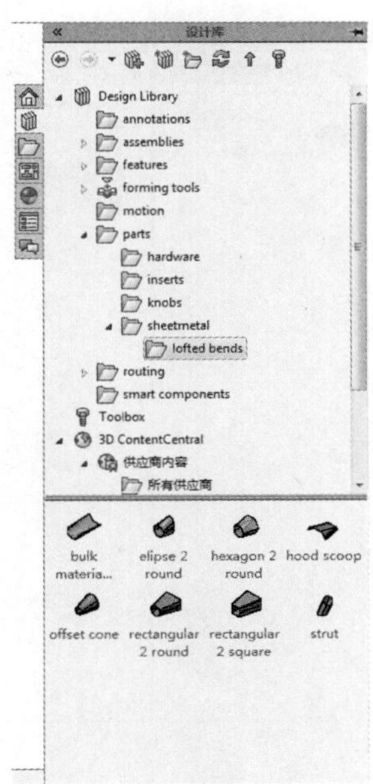


图 1-33

用户从设计库中调用标准件至图形区后，根据实际的设计需求还可以对该标准件进行编辑。

### 1. 文件探索器

文件探索器可以从硬盘中打开 SolidWorks 文件。文件可以通过外部环境的应用软件打开，也可以在 SolidWorks 中打开。“文件探索器”面板如图 1-34 所示。

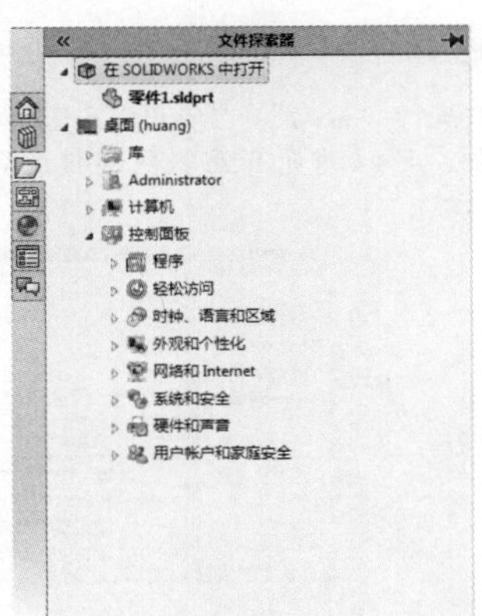


图 1-34

从 SolidWorks 中打开的文件只能是零件图标的文件。用户还可以通过文件探索器直接将零件文件拖至 SolidWorks 的图形区。

### 2. 查看调色板

查看调色板可以快速插入一个或多个预定义的视图到工程图中。它包含所选模型的标准视图、注解视图、剖面视图和平板型式（钣金零件）图像。用户可以将视图拖至工程图纸中以此生成工程视图。“查看调色板”面板如图 1-35 所示。

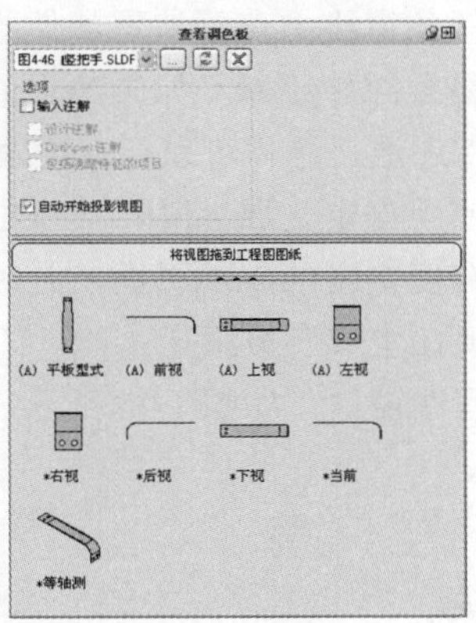


图 1-35

**技术要点：**

仅当创建工程图文件后，才可以使用“查看调色板”面板来查看模型的视图。

### 3. 外观、布景和贴图

“外观、布景和贴图”面板用于设置模型的外观颜色、材质纹理及界面背景，如图 1-36 所示。通过该面板，可以将外观拖至特征管理器的特征上，或直接拖至图形区的模型中，以此渲染零件、面、单个特征等元素。

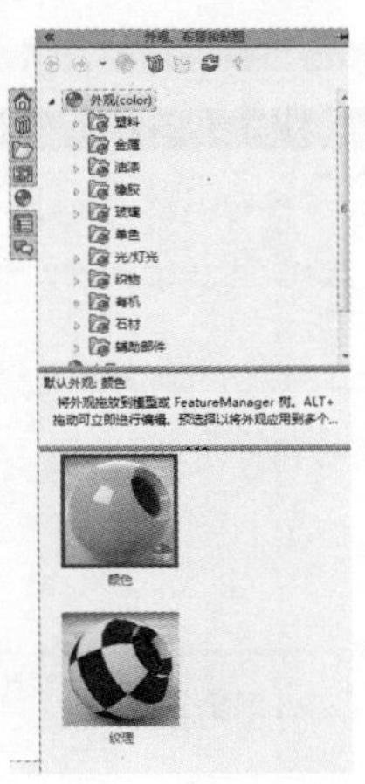

图 1-36

### 4. 自定义属性

使用任务窗格中的“自定义属性”面板可以查看并将自定义及配置特定的属性输入SolidWorks文件中。

在装配体中，可以将这些属性同时分配给多个零件。如果选择装配体的某个轻化零部件，还可以在任务窗格中查看该零部件的自定义属性，而不将零部件还原。如果编辑值，则会提示将零部件还原，这样可以保存更改。

初次使用自定义属性时，“自定义属性”面板中没有要定义的属性页面，此时可单击面板中的“现在生成”按钮，启动属性标签编制程序窗口，如图1-37所示。

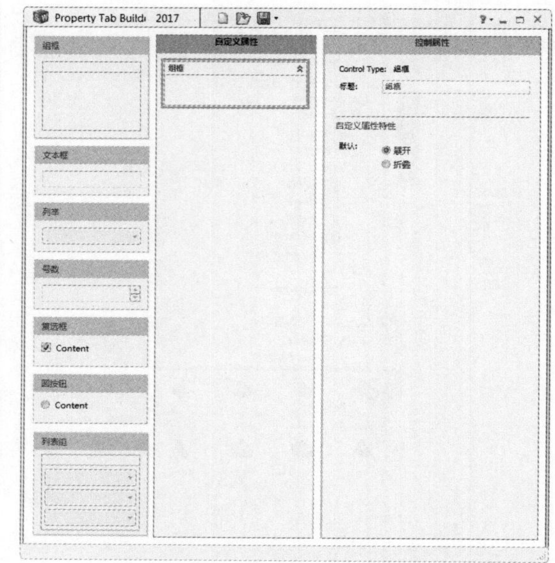

图 1-37

**技术要点：**

要设置自定义的属性类型，在窗口左侧双击属性类型，然后在“自定义属性”栏再双击该类型，即可在窗口右侧弹出的文本框中输入要定义的属性文本。

## 1.6 SolidWorks 帮助

SolidWorks帮助分为本地帮助文件（.chm）和基于互联网的Web文档。当用户计算机的互联网连接较慢或无法使用时，最好使用本地帮助文件。

在菜单栏中执行“帮助”|“SolidWorks帮助”命令，程序会弹出SOLIDWORKS窗口，如图1-38所示。

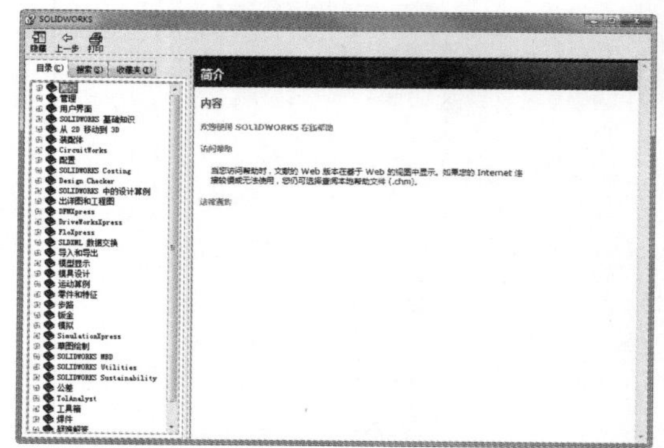

图 1-38

**技术要点：**

在菜单栏中执行“帮助”|“使用SOLIDWORKS Web帮助”命令，可以浏览有互联网连接的Web帮助，如图1-39所示。

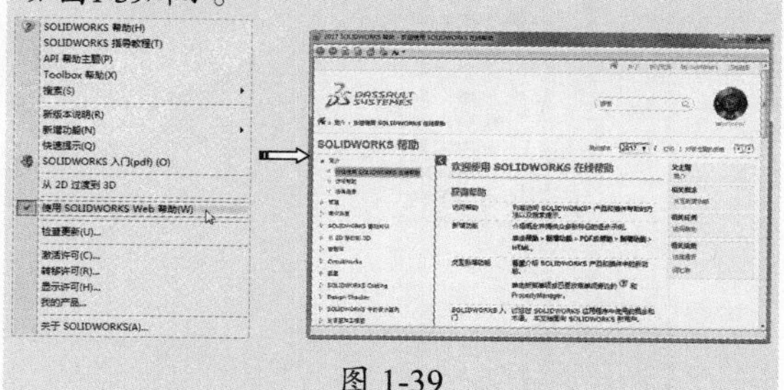

图 1-39

## 1.7　SolidWorks 指导教程

SolidWorks 的指导教程包括文件指导教程、机械设计指导教程及模具设计指导教程等。在任务窗格的“SOLIDWORKS 资源”面板中，执行“开始”选项区的“指导教程”命令，即可打开“SOLIDWORKS 指导教程”窗口，如图 1-40 所示。

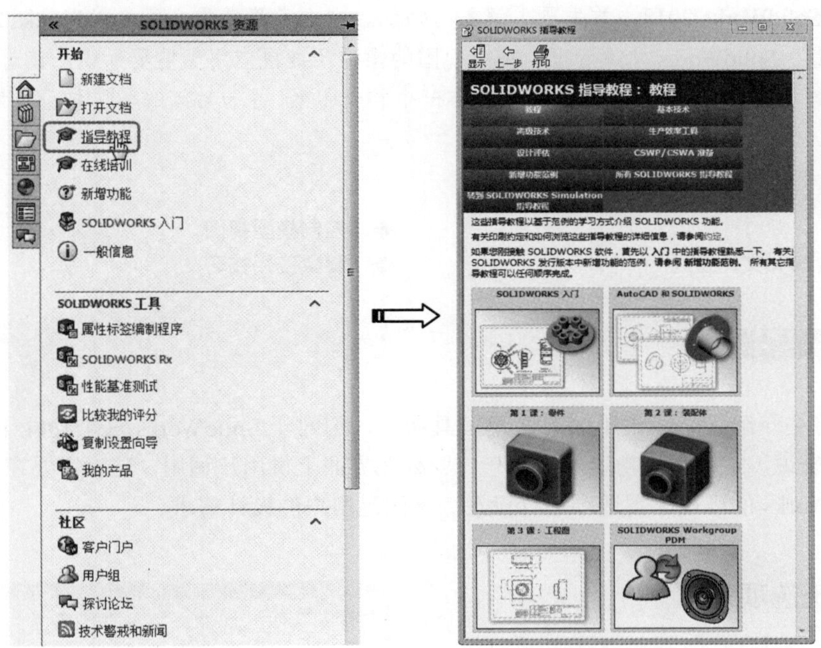


图 1-40

用户也可以在菜单栏中执行“帮助”|“SOLIDWORKS 指导教程”命令打开“SOLIDWORKS 指导教程”窗口，该窗口包括从文件创建到所有的 SolidWorks 应用模块的教程。指导教程是以范例的形式向用户介绍 SolidWorks 功能的。

要学习某教程，可在窗口右侧的教程启动按钮群组中单击相应按钮，或者在窗口左侧的目录列表中选择教程目录，随后即可进入教程学习。

## 1.8　课后习题

填空题

（1）SolidWorks 的发展历程是什么？

（2）SolidWorks 的功能和特点主要包括哪几个方面？

（3）SolidWorks 2018 操作界面中包括哪些内容？

# 第 2 章　踏出 SolidWorks 2018 的第一步

学习 SolidWorks 2018，首先要了解入门知识。在本章将着重介绍 SolidWorks 2018 的系统选项设置、SolidWorks 文件管理、模型视图的操控及键鼠应用等重要知识。读者可通过对入门知识的学习，对 SolidWorks 2018 软件有一个初步印象，并为后续的学习打下良好的基础。

- 环境配置
- SolidWorks 2018文件管理
- 控制模型视图
- 键鼠应用技巧

## 2.1 环境配置

尽管在前文介绍了一些常用的界面及工具命令，但对于 SolidWorks 这个功能十分强大的三维 CAD 软件来说，它所有的功能不可能一一罗列在界面上供用户调用，这就需要在特定情况下，通过对 SolidWorks 的环境配置选项进行设置，来满足用户的设计需求。

### 2.1.1 系统选项设置

使用的零件、装配及工程图模块功能时，可以对软件系统环境进行设置，其中包括系统选项设置和文档属性设置。

在菜单栏中执行“工具” | “选项”命令，弹出“系统选项（S）- 普通”对话框，该对话框中包含“系统选项”选项卡和“文档属性”选项卡。

“系统选项”选项卡中主要有工程图、颜色、草图、显示 / 选择等选项，用户在左侧选项列表中选择一个选项，该选项名将在对话框顶端显示。

同理，若单击“文档属性”选项卡按钮，对话框顶部将显示“文档属性（D）”名称，破折号后面显示的是选项列表框中选择的设置项目名称，如图 2-1 所示。在“文档属性”选项卡中主要有工程图中的图形标注选项设置，包括注解、尺寸、表格、单位等。

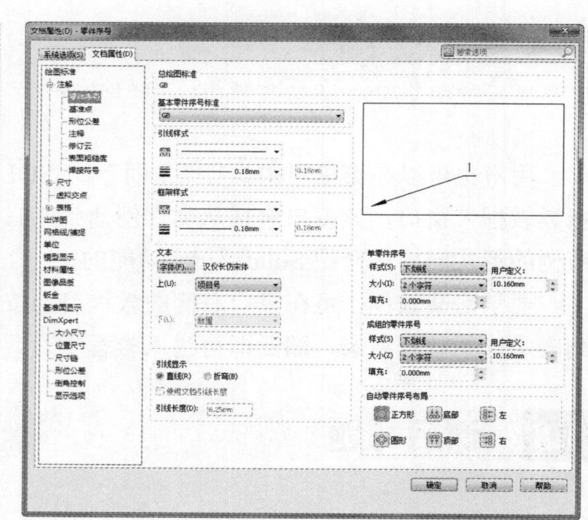

图 2-1

### 2.1.2 管理功能区

SolidWorks 功能区包含了所有菜单命令的快捷方式。通过功能区，可以大幅提升设计效率，用户根据个人的使用习惯可以自定义设置功能区。

### 1．定义功能区

合理利用功能区设置，既可以在操作上方便、快捷，又不会使操作界面过于复杂。在菜单栏中执行“工具”|“自定义”命令或在功能区右击，在弹出的快捷菜单中选择“自定义”命令，弹出如图 2-2 所示的“自定义”对话框。

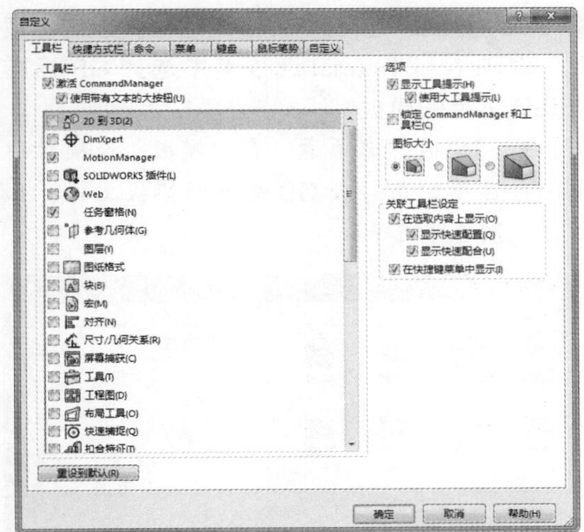


图 2-2

在该对话框的“工具栏”选项卡下，选择需要显示的每个功能区的复选框，同时消除选择需要隐藏的功能区的复选框。当鼠标指针指在工具按钮时，就会出现对此工具的说明。

如果显示的功能区位置不理想，可以将光标指向功能区上按钮之间的空白处，然后拖动功能区到需要的位置。如果将功能区拖到 SolidWorks 窗口的边缘，功能区就会自动定位在该边缘。

### 2．定义命令

在“自定义”对话框的“命令”选项卡中，通过选择左侧的命令类别，右侧将显示该类别的所有命令按钮。选中要使用的命令按钮图标，将其拖放到功能区上的新位置，从而实现重新安排功能区上按钮的目的，如图 2-3 所示。

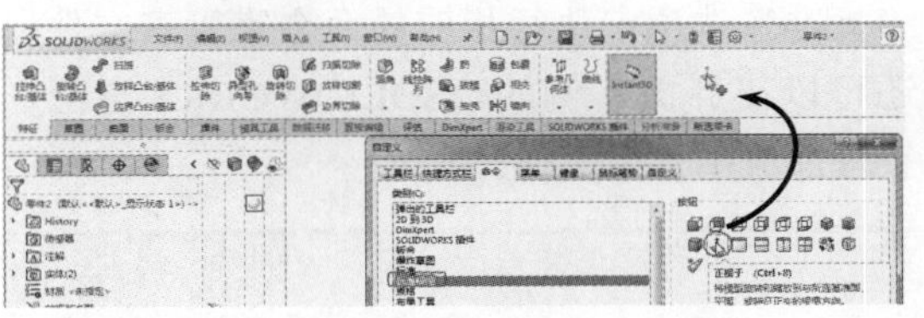

图 2-3

### 3．SolidWorks 插件

为了操作界面简单化，SolidWorks 的许多插件没有放置于命令选项卡中。在菜单栏中执行“工具”|“插件”命令，程序将弹出“插件”对话框，如图 2-4 所示。

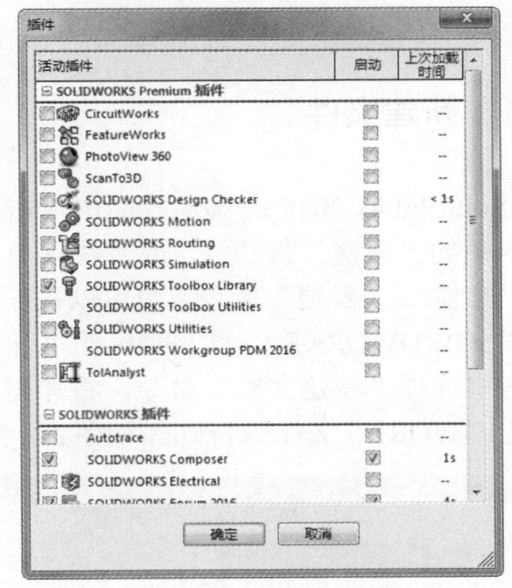


图 2-4

该对话框包含两种插件：SolidWorks Premium Add-ins 插件和 SolidWorks 插件。SolidWorks Premium Add-ins 插件添加后将置于菜单栏中，SolidWorks 插件添加后则置于命令选项卡中。勾选要添加的插件选项，然后单击“确定”按钮，即可完成插件的添加操作。

## 2.2 SolidWorks 2018 文件管理

管理文件是设计者进入软件建模界面、保存模型文件及关闭模型文件的重要工作。下面介绍 SolidWorks 2018 管理文件的几个重要内容，如新建文件、打开文件、保存文件和关闭文件。

启动 SolidWorks 2018，弹出欢迎界面，如图 2-5 所示。在欢迎界面中你可以通过顶部的“标准”选项卡执行相应的命令来管理文件，还可以在界面右侧的“SOLIDWORKS 资源”管理面板中管理文件。

图 2-5

## 2.2.1 新建文件

**01** 在 SolidWorks 2018 的欢迎界面中单击标准选项卡中的“新建”按钮，或者在菜单栏中执行“文件”|“新建”命令，也可以在任务窗格的“SOLIDWORKS 资源”面板的“开始”选项区中选择“新建文档”命令，将弹出“新建 SOLIDWORKS 文件”对话框，如图2-6所示。

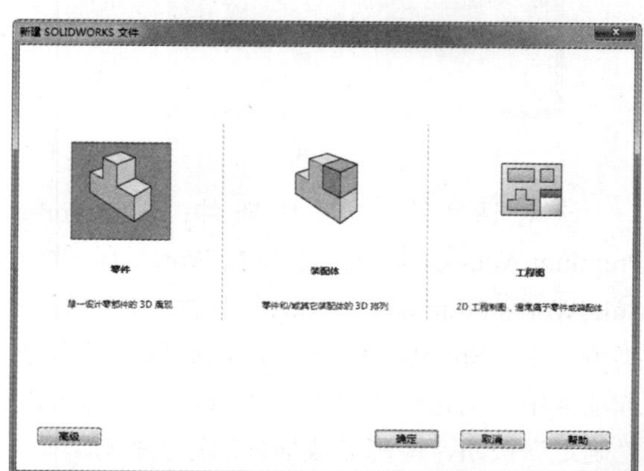


图 2-6

**技术要点：**

在SolidWorks 2018界面顶部通过单击右三角按钮，便可展开菜单栏，如图2-7所示。

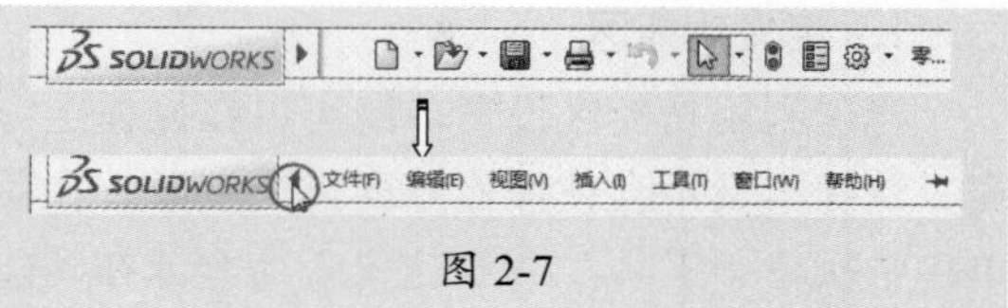


图 2-7

**02** “新建 SOLIDWORKS 文件”对话框中包含零件、装配体和工程图模板文件。

**03** 单击“高级”按钮，可以在随后弹出的“模板”选项卡和 Tutorial 选项卡中选择 GB 标准或 ISO 标准的模板。

- “模板”选项卡：在“模板”选项卡中显示的是符合 GB 标准的模板文件，如图 2-8 所示。

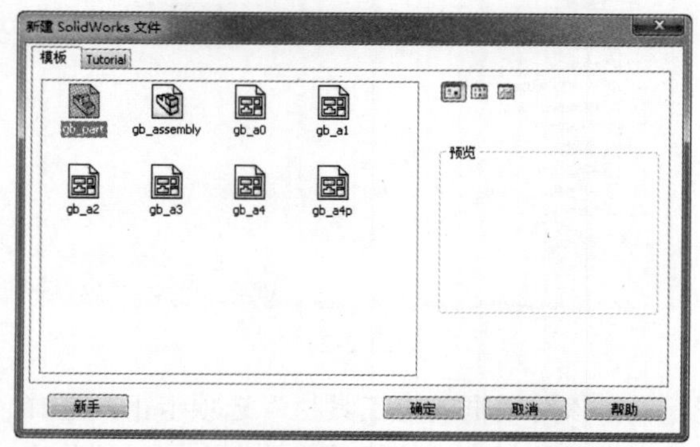


图 2-8

- Tutorial 选项卡：显示的是符合 ISO 标准的通用模板文件，如图 2-9 所示。

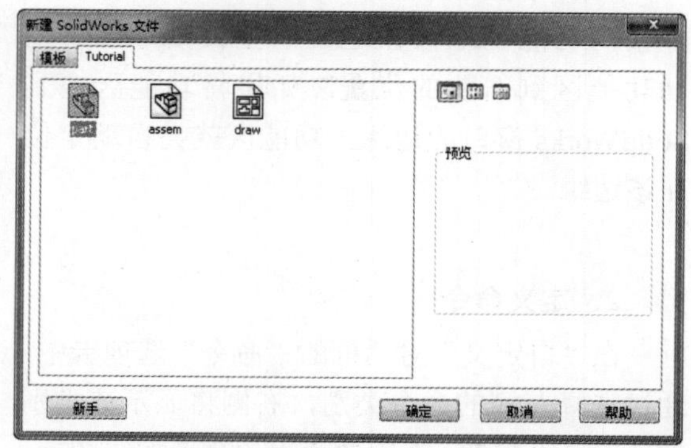


图 2-9

**04** 选择一个模板文件后，单击“确定”按钮即可进入相应的设计环境，例如选择“零件”模板文件，将进入 SolidWorks 零件设计环境中；选择“装配”模板文件，将创建装配体文件并进入装配设计环境中；选择“工程图”模板文件，将创建工程图文件并进入工程制图设计环境中。

**技术要点：**

除了使用SolidWorks提供的标准模板，用户还可以通过系统选项设置来定义模板，并将设置后的模板另存为零件模板（.prtdot）、装配模板（.asmdot）或工程图模板（.drwdot）。

### 2.2.2 打开文件

打开文件的方法有三种。

- 直接双击打开 SolidWorks 文件（包括零件文件、装配文件和工程图文件）。
- 在 SolidWorks 工作界面中，执行“文件”|“打开”命令，弹出“打开”对话框。通过该对话框打开 SolidWorks 文件。
- 在标准选项卡中单击“打开”按钮，弹出“打开”对话框。在该对话框中找到文件所在的文件夹，通过预览功能选择要打开的文件，然后单击“打开”按钮，即可打开文件，如图 2-10 所示。

图 2-10

**技术要点：**

SolidWorks可以打开属性为“只读”的文件，也可将“只读”文件插入装配体中并建立几何关系，但不能保存“只读”文件。

若要打开最近查看过的文档，则可在标准选项卡中选择“浏览最近文档”命令，随后弹出“最近文档”面板，如图 2-11 所示。用户可以从“最近文档”面板中选择最近打开过的文档，也可以在菜单栏的“文件”菜单中直接选择先前打开过的文档。

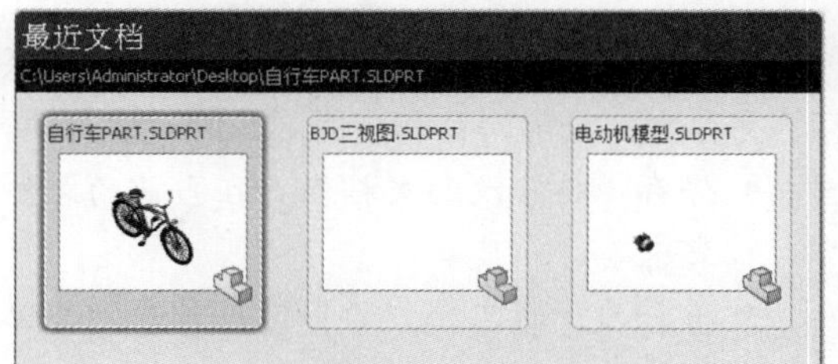


图 2-11

从 SolidWorks 中，可以打开其他格式的文件，如 UG、CATIA、Pro/E 及 CREO、RHINO、STL、DWG 等，如图 2-12 所示。

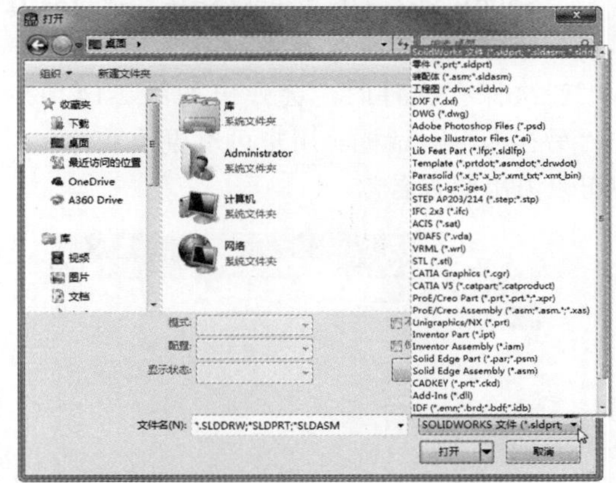

图 2-12

**技术要点：**

SolidWorks有修复其他软件格式文件的功能。通常，不同格式文件在转换时可能会因公差的不同产生模型的修复问题。如图2-13所示，打开CATIA格式文件后，SolidWorks将自动修复。

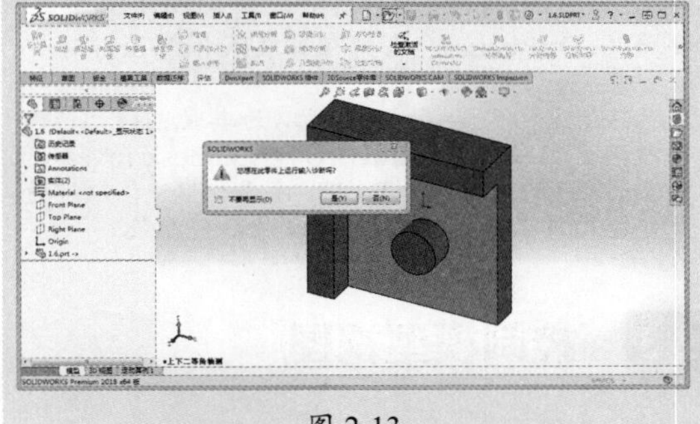

图 2-13

### 2.2.3 保存文件

SolidWorks 提供了 4 种文件保存方式：保存、另存为、全部保存和出版 eDrawings 文件。

- 保存：将修改的文档保存在当前的文件夹中。
- 另存为：将文档作为备份，另存到其他文件夹中。
- 全部保存：将 SolidWorks 图形区中存在的多个文档修改后，全部保存在各自文件夹中。
- 出版 eDrawings 文件：eDrawings 是 SolidWorks 集成的出版程序，通过该程序可以将文件保存为 .eprt 文件。

初次保存文件时，会弹出如图 2-14 所示的“另存为”对话框。用户可以更改文件名，也可以沿用原有名称。

图 2-14

**SolidWorks eDrawings出版程序**

SolidWorks eDrawings出版程序为用户提供生成、观看及共享3D模型和2D工程图的强大功能。要使用eDrawings，需要在安装SolidWorks时一并安装。

SolidWorks eDrawings还可以为其他2D、3D软件所用，其中包括AutoCAD、Autodesk Inventor Series、CATIA、UG、Pro/E、Solid Edge。但前提是这些软件必须在eDrawings安装之前安装。

利用SolidWorks eDrawings Publishers（CAD应用程序插件）可以生成eDrawings文件，也可以使用SolidWorks eDrawings浏览器来浏览eDrawings文件，还可以对eDrawings文件进行标注（通过标注评述进行查看），如图2-15所示。

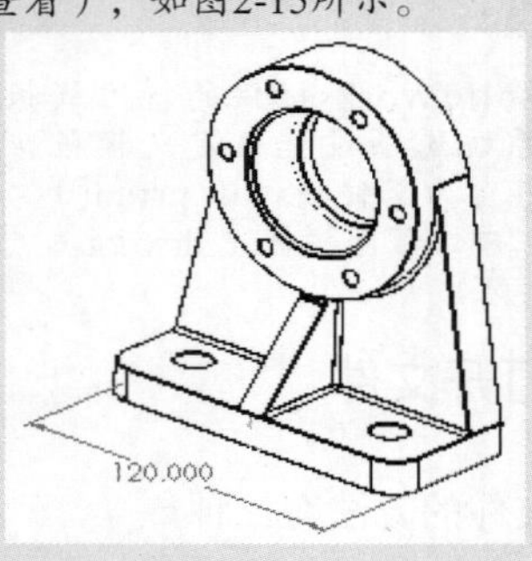


图 2-15

### 2.2.4 关闭文件

要关闭单个文件，在 SolidWorks 设计窗口（也称工作区域）的右上方单击“关闭”按钮☒即可，如图 2-16 所示；要同时关闭多个文件，可以在菜单栏中执行“窗口”|“关闭所有”命令。关闭文件后，退回到 SolidWorks 的初始界面。

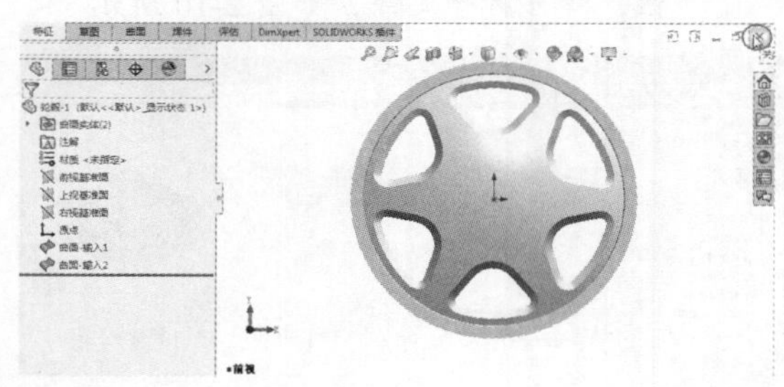

图 2-16

**技术要点：**

SolidWorks软件界面右上方的“关闭”按钮☒，是控制关闭软件界面的命令按钮。

## 2.3 控制模型视图

在应用 SolidWorks 建模时，用户可以利用“视图”工具条或者前导视图工具条中的各项命令进行视图显示或隐藏的控制和操作，“视图”工具条如图 2-17 所示。

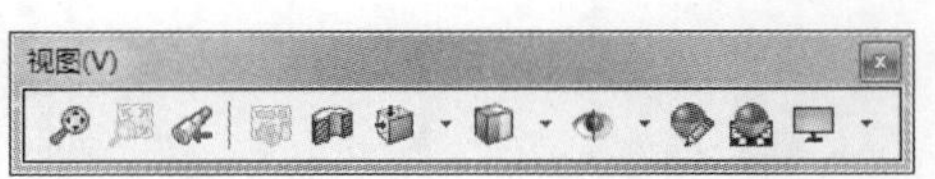


图 2-17

### 2.3.1 缩放视图

在设计过程中，需要经常改变视角来观察模型，观察模型常用的方法有整屏显示、局部放大或缩小、放大所选范围、旋转、翻转和平移等。

表 2-1 列出了“视图”工具条中的缩放视图工具的说明及图解。

表 2-1 缩放视图工具的说明及图解

| 图　标 | 说　明 | 图　解 |
| --- | --- | --- |
| 整屏显示全图 | 重新调整模型的大小，将绘图区内的所有模型调整到合适的大小和位置 | 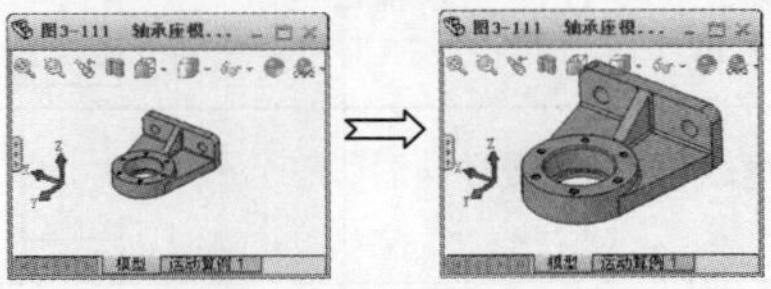 |
| 局部放大 | 放大所选的局部范围。在绘图区内确定放大的矩形范围，即可将矩形范围内的模型放大为全屏显示 | 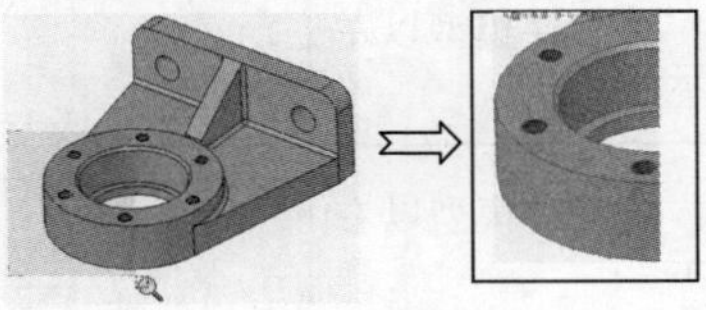 |
| 放大或缩小 | 动态放大或缩小绘图区内的模型。在绘图区内按住鼠标左键不放并移动，向上移动放大图像，向下则缩小图像 | 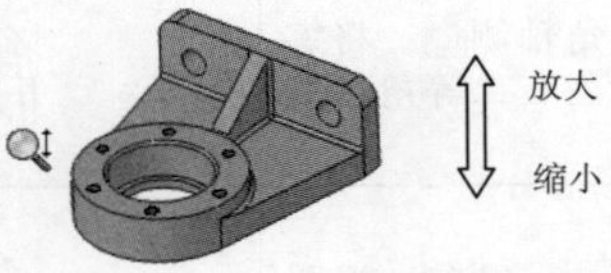 放大<br>缩小 |
| 放大所选范围 | 放大所选模型中的一部分。在绘图区中选择要放大的实体，再单击“放大所选范围”按钮，即可将所选实体放大为全屏显示 | 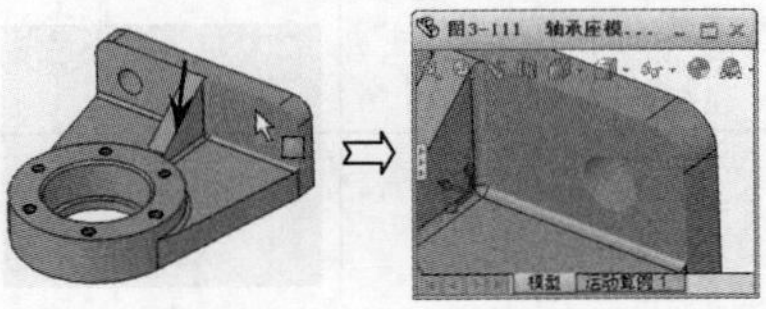 |
| 旋转视图 | 在零件和装配体文档中旋转模型视图 | 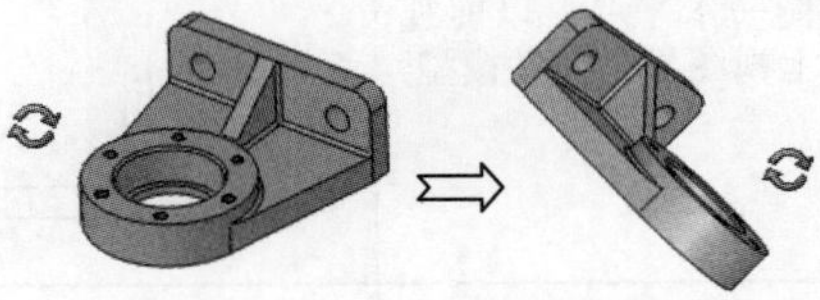 |
| 翻转视图 | 在零件和装配体文档中翻转模型视图 | 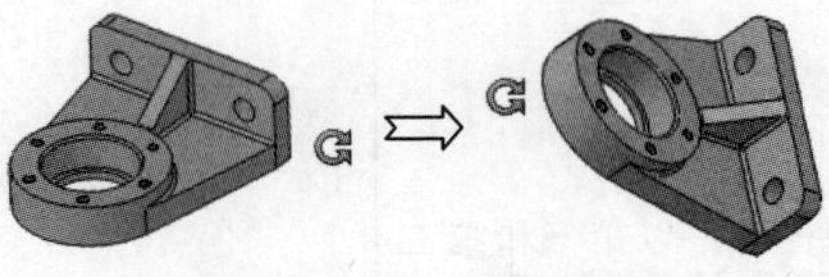 |
| 平移 | 平移模型视图。单击“平移”按钮，按住鼠标左键不放并移动 | 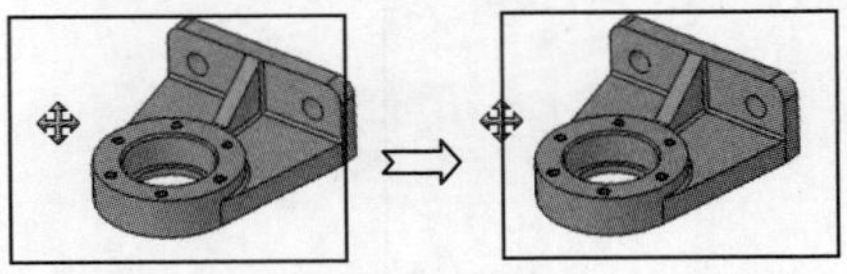 |

## 2.3.2 定向视图

在设计过程中，通过改变视图的定向可以方便地观察模型。在前导视图工具条中单击“视图定向”按钮，弹出定向视图菜单，如图2-18所示。

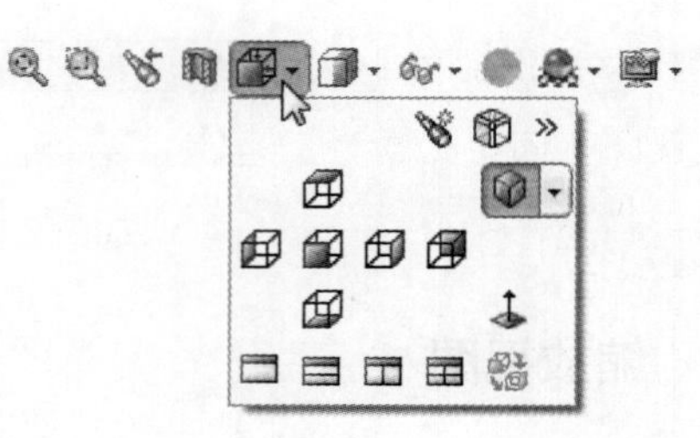

图 2-18

表 2-2 列出了定向视图菜单中各视图定向命令的使用方法及说明。

**表 2-2 视图定向命令的使用方法及说明**

| 图标与说明 | 图 解 | 图标与说明 | 图 解 |
|---|---|---|---|
| 前视：将零件模型以前视图显示 | 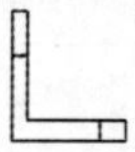 | 上视：将零件模型以上视图显示 | 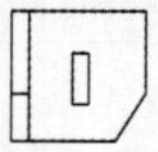 |
| 后视：将零件模型以后视图显示 | 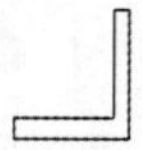 | 下视：将零件模型以下视图显示 | 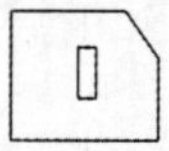 |
| 左视：将零件模型以左视图显示 |  | 等轴测：将零件模型以等轴测图显示 |  |
| 右视：将零件模型以右视图显示 | 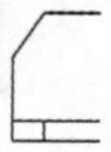 | 上下二等角轴测：将零件模型以上下二等角轴测图显示 |  |
| 左右二等角轴测：将零件模型以左右二等角轴测图显示 |  | 正视于：正视于所选的任何面或基准面 | 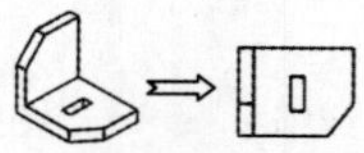 |
| 单一视图：以单一视图窗口显示零件模型 |  | 连接视图：连接视窗中的所有视图以便一起移动和旋转（在单一视图中该功能不能使用） | |
| 二视图－水平：以前视图和上视图显示零件模型 | 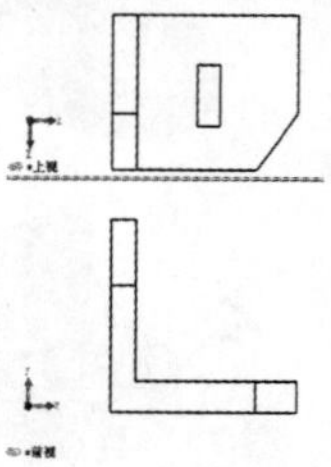 | 二视图－垂直：以前视图和右视图显示零件模型 | 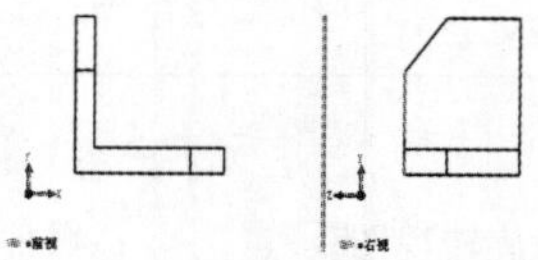 |
| 四视图：以第一和第三角度投影显示零件模型 | 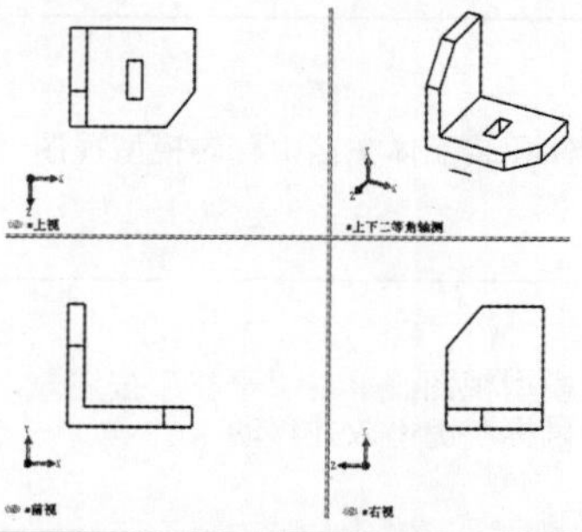 | | |

用户还可以利用视图定向的更多选项功能来定义视图方向、更新视图或重设视图。在前导视图工具条中单击“视图定向”按钮，显示如图 2-19 所示的“方向”面板。再单击面板右侧的展开按钮，展开更多的视图选项。

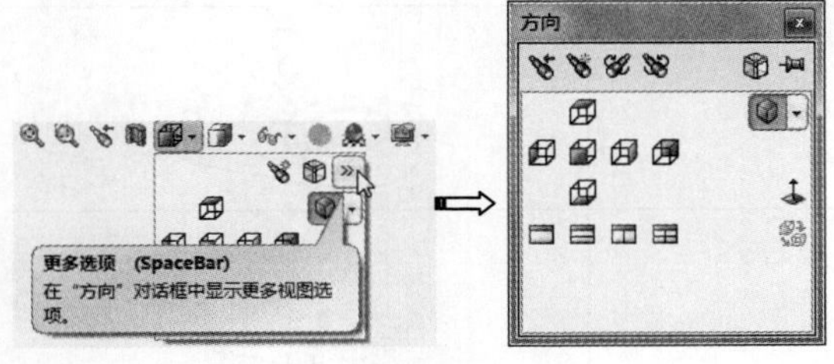


图 2-19

- 上一视图：单击该按钮，返回上一视图状态。
- 新视图：单击该按钮，弹出如图 2-20 所示的“命名视图”对话框，可以将当前的视图方向以新名称保存在“方向”面板。

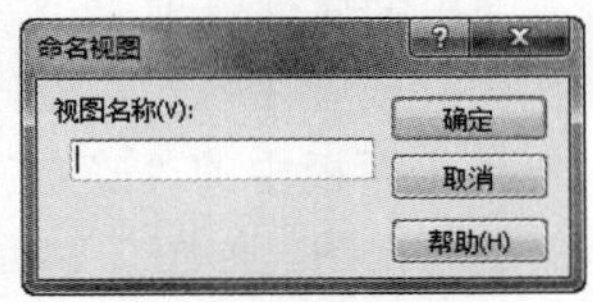


图 2-20

- 更新标准视图：将当前的视图方向定义为指定的视图。
- 重设视图：将所有标准模型视图恢复为默认设置。
- 视图选择器：显示或隐藏关联内视图选择器，以从各种标准和非标准视图方向进行选择，效果如图 2-21 所示。

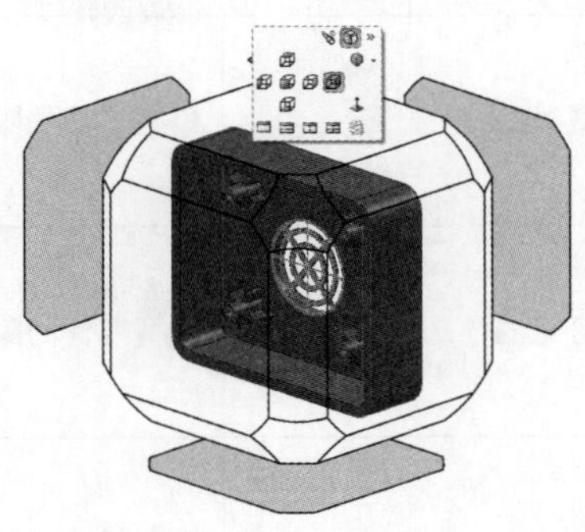

图 2-21

**技术要点：**

在任何时候均可以按空格键，通过弹出的“方向”对话框方便、快捷地改变视角。

### 2.3.3 模型显示样式

调整模型以线框图或着色图来显示，这有利于模型分析和设计操作。在前导视图工具条单击“显示样式”按钮，弹出视图显示样式命令菜单，如图 2-22 所示。

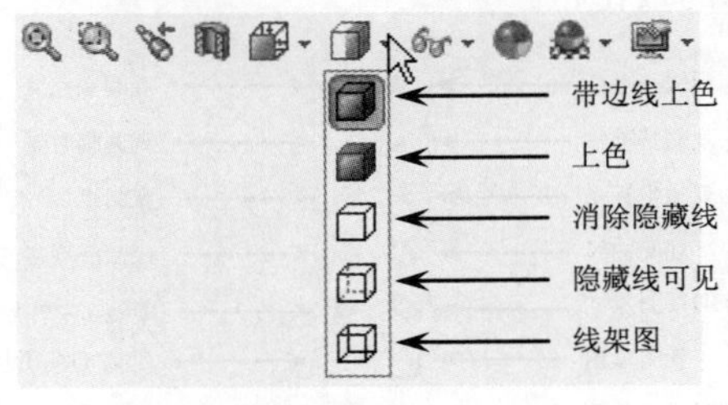


图 2-22

表 2-3 列出了前导视图工具条中的模型显示样式命令的说明及图解。

**表 2-3 模型显示样式命令的说明及图解**

| 图 标 | 说 明 | 图 解 |
|---|---|---|
| 带边线上色 | 对模型零件进行带边线上色 | |
| 上色 | 对模型零件进行上色 | |

续表

| 图　　标 | 说　　明 | 图　　解 |
|---|---|---|
| 消除隐藏线 | 模型零件的隐藏线不可见 | |
| 隐藏线可见 | 模型零件的隐藏线以细虚线表示 | |
| 线架图 | 模型零件的所有边线可见 | |
| 上色模式中的阴影 | 在上色模式中的模型零件下面显示阴影 | |

### 2.3.4　隐藏 / 显示项目

前导视图工具条中的“隐藏 / 显示项目”工具，可以用来更改图形区中项目的显示状态。单击“隐藏 / 显示项目”按钮，则弹出如图2-23所示的按钮栏。

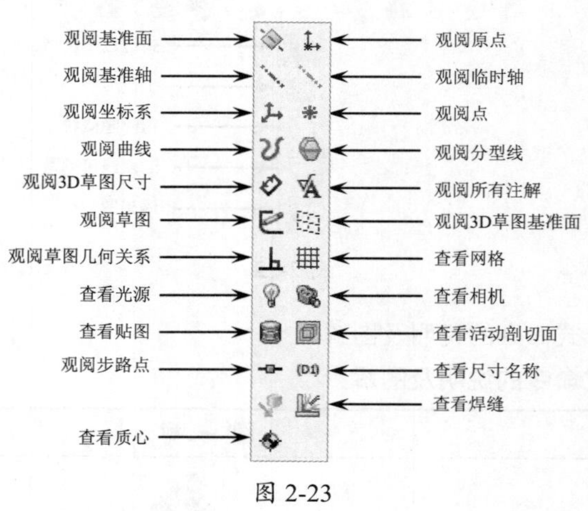


图 2-23

### 2.3.5　剖面视图

剖面视图功能以指定的基准面或面切除模型，从而显示模型的内部结构，通常用于观察零件或装配体的内部结构。

在前导视图工具条中单击“剖面视图”按钮，然后在弹出的属性管理器“剖面视图”面板中选择剖面（或者在弹出式设计树中选择基准面），再单击面板中的“确定”按钮即可创建模型的剖面视图，如图 2-24 所示。

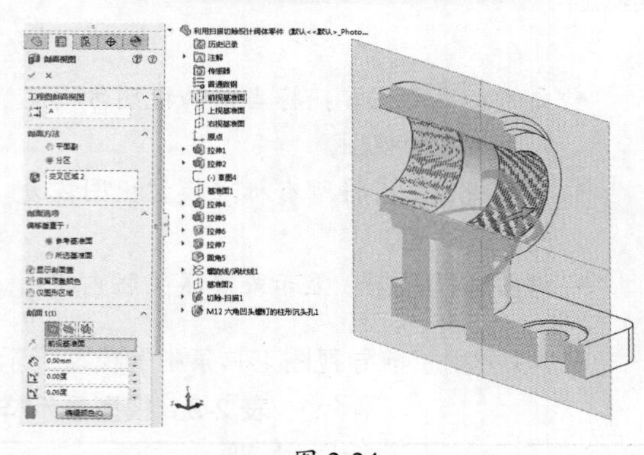

图 2-24

在 PropertyManager 中，除了选择 3 个基准面作为剖切面，还可选择用户自定义的平面来剖切模型，也可以为剖切面设置移动距离、翻转角度等。PropertyManager 的“剖面视图”面板中主要选项的含义如下。

- 剖面 1：创建剖面视图的第 1 个平面，

也可以创建多个剖面视图。

- 参考剖面：可以选择前视、上视和右视基准面，也可以在绘图区中选择平面作为参考剖面。
- 反转截面方向：单击此按钮，反转显示剖面视图，供用户选择。
- 等距距离：剖切面的偏移距离，输入值可平移剖切面。
- X 旋转：输入角度值可使剖切面绕 Z 轴旋转。
- Y 旋转：输入角度值可使剖切面绕 X 轴旋转。
- 编辑颜色：单击此按钮，可以打开“颜色”对话框来编辑剖切面的颜色，如图 2-25 所示。
- 保留顶盖颜色：勾选此复选框，以显示颜色剖切面。
- 剖面 2：勾选此复选框，可以通过第 2 个剖面的选项来创建剖切面。创建剖面 2 后，还可以继续创建第 3 个剖面。
- 保存：单击该按钮，弹出“另存为”对话框。可以保存模型剖切视图和工程图注解视图，如图 2-26 所示。

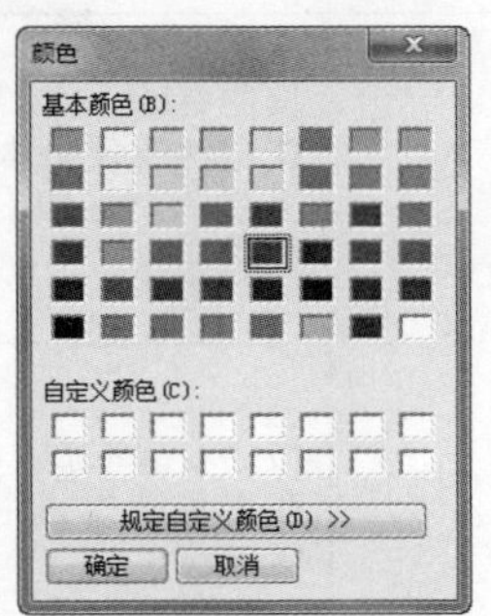


图 2-25

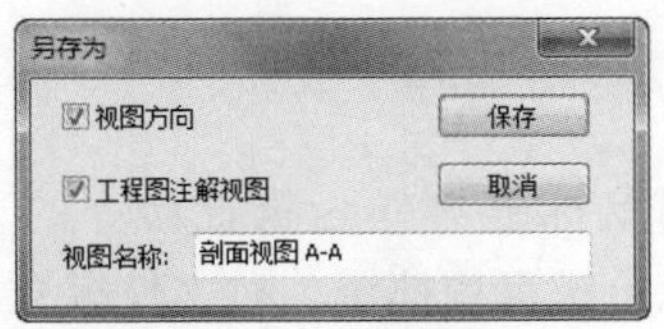


图 2-26

**技术要点：**

剖面视图工具只能创建3个剖切面，要创建剖面3，必须先创建剖面2。

## 2.4 键鼠应用技巧

鼠标和键盘在 SolidWorks 软件中的应用频率非常高，可以用其实现平移、缩放、旋转、绘制几何图素以及创建特征等操作。

### 2.4.1 键鼠快捷键

基于SolidWorks系统的特点，建议读者使用三键滚轮鼠标，在设计时可以提高工作效率。表2-4列出了三键滚轮鼠标的使用方法。

表 2-4 三键滚轮鼠标的使用方法

| 鼠标按键 | 作 用 | 操作说明 |
|---|---|---|
| 左键 | 用于选择命令和绘制几何图元等 | 单击或双击，可得到不同的效果 |
| 中键（滚轮） | 放大或缩小视图（相当于） | 按 Shift 键 + 中键并上下移动光标，可以放大或缩小视图；直接滚动滚轮，也可以放大或缩小视图 |
| | 平移（相当于） | 按 Ctrl 键 + 中键并移动光标，可将模型按鼠标移动的方向平移 |
| | 旋转（相当于） | 按住中键不放并移动光标，即可旋转模型 |

续表

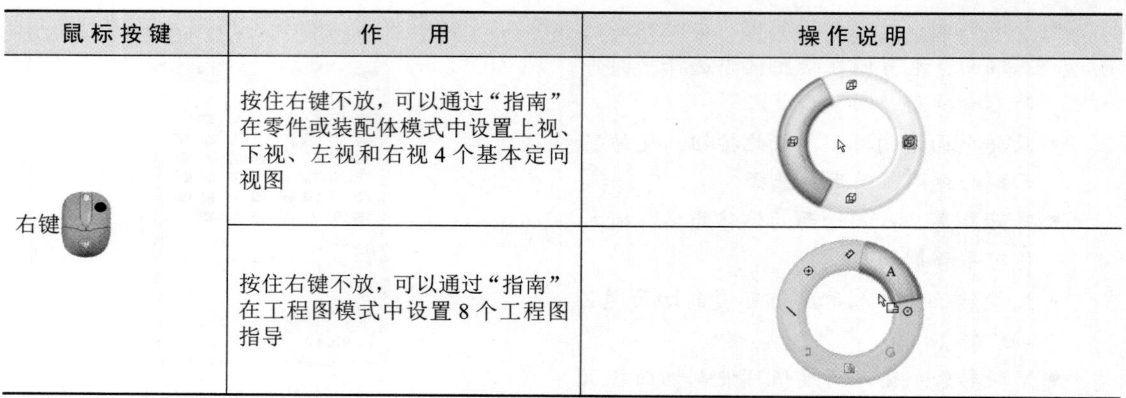

| 鼠标按键 | 作　用 | 操作说明 |
| --- | --- | --- |
| 右键 | 按住右键不放，可以通过“指南”在零件或装配体模式中设置上视、下视、左视和右视4个基本定向视图 | |
| | 按住右键不放，可以通过“指南”在工程图模式中设置8个工程图指导 | |

## 2.4.2 鼠标笔势

使用鼠标笔势作为执行命令的一个快捷键，类似于键盘快捷键。按文件模式的不同，按下鼠标右键并拖动，可弹出不同的鼠标笔势。

在零件装配体模式中，当用户利用右键拖动鼠标时，会弹出如图2-27所示的包含4种定向视图的笔势指南。当鼠标移动至一个方向的命令映射时，“指南”会高亮显示即将选取的命令。

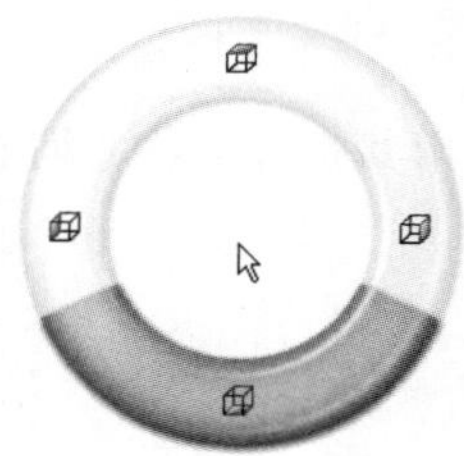

图 2-27

如图2-28所示为在工程图模式中，按鼠标右键并拖动时弹出的包含4种工程图命令的笔势指南。

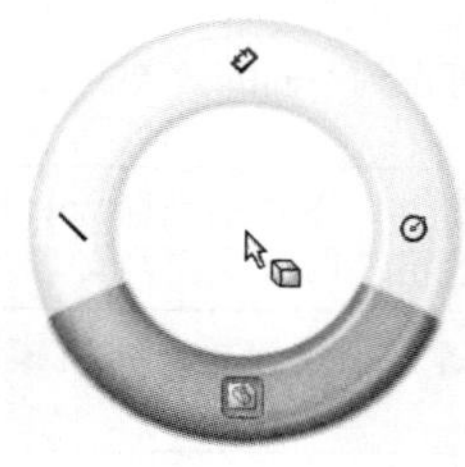

图 2-28

用户还可以为笔势指南添加其他笔势。通过执行“自定义”命令，在“自定义”对话框的“鼠标笔势”选项卡中选择“8笔势”单选按钮即可，如图2-29所示。

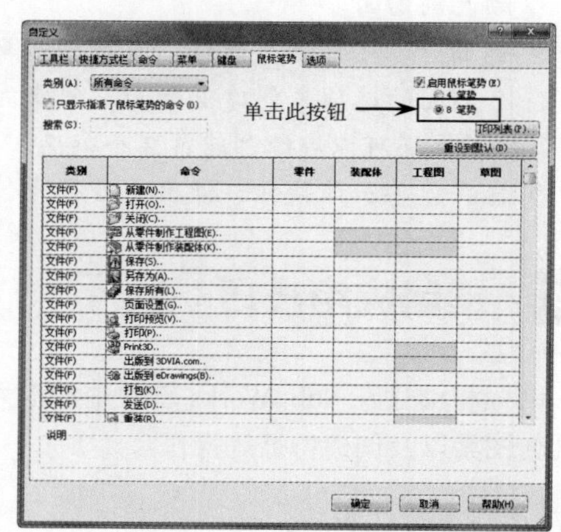


图 2-29

当默认的4笔势设置为8笔势后，再在零件模式视图或工程图视图中按下右键并拖动鼠标，则会弹出如图2-30所示的8笔势指南。

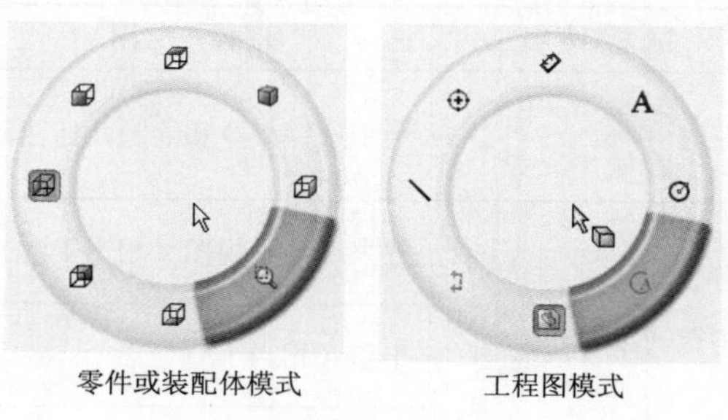


图 2-30

**技术要点：**

如果要取消使用鼠标笔势，在鼠标笔势指南中释放鼠标即可。或者选择一个笔势后，鼠标笔势指南自动消失。

**动手操作——利用鼠标笔势绘制草图**

这里介绍如何利用鼠标笔势功能来辅助绘图。本练习的任务是绘制如图 2-31 所示的零件草图。

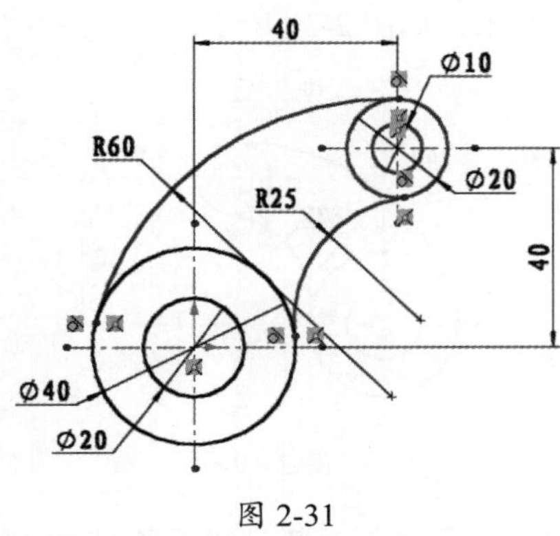


图 2-31

**操作步骤**

**01** 新建零件文件。

**02** 在菜单栏中执行“工具”|“自定义”命令，打开“自定义”对话框。在“鼠标笔势”选项卡中设置鼠标笔势为“8 笔势”。

**03** 在功能区“草图”选项卡中单击“草图绘制”按钮，选择上视基准面作为草图平面，并进入草图模式，如图 2-32 所示。

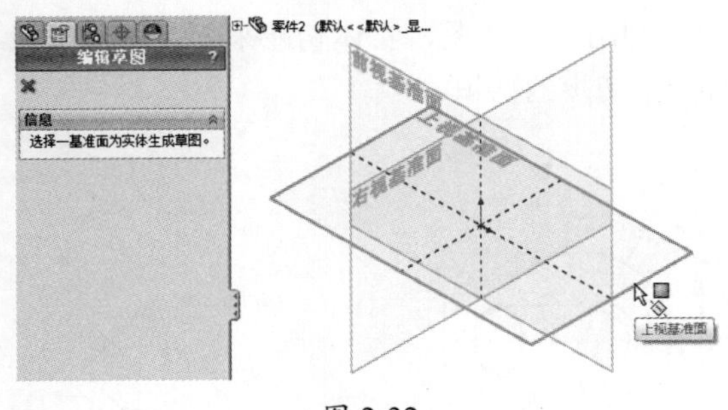


图 2-32

**04** 在图形区右击显示鼠标笔势并拖至“绘制直线”笔势上，如图 2-33 所示。

**05** 绘制草图的定位中心线，如图 2-34 所示。

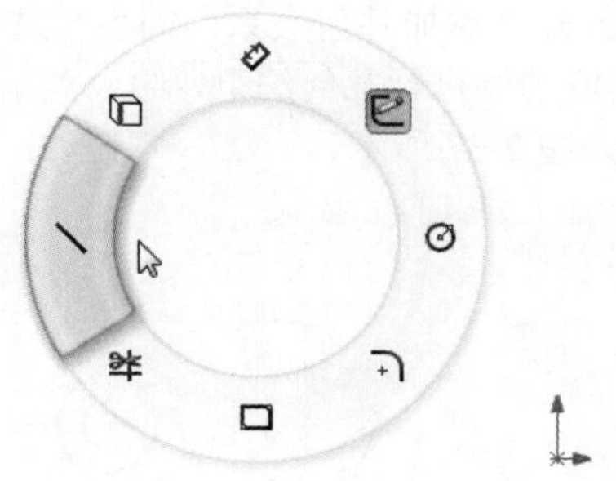

图 2-33

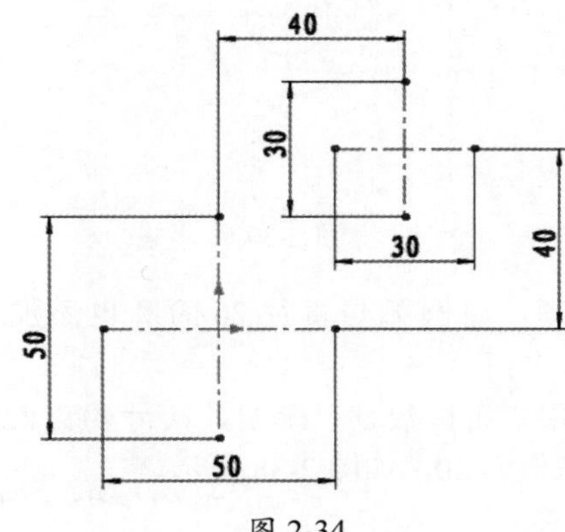


图 2-34

**06** 右击并拖至“绘制圆”的笔势上，然后绘制如图 2-35 所示的 4 个圆。

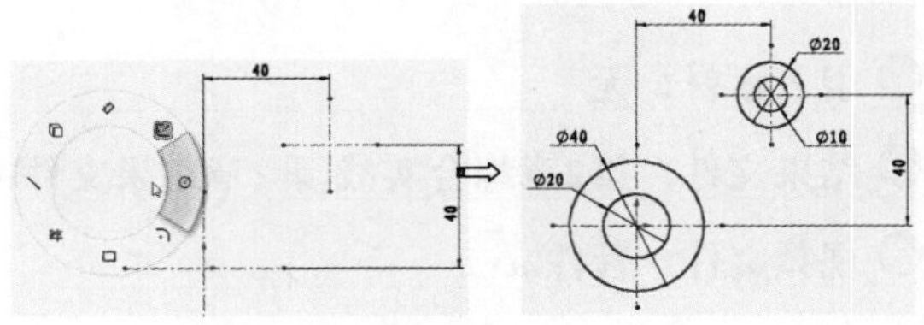

图 2-35

**07** 单击“草图”选项卡中的“3 点圆弧”按钮，然后在直径 40 和直径 20 的圆上分别取点，绘制半径圆弧，如图 2-36 所示。

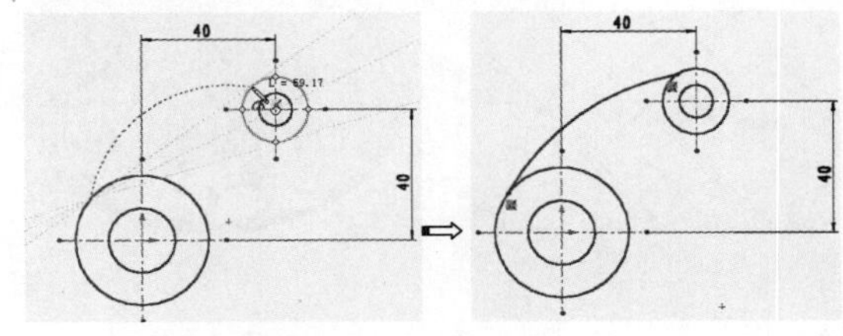

图 2-36

**08** 在“草图”选项卡中选择“添加几何关系”

命令，打开“添加几何关系”面板。选择圆弧和直径40的圆进行几何约束，约束关系为“相切”，如图2-37所示。

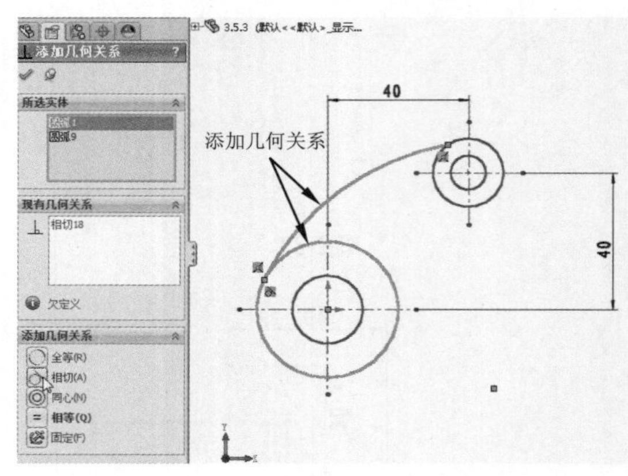


图 2-37

**09** 同理，将圆弧与直径20的圆也添加相切约束。

**10** 运用“智能尺寸”笔势，尺寸约束圆弧，半径取值为20，如图2-38所示。

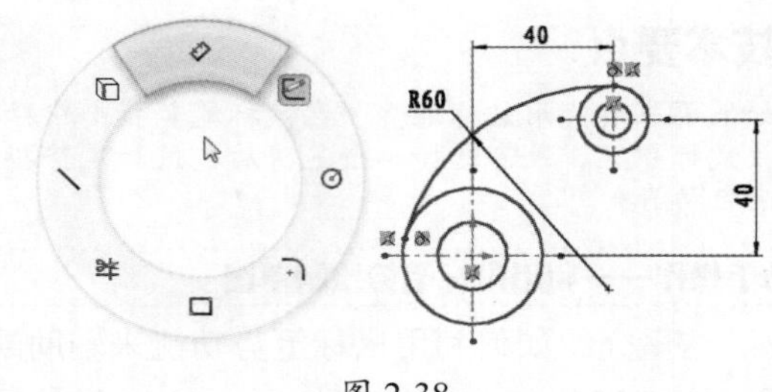


图 2-38

**11** 同理，绘制另一个圆弧，并且进行几何约束和尺寸约束，如图2-39所示。

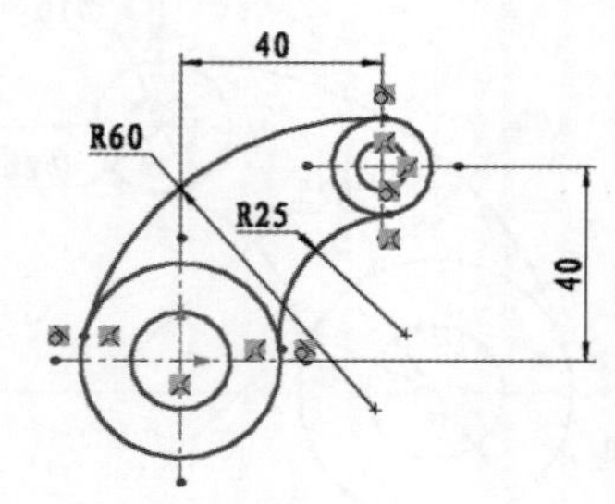


图 2-39

**12** 至此，运用鼠标笔势完成了草图的绘制。

## 2.5 综合实战——管件设计

◎ **引入素材：无**

◎ **结果文件：第2章综合实战\第2章结果文件\管件.sldprt**

◎ **视频文件：管件.avi**

进入SolidWorks 2018软件功能的全面学习之前，利用部分草图、实体功能来创建一个机械零件模型。让大家对SolidWorks 2018的建模思路有一个初步的认识。

如图2-40所示为管件设计的图纸参考与结果。

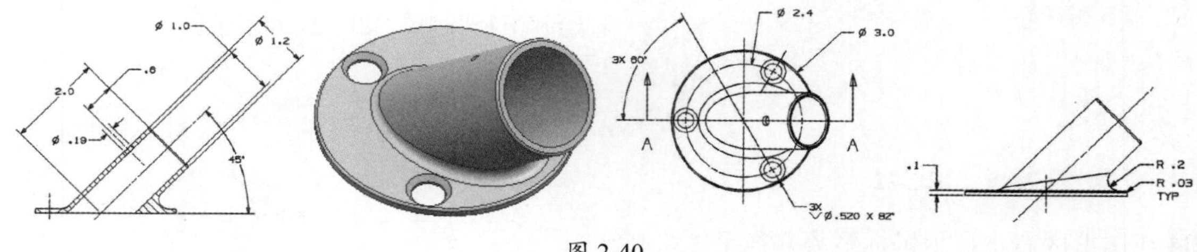

图 2-40

### 操作步骤

**01** 在标题栏中单击“新建”按钮，新建一个零件文件，如图2-41所示。

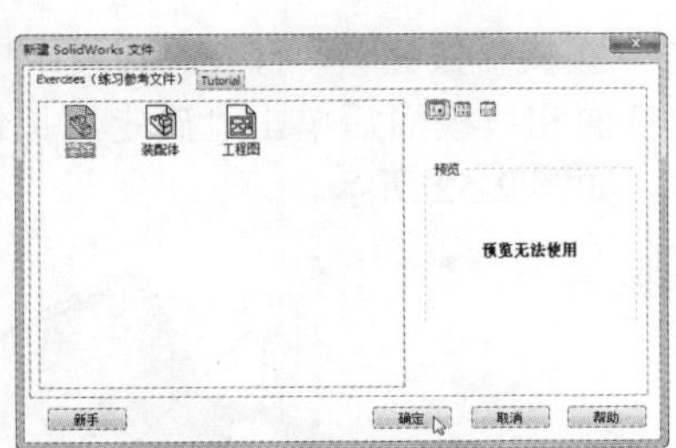

图 2-41

**02** 在功能区的“特征”选项卡中单击“拉伸凸台 / 基体”按钮，弹出“拉伸”面板。然后按提示指定前视基准面作为草图平面，绘制如图 2-42 所示的草图。

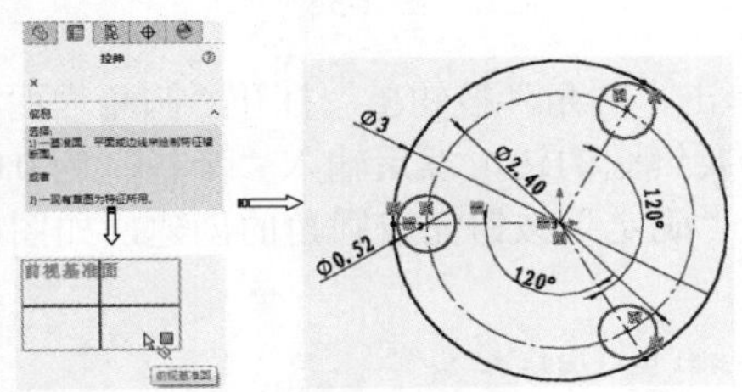

图 2-42

**03** 退出草图环境后在“凸台 - 拉伸 1”面板中输入“给定深度”为 0.1，单击“确定”按钮完成拉伸特征的创建，如图 2-43 所示。

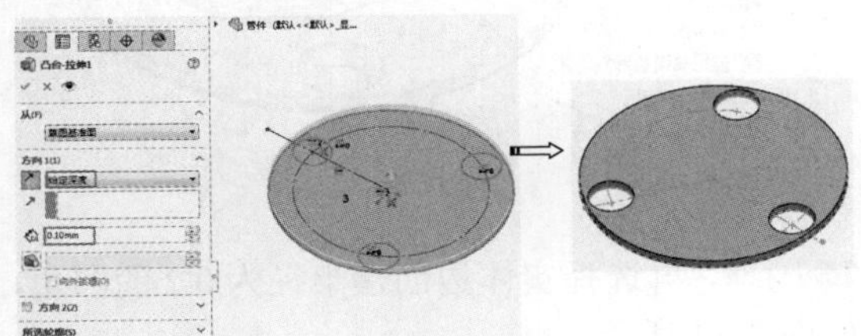

图 2-43

**04** 在“特征”选项卡中单击“旋转凸台 / 基体”按钮，打开“旋转”面板。然后选择“上视基准面”作为草图平面，绘制如图 2-44 所示的草图。

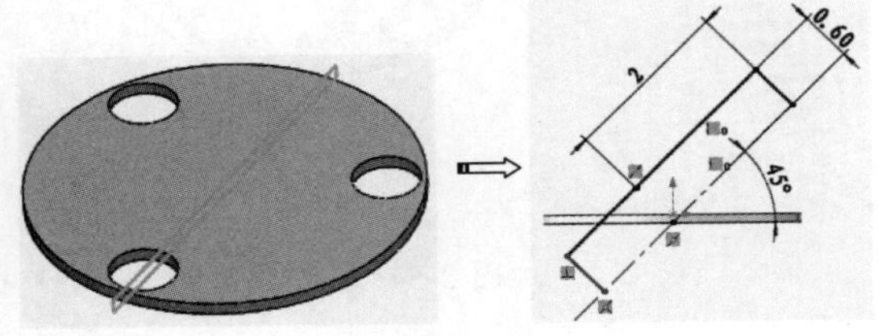

图 2-44

**技术要点：**

默认情况下，3个基准面是隐藏的，可以通过特征树选取基准面。

**技术要点：**

旋转截面可以是封闭的，也可以是开放的。当截面为开放时，如果要创建旋转实体而非旋转曲面，系统会提示是否将截面封闭，如图2-45所示。

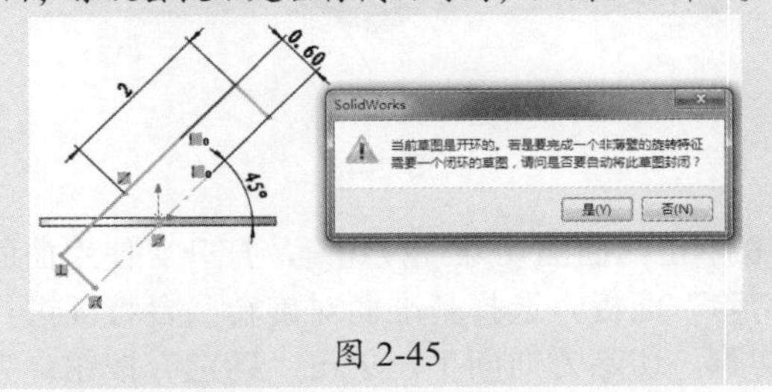

图 2-45

**05** 退出草图环境，在“旋转 1”面板中选择旋转轴和轮廓，如图 2-46 所示。

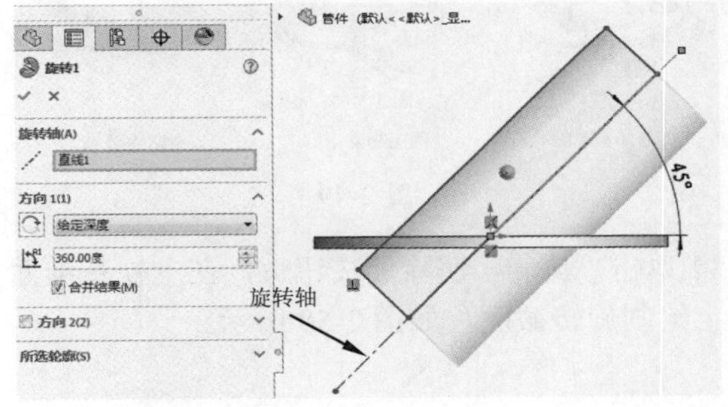


图 2-46

**06** 最后单击“确定”按钮，完成旋转凸台基体的创建。

**07** 单击“抽壳”按钮，在“抽壳 1”面板中设置抽壳厚度为 0.1，再选择旋转基体的两个端面作为要移除的面，如图 2-47 所示。

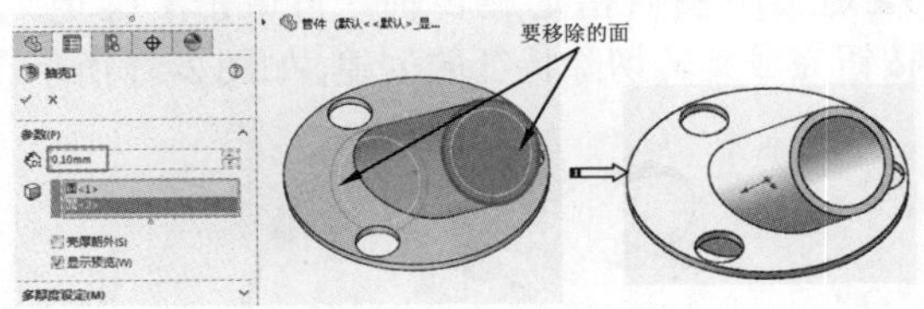


图 2-47

**08** 单击面板中的“确定”按钮完成抽壳。

**09** 单击“基准面”按钮，打开“基准面 1”面板。选择拉伸凸台的底端面为参考平面，输入偏距为0，单击“基准面1”面板中的“确定”按钮✔完成基准面的创建，如图2-48所示。

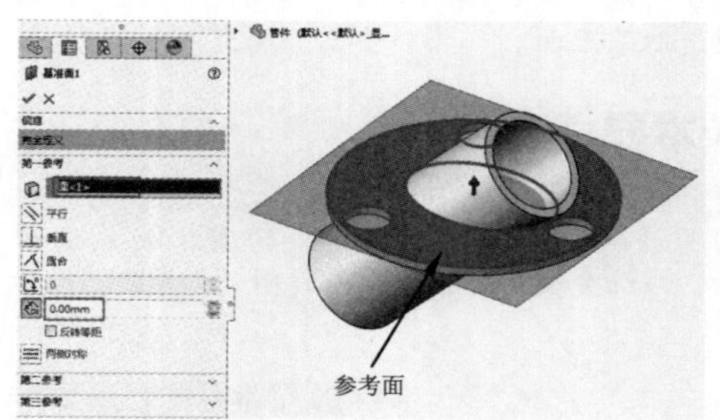


图 2-48

**10** 单击“曲面切除”按钮，打开“使用曲面切除”面板。选择基准面对旋转凸台特征进行切除，切除方向向下，单击“确定”按钮✔完成切除，结果如图2-49所示。

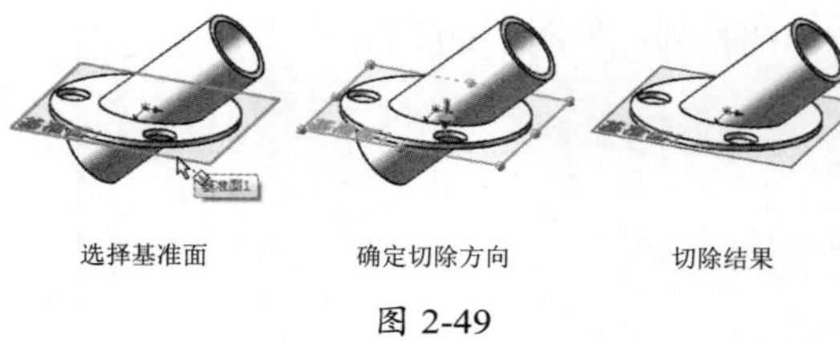


图 2-49

**11** 单击“旋转-切除”按钮，在上视基准面上绘制旋转截面，如图2-50所示。

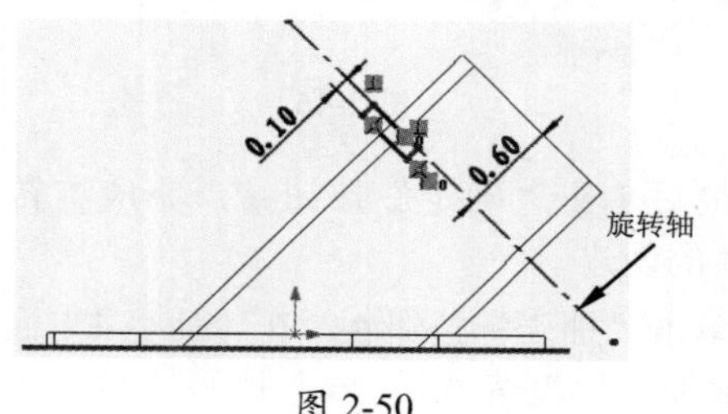


图 2-50

**12** 退出草图后指定旋转轴，再单击“确定”按钮完成旋转切除特征的创建，如图2-51所示。

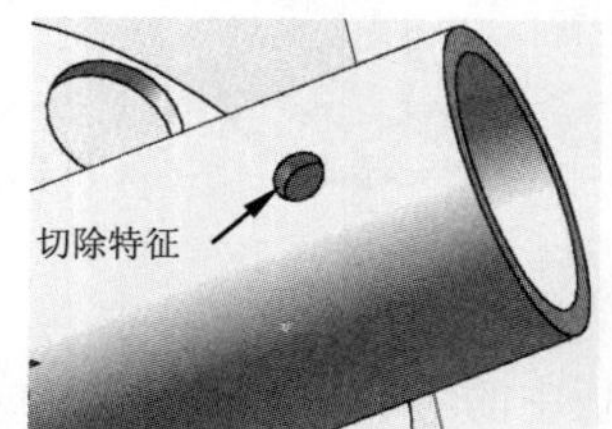


图 2-51

**13** 单击“拔模”按钮，打开“拔模1”面板。选择中性面和拔模面后单击“确定”按钮✔完成创建，如图2-52所示。

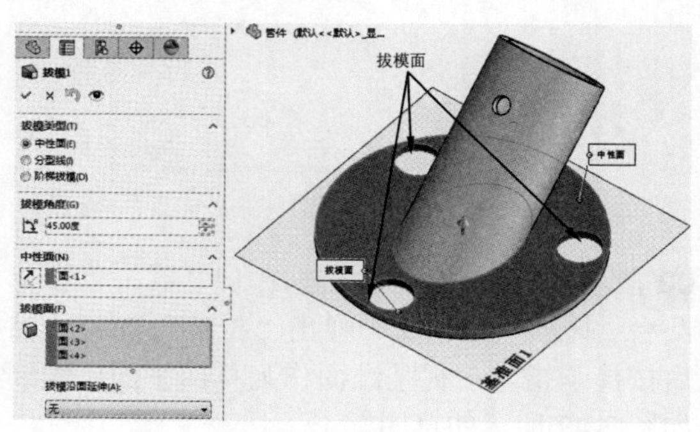


图 2-52

**14** 单击“圆角”按钮，打开“圆角”面板。选择要倒圆的边，然后输入“半径”为0.03，单击“确定”按钮完成圆角的创建，如图2-53所示。

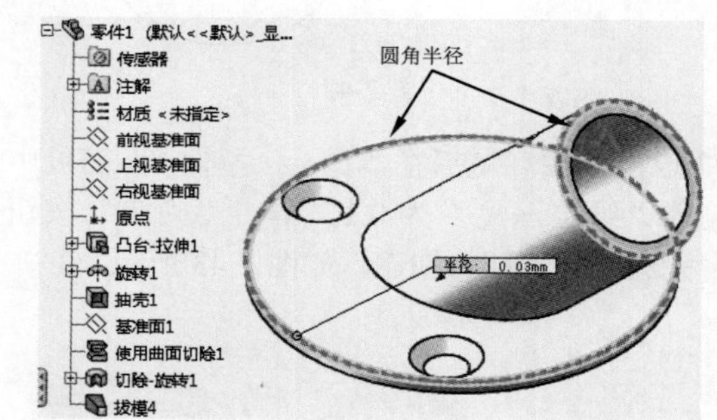


图 2-53

**15** 同理，再选择实体边创建半径为0.2的圆角，如图2-54所示。

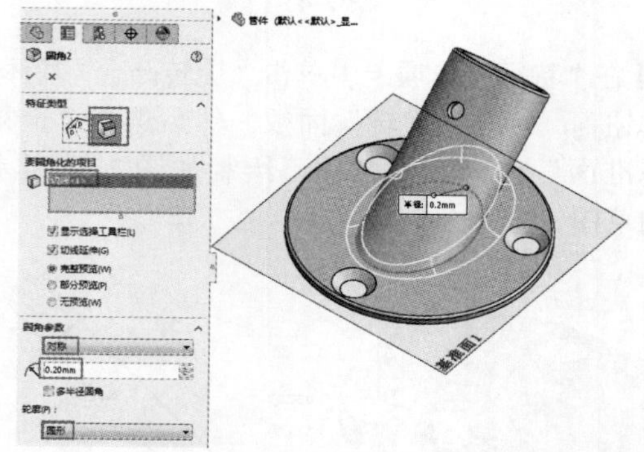


图 2-54

**16** 至此，完成了管件的设计。

## 2.6 课后习题

### 1．渐开线齿轮建模

本练习利用鼠标笔势功能辅助绘制连接片截面草图，如图 2-55 所示。

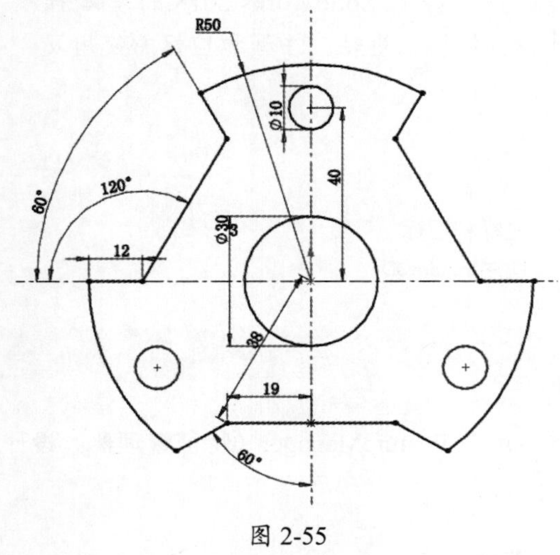


图 2-55

### 2．简单零件建模

本练习利用草图和拉伸命令设计一个零件，模型如图 2-56 所示。

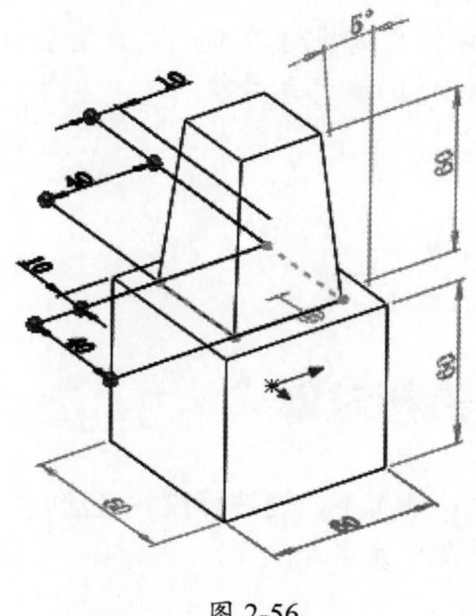


图 2-56

# 第 3 章　踏出 SolidWorks 2018 的第二步

踏出 SolidWorks 2018 的第二步，就是熟悉并熟练掌握 SolidWorks 2018 的基本操作，以便提高设计效率。本章主要讲述对象的选择、使用三重轴、注释和控标的使用及 Instant3D 的使用方法等。

- 选择对象
- 使用三重轴
- 注释和控标
- 使用Instant3D

## 3.1 选择对象

在默认情况下，当选择模式激活时，可在图形区域或在 FeatureManager（特征管理器）设计树中选择图形元素。

### 3.1.1 选中并显示对象

图形区域中的模型或单个特征在用户进行选取时，或者将指针移至特征上面时动态高亮显示。

**技术要点：**

用户可以通过在菜单栏中执行“工具”|“选项”命令，在弹出的“系统选项”对话框中选择“颜色”选项，从而设置高亮显示。

#### 1. 动态高亮显示对象

将指针动态移动到某个边线或面上时，边线则以粗实线高亮显示，面的边线以细实线高亮显示，如图 3-1 所示。

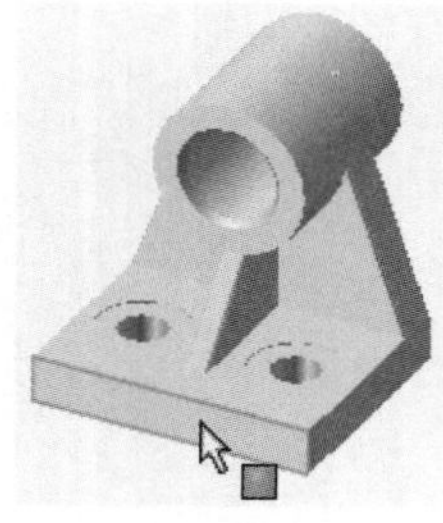

面的边线以细实线高亮显示

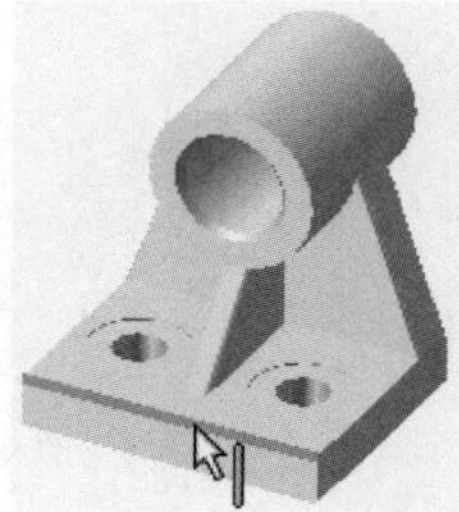

边线作为粗实线高亮显示

面的边线以单色线高亮显示

图 3-1

在工程图设计模式中，边线以细实线动态高亮显示，如图 3-2 所示；而面的边线则以细虚线动态高亮显示。

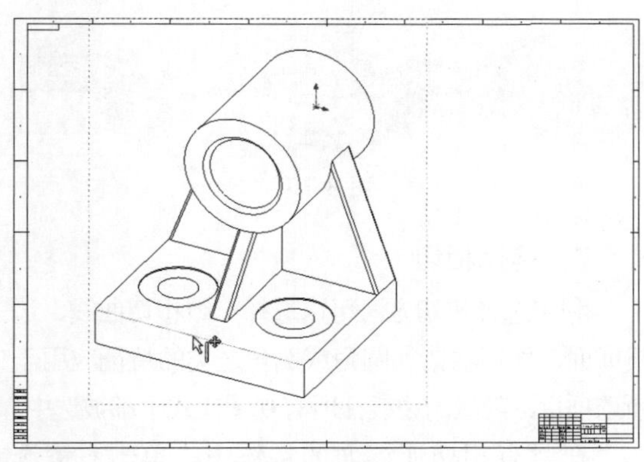

图 3-2

2．高亮显示提示

端点、中点及顶点之类的几何约束在指针接近时高亮显示，然后在指针将其选中时更改颜色，如图 3-3 所示。

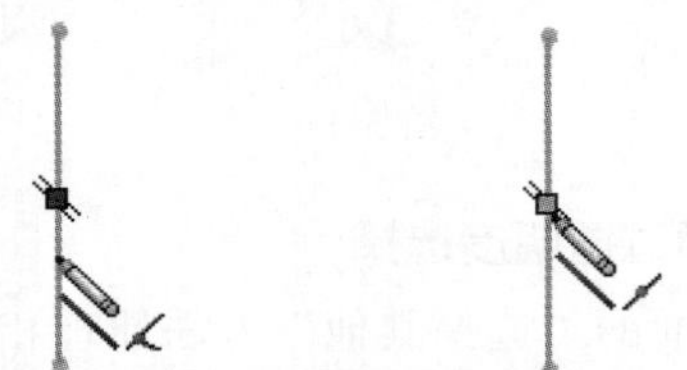

接近时中点黑色高亮显示　选择时指针识别出中点并以橙色显示

图 3-3

### 3.1.2　对象的选择

随着对 SolidWorks 环境的熟悉，如何高效地选择模型对象，将有助于快速设计。SolidWorks 提供了多种选择方法，下面详解。

1．框选择

框选择是将指针从左到右拖曳，完全位于矩形框内的独立项目被选中，如图 3-4 所示。在默认情况下，框选类型只能选择零件模式下的边线、装配体模式下的零部件及工程图模式下的草图实体、尺寸和注解等。

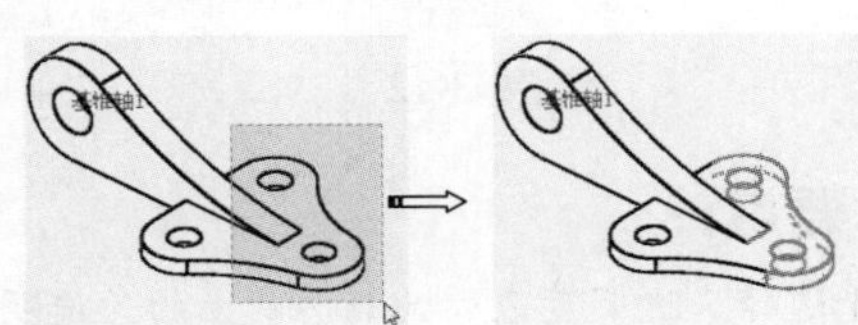

图 3-4

**技术要点：**

框选择方法仅仅选取框内独立的特征，如点、线及面。非独立的特征不包括在内。

2．交叉选择

交叉选择是将指针从右向左拖曳，除了矩形框内的对象外，穿越框边界的对象也会被选中，如图 3-5 所示。

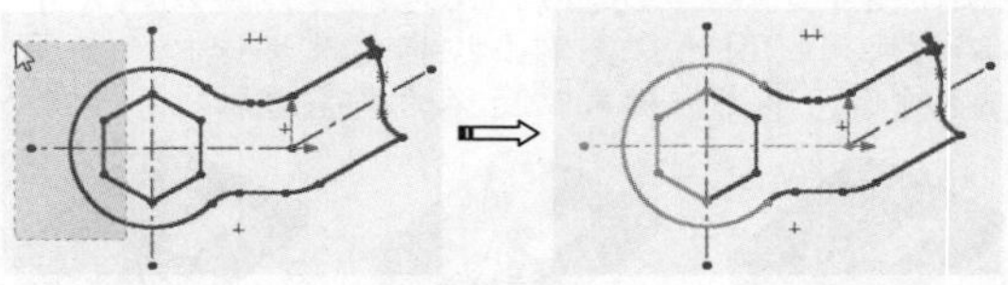

图 3-5

**技术要点：**

当选择工程图中的边线和面时，隐藏的边线和面不被选择。若想选择多个实体，再次选择时按住Ctrl键即可。

3．方法三：逆转选择（反转选择）

某些情况下，当一个对象内部包含许多的元素，且需要选择其中大部分元素时，逐一选择会耽误不少操作时间，这时就需要使用逆转选择的方法。

操作步骤

**01** 先选择少数不需要的元素。

**02** 在“选择过滤器”工具条中单击“逆转选择”按钮。

**03** 随后即可将需要选中的多数元素选中，如图 3-6 所示。

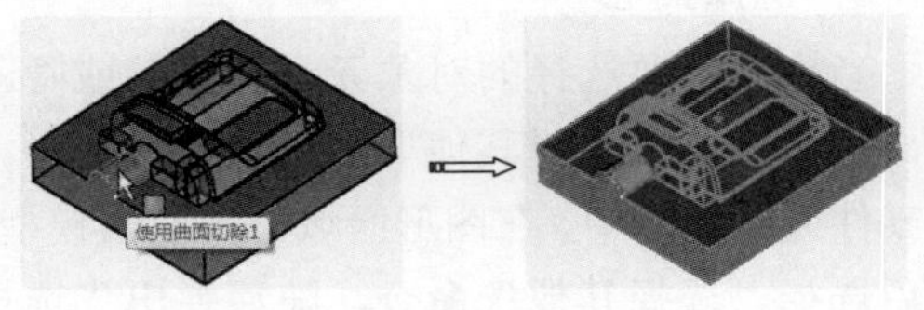


图 3-6

4．选择环

使用选择环的方法可以在零件上选择相连边线环组，隐藏的边线在所有视图模式中都将被选中。如图 3-7 所示，在一条实体边上单击右键选择“选择环”命令，与之相切或相邻的实体边则被自动选取。

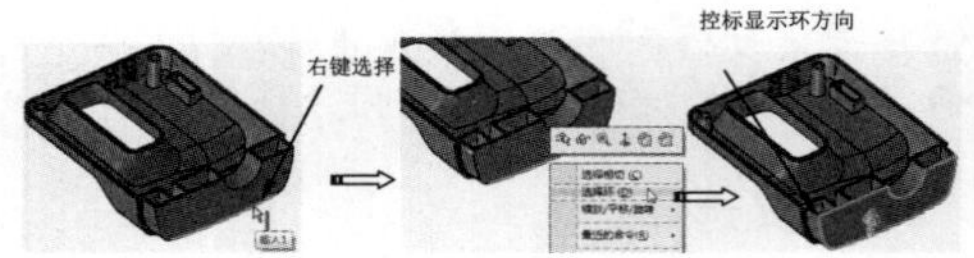


图 3-7

**技术要点：**

在模型中选择一条边线，此边线可能涉及到几个环的共用，因此需要单击控标更改环选择。如图3-8所示，单击控标来改变环的高亮选取。

图 3-8

### 5. 选择链

选择链的方法与选择环的方法近似，所不同的是选择链仅仅针对草图曲线，如图 3-9 所示。而选择环的方法也仅在模型实体中适用。

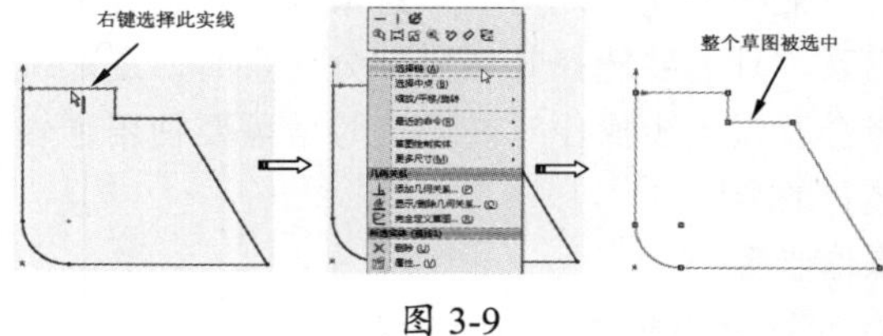


图 3-9

**技术要点：**

在零件设计模式下使用曲线工具创建的曲线，是不能以选择环与选择链的方法来进行选择的。

### 6. 选择其他

当模型中要选择的对象元素被遮挡或隐藏时，可以利用“选择其他”的方法进行选择。在零件或装配体中，在图形区域中用右击模型，然后选择“选择其他”命令，随后弹出“选择其他”对话框，该对话框中列出模型中指针预选范围的项目，同时鼠标指针由变成了形状（仅当指针在“选择其他”对话框外才显示），如图 3-10 所示。

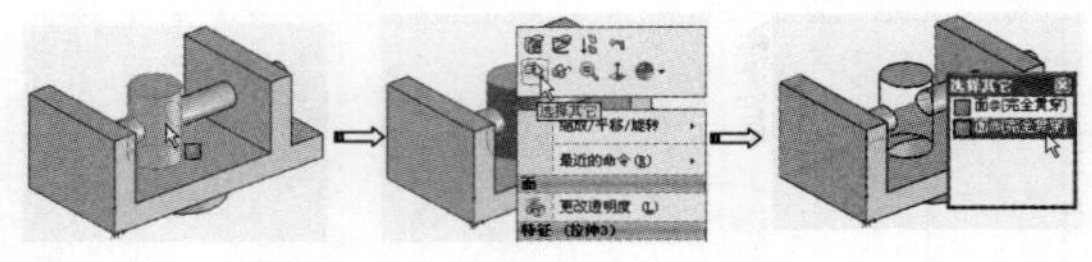

图 3-10

### 7. 选择相切

利用选择相切方法可以选择一组相切曲线、边线或面，然后将诸如圆角或倒角之类的特征应用于所选项目，隐藏的边线在所有视图模式中都被选中。

在具有相切连续面的实体中，单击右键选取边、曲线或面时，在弹出的快捷菜单中选择“选择相切”命令，程序自动将与其相切的边、曲线或面全部选中，如图 3-11 所示。

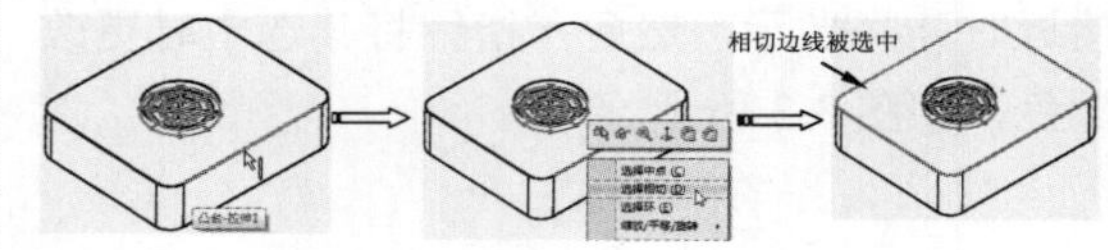


图 3-11

### 8. 通过透明度选择

与前面的“选择其他”方法原理相同，通过透明度选择方法也是在无法直接选择对象的情况下进行的。通过透明度选择方法是透过透明物体选择非透明对象，这包括装配体中通过透明零部件的不透明零部件，以及零件中通过透明面的内部面、边线及顶点等。

如图 3-12 所示，当要选择长方体内的球体时，直接选择是无法完成的，这时就可以单击右键选取遮蔽球体的长方体面，并选择快捷菜单中的“更改透明度”命令，在修改了遮蔽面的透明度后，就能顺利选择球体了。

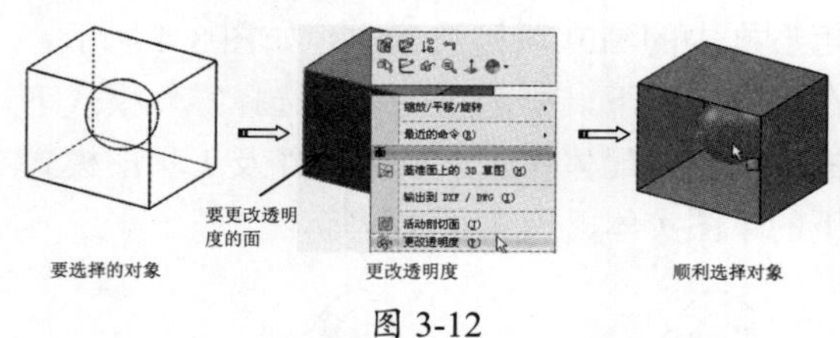


图 3-12

**技术要点：**

为便于选择，透明度表示为10%以上的为透明。具有10%以下透明度的实体被视为不透明。

### 9. 强劲选择

强劲选择方法是通过预先设定的选择类型来强制选择对象。在菜单栏中执行“工具”|“强劲选择”命令，或者在 SolidWorks 界面顶部的标准选项卡中选择“强劲选择”命令，程序将在右侧的任务窗格中显示“强劲选择”面板，如图 3-13 所示。

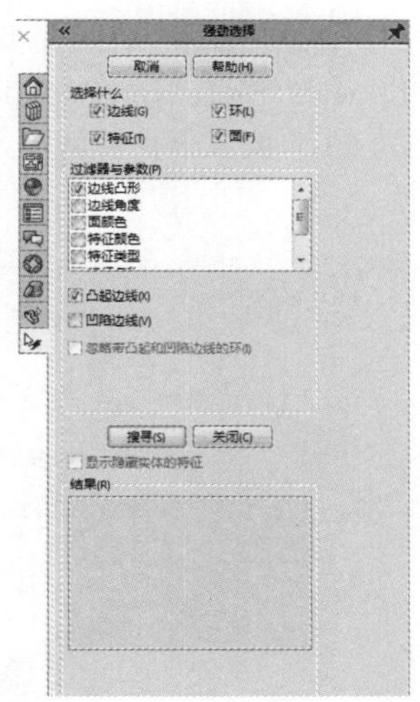

图 3-13

在“强劲选择”面板的“选择什么”选项组中勾选要选择的实体选项，再通过“过滤器与参数”选项列表中的过滤选项，过滤出符合条件的对象。当单击“搜寻”按钮后，程序会将自动搜索出的对象列于下面的“结果”选项组中，且“搜寻”按钮变成“新搜索”按钮。如果要重新搜索对象，再单击“新搜索”按钮，重新选择实体类型。

例如，在勾选“边线”选项和“边线凸形”复选框后，单击“搜寻”按钮，在图形区高亮显示所有符合条件的对象，如图 3-14 所示。

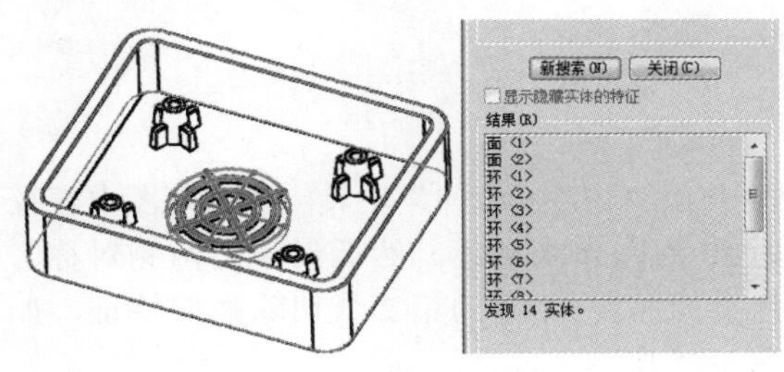

图 3-14

**技术要点：**

要使用“强劲选择”的方法选择对象，必须在“强劲选择”面板的“选择什么”选项组和“过滤器与参数”选项组中至少勾选一个选项，否则程序会弹出信息提示对话框，提示“请选择至少一个过滤器或实体选项”。

**动手操作——高效率选择对象并进行特征设计**

本例要设计的箱体类零件——阀体，如图 3-15 所示。

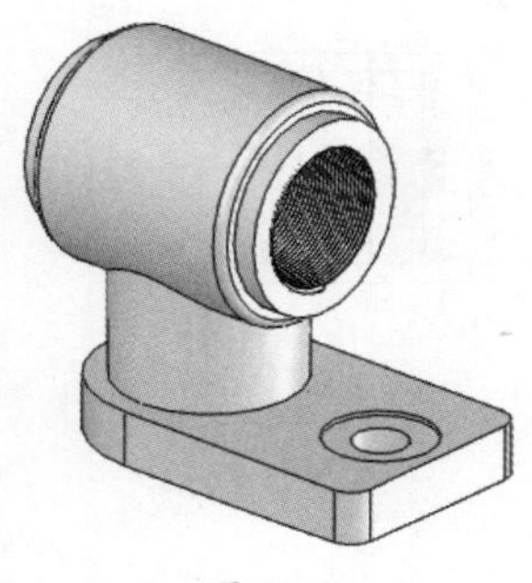

图 3-15

**操作步骤**

**01** 新建零件文件，进入零件模式。

**02** 在“特征”选项卡中单击“拉伸凸台 / 基体”按钮，选择上视基准面作为草绘平面，并绘制出阀体底座的截面草图，如图 3-16 所示。

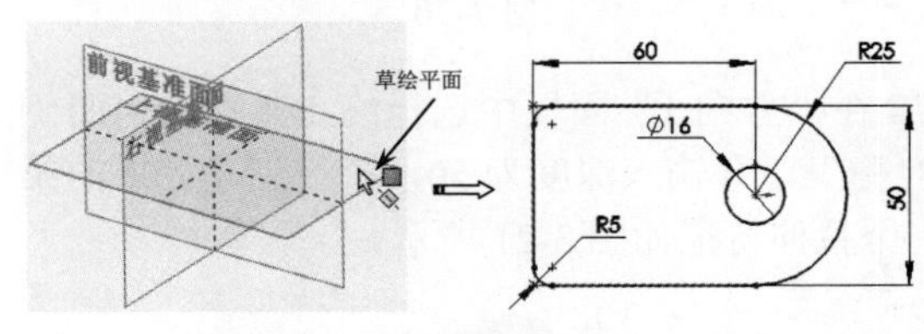


图 3-16

**03** 退出草图模式后，以默认拉伸方向创建出深度为 12 的底座特征，如图 3-17 所示。

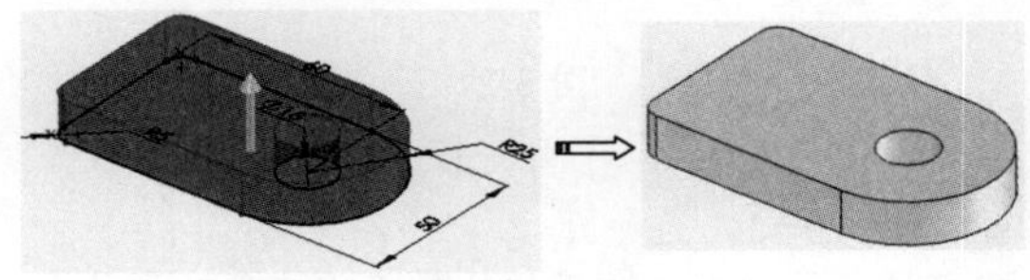

图 3-17

**04** 使用“拉伸凸台 / 基体”工具，选择底座上表面作为草绘平面，并创建出拉伸深度为 56 的阀体支承部分特征，如图 3-18 所示。

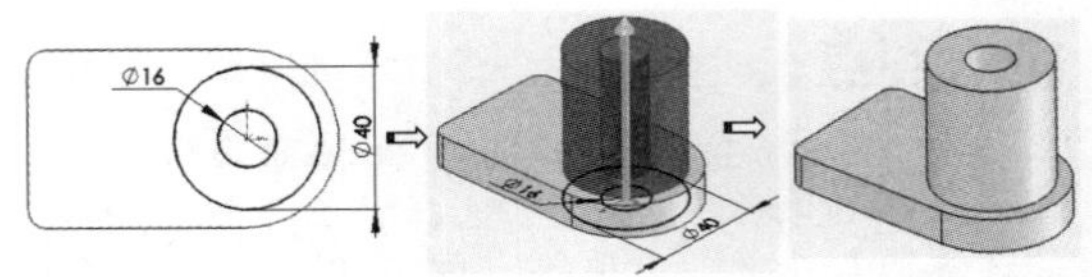


图 3-18

**05** 使用“拉伸凸台 / 基体”工具，选择右视基准面作为草绘平面，并绘制出草图曲线，如图 3-19 所示。退出草图模式后在“拉伸”面板中重新选择轮廓，如图 3-20 所示。

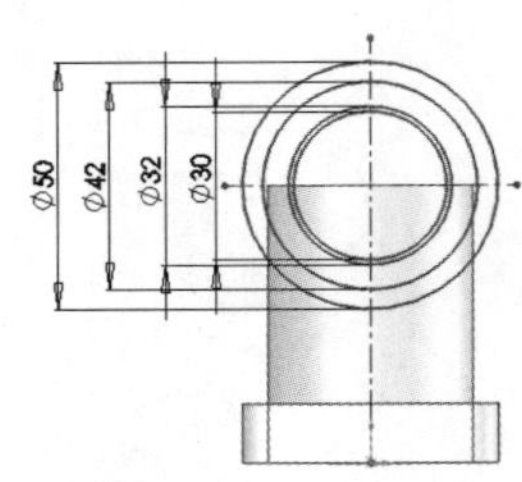


图 3-19

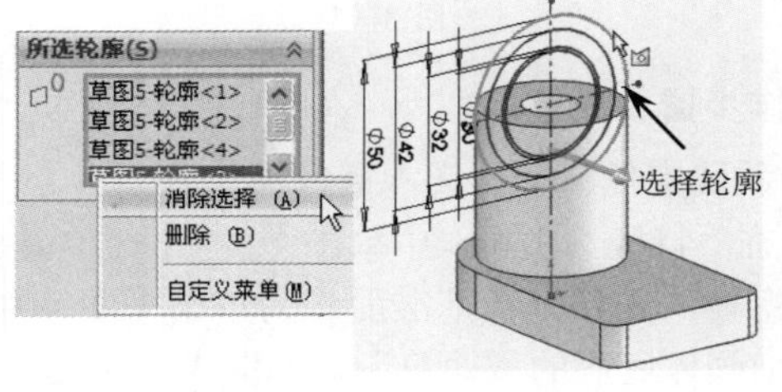


图 3-20

**06** 在“方向 1”面板中选择终止条件为“两侧对称”，并输入深度为 50，最终创建完成的第 1 个拉伸特征如图 3-21 所示。

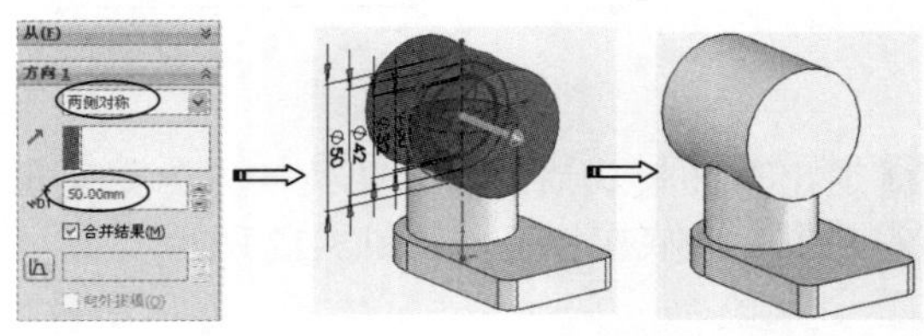


图 3-21

**技术要点：**

重新选择轮廓后，余下的轮廓将作为后续设计拉伸特征的轮廓。

**07** 在特征管理器设计树中将第 1 个拉伸特征的草图设为“显示”，图形区显示草图，如图 3-22 所示。

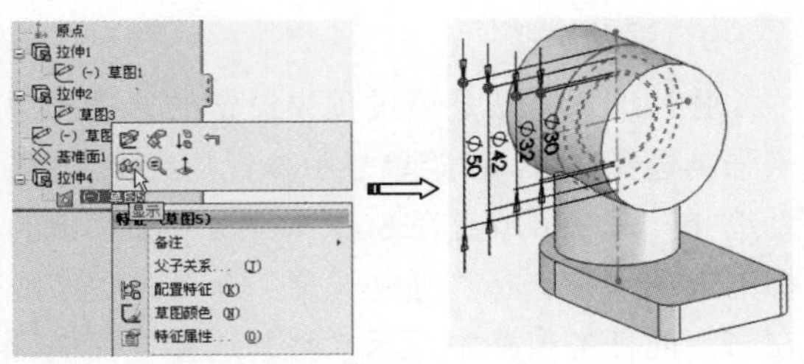


图 3-22

**08** 使用“拉伸凸台 / 基体”工具，选择草图中直径为42的圆作为轮廓，然后创建出两侧对称，且拉伸深度为 60 的第 2 个拉伸特征，如图 3-23 所示。

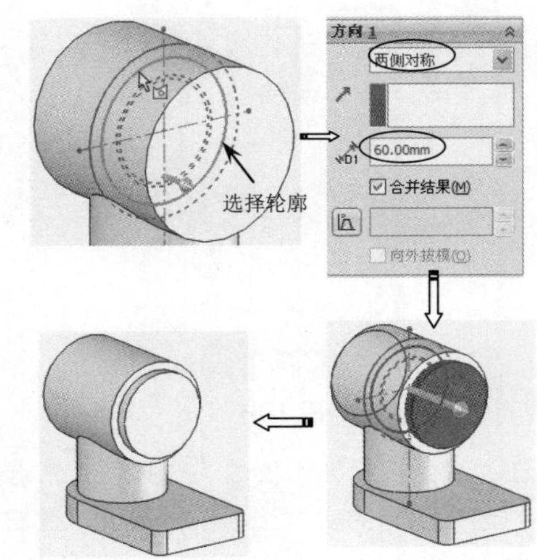


图 3-23

**09** 单击“切除 - 拉伸”按钮，选择草图中直径为 30 的圆作为轮廓，然后创建出两侧对称，且拉伸深度为 60 的第 1 个切除拉伸特征，如图 3-24 所示。

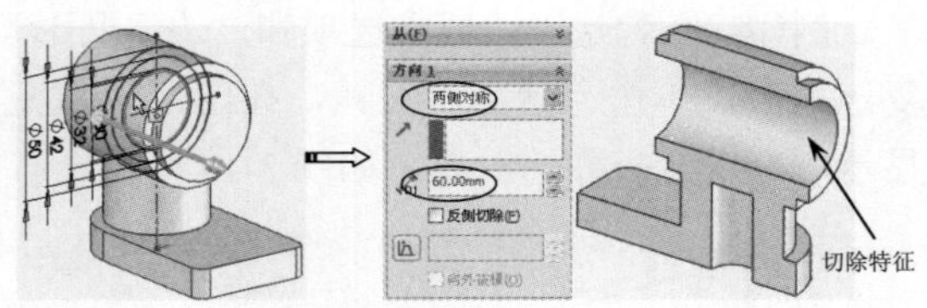


图 3-24

**10** 使用“切除 - 拉伸”工具，选择草图中直径为 30 的圆作为轮廓，然后创建出两侧对称，且拉伸深度为 16 的第 2 个切除拉伸特征，如图 3-25 所示。

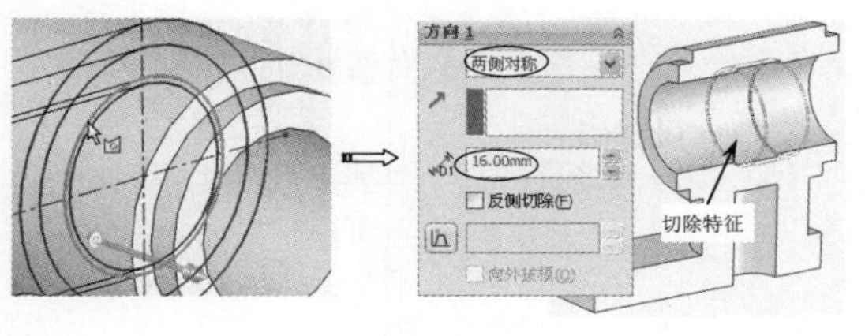


图 3-25

**11** 单击“圆角”按钮，选择阀体工作部分（前面创建的两个拉伸加特征和两个减特征）的边线，创建出圆角半径为2的圆角特征，如图3-26所示。

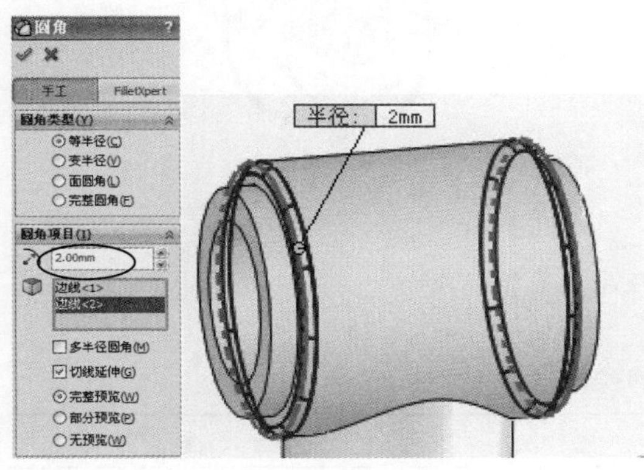


图 3-26

**12** 在菜单栏中执行“插入”｜“曲线”｜“螺旋线/窝状线”命令，调出“螺旋线/涡状线”面板，然后按如图3-27所示进行设置并创建出螺旋线。

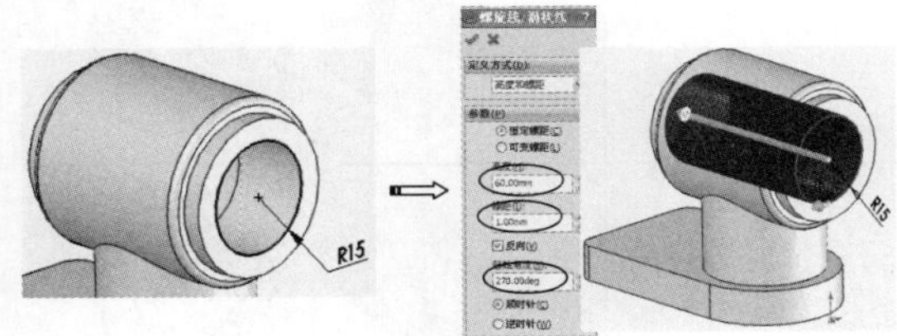


图 3-27

## 技术要点：

要创建扫描切除特征，必须先绘制扫描轮廓及创建扫描路径。

**13** 在“草图”选项卡中单击“草图绘制”按钮，选择前视基准面作为草绘平面，在螺旋线起点绘制如图3-28所示的草图。

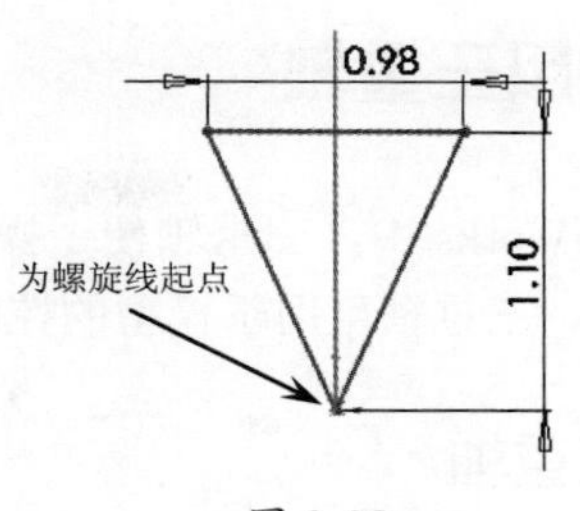


图 3-28

**14** 单击“切除扫描”按钮，选择上一步绘制的草图作为扫描轮廓，选择螺旋线作为扫描路径，并创建出阀体工作部分的螺纹特征，如图3-29所示。

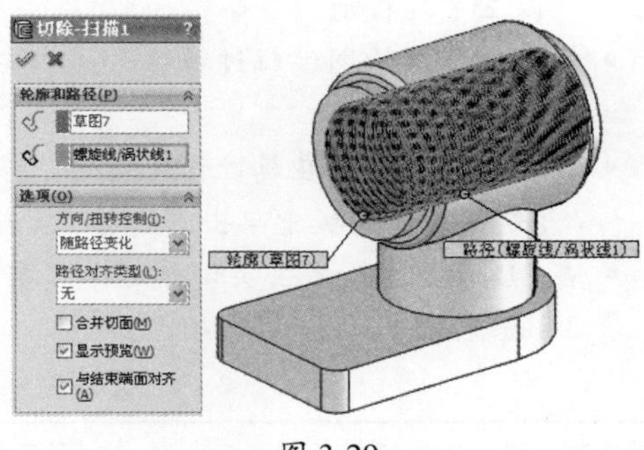


图 3-29

**15** 单击“异型孔向导”按钮，在阀体底座上创建出如图3-30所示的沉头孔。

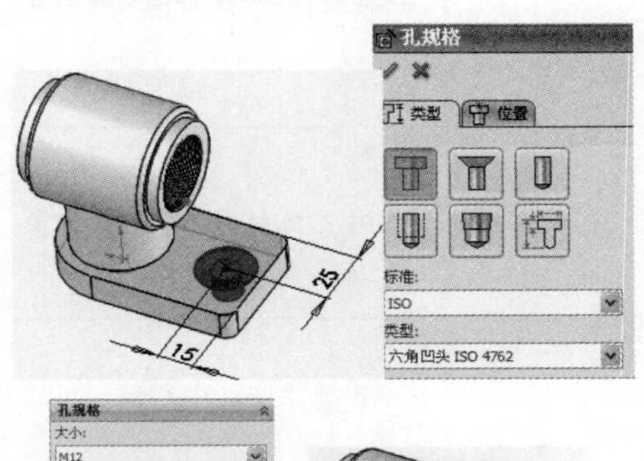


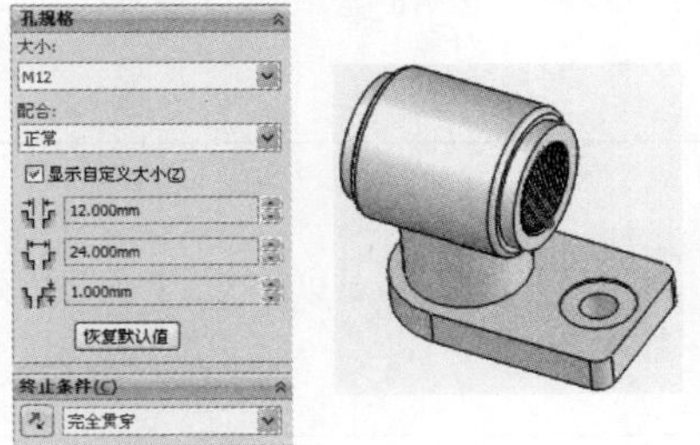


图 3-30

**16** 至此，阀体零件的创建工作已全部完成，最后单击“保存”按钮保存结果。

# 3.2 使用三重轴

在 SolidWorks 中，三重轴便于操纵各个对象，例如，3D 草图、零件、某些特征以及装配体中的零部件。三重轴可用于模型的控制和属性的修改。

## 3.2.1 三重轴

三重轴包括环、中心球、轴和侧翼等元素。在零件模式下显示的三重轴如图 3-31 所示。

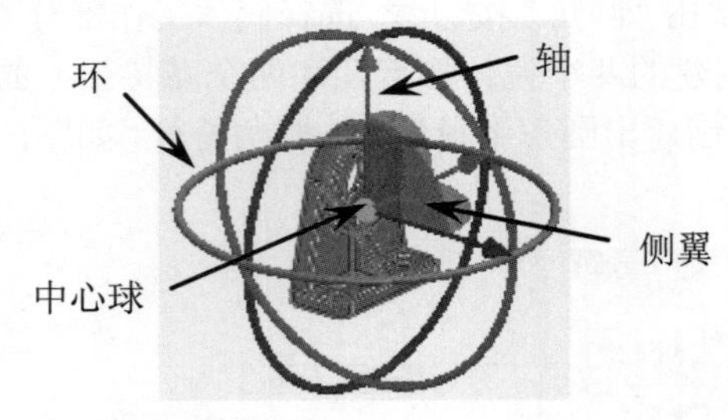

图 3-31

要使用三重轴，需要满足下列条件。

- 在装配体中，右击可移动零部件并选择“以三重轴移动”命令。
- 在装配体爆炸图编辑过程中，选择要移动的零部件。
- 在零件模式下，在属性管理器的“移动/复制实体”面板中单击“平移/旋转”按钮。
- 在 3D 草图中，右击实体并选择“显示草图程序三重轴”命令。

表 3-1 中列出了三重轴的操作方法。

表 3-1　三重轴的操作方法

| 三　重　轴 | 操 作 方 法 | 图　　解 |
|---|---|---|
| 环 | 拖动环可以绕环的轴旋转对象 | |
| 中心球 | 拖动中心球可以自由移动对象 | |
| | 按 Alt 键并拖动中心球，可以自由拖动三重轴但不移动对象 | |
| 轴 | 拖动轴可以朝 X、Y 或 Z 方向自由平移对象 | |
| 侧翼 | 拖动侧翼可以沿侧翼的基准面拖动对象 | |

**技术要点：**

如果要精确移动三重轴，可以右击三重环并选择“移动到选择”命令，然后选择一个精确位置即可。

## 3.2.2　参考三重轴

参考三重轴出现在零件和装配体文件中，可以帮助用户在查看模型时导向，用户也可以将其用于更改视图方向。

参考三重轴默认情况下在图形区的左下角，可以通过在菜单栏中执行“工具”|“选项”命令，在弹出的“系统选项”对话框中选择“显示 / 选择”选项，然后勾选或取消勾选“显示参考三重轴”复选框，即可打开或关闭参考三重轴的显示。

表 3-2 中列出了参考三重轴的操作方法。

表 3-2　参考三重轴的操作方法

| 操　　作 | 操 作 结 果 | 图　　解 |
| --- | --- | --- |
| 选择一个轴 | 查看相对于屏幕的正视图 | 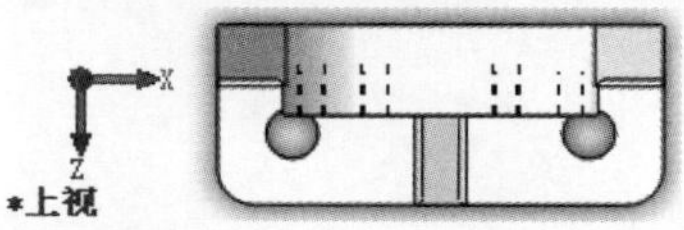 |
| 选择垂直于屏幕的轴 | 将视图方向旋转 90° | 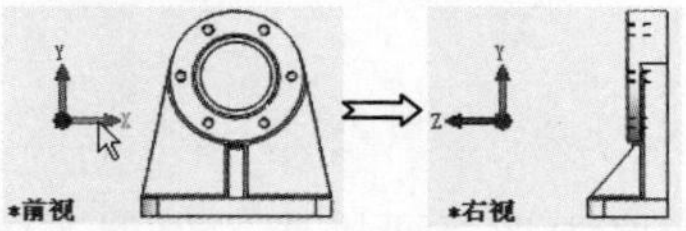 |
| 按 Shift 键 + 选择轴 | 绕该轴旋转 90° | 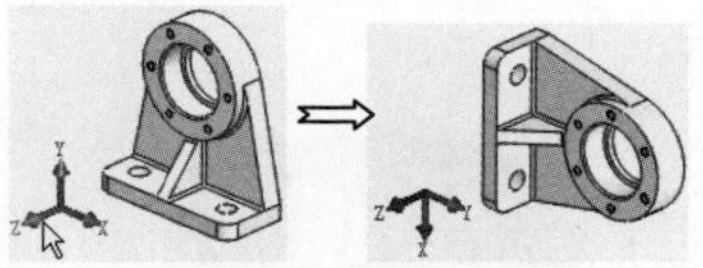 |
| 按 Shift+Ctrl 键 + 选择轴 | 绕该轴反方向旋转 90° | 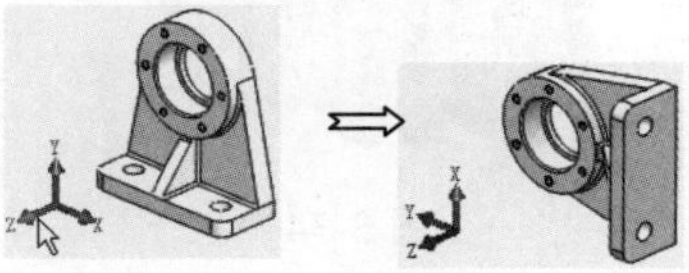 |

**动手操作——使用三重轴复制特征**

三重轴主要用于 3D 模型的控制和属性的修改。本例将通过一个三重轴的操作来达到移动、旋转模型的目的。练习模型如图 3-32 所示。

图 3-32

**操作步骤**

**01** 打开本例素材文件“零件 1.prt”。

**02** 在“特征”选项卡中单击“移动 / 复制实体”按钮，属性管理器中显示“移动 / 复制实体”面板，如图 3-33 所示。

图 3-33

**03** 在图形区中选择要操作的模型实体，如图 3-34 所示。

图 3-34

**04** 选择模型后，模型高亮显示，程序自动将选择的实体添加至面板中的“要移动实体”选项区的列表中，如图 3-35 所示。

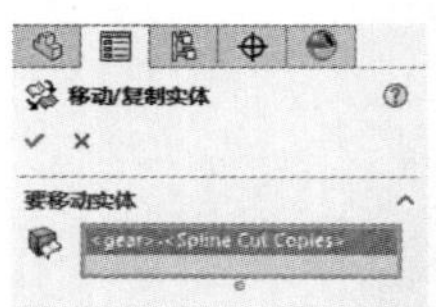

图 3-35

**05** 在面板的“选项”选项区中单击“平移 / 旋转”按钮，图形区中显示三重轴，且三重轴重合于所选实体的质量中心，如图 3-36 所示。

图 3-36

**技术要点：**

可以将三重轴的中心球拖至图形区的任意位置。这样，将模型进行旋转或平移操作后，将根据拖动后的位置作为模型的新位置，如图3-37所示。若按住Alt键并拖动中心球，只能自由拖动三重轴。

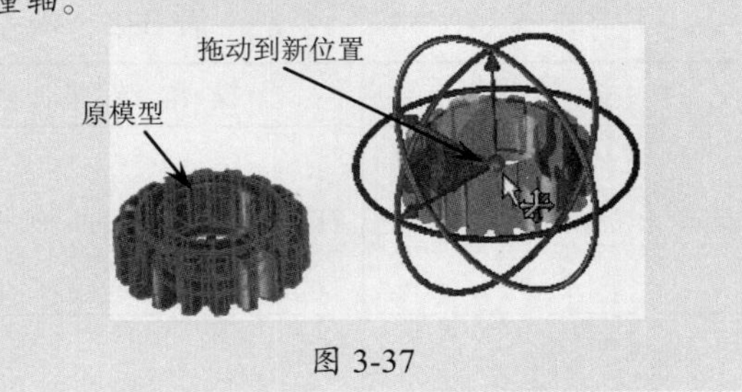


图 3-37

**06** 选中三重轴 Y 方向的环，其余两环将灰显，如图 3-38 所示。

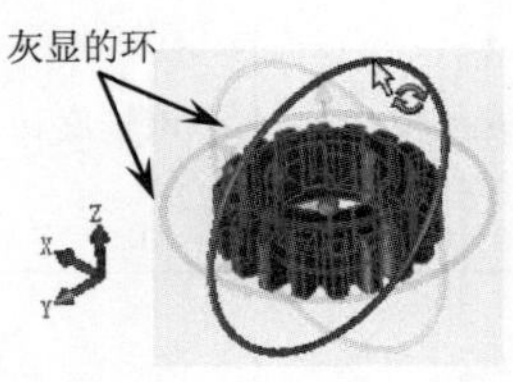


图 3-38

**07** 选中环并按住鼠标不放，拖动指针绕坐标系的 X 轴旋转一定角度，如图 3-39 所示。

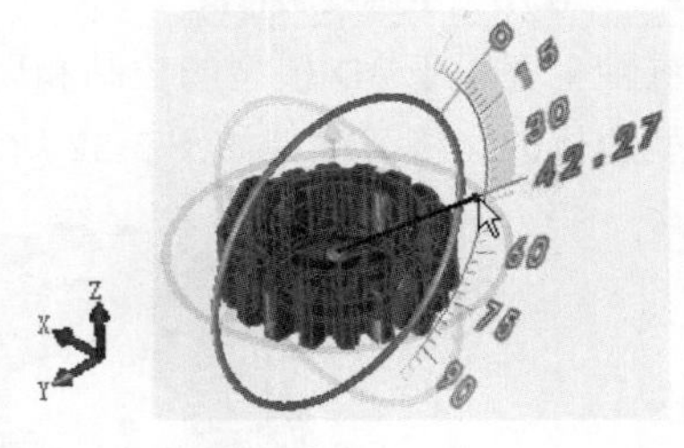


图 3-39

**08** 旋转环后放开鼠标，再次选中环则显示其余环。

**09** 选中坐标系 Y 轴方向的轴（三重轴的轴），

然后按住鼠标拖动一定距离，如图 3-40 所示。

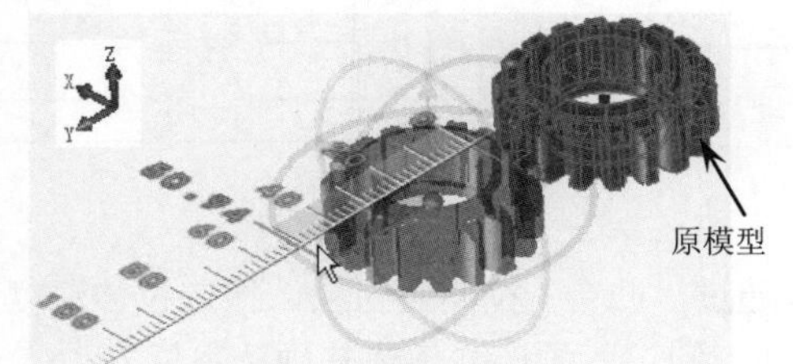


图 3-40

**10** 松开鼠标后，再单击该轴将显示平移后的预览，如图 3-41 所示。

图 3-41

**技术要点：**

选择一个三重轴的轴后，用户将只能在该轴上进行正反方向平移。

**11** 选择三重轴的侧翼（与 YZ 基准面重合的侧翼），其他侧翼及轴 / 环都将灰显，如图 3-42 所示。

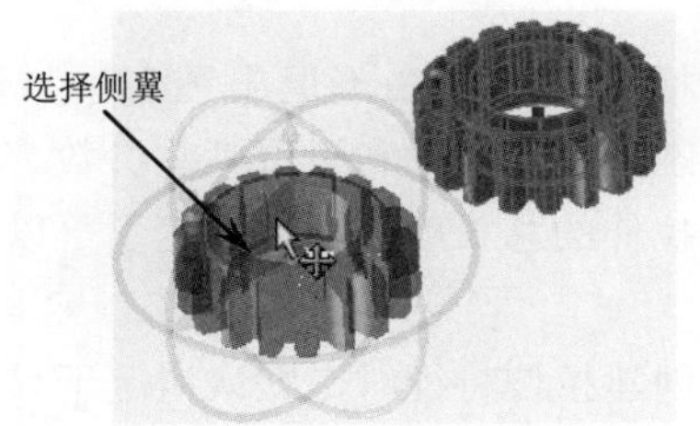


图 3-42

**12** 按住鼠标并拖动，模型将随之平移，且只能在 YZ 基准面内平移，如图 3-43 所示。

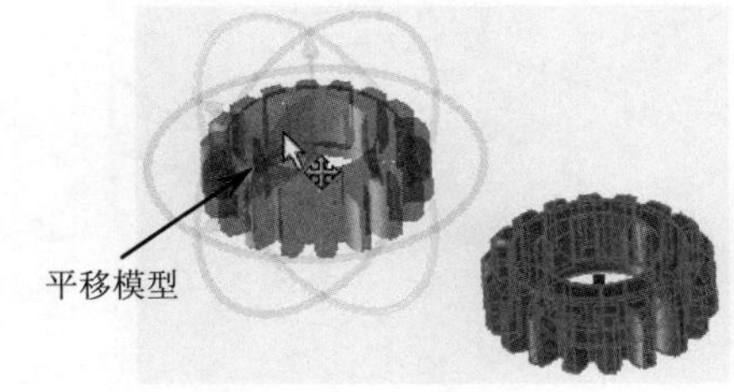


图 3-43

**13** 放开鼠标并单击侧翼，显示平移后的预览。最后在“移动 / 复制实体”面板中单击“确定”按钮✔，完成模型的平移和旋转操作。

## 3.3 注释和控标

在 SolidWorks 零件模式中，系统向用户提供了用于对象注释和对象操控的工具，这些工具可以让用户轻易地认识对象并能快速修改对象。

### 3.3.1 注释

用户在使用某些工具时，在图形区域会出现装满文字的方框，这个方框就是对象的注释。注释可以帮助用户轻易区分不同的对象。

例如在创建扫描特征时，选择轮廓曲线和引导线后，图形区中显示对象注释，如图 3-44 所示。这类注释是不能进行编辑的。

有些注释可以直接进行编辑。在创建圆角特征时，选择要倒圆的边后，可以在显示的注释中输入半径值，如图 3-45 所示。

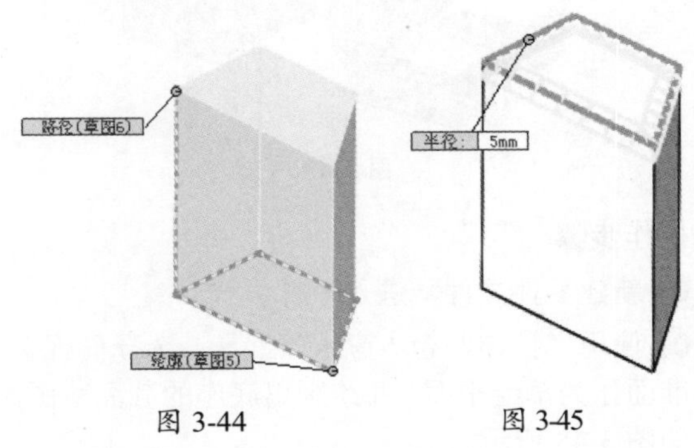


图 3-44　　图 3-45

## 3.3.2 控标

控标允许用户在不退出图形区域的情形下，动态单击、移动和设置某些参数。拖动控标跨越拉伸的总长度，控标表达了可以拉伸的方向。

在创建拉伸特征时，默认情况下只显示一个箭头的控标，但在属性管理器中设置第2个方向后，将会显示两个箭头的控标，如图3-46所示。

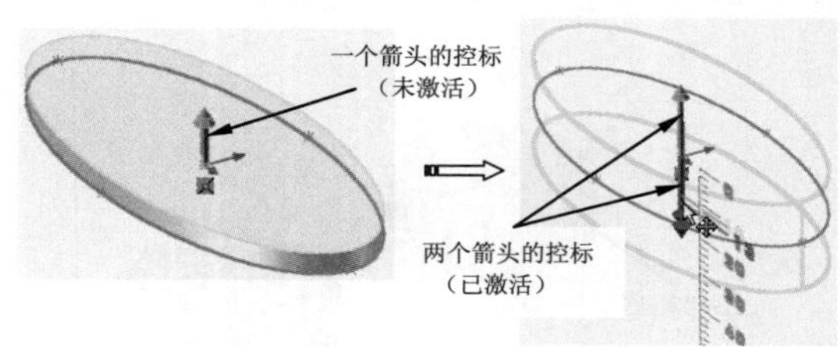


图 3-46

**技术要点：**

当用户利用拖动控标创建拉伸特征时，所能创建的单方向的特征厚度最小值为0.0001，最大厚度为1000000。

**动手操作——拖动控标创建支座零件**

本例要设计叉架类零件——支座，如图3-47所示。

图 3-47

**操作步骤**

**01** 新建零件文件，进入零件模式。

**02** 使用“拉伸凸台/基体”工具，选择前视基准面作为草绘平面，并绘制出底座的截面草图，如图3-48所示。

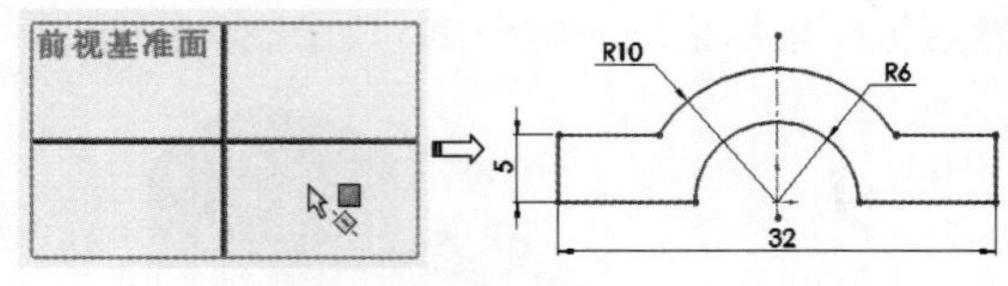


图 3-48

**03** 通过“凸台-拉伸”面板，指定拉伸深度及拉伸方向。或者拖动控标并确认数值为16，最终创建完成的底座主体如图3-49所示。

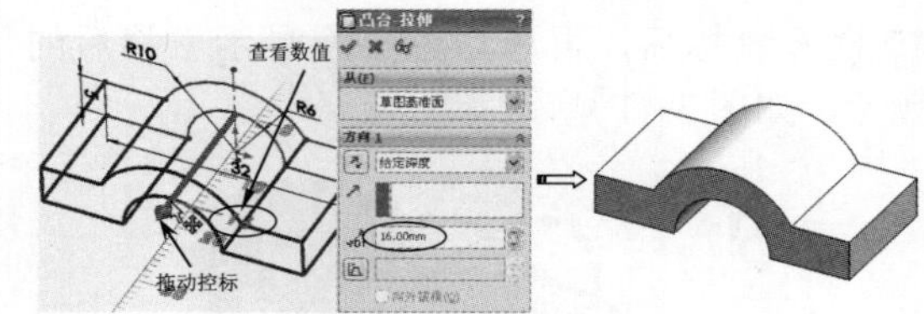


图 3-49

**04** 使用“切除-拉伸”工具，以底座表面作为草绘平面，并绘制出如图3-50所示的草图。

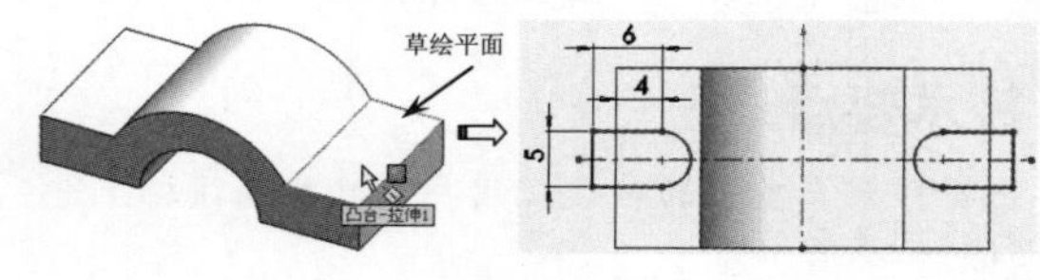


图 3-50

**05** 完成草图后，拖动控标直至预览实体图像超出前一个拉伸特征，在底座主体上创建一个U形缺口，如图3-51所示。

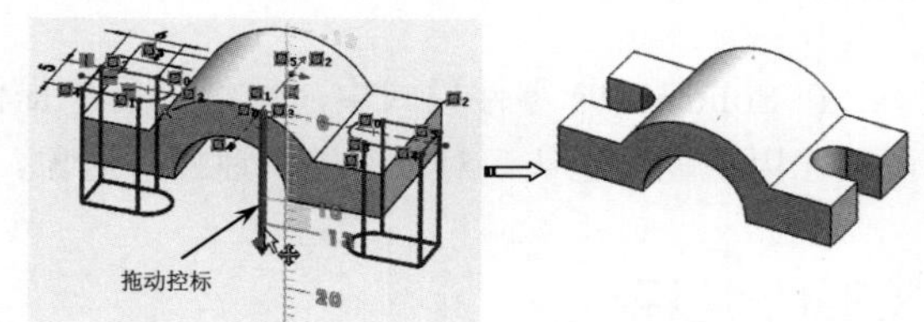


图 3-51

**06** 同理，使用“拉伸凸台/基体”工具，以前视基准面为草绘平面，绘制草图后再拖动控标创建出深度为14的凸台特征，如图3-52所示。

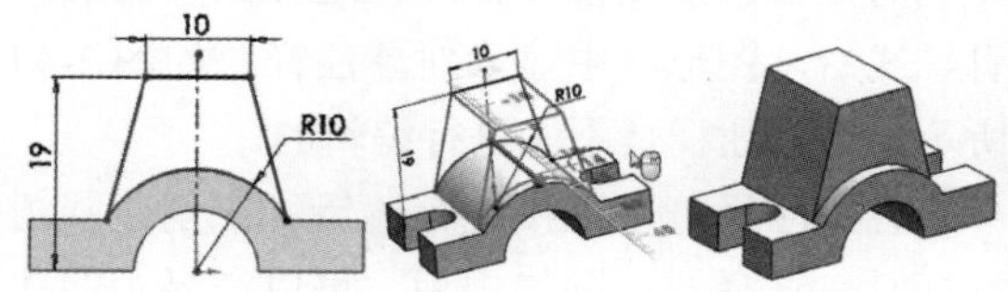


图 3-52

**07** 使用“切除 - 拉伸”工具，以凸台表面为草绘平面，在凸台上创建一个深度为 7 的方形缺口特征，如图 3-53 所示。

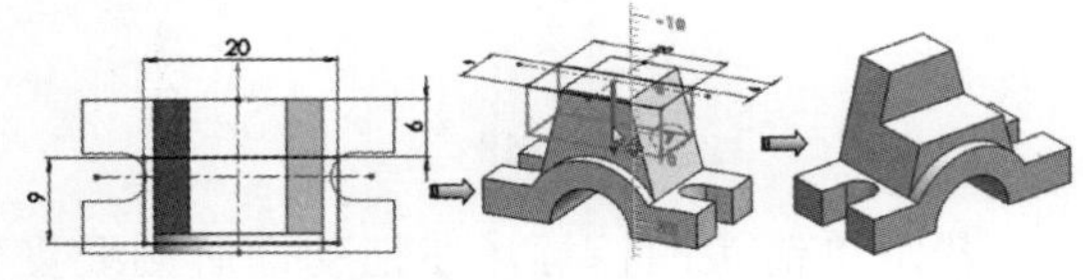

图 3-53

**08** 使用“切除 - 拉伸”工具，以前视基准面为草绘平面，在凸台上创建一个深度为 10 的圆形缺口特征，如图 3-54 所示。

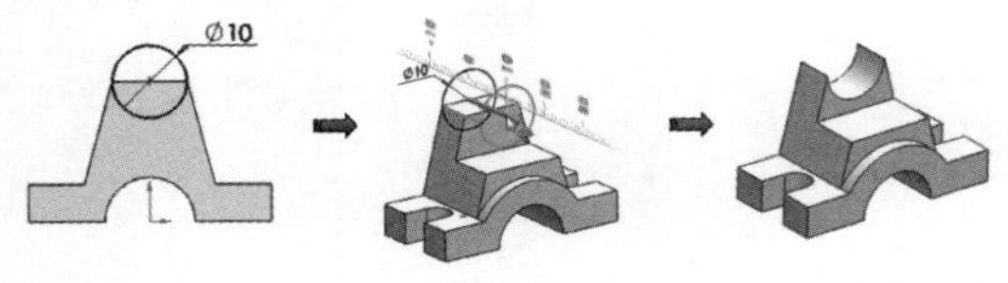

图 3-54

**09** 同理，使用“拉伸凸台 / 基体”工具，以前视基准面为草绘平面，创建出深度为 7 的圆环实体特征（轴套），如图 3-55 所示。

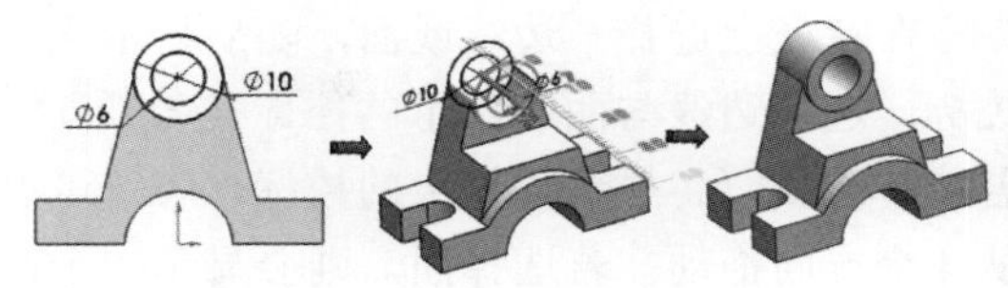

图 3-55

**10** 使用“异型孔向导”工具，在凸台中创建直径为 5 的直孔，如图 3-56 所示。

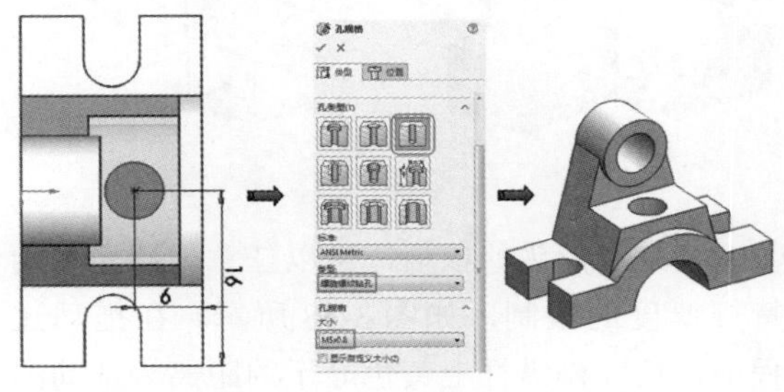

图 3-56

**11** 至此，工作台零件的创建工作已全部完成，最后单击“保存”按钮保存结果。

## 3.4 使用 Instant3D

在 SolidWorks 中，用户可以使用 Instant3D 功能拖动几何体和尺寸操纵杆以生成和修改特征，但在草图模式或工程图模式中是不支持使用 Instant3D 功能的。

在“特征”选项卡中单击 Instant3D 按钮，即可使用 Instant3D 功能。

使用 Instant3D 功能，可以进行以下操作。

- 在零件模式下拖动几何体和尺寸操纵杆以调整特征大小。
- 对于装配体，可以装配体内的零部件，也可以编辑装配体层级草图、装配体特征，以及配合尺寸。
- 使用标尺可以精确测量修改。
- 从所选的轮廓或草图生成拉伸或切除凸台。
- 可以使用拖动控标来捕捉几何体。
- 动态切割模型几何体以查看和操纵特征。
- 可以编辑内部草图轮廓。
- 可以使用 Instant3D 操纵镜像或阵列几何体。
- Instant3D 可用于对 2D 和 3D 焊件的焊件零件进行操作。

### 3.4.1 使用 Instant3D 编辑特征

可以使用 Instant3D 功能来选择草图轮廓或实体边，并拖动尺寸操纵杆，以生成和修改特征。

### 1．拖动控标指针生成特征

在特征上选择一边线或面，随后显示拖动控标。选择边线与面所显示的控标有所不同。若选择边线，将显示双箭头的控标，表示可以从4个方向拖动；若选择面，则会显示一个箭头的控标，这意味着只能从两个方向拖动，如图3-57所示。

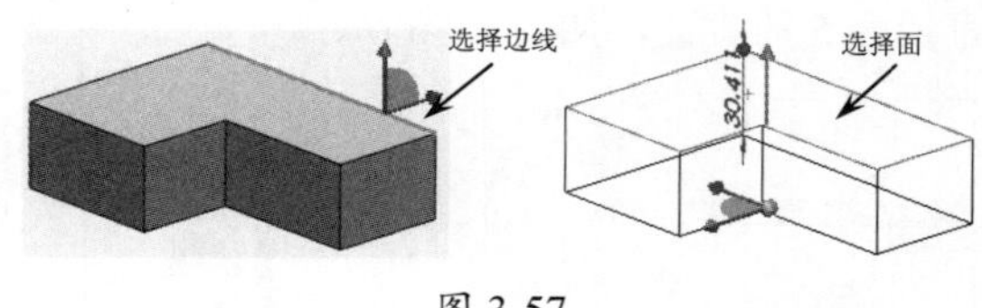


图 3-57

若是双箭头的控标，可以任意拖动而不受特征厚度的限制，如图3-58所示。在拖动过程中，尺寸操纵杆上黄色显示的距离为拖动的距离。

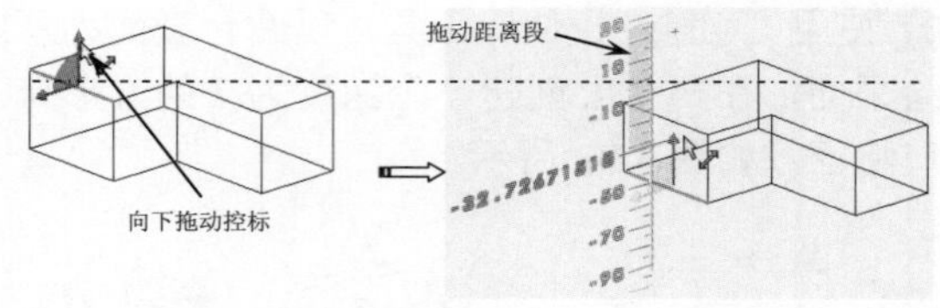


图 3-58

若是单箭头的控标，在拖动面时则要受厚度的限制，拖动后生成的新特征不得低于5mm，如图3-59所示。

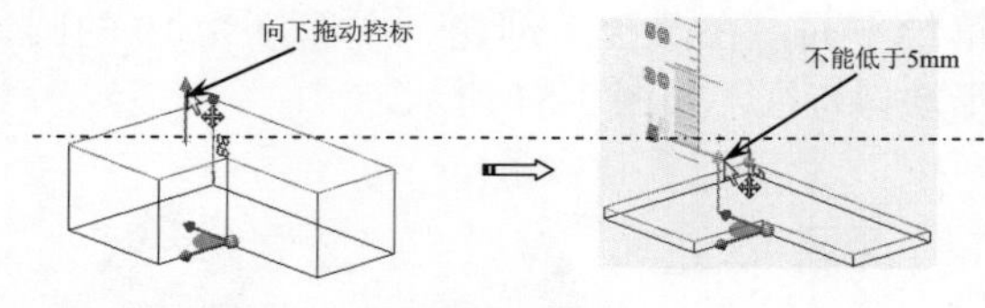


图 3-59

**技术要点：**

当选择的边为垂直方向时，拖动控标可创建拔模特征，即绕另一侧的实体边旋转。

### 2．拖动草图至现有几何体生成特征

将草图轮廓拖至现有几何体时，草图轮廓拓扑和用户选择轮廓的位置将决定所生成特征的默认类型。表3-3列出了草图曲线与现有几何体的位置关系，以及拖动控标所生成的默认特征类型。

表 3-3　草图曲线与现有几何体的位置关系及生成的默认特征

| 选 择 原 则 | 生成的默认特征 | 图　　解 |
|---|---|---|
| 选择在面上的全部草图曲线 | 切除拉伸 | |
| 选择在面外的草图曲线 | 凸台拉伸 | |
| 草图曲线一半接触面，选择接触面的区域 | 切除拉伸 | |
| 草图曲线一半接触面，选择不接触面的区域 | 凸台拉伸 | |

### 3．拖动控标创建对称特征

用户可以选择草图轮廓，拖动控标并按住M键可以创建出具有对称性的新特征，如图3-60所示。

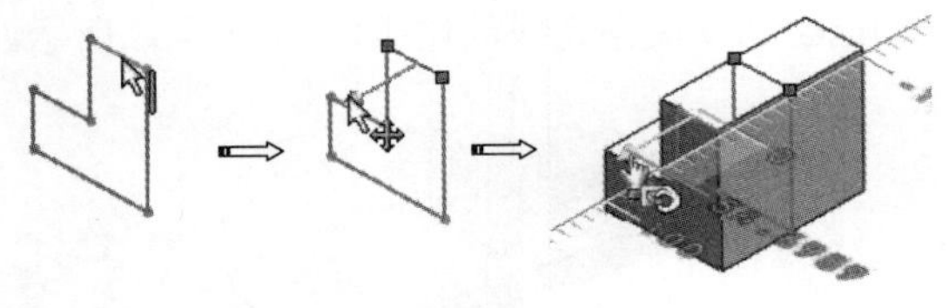

图 3-60

### 4．修改特征

用户可以拖动控标来修改面和边线。使用三重轴中心可以将整个特征拖动或复制（复制特征需按住 Ctrl 键）到其他面上，如图 3-61 所示。

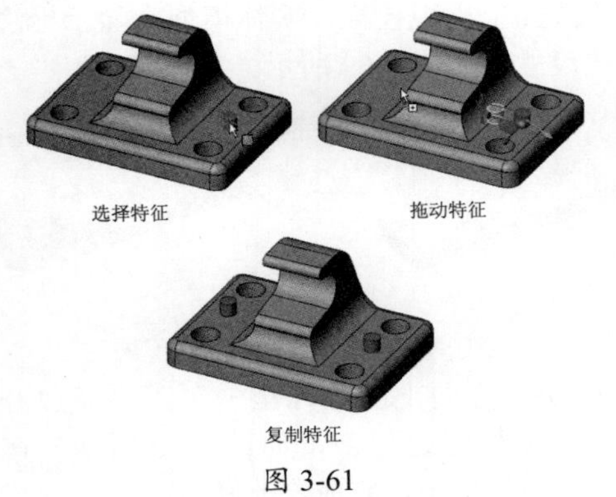


图 3-61

先按下 Ctrl 键，同时拖动圆角，可以将其复制到模型的另一个边线上，如图 3-62 所示。

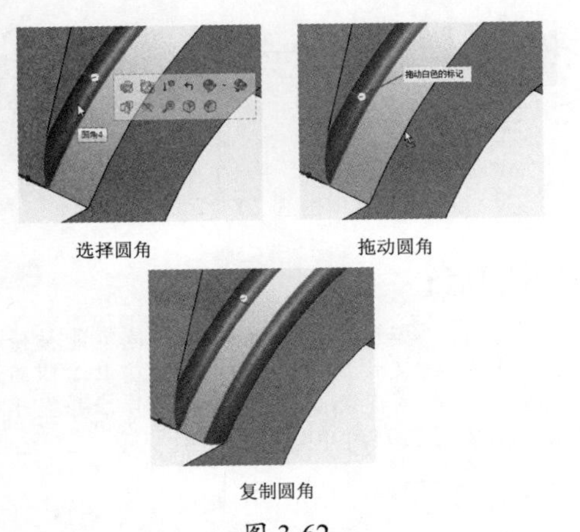


图 3-62

**技术要点：**

如果某实体不可拖动，该控标就会变为黑色，或在尝试拖动实体时出现⊘图标。此时，特征不被支持或受到限制。

## 3.4.2 Instant3D 标尺

在拖动控标生成或修改特征时，会显示 Instant3D 标尺。使用屏幕上的标尺可精确测量特征的修改。

Instant3D 标尺包括直标尺和角度标尺。一般拖动控标做平移将显示直标尺，如图 3-63 所示。在使用三重轴环旋转活动剖面时则显示角度标尺，如图 3-64 所示。

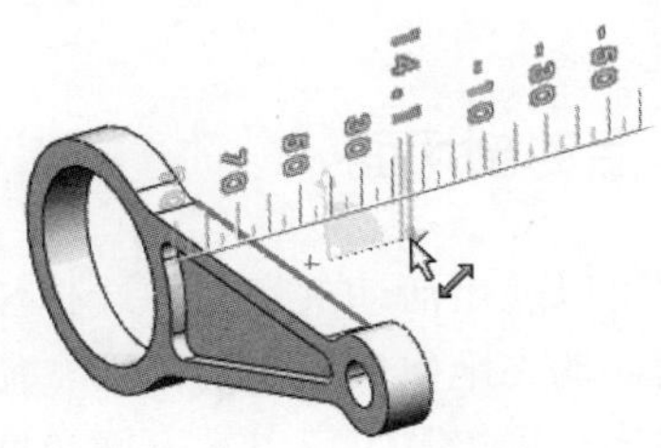

图 3-63

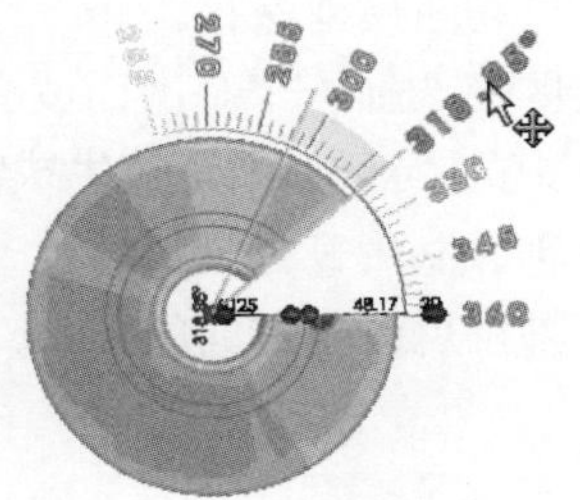

图 3-64

在装配体中，当以三重轴移动时，标尺会以三重轴显示，以便能够将零部件移至指定的位置，如图 3-65 所示。

图 3-65

当指针远离标尺时，可以自由拖动尺寸，在标尺上移动指针可捕捉到标尺增量，如图 3-66 所示。

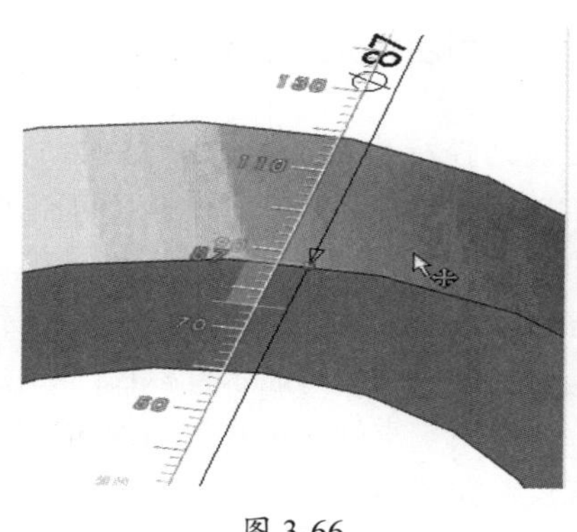

图 3-66

## 3.4.3 活动剖切面

用户可以使用活动剖切面并选择任何基准面或平面，动态地生成模型的剖面。使用活动剖切面作为分析工具，可以从不同角度研究设计任务，还可以一直显示多个活动剖切面，这些剖切面会自动随模型保存。

在图形区中选择一个基准面或者平面并选择快捷菜单中的“活动剖切面”命令，模型中将显示三重轴。利用三重轴的特性，平移或旋转拖动三重轴可以改变剖面的大小，如图 3-67 所示。

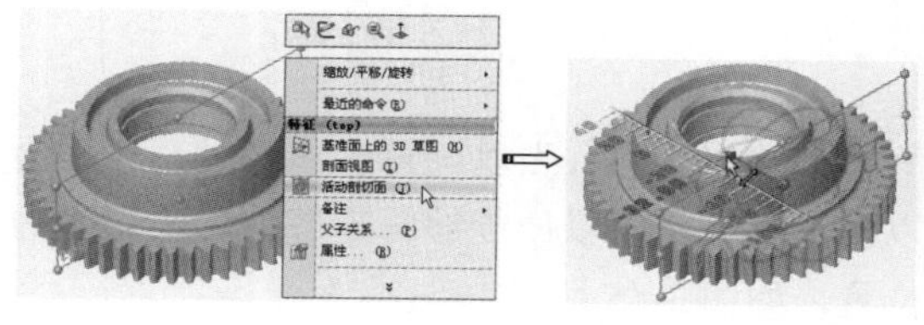

图 3-67

**技术要点：**

当要全剖模型且显示的剖切面不够大时，可以拖动剖切面上的球形控标，直至可以全剖模型为止。

**动手操作——修改零件**

使用 Instant3D 功能来拖动几何体和尺寸操纵杆可以生成和修改模型，这可以帮助用户快速完成建模。在实际设计过程中，设计人员经常使用此功能来快速建模。

本例练习模型（为一个实体与一个草图）和 Instant3D 操作完成的结果，如图 3-68 所示。

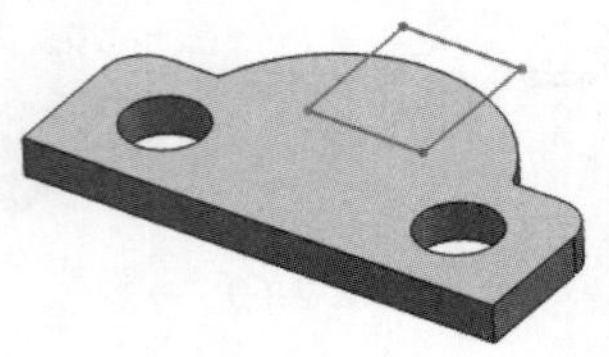

图 3-68

**操作步骤**

**01** 打开本例素材文件“零件 2.prt”。

**02** 在“特征”选项卡中单击 Instant3D 按钮，然后在图形区选择实体的表面作为修改面。随后修改面上出现控标，实体模型中显示标注的草图尺寸，如图 3-69 所示。

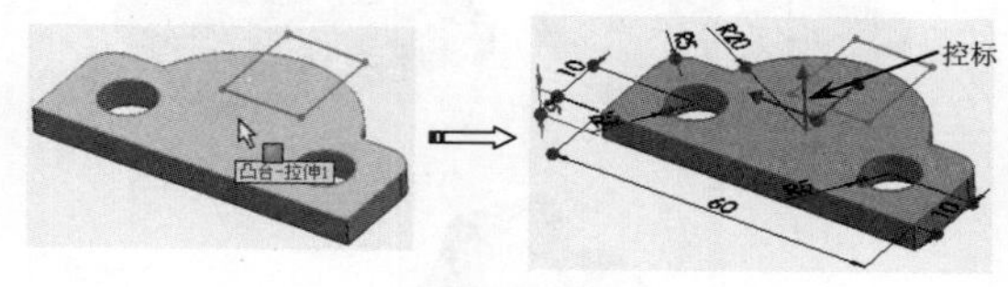


图 3-69

**03** 拖动 Z 方向上的控标至一定距离后放开鼠标，实体将随之更新，如图 3-70 所示。在图形区空白处单击，完成修改操作。

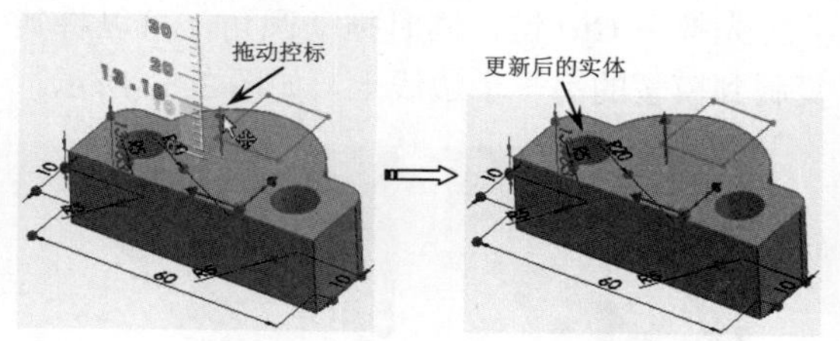


图 3-70

**技术要点：**

显示控标后，模型中被标注的草图是不能被修改的。当选择被尺寸约束的面、边线或中心球时，控标将灰显。同时指针显示警示符号⊘并显示警告信息，如图3-71所示。

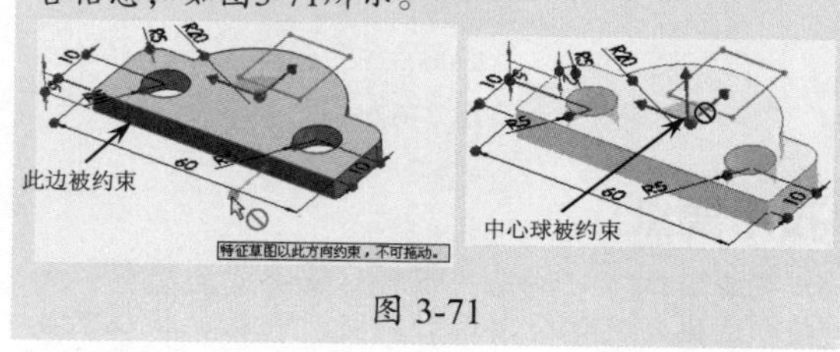


图 3-71

**04** 在激活的 Instant3D 状态下，选择实体模型中的一个圆形孔面，随后显示两个控标。一个是控制整个模型的控标，另一个是控制孔的控标，如图 3-72 所示。

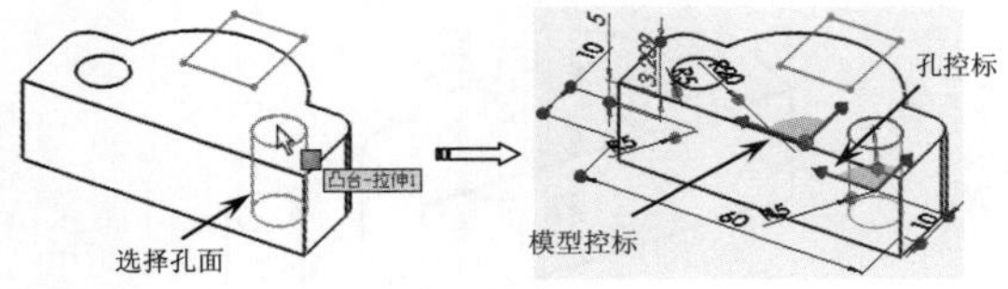


图 3-72

**05** 由于该孔被直径尺寸约束，但定位位置未被尺寸约束，因此可以更改孔特征在模型中的位置。拖动孔控标至模型外，程序会生成孔实体，且模型中孔特征被移除，如图 3-73 所示。

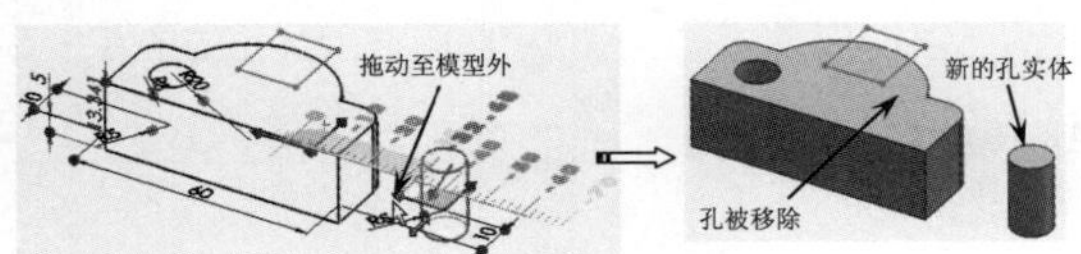


图 3-73

**技术要点：**

若拖动孔控标始终在模型内，最后的结果是孔特征被移至新的位置，如图3-74所示。

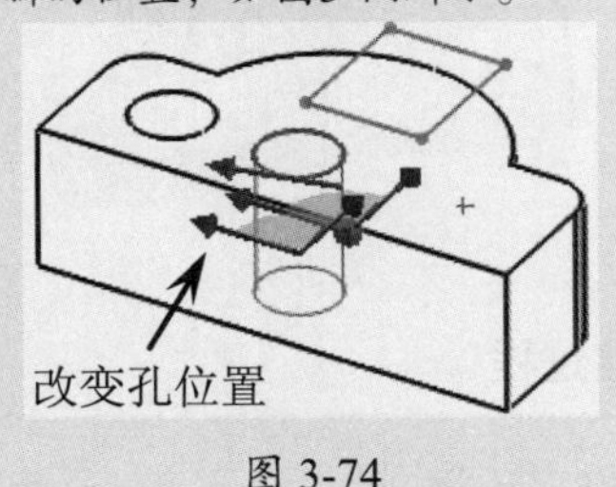


图 3-74

**06** 选择另一个孔面，并显示孔控标和模型控标，如图 3-75 所示。

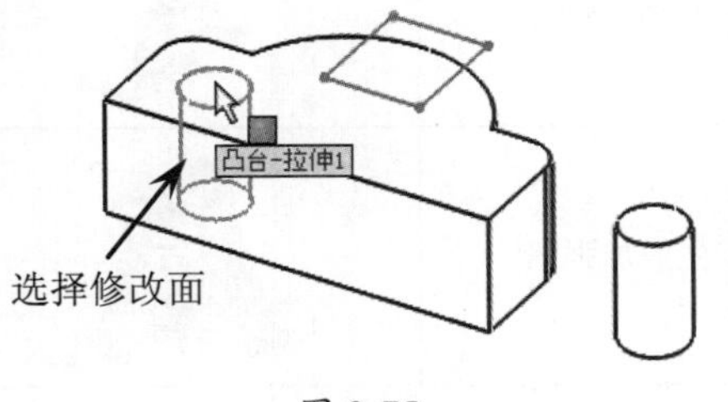


图 3-75

**07** 拖动模型控标，软件则弹出“删除确认”对话框，如图 3-76 所示。

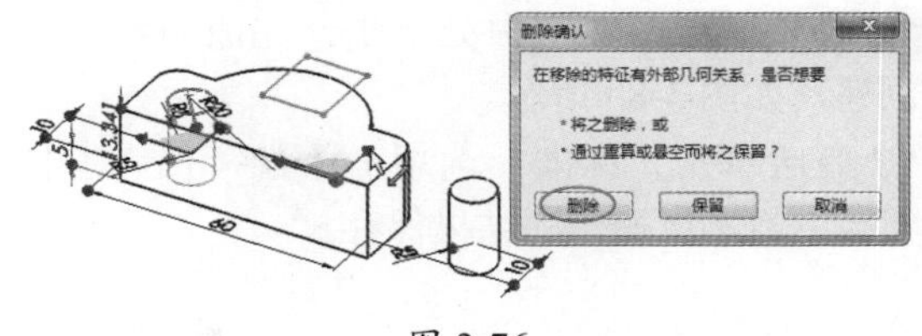


图 3-76

**08** 单击该对话框中的“删除”按钮，即可删除模型的定位几何约束，删除后才可以修改模型。

**09** 向 Y 方向拖动模型控标，模型随之移动，如图 3-77 所示。

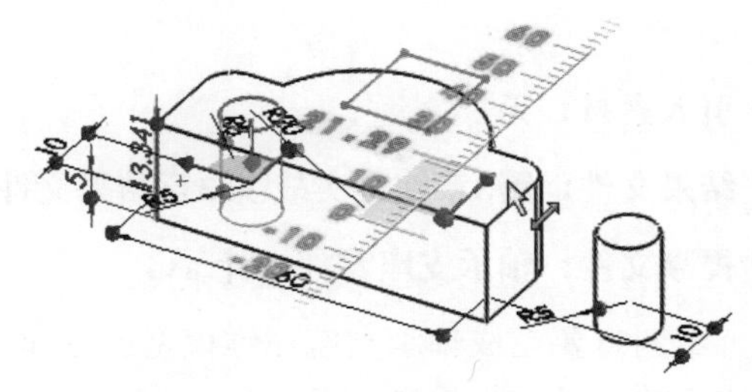

图 3-77

**技术要点：**

由于模型的边界已被尺寸约束，因此拖动控标将不能修改模型尺寸，只能平移模型。

**10** 在图形区中选择草图曲线以进行特征的修改(选择时需要注意指针位置)，如图 3-78 所示。

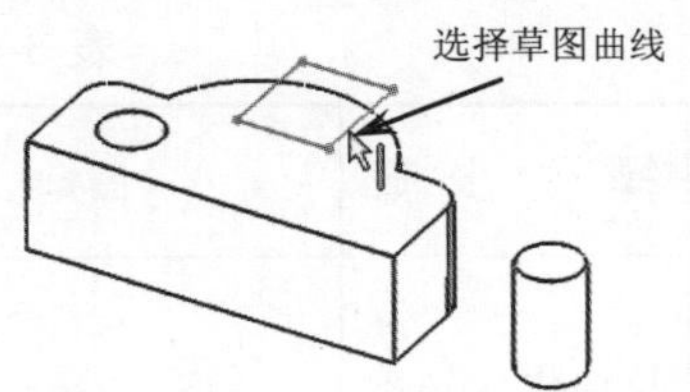


图 3-78

**11** 模型中出现控标，向 Z 方向拖动控标，模型中显示新特征的预览，如图 3-79 所示。

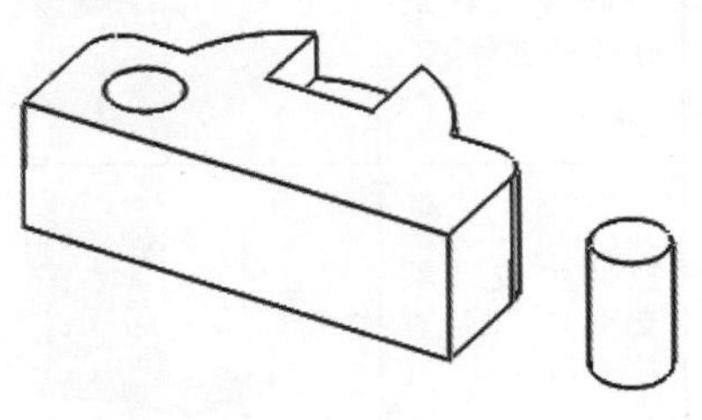

图 3-79

**12** 放开鼠标并在空白处单击，完成新特征的创建，如图 3-80 所示。

**13** 最后单击“标准”选项卡中的“保存”按钮，将本例操作的结果保存。

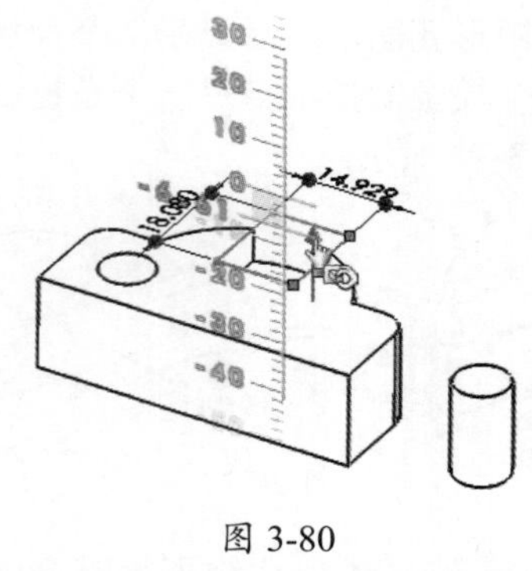


图 3-80

## 3.5 综合实战——轴承支座零件设计

◎ **引入素材：无**

◎ **结果文件：第3章综合实战\第3章结果文件\支座.sldprt**

◎ **视频文件：轴承支座零件设计.avi**

本例将要完成轴承支座三维模型的创建，完成后的效果如图 3-81 所示。

该模型左右对称，同时含有“筋”“异型孔”“圆角”等附加特征，通过使用这些特征命令完成最终模型，主要操作过程见表 3-4 所示。

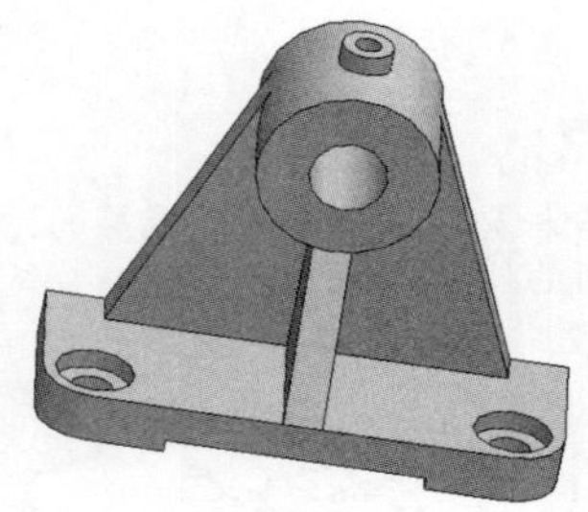

图 3-81

表 3-4 轴承支座的主要创建过程

| 序号 | 操 作 步 骤 | 图 解 | 序号 | 操 作 步 骤 | 图 解 |
|---|---|---|---|---|---|
| 1 | 拉伸生成轴承支座底座 | | 4 | 拉伸并切除生成的顶部特征 | |
| 2 | 拉伸生成轴承孔圆柱部分 | | 5 | 生成加强筋 | |
| 3 | 拉伸生成轴承支座支撑板 | | 6 | 倒角 | |

**操作步骤**

**01** 启动 SolidWorks 2018 软件。新建零件，保存并命名为“轴承支座”。

**02** 使用“拉伸凸台 / 基体”工具选择前视基准面作为草绘平面，绘制如图 3-82 所示的草图。

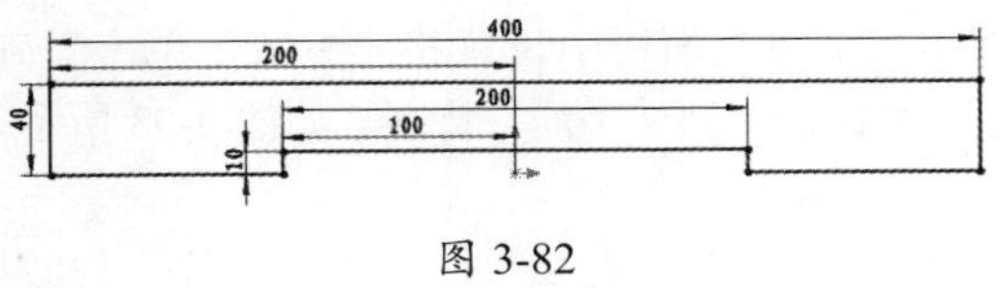


图 3-82

**03** 退出草图环境，拖动控标至 250mm，再单击“凸台 - 拉伸 2”面板中的“确定”按钮✔，完成拉伸实体（轴承基座）的创建，如图 3-83 所示。

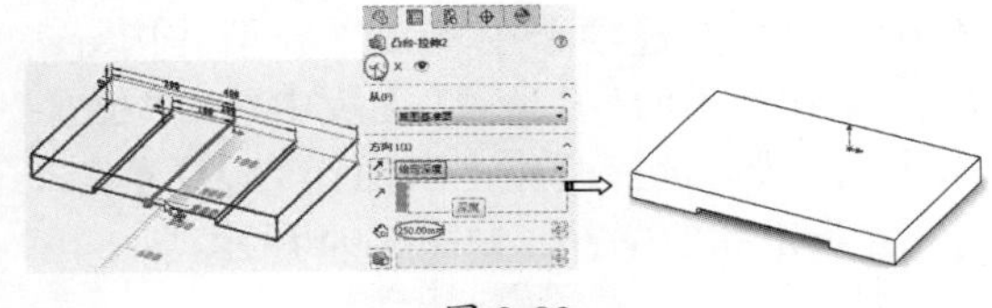

图 3-83

**04** 使用“拉伸凸台 / 基体”工具选择轴承座基座后端面作为草图平面，绘制如图 3-84 所示的草图。

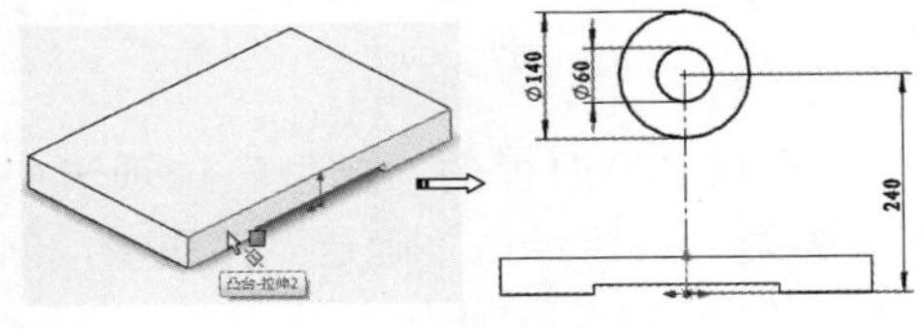


图 3-84

**05** 退出草图环境，然后拖动控标，分别向默认的两个方向拉伸草图，深度分别为 98mm 和 22mm，如图 3-85 所示。

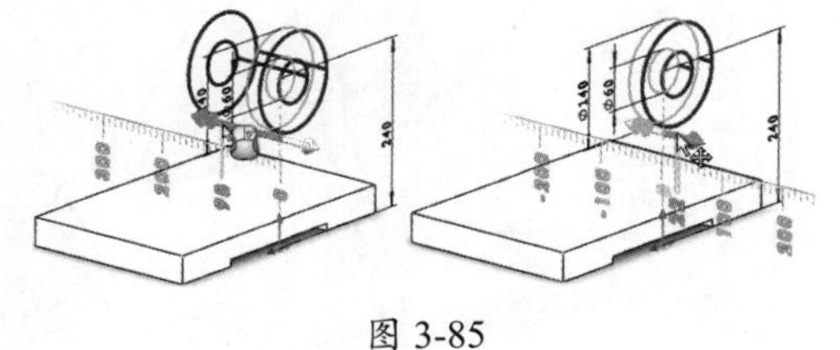

图 3-85

**06** 单击“凸台 - 拉伸 3”面板中的“确定”按钮✔，完成拉伸实体的创建，如图 3-86 所示。

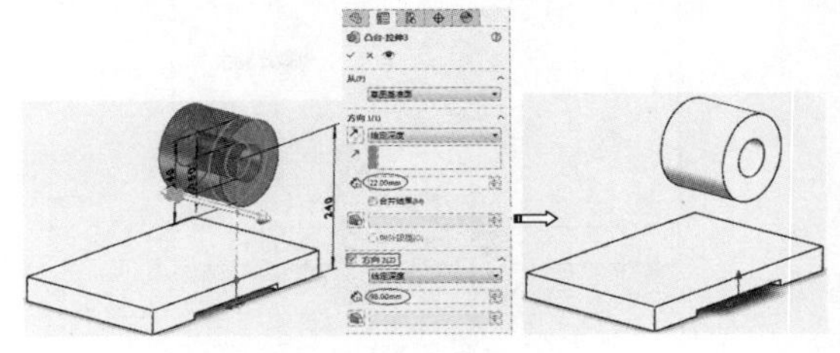

图 3-86

**07** 使用“拉伸凸台 / 基体”命令，再选择轴承座后端面作为草图平面，绘制草图并拖动控标前进 30mm，创建完成的轴承支座支撑板特征如图 3-87 所示。

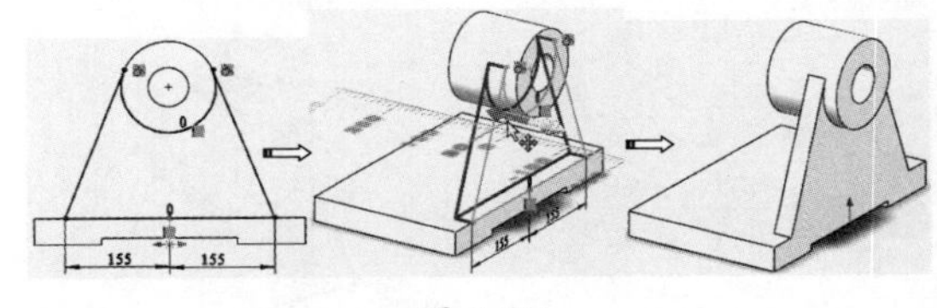


图 3-87

**技术要点：**

绘制草图时，使用“转换实体引用”命令将轴承支座的圆柱凸台外圆和基座上表面转换为草图，可以使用“剪裁实体”命令将多余的线条移除，也可以在拉伸的时候单击选择要拉伸的封闭区域。

**08** 执行“插入”|“参考几何体”|“基准面”命令，选择轴承支座基体上表面作为第一参考，设置距离为 285mm，创建如图 3-88 所示的基准面。

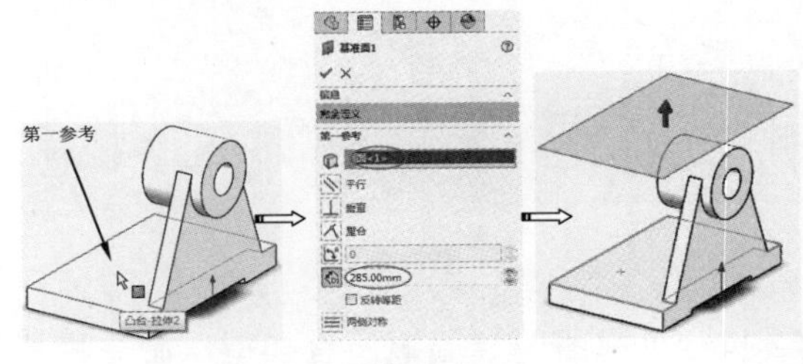


图 3-88

**09** 在创建的基准面上绘制如图 3-89 所示的草图，在前导视图中选择“隐藏线可见”显示样式。绘制中心线，绘制圆，圆心落在中心线上，并标注圆心距圆柱凸台有 60mm 的距离。

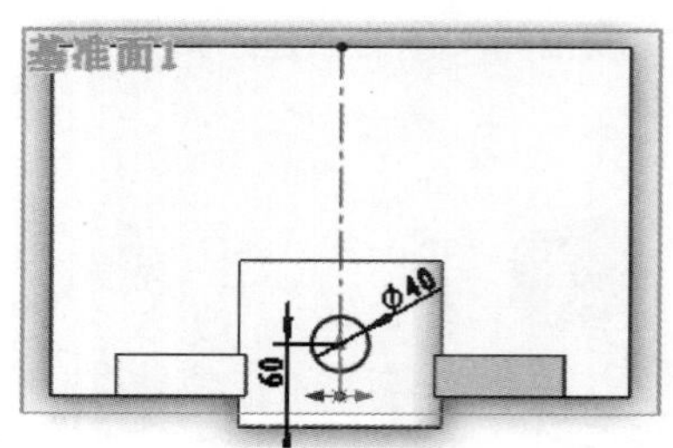

图 3-89

**10** 退出草图环境后，在“凸台 - 拉伸 5”面板上设置拉伸方式为“成形到一面”，完成结果如图 3-90 所示。

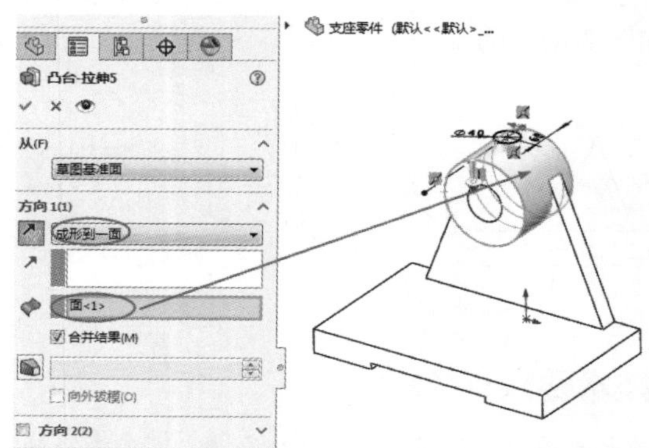

图 3-90

**11** 单击“特征”选项卡中的“切除 - 拉伸”按钮，选择上一步创建的圆形凸台顶面为绘图平面，绘制与凸台同心的圆，标注直径为 20mm，切除方式选择“给定深度”，拖动控标至 80mm 处，最后单击“确定”按钮，完成凸台孔的切除操作，如图 3-91 所示。

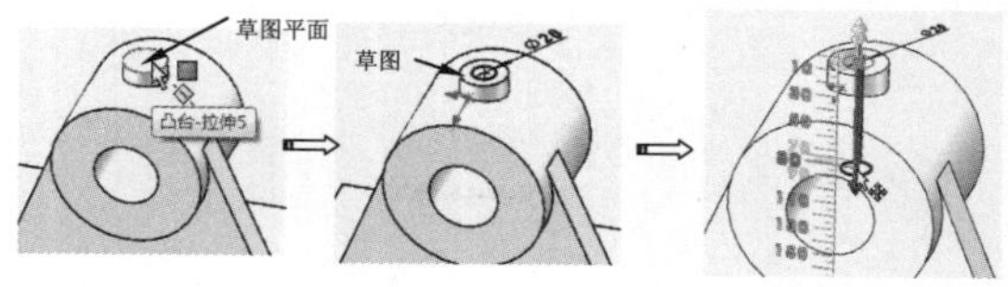


图 3-91

**12** 执行“视图”|“隐藏所有类型”命令将基准面隐藏。

**13** 在“特征”选项卡中单击“筋”按钮，选择右视基准面作为绘图平面，绘制如图 3-92 所示的草图。

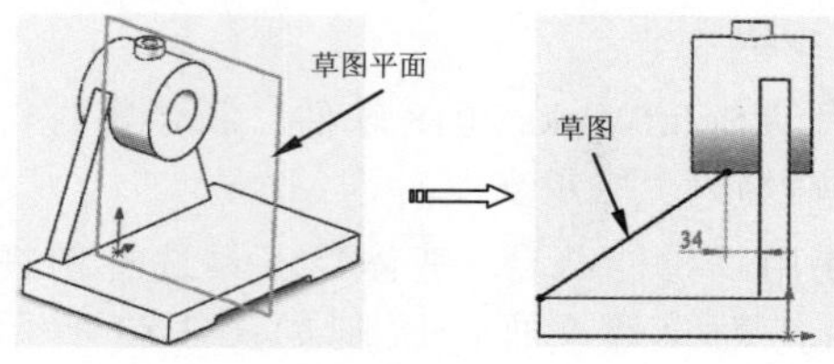


图 3-92

**14** 在“筋 1”面板中设置相应参数，单击“确定”按钮，创建“筋”特征，如图 3-93 所示。

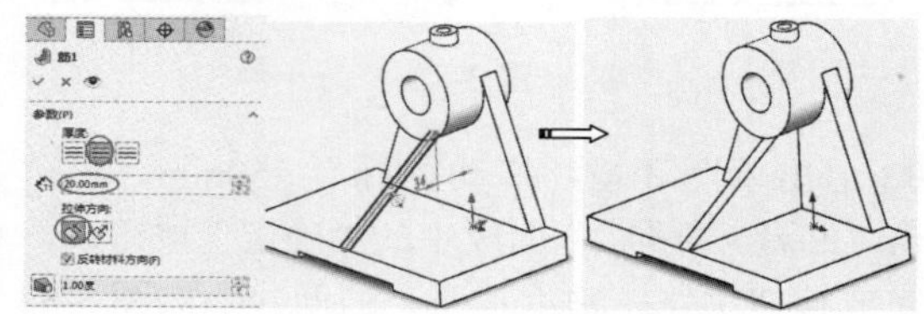

图 3-93

**15** 在“特征”选项卡中单击“异型孔向导”按钮，在弹出的“孔位置”面板中单击“位置”选项卡，然后选择基座上表面作为 3D 草图平面，并指定孔的位置，如图 3-94 所示。

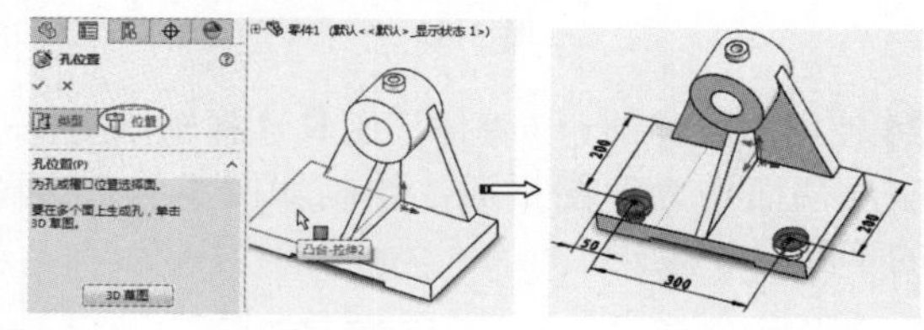

图 3-94

**16** 在“孔规格”面板的“类型”选项卡中设置相关参数，最后单击“确定”按钮，创建异型孔，如图 3-95 所示。

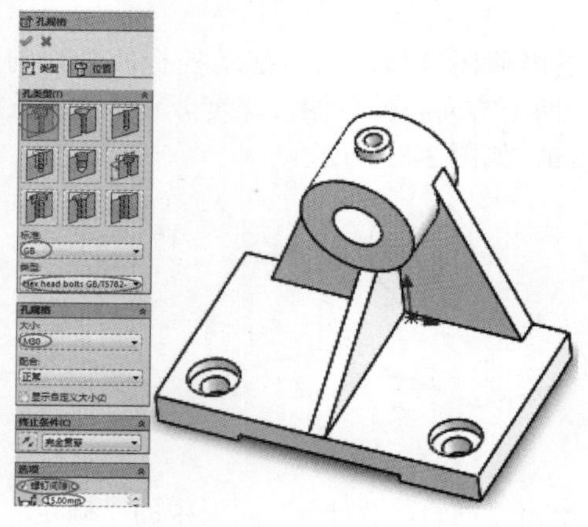

图 3-95

**17** 在"特征"选项卡中单击"圆角"按钮，设置圆角半径为40mm，在基座前端的两条棱边上创建圆角，如图 3-96 所示。

**18** 至此，已经完成了轴承座的三维模型的创建，保存并关闭当前文件窗口。

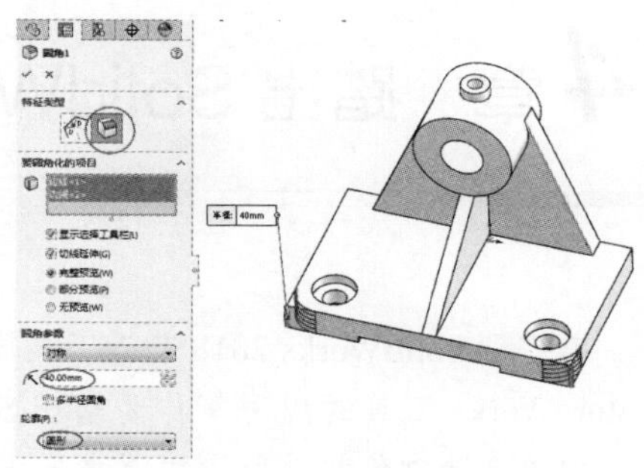

图 3-96

## 3.6 课后习题

### 1. 操作模型

本练习的主轴模型如图 3-97 所示。

图 3-97

练习要求与步骤：

- 打开练习模型。
- 在"特征"选项卡中单击"移动 / 复制实体"按钮，打开"移动 / 复制实体"面板。
- 单击"平移 / 旋转"按钮，显示三重轴。
- 激活三重轴的环，旋转主轴模型。
- 激活三重轴的轴，平移主轴模型。

### 2. 修改模型

本练习的模型与修改特征的完成结果如图 3-98 所示。

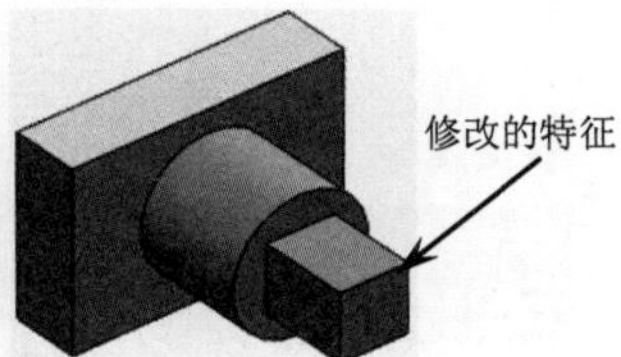



图 3-98

练习要求与步骤：

- 打开练习模型。
- 激活 Instant3D。
- 在图形区中选择顶部小矩形块的表面作为修改面。
- 向垂直于修改面的方向拖动控标 20mm。
- 保存修改结果。

### 3. 生成或修改特征

本练习的模型与修改特征的完成结果如图 3-99 所示。

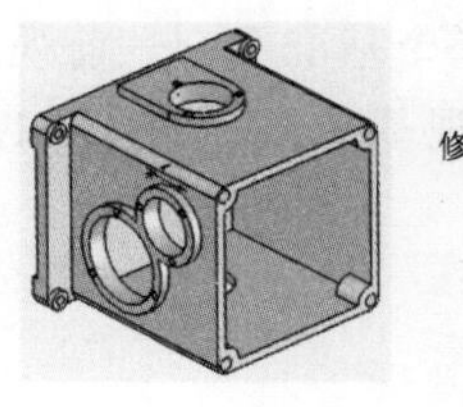

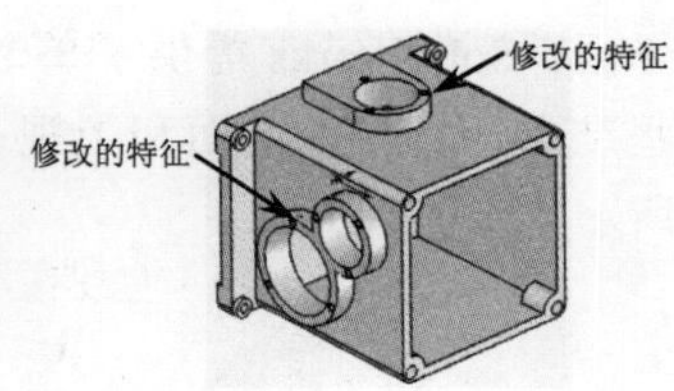



图 3-99

练习要求与步骤：

- 打开练习模型。
- 激活 Instant3D。
- 在图形区中选择箱体中侧向凸台（含一个孔）的表面作为修改面。
- 向垂直于修改面的正方向拖动控标 10mm。
- 在图形区中选择箱体中侧向凸台（含两个孔）的表面作为修改面。
- 向垂直于修改面的正方向拖动控标 10mm。
- 最后保存修改结果。

# 第 4 章　踏出 SolidWorks 2018 的第三步

考虑到 SolidWorks 2018 基础工具很多，我们特意把参考几何体的应用、录制与执行宏、FeatureWorks 工具的应用等作为踏出 SolidWorks 2018 的第三步，走出这三步，在后续的学习中将会非常轻松。所谓“万事开头难”“万丈高楼平地起”就是这个道理。

- 参考几何体
- 录制与执行宏
- FeatureWorks

## 4.1 参考几何体

在 SolidWorks 中，参考几何体定义曲面或实体的形状或组成。参考几何体包括基准面、基准轴、坐标系和点。

### 4.1.1 基准面

基准面是用于草绘曲线、创建特征的参照平面。SolidWorks 提供了 3 个基准面——前视基准面、右视基准面和上视基准面，如图 4-1 所示。

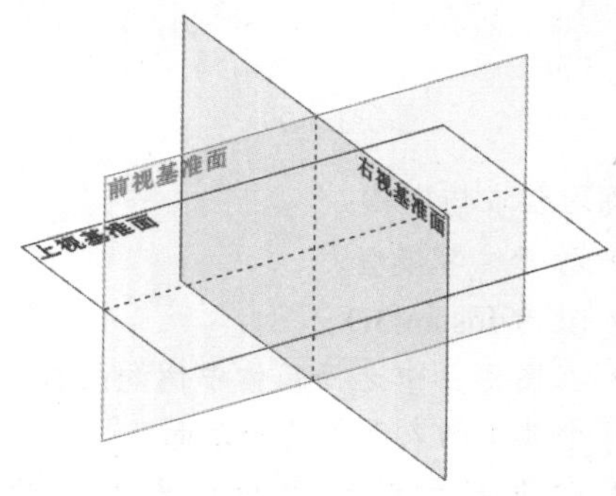

图 4-1

除了使用 SolidWorks 程序提供的 3 个基准面来绘制草图外，还可以在零件或装配体文档中生成基准面，如图 4-2 所示为以零件表面为参考来创建的新基准面。

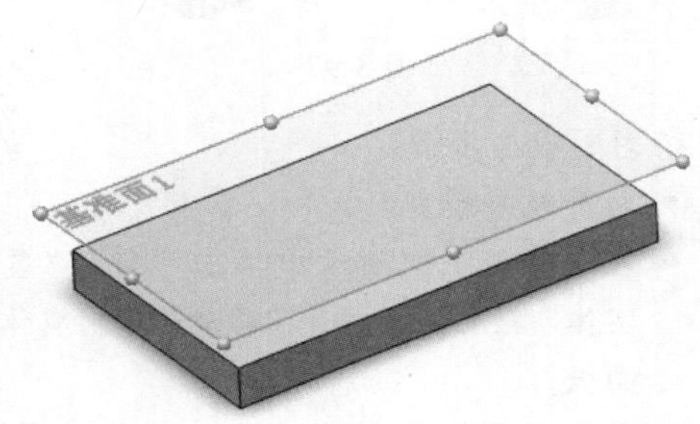

图 4-2

**技术要点：**

一般情况下，程序提供的3个基准面为隐藏状态。要想显示基准面，在快捷菜单中单击“显示”按钮即可，如图4-3所示。

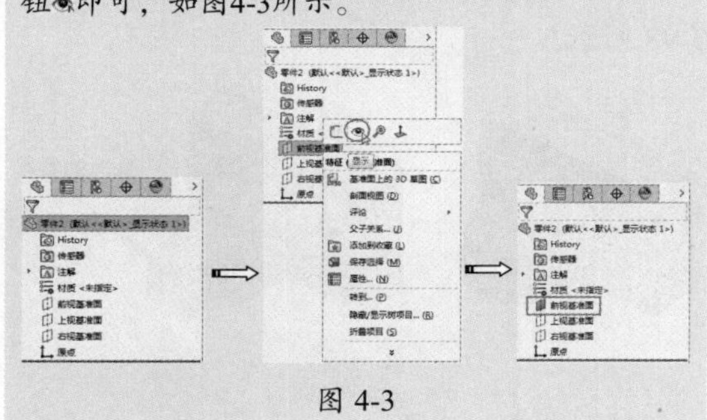
图 4-3

在“特征”命令功能区的“参考几何体”下拉列表中选择“基准面”命令，在设计树的属性管理器选项卡中显示“基准面”面板，如图4-4所示。

当选择的参考为平面时，“第一参考”选项区将显示如图4-5所示的约束选项；当选择的参考为实体圆弧表面时，“第一参考”选项区将显示如图4-6所示的约束选项。

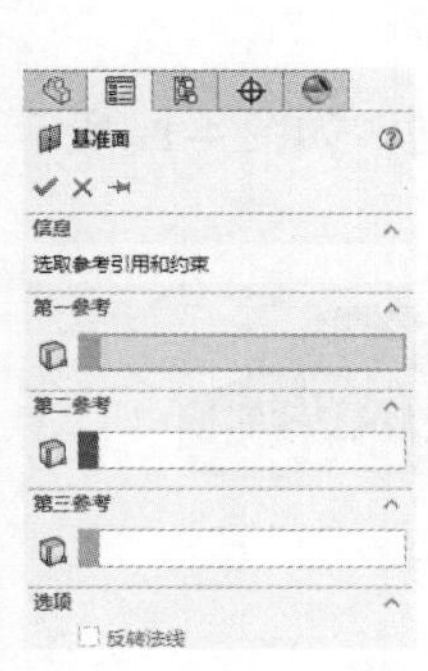

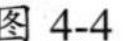

图 4-4

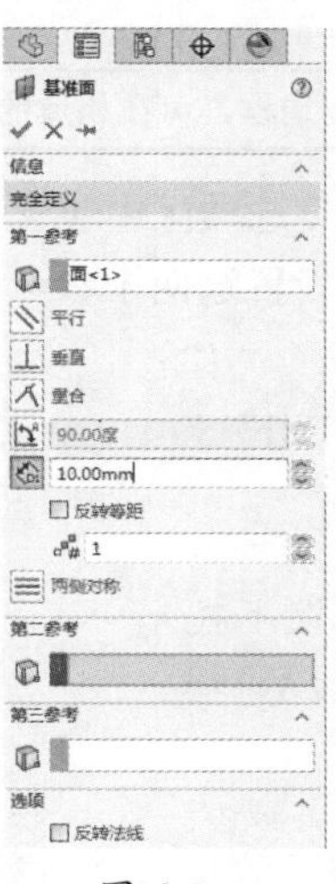


图 4-5

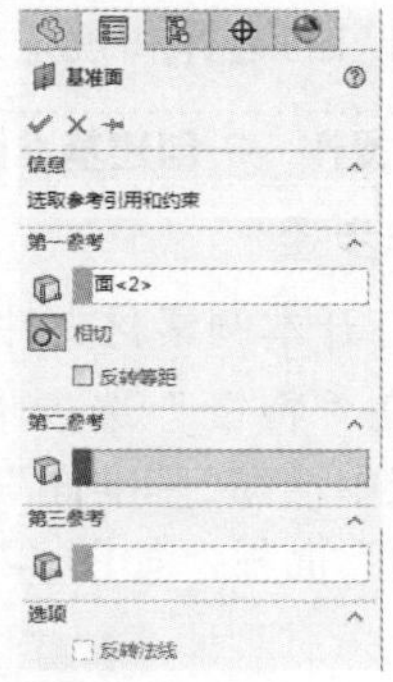


图 4-6

“第一参考”选项区中各约束选项的含义如表4-1所示。

表4-1　基准面约束选项的含义

| 图　标 | 说　明 | 图　解 |
| --- | --- | --- |
| 第一参考 | 在图形区中为创建基准面选择平面参考 | 第一参考 |
| 平行 | 选择此项，将生成一个与选定参考平面平行的基准面 | 与参考平行 |
| 垂直 | 选择此项，将生成一个与选定参考垂直的基准面 | 与参考垂直 |
| 重合 | 选择此项，将生成一个穿过选定参考的基准面 | 与参考重合 |
| 两面夹角 | 选择此项，将生成一个通过一条边线、轴线或草图线，并与一个圆柱面或基准面成一定角度的基准面 | 通过此边 |
| 偏移距离 | 选择此项，将生成一个与选定参考平面偏移一定距离的基准面。通过输入面数生成多个基准面 | |
| 两侧对称 | 在选定的两个参考平面之间生成一个两侧对称的基准面 | 在两参考之间 |

续表

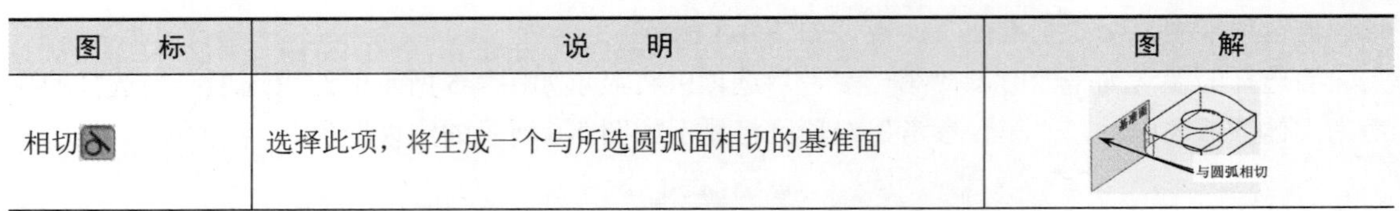

| 图　标 | 说　明 | 图　解 |
| --- | --- | --- |
| 相切 | 选择此项，将生成一个与所选圆弧面相切的基准面 | 基准面<br>与圆弧相切 |
| 注：在“基准面”面板中勾选“反转法线”复选框，可在相反的位置生成基准面。 | | |

“第二参考”选项区与“第三参考”选项区中包含与第一参考中相同的选项，具体情况取决于用户的选择和模型几何体。根据需要设置这两个参考来生成所需的基准面。

**动手操作——创建基准面**

操作步骤

**01** 打开本例素材文件。

**02** 在“特征”选项卡的“参考几何体”下拉列表中选择“基准面”命令，属性管理器显示“基准面”面板，如图 4-7 所示。

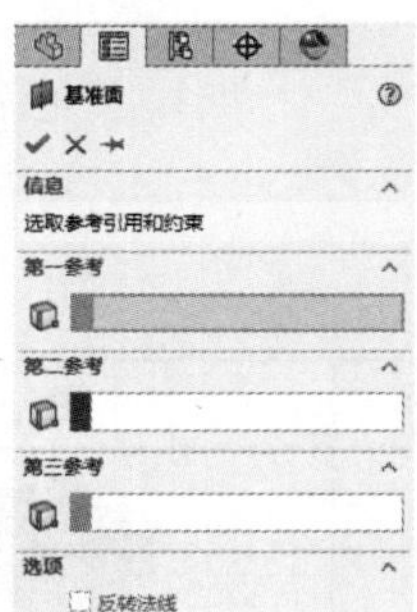


图 4-7

**03** 在图形区中选择如图 4-8 所示的模型表面作为第一参考，随后面板中显示平面约束选项，如图 4-9 所示。

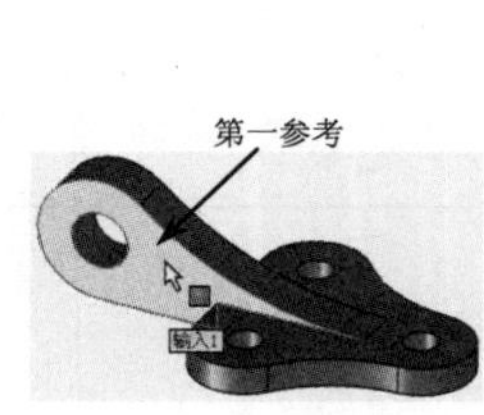


图 4-8

图 4-9

**04** 选择参考后，图形区中自动显示基准面的预览，如图 4-10 所示。

**05** 在“第一参考”选项区的“偏移距离”文本框中输入 50.00mm，然后单击“确定”按钮，完成新基准面的创建，如图 4-11 所示。

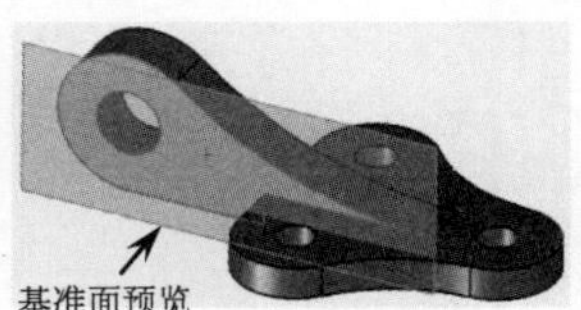


图 4-10

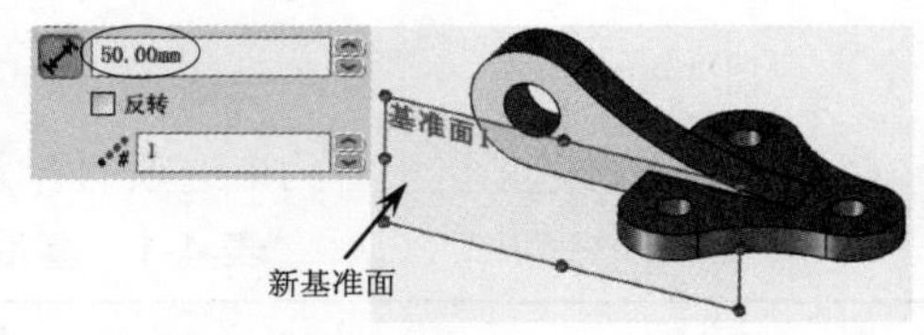


图 4-11

**技术要点：**

当输入偏移距离后，可以按Enter键查看基准面的生成预览。

## 4.1.2 基准轴

通常在创建几何体或创建阵列特征时会使用基准轴。当用户创建旋转特征或孔特征后，程序会自动在其中心显示临时轴，如图 4-12 所示。通过在菜单栏中执行“视图”|“临时轴”命令，或者在前导功能区的“隐藏 / 显示项目”下拉列表中单击“观阅临时轴”按钮，可以即时显示或隐藏临时轴。

用户还可以创建参考轴（也称构造轴）。在“特征”命令选项卡的“参考几何体”下拉列表中选择“基准轴”命令，在属性管理器选项卡中显示“基准轴”面板，如图 4-13 所示。

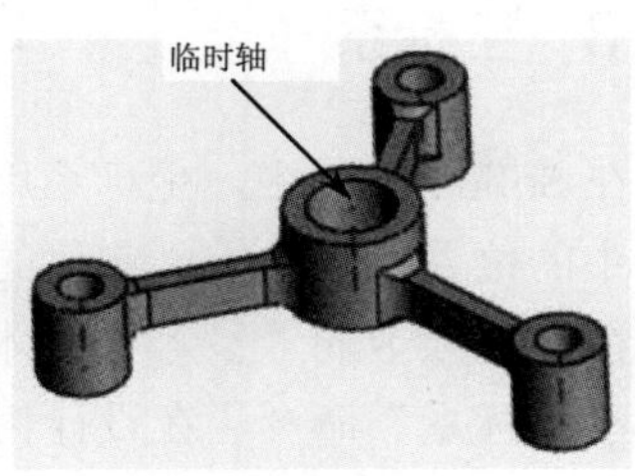


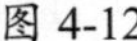

图 4-12

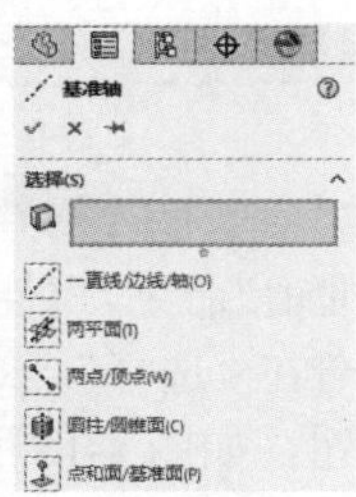


图 4-13

“基准轴”面板中包括 5 种基准轴定义方式，如表 4-2 所示。

**表 4-2 5 种基准轴定义方式**

| 图 标 | 说 明 | 图 解 |
|---|---|---|
| 一直线 / 边线 / 轴 | 选择一草图直线、边线，或选择视图、临时轴来创建基准轴 | 边线 |
| 两平面 | 选择两个参考平面，且两平面的相交线将作为轴 | 面 1　轴　面 2 |
| 两点 / 顶点 | 选择两个点（可以是实体上的顶点、中点或任意点）作为确定轴的参考 | 点 2　点 1　轴 |
| 圆柱 / 圆锥面 | 选择一圆柱或圆锥面，则将该面的圆心线（或旋转中心线）作为轴 | 轴　圆柱面 |
| 点和面 / 基准面 | 选择一曲面或基准面及顶点或中点。所产生的轴通过所选顶点、点或中点而垂直于所选曲面或基准面。如果曲面为非平面，点必须位于曲面上 | 平面　轴　点 |

**技术要点：**

在“基准轴”面板的“参考实体”中，若选择的参考对象错误，需要重新选择，可执行快捷菜单中的“删除”命令将其删除，如图4-14所示。

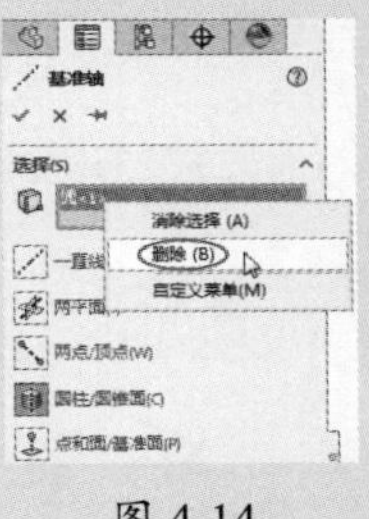


图 4-14

**动手操作——创建基准轴**

操作步骤

**01** 在“特征”选项卡的“参考几何体”下拉列表中选择“基准轴”命令，属性管理器显示“基准轴”面板。接着在“选择”选项区中单击“圆柱/圆锥面”按钮，如图 4-15 所示。

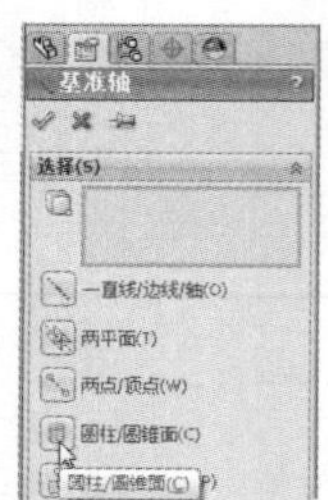

图 4-15

**02** 在图形区中选择如图 4-16 所示的圆柱孔表面作为参考实体。

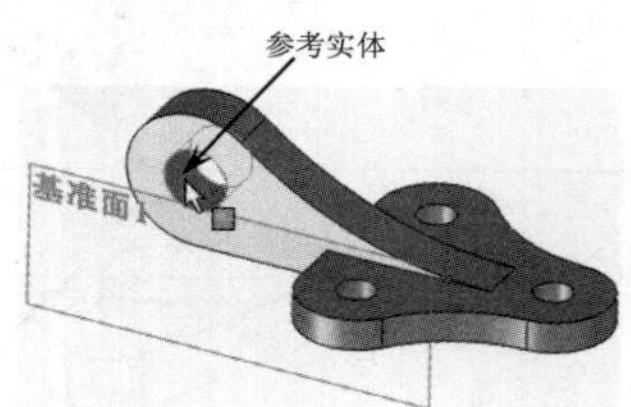


图 4-16

**03** 随后模型圆柱孔中心显示基准轴预览，如图 4-17 所示。

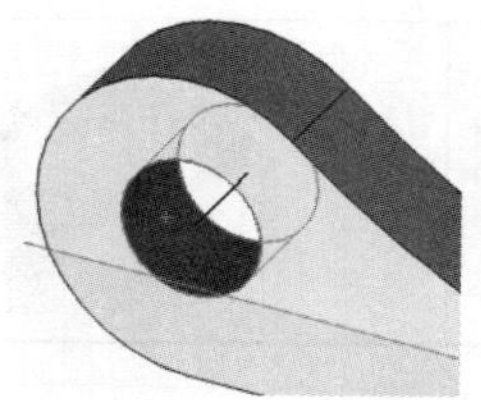

图 4-17

**04** 最后单击“基准轴”面板中的“确定”按钮，完成基准轴的创建，如图 4-18 所示。

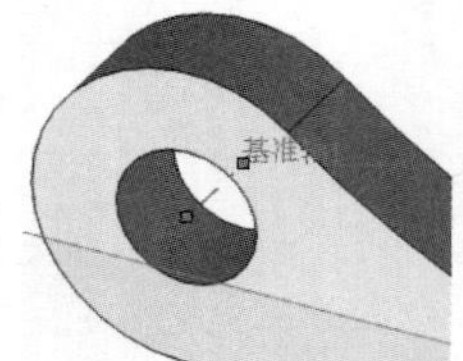

图 4-18

## 4.1.3 坐标系

在 SolidWorks 中，坐标系用于确定模型在视图中的位置，以及定义实体的坐标参数。在“特征”选项卡的“参考几何体”下拉列表中选择“坐标系”命令，在设计树的属性管理器选项卡中显示“坐标系”面板，如图 4-19 所示。默认情况下，坐标系是建立在原点上的，如图 4-20 所示。

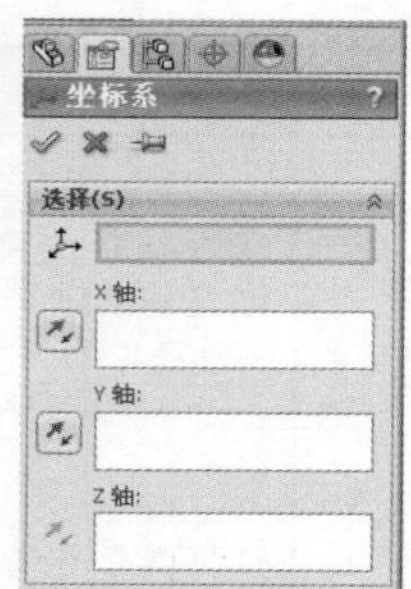


图 4-19

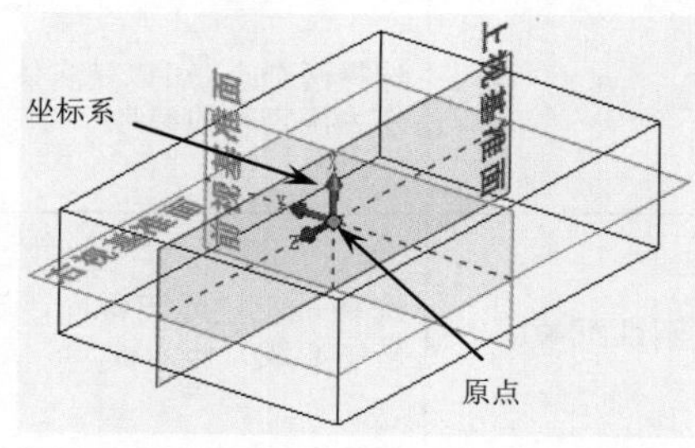


图 4-20

若用户要定义零件或装配体的坐标系，可以按以下方法选择参考：

- 选择实体中的一个点（边线中点或顶点）。
- 选择一个点，再选择实体边或草图曲线，以指定坐标轴方向。
- 选择一个点，再选择基准面以指定坐标轴方向。
- 选择一个点，再选择非线性边线或草图实体，以指定坐标轴方向。
- 当生成新的坐标系时，最好确定一个有意义的名字以说明它的用途。在特征管理器设计树中，在坐标系图标位置选择快捷菜单中的“属性”命令，在弹出的“特征属性”对话框中可以输入新的名称，如图 4-21 所示。

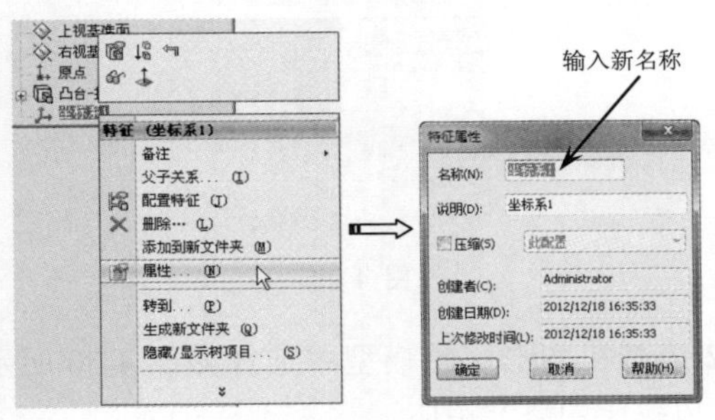


图 4-21

**动手操作——创建坐标系**

**操作步骤**

**01** 在“特征”选项卡的“参考几何体”下拉列表中选择“坐标系”命令，属性管理器显示“坐标系”面板。图形区中显示默认的坐标系（即绝对坐标系），如图 4-22 所示。

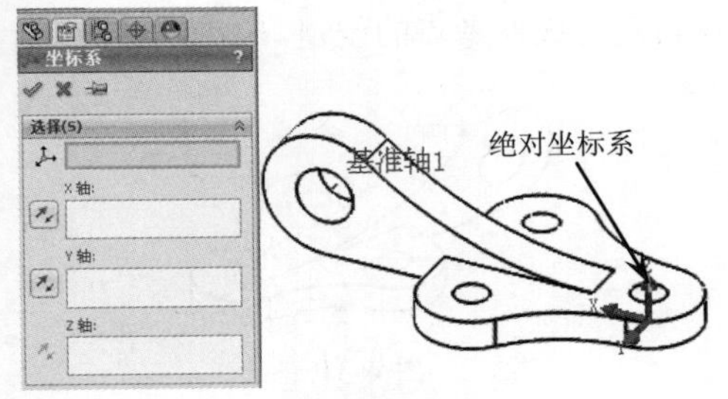


图 4-22

**02** 接着在图形区的模型中选择一个点作为坐标系原点，如图 4-23 所示。

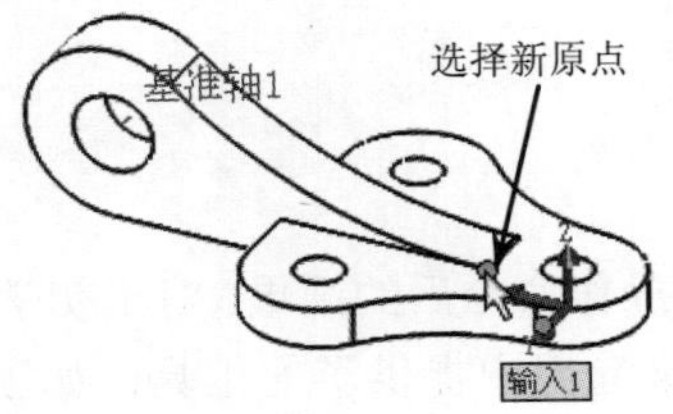


图 4-23

**03** 选择新原点后，绝对坐标系移动至新原点上，如图 4-24 所示。接着激活面板中的“X 轴方向参考”列表，在图形区中选择如图 4-25 所示的模型边线作为 *X* 轴方向参考。

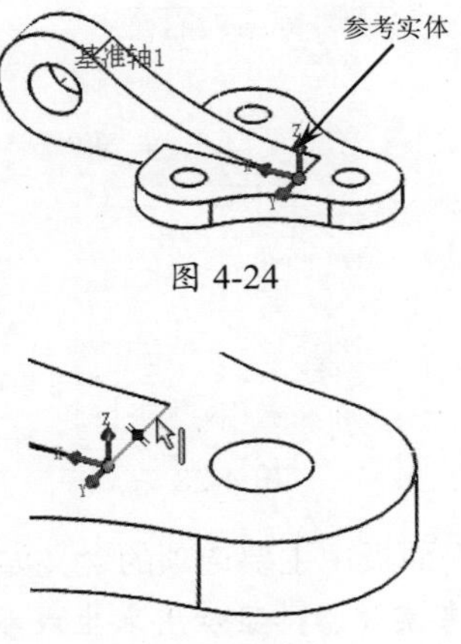


图 4-24

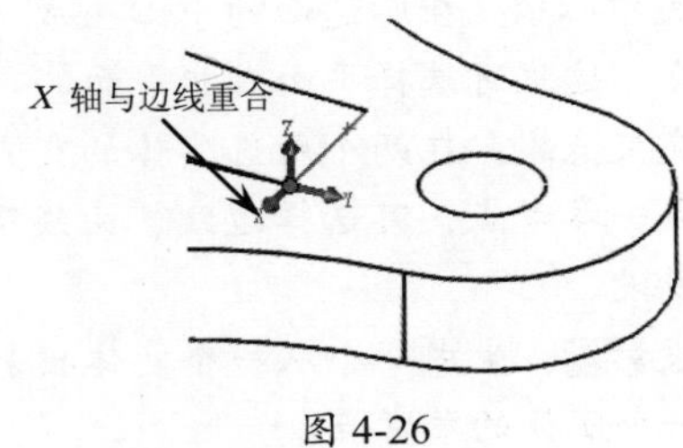

图 4-25

**04** 随后新坐标系的 *X* 轴与所选边线重合，如图 4-26 所示。

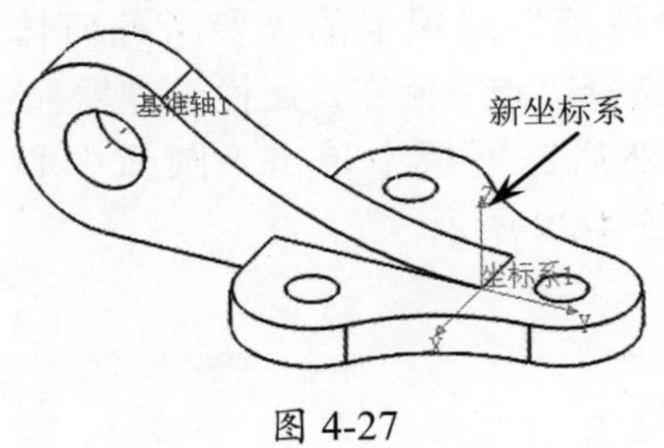


图 4-26

**05** 最后单击“坐标系”面板中的“确定”按钮✅，完成新坐标系的创建，如图 4-27 所示。



图 4-27

## 4.1.4　创建点

SolidWorks 参考点可以作为构造对象，例如作为直线起点、标注参考位置、测量参考位置等。

用户可以通过多种方法来创建点。在“特征”选项卡的“参考几何体”下拉列表中选择“点”命令，在设计树的属性管理器选项卡中将显示“点”面板，如图 4-28 所示。

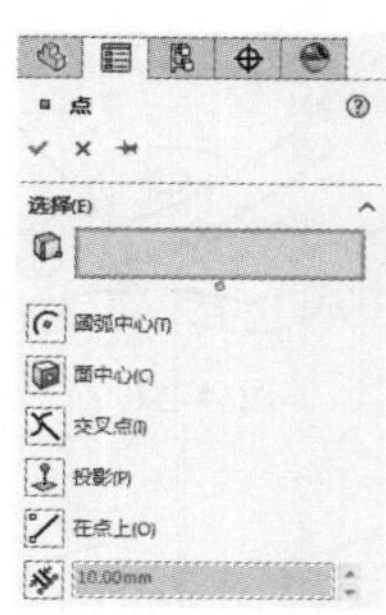


图 4-28

“点”面板中主要选项的含义如下。

- 参考实体：显示用来生成参考点的所选参考。
- 圆弧中心：在所选圆弧或圆的中心生成参考点。
- 面中心：在所选面的中心生成一参考点，这里可选择平面或非平面。
- 交叉点：在两个所选实体的交点处生成一参考点，可选择边线、曲线及草图线段。
- 投影：生成一个从一个实体投影到另一个实体的参考点。

**动手操作——创建点**

**操作步骤**

**01** 在“特征”选项卡的“参考几何体”下拉列表中选择“点”命令，属性管理器显示“点”面板。然后在面板中单击“圆弧中心”按钮，如图 4-29 所示。

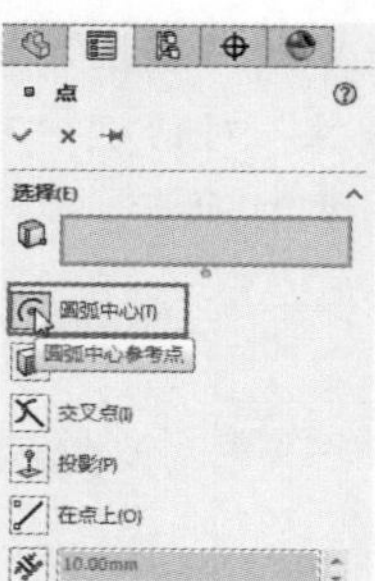


图 4-29

**02** 接着在图形区的模型中选择如图 4-30 所示孔边线作为参考实体。

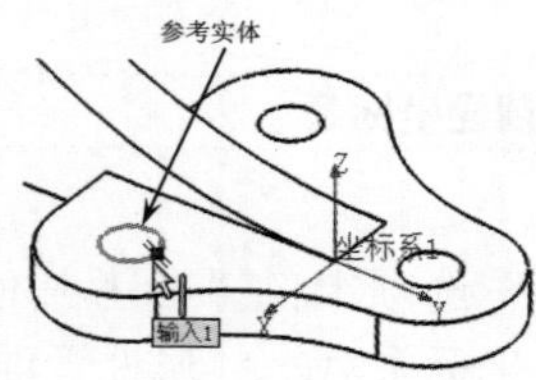


图 4-30

**03** 再单击“点”面板中的“确定”按钮，程序自动完成参考点的创建，如图 4-31 所示。

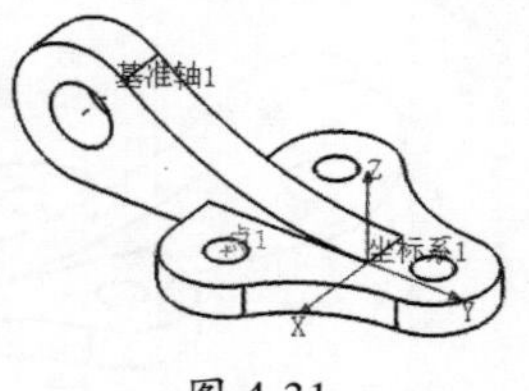


图 4-31

**04** 最后单击“标准”选项卡上的“保存”按钮，将本例操作结果保存。

## 4.2 录制与执行宏

宏是记录用户执行命令的一种便捷方式，也是执行用户操作命令后的结果。对于初学者来说，最好利用录制宏来解决日常工作中的重复操作。SolidWorks 向用户提供了宏工具，如图 4-32 所示为“宏”工具条。

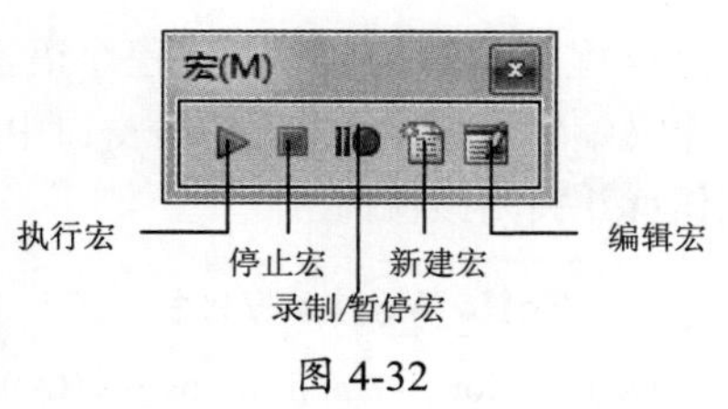


图 4-32

### 4.2.1 新建宏

“新建宏”工具可以帮助建立新宏。当生成新的宏时，用户可以直接从自定义的编辑宏应用程序（如 Microsoft Visual Basic）中编程宏。

在“宏”工具条中单击“新建宏”按钮，弹出“另存为”对话框，如图 4-33 所示，通过该对话框将新建的宏文件保存在 SolidWorks 安装路径下的 Macros（可自定义名称）文件夹中。

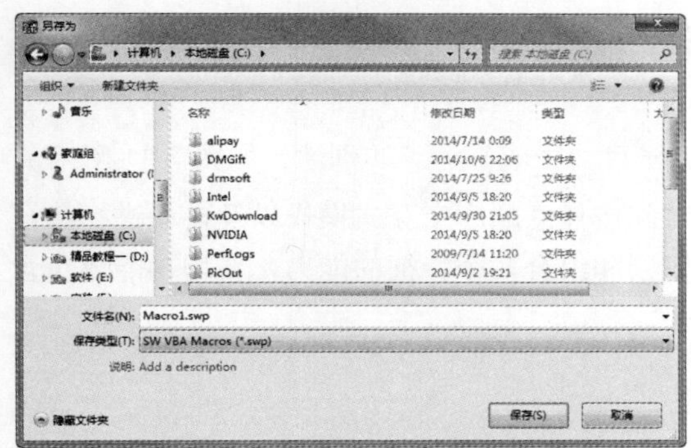

图 4-33

### 4.2.2 录制 / 暂停宏

通过使用“录制 / 暂停宏”工具，用户可以将 SolidWorks 工作界面中所执行的操作录制下来。宏会记录所有鼠标单击的位置、菜单的选项，以及键盘所输入的值或字母，以便日后执行。

在“宏”工具条中单击“录制 / 暂停宏”按钮，程序随后录制用户执行 SolidWorks 命令的过程，在此过程中可再次单击“录制 / 暂停宏”按钮暂停录制操作。

当录制完成时，单击“宏”工具条上的“停止宏”按钮，将录制的宏保存。

### 4.2.3 为宏指定快捷键和菜单

录制宏后，可以为宏定制自定义的快捷键和菜单。在标准选项卡中选择“自定义”命令，打开“自定义”对话框，在该对话框的“键盘”选项卡中选择“宏”类别，并在下面的宏列表中激活“快捷键”选项，此时用户可根据键盘操作习惯来设置快捷命令，然后单击该对话框的“确定”按钮，即可完成宏快捷命令的定义，如图 4-34 所示。

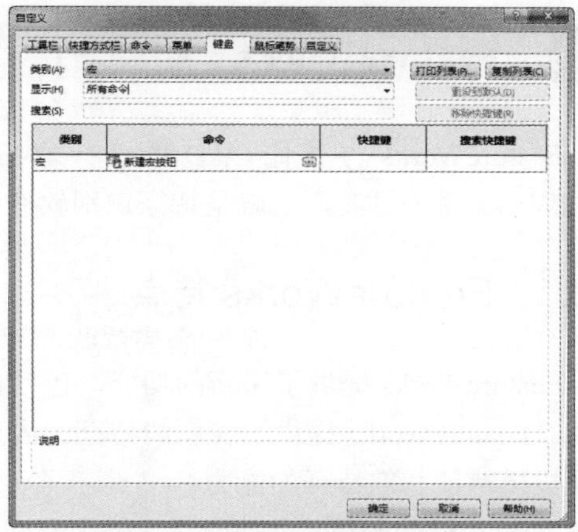

图 4-34

**技术要点：**

在“类别”下拉列表中如果没有列出“宏”选项，则必须事先录制宏，并将宏保存在Macors文件夹中。

同理，也可以按上述方法在“自定义”对话框的“菜单”选项卡中，为宏指定新的参数项目。

### 4.2.4 执行宏与编辑宏

在“宏”工具条中单击“执行宏”按钮，程序随即运行宏。

录制宏后，可使用“编辑宏”工具对宏进行编辑或调试。在“宏”工具条单击“编辑宏”按钮，随后通过打开的“编辑宏”对话框，双击保存的宏文件，弹出如图 4-35 所示的程序窗口。

图 4-35

通过该程序窗口，使用 VB 程序语言对宏进行自定义编辑，编辑完成后单击窗口中的“保存”按钮并关闭该窗口。

**SolidWorks VBA**

Visual Basic for Applications（VBA）是在SolidWorks中录制、执行或编辑宏的引擎。用户录制的宏以.swp VBA项目文件的形式保存；可以使用VBA编辑器来读取和编辑.swb及.swp（VBA）文件；当编辑现有的.swb文件时，文件会自动转换为.swp文件；用户可以将模块输出到在其他VB项目中使用的文件。

## 4.3 FeatureWorks

FeatureWorks 与其他 CAD 系统共享三维模型，充分利用原有的设计数据，更快地向 SolidWorks 系统过渡，这就是特征识别软件 FeatureWorks 所带来的好处。

### 4.3.1 FeatureWorks 特点

FeatureWorks 提供了崭新的功能，包括在任何时间按任意顺序交互式操作以及自动进行特征识别。FeatureWorks 提供了在新的特征树内进行再识别和组合多个特征的能力，新增功能还包含识别拔模特征和筋特征的能力。

下面将 FeatureWorks 功能特点做简要介绍。

**1．便捷的重建模型**

标准的数据转换器使人们可以共享不同 CAD 系统的几何信息，但是转换的模型有时成功，有时不成功，通常需要人工重建模型。人们往往需要引入新的设计意图，或增加转换过程中丢失的信息。FeatureWorks 软件能让用户迅速而方便地在转化的数据模型中添加新的设计意图。

**2．第一个为用户设计的特征识别应用程序**

FeatureWorks 与 SolidWorks 完全集成，是第一个为用户而设计的特征识别应用程序。

FeatureWorks 能对由标准数据转换器转换来的几何模型进行特征识别，为几何模型添加信息，形成 SolidWorks 特征管理器中的特征。

**3．方便用户对孔、切除、圆角、倒角和拉伸的尺寸和位置进行修改**

特征识别完成后，用户可以用 SolidWorks 的命令按需要对设计进行修改。例如，可以简单地将识别后的孔直径从 3cm 改成 5cm。由 FeatureWorks 识别的特征是完全可以编辑的、是全相关的和参数化的，而且可随时增加新的特征。FeatureWorks 给以前的设计数据赋予新的价值，使不同的 CAD 用户之间更方便、更快地共享三维设计模型。

### 4．保持设计思想，提高产品质量

FeatureWorks 不仅能够灵活地对转化数据进行修改，而且能保持或修改新的设计思想。例如，一个孔原来是“盲孔”或“通孔”，转换时它可能丢失，就需要重新定义，因此转换时需要保持原始的设计思想，以确保产品质量。

### 5．使用特征识别，节省时间

FeatureWorks 可以从标准转换器转换的几何模型中捕捉所有的数据，然后进行特征识别。标准数据格式包括 STEP、IGES、SAT（ACIS）、VDAFS 和 Parasolid。FeatureWorks 最适合识别规则的机加工轮廓和钣金特征，其中包括：

- 拉伸特征，特征的轮廓是由直线、圆或圆弧构成的。
- 圆柱或圆锥形状的旋转特征。
- 所有孔特征，包括简单孔、螺纹孔和台阶孔。
- 筋和拔模特征。
- 等半径圆角。
- 其他诸如倒角或圆角的特征。

### 6．自动和交互两种方式

FeatureWorks 提供自动和交互两种特征识别方式。自动的方式不需要人工干预。一般情况下，如果不能自动识别特征时，会弹出一个交互式的对话框，通过简单的交互，点取一个孔或凸台的一个面，通过控制或指定设计意图来实现特征识别。模型指示器显示特征识别前后的轮廓变化。交互识别方式和自动识别方式可以交替使用。

### 7．安装简单，易学易用，与 SolidWorks 完全集成

启动 FeatureWorks 非常简单，可以从 SolidWorks 菜单中选取所有 FeatureWorks 的命令，特征管理器中的特征树自动保存有 FeatureWorks 识别的特征，整个操作过程直观、简单。

## 4.3.2　关闭和激活 FeatureWorks

FeatureWorks 在 SolidWorks 的零件文档中，可以对输入实体中的特征进行识别。对初学者来说，FeatureWorks 可以帮助用户了解没有详细设计参数的模型的建模过程。

要使用 FeatureWorks，需要在标准选项卡中选择“插件”命令，然后在弹出的“插件”对话框的“活动插件”选项列表中勾选 FeatureWorks 复选框，再单击“确定”按钮即可在特征选项卡中显示 FeatureWorks 选项，如图 4-36 所示。

图 4-36

一般情况下，在 SolidWorks 中打开的是具有详细设计参数的模型时，启动 FeatureWorks 的按钮命令，“识别特征”未激活，呈灰色显示。当打开具体参数的模型后，“识别特征”按钮命令被激活。

要关闭 FeatureWorks，可在“插件”对话框中取消勾选 FeatureWorks 选项。

用户可通过以下方式来执行 FeatureWorks 命令。

- 在“特征”选项卡中单击“识别特征”按钮或者“FeatureWorks 选项”按钮。
- 执行“插入”|FeatureWorks|“识别特征”或“选项”命令。
- 在图形区选中模型并执行快捷菜单中的“识别特征”或“选项”命令。
- 在特征管理器设计树中选择“输入”特征并执行快捷菜单中的“识别特征”或“选项”命令。

## 4.3.3 FeatureWorks 识别方法与类型

FeatureWorks 识别特征的方法包括自动特征识别、交互特征识别和逐步识别。

### 1. 自动特征识别

FeatureWorks 的自动识别方法可以自动识别并高亮显示尽可能多的特征，这种方法的好处是加速特征的识别，而不必选取面或特征。

### 2. 交互特征识别

交互特征识别方法是选择特征类型和构成所要识别特征的实体，这种方法的好处是可以控制所识别的特征。例如，当决定要将圆柱切除识别为拉伸、旋转或孔时。此外，还可以借助所选的面及边线来决定特征草图的位置及复杂程度。

### 3. 逐步识别

逐步识别方法可以识别零件的某些输入实体特征，保存该零件，稍后再识别同一输入实体的其他特征。也可以识别部分零件（包含输入实体和识别特征）的特征，还可以保存部分识别的文档，以便保留各个识别阶段。

逐步识别被自动和交互特征识别，或这些方法的组合所支持。

逐步识别方法的好处是：

- 逐步识别可供多体零件或带钣金特征的零件使用。
- 识别前的特征名称在识别后不被保留。
- 查找阵列、组合特征和重新识别命令，仅适用于当前显示在中级阶段 PropertyManager 识别下的特征。

### 4. 识别类型

FeatureWorks 最适合识别带有长方形、圆锥形、圆柱形的零件和钣金零件。表 4-3 列出了使用交互特征识别方法可识别的标准特征类型。

表 4-3　可识别的标准特征类型

| 特征类型 | 选择对象 | 所需选择 | 图解 |
| --- | --- | --- | --- |
| 凸台拉伸或切除拉伸 | 面 | 选择代表特征草图的模型面 | |
| | 边线或环 | 选择代表特征草图的一组边线或环 | |
| | 多个面 | 选择代表特征草图的每个面，然后在“成形到面”方框中选择此公共面 | |
| 凸台旋转或切除旋转 | 面 | 选择代表旋转特征草图的一组面 | |
| | 面 | 如果勾选“链旋转面”复选框，为此旋转特征选择一个面，FeatureWorks 选择连续的面 | |
| 倒角 | 面 | 选择代表倒角面的模型面 | |
| 拔模 | 面 | 选择拔模面和代表中性面的面 | |
| 圆角 / 圆化 | 面 | 选择代表圆角面的模型面 | |
| | 面 | 选择一个变半径圆角 | |
| 孔 | 面 | 选择代表孔特征草图的一组面。FeatureWorks 识别异型孔向导孔 | |
| 基体 - 放样 | 面 | 选择端面 1 和端面 2 | |
| 筋 | 面 | 选择对于筋独特的面 | |
| | 面 | 选择用来生成垂直于草图的筋的面（筋上） | |
| | 面 | 选择对于筋独特的面 | |
| 抽壳 | 面 | 选择抽壳特征顶端的面，只有具有统一厚度的抽壳特征才可被识别 | |
| 基体 / 扫描 | 面 | 选择端面 1 下面一端的面，然后选择端面 2 下另一端的面 | |
| 体积特征 | 面 | 选择代表加厚曲面的模型面 | |

### 4.3.4 FeatureWorks 操作选项

当打开其他 stp 格式的文件时，可以在特征选项卡中单击“识别特征”按钮，属性管理器中显示 FeatureWorks 面板。FeatureWorks 面板中包含两种识别模式：自动和交互。“自动”识别模式的选项设置如图 4-37 所示；“交互”识别模式的选项设置如图 4-38 所示。

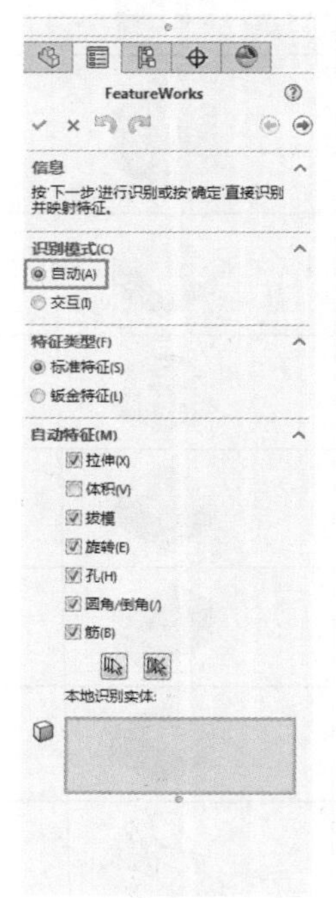

图 4-37

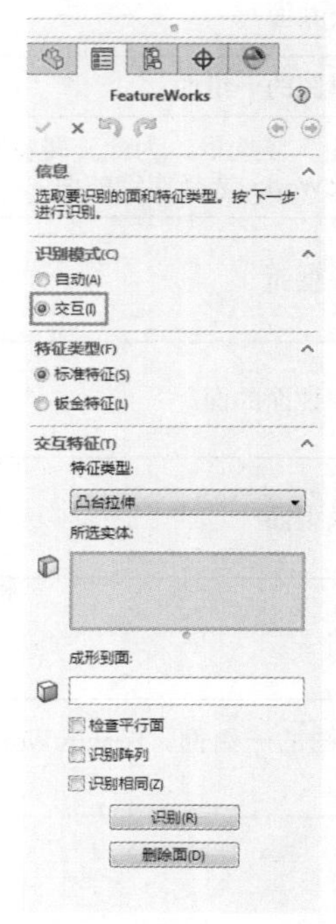

图 4-38

**技术要点：**

当打开其他软件生成的文件（实体或钣金零件）时，“识别特征”工具才可用。

FeatureWorks 面板中主要选项和按钮的含义如下。

- 信息：信息列表中显示用户进行下一步操作的提示。
- 自动：单击此单选按钮，按自动识别的方法识别特征。
- 交互：单击此单选按钮，按交互特征识别方法识别特征。
- 标准特征：单选此单选按钮，将在“自动特征”选项组中显示标准特征复选框。
- 钣金特征：FeatureWorks 所能识别的钣金特征。单击此单选按钮，将在“自动特征”选项组中显示钣金特征复选框。
- 复选所有过滤器：单击此按钮，则“自动特征”选项组中所有复选框被自动勾选。
- 取消复选所有过滤器：单击此按钮，则“自动特征”选项组中所有被选中的复选框被自动取消勾选。
- 本地识别实体：当用户选择特征进行识别时，“本地识别实体”列表中将列出选择的特征。
- 特征类型：在“特征类型”下拉列表中包含了 FeatureWorks 所能识别的交互特征。
- 所选实体：从图形区域选择用户想识别的几何体为所选的实体。
- 成形到面：选取特征终止的面。FeatureWorks 从草图基准面拉伸特征到所选的面。
- 检查平行面：识别非类型特征（如果它们具有与选定面平行的面）。
- 识别阵列：识别阵列特征类型。
- 识别相同：选择该复选框来识别具有相同特点的特征。例如，图形区中拥有数个具有矩形截面的凸台拉伸，选择其中一个凸台的面，这些特征会同时识别，但作为单独的特征。
- 识别：单击此按钮，FeatureWorks 运行识别程序。
- 删除面：删除在“所选实体”列表中的特征。

### 4.3.5 FeatureWorks 选项设置

用户可以设置 FeatureWorks 选项以帮助识别。在特征选项卡中单击“FeatureWorks 选项”按钮，弹出“FeatureWorks 选项”对话框，如图 4-39 所示。

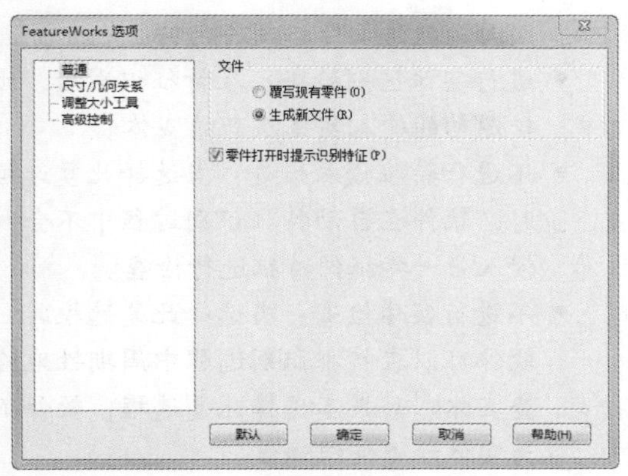


图 4-39

该对话框中包括“普通”“尺寸 / 几何关系”“调整大小工具”“高级控制”选项。

### 1. “普通”选项设置

“普通”选项主要设置在文件中 FeatureWorks 选项识别特征的生成，其中包括 3 个选项，含义如下。

- 覆写现有零件：在现有的零件文件中生成新特征，并且替换原来的输入实体。
- 生成新文件：在新的零件文件中生成新特征。
- 零件打开时提示识别特征：选择此复选框时，当用户在 SolidWorks 零件文件中打开来自另一系统的零件作为输入实体时，将自动开始特征识别。

### 2. “尺寸 / 几何关系”选项设置

“尺寸 / 几何关系”选项主要设置在草图中是否启用标注尺寸，如图 4-40 所示。

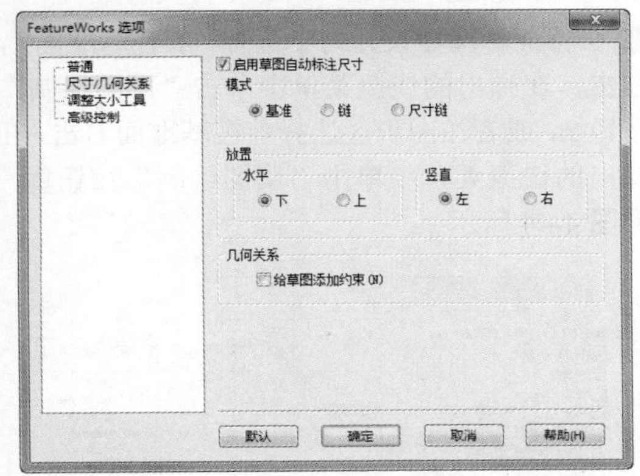


图 4-40

该设置中主要选项的含义如下。

- 启用草图自动标注尺寸：自动将尺寸添加到识别的特征。
- 模式：将尺寸标注方案设定为基准、链或尺寸链。
- 放置：设定尺寸的水平和垂直放置方式。
- 几何关系：是否为草图添加几何约束。

**技术要点：**

如果“给草图添加约束”复选框没有被勾选，则草图实体仍然处于欠定义。

### 3. “调整大小工具”选项设置

“调整大小工具”选项主要用于调整特征的识别顺序，以及是否自动识别或提示用户在编辑时特征自动识别子特征，如图 4-41 所示。

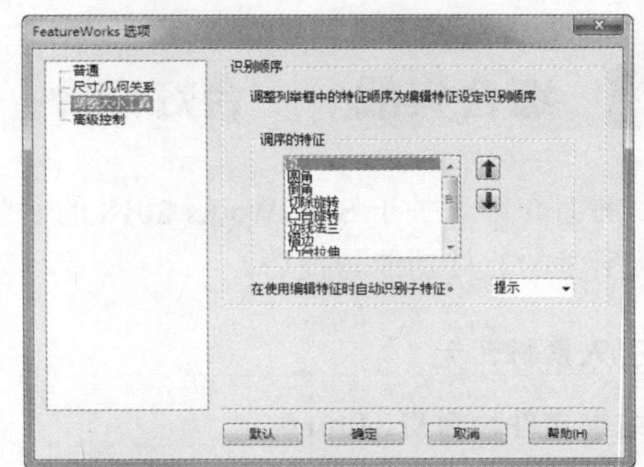


图 4-41

该设置中主要选项的含义如下。

- 识别顺序：为编辑特征设定识别顺序。
- 调序的特征：该列表框中列出了识别特征项目，单击上移按钮或下移按钮，可调整选中的特征项目的顺序。
- 在使用编辑特征时自动识别子特征：在使用编辑特征识别输入实体上的面时，识别面的子特征。右边的下拉列表中列出 3 个选项，分别为“是”“否”和“提示”。

### 4. “高级控制”选项设置

“高级控制”选项主要用于设置诊断、检查识别特征，以及是否识别向导孔特征，如图 4-42 所示。

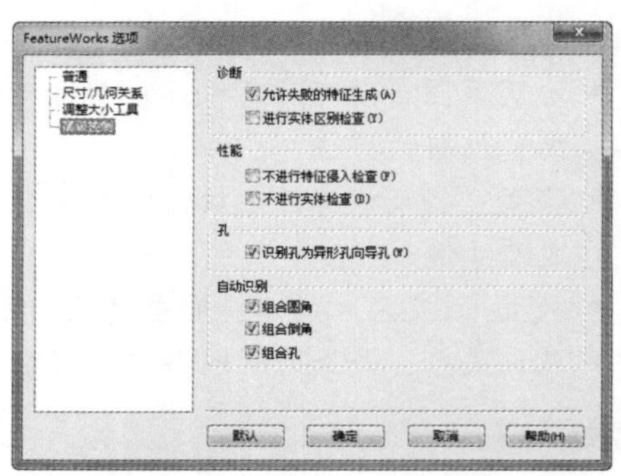

图 4-42

该设置中主要选项的含义如下。

- 允许失败的特征生成：允许软件生成有重建模型错误的特征。如果不选择此复选框，当一个或多个特征有重建模型错误时，软件无法识别任何特征。
- 进行实体区别检查：在特征识别后，比较原始的输入实体及新的实体。
- 不进行特征侵入检查：当选择此复选框时，软件在自动特征识别过程中不会对侵入另一特征的特征进行检查。
- 不进行实体检查：当选择此复选框时，软件可以在特征识别过程中周期性地检查实体。如果不选择此复选框，软件不为实体检查任何错误。
- 识别孔为异形孔向导孔：FeatureWorks支持识别柱孔、锥孔、螺纹孔、管道螺纹孔，以及普通孔类型异形孔向导特征。

## 4.4 综合实战——台灯设计

前面介绍了关于 SolidWorks 2018 的一些基础工具，下面用一个台灯设计案例，让大家巩固前面所学的软件功能与技巧。

**◎ 引入素材：无**

**◎ 结果文件：台灯.sldprt**

**◎ 视频文件：台灯设计—基座建模.avi，台灯设计—连杆建模.avi，台灯设计—灯头建模.avi**

在开始建立模型之前，先对模型进行分析。台灯的模型由基座、连杆和灯头三个部分组成，如图 4-43 所示。

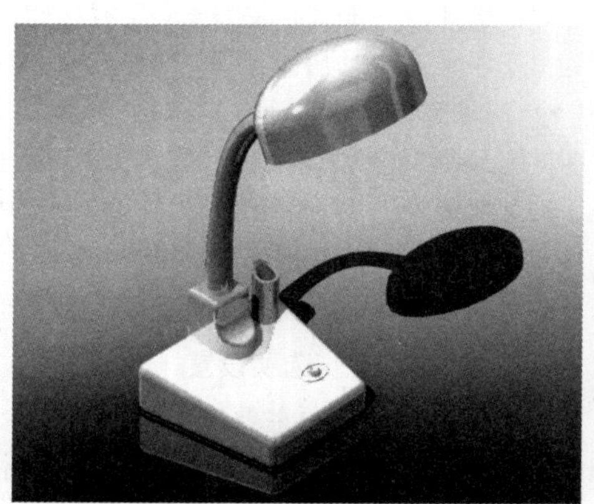

图 4-43

### 4.4.1 基座建模

**操作步骤**

**01** 单击“新建”按钮，新建零件文件。

**02** 在特征管理器设计树中选择“前视基准面”，右击，在弹出的快捷菜单中单击“草图绘制”按钮，或者在图形区选择前视基准面右击，在弹出的快捷菜单中单击“草图绘制”按钮，如图 4-44 所示。

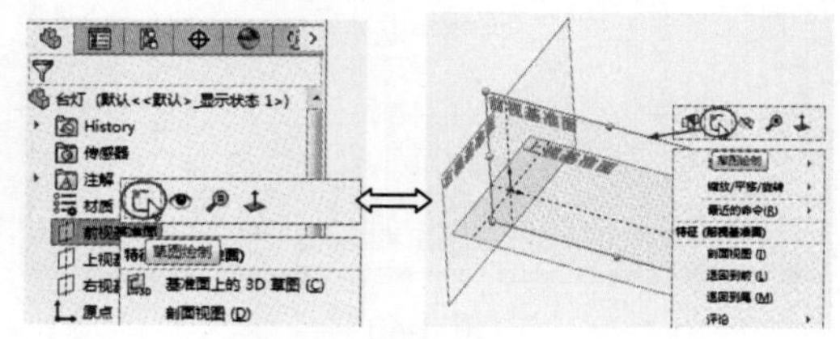

图 4-44

**03** 接着绘制出如图 4-45 所示的草图 1 并标注尺寸。

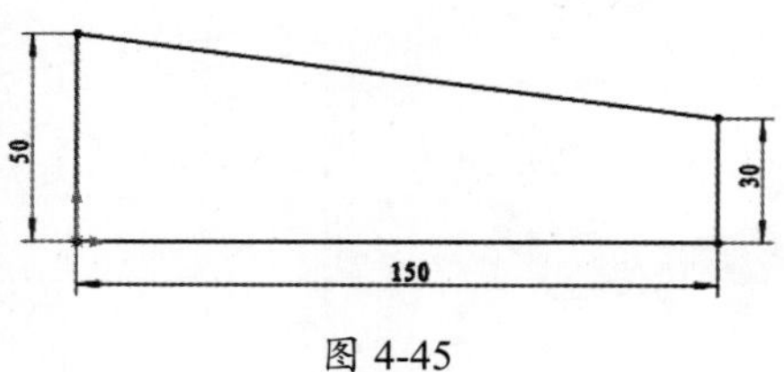


图 4-45

**04** 选中绘制的草图 1，然后单击“特征”选项卡上的“拉伸凸台 / 基体”按钮，打开“凸台 - 拉伸 1”面板。在面板“方向 1”的“终止条件”列表中选择“两侧对称”，在深度文本框中设置深度值为 120，单击“确定”按钮完成拉伸 1 的创建，如图 4-46 所示。

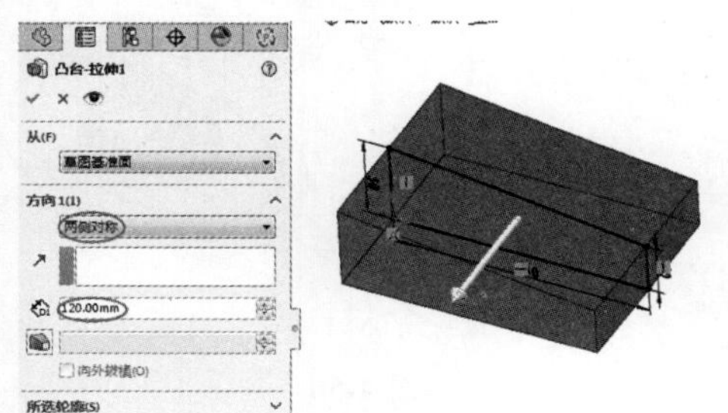

图 4-46

**05** 单击“特征”选项卡上的“拔模”按钮，打开“拔模 1”面板。单击“手工”按钮，选择拔模类型为“中性面”，输入“拔模角度”值为 10。然后在图形区中选择实体前面作为中性面。激活“拔模面”选项区，再在图形区中选择两个侧面为拔模面，最后单击面板中的“确定”按钮完成拔模，如图 4-47 所示。

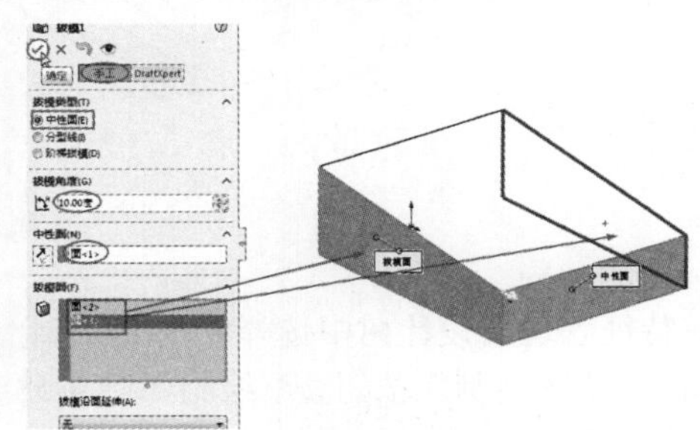

图 4-47

**06** 单击“特征”选项卡上的“圆角特征”按钮，在“圆角类型”中选择“恒定大小圆角”类型，设置半径值为 10，“轮廓”为图形，然后选择 4 个侧边和顶面的 4 个边，再单击面板中的“确定”按钮，完成圆角特征的创建，如图 4-48 所示。

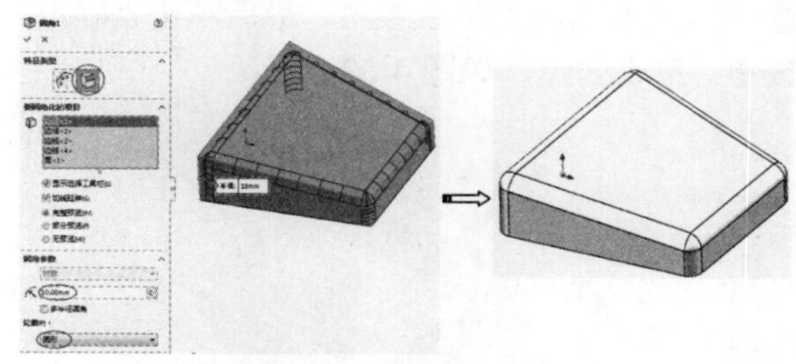

图 4-48

**07** 同理，再给底面的 4 条边创建半径为 2 的圆角，如图 4-49 所示。

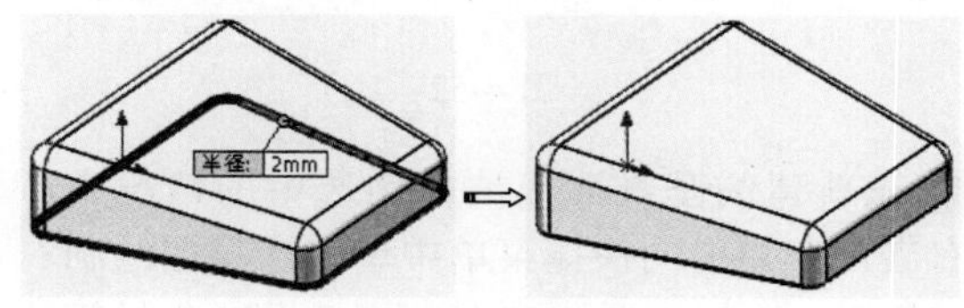


图 4-49

**08** 单击“特征”选项卡上的“抽壳”按钮，在厚度值文本框中输入为 5。激活“面<1>”方框，在图形区中选择模型底面，单击面板中的“确定”按钮，生成抽壳特征，如图 4-50 所示。

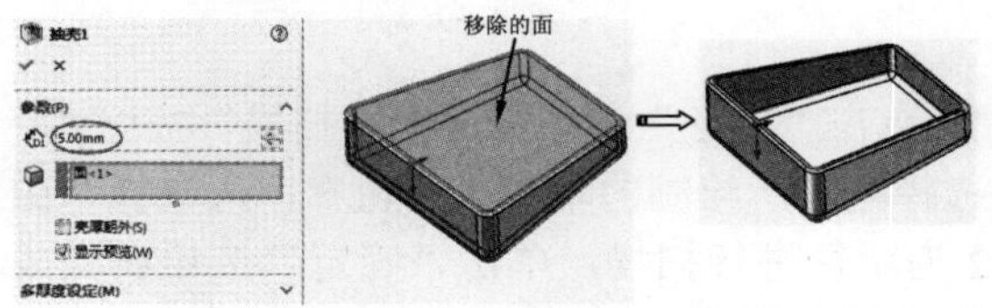


图 4-50

**09** 选择实体上表面作为草图平面，单击“草图”选项卡中的“草图绘制”按钮，绘制如图 4-51 所示的草图 2，并标注尺寸。

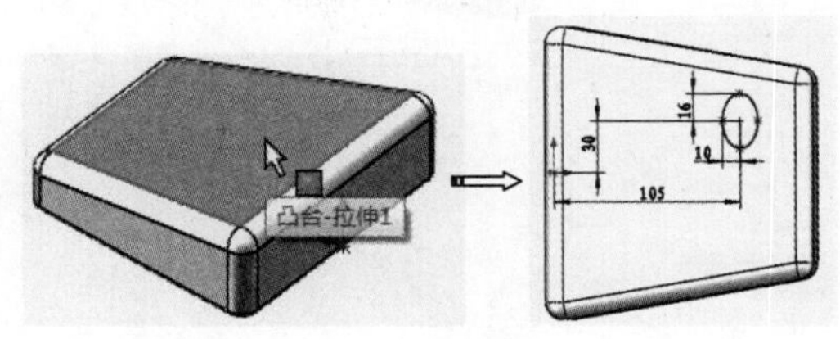


图 4-51

**10** 在“特征”选项卡中单击“基准面”按钮，首先选择草图 2 中的点作为第一参考，激活第二参考，并选择上视基准面，单击“垂直”按钮，使新基准面垂直于上视基准面。激活第三参考，选择右视基准面为第三参考，最后单击“确定”按钮完成创建，如图 4-52 所示。

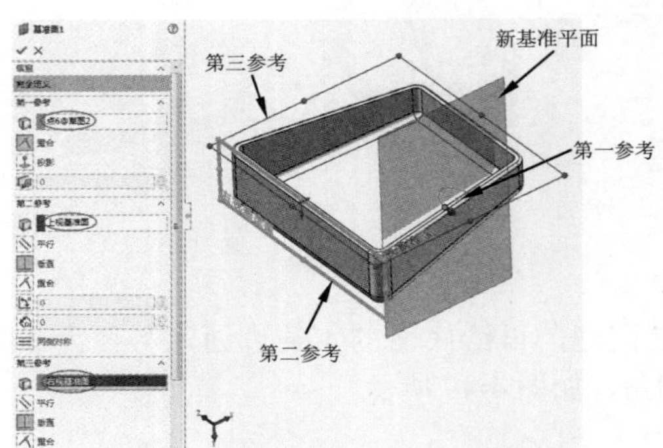


图 4-52

**11** 在新建的基准面 1 被自动选中的情况下，右击，在弹出的快捷菜单中单击“草图绘制”按钮，绘制如图 4-53 所示的草图 3（封闭的草图）。

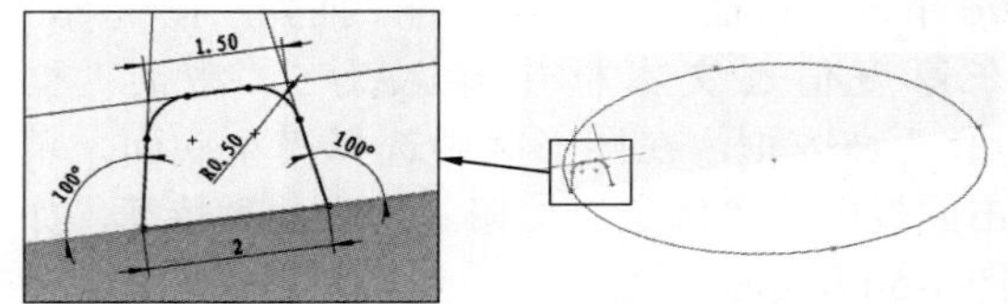


图 4-53

**12** 单击“特征”选项卡中的“扫描”按钮，选择刚才所绘制的草图 3 为轮廓，再选择草图 2 为路径进行扫描，单击“确定”按钮完成扫描操作，如图 4-54 所示。

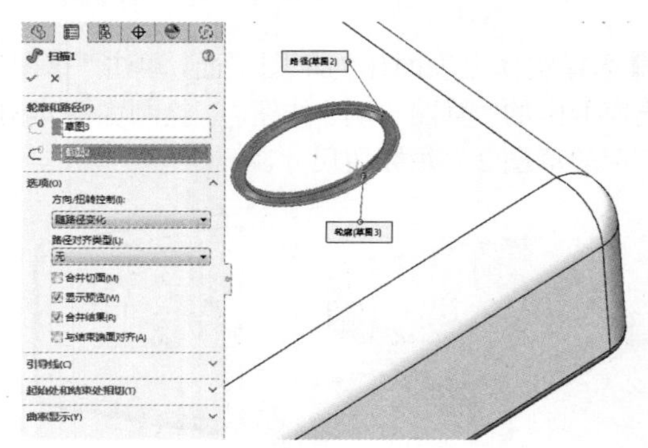

图 4-54

**13** 隐藏基准面 1，在实体上表面绘制如图 4-55 所示的草图 4，并标注尺寸，完成草图的绘制。

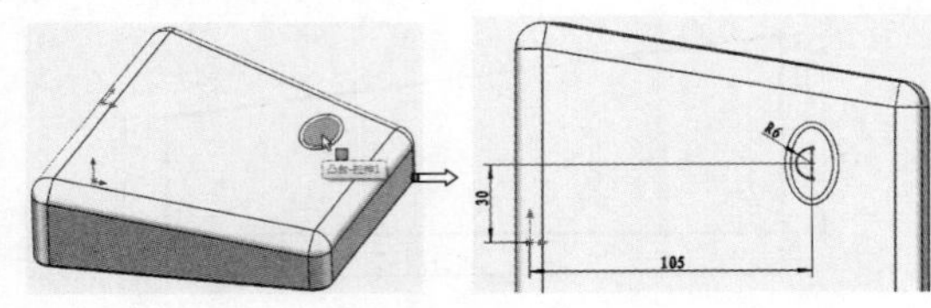


图 4-55

**14** 单击“特征”选项卡上的“旋转凸台 / 基体”按钮，输入角度值为 180，如果方向有误可以单击“反向”按钮改变旋转方向，单击“确定”按钮，生成如图 4-56 所示。

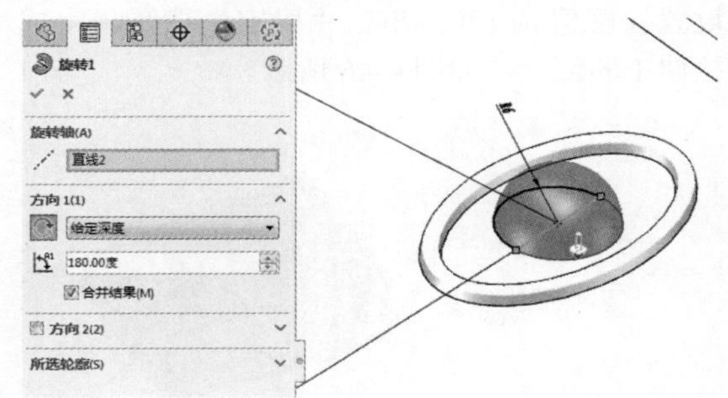


图 4-56

**15** 选择“上视基准面”并单击“基准面”按钮，打开“基准面 2”面板。在偏移距离文本框中输入 60，单击“确定”按钮，生成如图 4-57 所示的基准面 2。

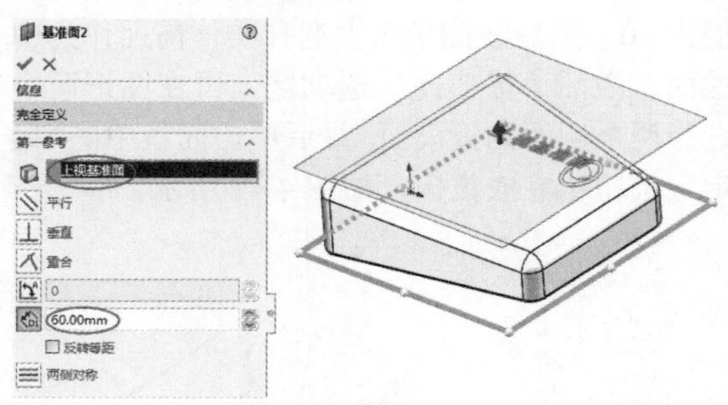


图 4-57

**16** 在特征管理器设计树中选择“基准面 2”，再单击“草图绘制”按钮，绘制如图 4-58 所示的草图 5。

**17** 单击“拉伸凸台 / 基体”按钮，选择拉伸方法为“成形到实体”，更改拉伸方向，最后单击“确定”按钮，生成如图4-59所示的凸台基体。

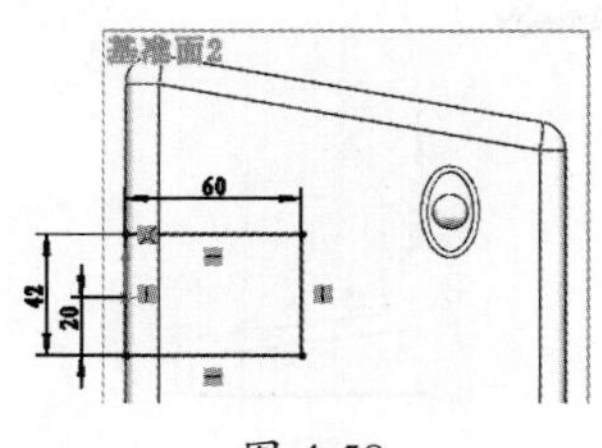

图 4-58

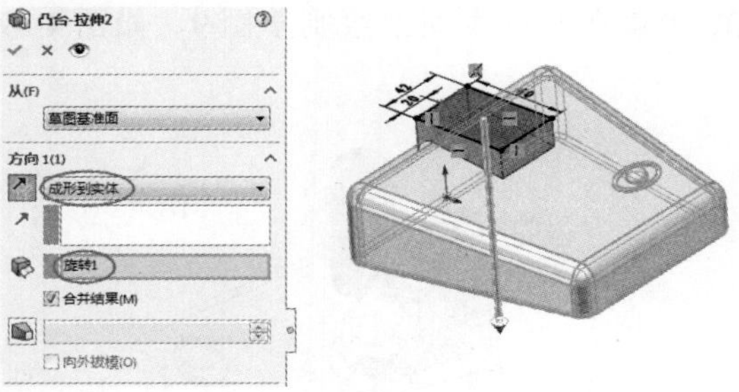

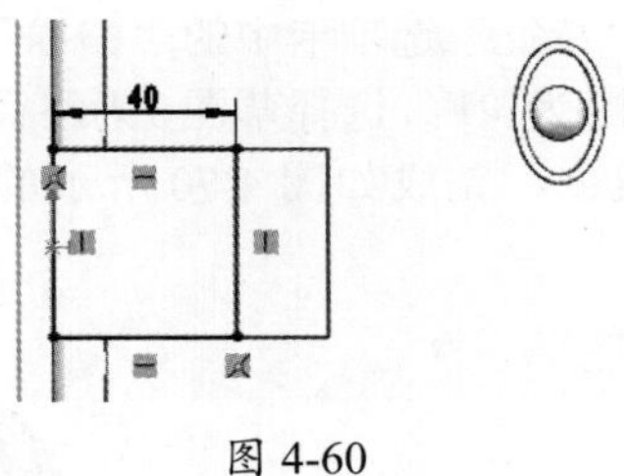

图 4-59

**18** 在基准面2上继续绘制草图6，如图4-60所示。

图 4-60

**19** 单击“特征”选项卡上的“拉伸凸台/基体”按钮，设置深度值为40，预览图如图4-61所示。单击面板中的“确定”按钮，生成凸台基体。

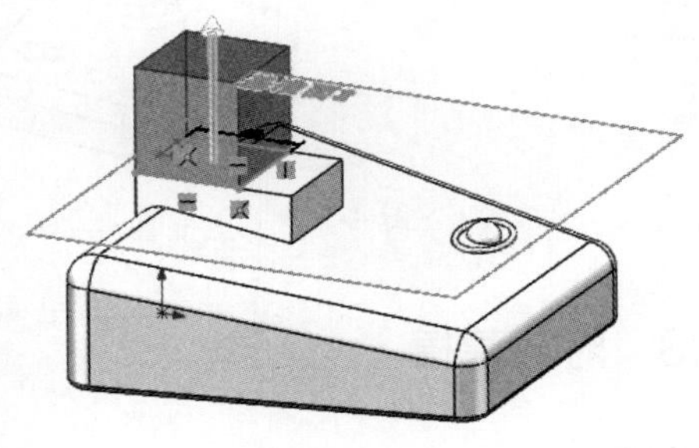

图 4-61

**20** 单击“特征”选项卡中的“圆角特征”按钮，在“圆角类型”中选择“面圆角”，选择如图4-62所示的两个面，设置半径值为20，单击“确定”按钮，生成圆角。

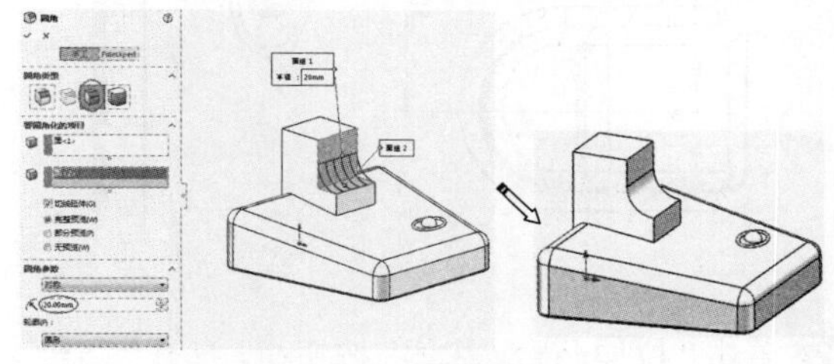

图 4-62

**21** 继续为模型添加圆角，在“圆角”面板中选择“完整圆角”类型，然后再依次选择边侧面组1、中央面组和边侧面组2，如图4-63所示，自动创建圆角并输入半径值为5。

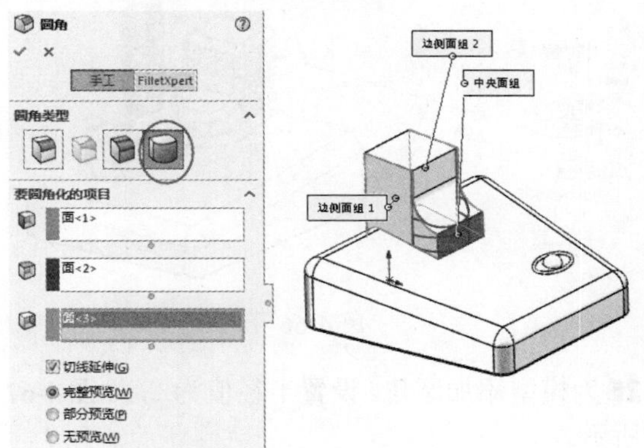

图 4-63

**22** 继续为模型的其余边添加圆角（分两次添加），选择“恒定大小圆角”类型，设置半径值为5，创建圆角，如图4-64所示。

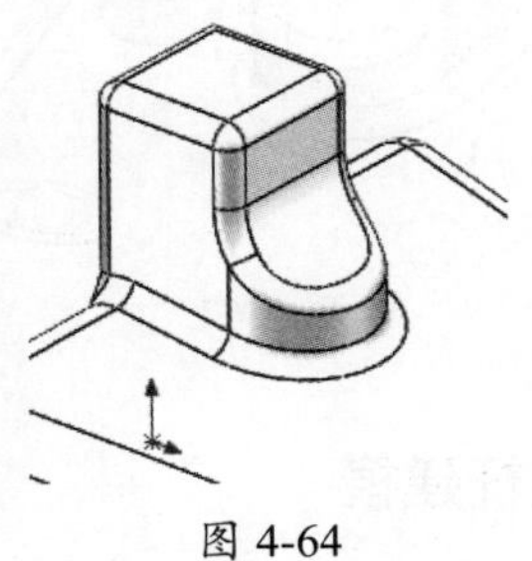

图 4-64

**23** 选中底座上表面，绘制如图4-65所示的草图7。

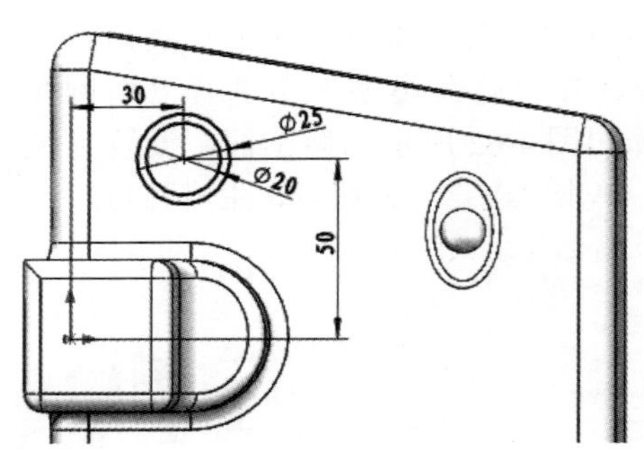


图 4-65

**24** 单击“拉伸凸台 / 基体”按钮，打开“凸台 - 拉伸 4”面板。激活“拉伸方向”框，然后在图形区中选择实体中竖直的圆角边作为拉伸方向参考，并设置深度值为 60，最后单击“确定”按钮，完成如图 4-66 所示的拉伸凸台。

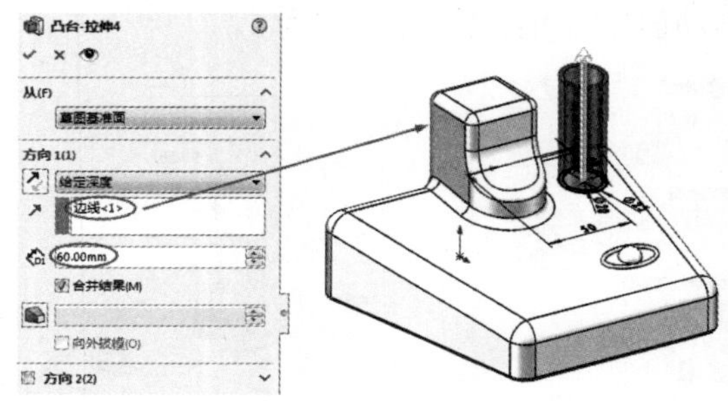

图 4-66

**25** 为模型添加圆角，设置半径值为 1，如图 4-67 所示。

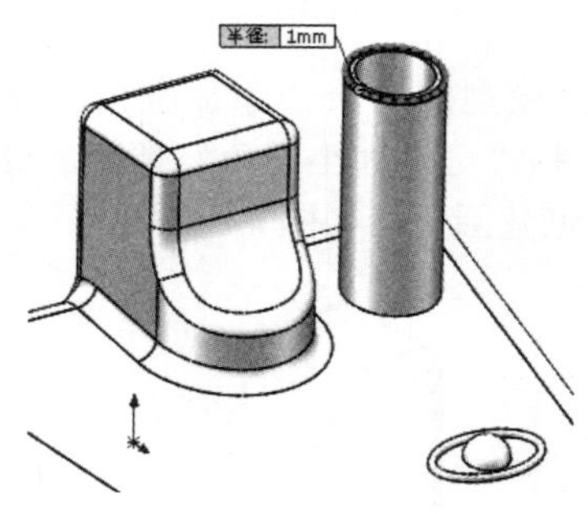


图 4-67

## 4.4.2 连杆建模

### 操作步骤

**01** 在前视基准面上绘制草图 8，如图 4-68 所示。

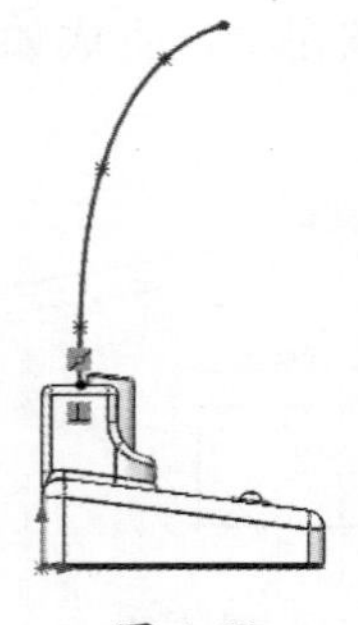

图 4-68

**02** 接着在凸台表面上绘制草图 9，如图 4-69 所示。

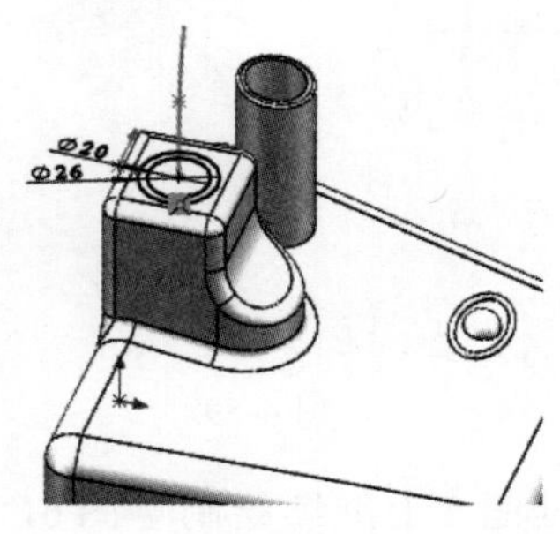


图 4-69

**03** 单击“特征”选项卡中的“扫描”按钮，选择草图 9 为轮廓，选择草图 8 为路径，单击“确定”按钮，完成如图 4-70 所示的台灯连杆建模。

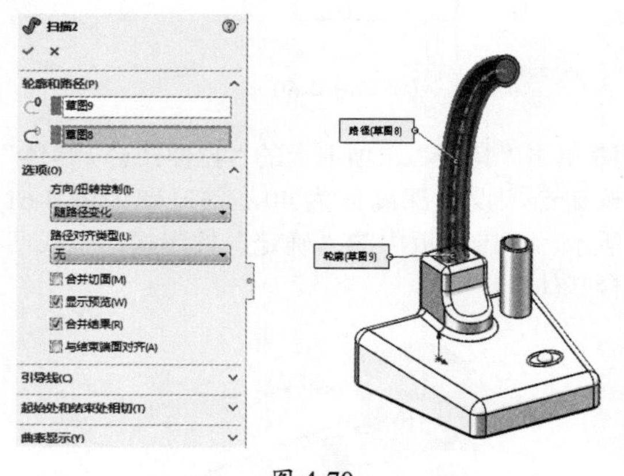

图 4-70

## 4.4.3 灯头建模

### 操作步骤

**01** 在连杆头的端面右击，在弹出的快捷菜单中单击“草图绘制”按钮，绘制如图 4-71 所示的草图 10（注意添加的相切关系）。

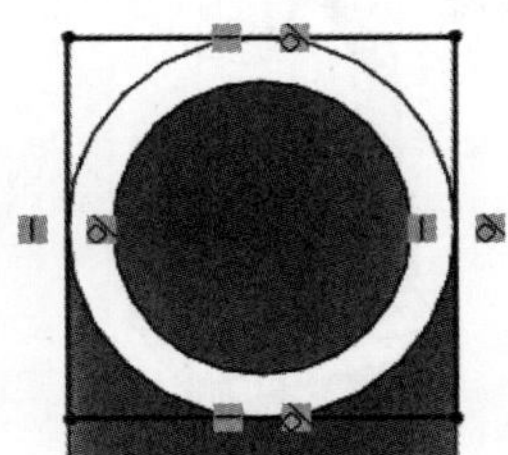

图 4-71

**02** 单击“特征”选项卡上的“拉伸凸台 / 基体”按钮，选择草图 10，设置深度值为 10，创建如图 4-72 所示的拉伸凸台。

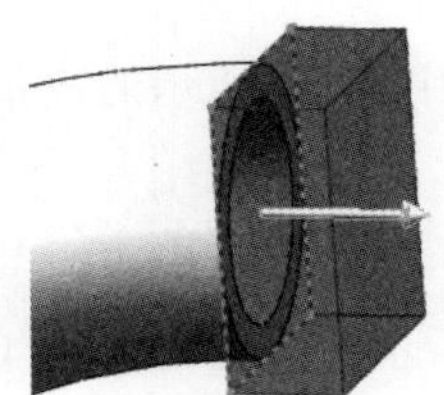

图 4-72

**03** 以上一步创建的拉伸凸台的下表面为基准面绘制草图 11，如图 4-73 所示。

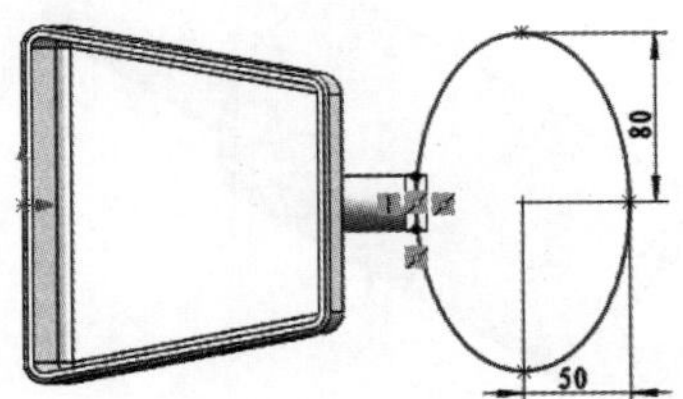


图 4-73

**04** 单击“特征”选项卡中的“拉伸凸台 / 基体”按钮，选择草图 11，设置深度值为 27，创建如图 4-74 所示的拉伸凸台。

图 4-74

**05** 单击“特征”选项卡中的“圆顶”按钮，选择如图 4-75 所示的拉伸凸台的上表面，设置距离为 45，勾选“椭圆圆顶”复选框，单击“确定”按钮，完成圆顶的创建。

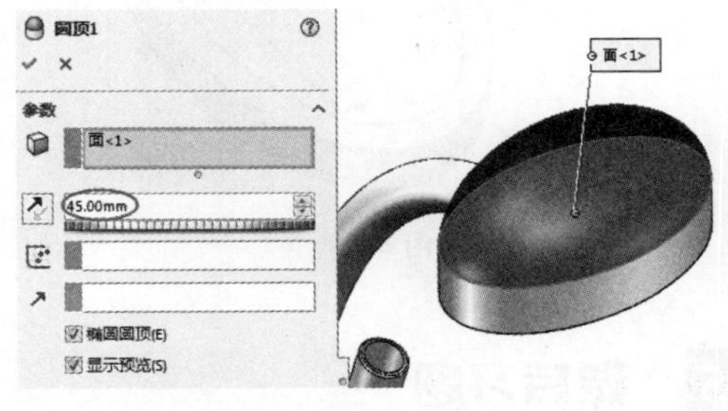


图 4-75

**06** 在拉伸凸台下表面绘制如图 4-76 所示的草图 12。

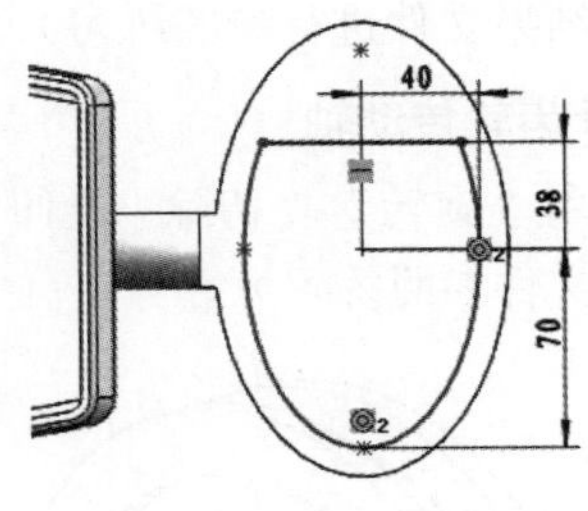


图 4-76

**07** 单击“特征”选项卡中的“切除 - 拉伸”按钮，选择草图 12，设置深度值为 30，单击“确定”按钮，完成的效果如图 4-77 所示。

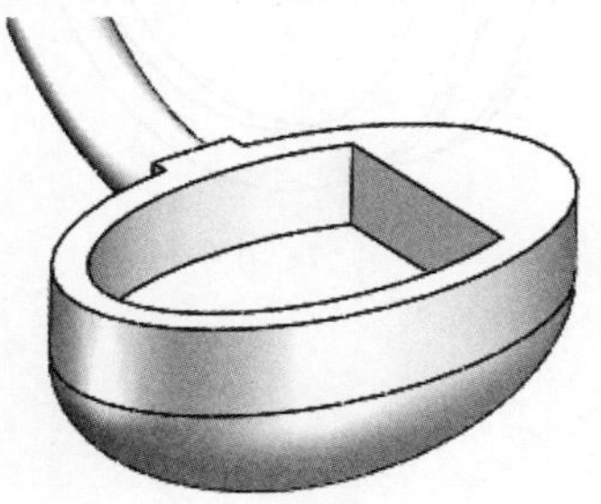

图 4-77

**08** 在切除拉伸内部创建两个拉伸圆柱体（直径为 14、拉伸深度为 80）作为灯管，并进行圆顶（圆顶距离为 7）处理，如图 4-78 所示。

**09** 最终完成效果如图 4-79 所示。

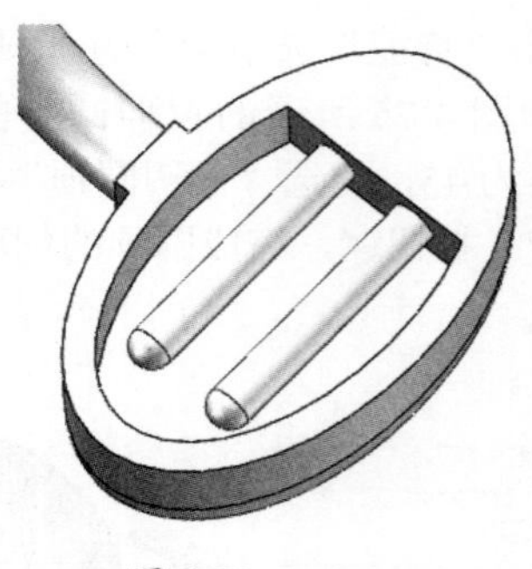

图 4-78

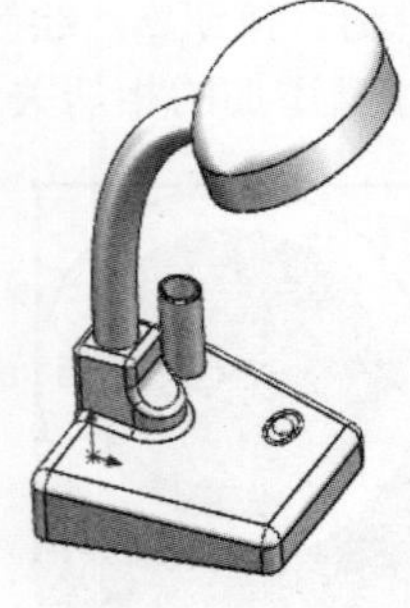

图 4-79

## 4.5 课后习题

### 1．设计皮带轮

尝试利用“旋转”“拉伸”“切除 - 拉伸”等命令，创建如图 4-80 所示的皮带轮（可以打开本习题的结果文件进行参照练习）。

### 2．设计齿轮传动轴

尝试利用“旋转”“切除 - 拉伸”等命令，创建如图 4-81 所示的齿轮传动轴（可以打开本习题的结果文件参照练习）。

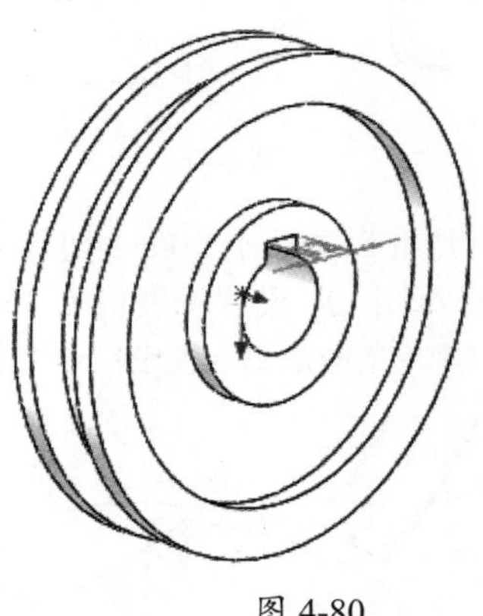

图 4-80

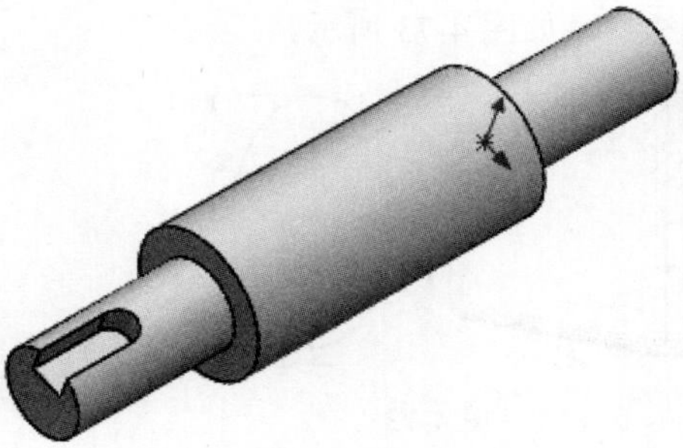

图 4-81

# 第 5 章　草图绘制实体

SolidWorks 2018 的草图是模型建立的基础，本章学习的内容包括：草图环境简介、草图基本曲线绘制、草图高级曲线绘制等。

- SolidWorks 2018草图环境
- 草图动态导航
- 草图对象的选择
- 绘制草图基本曲线
- 绘制草图高级曲线

## 5.1 SolidWorks 2018 草图环境

草图是由直线、圆弧等基本几何元素构成的几何实体，它构成了特征的截面轮廓或路径，并由此生成特征。

SolidWorks 的草图表现形式有两种：二维草图和 3D 草图。

两者之间的主要区别在于，二维草图是在草图平面上进行绘制的；3D 草图则无须选择草图绘制平面即可直接进入绘图状态，绘制出空间的草图轮廓。

### 5.1.1 SolidWorks 2018 草图界面

SolidWorks 2018 提供了直观、便捷的草图工作环境。在草图环境中，可以使用草图绘制工具绘制曲线；可以选择已绘制的曲线进行编辑；可以对草图几何体进行尺寸约束和几何约束；还可以修复草图，等等。

SolidWorks 2018 的草图环境界面如图 5-1 所示。

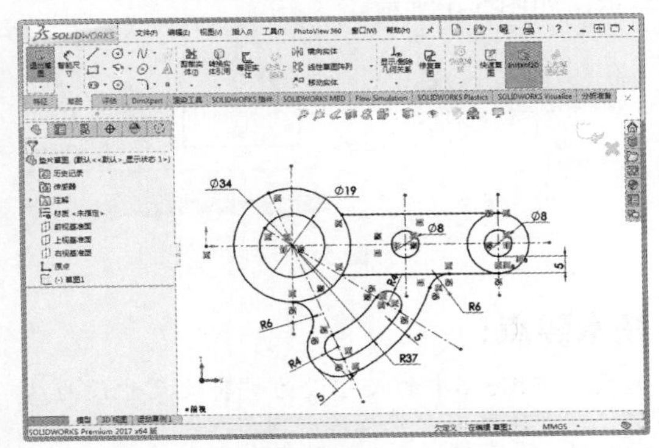

图 5-1

### 5.1.2 草图绘制方法

在 SolidWorks 中绘制二维草图时通常有两种绘制方法：“单击 - 拖动”和“单击 - 单击”。

**1. “单击 - 拖动”方法**

“单击 - 拖动”方法适用于单条草图曲线的绘制。例如，绘制直线和圆。在图形区单击一个位置作为起点后，在不释放鼠标的情况下拖动，直至在直线终点位置释放鼠标，就会绘制出一条直线，如图 5-2 所示。

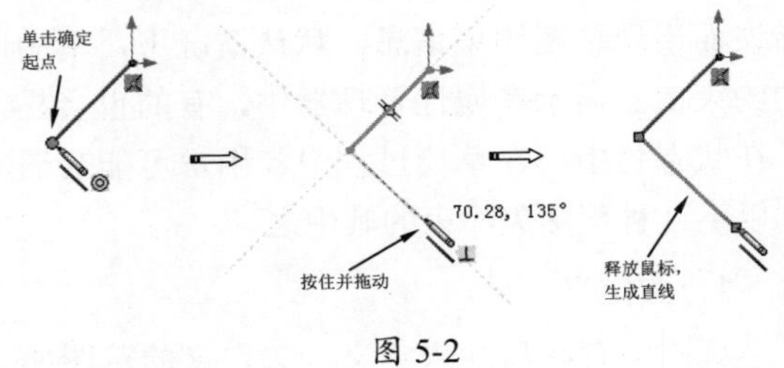


图 5-2

**技术要点：**

使用“单击-拖动”方法绘制草图后，草图命令仍然处于激活状态，但不会连续绘制。绘制圆时可以采用任意的绘制方法。

#### 2. “单击 - 单击”方法

单击第一个点并释放鼠标是应用了“单击 - 单击”的绘制方法。当绘制“直线”和“圆弧”并处于“单击 - 单击”模式时，单击时会生成连续的线段（链）。

例如，绘制两条直线时，在图形区单击一个位置作为直线 1 的起点，释放鼠标后在另一个位置单击（此位置也是第一条直线的终点），完成直线 1 的绘制。然后在直线命令仍然激活的状态下，再在其他位置单击（此位置为第二条直线的终点），以此绘制出第二条直线，如图 5-3 所示。

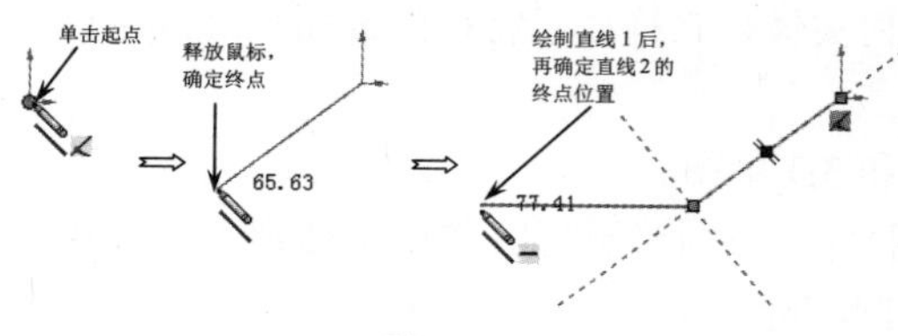


图 5-3

同理，按此方法可以连续绘制出首尾相连的多条直线。要退出“单击 - 单击”模式，双击即可。

**技术要点：**

当用户使用“单击-单击”方法绘制草图曲线，并在现有草图曲线的端点结束直线或圆弧时，该工具会保持激活状态，但会连续绘制。

### 5.1.3 草图约束信息

在进入草图模式绘制草图时，可能因操作错误而出现草图约束信息。默认情况下，草图的约束信息显示在属性管理器中，有的也会显示在状态栏中。在草绘过程中，用户可能会遇到以下几种草图欠约束的其中之一：

#### 1. 欠定义

草图中有些尺寸未定义，欠定义的草图曲线呈蓝色，此时草图的形状会随着光标的拖动而改变，同时属性管理器的面板中会显示欠定义符号，如图 5-4 所示。

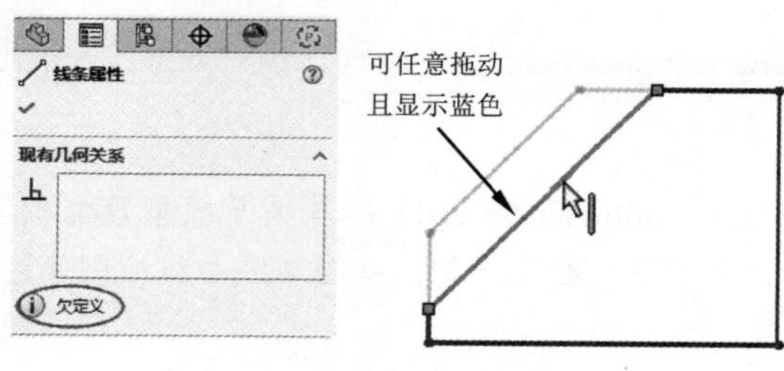


图 5-4

**技术要点：**

解决“欠定义”的草图方法是：为草图添加尺寸约束和几何约束，使其变为“完全定义”，但不要“过定义”。

#### 2. 完全定义

所有曲线变为黑色，即草图的位置由尺寸和几何关系完全固定，如图 5-5 所示。

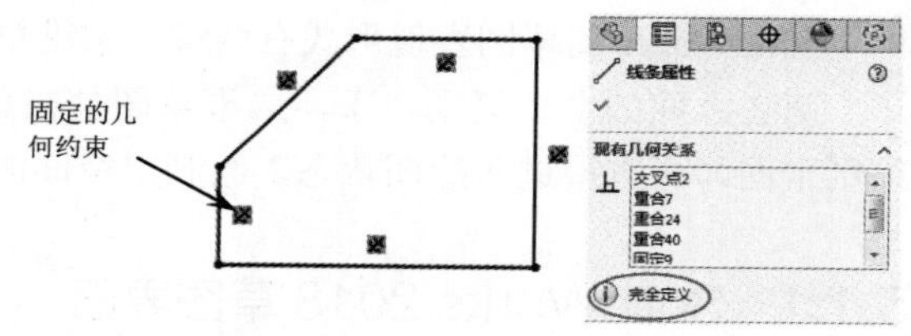


图 5-5

#### 3. 过定义

如果对完全定义的草图再进行尺寸标注，系统会弹出“将尺寸设为从动？”对话框，选择“保留此尺寸为驱动”单选按钮，此时的草图即是过定义的草图，状态信息在状态显示栏显示，如图 5-6 所示。

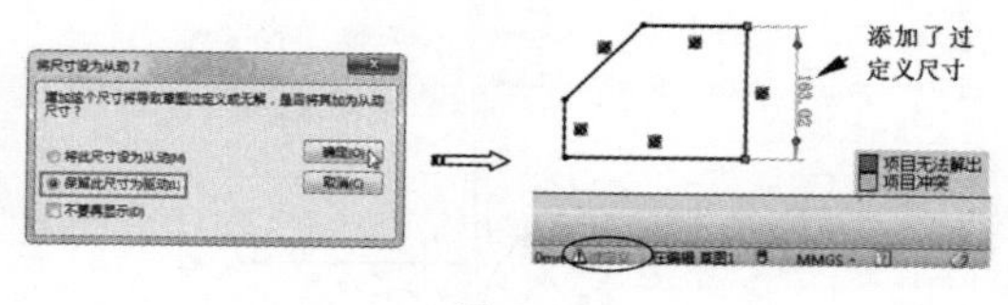


图 5-6

**技术要点：**

如果是将图5-6中的尺寸设为“将此尺寸设为从动”，那么就不会过定义。因为此尺寸仅作为参考使用，没有起到尺寸约的束作用。

**4．没有找到解**

草图无法解出的几何关系和尺寸，例如图 5-6 所示的无法解除的尺寸。

**5．发现无效的解**

草图中出现无效的几何体，如零长度直线、零半径圆弧或自相交叉的样条曲线。如图 5-7 所示为产生自相交的样条曲线。SolidWorks 中不允许样条曲线自相交，在绘制样条时系统会自动控制不要产生自相交。

当编辑拖动样条的端点，意图使其自相交时，就会显示警告信息。

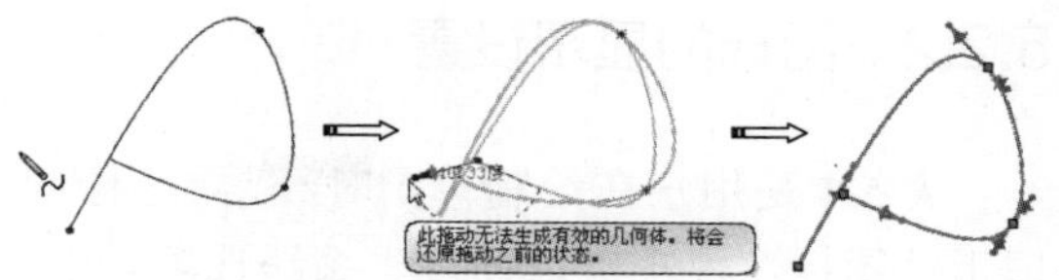

只能绘制不相交的样条　试图使其自相交 - 失败　返回到拖动之前

图 5-7

**技术要点：**

在使用草图生成特征前，不需要完全标注或定义草图，但在零件完成之前，应该完全定义草图。

## 5.2 草图动态导航

在 SolidWorks 软件中，为了提高绘图效率，在草图中使用了动态导航（Dynamic Navigator）技术。所谓“动态导航”技术就是当光标位于某些特定的位置或者进行某项工作时，程序可以根据当前的命令状态、光标位置、几何元素的类型和相互关系，显示不同的光标和图形，并且自动捕捉端点、中点、交点、圆心等关键点，从而推断设计者的设计意图，引导设计者进行高效的设计。

### 5.2.1 动态导航的推理图标

动态导航在绘制草图的时候，程序可以智能识别不同的尺寸类型，例如线性尺寸、角度尺寸等，并且还可以自动捕捉草图的位置关系，与此同时还能自动反馈信息，这些反馈信息包括光标状态、数字反馈信息和各种引导线等，这些光标或者引导线成为推理指针和推理引导线。

对于初学者而言，熟知各种推理指针和推理线所代表的含义，有着十分重要的意义。表 5-1 给出了一些在草图中常用的推理指针图标，仅供参考。

表 5-1　常见的推理指针图标

| 指　针 | 名　称 | 说　明 | 指　针 | 名　称 | 说　明 |
|---|---|---|---|---|---|
| | 直线 | 绘制的是直线或者中心线 | | 矩形 | 当前绘制的是矩形 |
| | 多边形 | 当前绘制的是多边形 | | 圆 | 当前绘制的是圆 |
| | 三点圆弧 | 当前绘制的是三点圆弧 | | 切线弧 | 当前绘制的是切线弧 |
| | 样条曲线 | 当前绘制的是样条曲线 | | 椭圆 | 当前绘制的是椭圆 |
| | 点 | 当前绘制的是点 | | 剪切 | 剪切草图实体 |
| | 延伸 | 延伸草图实体 | | 圆周阵列 | 表示可以圆周阵列草图 |
| | 线性阵列 | 可以线性阵列草图 | | 水平直线 | 可以绘制一条水平直线 |
| | 竖直 | 可以绘制垂直直线 | | 端点或圆心 | 捕捉到点的端点或圆心 |
| | 重合点 | 表示当前点和某个草图重合 | | 中点 | 表示捕捉到点段的中点 |
| | 垂直直线 | 表示当前绘制的一条直线与另一条直线垂直 | | 平行直线 | 表示当前可以绘制一条与另一直线平行的直线 |
| | 相切直线 | 表示可以绘制一条相切直线 | | 尺寸 | 表示标注尺寸 |

### 5.2.2 图标的显示设置

表 5-1 是用户在绘制草图时经常看到的推理指针图标，用户可以通过“系统选项 - 几何关系 / 捕捉”对话框中的“几何关系 / 捕捉”界面来设置，如图 5-8 所示。

图 5-8

另外，在草图中使用动态导航技术能够快速捕捉对象，但是在捕捉的对象附近有多个关键点的时候会发生干扰，如图 5-9 所示。在捕捉原点的时候，有可能会捕捉到两侧的中点。

为了解决上述问题，SolidWorks 专门提供了“过滤器”功能。通过该功能，用户可以有选择地捕捉需要的几何对象，过滤掉不需要的对象类型。

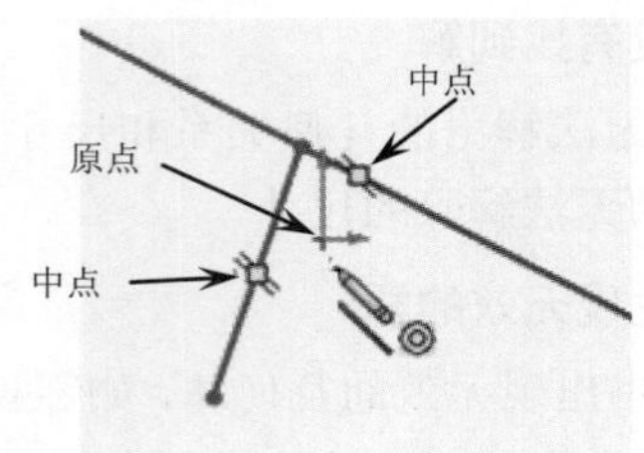


图 5-9

常用的调用“选择过滤器”工具条的方式是单击“标准”上的“切换过滤器选项卡”按钮，或者按 F5 键，都可以调出“选择过滤器”工具条，如图 5-10 所示。该工具条分为上、下两行，上面一行的作用是控制下层按钮的状态；下层的每个按钮都代表了模型和草图中被捕捉的对象类型，如点、面、线等。当某个工具按钮被激活时，表示该按钮所代表的对象类型可以被捕捉。

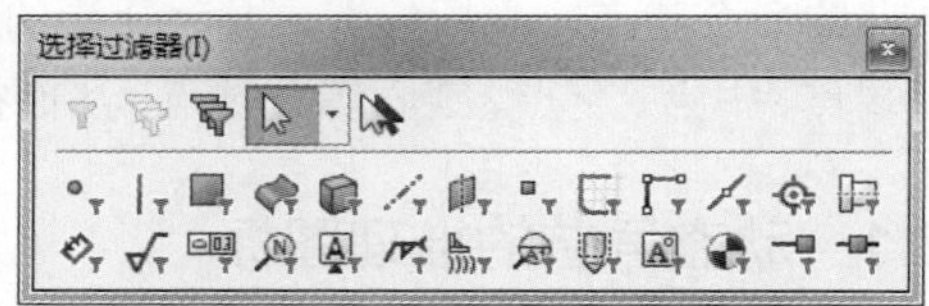


图 5-10

**技术要点：**

如果用户希望所有的草图捕捉都有效，可以单击“选择过滤器”选项卡上的“选择所有过滤器”按钮；反之，如果用户想要取消所有的过滤按钮，让所有捕捉在草图中失效，可以单击“选择过滤器”选项卡上的“清除所有过滤器”按钮。

## 5.3 草图对象的选择

在使用 SolidWorks 进行设计的时候，经常会用到选择草图、选择特征等项目，以便对其进行编辑、修改、查看属性等操作，因此选择是 SolidWorks 中非常重要的操作之一，也是程序默认的工作状态。

当正常进入草图绘制环境之后，“标准”选项卡上的“选择”下拉列表中的“选择”命令处于激活状态，如图 5-11 所示。此时鼠标在工作区域以 图标显示。当执行其他命令后，“选择”命令会自动进入关闭状态。

图 5-11

## 5.3.1　选择预览

选择是进行操作的基础，在绘制和编辑草图之前，都需要进行相应的操作。在SolidWorks软件中，“选择”命令提供了很多交互符号。当鼠标指针接近被选择的对象时，该对象会以高亮显示，单击即可选中，这种功能称为“选择预览”，如图5-12所示。

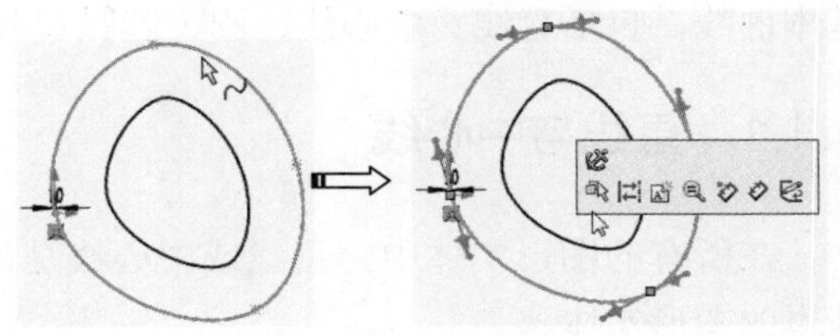

图 5-12

当选择不同类型的对象时，鼠标指针的显示形状也不尽相同。表5-2列举了草图实体对象和指针的关系，仅供参考。

**表 5-2　草图实体对象类型与鼠标指针的对应关系**

| 选择对象的类型 | 鼠标指针形状 | 选择对象的类型 | 鼠标指针形状 |
| --- | --- | --- | --- |
| 直线 | | 端点 | |
| 单个点 | | 圆心 | |
| 圆 | | 样条曲线 | |
| 椭圆 | | 抛物线 | |
| 面 | | 基准面 | |

## 5.3.2　选择多个对象

在SolidWorks 2018中，除了单个选择对象外，用户还可以同时选择多个对象。

常用的操作方法有以下两种：

- 在选择对象的同时，按下Ctrl键不放。
- 按住鼠标左键不放，拖曳一个矩形，矩形内的图形即被选中。

在使用矩形框选择对象时，鼠标指针拖动的方向不同，代表的意思也不同。如果鼠标拖动矩形框从左到右框选草图实体时，框选显示为实线，框选的草图实体只有完全被框选才能被选中，如图5-13（a）所示。

如果鼠标拖动矩形框从右到左框选草图实体时，选框显示为虚线，在选项框内和与选项框相交的对象都能被选中，如图5-13（b）所示。

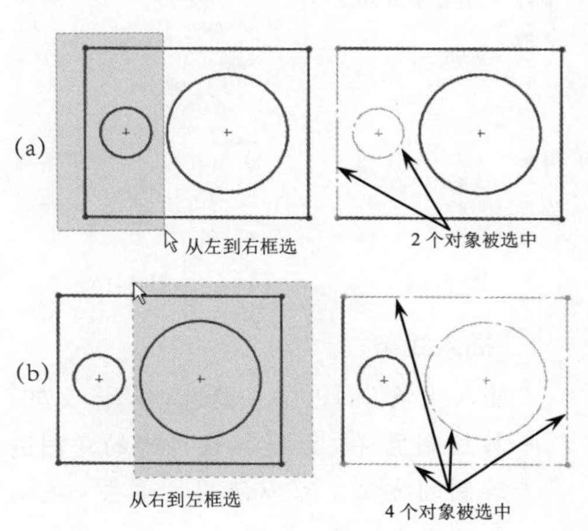


图 5-13

另外，如果用户使用“左键＋矩形”的方法取消选中矩形框中的对象，可以依次按住Ctrl键，选择需要取消的对象。

# 5.4 绘制草图基本曲线

在 SolidWorks 中，通常将草图曲线分为基本曲线和高级曲线。在本节中将详细介绍草图的基本曲线，包括直线、中心线、圆、圆弧和椭圆等。

## 5.4.1 直线与中心线

在所有的图形实体中，直线或中心线是最基本的图形实体。

在命令管理器的"草图"选项卡中单击"直线"按钮，属性管理器中显示"插入线条"面板，如图 5-14 所示，同时鼠标指针由箭头形状变为笔形。

当选择一种直线方向并绘制直线的起点后，属性管理器显示"线条属性"面板，如图5-15所示。

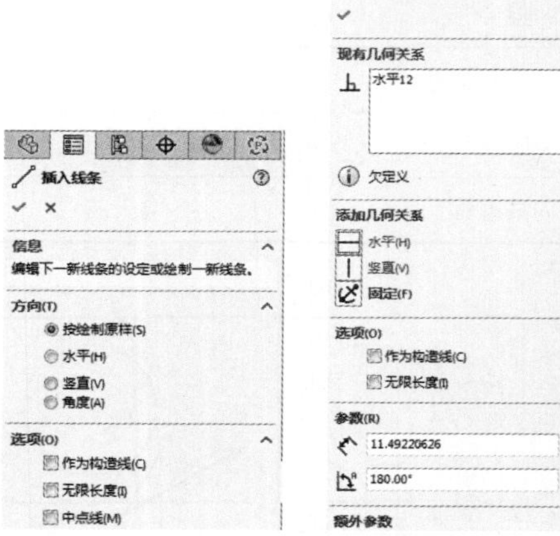

图 5-14　　图 5-15

### 1．插入线条

"插入线条"面板中主要选项的含义如下。

- 按绘制原样：就是按设计者的意图进行绘制的方法。可以使用"单击 - 拖动"和"单击 - 单击"方法。
- 水平：绘制水平线，直到释放鼠标。无论使用何种绘制模式，且光标在窗口中的任意位置，都只能绘制出单条水平直线，如图 5-16 所示。

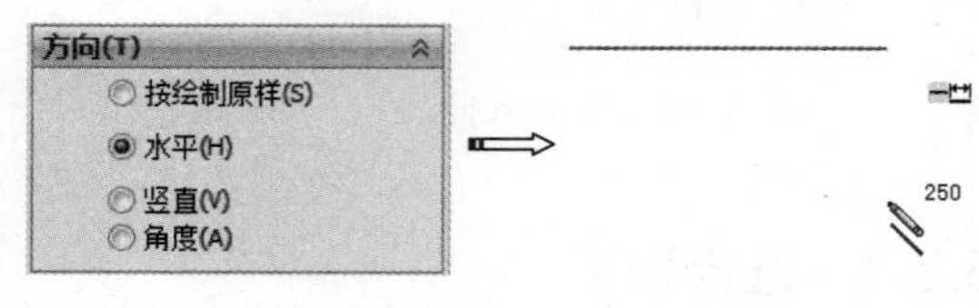

图 5-16

**技术要点：**

正常情况下，没有勾选此选项，要绘制水平直线，光标在水平位置平移即可，但光标不能远离锁定的水平线，否则只能绘制斜线。

- 竖直：绘制竖直线，直到释放鼠标。无论使用何种绘制模式，都只能绘制出单条竖直直线。
- 角度：以与水平线成一定角度绘制直线，直到释放鼠标。可以使用"单击 - 拖动"和"单击 - 单击"模式。
- 作为构造线：勾选此复选框将生成一条构造线。
- 无限长度：勾选此复选框可生成一条可修剪的、没有端点的直线。

**技术要点：**

"方向"选项区的某些选项和"选项"选项区的"无限长度"选项将会辅以"快速捕捉"工具。

### 2．线条属性

绘制直线或中心线起点后，面板中显示"线条属性"，此面板中主要选项的含义如下。

- "现有几何关系"选项区：所绘制的直线是否有水平、垂直约束，若有则将显示在列表中。
- "添加几何关系"选项区：在"添加几何关系"选项区中包括"水平""竖直"和"固定"3 种约束。任选一种约束，直线将按约束来绘制。
- "参数"选项区：该选项区包括"长度"选项和"角度"选项，如图 5-17 所示。

其中“长度”选项用于输入直线的精确值；“角度”选项用于输入直线与水平线之间的角度值。当“方向”为水平或竖直时，“角度”选项不可用。

- “额外参数”选项区：该选项区用于设置直线端点在坐标系中的参数，如图 5-18 所示。

图 5-17

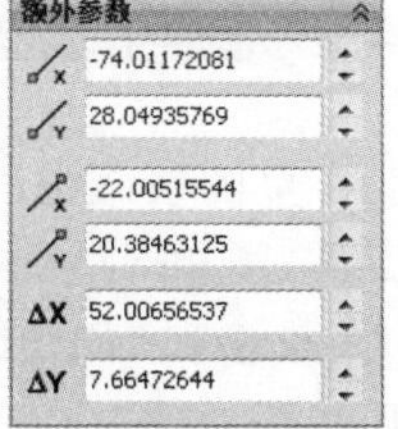


图 5-18

中心线用作草图的辅助线，其绘制过程不仅与直线相同，其属性管理器中的操控面板也是相同的。不同的是，使用“中心线”草图命令生成的仅是中心线。

利用“直线”命令，不但可以绘制直线，还可以绘制圆弧。下面通过实例详解如何绘制。

**动手操作——利用“直线”“中心线”命令绘制直线和圆弧**

**操作步骤**

**01** 新建 SolidWorks 零件文件。

**02** 在功能区的“草图”选项卡中单击“草图绘制”按钮，选择前视基准面作为草图平面，并自动进入草绘环境，如图 5-19 所示。

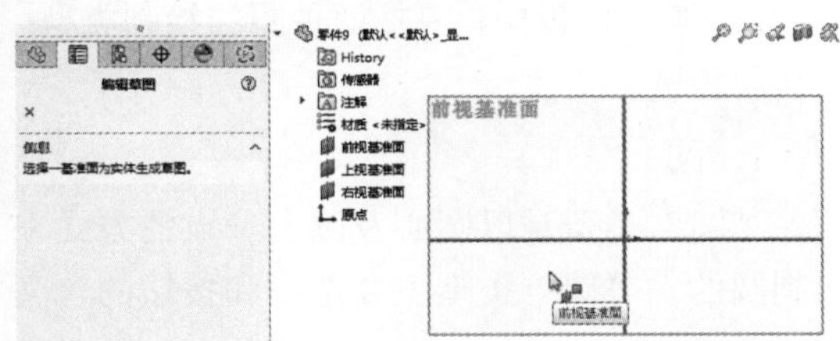


图 5-19

**03** 单击“中心线”按钮，在“插入线条”面板中选择“水平”单选按钮，再输入长度为 100，然后在原点位置单击以确定中心线起点，向左拖动鼠标并单击以确定终点，即可完成水平中心线的绘制，如图 5-20 所示。

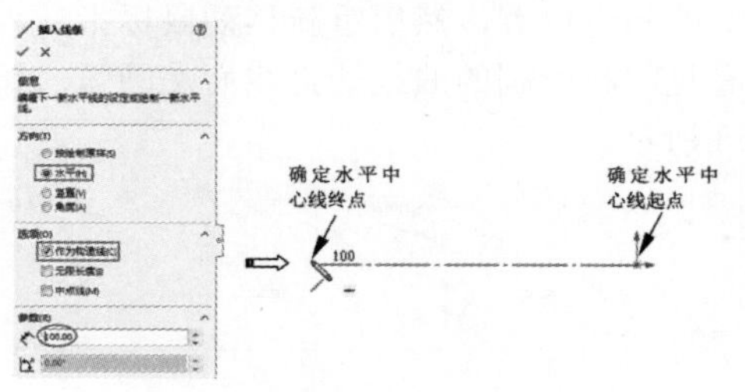


图 5-20

**04** 同理，继续绘制中心线，结果如图 5-21 所示。

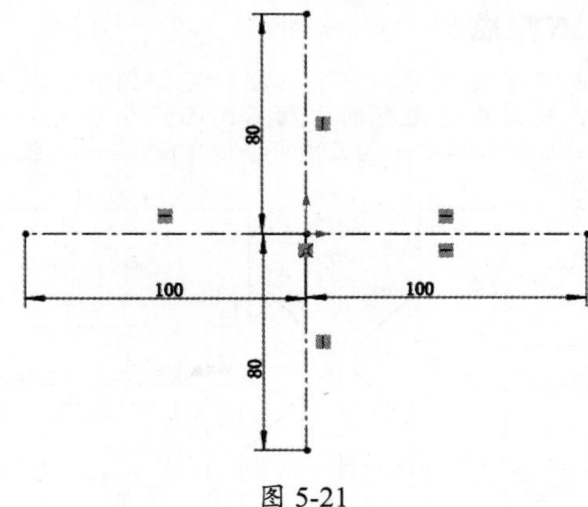


图 5-21

**05** 单击“直线”按钮，然后绘制如图 5-22 所示的 3 条连续直线，但不要终止直线命令。

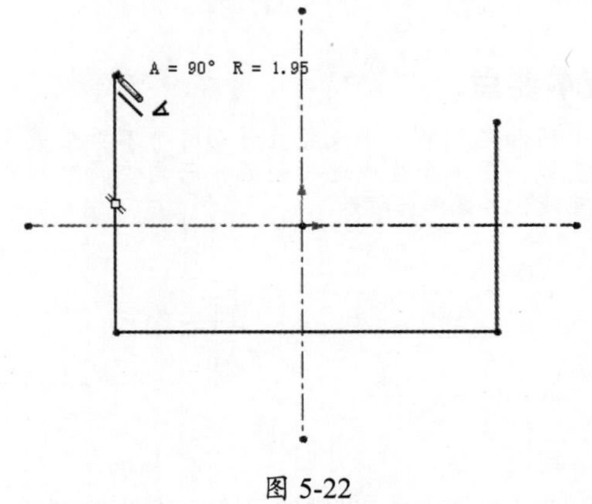


图 5-22

**技术要点：**

不终止命令，是想将直线绘制自动转换成圆弧绘制。

**06** 在没有终止“直线”命令的情况下，并且准备绘制下一条直线时，将鼠标指针移动到该直线的起点位置，然后重新移动鼠标指针，此时看见即将绘制的曲线非直线而是圆弧，如图5-23所示。

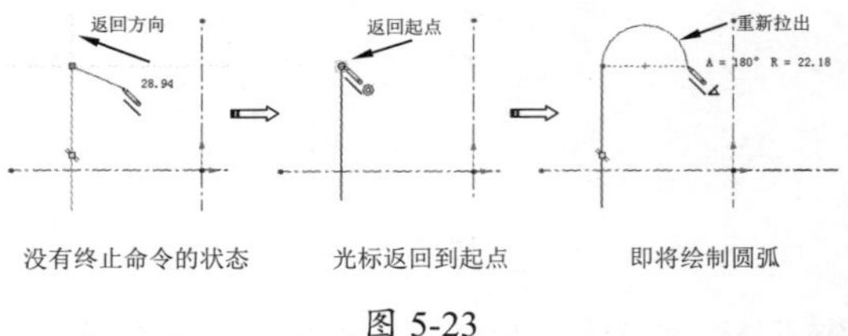


图 5-23

**技术要点：**

绘制连续直线时，当鼠标指针返回到直线起点后，会因拖动光标的方向不同而产生不同的圆弧。如图5-24所示为几种不同方向产生的圆弧绘制效果。

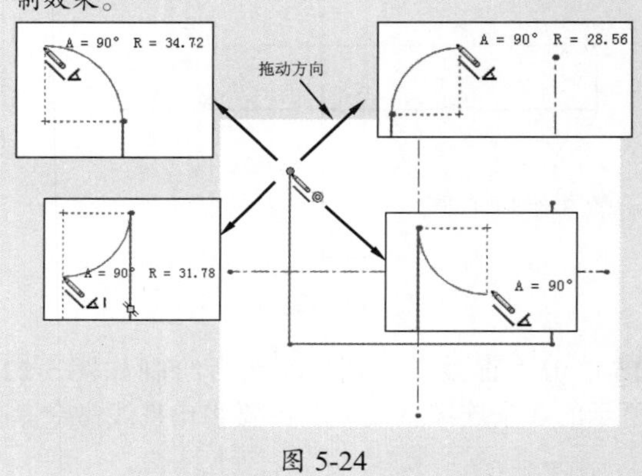


图 5-24

**技术要点：**

但当拖动光标做水平或竖直移动时，不再生成连续直线，更不会生成连接圆弧，而是重新绘制新的直线，如图5-25所示。

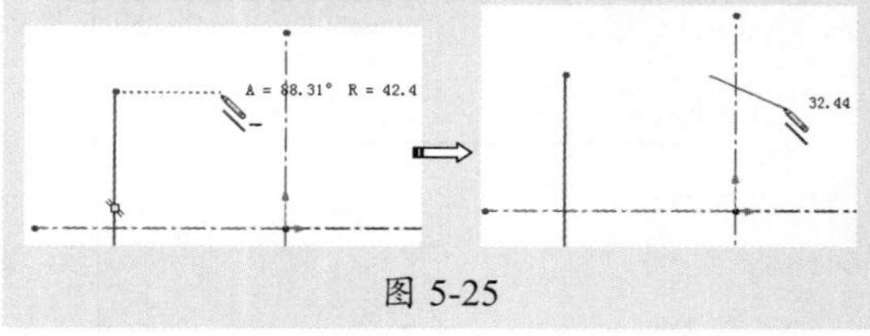


图 5-25

**07** 同理，当绘制完圆弧后又变为直线绘制时，只需再重复上一步的操作，即可再绘制出相切的连接圆弧，直至完成多个连续圆弧的绘制，结果如图5-26所示。

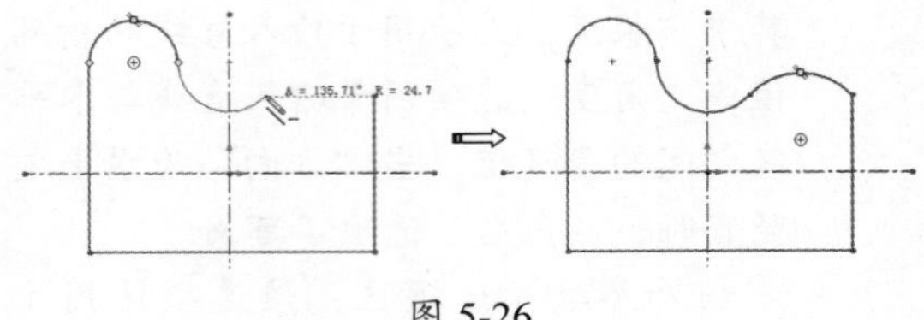

图 5-26

**08** 最后退出草图，并保存文件。

## 5.4.2 圆与周边圆

在草图模式中，SolidWorks提供了两种圆的工具：圆和周边圆。按绘制方法，圆可分为“中心圆”类型和“周边圆”类型。实际上“周边圆”工具就是“圆”工具中的一种圆绘制类型。

在命令管理器的“草图”选项卡中单击“圆”按钮，在属性管理器中显示“圆”面板。同时鼠标指针由箭头形状变为笔形，绘制圆后，“圆”面板变成如图5-27所示的状态。

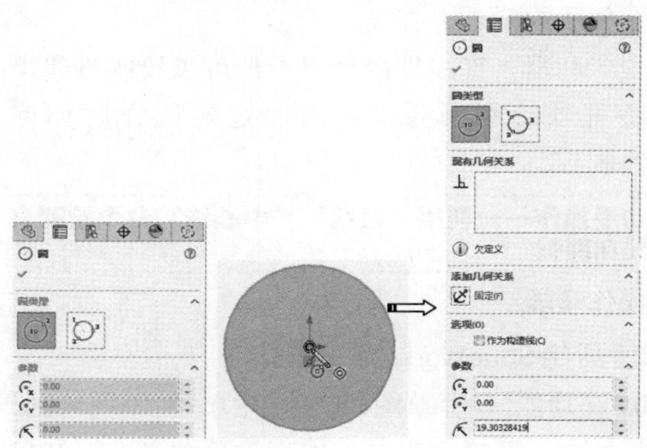

图 5-27

在“圆”面板中，包括两种圆的绘制类型：圆和周边圆。

### 1. 圆

“圆”类型是以圆心及圆上一点的方式来绘制圆的。“圆”类型主要选项和按钮的含义如下。

- 现有几何关系：当绘制的圆与其他曲线有几何约束关系时，程序会将几何关系显示在列表中。通过该列表，用户还可以删除所有约束和单个约束，如图5-28

所示。

- 固定：单击此按钮，可将欠定义的圆进行固定，使其完全定义。固定后的圆不允许再编辑，如图 5-29 所示。

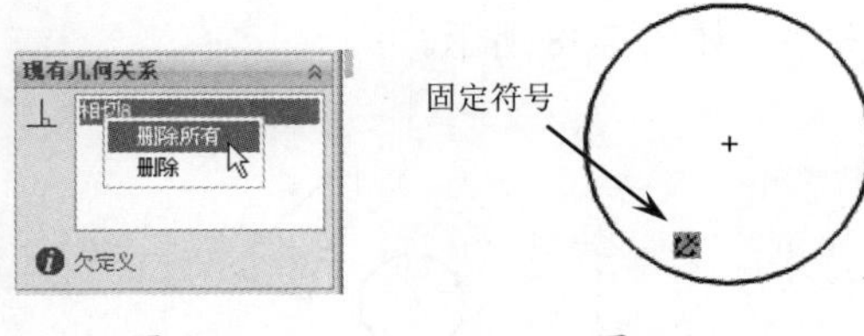


图 5-28　　图 5-29

- *X* 坐标置中：圆心在 *X* 坐标上的参数值，可更改此值。
- *Y* 坐标置中：圆心在 *Y* 坐标上的参数值，可更改此值。
- 半径：圆的半径值，可以更改此值。

选择“圆”类型来绘制圆，首先指定圆心位置，然后拖动指定圆的半径，当选择一个位置定位圆上一点时，圆绘制完成，如图 5-30 所示。在“圆”面板没有关闭的情况下，可继续绘制圆。

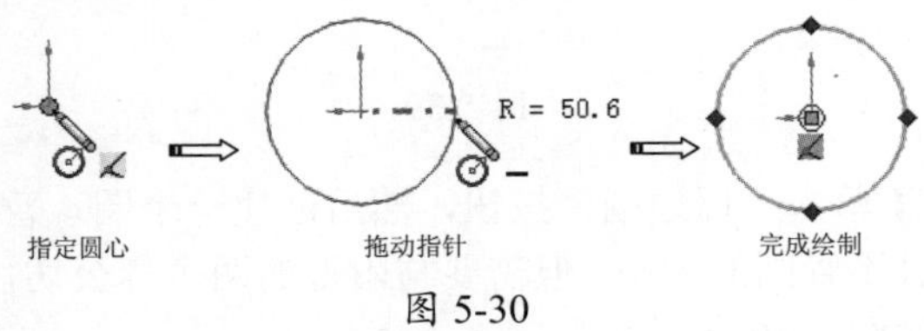


图 5-30

## 技术要点：

在对面板中的选项及按钮进行解释时，若有与前面介绍的选项相同的选项，此处不再介绍。同理，后面若有相同的选项，也不再重复介绍，除有特殊意义例外。

### 2. 周边圆

“周边圆”类型的选项设置与“圆”类型的相同。“周边圆”类型是通过设定圆上 3 个点的位置或坐标来绘制圆的。

例如，首先在图形区中指定一点作为圆上第 1 点，拖动鼠标以指定圆上第 2 点，单击后再拖动鼠标以指定第 3 点，最后单击完成圆的绘制，其过程如图 5-31 所示。

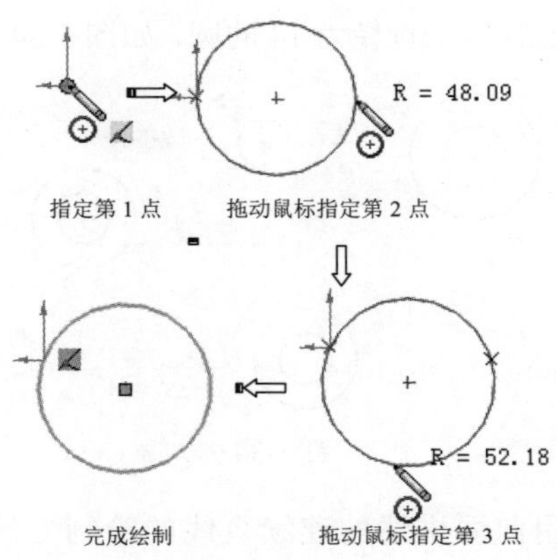


图 5-31

**动手操作——利用“圆”命令和“周边圆”绘制草图**

操作步骤

**01** 新建零件文件。

**02** 单击“草图绘制”按钮，选择前视基准面作为草图平面，进入草图环境。

**03** 单击“圆”按钮，然后绘制如图 5-32 所示的 3 组同心圆，暂且不管圆的尺寸及位置。

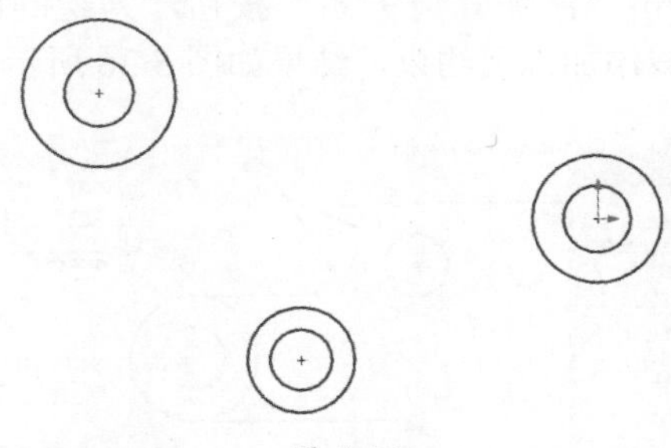

图 5-32

**04** 标注尺寸。单击“智能尺寸”按钮，然后对圆进行尺寸约束，结果如图 5-33 所示。

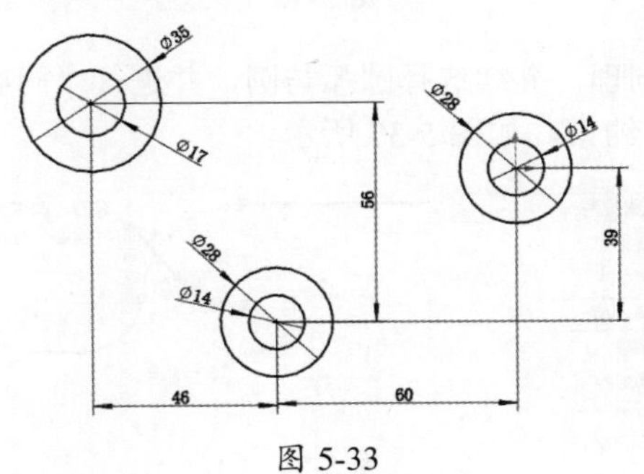


图 5-33

**05** 再绘制一个直径为14的圆，如图5-34所示。

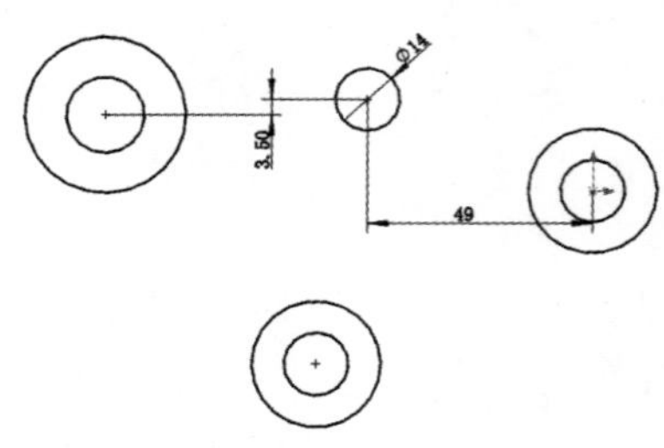


图 5-34

**06** 利用前面讲述的连续直线的绘制方法，单击“直线”按钮，绘制出如图5-35所示的直线和圆弧。

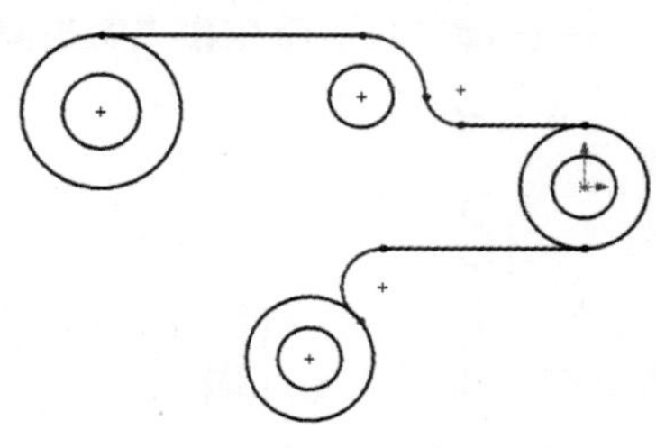

图 5-35

**07** 单击“添加几何关系”按钮，为绘制的连续直线添加几何约束，结果如图5-36所示。

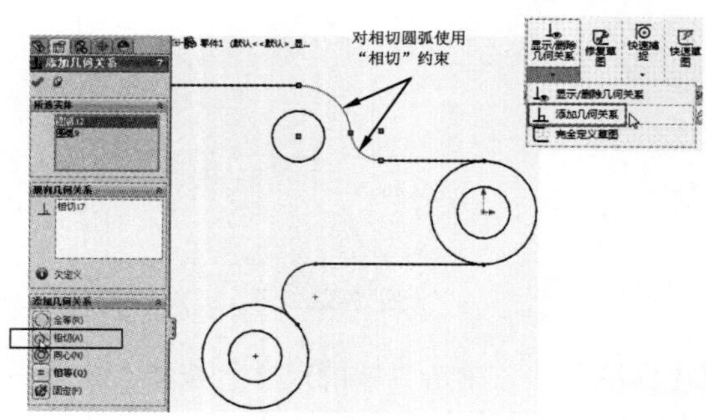


图 5-36

**08** 同理，继续选择圆弧与圆，并进行“同心”几何约束，如图5-37所示。

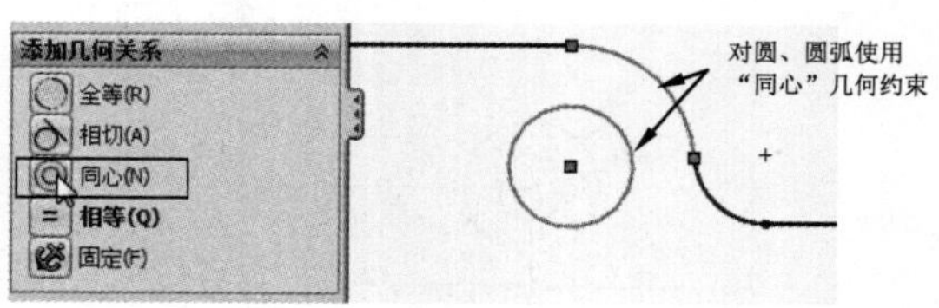


图 5-37

## 技术要点：

必须先几何约束，再尺寸约束，否则会产生过定义约束。

**09** 对下面的圆弧和圆也添加“相切”几何约束关系，如图5-38所示。

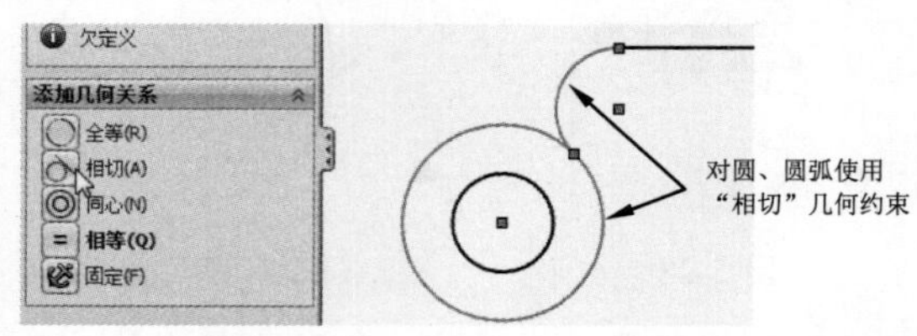


图 5-38

**10** 利用“智能尺寸”命令，对约束后的圆弧进行尺寸约束，结果如图5-39所示。

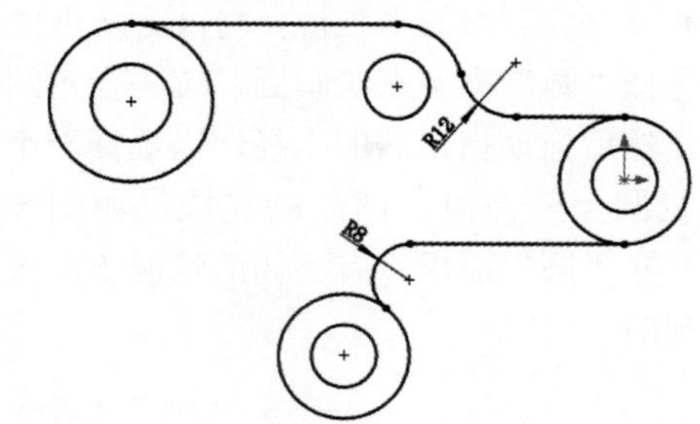


图 5-39

**11** 单击“周边圆”按钮，然后创建一个圆。暂且不管圆的大小，但需要与附近的两个圆公切，如图5-40所示。

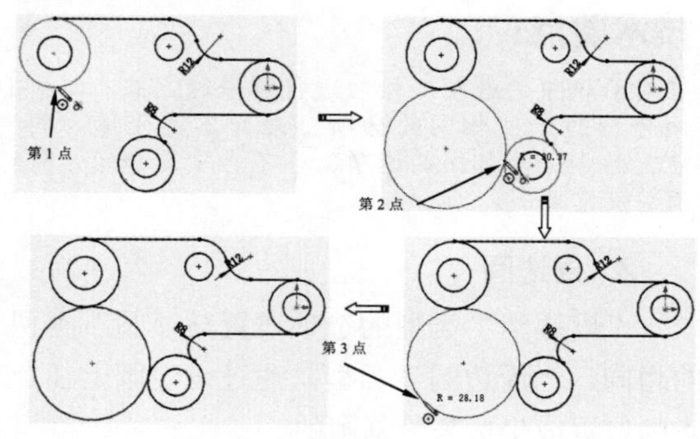


图 5-40

**12** 对绘制的周边圆应用尺寸约束，如图5-41所示。

**13** 单击“剪裁实体”按钮，最后对周边圆进行修剪，结果如图5-42所示。

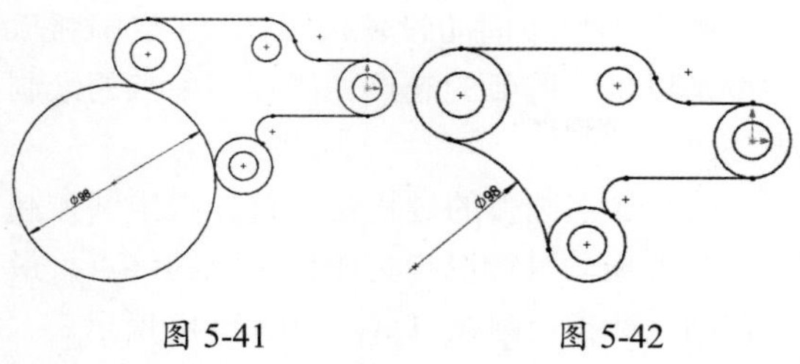
图 5-41　　图 5-42

## 5.4.3　圆弧

圆弧为圆上的一段弧，SolidWorks 提供了 3 种圆弧绘制的方法：圆心 / 起 / 终点画弧、切线弧和 3 点圆弧。

在命令管理器的“草图”选项卡中单击“圆心 / 起 / 终点画弧”按钮，在属性管理器显示“圆弧”面板，同时鼠标指针由箭头形状变为笔形，如图 5-43 所示。

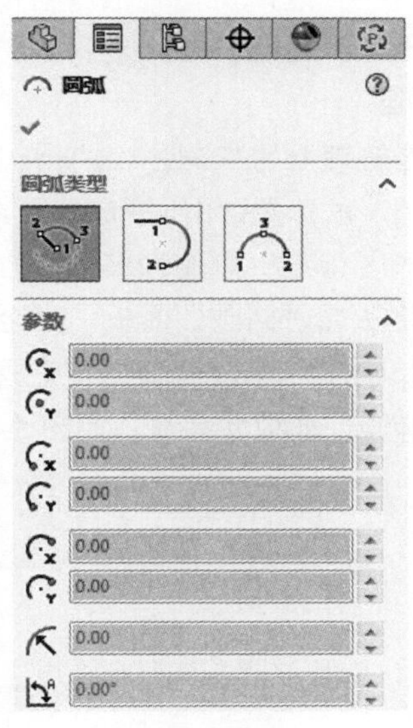

图 5-43

在“圆弧”面板中，包括 3 种圆的绘制类型：圆心 / 起 / 终点画弧、切线弧和 3 点圆弧，具体介绍如下。

### 1. 圆心 / 起 / 终点画弧

“圆心 / 起 / 终点画弧”类型是以圆心、起点和终点方式来绘制圆的。如果圆弧不受几何关系的约束，可在“参数”选项区中指定以下参数。

- $X$ 坐标置中：圆心在 $X$ 坐标上的参数值。
- $Y$ 坐标置中：圆心在 $Y$ 坐标上的参数值。
- 开始 $X$ 坐标：起点在 $X$ 坐标上的参数值。
- 开始 $Y$ 坐标：起点在 $Y$ 坐标上的参数值。
- 结束 $X$ 坐标：终点在 $X$ 坐标上的参数值。
- 结束 $Y$ 坐标：终点在 $Y$ 坐标上的参数值
- 半径：圆的半径值，可以更改此值。
- 角度：圆弧所包含的角度。

选择“圆心 / 起 / 终点画弧”类型来绘制圆弧，首先指定圆心位置，然后拖动鼠标指定圆弧起点（同时也确定了圆的半径），指定起点后再拖动鼠标指定圆弧的终点，如图 5-44 所示。

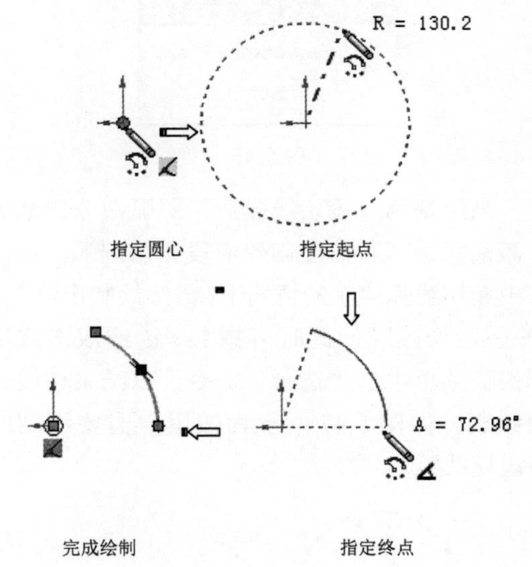

图 5-44

**技术要点：**

在绘制圆弧的面板还没有关闭的情况下，是不能修改圆弧的。若要修改圆弧，需要先关闭面板再编辑。

**2. 切线弧**

“切线弧”类型的选项与“圆心/起/终点画弧”类型的选项相同。切线弧是与直线、圆弧、椭圆或样条曲线相切的圆弧。

绘制切线弧的过程是，首先在参照的直线、圆弧、椭圆或样条曲线的终点上单击，以指定圆弧起点，接着拖动鼠标以指定相切圆弧的终点，释放鼠标后完成一段切线弧的绘制，如图5-45所示。

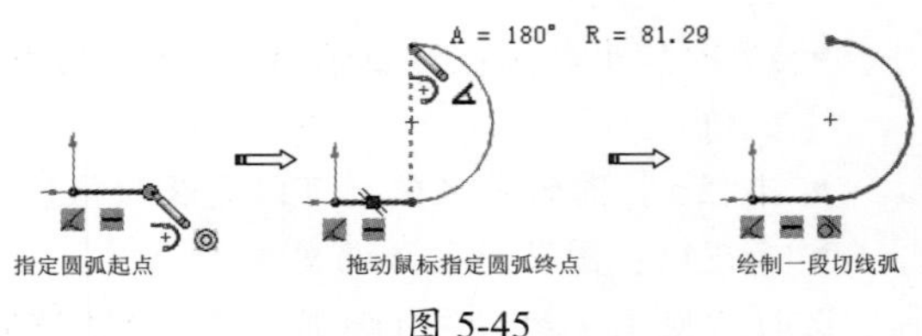

图 5-45

> **技术要点：**
> 在绘制切线弧之前，必须先绘制参照曲线，如直线、圆弧、椭圆或样条曲线，否则会弹出警告提示对话框，如图5-46所示。
>
> 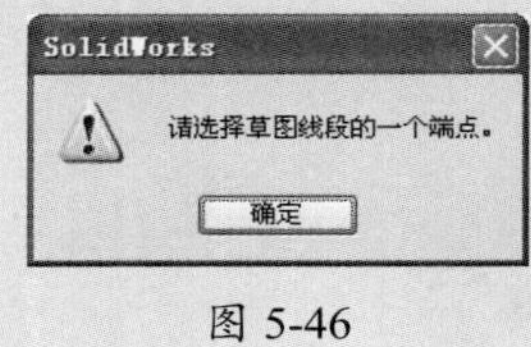
> 
> 图 5-46

当绘制第一段切线弧后，圆弧命令仍然处于激活状态。若需要创建多段相切圆弧，在没有中断切线弧绘制的情况下，继续绘制出第2、3……段切线弧，此时可按Esc键或双击或选择快捷菜单中的“选择”命令，以结束切线弧的绘制。如图5-47所示为按用户需要绘制的多段切线弧。

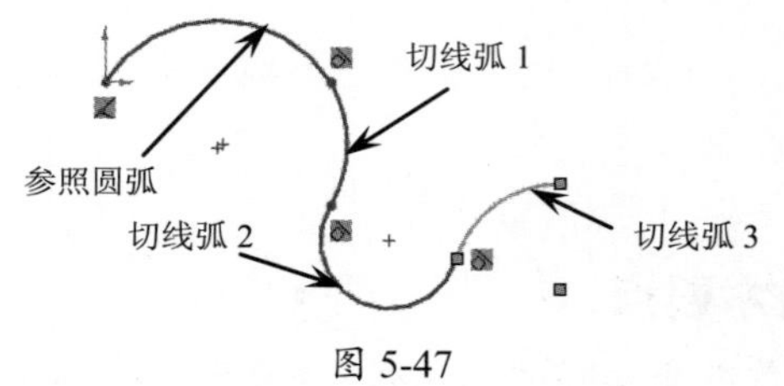

图 5-47

**3. 3点圆弧**

“3点圆弧”类型也具有与“圆心/起/终点画弧”类型相同的设置选项，“3点圆弧”类型是以指定圆弧的起点、终点和中点的绘制方法。

绘制3点圆弧的过程是，首先指定圆弧起点，接着拖动鼠标以指定相切圆弧的终点，最后拖动鼠标指定圆弧中点，如图5-48所示。

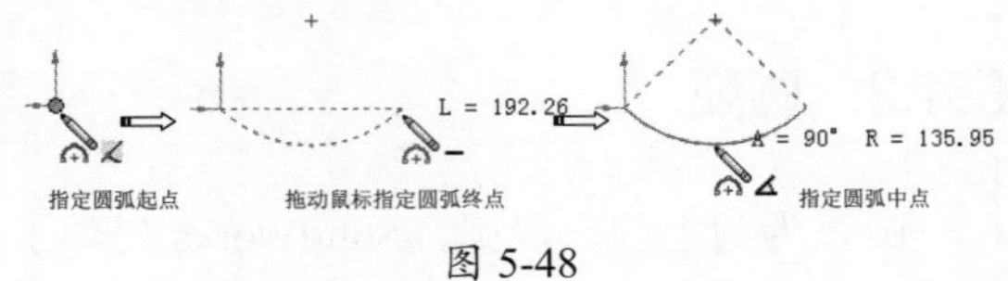

图 5-48

## 5.4.4 椭圆与部分椭圆

椭圆或椭圆弧是由两个轴和一个中心点定义的，椭圆的形状和位置由3个因素决定：中心点、长轴、短轴。椭圆轴决定了椭圆的方向，中心点决定了椭圆的位置。

**1. 椭圆**

在命令管理器的“草图”选项卡中单击“椭圆”按钮，鼠标指针由变成。

在图形区指定一点作为椭圆中心点，属性管理器中将灰显“椭圆”面板，直至在图形区依次指定长轴端点和短轴端点并完成椭圆的绘制后，“椭圆”面板才亮显，如图5-49所示。

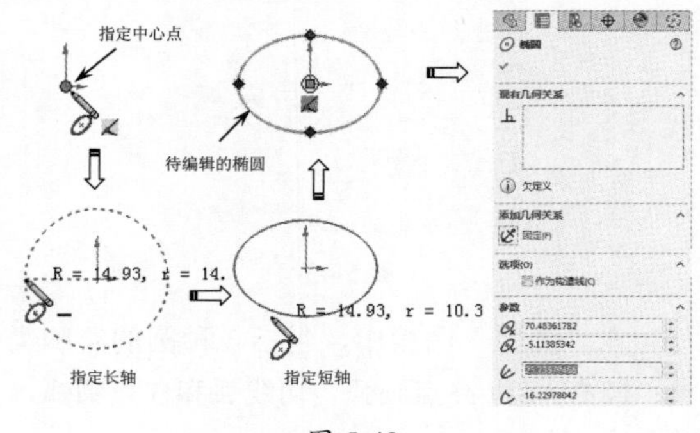

图 5-49

“椭圆”面板中主要选项的含义如下。

- 作为构造线：勾选此复选框，绘制的椭圆将转换为构造线（与中心线类型相同）。
- $X$坐标置中：中心点在$X$轴的坐标值。

- Y 坐标置中：中心点在 Y 轴的坐标值。
- 半径 1：椭圆的长轴半径。
- 半径 2：椭圆的短轴半径。

2. 部分椭圆

与绘制椭圆的过程类似，部分椭圆不但要指定中心点、长轴端点和短轴端点，还需指定椭圆弧的起点和终点。“部分椭圆”的绘制方法与“圆心 / 起 / 终点画弧”是相同的。

在命令管理器的“草图”选项卡中单击“部分椭圆”按钮，鼠标指针由变成。在图形区指定一点作为椭圆的中心点，属性管理器中将灰显“椭圆”面板，直至在图形区依次指定长轴端点、短轴端点、椭圆弧起点和终点并完成椭圆弧的绘制，属性管理器亮显“椭圆”面板，如图 5-50 所示。

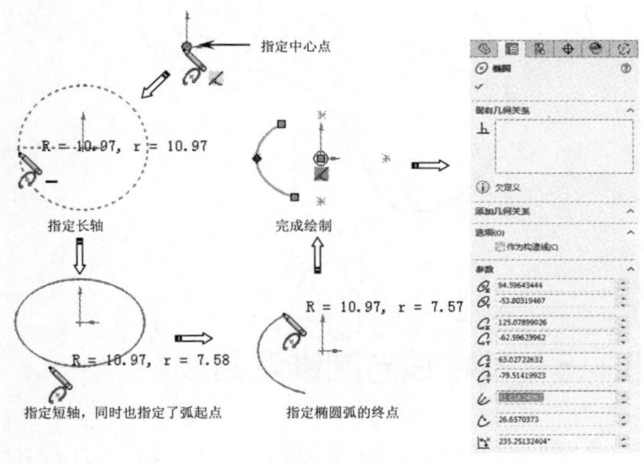


图 5-50

## 技术要点：

在指定椭圆弧的起点和终点时，无论鼠标指针是否在椭圆轨迹上，都将产生弧的起点与终点。这是因为起点和终点是由中心点至鼠标指针的连线与椭圆相交而产生的，如图5-51所示。

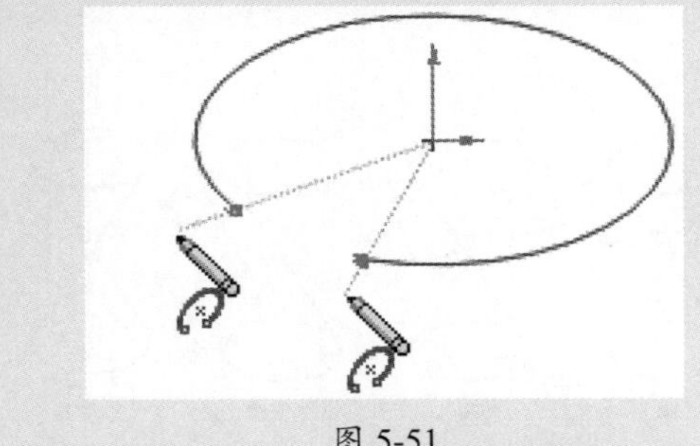

图 5-51

**动手操作——利用“圆弧”“椭圆”和“椭圆弧”绘制草图**

操作步骤

**01** 新建零件文件。

**02** 选择前视基准面为草图平面，并进入草图环境。

**03** 利用“圆”命令绘制如图 5-52 所示的同心圆。

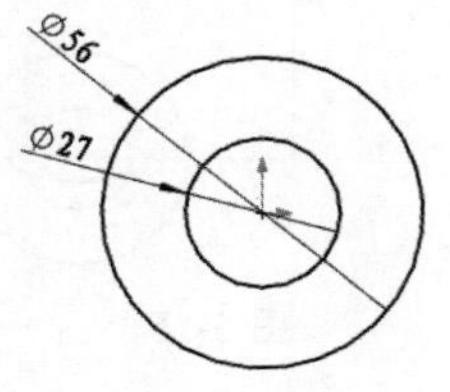


图 5-52

**04** 单击“椭圆”按钮，然后选取同心圆的圆心作为椭圆的圆心，创建如图 5-53 所示的椭圆。

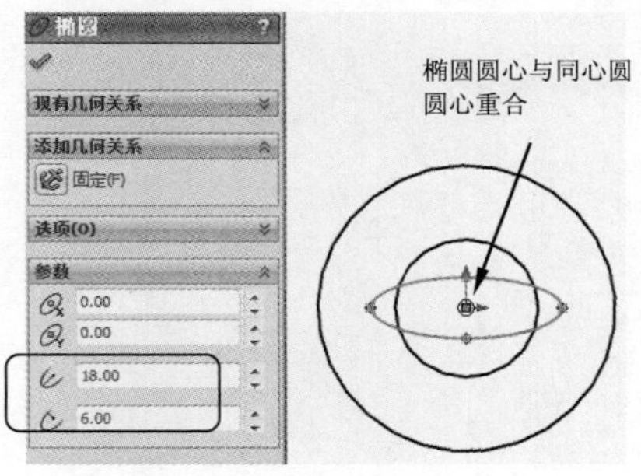


图 5-53

**05** 单击“圆心 / 起 / 终点画弧”按钮，然后绘制圆弧 1，并对圆弧进行尺寸约束，结果如图 5-54 所示。

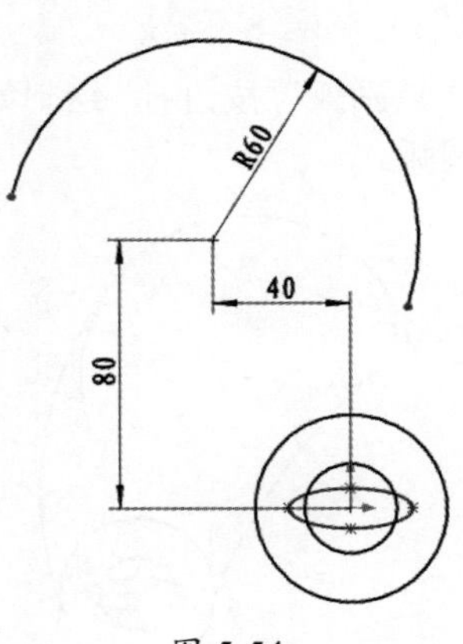


图 5-54

**06** 再利用“圆心 / 起 / 终点画弧”命令，绘制如图 5-55 所示的圆弧 2。

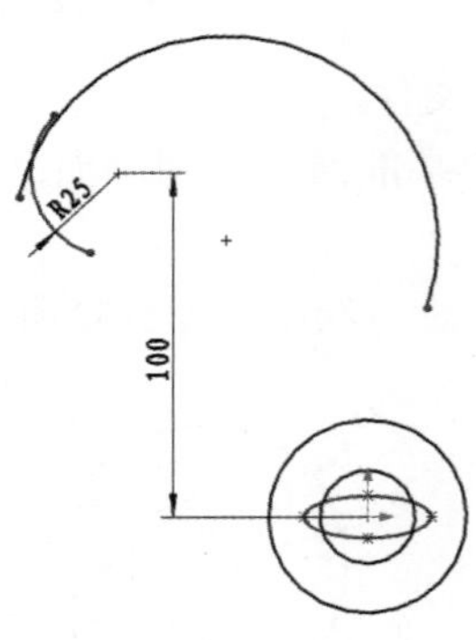


图 5-55

**07** 利用几何约束，将圆弧 2 与圆弧进行相切约束，如图 5-56 所示。

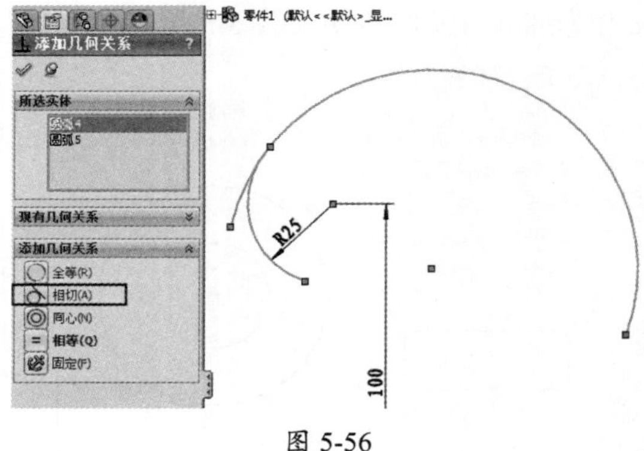


图 5-56

**技术要点：**

相切约束之前，删除部分尺寸约束后，需要对圆弧1使用“固定”约束关系，否则圆弧1的位置会发生移动。

**08** 单击“3 点画弧”按钮，绘制如图 5-57 所示的两条圆弧。

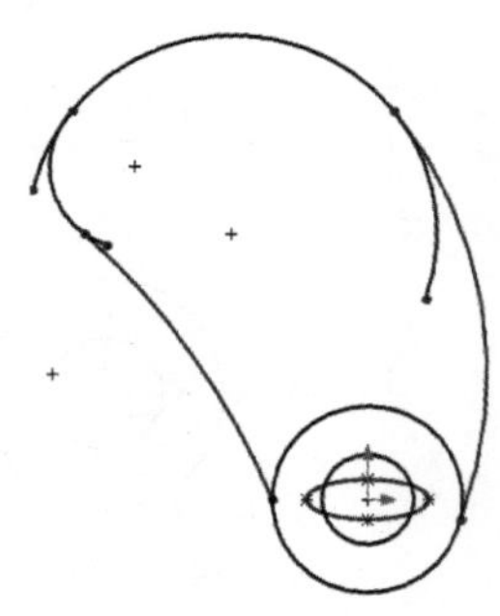

图 5-57

**09** 利用尺寸约束和几何约束命令，对两个圆弧分别进行尺寸标注和相切约束，结果如图 5-58 所示。

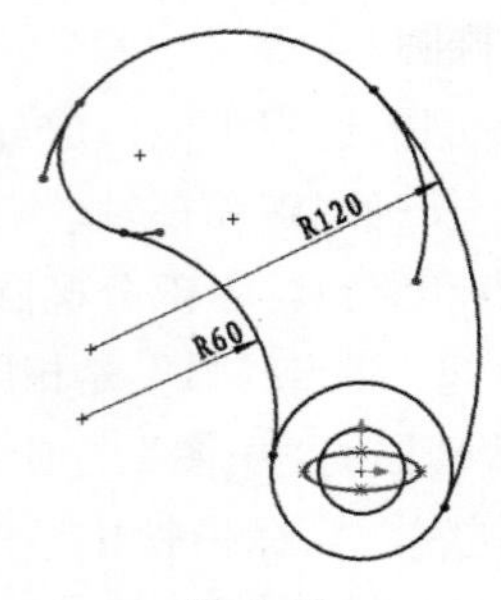


图 5-58

**10** 利用“修剪实体”命令，对整个图形进行修剪，结果如图 5-59 所示。

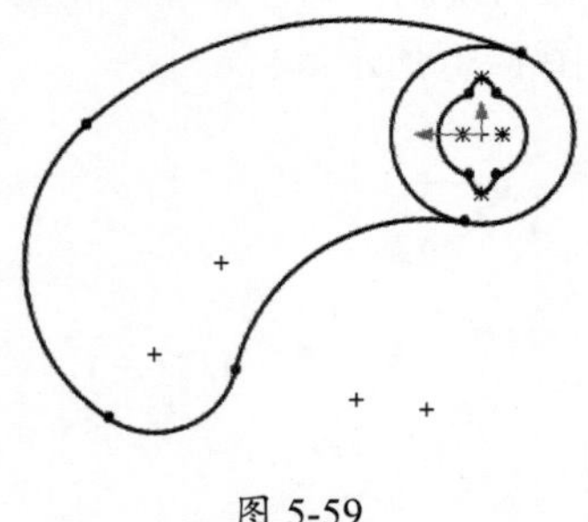

图 5-59

### 5.4.5 抛物线与圆锥双曲线

抛物线与圆、椭圆及双曲线在数学方程中同为二次曲线。二次曲线是由截面截取圆锥所形成的截线，二次曲线的形状由截面与圆锥的角度而定，同时在平行于上视基准面、右视基准面上由设定的点来定位。一般的二次曲线圆、椭圆、抛物线和双曲线的截面示意图，如图 5-60 所示。

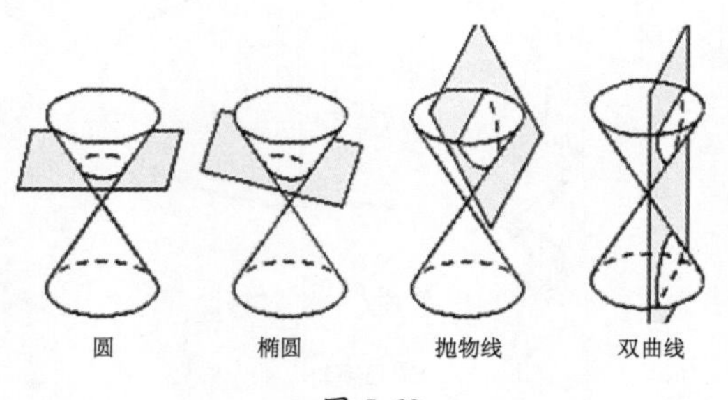


图 5-60

可通过以下方式来执行“抛物线”命令。

- 在命令管理器的“草图”选项卡中单击“抛物线”按钮。
- 在“草图”工具条中单击“抛物线”按钮。
- 在菜单栏中执行“工具”|“草图绘制实体”|“抛物线”命令。

当执行“抛物线”命令后，鼠标指针由变成。在图形区首先指定抛物线的焦点，接着拖动鼠标指定抛物线顶点，指定顶点后将显示抛物线的轨迹，此时根据轨迹来截取需要的抛物线段，截取的段就是绘制完成的抛物线。完成抛物线的绘制后，在属性管理器中将显示“抛物线”面板，如图5-61所示。

“抛物线”面板中主要选项的含义如下。

- 开始 $X$ 坐标：抛物线截取段起点的 $X$ 坐标。
- 开始 $Y$ 坐标：抛物线截取段起点的 $Y$ 坐标。
- 结束 $X$ 坐标：抛物线截取段终点的 $X$ 坐标。
- 结束 $Y$ 坐标：抛物线截取段终点的 $Y$ 坐标。
- 中央 $X$ 坐标：抛物线焦点的 $X$ 坐标。
- 中央 $Y$ 坐标：抛物线焦点的 $Y$ 坐标。
- 顶点 $X$ 坐标：抛物线顶点的 $X$ 坐标。
- 顶点 $Y$ 坐标：抛物线顶点的 $Y$ 坐标。

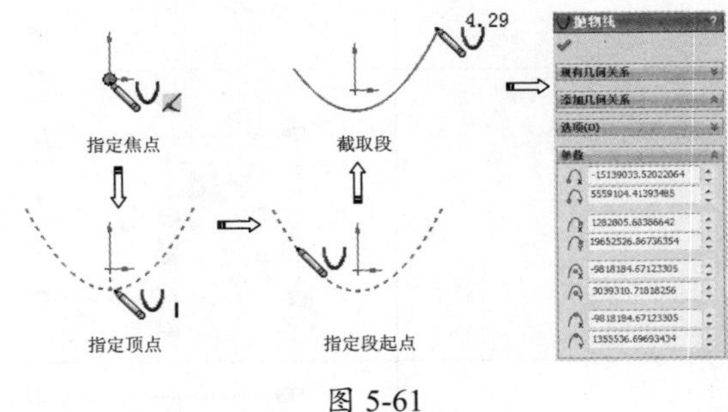

图 5-61

**技术要点：**

可以拖动抛物线的控标，以此更改抛物线。

## 5.5 绘制草图高级曲线

所谓“高级曲线”，是指在SolidWorks设计过程中不常用的曲线类型，包括矩形、槽口曲线、多边形、样条曲线、抛物线、交叉曲线、圆角、倒角和文本。

### 5.5.1 矩形

SolidWorks提供了5种矩形绘制类型，包括边角矩形、中心矩形、3点边角矩形、3点中心矩形和平行四边形。

在命令管理器的“草图”选项卡中单击“矩形”按钮，鼠标指针由变成。在属性管理器中显示“矩形”面板，但该面板的“参数”选项区灰显，当绘制矩形后面板完全亮显，如图5-62所示。

通过该面板可以为绘制的矩形添加几何关系，“添加几何关系”选项区的选项如图5-63所示。还可以通过参数设置对矩形进行重定义，“参数”选项区的选项如图5-64所示。

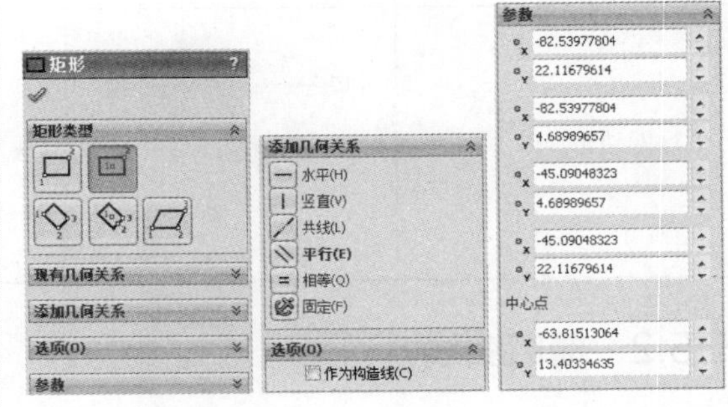

图 5-62　　图 5-63　　图 5-64

“参数”选项区中主要选项的含义如下。

- $X$ 坐标：矩形中4个顶点的 $X$ 坐标值。
- $Y$ 坐标：矩形中4个顶点的 $Y$ 坐标值。
- 中心点 $X$ 坐标：矩形中心点的 $X$ 坐标值。

- 中心点 *Y* 坐标：矩形中心点的 *Y* 坐标值。

在“矩形”面板的“矩形类型”选项区包含 5 种矩形绘制类型，见表 5-3 所示。

表 5-3　5 种矩形的绘制类型

| 类　型 | 图　解 | 说　明 |
| --- | --- | --- |
| 边角矩形 | 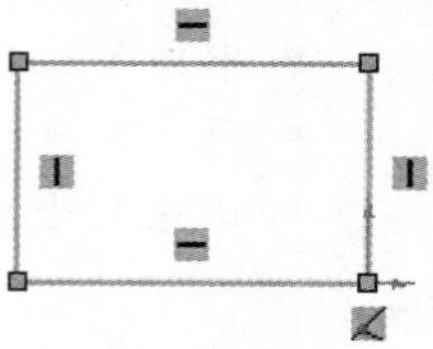 | “边角矩形”类型是指定矩形以对角点来绘制标准矩形。在图形区指定一个位置以放置矩形的第一个角点，拖动鼠标使矩形的大小和形状正确后，单击以指定第二个角点，完成边角矩形的绘制 |
| 中心矩形 | 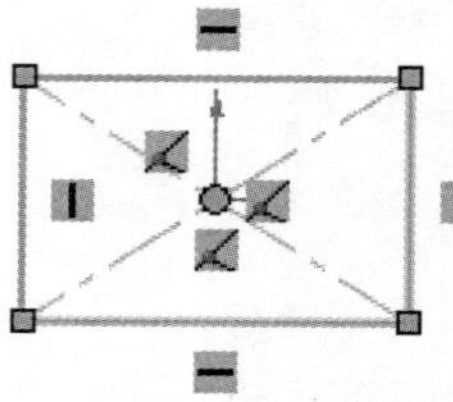 | “中心矩形”类型是以中心点与一个角点的方法来绘制矩形的。在图形区指定一个位置以放置矩形中心点，拖动鼠标使矩形的大小和形状正确后，单击以指定矩形的一个角点，完成边角矩形的绘制 |
| 3 点边角矩形 | 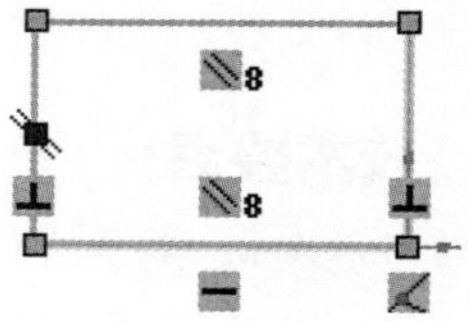 | “3 点边角矩形”类型是以 3 个角点来绘制矩形的方式。其绘制过程是，在图形区指定一个位置作为第 1 角点，拖动鼠标以指定第 2 角点，再拖动鼠标以指定第 3 角点，3 个角点指定后立即生成矩形 |
| 3 点中心矩形 | 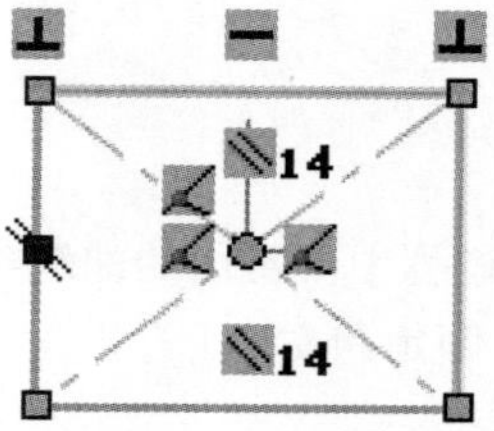 | “3 点中心矩形”类型是以所选的角度绘制带有中心点的矩形。其绘制过程是，在图形区指定一个位置作为中心点，拖动鼠标在矩形平分线上指定中点，然后再拖动鼠标以一定角度移动来指定矩形角点 |
| 平行四边形 | 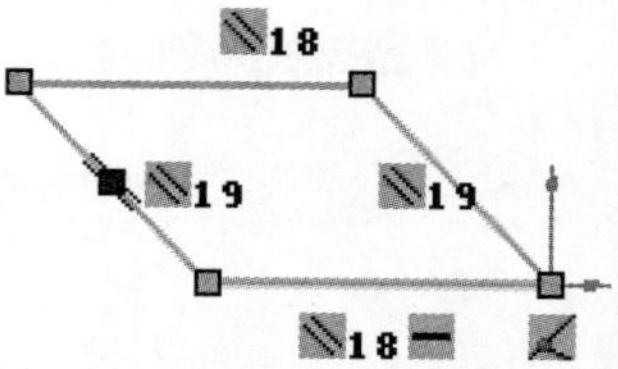 | “平行四边形”类型是以指定 3 个角度的方法来绘制 4 条边两两平行且不相互垂直的平行四边形。平行四边形的绘制过程是，首先在图形区指定一个位置作为第 1 角点，拖动鼠标指定第 2 角点，然后再拖动鼠标以一定角度移动来指定第 3 角点，完成绘制 |

## 5.5.2　槽口曲线

槽口曲线工具是用来绘制机械零件中键槽特征的草图。SolidWorks 提供了 4 种槽口曲线绘制类型，包括直槽口、中心点槽口、3 点圆弧槽口和中心点圆弧槽口。

在命令管理器的“草图”选项卡中单击“直槽口”按钮，鼠标指针由变成，且在属性管理器中显示“槽口”面板，如图 5-65 所示。

“槽口”面板中包含 4 种槽口类型，“3 点圆弧槽口”“中心点圆弧槽口”类型的选项设置与“直槽口”“中心点槽口”类型的选项设置（图 5-64）不同，如图 5-66 所示。

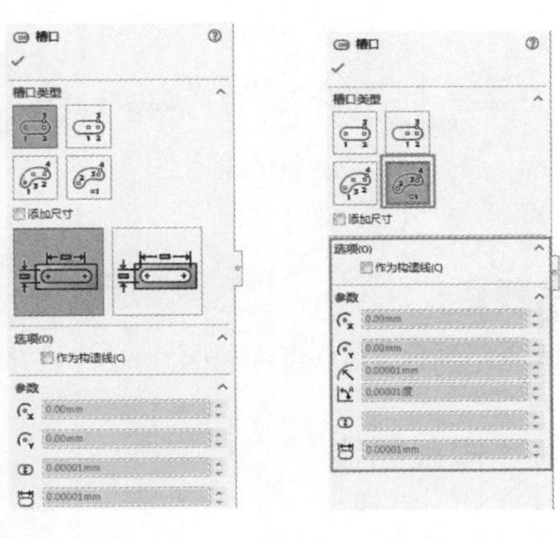

图 5-65　　图 5-66

“槽口”面板中主要选项和按钮的含义如下。

- 添加尺寸：勾选此复选框，将显示槽口的长度和圆弧尺寸。
- 中心到中心：以两个中心间的长度作为直槽口的长度尺寸。
- 总长度：以槽口的总长度作为直槽口的长度尺寸。
- $X$ 坐标置中：槽口中心点的 $X$ 坐标。
- $Y$ 坐标置中：槽口中心点的 $Y$ 坐标。
- 圆弧半径：槽口圆弧的半径。
- 圆弧角度：槽口圆弧的角度。
- 槽口宽度：槽口的宽度。
- 槽口长度：槽口的长度。

**1．直槽口**

“直槽口”类型是以两个端点来绘制槽的。绘制过程如图 5-67 所示。

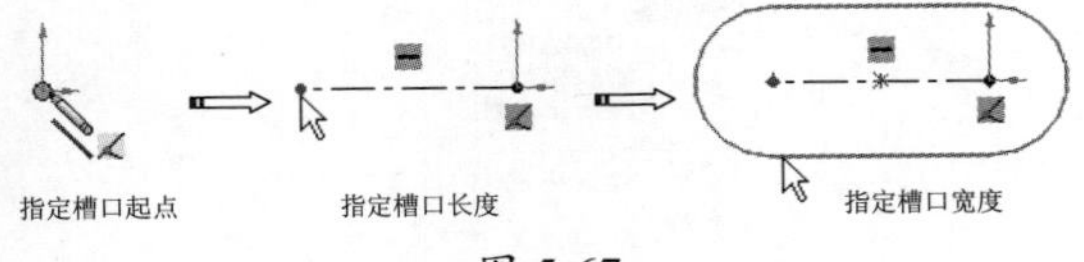


图 5-67

**2．中心点槽口**

“中心点槽口”类型是以中心点和槽口的一个端点来绘制槽口的。绘制方法是，在图形区中指定某个位置作为槽口的中心点，然后移动鼠标以指定槽口的另一端点，在指定端点后再移动鼠标以指定槽口宽度，如图 5-68 所示。

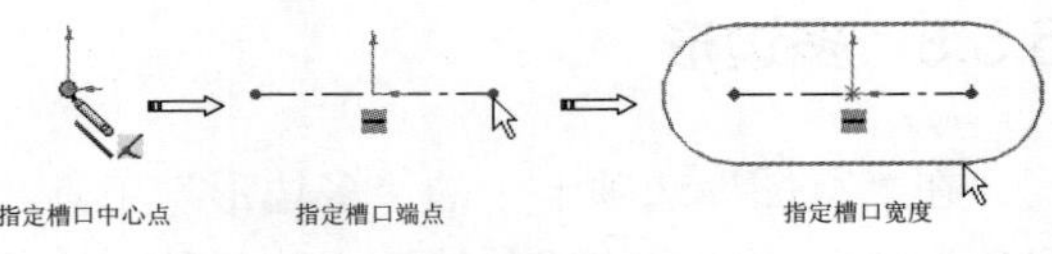


图 5-68

**技术要点：**

在指定槽口宽度时，指针无须在槽口曲线上，也可以是离槽口曲线很远的位置（只要是在宽度水平延伸线上即可）。

**3．3 点圆弧槽口**

“3 点圆弧槽口”类型是在圆弧上用 3 个点绘制圆弧槽口的。其绘制方法是，在图形区单击以指定圆弧的起点，通过移动鼠标指定圆弧的终点并单击，接着再移动鼠标指定圆弧的第 3 点并单击，最后移动鼠标指定槽口宽度，如图 5-69 所示。

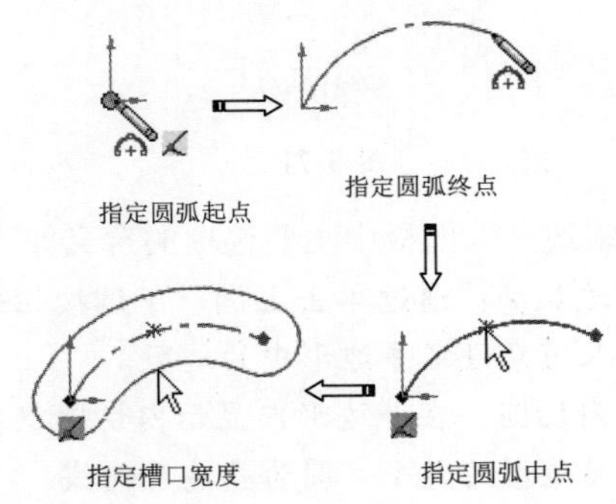


图 5-69

**4．中心点圆弧槽口**

“中心点圆弧槽口”类型是用圆弧半径的中心点和两个端点绘制圆弧槽口的。其绘制方法是，在图形区单击以指定圆弧的中心点，通过移动鼠标指定圆弧的半径和起点，接着通过移动鼠标指定槽口长度并单击，再移动鼠标指定槽口宽度并单击以生成槽口，如图 5-70 所示。

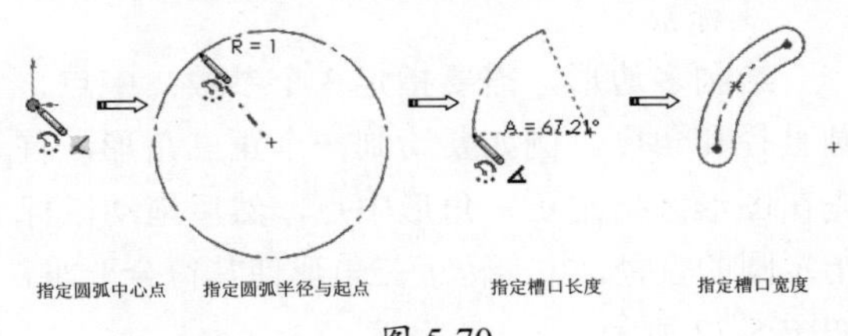


图 5-70

### 5.5.3 多边形

在“草图”选项卡中的“多边形”工具，是用来绘制圆的内切或外接正多边形的，边数为 3 ～ 40。

在命令管理器的“草图”选项卡中单击“多边形”按钮，指针由变成，且在属性管理器显示“多边形”面板，如图 5-71 所示。

图 5-71

“多边形”面板中主要选项的含义如下。

- 边数：通过单击上调、下调按钮或输入值来设定多边形中的边数。
- 内切圆：在多边形内显示内切圆以定义多边形的大小。圆为构造几何线。
- 外接圆：在多边形外显示外接圆以定义多边形的大小。圆为构造几何线。
- *X* 坐标置中：多边形的中心点在 *X* 坐标上的值。
- *Y* 坐标置中：多边形的中心点在 *Y* 坐标上的值。
- 圆直径：设定内切圆或外接圆的直径。
- 角度：多边形的旋转角度。
- 新多边形：单击此按钮以生成另外的坐标系。

绘制多边形，需要指定 3 个参数：中点、圆直径和角度。例如要绘制一个正三角形，首先在图形区指定正三角形中点，然后拖动鼠标指定圆的直径，并旋转正三角形使其符合要求，如图 5-72 所示。

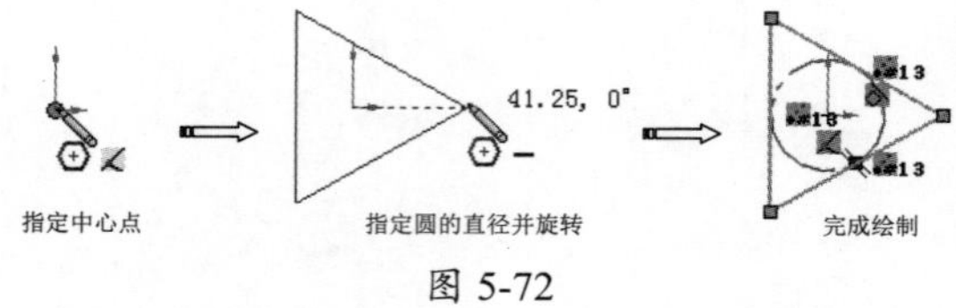


图 5-72

**技术要点：**

多边形是不存在任何几何关系的。

### 5.5.4 样条曲线

样条曲线是使用通过点或根据极点的方式来定义的曲线，也是方程式驱动的曲线。SolidWorks 提供了两种样条曲线的生成方法：多点样条曲线和方程式驱动的曲线。

#### 1. 多点样条曲线

通过使用“样条曲线”工具，可以绘制由两个或两个以上极点构成的样条曲线。

在命令管理器的“草图”选项卡中单击“样条曲线”按钮，鼠标指针由变成，当绘制了样条曲线且双击后，在属性管理器中显示“样条曲线”面板，如图 5-73 所示。

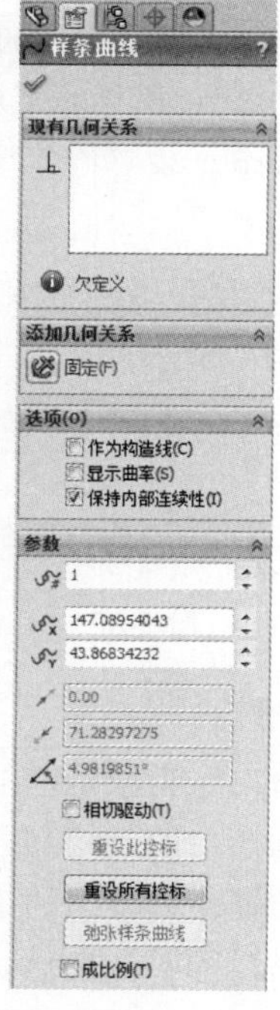


图 5-73

“样条曲线”面板中主要选项的含义如下。

- 作为构造线：勾选此复选框，绘制的曲线将作为参考曲线使用。
- 显示曲率：勾选此复选框，Property Manager 将曲率检查梳形图添加到样条曲线，如图 5-74 所示。

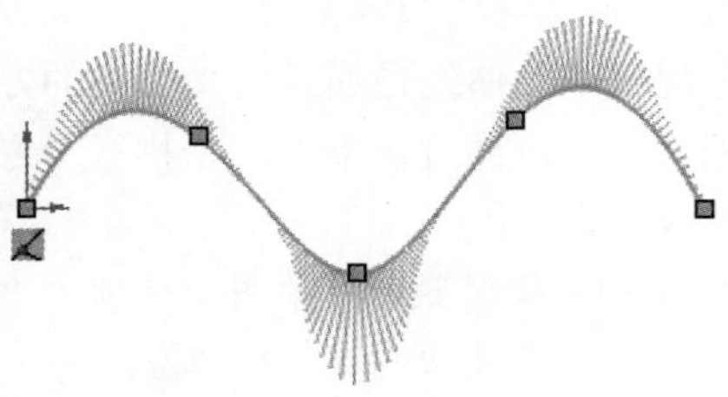

图 5-74

- 保持内部连续性：勾选此选项，曲率比例逐渐减小，如图 5-75 所示；取消勾选，则曲率比例大幅度减小，如图 5-76 所示。

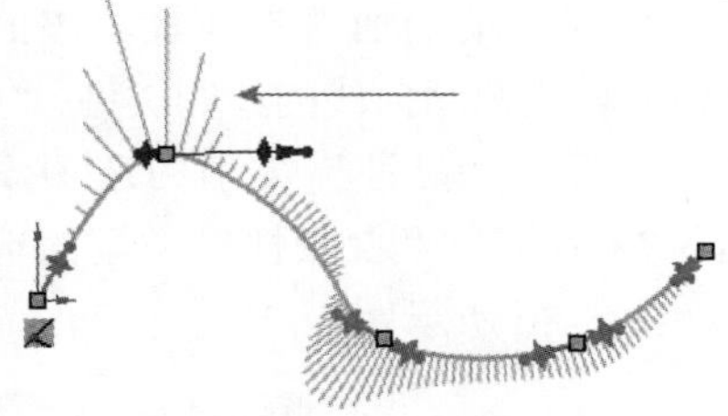

图 5-75

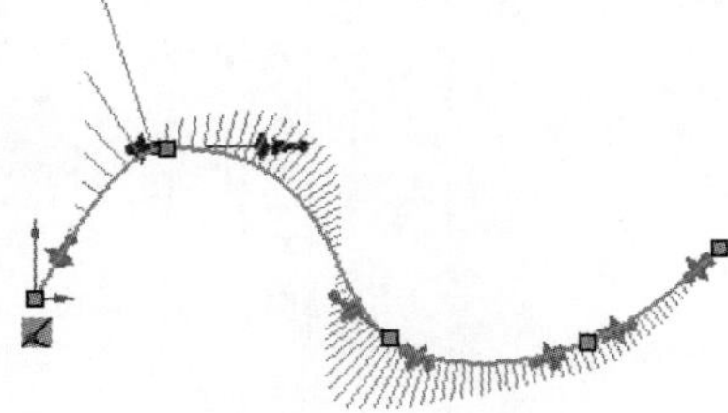

图 5-76

- 样条曲线控制点数：在图形区域高亮显示所选样条曲线点。
- $X$ 坐标：指定样条曲线起点的 $X$ 坐标。
- $Y$ 坐标：指定样条曲线起点的 $Y$ 坐标。
- 曲率半径：在任何样条曲线点控制曲率半径。
- 曲率：在曲率控制所添加的点处显示曲率度数。

**技术要点：**

“曲率半径”选项和“曲率”选项，只有从“样条曲线工具”工具条或快捷菜单中选择“添加曲率控制”命令，并将曲率指针添加到样条曲线时才出现，如图5-77所示。

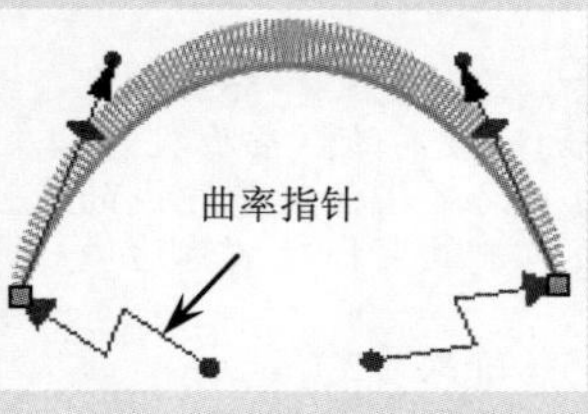


图 5-77

- 相切重量 1：通过修改样条曲线点处的样条曲线曲率度数，来控制左相切向量。
- 相切重量 2：通过修改样条曲线点处的样条曲线曲率度数，来控制右相切向量。
- 相切径向方向：通过修改相对于 $X$、$Y$ 或 $Z$ 轴的样条曲线倾斜角度，来控制相切方向。
- 相切驱动：当“相切重量”和“相切径向方向”选项被激活时，该选项被激活，主要用于样条曲线的相切控制。
- 重设此控标：单击此按钮，将所选样条曲线控标重返其初始状态。
- 重设所有控标：单击此按钮，将所有样条曲线控标重返其初始状态。
- 弛张样条曲线：如果拖动样条曲线控标使其不平滑，可单击此按钮以将形状重新参数化（平滑），如图 5-78 所示。“弛张样条曲线”命令可通过拖动控制多边形上的节点而重新使用。

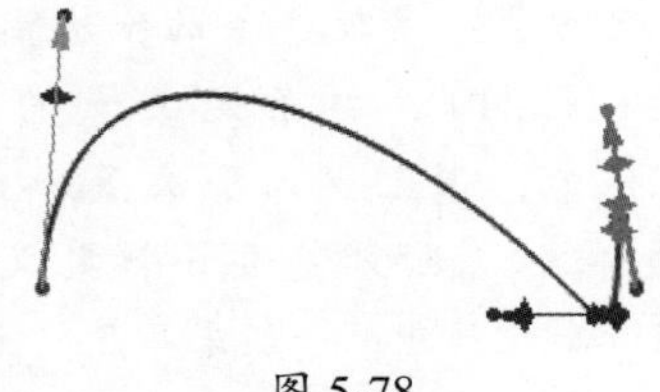

图 5-78

- 成比例：拖动端点时保留样条曲线的形状。整个样条曲线会按比例调整大小。

### 非均匀有理B样条曲线

SolidWorks中的样条为NURBS样条曲线（非均匀有理B样条曲线）。B样条曲线拟合逼真，形状控制方便，是CAD/CAM领域描述曲线和曲面的标准。

样条阶次

“样条阶次”是指定义样条曲线多项式公式的次数，SolidWorks最高的样条阶次为24次，通常为3次样条。由不同幂指数变量组成的表达式称为多项式。多项式中最大指数被称为多项式的阶次。

例如：

$7X^2+5-3=35$（阶次为2）

$2t^3-3t^2+t=6$（阶次为3）

曲线的阶次用于判断曲线的复杂程度，而不是精确程度。对于1、2、3次的曲线，可以判断曲线的顶点和曲率反向的数量。例如：

顶点数=阶次−1　　　　曲率反向点=阶次−2

低阶次曲线的优点如下：

- 更加灵活
- 更加靠近它们的极点
- 后续操作（加工和显示等）运行速度更快
- 便于数据转换，因为许多系统只接受3次曲线

高阶次曲线的缺点：

- 灵活性差
- 可能引起不可预见的曲率波动
- 造成数据转换问题
- 导致后续操作执行速度减缓

（1）样条曲线的段数

可以采用单段或多段的方式来创建。

- 单段方式：单段样条的阶次由定义点的数量控制，阶次 = 顶点数 -1，因此单段样条最多只能使用 25 个点。这种方式受到一定的限制。定义的数量越多，样条的阶次就越高，样条形状就会出现以外结果，所以一般不采用，另外单段样条不能封闭。
- 多段方式：多段样条的阶次由用户指定（≤ 24），样条定义点的数量没有限制，但至少比阶次多一点（如5次样条，至少需要6个定义点）。在汽车设计中，一般采用3 ~ 5次样条曲线。

（2）定义点

定义样条曲线的极点，在图形区中任意选择位置以设定极点，还可以通过选择样条曲线上的点进行坐标编辑。

（3）节点

在样条每段上的端点，主要针对多段样条而言，单段样条只有两个节点，即起点和终点。

#### 2. 方程式驱动曲线

方程式驱动曲线是通过定义曲线的方程式绘制的曲线。可通过以下方式来执行“方程式驱动曲线”命令：

- 在命令管理器的“草图”选项卡中单击“方程式驱动曲线”按钮。
- 在“草图”工具条中单击“方程式驱动曲线”按钮。
- 在菜单栏中执行“工具”|“草图绘制实体”|“方程式驱动曲线”命令。

执行“多边形”命令后，在属性管理器显示“方程式驱动的曲线”面板。该面板中包括两种方程式驱动曲线的绘制类型：“显性”和“参数性”。“显性”类型的选项设置界面如图 5-79 所示。“参数性”类型的选项设置界面如图 5-80 所示。

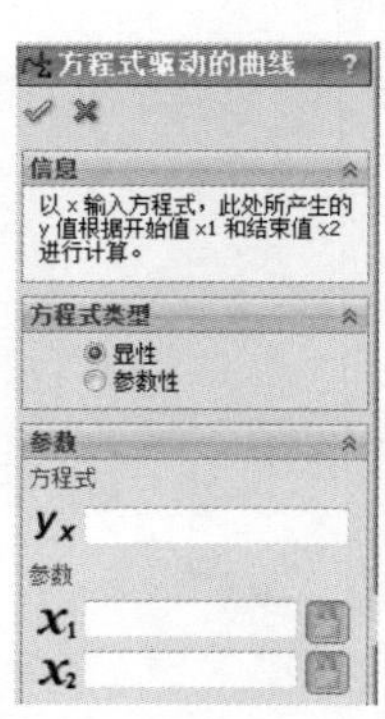


图 5-79

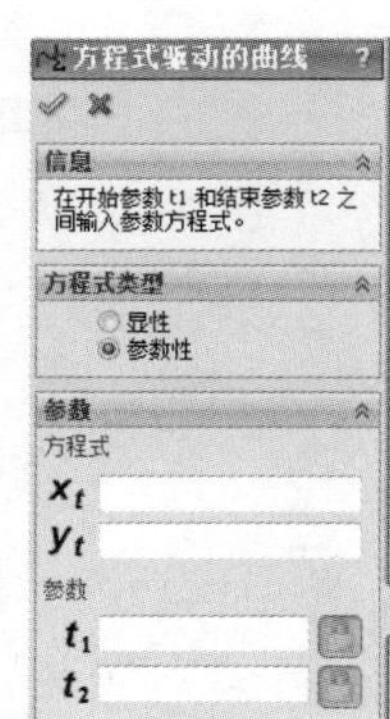


图 5-80

在“参数”选项区中主要选项的含义如下。

- 输入方程式作为 $X$ 的函数 $y_x$：定义曲线方程式，$Y$ 是 $X$ 的函数。
- 为方程式输入开始 $X$ 值 $x_1$ 和结束 $X$ 值 $x_2$：为方程式指定 1 的数值范围，其中 1 为起点，2 为终点（例如，X1=0,

X2=2*pi）。

- 输入方程式作为 $t$ 的函数 $x_t$、$y_t$：定义曲线方程式，$X$、$Y$ 是 $t$ 的函数。
- 为方程式输入开始参数 $t_1$ 和结束参数 $t_2$：为方程式指定 1 和 2 的数值范围。
- 选取以在曲线上锁定 / 解除锁定开始点位置：在曲线上锁定或解除锁定起点的位置。
- 选取以在曲线上锁定 / 解除锁定结束点位置：在曲线上锁定或解除锁定终点的位置。

### 3. “显性”类型

“显性”类型是通过为范围的起点和终点定义 $X$ 值，$Y$ 值沿 $X$ 值的范围而计算。“显性”类型方程式主要包括正弦函数、一次函数和二次函数。

例如在方程式文本框输入 2*sin（3*x+pi/2），然后在 x1 文本框输入 –pi/2，在 x1 文本框输入 pi/2，单击“确定”按钮后生成正弦函数的方程式曲线，如图 5-81 所示。

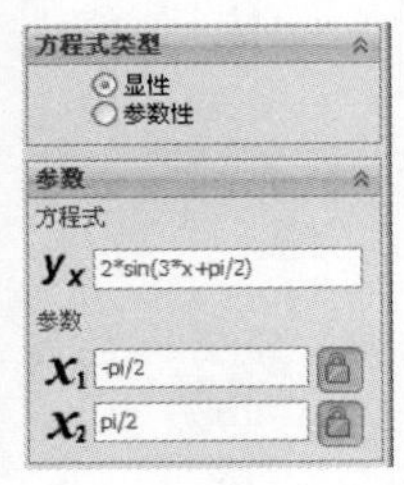


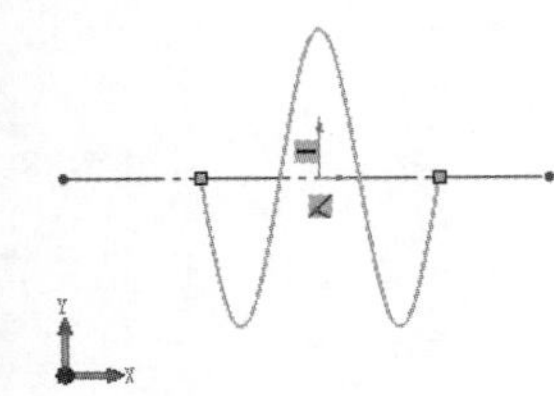

图 5-81

**技术要点：**

当用户输入错误的方程式后，错误的方程式将以红色显示。正确的方程式应是黑色字体。若强制执行错误的方程式，属性管理器将提示“方程式无效，请输入正确的方程式”。

### 4. “参数性”类型

“参数性”类型为范围的起点和终点定义 $T$ 值。“参数性”类型方程包括阿基米德螺线、渐开线、螺旋线、圆周曲线以及星形线、叶形曲线等。

用户可为 $X$ 值定义方程式，并为 $Y$ 值定义另一个方程式，两者方程式都沿 $T$ 值范围求解。例如绘制阿基米德螺旋线，在“参数”选项区输入阿基米德螺旋线方程式（Xt 文本框输入 10*（1+t）*cos（t*2*pi）、Yt 文本框输入 10*（1+t）*sin（t*2*pi）、$T_1$ 文本框输入 0、$T_2$ 文本框输入 2）后，单击“确定”按钮后生成曲线，如图 5-82 所示。

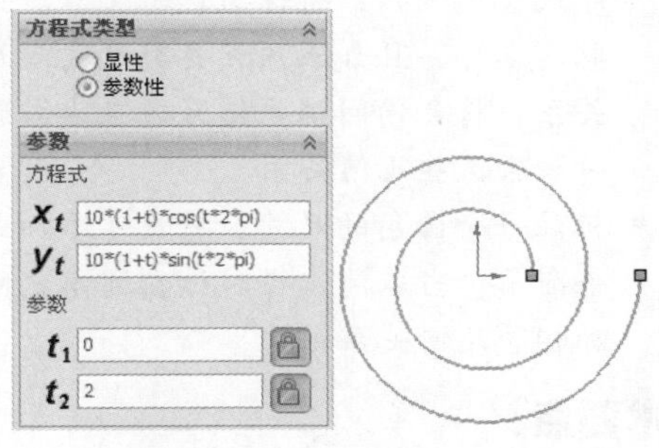


图 5-82

## 5.5.5　绘制圆角

绘制圆角工具可以在两个草图曲线的交叉处剪裁掉角部，从而生成一个切线弧。此工具在 2D 和 3D 草图中均可使用。

用户可通过以下方式执行“绘制圆角”命令：

- 在命令管理器的“草图”选项卡中单击“绘制圆角”按钮。
- 在“草图”工具条中单击“绘制圆角”按钮。
- 在菜单栏中执行“工具”|“草图工具”|“绘制圆角”命令。
- 在笔势指南中选择“绘制圆角”笔势。

执行“绘制圆角”命令后，在属性管理器中显示“绘制圆角”面板，如图 5-83 所示。

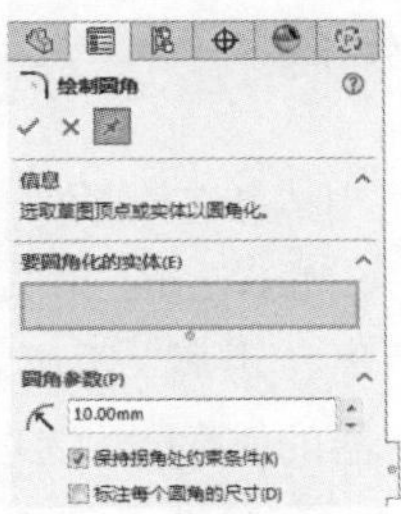


图 5-83

“绘制圆角”面板中主要选项的含义如下。

- 要圆角化的实体：当选取一个草图实体时，它出现在该选项区的列表框中。
- 圆角半径 数值框中输入值以控制圆角半径。
- 保持拐角处约束条件：如果顶点具有尺寸或几何关系，将保留虚拟交点。如果取消选择，且如果顶点具有尺寸或几何关系，将会询问用户是否想在生成圆角时删除这些几何关系。
- 标注每个圆角的尺寸：将尺寸添加到每个圆角，当取消选择时，在圆角之间添加相等几何关系。

**技术要点：**

具有相同半径的连续圆角不会单独标注尺寸，它们自动与该系列中的第一个圆角具有相等几何关系。

要绘制圆角，需要事先绘制要圆角处理的草图曲线。例如要在矩形的一个顶点位置绘制圆角曲线，其指针选择的方法大致有两种。一种是选择矩形的两条边，如图 5-84 所示；另一种则是选取矩形顶点，如图 5-85 所示。

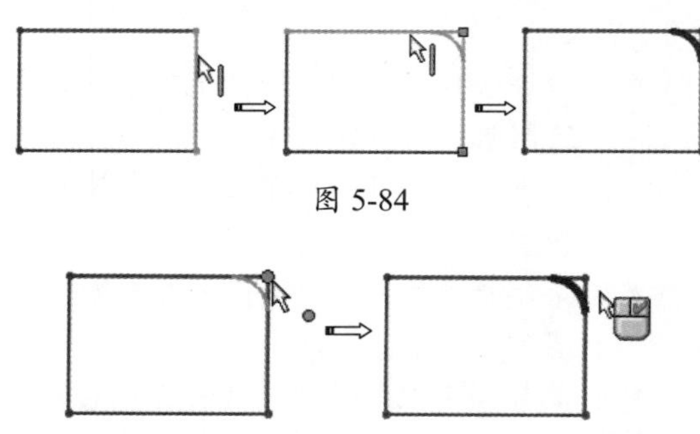

图 5-84

图 5-85

## 5.5.6 绘制倒角

用户可以使用“绘制倒角”工具在草图曲线中绘制倒角。SolidWorks 提供了两种倒角参数类型：角度距离、距离 - 距离。

在命令管理器的“草图”选项卡中单击“绘制倒角”按钮，在属性管理器显示“绘制倒角”面板。“绘制倒角”面板的“倒角参数”选项区中包括“角度距离”和“距离 - 距离”两种参数选项。“角度距离”参数选项如图 5-86 所示；“距离 - 距离”参数选项如图 5-87 所示。

图 5-86

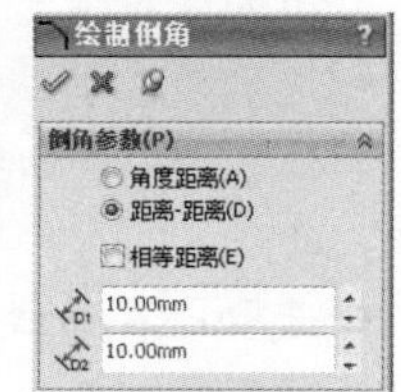


图 5-87

两种参数选项设置中主要选项的含义如下。

- 角度距离：将按角度参数和距离参数来定义倒角，如图 5-88（a）所示。
- 距离 - 距离：将按距离参数和距离参数来定义倒角，如图 5-88（b）所示。
- 相等距离：将按相等的距离来定义倒角，如图 5-88（c）所示。

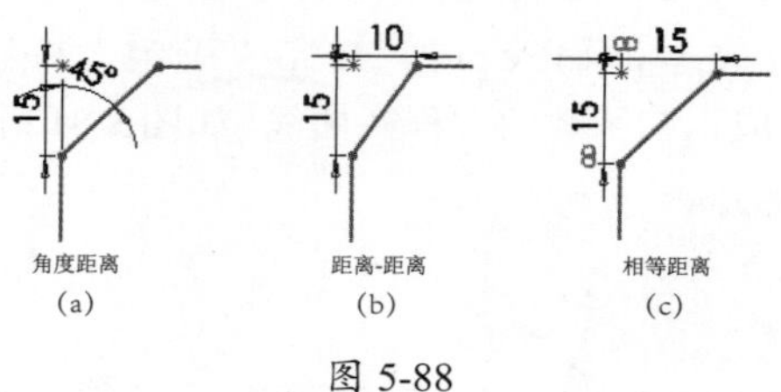


图 5-88

- 距离 1 ：设置“角度 - 距离”的距离参数。
- 方向 1 角度 ：设置“角度 - 距离”的角度参数。
- 距离 1 ：设置“距离 - 距离”的距离 1 参数。
- 距离 2 ：设置“距离 - 距离”的距离 2 参数。

与绘制倒圆的方法一样，绘制倒角也可以通过选择边或选取顶点来完成。

**技术要点：**

在为绘制倒角而选择边时，可以逐个选择，也可以按住Ctrl键连续选择。

**动手操作——绘制轴承座草图**

本例将要完成轴承座草图的绘制，完成后

的效果如图 5-89 所示。

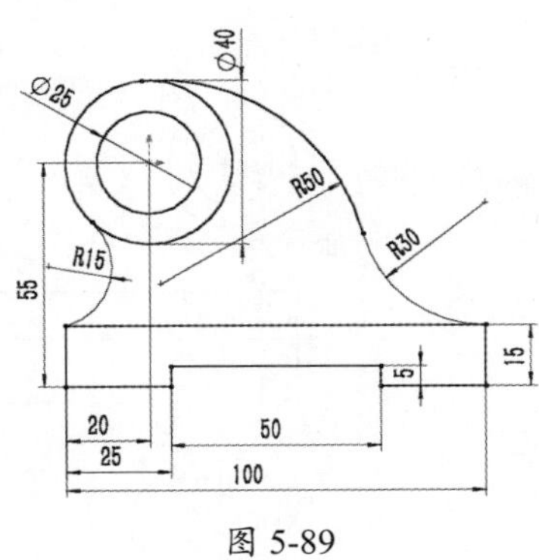


图 5-89

**操作步骤**

**01** 新建零件文件。

**02** 在“草图”选项卡中单击“草图绘制”按钮，选择上视基准面作为绘图平面，单击“圆”按钮，以坐标原点为圆心，绘制两个同心圆，如图 5-90 所示。

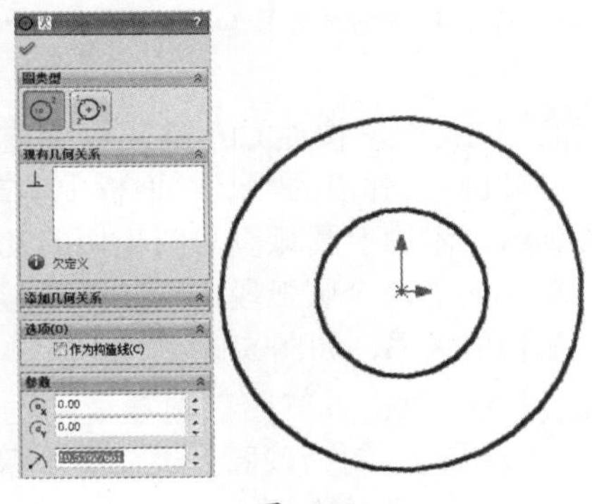

图 5-90

**03** 单击“智能尺寸”按钮，分别标注两个圆的直径为 25mm 和 40mm。标注方法为，激活“智能尺寸”命令后，单击圆弧，即可预览出标注箭头，往外移动光标，在合适位置单击放置尺寸，系统自动弹出“修改”对话框，在文本框中输入相应的值即可完成尺寸标注，如图 5-91 所示。

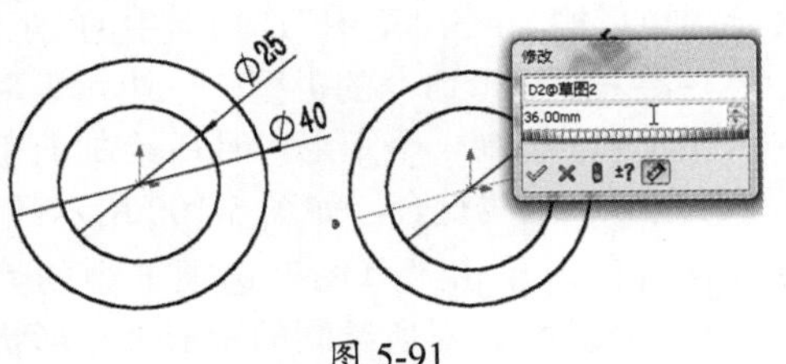


图 5-91

## 技术要点：

在进行模型创建过程中，通常选择主要特征作为起始建模特征，并对其进行定位。在轴承座图形中，选定坐标原点为轴承孔圆心，以便草图完全定位。

**04** 绘制矩形。单击“矩形”按钮，采用矩形命令的类型——边角矩形，在同心圆的下方绘制一个矩形，如图 5-92 所示。

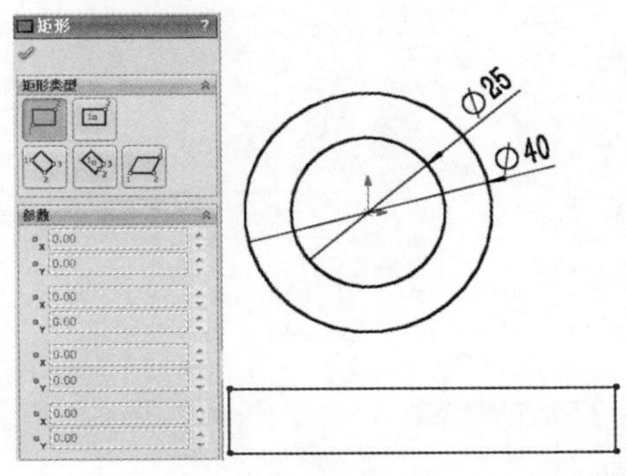


图 5-92

**05** 单击“草图”选项卡中的“智能尺寸”按钮，标注矩形的外形尺寸：长为 100mm，宽为 15mm；位置尺寸以矩形的左下角顶点为参考，相对于坐标原点 $X$ 向间距为 20mm，$Y$ 向间距为 55mm，如图 5-93 所示。

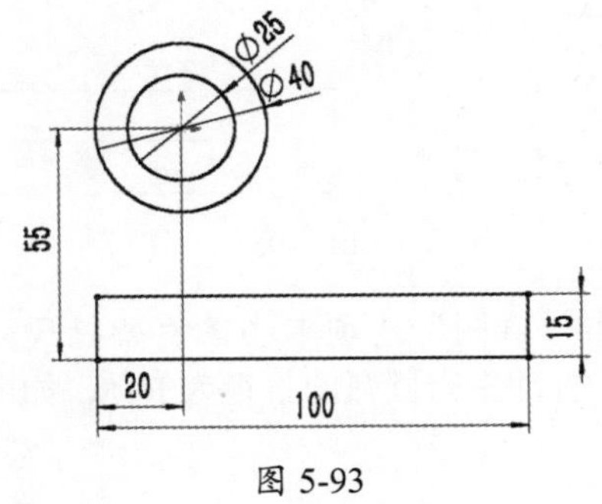


图 5-93

**06** 绘制圆弧。在“草图”选项卡中单击“圆”按钮，在弹出的“圆弧”对话框中选择“三点圆弧”类型，然后依次在同心圆外圆、矩形左上角顶点和该两点之间的右边区域单击，创建一段圆弧，如图 5-94 所示。

**07** 添加几何关系。按住 Ctrl 键，依次选择圆弧和同心外圆，在弹出的“属性”面板中单击“相切”按钮，单击“确定”按钮，完成圆弧段与同心外圆相切的几何关系，如图 5-95 所示。

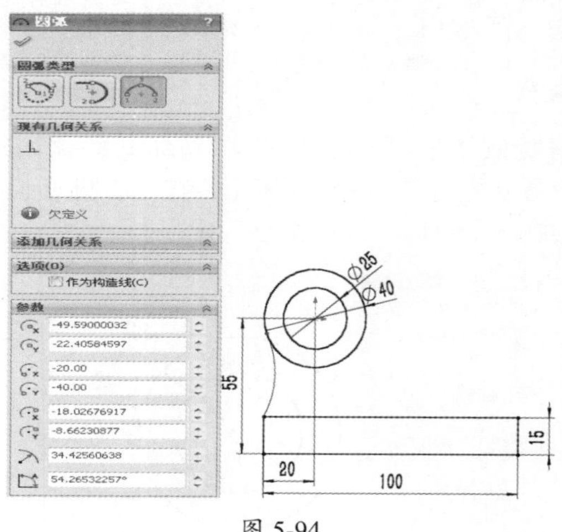


图 5-94

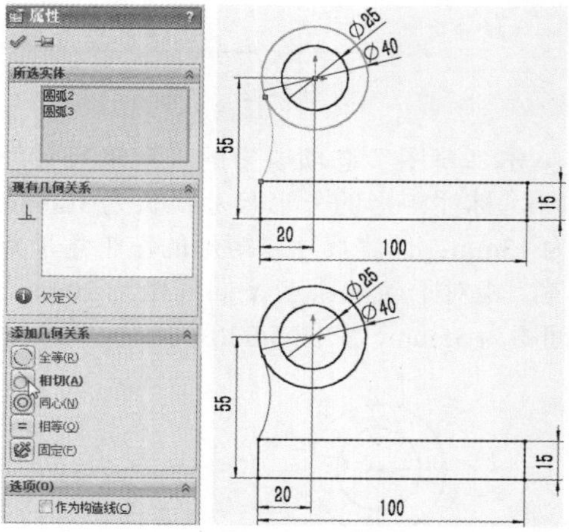

图 5-95

**08** 单击“草图”选项卡中的“智能尺寸”按钮，标注三点圆弧的直径为 R15，如图 5-96 所示。

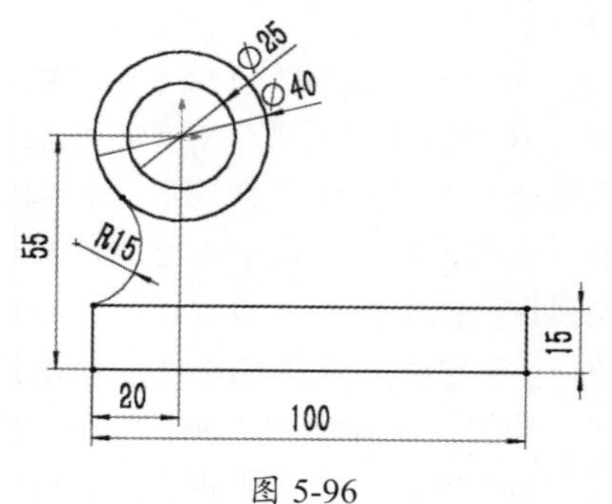


图 5-96

**09** 同理，利用三点圆弧创建其余两条圆弧，如图 5-97 所示。

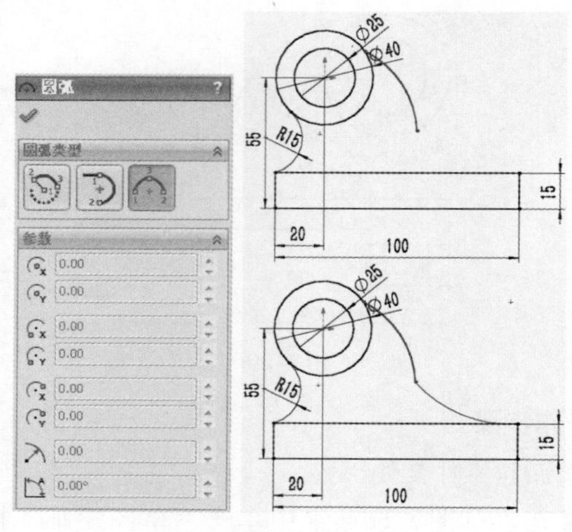


图 5-97

## 技术要点：

进行图形绘制时，尽量使其接近所需外形和位置，然后通过添加几何关系和尺寸标注，对其进行准确限制。

**10** 添加几何关系。按住 Ctrl 键，依次选择圆弧和同心外圆，在弹出的“属性”面板中单击“相切”按钮，添加上圆弧段与圆相切的几何关系。同理，添加两个圆弧段，下圆弧段与矩形上边是相切的关系，如图 5-98 所示。

**11** 标注尺寸。单击“草图”选项卡中的“智能尺寸”按钮，对两段圆弧进行尺寸标注，完成后的效果如图 5-99 所示。

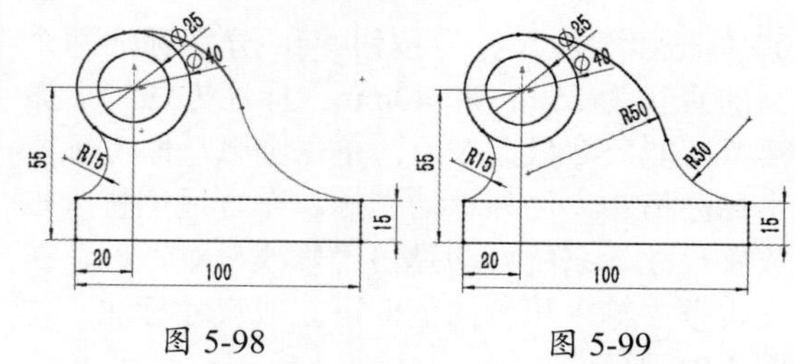


图 5-98 图 5-99

**12** 绘制矩形槽。单击“草图”选项卡中的“矩形”按钮，采用矩形命令的类型——边角矩形，在矩形的内部绘制一个矩形，且所绘制的矩形与原有矩形下边线重合，如图 5-100 所示。

**13** 尺寸标注。单击“草图”选项卡中的“智能尺寸”按钮，对所绘制的矩形进行形状和位置尺寸标注，完成后如图 5-101 所示。

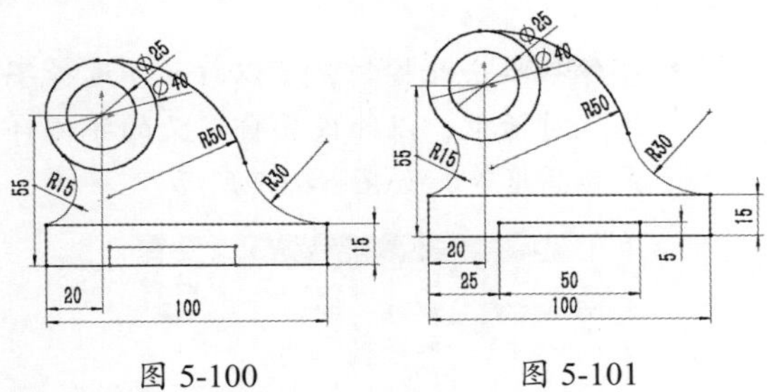

图 5-100　　图 5-101

**技术要点：**

进行尺寸标注后，可拖动尺寸，将其移至合适位置，使整个图形和尺寸标注均匀、美观、大方。

**14** 剪裁。单击“草图”选项卡中的“剪裁”按钮，在弹出的“剪裁”面板中使用默认的剪裁类型——强劲剪裁。移动光标至图形区域，按住左键在待剪裁图上划过，即可完成剪裁，如图 5-102 所示。

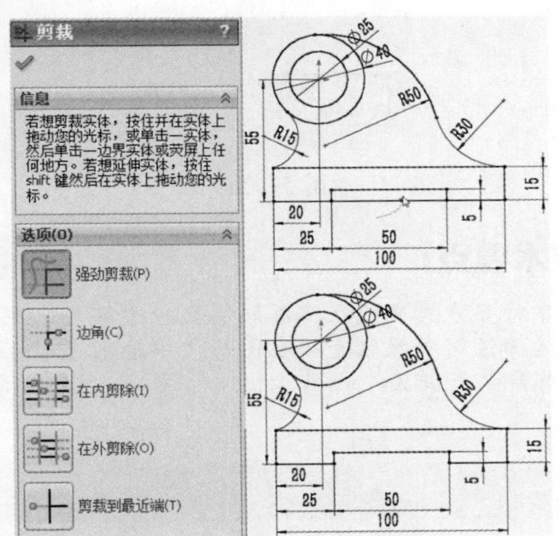


图 5-102

**15** 至此，轴承座草图已经完成。单击“保存”按钮，将草图保存在文件所在目录。

## 5.5.7　文字

用户可以使用“文字”工具在任何连续曲线或边线组上（包括零件面上由直线、圆弧或样条曲线组成的圆或轮廓）输入文字，并且拉伸或剪切文字，以创建实体特征。

在命令管理器的“草图”选项卡中单击“文字”按钮，在属性管理器中显示“草图文字”面板，如图 5-103 所示。

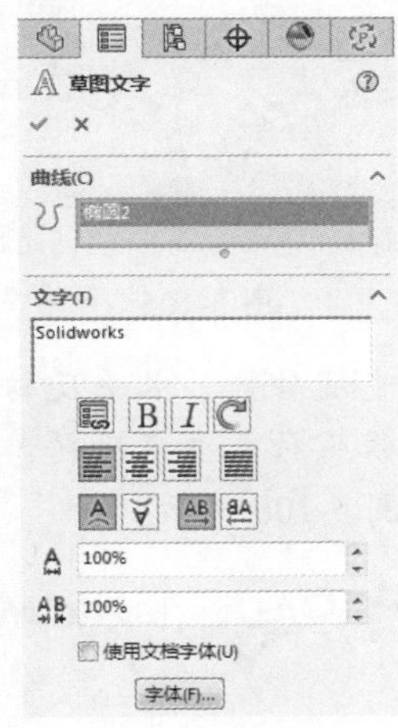


图 5-103

“草图文字”面板中主要选项的含义如下。

- 曲线：选择边线、曲线、草图及草图段。所选对象的名称显示在框中，文字沿对象出现。
- 文字：在文字文本框中输入字体，可以切换输入法输入中文。
  - ➢ 链接到属性：将草图文字链接到自定义属性。
  - ➢ 加粗、倾斜、旋转：将选择的文字加粗、倾斜、旋转，如图 5-104 所示。

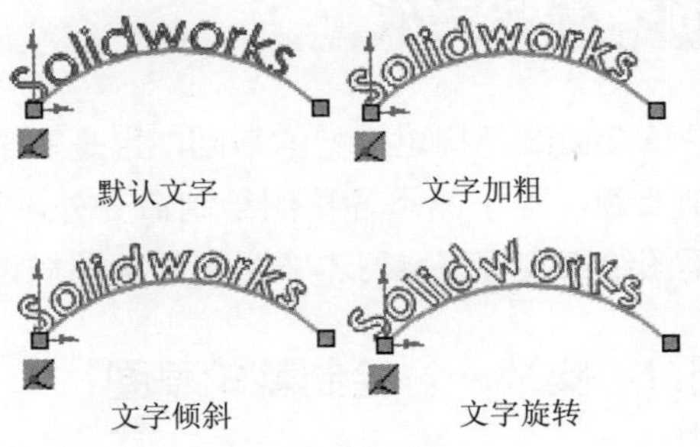


图 5-104

  - ➢ 左对齐、居中、右对齐、两端对齐：使文字沿参照对象左对齐、居中、右对齐、两端对齐，如图 5-105 所示。

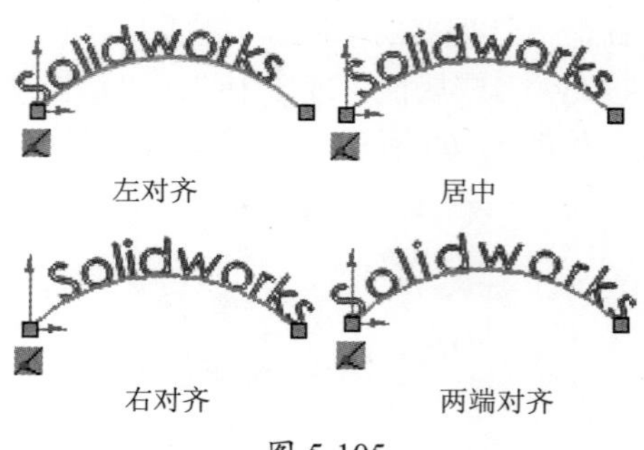

图 5-105

➢ 竖直反转、水平反转：使文字沿参照对象垂直反转、水平反转，如图 5-106 所示。

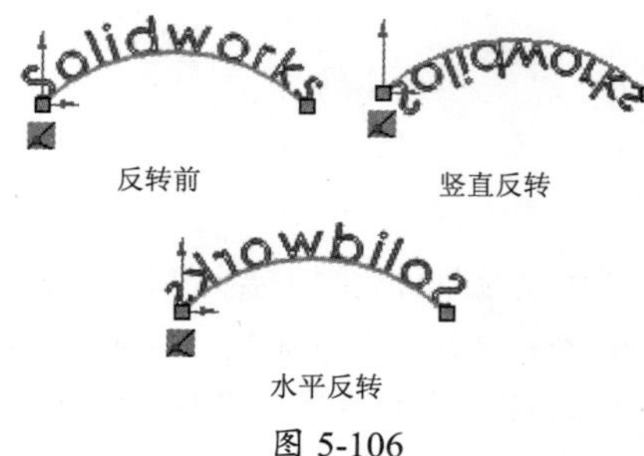

图 5-106

➢ 宽度因子：文字宽度比例。仅当取消勾选"使用文档字体"复选框时才可用。

➢ 间距：文字字体间距比例。仅当取消勾选"使用文档字体"复选框时才可用。

➢ 使用文档字体：使用用户默认使用的字体。

- 字体：单击此按钮，可以打开"选择字体"对话框，以此设置自定义的字体样式和高度等，如图 5-107 所示。

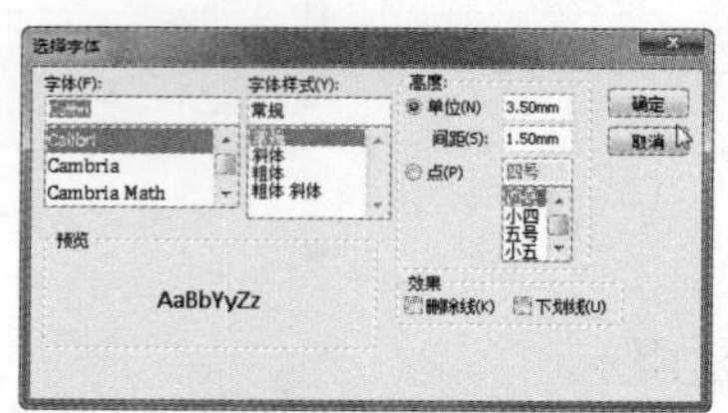
图 5-107

在默认情况下绘制的文字是以坐标原点为对齐参照的，因此在"草图文字"面板中文字对齐方式按钮、反转命令都将灰显，如图 5-108 所示。

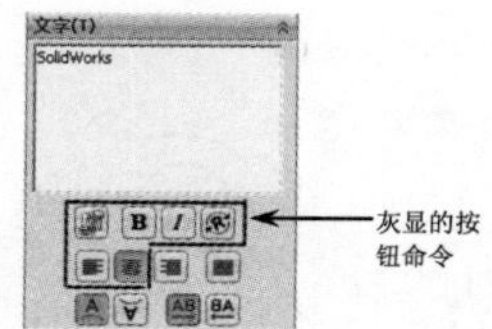

图 5-108

**技术要点：**

文字对齐方式只能在有参照对象时才可用。在没有选择任何参照且直接在图形区中绘制文字时，这些命令将灰显。

## 5.6 综合实战

草图曲线是构建模型的基础，也是初学者正式进入的第一个设计环节。若要熟练掌握草图的绘制要领，除了熟悉各草图绘制命令外，在草图绘制的动手操作方面还要多加练习。下面以几个草图绘制实例来温习本章学习的草图知识。

### 5.6.1 实战一：绘制棘轮草图

◎ **引入素材：无**

◎ **结果文件：第5章综合实战\第5章结果文件\棘轮草图.sldprt**

◎ **视频文件：棘轮草图.avi**

棘轮机构是机械中常见的一种间歇运动机构，它主要由摇杆、棘爪和外棘轮组成。摇杆为运动输入构件，棘轮为运动输出构件。

本例将要完成棘轮草图的绘制，完成效果如图 5-109 所示。

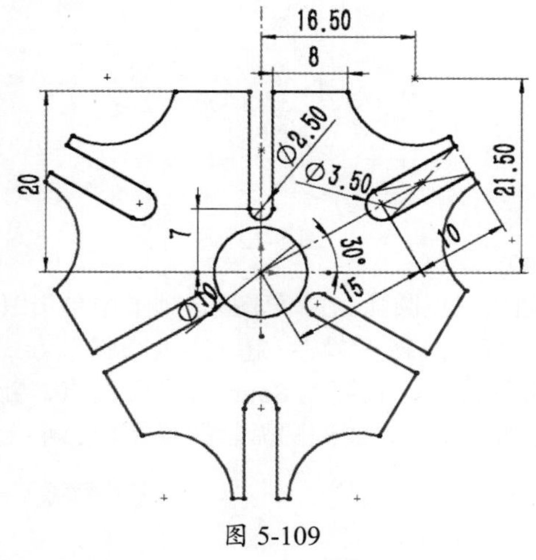

图 5-109

**操作步骤**

**01** 启动 SolidWorks，新建零件文件。选择前视基准面作为草图平面，进入草图环境。

**02** 绘制中心线：在“草图”选项卡中单击“直线”按钮，在下拉列表中单击“中心线”按钮，绘制经过坐标原点的水平中心线和竖直中心线，并添加中心线与指标原点中点的几何关系，如图 5-110 所示。

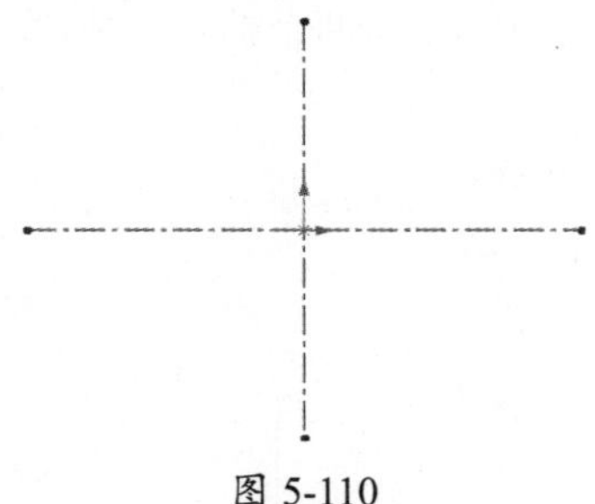
图 5-110

**03** 在“草图”选项卡中单击“圆”按钮，以坐标原点为圆心绘制一个圆，如图 5-111 所示。

**04** 标注尺寸。单击“草图”选项卡中的“智能尺寸”按钮，标注圆的直径为 10，如图 5-112 所示。

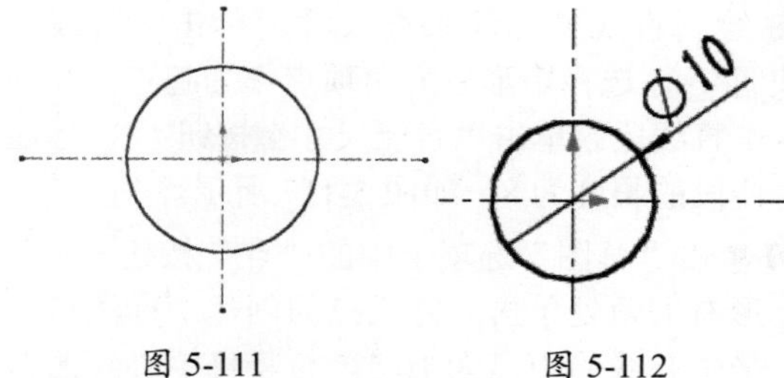

图 5-111　　图 5-112

**05** 绘制矩形。单击“矩形”按钮，在弹出的“矩形”面板中选择“中心矩形”类型，在圆上方的竖直中心线上单击，绘制一个矩形，如图 5-113 所示。

**06** 绘制圆。单击“圆”按钮，以矩形底边为圆心绘制圆，使圆刚好与矩形侧边线相切，如图 5-114 所示。

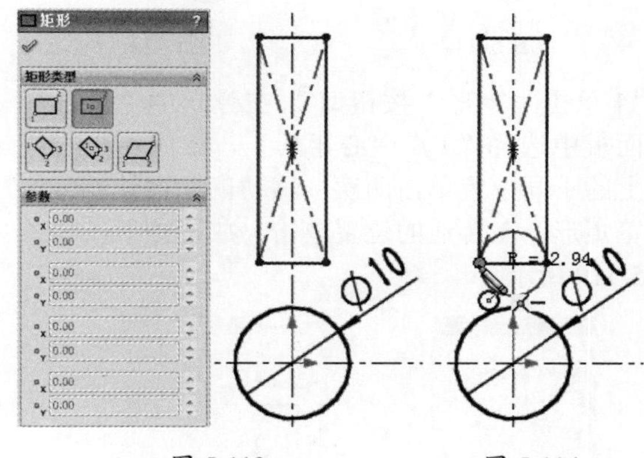

图 5-113　　图 5-114

**07** 尺寸标注。标注小圆的直径为 2.5。圆与水平中心线的距离为 7，矩形上边线与水平中心线的距离为 20，完成后的效果如图 5-115 所示。

**08** 绘制倾斜中心线。在“草图”选项卡中单击“直线”按钮下拉列表中的“中心线”按钮，绘制经过坐标原点的倾斜中心线，并标注中心线与水平中心线的夹角为 30°，如图 5-116 所示。

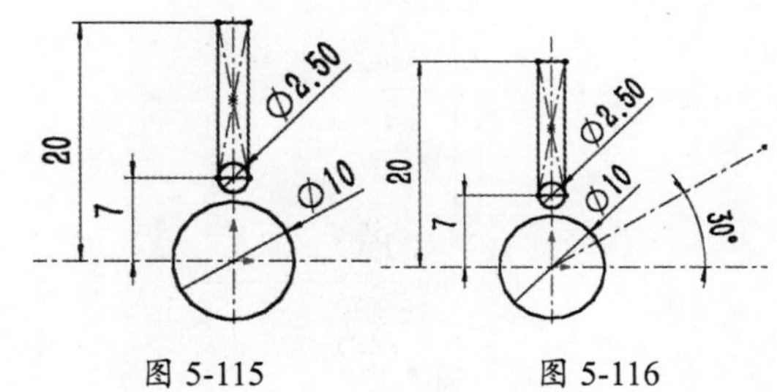

图 5-115　　图 5-116

**09** 绘制直线并标注长度尺寸。单击“直线”按钮，选择矩形右上角顶点作为起点，绘制水平直线段。单击“智能尺寸”按钮，标注直线段的长度为 8，如图 5-117 所示。

**10** 单击“草图”选项卡中的“点”按钮，在矩形右上角处单击，完成点的创建。标注点与水平中心线的距离为 16.5。与竖直中心线的距离为 21.5。完成后的效果如图 5-118 所示。

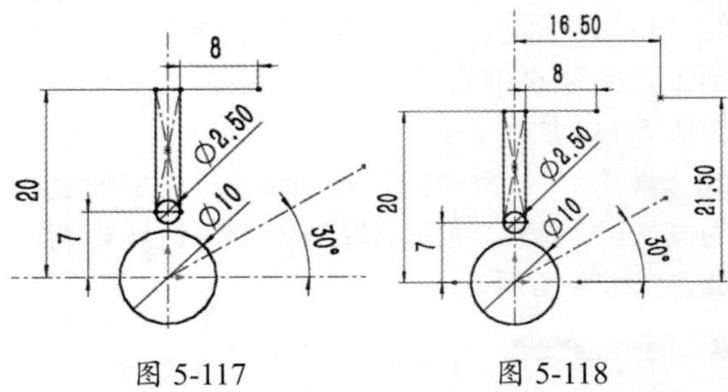

图 5-117　　图 5-118

**11** 单击“矩形”按钮，在弹出的“矩形”面板中选择“3 点中心矩形”，在倾斜中心线上的不同位置单击两次，移动鼠标指针即可预览矩形，在合适的位置单击，放置矩形，如图 5-119 所示。

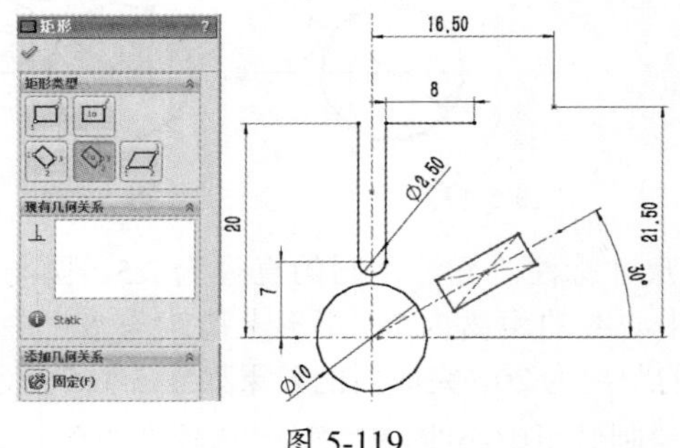

图 5-119

**12** 绘制圆。单击“圆”按钮，以倾斜矩形底边为圆心绘制圆，使圆刚好与矩形侧边线相切，如图 5-120 所示。

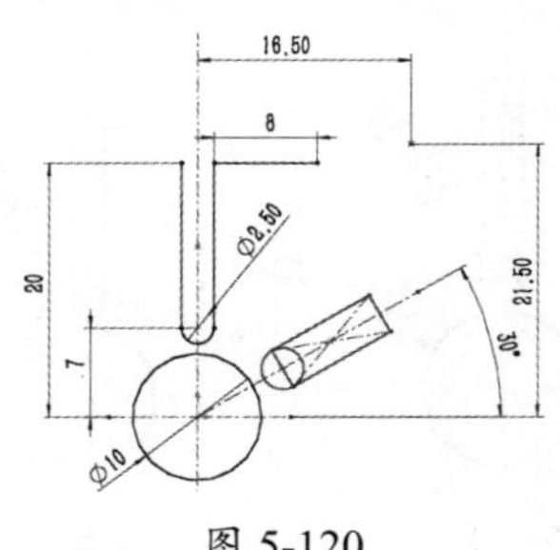

图 5-120

**13** 绘制直线段。在“草图”选项卡中单击“直线”按钮，绘制与倾斜矩形边线重合的矩形，并标注尺寸，如图 5-121 所示。

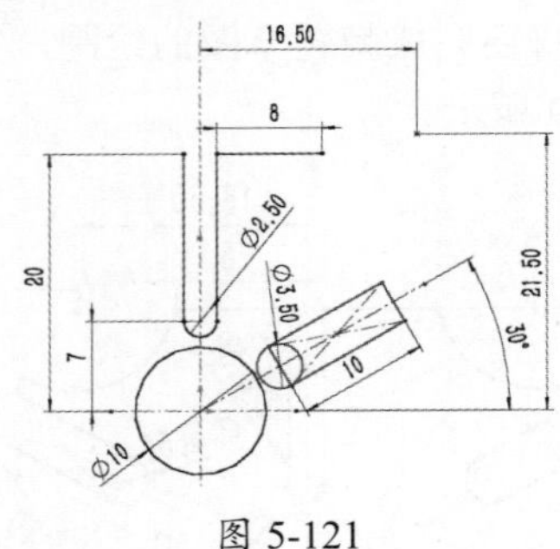

图 5-121

**14** 创建三点圆弧。在“草图”选项卡中单击“圆”按钮，选择“圆心 / 起 / 终点圆弧”方式，依次单击点、长度为 8mm 的线段端点、新建直线段的端点，绘制圆弧，如图 5-122 所示。

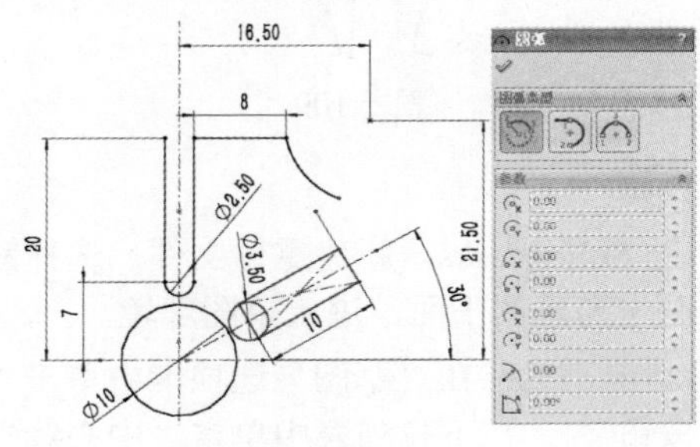

图 5-122

**15** 合并端点。按住 Ctrl 键，依次选择圆弧端点和直线段端点，在弹出的“属性”面板中单击“合并”按钮，将两个端点合并，如图 5-123 所示。

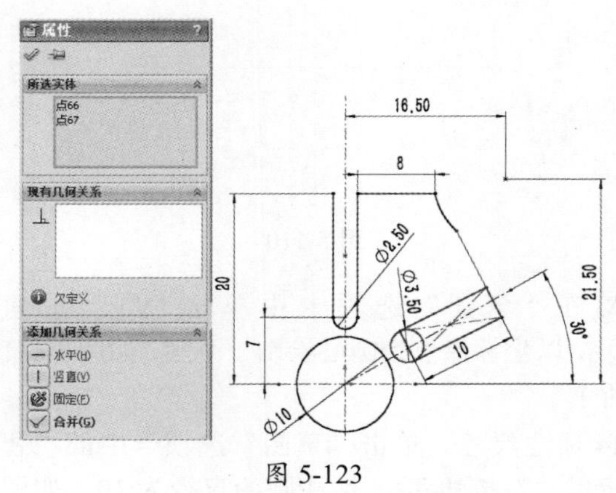

图 5-123

**16** 单击“草图”选项卡中的“剪裁”按钮，使用默认的“强劲剪裁”方式，将光标移至待剪掉图元上方，按住鼠标左键划过，将其剪掉，完成后的效果如图 5-124 所示。

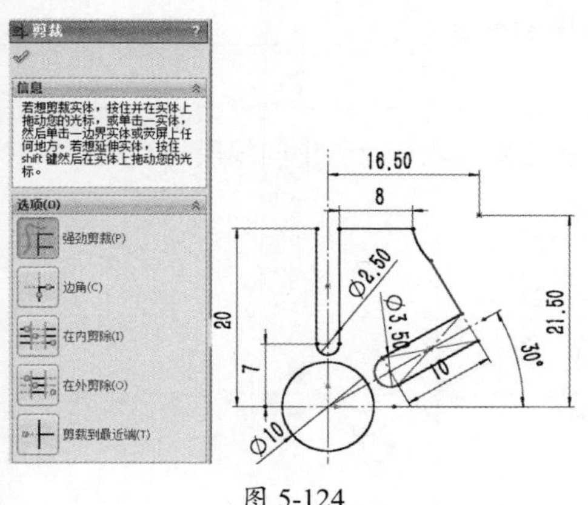

图 5-124

## 技术要点：

剪裁会将草图图元的尺寸和几何关系剪掉，使原本完全定义的图元变成欠定义。使用剪裁命令后，用户需要根据需要，补加几何关系和尺寸。

**17** 补加尺寸标注和几何关系。矩形竖直边线顶点与水平中心线距离为 20，添加两条边线相等关系，分别添加两条边线与半圆弧相切的关系；添加倾斜矩形边线与倾斜中心线平行的关系，添加两条边线相等的关系，添加直线段与矩形边线垂直的关系，分别添加两条边线与半圆弧相切的关系；标注圆与坐标原点距离为 15。完成尺寸标注和几何关系的添加后，草图变成黑色，为完全定义，如图 5-125 所示。

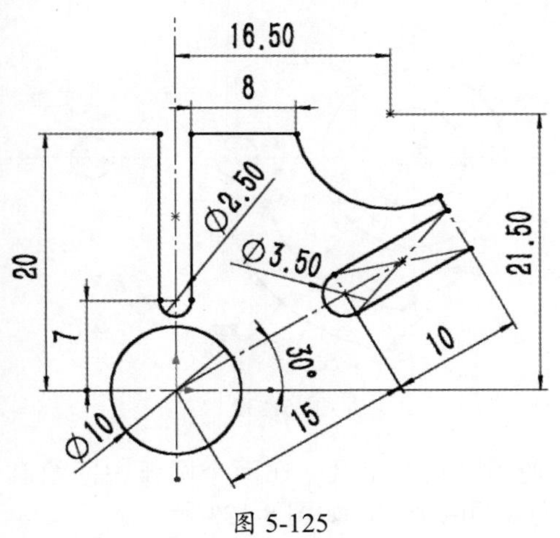


图 5-125

**18** 镜像。单击“草图”选项卡中的“镜像”按钮，在弹出的“镜像”面板中选择要镜像的实体——除中心圆和竖直 U 形槽图外所有的实体图元，勾选“复制”复选框，选择竖直中心线为镜像点，对草图进行镜像，如图 5-126 所示。

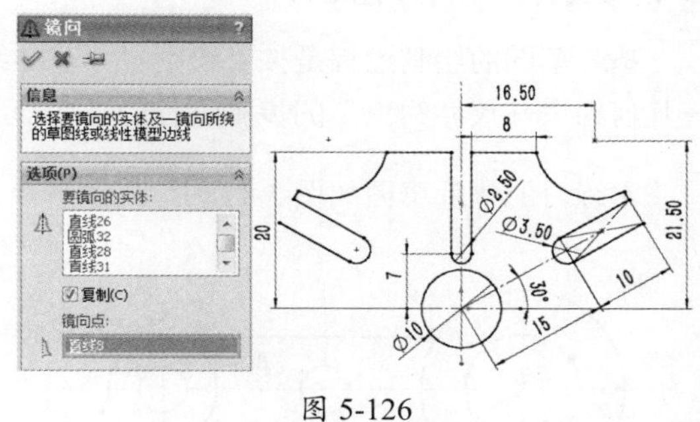

图 5-126

## 说明：

SolidWorks中文翻译的“镜向”有误，应为“镜像”。

**19** 圆周阵列。单击“草图”选项卡中的“圆周阵列”按钮，在弹出的“圆周阵列”面板中设置相关参数：选择坐标原点为中心线，勾选“等间距”复选框，输入阵列数量为 3 个，选择除中心圆外所有的草图实体，单击“确定”按钮，完成草图的阵列，如图 5-127 所示。

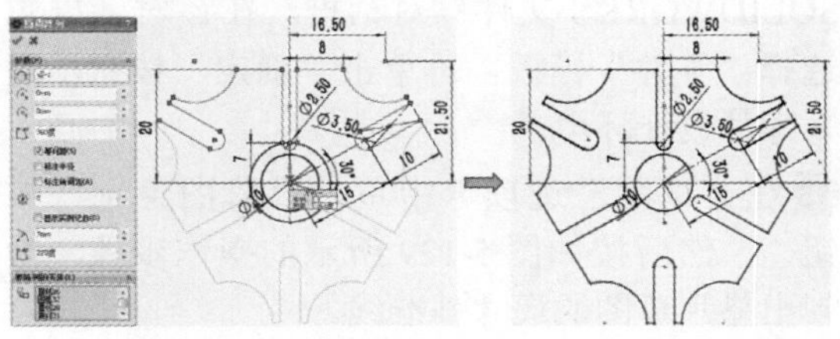

图 5-127

**20** 至此，完成棘轮的创建，保存文件。

## 5.6.2 实战二：绘制垫片草图

◎ **引入素材：无**

◎ **结果文件：第5章综合实战\第5章结果文件\垫片草图.sldprt**

◎ **视频文件：垫片草图.avi**

垫片草图的绘制过程是按“绘制尺寸基准线→绘制已知线段→绘制中间线段→绘制连接线段→几何约束→尺寸约束”的步骤进行的。

本练习的垫片草图如图 5-128 所示。

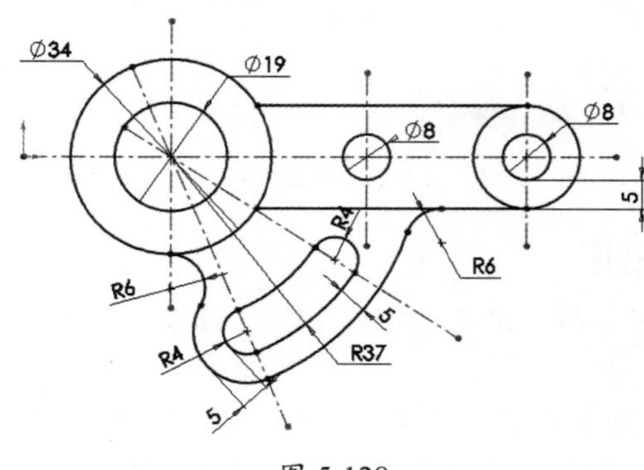


图 5-128

**操作步骤**

**01** 启动 SolidWorks。

**02** 单击“新建”按钮，弹出“新建 SOLIDWORKS 文件”对话框。在该对话框中选择“零件”模板，再单击“确定”按钮，进入零件设计环境。

**03** 在“草图”选项卡中单击“草图绘制”按钮，然后按如图 5-129 所示的操作步骤，绘制出垫片草图的尺寸基准线。

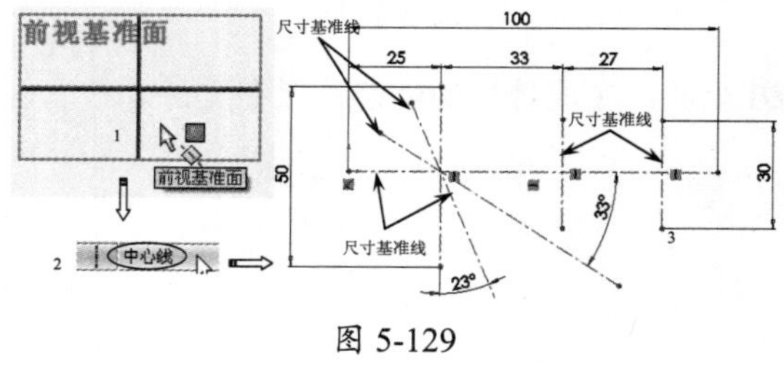


图 5-129

**04** 为便于后续草图曲线的绘制，对所有中心线（尺寸基准线）使用“固定”几何约束，如图 5-130 所示。

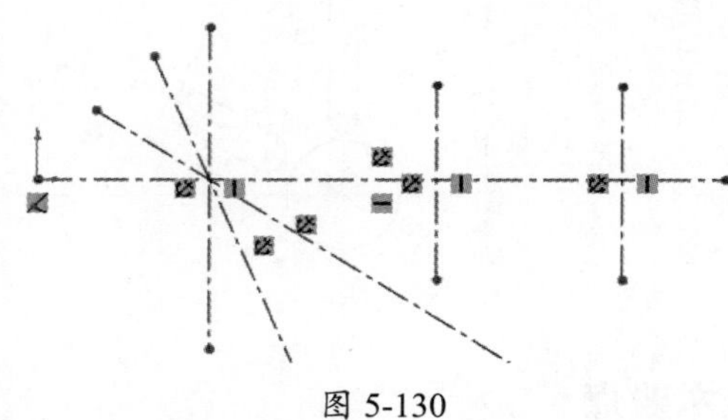

图 5-130

**05** 使用“圆”工具，在中心线的交点绘制出 4 个已知圆，如图 5-131 所示。

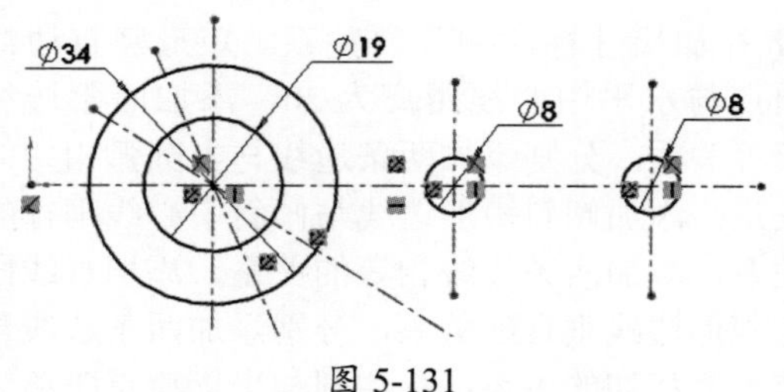


图 5-131

**06** 使用“圆弧”工具，绘制出如图 5-132 所示的圆弧。

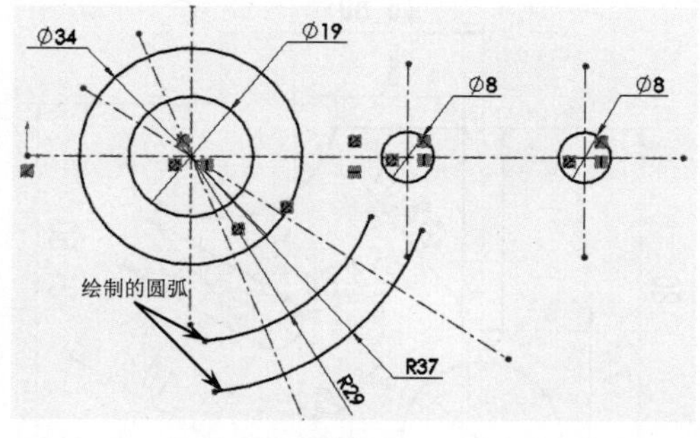


图 5-132

**07** 使用“圆”工具，在两个圆弧中间绘制直径为 8 的两个圆，如图 5-133 所示。

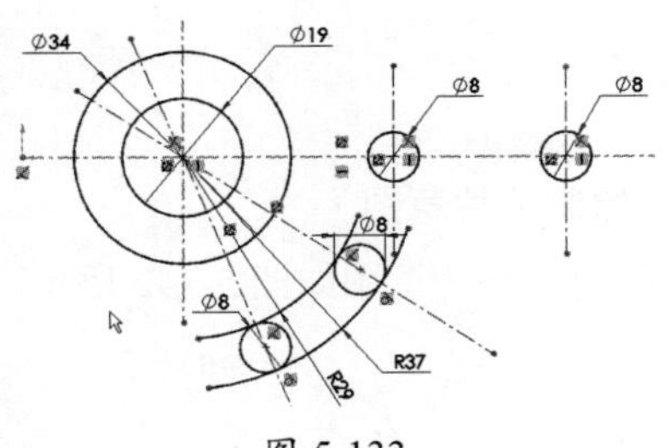


图 5-133

**08** 在“草图”选项卡中单击“等距实体”按钮，然后按如图 5-134 所示的操作步骤，绘制圆、圆弧的等距曲线。

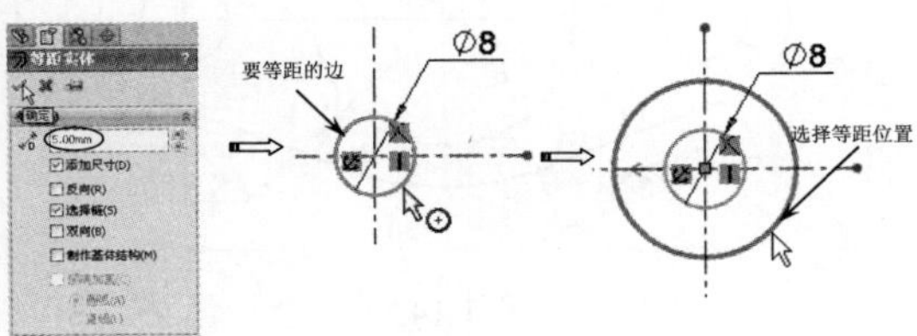


图 5-134

**09** 同理，再使用“等距实体”工具，以相同的等距距离，在其他位置绘制出如图 5-135 所示的等距实体。

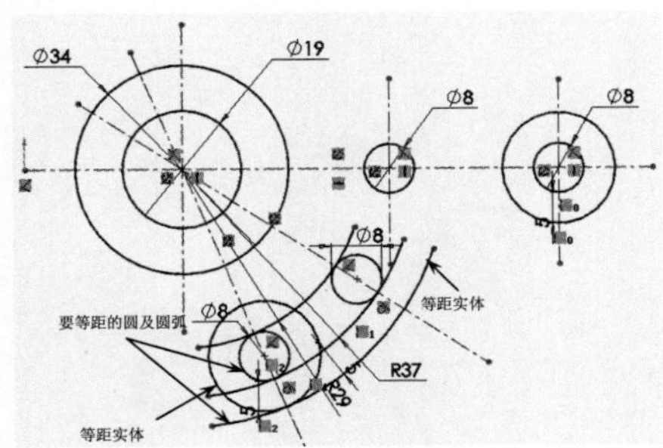


图 5-135

**10** 使用“直线”工具，绘制出如图 5-136 所示的两条直线，且均与圆相切。

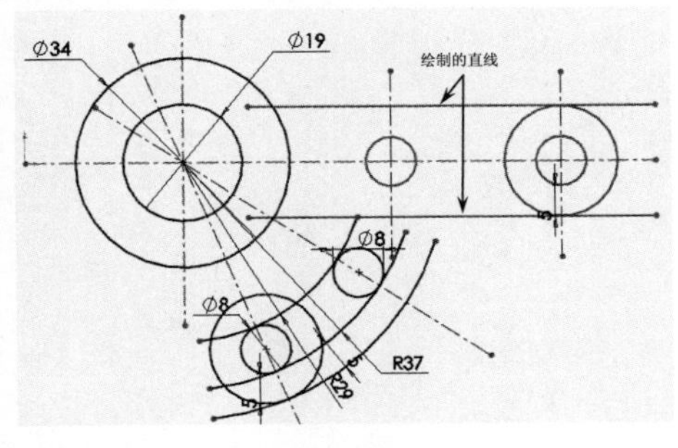


图 5-136

**11** 为了能看清后面继续绘制的草图曲线，使用“剪裁实体”工具，将草图中多余的图线剪裁掉，如图 5-137 所示。

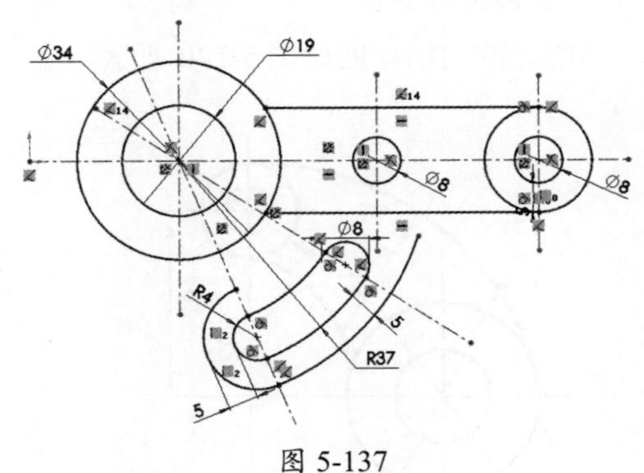


图 5-137

**12** 使用“3 点圆弧”工具，在如图 5-138 所示的位置创建连接相切的圆弧。

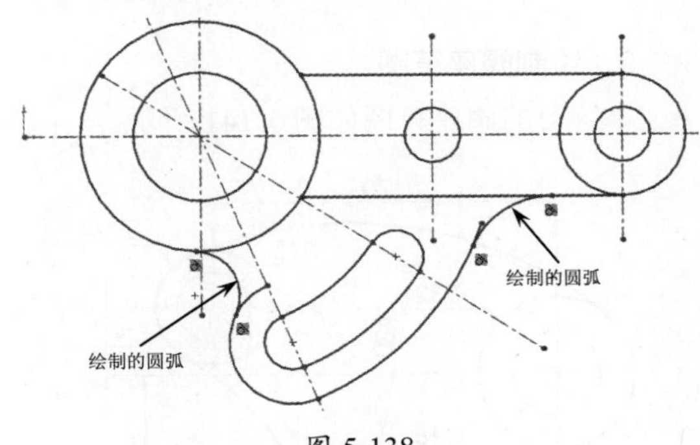


图 5-138

**13** 使用“剪裁实体”工具，将草图中多余的图线剪裁掉，然后对草图（主要是没有固定的图线）进行尺寸约束，完成结果如图 5-139 所示。

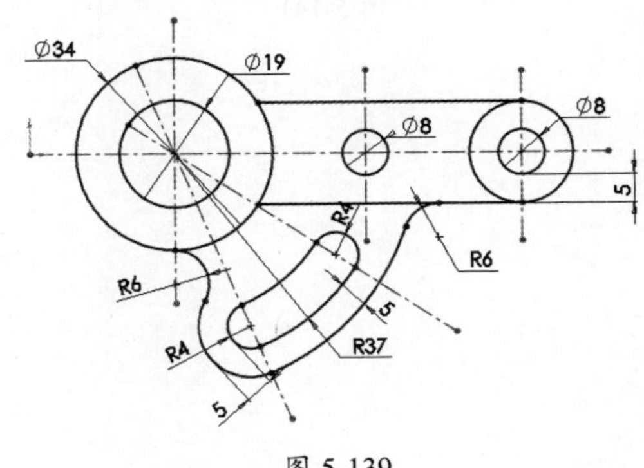


图 5-139

**14** 至此，垫片草图已绘制完成，最后将结果保存。

## 5.7 课后习题

### 1．绘制曲柄草图

本练习的曲柄草图如图 5-140 所示。

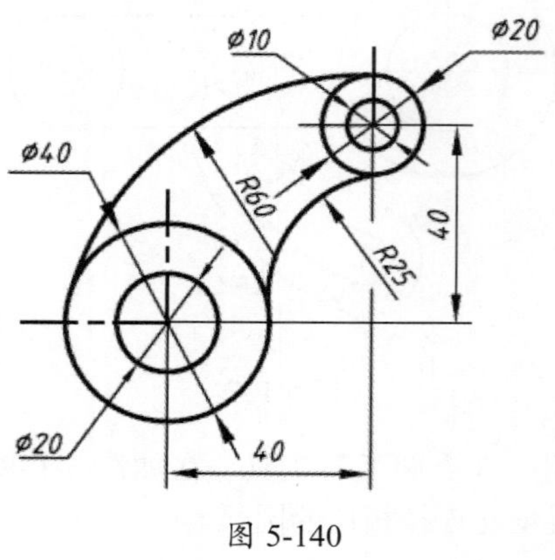


图 5-140

### 2．绘制阀座草图

本练习的阀座草图如图 5-141 所示。

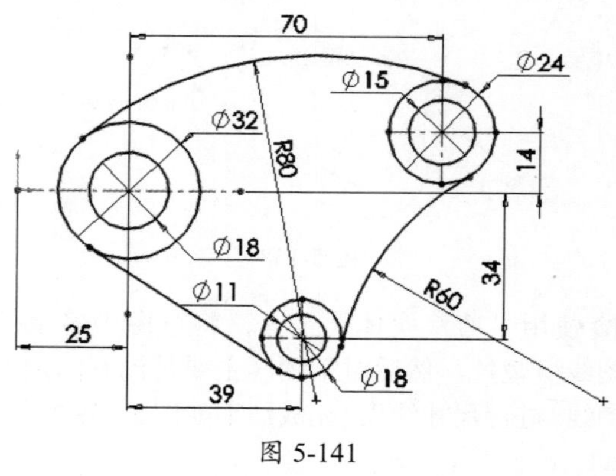


图 5-141

### 3．绘制垫片草图

本练习的垫片草图如图 5-142 所示。

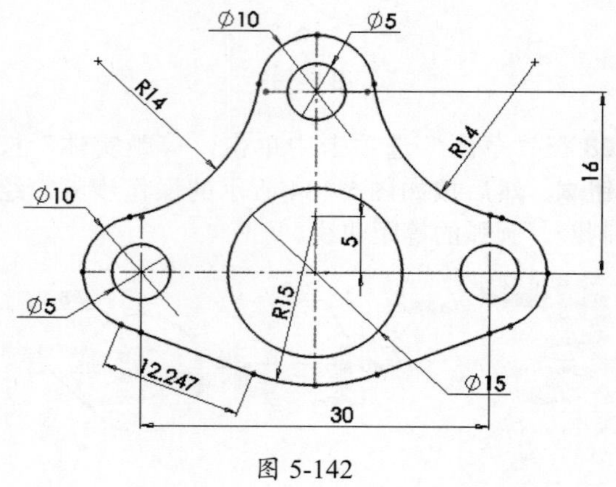


图 5-142

# 第 6 章　草图操作工具

草图操作工具是对绘制的草图曲线进行编辑的工具，有了草图操作工具，我们就能绘制复杂的草图，本章将主要介绍草图操作工具的使用方法。

- 草图实体的操作
- 草图实体的阵列
- 转换实体
- 修改草图和修复草图

## 6.1 草图实体的操作

在 SolidWorks 中，草图实体（这里主要是指草图曲线）工具是用来对草图进行修剪、延伸、移动、缩放、偏移、镜像、阵列等操作和定义的工具，如图 6-1 所示。

图 6-1

### 6.1.1 剪裁实体

“剪裁实体”工具用于剪裁或延伸草图曲线，此工具提供了多种剪裁类型，适用于 2D 草图和 3D 草图。

在命令管理器的“草图”选项卡中单击“剪裁实体”按钮，在属性管理器中显示“剪裁”面板，如图 6-2 所示。

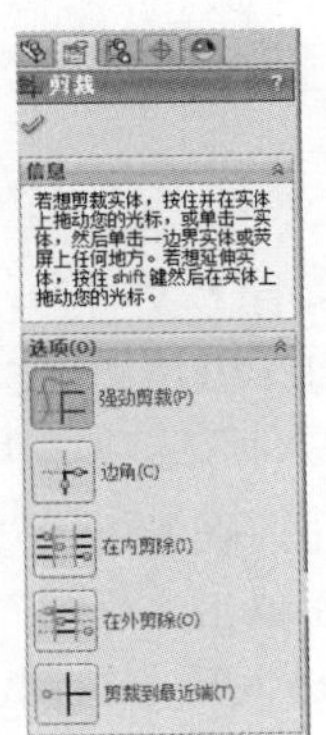


图 6-2

在该面板的“选项”选项区中包含 5 种剪裁类型：“强劲剪裁”“边角”“在内剪除”“在外剪除”和“剪裁到最近端”，其中“强劲剪裁”和“剪裁到最近端”类型最常用。

#### 1. 强劲剪裁

“强劲剪裁”选项用于进行大量曲线的修剪。修剪曲线时，无须逐一选取要修剪的对象，可以在图形区中按住鼠标左键并拖动，与鼠标指针画线相交的草图曲线将被自动修剪。

此修剪曲线的方法是最常用的一种快捷修剪方法。如图 6-3 所示为“强劲剪裁”草图曲线的操作过程示意图。

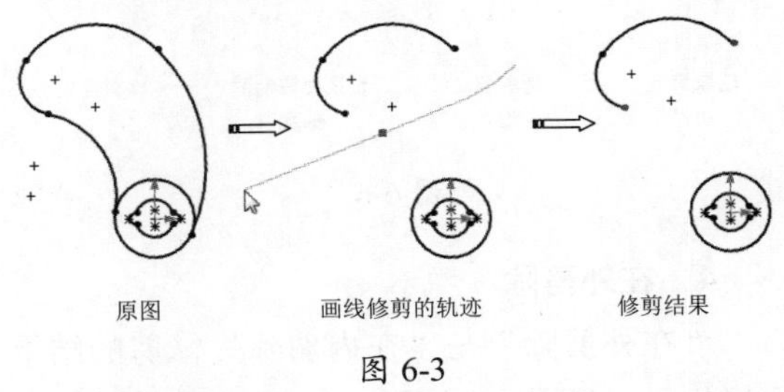


图 6-3

**技术要点：**

此方法没有局限性，可以修剪任何形式的草图曲线，只能画线修剪，不能单击修剪。

### 2. 边角

“边角”修剪方法主要用于修剪相交曲线并需要指定保留部分。选取曲线的位置就是要保留的区域，如图 6-4 所示。方法是：先选择交叉曲线之一，再选择交叉曲线之二。

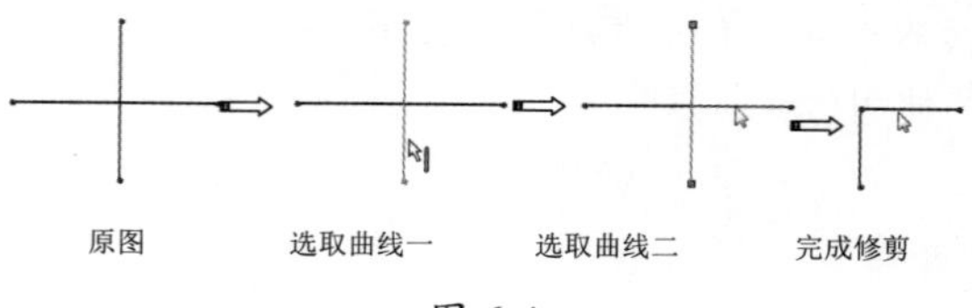


图 6-4

**技术要点：**

此修剪方法只能修剪相交的曲线，不相交的曲线无法使用，有局限性。使用“边角”类型剪裁曲线时，剪裁操作可以延伸一条草图曲线而缩短另一条曲线，或者同时延伸两条草图曲线，如图6-5所示。

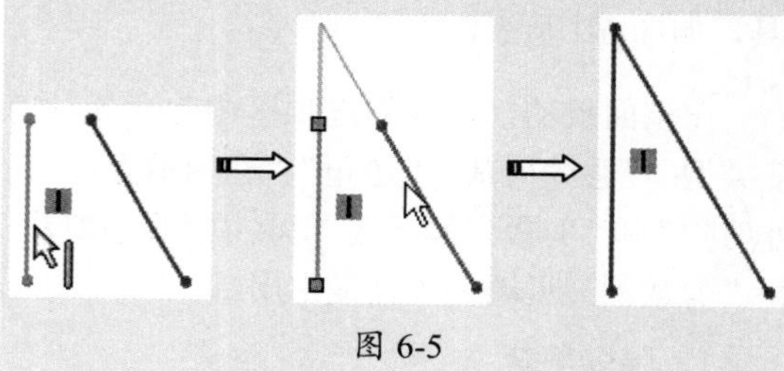

图 6-5

### 3. 在内剪除

“在内剪除”指选择两条边界曲线或一个面，然后选择要修剪的曲线，修剪的部分为边界曲线内，操作过程如图 6-6 所示。

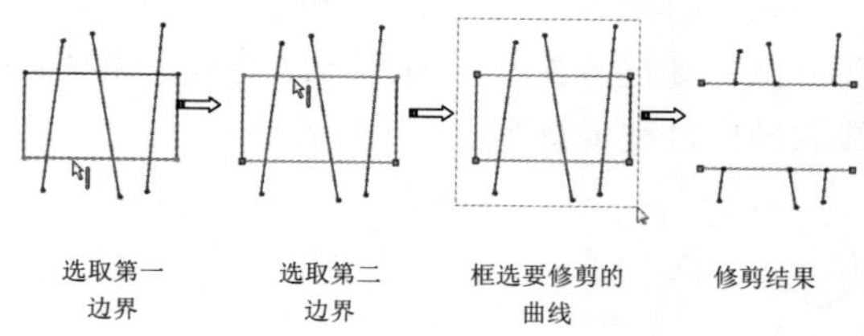


图 6-6

### 4. 在外剪除

“在外剪除”与“在内剪除”修剪的结果正好相反，如图 6-7 所示。

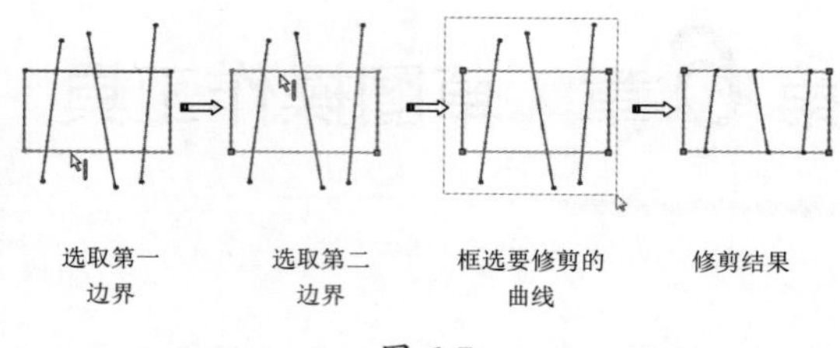


图 6-7

### 5. 剪裁到最近端

“剪裁到最近端”也是一种快速修剪曲线的方法，操作过程如图 6-8 所示。

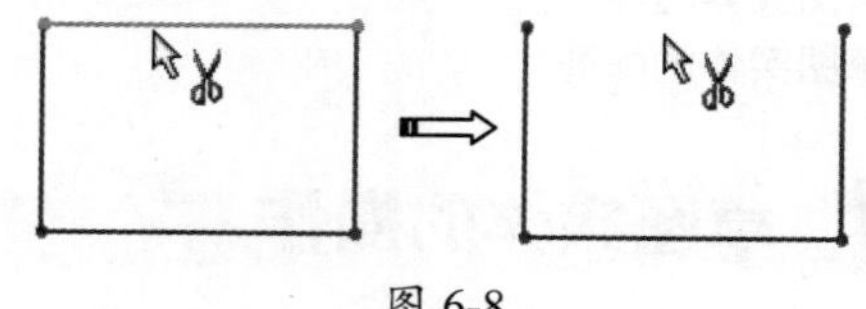

图 6-8

**技术要点：**

此方法与“强劲剪裁”的修剪方法不同，“剪裁到最近端”是单击修剪，一次仅修剪一条曲线，“强劲剪裁”是画线修剪。

**动手操作——绘制拔叉草图**

绘制如图 6-9 所示的拔叉草图。

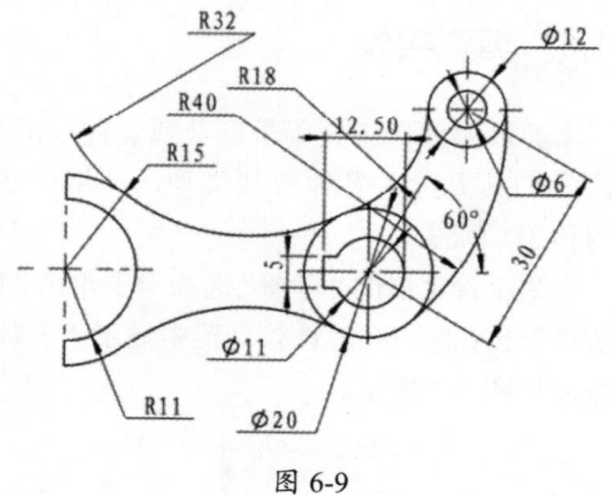


图 6-9

**操作步骤**

**01** 新建文件。执行“文件”|“新建”命令，出现“新建 SOLIDWORKS 文件”对话框，在对话框中选择“零件”选项，单击“确定”按钮。

**02** 选择绘图平面。在特征管理器中选择“前视基准面”，然后单击“草图”选项卡上的“草图绘制”按钮，进入草图绘制。

**03** 单击"草图"选项卡中的"中心线"按钮，分别绘制一条水平中心线、两条竖直中心线，如图 6-10 所示。

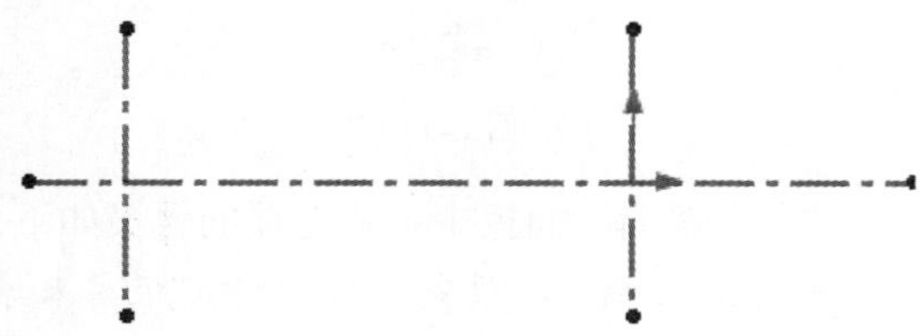

图 6-10

**04** 单击"草图"选项卡中的"圆"按钮，绘制两个圆，直径分别为 20 和 11。单击"草图"选项卡上的"3 点圆弧"按钮，绘制两段圆弧，半径分别为 15 和 11，如图 6-11 所示。

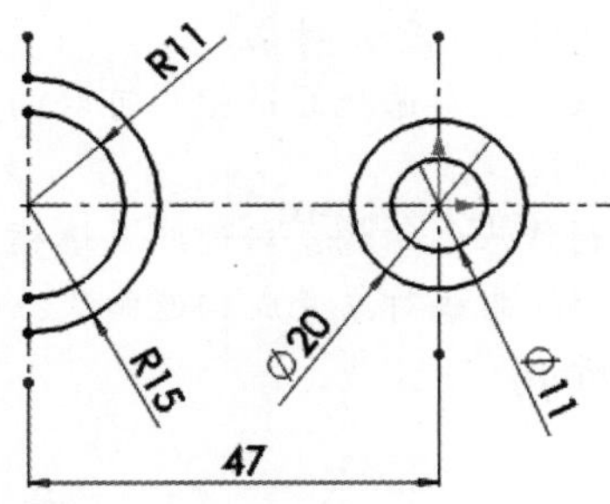


图 6-11

**05** 单击"草图"选项卡中的"中心线"按钮，绘制与水平呈 60°的中心线，绘制与圆心距离为30并与刚绘制的中心线垂直的中心线，如图 6-12 所示。

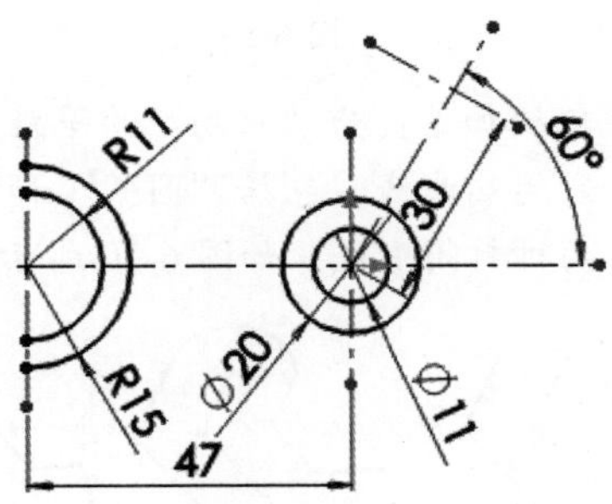


图 6-12

**06** 以刚绘制的中心线的交点为圆心，绘制直径分别为 6 和 12 的圆，如图 6-13 所示。

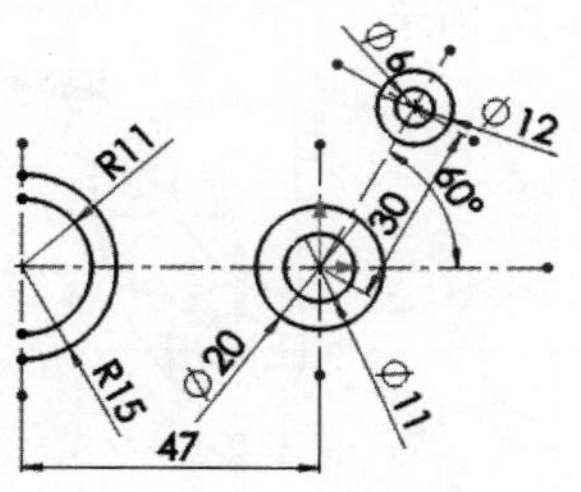


图 6-13

**07** 选择"草图"选项卡上的"圆"按钮，绘制两个直径为 64 的圆，且与直径为 20 和 30 的圆相切，如图 6-14 所示。

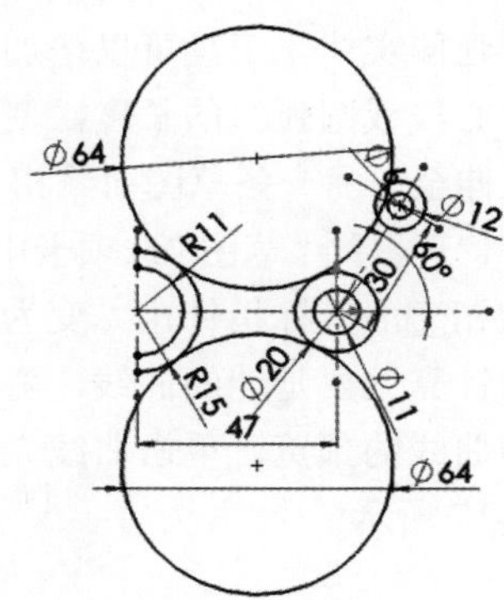


图 6-14

**08** 单击"草图"选项卡上的"3 点圆弧"按钮，绘制圆弧，标注尺寸，该圆弧与端点处的两个圆相切，然后单击"草图"选项卡上的"剪裁实体"按钮，剪去多余的线段，结果如图 6-15 所示。

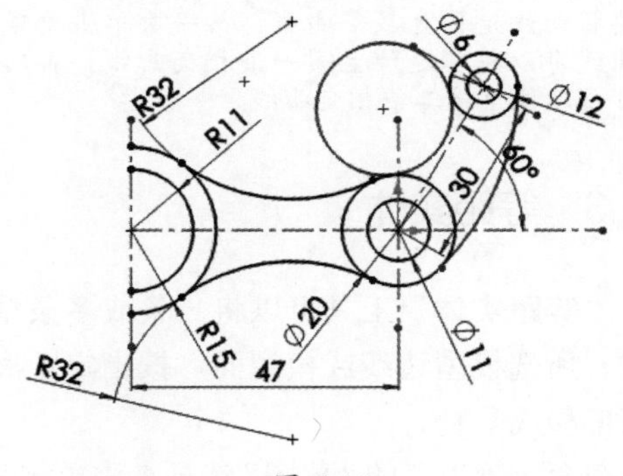


图 6-15

**09** 单击"草图"选项卡中的"直线"按钮，绘制直线和键槽。添加几何关系，使键槽与水平中心线对称，剪裁多余的线段，并调整尺寸，结果如图 6-16 所示。

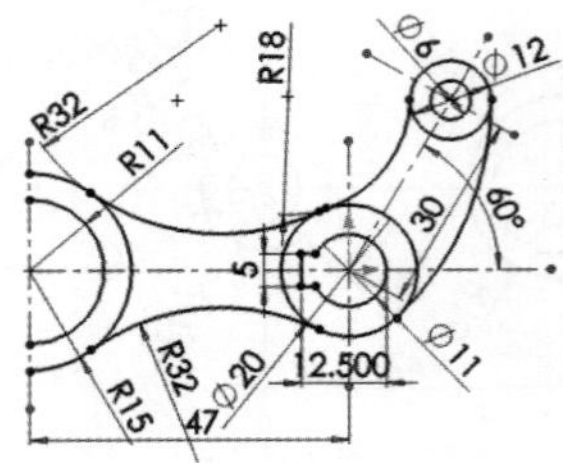


图 6-16

## 6.1.2 延伸实体

使用“延伸实体”工具可以增加草图曲线（直线、中心线或圆弧）的长度，使要延伸的草图曲线延伸至与另一条草图曲线相交。

在命令管理器的“草图”选项卡中单击“延伸实体”按钮，鼠标指针由变为。在图形区，将指针靠近要延伸的曲线，随后将以红色显示延伸曲线的预览，单击曲线完成延伸操作，如图 6-17 所示。

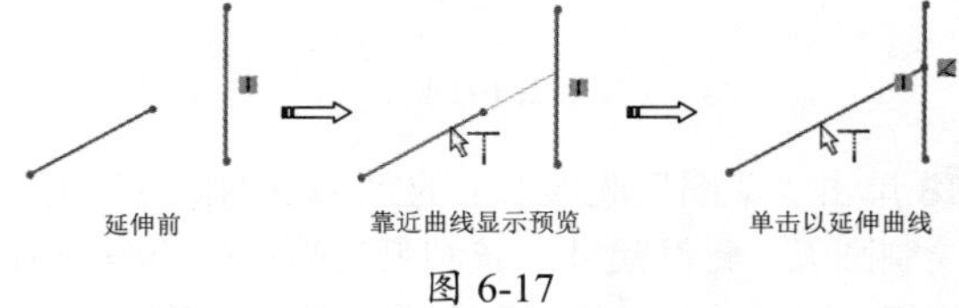


图 6-17

**技术要点：**

*若要将曲线延伸至多条曲线，第一次单击要延伸的曲线可以将其延伸至第一条相交曲线，再次单击可以延伸至第二条相交曲线。*

## 6.1.3 等距实体

“等距实体”工具可以将一条或多条草图曲线、所选模型边线或模型面，按指定距离等距离偏移或复制。

在命令管理器的“草图”选项卡中单击“等距实体”按钮，属性管理器中显示“等距实体”面板，如图 6-18 所示。

图 6-18

“等距实体”面板中主要选项的含义如下。

- 等距距离：设定数值以特定距离来等距草图曲线。
- 添加尺寸：勾选此复选框，等距曲线后将显示尺寸约束。
- 反向：勾选此复选框，将反转偏距方向。当勾选“双向”复选框时，此复选框不可用。
- 选择链：勾选此复选框，将自动选择曲线链作为等距对象。
- 双向：勾选此复选框，可双向生成等距曲线。
- 制作基体结构：勾选此复选框，将要等距的曲线对象变成构造曲线，如图 6-19 所示。

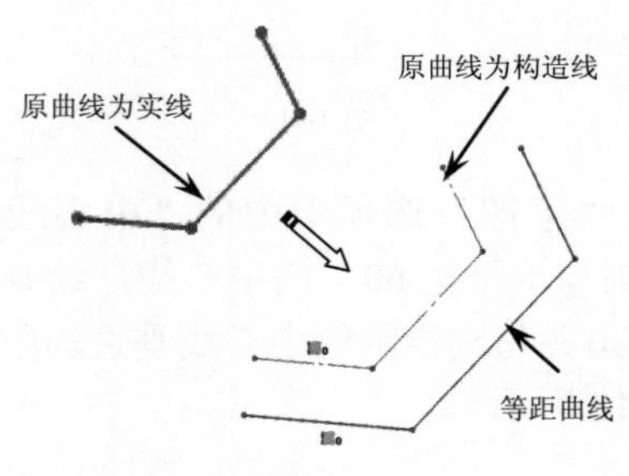


图 6-19

- 顶端加盖：为“双向”的等距曲线生成封闭端曲线。包括“圆弧”和“直线”两种封闭形式，如图 6-20 所示。

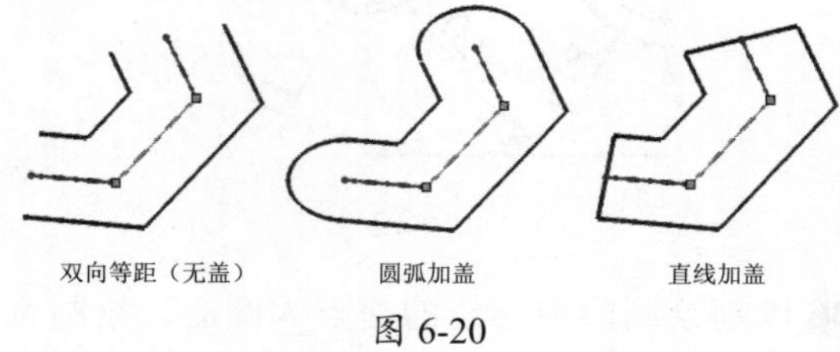


图 6-20

**动手操作——绘制连杆草图**

连杆草图比较简单，使用“圆”“直线”“等距实体”“绘制圆角”和“修剪实体”工具就可以完成。完成后的连杆草图如图 6-21 所示。

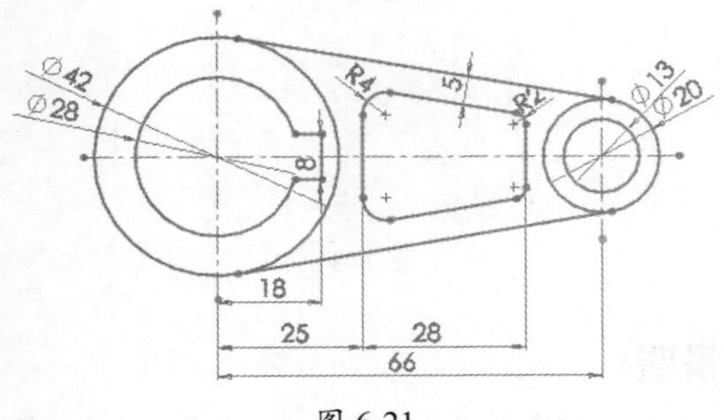


图 6-21

**操作步骤**

**01** 新建零件，选择前视图作为草图平面，并进入草图模式。

**02** 使用“中心线”工具，在图形区中绘制如图 6-22 所示的中心线。

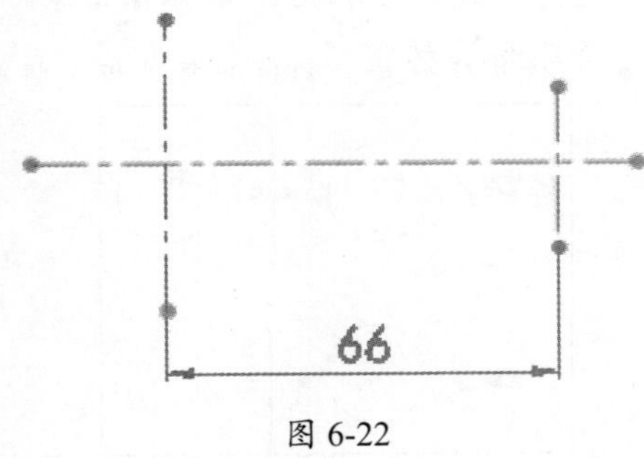


图 6-22

**03** 在“草图”选项卡中单击“圆”按钮，绘制 4 个圆，完成结果如图 6-23 所示。

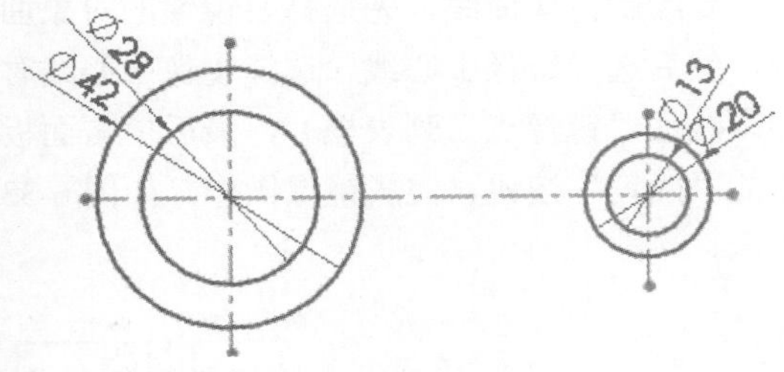


图 6-23

**04** 在“草图”选项卡中单击“直线”按钮，绘制两条相切线，完成结果如图 6-24 所示。

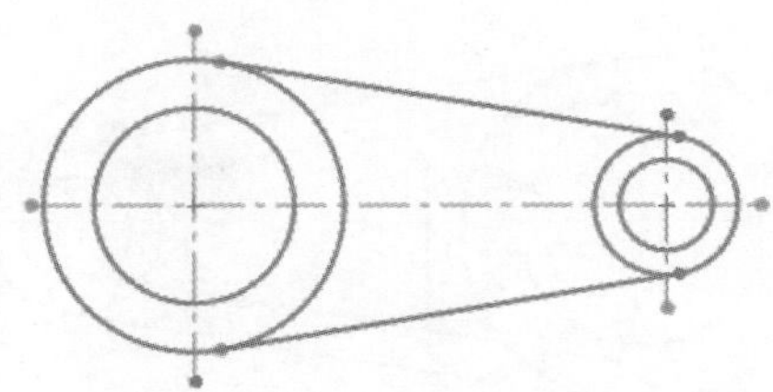

图 6-24

**05** 在“草图”选项卡中单击“等距实体”按钮，将其中一条相切线进行等距复制，其过程如图 6-25 所示。

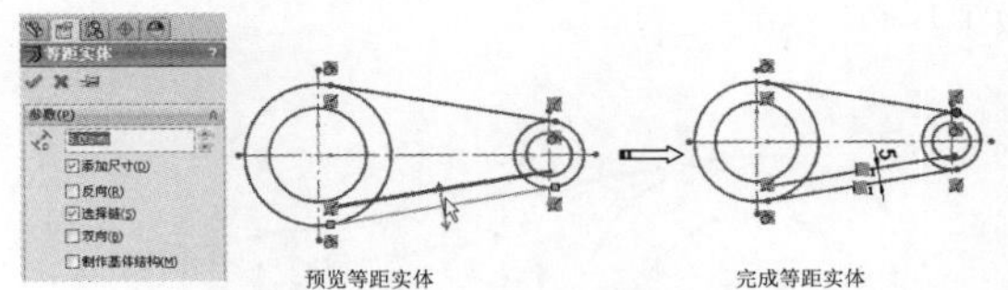


图 6-25

**06** 用相同的方法，将另一条相切线进行等距复制，完成结果如图 6-26 所示。

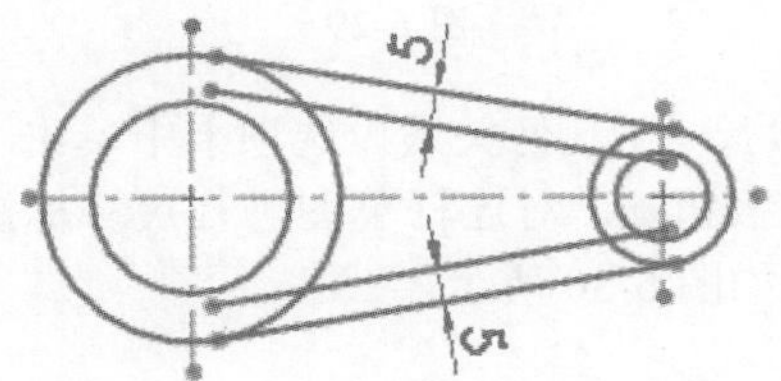


图 6-26

**07** 在“草图”选项卡中单击“直线”按钮，绘制水平直线和 3 条竖直直线，完成结果如图 6-27 所示。

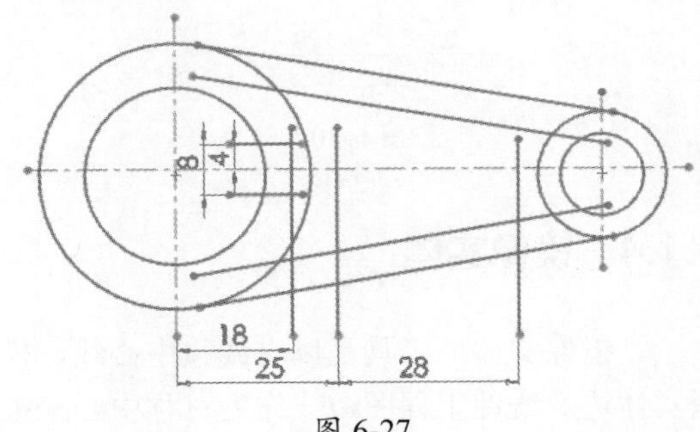


图 6-27

**08** 在“草图”选项卡中单击“剪切实体”按钮，对草图进行相互剪切，完成结果如图 6-28 所示。

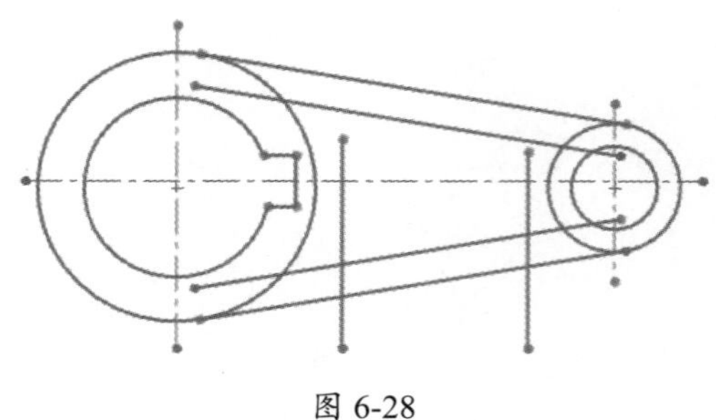
图 6-28

**09** 在“草图”选项卡中单击“绘制圆角”按钮，对草图进行圆角处理，完成结果如图 6-29 所示。

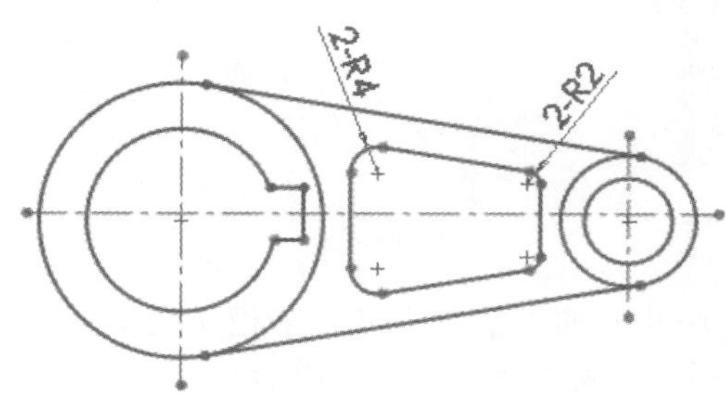

图 6-29

**10** 在“尺寸 / 几何关系”选项卡中单击“智能尺寸”按钮，对连杆草图进行尺寸标注，完成结果如图 6-30 所示。

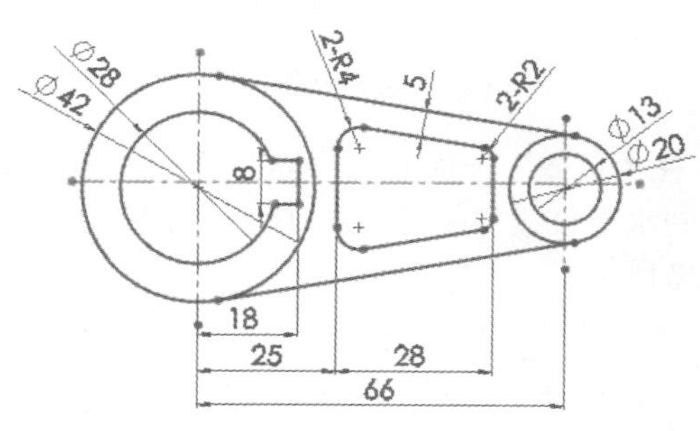

图 6-30

## 6.1.4 镜像实体

“镜像实体”工具是以直线、中心线、模型实体边及线性工程图边线作为对称中心来镜像复制曲线的。在命令管理器的“草图”选项卡中单击“镜像实体”按钮，属性管理器中显示“镜像”面板，如图 6-31 所示。

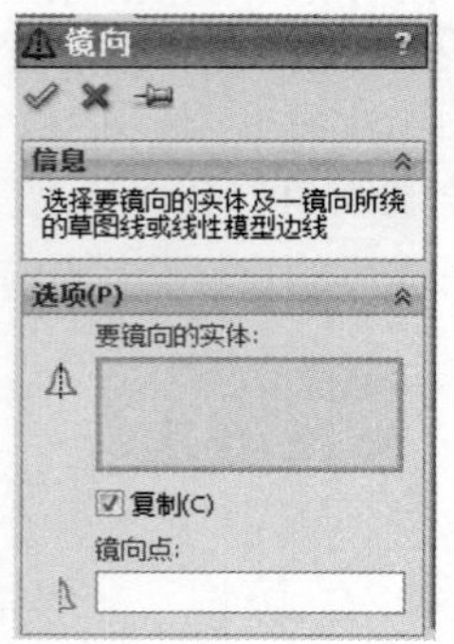

图 6-31

**说明：**

SolidWorks中文翻译的“镜向”有误，应为“镜像”。

“镜像”面板中主要选项的含义如下。

- 要镜像的实体：将选择的要镜像的草图曲线对象显示在列表中。
- 复制：勾选此复选框，镜像曲线后仍保留原曲线。取消勾选，将不保留原曲线，如图 6-32 所示。

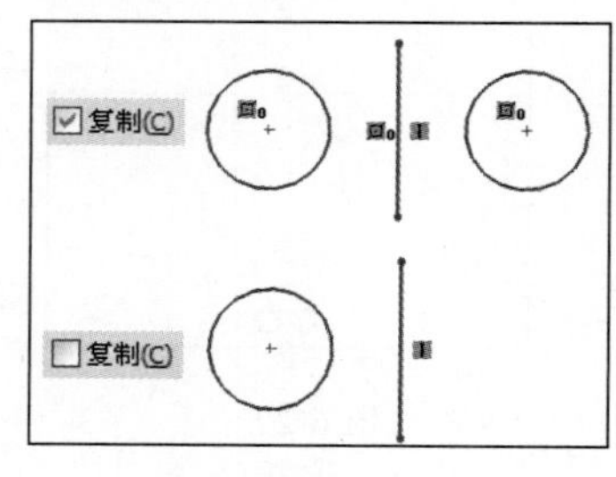

图 6-32

- 镜像点：选择镜像中心线。

要绘制镜像曲线，先选择要镜像的对象曲线，然后选择镜像中心线（选择镜像中心线时必须激活“镜像点”列表框），最后单击面板中的“确定”按钮完成镜像操作，如图 6-33 所示。

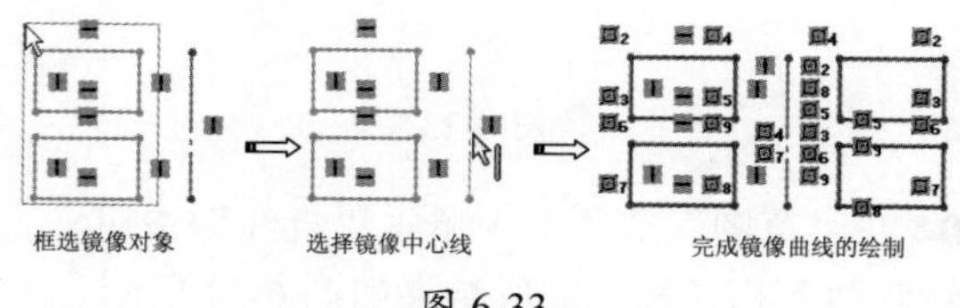

图 6-33

## 技术要点：

要以线性工程图边线作为镜像中心线来绘制镜像曲线，则要镜像的草图曲线必须位于工程视图边界中，如图6-34所示。

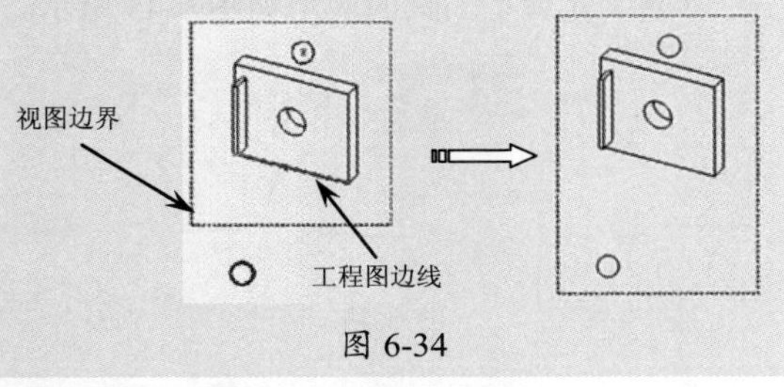


图 6-34

**动手操作——绘制对称的零件草图**

绘制如图 6-35 所示的草图，并标注尺寸。

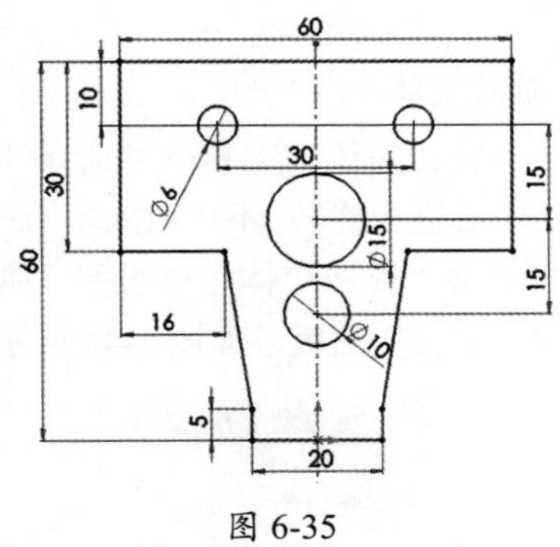

图 6-35

**操作步骤**

**01** 新建零件文件。

**02** 选择前视基准面作为草图平面，并进入草图环境中。

**03** 绘制中心线。单击“草图”选项卡中的“中心线”按钮，绘制竖直的中心线，如图 6-36 所示。

**04** 绘制草图的大体形状。单击“草图”选项卡中“直线”按钮，绘制直线如图 6-37 所示。

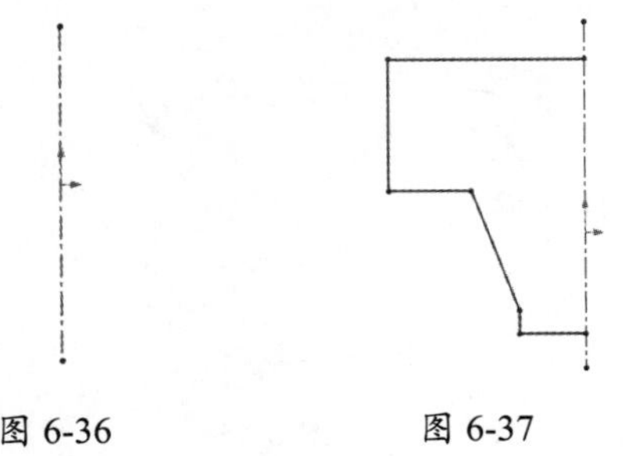

图 6-36　　图 6-37

**05** 绘制圆。分别在中心线上绘制两个半圆和一个小圆，圆的尺寸及位置在后面的标注中确定，如图 6-38 所示。

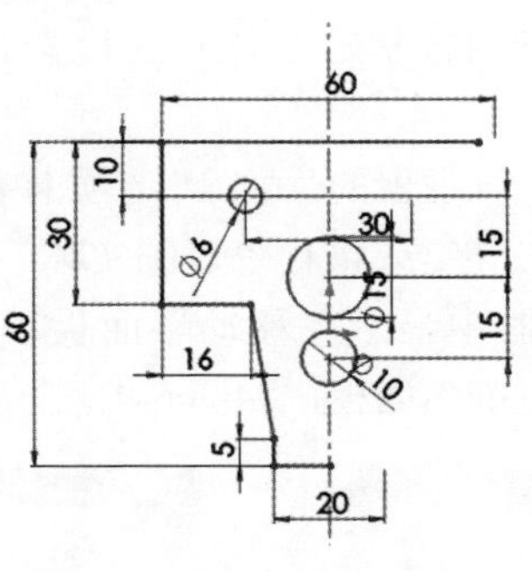

图 6-38

**06** 镜像实体。将对称需镜像的部分都选择为镜像实体，镜像点选择中心线。单击“确定”按钮，完成草图的绘制，如图 6-39 所示。

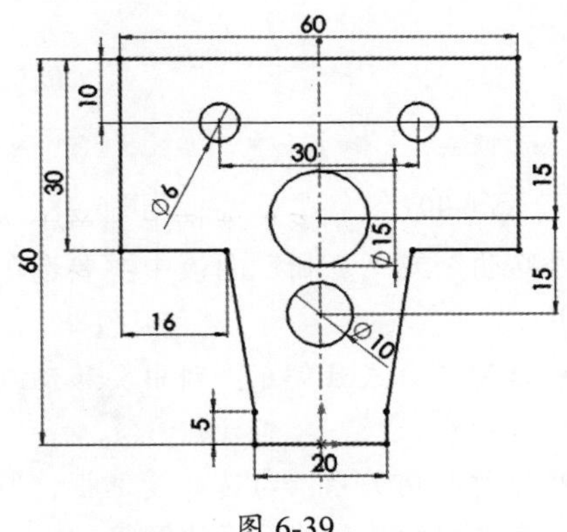

图 6-39

## 技术要点：

在草图的绘制过程中，密切注意鼠标指针的变化，根据其指针形状的变化，可得知绘制的几何实体是否是想要的，从而可以提高绘图效率。比如要在中心线上绘制圆，在单击“圆”按钮后，当鼠标处于中心线上时，其指针形状会变为，示意绘制的圆心处于中心线上，否则在后面还需要添加几何关系使圆心处于中心线上。

## 6.1.5　复制实体

SolidWorks 草图环境中提供了用于草图曲线的移动、复制、旋转、缩放比例及伸展等操作的工具。

### 1. 移动或复制实体

“移动实体”是将草图曲线在基准面内按指定方向进行平移。“复制实体”是将草图曲线在基准面内按指定方向进行平移并生成对象副本。

在命令管理器的“草图”选项卡中单击“移动实体”按钮或执行“复制实体”命令后，属性管理器中显示“移动”面板，如图6-40所示或“复制”面板，如图6-41所示。

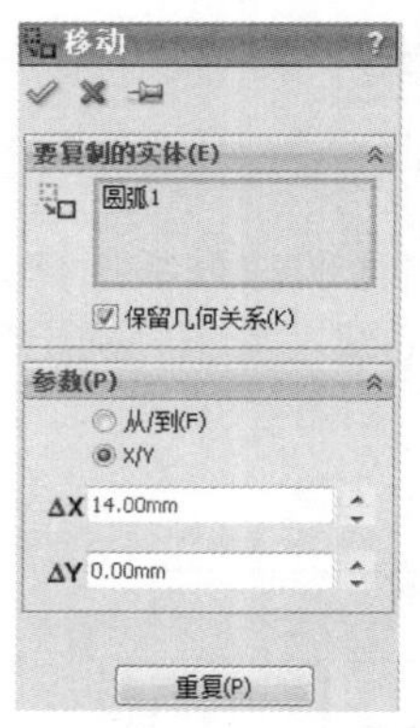

图 6-40

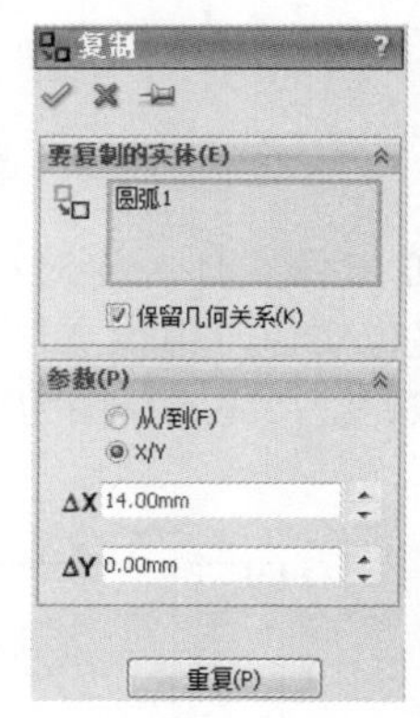

图 6-41

“移动”或“复制”面板中主要选项的含义如下。

- 草图项目或注解：列出要移动或复制的对象。
- 保留几何关系：勾选此复选框，所选对象之间的几何关系将被保留。
- 从/到：选中该单选按钮，将通过选择起点和终点，将对象移动或复制。
- *X/Y*：选中该单选按钮，将通过输入*X*、*Y*的坐标值来移动或复制对象。
- 重复：单击此按钮，将ΔX和ΔY文本框内的值，以倍数增加。

“移动实体”工具的应用如图6-42所示。

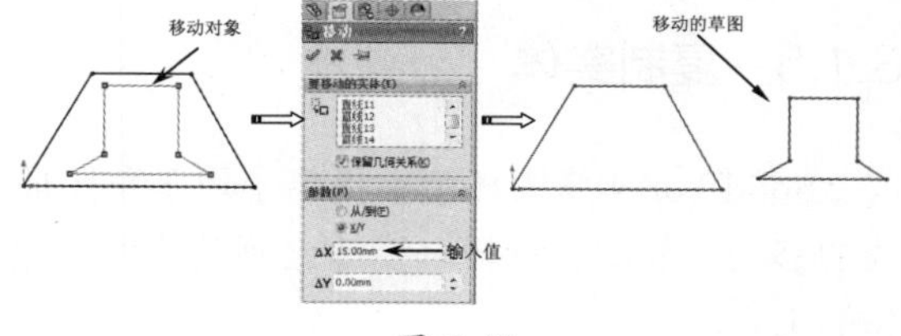


图 6-42

**技术要点：**

当草图被几何约束后，不能再使用此工具进行移动操作，除非删除草图中的约束。

“复制实体”工具的应用如图6-43所示。

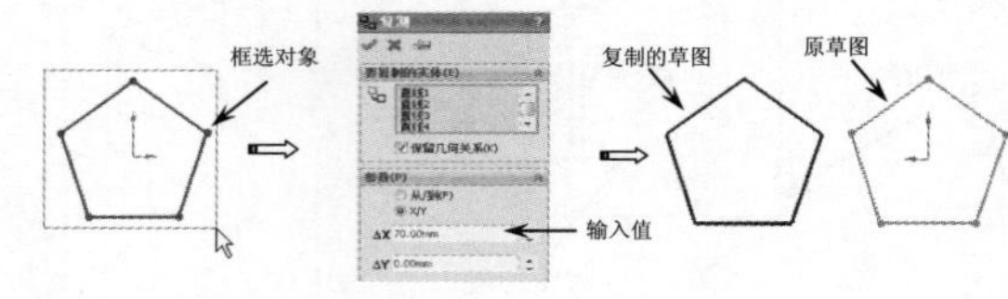


图 6-43

**技术要点：**

“移动”和“复制”操作将不生成几何关系。若想生成几何关系，可使用“添加几何关系”工具为其添加。

### 2. 旋转实体

使用“旋转实体”工具可将选择的草图曲线绕旋转中心进行旋转，不生成副本。在“草图”选项卡中单击“旋转实体”按钮，属性管理器中显示“旋转”面板，如图6-44所示。

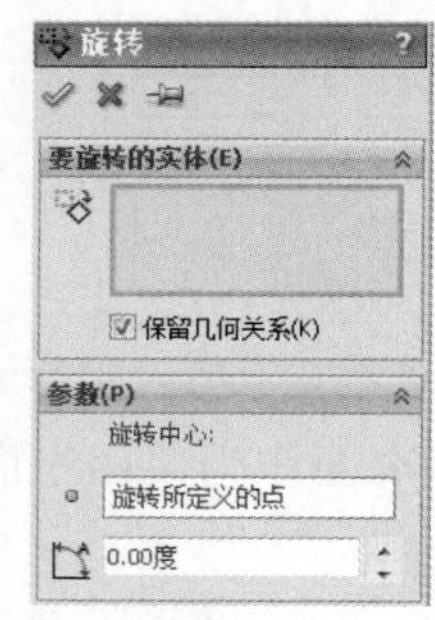

图 6-44

通过“旋转”面板，为草图曲线指定旋转中心及旋转角度后，单击“确定”按钮，即可完成“旋转实体”的操作，如图6-45所示。

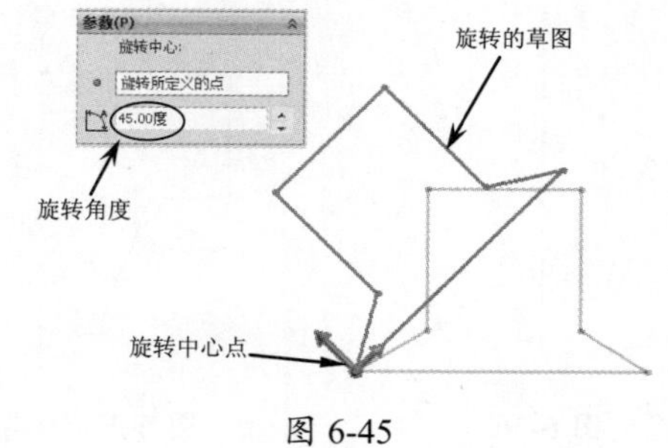


图 6-45

### 3．缩放实体比例

“缩放实体比例”是指将草图曲线按设定的比例因子进行缩小或放大，“缩放实体比例”工具可以生成对象的副本。

在“草图”选项卡中单击“缩放实体比例”按钮，属性管理器中显示“比例”面板，如图 6-46 所示。

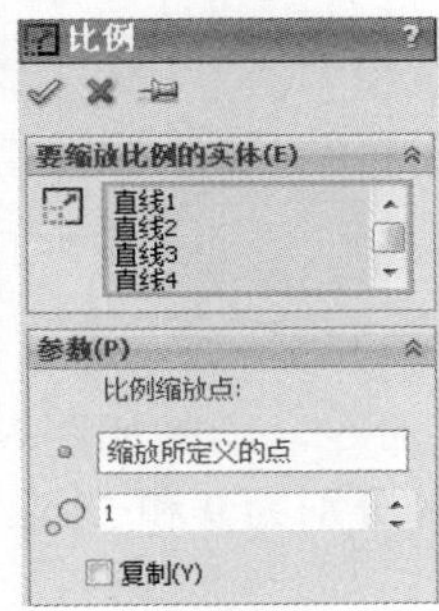

图 6-46

通过此面板，选择要缩放的对象，并为缩放指定基准点，设定比例因子后，即可将参考对象进行缩放，如图 6-47 所示。

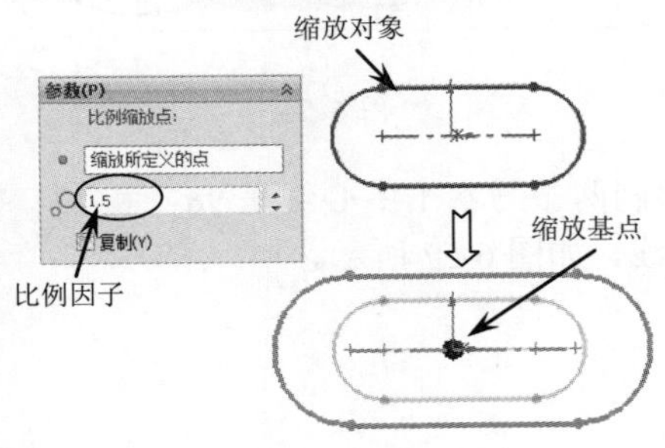

图 6-47

“比例”面板中主要选项的含义如下。

- 缩放比例对象：为缩放比例添加草图曲线。
- 比例缩放基准点：激活此列表框，为缩放指定基准点。
- 比例因子：在此文本框中输入缩小或放大的比例倍数。

**技术要点：**

为缩放指定比例因子，其值必须大于等于1e-006并且是小于等于1000000。否则不能进行缩放操作。

- 复制：勾选此复选框，出现“份数”文本框，输入要复制的数量。如图 6-48 所示为不复制缩放对象的缩放操作；如图 6-49 所示为复制对象的缩放操作。

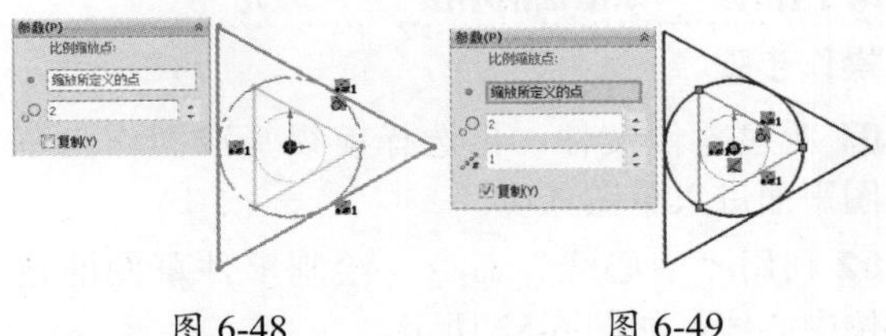
图 6-48　　图 6-49

### 4．伸展实体

“伸展实体”是指将草图中选定的部分曲线按指定的距离进行延伸。

在“草图”选项卡中单击“伸展实体”按钮，属性管理器中显示“伸展”面板，如图 6-50 所示。

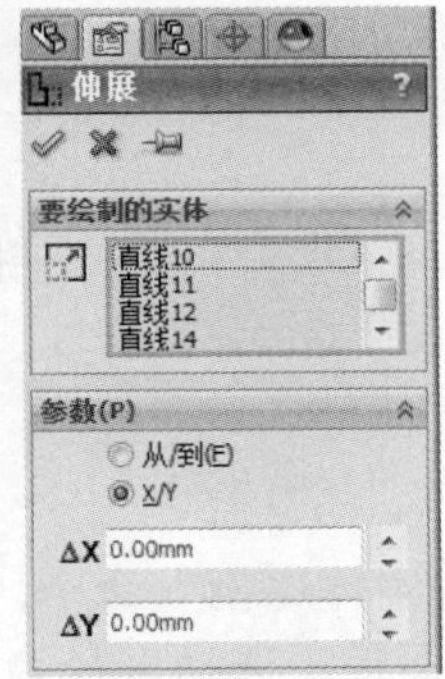

图 6-50

通过此面板，在图形区选择要伸展的对象，并设定伸展距离，即可伸展选定的对象，如图 6-51 所示。

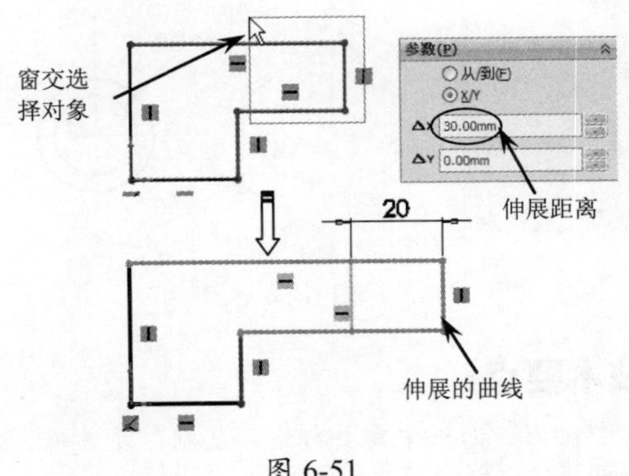

图 6-51

**技术要点：**

若用户选择草图中的所有曲线进行伸展，最终结果是对象没有被伸展，而仅按指定的距离进行平移。

**动手操作——绘制摇柄草图**

操作步骤

**01** 新建零件文件，再选择前视基准面作为草图平面进入草图环境。

**02** 利用“中心线”命令，绘制零件草图的定位中心线，如图 6-52 所示。

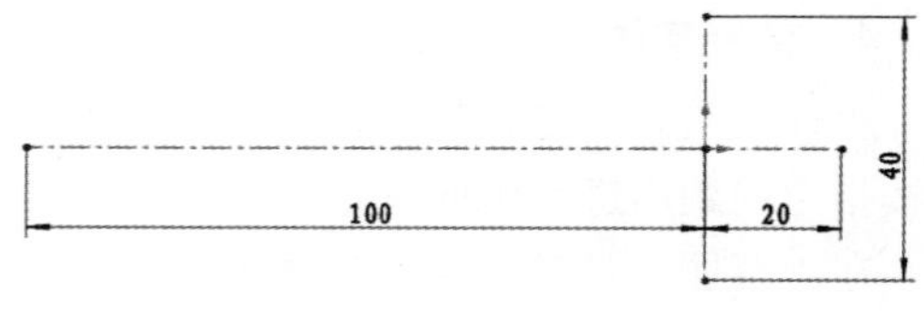


图 6-52

**03** 单击“圆”按钮，绘制直径为 19 的圆，如图 6-53 所示。

图 6-53

**04** 执行“缩放实体比例”命令，属性管理器显示“比例”面板。选择直径为 19 的圆进行缩放，缩放点在圆心，缩放比例为 0.7，缩放后的圆如图 6-54 所示。

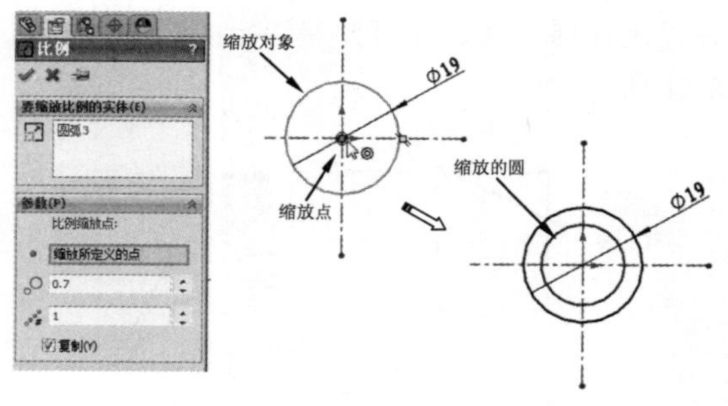


图 6-54

**技术要点：**

在“比例”面板中需要勾选“复制”复选框，才能创建比例缩小的圆。

**05** 同理，再利用“缩放实体比例”命令，绘制缩放比例为 1.6 的圆，结果如图 6-55 所示。

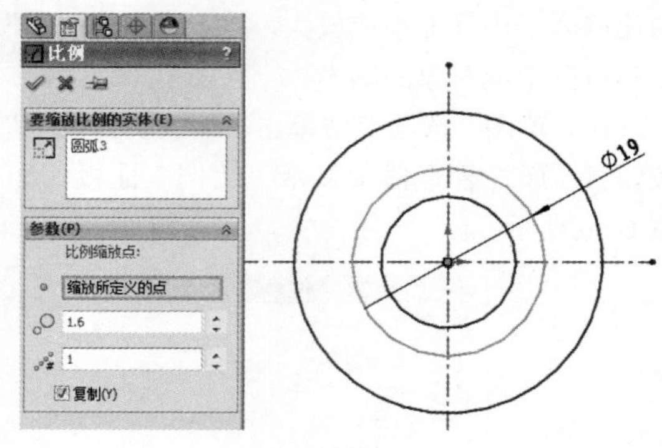


图 6-55

**06** 利用“圆”命令，绘制如图 6-56 所示的两个同心圆（直径分别为 9 和 5）。

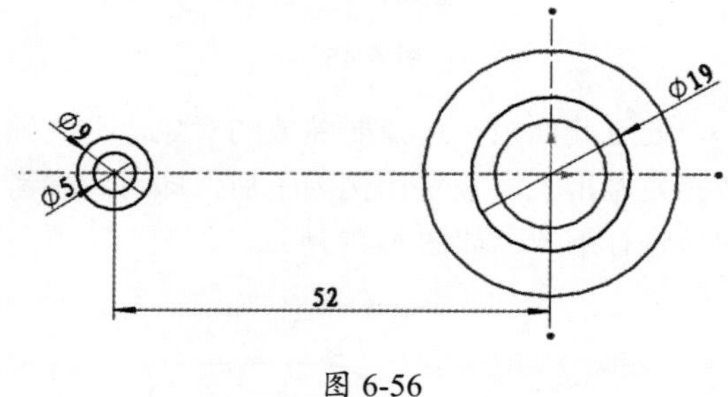


图 6-56

**07** 绘制两条与水平中心线呈 98° 和 13° 的斜中心线，如图 6-57 所示。

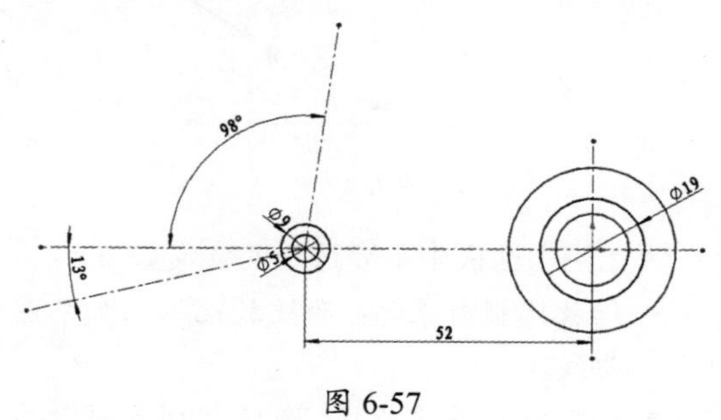


图 6-57

**08** 选择“中心点圆弧槽口”命令，选择两个小同心圆的圆心为中心点，然后确定槽口的起点和终点（在斜中心线上）后，单击“槽口”面板中的“确定”按钮完成绘制，如图 6-58 所示。

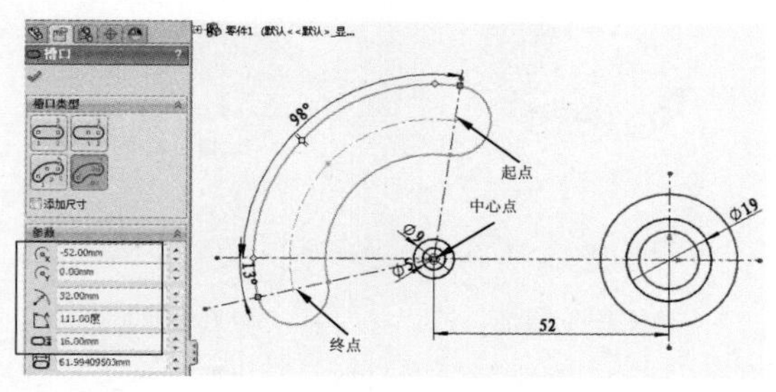


图 6-58

**09** 单击“等距实体”按钮，选择槽口曲线作为偏移的参考曲线，然后创建出偏移距离为 3 的等距实体，如图 6-59 所示。

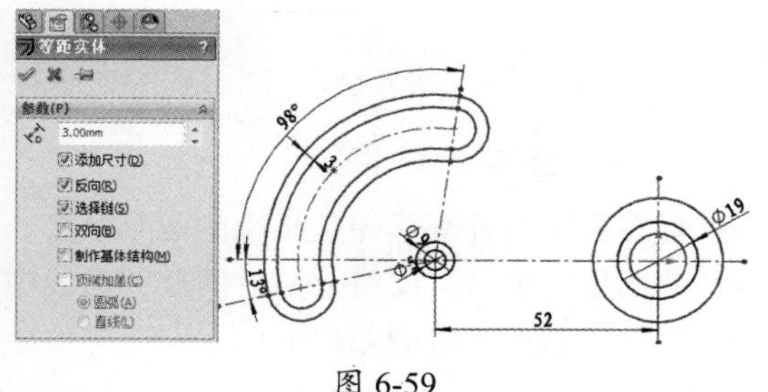


图 6-59

**10** 利用“3 点圆弧”命令，绘制连接槽口曲线与圆（缩放 1.6 倍的圆）的圆弧，然后对其进行相切约束，如图 6-60 所示。

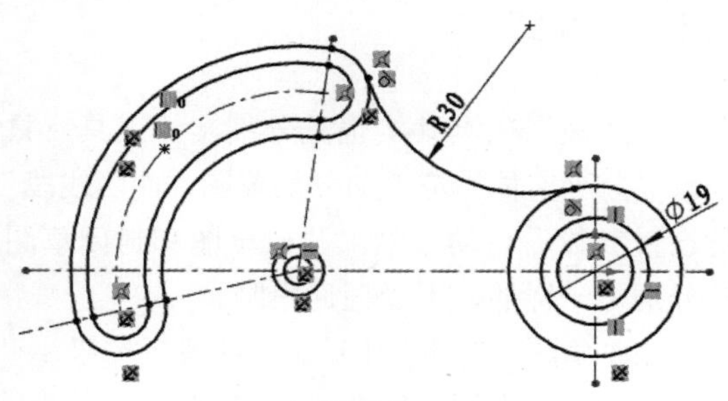


图 6-60

## 技术要点：

约束圆弧前，必须对先前绘制的草图完全定义，要么是尺寸约束，要么是“固定”几何约束。否则会使先前绘制的圆及槽口曲线产生平移。

**11** 利用“圆”命令绘制一个直径为 16 且与大圆相切的圆，并对其精确定位，如图 6-61 所示。

**12** 利用“直线”命令，绘制与槽口曲线和上一步的圆分别相切的直线，如图 6-62 所示。

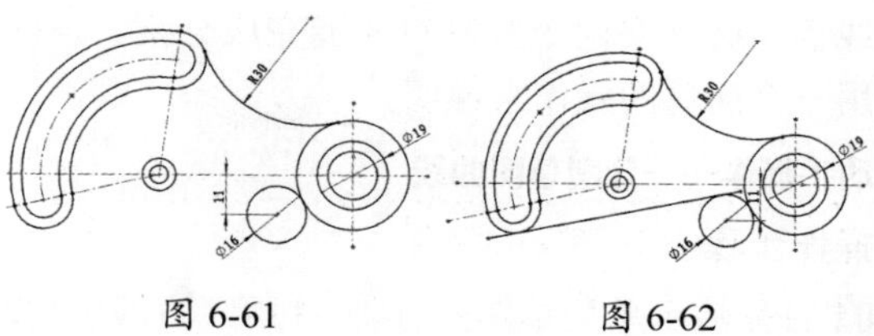

图 6-61　　　　图 6-62

**13** 最后利用“剪除实体”命令修剪图形，结果如图 6-63 所示。

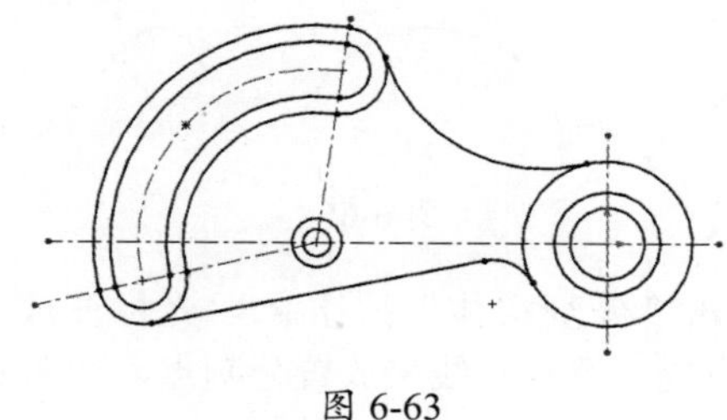

图 6-63

### 6.1.6　分割实体

利用“分割实体”命令，可以将一条草图曲线打断，进而生成两条草图曲线，反之，还可以将多条曲线合并为单一的草图曲线。

“分割实体”可以用来打断曲线，并在分割点标注尺寸。

## 技术要点：

如果“草图”选项卡中没有“分割实体”命令，可以打开“自定义”对话框，选择“命令”选项卡中“类别”列表的“草图”选项，在右侧显示的按钮中找到“分割实体”图标并拖动到功能区“草图”选项卡的任意位置。

#### 1. 分割草图

分割对象只能是单一的草图曲线，如直线、圆弧/圆、样条曲线，称为“开放曲线”，如图 6-64 所示。

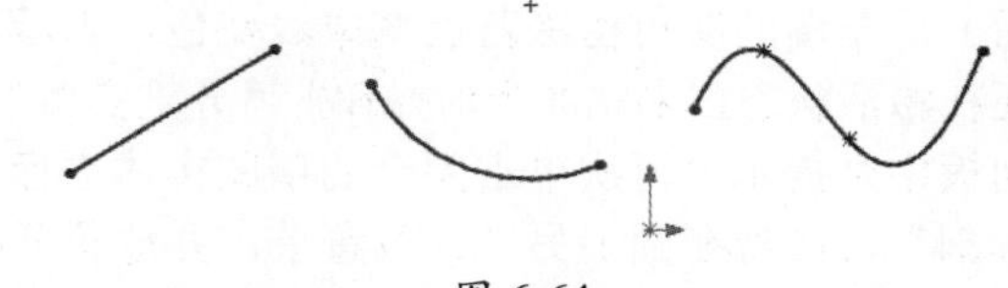

图 6-64

开放曲线仅需一个分割点即可完成分割，但是封闭的草图曲线如圆、椭圆及闭合样条曲线等，必须要两个分割点才能完成分割。下面用一个简单的操作来说明。

**动手操作——分割草图曲线**

**操作步骤**

**01** 首先演示单一草图的分割。利用“直线”“圆心/起/终点画弧”“样条曲线”命令分别绘制直线、圆弧和样条曲线，如图6-65所示。

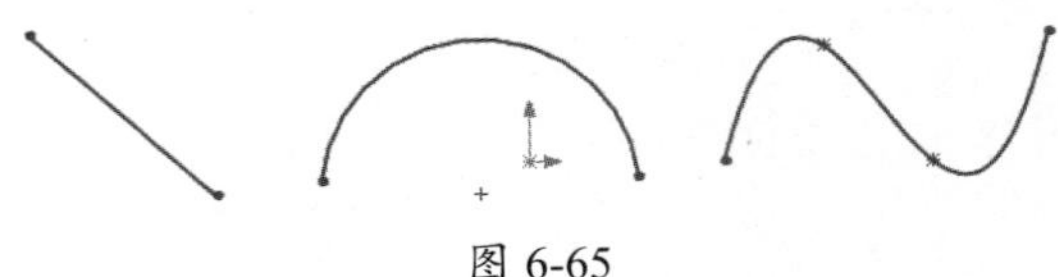

图 6-65

**02** 单击“分割实体”按钮，光标变成，按信息提示选择直线来放置分割点，如图6-66所示。

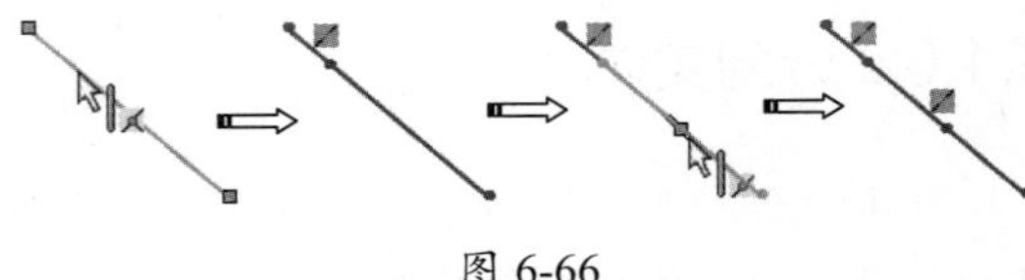

图 6-66

**技术要点：**

值得注意的是，草图曲线的端点是不能作为分割点的，也不可以在端点处创建分割点。

**03** 同理，继续在圆弧和样条曲线上放置分割点并完成分割，如图6-67所示。

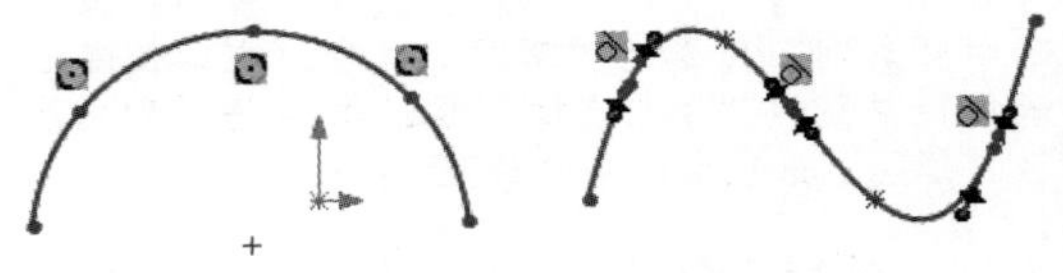

图 6-67

**04** 对于封闭的草图曲线又是怎样分割的呢？我们绘制一个整圆，然后单击“分割实体”按钮，当在圆上单击一处后（即放置分割点后），草图的颜色由深蓝色变成浅蓝色，表示还在激活状态，未完成当前操作。“分割实体”面板中则提示“再次单击闭合的草图实体进行分割”，接着在圆上另一个位置单击并放置分割点，随即完成整圆的分割操作，过程及结果如图6-68所示。

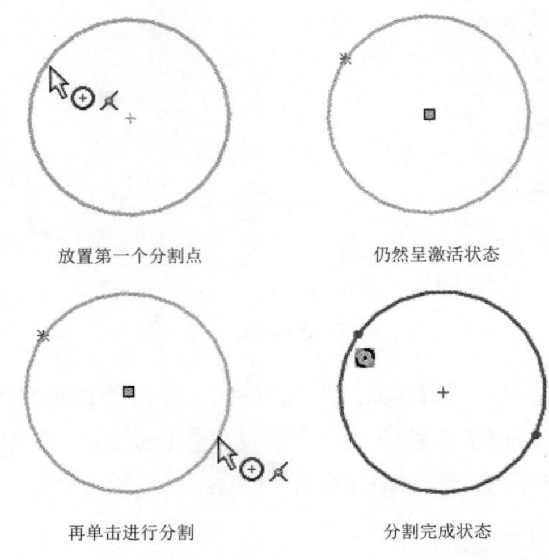


图 6-68

**2. 合并草图**

合并草图与分割草图是相反的两个操作。合并草图更简单，只要将分割后的草图曲线中的分割点按Delete键删除即可。

**技术要点：**

合并草图只能删除分割点，其他点如端点、中点是不能删除的。

### 6.1.7 线段

“线段”工具其实也是分割实体工具，只不过“分割实体”是手动分割草图，而“线段”是设置参数后自动分割。开放草图和封闭草图的分割是一样的，不受任何限制。

在“草图”选项卡中单击“线段”按钮，打开“线段”面板，如图6-69所示。

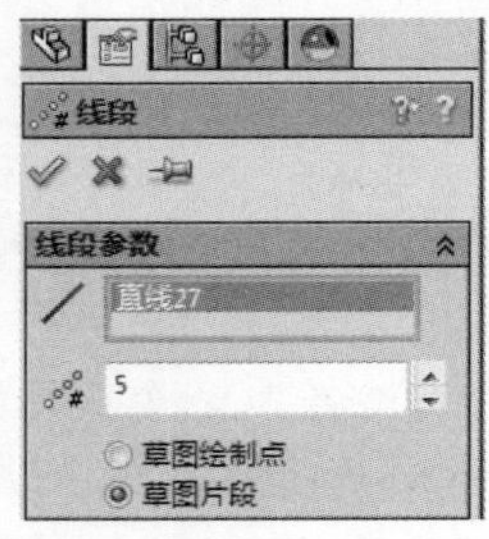


图 6-69

该面板中主要选项的含义如下。

- ⁄：选择单个实体，即开放曲线和封闭曲线。选择后草图实体显示在选项框中。
- ：输入分割点的个数，或者输入线段的段数。
- 草图绘制点：选择该单选按钮，上面输入的数字将表示为分割点的个数。
- 草图片段：选择该单选按钮，上面中输入的数字将表示为线段的段数。

下面以分割圆为例进行讲解。

**动手操作——创建线段**

**操作步骤**

**01** 利用“矩形”工具绘制一个矩形，如图 6-70 所示。再利用“等距实体”工具创建内偏置距离为 10 的矩形，如图 6-71 所示。

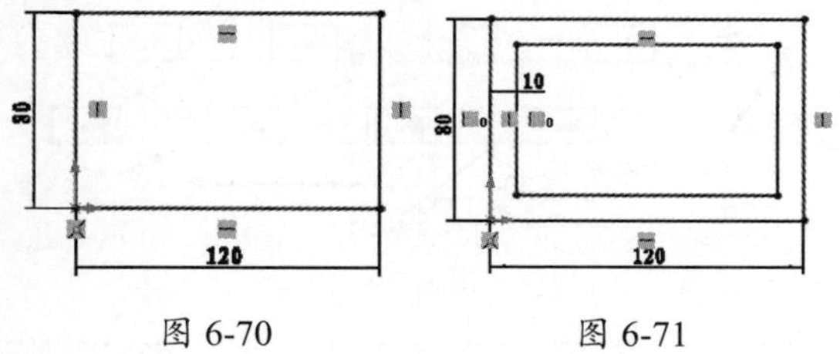


图 6-70　　图 6-71

**02** 单击“线段”按钮，打开“线段”面板。首先选择要等分的单一曲线（选择等距实体的一条边），然后输入线段数量为 5，最后单击“确定”按钮完成线段的创建，如图 6-72 所示。

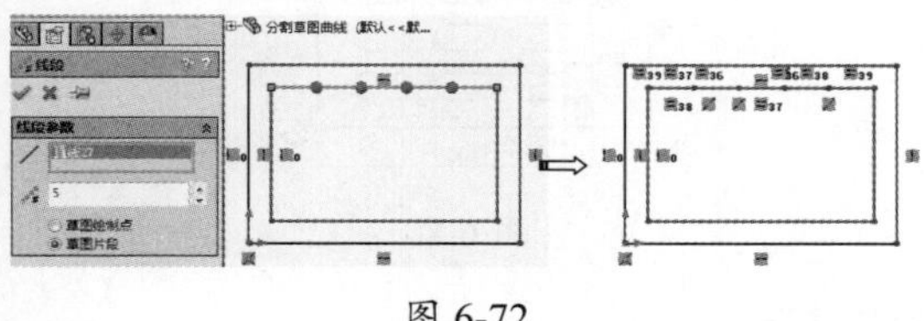

图 6-72

**03** 再执行“线段”命令，在对称的另一侧也创建 5 等分的线段，如图 6-73 所示。

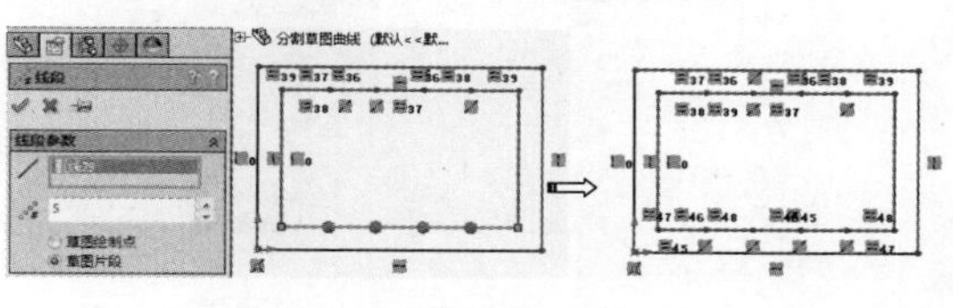

图 6-73

**04** 同理，在等距实体的左、右两侧也分别创建 4 等分的线段，如图 6-74 所示。

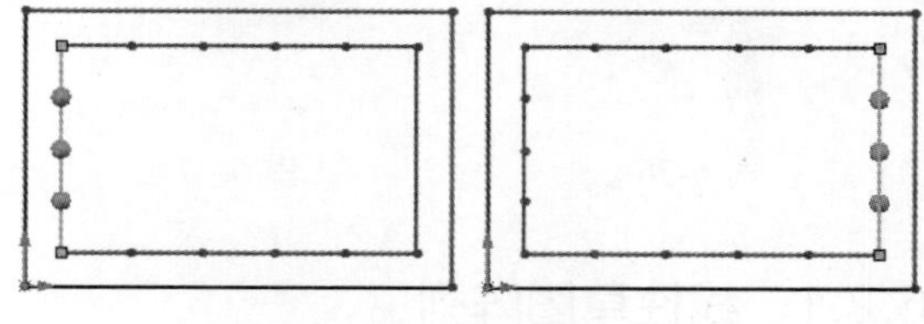

图 6-74

**05** 最后利用“直线”工具，将分割后的线段逐一对应地连接起来，结果如图 6-75 所示。

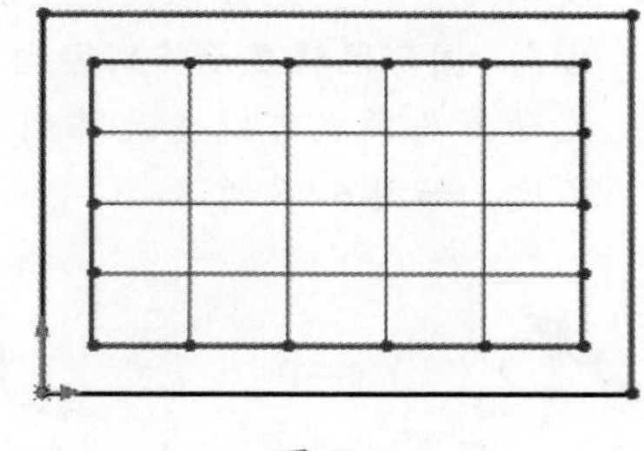

图 6-75

## 6.2 草图实体的阵列

阵列是对象的一种复制过程，阵列的方式包括圆形阵列和矩形阵列，它可以在圆形或矩形阵列上创建多个副本。

在命令管理器的“草图”选项卡中单击“线性草图阵列”按钮或“圆周草图阵列”按钮，属性管理器将显示“线性阵列”面板，如图 6-76 所示。执行“圆周草图阵列”命令后，指针由变为，属性管理器将显示“圆周阵列”面板，如图 6-77 所示。

图 6-76

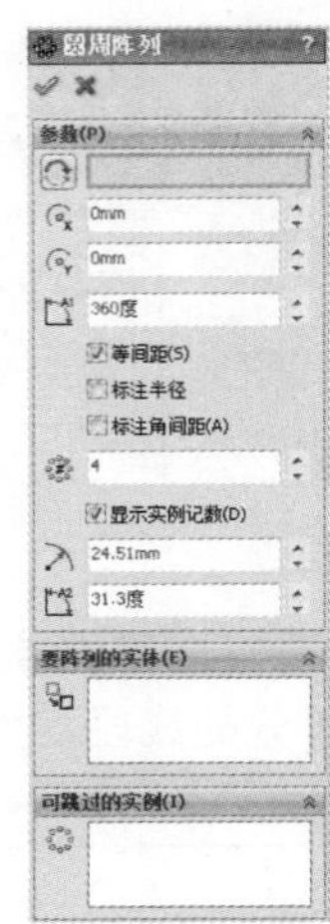


图 6-77

## 6.2.1 线性草图阵列

“线性阵列”面板中主要选项的含义如下。

- 方向 1：主要设置 $X$ 轴方向的阵列参数。
  - ➢ 反向：单击此按钮，将更改阵列方向。图形区将显示阵列方向箭头，拖动箭头顶点可以更改阵列间距和角度，如图 6-78 所示。

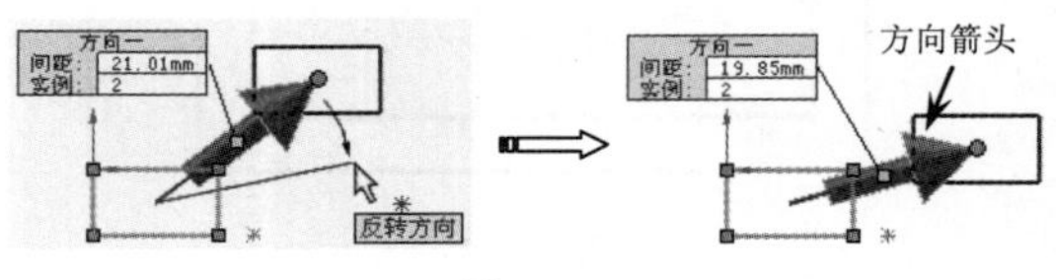


图 6-78

  - ➢ 间距：设定阵列对象的间距。
  - ➢ 标注 $X$ 间距：勾选此复选框，生成阵列后将显示阵列对象之间的间距尺寸。
  - ➢ 数量：在 $X$ 轴方向上阵列的对象数目。
  - ➢ 显示实例记数：勾选此复选框，生成阵列后将显示阵列的数目记号。
  - ➢ 角度：设置与 $X$ 轴有一定角度的阵列。
  - ➢ 方向 2：主要设置 $Y$ 轴方向上的阵列参数。

**技术要点：**

如果选取一条模型边线来定义方向1，那么方向2被自动激活。否则，必须手工选取方向2将之激活。

  - ➢ 在轴之间标注角度：生成阵列后将显示角度阵列的角度。
- 要阵列的实体：选择要进行阵列的对象。
- 可跳过的实例：在整个阵列中选择不需要的阵列对象。

使用“线性阵列”工具进行线性阵列的操作，如图 6-79 所示。

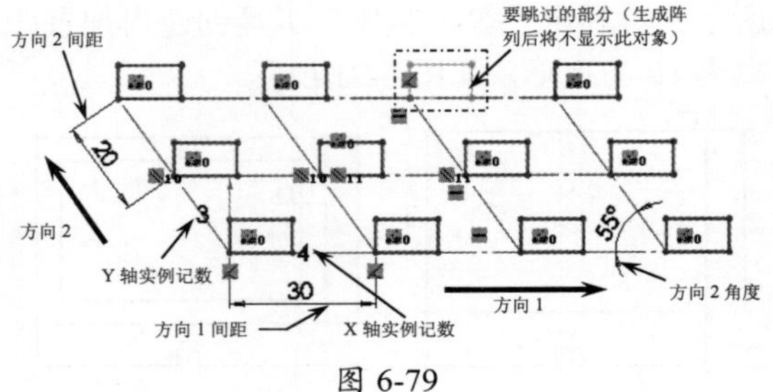


图 6-79

**动手操作——绘制槽孔板草图**

绘制如图 6-80 所示的草图并标注。

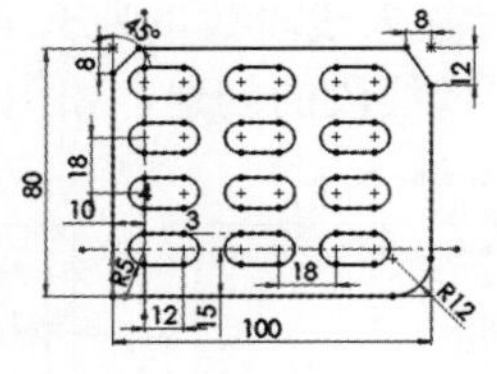


图 6-80

**操作步骤**

**01** 执行“文件”|“新建”命令，出现“新建 SolidWorks 文件”对话框，在该对话框中选择“零件”选项，单击“确定”按钮。

**02** 在特征属性管理器中选择“前视基准面”选项，单击“草图”选项卡中的“草图绘制”按钮，进入草图绘制状态。

**03** 单击“草图”选项卡中的“边角矩形”按钮，选择原点后将鼠标指针移动到合适位置后再选择，结束矩形的绘制。进行倒角处理后，标注尺寸，得到如图 6-81 所示的草图。

**04** 绘制两条中心线，并标注尺寸，如图6-82所示。

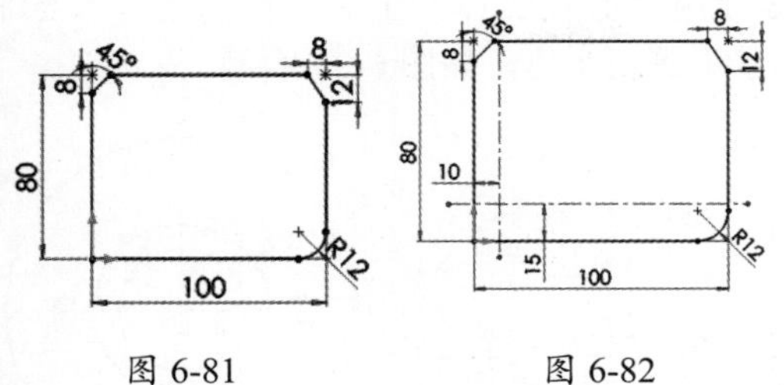


图 6-81　　　　图 6-82

**05** 以两条中心线的交点为圆心，绘制直径为10的一个圆，然后在水平中心线上移动12mm继续绘一个直径为10的圆。单击“直线”按钮，绘制两条直线并与绘制的两圆相切，剪裁后得到如图6-83所示的草图。

**06** 利用“线性草图阵列”命令，将“X轴”设定为30mm，“实例数”值设为3；“Y轴”设定为18mm，“实例数”值设为4。选择“要阵列的实体”复选框，在图形区域选择要阵列的实体；单击“确定”按钮，完成阵列操作，得到如图6-84所示的草图。

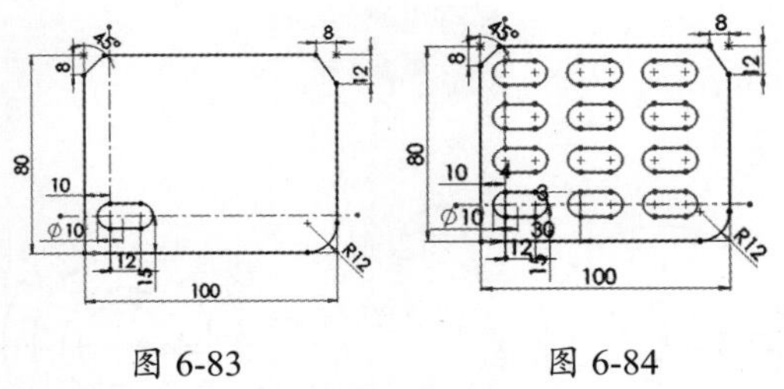


图 6-83　　　　图 6-84

**07** 标注尺寸，并调整尺寸标注，得到如图6-85所示的草图。

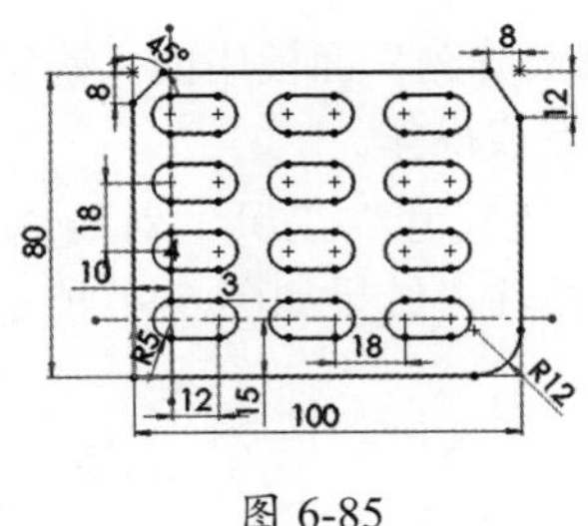


图 6-85

## 6.2.2 圆周草图阵列

“圆周阵列”面板中主要选项的含义如下。

- 反向旋转：单击此按钮，可以更改旋转阵列的方向，默认方向为顺时针方向。
- 中心 *X*：沿 *X* 轴设定阵列中心，默认的中心点为坐标系原点。
- 中心 *Y*：沿 *Y* 轴设定阵列中心。
- 间距：设定阵列中的旋转角度，也包括的总度数。
- 等间距：勾选此复选框，将使阵列对象彼此间距相等。
- 阵列数量：设定阵列对象的数量。
- 半径：阵列参考对象中心（此中心始终固定）至阵列中心之间的距离。
- 圆弧角度：设定从所选实体的中心到阵列的中心点或顶点所测量的夹角。

使用“圆周阵列”工具进行圆周阵列的操作，如图6-86所示。

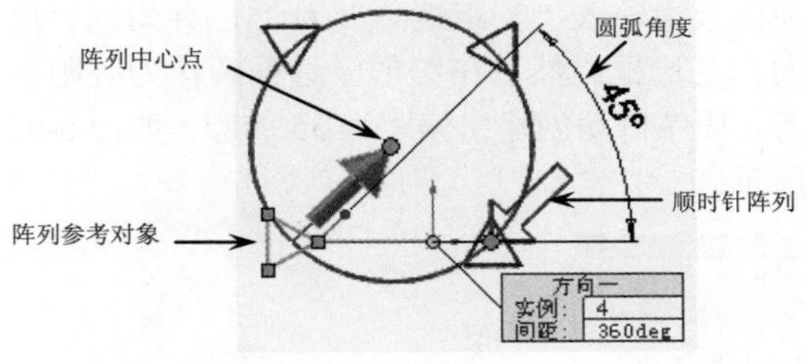


图 6-86

**动手操作——绘制法兰草图**

法兰草图中包括圆、直线和中心线。其图形的编辑包括使用“剪裁实体”工具修剪多余曲线，使用“等距实体”工具绘制偏移图线，使用“阵列实体”工具阵列相同图线，使用“几何约束”或“尺寸约束”约束草图等。

法兰草图如图6-87所示。

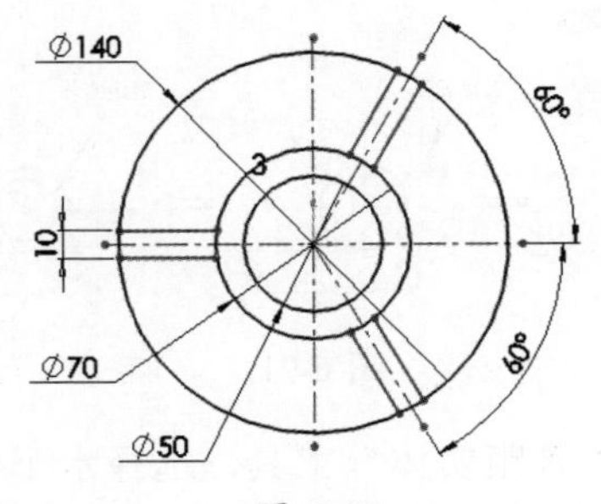


图 6-87

**操作步骤**

**01** 新建零件文件。选择前视视图作为草图平面，并进入草图模式。

**02** 使用“中心线”工具在图形区中绘制中心线，如图 6-88 所示。

**03** 使用“圆”工具，在定位基准线中绘制直径为 140 的圆，如图 6-89 所示。

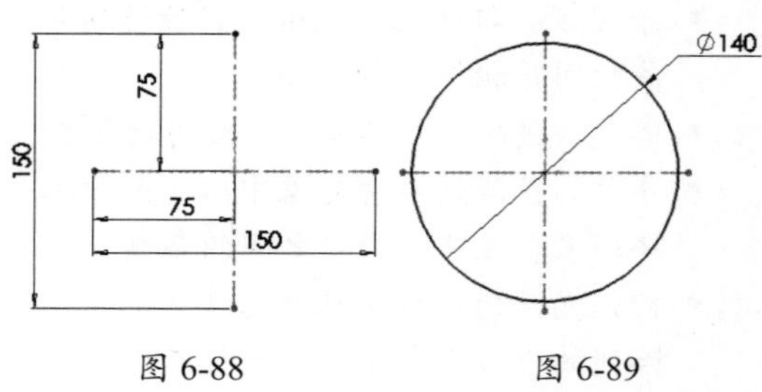


图 6-88　　图 6-89

**04** 在“草图”选项卡中单击“等距实体”按钮，属性管理器中显示“等距实体”面板。在面板中输入“等距距离”为 35，并勾选“反向”复选框。然后在图形区选择圆作为等距参考，程序自动创建出偏距为 35 的圆，如图 6-90 所示。

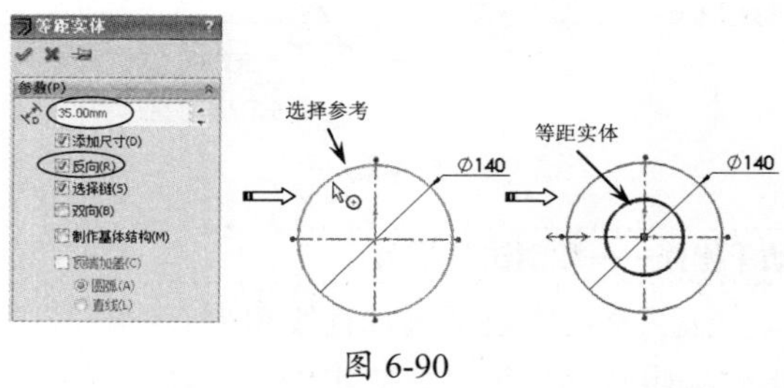


图 6-90

**05** 单击“等距实体”面板中的“确定”按钮，关闭面板。

**06** 同理，选择大圆作为参考，绘制出“等距距离”为 45 且反向的等距实体，如图 6-91 所示。

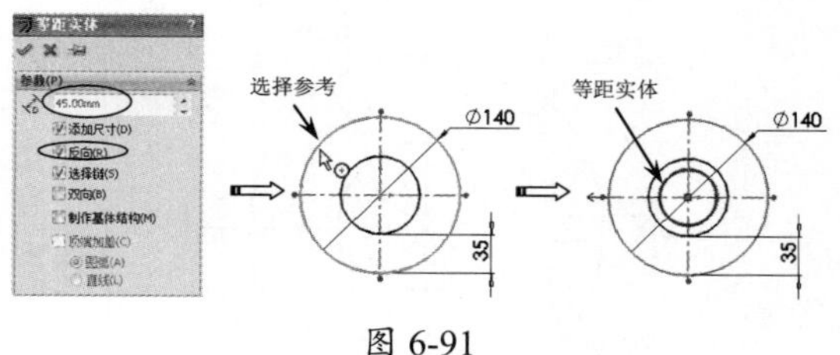


图 6-91

**07** 使用“等距实体”工具，选择水平中心线作为等距参考，绘制出“偏距”为 5 的正、反方向的等距实体，如图 6-92 所示。

**08** 使用“剪裁实体”工具，修剪上一步绘制的水平等距实体，如图 6-93 所示。

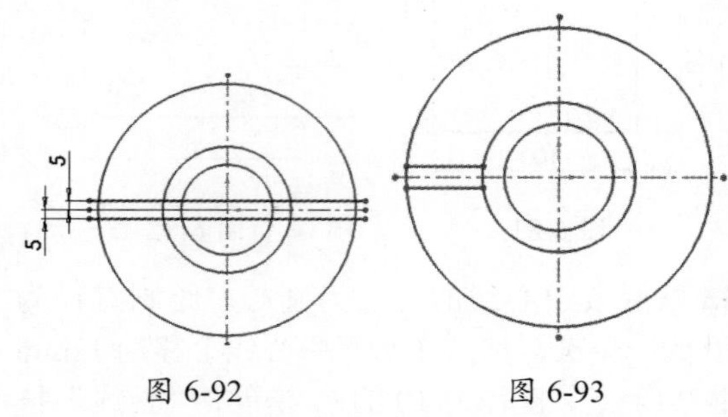


图 6-92　　图 6-93

**09** 在“草图”选项卡中单击“圆周草图阵列”按钮，属性管理器中显示“圆周阵列”面板。在图形区中选择基准中心点作为圆周阵列的中心，如图 6-94 所示。

**10** 回到面板中，设置阵列的数量为 3，并激活“要阵列的实体”列表框。然后在图形区中选择修剪的水平等距实体作为阵列对象，随后自动显示阵列的预览，如图 6-95 所示。

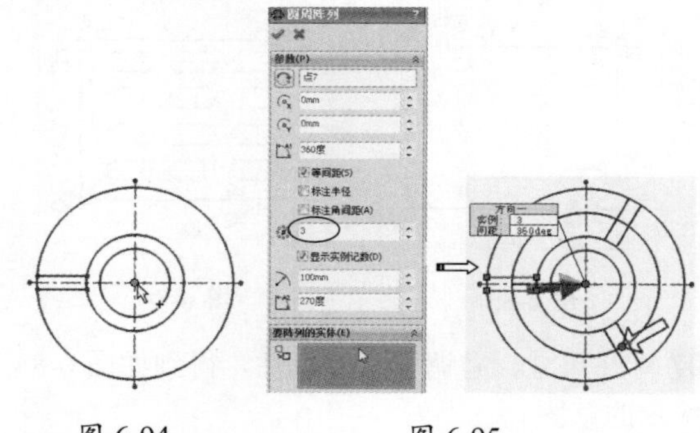

图 6-94　　图 6-95

**11** 单击“圆周阵列”面板中的“确定”按钮，关闭面板并完成操作。

**12** 使用“智能尺寸”工具，对绘制完成的图形进行尺寸标注，结果如图 6-96 所示。

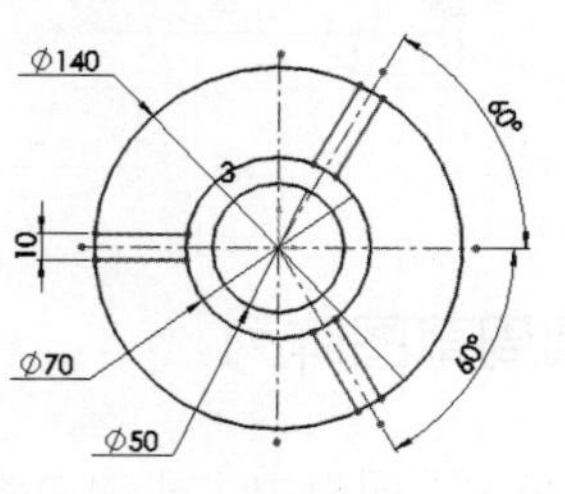


图 6-96

**13** 至此，法兰草图绘制完成。最后在“标准”选项卡中单击“保存”按钮，将结果保存。

## 6.3 转换实体

转换实体不是将曲线转成实体模型，也不是将曲面转成实体模型，这里的“转换实体”指的是将外部（先前创建的特征或草图）通过投影、相交，转换成当前草图中的曲线。

### 6.3.1 转换实体引用

通过投影一条边线、环、面、曲线或外部草图轮廓线、一组边线或一组草图曲线到草图基准面上，可以在草图中生成一条或多条曲线。

下面用案例来说明。

**动手操作——转换实体引用**

操作步骤

**01** 打开本例的源文件“模型.sldprt”。

**02** 选择模型上的一个面作为草图平面，然后选择“草图绘制”命令进入草图环境，如图 6-97 所示。

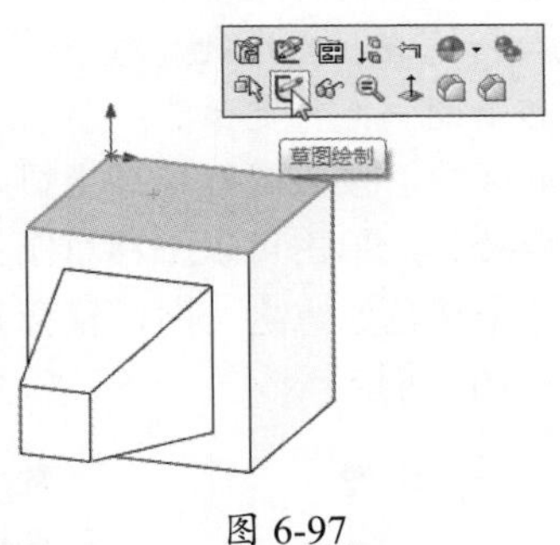


图 6-97

**03** 单击“转换实体引用”按钮，打开“转换实体引用”面板。

**04** 选取模型上表面作为要转换的对象，再单击“确定”按钮完成转换，如图 6-98 所示。

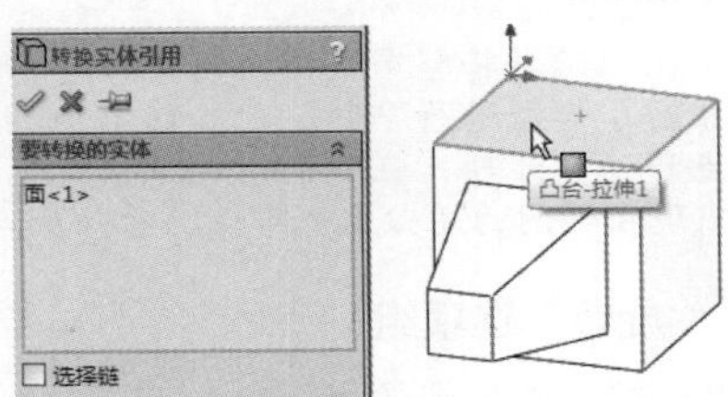


图 6-98

**05** 退出草图环境。单击“凸台 - 拉伸”按钮，打开“凸台 - 拉伸”面板。

**06** 选择转换实体引用的草图作为拉伸轮廓，然后设置拉伸参数及选项，如图 6-99 所示。最后单击“确定”按钮完成特征的创建。

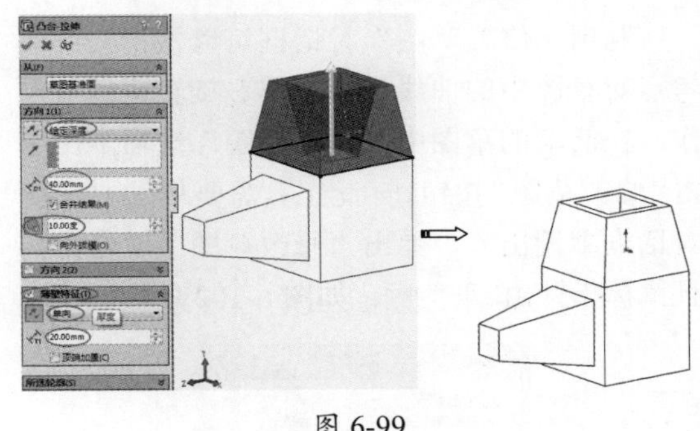

图 6-99

### 6.3.2 交叉曲线

交叉曲线是通过两组对象相交产生的相交线。两组对象可以是以下任意一种情形：

- 基准面和曲面或模型面。
- 两个曲面。
- 曲面和模型面。
- 基准面和整个零件。
- 曲面和整个零件。

交叉曲线可以用来测量产品不同截面处的厚度；可以作为零件表面的扫掠路径；还可以从输入实体得出剖面以生成参数零件。

单击“交叉曲线”按钮，打开“交叉曲线”面板，如图 6-100 所示。

只需要选择一组对象即可创建交叉曲线，如图 6-101 所示。

图 6-100

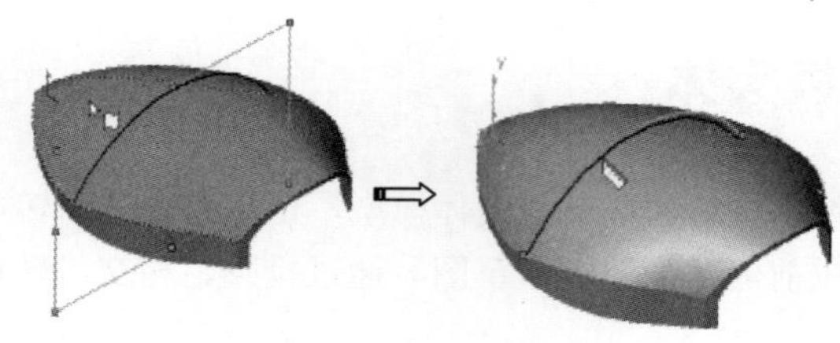

图 6-101

# 6.4 修改草图和修复草图

当用户绘制了草图后，可以使用“修改草图”工具来旋转、移动或按比例缩放草图，还可以利用“修复草图”工具来修复草图中存在的错误。

## 6.4.1 修改草图

利用“修改草图”对话框可以按指定的参考点对草图中的曲线进行平移、旋转或缩放操作。在活动的草图中，在“草图”选项卡中单击“修改草图”按钮（此工具需要从“自定义”对话框中调出），弹出“修改草图”对话框，且鼠标指针由变为。如图 6-102 所示。

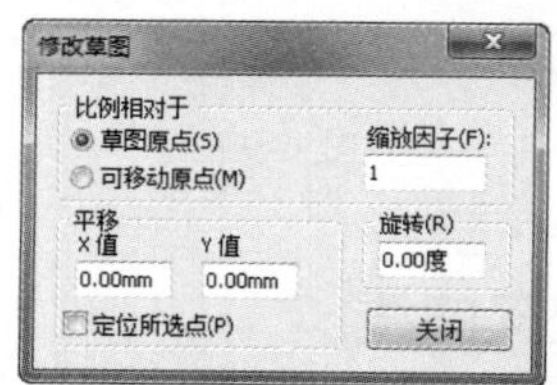


图 6-102

“修改草图”对话框中有 3 个选项组：“比例相对于”“平移”和“旋转”。在该对话框中输入修改参数后，再按 Enter 键即可完成草图的修改操作。

### 1. “比例相对于”选项组

“比例相对于”选项组中主要选项的含义如下。

- 草图原点：沿草图原点均匀比例缩放。
- 可移动原点：沿可移动原点缩放草图比例。
- 缩放因子：即缩放草图的比例因子，该比例因子必须大于 0.001 且小于 1000。

### 2. “平移”选项组

“平移”选项组中主要选项的含义如下。

- *X* 值：*X* 方向的增量值。
- *Y* 值：*Y* 方向的增量值。
- 定位所选点：勾选此复选框，可以将草图移动到一个特定位置。

在图形区中，按照鼠标指针上显示的图标（平移和旋转），单击可以平移草图；当鼠标指针靠近 3 个黑色原点之一时，鼠标指针显示样式如图 6-103 所示。

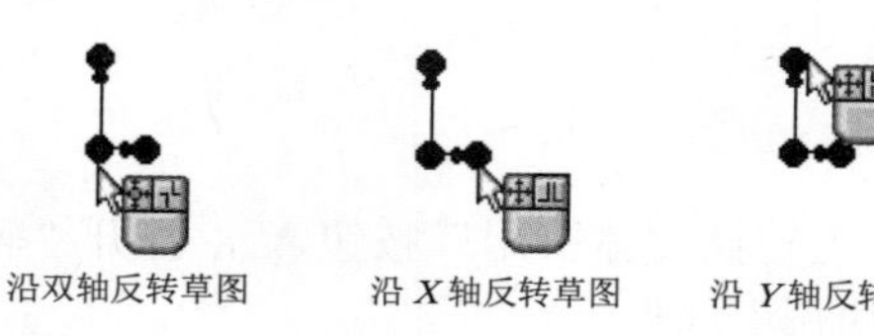

沿双轴反转草图　　沿 *X* 轴反转草图　　沿 *Y* 轴反转草图

图 6-103

**技术要点：**

“修改草图”工具将整个草图几何体（包括草图原点）相对于模型进行平移，但草图不会相对于草图原点移动。此外，在默认情况下，黑色的草图原点出现在草图的质心上，可以移动此原点。

### 3. “旋转”选项组

在“旋转”选项组的“旋转角度”文本框中输入值，可以绕黑色原点旋转草图。除此之外，也可以在图形区按住鼠标右键并拖动，草图将按

10°或15°的默认增量进行旋转，如图6-104所示。

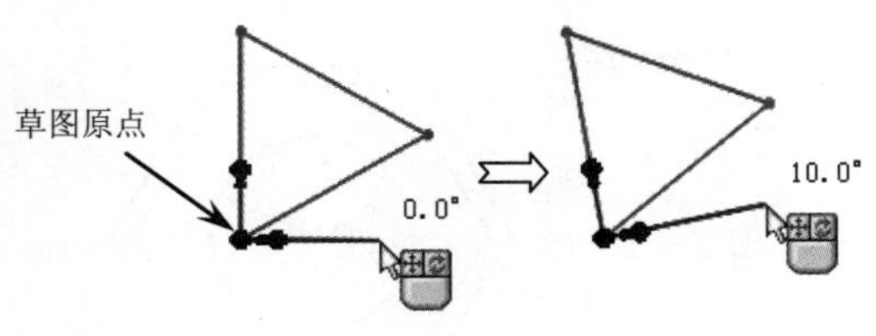

图 6-104

**技术要点：**

如果草图具有外部参考，则无法移动或缩放草图，程序会弹出SolidWorks警告信息框，如图6-105所示。

图 6-105

### 6.4.2　修复草图

利用"修复草图"工具可以找出草图中的错误，有些情况下还可以修复这些错误。在"草图"选项卡中单击"修复草图"按钮，程序会弹出"修复草图"对话框，如图6-106所示。

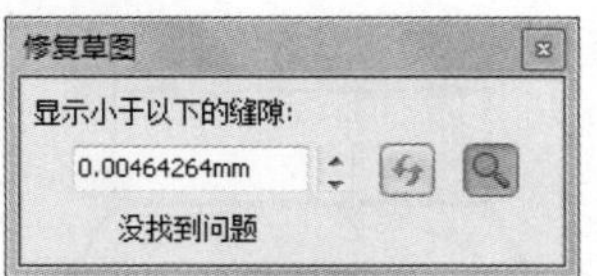

图 6-106

该对话框中主要选项、按钮的含义如下。

- 显示小于以下的缝隙：用于找出缝隙或重叠错误的最大值。较大的缝隙或重叠值被视为是特意设计的。
- 刷新：单击此按钮，按重新设定的缝隙值修复草图。
- 隐藏或显示放大镜：单击此按钮，切换放大镜以高亮显示草图中的错误。如果没有发现问题，该按钮为隐藏放大镜；反之，为显示放大镜。如图6-107所示为使用放大镜检查模型的情况。

图 6-107

## 6.5　综合实战——绘制花形草图

◎ **引入素材：无**

◎ **结果文件：第6章综合实战\第6章结果文件\绘制花形草图.sldprt**

◎ **视频文件：绘制花形草图.avi**

利用直线、拐角、旋转调整大小、圆角等操作来绘制和编辑如图6-108所示的草图。

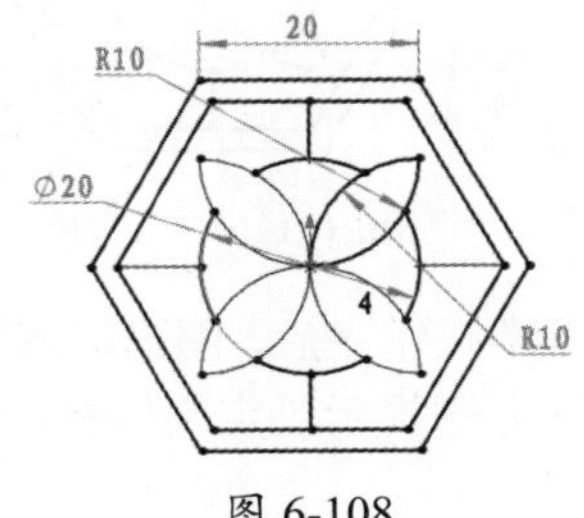

图 6-108

**操作步骤**

**01** 启动SolidWorks，新建零件文件。

**02** 在"草图"选项卡中单击"草图绘制"按钮，选择上视基准面作为绘图平面。

**03** 在"草图"选项卡中单击"多边形"按钮，单击坐标原点作为辅助内接圆的圆心，绘制正六边形，将边长标注为20mm，为上边添加"水平"的几何关系，草图被完全定义，如图6-109所示。

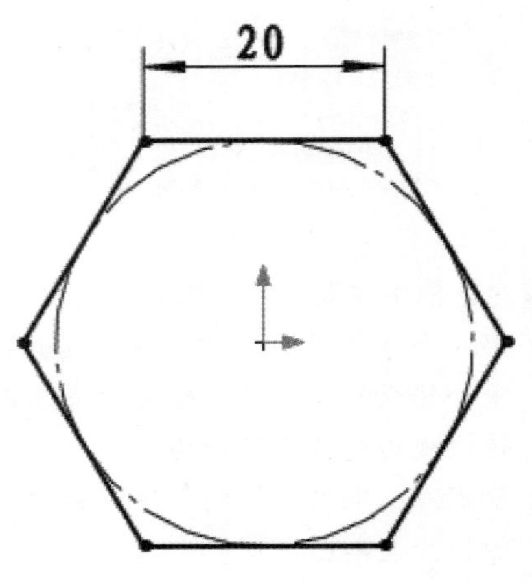

图 6-109

**04** 单击“等距实体”按钮，在“等距实体”面板中设置“等距距离”为2mm，勾选“选择链”和“反向”复选框，单击正六边形对其进行等距实体操作，如图 6-110 所示。

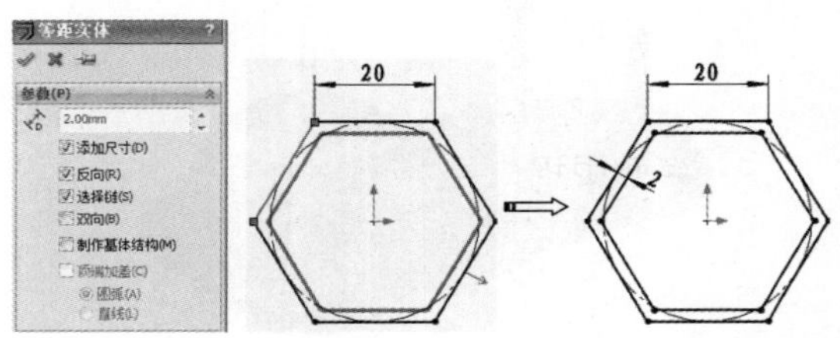

图 6-110

**05** 单击“圆”按钮，绘制以原点为圆心的圆，并标注其直径为 20mm，如图 6-111 所示。

**06** 单击“直线”按钮，捕捉直线段的中点和端点，绘制直线段，如图 6-112 所示。

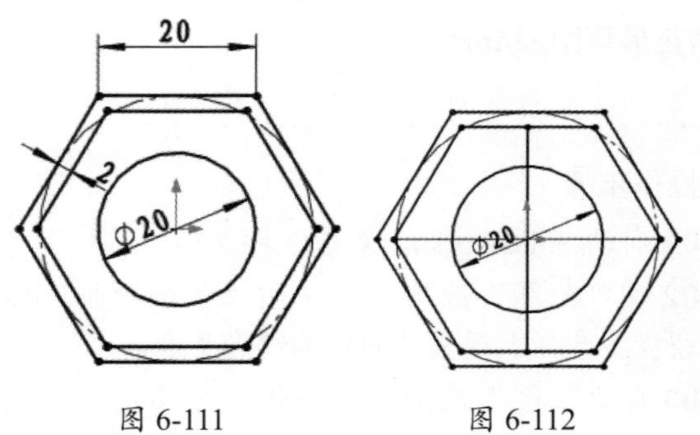

图 6-111　　图 6-112

**07** 单击“剪裁”按钮，选择“剪裁到最近端”的方式，对多余的线条进行剪裁，剪裁后的图形如图 6-113 所示。

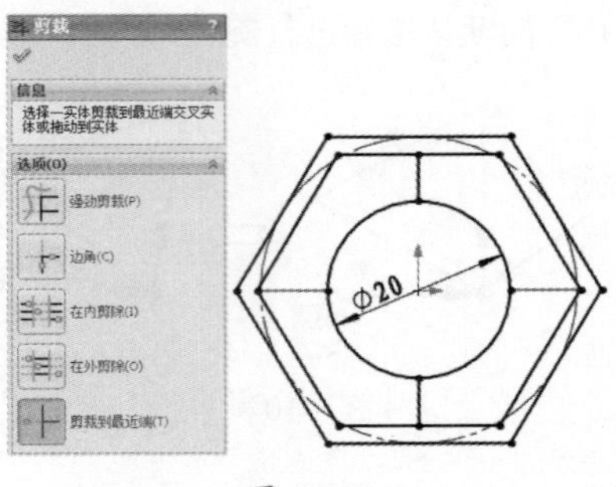

图 6-113

**08** 单击“圆”按钮，以内圆与所绘制的直线段的交点为圆心，分别绘制两个直径为 20mm 的圆，如图 6-114 所示。

**09** 使用“剪裁到最近端”的剪裁方式，将绘制的两个圆的多余线条剪裁掉，如图 6-115 所示。

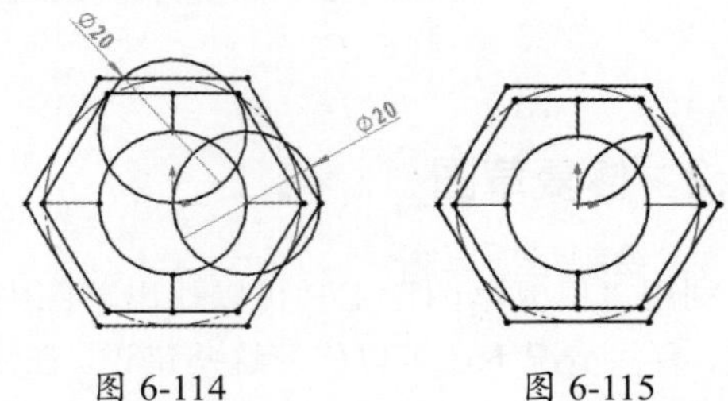

图 6-114　　图 6-115

**10** 单击“圆周阵列”按钮，选择剪裁剩下呈花瓣状的两个圆弧为“要阵列的实体”，选择原点作为阵列中心，设置“数量”为 4，并勾选“等间距”复选框进行阵列，如图 6-116 所示。

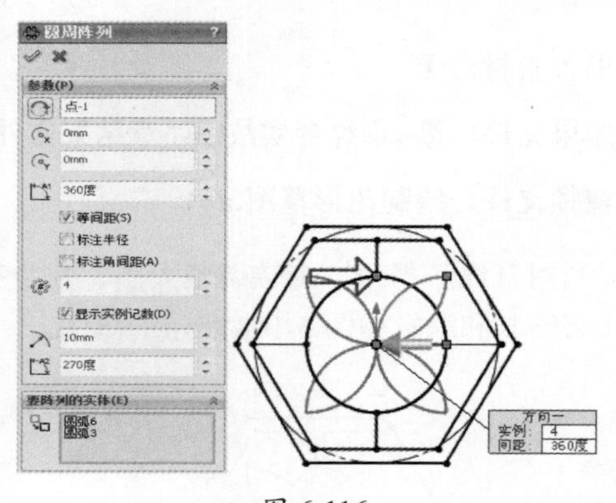

图 6-116

**11** 单击“确定”按钮后，图形区域变成红色，并在绘图区域底部提示过定义信息，如图 6-117 所示。

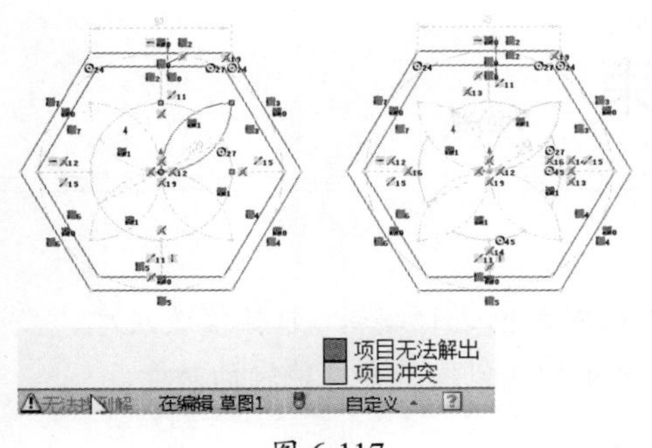


图 6-117

**技术要点：**

“圆周阵列”后，一些实体原有的几何关系和尺寸关系都被复制，使草图“过定义”。在这里解决“过定义”后有两种方法：一是双击“无法找到解”区域，对草图进行诊断、修复；二是直接在图形区域中删除多余的几何关系。最简单的解决方法是，将多余的线条删除干净，过定义即可变为完全定义。

**12** 选择“剪裁到最近端”的方式，执行“剪裁”命令，删除多余线条后，草图自动变成完全定义状态，如图 6-118 所示。至此完成所有操作，保存文件并退出当前窗口。

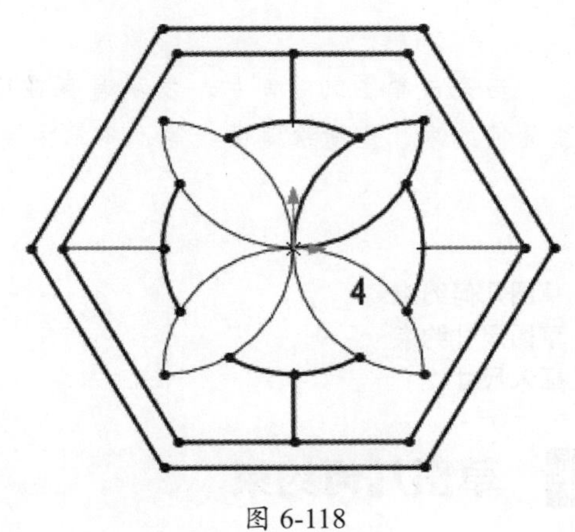


图 6-118

## 6.6 课后习题

### 1. 绘制垫板草图

本练习的垫板草图如图 6-119 所示。

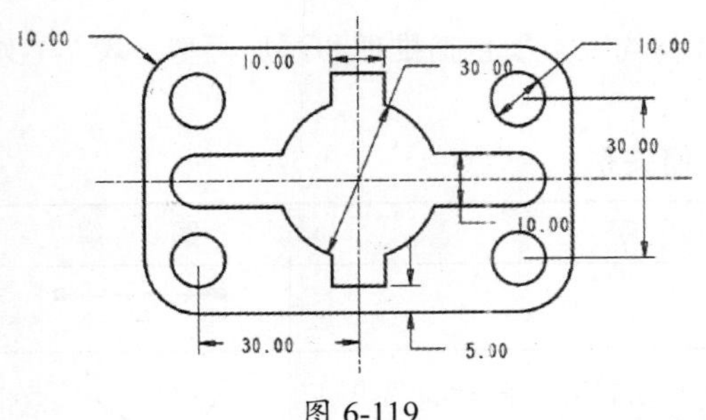


图 6-119

### 2. 绘制链盘草图

本练习的链盘草图如图 6-120 所示。

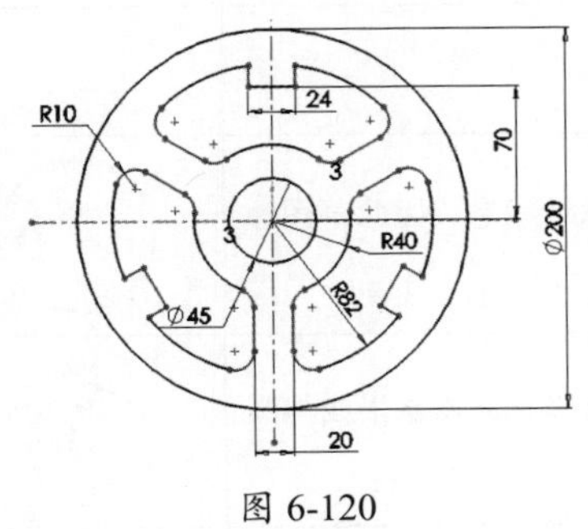


图 6-120

### 3. 绘制吊钩草图

本练习的吊钩草图如图 6-121 所示。

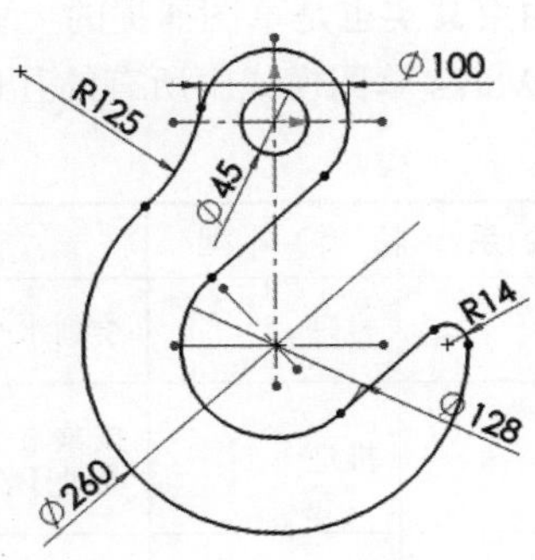


图 6-121

# 第 7 章　草图尺寸与几何约束

当完成草图的绘制后，发现有存在错误时，可以对草图进行编辑，包括修改尺寸、修改几何约束、重新绘制曲线等，本章主要介绍 2D 草图的几何约束和其他辅助功能。

- 草图几何约束
- 草图尺寸约束
- 插入尺寸
- 草图捕捉工具
- 完全定义草图
- 爆炸草图

## 7.1 草图几何约束

草图几何约束为草图实体之间或草图实体与基准面、基准轴、边线或顶点之间的几何约束，可以自动或手动添加几何关系。在 SolidWorks 中，2D 和 3D 草图中草图曲线和模型几何体之间的几何关系是设计图中一个重要的创建手段。

### 7.1.1 几何约束类型

几何约束其实也是草图捕捉的一种特殊方式，几何约束类型包括推理和添加类型。表 7-1 列出了 SolidWorks 草图模式中所有的几何关系。

表 7-1　草图几何关系

| 几何关系 | 类　型 | 说　明 | 图　解 |
|---|---|---|---|
| 水平 | 推理 | 绘制水平线 | |
| 垂直 | 推理 | 按垂直于第一条直线的方向绘制第二条直线。草图工具处于激活状态，因此草图捕捉中点显示在直线上 | |
| 平行 | 推理 | 按平行几何关系绘制两条直线 | |
| 水平和相切 | 推理 | 添加切线弧到水平线 | |
| 水平和重合 | 推理 | 绘制第二个圆。草图工具处于激活状态，因此草图捕捉的象限显示在第二个圆弧上 | |
| 竖直、水平、相交和相切 | 推理和添加 | 按中心推理到草图原点绘制圆（竖直），水平线与圆的象限相交，添加相切几何关系 | |

续表

| 几 何 关 系 | 类　型 | 说　明 | 图　解 |
|---|---|---|---|
| 水平、竖直和相等 | 推理和添加 | 推理水平和竖直几何关系，添加相等几何关系 |  |
| 同心 | 添加 | 添加同心几何关系 |  |

推理类型的几何约束仅在绘制草图的过程中自动出现，而添加类型的几何约束则需要用户手动添加。

**技术要点：**

推理类型的几何约束，仅在“系统选项”的“草图”选项设置中“自动几何关系”复选框被勾选的情况下才显示。

## 7.1.2　添加几何关系

一般说来，用户在绘制草图的过程中，程序会自动添加其几何约束关系。但是当“自动添加几何关系”的选项（系统选项）未被设置时，就需要用户手动添加几何约束关系。

在命令管理器的“草图”选项卡中单击“添加几何关系”按钮，属性管理器将显示“添加几何关系”面板，如图 7-1 所示。选择了要添加几何关系的草图曲线后，“添加几何关系”选项区将显示几何关系选项，如图 7-2 所示。

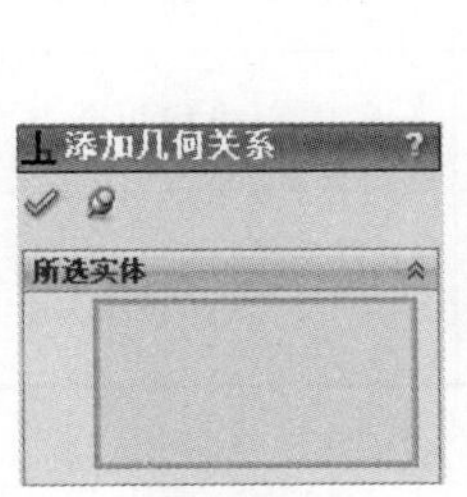


图 7-1

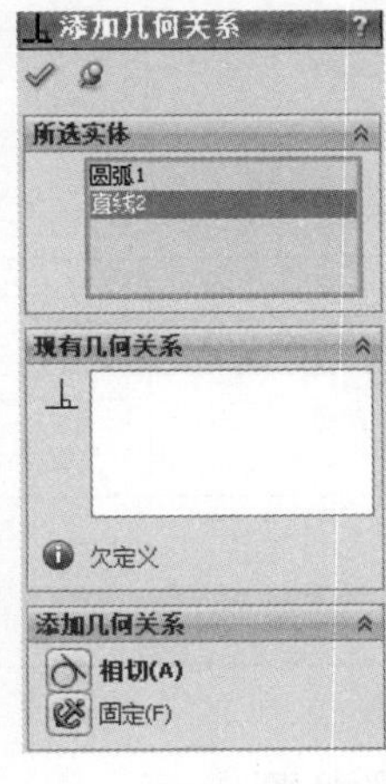


图 7-2

根据所选的草图曲线不同，“添加几何关系”面板中的几何关系选项也会不同。表 7-2 说明了用户可为几何关系选择的草图曲线，以及所产生的几何关系。

**表 7-2　选择草图曲线所产生的几何关系**

| 几 何 关 系 | 图　标 | 要选择的草图 | 所产生的几何关系 |
|---|---|---|---|
| 水平或竖直 |  | 一条或多条直线，或两个或多个点 | 直线会变成水平或竖直（由当前草图的空间定义）的状态，而点会水平或竖直对齐 |
| 共线 |  | 两条或多条直线 | 项目位于同一条无限长的直线上 |
| 全等 |  | 两个或多个圆弧 | 项目会共用相同的圆心和半径 |
| 垂直 |  | 两条直线 | 两条直线相互垂直 |

续表

| 几何关系 | 图　标 | 要选择的草图 | 所产生的几何关系 |
|---|---|---|---|
| 平行 | | 两条或多条直线，3D 草图中一条直线和一基准面 | 项目相互平行，直线平行于所选基准面 |
| 沿 X | | 3D 草图中一条直线和一个基准面（或平面） | 直线相对于所选基准面与 YZ 基准面平行 |
| 沿 Y | | 3D 草图中一条直线和一个基准面（或平面） | 直线相对于所选基准面与 ZX 基准面平行 |
| 沿 Z | | 3D 草图中一条直线和一个基准面（或平面） | 直线与所选基准面的面正交 |
| 相切 | | 一个圆弧、椭圆或样条曲线，以及一条直线或圆弧 | 两个项目保持相切 |
| 同轴心 | | 两个或多个圆弧，或一个点和一个圆弧 | 圆弧共用同一个圆心 |
| 中点 | | 两条直线或一个点和一条直线 | 点保持位于线段的中点 |
| 交叉 | | 两条直线和一个点 | 点位于直线、圆弧或椭圆上 |
| 重合 | | 一个点和一条直线、圆弧或椭圆 | 点位于直线、圆弧或椭圆上 |
| 相等 | | 两条或多条直线，或两个或多个圆弧 | 直线长度或圆弧半径保持相等 |
| 对称 | | 一条中心线和两个点、直线、圆弧或椭圆 | 项目保持与中心线相等距离，并位于一条与中心线垂直的直线上 |
| 固定 | | 任何实体 | 草图曲线的大小和位置被固定。然而，固定直线的端点可以自由地沿其下无限长的直线移动 |

**技术要点：**

在上表中，3D草图中的整体轴的几何关系称为“沿X”“沿Y”及“沿Z”。而在2D草图中则称为“水平”“竖直”和“法向”。

### 7.1.3 显示/删除几何关系

用户可以使用“显示/删除几何关系”工具，将草图中的几何约束保留或者删除。在命令管理器的“草图”选项卡中单击“显示/删除几何关系”按钮，属性管理器将显示“显示/删除几何关系”面板，如图7-3所示。面板中的“实体”选项区如图7-4所示。

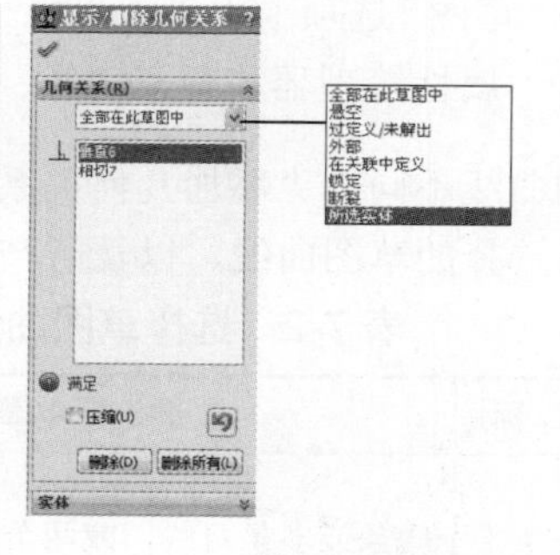


图 7-3

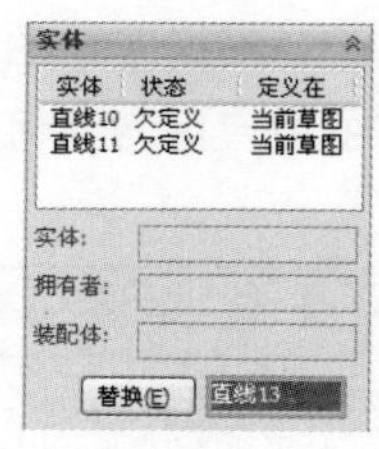


图 7-4

“显示/删除几何关系”面板中主要选项的含义如下。

- 过滤器：过滤器用于指定显示哪些几何关系，其中包括8种几何关系过滤类型。
- 信息：显示所选草图曲线的状态。

- 压缩：压缩所选草图曲线的几何关系时，几何关系的名称变成灰暗色，图标也会灰显，而信息状态从“满足”更改为“从动”，如图 7-5 所示。

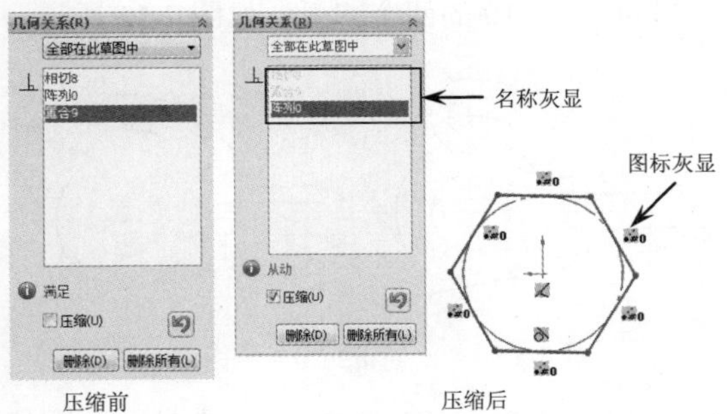


图 7-5

- 删除：单击此按钮，将几何关系列表中所选的几何关系删除。
- 删除所有：单击此按钮，将删除草图中所有的几何关系。

**技术要点：**

用户也可以在列表位置选择快捷菜单中的“删除”命令或“删除所有”命令，将所选几何关系删除或全部删除。

- 撤销：单击此按钮，撤销前一步的删除操作。
- 实体：在“几何关系”选项区的列表框中，列出所选的每个草图实体。
- 拥有者：显示草图实体所属的零件。
- 装配体：为外部模型中的草图实体显示几何关系所生成于的顶层装配体名称。
- 替换：单击此按钮，可将选择的草图曲线替换为另一条草图曲线。

**动手操作——几何约束在草图中的应用**

转轮架草图的绘制方法与手柄支架草图的绘制是完全相同的。绘制草图，对于初学者来说，总是不知道该从何处着手，感觉就是从任何位置都可以操作。其实不然，草图与实体建模一样，也有“先来后到”。

本例的转轮架草图如图 7-6 所示。

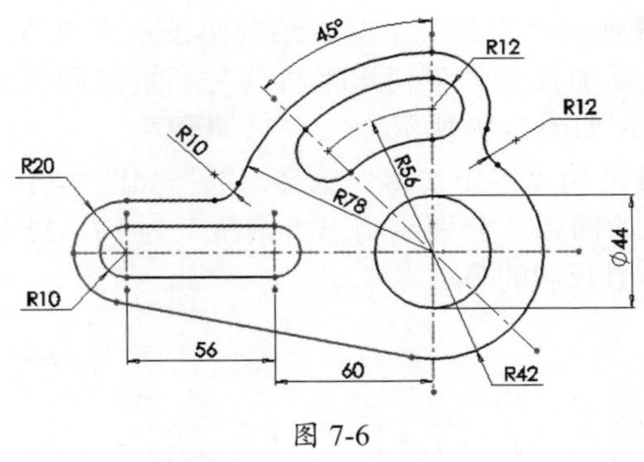


图 7-6

**操作步骤**

**01** 新建零件，选择前视视图作为草绘平面，并进入草图模式。

**02** 使用“中心线”工具，在图形区中绘制草图的定位中心线，如图 7-7 所示。

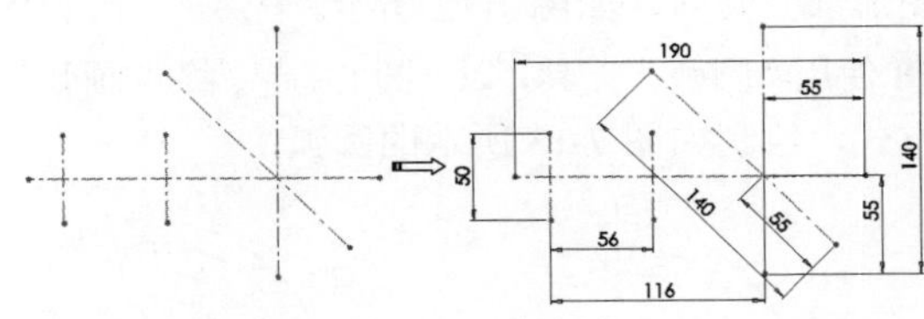


图 7-7

**03** 中心线绘制后将其全部固定。使用“圆”工具绘制如图 7-8 所示的圆。

**技术要点：**

在使用“添加几何约束”工具时，一个元素与其他多个元素是不能同时进行约束的，需要不断更换约束与被约束对象。

**04** 使用“圆弧”工具，以“圆心 / 起 / 终点画弧”方式绘制如图 7-9 所示的圆弧。

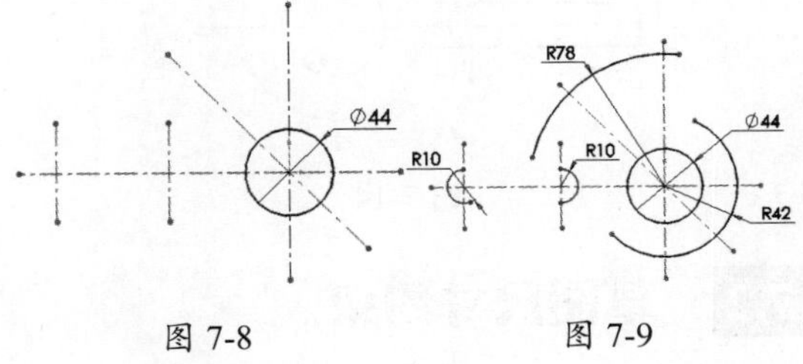


图 7-8　　图 7-9

**技术要点：**

对于使用“圆心/起/终点画弧”方式来绘制圆弧，顺序是首先在图形区确定圆弧起点，然后输入圆弧半径，最后才画弧。

**05** 使用“直线”工具，绘制两条水平直线，且添加几何约束使水平直线与相接的圆弧相切，如图 7-10 所示。

**06** 使用“等距实体”工具，选择如图 7-11 所示的圆弧，分别绘制出“偏距”为 10、22 和 34 且反向的等距实体。

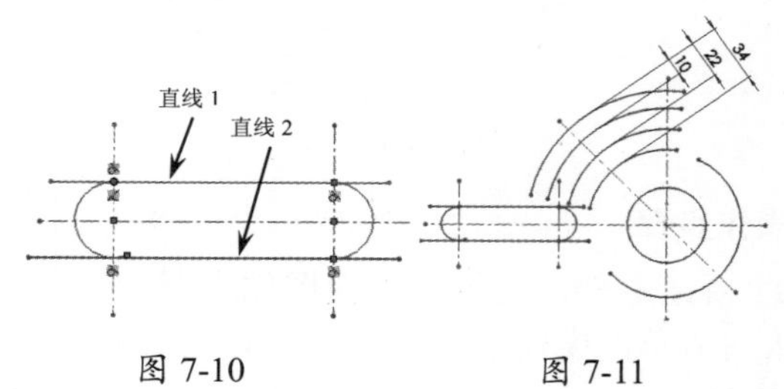


图 7-10　　图 7-11

**07** 为了便于操作，使用“裁剪实体”工具将图形部分修剪，如图 7-12 所示。

**08** 使用“圆弧”工具，以“圆心 / 起 / 终点画弧”方式，绘制如图 7-13 所示的圆弧。

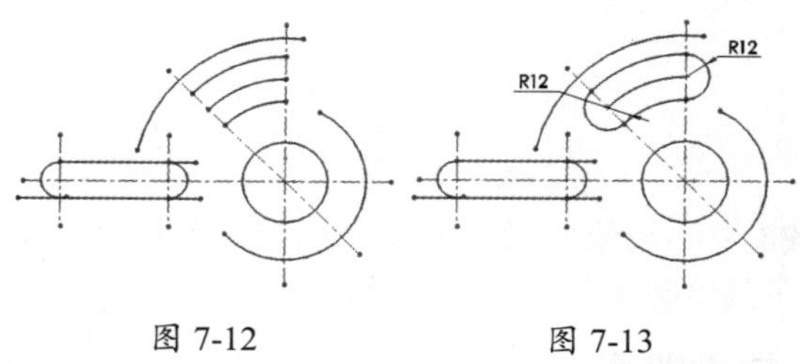


图 7-12　　图 7-13

**09** 使用“等距实体”工具，在草图中绘制等距实体，如图 7-14 所示。

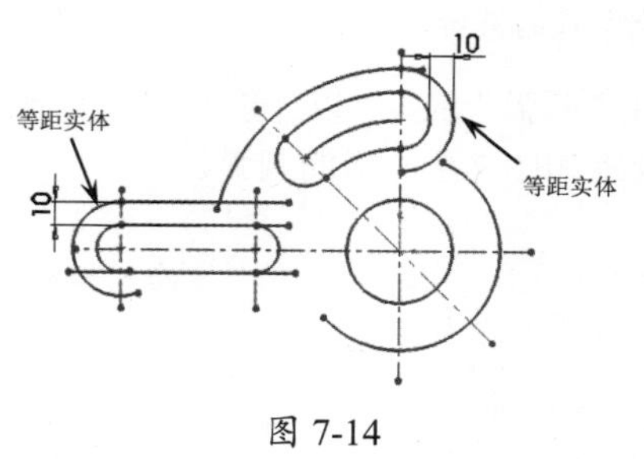


图 7-14

**10** 使用“直线”工具绘制一条斜线，添加几何关系，使该斜线与相邻圆弧相切，如图 7-15 所示。

**11** 使用“绘制圆角”工具，在草图中绘制半径分别为 12 和 10 的两个圆弧，如图 7-16 所示。

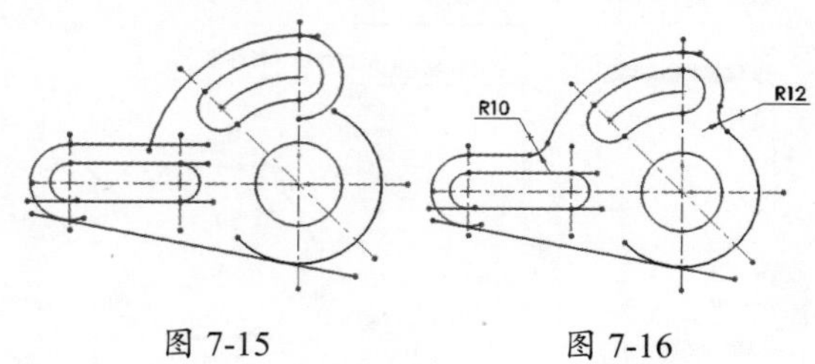


图 7-15　　图 7-16

**12** 使用“裁剪实体”工具，将草图中多余的图线修剪掉。

**13** 为绘制的草图进行尺寸约束，如图 7-17 所示。至此，转轮架草图绘制完成。

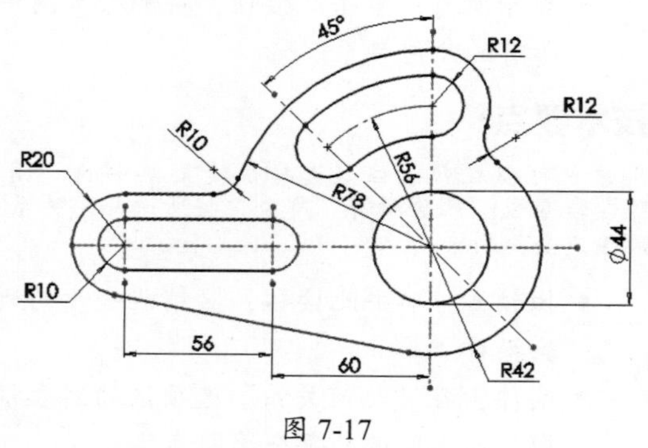


图 7-17

**14** 最后在“标准”选项卡中单击“保存”按钮，将结果保存。

## 7.2 草图尺寸约束

尺寸约束就是创建草图的尺寸标注，使草图满足设计者的要求并让草图固定。SolidWorks 尺寸约束共有 6 种，“草图”选项卡中包含这 6 种尺寸约束类型，如图 7-18 所示。

图 7-18

## 7.2.1　草图尺寸设置

在命令管理器的“草图”选项卡中单击“智能尺寸”按钮或其他尺寸标注按钮，用户可以在图形区为草图标注尺寸，标注尺寸后属性管理器将显示“尺寸”面板。

**技术要点：**

在标注尺寸的过程中，属性管理器中将显示“线条属性”面板。通过该面板可为草图曲线定义几何约束。

“尺寸”面板中包括 3 个选项卡——“数值”“引线”和“其他”。“数值”选项卡如图 7-19 所示；“引线”选项卡如图 7-20 所示；“其他”选项卡如图 7-21 所示。

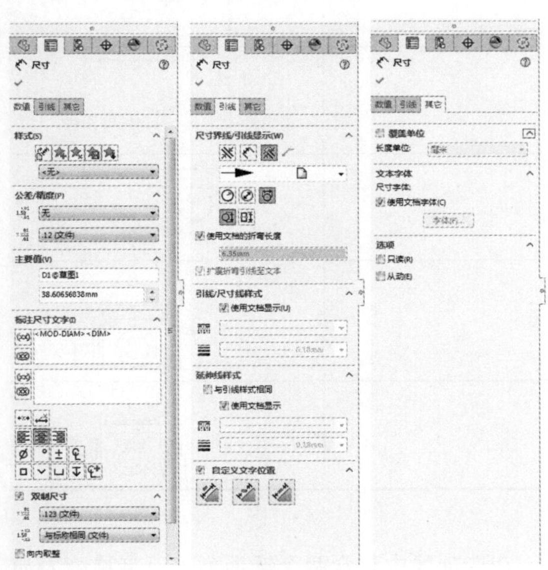

图 7-19　　图 7-20　　图 7-21

### 1. “数值”选项卡

“数值”选项卡中包括 5 个选项区，在每个选项区可分别进行不同的选项设置。

（1）“样式”选项区

该选项区为尺寸和各种注解（注释、形位公差符号、表面粗糙度符号及焊接符号）定义与文字处理文件中段落样式相类似的样式。

主要选项的含义如下。

- 将默认属性应用到所选尺寸：单击此按钮，将尺寸或注解的属性重设为文件的默认状态。
- 添加或更新样式：单击此按钮，将弹出“添加或更新样式”对话框，如图 7-22 所示。通过该对话框，可将新样式添加到 SolidWorks 程序文件中。

图 7-22

- 删除样式：单击此按钮，可将“设定当前样式”列表框中选中的样式删除。
- 保存样式：单击此按钮，保存样式以供在另一个草图尺寸标注或工程图标注中使用。
- 装入样式：单击此按钮，可将 SolidWorks 程序文件中的样式文件装载到当前草图中。
- 设定当前样式：该列表框中列出了可用的样式。

（2）“公差 / 精度”选项区

“公差 / 精度”选项区主要设置尺寸的公差与精度，主要选项的含义如下。

- 公差类型：公差类型下拉列表中包含了所有公差类型，如图 7-23 所示。

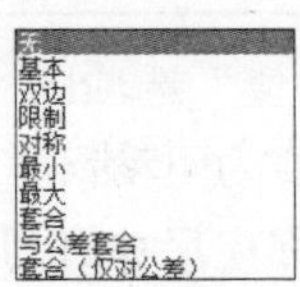


图 7-23

- 单位精度：用于设置尺寸单位的小数位数。

表 7-3 列出了所有的公差类型、说明及图解。

**表 7-3 公差类型、说明及图解**

| 公差类型 | 说　明 | 图　解 |
|---|---|---|
| 无 | 标准尺寸标注 | 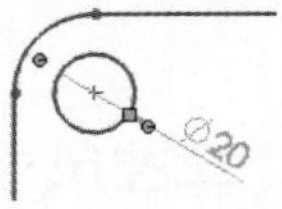 Ø20 |
| 基本 | 沿尺寸文字添加一个方框。在形位尺寸与公差中，基本表示尺寸理论上的准确值 | 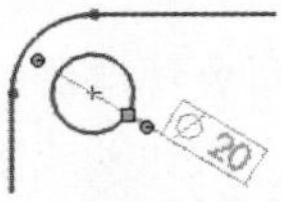 Ø20 |
| 双边 | 显示其后有单独上、下公差的标称尺寸 | 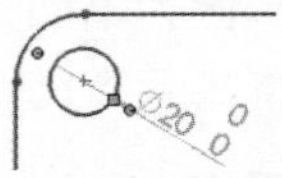 Ø20 0 0 |
| 限制 | 显示尺寸的上限和下限 | 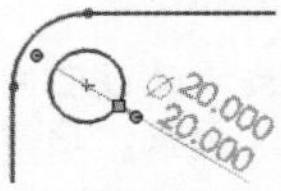 Ø20.000 20.000 |
| 对称 | 显示后面跟有公差的标称尺寸 | 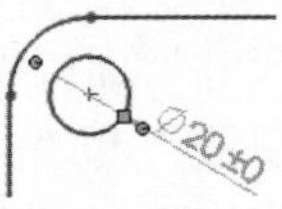 Ø20±0 |
| 最小 | 显示标称值并带后缀“最小” | 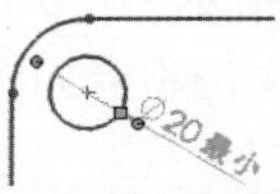 Ø20 最小 |
| 最大 | 显示标称值并带后缀“最大” | 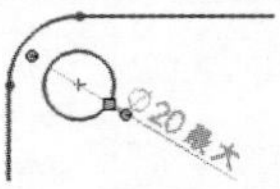 Ø20 最大 |
| 套合 | 在尺寸值后设置孔套合与轴套合 | 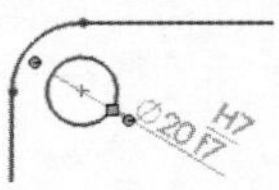 Ø20 H7 f7 |
| 与公差套合 | 在套合中设置单位精度和公差精度 | 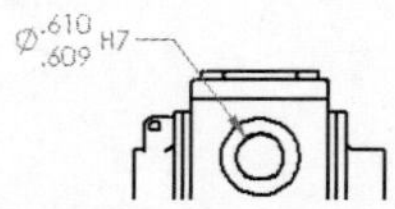 Ø.610 .609 H7 |
| 套合（仅对公差） | 使用套合值，但不将其显示 | 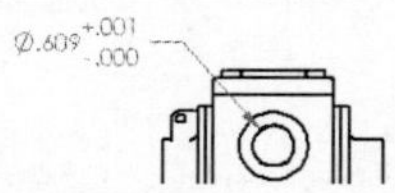 Ø.609 +.001 -.000 |

（3）“主要值”选项区

该选项区主要为驱动尺寸进行更改以改变模型。在选项区中包含两个选项列表。名称列表显示所选尺寸的名称；尺寸值列表显示尺寸数值，可以更改此值。

（4）“标注尺寸文字”选项区

该选项区主要用来设置标注文字的样式，主要选项的含义如下。

- 添加括号：单击此按钮，为标注文字添加括号，如图 7-24 所示。
- 尺寸置中：单击此按钮，标注文字在尺寸线中间放置。

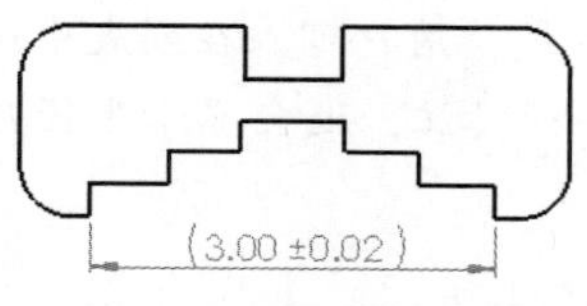


图 7-24

- 审查尺寸：单击此按钮，为标注文字添加审查标记，如图 7-25 所示。
- 等距文字：单击此按钮，使尺寸线上的尺寸文字等距，如图 7-26 所示。

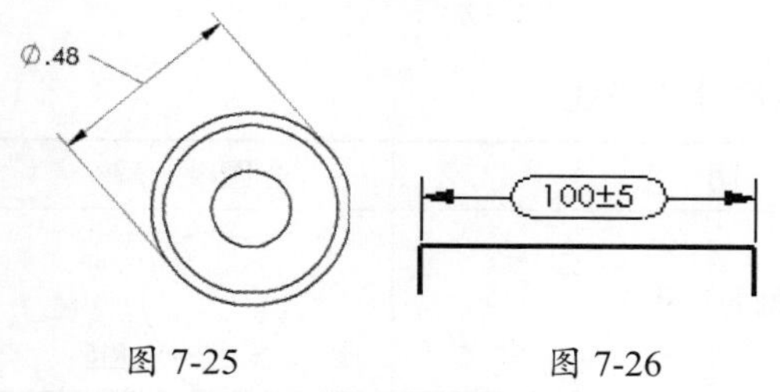


图 7-25　　　　图 7-26

- 文字文本框：文字文本框中显示尺寸标注文字，尺寸标注文字以 <DIM> 表示。可以在文本框内添加新文字，若在 <DIM> 前添加，添加的文字则显示原标注文字之前，反之，则在原标注文字之后。当按 Delete 键删除 <DIM> 时，弹出确认尺寸值文字覆写对话框，单击“是”按钮后，即可在文字文本框内输入用户定义的文字，如图 7-27 所示。

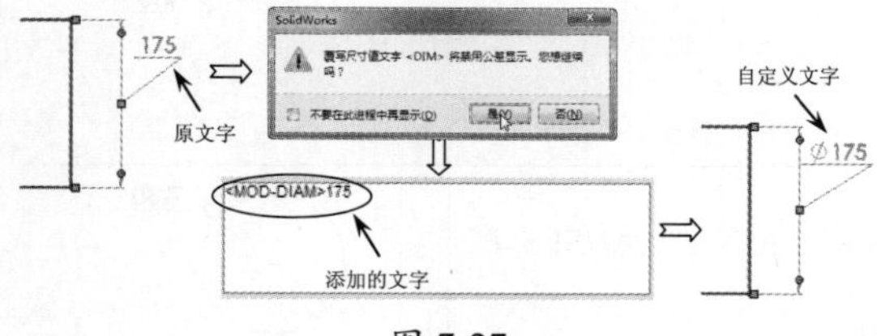


图 7-27

**技术要点：**

对于某些类型的尺寸，会自动出现额外的文字。例如，柱形沉头孔的孔标注，显示孔的直径和深度。

- 文字对齐、符号：在文字文本框下方的文字对齐和符号，可以设置标注文字的对齐方式，以及是否单击符号按钮来添加符号。
- 更多符号：单击此按钮，将弹出“符号”对话框，如图 7-28 所示。通过此对话框，可以添加 SolidWorks 提供的标注符号。

（5）“双制尺寸”选项区

该选项区可以指定双制（英制和公制）尺寸的单位精度和公差精度，如图 7-29 所示。

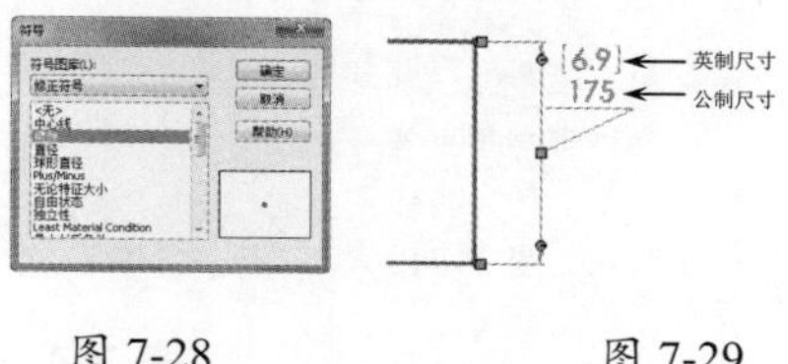


图 7-28　　　　图 7-29

### 2. “引线”选项卡

“引线”选项卡包括引线和尺寸界线的设置选项。选项卡中主要选项的含义如下。

- 外面：单击此按钮，尺寸线的箭头在尺寸界线外侧，如图 7-30（a）所示。
- 里面：单击此按钮，尺寸线的箭头在尺寸界线内侧，如图 7-30（b）所示。
- 智能：单击此按钮，在空间过小、不足以容纳尺寸文字和箭头的情况下，将箭头自动放置于延伸线外侧，如图 7-30（c）所示。
- 指引的引线：可以相对于特征的曲面而以任何角度定向，并可平行于特征轴而放置于注解基准面中，如图 7-30（d）所示。此设置仅当为 3D 模型进行引线标注后才可用。

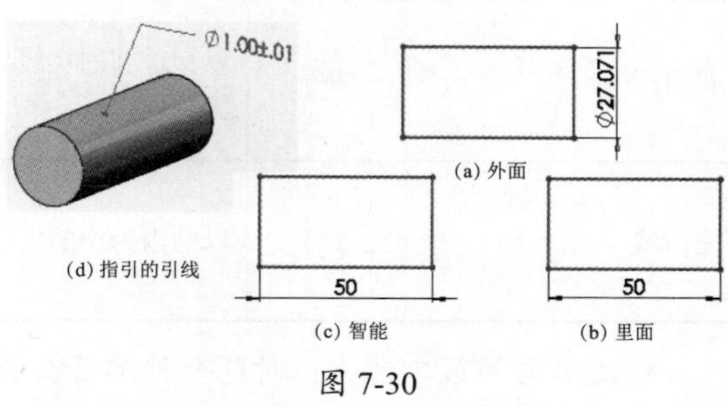


图 7-30

**技术要点：**

当尺寸被选中时，尺寸箭头出现圆形控标，当鼠标指针位于箭头控标上时，形状变为。单击箭头控标，可以改变箭头位置。

- 样式：在“样式”下拉列表中包含 13 种尺寸线箭头样式，用户可以在列表中选择一种样式作为尺寸标注的箭头样式，如图 7-31 所示。若是半径标注，还会显示半径尺寸线样式设置按钮，如图 7-32 所示。半径尺寸线样式，见表 7-4。

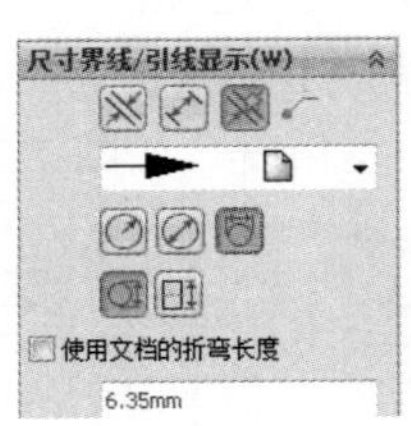

图 7-31

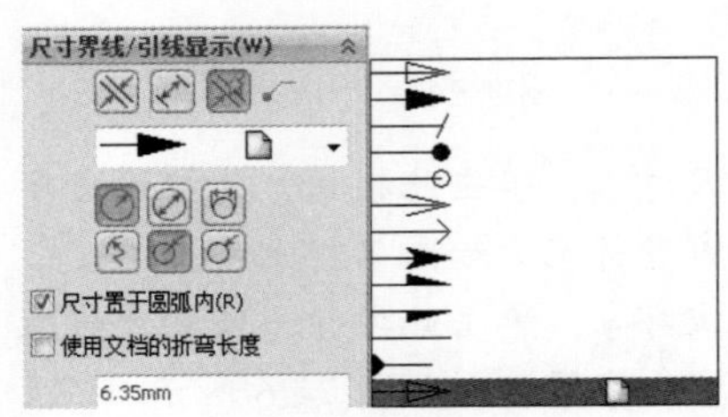

图 7-32

表 7-4　半径标注的尺寸线样式

| 尺寸线样式 | | 图　标 | 说　明 | 图　解 |
|---|---|---|---|---|
| 半径 | | | 指定以半径标注圆弧或圆的尺寸 | R15 |
| 直径 | | | 指定以直径标注圆弧或圆的尺寸 | Ø30 |
| 线性 | 与轴垂直 | | 指定以线性尺寸（非径向）标注直径尺寸，且与轴垂直 | Ø30 |
| | 与轴平行 | | 指定以线性尺寸（非径向）标注直径尺寸，且与轴平行 | Ø30 |
| 尺寸线打折 | | | 以折断的半径尺寸线标注尺寸 | R15 |
| 实引线 | | | 以穿过圆的实线显示标注直径尺寸。ANSI 标准下不可用 | Ø30 |
| 空引线 | | | 以圆内为空的实线来标注直径尺寸 | Ø30 |

- 使用文档第二箭头：对包含外部箭头的直径尺寸（非线性），指定以文档默认的形式设置第二箭头。
- 使用文档的折弯长度：勾选此选项，将使用在“系统选项”的“文档属性”选项区域下设置的折弯长度标注。
- 使用文档显示：勾选此选项，可以使用系统选项默认的设置来显示线型。
- 引线样式：该下拉列表中包含程序提供的引线样式选项，如图 7-33 所示。

- 引线粗度☰：引线粗度下拉列表中包含程序提供的引线线型粗细选项，如图 7-34 所示。

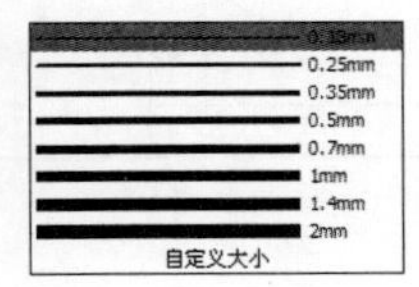


图 7-33

图 7-34

- 实引线，文字对齐：此自定义的文字位置，如图 7-35（a）所示。
- 折断引线，水平文字：此自定义的文字位置，如图 7-35（b）所示。
- 折断引线，文字对齐：此自定义的文字位置，如图 7-35（c）所示。

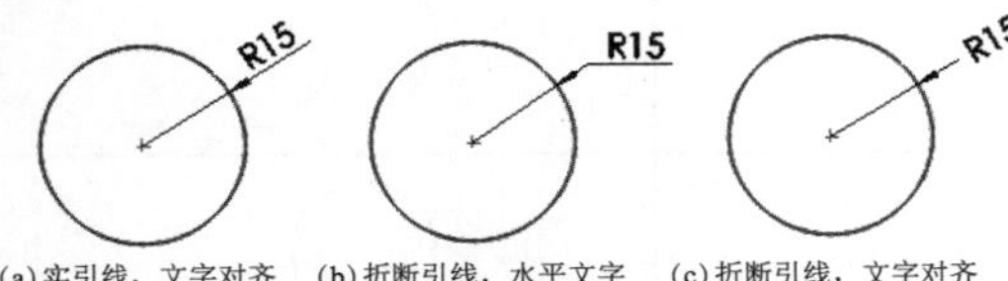


(a) 实引线，文字对齐　(b) 折断引线，水平文字　(c) 折断引线，文字对齐

图 7-35

**技术要点：**

当尺寸线被折断时，它们将绕附近的线折断。如果尺寸的移动幅度较大，它可能不会绕新的附近尺寸折断。若想更新显示，解除尺寸线折断，然后再将它们折断即可。

### 3. “其他”选项卡

“其他”选项卡用于指定标注尺寸单位、标注字体的样式等。选项卡中主要选项的含义如下。

- 长度单位：该下拉列表中包含程序提供的英制和公制单位，如图 7-36 所示。
- 使用文档字体：勾选此复选框，将使用程序默认的字体样式；不勾选此复选框，可以自定义设置字体样式。
- 字体：单击此按钮，弹出“选择字体”对话框，如图 7-37 所示，通过该对话框，可以为标注文字设置自定义的字体样式。

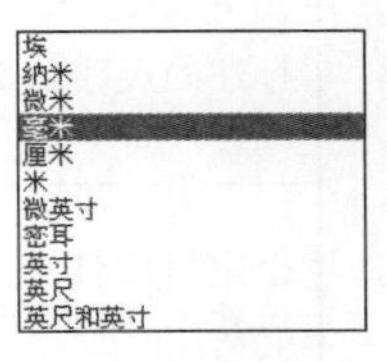


图 7-36

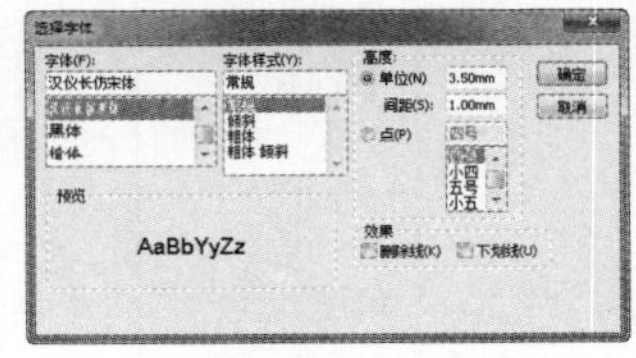


图 7-37

## 7.2.2　尺寸约束类型

SolidWorks 提供了 6 种尺寸约束类型：智能尺寸、水平尺寸、竖直尺寸、尺寸链、水平尺寸链和竖直尺寸链。其中，智能尺寸类型也包含水平尺寸类型和竖直尺寸类型。

智能尺寸是程序自动判断选择对象并进行对应的尺寸标注。这种类型的好处是标注灵活，由一个对象可标注出多个尺寸约束，但由于此类型几乎包含了所有的尺寸标注类型，所以针对性不强，有时也会产生不便。

表 7-5 中列出了 SolidWorks 的所有尺寸标注类型。

表 7-5　尺寸标注类型

| 尺寸标注类型 | 图　标 | 说　明 | 图　解 |
|---|---|---|---|
| 竖直尺寸链 | | 竖直标注的尺寸链组 | 0 30 60 |
| 水平尺寸链 | | 水平标注的尺寸链组 | 0 56 113 |
| 尺寸链 | | 从工程图或草图中的零坐标，开始测量的尺寸链组 | 0 30 60 |

续表

| 尺寸标注类型 | | 图　标 | 说　明 | 图　解 |
|---|---|---|---|---|
| 竖直尺寸 | | | 标注的尺寸总是与坐标系的 Y 轴平行 | 50 |
| 水平尺寸 | | | 标注的尺寸总是与坐标系的 X 轴平行 | 100 |
| 智能尺寸 | 平行尺寸 | | 标注的尺寸总是与所选对象平行 | 100 |
| | 角度尺寸 | | 指定以线性尺寸（非径向）标注直径尺寸，且与轴平行 | 25° |
| | 直径尺寸 | | 标注圆或圆弧的直径 | ∅70 |
| | 半径尺寸 | | 标注圆或圆弧的半径 | R35 |
| | 弧长尺寸 | | 标圆弧的弧长。标注方法是先选择圆弧，然后依次选择圆弧的两个端点 | 120 |

**技术要点：**

尺寸链有两种方式：一种是链尺寸，另一种是基准尺寸。基准尺寸主要用来标注孔在模型中的具体位置，如图7-38所示。要使用基准尺寸，可在“系统选项”设置的“文档属性”选项卡中，在“尺寸链”选项的“尺寸标注方法”选项组中选中“基准尺寸”单选按钮。

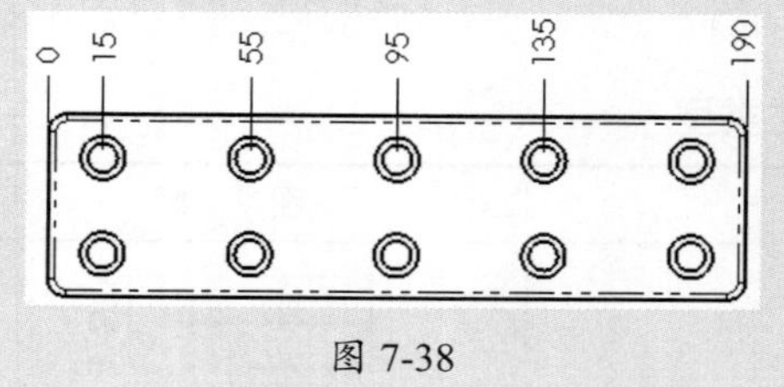


图 7-38

## 7.2.3 尺寸修改

当尺寸不符合设计要求时，就需要重新修改。尺寸的修改可以通过“尺寸”面板修改，也可以通过“修改”对话框来修改。

在草图中双击标注的尺寸，弹出“修改”对话框，如图 7-39 所示。

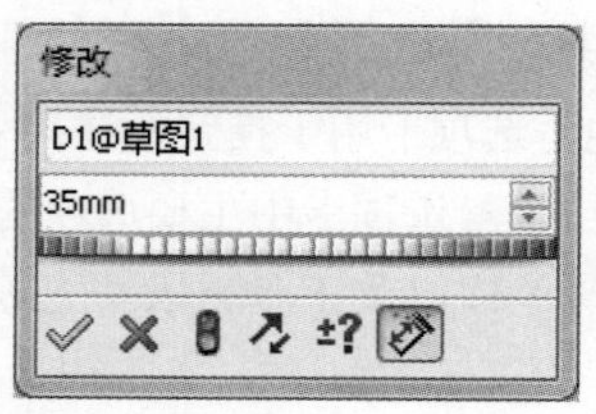


图 7-39

“修改”对话框中相关按钮命令的含义如下。

- 保存：单击此按钮，保存当前的数值并退出此对话框。
- 恢复：单击此按钮，恢复原始值并退出此对话框。
- 重建模型：单击此按钮，以当前的数值重建模型。

- 反转尺寸方向：单击此按钮，反转尺寸方向。
- 重设增量值：单击此按钮，重新设定尺寸增量值。
- 标注：单击此按钮，标注要输入工程图中的尺寸。此命令仅在零件和装配体模式中可用。当插入模型项目到工程图中时，可插入所有尺寸或只插入标注的尺寸。

要修改尺寸数值，可以输入数值；可以单击微调按钮；可以单击微型旋轮；还可以在图形区滚动鼠标滚轮。

默认情况下，除直接输入尺寸值外，其他几种修改方法都是以10的增量增加或减少尺寸值。可以单击“重设增量值”按钮，在随后弹出的“增量”对话框中设置自定义的尺寸增量值，如图7-40所示。

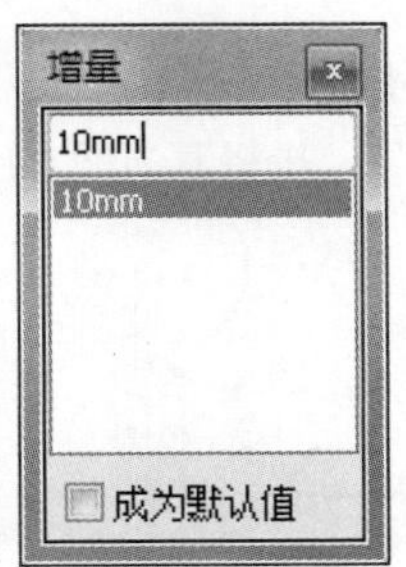


图 7-40

修改增量值后，勾选“增量”对话框中的“成为默认值”复选框，新设定的值就成为以后的默认增量值。

**动手操作——尺寸约束在草图中的应用**

要绘制一个完整的平面图形，需要对图形进行尺寸分析。在本例中，手柄支架图形主要有尺寸基准、定位尺寸和定形尺寸。从对图形进行线段分析来看，主要包括已知线段、连接线段和中间线段。

在绘制图形的过程中，会使用直线、中心线、圆、圆弧、等距实体、移动实体、剪裁实体、几何约束、尺寸约束等工具来完成草图。手柄支架草图，如图7-41所示。

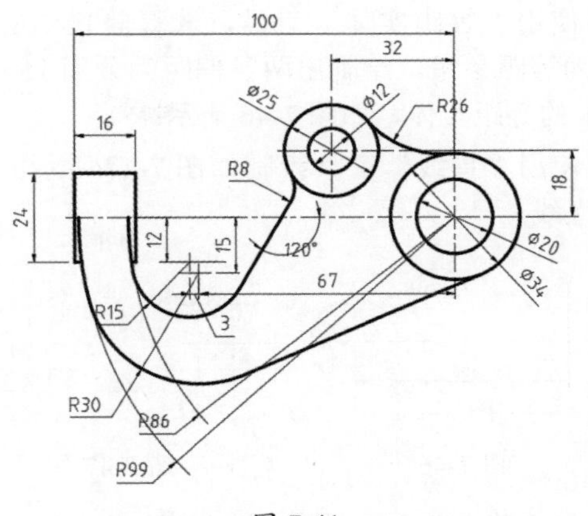


图 7-41

**操作步骤**

**01** 新建零件，选择前视图作为草绘平面，并进入草图模式。

**02** 使用“中心线”工具，在图形区中绘制如图7-42所示的中心线。

**03** 使用“圆弧”工具，以“圆心/起/终点画弧”类型在图形区中绘制半径为56的圆弧，并将此圆弧设为“作为构造线”，如图7-43所示。

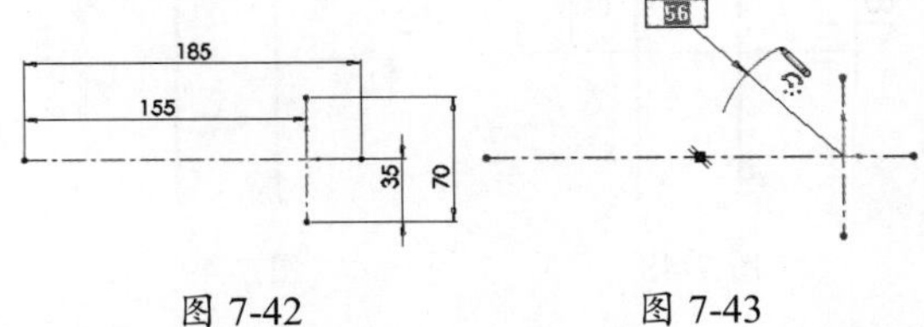


图 7-42　　图 7-43

**技术要点：**

将圆弧设为构造线，是因为圆弧将作为定位线而存在的。

**04** 使用“直线”工具，绘制一条与圆弧相交的构造线，如图7-44所示。

**05** 使用“圆”工具在图形区中绘制4个直径分别为52、30、34和16的圆，如图7-45所示。

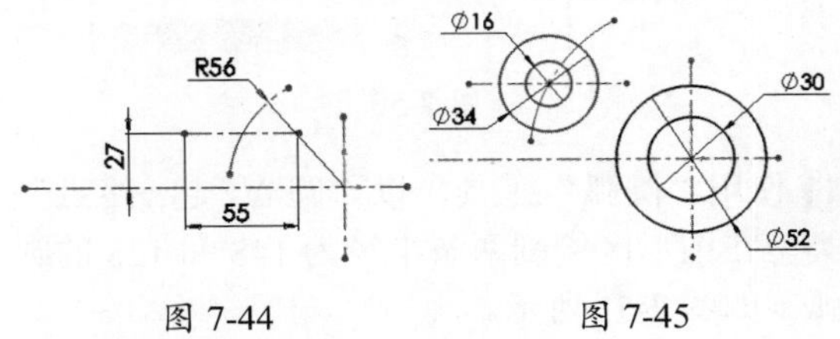


图 7-44　　图 7-45

**06** 使用“等距实体”工具，选择竖直中心线作为等距参考，绘制出两条偏距为分别 150 和 126 的等距实体，如图 7-46 所示。

**07** 使用“直线”工具绘制如图 7-47 所示的水平直线。

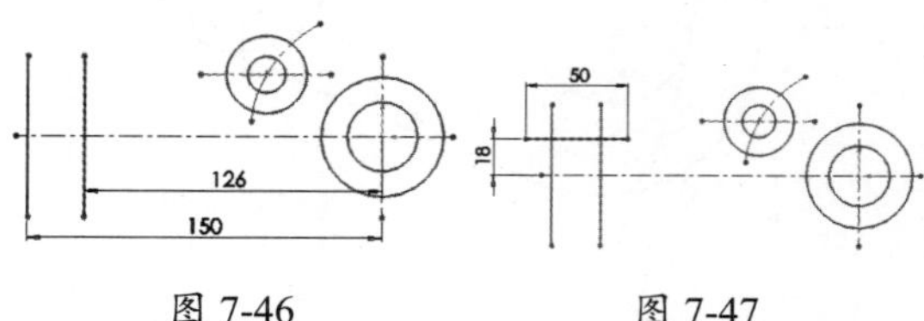


图 7-46　　图 7-47

**08** 在“草图”选项卡中单击“镜像实体”按钮，属性管理器显示“镜像”面板。按信息提示在图形区选择要镜像的实体，如图 7-48 所示。

**09** 勾选“复制”复选框，并激活“镜像点”列表，然后在图形区选择水平中心线作为镜像中心，如图 7-49 所示。

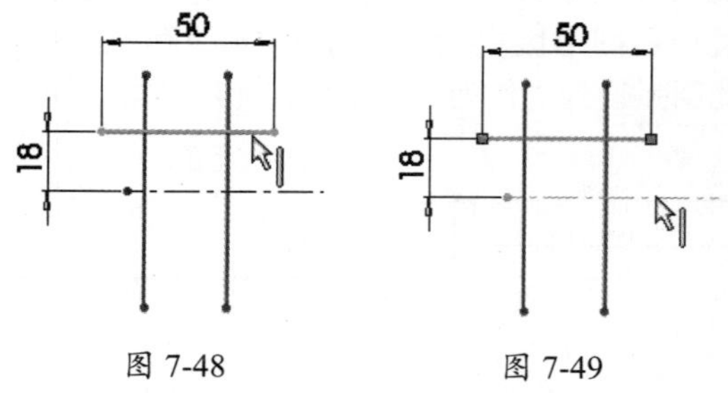


图 7-48　　图 7-49

**10** 最后单击“确定”按钮，完成镜像操作，如图 7-50 所示。

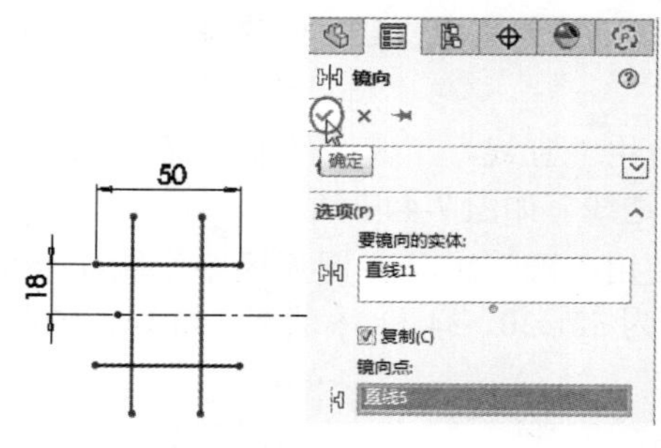


图 7-50

**11** 使用“圆弧”工具，以“圆心 / 起 / 终点”类型在图形区绘制两条半径为 148 和 128 的圆弧，如图 7-51 所示。

**技术要点：**

如果绘制的圆弧不是需要的圆弧，而是圆弧的补弧，那么在确定圆弧的终点时可以顺时针或逆时针调整你所需要的圆弧。

**12** 使用“直线”工具，绘制两条水平短直线，如图 7-52 所示。

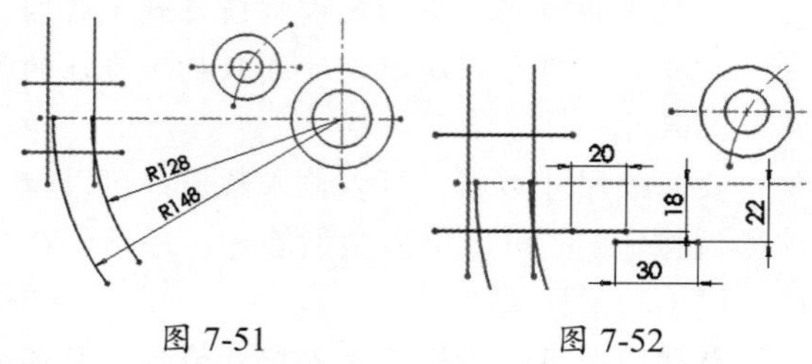


图 7-51　　图 7-52

**13** 使用“添加几何关系”工具，将前面绘制的所有图线固定。

**14** 使用“圆弧”工具，以“圆心 / 起 / 终点”类型在图形区中绘制半径为 22 的圆弧，如图 7-53 所示。

**15** 使用“添加几何关系”工具，选择如图 7-54 所示的两段圆弧，并将其几何约束为“相切”。

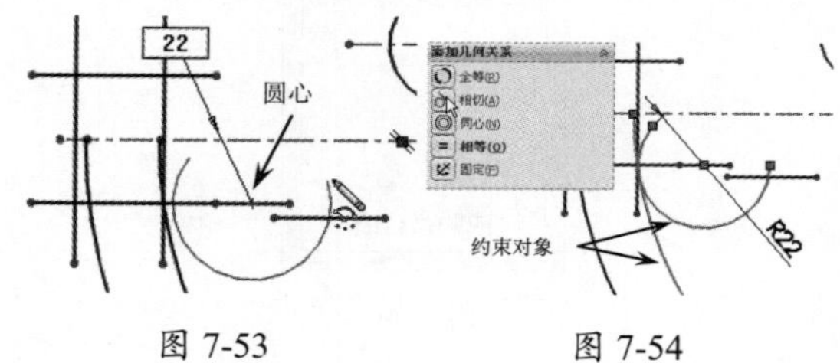


图 7-53　　图 7-54

**16** 同理，再绘制半径为 43 的圆弧，并添加几何约束将其与另一个圆弧相切，如图 7-55 所示。

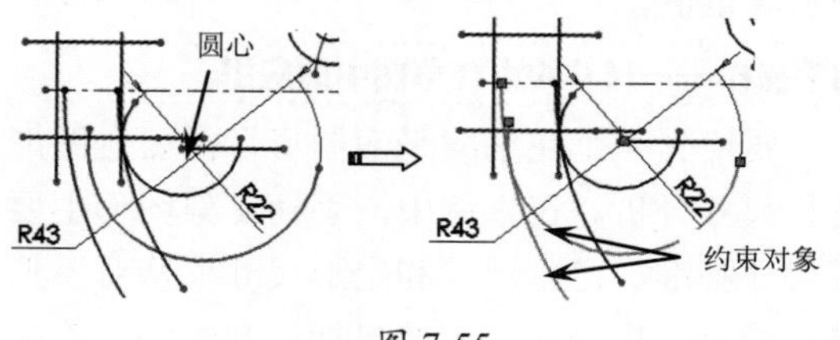


图 7-55

**17** 使用“直线”工具，绘制一条直线构造线，使之与半径为 22 的圆弧相切，并与水平中心线平行，如图 7-56 所示。

**18** 使用“直线”工具绘制直线，使该直线与上一步绘制的直线构造线呈 60°。添加几何关系使其相切于半径为22的圆弧，如图7-57所示。

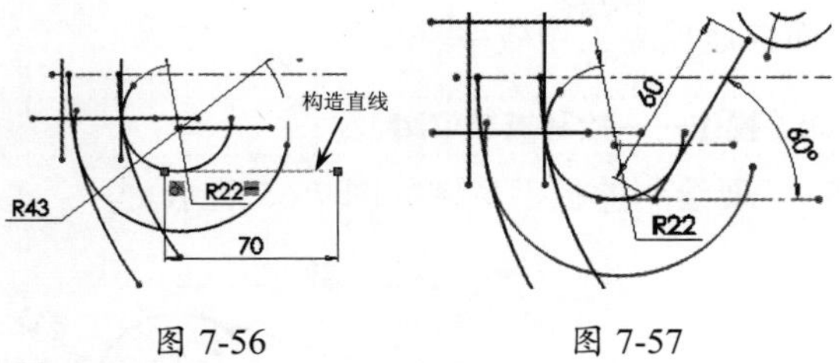


图7-56　　　　图7-57

**19** 使用“裁剪实体”工具，先将图形处理，结果如图7-58所示。

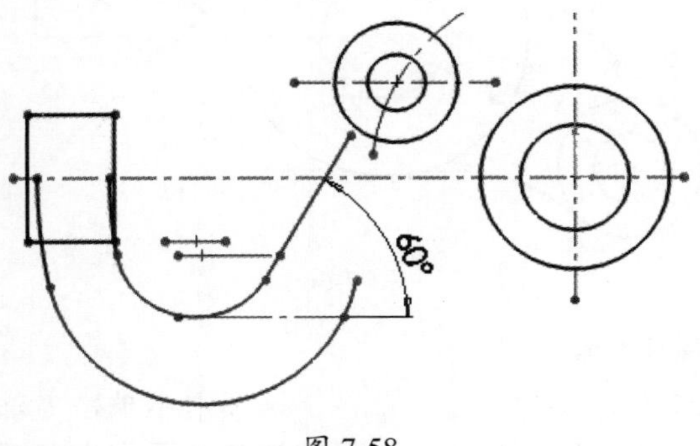


图7-58

**20** 使用“直线”工具，绘制一条角度直线，并添加几何约束关系，使其与另一处圆弧和圆相切，如图7-59所示。

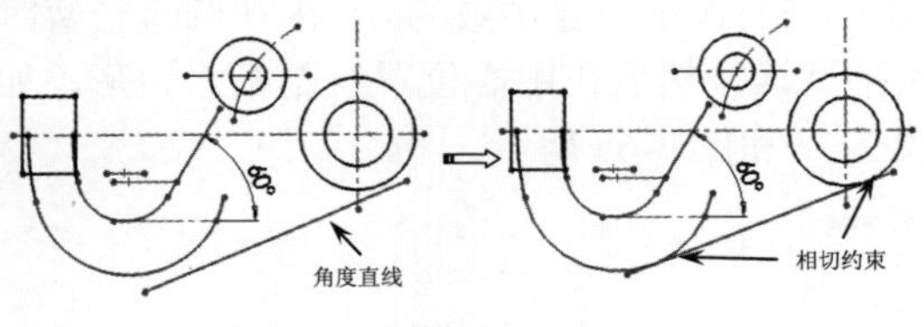


图7-59

**21** 使用“圆弧”工具，以“3点圆弧”类型在两个圆之间绘制半径为40的连接圆弧，并添加几何约束关系，使其与两个圆都相切，如图7-60所示。

**技术要点：**

在绘制圆弧时，圆弧的起点与终点不要与其他图线中的顶点、交叉点或中点重合，否则无法添加新的几何关系。

**22** 同理，在图形区另一位置绘制半径为12的圆弧，添加几何约束关系使其与角度直线和圆都相切，如图7-61所示。

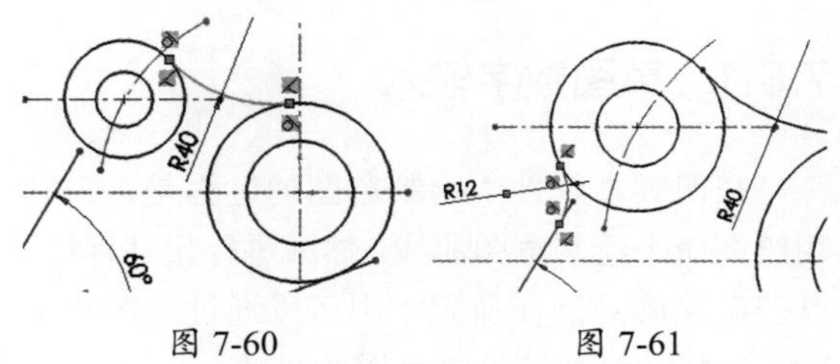


图7-60　　　　图7-61

**23** 使用“圆弧”工具，以基准线中心为圆弧中心，绘制半径为80的圆弧，如图7-62所示。

**24** 使用“剪裁实体”工具，将草图中多余的图线全部修剪掉，完成结果如图7-63所示。

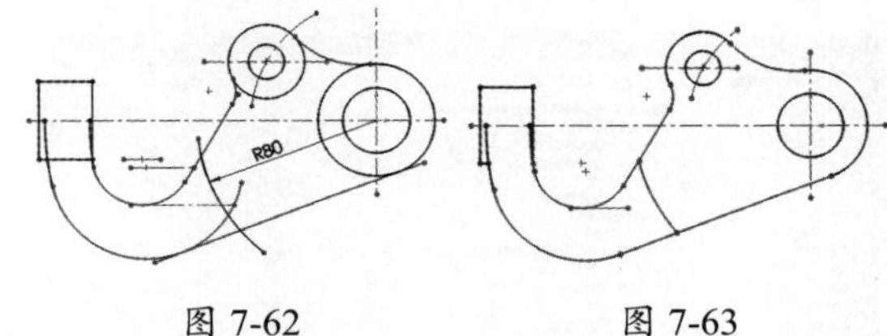


图7-62　　　　图7-63

**25** 使用“显示/删除几何关系”工具，除中心线外删除其余草图图线的几何关系，然后对草图进行尺寸标注，完成结果如图7-64所示。

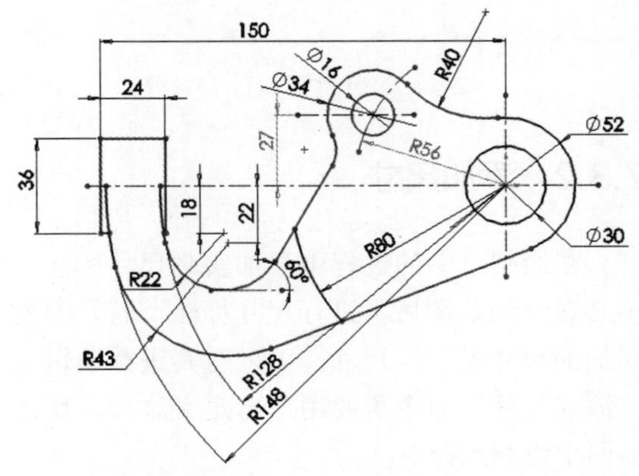


图7-64

**26** 至此，手柄支架草图已绘制完成。最后在“标准”选项卡中单击“保存”按钮，将草图保存。

# 7.3 插入尺寸

在绘制草图的过程中，可以即时插入尺寸，从而快速提高工作效率。

## 7.3.1 草图数字输入

在旧版本软件中绘制草图的过程是：先利用绘图命令绘制草图曲线，然后进行尺寸标注，既费时又麻烦。在新版本中可以通过草图数字输入功能达到快速绘制草图的目的。

要想运用此功能，可以在“系统选项”对话框的“草图”选项设置界面勾选“在生成实体时启用荧屏上数字输入”复选框，如图7-65所示。

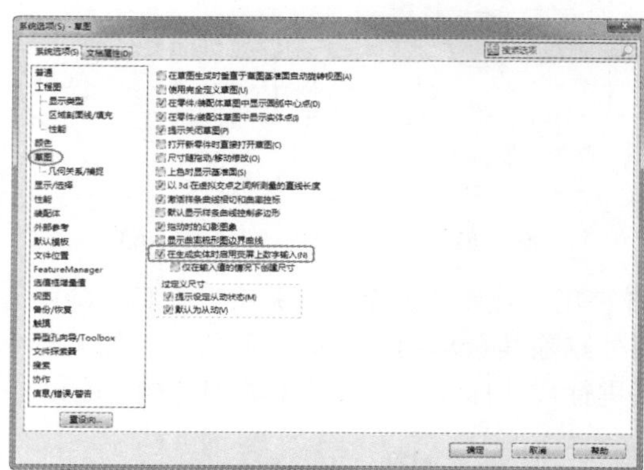

图 7-65

## 7.3.2 添加尺寸

在绘制草图的过程中添加实时尺寸标注，不必在绘制草图后再进行尺寸标注。而且因为添加的尺寸是驱动尺寸，可以对其进行编辑。“添加尺寸”命令需要用户自定义添加，默认界面中没有此命令。

**技术要点：**

“添加尺寸”功能仅当启用了“草图数字输入”功能后才可使用，且仅针对单一草图曲线使用。

下面通过一个草图绘制实例来说明草图数字输入和添加尺寸的用法。

**动手操作——绘制扳手草图**

要绘制的扳手草图如图 7-66 所示。

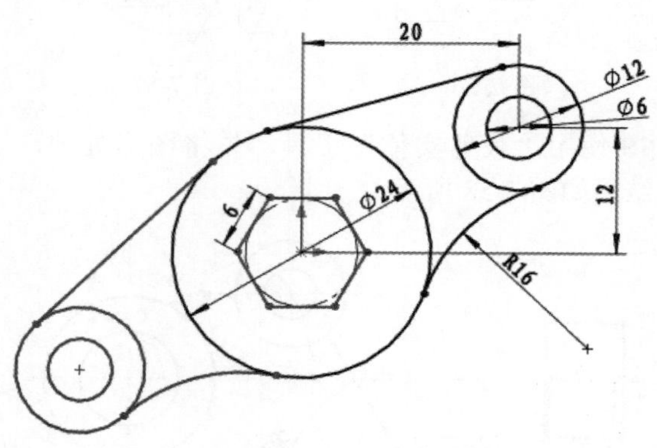


图 7-66

**操作步骤**

**01** 新建文件。在“草图”选项卡中单击“草图绘制”按钮，选择前视基准面作为草图平面，进入草图环境中。

**02** 先开启草图数字输入功能，单击“多边形”按钮，打开“多边形”面板。

**03** 在该面板中设置边数为6，内切圆直径暂时保持默认，然后在中心位置绘制正六边形，如图7-67和图7-68所示。

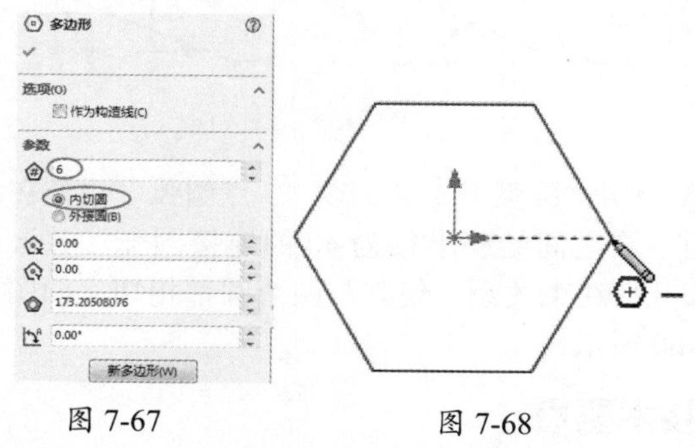


图 7-67　图 7-68

**技术要点：**

由于多边形不是单一草图曲线，所以不能使用“添加尺寸”功能，它的尺寸是由“多边形”面板或后期标注的“智能尺寸”控制的。

**04** 使用“智能尺寸”标注正六边形的一条边，

并修改长度为 6，如图 7-69 所示。

**05** 单击“圆”按钮，再单击“添加尺寸”按钮，然后绘制直径为 24 且与正六边形同心的圆，如图 7-70 所示。

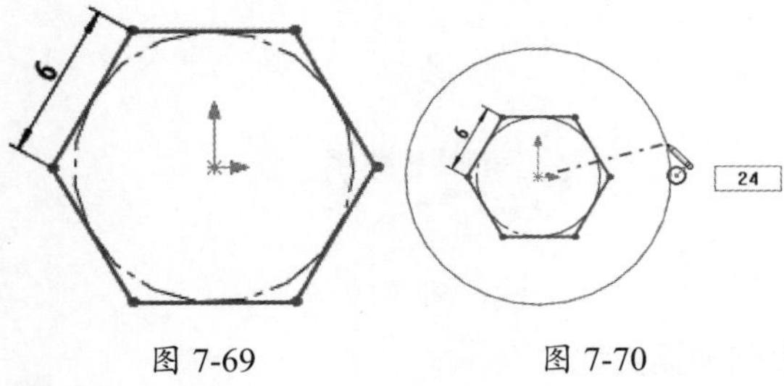

图 7-69　　图 7-70

**06** 继续绘制直径分别为 12、6 的两个同心圆，如图 7-71 所示。

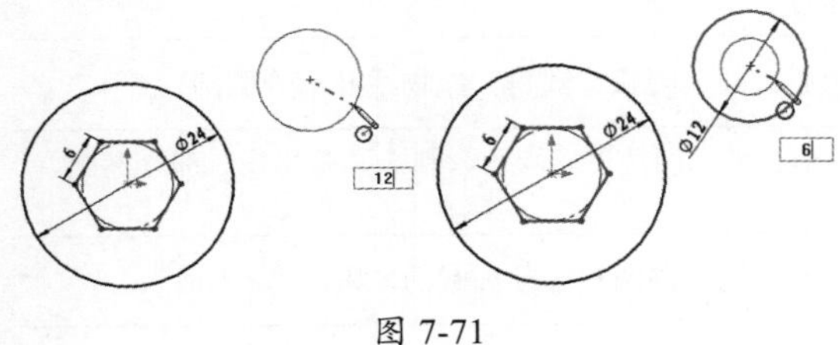

图 7-71

**07** 利用“智能尺寸”命令，为同心圆标注定位尺寸，如图 7-72 所示。

**08** 利用“直线”命令和“3 点圆弧”命令绘制一条斜线和圆弧，如图 7-73 所示。

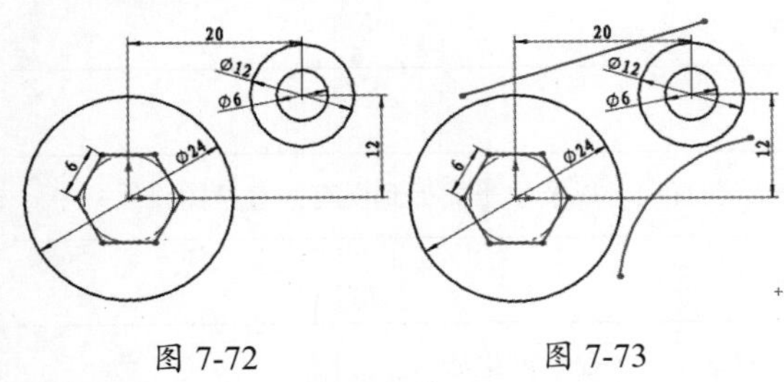

图 7-72　　图 7-73

**09** 选择“添加几何关系”命令，然后为斜线和圆添加相切约束，如图 7-74 所示。

**10** 同理，为圆弧和圆添加相切约束，并标注圆弧半径，如图 7-75 所示。

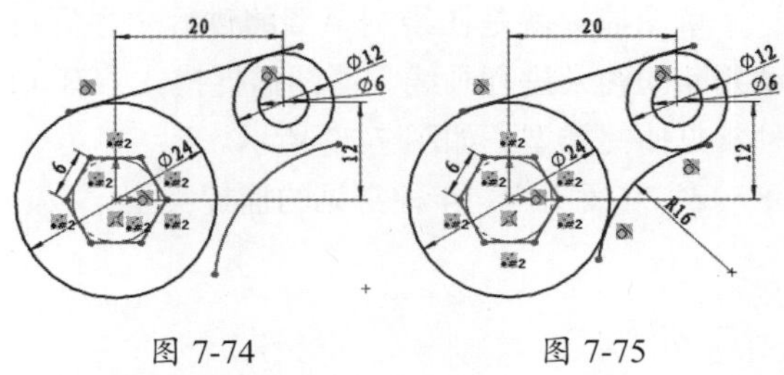

图 7-74　　图 7-75

**11** 剪裁实体，结果如图 7-76 所示。

**12** 利用“中心线”命令过原点绘制一条斜线，与水平方向的夹角角度为 120°，如图 7-77 所示。

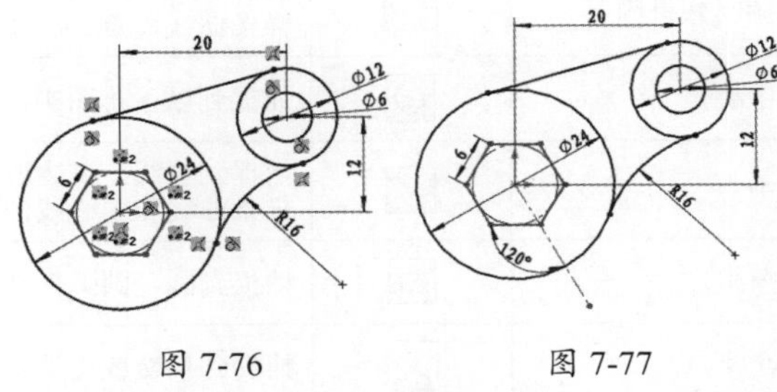

图 7-76　　图 7-77

**13** 利用“镜像实体”命令，将两个同心圆、相切直线和相切圆弧镜像至斜线（中心线）的另一侧，如图 7-78 所示。

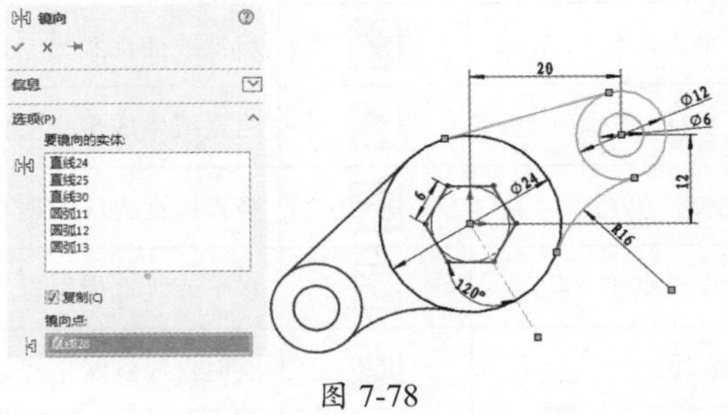

图 7-78

**14** 至此，完成了扳手草图的绘制。

## 7.4 草图捕捉工具

用户在绘制草图的过程中，可以使用 SolidWorks 提供的草图捕捉工具精确地绘制图形。草图捕捉工具是绘制草图的辅助工具，包括“草图捕捉”和“快速捕捉”两种捕捉模式。

### 7.4.1 草图捕捉

草图捕捉就是在绘制草图的过程中根据自动判断的约束进行画线。草图捕捉模式共有 14 种常见捕捉类型，如图 7-79 所示。

表 7-6 列出了 14 种常见的捕捉类型。

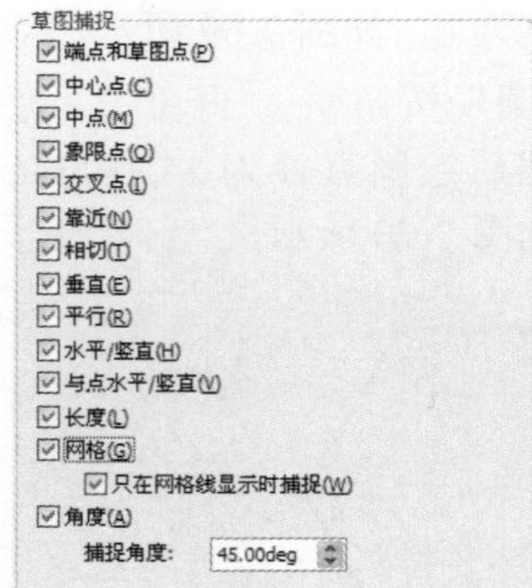


图 7-79

表 7-6 常见的草图捕捉类型

| 草图捕捉 | 图 标 | 说 明 |
| --- | --- | --- |
| 端点和草图点 | | 捕捉直线、多边形、矩形、平行四边形、圆角、圆弧、抛物线、部分椭圆、样条曲线、点、倒角的端点 |
| 中心点 | | 捕捉到以下草图实体的中心：圆、圆弧、圆角、抛物线及部分椭圆 |
| 中点 | | 捕捉到直线、多边形、矩形、平行四边形、圆角、圆弧、抛物线、部分椭圆、样条曲线和中心线的中点 |
| 象限点 | | 捕捉到圆、圆弧、圆角、抛物线、椭圆和部分椭圆的象限 |
| 交叉点 | | 捕捉到相交或交叉实体的交叉点 |
| 靠近 | | 支持所有草图。选中“靠近”复选框，激活所有捕捉。鼠标指针不需要紧邻其他草图实体，即可显示推理点或捕捉到该点 |
| 相切 | | 捕捉到圆、圆弧、圆角、抛物线、椭圆、部分椭圆和样条曲线的切线 |
| 垂直 | | 将直线捕捉到另一条直线 |
| 平行 | | 给直线生成平行实体 |
| 水平 / 竖直 | | 竖直捕捉直线到现有水平草图直线，以及水平捕捉到现有竖直草图直线 |
| 与点水平 / 竖直 | | 水平或竖直捕捉直线到现有草图点 |
| 长度 | | 捕捉直线到网格线设定的增量，无须显示网格线 |
| 网格 | | 捕捉草图实体到网格的水平和竖直分隔线。默认情况下，这是唯一未激活的草图捕捉 |
| 角度 | | 捕捉到角度。要设定角度，执行“工具”\|“选项”\|“系统选项”\|“草图”命令，然后选择“几何关系 / 捕捉”选项，并设定“捕捉角度”的数值 |

### 7.4.2 快速捕捉

快速捕捉是绘制草图过程中执行的单步草图捕捉。也就是说，当用户执行草图实体绘制命令后，即可使用 SolidWorks 提供的快速捕捉工具在另一个草图中捕捉点。

要使用快速捕捉工具，用户可通过以下方式来选择命令。

- 在命令管理器的“草图”选项卡中选择快速捕捉命令。
- 在“快速捕捉”工具条中选择快速捕捉命令。
- 在激活的草图中，执行另一个草图命令，然后在图形区选择快捷菜单中的“快速捕捉”命令。
- 在菜单栏中执行“工具”|“几何关系”|“快速捕捉”|“点”命令或其他命令。

“快速捕捉”工具条如图 7-80 所示。该工具条中的捕捉工具与前面介绍的草图捕捉工具是相同的，这里就不赘述了。

图 7-80

**技术要点：**

无论是否通过“选项”进行捕捉选项设置，在绘制草图过程中仍然能够使用快速捕捉工具。

激活草图（绘制的圆），在“草图”选项卡中单击“直线”按钮，接着在“快速捕捉”工具条中单击“相切捕捉”按钮，然后将鼠标指针靠近圆，此时圆上将显示一捕捉点，此点可以在圆上任意移动，同时鼠标指针变为。

将捕捉点作为直线起点后，“草图捕捉”工具条中其余灰显的捕捉命令全部亮显，用户可以再选择其他的捕捉工具（如单击“垂直捕捉”按钮）以确定直线的终点，如图 7-81 所示。

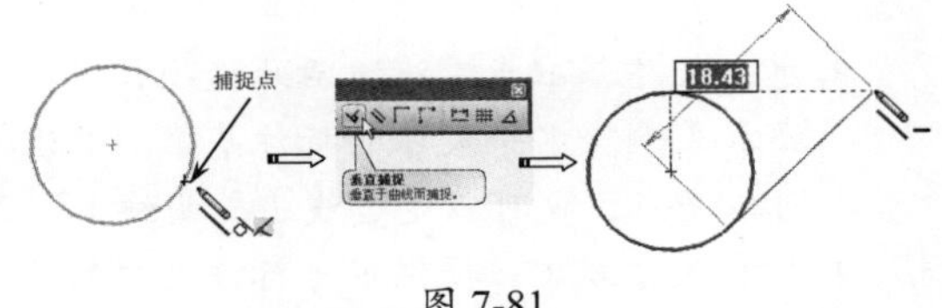


图 7-81

## 7.5 完全定义草图

当草图或所选的草图曲线欠定义时，可以使用“完全定义草图”工具来添加几何约束或尺寸约束。

在“尺寸 / 几何关系”工具条中单击“完全定义草图”按钮，或者在菜单栏中执行“工具”|“标注尺寸”|“完全定义草图”命令，在属性管理器中将显示“完全定义草图”面板，如图 7-82 所示。

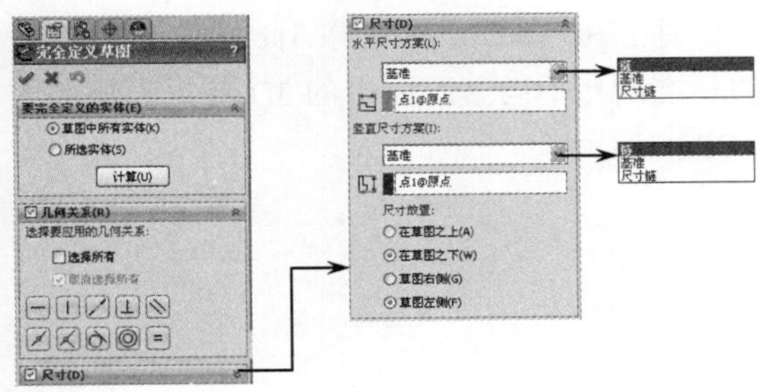


图 7-82

“完全定义草图”面板中主要选项及按钮的含义如下。

- 草图中所有实体：选择此单选按钮，将对草图中所有的曲线几何，应用几何关系和尺寸的组合来完全定义。
- 所选实体：选择此单选按钮，仅对特定的草图曲线应用几何关系和尺寸。
- 计算：单击此按钮可分析当前草图，并生成合理的几何关系和尺寸约束。
- 选择所有：勾选此复选框，在完全定义的草图中将包含所有的几何关系（“几何关系”选项区所有的几何关系图标被自动选中）。
- 取消选择所有：当勾选“选择所有”复选框后，此复选框被激活。勾选“取消选择所有”复选框，用户可以根据实际情况自行选择几何关系来完全定义草图。
- 水平尺寸方案：提供水平标注尺寸的几种可选类型，包括基准、链和尺寸链，如图 7-83 所示。

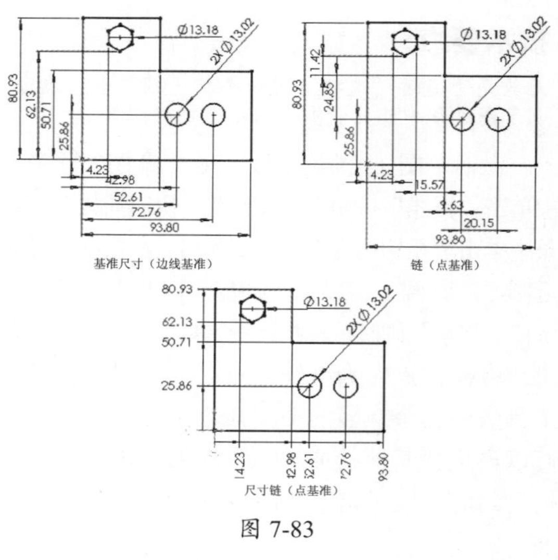

图 7-83

- 水平尺寸基准点：激活此选项，可以添加或删除水平尺寸的标注基准。基准可以是点，也可以是边线（或曲线）。
- 竖直尺寸方案：提供水平标注尺寸的几种可选类型，包括基准、链和尺寸。
- 竖直尺寸基准点：激活此选项，可以添加或删除竖直尺寸的基准。
- 尺寸放置：尺寸在草图中的位置，完全定义草图提供了 4 种尺寸位置，如图 7-84 所示。

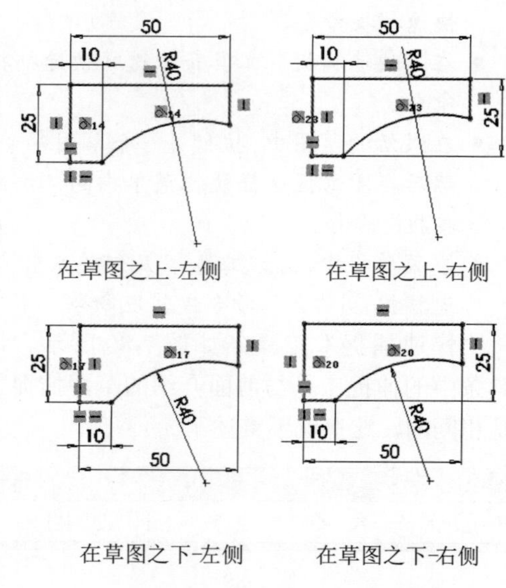

图 7-84

## 7.6 爆炸草图

“爆炸草图”工具条中包括“布路线”和“转折线”两个工具。“布路线”工具用于创建装配工程图的爆炸视图（这里不介绍）。“转折线”工具用于在零件、装配体及工程图文件的 2D 或 3D 草图中转折草图线。

2D 草图中，在“爆炸草图”工具条中单击“转折线”按钮，属性管理器显示“转折线”面板，如图 7-85 所示。按照面板中提供的信息，在图形区中选择一条直线开始进行转折，然后拖动鼠标预览转折宽度和深度，再单击该直线，即可完成直线的转折，如图 7-86 所示。

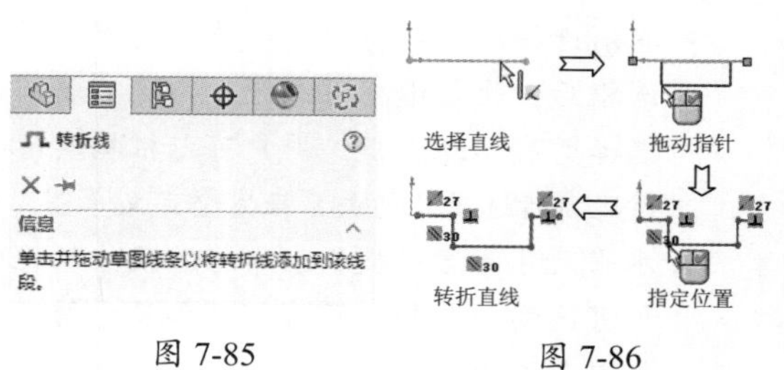

图 7-85　　图 7-86

在“转折线”面板没有关闭的情况下，用户可以继续转折直线或者插入多个转折。

对于 3D 草图，可以按 Tab 键来更改转折的基准面。不同基准面中的 3D 转折直线如图 7-87 所示。

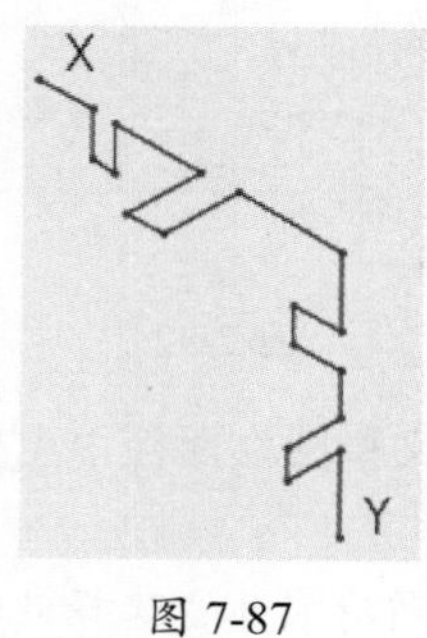

图 7-87

**技术要点：**

要绘制转折线，草图或工程图中必须有直线。其他曲线，如圆/圆弧、椭圆/弧、样条曲线等是不会被转折的。

## 7.7 综合实战

本章前面部分介绍了草图的尺寸约束和几何约束，下面再通过两个实战案例加强草图绘制的训练。

### 7.7.1　绘制吊钩草图

◎ **引入素材：无**

◎ **结果文件：第7章综合实战\第7章结果文件\吊钩草图.sldprt**

◎ **视频文件：吊钩草图.avi**

吊钩草图可以使用"直线""圆"和"周边圆"工具完成绘制，在处理多余曲线时，需要使用"剪裁实体"工具，完成结果如图 7-88 所示。

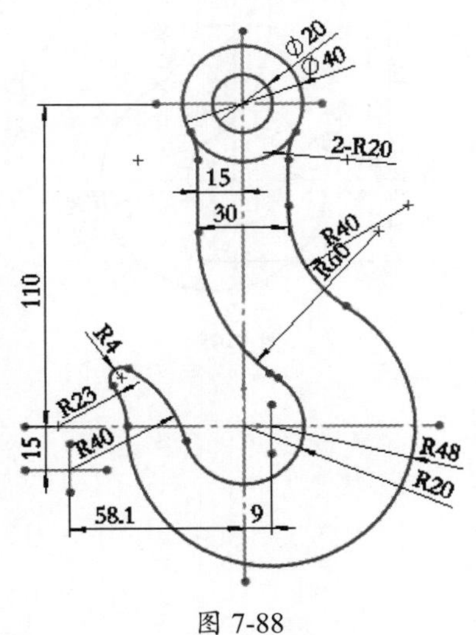


图 7-88

**操作步骤**

**01** 新建零件文件。

**02** 在"草图"选项卡中单击"草图绘制"按钮，属性管理器将显示"编辑草图"面板，鼠标指针由变为，图形区则显示程序默认的 3 个基准面。在图形区中选择默认的 *XY* 基准面（前视基准面）作为草绘的平面，如图 7-89 所示。

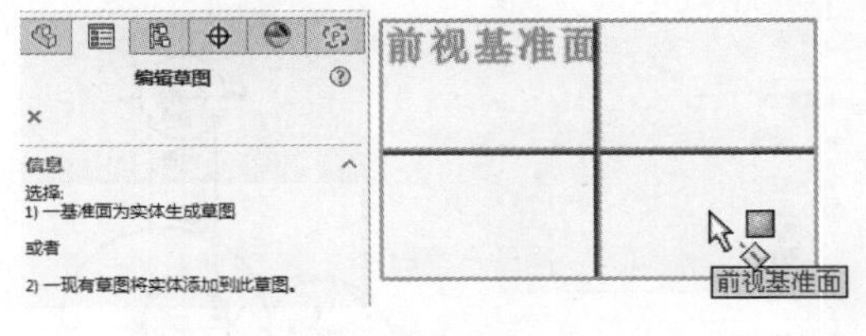


图 7-89

**03** 在"草图"选项卡中单击"中心线"按钮，属性管理器显示"插入线条"面板，如图 7-90 所示。

**04** 保留面板中默认的选项设置，在图形区绘制定位中心线，如图 7-91 所示。

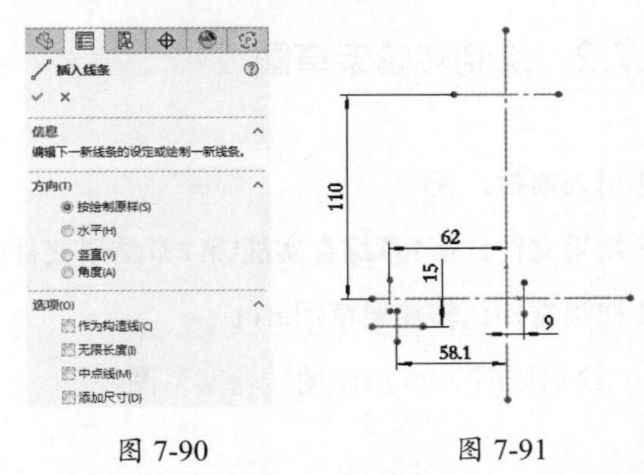


图 7-90　　图 7-91

**05** 在"草图"选项卡中单击"圆"按钮，绘制圆，完成结果如图 7-92 所示。

**06** 在“草图”选项卡中单击“直线”按钮，绘制两条垂直直线，完成结果如图 7-93 所示。

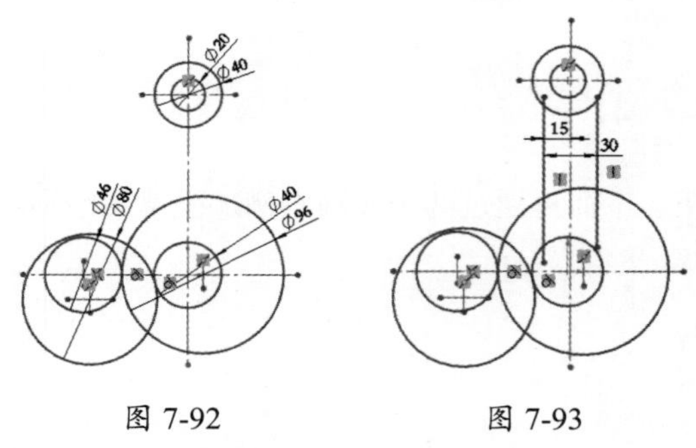


图 7-92　　图 7-93

**07** 选中所有草图，单击“添加几何关系”按钮 添加几何关系，弹出“添加几何关系”面板，如图 7-94 所示。在面板中单击“固定”按钮，将所有草图的位置固定好，草图中将显示固定符号，如图 7-95 所示。

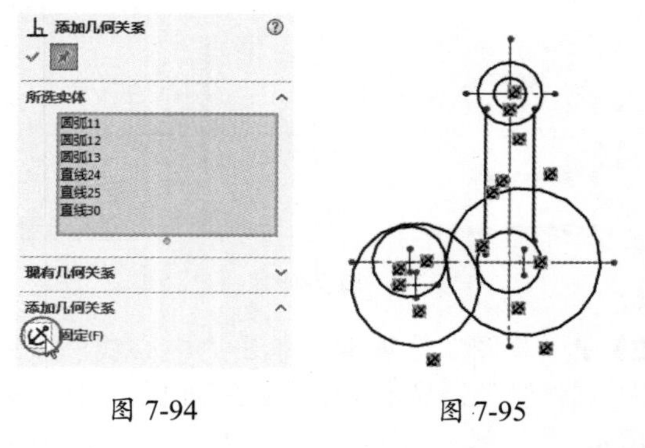


图 7-94　　图 7-95

**08** 在“草图”选项卡中单击“周边圆”按钮，绘制连接圆，完成结果如图 7-96 所示。

**09** 在“草图”选项卡中单击“剪切实体”按钮，将多余的线条剪掉，完成结果如图 7-97 所示。

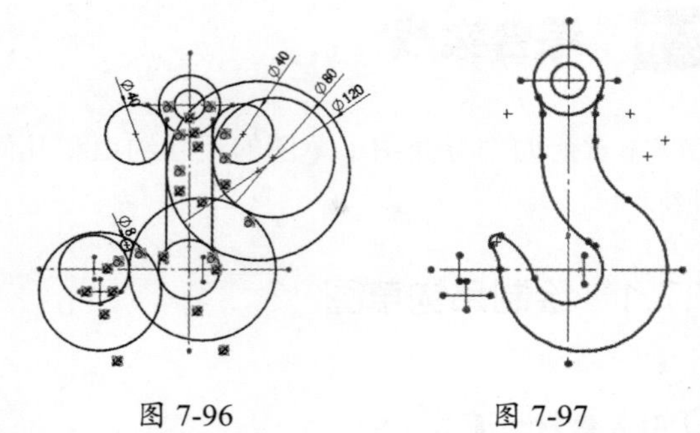


图 7-96　　图 7-97

**10** 在“草图”选项卡中单击“智能尺寸”按钮，对吊钩进行尺寸标注，完成结果如图 7-98 所示。

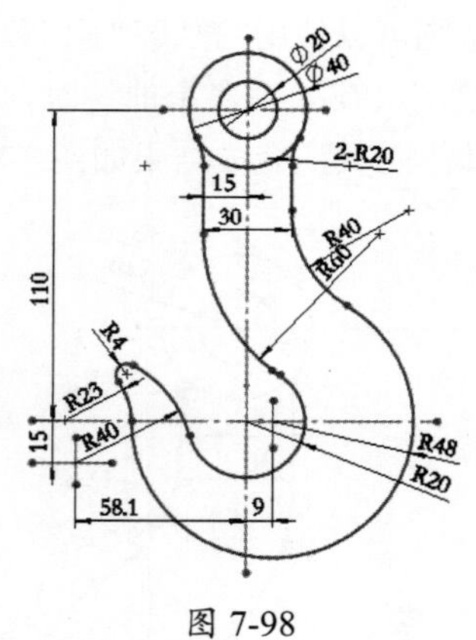


图 7-98

## 7.7.2　绘制转轮架草图

◎ **引入素材：无**

◎ **结果文件：第7章综合实战\第7章结果文件\转轮架草图.sldprt**

◎ **视频文件：转轮架草图.avi**

绘制如图 7-99 所示的转轮架草图。

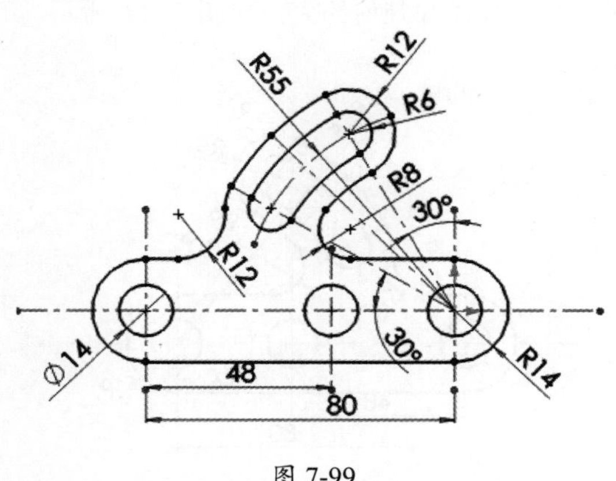


图 7-99

**操作步骤**

**01** 新建零件文件。

**02** 单击“草图绘制”按钮，选择前视基准面作为草图平面，进入草图环境。

**03** 单击“草图”选项卡中的“中心线”按钮，绘制中心线，绘制圆并标注尺寸，如图 7-100 所示。

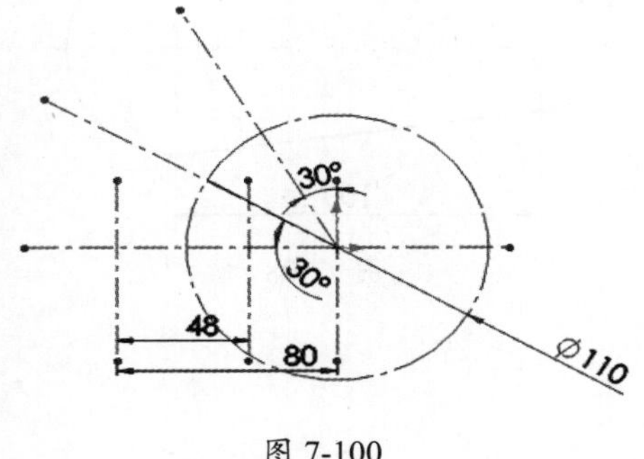


图 7-100

**04** 绘制圆并标注尺寸，如图 7-101 所示。

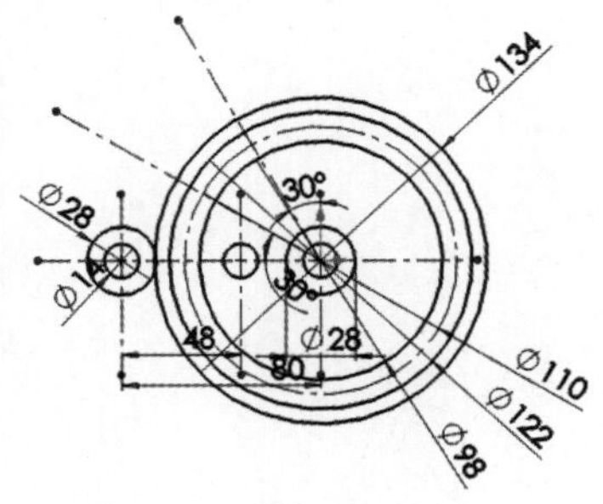


图 7-101

**05** 剪裁图形，如图 7-102 所示。

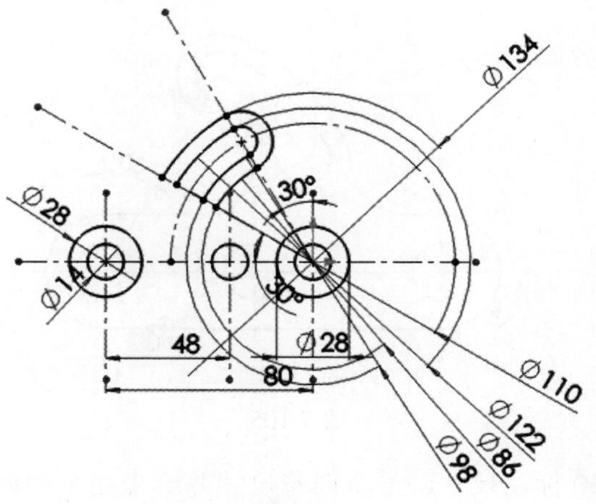


图 7-102

**06** 镜像几何实体，如图 7-103 所示。

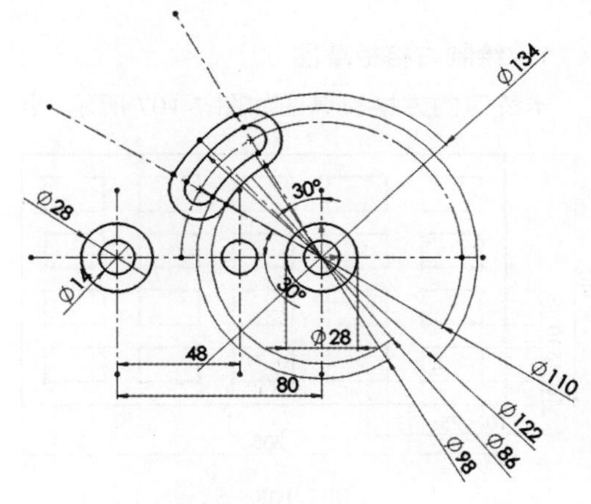


图 7-103

**07** 绘制直线，剪裁图形，如图 7-104 所示。

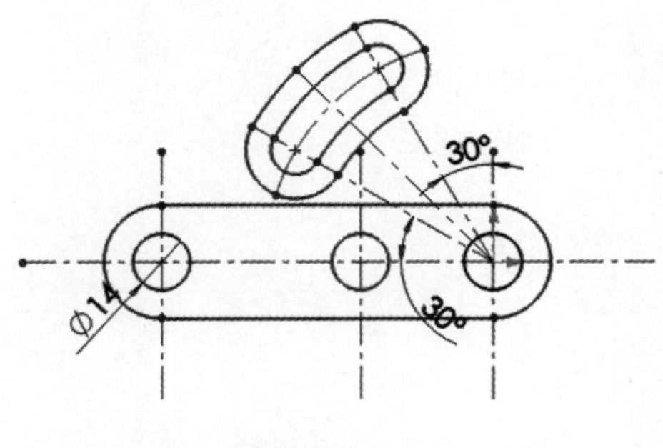


图 7-104

**08** 绘制切线弧并添加几何约束，如图 7-105 所示。

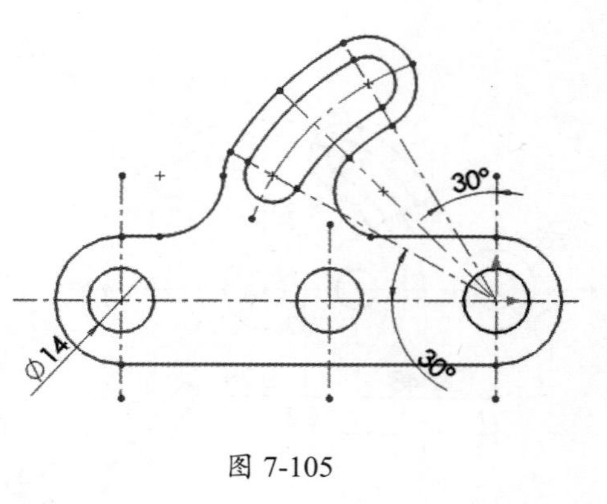

图 7-105

09 标注尺寸，重新调整尺寸并给未完全约束的几何实体添加几何约束，如图 7-106 所示。

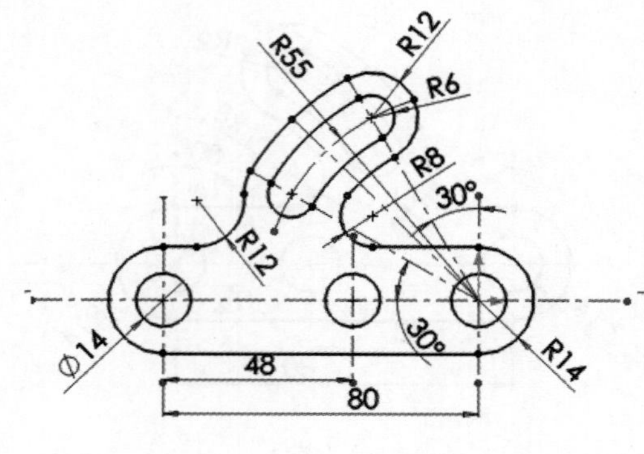

图 7-106

## 7.8 课后习题

### 1. 绘制方格板草图

本练习的方格板草图如图 7-107 所示。

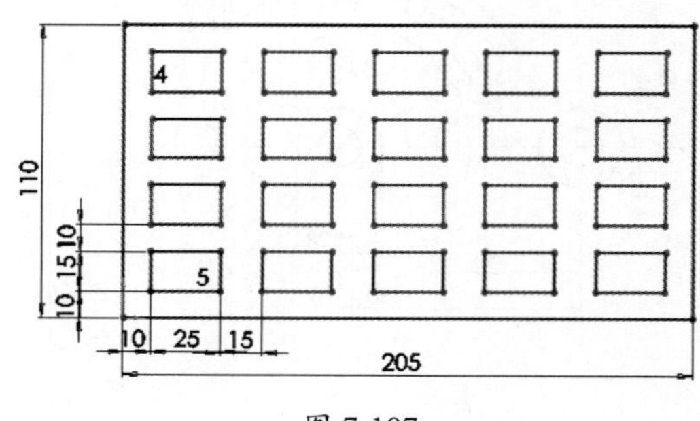

图 7-107

### 2. 绘制链子盒草图

本练习的链子盒草图如图 7-108 所示。

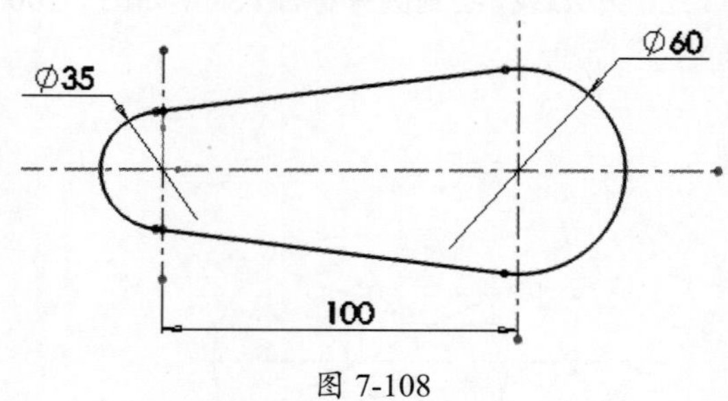

图 7-108

# 第 8 章　3D 草图与空间曲线

曲线是曲面建模的基础，曲面模型由曲线框架和多个曲面组合而成。本章所介绍的曲线属于空间曲线，包括 3D 草图和曲线工具所创建的曲线。接下来本章将详细介绍 3D 草图、曲线的具体操作及编辑方法。

- 认识3D草图
- 曲线工具

## 8.1 认识 3D 草图

3D 草图就是不用选取面作为载体，可以直接在图形区绘制的空间草图，实际上也称作“空间曲线”。在绘制 3D 草图时，可以实时切换草图平面，将平面草图的绘制方法应用到 3D 空间中。如图 8-1 所示为利用“直线”命令在 3 个基准面（前视基准面、右视基准面和上视基准面）绘制的空间连续直线。

在功能区“草图”命令选项卡中单击“3D 草图”按钮，即可进入 3D 草图环境并利用 2D 草图环境中的草图工具来绘制 3D 草图，如图 8-2 所示。

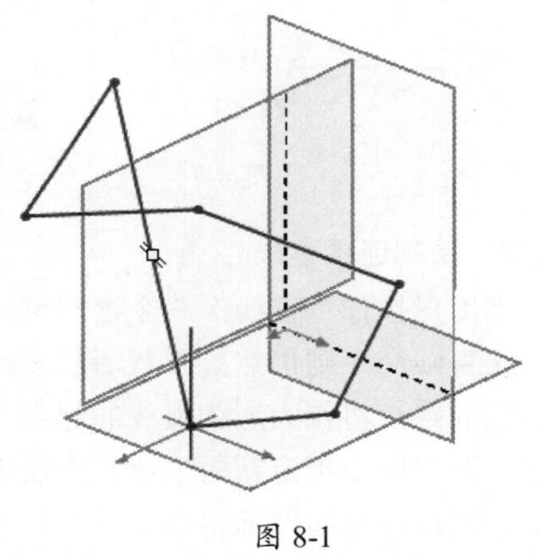

图 8-1

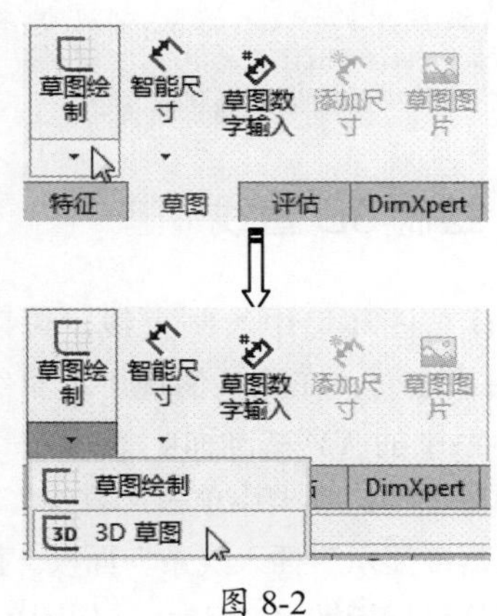


图 8-2

本节将主要讲解 3D 草图中常见的草图命令。

### 8.1.1　3D 空间控标

在 3D 草图绘制中，图形空间控标可帮助用户在数个基准面上绘制时保持方位。在所选基准面上定义草图实体的第一个点时，空间控标就会出现。控标由两个相互垂直的轴组成，红色高亮显示，表示当前的草图平面。

在 3D 草图环境下，当用户执行绘图命令并定义草图第一个点后，图形区显示空间控标，且鼠标指针由↖变成✎，如图 8-3 所示。

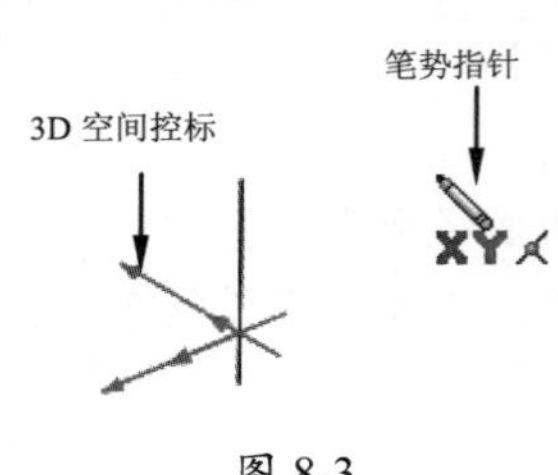


图 8-3

## 技术要点：

控标的作用除了显示当前所在草图平面外，另一个作用就是可以选择控标所在的轴线，以便沿该轴线绘图，如图8-4所示。

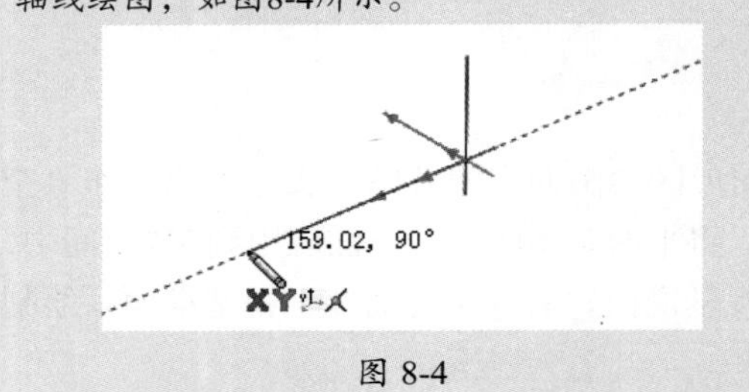


图 8-4

## 技术要点：

还可以按键盘中的→、←、↑、↓键来自由旋转3D控标，按住Shift键的同时，再按→、←、↑、↓键，可以将控标旋转90°。

## 8.1.2 绘制 3D 直线

在 3D 草图环境中绘制直线，可以切换不同的草图基准面。在默认情况下，草绘平面为工作坐标系中的 *XY* 基准面。

在“草图”选项卡中单击“直线”按钮⁄，属性管理器中显示“插入线条”面板，图形区会显示控标且鼠标指针由↖变为✎，如图 8-5 所示。

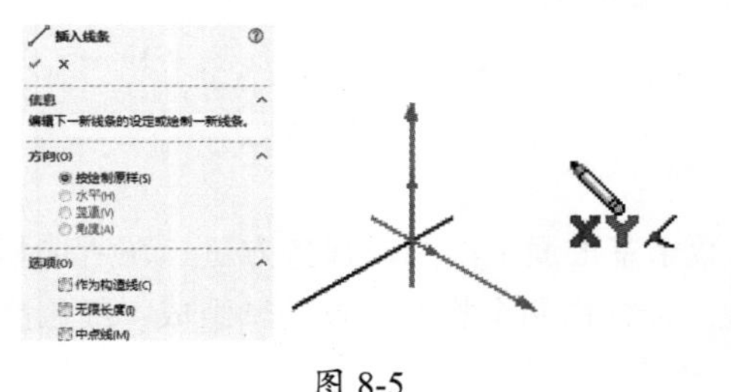


图 8-5

从面板中可以看出，“方向”选项区中有 3 个选项不可用，这 3 个选项主要用于 2D 草图直线的水平、竖直和角度约束。下面讲解 3D 直线的绘制方法。

### 1. 绘制单条直线

在默认的草绘平面上指定直线起点后，利用出现的空间控标来确定直线终点的方位，然后拖动鼠标直至直线的终点，当完成第一段直线的绘制后，空间控标自行移动至该直线的终点，直线命令则仍然处于激活状态，按 Esc 键、双击鼠标或右击，在弹出的快捷菜单中选择“选择”命令，即可完成单条直线的绘制，如图 8-6 所示。

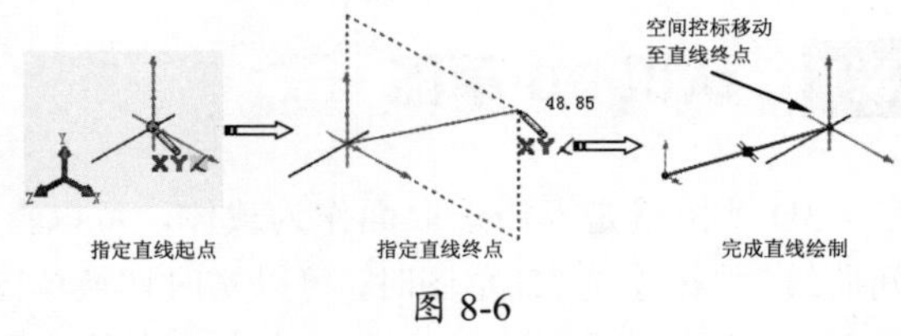


图 8-6

## 技术要点：

除了沿着控标轴线绘制延伸曲线外，还能绘制45° 角的延伸直线，如图8-7所示。

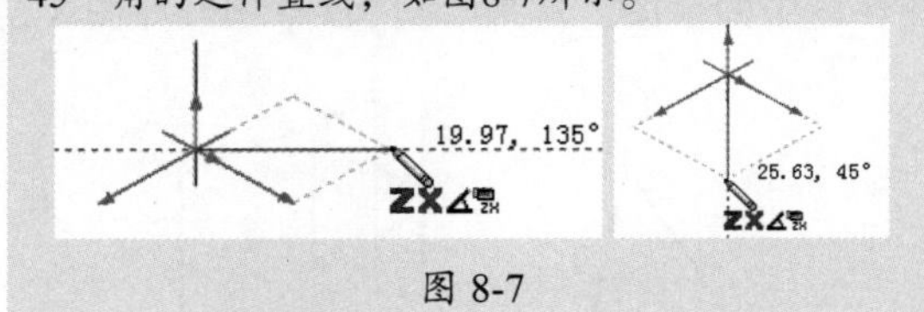


图 8-7

### 2. 绘制连续直线

当用户执行“直线”命令绘制第一条直线后，在直线命令则仍然处于激活状态时，第一条直线的终点将作为连续直线的起点，再拖动鼠标在图形区中指定新的位置作为连续直线的终点，同理，空间控标将移动至新位置点上，如图 8-8 所示。

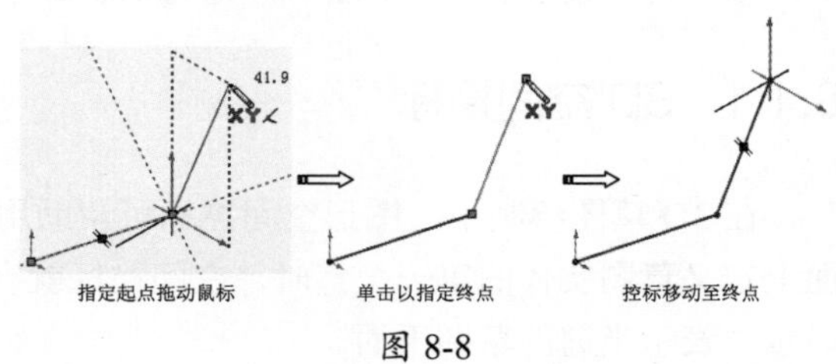


图 8-8

**技术要点：**

在绘制连续直线的过程中，可以按Tab键即时切换草绘平面。

### 3. 绘制连续圆弧

在绘制直线后，命令仍然在激活状态时，若拖动鼠标将绘制直线。要绘制连续圆弧，在绘制直线后（要绘制连续直线时），可将鼠标指针重新返回到起点（也是第1直线的终点）且鼠标指针变为时，再拖动鼠标即可绘制圆弧，如图8-9所示。

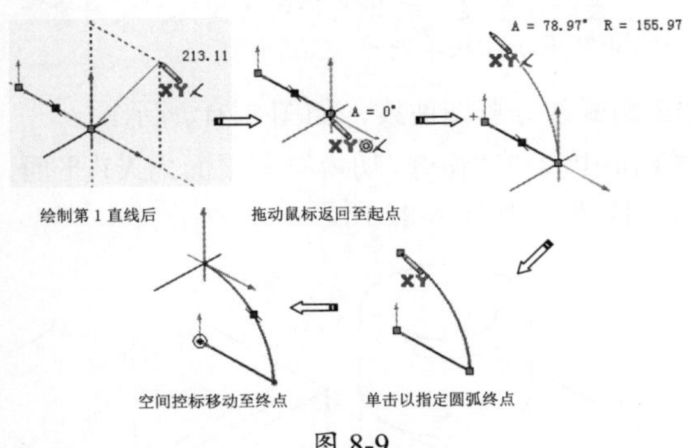


图 8-9

同理，要继续绘制连续圆弧，按上述绘制圆弧的方法重新操作一次即可。

**技术要点：**

在绘制圆弧时，切记不要单击鼠标，否则不能绘制圆弧，而是继续绘制直线。

**动手操作——绘制零件轴侧视图**

下面利用3D直线和圆弧功能，绘制某机械零件的轴侧视图，如图8-10所示。

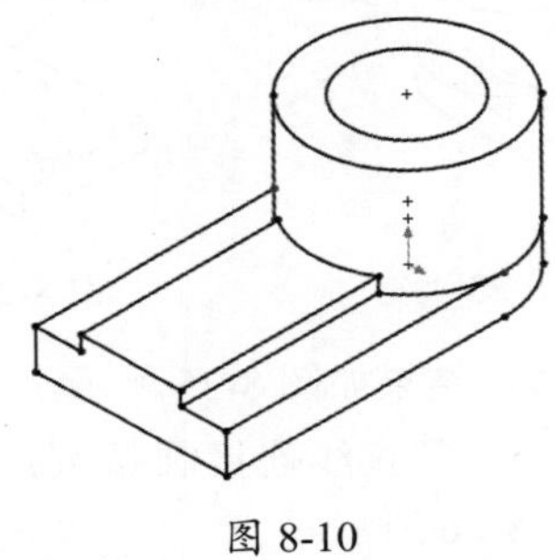

图 8-10

**操作步骤**

**01** 进入3D草绘环境。

**02** 按Tab键将草图平面切换为*ZX*平面。单击"圆"按钮，在坐标系原点位置绘制直径为38的圆，如图8-11所示。

**03** 按Tab键将草图平面切换为*XY*平面。单击"直线"按钮，绘制长度为30的直线（转换成构造线），如图8-12所示。

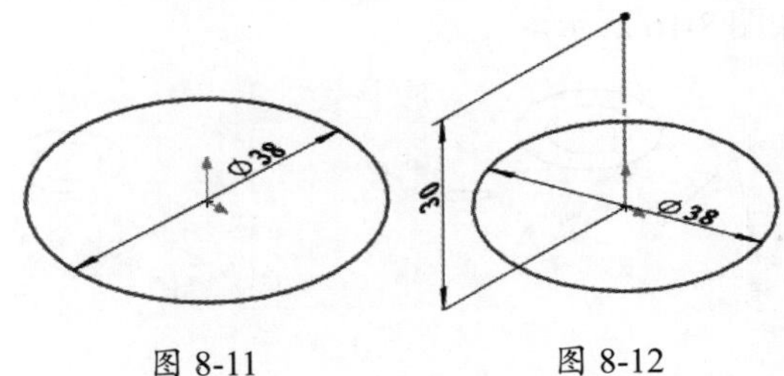


图 8-11　　图 8-12

**04** 再切换草绘平面为*ZX*平面。同理，利用"圆"命令，以直线顶点为圆心，绘制两个同心圆，如图8-13所示。

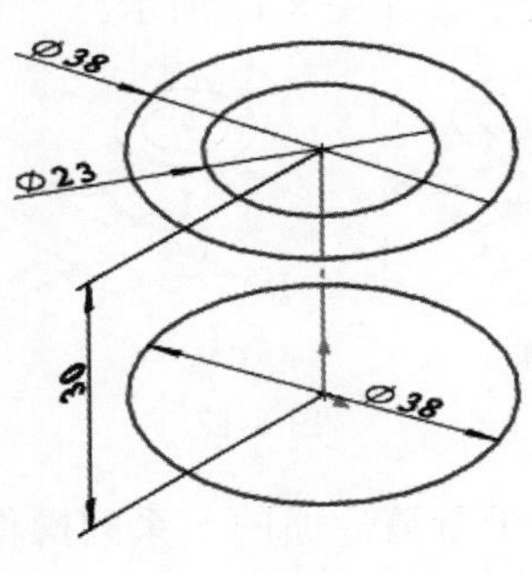


图 8-13

**技术要点：**

为了便于后续图形绘制过程中约束的需要，先对绘制的几个图形使用"固定"约束。

**05** 单击"3点边角矩形"按钮，任意绘制一个矩形，如图8-14所示。

**06** 将矩形的3边分别约束至直径为38的圆及圆心上，约束结果如图8-15所示。

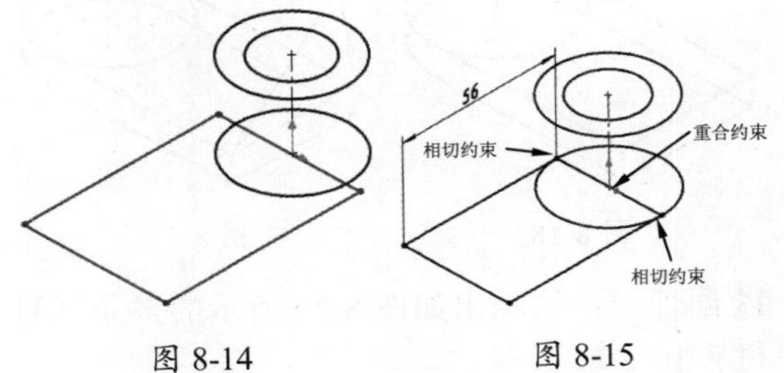


图 8-14　　图 8-15

**技术要点：**

如果矩形的短边没有与圆心重合，那么，需要添加“重合”约束。以此保证矩形的两个端点在直径为38的圆的象限点上。

**07** 按Ctrl键选取底部的矩形和圆，然后单击“复制实体”按钮 复制实体，打开“3D复制”面板，如图8-16所示。

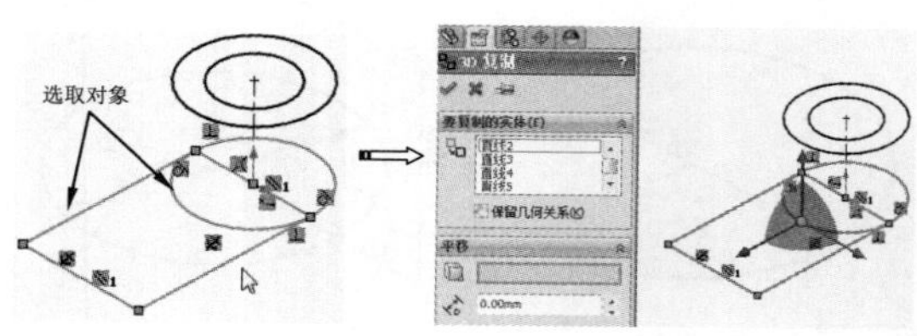


图 8-16

**08** 选择竖直的构造线作为移动参考，然后输入“移动距离”为8，再单击“确定”按钮完成3D复制，如图8-17所示。

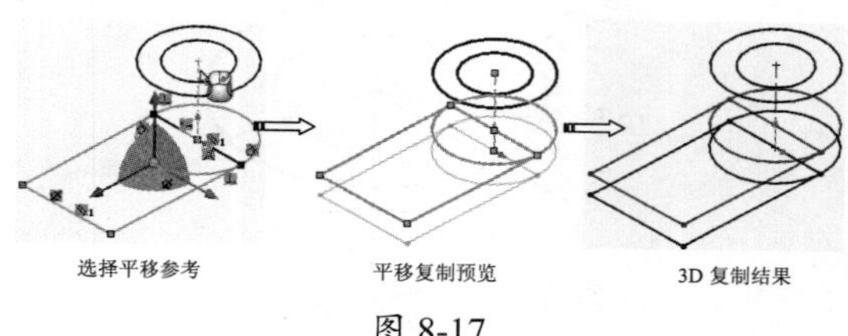


图 8-17

**09** 为了便于看清后面的一系列操作，先将部分不需要的草图曲线删除，如图8-18所示。

**技术要点：**

删除后由于部分草图失去了约束，因此需要重新将没有约束的曲线“固定”。

**10** 切换草图平面至*XY*平面，利用“直线”命令，绘制如图8-19所示的两条竖直直线。

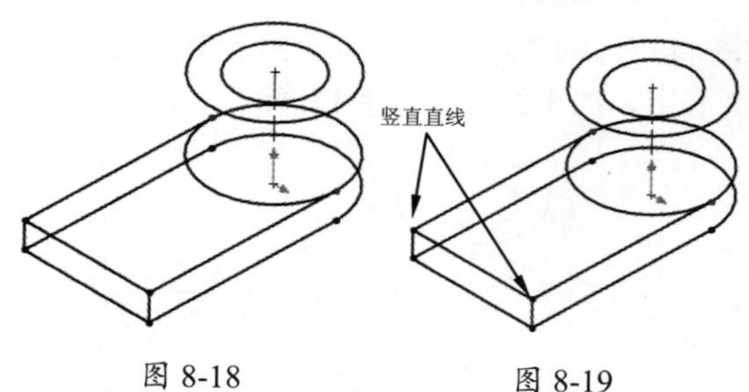


图 8-18　　图 8-19

**11** 同理，再绘制出如图8-20所示的多条竖直和水平直线。

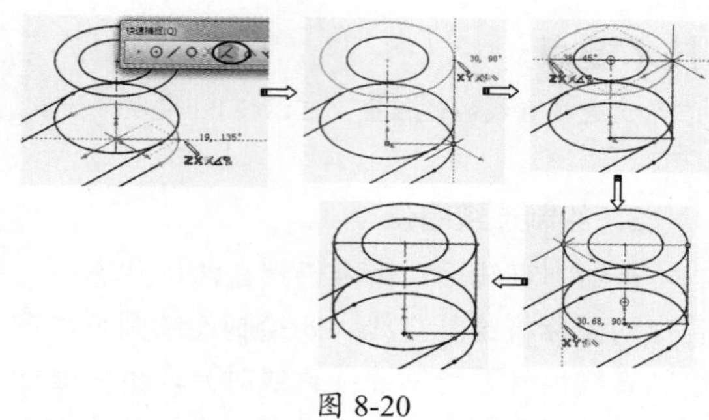

图 8-20

**技术要点：**

在绘制过程中，多利用“快速捕捉”工具条中的“最近端捕捉”工具进行点的捕捉，同时需要按Tab键不断切换草图平面。

**12** 删减部分草图曲线，如图8-21所示。

**13** 利用“矩形”命令，切换草图平面为*XY*平面，绘制矩形，如图8-22所示。

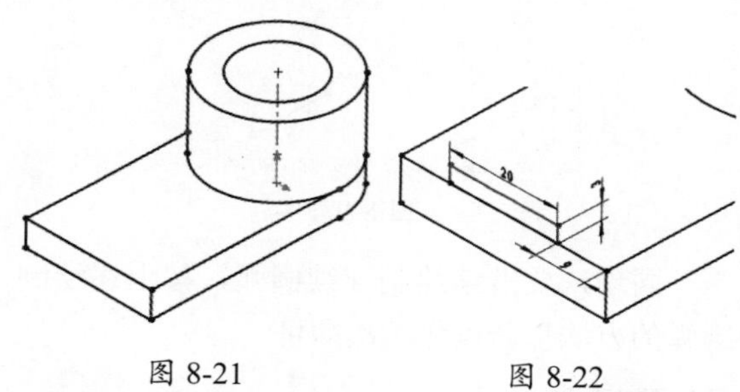

图 8-21　　图 8-22

**14** 切换草图平面为*ZX*平面，然后绘制3条平行直线，如图8-23所示。

**15** 利用“3D复制”命令，复制一段圆弧，如图8-24所示。

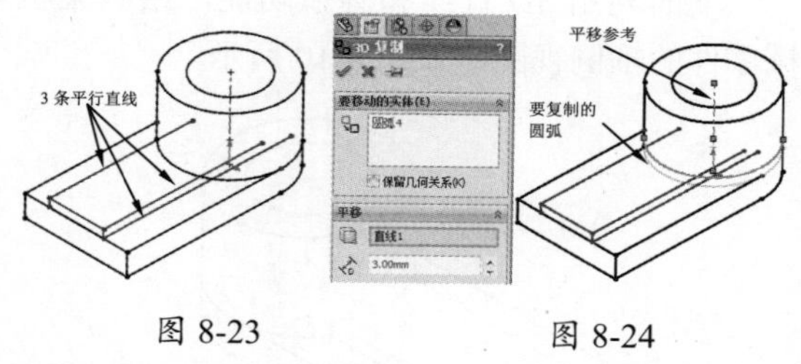


图 8-23　　图 8-24

**16** 修剪曲线，结果如图8-25所示。

**17** 最后绘制一条直线连接圆弧，完成零件的绘制，如图8-26所示。

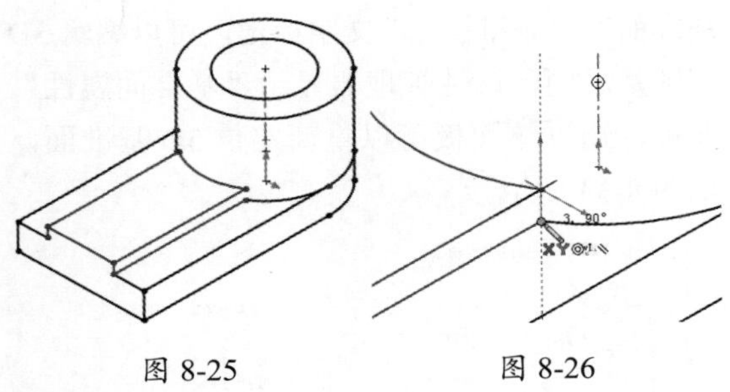

图 8-25　　图 8-26

## 8.1.3 绘制 3D 点

3D 点与 2D 点的区别是，3D 点可以编辑 *X*、*Y*、*Z* 坐标的值，而 2D 点则只能编辑 *X*、*Y* 坐标值。

绘制 3D 点时，属性管理器显示的“点”面板如图 8-27 所示。绘制 2D 点时属性管理器显示的“点”面板如图 8-28 所示。

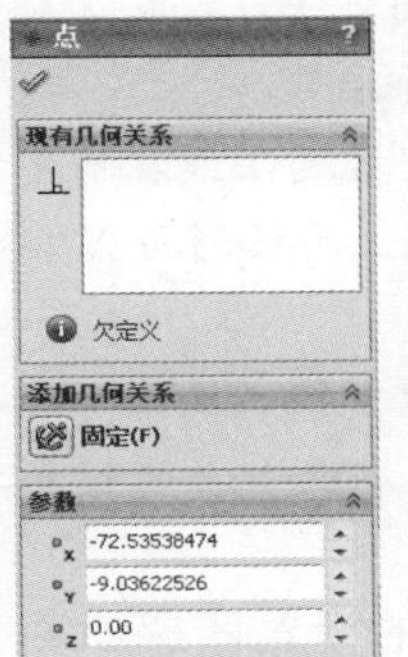


图 8-27

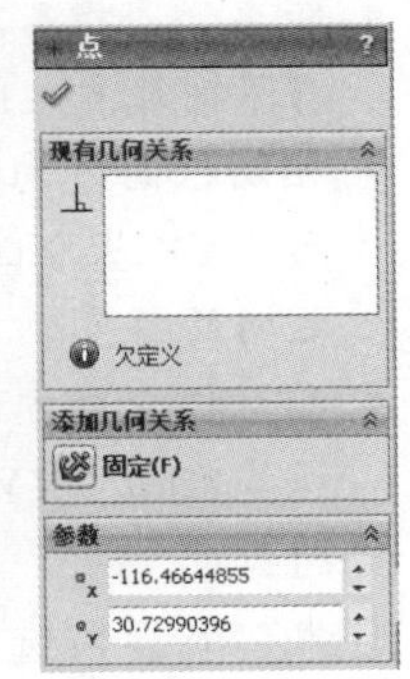


图 8-28

**技术要点：**

当绘制了点后，若要再绘制点，则不可以将新点绘制在原有点上，否则程序会弹出警告对话框，如图8-29所示。

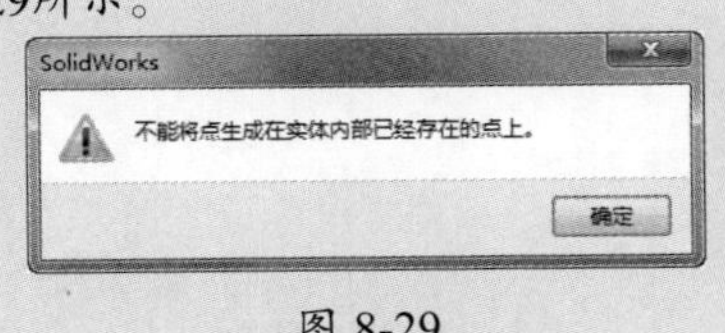


图 8-29

## 8.1.4 绘制 3D 样条曲线

3D 样条曲线与 3D 直线的绘制方法相同。在 3D 草图环境下的“草图”选项卡中单击“样条曲线”按钮，鼠标指针由变为。在图形区指定样条曲线起点后，拖动鼠标以指定样条第二个极点的同时生成样条曲线，空间控标随后移动至新的极点上，然后继续拖动鼠标以指定其他的样条极点，如图 8-30 所示。要结束绘制，可按 Esc 键、双击鼠标或右击，在弹出的快捷菜单中选择“选择”命令即可。

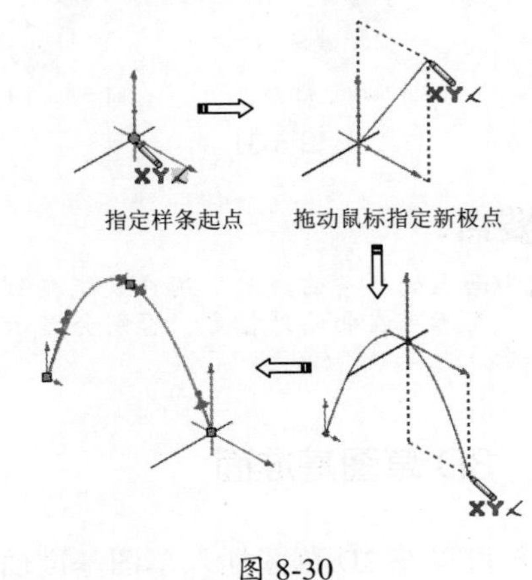


图 8-30

## 8.1.5 曲面上的样条曲线

在 3D 草图环境下，使用“曲面上的样条曲线”工具可以在任意曲面上绘制与标准样条曲线有相同特性的样条。

曲面上的样条曲线包括如下特性：

- 沿曲面添加和拖动点。
- 生成一个通过点自动平滑的预览。
- 如果生成曲面的样条曲线相切，则跨越多个曲面。

曲面上的样条曲线可应用于零件和模具设计，即曲面样条曲线可生成更直观、精确的分型线或过渡线；也可以应用于复杂扫描，即曲面样条曲线方便用户生成受曲面几何体限定的引导线。

要绘制曲面上的样条曲线，首先要创建曲面特征。在 3D 草图环境下，单击“草图”选项卡中的“曲面上的样条曲线”按钮，然后在曲面中指定样条起点，并拖动鼠标指定其他样条极点，如图 8-31 所示。

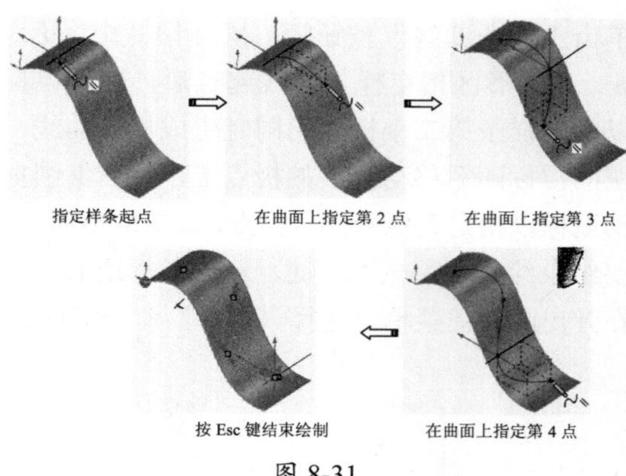


图 8-31

**技术要点：**

在绘制曲面上的样条曲线时，用户只能在曲面中指定点，而不可在曲面外指定，否则会显示错误警示符号。

### 8.1.6 3D 草图基准面

用户可以在 3D 草图插入草图基准面，还可以在所选的基准面上绘制 3D 草图。

#### 1．插入基准面到 3D 草图

当需要利用“放样曲面”工具来创建放样特征时，需要创建多个基准面上的 3D 草图。在 3D 环境下即可使用“基准面”工具向 3D 草图插入基准面。

默认情况下，3D 基准面是建立在 *XY* 平面（前视基准面）上的，且与其重合。在“草图”选项卡中单击“基准面”按钮，在图形区显示基准面的预览，同时在属性管理器中显示“草图绘制平面”面板，如图 8-32 所示。

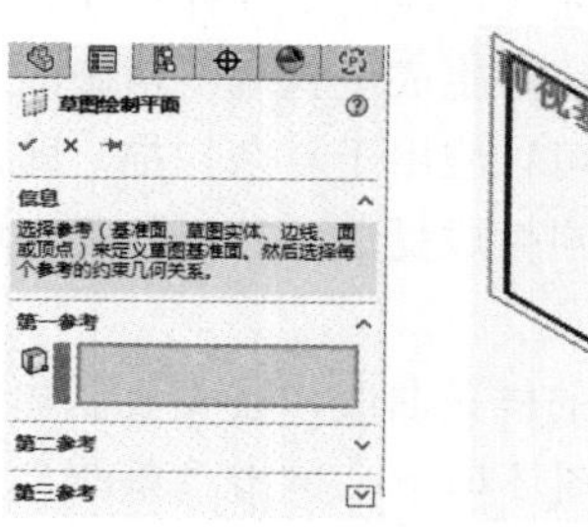


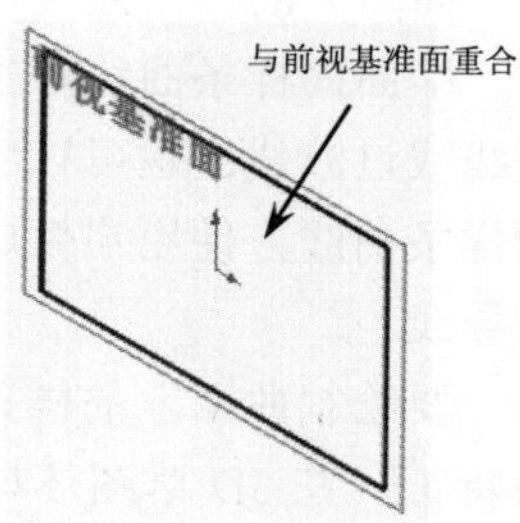


图 8-32

绘制 3D 草图基准面后，在图形区单击 3D 基准面的“基准面 1”文字标记，可以编辑 3D 草图基准面，属性管理器显示“基准面属性”面板，通过该面板可以重新定位 3D 基准面，如图 8-33 所示。

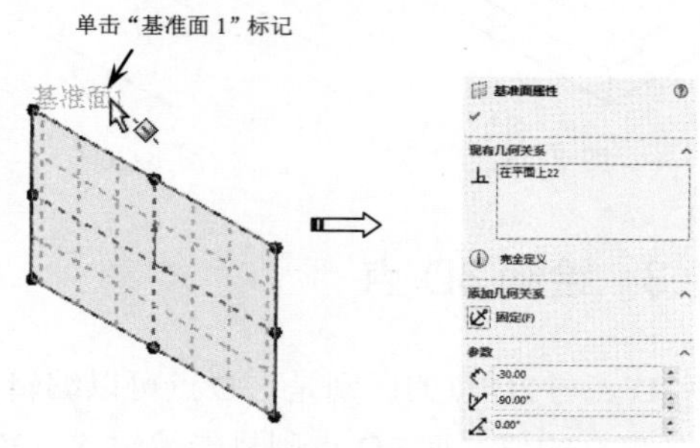


图 8-33

在“基准面属性”面板的“参数”选项区中，主要是根据角度和坐标在 3D 空间中定位基准面，其中主要选项的含义如下。

- 距离：指基准面沿 *X*、*Y* 或 *Z* 轴方向与草图原点之间的距离。
- 相切径向方向：控制法线在前视基准面（*XY* 基准面）上的投影与 *X* 轴方向之间的角度。
- 相切极坐标方向：控制法线与其在前视基准面（*XY* 基准面）上的投影之间的角度。

上述 3 个参数选项的设置图解如图 8-34 所示。

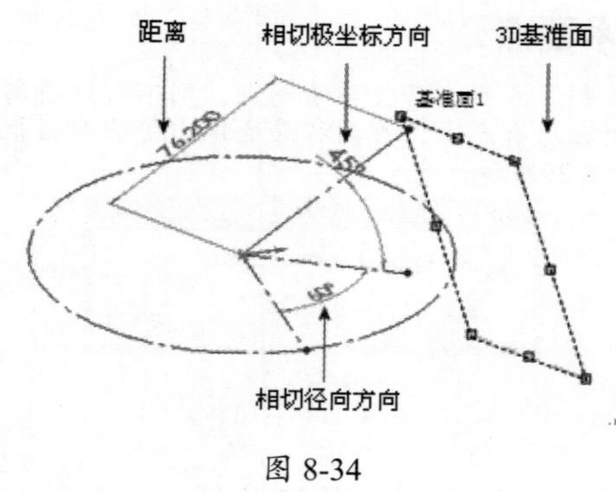


图 8-34

#### 2．基准面上的 3D 草图

当用户不需要绘制连续的 3D 草图曲线，而是需要在不同的基准面上绘制单个的 3D 草

图时，就可以选择要绘制草图的基准面，然后执行“插入”|“基准面上的 3D 草图”命令，所选基准面立即被激活，如图 8-35 所示。

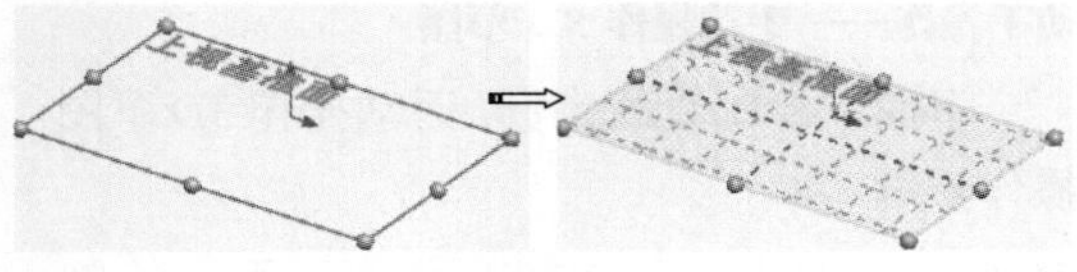

图 8-35

**技术要点：**

或者也可以在“草图”选项卡的“草图绘制”菜单中选择“基准面上的3D草图”命令。激活草图基准面后，随后绘制的草图将全部在此平面中，此时如果再按Tab键进行草图平面的切换，也不会改变现状。

**动手操作——插入基准面绘制 3D 草图**

这里利用插入的基准面来创建一个放样特征。

**01** 首先进入 3D 草绘环境中。

**02** 利用“直线”命令，切换草图为 *XY* 平面，绘制如图 8-36 所示的构造线。

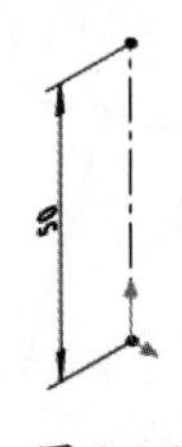


图 8-36

**03** 单击“基准面”按钮，打开“草图绘制平面”面板，然后选择前视基准面和竖直构造线作为第一和第二参考，设置旋转角度为 45°、个数为 4，再单击“确定”按钮完成基准面的插入，如图 8-37 所示。

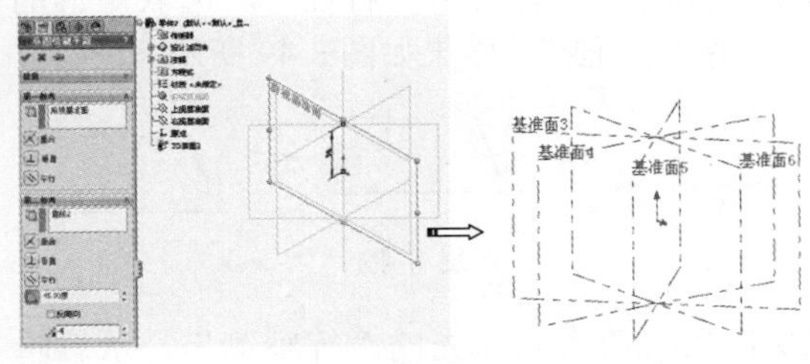


图 8-37

**04** 选中“基准面 3”，执行“插入”|“基准面上的 3D 草图”命令，并绘制如图 8-38 所示的草图。

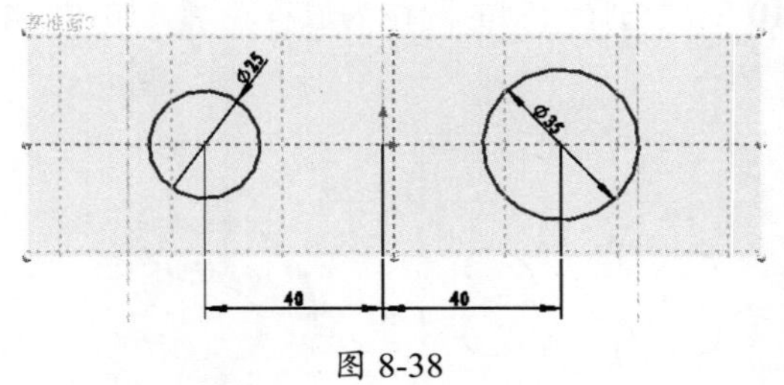


图 8-38

**05** 选中“基准面 4”，再执行“插入”|“基准面上的 3D 草图”命令，并绘制出如图 8-39 所示的草图。

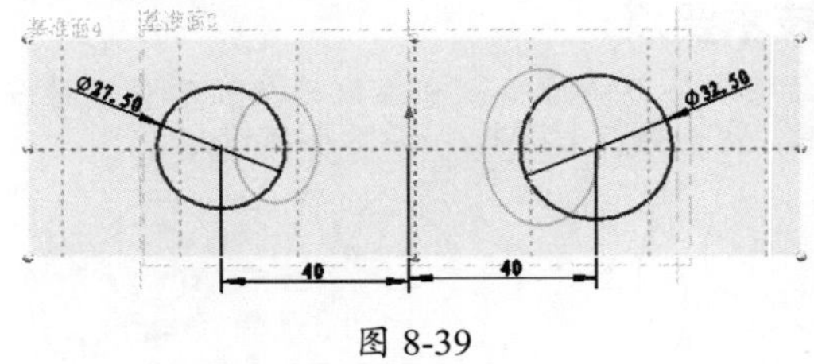


图 8-39

**06** 选中“基准面 5”，再执行“插入”|“基准面上的 3D 草图”命令，并绘制出如图 8-40 所示的草图。

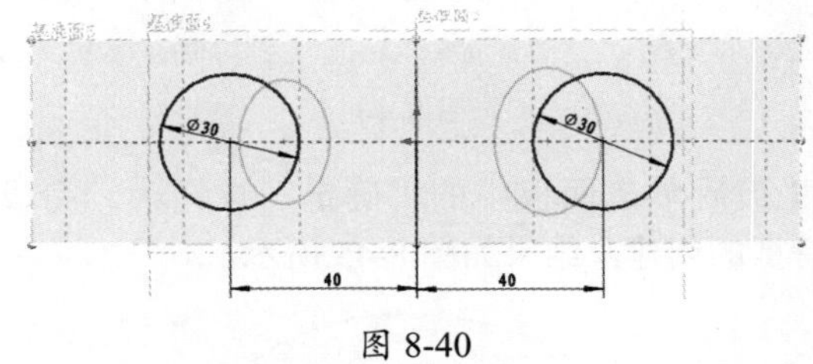


图 8-40

**07** 选中“基准面 6”，再执行“插入”|“基准面上的 3D 草图”命令，并绘制出如图 8-41 所示的草图。

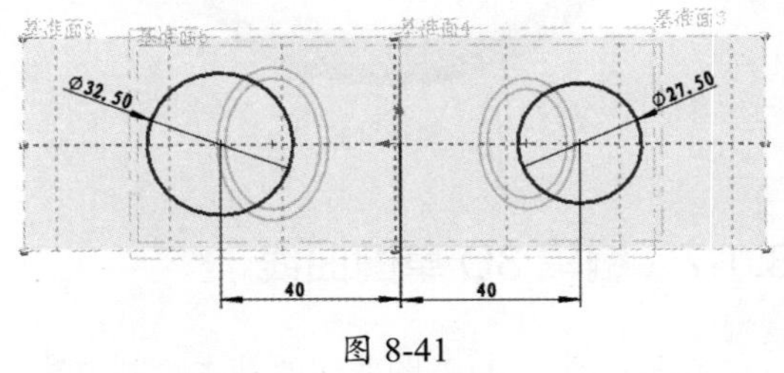


图 8-41

**08** 绘制完成的草图如图 8-42 所示。

**09** 在“特征”选项卡中单击“放样凸台 / 基体”按钮，打开“放样”面板。

**10** 依次选择绘制的圆作为放样轮廓，如图 8-43 所示。

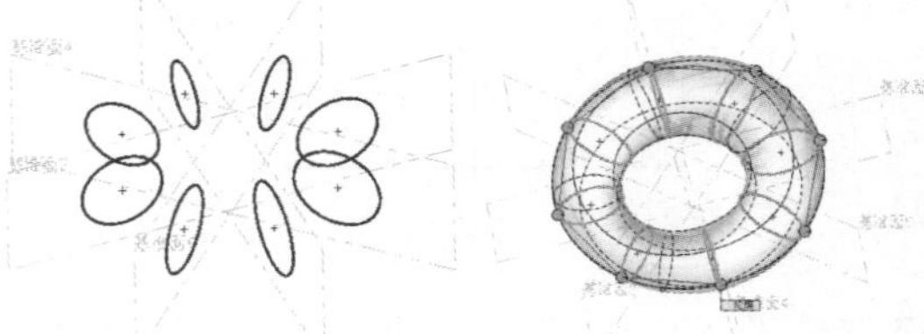

图 8-42　　图 8-43

**技术要点：**

每选取一个轮廓，注意选取的位置尽量保持一致，否则会产生扭曲，如图8-44所示。

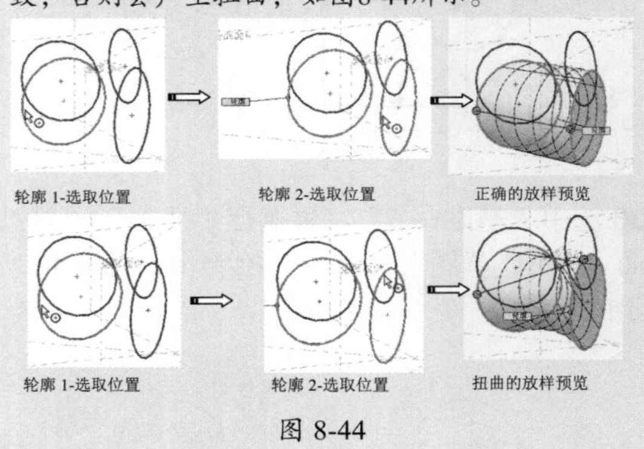


图 8-44

**11** 最后单击面板中的“确定”按钮，完成特征的创建，结果如图 8-45 所示。

图 8-45

## 8.1.7　编辑 3D 草图曲线

前面介绍了3D草图曲线的基本绘制方法，但是，该如何编辑或操作 3D 草图，使其达到设计要求呢？下面介绍几种常见的 3D 草图曲线的操作与编辑方法。

**动手操作——手动操作 3D 草图**

下面以绘制直线为例，手动操作 3D 草图。

**操作步骤**

**01** 如图 8-46 所示，在 *ZX* 草图平面上绘制一个矩形。

**02** 下面的操作是将平面上的矩形变成不在同一平面上的多条直线连接。首先，将视图切换为“上视”，如图 8-47 所示。

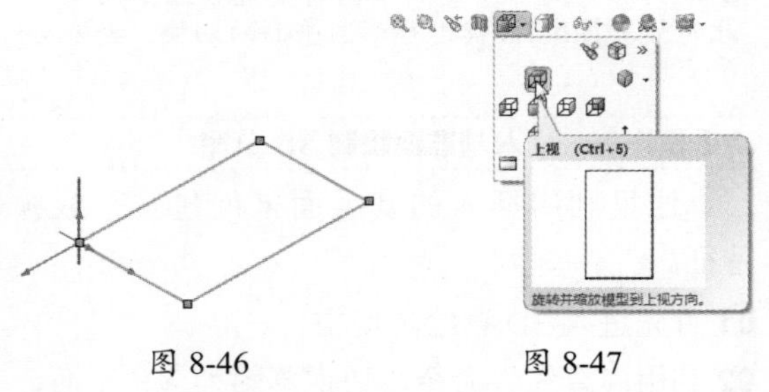


图 8-46　　图 8-47

**03** 选中矩形的一个角点（按住不放）并拖移，使矩形倾斜，如图 8-48 所示。

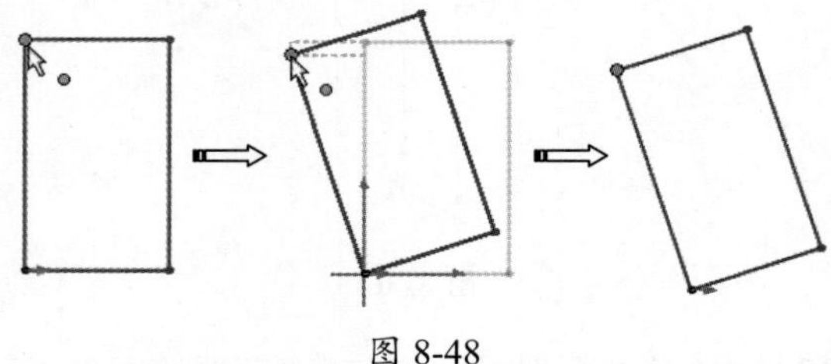

图 8-48

**技术要点：**

如果草图被约束了，是不能进行手动操作的，除非删除部分约束。

**04** 将视图方向切换至“右视”，选取矩形的角点并进行拖移，结果如图 8-49 所示。

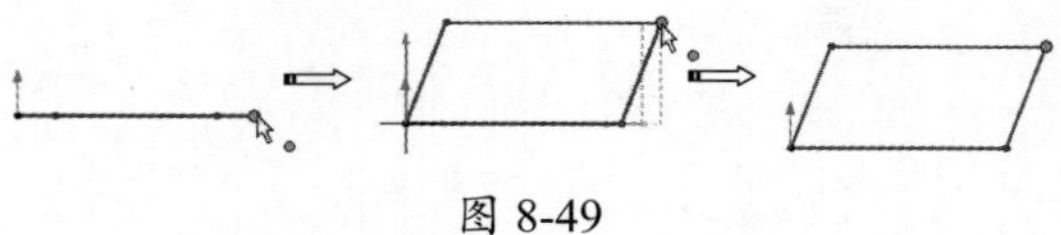

图 8-49

**05** 将视图切换到原先的“等轴侧”。从编辑结果看，原本是在 *ZX* 基准面上绘制的矩形，经两次手动操作后，方位已发生改变，如图 8-50 所示。

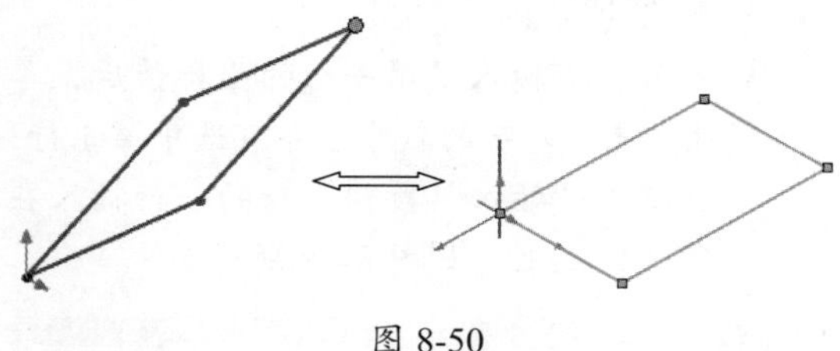

图 8-50

**技术要点：**

在3D草图中，无论是矩形还是直线，都可以进行手动操作。

**动手操作——利用草图程序三重轴修改草图**

操作步骤

**01** 进入 3D 草绘环境。

**02** 利用“矩形”命令在 *ZX* 平面上绘制矩形，如图 8-51 所示。

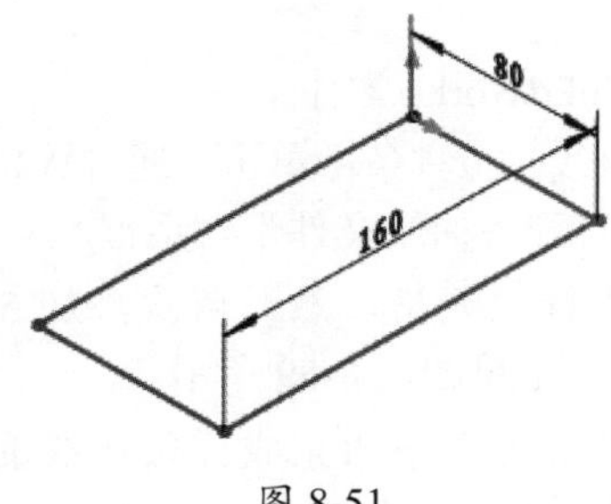


图 8-51

**03** 选取矩形的一个角点，右击然后选择快捷菜单中的“显示草图程序三重轴”命令，如图 8-52 所示。

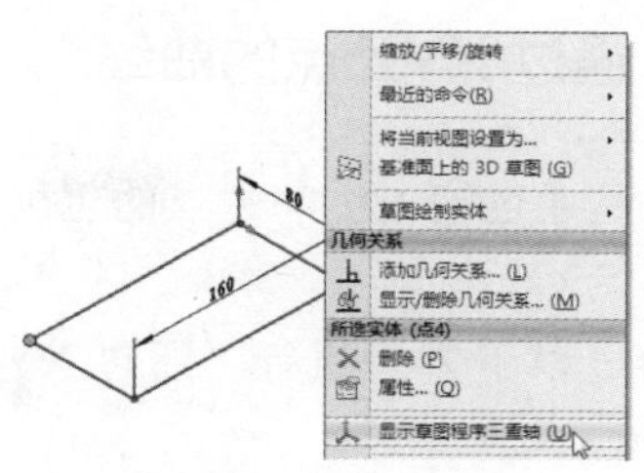

图 8-52

**04** 随后在角点上显示三重轴。向上拖动三重轴的 *Y* 轴，矩形随之变化，如图 8-53 所示。

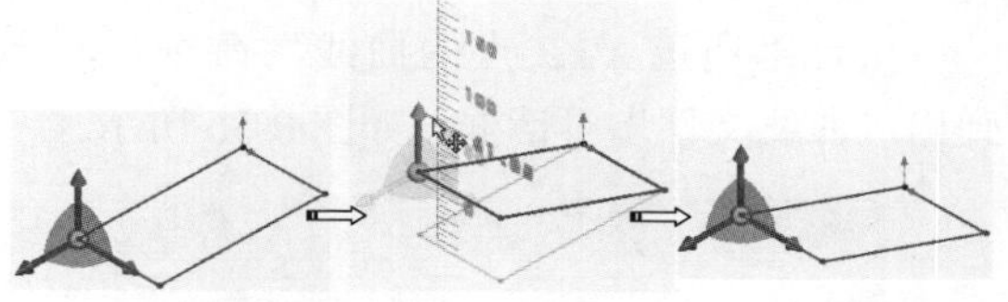

图 8-53

**技术要点：**

操作草图时，不能施加任何几何或尺寸约束。

**05** 拖动三重轴的 *X* 轴，使其变形，结果如图 8-54 所示。

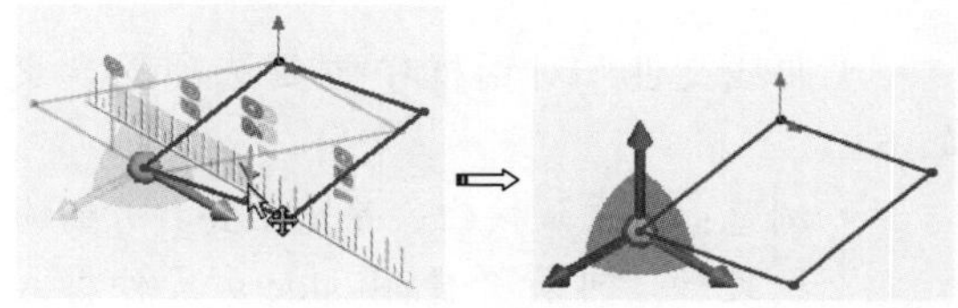

图 8-54

**技术要点：**

操作结束后，选中三重轴，执行右键快捷菜单中的“隐藏草图程序三重轴”命令，即可将其隐藏。

## 8.2 曲线工具

SolidWorks 的曲线工具是用来创建空间曲线的基本工具，由于多数空间曲线可以由 2D 草图或 3D 草图进行创建，因此创建曲线的工具仅有如图 8-55 所示的 6 个工具。

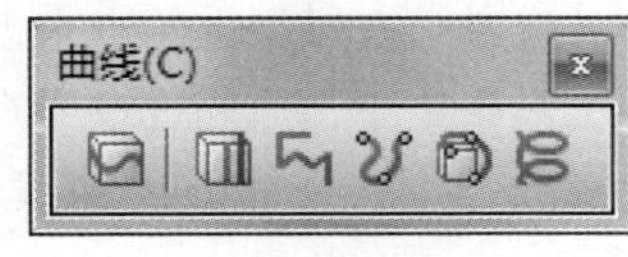


图 8-55

**技术要点：**

“曲线”工具条需要从右键快捷菜单中调出来，在功能区面板上右击，在弹出的快捷菜单中选择“曲线”命令，即可调出“曲线”工具条。

## 8.2.1 通过 XYZ 点的曲线

此工具通过输入空间中点的坐标以生成空间曲线。

可通过以下方式执行“通过 XYZ 点的曲线”命令。

- 单击“曲线”选项卡上的“通过 XYZ 点的曲线”按钮。
- 在菜单栏中执行“插入”|“曲线”|“通过 *XYZ* 点的曲线”命令。

执行“通过 *XYZ* 点的曲线”命令后，会弹出“曲线文件”对话框，如图 8-56 所示。

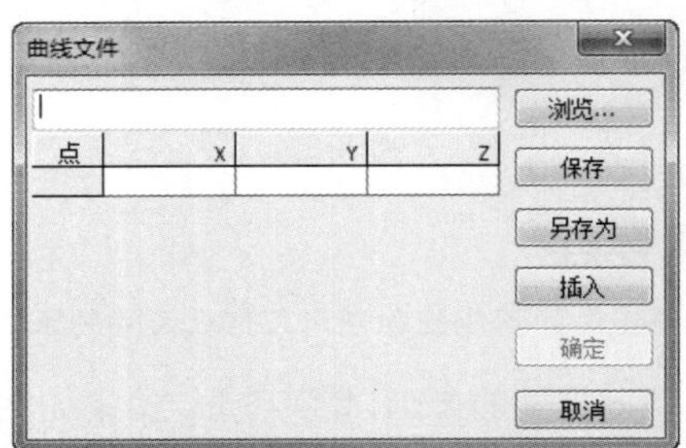


图 8-56

“曲线文件”对话框中主要选项的含义如下。

- 浏览：单击该按钮，导览至要打开的曲线文件。可打开使用 .sldcrv 文件格式的 .sldcrv 文件或 .txt 文件。打开的文件将显示在文件文本框中。
- 坐标输入：在一个单元格中双击，然后输入新的数值。当输入数值时，注意图形区域中会显示曲线的预览。

### 技术要点：

默认情况下仅有一行，若要继续输入，可以双击“点”下面的空白行，即可添加新的坐标值输入行，如图8-57所示。若要删除该行，选中后按Delete键即可。

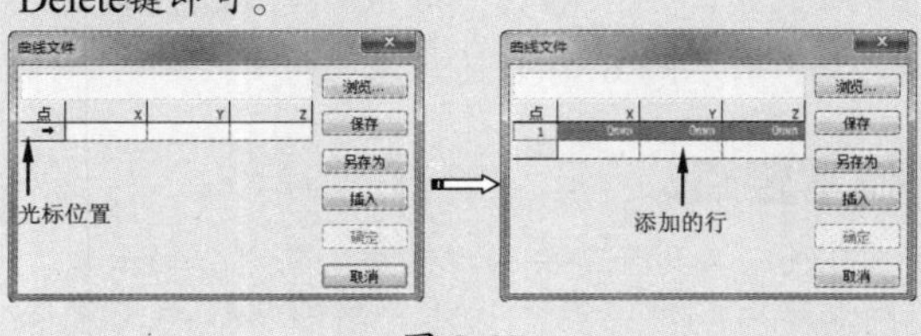


图 8-57

- 保存：可以单击“保存”按钮将定义的坐标点保存为曲线文件。曲线文件的扩展名为 .sldcrv 。
- 插入：当输入了第一行的坐标值后，单击“点”列下的数字 1 即可选中第 1 行，再单击“插入”按钮。新的一行插入在所选行之上，如图 8-58 所示。

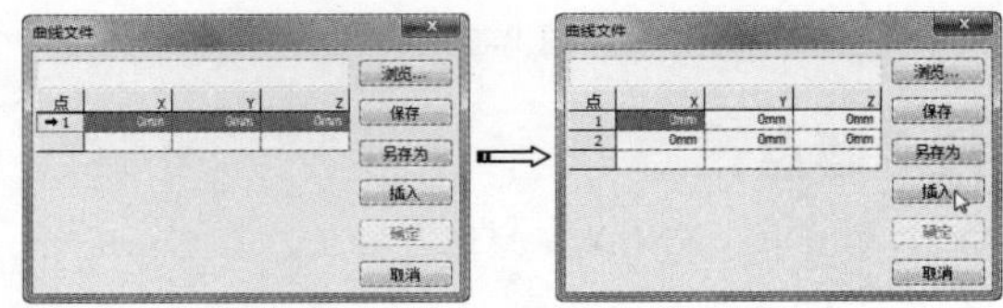

图 8-58

### 技术要点：

如果仅有一行，“插入”命令是不起任何作用的。

**动手操作——输入坐标点创建空间样条曲线**

操作步骤

**01** 新建 SolidWorks 零件文件。

**02** 在“曲线”工具条中单击“通过 *XYZ* 的点”按钮，打开“曲线文件”对话框。

**03** 双击坐标单元格，然后依次添加 5 个点的空间坐标，结果如图 8-59 所示。

**04** 单击“确定”按钮完成样条曲线的创建，如图 8-60 所示。

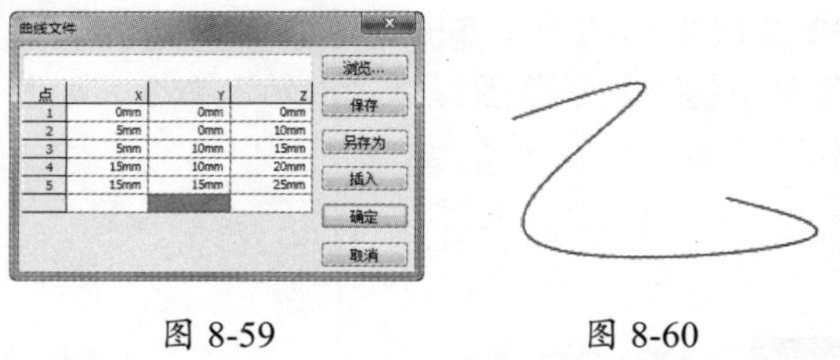

图 8-59　　图 8-60

## 8.2.2 通过参考点的曲线

“通过参考点的曲线”命令是通过已经创建的参考点，或者已有模型上的点来创建曲线。在“曲线”工具条中单击“通过参考点的曲线”按钮，会弹出“通过参考点的曲线”面板，如图 8-61 所示。

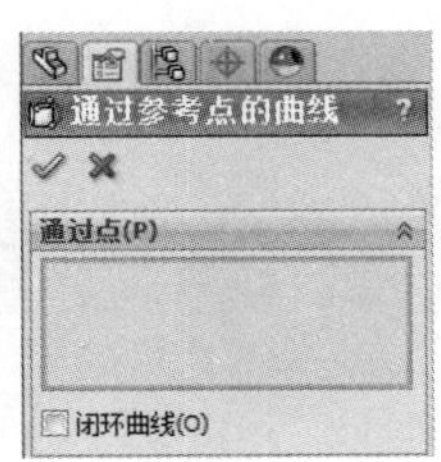

图 8-61

**技术要点：**

“通过参考点的曲线”命令仅当用户创建曲线或实体、曲面特征后，才被激活。

选取的参考点将被自动收集到“通过点”收集器中。若勾选“闭环曲线”复选框，将创建封闭的样条曲线。如图 8-62 所示分别为封闭和不封闭的样条曲线。

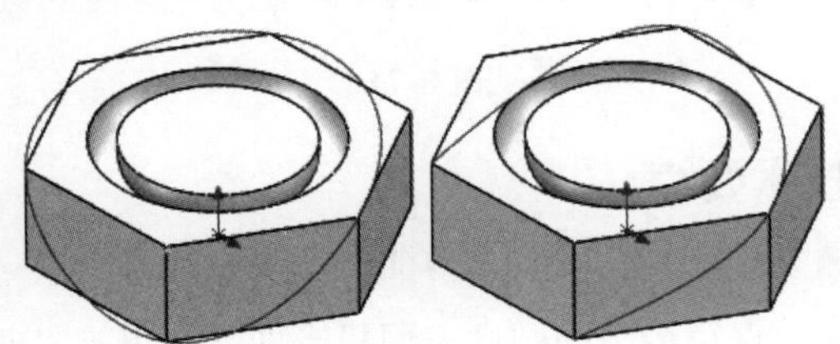
图 8-62

**技术要点：**

执行“通过参考点的曲线”命令的过程中，如果选取两个点，将创建直线，如果选取3个及3个以上的点，将创建样条曲线。

**技术要点：**

选取两个点来创建的曲线（直线）是不能使用“闭环曲线”复选框的，否则会弹出警告提示信息，如图8-63所示。

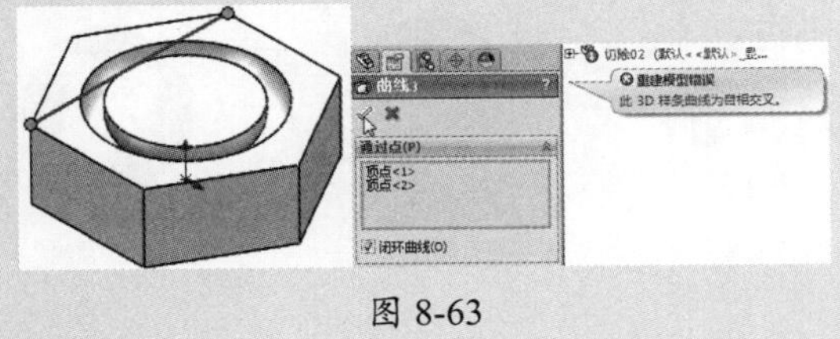

图 8-63

## 8.2.3　投影曲线

“投影曲线”命令是将绘制的 2D 草图投影到指定的曲面、平面或草图上。在“曲线”工具条中单击“投影曲线”按钮，打开“投影曲线”面板，如图 8-64 所示。

**技术要点：**

要投影的曲线只能是2D草图，3D草图和空间曲线是不能进行投影的。

面板中主要选项的含义如下。

- 面上草图：选择此单选按钮，将 2D 草图投影到所选面、平面上，如图 8-65 所示。

**技术要点：**

投影曲线时要注意投影方向，必须使曲线投影到曲面上的指示方向，否则不能创建投影曲线。

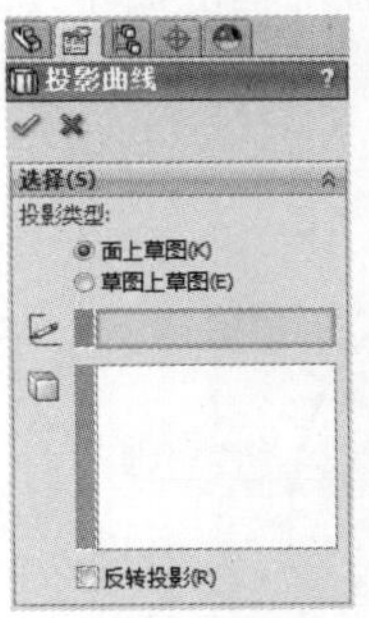

图 8-64

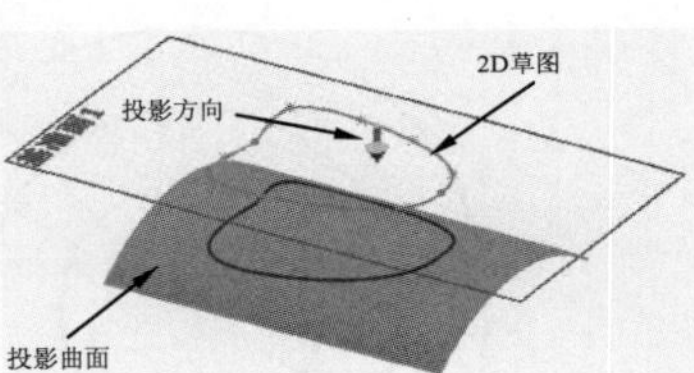

图 8-65

- 草图上草图：此类型用于两个相交基准面上的草图曲线进行相交投影，以此获得 3D 空间交汇曲线，如图 8-66 所示。

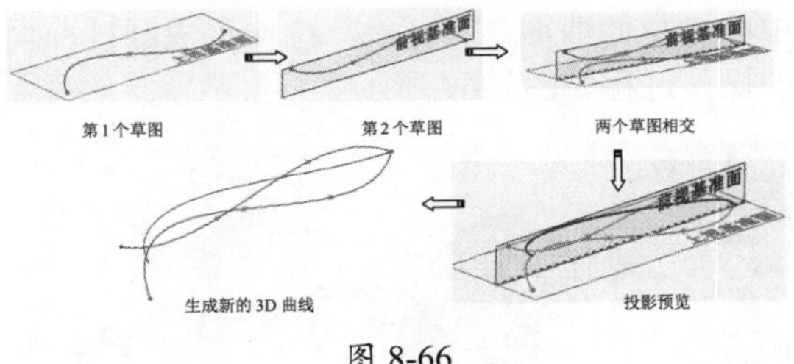

图 8-66

**技术要点：**

两个相交的草图必须形成交汇，否则不能创建投影曲线。如图8-67所示的两个基准面上的草图没有交汇，就不能创建“草图上草图”类型的投影曲线。

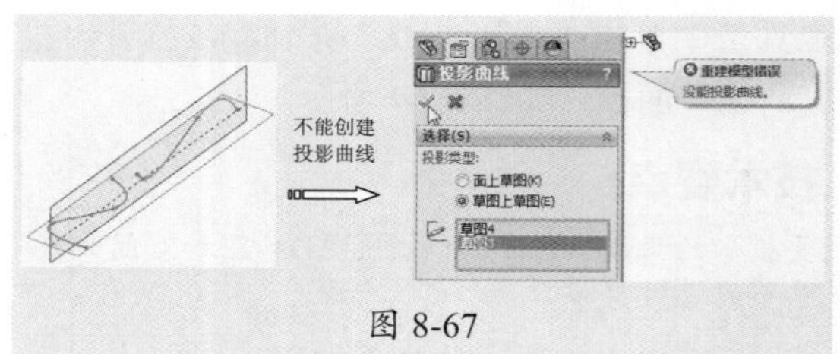

图 8-67

- 反转投影：勾选此复选框，改变投影方向。

**动手操作——利用投影曲线命令创建扇叶曲面**

**操作步骤**

**01** 建立一个新的零件文件。

**02** 绘制草图。在设计树中选择前视基准面后单击“草图绘制”按钮，在前视基准面中绘制草图，如图 8-68 所示。

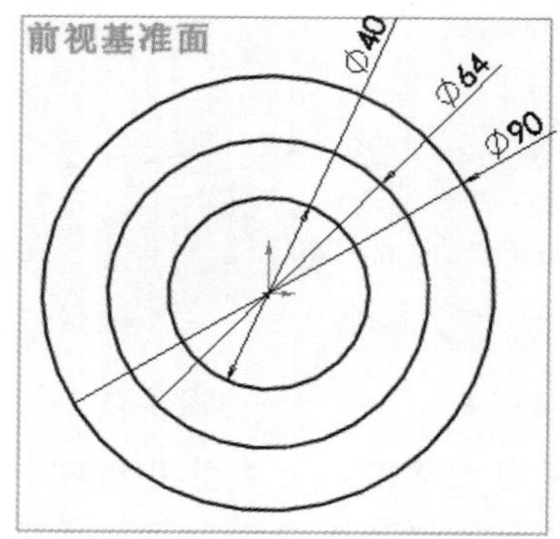

图 8-68

**03** 拉伸生成圆柱曲面。单击“曲面”选项卡中的“拉伸曲面”按钮，拉伸生成圆柱曲面的操作过程如图 8-69 所示。

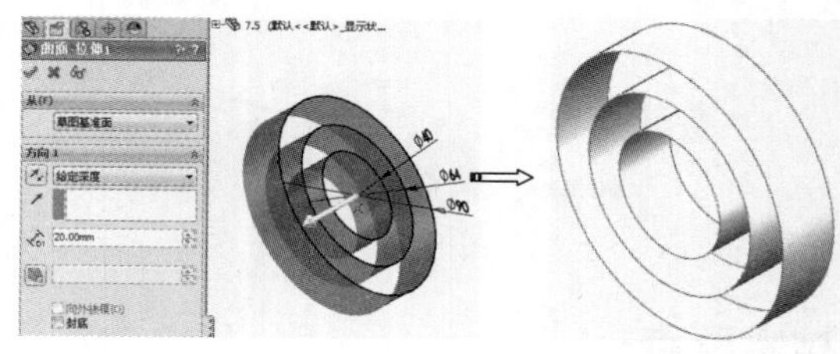
图 8-69

**04** 添加基准面。在“特征”选项卡中单击“参考几何体”|“基准面”按钮，建立距离上视基准面为 50mm 的平行基准面，添加新基准面的操作过程如图 8-70 所示。

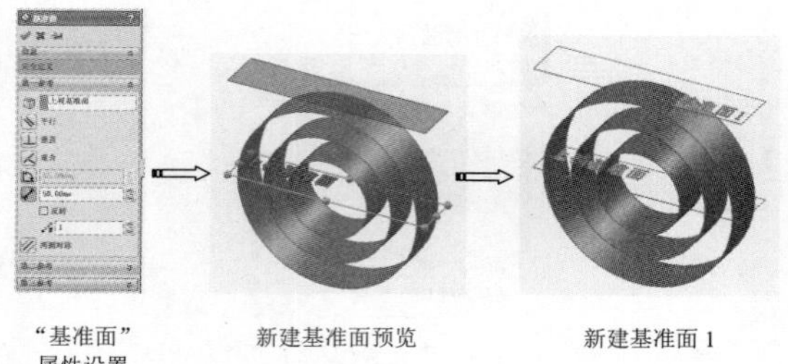

图 8-70

**05** 绘制草图。在设计树中选择基准面 1，单击“草图绘制”按钮，在基准面 1 中绘制草图，如图 8-71 所示。

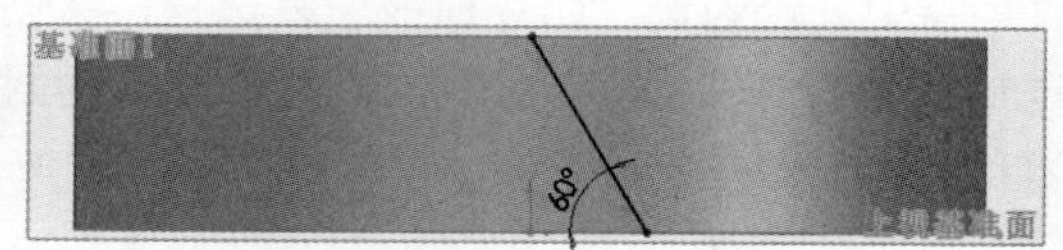

图 8-71

### 技术要点：

便于观察，隐藏外面的两个圆柱曲面。

**06** 向直径最小的圆柱表面投影曲线。单击“曲线”选项卡中的“投影曲线”按钮，打开“投影曲线”面板。

**07** 在“投影类型”中选择“面上草图”选项，单击“要投影的草图”按钮，选择绘图区中的线段，单击“投影面”按钮，对应选择圆柱表面，选中“反转投影”复选框。投影曲线的操作过程如图 8-72 所示。

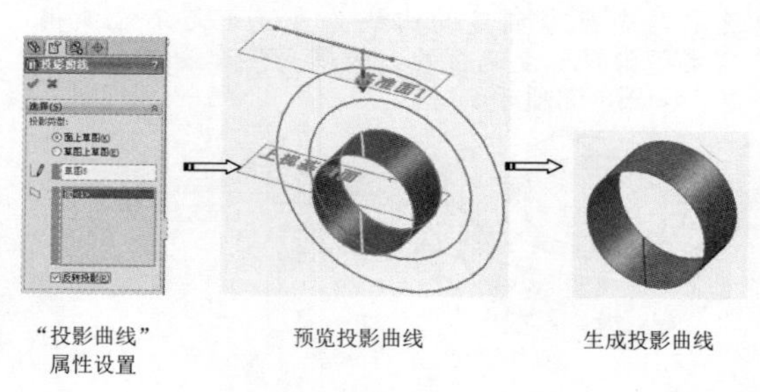

图 8-72

**08** 显示最外侧大的圆柱曲面，然后隐藏内侧的两个圆柱曲面。

**09** 绘制另一个草图。在设计树中选择基准面 1，单击“草图绘制”按钮，在基准面 1 中绘制另一个草图，如图 8-73 所示。

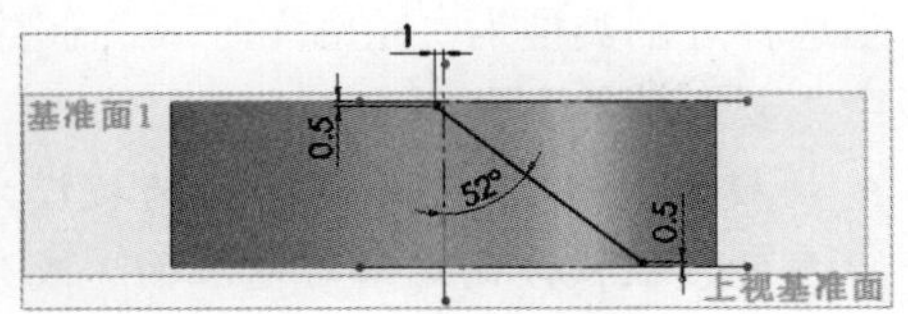


图 8-73

**10** 向最大圆柱面上投影曲线。单击“曲线”选项卡中的“投影曲线”按钮，弹出“投影曲线”面板，在“投影类型”中选择“面上草图”，单击“要投影的草图”按钮，选择绘图区中的线段，单击“投影面”按钮，对应选择圆柱表面，选中“反转投影”复选框。投影曲线的操作过程如图 8-74 所示。

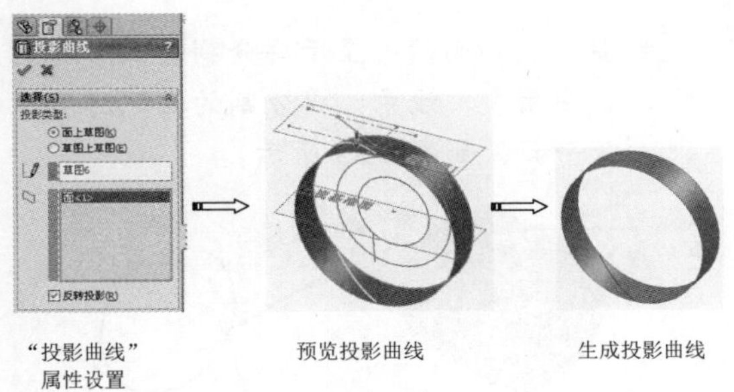


图 8-74

**11** 显示中间的圆柱曲面，然后隐藏外侧和内侧的两个圆柱曲面。

**12** 在基准面 1 上再绘制如图 8-75 所示的草图。

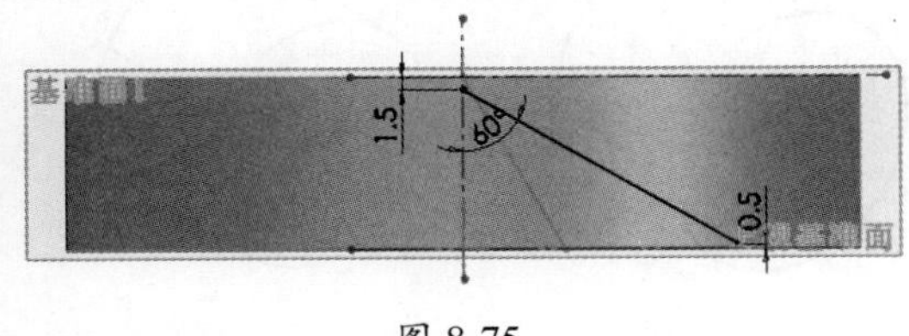


图 8-75

**13** 利用“投影曲线”命令，将上一步绘制的草图投影到中间圆柱面上，生成的投影曲线如图 8-76 所示。

**14** 生成叶片放样轮廓的 3D 曲线。单击“曲线”工具条中的“通过参考点的曲线”按钮，打开“通过参考点的曲线”面板。

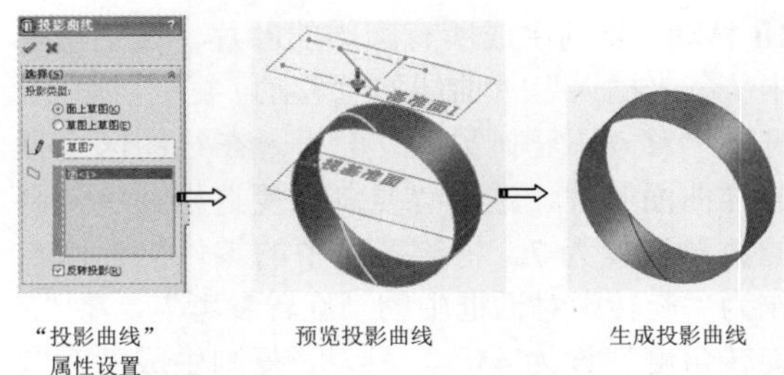


图 8-76

**15** 依次选择绘图区中投影曲线的 6 个端点，所选择的点会列在“通过参考点的曲线”面板中，单击“确定”按钮，即可生成 3D 曲线，如图 8-77 所示。

图 8-77

**16** 放样曲面生成叶片。隐藏外部的两个圆柱面，单击“曲面”选项卡中的“放样曲面”按钮，在弹出的“曲面 - 放样 1”面板中，在轮廓中依次选择 3D 曲线和小圆柱面上的投影曲线，放样曲面生成叶片的过程如图 8-78 所示。

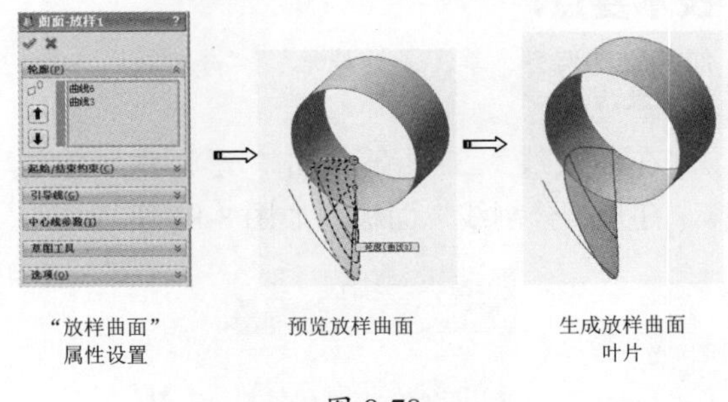


图 8-78

**17** 最终创建完成的扇叶曲面如图 8-79 所示。

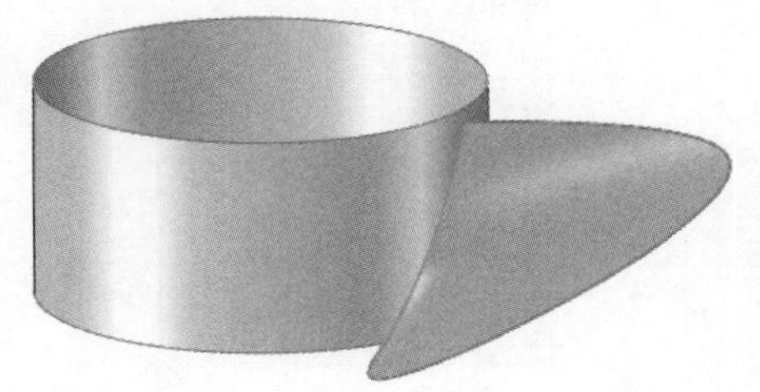

图 8-79

**18** 移动 / 复制生成所有圆周的叶片。在菜单栏中执行“插入”|“曲线”|“移动 / 复制”命令，打开“移动 / 复制实体”面板。在绘图区选择放样曲面叶片，选中“复制”复选框，将复制的数量设置为7。将绘图区中的零件坐标原点作为“旋转”对话框中的“旋转参考”，将“Z旋转角度”设为45°，移动 / 复制生成所有圆周的叶片的过程如图 8-80 所示。

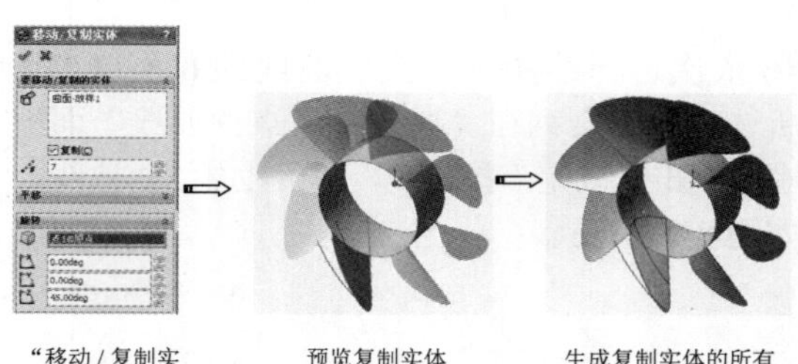

“移动 / 复制实体”属性设置　　预览复制实体　　生成复制实体的所有叶片

图 8-80

## 8.2.4　分割线

“分割线”是一个分割曲面的工具，分割曲面后所得的交线就是分割线。分割对象包括草图、实体、曲面、面、基准面或曲面样条曲线。

**技术要点：**

仅当创建模型、草图或曲线后，“分割线”命令才被激活。

在“曲线”工具条单击“分割线”按钮，打开“分割线”面板，如图 8-81 所示。

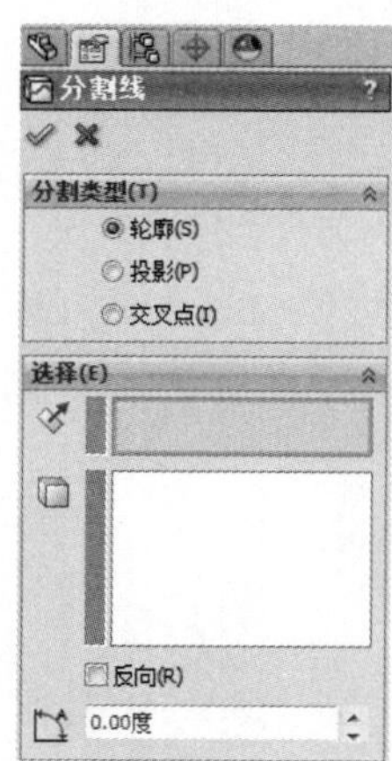


图 8-81

### 1. “轮廓”分割类型

当选择分割类型为“轮廓”时，“分割线”面板中主要选项的含义如下。

- 拔模方向：即选取基准面为拔模方向参考，拔模方向始终与基准面（或分割线）垂直，如图 8-82 所示。拔模方向参考其实也是分割工具。

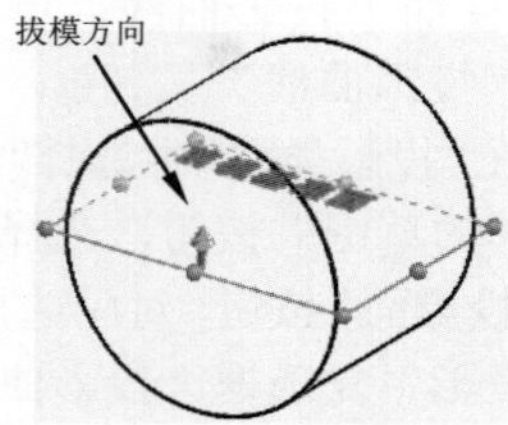


图 8-82

- 要分割的面：显示要分割的面（只能是曲面）。注意：要分割的面绝对不能是平面，如图 8-83 所示。

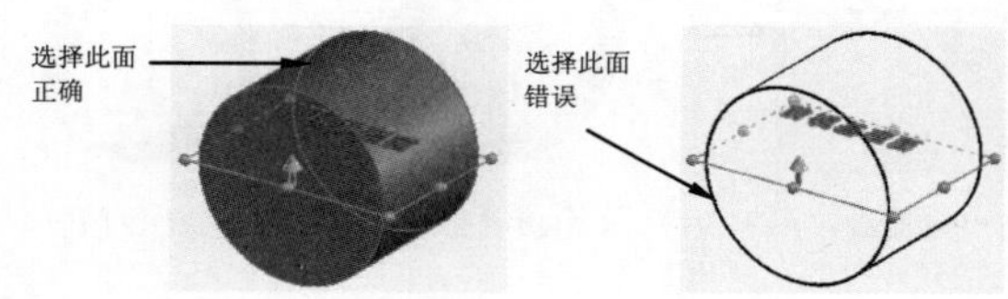


图 8-83

- 角度：分割线与基准面之间形成的夹角，如图 8-84 所示。

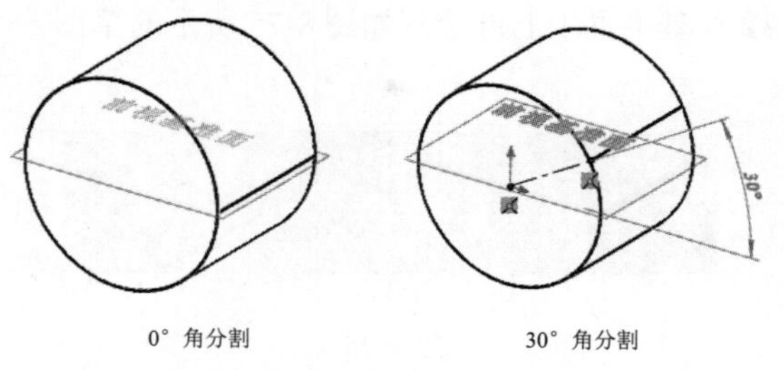


0°角分割　　30°角分割

图 8-84

**技术要点：**

要利用“轮廓”分割类型需要满足两个条件——拔模方向参考仅局限于基准面（平直的曲面不可以）；要分割的面必须是曲面（模型表面是平面也是不可以的）。

在一个零件实体模型上生成轮廓分割线的过程如图 8-85 所示。

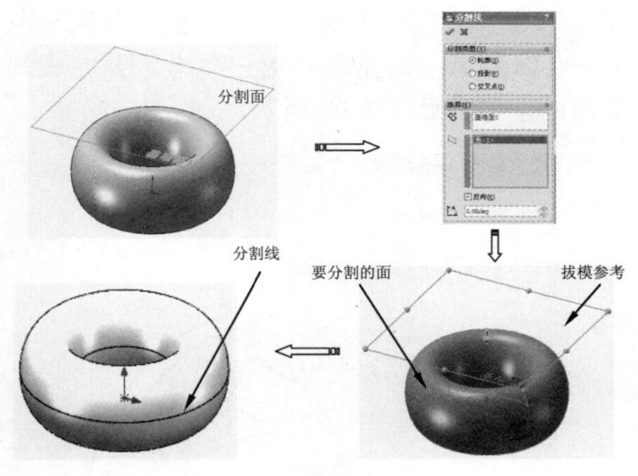


图 8-85

## 2. "投影"分割类型

"投影"分割类型是利用投影的草图曲线来分割实体、曲面的。"投影"分割类型适用于多种类型的投影，例如可以：

- 将草图投影到平面上并分割。
- 将草图投影到曲面上并分割。

当选择"分割类型"中的"投影"单选按钮时，"分割线"面板如图 8-86 所示。

图 8-86

"投影"类型中主要选项的含义如下。

- 要投影的草图：选取要投影的草图，可以从要分割的同一个草图中选择多个轮廓。
- 要分割的面：要投影草图的面，此面可以是平面，也可以是曲面。
- 单向：向一个方向投影分割线。
- 反向：勾选该复选框后，改变投影方向。

在一个零件实体模型上生成投影分割线的过程如图 8-87 所示。

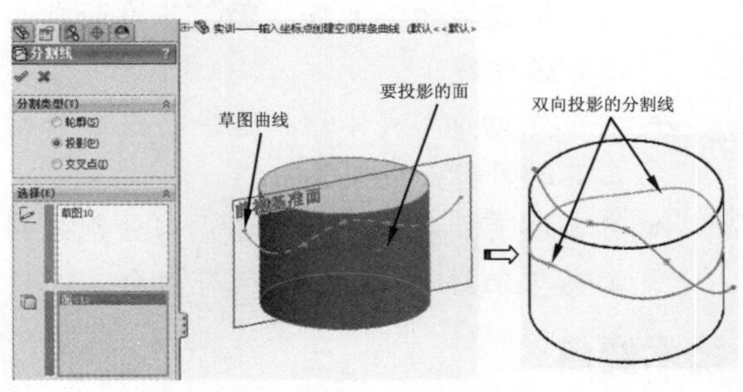


图 8-87

### 技术要点：

默认情况下，不勾选"单向"复选框，草图将向曲面两侧同时投影。如图8-88所示为单向和双向投影的情形。

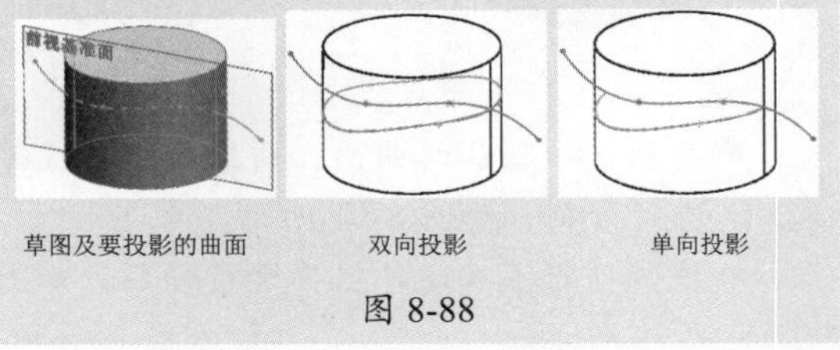


图 8-88

### 技术要点：

在图8-88中，如果圆柱面是一个整体，只能进行双向投影。

## 3. "交叉点"分割类型

此分割类型是用交叉实体、曲面、面、基准面或曲面样条曲线来分割面的。

"分割线"面板中的"交叉点"分割类型选项设置界面如图 8-89 所示。

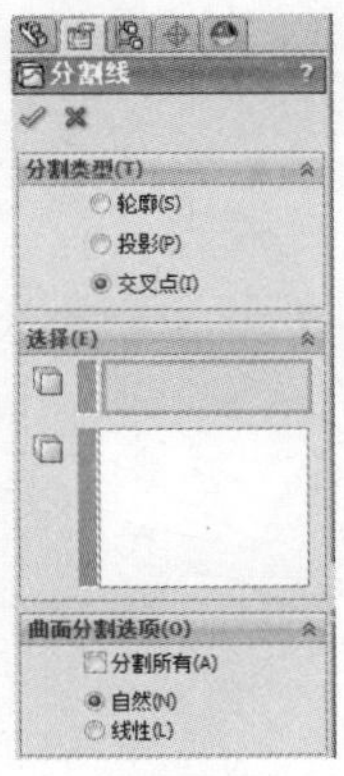


图 8-89

主要选项的含义如下。

- 分割实体 / 面 / 基准面：选择分割工具（交叉实体、曲面、面、基准面或曲面样条曲线）。
- 要分割的面 / 实体：选择要投影分割工具的目标面或实体。
- 分割所有：勾选此复选框，将分割分割工具与分割对象接触的所有曲面。

**技术要点：**

分割工具可以与所选单个曲面不完全接触，如图8-90所示。若完全接触则该复选框不起作用。

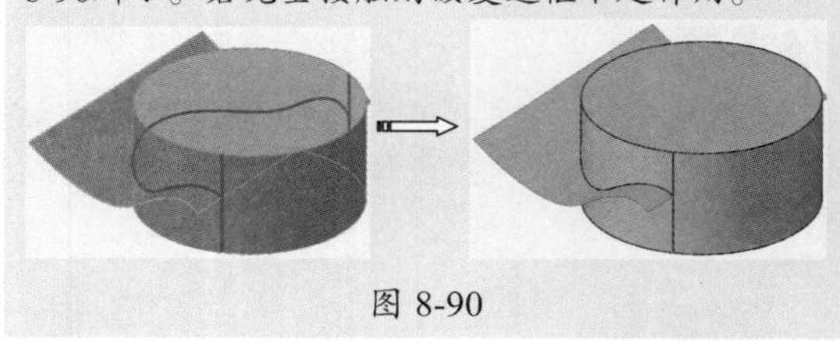

图 8-90

- 自然：按默认的曲面、曲线的延伸规律进行分割，如图 8-91 所示。
- 线性：将不按延伸规律进行分割，如图 8-92 所示。

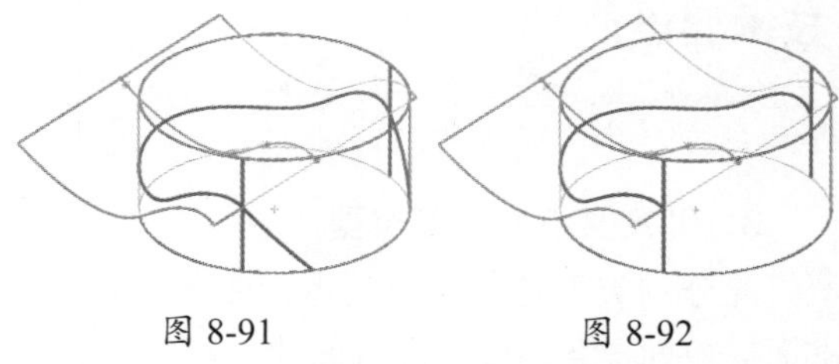

图 8-91　　图 8-92

**动手操作——以“交叉点”类型分割模型**

操作步骤

**01** 打开本例素材文件“零件 .sldprt”。

**02** 显示 3 个创建的点，如图 8-93 所示。

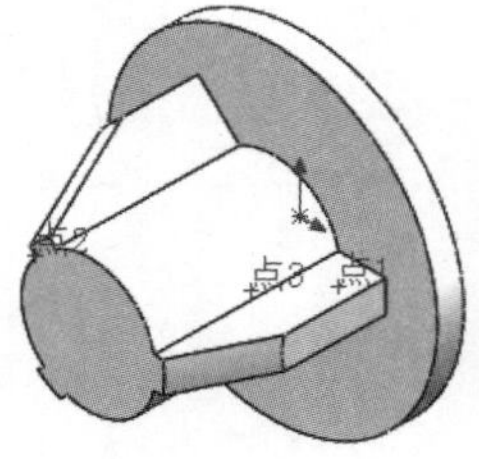

图 8-93

**03** 在“特征”选项卡中选择“参考几何体”|“基准面”命令，打开“基准面”面板。分别选取 3 个点作为第一、第二和第三参考，并完成基准面的创建，如图 8-94 所示。

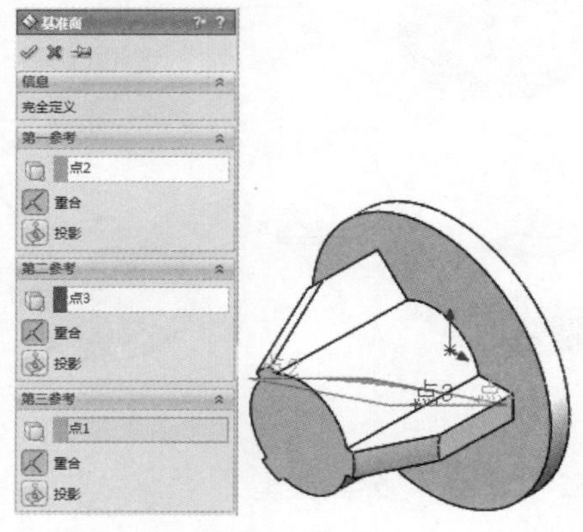


图 8-94

**04** 单击“分割线”按钮，打开“分割线”面板。选择“交叉点”分割类型，然后选择基准面作为分割工具，再选择如图 8-95 所示的模型表面作为要分割的面。

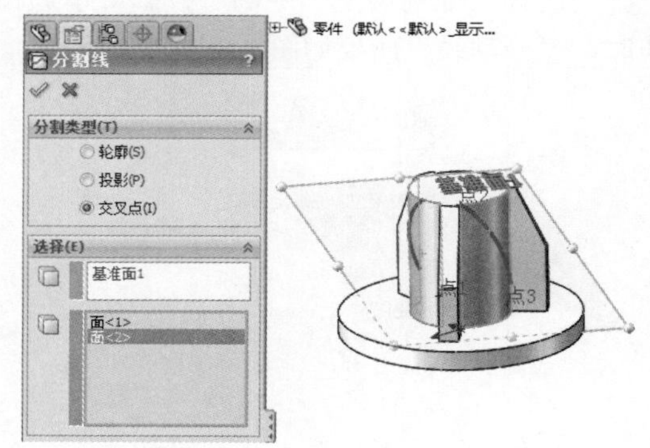


图 8-95

**05** 保留曲目分割选项的默认设置，单击“确定”按钮完成分割，如图 8-96 所示。

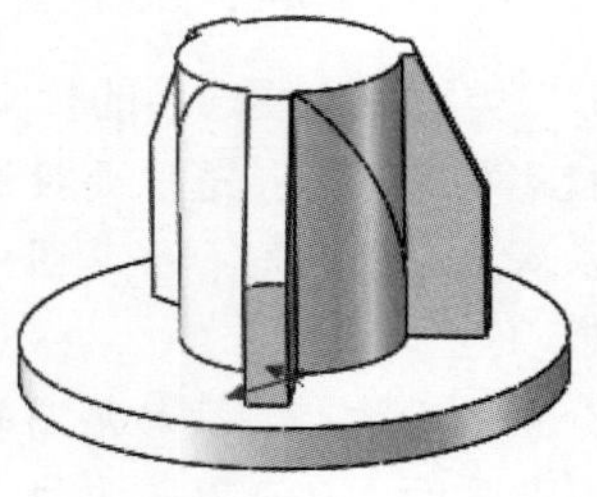

图 8-96

**06** 最后保存结果。

## 8.2.5 螺旋线 / 涡状线

螺旋线 / 涡状线是从一个绘制的圆添加一条螺旋线或涡状线。可在零件中生成螺旋线和涡状线曲线。此曲线可以被当成一个路径或引导曲线使用在扫描的特征上，或作为放样特征的引导曲线。

可以通过以下方式执行“螺旋线 / 涡状线”命令。

- 单击“曲线”选项卡中的“螺旋线 / 涡状线”按钮。
- 在菜单栏中执行“插入”|“曲线”|“螺旋线 / 涡状线”命令。

执行“螺旋线 / 涡状线”命令后，属性管理器才显示“螺旋线 / 涡状线”面板。“螺旋线 / 涡状线”面板中 4 种螺旋线的定义方式如图 8-97 所示。

图 8-97

“螺旋线 / 涡状线”面板中主要选项的含义如下。

- 定义方式：选择螺旋线 / 涡状线的定义方式。
  - ➢ 螺距和圈数：生成一条由螺距和圈数所定义的螺旋线。
  - ➢ 高度和圈数：生成由高度和圈数所定义的螺旋线。
  - ➢ 高度和螺距：生成由高度和螺距所定义的螺旋线。
  - ➢ 涡状线：生成由螺距和圈数所定义的涡状线。
- 参数：设置螺旋线 / 涡状线的参数。
  - ➢ 恒定螺距。在螺旋线中生成恒定螺距。
  - ➢ 可变螺距。根据指定的区域参数生成可变的螺距。
  - ➢ 高度（仅限螺旋线）：设定高度。
  - ➢ 螺距：为每个螺距设定半径更改比率。
  - ➢ 圈数：设定旋转数。
  - ➢ 反向：将螺旋线从原点处往后延伸，或生成一条向内涡状线。
  - ➢ 起始角度：设定在绘制的圆上在什么位置开始初始旋转。
  - ➢ 顺时针：设定旋转方向为顺时针。
  - ➢ 逆时针：设定旋转方向为逆时针。
- 锥形螺纹线：设置锥形螺纹线。
  - ➢ 锥度角度：设定锥度角度。
  - ➢ 锥度外张：将螺纹线锥度外张。

**动手操作——创建螺旋线**

**操作步骤**

**01** 新建零件文件。

**02** 利用草图中的“圆”命令，绘制如图 8-98 所示的圆形。

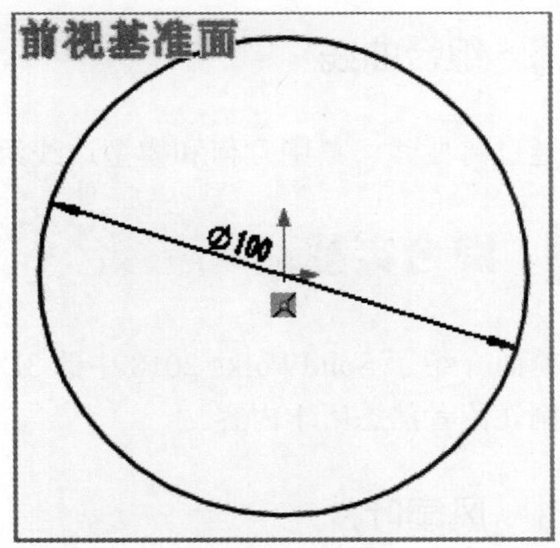


图 8-98

**03** 单击“曲线”工具条中的“螺旋线 / 涡状线”按钮，打开“螺旋线 / 涡状线”面板。按信息提示选择绘制的草图，如图 8-99 所示。

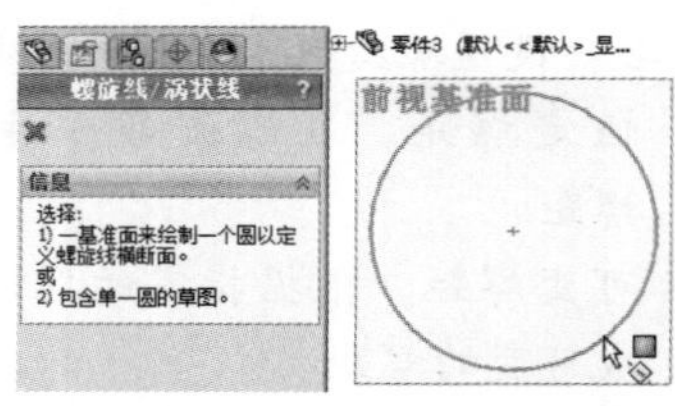


图 8-99

**04** 随后在“螺旋线 / 涡状线”面板中选择“螺距和圈数”方式，并设置如图 8-100 所示的参数，单击“确定”按钮完成螺旋线的创建。

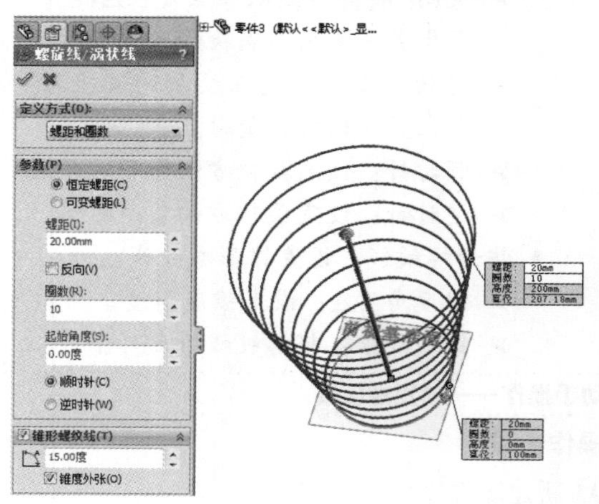


图 8-100

**05** 最后保存创建的结果。

### 8.2.6　组合曲线

通过将曲线、草图几何和模型边线组合为一条单一的曲线来生成组合曲线。使用该曲线作为生成放样或扫描的引导曲线。

当创建了草图、模型或曲面特征后，“组合曲线”命令才被激活。单击“组合曲线”按钮，打开“组合曲线”面板，如图 8-101 所示。

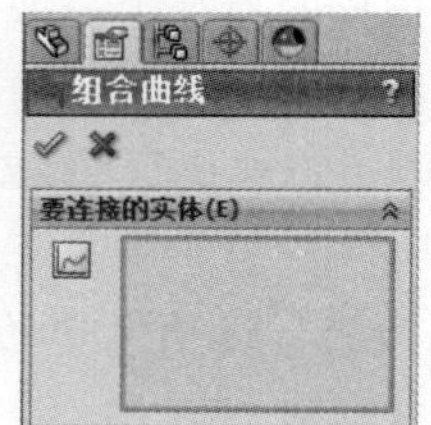


图 8-101

在一个零件实体模型上生成组合曲线的过程如图 8-102 所示。

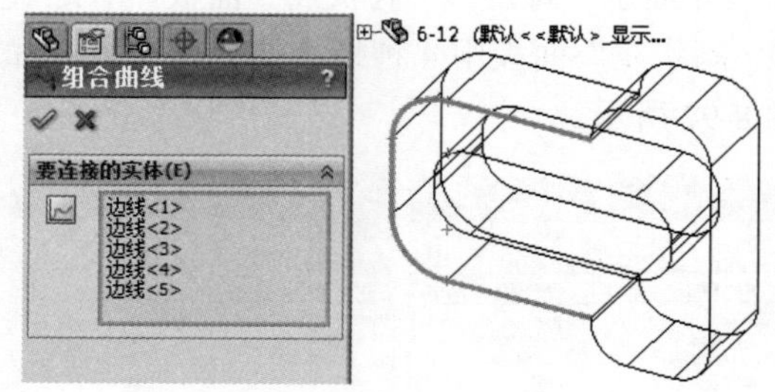


图 8-102

**技术要点：**

所选的边线必须是相接或相切连续的，否则不能创建组合曲线。

## 8.3　综合实战

前面介绍了 SolidWorks 2018 中的 3D 草图和曲线工具。下面通过风扇页建模实例和音箱模型实例让读者熟悉所学内容。

### 8.3.1　风扇叶片

◎ **引入素材：无**

◎ **结果文件：第8章综合实战\第8章结果文件\风扇叶片.sldprt**

◎ **视频文件：风扇叶片.avi**

风扇叶片是由曲面建模生成的，本例练习风扇叶片模型建模，其实体模型如图 8-103 所示。

图 8-103

**操作步骤**

**01** 启动 SolidWorks 2018，建立一个新的零件文件。

**02** 绘制草图。在设计树中选择前视基准面后单击“草图绘制”按钮，在前视基准面中绘制的草图如图 8-104 所示。

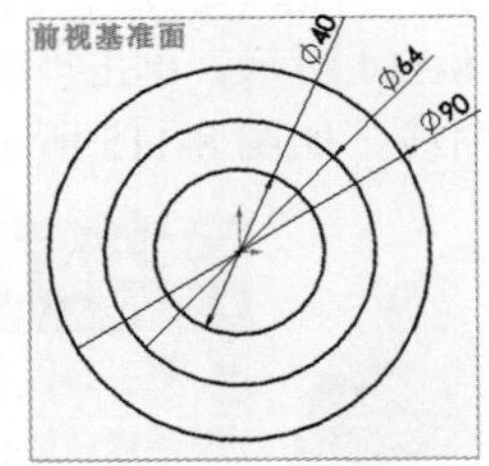


图 8-104

**03** 拉伸生成圆柱曲面。单击“曲面”选项卡中的“拉伸曲面”按钮，拉伸生成圆柱曲面的操作过程如图 8-105 所示。

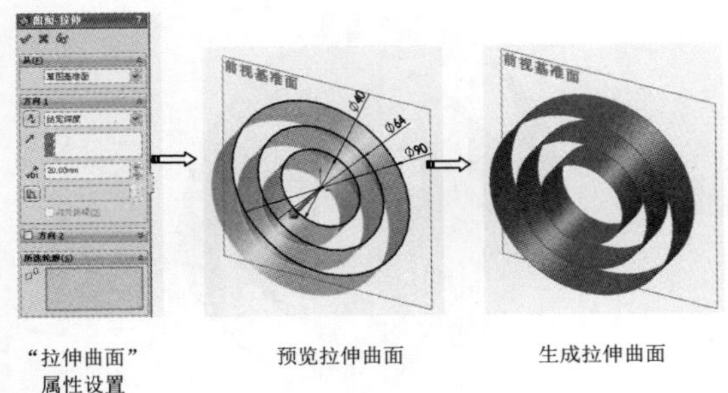


“拉伸曲面”属性设置　　预览拉伸曲面　　生成拉伸曲面

图 8-105

**04** 添加基准面。在“特征”选项卡中单击“参考几何体”按钮，选择“基准面”，建立距离上视基准面为 50mm 的平行基准面，添加新基准面的操作过程如图 8-106 所示。

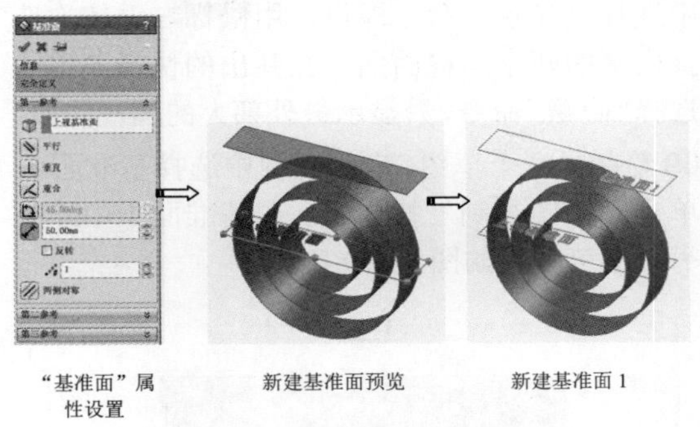

“基准面”属性设置　　新建基准面预览　　新建基准面 1

图 8-106

**05** 绘制草图。在设计树中选择基准面 1，单击“草图绘制”按钮，在基准面 1 中绘制的草图如图 8-107 所示。

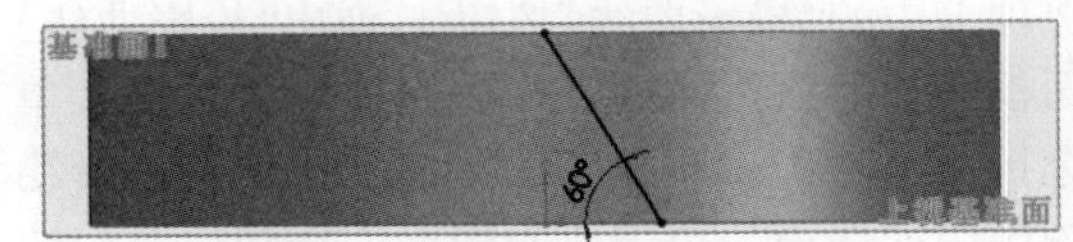


图 8-107

**06** 隐藏外面的两个圆柱曲面。用鼠标右键依次选择外面的两个圆柱曲面，在弹出的快捷菜单中选择“隐藏”命令，只显示最内侧的圆柱曲面。

**07** 向直径最小的圆柱表面投影曲线。单击“曲线”选项卡中的“投影曲线”按钮，弹出“投影曲线”面板，在“投影类型”中选择“面上草图”单选按钮，单击“要投影的草图”按钮，选择绘图区中的线段，单击“投影面”按钮，对应选择圆柱表面，勾选“反转投影”复选框，投影曲线的操作过程如图 8-108 所示。

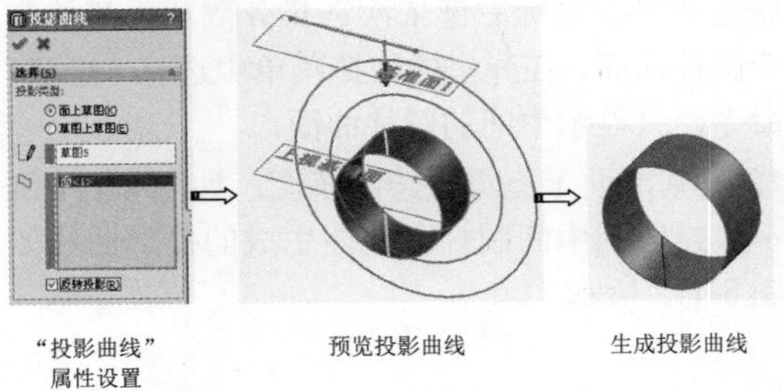


“投影曲线”属性设置　　预览投影曲线　　生成投影曲线

图 8-108

**08** 显示最外部大的圆柱曲面。右击模型树中的“曲面 - 拉伸 1”选项，在弹出的快捷菜单中选择“显示”命令即可。用鼠标右键依次选择内侧的两个圆柱曲面，在弹出的快捷菜单中选择“隐藏”命令，只显示最外部大的圆柱曲面。

**09** 绘制另一个草图。在设计树中选择基准面 1，单击“草图绘制”按钮，在基准面 1 中绘制另一个草图，如图 8-109 所示。

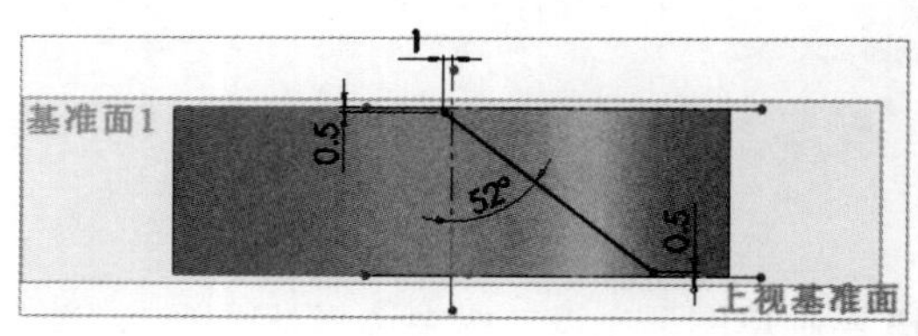

图 8-109

**10** 向最大的圆柱面上投影曲线。单击“曲线”选项卡中的“投影曲线”按钮，弹出“投影曲线”面板，在“投影类型”中选择“面上草图”单选按钮，单击“要投影的草图”按钮，选择绘图区中的线段，单击“投影面”按钮，对应选择圆柱表面，选中“反转投影”复选框。投影曲线操作的过程如图 8-110 所示。

“投影曲线”属性设置　　预览投影曲线　　生成投影曲线

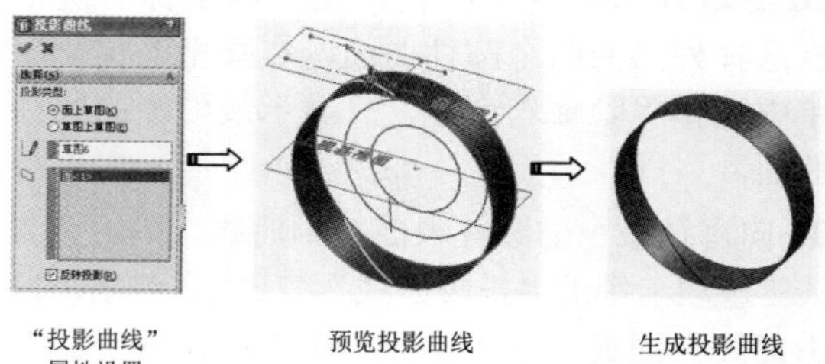

图 8-110

**11** 显示中间的圆柱曲面。右击模型树中的“曲面 - 拉伸 1”，在弹出的快捷菜单中选择“显示”命令即可。鼠标右键依次选择外侧和内侧的两个圆柱曲面，在弹出的快捷菜单中选择“隐藏”命令，只显示中间的圆柱曲面。

**12** 在基准面 1 上再次绘制草图，如图 8-111 所示，投影到中间圆柱面上，生成的投影曲线如图 8-112 所示。

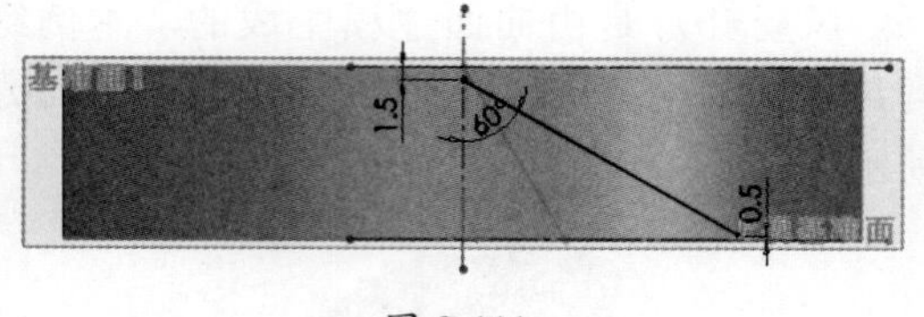

图 8-111

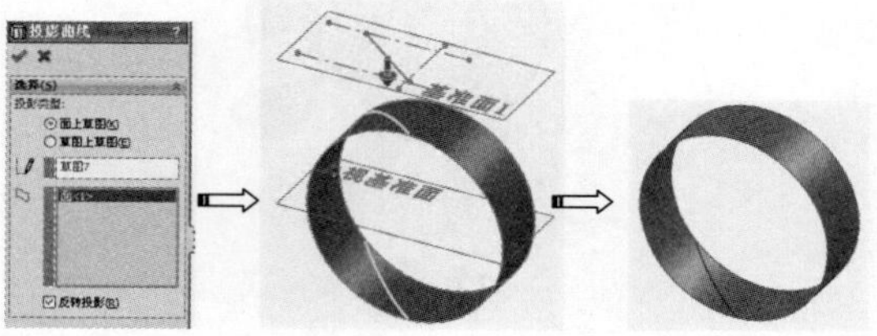

“投影曲线”属性设置　　预览投影曲线　　生成投影曲线

图 8-112

**13** 生成叶片放样轮廓的 3D 曲线。单击“曲线”选项卡中的“通过参考点的曲线”按钮，依次选择绘图区中投影曲线的 5 个端点，如图 8-113 所示。所选中的点会列在“曲线”面板中，如图 8-114 所示。单击“确定”按钮即可生成 3D 曲线，如图 8-115 所示。

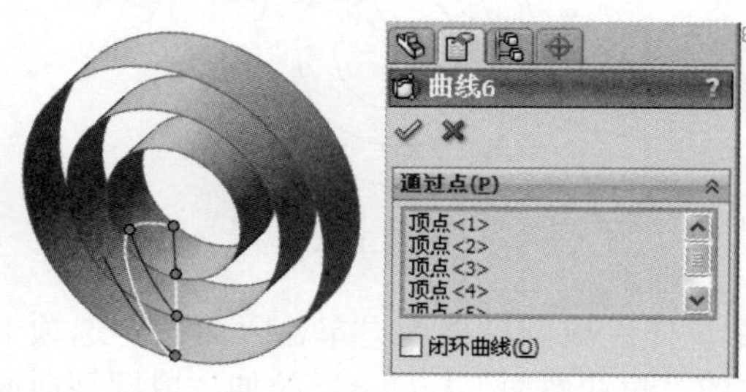

图 8-113

图 8-114

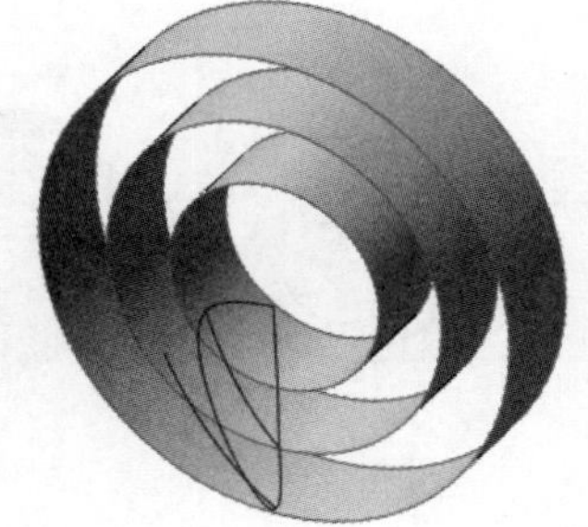

图 8-115

**14** 放样曲面生成叶片。隐藏外部的两个圆柱面，单击“曲面”选项卡上的“放样曲面”按钮，在弹出的“曲面 - 放样 1”面板中，在轮廓中依次选择 3D 曲线和小圆柱面上的投影曲线，放样曲面生成叶片的过程如图 8-116 所示。

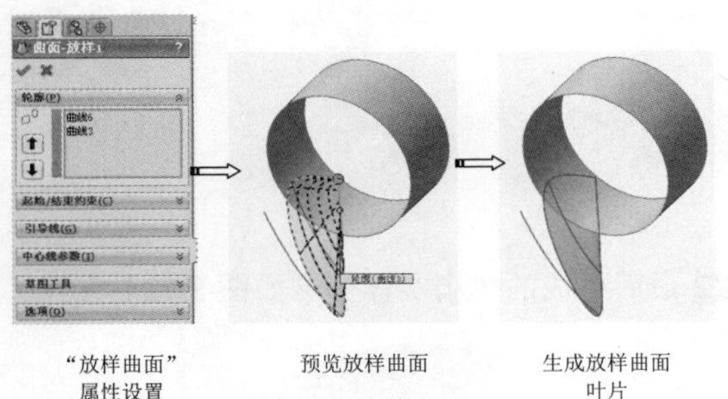

“放样曲面”属性设置　　预览放样曲面　　生成放样曲面叶片

图 8-116

**15** 移动 / 复制生成所有圆周的叶片。执行“插入”|“曲线”|“移动 / 复制”命令，打开“移动 / 复制实体”面板。在绘图区选择放样曲面叶片，选中“复制”复选框，将复制的数量设置为 7。将绘图区中的零件坐标原点作为“旋转”对话框中的“旋转参考”，将“*Z* 旋转角度”设为 45，移动 / 复制生成所有圆周的叶片的过程如图 8-117 所示。

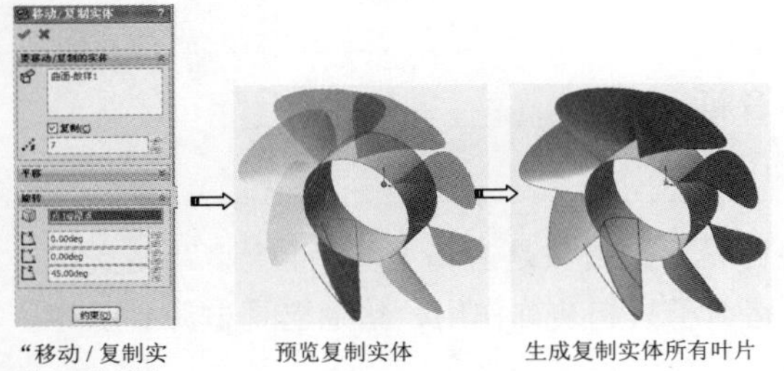

“移动 / 复制实体”属性设置　　预览复制实体　　生成复制实体所有叶片

图 8-117

**16** 在前视基准面中绘制草图。在设计树中选择前视基准面后，单击“草图绘制”按钮，绘制一个与最小圆柱等径同心的圆，在前视基准面中绘制草图，如图 8-118 所示。

**17** 利用“拉伸凸台 / 基体”工具生成风扇的中心实体。单击“拉伸凸台 / 基体”按钮，拉伸生成风扇的中心实体圆柱的操作过程如图 8-119 所示。

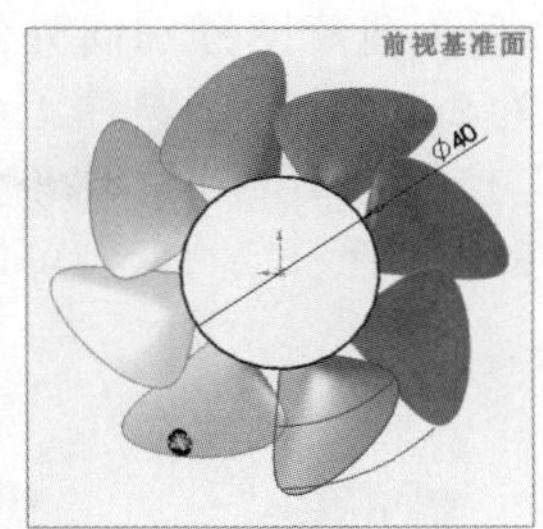


图 8-118

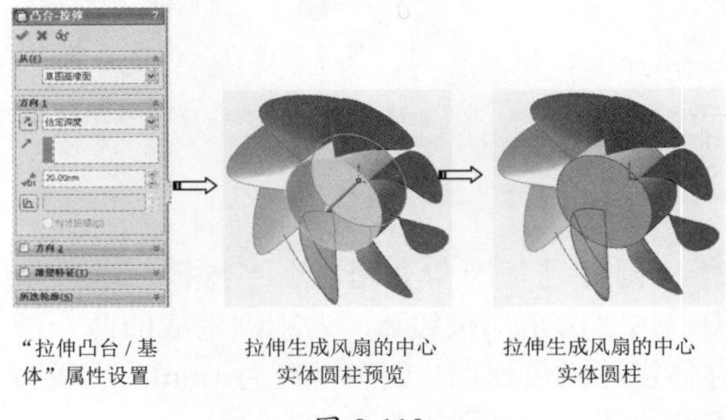

“拉伸凸台 / 基体”属性设置　　拉伸生成风扇的中心实体圆柱预览　　拉伸生成风扇的中心实体圆柱

图 8-119

**18** 设置实体模型显示。隐藏一些显示的草图、曲线、原点等。建立模型的显示效果如图 8-120 所示。

图 8-120

**19** 在圆柱的上、下面中分别绘制草图。单击“草图绘制”按钮，分别在圆柱的上、下面中绘制与圆柱同轴的两个直径为 42mm 的圆草图，绘制的两个圆草图如图 8-121 所示。

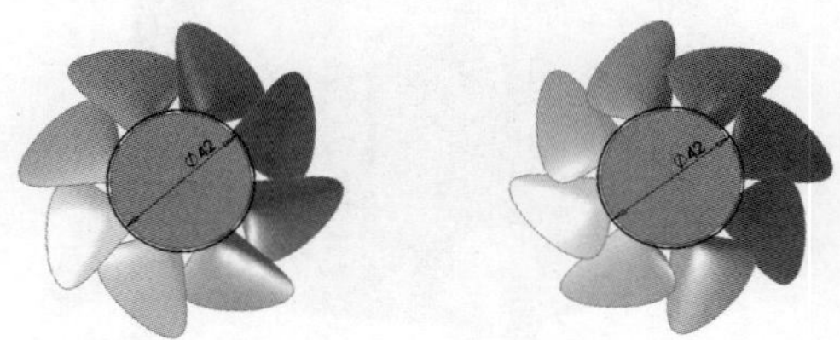

在圆柱的上面中绘制的圆草图　　在圆柱的下面中绘制的圆草图

图 8-121

**20** 用绘制的两个圆草图分别向外侧拉伸，生成拉伸长度为2mm的两个圆柱。单击“拉伸凸台/基体”按钮，拉伸生成一个圆柱的操作过程如图8-122所示。同样，可以拉伸生成另一个圆柱。

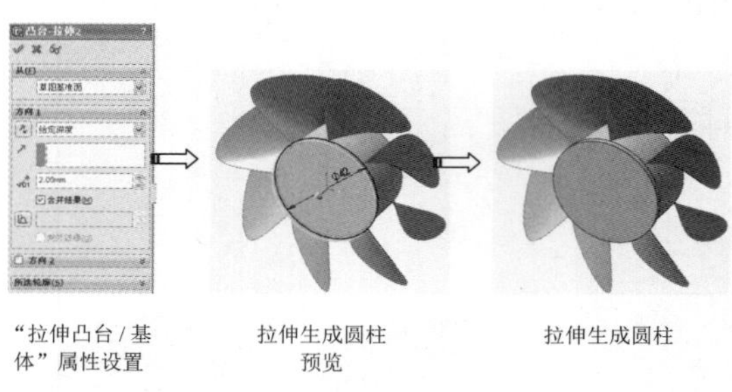

“拉伸凸台/基体”属性设置　　拉伸生成圆柱预览　　拉伸生成圆柱

图 8-122

**21** 对圆柱进行圆角处理。在“特征”选项卡中单击“圆角”按钮，为刚刚生成的两个圆柱体进行圆角处理，圆角半径为1mm。生成圆柱圆角的操作过程如图8-123所示。

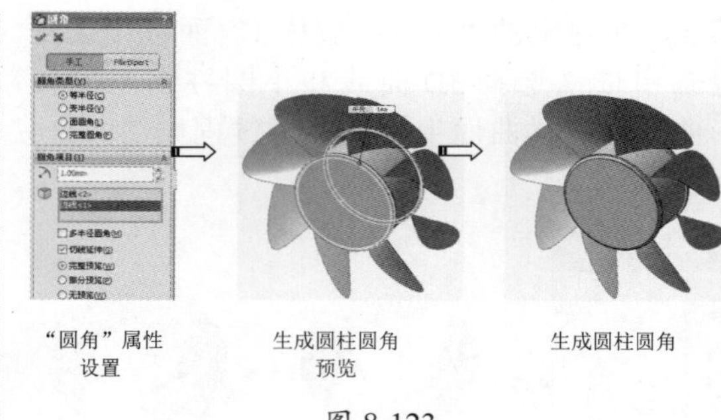

“圆角”属性设置　　生成圆柱圆角预览　　生成圆柱圆角

图 8-123

**22** 最后生成的风扇实体模型如图8-124所示。

图 8-124

### 8.3.2 小猪音箱

◎ **引入素材：无**

◎ **结果文件：第8章综合实战\第8章结果文件\小猪音箱.sldprt**

◎ **视频文件：小猪音箱.avi**

这款音箱采用了小猪造型，圆圆的，看上去很可爱，大猪头是音箱主体，4个猪蹄是支架。两个大眼睛、耳朵下边以及猪肚子是5个扬声器。猪鼻子只起装饰作用，猪嘴巴是电源显示灯，接通后会发出绿光。小猪造型如图8-125所示。

图 8-125

#### 1．设计小猪音箱主体

音箱主体部分比较简单——一个完整的球体减去一小部分，所使用的工具包括“旋转凸台/基体”“实体切割”“抽壳”等。

**操作步骤**

**01** 启动SolidWorks 2018。

**02** 在打开的SolidWorks 2018起始界面中，单击“新建”按钮，弹出“新建SOLIDWORKS文件”对话框。在该对话框中选择“零件”模板，再单击“确定”按钮，进入零件设计环境，如图8-126所示。

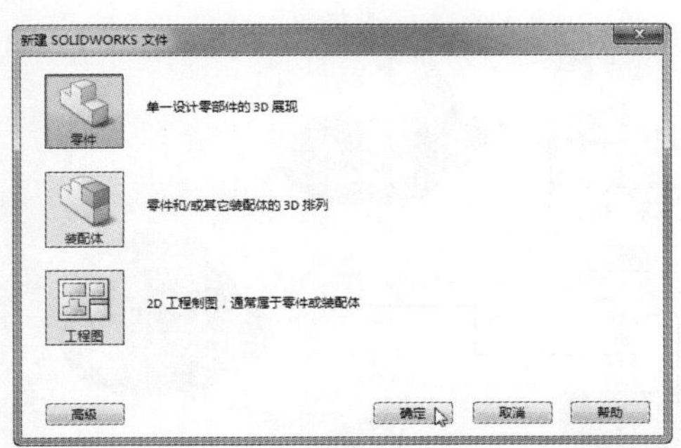


图 8-126

**03** 在“特征”选项卡中单击“旋转凸台 / 基体”按钮，然后按如图 8-127 所示的操作步骤，创建旋转球体特征。

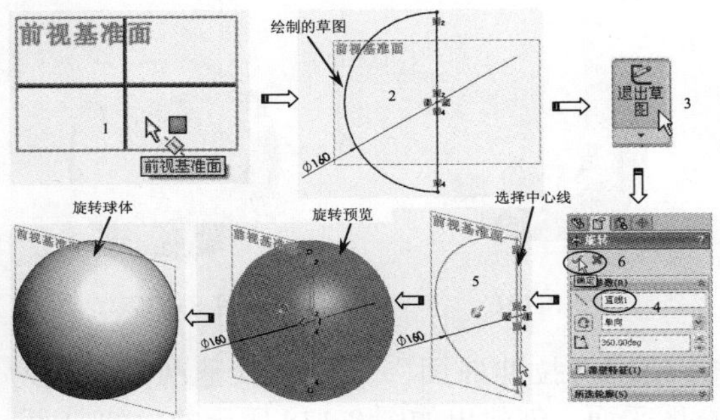


图 8-127

**04** 在“特征”选项卡的“参考几何体”下拉列表中单击“基准面”按钮，然后按如图 8-128 所示的操作步骤，创建用于分割旋转球体的基准面 1。

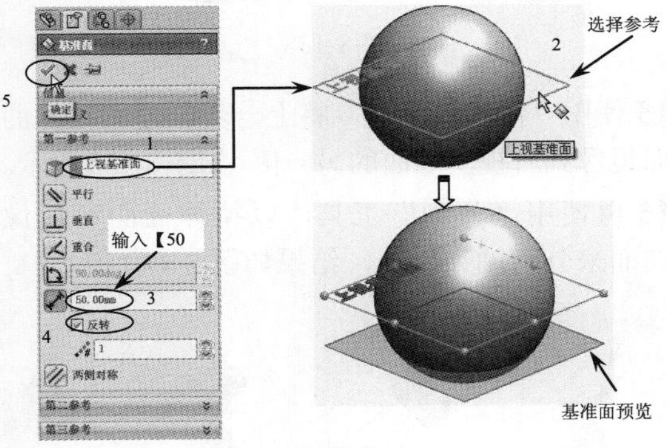


图 8-128

### 技术要点：

用于分割的旋转球体可以是参考基准面或者是一个平面，还可以是其他特征上的面。

**05** 在菜单栏中执行“插入”|“特征”|“分割”命令，然后按如图 8-129 所示的操作步骤分割旋转球体。

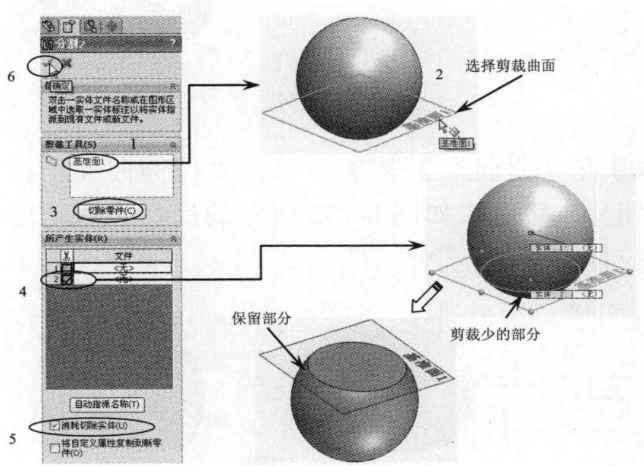


图 8-129

**06** 在“特征”选项卡中单击“抽壳”按钮，然后按如图 8-130 所示的操作步骤创建抽壳特征。

图 8-130

**07** 使用“基准轴”工具，在前视基准面和右视基准面的交叉界线位置创建基准轴 1，如图 8-131 所示。

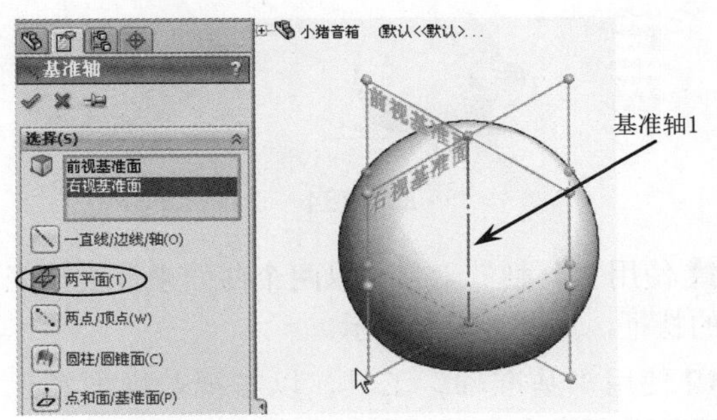


图 8-131

**08** 使用“基准面”工具，以前视基准面和参考基准轴为第一参考和第二参考，创建出如图 8-132 所示的基准面 2。

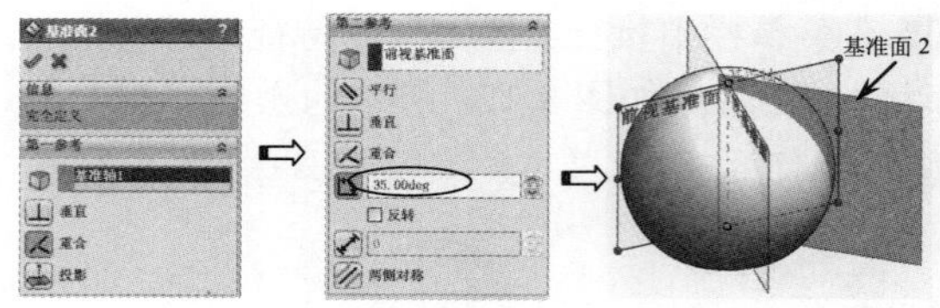


图 8-132

**09** 在“曲面”工具条中单击“拉伸曲面”按钮，然后按如图 8-133 所示的操作步骤创建拉伸曲面。

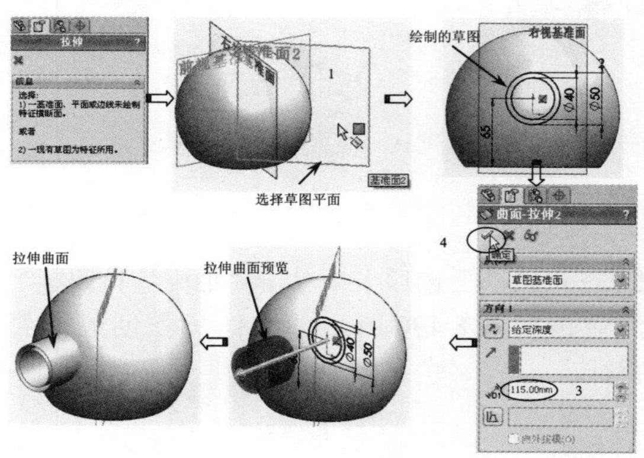


图 8-133

**10** 在“特征”选项卡中单击“镜像”按钮，然后按如图 8-134 所示的操作步骤，将拉伸曲面镜像到右视基准面的另一侧。

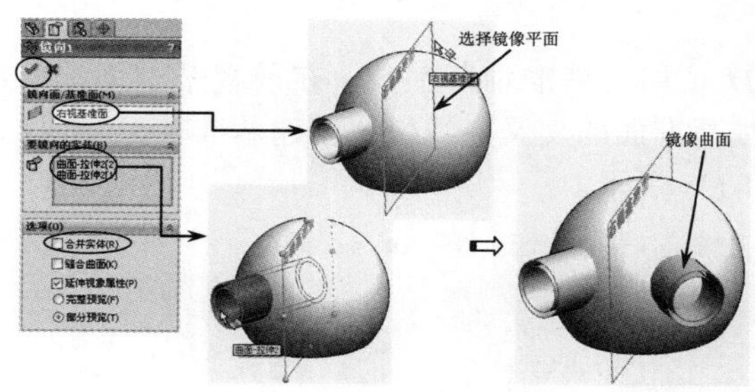


图 8-134

**11** 使用“分割”工具，以两个曲面来分割抽壳的特征，如图 8-135 所示。

**12** 使用“基准轴”工具，以右视基准面和上视基准面作为参考，创建基准轴 2，如图 8-136 所示。

**13** 使用“基准面”工具，以上视基准面和基准轴 2 作为参考，创建基准面 3，如图 8-137 所示。

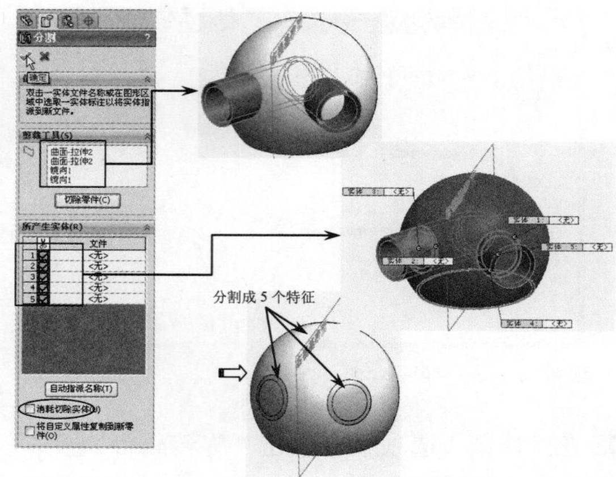


图 8-135

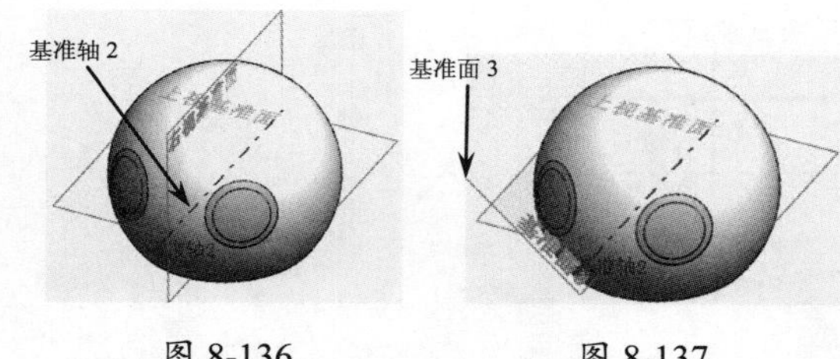


图 8-136　图 8-137

**14** 使用“拉伸曲面”工具，以基准面 3 作为草图平面，创建出如图 8-138 所示的拉伸曲面。

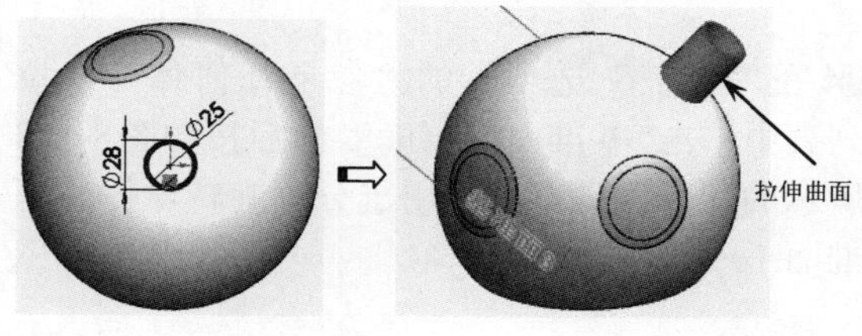


图 8-138

**15** 使用“镜像”工具，将上一步创建的拉伸曲面镜像到右视基准面的另一侧，如图 8-139 所示。

**16** 再使用“分割”工具，以拉伸曲面和镜像曲面来分割抽壳特征，结果如图 8-140 所示。

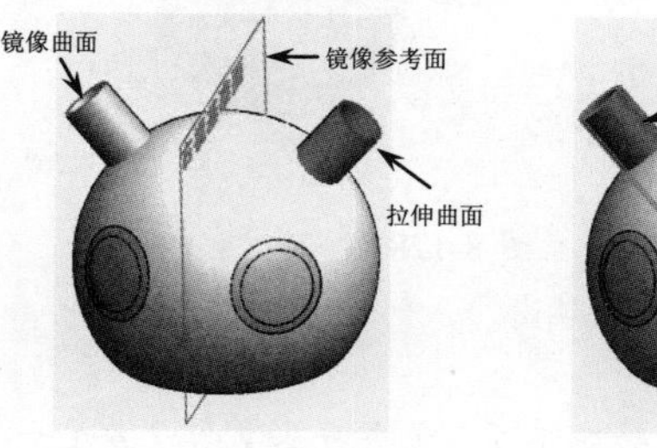


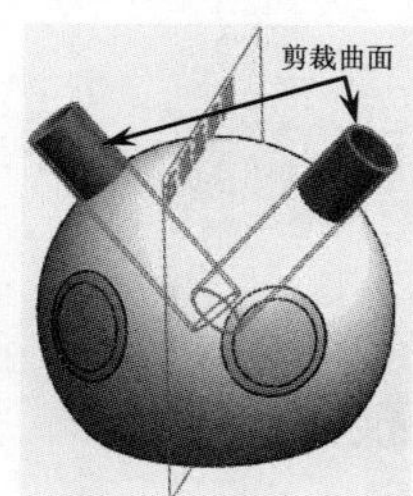


图 8-139　图 8-140

### 2．设计音箱喇叭网盖

小猪音箱喇叭网盖的形状为圆形，其中有多个阵列的小圆孔。下面介绍创建方法。

**01** 使用“拉伸凸台 / 基体”工具，在抽壳特征的底部创建厚度为 2 的拉伸实体特征，如图 8-141 所示。

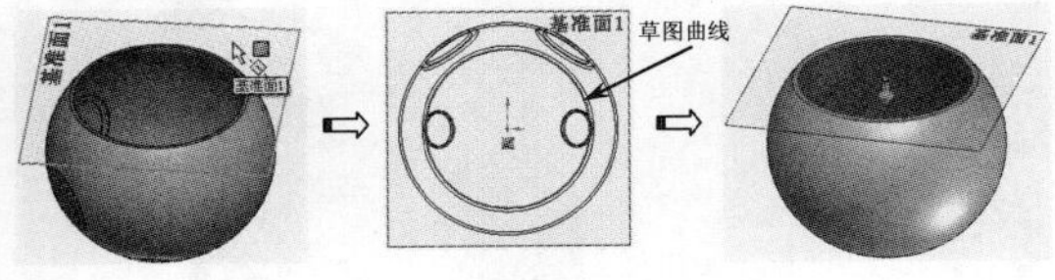


图 8-141

**02** 在“特征”选项卡中单击“切除 - 拉伸”按钮，然后按如图 8-142 所示的操作步骤创建切除拉伸特征。

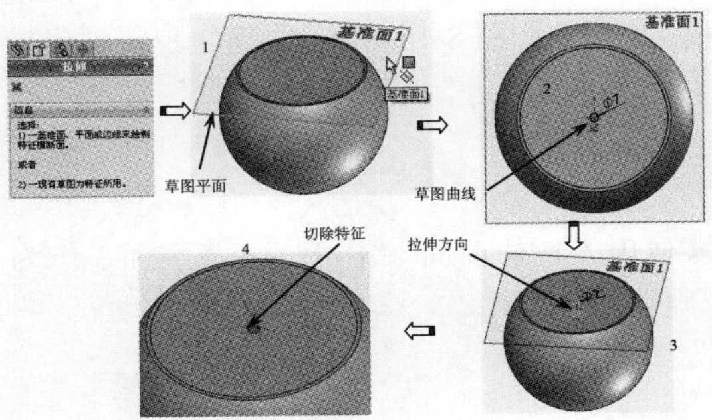


图 8-142

**03** 在“特征”选项卡中单击“填充阵列”按钮，然后按如图 8-143 所示的操作步骤创建切除拉伸特征（孔）的阵列。

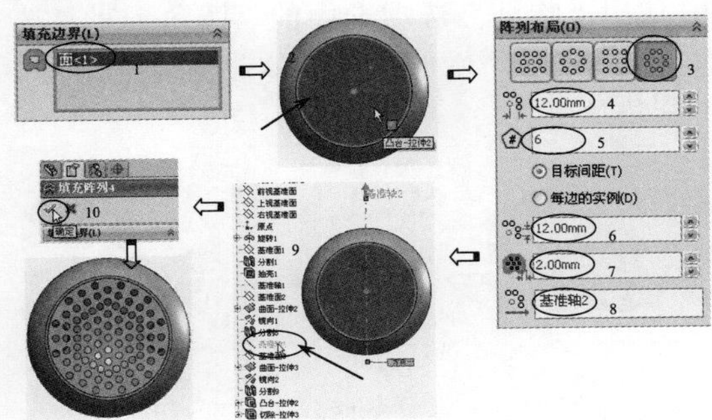


图 8-143

**04** 对于曲面中的孔阵列，也可以使用“填充阵列”工具。使用“草图”工具，在基准面 2 中绘制出如图 8-144 所示的草图。

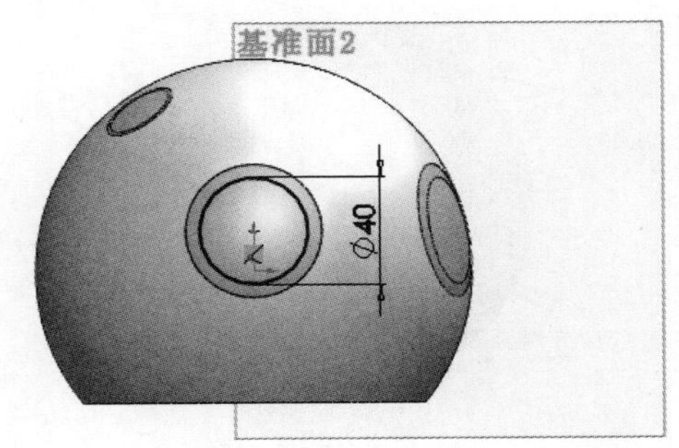


图 8-144

**05** 使用“填充阵列”工具，按如图 8-145 所示的操作步骤，在眼睛位置的网盖上创建出阵列孔特征。

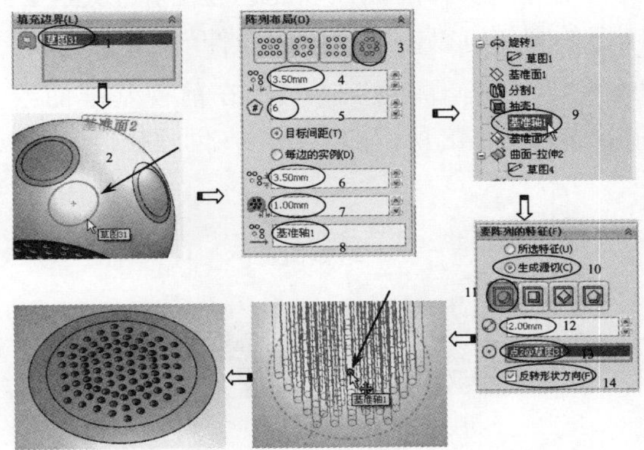


图 8-145

**06** 使用“镜像”工具，以右视基准面作为镜像平面，将填充阵列的孔镜像到另一侧，如图 8-146 所示。镜像操作后，另一侧的原分割特征被隐藏。

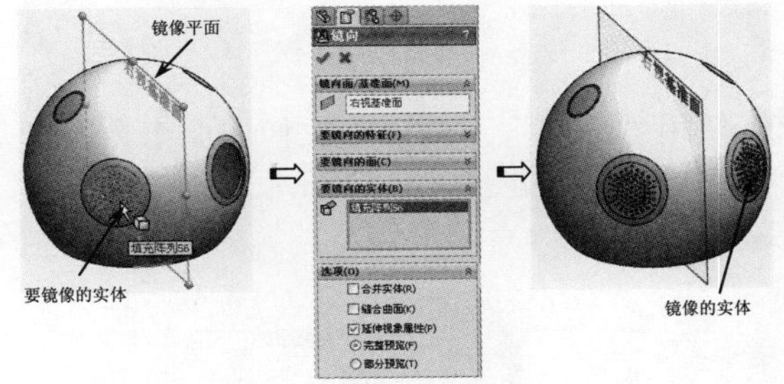


图 8-146

**07** 耳朵位置的喇叭网盖的设计与眼睛位置的网盖设计相同，过程这里就不详述了。创建的喇叭网盖如图 8-147 所示。

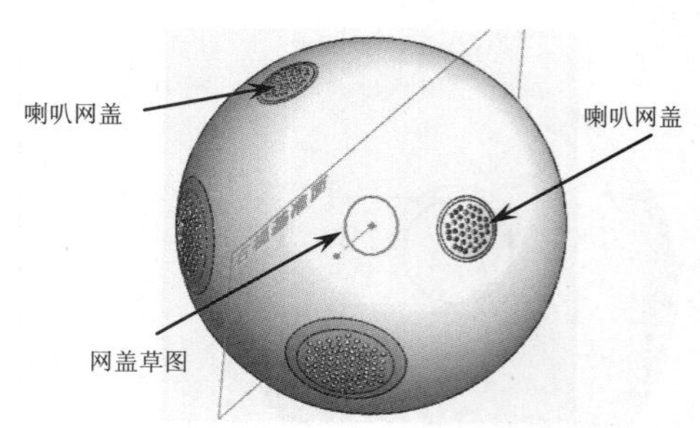


图 8-147

### 3．设计小猪音箱嘴巴和鼻子造型

小猪音箱鼻子的制作实际上也是曲面分割实体的操作，分割实体后，再使用“移动”工具移动分割实体的面，以此创建出鼻子造型。嘴巴的制作可以使用“切除-拉伸”工具来完成。

**01** 使用“拉伸曲面”工具，在前视基准面绘制出如图 8-148 所示的草图后，创建拉伸曲面。

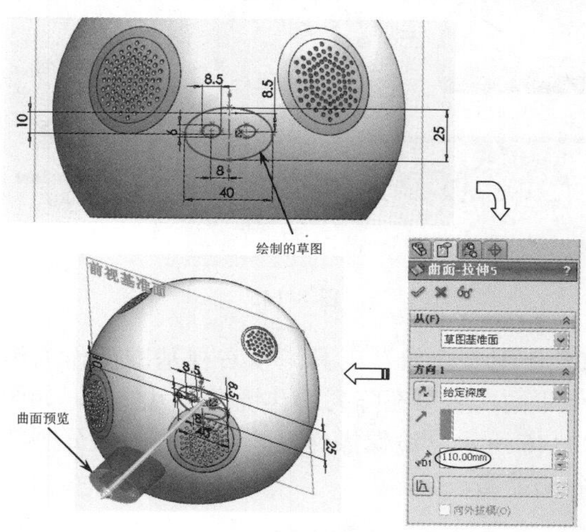


图 8-148

**02** 使用“分割”工具，以拉伸曲面来分割音箱主体，结果如图 8-149 所示。

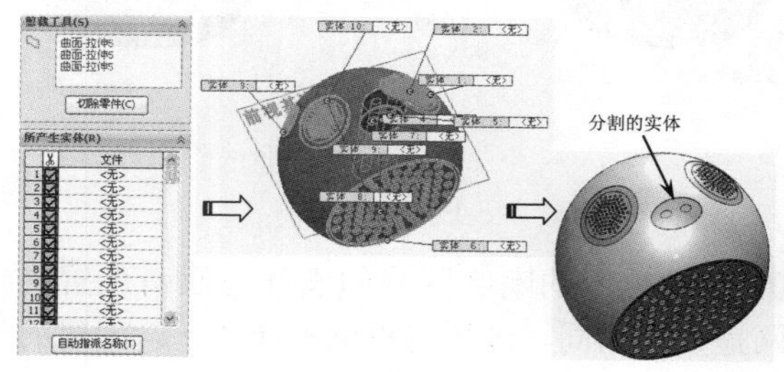


图 8-149

**03** 在菜单栏中执行“插入”|“面”|“移动”命令，然后选择分割的实体面进行平移，如图 8-150 所示。

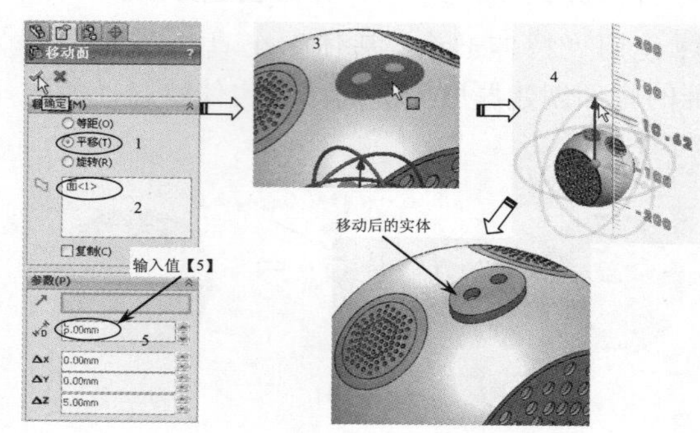


图 8-150

**04** 同理，鼻孔的两个小实体也按此方法移动。

**05** 在“特征”选项卡中单击“拔模”按钮，然后按如图 8-151 所示的操作步骤创建拔模特征。

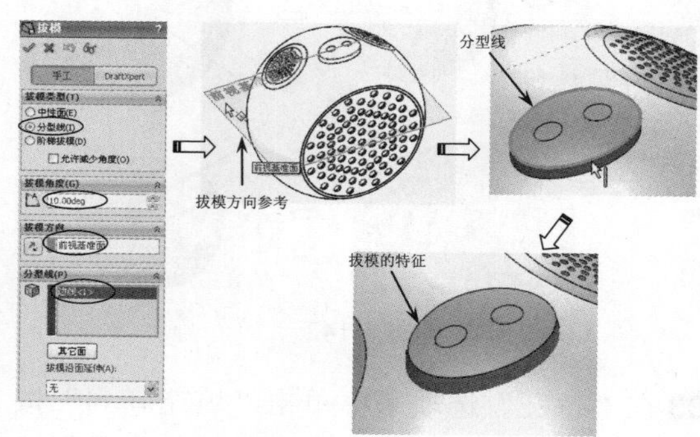


图 8-151

**06** 使用“特征”选项卡中的“圆角”工具选择如图 8-152 所示的拔模实体边创建半径为 2 的圆角。

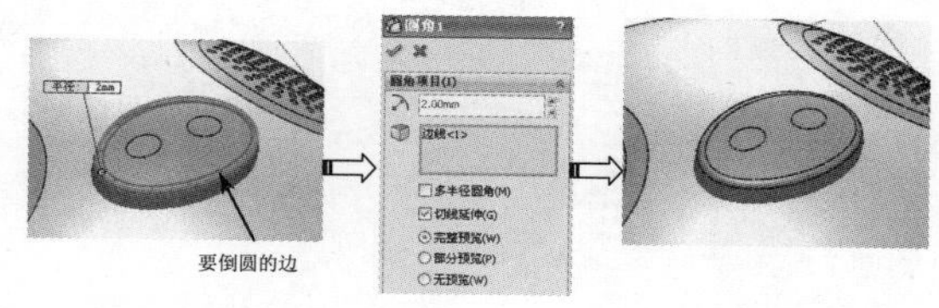


图 8-152

**07** 使用“切除-拉伸”工具在前视基准面绘制嘴巴草图后，创建出如图 8-153 所示的切除拉伸特征。

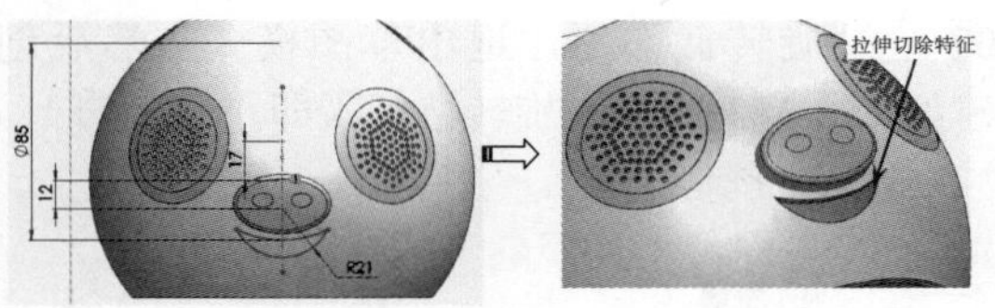


图 8-153

**08** 使用“圆角”工具，在切除拉伸特征上创建圆角为 0.5 的特征，如图 8-154 所示。

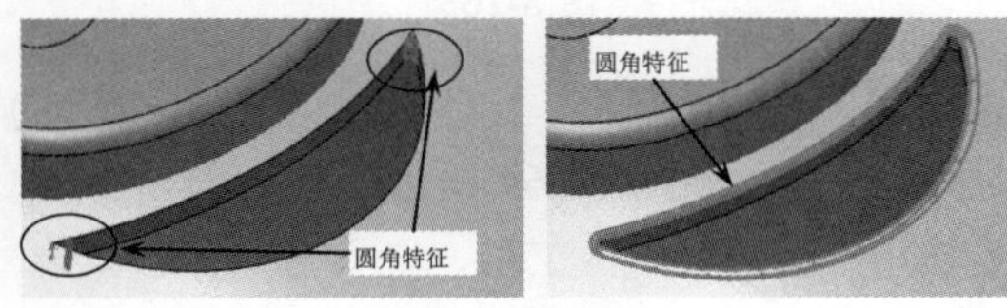


图 8-154

#### 4．设计小猪音箱耳朵

小猪的耳朵在顶部小喇叭的位置，主要由一个旋转实体切除一部分实体来完成。

**01** 使用“旋转凸台 / 基体”工具在前视基准面上绘制旋转截面，然后创建出如图 8-155 所示的旋转特征。

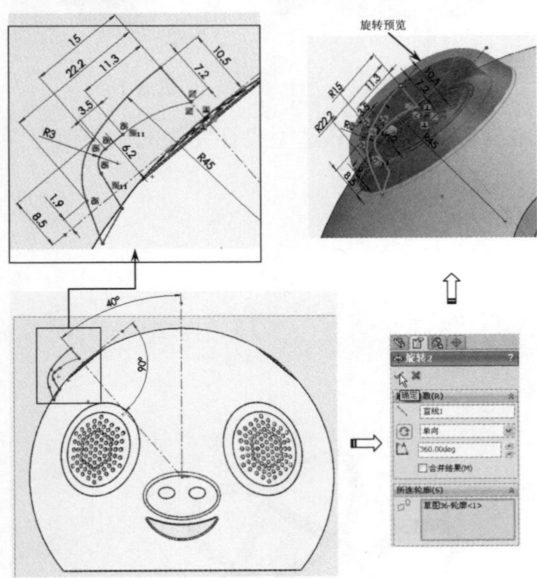


图 8-155

**02** 使用“基准面”工具创建出如图 8-156 所示的基准面 4。

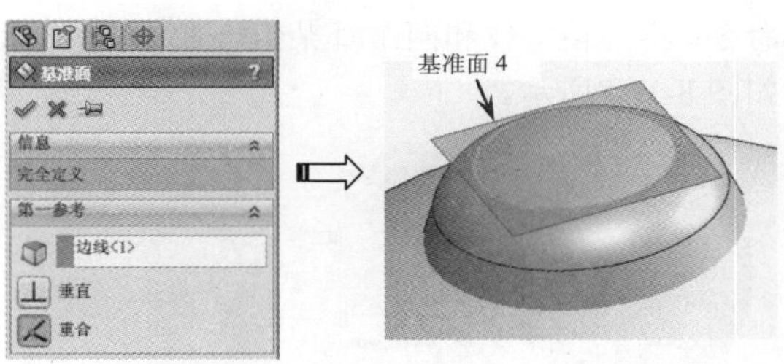


图 8-156

> **技术要点：**
>
> 创建此基准面，是用来作为切除旋转实体的草图平面的。

**03** 使用“切除 - 拉伸”工具在基准面 4 中绘制草图，创建出如图 8-157 所示的切除拉伸特征（即小猪耳朵）。

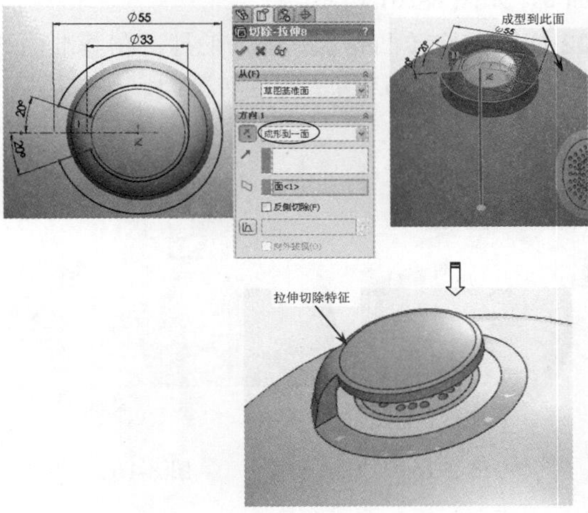


图 8-157

**04** 使用“镜像”工具将小猪耳朵镜像至右视基准面的另一侧，如图 8-158 所示。

**05** 使用“圆角”工具在两个耳朵上创建半径为 0.5 的圆角，如图 8-159 所示。

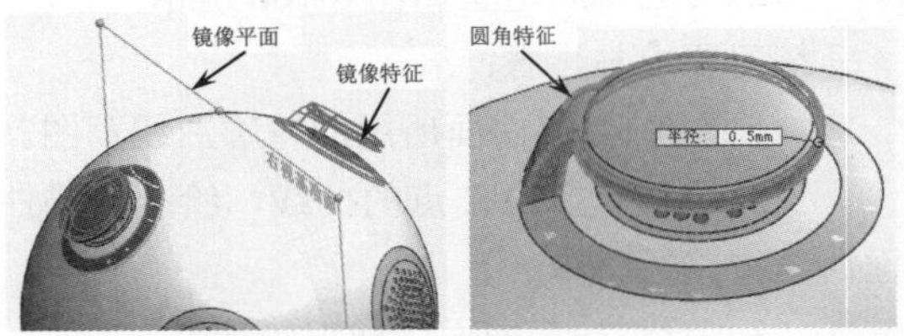


图 8-158　　图 8-159

**06** 在菜单栏中执行“插入”|“特征”|“组合”

命令，将音箱主体和两个耳朵组合成一个整体，如图 8-160 所示。

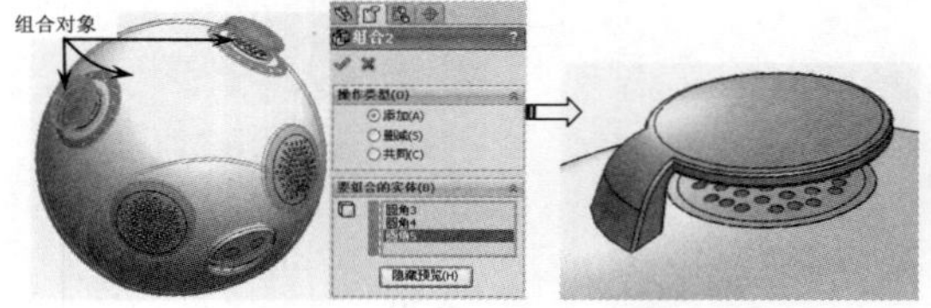


图 8-160

### 5．设计小猪音箱脚

小猪音箱的脚是按圆周阵列来放置的，创建其中一只脚，其余 3 只脚进行圆周阵列即可。

**01** 使用“基准面”工具，以右视基准面和基准轴 1 为参考，创建出旋转角度为 45° 的基准面 5，如图 8-161 所示。

**02** 使用“旋转凸台 / 基体”工具，在基准面 5 中绘制如图 8-162 所示的旋转截面。

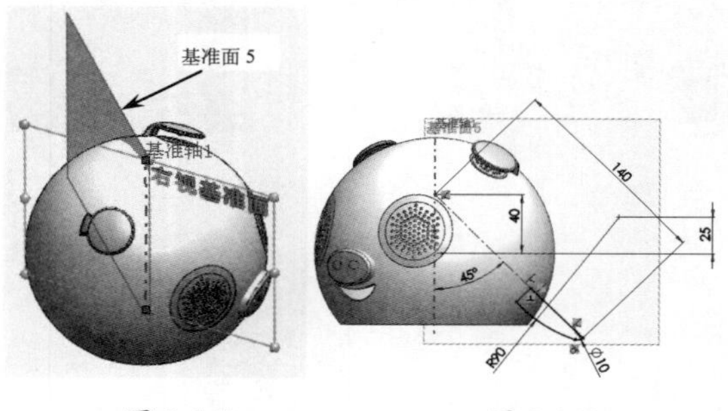


图 8-161　　图 8-162

**03** 绘制旋转截面后，退出草图模式，然后创建如图 8-163 所示的旋转特征（即小猪的脚）。

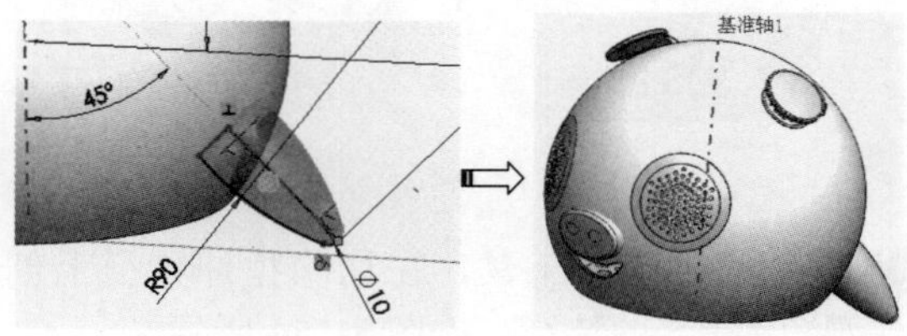


图 8-163

**04** 使用“圆周阵列”工具圆周阵列出小猪的其余 3 只脚，如图 8-164 所示。

**05** 使用“编辑外观”工具，将小猪主体、耳朵、鼻子、嘴巴、脚的颜色更改为粉红色，将喇叭网盖、鼻孔的颜色设置为黑色，最终设计完成的小猪音箱外壳造型如图 8-165 所示。

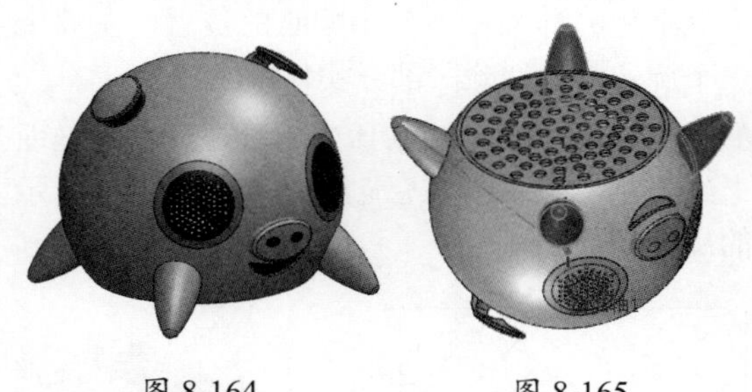

图 8-164　　图 8-165

**06** 最后将小猪音箱造型设计完成的结果保存。

## 8.4 课后习题

### 1．编织造型建模

本练习的编织造型如图 8-166 所示。

练习要求与步骤：

（1）绘制扫描曲面所用的轮廓曲线草图。

（2）用通过 *XYZ* 点的曲线，绘制扫描曲面所用的路径草图。

（3）绘制扫描曲面生成编织造型。

图 8-166

### 2. 工艺瓶建模

本练习的工艺瓶模型如图 8-167 所示。

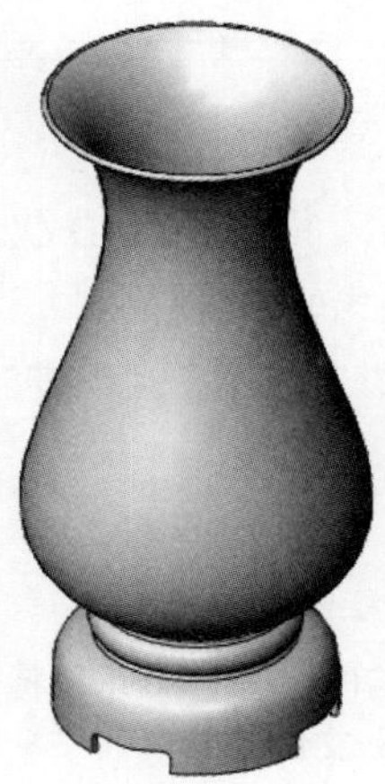

图 8-167

练习要求与步骤：

（1）绘制旋转曲面所用的曲线草图。

（2）旋转曲面生成工艺瓶的基本轮廓。

（3）通过圆角曲面，使轮廓曲面更加圆滑。

（4）绘制分割线草图。

（5）通过分割线，在工艺瓶下部侧面绘制分割线。

（6）通过删除面形成底面支脚缺口。

（7）利用曲面填充，添加工艺瓶下半部的封闭底面。

（8）通过加厚工具，使删除曲面保留部分变厚。

# 第 9 章　SolidWorks 文件与数据管理

SolidWorks 提供了用于数据导入 / 导出的接口，可以导入其他由 CAD 软件生成的数据文件，还可以将 SolidWorks 生成的文件导出为其他软件格式的文件。

本章将重点介绍 SolidWorks 各种文件的管理方法，包括数据的转换、参考文件的管理、管理 Toolbox 文件、管理 SolidWorks eDrawings 文件等。

- SolidWorks文件结构与类型
- 版本文件的转换
- 文件的输入与输出
- 输入文件与FeatureWorks识别特征
- 管理Toolbox文件
- SolidWorks eDrawings

## 9.1 SolidWorks 文件结构与类型

SolidWorks 文件信息的保存位置是唯一的，当某个文件需要参考其他文件的信息时，就必须从参考文件的保存位置获取，而不是将参考文件的信息复制到当前文件中，因此文件之间存在外部参考。

### 9.1.1 外部参考

外部参考是文件之间的关联关系。SolidWorks 文件之间并不是利用单独的数据库列出外部参考的，而是利用在文件头的指针指向外部参考及其位置。文件之间的参考关系是绝对参考，即完整路径参考，如“D:\ 中文版 SolidWorks 2018 技术大全 \ 阶梯轴 .sldprt”

SolidWorks 中的外部参考是单向的。例如，装配体文件参考包含在其中的零件文件中，而单独的零件并不会反过来参考装配体文件。换句话说，零件并不知道在什么地方被使用。

使用外部参考的好处就是，当零件的信息发生（如尺寸）变化时，所有使用该零件的其他文件也会相应地发生变化。因此，每个文件必须知道所有参考文件的路径。

**动手操作——修改外部参考关系**

零件和使用该零件的装配体、工程图之间存在外部参考。当零件的信息发生变化时，所有参考该零件的装配体和工程图也会进行相应的变化。本例中要修改的装配体文件如图 9-1 所示。

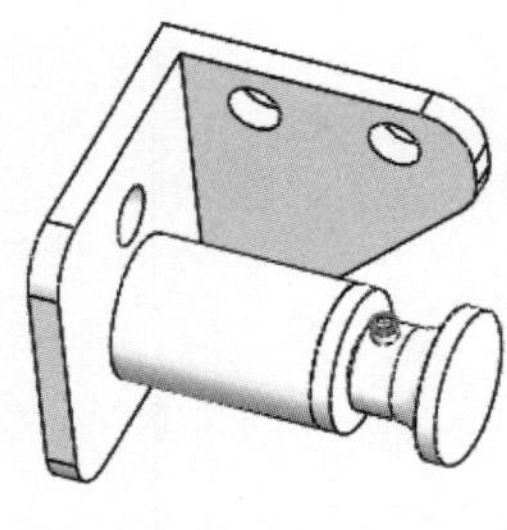

图 9-1

**操作步骤**

**01** 从本例素材文件夹中依次打开定位器装配体模型的 3 个文件——定位器装配体 .sldasm、支架 .sldprt 和定位器装配体 .slddrw。

**02** 执行“窗口”|“纵向平铺”命令，使打开的 3 个文件纵向平铺，如图 9-2 所示。

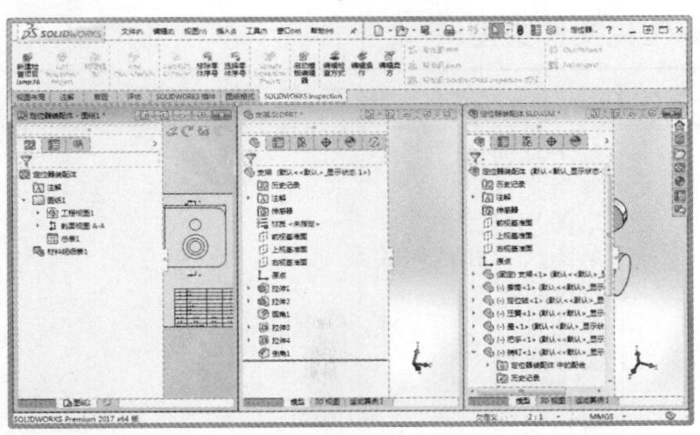

图 9-2

**03** 在“支架”零件窗口中单击，激活该窗口。在特征设计树中，将“拉伸 1”特征下的草图尺寸修改为 50，如图 9-3 所示。

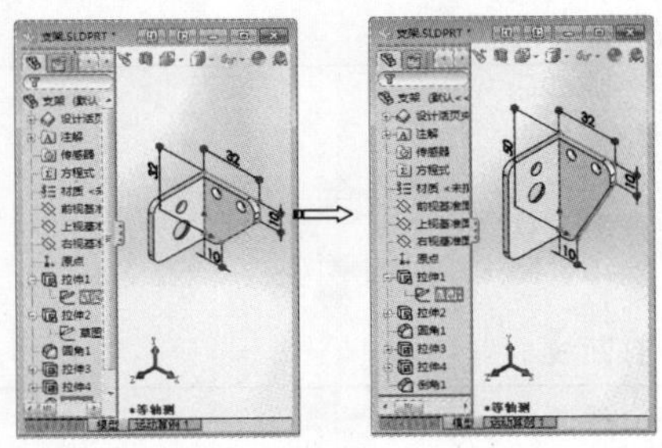

图 9-3

**04** 激活“定位器装配体 .sldasm”文件窗口，由于该装配体参考了外部的“支架”零件，所以该子装配体需要重新建模，如图 9-4 所示，系统弹出了提示对话框，单击“是”按钮重新建立装配体。重建装配体后，支架零件发生了很明显的变化，如图 9-5 所示。

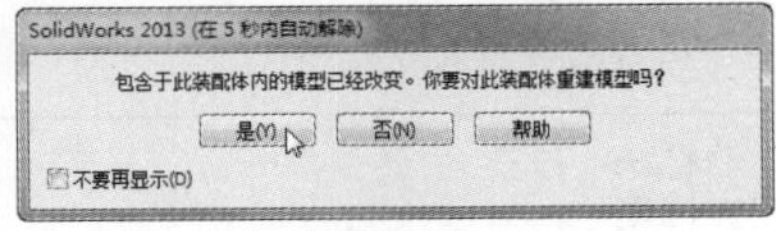


图 9-4

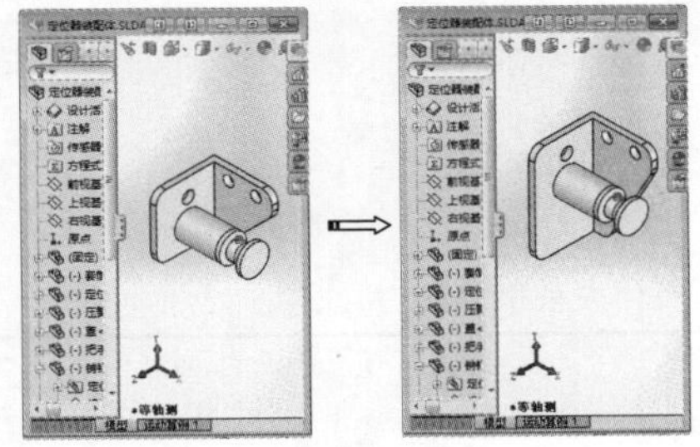

图 9-5

**05** 激活“定位器装配体 .slddrw”工程图窗口，对模型进行重建后，视图发生了变化，如图 9-6 所示。

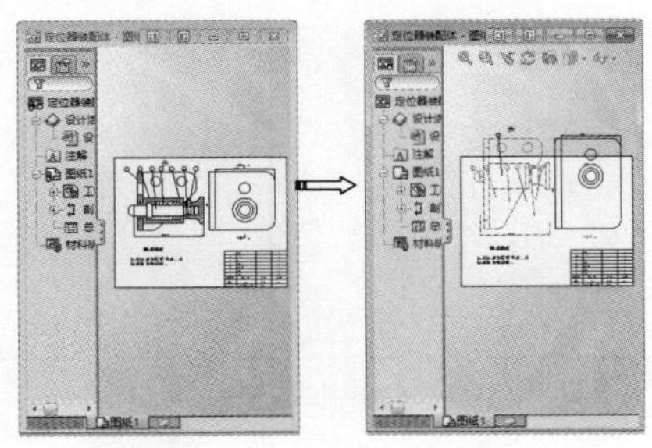

图 9-6

## 9.1.2 SolidWorks 文件信息

为了使读者理解文件参考，这里介绍 SolidWorks 文件包含的信息。简单来说，可以认为一个 SolidWorks 文件中包含文件头（File header）、特征指令集（feature instruction set）、数据库（database of the resulting body）和视觉数据（visualization data）4 部分内容。

- 文件头：所用 Windows 文件都有文件头，它包含文件格式、文件名称、类型、大小和属性等信息。在 SolidWorks 文件中，文件头还包含了外部参考指针。
- 特征指令集：特征指令集可以认为是 FeatureManager 设计树的二进制形式，建模内核接受指令集并建立模型。
- 数据库：数据库是建模指令的结果，数据库中包含实体及其拓扑关系，也就是在 SolidWorks 图形区域看到的图形。
- 视觉数据：视觉数据用于提供在显示器上看到的图像信息，以及打开文件时的预览图像。

## 9.1.3 SolidWorks 文件类型

与 SolidWorks 软件直接有关的文件类型有很多种，每一种文件都包含特有的文件信息。表 9-1 列出了 SolidWorks 常见的文件类型，以及不同文件类型保存的信息。

表 9-1　SolidWorks 常见文件类型

| 文 件 类 型 | 文 件 后 缀 | 保 存 信 息 |
| --- | --- | --- |
| 零件 | .sldprt | 参考几何体<br>参考文件列表<br>草图几何关系<br>草图尺寸和几何关系<br>特征定义<br>库特征<br>实体属性<br>选项设置<br>材料属性 |
| 装配体 | .sldasm | 参考几何体<br>装配体草图<br>参考文件列表<br>配合定义<br>爆炸视图路径<br>配置定义<br>装配体阵列定义 |
| 工程图 | .slddrw | 图样比例<br>模板信息<br>视图位置和视图内容<br>参考文件列表<br>在工程图中绘制的草图<br>注释<br>打断线 |
| 零件模板 | .prtdot | 文件选项设置<br>零件默认颜色<br>开始的几何体<br>材料属性 |
| 装配体模板 | .asmdot | 文件属性设置<br>装配体默认颜色<br>开始的几何体 |
| 工程图模板 | .drwdot | 图纸比例<br>图样比例<br>图纸格式<br>工程图选项设置<br>初始工程视图<br>链接的自定义属性 |
| 图纸格式 | .slddrt | 标题栏块<br>图样比例<br>工程图选项设置<br>链接的自定义属性 |
| 库特征 | .sldflp | 参考几何体<br>草图<br>特征定义<br>库特征实体属性<br>选项设置<br>配置定义<br>几何关系和尺寸 |

## 9.2 版本文件的转换

SolidWorks 文件的结构，将随着 SolidWorks 软件的升级而改变。因此，在新版本 SolidWorks 软件中建立的文件无法在旧版本的软件中打开。而旧版本 SolidWorks 中建立的文件在更新的版本中打开时，文件格式将在文件保存后进行修改和更新。

存在文件转换过程意味着打开旧版本文件时需要更长的时间。当用户打开单个文件时可能意识不到这一点，但如果用户打开一个大型装配体文件时，SolidWorks 将花费很长的时间来打开并转换每个参考文件。因此，为了缩短文件载入的过程，用户在升级 SolidWorks 软件时批量对文件进行转换和更新是非常重要的。

### 9.2.1 利用 SolidWorks Task Scheduler 转换

SolidWorks 2018 的数据转换可以在 Windows 环境中进行。

文件转换任务为用户提供了一个简单、实用的文件转换工具，利用它，用户可以很方便地将大量的 SolidWorks 文件转换为当前版本。

与以前所有的版本不同，在 SolidWorks 2018 中，文件转换不再由文件转换向导执行，而是通过 SolidWorks Task Scheduler 中的转换文件任务来完成。

如图 9-7 所示，SolidWorks 2018 软件安装成功后，在 Windows 系统的“开始”菜单中将添加 SolidWorks Task Scheduler 的快捷方式。

图 9-7

**动手操作——利用 SolidWorks Task Scheduler 转换**

操作步骤

**01** 执行 SolidWorks Task Scheduler 命令后，将打开 SolidWorks Task Scheduler 窗口，如图 9-8 所示。

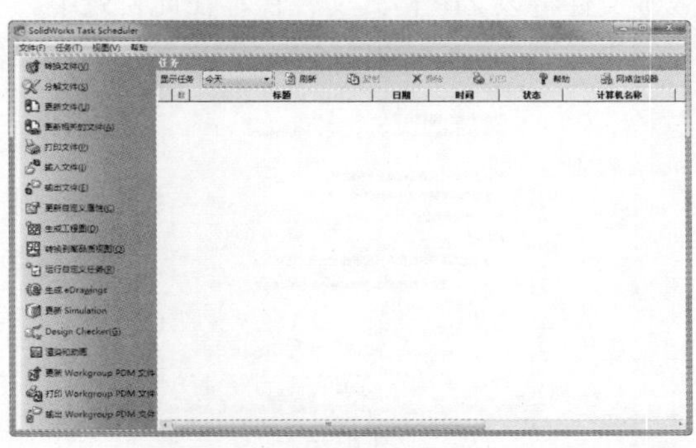

图 9-8

**02** 选择左侧列表中“转换文件”命令，打开“转换”对话框，如图 9-9 所示。

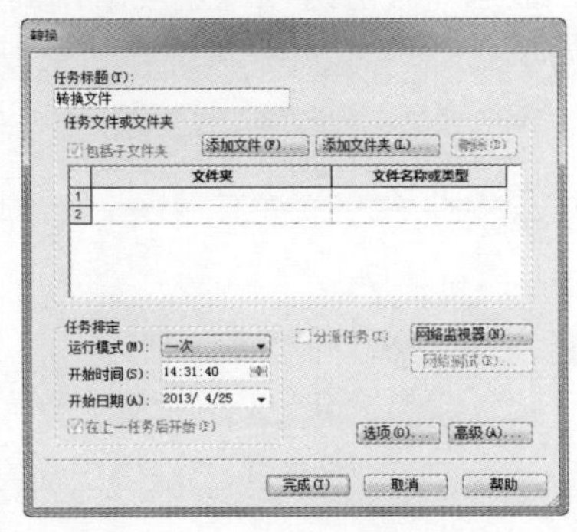


图 9-9

该对话框中主要选项的作用如下。

- 任务标题：为任务输入一个标题。用户也可以使用默认的标题——“文件转换”。
- 任务文件或文件夹：选择要转换的文件或文件夹。
- 任务排定：可以设定“运行模式”“开始时间”和“开始日期”。当转换的文件很多时，可能需要很长的时间，因此用户最好利用非工作时间并在后台运行转换文件任务。

**03** 单击“转换”对话框中的“选项”按钮，弹出如图9-10所示的“转换”对话框，显示“转换选项”选项卡，用户可以选择默认设置。如果需要备份旧版本文件，可在“备份文件”选项区域中勾选“备份文件到”复选框，并单击“浏览”按钮指定备份路径。文件转换完成后，旧版本文件将以ZIP格式文件保存在此目录中。

图 9-10

**04** 单击图9-9所示的“转换”对话框中的“高级”按钮，弹出如图9-11所示的“高级选项”对话框，显示“任务选项”选项卡，其主要选项作用如下。

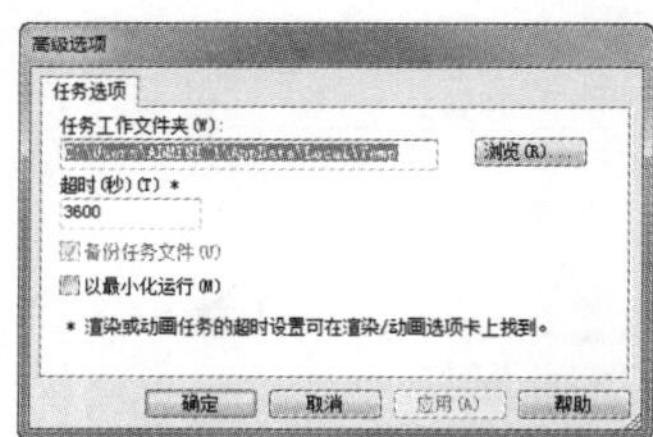

图 9-11

- 单击“浏览”按钮指定“任务工作文件夹”的位置。文件转换完成后，在此文件夹中将生成文件转换情况的报告文件。
- 在“超时（秒）”文本框中指定转换任务持续的时间。SolidWorks Task Scheduler在任务运行此时间后将结束任务，用户可根据实际情况设置时间的长短。
- 勾选“以最小化运行”复选框，系统会在后台运行转换任务。

**05** 转换开始后，程序首先把所有旧版本文件保存到备份目录中，然后逐一在新版本的SolidWorks中打开，并转换成当前格式后保存。转换完成后，单击任务面板左上角的⊞图标，各个子任务及其标题、安排时间、安排日期、状态和进度会出现在任务面板上，如图9-12所示。

| | 标题 | 日期 | 时间 | 状态 |
|---|---|---|---|---|
| 1 ⊞ | 转换文件 | 2014/10/30 | 22:03:45 | 完成 - 子任务生 |
| 2 | 转换文件 | 2014/10/30 | 22:06:31 | 排定 |

图 9-12

**06** 转换完成后，单击状态栏中的“完成-子任务”链接，打开系统自动生成的SOLIDWORKS Task Scheduler报表，如图9-13所示。该报告保存在指定的任务工作文件夹中。

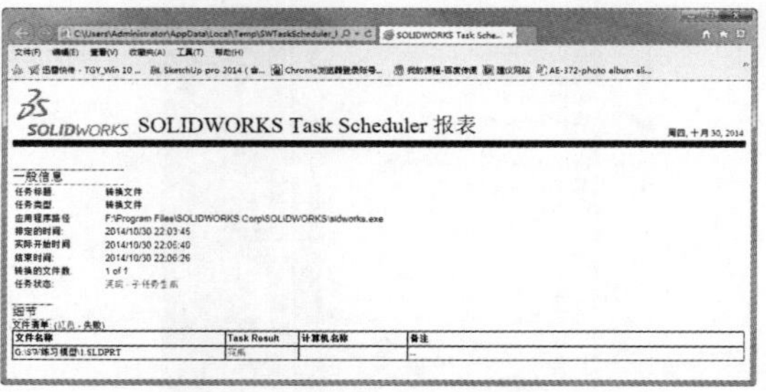

图 9-13

**技术要点：**

其他软件生成的文件是不能进行转换的。

## 9.2.2 在SolidWorks 2018软件窗口中转换

如果是旧版本文件，可直接通过SolidWorks软件窗口打开，然后立即进行保存或另存为SolidWorks 2018的新版本文件。

旧版本文件打开后，会显示“旧版本文件”，如图 9-14 所示。

单击“保存”按钮，该按钮变为。

图 9-14

## 9.3 文件的输入与输出

文件的输入与输出，是将 SolidWorks 文件与其他三维、二维软件所生成的文件进行格式转换。SolidWorks 提供了两种途径可以输入、输出文件。

### 9.3.1 通过 SolidWorks Task Scheduler 输入与输出文件

在 SolidWorks Task Scheduler 窗口中，单击“输入文件”按钮，打开“输入文件”对话框，如图 9-15 所示。

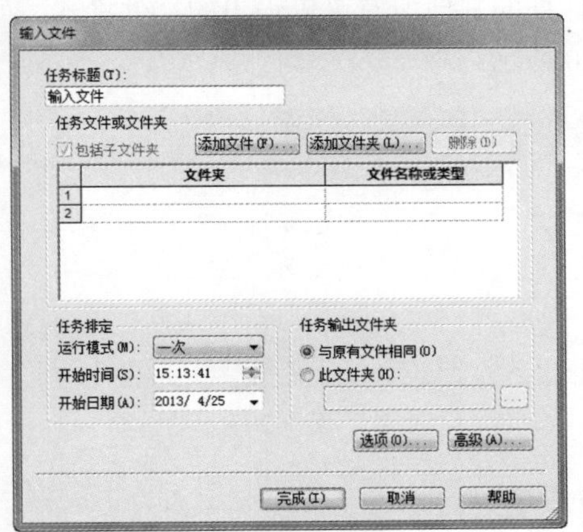


图 9-15

单击“添加文件”按钮，将其他格式的文件添加进来，这里以添加 IGES 格式文件为例进行介绍，如图 9-16 所示。

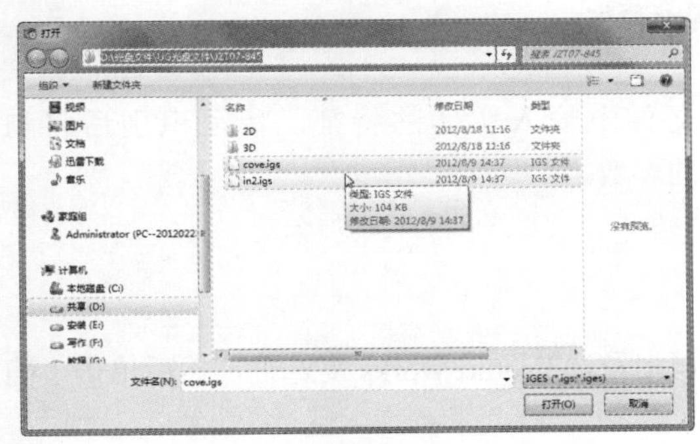

图 9-16

**技术要点：**

通过SolidWorks Task Scheduler输入与输出文件，仅针对IGES/IGS、STP/STEP、DXF/DWG等3种格式文件。

单击“完成”按钮，即可将 IGES 格式的文件转换成 SolidWorks 默认格式的文件 SLDPRT，如图 9-17 所示。

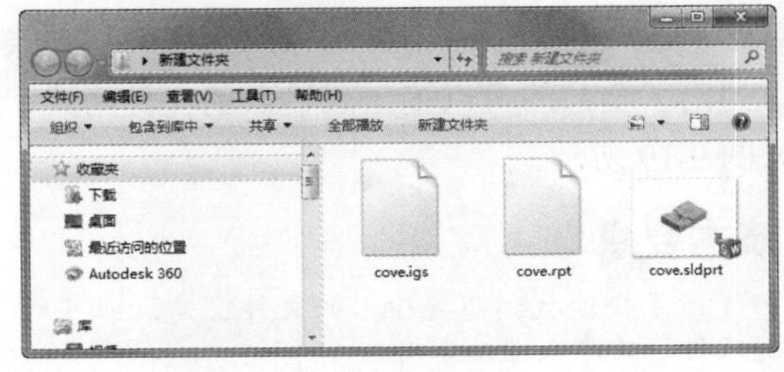


图 9-17

如果要输出文件，单击“输出文件”按钮，打开“输出文件”对话框，如图 9-18 所示。在该对话框的“输出文件类型”下拉列表中列出了可以输出的文件格式。

**技术要点：**

SolidWorks Task Scheduler仅能将SolidWorks的工程图格式的文件输出为其他格式的文件。

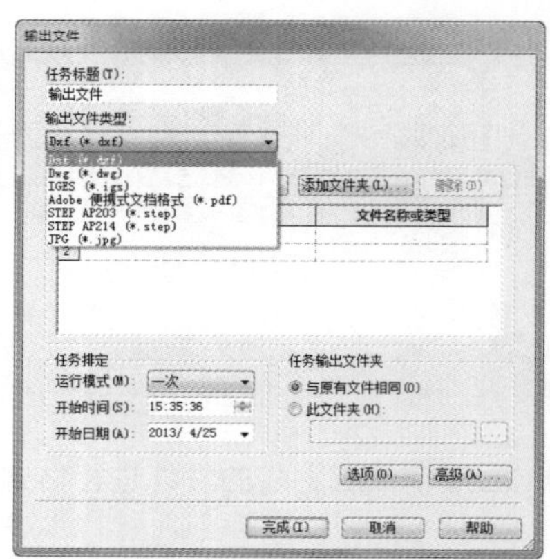

图 9-18

### 9.3.2 通过 SolidWorks 2018 窗口输入、输出文件

在大多数情况下，我们会选择通过 SolidWorks 2018 窗口进行输入与输出文件，这是因为 SolidWorks 2018 窗口中提供了几十种文件格式。

1．输入文件

在 SolidWorks 2018 窗口顶部的快速访问选项卡中单击“打开”按钮，弹出“打开”对话框。该对话框右下方的“所有文件”列表中列出了全部的可以输出或输入的文件格式，如图 9-19 所示。

**技术要点：**

为了便于快速找到想要输入的文件，建议以“所有文件”的方式进行查询。

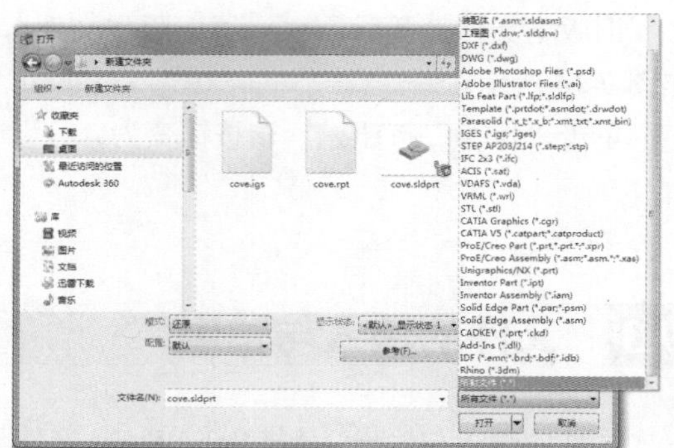

图 9-19

2．输出文件

要输出文件，在菜单栏中执行“文件”|“另存为”命令，打开“另存为”对话框。该对话框的“保存类型”列表中列出了除 SolidWorks 文件外的其他所有可以输出的文件格式，如图 9-20 所示。

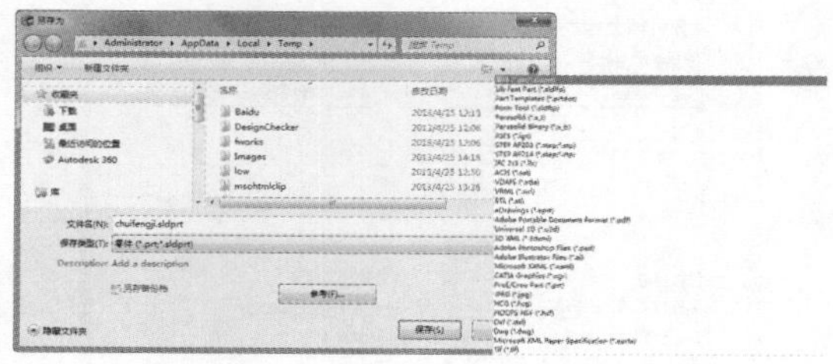

图 9-20

**技术要点：**

输入文件的格式类型与输出文件的格式类型不一定相同，例如，可以输入rhino软件格式的文件，但不能输出为rhino格式文件。

## 9.4 输入文件与 FeatureWorks 识别特征

FeatureWorks 插件用来识别 SolidWorks 零件文件中输入实体的特征，特征识别后将与 SolidWorks 生成的特征相同，并带有某些设计特征的参数。

### 9.4.1 FeatureWorks 插件载入

要应用 FeatureWorks 插件，可在“插件”对话框中勾选 FeatureWorks 复选框，然后单击“确定”按钮，如图 9-21 所示。

FeatureWorks 有两个功能——识别特征和 FeatureWorks 选项。

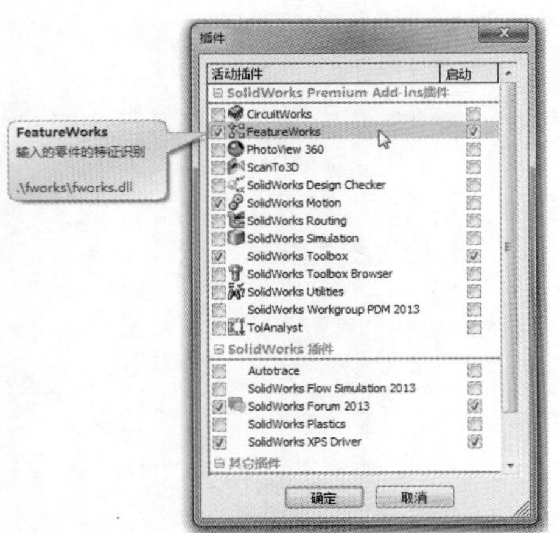


图 9-21

## 9.4.2　FeatureWorks 选项

在菜单栏中执行“插入”|FeatureWorks|“选项”命令，打开“FeatureWorks 选项”对话框，如图 9-22 所示。

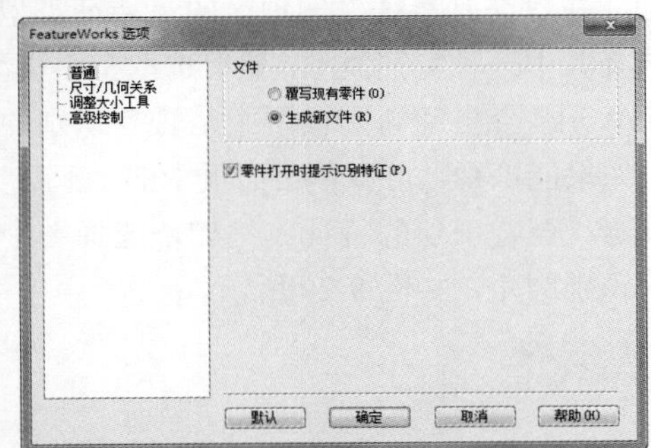


图 9-22

“FeatureWorks 选项”对话框有 4 个设置页面。

- “普通”页面：此页面主要设置打开其他格式文件时需要做出的动作。勾选“零件打开时提示识别特征”复选框可以对模型进行诊断，并对诊断出现的错误进行修复。
- “尺寸 / 几何关系”页面：此页面主要控制输入模型的尺寸标注和几何约束关系，如图 9-23 所示。
- “调整大小工具”页面：此页面用来控制模型识别后，特征属性管理中所显示特征的排列顺序，排序的方法是以凸台 / 基体特征→切除特征→其他子特征，如图 9-24 所示。

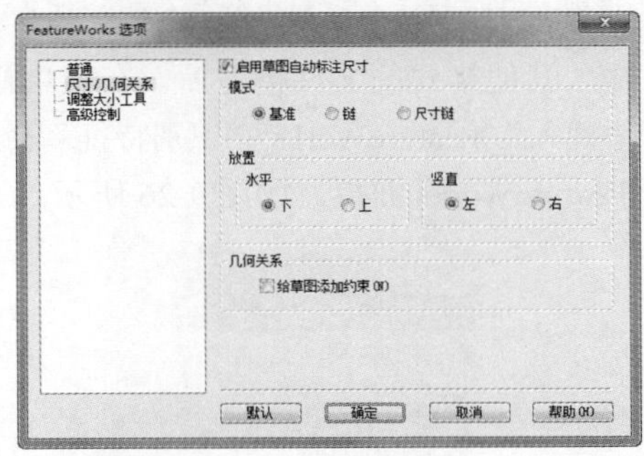


图 9-23

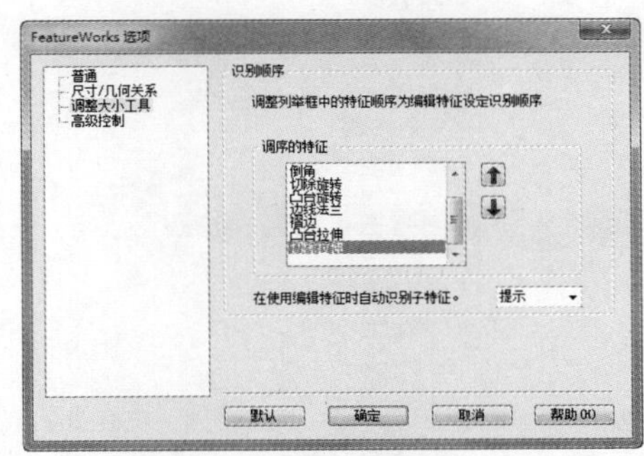


图 9-24

- “高级控制”页面：此页面控制识别特征的方法和结果显示，如图 9-25 所示。

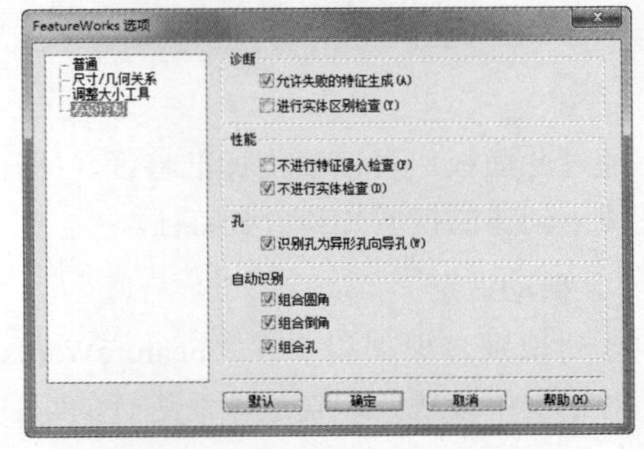


图 9-25

## 9.4.3　识别特征

对于初学者来说，此功能无疑可以极大地帮助大家学习参考识别后的数据进行建模训练。

**技术要点：**

但此功能并非能将所有特征全部识别，例如在输入文件时，没有进行诊断或者诊断后没有修复错误的模型，是不能完全识别出所包含的特征的。

输入其他格式的文件模型后，在菜单栏中执行“插入”|FeatureWorks|“识别特征”命令，打开 FeatureWorks 面板，如图 9-26 所示。

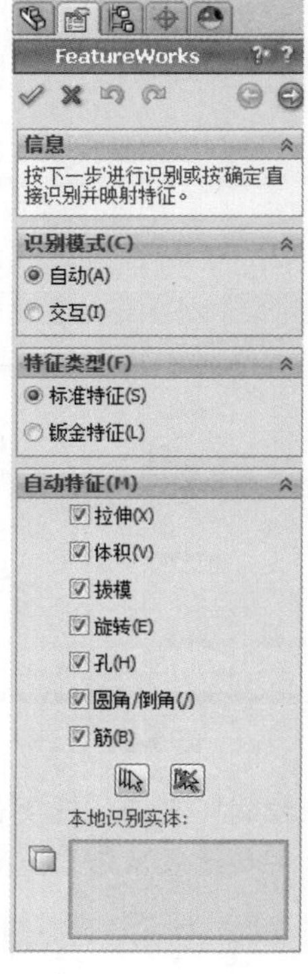


图 9-26

通过此面板，可以识别标准特征（即在建模环境下创建的模型）和钣金特征。

### 1. 自动识别

自动识别是根据用户在“FeatureWorks 选项”对话框中设置的识别选项而进行的识别操作。自动识别的“标准特征”的特征类型在“自动特征”选项区中，包括拉伸、体积、拔模、旋转、孔、圆角 / 倒角、筋等常见特征。

若不需要识别某些特征，可以在“自动特征”选项区中取消勾选相应的复选框。

在“钣金特征”特征类型中，可以修复多个钣金特征，如图 9-27 所示。

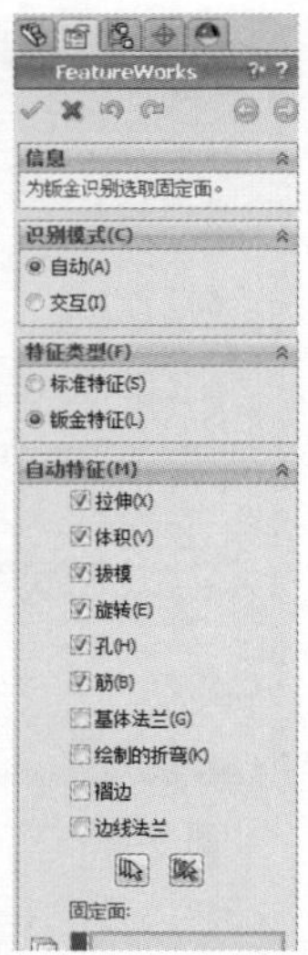


图 9-27

### 2. 交互识别

交互识别是通过用户手动选取识别对象后，而采用的自我识别模式，如图 9-28 所示。例如，在“交互特征”选项区的“特征类型”中选择其中一种特征类型，然后选取整个模型，SolidWorks 会自动甄别模型中是否有识别的特征。如果能识别，可以单击面板中的“下一步”按钮，查看识别的特征。例如，选择一个模型来识别圆角，如图 9-29 所示。

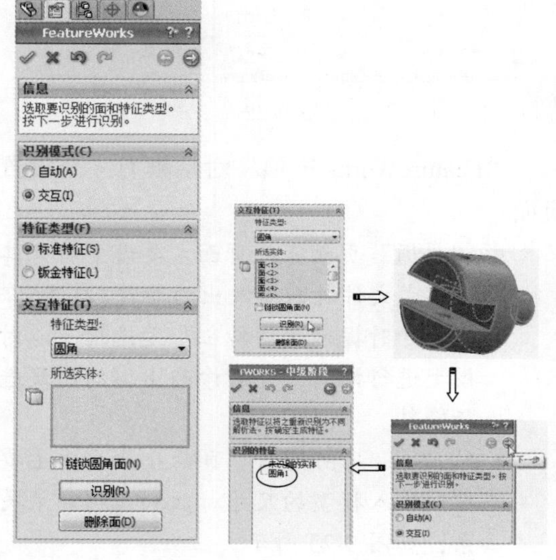


图 9-28　　图 9-29

**技术要点：**

如果选择了一种特征类型，而模型中却没有这种特征，那么是不会识别成功的，会弹出识别错误提示，如图9-30所示。

图 9-30

当完成一个特征的识别后，该特征将会隐藏，余下的特征将继续进行识别，如图 9-31 所示。

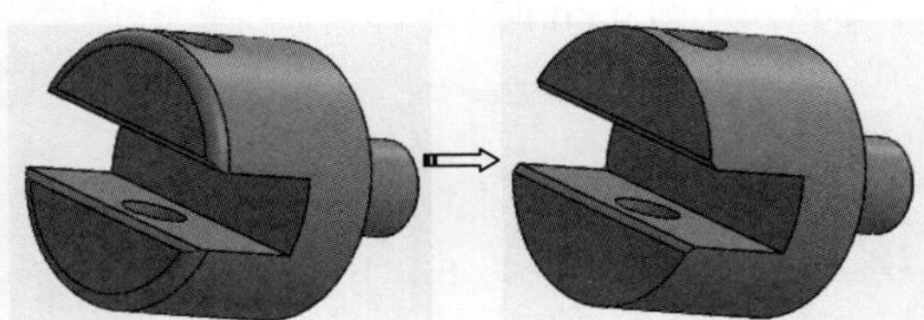

图 9-31

单击“删除面”按钮，可以删除模型中的某些子特征。例如，选择了要删除的一个或多个特征所属的曲面后，单击“删除”按钮，此特征被移除，如图 9-32 所示。

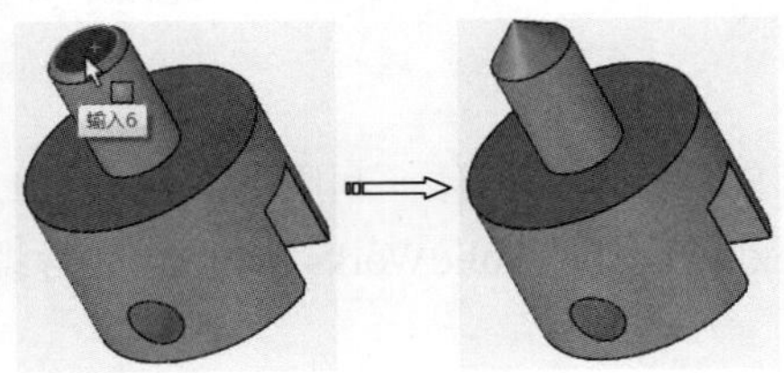


图 9-32

**技术要点：**

并非所有类型的特征都能删除，父特征（凸台/基体特征）及该特征上有子特征的，是不能删除的，会弹出警告信息，如图9-33所示。要删除的特征必须是独立的特征，即独立的子特征。

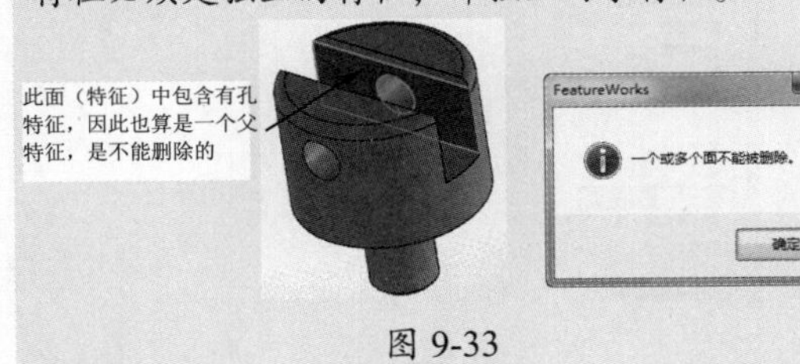


图 9-33

**动手操作——识别特征并修改特征**

操作步骤

**01** 打开本例的“零件.prt”文件，如图9-34所示。

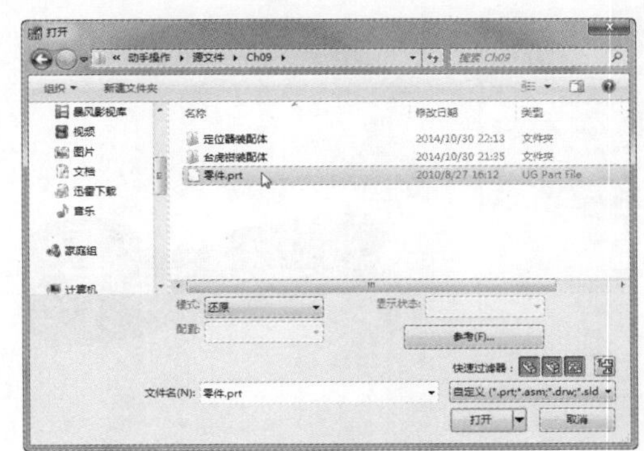


图 9-34

**02** 随后弹出 SolidWorks 信息提示对话框，单击“是”按钮，自动对载入的模型进行诊断，如图 9-35 所示。

图 9-35

**技术要点：**

进行诊断，也是为了使特征的识别工作进行得更加顺利。“诊断”的知识将在下一章详细介绍。

**03** 随后打开“输入诊断”面板，其中显示无错误，单击“确定”按钮✓，完成诊断并载入零件模型，如图 9-36 所示。

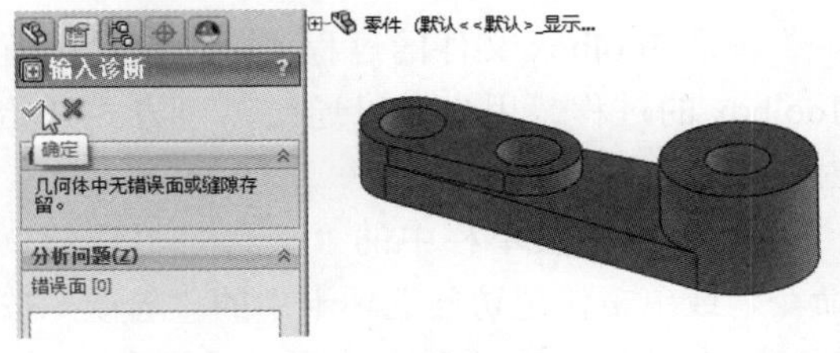


图 9-36

**技术要点：**

一般情况下，实体模型在转换时是不会产生错误的。而其他格式的曲面模型则会出现错误，包括前面交叉、缝隙、重叠等，需要及时地进行修复。

**04** 在菜单栏中执行“插入”|FeatureWorks|“识

别特征”命令，打开 FeatureWorks 面板。

**05** 选择“自动”识别模式，并选中模型中的全部特征，如图 9-37 所示。

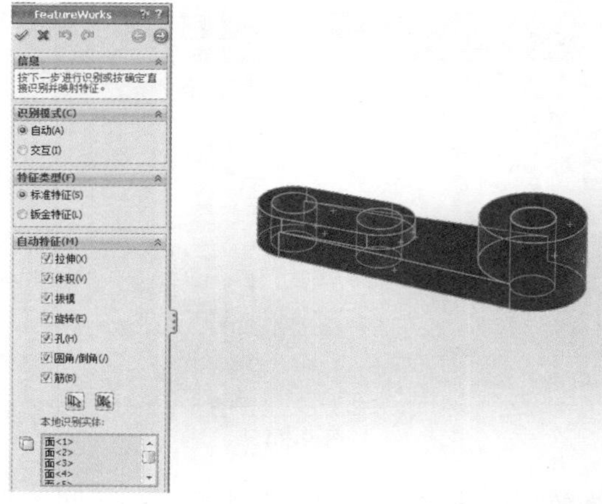

图 9-37

**06** 单击“下一步”按钮，运行自动识别，识别的结果会显示在列表中，从结果中可以看出此模型中有 5 个特征被成功识别，如图 9-38 所示。

**07** 单击“确定”按钮完成特征识别操作，特征属性管理中显示的结果，如图 9-39 所示。

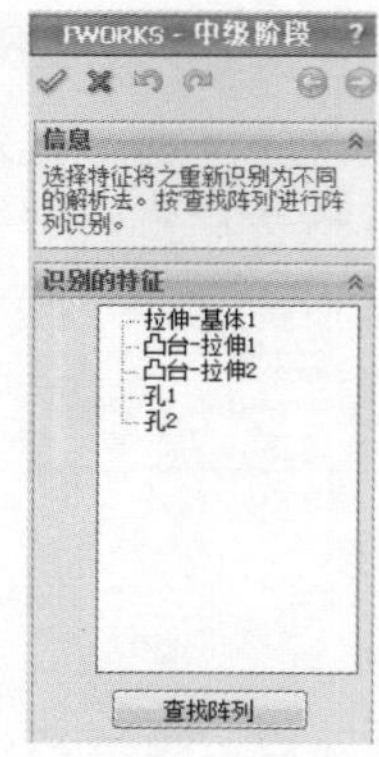

图 9-38

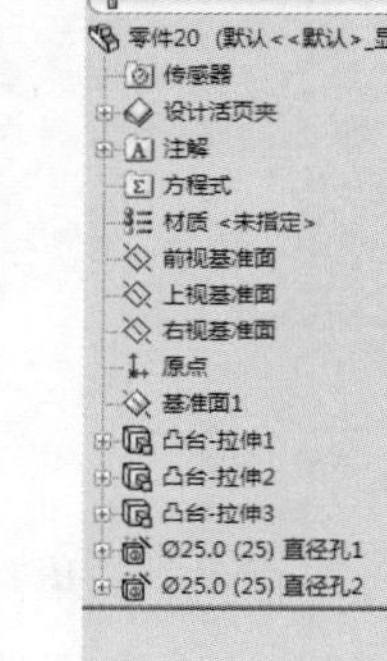

图 9-39

**08** 修改“凸台 - 拉伸 2”特征，将高度值 9 更改为 15，如图 9-40 所示。

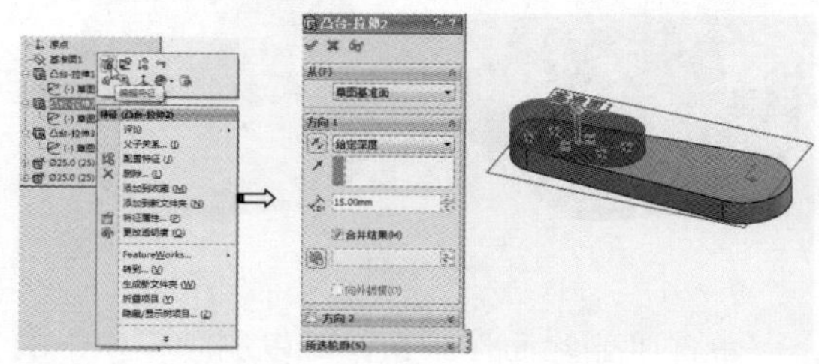

图 9-40

**09** 完成后将结果保存。

## 9.5 管理 Toolbox 文件

Toolbox 是 SolidWorks 的标准件库，与 SolidWorks 软件集成为一体。利用 Toolbox，用户可以快速生成并应用标准件，或者直接向装配体中调入相应的标准件。SolidWorks Toolbox 包含螺栓、螺母、轴承等标准件，以及齿轮、链轮等动力件。

管理 Toolbox 文件的过程实际上就是配置 Toolbox 的过程。用户可以通过以下方式开始对 Toolbox 的配置过程。

（1）选择菜单栏中的“工具”|“选项”命令，或单击快速访问选项卡中的“选项”按钮，在“系统选项”中选择“异型孔向导 / Toolbox”选项，如图 9-41 所示。

（2）配置过程开始后，弹出如图 9-42 所示的 Toolbox 设置向导。设置向导共有 5 个步骤，分别为选取五金件、定义五金件、定义用户设定、设定权限、配置智能扣件。

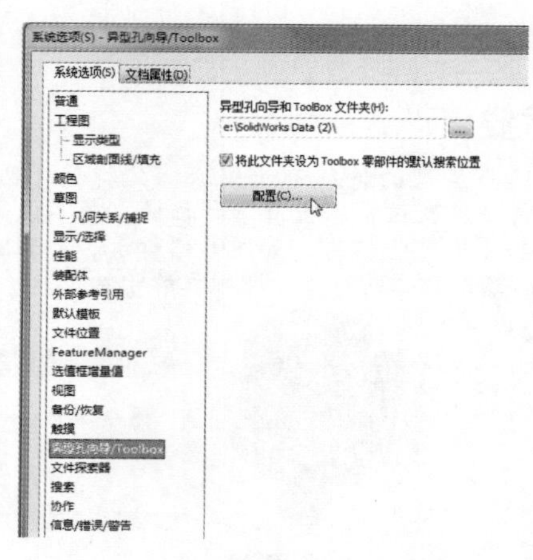

图 9-41

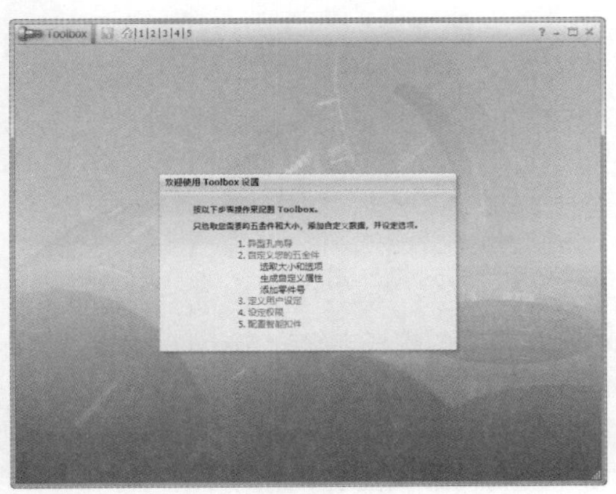

图 9-42

## 9.5.1　生成 Toolbox 标准件的方式

Toolbox 可以通过两种方式生成标准件：基于主零件建立配置和直接复制主零件为新零件。

Toolbox 中提供的主零件文件包含用于建立零件的几何形状信息，每个文件最初安装后只包含一个默认配置。对于不同规格的零件，Toolbox 利用包含在 Access 数据库文件中的信息来建立。

用户向装配体中添加 Toolbox 标准件时，若是基于主零件建立配置，则装配体中的每个实例为单一文件的不同配置；若是直接通过复制的方法生成单独的零件文件，则装配体中每个不同的 Toolbox 标准件为单独的零件文件。

用户可以在配置 Toolbox 向导的第 3 步中设定选项，以确定 Toolbox 零件的生成和管理方式。配置 Toolbox 向导中的第 3 步如图 9-43 所示。

其中主要选项的含义如下。

- 生成配置：向装配体中添加的 Toolbox 标准件为主零件中生成的一个新配置，系统不生成新文件。
- 生成零件：向装配体中添加的 Toolbox 标准件是单独生成的新文件。这种方式也可以通过在 Toolbox 浏览器中右击标准件图标，然后选择“生成零件”命令来实现。勾选该选项后，“在此文件夹生成零件”选项被激活，用户可以指定生成零件保存的位置。如果没有指定位置，则 SolidWorks 默认把生成的零件保存到 …\SolidWorks Data\CopiedParts 文件夹中。
- 在 Ctrl- 拖动时生成零件：该选项允许用户在向装配体添加 Toolbox 标准件的过程中对上述两种方式做出选择。如果直接从 Toolbox 浏览器拖放标准件到装配体中，采用“生成配置”方式；如果按住 Ctrl 键从 Toolbox 浏览器拖放标准件到装配体中，采用“生成零件”方式。

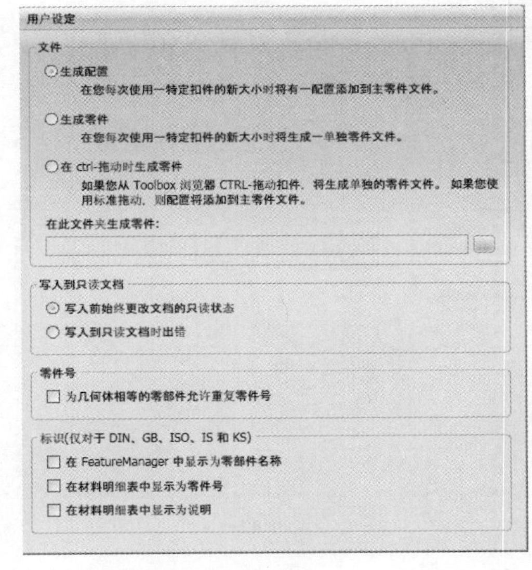


图 9-43

## 9.5.2　Toolbox 标准件的只读选项

Toolbox 标准件是基于现有标准生成的，因此为了避免用户修改 Toolbox 零件，通常应该将 Toolbox 标准件设置为只读。

如果零件为只读状态，就无法保存可能生成的配置，并且不能使用“生成配置”选项。为了解决这个问题，可以使用“写入到只读文档”选项中的“写入前使始终更改文档的只读状态”选项。SolidWorks 临时将 Toolbox 零件的权限改为写入，从而写入新的配置。零件保存后，Toolbox 标准件又将返回到只读状态。

该选项只针对 Toolbox 标准件，对其他文件没有影响。

**动手操作——应用 Toolbox 标准件**

本例通过介绍在“台虎钳”装配体中添加螺母标准件的过程，说明使用 Toolbox 的不同选项所得到的不同结果。本例中，Toolbox 安装在 D:\Program Files\SolidWorks Corp\SolidWorks Data 目录中。

下面的步骤采用基于主零件建立配置的方式向装配体中添加零件，所添加的零件只是在主零件中建立的配置。

**操作步骤**

**01** 打开本例的“台虎钳.SLDASM”装配体文件，如图 9-44 所示。

图 9-44

**02** 打开的台虎钳装配体如图 9-45 所示。

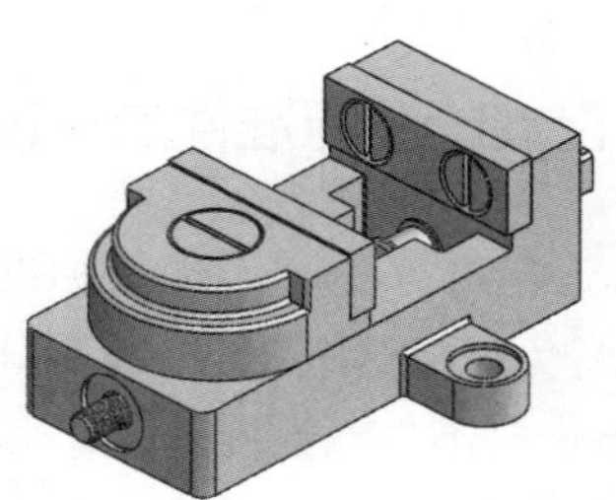

图 9-45

**03** 在功能区的“评估”选项卡中，单击“测量”按钮，打开“测量 - 台虎钳.SLDASM”对话框。选择装配体中的螺杆组件进行测量，如图 9-46 所示。

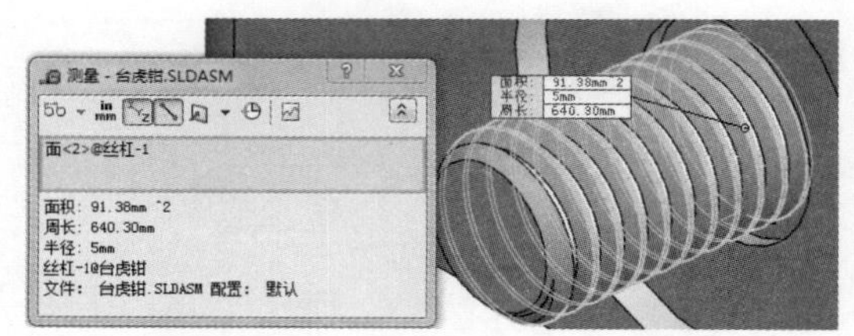


图 9-46

**04** 根据得到的螺杆半径为 5，可以确定螺母标准件的直径为 M10。

**05** 在“设计库”面板中展开 Toolbox 库，找到 GB 六角螺母，如图 9-47 所示。

**06** 在 GB 六角螺母列表中选择“1 型六角螺母细牙 GB/T 6171—2000”螺母标准件，如图 9-48 所示。

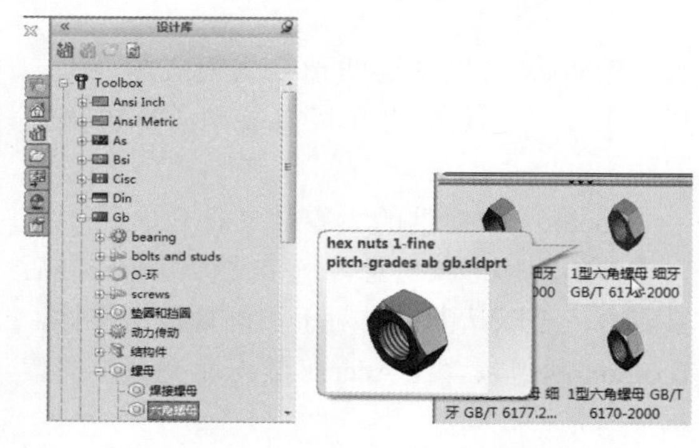


图 9-47　　图 9-48

**07** 将选中的螺母拖移到图形区中的空白区域，然后再选择螺母参数，如图 9-49 所示。

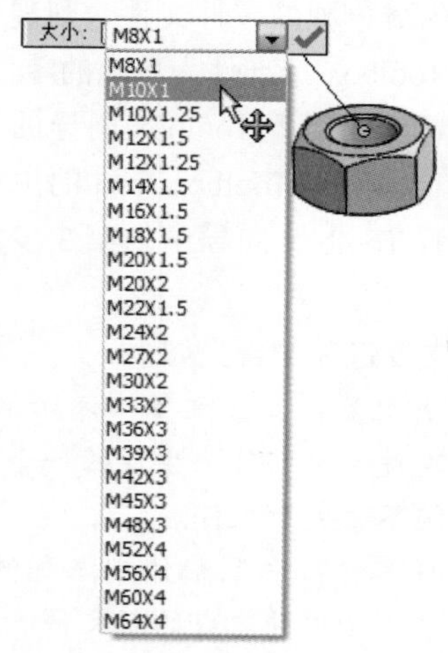


图 9-49

**技术要点：**

如果是添加多个同类型的螺母标准件，可以单击OK按钮，完成多个螺母的添加，如图9-50所示。当然也可以在随后打开的“配置零部件”面板中设置螺母参数，如果不需要添加多个螺母，按Esc键结束即可。

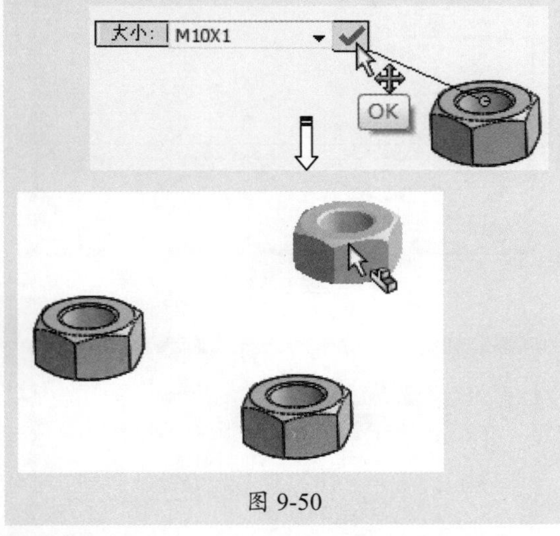


图 9-50

**08** 接下来需要将螺母标准件装配到螺杆上。单击“装配”选项卡中的“配合”按钮，打开“配合”对话框。

**09** 选择螺母的螺纹孔面与螺杆的螺纹面进行同心约束，如图 9-51 所示。

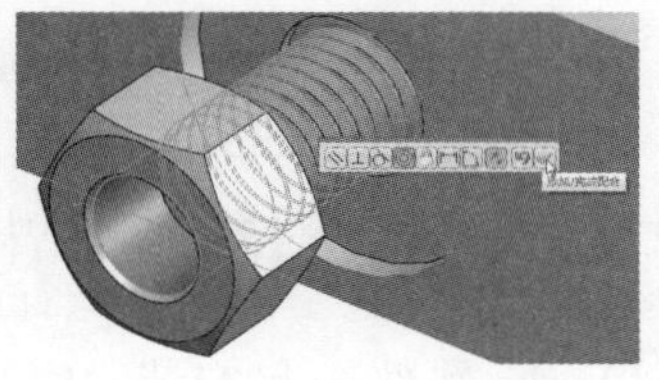

图 9-51

**10** 选择螺母端面与台虎钳沉孔端面进行重合约束，如图 9-52 所示。

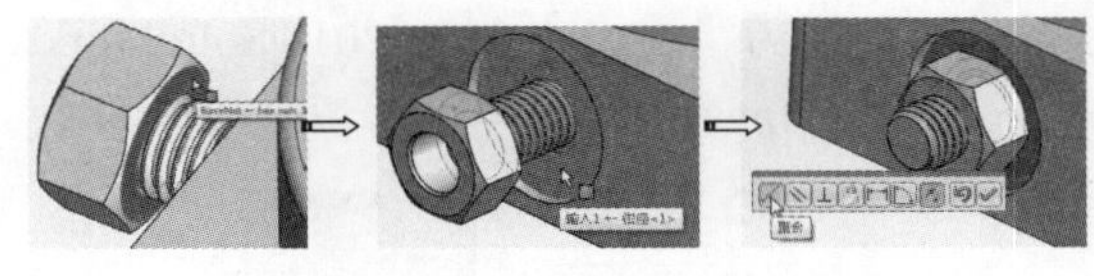

图 9-52

**11** 单击面板中的“确定”按钮，完成装配，最后将结果保存。

## 9.6 SolidWorks eDrawings

eDrawings 是 SolidWorks 的一个免费插件，是第一个用电子邮件交流产品设计、开发过程的工具，也是专为分享、传递和理解 3D 模型和 2D 工程图信息而开发设计的实用软件。模型的配置信息和工程图也可以随同 eDrawings 文件一起保存。eDrawings 文件的类型和标准的 SolidWorks 文件类型相同，即后缀为 .EPRT 的零件文件、后缀为 .EASM 的装配体文件和后缀为 .EDRW 的工程图文件 3 种类型。

在一个产品开发、设计的过程中，作为产品开发者经常要将工程图纸或产品模型图纸发给客户、供应商或生产部门进行交流。以前的方法是邮寄或传真图纸，时间周期长，而且只能看到 2D 效果。在 Internet 诞生后，可以通过电子邮件发送图纸，无论是在国内还是国外的任何地方，都能够快捷方便、准确无误的发送到对方手中。但也存在以下问题：不知道对方使用什么样的 CAD 系统、不确定对方是否使用 SolidWorks 软件，或者对方就根本没有 CAD 系统。另外，如果产品比较复杂，图纸文件可能会很大，造成传送困难。

eDrawings 工具能较好地解决上述问题：eDrawings 文件很小，可通过电子邮件发送；自带浏览器可以直接浏览文件，不用借助其他浏览器，因此不用担心收件人能否打开这种文件；eDrawings 不但可以发送 2D 工程图，还可以生成、观看、共享 3D 模型。当设计完一个产品后，使用 eDrawings 发送给客户、供应商或生产部门，收件人可以旋转模型，从不同的角度或以动画形式观看设计效果，使收件人直接了解设计意图。同时，收件人还能在模型上添加圈红和批注，并提出建议，从而实现与发件人之间的快速交流。

eDrawings 插件的功能有很多，限于篇幅，本书不能逐一做出介绍。本节就编者自身在工程实际中的应用经验，介绍将 SolidWorks 文件转换 eDrawings 文件并通过电子邮件发送 eDrawings 文件的过程。

下面介绍激活 eDrawings 的方法。

在 SolidWorks 2018 中，SolidWorks eDrawings 2018 插件是一个独立运行的程序，可随 SolidWorks 软件一起安装，也可以单独安装。用户可以通过如下方式激活 SolidWorks eDrawings 2018：

- 从 Windows 的“开始”菜单中选择“程序”|SolidWorks 2018|SolidWorks eDrawings 2017 命令，如图 9-53 所示。

图 9-53

**动手操作——转换为 eDrawings 文件**

**操作步骤**

**01** 在打开的 SolidWorks 文件中选择“文件”|“另存为”命令，弹出“另存为”对话框。

**02** 在“保存类型”列表中选择 eDrawings 文件类型，如图 9-54 所示。系统会自动适应当前的 SolidWorks 文件类型，如装配体文件“装置 .SLDASM”被保存为“装置 .EASM” eDrawings 文件。

**03** 指定文件保存路径，单击“另存为”对话框中的“选项”按钮，弹出的“输出选项”对话框。如果不需要保护设计参数，可以勾选“确定可测量此 eDrawings 文件”选项，如图 9-55 所示。

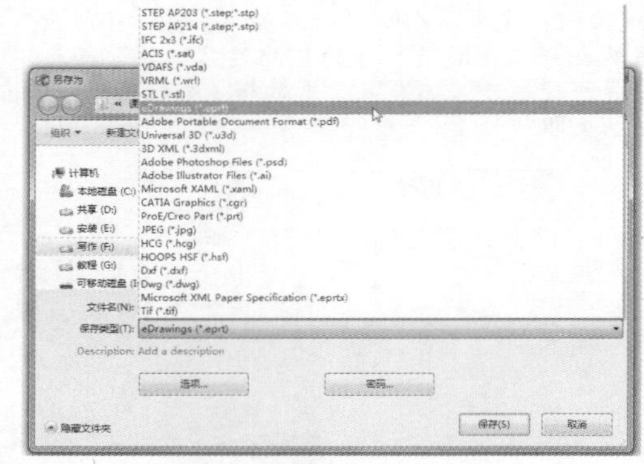


图 9-54

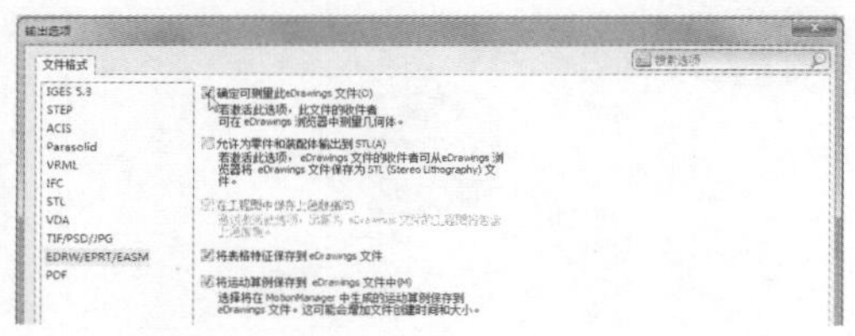


图 9-55

**04** 在 eDrawings 中打开该文件，如图 9-56 所示，用户可以像在 SolidWorks 中一样执行旋转、平移模型等操作，也可以在模型添加标注和戳记。

图 9-56

# 第 10 章　创建基本实体特征

SolidWorks 的基础特征建模功能，是一种基于特征和约束的建模技术，无论是概念设计还是详细设计都可以自如运用。

本章将主要介绍机械零件实体建模的基本操作和编辑方法。

- 凸台/基体工具
- 材料切除工具

## 10.1 凸台 / 基体工具

在零件中生成的第一个特征为基体，此特征为生成其他特征的基础。基体特征可以是拉伸、旋转、扫描、放样、曲面加厚或钣金法兰。

特征是各种单独的加工形状，当将它们组合起来时就形成了各种零件实体。在同一零件实体中可以包括单独的拉伸、旋转、放样和扫描特征等加材料特征。加材料特征工具是最基本的 3D 绘图方式，用于完成最基本的三维几何体建模任务。

### 10.1.1 拉伸凸台 / 基体

拉伸特征是由截面轮廓草图通过拉伸得到的。当拉伸一个轮廓时，需要选择拉伸类型。“拉伸”面板用于定义拉伸特征的特点。拉伸可以是基体（这种情形总是添加材料）、凸台（此情形添加材料，通常是在另一拉伸上）或切除（移除材料）。

单击“特征”选项卡中的“拉伸凸台 / 基体”按钮，选择基准面（进入草绘环境完成草图绘制后）或现有草图后，属性管理器才显示“凸台 - 拉伸”面板，如图 10-1 所示。

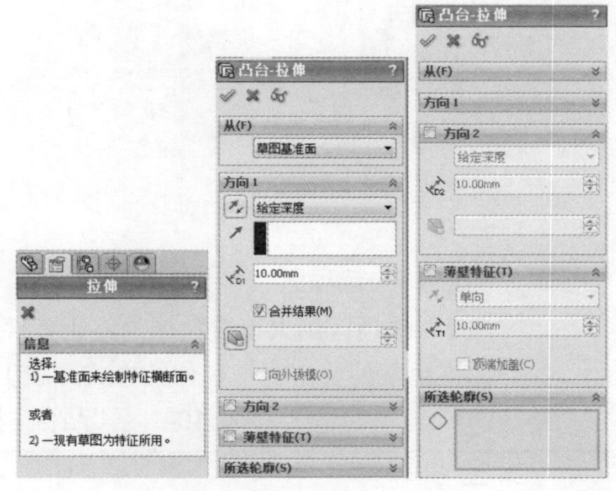


图 10-1

#### 1. “从”选项区

在“凸台 - 拉伸”面板的“从”选项区中展开拉伸初始条件的下拉列表，可以选取 4 种方式之一来确定特征的起始面，如图 10-2 所示。

图 10-2

各项初始条件的含义如下。

- 草图基准面：从草图所在的基准面开始拉伸，如图 10-3 所示。

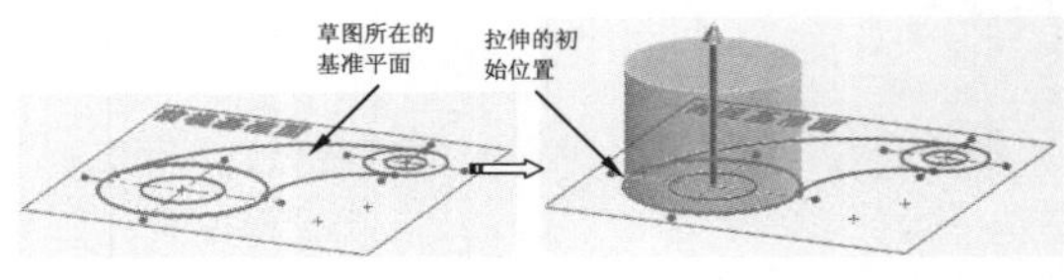


图 10-3

**技术要点：**

草图必须完全包含在非平面曲面或面的边界内。

- 曲面 / 面 / 基准面：从这些实体之一开始拉伸，为曲面 / 面 / 基准面选择有效的实体，实体可以是平面或非平面，平面实体不必与草图基准面平行，如图 10-4 所示。

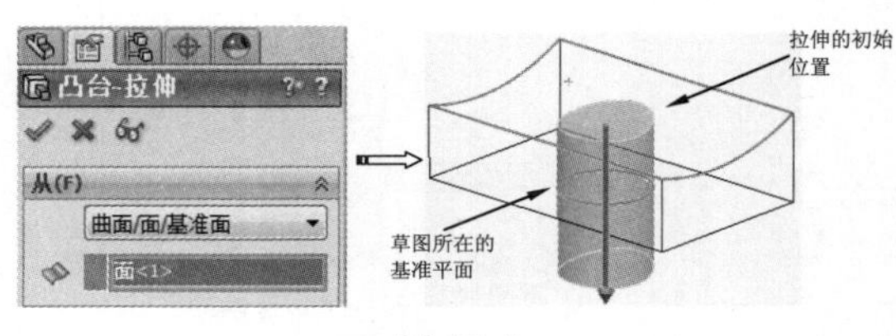


图 10-4

**技术要点：**

曲面上是没有草图的，曲面上只能是曲线，曲线不能作为拉伸的截面轮廓。

- 顶点：从所选择的顶点位置处开始拉伸，如图 10-5 所示。

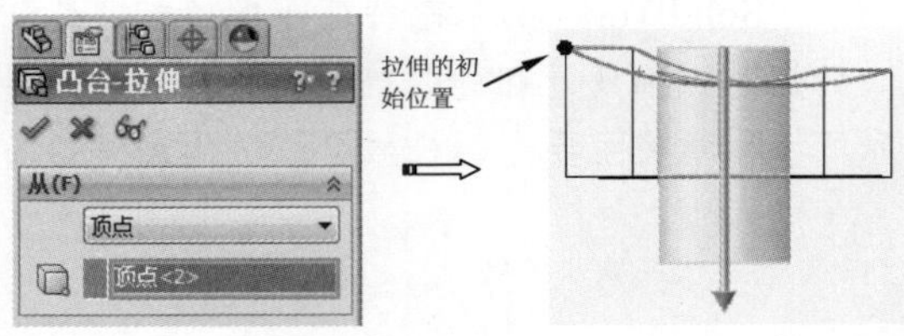


图 10-5

**技术要点：**

所选顶点其实就是起始平面的参考点。

- 等距：从与当前草图基准面等距的基准面上开始拉伸，如图 10-6 所示。

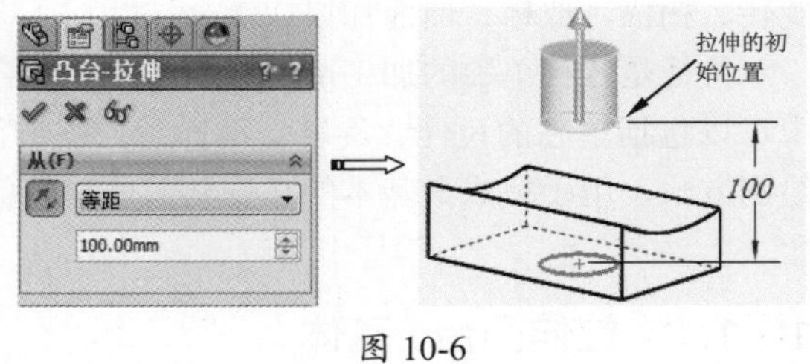


图 10-6

**技术要点：**

可以单击初始条件选项旁边的“反向”按钮，以改变拉伸的方向。

### 2. “方向 1”选项区

“方向 1”选项区用来设置拉伸的终止条件、拉伸方向、拉伸深度及拉伸拔模等选项。

拉伸的终止条件决定特征延伸的方式，表 10-1 列出了几种终止条件。

表 10-1 “凸台 - 拉伸”面板终止条件

| 终止条件 | 说明 | 图解 |
| --- | --- | --- |
| 给定深度 | 指定的深度拉伸 | |

续表

| 终止条件 | 说　明 | 图　解 |
|---|---|---|
| 完全贯穿 | 从草图基准面开始，贯穿所有几何体 | 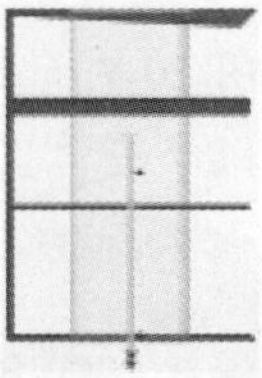 |
| 成形到下一面 | 从草图基准面开始，拉伸成形到下一面截止 | 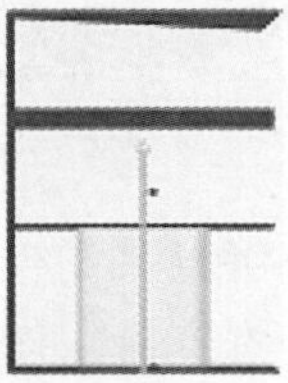 |
| 成形到一顶点 | 拉伸到指定的模型或草图的顶点 | 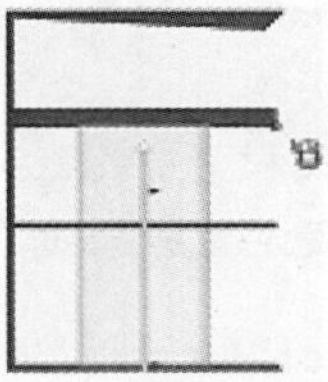 |
| 成形到一面 | 拉伸到指定的曲面、面或基准面 | 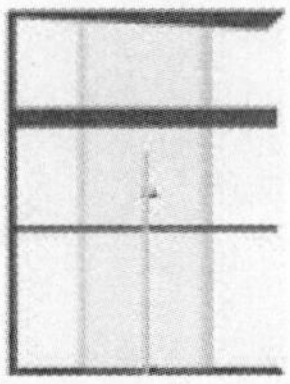 |
| 到离指定面的给定距离 | 拉伸到离指定面给定距离的面 | 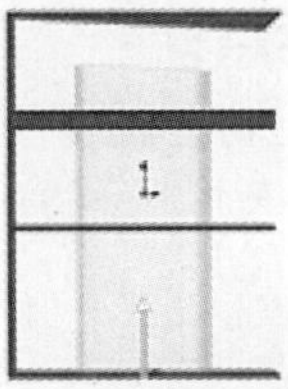 |
| 成形到实体 | 在图形区域选择要拉伸的实体作为实体 / 曲面实体，在装配件中拉伸时可以使用成形到实体，以延伸草图到所选的实体 | 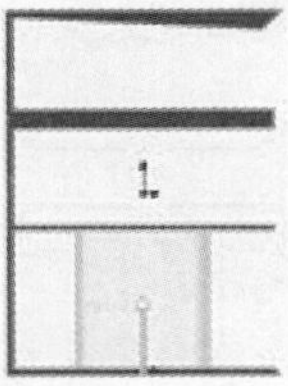 |
| 两侧对称 | 从草图基准面向两个方向对称拉伸 | 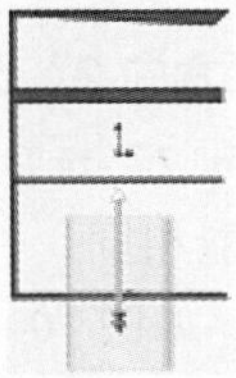 |

其余选项的含义如下。

- 拉伸方向：在图形区域中选择方向向量，以垂直于草图轮廓的方向拉伸草图，如图 10-7 所示。

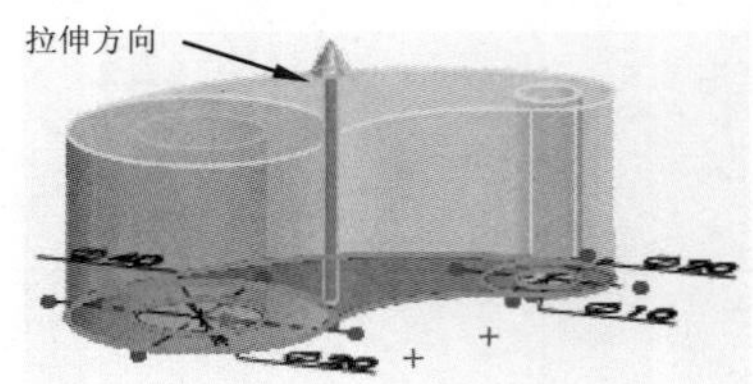


图 10-7

- 合并结果（仅限于凸台 / 基体拉伸）：如有可能，将所产生的实体合并到现有实体。如果不选择，特征将生成一不同实体。
- 拔模开 / 关：新增拔模到拉伸特征，设定拔模角度，如图 10-8 所示。

图 10-8

**技术要点：**

若勾选“向外拔模”复选框，可以改变拔模方向，生成反向的拔模特征，如图10-9所示。

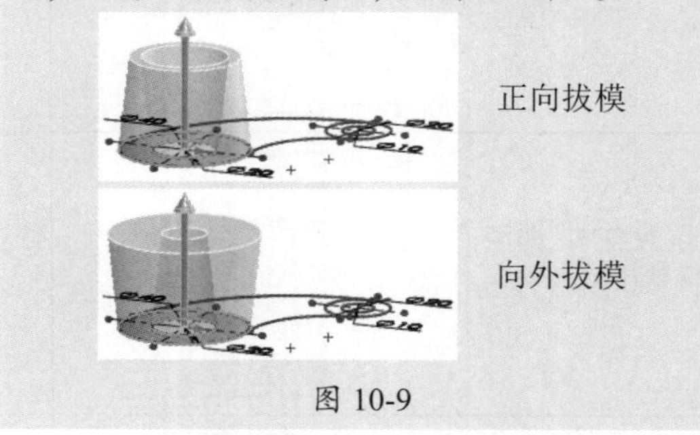


图 10-9

### 3．“方向 2”选项区

“方向 2”选项区的功能与“方向 1”选项区的功能相同。“方向 2”表示拉伸的另一方向侧面，如图 10-10 所示。

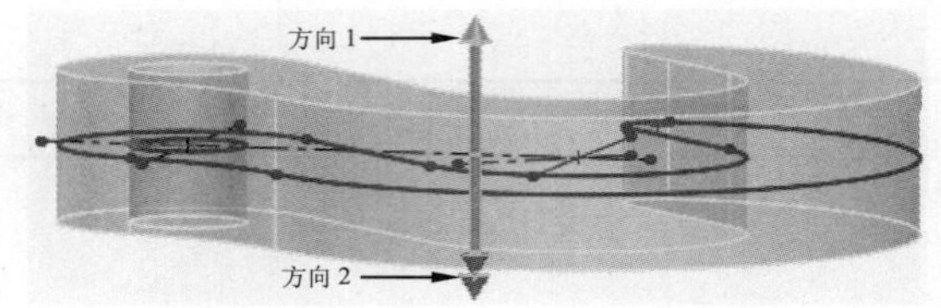


图 10-10

### 4．“薄壁特征”选项区

使用“薄壁特征”选项区中的选项可以控制拉伸厚度（不是深度）。薄壁特征基体可用作钣金零件的基础。当设计薄壳的塑料产品时，也需要创建薄壁特征。

选项区中主要选项的含义如下。

- 薄壁类型：设定薄壁特征拉伸的类型，包括 3 种。单向：设定从草图以一个方向（向外）拉伸的厚度；两侧对称：设定以两个相等方向从草图拉伸的厚度；双向：设定不同的拉伸厚度，有方向 1 厚度和方向 2 厚度。如图 10-11 所示为 3 种薄壁的类型。

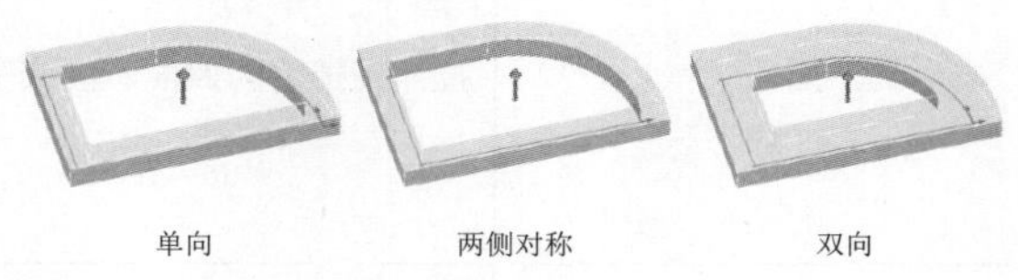


图 10-11

- 顶端加盖：为薄壁特征拉伸的顶端加盖，生成一个中空的零件。同时必须指定加盖厚度。该选项只可用于模型中第一个拉伸实体，如图 10-12 所示。

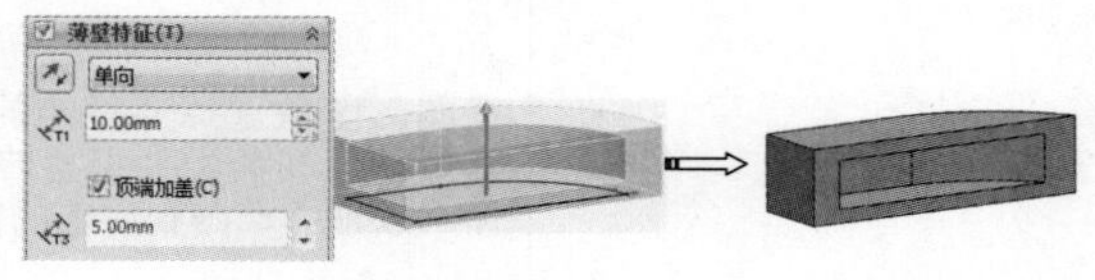


图 10-12

### 5．“所选轮廓”选项区

“所选轮廓”选项区用于设置允许使用部分草图来生成拉伸特征，在图形区域中选择草图轮廓和模型边线即可。

**动手操作——轴承座设计**

本例将要完成轴承座的三维模型的创建，完成后的效果如图 10-13 所示。

## 技术要点：

该模型左右对称，同时含有“筋”“异型孔”“圆角”等附加特征，通过使用这些特征命令完成最终模型，主要操作过程见表10-2所示。

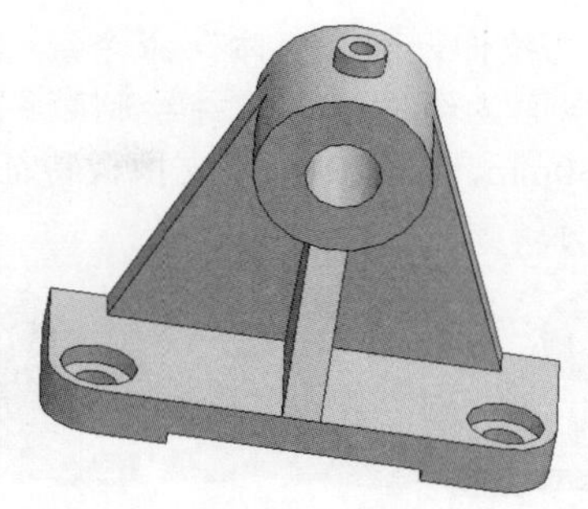

图 10-13

表 10-2　轴承座的主要操作过程

| 序号 | 操 作 步 骤 | 图　解 | 序号 | 操 作 步 骤 | 图　解 |
|---|---|---|---|---|---|
| 1 | 拉伸生成轴承座底座 | | 4 | 拉伸并切除拉伸生成顶部特征 | |
| 2 | 拉伸生成轴承孔圆柱部分 | | 5 | 生成加强筋 | |
| 3 | 拉伸生成轴承座支撑板 | | 6 | 倒角 | |

### 操作步骤

**01** 启动 SolidWorks 2018 软件，新建零件文件。

**02** 选择前视基准面作为草绘平面，绘制如图 10-14 所示的草图，并拉伸建立实体特征，拉伸深度为 150mm。

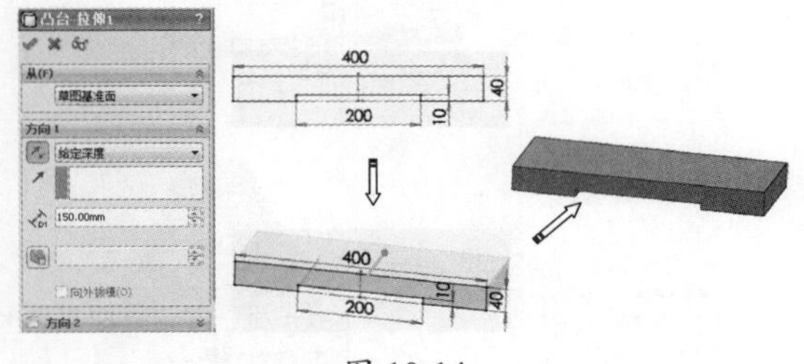


图 10-14

**03** 选择轴承座基座后端面，绘制如图 10-15 所示的草图，使用“拉伸凸台 / 基体”命令向两个方向拉伸草图，深度分别为 98mm 和 22mm。

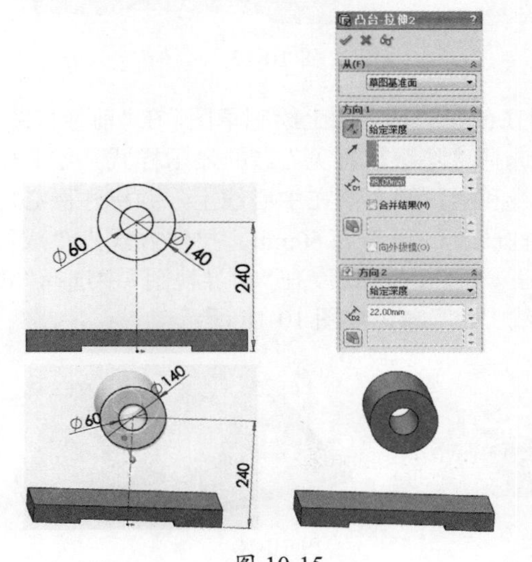


图 10-15

**04** 选择“拉伸凸台/基体”命令，设置轴承座后端面为绘图平面，并绘制草图，拉伸厚度为30mm，创建轴承座支撑板特征，如图10-16所示。

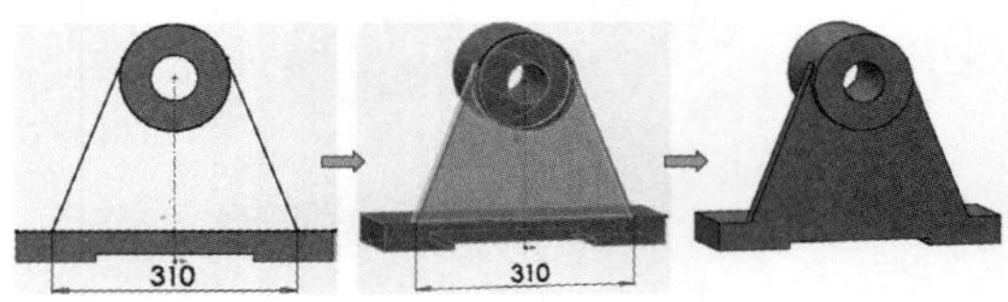

图 10-16

**技术要点：**

绘制草图时，使用“转换实体引用”命令将轴承座的圆柱凸台外圆和基座上表面转换为草图，用户可以使用剪裁实体命令将多余的线条移除，也可以在拉伸的时候，单击选择要拉伸的封闭区域。

**05** 执行“插入”|“参考几何体”|“基准面”命令，选择轴承座基体底面作为第一参考，设置距离为325mm，勾选“反转”复选框，创建如图10-17所示的基准面。

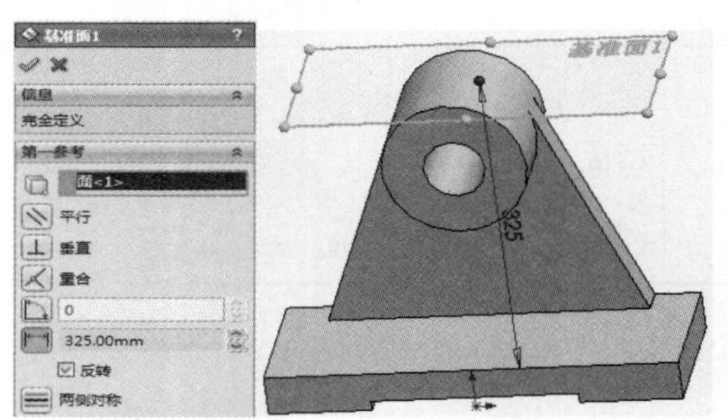

图 10-17

**06** 在创建的基准面上绘制草图，在“前导视图”中选择“隐藏线可见”的显示样式。绘制中心线和圆，圆心落在中心线上，并标注圆心距圆柱凸台的距离为60mm，拉伸方式为“成形到下一面”。拉伸后，在“前导视图”中选择“带边线上色”，如图10-18所示。

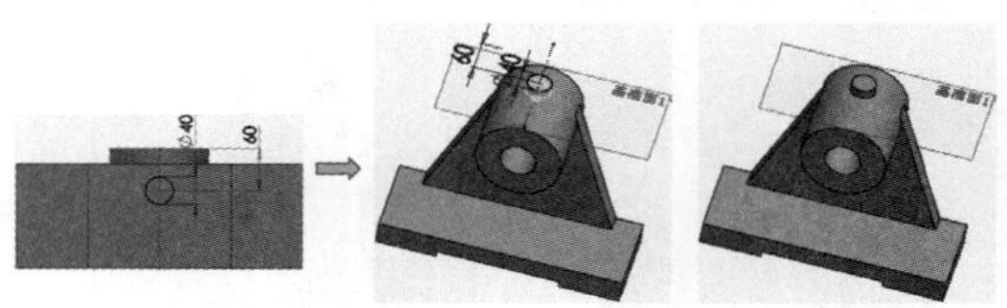

图 10-18

**07** 单击“特征”选项卡中的“切除-拉伸”按钮，选择创建的基准面为绘图平面，绘制与上一步中凸台同心的圆，标注直径为20mm，切除方式选择“成形到下一面”，完成凸台孔的切除，如图10-19所示。

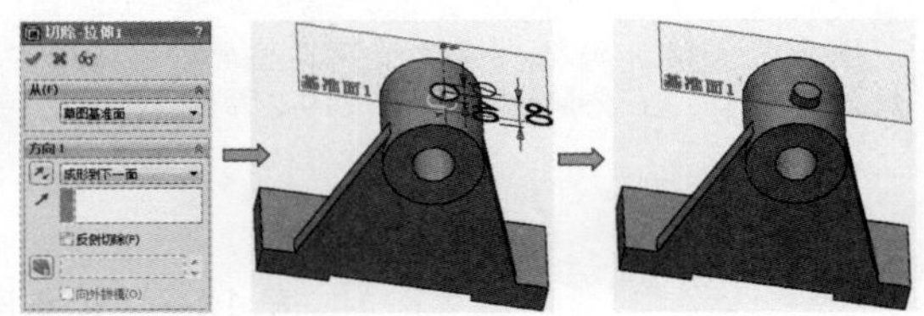

图 10-19

**08** 执行“视图”|“隐藏所有类型”命令，将基准面隐藏。

**09** 在“特征”选项卡中单击“筋”按钮，选择右视基准面作为绘图平面，绘制图示草图，在“筋”面板中设置相应参数，创建“筋”特征，如图10-20所示。

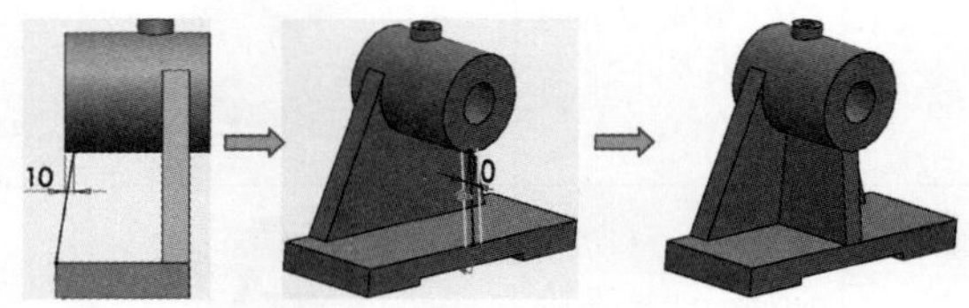

图 10-20

**10** 在“特征”选项卡中单击“异型孔向导”按钮，设置相关参数，选择基座上表面绘制3D草图的两个定位点，并标注尺寸，创建异型孔，如图10-21所示。

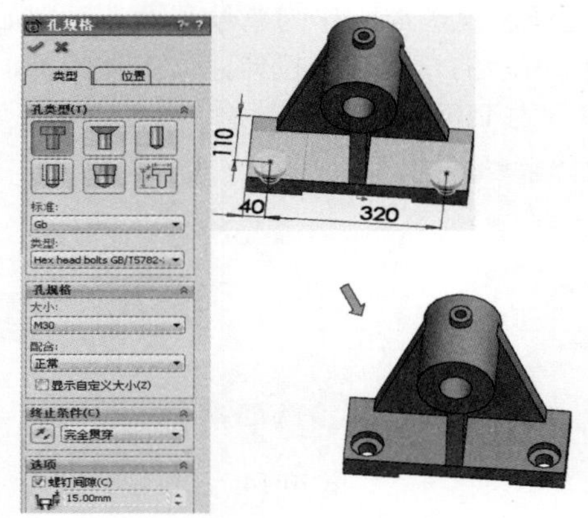

图 10-21

**11** 在“特征”选项卡中单击“圆角”按钮，

设置圆角半径为40mm，为基座前端的两条棱边创建圆角，如图10-22所示。

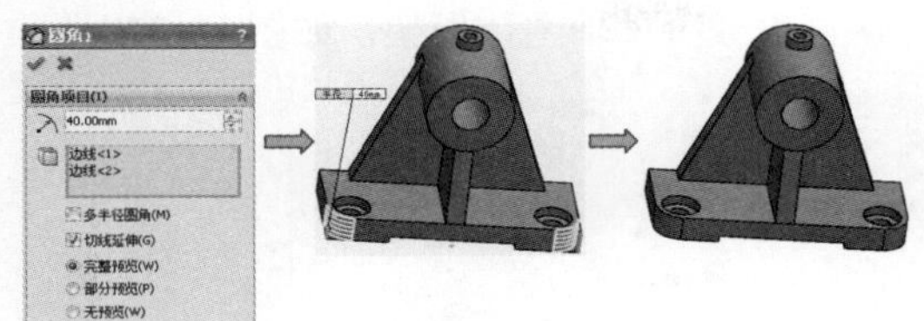

图 10-22

**12** 至此，已经完成了轴承座三维模型的创建，保存并关闭当前文件。

### 10.1.2　旋转凸台/基体

旋转通过绕中心线旋转一个或多个轮廓来添加或移除材料。可以生成凸台/基体、旋转切除或旋转曲面。旋转特征可以是实体、薄壁特征或曲面。

生成旋转特征的准则如下：

- 实体旋转特征的草图可以包含多个相交轮廓。
- 薄壁或曲面旋转特征的草图可包含多个开环的或闭环的相交轮廓。
- 轮廓不能与中心线交叉。如果草图包含一条以上的中心线，可以选择想要用作旋转轴的中心线。仅对于旋转曲面和旋转薄壁特征而言，草图不能位于中心线上。
- 当以中心线内为旋转特征标注尺寸时，将生成旋转特征的半径尺寸。以中心线外为旋转特征标注尺寸时，将生成旋转特征的直径尺寸。

用户可通过以下方式执行"旋转凸台/基体"命令：

- 单击"特征"选项卡中的"旋转凸台/基体"按钮。
- 在菜单栏中执行"插入"|"凸台/基体"|"旋转"命令。

执行"旋转凸台/基体"命令并进入草图模式绘制草图后，生成一幅草图，包含一个或多个轮廓和一条中心线、直线或边线作为特征旋转所绕的轴。属性管理器会显示"旋转"面板。"旋转"面板及生成的旋转特征如图10-23所示。

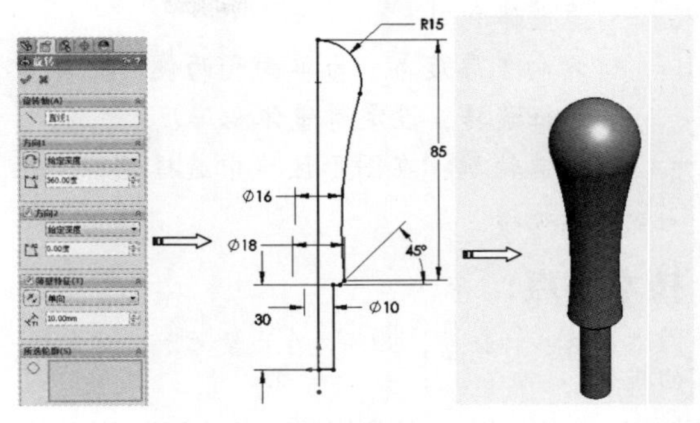


图 10-23

"旋转"面板中主要选项的含义如下。

- 旋转参数：设定旋转参数。
- 旋转轴：选择一个特征旋转所绕的轴，根据生成的旋转特征的类型，其可能为中心线、直线或一边线。
- 旋转类型：从草图基准面定义旋转方向。包括"给定深度""成形到一顶点""成形到一面""成形到指定面的指定距离""两侧对称"，如图10-24所示为其中的3种旋转类型。"旋转类型"与"拉伸-凸台"的拉伸类型类似。

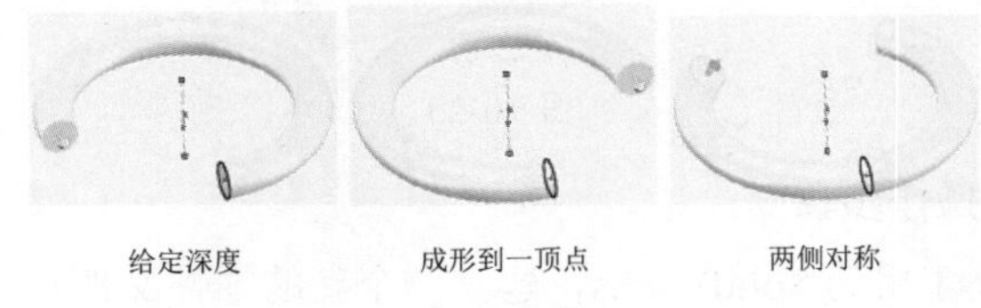


图 10-24

- 角度：定义旋转所包括的角度，默认的角度为360°，角度以顺时针从所选草图测量。
- 薄壁特征：选择薄壁特征并设定这些选项。
- 类型：定义厚度的方向。单向：从草图以单一方向添加薄壁体积，如有必要，单击"反向"按钮来反转薄壁体积添加的方向；两侧对称：以草图为中心，在草图两侧均等地应用薄壁体积来添加薄壁体积；双向：在草图两侧添加薄壁体积，方向 1 厚度从草图向外添加薄壁体积，方向 2 厚度从草图向内添加薄壁体积。

- 方向 1 厚度。为单向和两侧对称薄壁特征旋转，设定薄壁体积厚度。
- 所选轮廓：在图形区域中选择轮廓来生成旋转。

**技术要点：**

在添加这些特征前，必须先生成要添加多体零件的模型。

**动手操作——创建轴零件**

轴的基本结构类似，由圆柱或者空心圆柱的主体框架，以及键槽、安装连接用的螺孔、定位用的销孔和圆角等结构组成。可以采用草图截面旋转的方式构建其零件主体，也可以采用圆台累加的方式构建其零件主体，或采用切除拉伸圆台构建其零件主体。轴类零件推荐采用旋转特征的方法构建模型主体。

本例练习阶梯轴实体模型的建模，阶梯轴实体模型如图 10-25 所示。

图 10-25

**操作步骤**

**01** 启动 SolidWorks，建立一个新的零件文件。单击标准选项卡上的“新建”按钮，在弹出的“新建 SOLIDWORKS 文件”对话框中选择“零件”选项，单击“确定”按钮。

**02** 绘制轴截面草图。在设计树中选择前视基准面后，单击“草图绘制”按钮，在前视基准面中绘制草图，如图 10-26 所示。

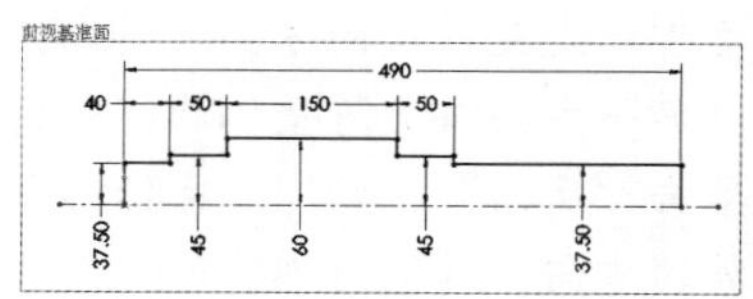


图 10-26

**03** 利用旋转凸台 / 基体生成轴类零件的主体框架。单击“旋转凸台 / 基体”按钮，在“旋转 1”面板中进行设置或选择，单击“确定”按钮，生成阶梯轴主体框架，如图 10-27 所示。

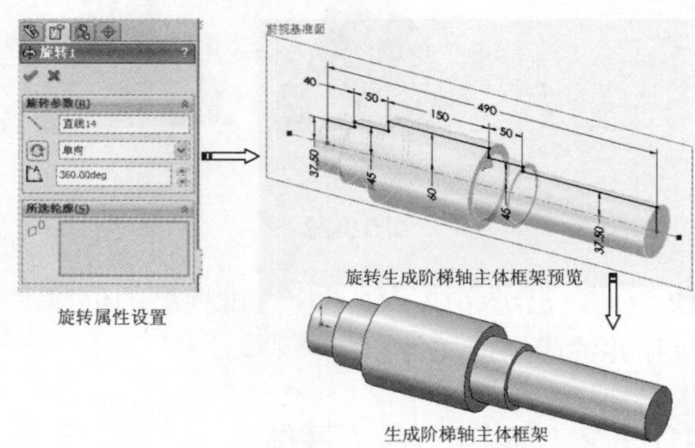


图 10-27

**技术要点：**

可以采用草图截面旋转的方式、圆台累加方式或切除拉伸圆台方式建立轴的基本模型，建议采用旋转的方式。

**04** 添加键槽草图基准面。在“特征”选项卡中单击“参考几何体”按钮和“选择基准面”按钮，建立距离前视基准面为 28.5 的平行基准面，如图 10-28 所示。

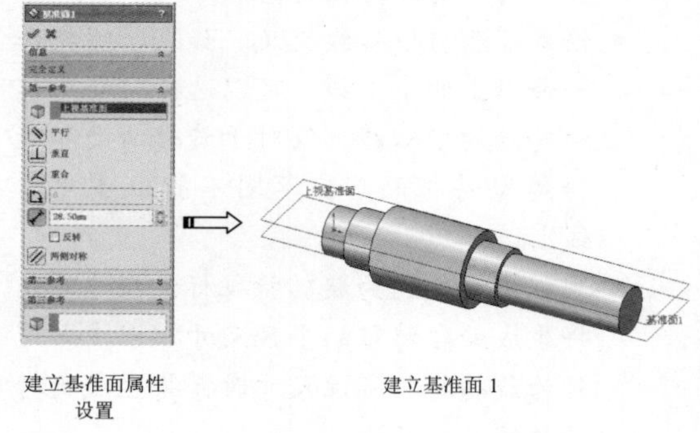


图 10-28

**技术要点：**

SolidWorks模型中的基准面并非总是可见的，但是可以显示基准面。

**05** 在新建基准面上绘制键槽切除拉伸草图。在设计树中选择新建基准面后，单击“草图绘制”按钮，在基准面 1 中绘制草图，如图 10-29 所示。

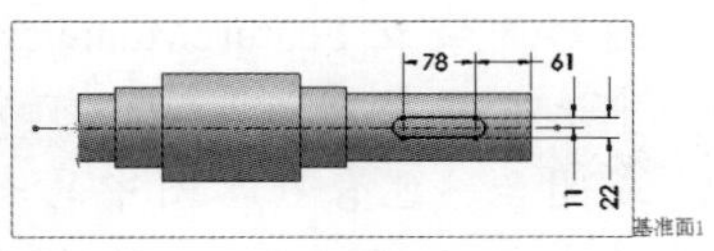


图 10-29

**06** 切除拉伸键槽。单击“切除 - 拉伸”按钮，在“切除 - 拉伸 1”面板中进行设置或选择，完成后单击“确定”按钮。生成阶梯轴键槽的过程如图 10-30 所示。

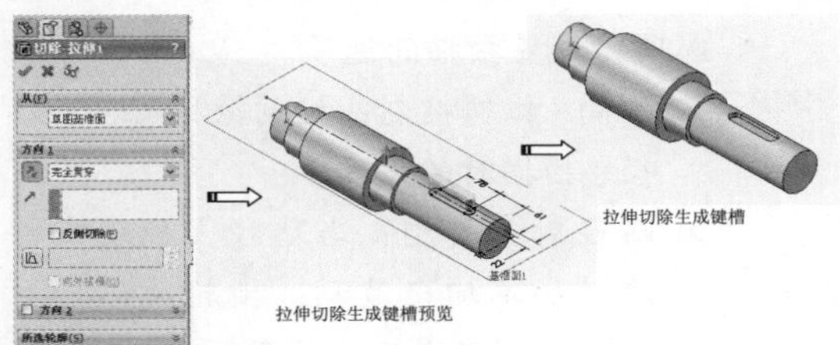


图 10-30

**07** 添加另一个键槽草图基准面。在“特征”选项卡中单击“参考几何体”按钮和“选择基准面”按钮，创建距离前视基准面为 60 的平行基准面，如图 10-31 所示。

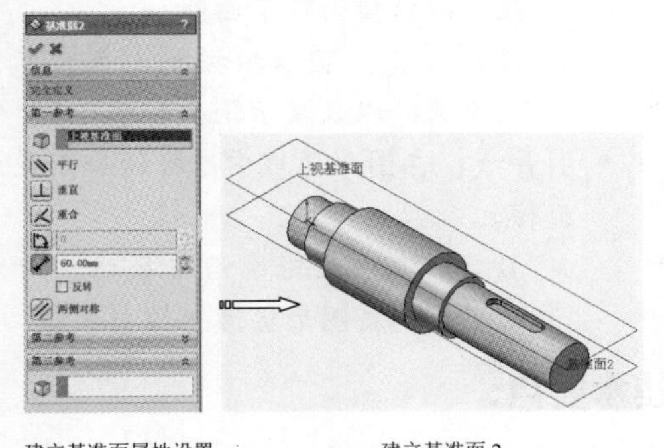


图 10-31

**08** 在新建基准面上绘制键槽切除拉伸草图。在设计树中选择新建基准面后单击“草图绘制”按钮，在基准面 2 中绘制草图，如图 10-32 所示。

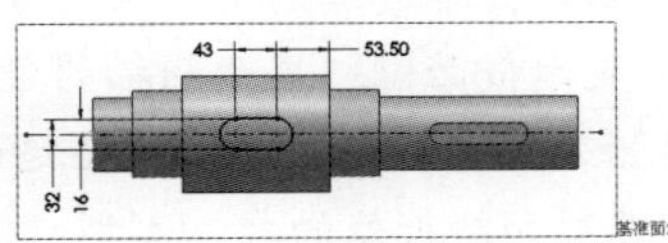


图 10-32

**技术要点：**

阶梯轴的两个键槽要分布在同一圆周方向上，这样的加工工艺比较合理。

**09** 切除拉伸另一键槽。单击“切除 - 拉伸”按钮，在“切除 - 拉伸 2”面板中进行设置或选择，完成后单击“确定”按钮，生成阶梯轴另一键槽的过程如图 10-33 所示。

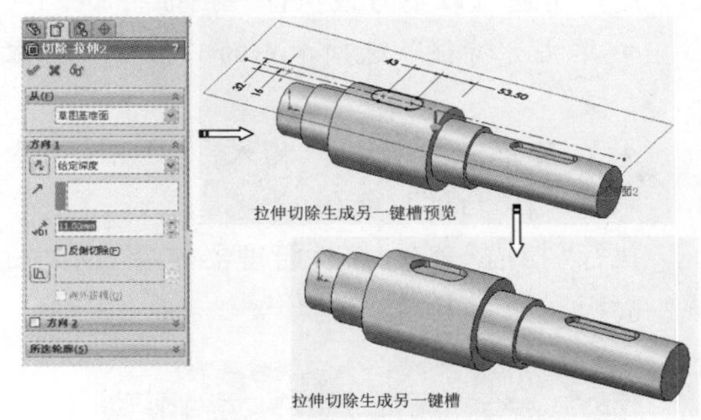


图 10-33

**10** 阶梯轴倒角。单击“特征”选项卡中的“倒角”按钮，在“倒角 1”面板中进行设置或选择，完成后单击“确定”按钮，生成阶梯轴倒角特征的过程如图 10-34 所示。

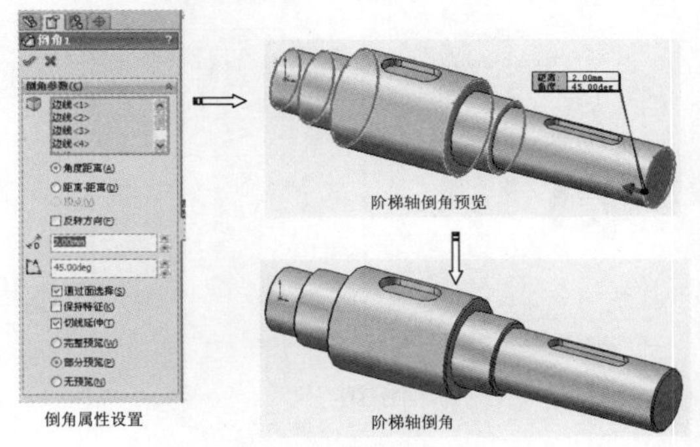


图 10-34

## 10.1.3　扫描

扫描通过沿着一条路径移动轮廓（截面）来生成基体、凸台、切除或曲面。

生成扫描的准则如下：

- 基体或凸台扫描特征轮廓必须是闭环的；曲面扫描特征轮廓则既可以是闭环的，也可以是开环的。

- 路径可以为开环或闭环。
- 路径可以是一张草图、一条曲线或一组模型边线中包含的一组草图曲线。
- 路径必须与轮廓的平面交叉。
- 无论是截面、路径或所形成的实体，都不能出现自相交叉的情况。
- 引导线必须与轮廓或轮廓草图中的点重合。

用户可通过以下方式执行“扫描”命令：

- 单击“特征”选项卡中的“扫描”按钮。
- 在菜单栏中执行“插入”|“凸台/基体”|“扫描”命令。

执行“扫描”命令，属性管理器才会显示“扫描”面板，如图10-35所示。

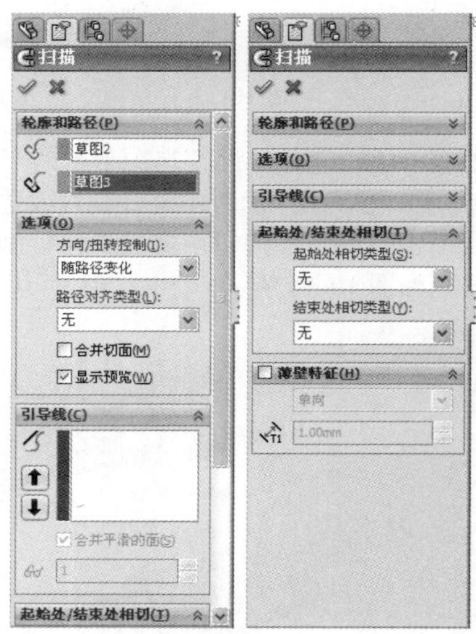


图 10-35

### 1. “扫描”面板介绍

“扫描”面板中主要选项的含义如下。

- 轮廓和路径：设置扫描的轮廓和路径。
  - 轮廓：设定用来生成扫描的草图轮廓（截面），在图形区域中或FeatureManager设计树中选取草图轮廓。基体或凸台扫描特征的轮廓应为闭环，曲面扫描特征的轮廓可为开环或闭环。
  - 路径：设定轮廓扫描的路径。在图形区域或FeatureManager设计树中选取路径草图。路径可以是开环或闭合、包含在草图中的一组绘制的曲线、一条曲线或一组模型边线，路径的起点必须位于轮廓的基准面上。

**技术要点：**

无论是截面、路径或所形成的实体，都不能自相交叉。

- 选项：设置扫描的选项。
  - 方向/扭转控制：控制轮廓在沿路径扫描时的方向。
  - 路径对齐类型：当路径上出现少许波动和不均匀波动，使轮廓不能对齐时，可以将轮廓稳定下来。
  - 合并切面：如果扫描轮廓具有相切线段，可使所产生的扫描中的相应曲面相切。保持相切的面可以是基准面、圆柱面或锥面。其他相邻面被合并，轮廓被近似处理。草图圆弧可以转换为样条曲线。
  - 显示预览：显示扫描的上色预览，消除选择以只显示轮廓和路径。
- 引导线：在图形区域中选择轮廓来生成旋转。
  - 引导线：在轮廓沿路径扫描时加以引导。在图形区域选择引导线。

**技术要点：**

引导线必须与轮廓或轮廓草图中的点重合。

  - 上移和下移：调整引导线的顺序。选择一引导线并调整轮廓顺序。
  - 合并平滑的面：消除以改进带引导线扫描的性能，并在引导线或路径不是曲率连续的所有点处分割扫描。
  - 显示截面：显示扫描的截面。
- 起始处/结束处相切：设置起始处的相切类型和结束处的相切类型。
- 薄壁特征：选择以生成一薄壁特征扫描。

### 2. 扫描方法

SolidWorks 提供了 3 种常见的扫描方法。

（1）创建无引导线的简单扫描

首先，在两个不同的基准面上分别绘制扫描轮廓和扫描路径两幅草图，也可用创建引导线（但并非必须），然后单击“特征”选项卡中的“扫描”按钮。在弹出的“扫描 1”面板中的轮廓和路径中分别选择对应草图，如图 10-36 所示为扫描生成弹簧实例。

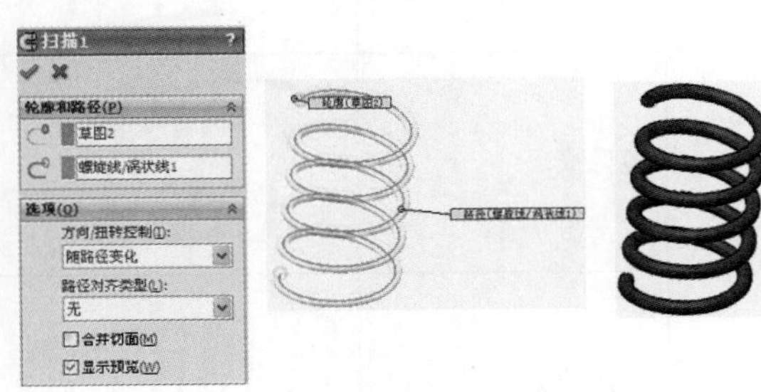


图 10-36

（2）引导线扫描

创建引导线扫描时在引导线和轮廓上的顶点之间，或在引导线和轮廓中用户定义的草图点之间必须是穿透几何关系。穿透几何关系使截面沿着路径改变大小、形状或两者均改变。截面受曲线的约束，但曲线不受截面的约束。

如图 10-37 所示为引导线扫描生成特征实例。

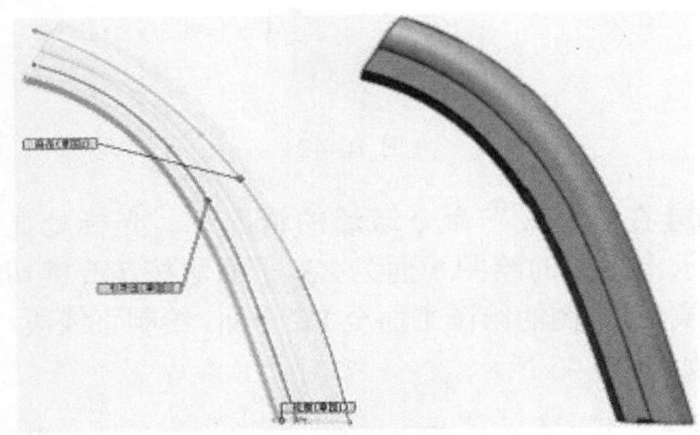

图 10-37

（3）利用 3D 草图作为扫描路径创建扫描特征

扫描路径不仅能使用 2D 草图，还可以使用 3D 草图。对于空间特殊结构，如插座防松的钢丝卡扣等，采用 3D 草图作为扫描路径能成功地快速建模，而且还方便修改。如图 10-38 所示，利用 3D 草图扫描出钢丝结构。

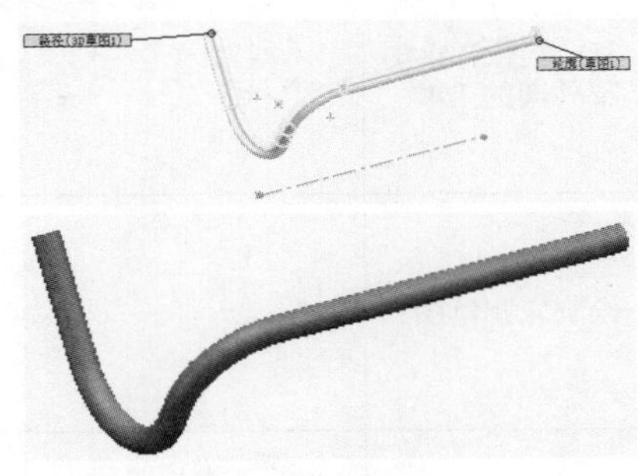

图 10-38

扫描特征生成与所随路径跟随类型的变化而发生改变，如图 10-39 所示为无方向扭转的扫描特征的随路径变化与保持法向不变的两种示意图。

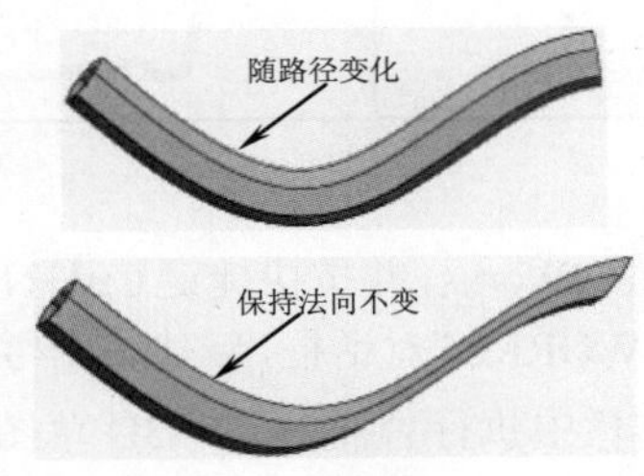


图 10-39

**动手操作——炉架设计**

本例将要完成炉架 3D 草图的绘制及模型的创建，完成的效果如图 10-40 所示。

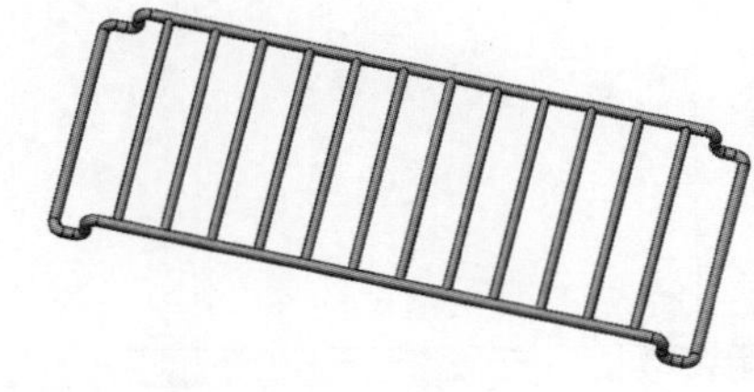

图 10-40

**技术要点：**

炉架结构中心对称，因此可以绘制烤架的1/4，然后通过镜像来完成剩余部分。炉架的外圈部分用3D草图绘制其结构，然后采用扫描的方式完成创建；圈内部分的横条则通过直接拉伸，然后阵列实体形成，主要操作过程见表10-3所示。

表 10-3　炉架的主要操作过程

| 序号 | 操作步骤 | 图　解 | 序号 | 操作步骤 | 图　解 |
|---|---|---|---|---|---|
| 1 | 3D 草图生成炉架外圈的 1/4 | | 5 | 拉伸生成圈内部分的 1/2 | |
| 2 | 绘制轮廓草图 | | 6 | 阵列横条 | |
| 3 | 扫描生成炉架外圈的 1/4 实体 | | 7 | 镜像横条 | |
| 4 | 镜像 | | 8 | 镜像炉架 | |

**操作步骤**

**01** 启动 SolidWorks，并按快捷键 Ctrl+N 弹出“新建 SOLIDWORKS”对话框，新建一个零件文件。

**02** 在菜单栏中执行“插入”|“3D 草图”命令，进入 3D 草图环境，如图 10-41 所示。

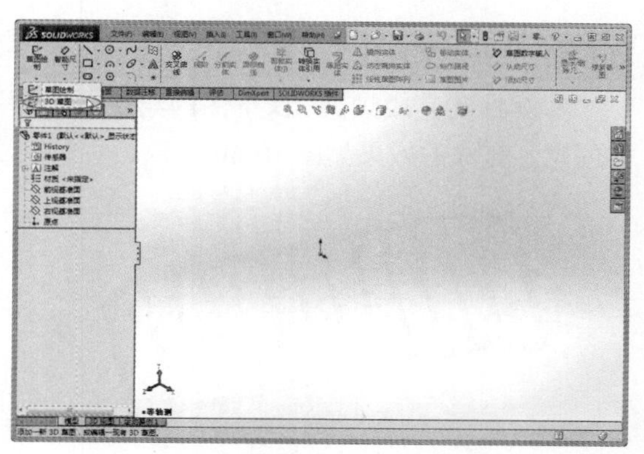

图 10-41

**03** 选择上视基准面后，单击“草图”选项卡中的“直线”按钮，以坐标原点为起点，分别绘制水平和垂直（沿 *Z* 向）的中心线，并标注其长度为 60mm 和 150mm。同理，绘制直线，沿着 *Z* 向，系统自动添加了沿 *Z*1 的几何关系，绘制直线段，并标注其长度为 135mm，如图 10-42 所示。

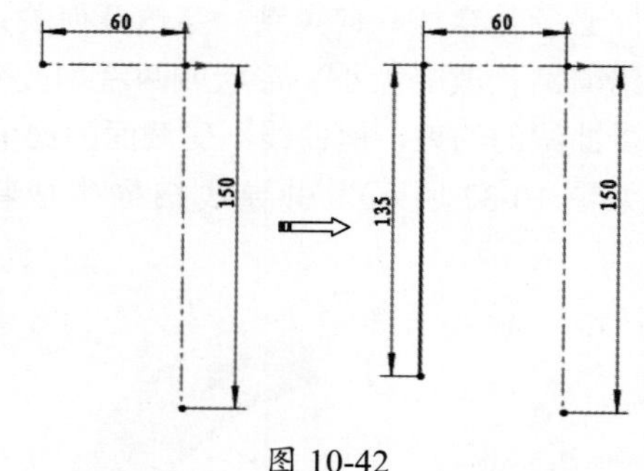


图 10-42

**04** 在“直线”命令激活的情况下，光标处显示出当前的绘图平面为 *ZX* 平面，按 Tab 键切换 3D 草图的绘图平面至 *YZ* 平面，绘制直线段，如图 10-43 所示。

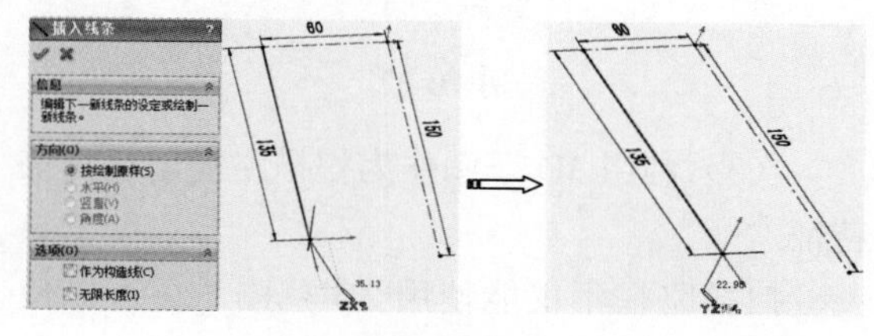


图 10-43

**技术要点：**

在进行3D图形绘制时，为了便于观察选择哪个基准面，可以按住鼠标中键在图形区中拖动即可旋转草图进行观察。

**05** 同理，在 *YZ* 平面上绘制沿 *Y* 向的直线段和沿 *Z* 向的直线段，并标注其长度均为 15mm。按 Tab 键切换 3D 草图的绘图平面至 *ZX* 平面，绘制沿 *X* 向的直线段，标注其长度为 60mm，如图 10-44 所示。

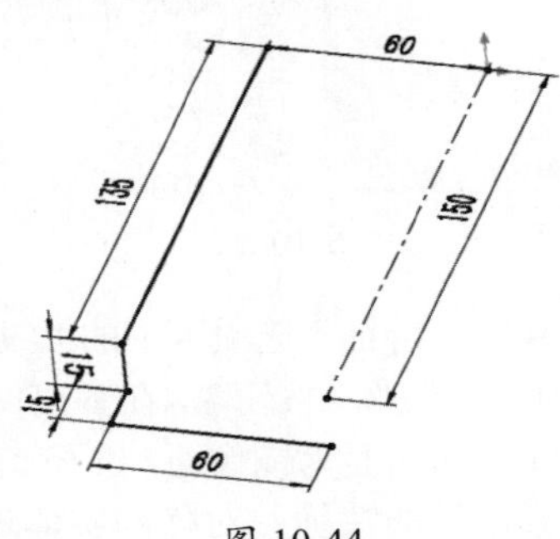


图 10-44

**06** 圆角。单击“草图”选项卡中的“圆角”按钮，对 3D 草图过渡连接处进行圆角处理，如图 10-45 所示。

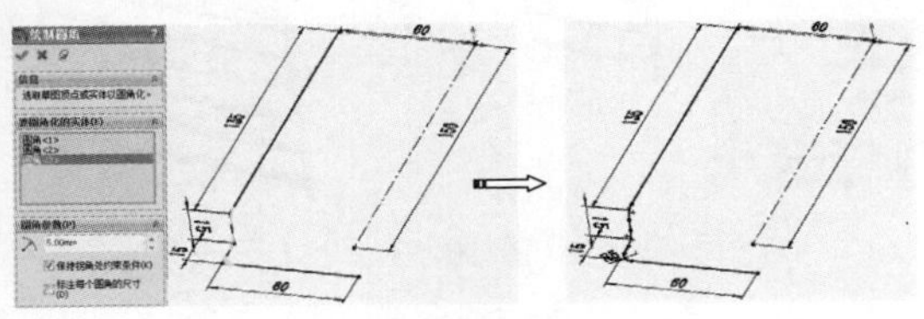

图 10-45

**07** 单击“确定”按钮，确定并退出草图，完成作为扫描路径的 3D 草图的创建。

**08** 创建扫描轮廓草图。选择前视基准面作为绘图平面，绘制圆，并标注其直径为 5mm，如图 10-46 所示。

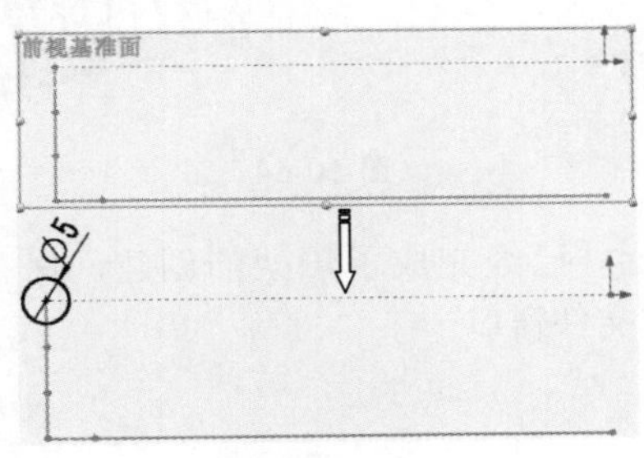


图 10-46

**技术要点：**

3D草图中的“圆角/倒角”命令的使用方法与2D草图中的完全一致，均可以单击顶点，或者选择相交的两条边线来选择待圆角/倒角处理的对象。

**09** 扫描。单击“特征”选项卡中的“扫描”按钮，在弹出的“扫描”面板中选择草图圆与 3D 草图作为扫描的轮廓与路径，完成炉架 1/4 部分的创建，如图 10-47 所示。

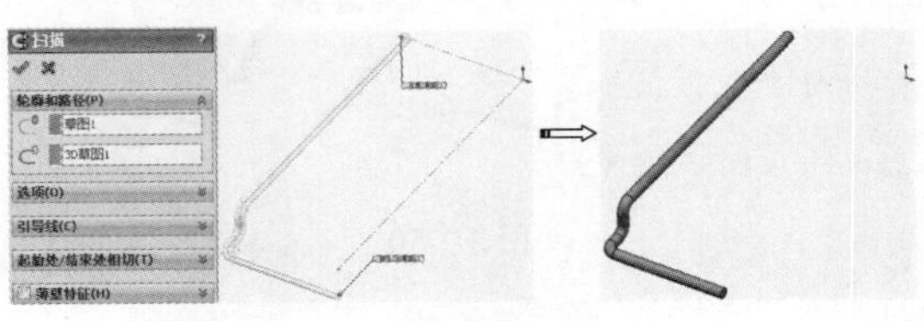

图 10-47

**10** 镜像。单击“特征”选项卡中的“线性阵列”下拉列表中的“镜像”按钮，在弹出的“镜像”对话框中选择实体端面为镜像面，选择“扫描 1”为要镜像的特征，对扫描实体进行镜像操作，如图 10-48 所示。

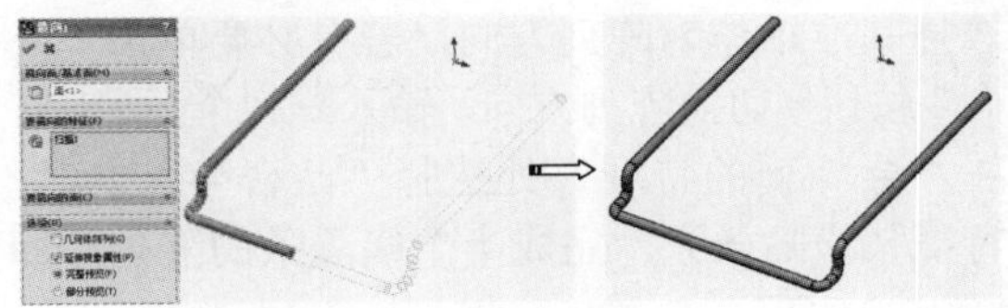

图 10-48

**11** 拉伸生成 1/2 横隔条。选择右视基准面作为绘图平面，绘制一个圆，并添加圆与指标原点水平的几何关系，标注圆的直径为 4mm，圆心与原点间距为 11mm。单击“特征”选项卡中的“拉伸”按钮，在弹出的“凸台 - 拉伸”面板中选择“成形到下一面”方式，完成 1/2 横隔条的创建，如图 10-49 所示。

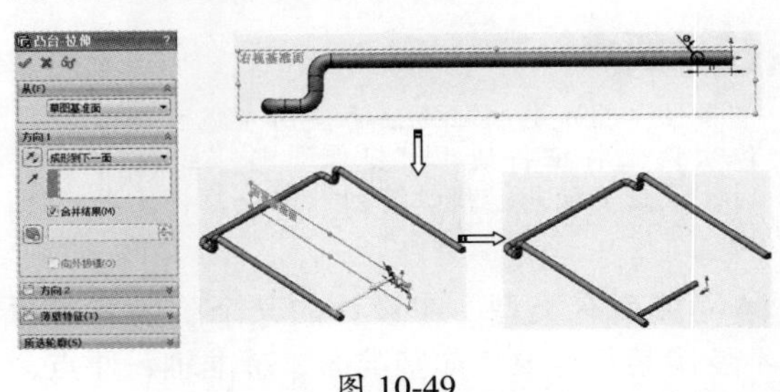

图 10-49

**12** 创建基准轴作为线性阵列的方向参考。在菜单栏中执行“插入”|“参考几何体”|“基准轴”命令，在弹出的“基准轴 1”面板中单击侧边圆柱，即可预览出基准轴，单击“确定”按钮，完成基准轴的创建，如图 10-50 所示。

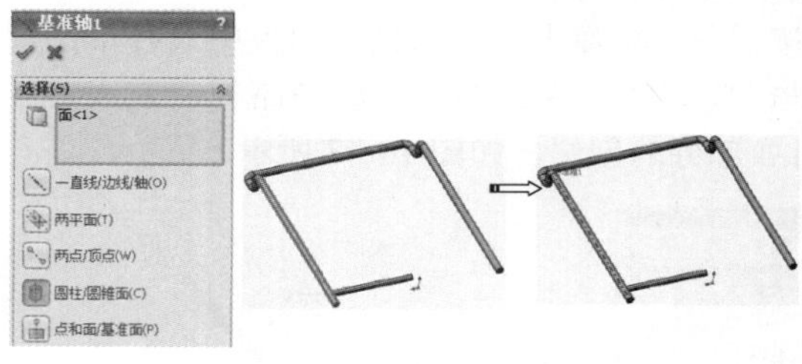


图 10-50

## 技术要点：

若实体特征中有棱边可作为“线性阵列”方向参考，则直接使用。基准轴的创建可以借助已有实体，也可以借助系统的3个默认基准面的交线作为参考，创建基准轴。

**13** 阵列。单击“特征”选项卡中的“线性阵列”按钮，在弹出的“阵列（线性）6”面板中选择基准轴作为阵列方向，若有必要单击“反向”按钮切换阵列方向，输入阵列个数为 6，在“要阵列的特征”处选择“凸台 - 拉伸 1”特征（横隔条），完成半个横隔条的阵列，如图 10-51 所示。

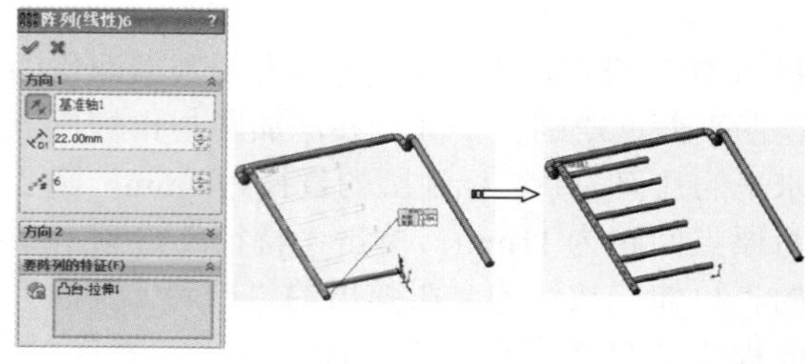


图 10-51

## 技术要点：

“镜像”生成的特征无法再使用“线性阵列”，依次遇上特征将使用“镜像”与“线性阵列”时，最好先使用“线性阵列”命令，再使用“镜像”命令。

**14** 隐藏所有类型。在设计的某个阶段若暂时不使用某些对象，如基准面、基准轴、原点、坐标系、注视等，可以将这些不相干的对象隐藏，如图 10-52 所示。

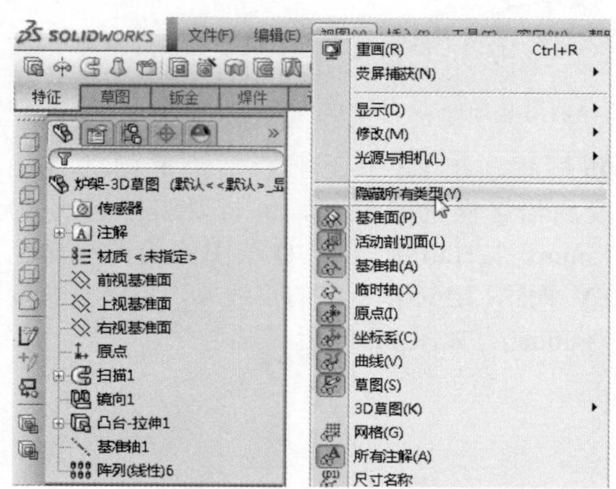


图 10-52

**15** 镜像。单击“特征”选项卡中的“线性阵列”下拉菜单中的“镜像”按钮，在弹出的“镜像”面板中选择实体端面为镜像面，选择“阵列（线性）”为要镜像的特征，对阵列实体进行镜像操作，如图 10-53 所示。

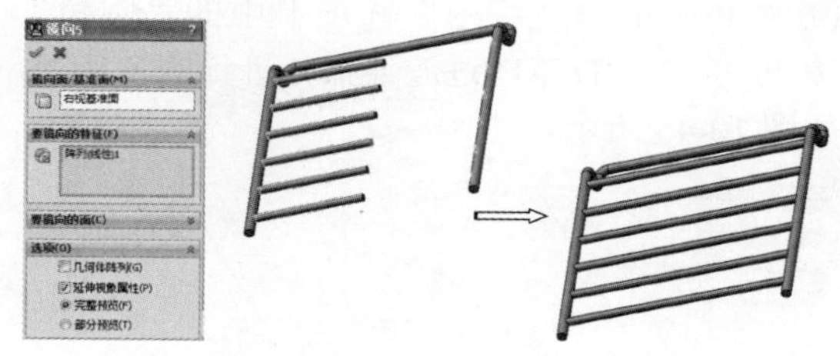


图 10-53

**16** 再次镜像。同上，创建已完成的 1/2 炉架的镜像，如图 10-54 所示。

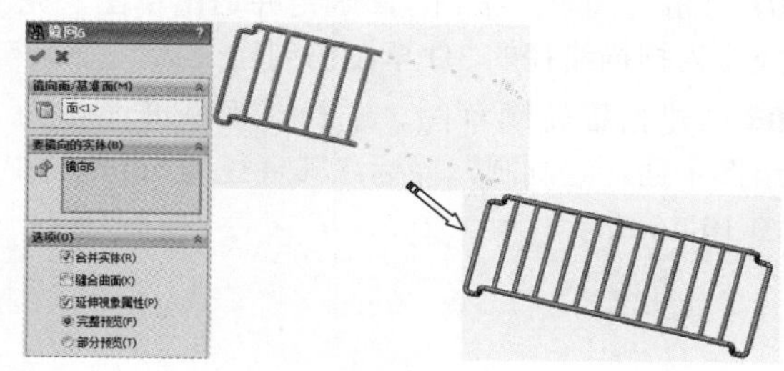


图 10-54

**17** 至此，已经完成了炉架的创建，保存并关闭当前文件窗口。

### 10.1.4　放样凸台 / 基体

放样通过在轮廓之间进行过渡生成特征。放样可以是基体、凸台、切除或曲面，可以使用两个或多个轮廓生成放样。仅第一个或最后一个轮廓可以是点，也可以这两个轮廓均为点。单一 3D 草图中可以包含所有草图实体（包括引导线和轮廓）。

用户可通过以下方式执行“放样凸台 / 基体”命令：

- 单击“特征”选项卡上的“放样凸台 / 基体”按钮。
- 在菜单栏中执行“插入”|“凸台 / 基体”|“放样”命令。

执行“放样”命令，属性管理器才会显示“放样”面板，如图 10-55 所示。

图 10-55

#### 1.　“放样”面板介绍

“放样”面板中主要选项的含义如下。

- 轮廓：设置放样轮廓。
  - 轮廓：决定用来生成放样的轮廓。选择要连接的草图轮廓、面或边线。放样根据轮廓选择的顺序生成特征。
  - 上移和下移：调整轮廓的顺序。选择一个轮廓并调整轮廓顺序。
- 起始 / 结束约束：应用约束以控制开始和结束轮廓的相切方式。
- 引导线：设置放样引导线。
  - 引导线：选择引导线来控制放样。
  - 上移和下移：调整引导线的顺序。选择一条引导线并调整轮廓顺序。
- 中心线参数：设置中心线参数。
  - 中心线：使用中心线引导放样形状。在图形区域中选择一个草图。
  - 截面数：在轮廓之间并绕中心线添加截面。移动滑块来调整截面数。
  - 显示截面：显示放样截面。单击箭头来显示截面，也可输入一个截面数，然后单击“显示截面”按钮以跳至此截面。
- 草图工具：使用 SelectionManager，以帮助选取草图实体。
- 选项：设置放样选项。
  - 合并切面：如果对应的线段相切，则使在所生成的放样中的曲面合并。
  - 闭合放样：沿放样方向生成一个闭合实体。此选项会自动连接最后一个和第一个草图。
  - 显示预览：显示放样的上色预览。取消选中此选项则只观看路径和引导线。
- 薄壁特征：选择以生成一个薄壁放样。

**技术要点：**

利用特征选项卡中的几何参考体建立基准面，然后在各基准面上绘制截面轮廓草图。

#### 2.　放样特征的约束类型

对于放样特征，设置其不同的起始 / 结束约束类型，所生成的特征不同。表 10-4 列出了不同约束类型所产生的放样特征。

表 10-4　不同约束类型生成的放样特征

| 放样的轮廓与引导线 | 开始约束类型 | 结束约束类型 | 图　样 |
|---|---|---|---|
| | 无 | 无 | |
| | 垂直于轮廓 | 无 | |
| | 无 | 垂直于轮廓 | |
| | 垂直于轮廓 | 垂直于轮廓 | |

可以使用任何草图曲线、模型边线或曲线作为引导线。

- 引导线数量不限且彼此可以相交，但是必须与放样的轮廓草图相交于一点，可以施加穿透或重合的几何关系。
- 中心线也是放样特征的可选参数，其作用是利用一条曲线为中心线生成放样特征，且特征的每个截面都与中心线垂直。中心线必须与轮廓线交于轮廓内部。

### 3．扫描特征与放样特征的比较

这两个命令的共同点是，都可以用一条或者多条引导线来控制轮廓（截面）点的走向。

扫描和放样的主要区别：扫描是使用单一的轮廓截面，生成的实体在每个轮廓位置上的实体截面都是相同或相似的。放样是使用多个轮廓截面，每个轮廓可以是不同的形状，这样生成的实体在每个轮廓位置上的实体截面就不一定相同或相似了，甚至完全不同。

**动手操作——创建放样特征**

**操作步骤**

**01** 单击“参考几何体”|“基准面”按钮，打开“基准面”面板。

**02** 选择前视基准面作为参考，创建“偏移距离”为 30 的新平面，如图 10-56 所示。

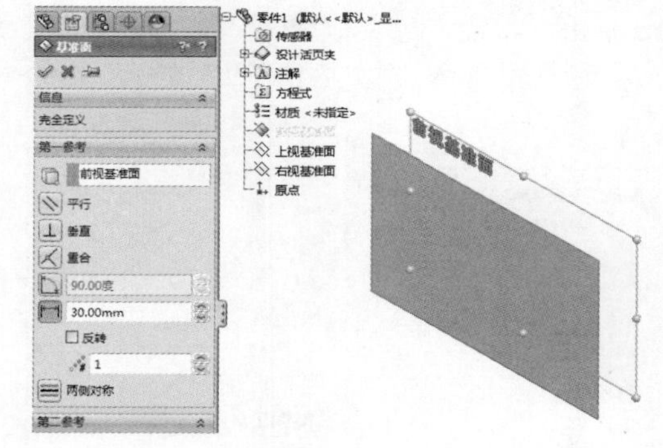

图 10-56

**03** 采用同样的方法创建基准面 2、基准面 3、基准面 4，其中基准面 3 和基准面 4 之间的距离是 120，其他各个面之间的距离为 30，如图 10-57 所示。

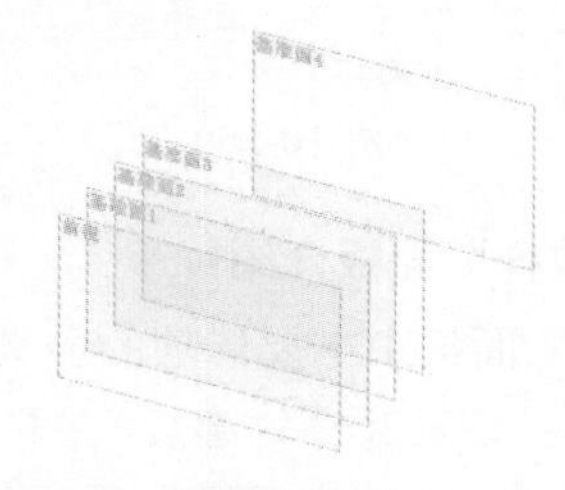

图 10-57

**技术要点：**

生成放样特征需要两个或两个以上的轮廓，其中第一个或者最后一个轮廓可以是点，也可以这两个轮廓均为点。

**04** 绘制草图。分别在各个基准面上绘制草图，其中前视基准面、基准面1、基准面2上的草图分别是直径为60、60、40的圆形轮廓；基准面3上的草图是边长为45的正方形；基准面4上的草图是边长为40×2的矩形。各草图轮廓的中心均在草图的原点上，如图10-58所示。

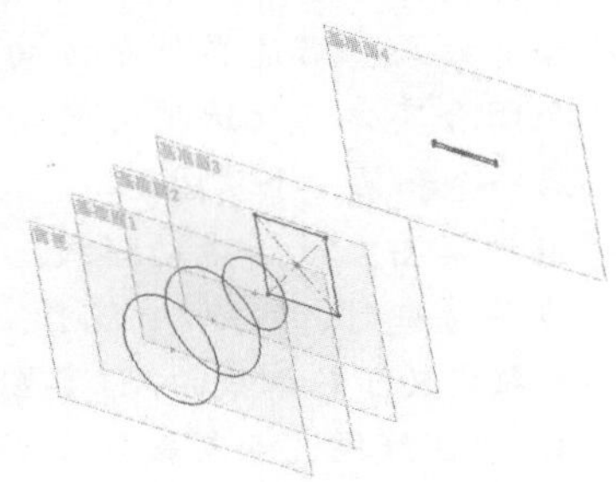

图 10-58

**05** 单击“特征”选项卡中的“放样”按钮，或者执行“插入”|“基体”|“放样”命令。打开“放样”面板。

**06** 完成放样的前半部分。在图形区中或设计树上按照需要连接草图的顺序依次选择草图轮廓（选择草图1～草图4），图形区中会显示放样预览，如图10-59所示。

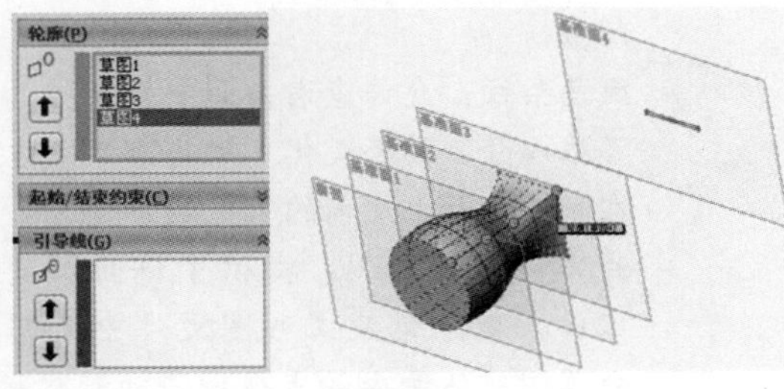


图 10-59

**技术要点：**

如果草图连接顺序不合理，将无法进行放样，此时可以通过单击“放样”面板中的“上移”或者“下移”按钮调整草图连接顺序。

**07** 如果希望通过一次放样操作生成实体模型，将无法达到理想的结果，如图10-60所示。这是因为程序将自动在各个中间轮廓之间保持光滑过渡，所以要分两步完成。

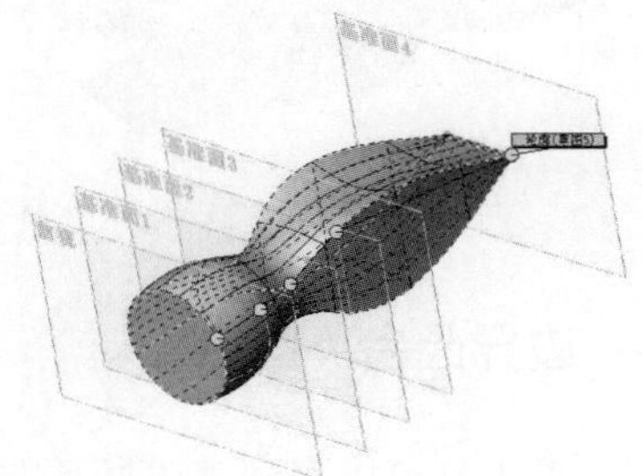

图 10-60

**08** 单击“确定”按钮，完成实体上半部分的创建，结果如图10-61所示。

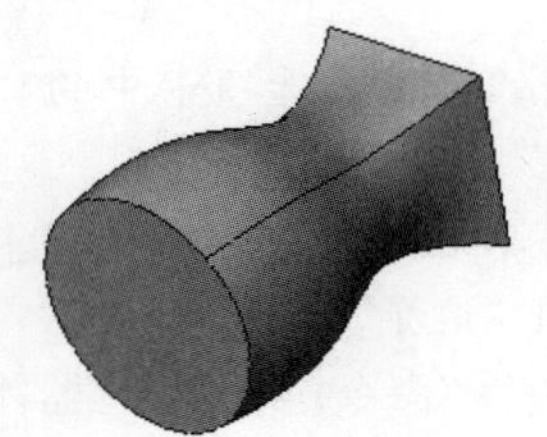

图 10-61

**09** 生成模型的下半部分。单击“特征”选项卡中的“放样”按钮，在图形区中选择新生成的草图和基准面4上的草图，图形区中显示放样预览，如图10-62所示。

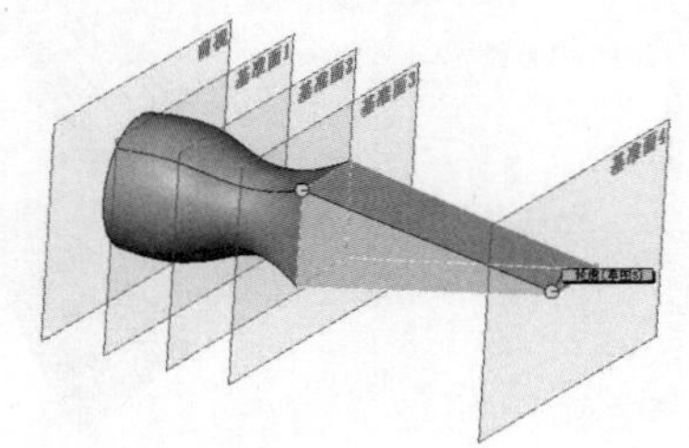

图 10-62

**技术要点：**

在SolidWorks中一个草图只能用于一次实体造型，如果有其他的特征造型需要应用该草图，则必须生成一个与该草图形状相同的派生草图，应用派生草图来生成其他的特征造型。

**10** 单击“确定”按钮，完成实体造型，如图10-63所示。

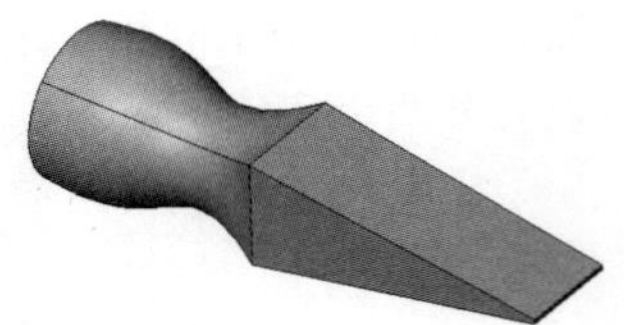

图 10-63

## 10.1.5 边界凸台 / 基体

通过边界工具可以得到高质量且准确的特征，这在创建复杂形状时非常有用，特别是在消费类产品设计、医疗、航空航天、模具等领域。

用户可通过以下方式执行“边界凸台 / 基体”命令：

- 单击“特征”选项卡中的“边界凸台 / 基体”按钮。
- 在菜单栏中执行“插入”|“凸台 / 基体”|“边界”命令。

执行“边界”命令，属性管理器才会显示“边界 2”面板，如图 10-64 所示。

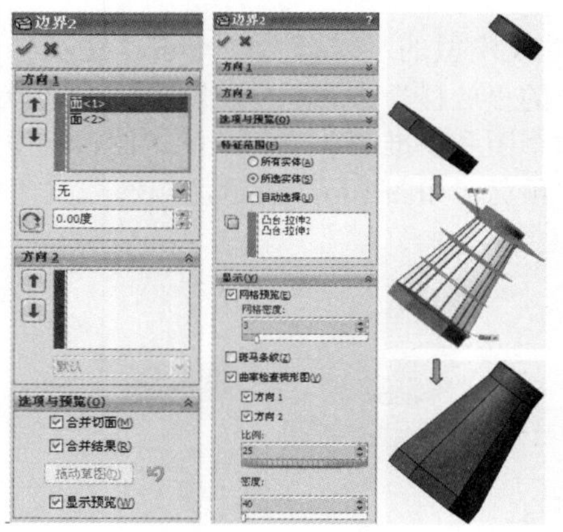

图 10-64

“边界 2”面板中主要选项的含义如下。

- 方向 1：从一个方向设置。
  - 曲线：确定用于以此方向生成边界特征的曲线。选择要连接的草图曲线、面或边线。边界特征根据曲线选择的顺序生成。
  - 上移和下移：调整曲线的顺序。选择曲线并调整顺序。

**技术要点：**

如果预览显示的边界特征不令人满意，可以重新选择或重新排序草图，以连接曲线上不同的点。

- 方向 2：与上述的“方向 1”相同。两个方向可以相互交换，无论选择曲线为方向 1 还是方向 2，都可以获得相同的结果。
- 选项与预览：通过选项来预览边界。
  - 合并切面：如果对应的线段相切，则会使所生成的边界特征中的曲面保持相切。
  - 合并结果：沿边界特征方向生成一个闭合实体。此选项会自动连接最后一个和第一个草图。
  - 拖动草图：激活拖动模式。在编辑边界特征时，可以从任何已为边界特征定义了轮廓线的 3D 草图中拖动 3D 草图线段、点或基准面。
  - 撤销草图拖动：撤销先前的草图拖动并将预览返回到其先前状态。你可以撤销多个拖动和尺寸编辑。
  - 显示预览：显示边界特征的上色预览。取消选中此选项以便只查看曲线。
- 特征范围：选择以生成一个薄壁特征边界。
- 显示：设置不同的效果显示。
  - 网格预览：网格密度。调整网格的行数。
  - 斑马条纹：允许查看曲面中标准显示下难以分辨的小变化。斑马条纹模仿在光泽表面上反射的长光线条纹。
  - 曲率检查梳形图：提供了斜面以及零件、装配体及工程图文件中大部分草图实体曲率的直观增强功能。
  - 方向 1：切换沿方向 1 的曲率检查梳形图显示。
  - 方向 2：切换沿方向 2 的曲率检查梳形图显示。
  - 比例：调整曲率检查梳形图的大小。
  - 密度：调整曲率检查梳形图的显示行数。

# 10.2 材料切除工具

对于零件实体的建模过程，在建立基本基体上还可以通过切除拉伸、异型孔向导、旋转切除、扫描切除、放样切割和边界切除减材料特征工具进一步建立零件实体模型。

## 10.2.1 切除拉伸

切除拉伸是以一个或两个方向拉伸所绘制的轮廓来切除一个实体模型的。在基体特征中，大部分基体特征为拉伸。

用户可通过以下方式执行“切除 - 拉伸”命令：

- 单击“特征”选项卡中的“切除 - 拉伸”按钮。
- 在菜单栏中执行“插入”|“切除”|“拉伸”命令。

执行“切除 - 拉伸”命令并进入草图模式绘制草图后，属性管理器才会显示“切除 - 拉伸”面板，如图 10-65 所示。

图 10-65

“切除 - 拉伸”命令的使用方法与“凸台 - 拉伸”类似，差别在于“凸台 - 拉伸”是添加材料的命令，“切除 - 拉伸”是去除材料的命令。

单击“特征”选项卡中的“切除 - 拉伸”按钮，进入草绘模式创建草图并确认后，界面中出现“切除 - 拉伸”面板。如图 10-66 所示为在实体中“切除 - 拉伸”特征的过程。

图 10-66

**技术要点：**

“切除-拉伸”命令是去材料命令，因此该操作必须基于已有特征进行操作，也就是只有首先生成实体特征后，才能使用“切除-拉伸”命令。

## 10.2.2 异型孔向导

异型孔向导是用预先定义的剖面插入孔。

用户可通过以下方式执行“异型孔向导”命令：

- 单击“特征”选项卡上的“异型孔向导”按钮。
- 在菜单栏中执行“插入”|“特征”|“孔”|“向导”命令。

执行“异型孔向导”命令并进入草图模式后，属性管理器才会显示“孔规格”面板，如图 10-67 所示。

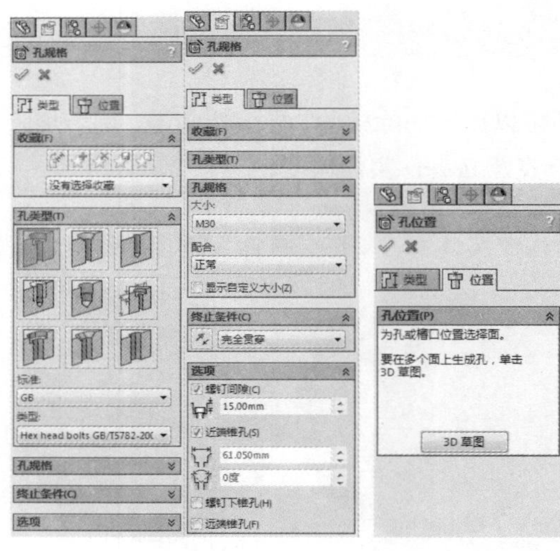
孔规格　　孔位置

图 10-67

“孔规格”面板中主要选项的含义如下。

- 类型（默认）：设定孔类型参数。
- 位置：在平面或非平面上找出异型孔向导孔。使用尺寸和其他草图工具来定位孔中心。

## 技术要点：

单击“孔规格”面板中“位置”按钮，然后使用尺寸和其他草图工具来定位孔中心。

- 收藏：管理在模型中重新使用的异型孔向导孔的样式清单。
- “孔类型”和“孔规格”：设定孔类型和孔规格，孔规格选项会根据孔类型而有所不同。使用 PropertyManager 图像和描述性文字来设置选项。
- 终止条件：类型决定特征延伸的距离。终止条件选项会根据孔类型而有所不同。
- 选项：选项会根据孔类型而发生变化。

### 动手操作——零件中的孔

操作步骤

**01** 先建立一个文件。执行“文件”|“新建”命令，或单击标准选项卡上的“新建”按钮，弹出“新建 SOLIDWORKS 文件”对话框，单击“零件”按钮，确定后进入绘图状态。

**02** 选择草绘基准面。在“草图”面板中单击“草图绘制”按钮，弹出“编辑草图”操控板。然后选择前视基准面作为草绘平面并自动进入草绘环境，如图 10-68 所示。

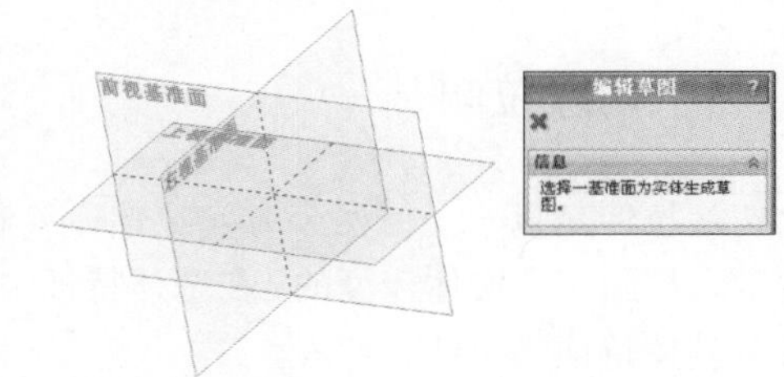


图 10-68

**03** 绘制基体。绘制如图 10-69 所示的组合图形，尺寸参考图中标示。

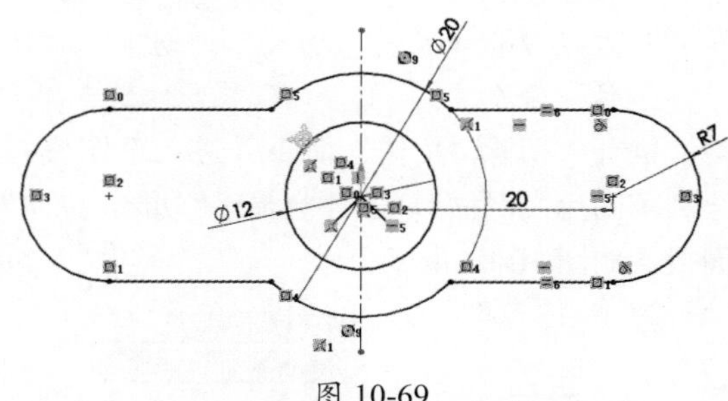


图 10-69

**04** 拉伸基体。使用“拉伸 - 凸台”命令，并设置拉伸深度为 8mm。

**05** 插入异型孔特征。单击“特征”选项卡中的“异型孔向导”按钮，在“类型”选项卡中设置如图 10-70 所示的参数。

图 10-70

**06** 确定孔位置。单击“位置”选项卡，选择 3D 草图绘制，以两侧圆心确定插入异型孔的位置，如图 10-71 所示。

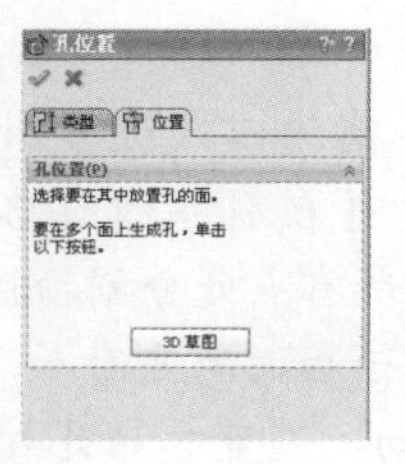

图 10-71

**07** 完成孔特征。单击“特征”选项卡上的“确定”按钮✔完成孔特征，并保存螺栓垫片零件。

**技术要点：**

用户可以通过打孔点的设置，一次创建多个同规格孔，提高绘图效率。

## 10.2.3 旋转切除

旋转切除是通过绕轴心旋转绘制的轮廓来切除实体模型。

用户可通过以下方式执行“旋转 - 切除”命令：

- 单击“特征”选项卡上的“旋转 - 切除”按钮。
- 在菜单栏中执行“插入”|“切除”|“旋转”命令。

执行“旋转 - 切除”命令并进入草图模式绘制草图后，生成一个草图，包含一个或多个轮廓和一条中心线、直线或边线，以作为特征旋转所绕的轴。属性管理器才会显示“切除 - 旋转 1”面板，如图 10-72 所示。

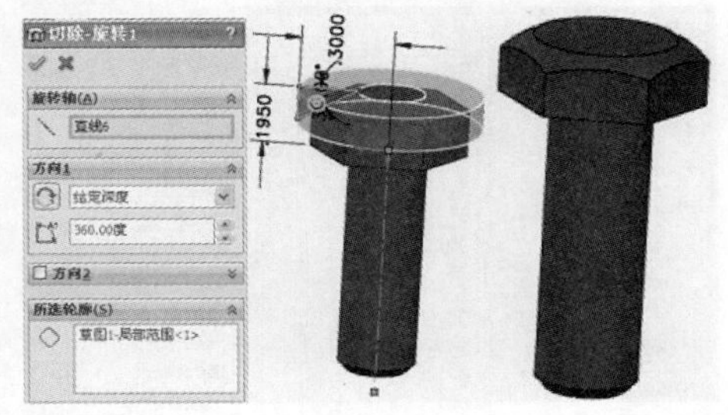

图 10-72

“切除 - 旋转 1”面板中主要选项的含义如下。

- 旋转参数：设定孔类型参数。
- 旋转轴：选择特征旋转所绕的轴。根据所生成的旋转特征的类型，此处可能为中心线、直线或一边线。
- 旋转类型：从草图基准面定义旋转方向。如有必要，单击“反向”按钮来反转旋转方向。
- 角度：定义旋转所包含的角度。默认的角度为 360° 。角度以顺时针从所选草图测量。
- 所选轮廓：在图形区域中选择轮廓来生成旋转。

## 10.2.4 扫描切除

扫描切除是沿开环或闭合路径通过闭合轮廓来切除实体模型。

用户可通过以下方式执行“扫描 - 切除”命令：

- 单击“特征”选项卡上的“扫描 - 切除”按钮。
- 在菜单栏中执行“插入”|“切除”|“扫描”命令。

执行“扫描 - 切除”命令并进入草图模式后，属性管理器才会显示“切除 - 扫描”面板，如图 10-73 所示。

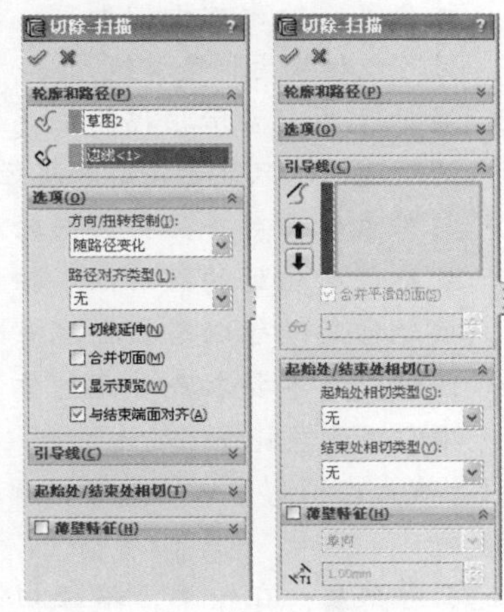

图 10-73

“切除 - 扫描”面板中主要选项的含义如下。

- 轮廓和路径：设置扫描切除的轮廓和路径。
    - ➢ 轮廓：设定用来生成扫描的草图轮廓（截面），在图形区域中或FeatureManager设计树选取草图轮廓。基体或凸台扫描特征的轮廓应为闭环，曲面扫描特征的轮廓可为开环或闭环。
    - ➢ 路径：设定轮廓扫描的路径。在图形区域或FeatureManager设计树中选取路径草图。路径可以是开环或闭合、包含在草图中的一组绘制的曲线、一条曲线或一组模型边线。路径的起点必须位于轮廓的基准面上。
- 选项：设置扫描切除的选项。
    - ➢ 方向/扭转控制：控制轮廓在沿路径扫描时的方向。
    - ➢ 路径对齐类型：在随路径变化于方向/扭转类型中被选择时可用，当路径上出现少许波动和不均匀波动，使轮廓不能对齐时，可以将轮廓稳定下来。
    - ➢ 合并切面：如果扫描轮廓具有相切线段，可使所产生的扫描中的相应曲面相切。保持相切的面可以是基准面、圆柱面或锥面。其他相邻面被合并，轮廓被近似处理。草图圆弧可以转换为样条曲线。
    - ➢ 显示预览：显示扫描的上色预览，消除选择以只显示轮廓和路径。
    - ➢ 与结束端面对齐：将扫描轮廓延续到路径所碰到的最后面。扫描的面被延伸或缩短以与扫描端点处的面匹配，而不要求额外几何体。此选项常用于螺旋线。
- 引导线：在图形区域中选择轮廓来生成旋转。
    - ➢ 引导线：在轮廓沿路径扫描时加以引导。在图形区域选择引导线。
    - ➢ 上移和下移：调整引导线的顺序。选择一条引导线并调整轮廓顺序。
    - ➢ 合并平滑的面：消除以改进带引导线扫描的性能，并在引导线或路径不是曲率连续的所有点处分割扫描。
    - ➢ 显示截面：显示扫描的截面。
- 起始处/结束处相切：设置起始处相切类型和结束处相切类型。
- 薄壁特征：选择以生成一薄壁特征扫描。

如图10-74所示为草图轮廓扫描切除生成的外螺纹。

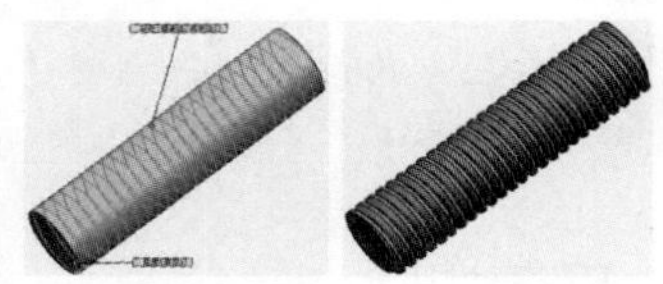

图 10-74

## 10.2.5 放样切除

放样切除是在两个或多个轮廓之间，通过移除材质来切除实体模型。

用户可通过以下方式执行“放样-切除”命令：

- 单击“特征”选项卡上的“放样-切除”按钮。
- 在菜单栏中执行“插入”|“切除”|“边界”命令。

执行“放样-切除”命令，属性管理器才会显示“切除-放样”面板，如图10-75所示。

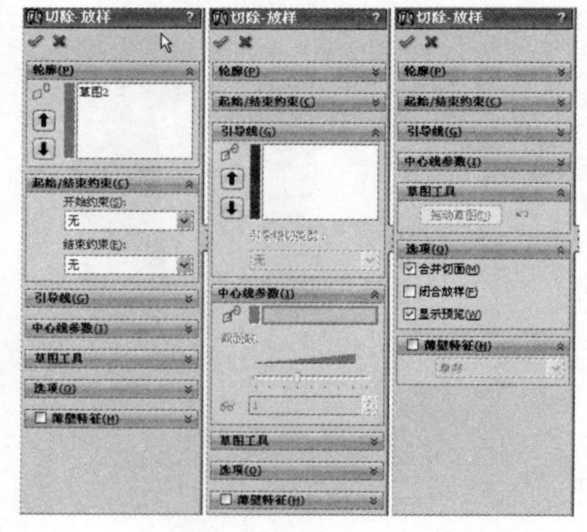


图 10-75

“切除-放样”面板中主要选项的含义如下。

- 轮廓：设置放样切除轮廓。
  - ➢ 轮廓：决定用来生成放样的轮廓。选择要连接的草图轮廓、面或边线。放样根据轮廓选择的顺序而生成。
  - ➢ 上移和下移：调整轮廓的顺序。选择一个轮廓并调整轮廓顺序。
- 起始/结束约束：应用约束以控制开始和结束轮廓的相切。
- 引导线：设置放样切除引导线。
  - ➢ 引导线：选择引导线来控制放样。
  - ➢ 上移和下移：调整引导线的顺序。选择一条引导线并调整轮廓顺序。
- 中心线参数：设置中心线参数。
  - ➢ 中心线：使用中心线引导放样形状。在图形区域中选择一个草图。
  - ➢ 截面数：在轮廓之间并绕中心线添加截面。移动滑块来调整截面数。
  - ➢ 显示截面。显示放样截面。单击箭头来显示截面，也可以输入一个截面数，然后单击“显示截面”按钮以跳到此截面。
- 草图工具：使用 SelectionManager，以帮助选取草图实体。
- 选项：设置放样切除选项。
  - ➢ 合并切面：如果对应的线段相切，则使在所生成的放样中的曲面合并。
  - ➢ 闭合放样：沿放样方向生成一个闭合实体。此选项会自动连接最后一个和第一个草图。
  - ➢ 显示预览：显示放样的上色预览。消除此选项则只观看路径和引导线。

如图 10-76 所示为放样切除的范例。

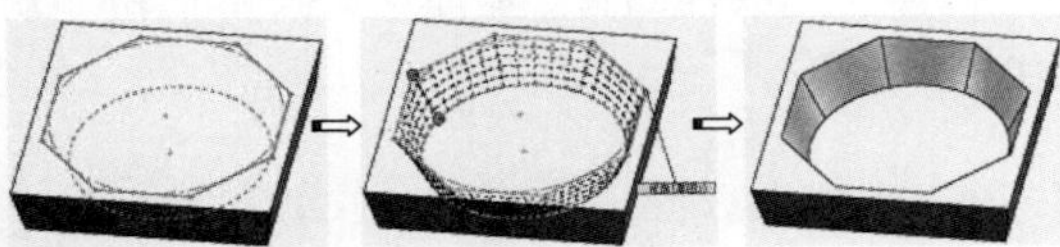

图 10-76

## 10.2.6 边界切除

边界切除是通过以双向在轮廓之间移除材料来切除实体模型。

用户可通过以下方式执行“边界切除”命令：

- 单击“特征”选项卡上的“边界-切除”按钮。
- 在菜单栏中执行“插入”|“切除”|“边界”命令。

执行“边界-切除”命令，属性管理器才显示“边界-切除”面板，如图 10-77 所示。

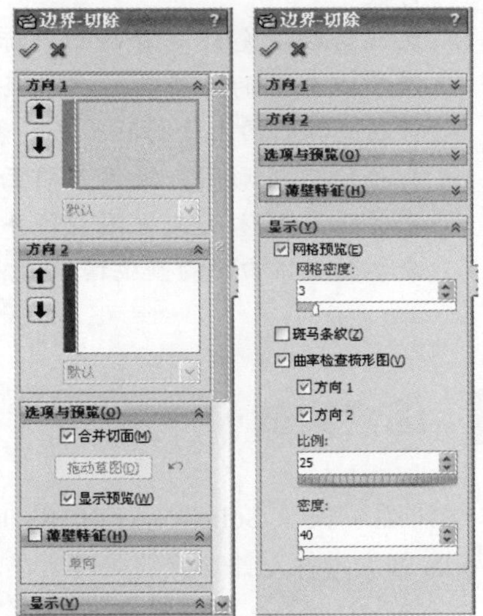


图 10-77

“边界-切除”面板中主要选项的含义如下。

- 方向 1：从一个方向设置。
  - ➢ 上移和下移：调整曲线的顺序。选择曲线并调整顺序。
- 方向 2：选项与上述的“方向 1”相同。两个方向可以相互交换，无论选择曲线为方向 1 还是方向 2，都可以获得相同的结果。
- 选项与预览：通过设置选项来预览。
  - ➢ 合并切面：如果对应的线段相切，

则会使所生成的边界特征中的曲面保持相切。

- ➢ 拖动草图：激活拖动模式。在编辑边界特征时，可从任何已为边界特征定义了轮廓线的3D草图中拖动3D草图线段、点或基准面。
- ➢ 撤销草图拖动：撤销先前的草图拖动并将预览返回到其先前状态。可撤销多个拖动和尺寸编辑。
- ➢ 显示预览：显示边界特征的上色预览。取消选中此选项以便只查看曲线。

- 显示：通过不同的效果显示。
  - ➢ 网格预览：网格密度。调整网格的行数。
  - ➢ 斑马条纹：允许查看曲面中标准显示难以分辨的小变化。斑马条纹模仿在光泽表面上反射的长光线条纹。
  - ➢ 曲率检查梳形图：提供了斜面以及零件、装配体及工程图文件中大部分草图实体曲率的直观增强功能。
  - ➢ 方向1：切换沿方向1的曲率检查梳形图显示。
  - ➢ 方向2：切换沿方向2的曲率检查梳形图显示。
  - ➢ 比例：调整曲率检查梳形图的大小。
  - ➢ 密度：调整曲率检查梳形图的显示行数。

如图10-78所示为边界切除的范例。

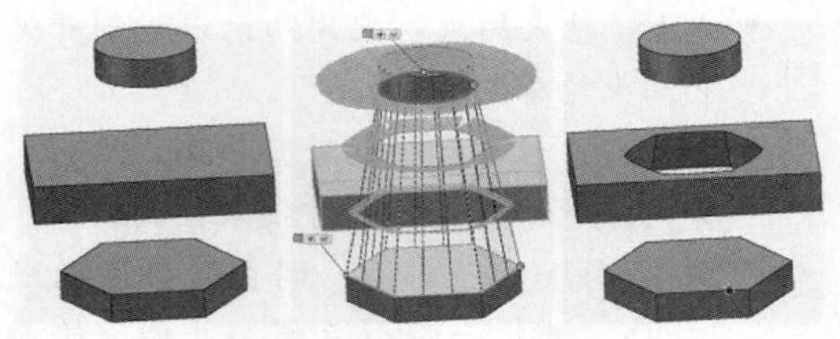

图 10-78

**技术要点：**

用户可以重新选择绘制重新排序草图，从而对调起始草图和结束草图，还可以设置起始约束类型和结束约束类型。

## 10.3 综合实战

本章介绍了关于SolidWorks 2018的实体模型建模的基本命令和操作方法，这也是掌握SolidWorks强大零件设计功能的关键所在。下面以豆浆机的建模练习来熟悉所学内容。

### 10.3.1 豆浆机上盖设计

◎ **引入素材：无**

◎ **结果文件：第10章综合实战\第10章结果文件\豆浆机盖.sldprt**

◎ **视频文件：豆浆机盖.avi**

创建豆浆机端盖使用“旋转凸台/基体”“切除-拉伸”“放样凸台/基体”“圆角”和“分割线”工具就可以完成。完成后的豆浆机端盖如图10-79所示。

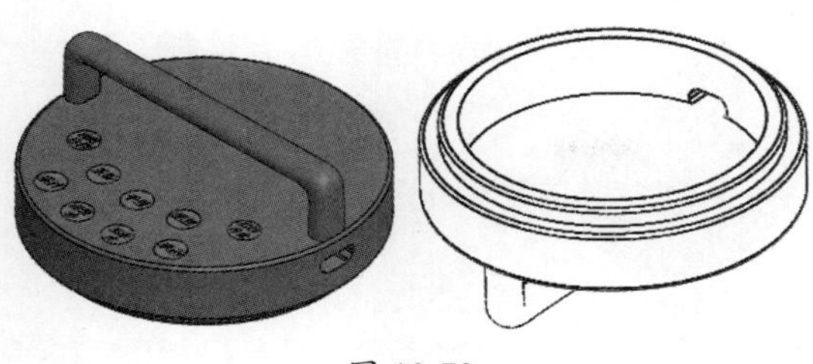

图 10-79

## 操作步骤

**01** 启动 SolidWorks 2018，新建零件，并将其保存为“豆浆机盖”。

**02** 选择前视基准面作为草绘平面，单击“特征”选项卡上的“旋转凸台 / 基体”按钮，创建豆浆机端盖基体，创建过程如图 10-80 所示。

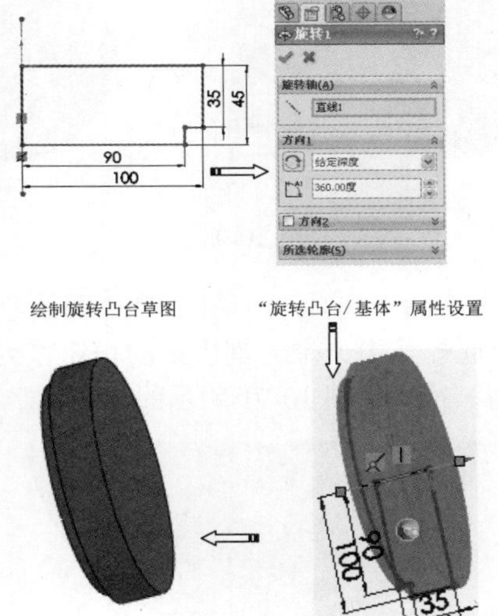


生成旋转凸台　　旋转凸台预览

图 10-80

**03** 在“特征”选项卡中单击“圆角”按钮，将旋转生成的凸台进行圆角处理，生成圆角的过程如图 10-81 所示。

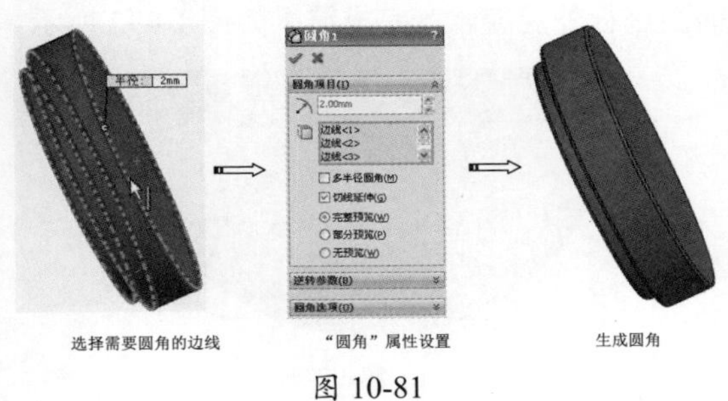


图 10-81

**04** 在“特征”选项卡中单击“切除 - 拉伸”按钮，在端盖基体上切孔，切除的过程如图 10-82 所示。

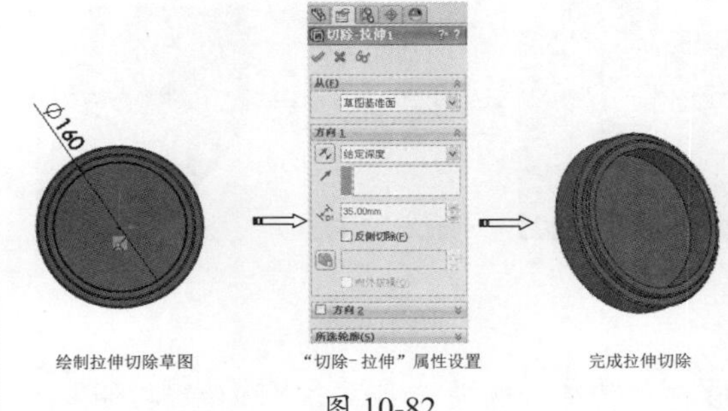


图 10-82

**05** 在“草图”选项卡中单击“草图绘制”按钮，选择前视基准面作为草图基准面，绘制如图 10-83 所示的草图。

**06** 在“草图”选项卡中单击“草图绘制”按钮，选择端盖上端面作为草图基准面，绘制如图 10-84 所示的草图。

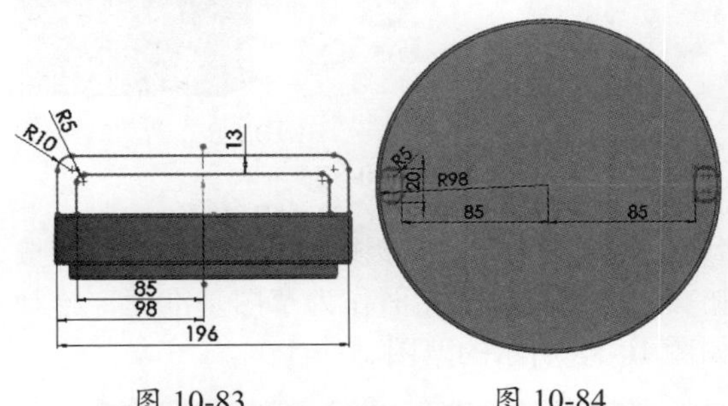


图 10-83　　图 10-84

**07** 在“特制”选项卡中单击“放样凸台 / 基体”按钮，生成豆浆机端盖把手，完成过程如图 10-85 所示。

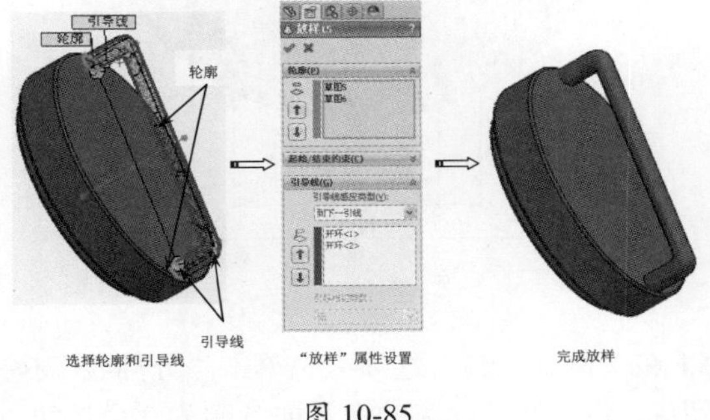


图 10-85

**08** 在“草图”选项卡中单击“草图绘制”按

钮，选择右视基准面作为草图基准面，绘制如图 10-86 所示的草图。

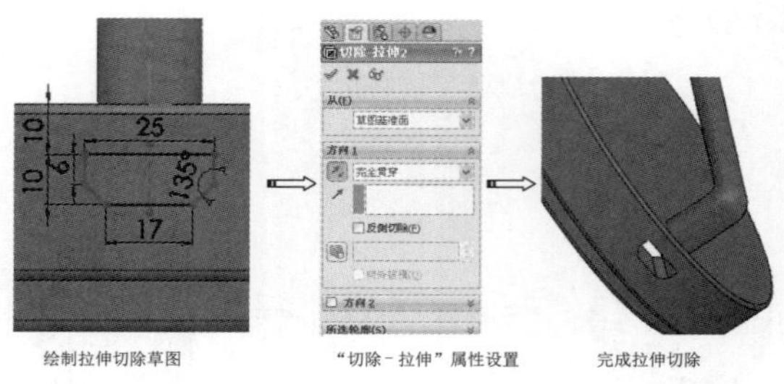


图 10-86

**09** 在“特征”选项卡中单击“圆角”按钮，将旋转生成的凸台进行圆角处理，生成圆角的过程如图 10-87 所示。

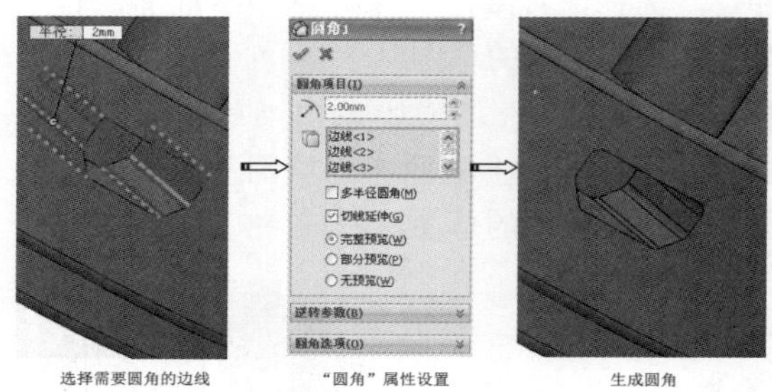


图 10-87

**10** 在“草图”选项卡中单击“草图绘制”按钮，选择端盖上端面作为草图基准面，绘制如图 10-88 所示的草图。

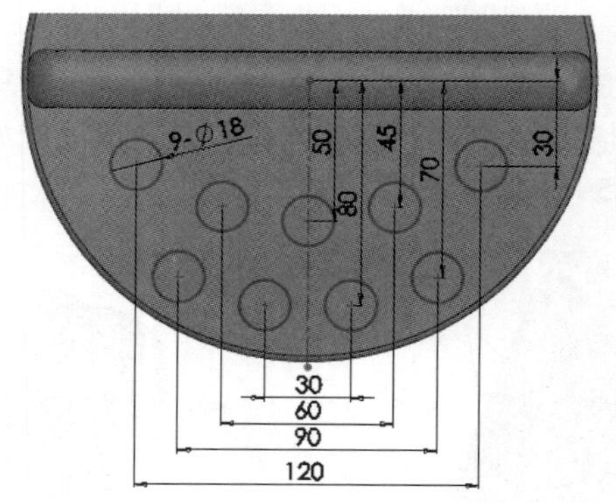


图 10-88

**11** 在“模具工具”选项卡中单击“分割线”按钮，将豆浆机端盖的上端面分割为 9 个按钮，分割的过程如图 10-89 所示。

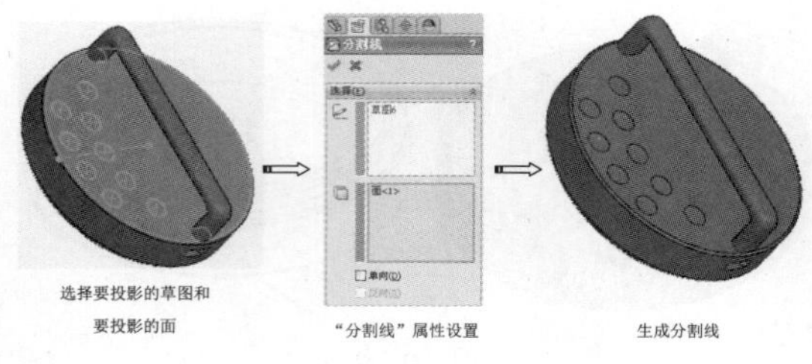


图 10-89

**12** 在“视图”选项卡中单击“编辑外观”按钮，修改面分割出来的按钮的颜色，其过程如图 10-90 所示。

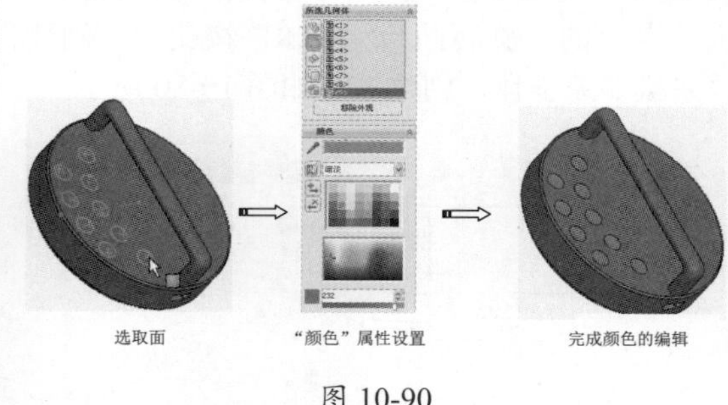


图 10-90

**13** 在“草图”选项卡中单击“草图绘制”按钮，选择其中一个分割出来的按钮作为草图基准面，绘制如图 10-91 所示的草图文字。

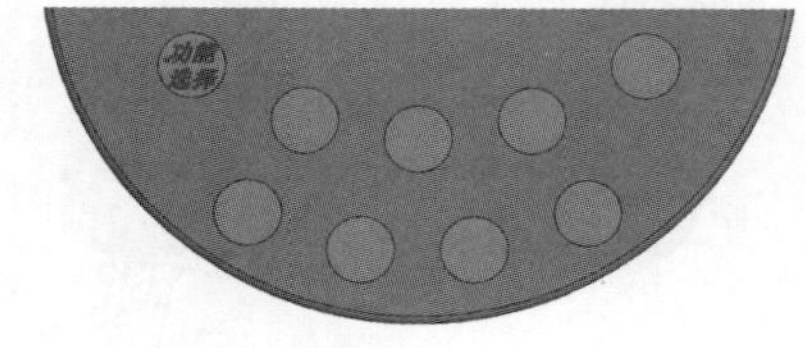


图 10-91

**14** 在“模具工具”选项卡中单击“分割线”按钮，选择刚绘制的草图文字将分割出来的面再次进行分割。在“视图”选项卡中单击“编辑外观”按钮，将再次分割出来的字体部分的面进行外观编辑，完成结果如图 10-92 所示。

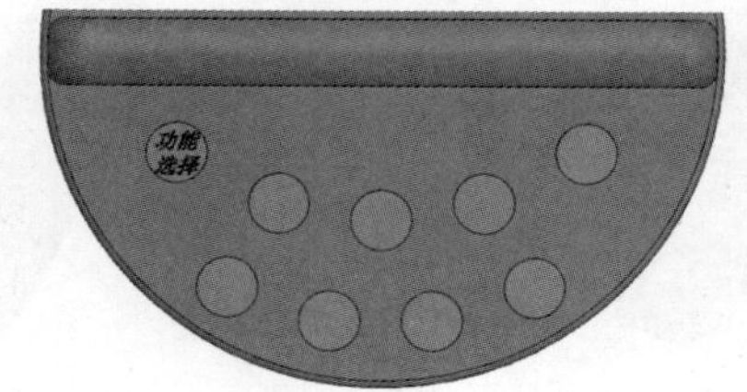


图 10-92

**15** 用同样的方法在其他分割出来的面上绘制，然后进行分割和外观编辑，完成的结果如图 10-93 所示。

图 10-93

**16** 到此整个豆浆机端盖的创建已经完成，其最终效果如图 10-94 所示。

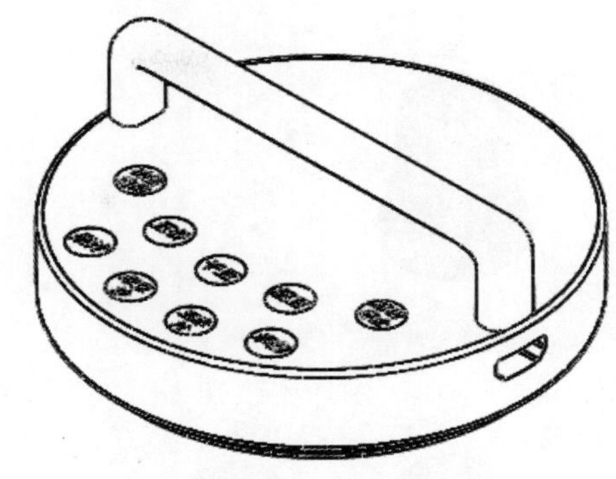

图 10-94

## 10.3.2　豆浆机底座设计

◎ **引入素材：无**

◎ **结果文件：第10章综合实战\第10章结果文件\豆浆机底座.sldprt**

◎ **视频文件：豆浆机底座.avi**

创建豆浆机底座比较简单。使用“旋转凸台 / 基体”“切除 - 拉伸”“放样凸台 / 基体”和“圆角”工具就可以完成。完成后的豆浆机底座如图 10-95 所示。

图 10-95

**01** 启动 SolidWorks 2018。新建零件，并将其保存为“豆浆机底座”。

**02** 选择前视基准面作为草绘平面，单击“特征”选项卡上的“旋转凸台 / 基体”按钮，创建豆浆机底座基体，创建过程如图 10-96 所示。

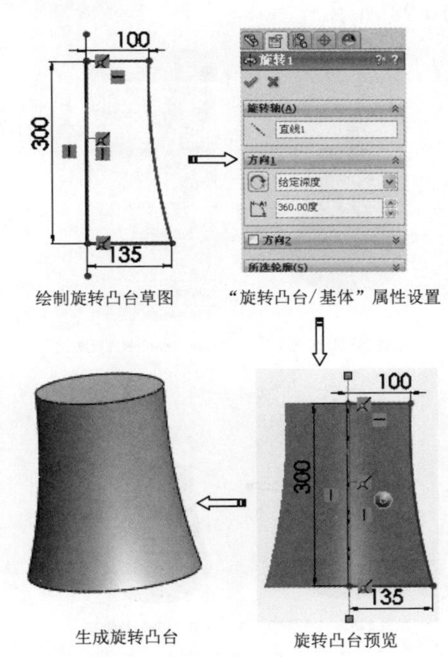


图 10-96

**03** 在“特征”选项卡中单击“切除 - 拉伸”按钮，在底座基体上切除一个圆柱体，切除的过程如图 10-97 所示。

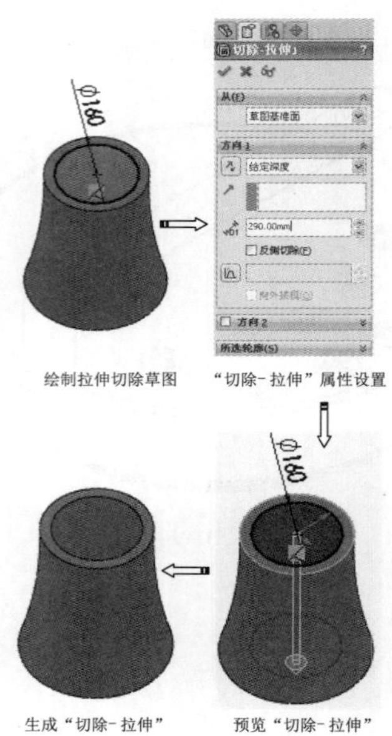


图 10-97

**04** 在“特征”选项卡中单击“切除 - 拉伸”按钮，在底座基体上切一个台阶，切除的过程如图 10-98 所示。

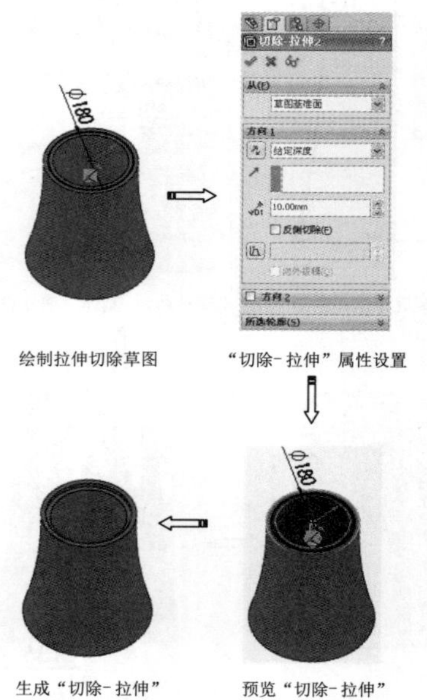


图 10-98

**05** 在“特征”选项卡中单击“圆角”按钮，将切出来的台阶进行圆角处理，生成圆角的过程如图 10-99 所示。

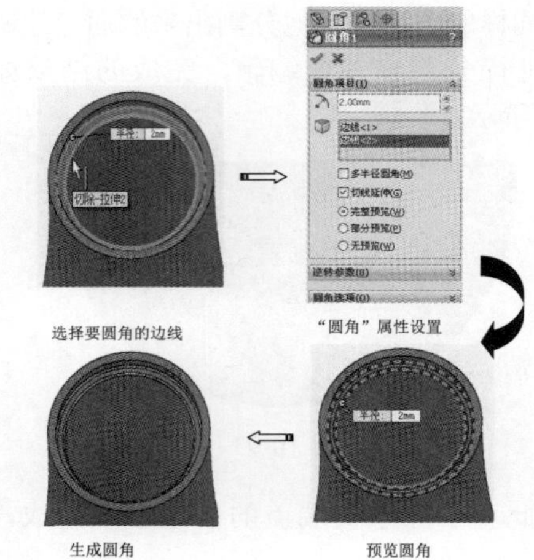


图 10-99

**06** 在“草图”选项卡中单击“样条曲线”按钮，选择前视基准面作为草图基准面，进入草图截面，绘制一条样条曲线。单击“等距实体”按钮，将绘制好的样条曲线进行双向等距复制。单击“中心线”按钮，将等距复制的两条曲线的两端连接起来，完成过程如图 10-100 所示。

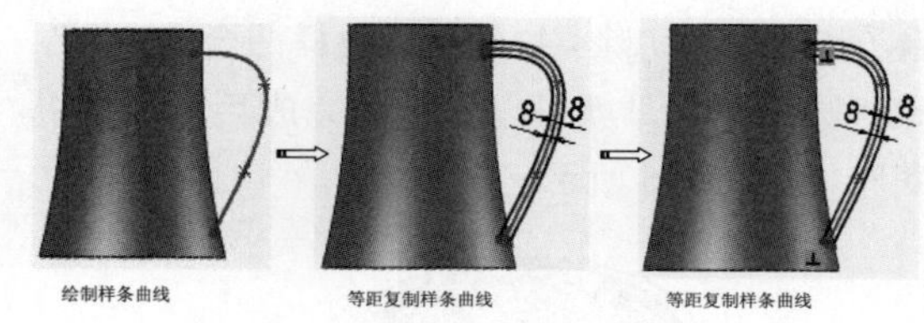


图 10-100

**07** 在“参考几何体”选项卡中单击“基准面”按钮，添加基准面 1，选择把手上端的中心线和前视基准面作为参考，完成过程如图 10-101 所示。

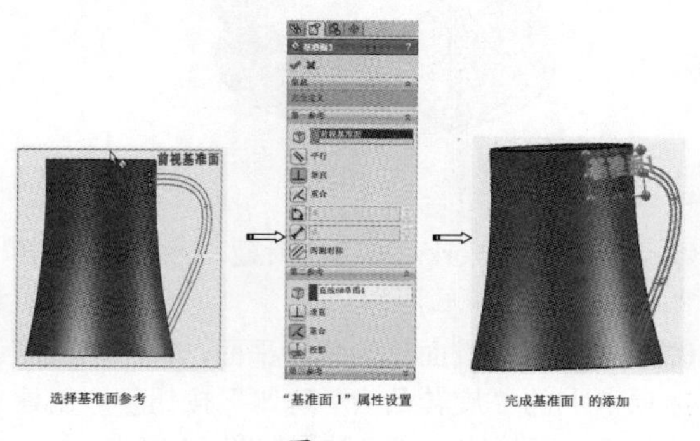


图 10-101

**08** 用添加“基准面1”的方法，添加“基准面2”，只是选择的参考是把手下端的中心线和前视基准面，完成结果如图 10-102 所示。

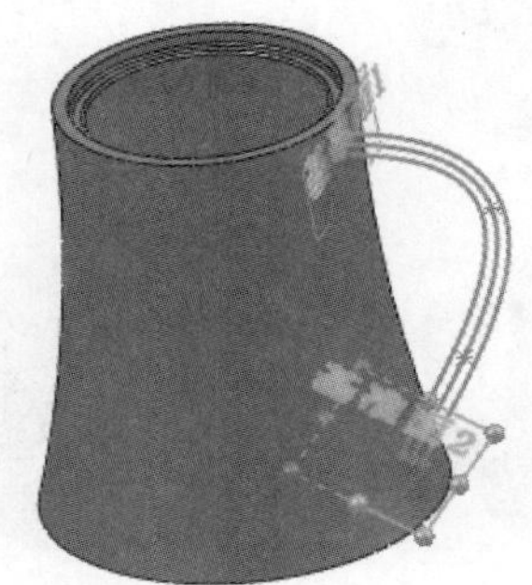

图 10-102

**09** 在“草图”选项卡中单击“边角矩形”按钮，绘制一个矩形；单击“智能尺寸”按钮，确定草图的位置；单击“绘制圆角”按钮，将矩形进行圆角处理。完成过程如图 10-103 所示。

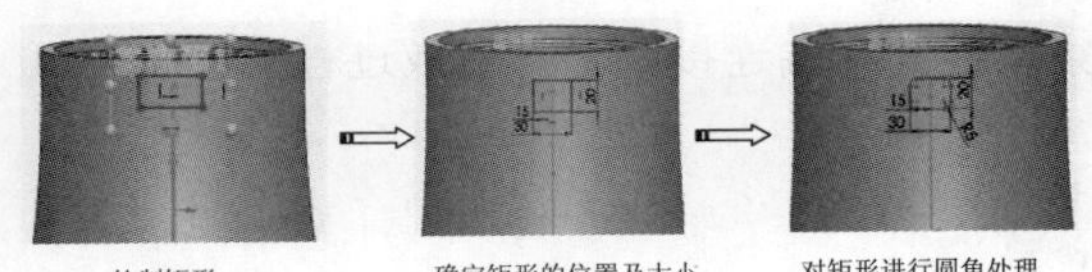


图 10-103

**10** 用同样的方法绘制把手外形草图 2，完成结果如图 10-104 所示。

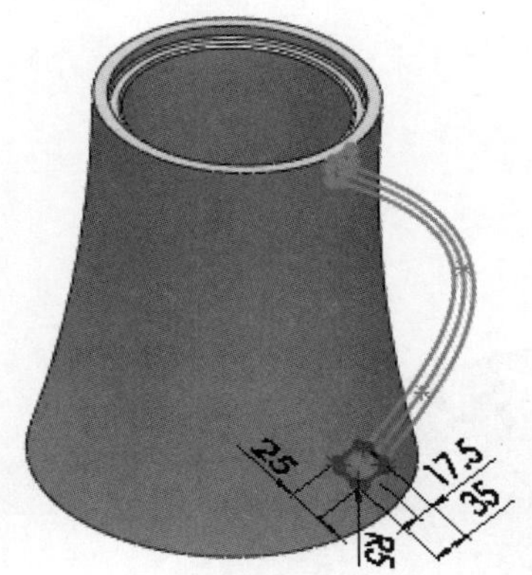


图 10-104

**11** 在“特征”选项卡中单击“放样凸台 / 基体”按钮，生成豆浆机底座把手，完成过程如图 10-105 所示。

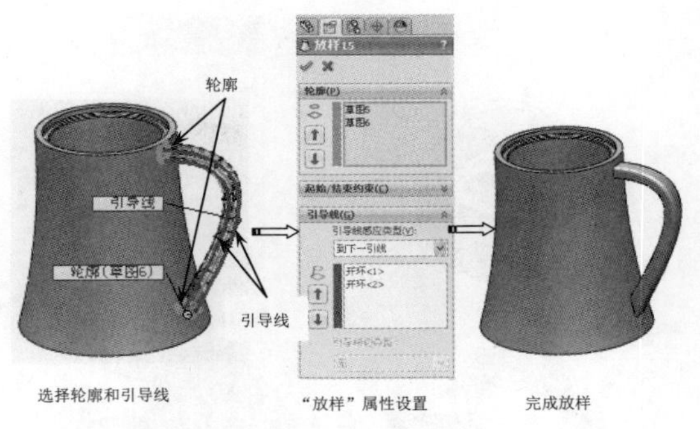


图 10-105

**12** 在“特征”选项卡中单击“圆角”按钮，对把手与基体相交处进行圆角处理，完成过程如图 10-106 所示。

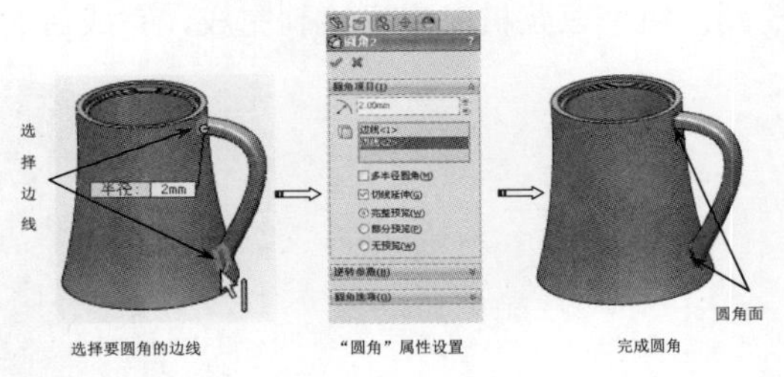


图 10-106

**13** 在“特征”选项卡中单击“拉伸凸台 / 基体”按钮，选择前视基准面作为草图基准面，完成“凸台 - 拉伸 1”的创建，如图 10-107 所示。

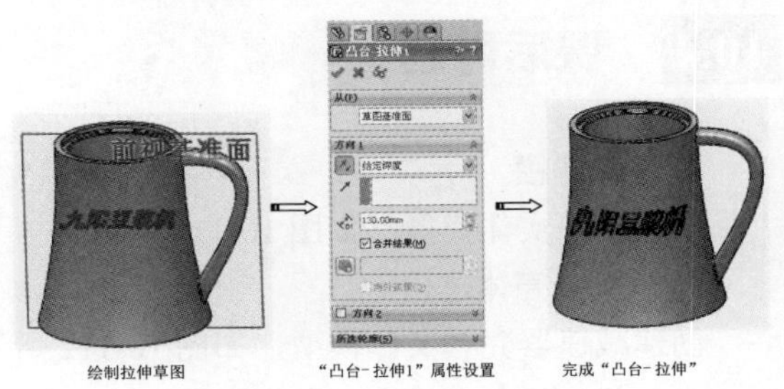


图 10-107

**14** 在“特制”选项卡中单击“切除 - 拉伸”按钮，选择“基体上端面”作为草图基准面，完成过程如图 10-108 所示。

**15** 在“特制”选项卡中单击“旋转 - 切除”按钮，选择前视基准面作为草图基准面，完成过程如图 10-109 所示。

图 10-108

图 10-109

**16** 到此整个豆浆机底座已绘制完成，完成后的效果如图 10-110 所示。

图 10-110

## 10.4 课后习题

### 1. 带轮建模

创建带轮实体模型，如图 10-111 所示。

### 2. 减速器壳体建模

创建减速器壳体实体模型，如图 10-112 所示。

图 10-111

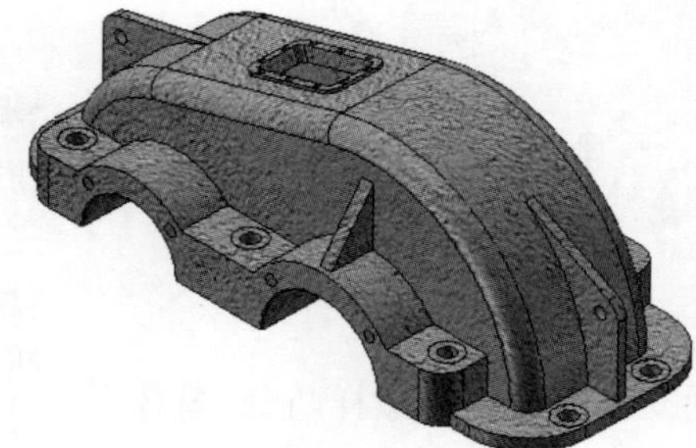

图 10-112

# 第 11 章　创建高级实体特征

除了前面所介绍的基础特征，SolidWorks 还提供了形变类型及扣合类型的高级特征，之所以称为“高级”，是因为这些特征在造型结构及形状都较复杂的建模中应用很广泛。

- ◆ 形变特征
- ◆ 扣合特征

## 11.1 形变特征

通过形变特征可以改变或生成实体模型和曲面。常用的形变特征包括自由形、变形、压凹、弯曲和包覆等。下面详细介绍。

### 11.1.1 自由形

自由形是通过在点上推动和拖动，而在平面或非平面上添加变形曲面。

自由形特征用于修改曲面或实体的面。每次只能修改一个面，该面可以有任意条边线。设计人员可以通过生成控制曲线和控制点，然后推拉控制点来修改面，对变形进行直接的交互式控制。可以使用三重轴约束推拉方向。

用户可通过以下方式执行“自由形”命令：

- 单击“特征”选项卡上的“自由形”按钮。
- 在菜单栏中执行“插入”|“特征”|“自由形”命令。

**技术要点：**

如果功能区的“特征”选项卡中没有“自由形”按钮，可以通过执行“工具”|“自定义”命令，然后在打开的“自定义”对话框的“命令”选项卡中调出此命令。

执行“自由形”命令后，属性管理器会显示“自由形”面板，如图 11-1 所示。

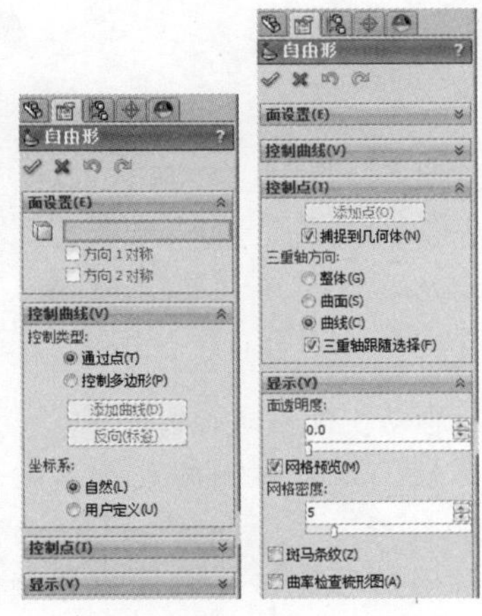


图 11-1

“自由形”面板中主要选项的含义如下。

#### 1. “面设置”选项区

- 要变形的面：选择一个面以作为自由形特征进行修改。要变形面的边界会显示边界连续性的控制方法，如图 11-2 所示。这些方法包括“可移动/相切”“可移动”“接触”“相切”“曲率”5 种。

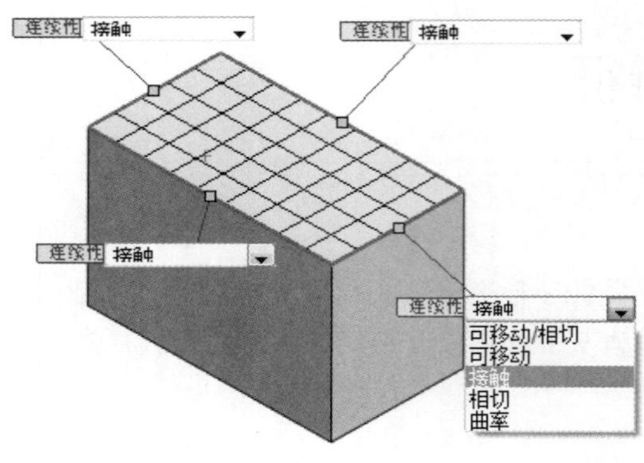


图 11-2

## 边界连续性

边界连续性控制方法有 5 种。

- 可移动 / 相切：表示该边界可以通过拖动三重轴进行平移和相切（与该边界相邻的曲面相切），如图 11-3 所示为移动与相切的两种情形。

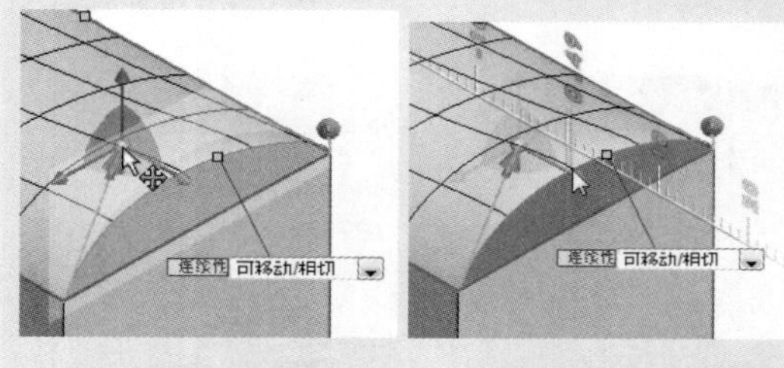


拖动三重轴的球心，为相切　　拖动三重轴的句柄，为平移

图 11-3

- 可移动：仅移动所选边界。
- 接触：与相邻曲面或边界相接，为 G0 连续。
- 相切：与相邻曲面或边界相切，为 G1 连续。
- 曲率：与相邻曲面或边界相切，为 G2 连续。

- 方向 1 对称（当零件在一个方向对称时可用）：可在一个方向添加穿过面对称线的对称控制曲线。
- 方向 2 对称（当零件按网格定义在两个方向对称时可供使用）：可在第二个方向添加对称控制曲线。

### 2. “控制曲线”选项区

- 通过点：在控制曲线上使用控制点，拖动控制点以修改面。
- 控制多边形：在控制曲线上使用控制多边形，拖动控制多边形以修改面。
- 添加曲线：用于在该模式中，将鼠标指针移到所选的面上，然后单击以添加控制曲线。
- 反向（标签）：反转新控制曲线的方向，单击标签可切换方向。
- 坐标系 - 自然：工作区中默认的坐标系，为绝对坐标系。
- 坐标系 - 用户定义：用户定义、创建的坐标系，为相对坐标系。

### 3. “控制点”选项区

- 添加点：用于切换到“添加点”模式，在该模式中添加点到控制曲线。
- 捕捉到几何体：在移动控制点以修改面时将点捕捉到几何体。三重轴的中心在捕捉到几何体时会改变颜色。
- 三重轴方向：控制可用于精确移动控制点的三重轴的方向。
  - 整体：定向三重轴以匹配零件的轴。
  - 曲面：在拖动之前使三重轴垂直于曲面。
  - 曲线：使三重轴与控制曲线上 3 个点生成的垂直线方向平行。
  - 三重轴跟随选择：将三重轴移到当前选择的控制点。
- 面透明度：设定值以调整所选面的透明度。
- 网格预览：显示可用于帮助放置控制点的网格。可以旋转网格预览，使之对齐于创建的变形。量角器将显示旋转角度。
- 网格密度：调整网格的密度（行数）。
- 斑马条纹：可允许查看曲面中标准显示难以分辨的小变化。斑马条纹模仿在光泽表面上反射的长光线条纹。
- 曲率检查梳形图：沿网格线显示曲率检查梳形图，也可以使用快捷菜单切换曲率，检查梳形图的显示。

**动手操作——自由形形变操作**

操作步骤

**01** 新建零件文件。

**02** 利用“拉伸凸台 / 基体”命令，在前视基准面上创建如图 11-4 所示的拉伸凸台。

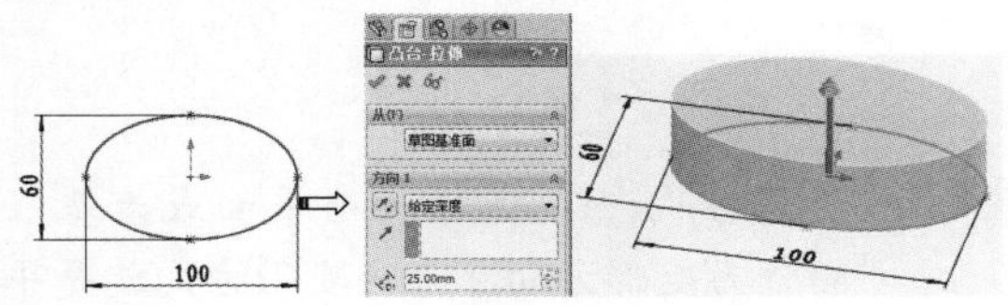

图 11-4

**03** 在菜单栏中执行“插入”|“特征”|“自由形”命令，打开“自由形”面板。

**04** 在图形区选择要变形的上表面，然后在“控制曲线”选项区选择“通过点”单选按钮，单击“添加曲线”按钮，再在图形区中用鼠标在实体表面中间的位置添加一条曲线，如图 11-5 所示。

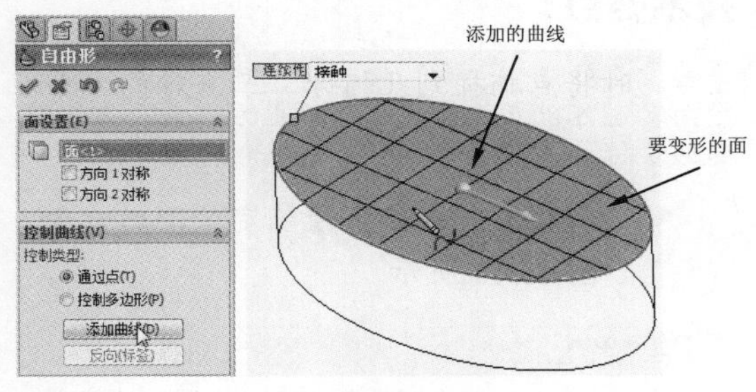


图 11-5

**技术要点：**

控制曲线仅在所选变形面中生成，为绿色的虚拟线。

**05** 在“控制点”选项区中，在“三重轴方向”中选择“曲线”单选按钮，单击“添加点”按钮添加点，在曲线上均匀添加 3 个点，如图 11-6 所示。

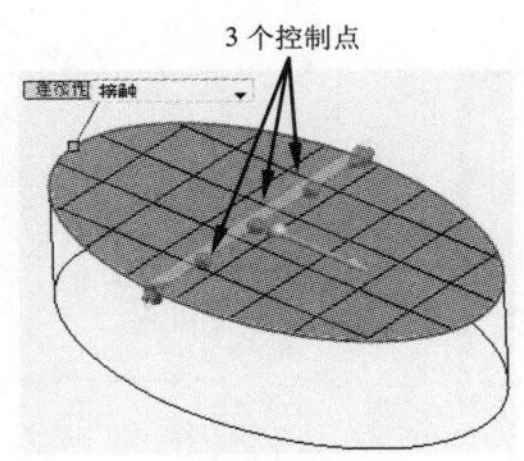


图 11-6

**06** 单击“添加点”按钮，并选取 3 个控制点中的一个点。此时在“控制点”选项最下面会出现 3 个方向的微调控制按钮和文本框，同时在该点上显示三重轴，如图 11-7 所示。

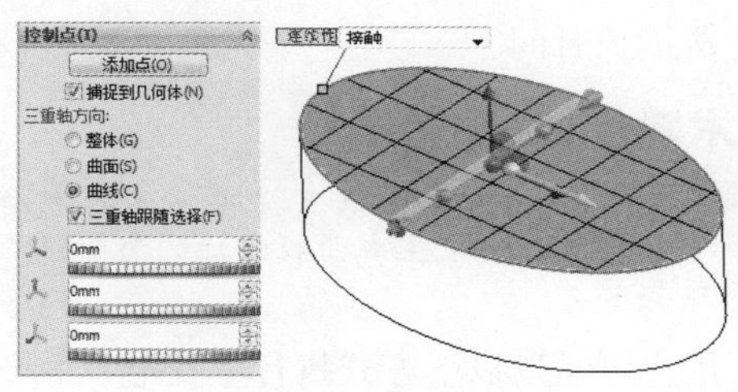

图 11-7

**07** 只调节一个方向的坐标如轴控制柄，或者拖动三重轴上竖直方向的控制柄，使所选曲面变形，结果如图 11-8 所示。

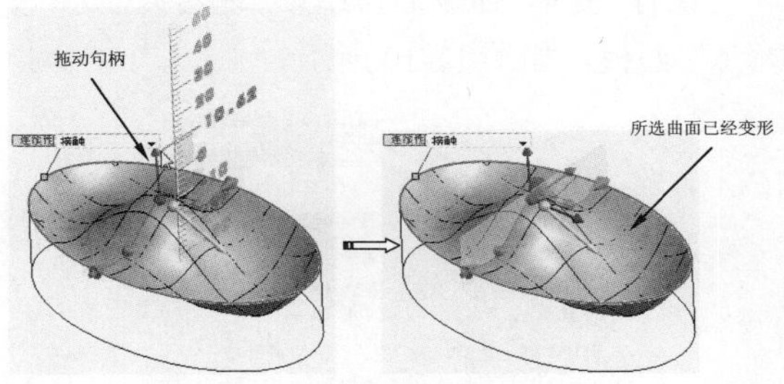


图 11-8

**08** 单击面板中的“确定”按钮，完成自由形特征操作，如图 11-9 所示。

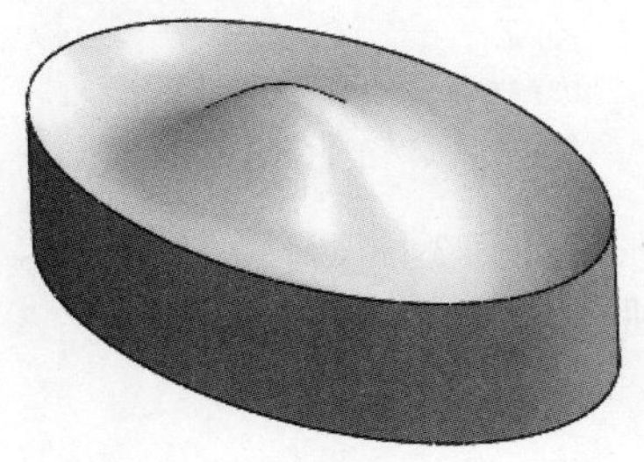

图 11-9

## 11.1.2 变形

变形是将整体形变应用到实体或曲面实体。使用变形特征改变复杂曲面或实体模型的局部或整体形状，无须考虑用于生成模型的草图或特征约束。

变形提供了一种简单的方法虚拟改变模型（无论是有机的还是机械的），这在创建设计概念或对复杂模型进行几何修改时很有用，因为使用传统的草图、特征或历史记录编辑，需要花费很长时间。

**技术要点：**

与变形特征相比，自由形可提供更多的方向控制。自由形可以满足生成曲线设计的消费产品设计师的要求。

用户可通过以下方式执行“变形”命令：

- 单击“特征”选项卡上的“变形”按钮。
- 在菜单栏中执行“插入”|“特征”|“变形”命令。

执行“变形”命令后，属性管理器会显示“变形6”面板，如图11-10所示。

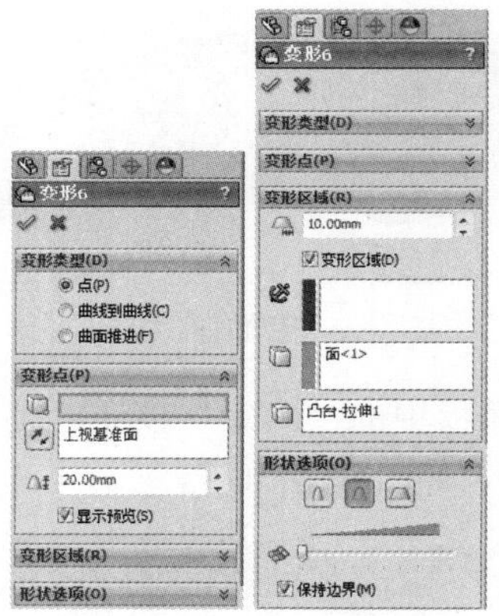

图 11-10

变形特征有3种变形类型——点、曲线到曲线和曲面推进。

### 1. “点”变形类型

“点”变形是改变复杂形状最简单的方法。选择模型面、曲面、边线或顶点上的一点，或选择空间中的一点，然后选择用于控制变形的距离和球形半径，如图11-11所示。

“点”变形的变形设置面板如图11-10所示。主要选项的含义如下。

- 变形点：在要变形的曲面上单击，以放置变形的位置点。

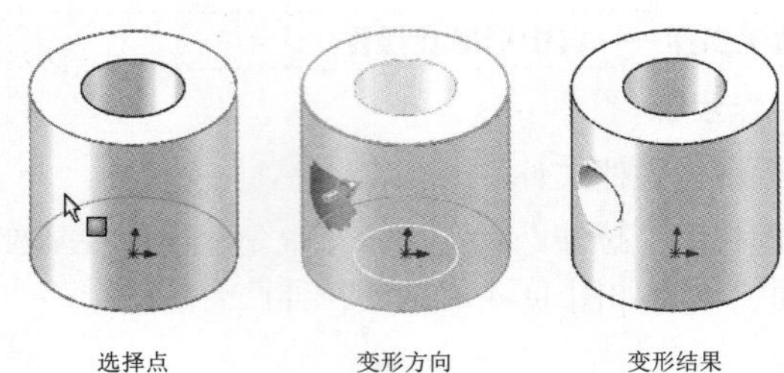


图 11-11

- 变形方向：选择一个平面或者基准面作为变形方向参考，变形方向就是平面法向，如图11-12所示。

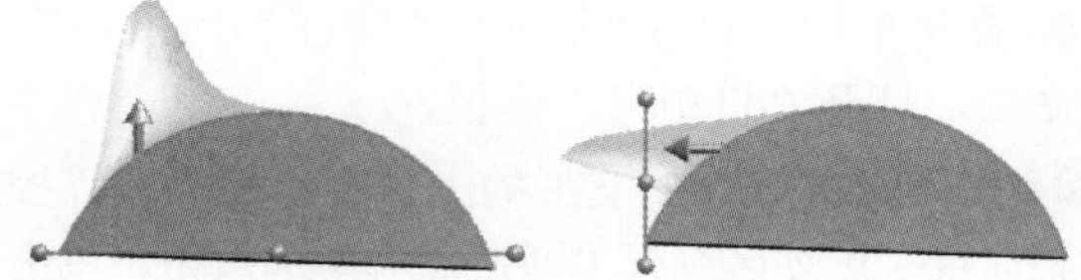

图 11-12

**技术要点：**

单击“反转变形方向”按钮，可以改变其变形方向。还可以直接在图形中单击方向箭头来改变变形方向。

- 变形距离：输入值确定变形的长度，如图11-13所示。

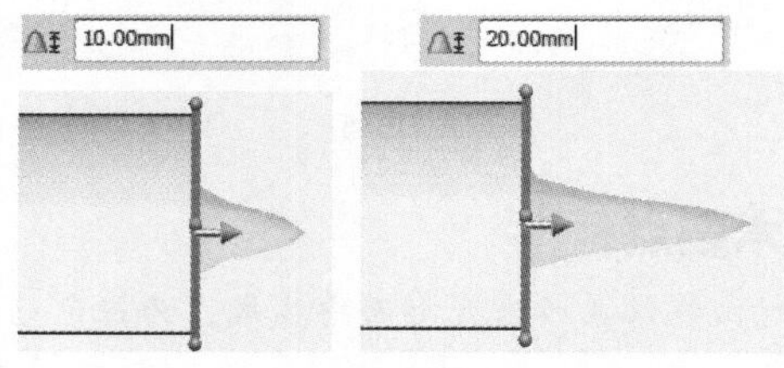


图 11-13

- 变形半径：输入值改变变形特征底部的半径，如图11-14所示。

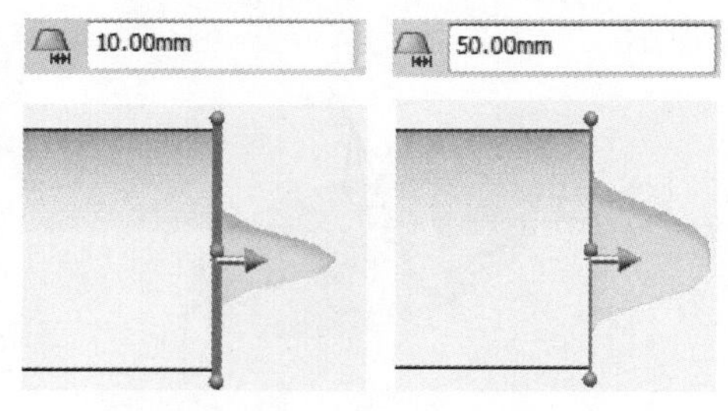


图 11-14

- 变形区域：此复选框用于控制变形的区域。勾选复选框，仅变形所选曲面区域；取消勾选，则对整个实体进行变形，如图 11-15 所示。

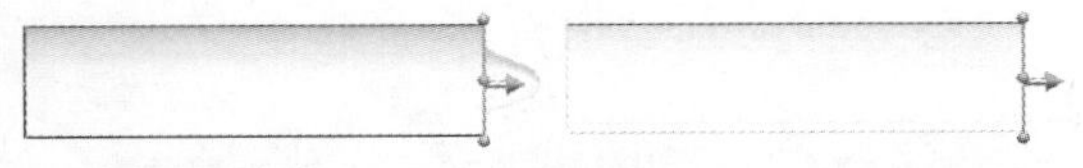

勾选，则变形局部区域　　取消勾选，则变形整体

图 11-15

- 固定曲线 / 边线 / 面：当勾选“变形区域”复选框后，此选项才显示。可以选取变形区域中的曲线、边界或分割面来控制变形区域。如图 11-16 所示，为选取了区域边界和没有选取区域边界的变形情况。

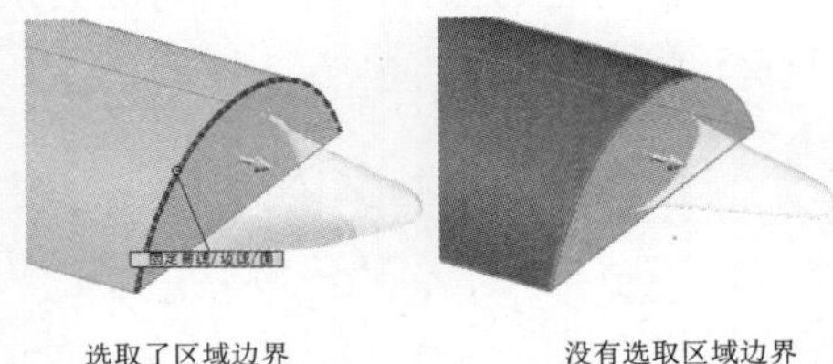

选取了区域边界　　没有选取区域边界

图 11-16

**技术要点：**

当选取了所有的区域边界，产生的变形与没有选取边界是相同的。因此，要选取边界，仅选取其中一条边界即可，否则毫无意义。

- 要变形的其他面：在实体上添加其他需要变形的曲面，如图 11-17 所示。

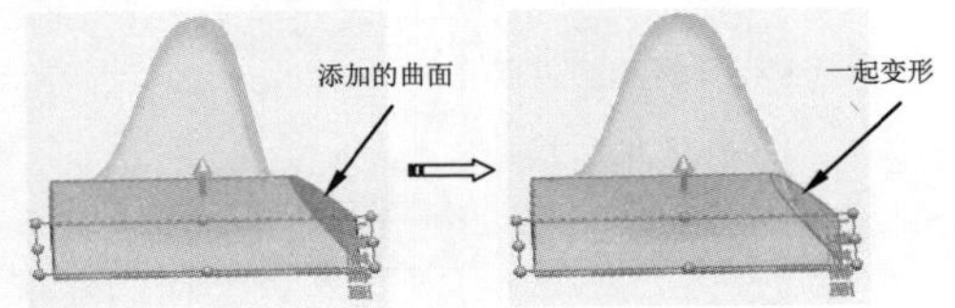


图 11-17

- 要变形的实体：此选项针对多个实体同时变性的情况，如图 11-18 所示。
- 形状选项：表示实体变形后所产生尖角的大小。尖角越小，刚度越小；反之，刚度越大。包括 3 种刚度的形状表现，如图 11-19 所示。

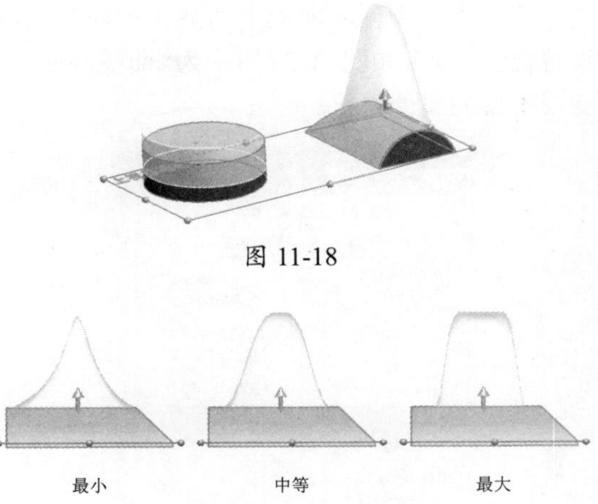

图 11-18

最小　　中等　　最大

图 11-19

- ➢ 精度：变形曲面的光滑度。可以通过滑块进行调节。精度越小，曲面越粗糙；精度越大，曲面越光滑。
- ➢ 保持边界：勾选此复选框，边界将固定，不会变形；反之，取消勾选将使边界一起变形，如图 11-20 所示。

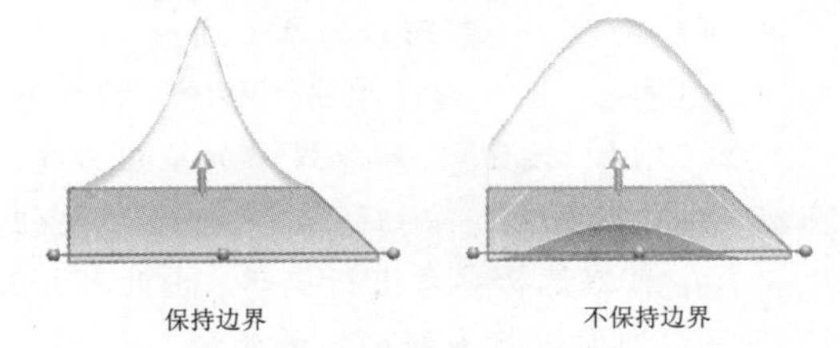

保持边界　　不保持边界

图 11-20

### 2. “曲线到曲线”变形类型

“曲线到曲线”变形是改变复杂形状的更为精确的方法。通过将几何体从初始曲线（可以是曲线、边线、剖面曲线以及草图曲线组等）映射到目标曲线组，可以变形对象，如图 11-21 所示。

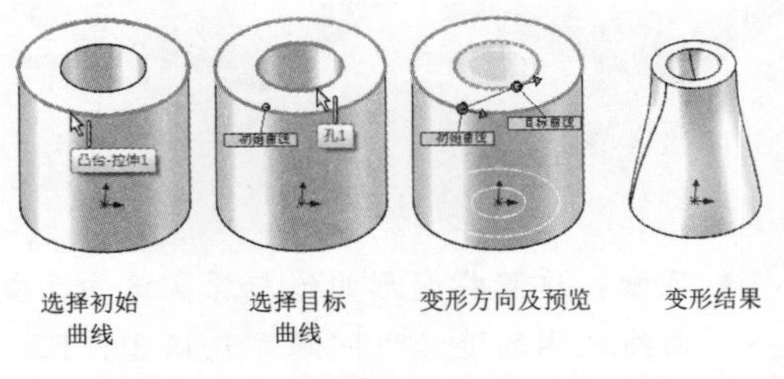


选择初始曲线　　选择目标曲线　　变形方向及预览　　变形结果

图 11-21

变形类型不同，面板中所显示的属性选项设置也会不同。如图11-22所示为“曲线到曲线”变形类型的属性设置。

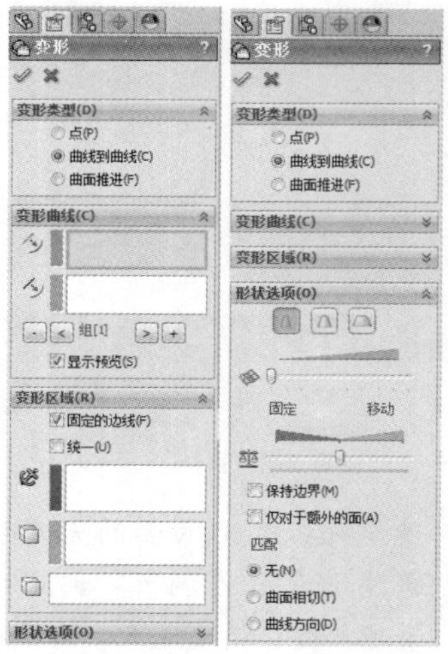

图 11-22

下面介绍不同的选项。

- 初始曲线：变形前的参考曲线。
- 目标曲线：变形后的参考曲线。
- 组[1]：通过单击“移除”按钮或“增加”按钮，删除或添加多组曲线。单击“后退”按钮或“前进”按钮，可以选择参考进行编辑。由此可知，可以同时进行多组曲线的变形。
- 固定的边线：勾选此复选框，所选的边线将不会变形。
- 统一：勾选此复选框，整个实体将同时变形。反之，则变形局部，如图11-23所示。

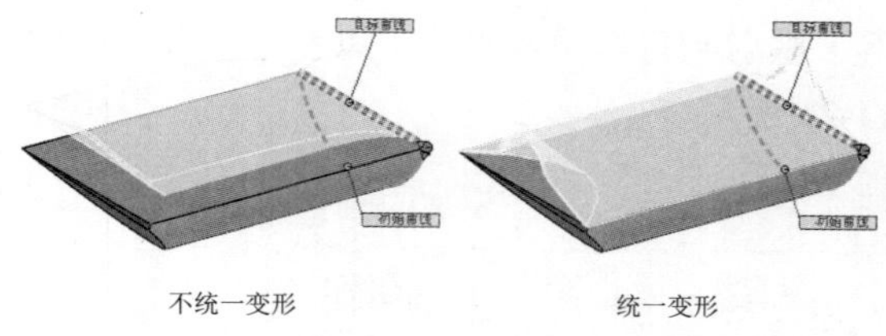


图 11-23

- 匹配：这里指变形曲线与原实体曲面或曲线之间的连续性问题。包括3种匹配类型——无、曲面相切和曲线方向。“无”表示曲线相接连续G0；“曲面相切”为曲面之间的曲率连续G2；“曲线方向”为曲线之间的相切连续G1，如图11-24所示。

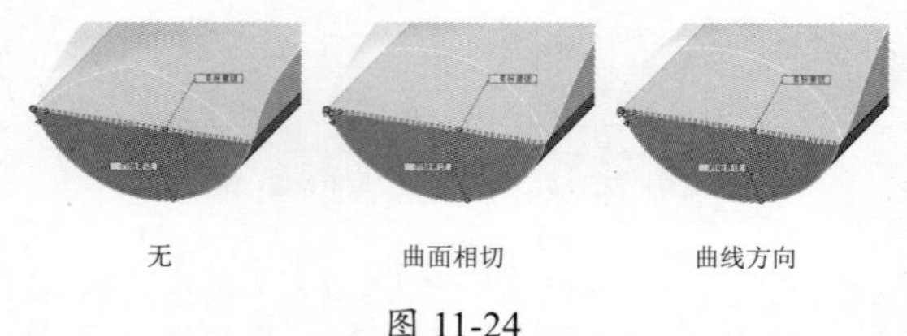


图 11-24

### 3. “曲面推进”变形类型

“曲面推进”变形通过使用工具实体曲面替换（推进）目标实体的曲面来改变其形状。目标实体曲面接近工具实体曲面，但在变形前后每个目标曲面之间保持一对一的对应关系。如图11-25所示。

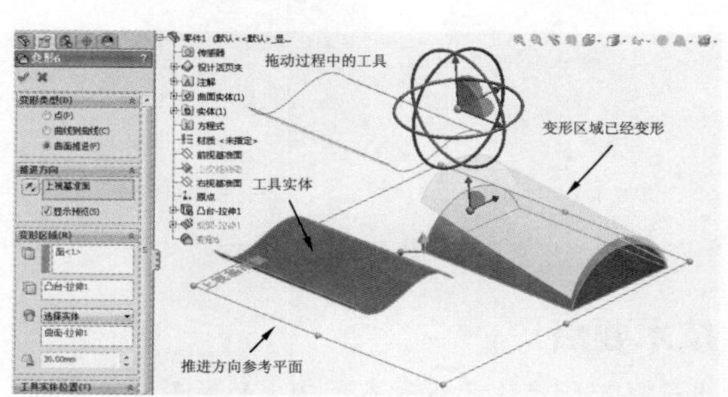


图 11-25

“曲面推进”变形类型的属性选项如图11-26所示。

图 11-26

**动手操作——变形操作**

操作步骤

**01** 新建零件文件。

**02** 利用“草图绘制”命令，在前视基准面绘制如图 11-27 所示的草图曲线。

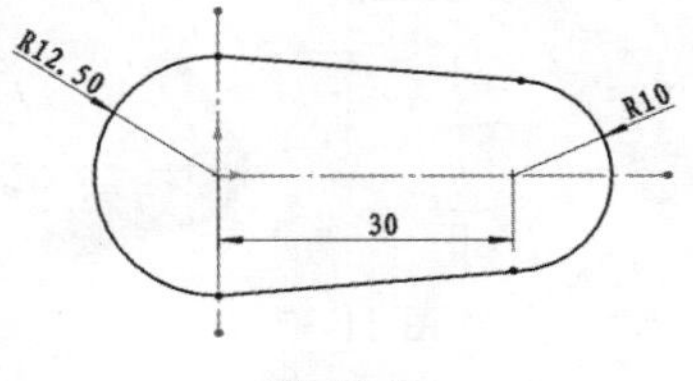


图 11-27

**03** 单击“基准面”按钮，然后参考前视基准面和草图曲线来创建新基准面，如图 11-28 所示。

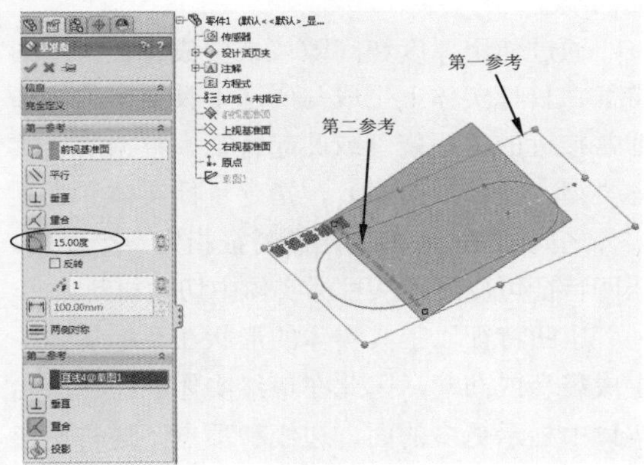


图 11-28

**04** 创建基准面后，单击“拉伸凸台 / 基体”按钮，然后选择前面绘制的草图进行拉伸，结果如图 11-29 所示。

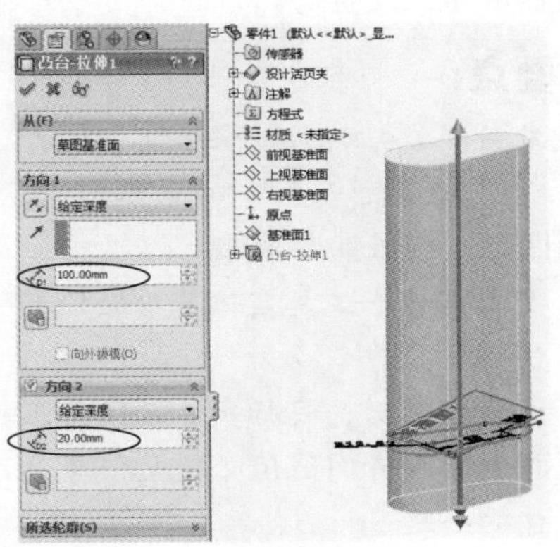

图 11-29

**05** 在菜单栏中执行“插入”|“切除”|“使用曲面”命令，打开“使用曲面切除”面板。

**06** 选择新建的基准面作为切除曲面，保留正确的切除方向，最后单击面板中的“确定”按钮，完成切除操作，如图 11-30 所示。

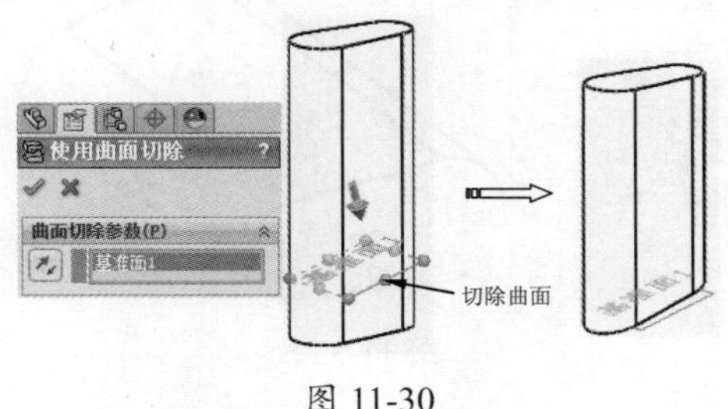


图 11-30

**07** 在上视基准面绘制如图 11-31 所示的样条曲线（此曲线作为变形的参考）。

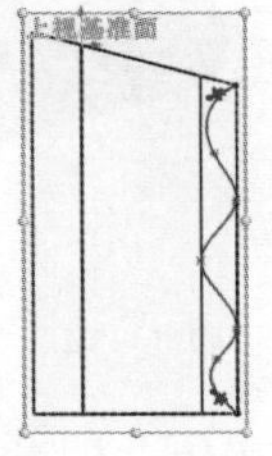


图 11-31

**08** 在菜单栏中执行“插入”|“特征”|“分割”命令，打开“分割”面板。

**09** 选择上视基准面作为剪裁工具，激活“所产生实体”选项区，然后选择拉伸特征作为剪裁对象，最后单击“确定”按钮完成分割，如图 11-32 所示。

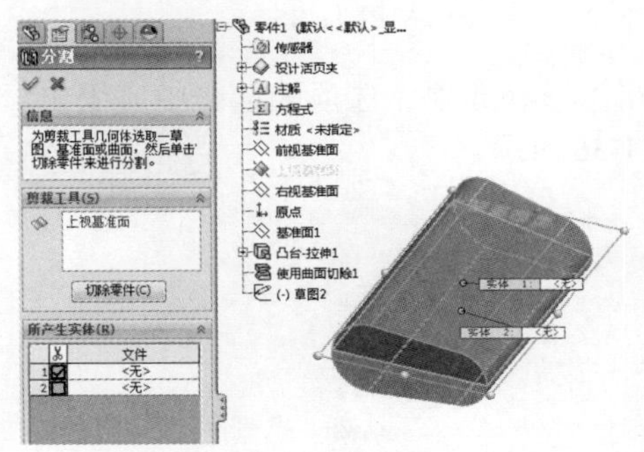

图 11-32

**10** 在菜单栏中执行“插入”|“特征”|“变形”命令，打开“变形 2”面板。

**11** 选择“曲线到曲线”变形类型，选取分割的实体边作为初始曲线，再选取上一步绘制的样条曲线作为目标曲线，如图 11-33 所示。

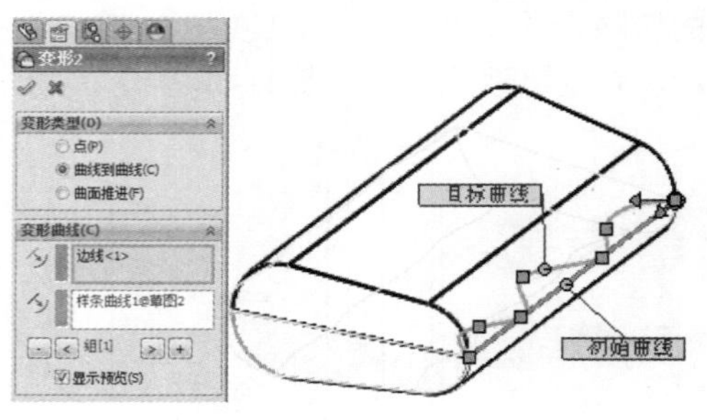


图 11-33

**12** 选择固定的曲面（不能变形的区域），如图 11-34 所示。

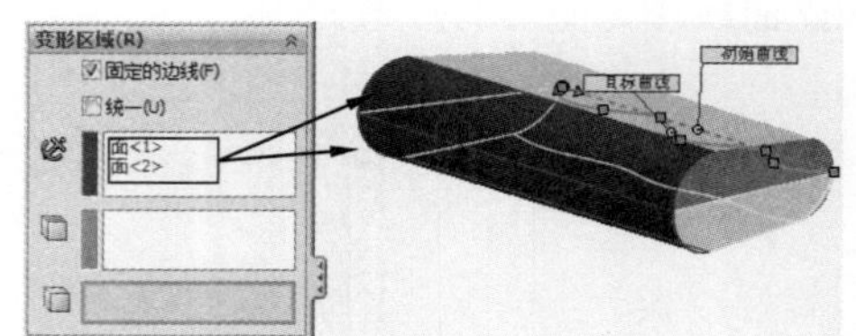


图 11-34

**13** 选择要变形的实体，即分割后的两个实体同时选择，如图 11-35 所示。

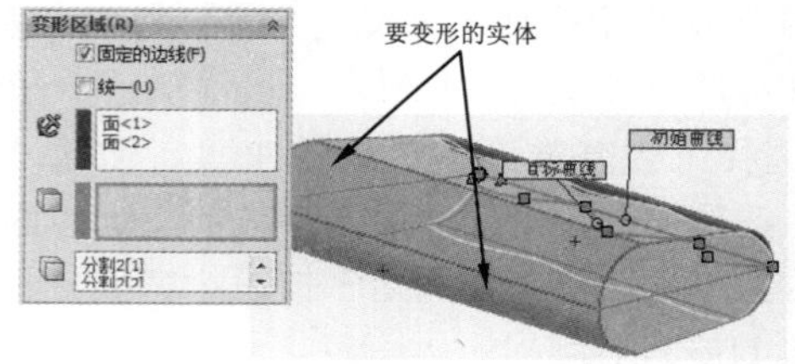


图 11-35

**14** 在“形状选项”选项区选择中等固定，如图 11-36 所示。

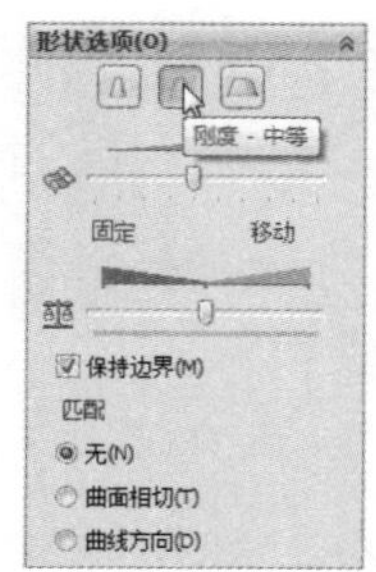


图 11-36

**15** 保留面板中其余选项的默认设置，最后单击“确定”按钮完成变形。变形的结果为刀把形状，如图 11-37 所示。

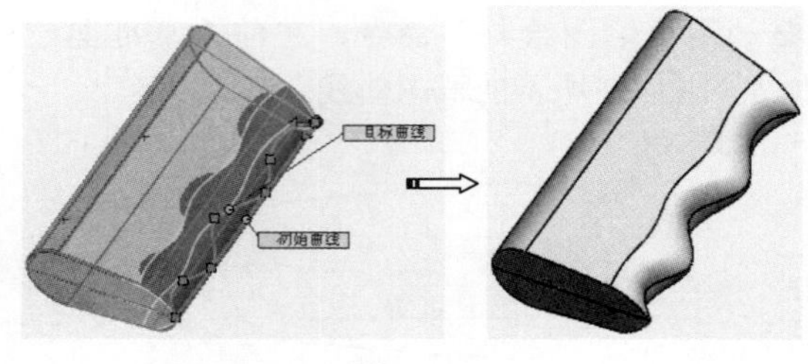


图 11-37

### 11.1.3 压凹

压凹是将实体 / 曲面模型推过另一实体 / 曲面模型。

通过使用厚度和间隙值来生成特征，压凹特征在目标实体上生成与所选工具实体的轮廓非常接近的等距袋套或凸起特征。根据所选实体类型（实体或曲面），指定目标实体和工具实体之间的间隙，并为压凹特征指定一个厚度。压凹特征可变形或从目标实体中切除材料。

压凹特征以工具实体的形状在目标实体中生成袋套或凸起，因此在最终实体中比在原始实体中显示更多的面、边线和顶点。这与变形特征不同，变形特征中的面、边线和顶点数在最终实体中保持不变。

压凹可用于以指定厚度和间隙值进行复杂等距的多种应用，其中包括封装、冲印、铸模以及机器的压入配合等。

**技术要点：**

如果更改用于生成凹陷的原始工具实体的形状，则压凹特征的形状将会更新。

压凹时一些条件要求如下：

- 目标实体和工具实体其中必须有一个为实体。
- 如果想压凹，目标实体必须与工具实体接触，或者间隙值必须允许穿越目标实体的凸起。
- 如果想切除，目标实体和工具实体不必

相互接触，但间隙值必须大到可足以生成与目标实体的交叉。

- 如果想以曲面工具实体压凹（切除）实体，曲面必须与实体完全相交。

用户可通过以下方式执行“压凹”命令：

- 单击“特征”选项卡上的“压凹”按钮。
- 在菜单栏中执行“插入”|“特征”|“压凹”命令。

执行“压凹”命令后，属性管理器会显示“压凹”面板，如图 11-38 所示。

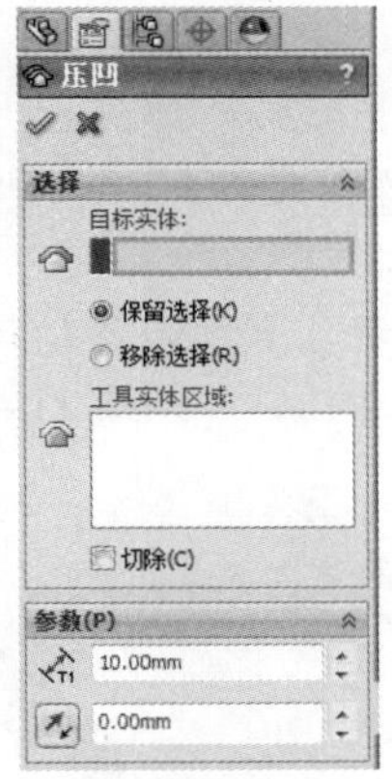


图 11-38

“压凹”面板中主要选项的含义如下。

- 目标实体：在图形区域中，为目标实体选择要压凹的实体或曲面实体。
- 保留选择：通过选中保留选择或移除选择来选择要保留的模型边侧，这些选项将翻转要压凹的目标实体的边侧。
- 移除选择：选择切除来移除目标实体的交叉区，无论是实体还是曲面。在这种情况下，没有厚度但仍会有间隙。
- 工具实体区域：在图形区域中，为工具实体区域选择一个或多个实体或曲面实体。
- 切除：勾选此复选框，将从目标实体中切除工具实体。
- 设定厚度：确定压凹特征的厚度（仅限实体）。
- 反向：设定间隙来确定目标实体和工具实体之间的间隙。如有必要，单击“反向”按钮。

**动手操作——压凹特征的应用**

下面利用“压凹”命令来设计铸模的型芯。

**操作步骤**

**01** 新建零件文件。打开本例的源文件“轴 .sldprt”。

**02** 单击“拉伸凸台 / 基体”按钮，然后选择上视基准面为草图平面，绘制草图如图 11-39 所示。

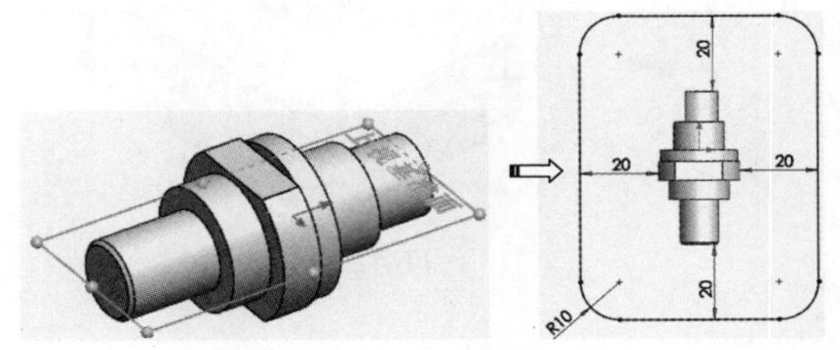


图 11-39

**03** 退出草图环境。在拉伸面板中设置拉伸深度及拉伸方向，取消勾选“合并结果”复选框。最后单击“确定”按钮，完成拉伸特征的创建，如图 11-40 所示。

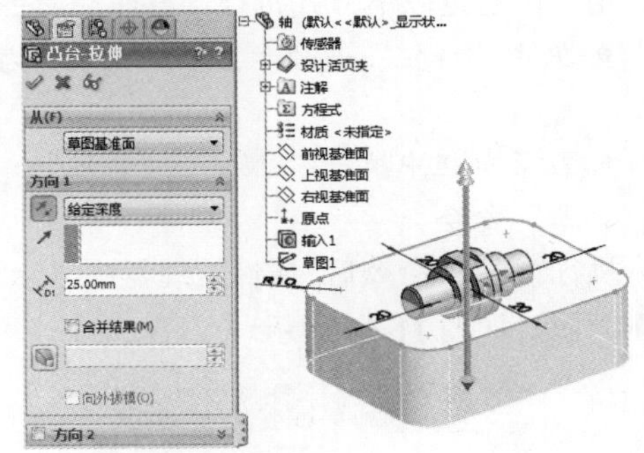


图 11-40

**04** 在菜单栏中执行“插入”|“特征”|“压凹”命令，打开“压凹”面板。

**05** 选择拉伸特征作为目标实体，勾选“切除”复选框后再选择轴零件上的一个面作为工具实体区域，如图 11-41 所示。

**技术要点：**

选择轴零件的一个面，随后系统自动选取整个零件中的曲面，并高亮显示。

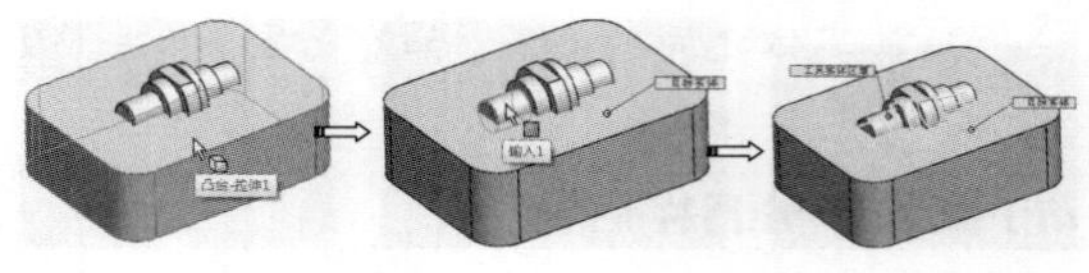


图 11-41

**06** 最后单击“确定”按钮完成压凹特征的创建，如图 11-42 所示。

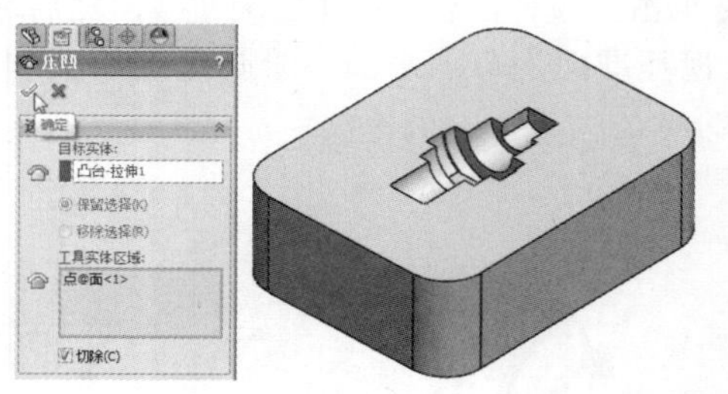

图 11-42

## 11.1.4 弯曲

弯曲是弯曲实体和曲面实体。弯曲特征以直观的方式对复杂的模型进行变形。可以生成 4 种类型的弯曲：折弯、扭曲、锥削和伸展。

用户可通过以下方式执行“弯曲”命令：

- 单击“特征”选项卡上的“弯曲”按钮。
- 在菜单栏中执行“插入”|“特征”|“弯曲”命令。

执行“弯曲”命令后，属性管理器中显示“弯曲”面板，如图 11-43 所示。

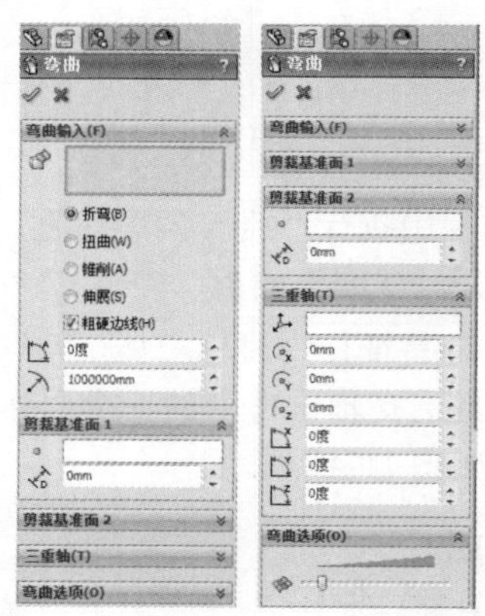

图 11-43

### 1. “弯曲输入”选项区

该选项区用来设置弯曲的类型、弯曲值。弯曲类型包括以下 4 种。

- 折弯：利用两个剪裁基准面的位置决定弯曲区域，绕一条折弯线改变实体，此折弯线相当于三重轴的 $X$ 轴。如图 11-44 所示为折弯的实例。

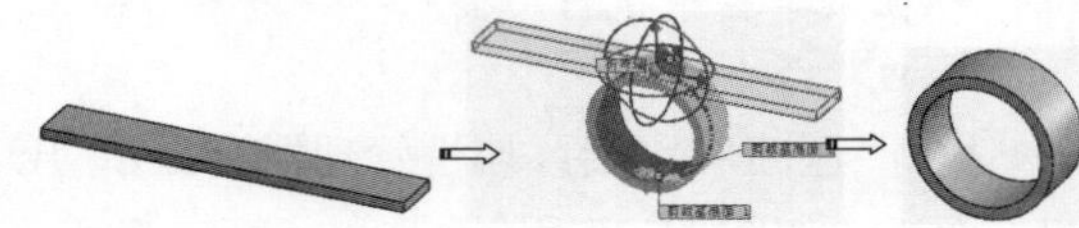

图 11-44

**技术要点：**

创建折弯时，如果勾选了“粗硬边线”复选框，则仅折弯曲面；取消勾选则创建折弯实体。

- 扭曲：绕三重轴的 $Z$ 轴扭曲几何体。常见的有麻花钻，如图 11-45 所示。

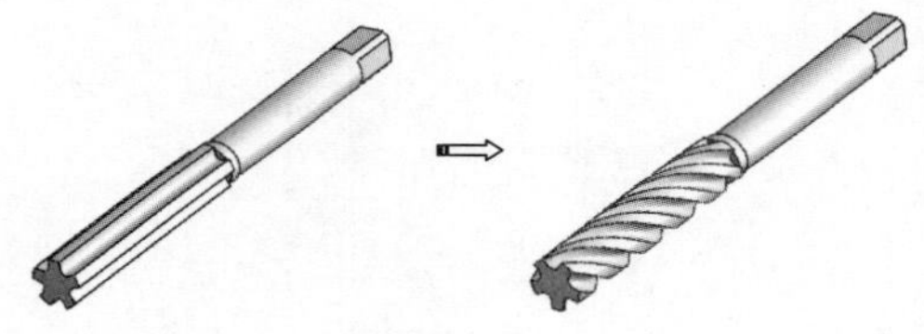

图 11-45

- 锥削：使模型随着比例因子的缩放，产生具有一定锥度的变形，如图 11-46 所示。

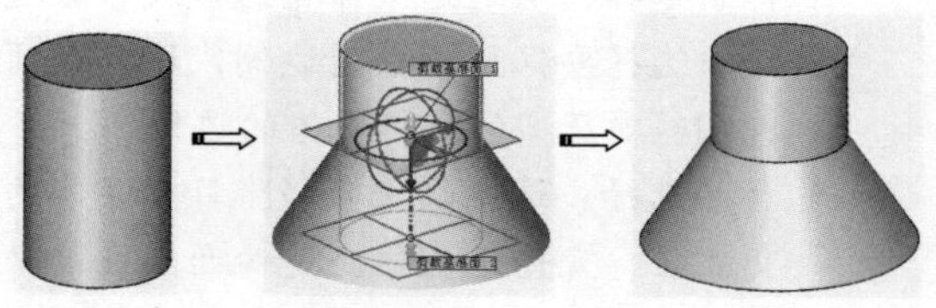

图 11-46

- 伸展：将实体模型沿着指定的方向进行延伸，如图 11-47 所示。

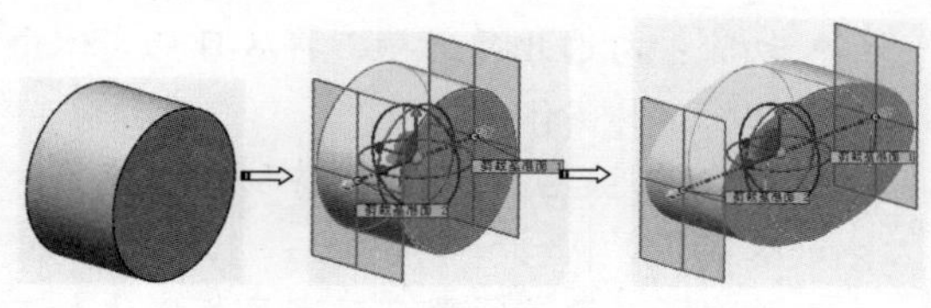

图 11-47

### 2. “剪裁基准面 1”选项区

剪裁曲面就是弯曲的起始平面和终止平面。可以通过两种方式来确定剪裁平面。

- 参考实体：为剪裁曲面选取参考点来定位，此点只能在要弯曲的模型上，如图 11-48 所示。

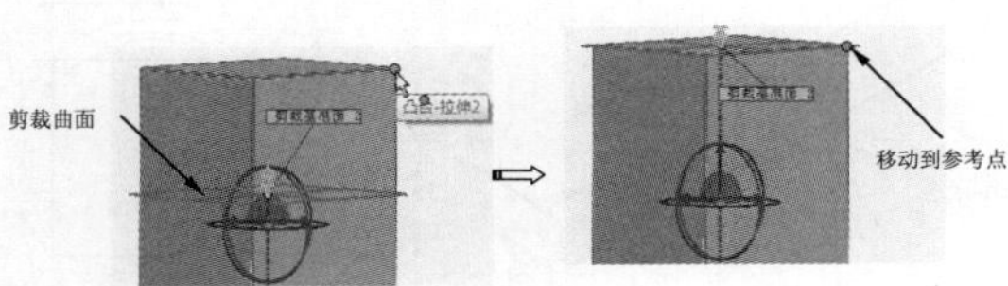


图 11-48

- 剪裁距离：可以输入值来确定剪裁曲面的新位置，如图 11-49 所示。

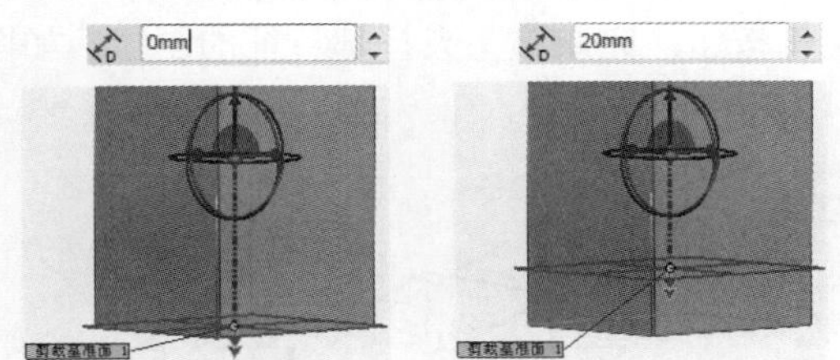


图 11-49

### 3. “三重轴”选项区

通过旋转三重轴或移动三重轴可以使弯曲效果更理想。除了输入值来定位三重轴，还可以手动操作三重轴。

不同的弯曲类型，三重轴所起的作用也是不同的。下面介绍 4 种弯曲类型的三重轴的意义。

（1）折弯三重轴

折弯三重轴在折弯方向上拖动时，可控制折弯实体的大小，如图 11-50 所示。

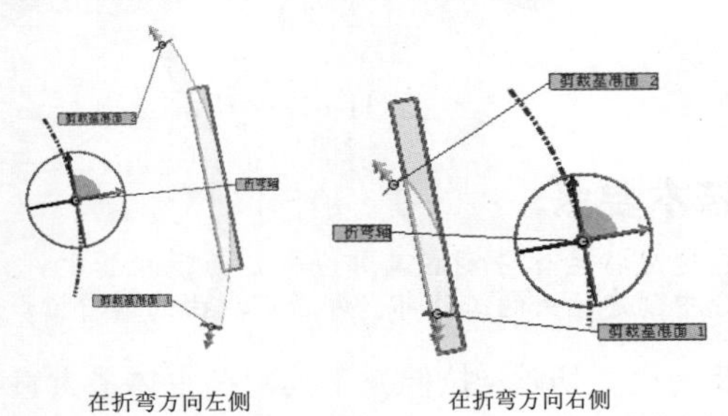


图 11-50

**技术要点：**

上下拖动三重轴，可以改变折弯的朝向，如图 11-51所示。

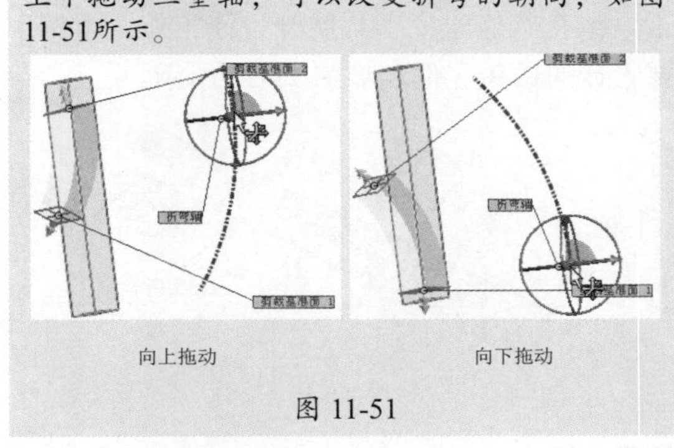


图 11-51

（2）扭曲三重轴

扭曲三重轴主要控制扭曲的中心轴位置，改变旋转扭曲半径，如图 11-52 所示。

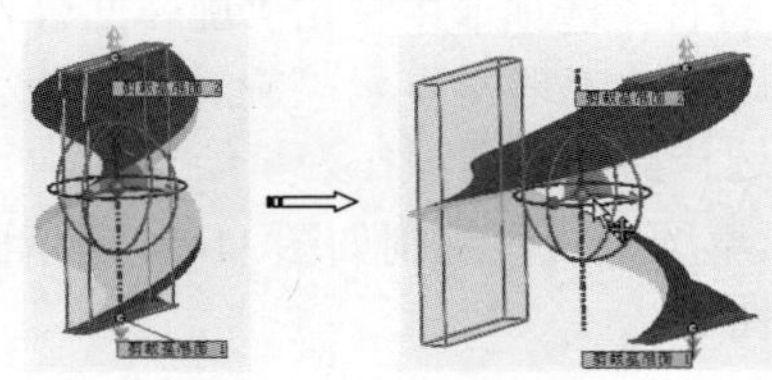

图 11-52

（3）锥削三重轴

拖动锥削三重轴，上下拖动可以改变锥度，如图 11-53 所示；左右移动可以旋转模型。

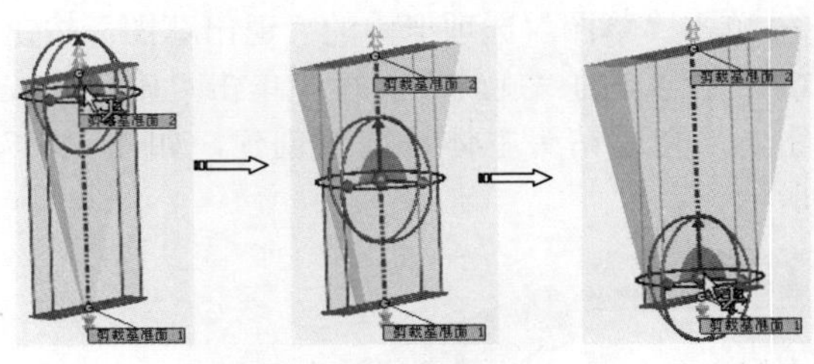

图 11-53

（4）伸展三重轴

当弯曲类型为“伸展”时，三重轴无任何作用，如图 11-54 所示。

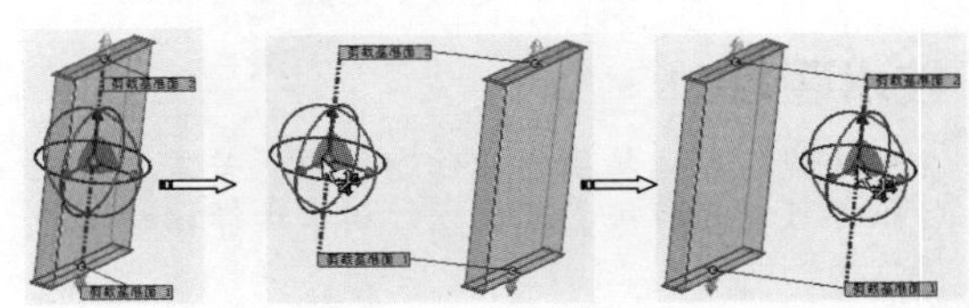

图 11-54

**动手操作——弯曲特征的应用**

下面以零件设计为例，介绍如何利用选择工具结合其他建模工具展开设计工作。本例中要设计的钻头零件，如图 11-55 所示。

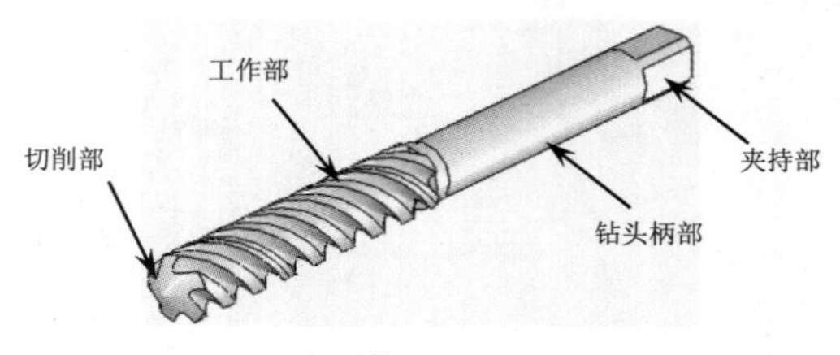


图 11-55

**操作步骤**

**01** 启动 SolidWorks 2018，新建零件文件并进入零件模式。

**02** 在“特征”选项卡中单击“旋转凸台 / 基体”按钮，属性管理器显示“旋转”面板。在图形区中选择前视基准面作为草绘平面。

**03** 进入草图模式，绘制如图 11-56 所示的旋转截面草图。

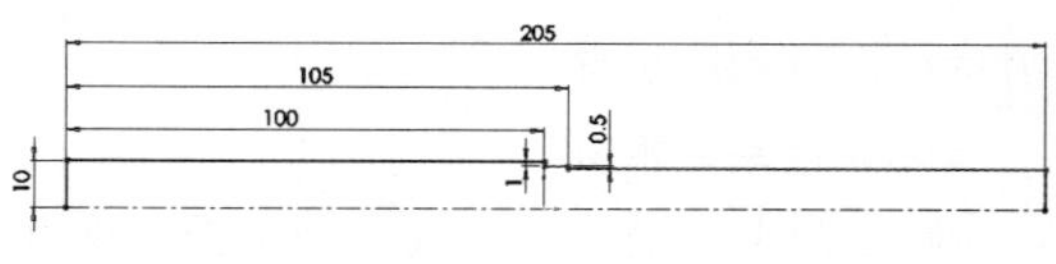


图 11-56

**04** 单击“草图”选项卡中的“退出草图”按钮，在显示的“旋转”面板中单击“确定”按钮，完成钻头主体特征的创建，如图 11-57 所示。

图 11-57

**技术要点：**

在创建旋转基体特征的操作过程中，若需要修改特征，可以在特征管理器设计树中选择该特征并执行编辑命令。

**05** 在“特征”选项卡中单击“切除 - 拉伸”按钮，属性管理器显示“切除 - 拉伸”面板。在图形区中，以钻头主体特征的一个端面作为草绘平面，如图 11-58 所示。

**06** 在草图模式中绘制如图 11-59 所示的矩形截面草图后，退出草图模式。

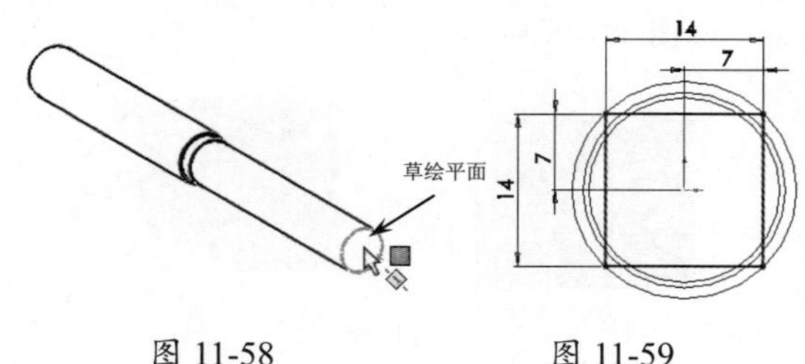


图 11-58　　图 11-59

**07** 在“切除 - 拉伸”面板中，输入深度值 20，并勾选“反向切除”复选框，最后单击“确定”按钮，完成钻头夹持部特征的创建，如图 11-60 所示。

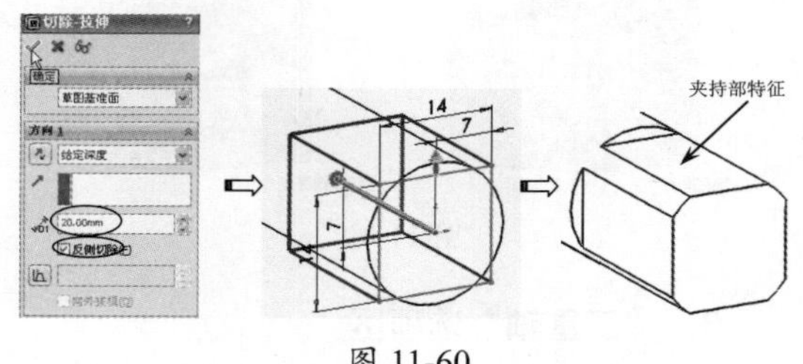


图 11-60

**08** 在菜单栏中执行“插入”|“特征”|“分割”命令，属性管理器中显示“分割”面板。按信息提示在图形区选择主体中的一个横截面作为剪裁曲面，再单击“切除零件”按钮，完成主体的分割，如图 11-61 所示。最后关闭该面板。

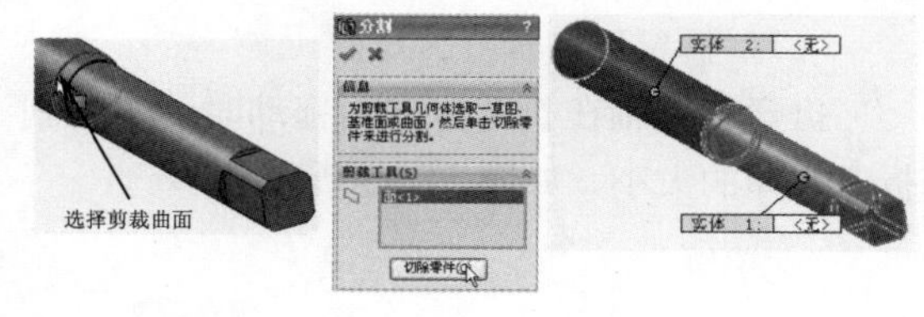


图 11-61

**技术要点：**

在这里将主体分割成两部分，是为了在其中一部分中创建钻头的工作部，即带有扭曲的退屑槽。

**09** 使用“切除 - 拉伸”工具，在主体最大直径端创建如图 11-62 所示的工作部退屑槽特征。

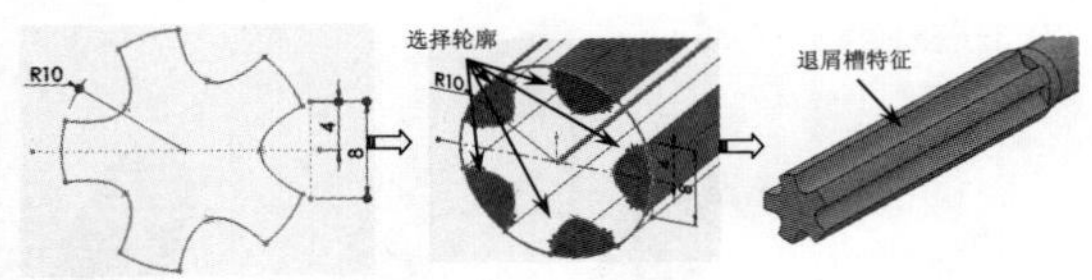


图 11-62

**技术要点：**

在创建切除拉伸特征时，需要手动选择要切除的区域，因为系统无法自动识别该区域。

**10** 在菜单栏中执行“插入”|“特征”|“弯曲”命令，属性管理器中显示“弯曲”面板。

**11** 在该面板的“弯曲输入”选项区中单击“扭曲”单选按钮，然后在图形区中选择钻头主体作为弯曲的实体，随后显示弯曲的剪裁基准面，如图 11-63 所示。

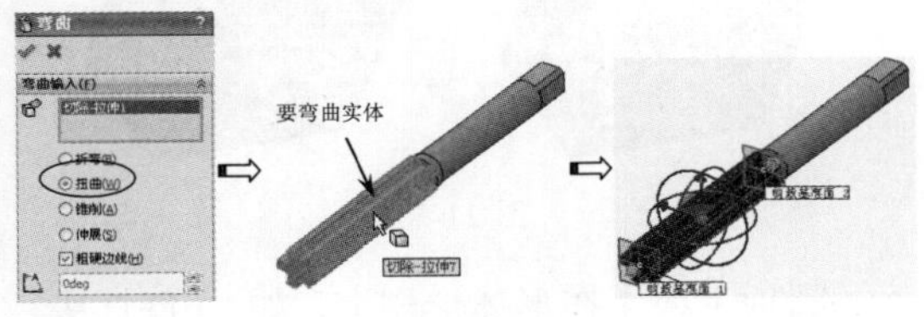


图 11-63

**12** 在“弯曲输入”选项区中输入扭曲角度值 360deg，然后单击“确定”按钮完成钻头工作部的创建，如图 11-64 所示。

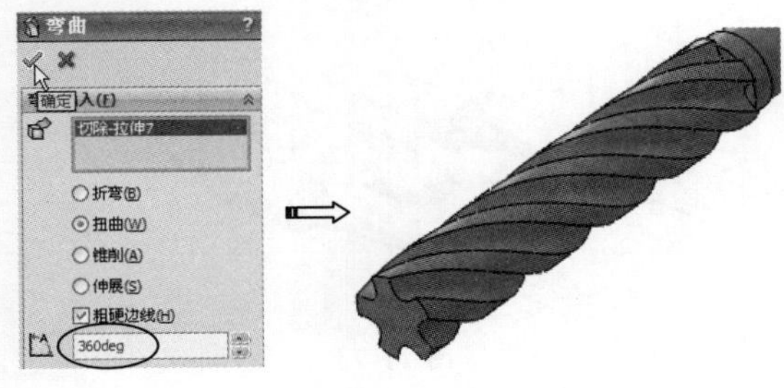


图 11-64

**13** 在特征管理器设计树中选择上视基准面，然后使用“旋转 - 切除”工具，在工作部顶端创建出切削部，如图 11-65 所示。

**技术要点：**

旋转切除的草图必须是封闭的，否则将无法按设计要求来切除实体。

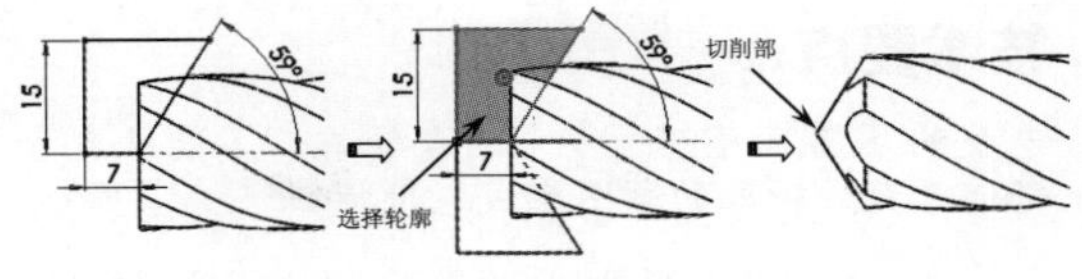


图 11-65

**14** 至此，钻头设计完成，结果如图 11-66 所示。

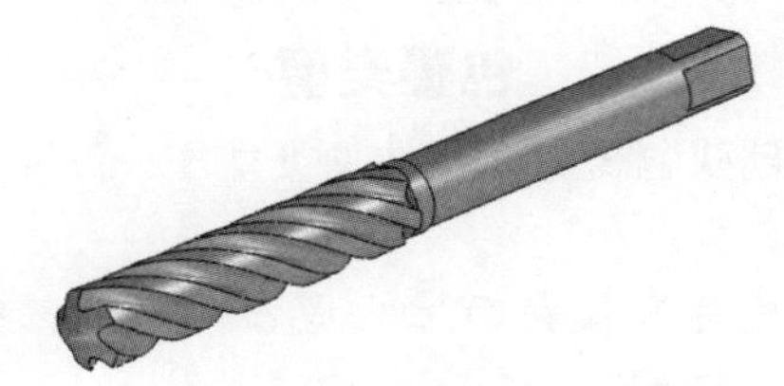

图 11-66

## 11.1.5　包覆

包覆是将草图轮廓闭合到面上。包覆特征用于将草图包裹到平面或非平面，可以从圆柱、圆锥或拉伸的模型生成一平面，也可以选择一平面轮廓来添加多个闭合的样条曲线草图。包覆特征支持轮廓选择和草图再用，可以将包覆特征投影至多个面上。

用户可通过以下方式执行“包覆”命令：

- 单击“特征”选项卡上的“包覆”按钮。
- 在菜单栏中执行“插入”|“特征”|“包覆”命令。

执行“包覆”命令并绘制源草图后，属性管理器才会显示“包覆1”面板，如图 11-67 所示。

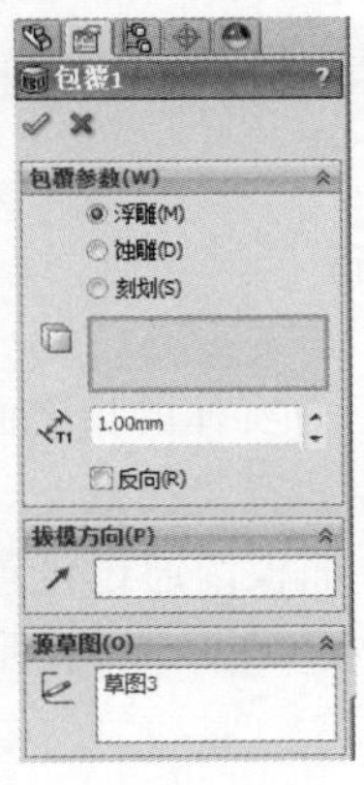


图 11-67

**技术要点：**

包覆的草图只可包含多个闭合轮廓，不能从包含任何开放性轮廓的草图生成包覆特征。

"包覆1"面板中主要选项设定方法如下。

- 包覆参数：创建包覆有3种常见类型——浮雕、蚀雕和刻划。

**包覆类型**

创建包覆有3种常见类型——浮雕、蚀雕和刻划：

- 浮雕：在面上生成凸起特征，如图11-68所示。
- 蚀雕：在面上生成缩进特征，如图11-69所示。
- 刻划：在面上生成草图轮廓的压印，如图11-70所示。

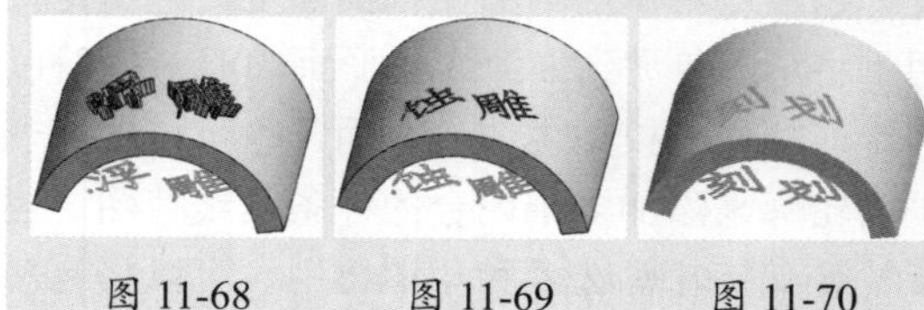

图 11-68　图 11-69　图 11-70

- 包覆草图的面：生成包覆特征的父曲面，为非平面。
- 深度：为厚度设定一个数值。
- 反向：勾选该复选框，更改投影方向。
- 拔模方向：对于浮雕和蚀雕来说，拔模方向就是投影方向。可以选取一条直线、线性边线或基准面来设定拔模方向。对于直线或线性边线，拔模方向是选定实体的方向。对于基准面，拔模方向与基准面正交。

## 11.1.6 圆顶

圆顶是在已有实体的指定面上形成圆形的面。在菜单栏中执行"插入"|"圆顶"命令，弹出"圆顶1"面板，通过设置可以在绘图区创建圆顶的实例，如图11-71所示。

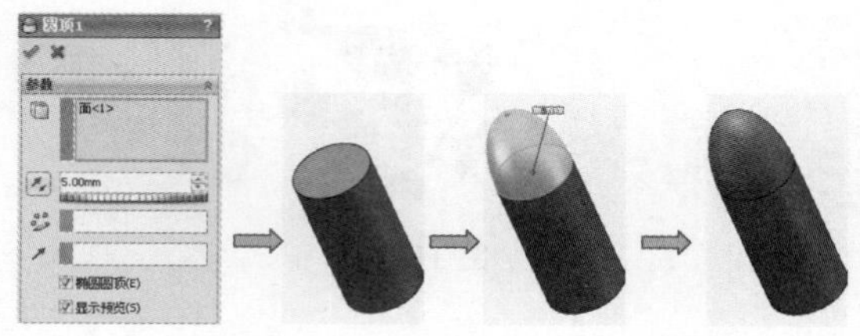

图 11-71

在"圆顶1"面板中的"高度"文本框中输入圆顶的高度，单击"圆顶面"按钮，单击要圆顶的面，若勾选"反向"复选框，形成凹顶，如图11-72所示。

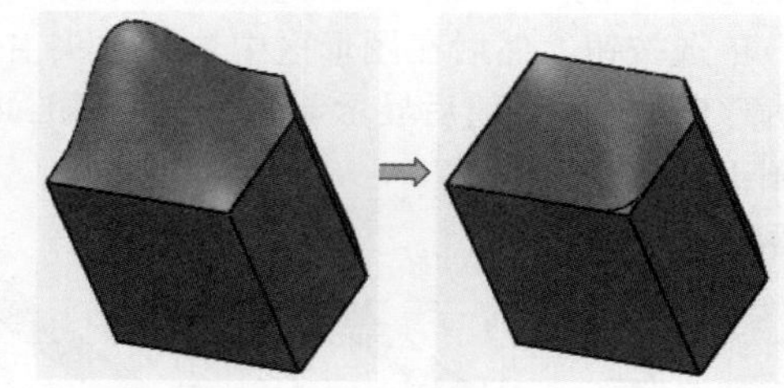

图 11-72

圆顶主要用在形体造型上，如LED灯头、手机按键、盲孔钻尖角、子弹的造型等。

**动手操作——圆顶工具的应用**

飞行器模型由飞行器机体、侧翼、动力装置和喷射的火焰组成，如图11-73所示。

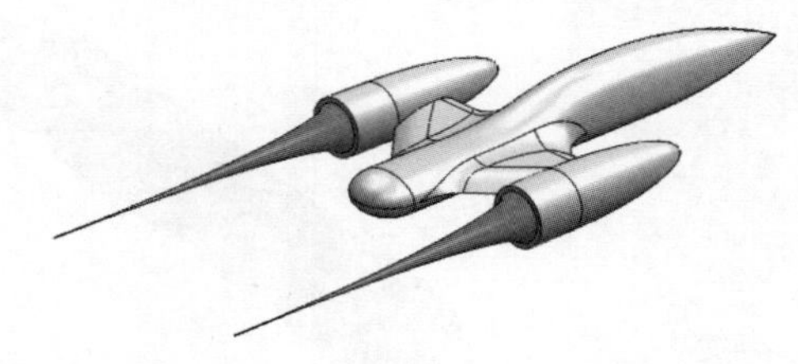

图 11-73

**操作步骤**

**01** 打开本例源文件，其中包含飞行器机体的草图曲线，如图11-74所示。

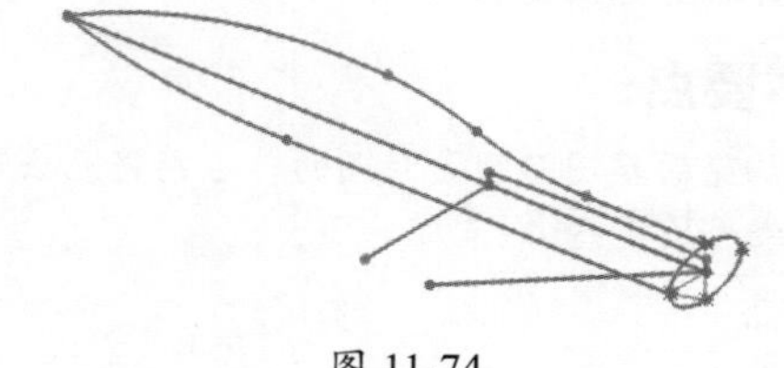

图 11-74

**02** 在“特征”选项卡中单击“扫描”按钮，属性管理器显示“轮廓和路径”面板，然后在图形区选择草图作为轮廓和路径，如图 11-75 所示。

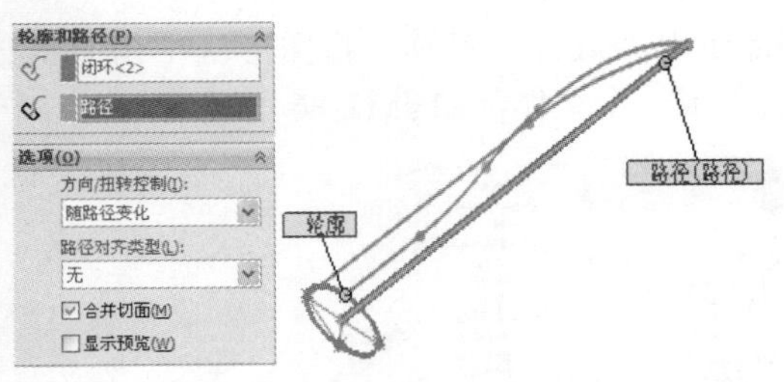


图 11-75

**03** 激活“引导线”选项区的列表，并在图形区选择两条扫描的引导线，如图 11-76 所示。

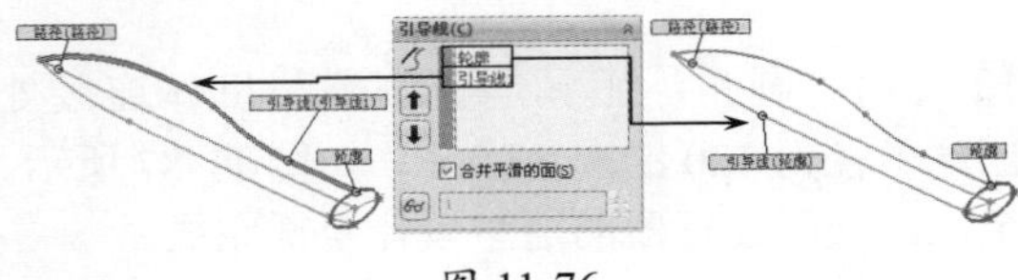

图 11-76

**04** 查看扫描预览，确认无误后单击“确定”按钮，完成扫描特征的创建，如图 11-77 所示。

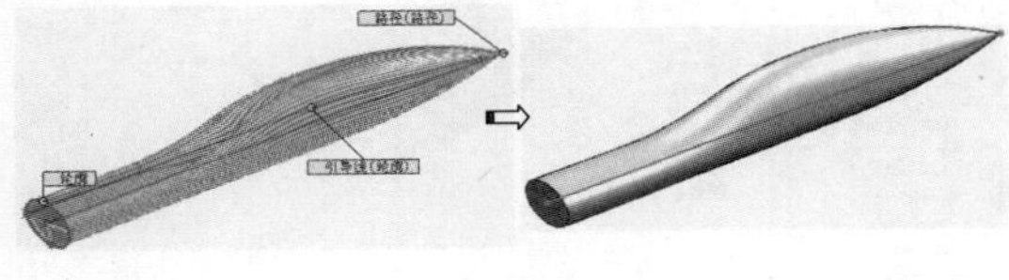

图 11-77

## 技术要点：

在学习本例飞行器机体的制作时，若要自己绘制草图来创建扫描特征，则扫描的轮廓（椭圆）不能为完整的椭圆，要将椭圆一分为二。否则，在创建扫描特征时，将会出现如图11-78所示的情况。

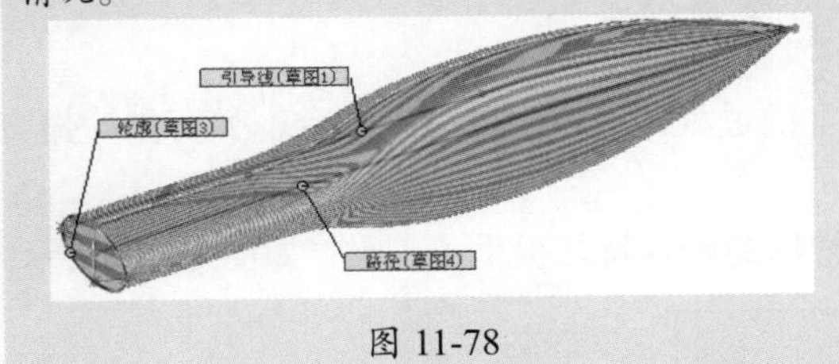


图 11-78

**05** 在“特征”选项卡中单击“圆顶”按钮，属性管理器显示“圆顶”面板。通过该面板，在扫描特征中选择面和方向，随后显示圆顶预览，如图 11-79 所示。

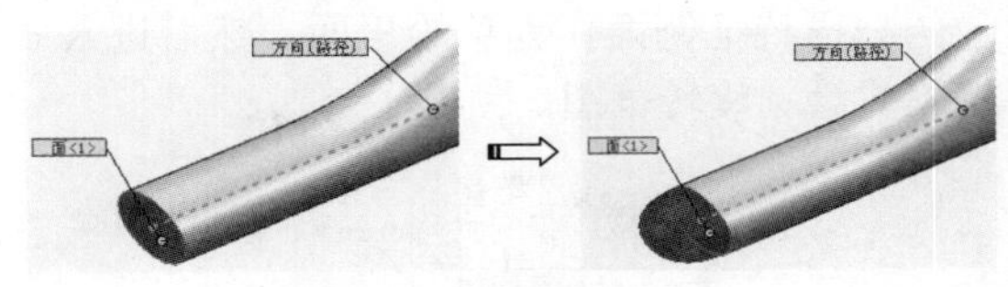

图 11-79

**06** 在面板中输入圆顶的距离为 105，最后单击“确定”按钮，完成圆顶特征的创建，如图 11-80 所示。扫描特征与圆顶特征即为飞行器机体。

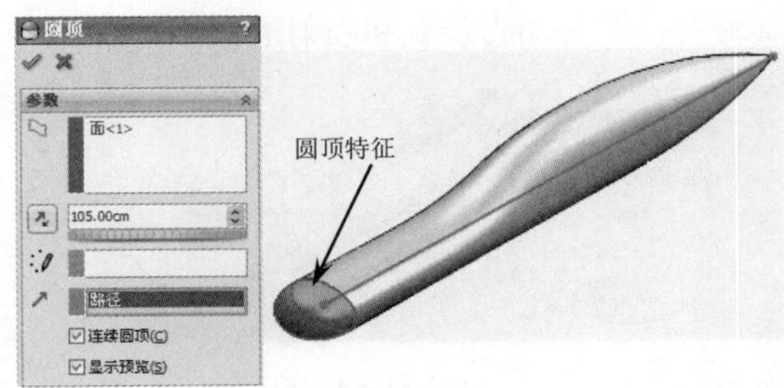


图 11-80

**07** 使用“扫描”工具选择如图 11-81 所示的扫描轮廓、扫描路径和扫描引导线来创建扫描特征。

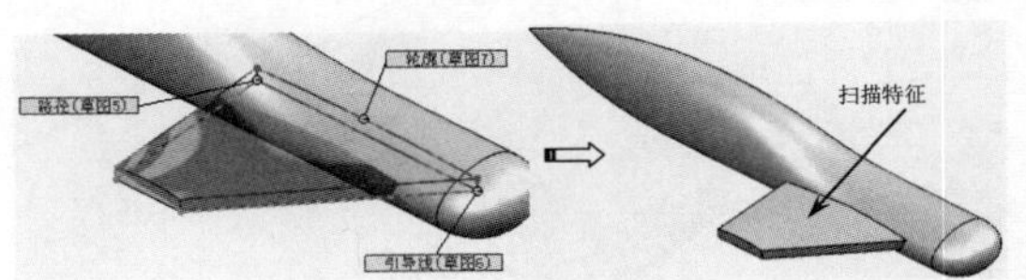


图 11-81

## 技术要点：

在“扫描”面板的“选项”选项区中需要勾选“合并结果”复选框，这为了便于后面进行镜像操作。

**08** 使用“圆角”工具，分别在扫描特征上创建半径为 91.5 和 160 的圆角特征，如图 11-82 所示。

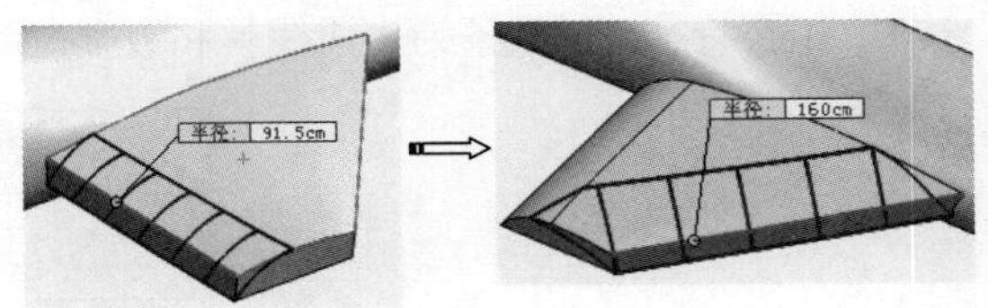


图 11-82

**09** 使用“旋转凸台”工具，选择如图 11-83 所示的扫描特征侧面作为草绘平面，然后进入草图模式绘制旋转草图。

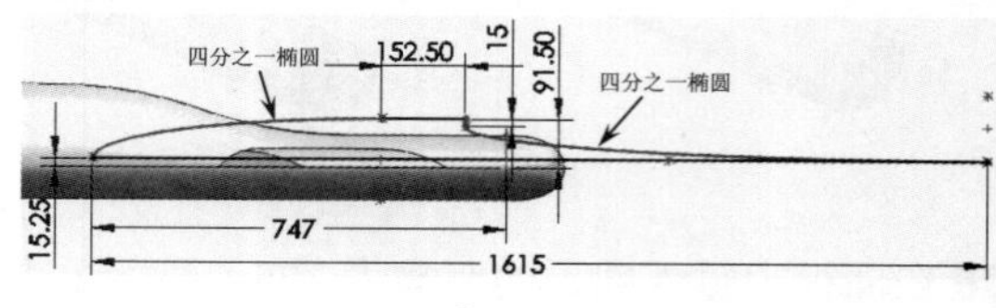


图 11-83

**10** 退出草图模式后，以默认的旋转设置来完成旋转特征的创建，结果如图 11-84 所示。此旋转特征即为动力装置和喷射的火焰。

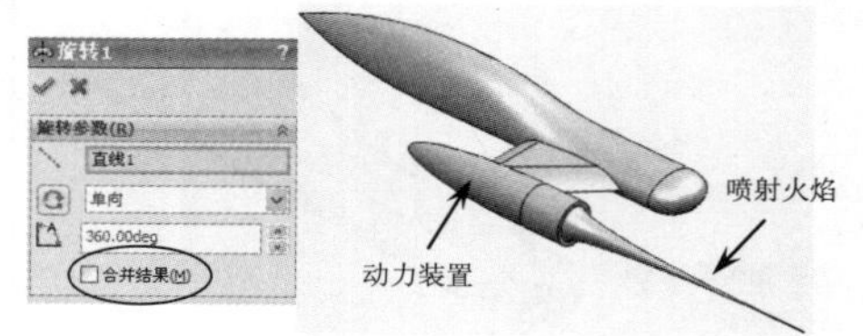


图 11-84

**11** 使用“镜像”工具，以右视基准面作为镜像平面，在机体另一侧镜像出侧翼、动力装置和喷射的火焰，结果如图 11-85 所示。

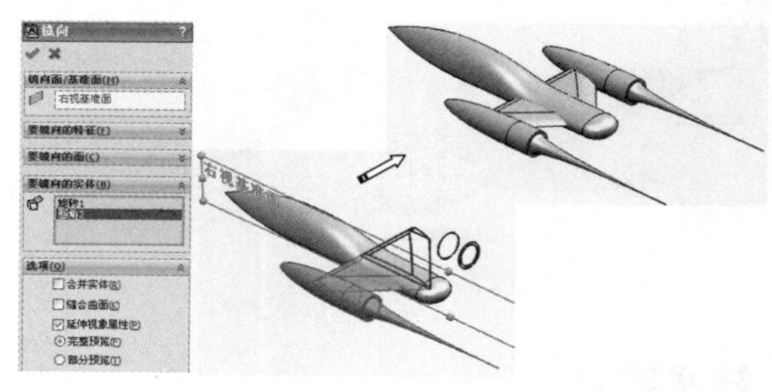

图 11-85

**技术要点：**

在“镜像”面板中不能勾选“合并实体”复选框，这是因为在镜像过程中，只能合并一个实体，不能同时合并两个及两个以上的实体。

**12** 使用“组合”工具，将图形区中所有实体合并成一个整体，如图 11-86 所示。

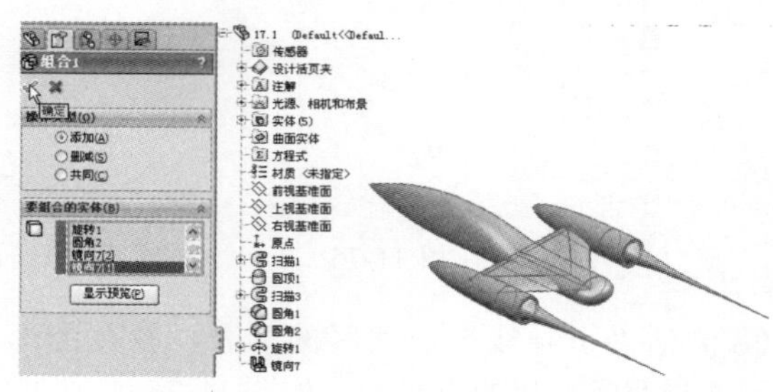

图 11-86

**13** 使用“圆角”工具，在侧翼与机体连接处创建半径为 120 的圆角特征，如图 11-87 所示。至此，天际飞行器的造型设计全部完成。

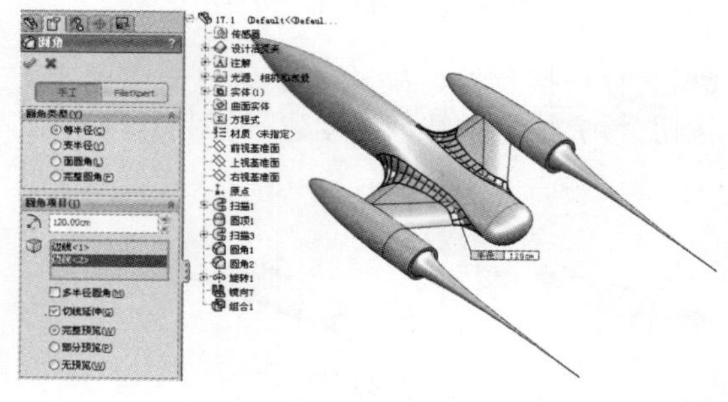

图 11-87

## 11.2 扣合特征

扣合特征简化了为塑料和钣金零件生成共同特征的过程，可以生成装配凸台、弹簧扣、弹簧扣凹槽、通风口、唇缘和凹槽。

“扣合特征”工具条为生成模具和钣金产品中使用的扣合特征提供了工具，如图 11-88 所示。

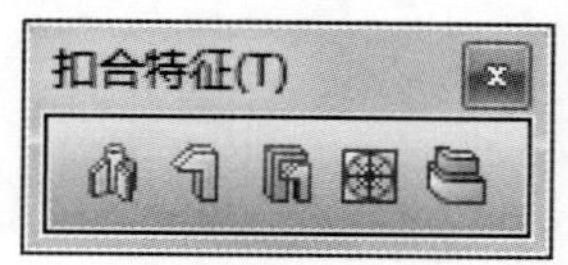


图 11-88

**技术要点：**

仅当在创建了实体特征以后，“扣合特征”工具条才可用（曲面特征不可以）。

### 11.2.1　装配凸台

装配凸台生成一个通常用于塑料设计的参数化装配凸台，例如BOSS柱，起加固和装配作用。

单击“装配凸台”按钮，打开“装配凸台”面板，如图11-89所示。该面板中主要选项的含义如下。

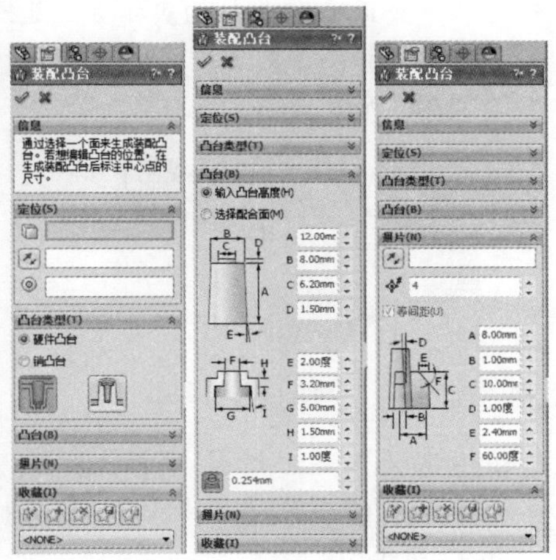

图 11-89

#### 1.　“信息”选项区

提示用户需要选择装配凸台的放置面或3D基准点，放置面可以是平面，也可以是曲面。

#### 2.　“定位”选项区

“定位”选项区用于控制装配凸台的方向、定位。

- 选择一个面或3D点：选择要放置装配凸台的平面、曲面或3D基准点，如图11-90所示。

放置面 - 平面　　放置面 - 曲面　　放置面 -3D 点

图 11-90

**技术要点：**

当选择3D点作为定位参考时，此3D点必须位于实体的曲面或平面上。

- 反向：单击此按钮，更改装配凸台的放置方向。
- 选择圆形边线：选择圆形边线的目的是在其中心创建装配凸台。如图11-91所示为选择圆形边线后的装配凸台定位。

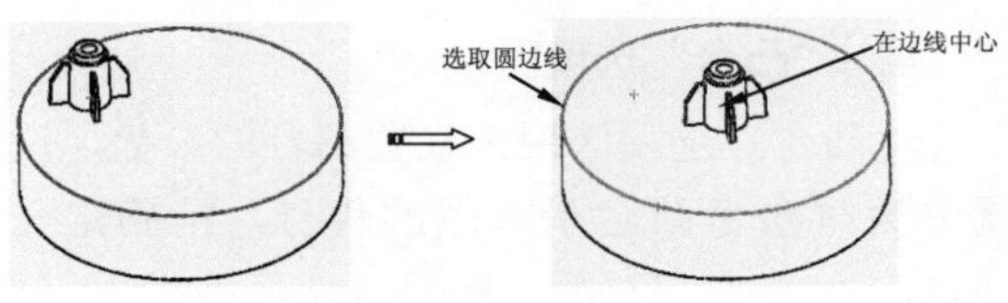


图 11-91

**技术要点：**

圆形边线应在能放置装配凸台的平面或曲面上。如图11-92所示的圆形边线是不能满足此条件的，否则会弹出警告信息。

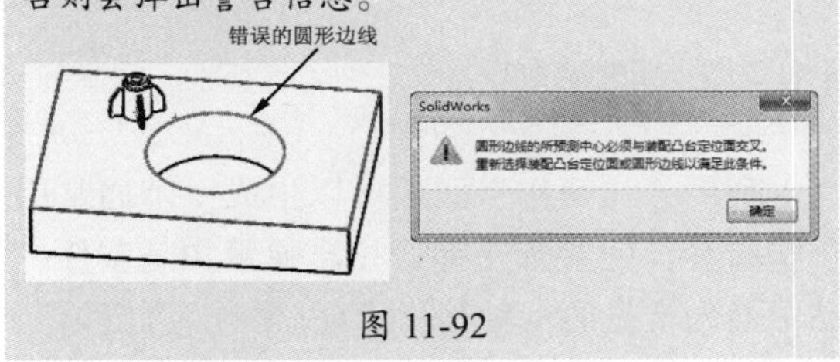


图 11-92

#### 3.　“凸台类型”选项区

装配凸台包括两种类型：硬件凸台和销凸台。

- 硬件凸台：是塑料产品中常见的穿孔柱，也分头部和螺纹线两种情况，如图11-93所示。

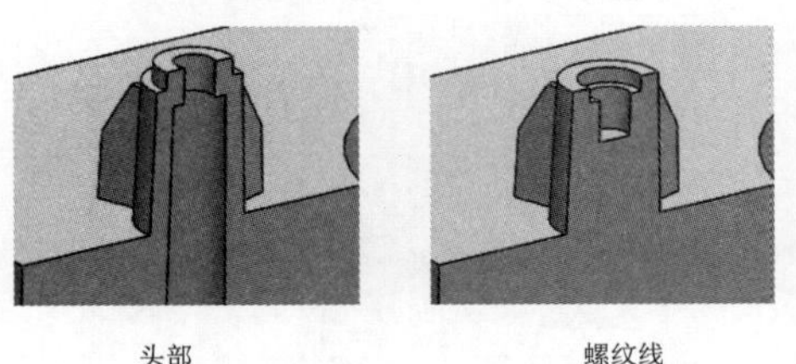

头部　　螺纹线

图 11-93

- 销凸台：是插销形状的凸台，也分头部和螺纹线两种情况，如图11-94所示。

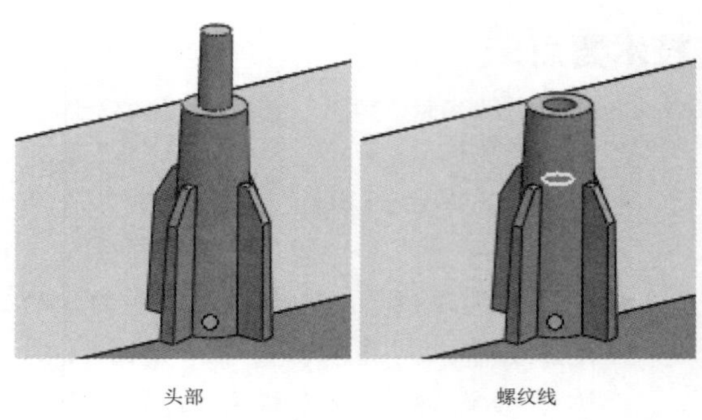


图 11-94

### 4. “凸台”选项区

“凸台”选项区用来设置凸台的参数，设置参数时参考凸台示意图的代号，精确定义凸台。

### 5. “翅片”选项区

“翅片”选项区用来设置凸台四周的翅片（固定筋），可以设置翅片的数量、翅片的形状参数等。

## 11.2.2 弹簧扣

利用“弹簧扣”面板可以生成一个通常用于塑料设计的参数化弹簧扣。弹簧扣是塑件产品中最为常见的一种结构特征，常称为“倒扣”。

单击“弹簧扣”按钮，打开“弹簧扣”面板，如图 11-95 所示。

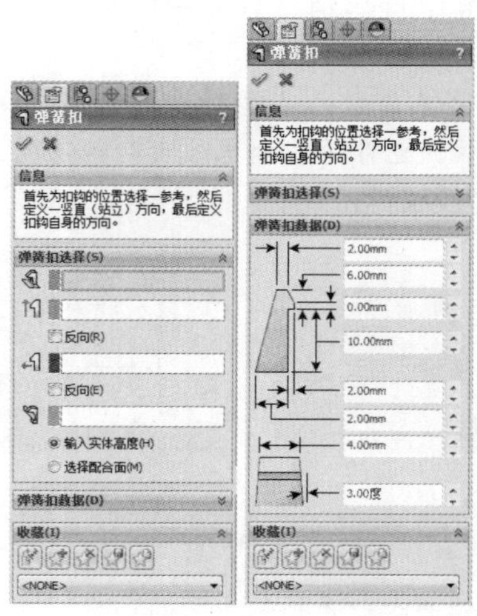

图 11-95

“弹簧扣”面板主要选项区的含义如下。

### 1. “弹簧扣选择”选项区

主要用来定义弹簧扣的放置、方向，即配合面。

- 为扣钩的位置选择定位：为创建弹簧扣形状放置面（曲面或平面）。
- 定义扣钩的竖直方向：定义弹簧扣的竖直方向，所选的参考边线必须是直边，可以通过勾选“反向”复选框来改变方向。
- 定义扣钩的方向：定义弹簧扣的扣合方向，所选的参考边线必须是直边。
- 形状一个面来配合扣钩实体：选择一个与弹簧扣侧面对齐配合的参考面，如图 11-96 所示。

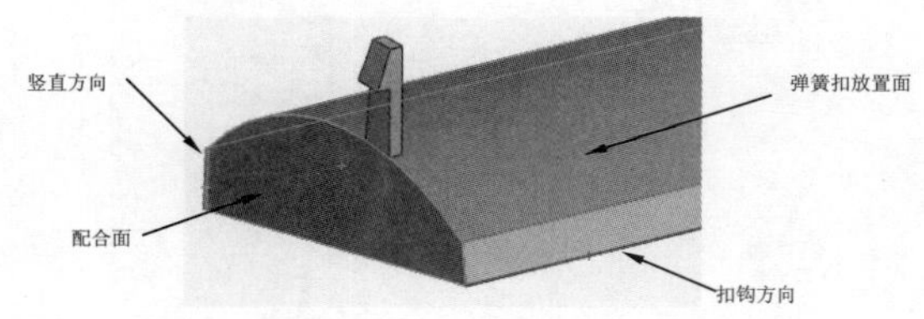


图 11-96

- 输入实体高度：选择此单选按钮，可以用参数的形式设置钩的高度，如图 11-97 所示。
- 选择配合面：选择此单选按钮，可以选择一个参考面来确定钩的高度。在图 11-97 中的 10.00mm 参数文本框将变得不可用，如图 11-98 所示。

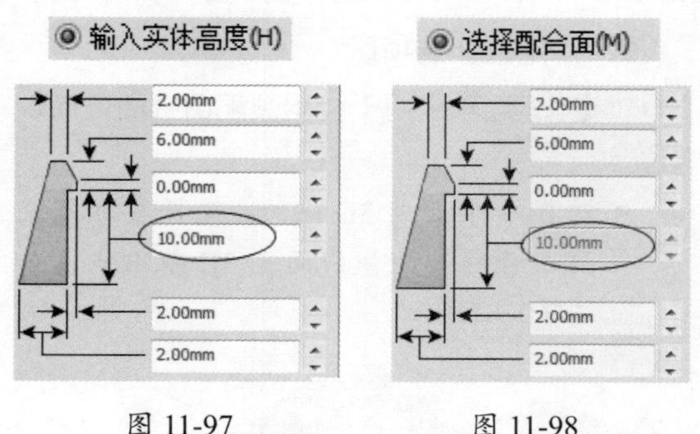


图 11-97　　图 11-98

### 2. “弹簧扣数据”选项区

该选项区用来定义弹簧扣的形状参数。

## 11.2.3 弹簧扣凹槽

利用“弹簧扣凹槽”工具可以生成一个与所选弹簧扣特征配合的凹槽。此工具常用来设计模具中的斜顶头部形状。

**技术要点：**

要利用“弹簧扣凹槽”命令，必须先生成弹簧扣。

单击“弹簧扣凹槽”按钮，打开“弹簧扣凹槽”面板，如图 11-99 所示。

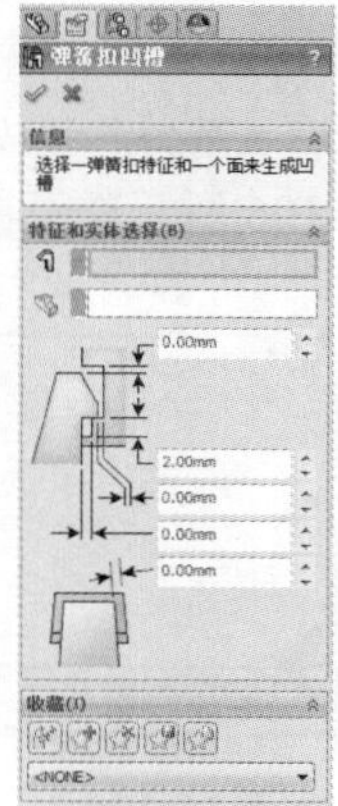

图 11-99

主要选项的含义如下。

- 选择弹簧扣特征：为创建凹槽选择弹簧扣特征。
- 选择一实体：选择要创建凹槽的实体特征。

生成弹簧扣凹槽扣合特征的操作过程如图 11-100 所示。

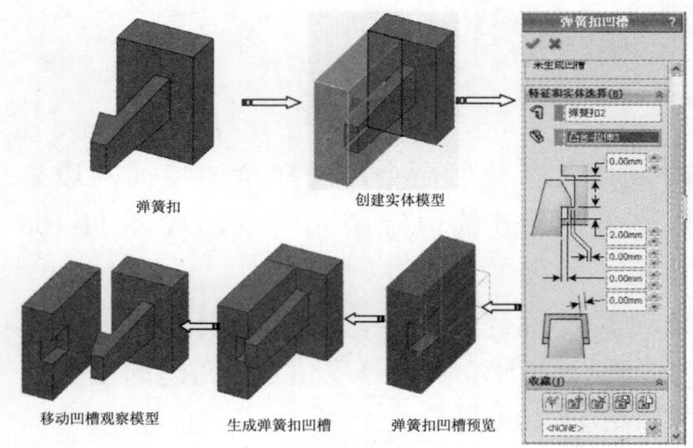


图 11-100

## 11.2.4 通风口

利用“通风口”工具可以使用草图实体在塑料或钣金设计中生成通风口，供空气流通。通风口使用草图生成各种通风口。设定筋和翼梁数，自动计算流动区域。

**技术要点：**

必须先生成通风口的草图，才能在面板中设定通风口选项。

单击“通风口”按钮，打开“通风口”面板，如图 11-101 所示。

图 11-101

要创建通风口，必须先绘制通风口形状的草图。生成通风口扣合特征的操作过程如图 11-102 所示。

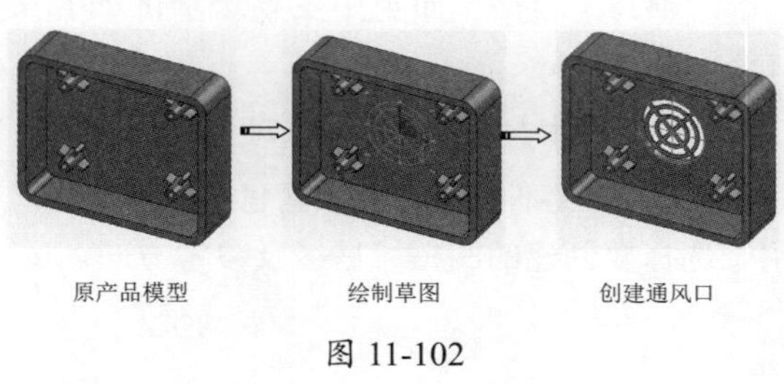


图 11-102

## 11.2.5 唇缘 / 凹槽

“唇缘 / 凹槽”工具用于生成唇缘、凹槽，或者通常用于塑料设计中的唇缘和凹槽。唇缘和凹槽用来对齐、配合和扣合两个塑料零件。唇缘和凹槽特征支持多实体和装配体。

单击“唇缘 / 凹槽”按钮，打开“唇缘 / 凹槽”面板，如图 11-103 所示。唇缘特征和凹槽特征是分开进行创建的，首先创建凹槽特征，选取要创建凹槽的实体模型后，面板中展开创建凹槽特征的属性选项，如图 11-104 所示。

创建凹槽后，选取凹槽特征作为参考，面板将展开创建唇缘特征的属性选项，如图 11-105 所示。

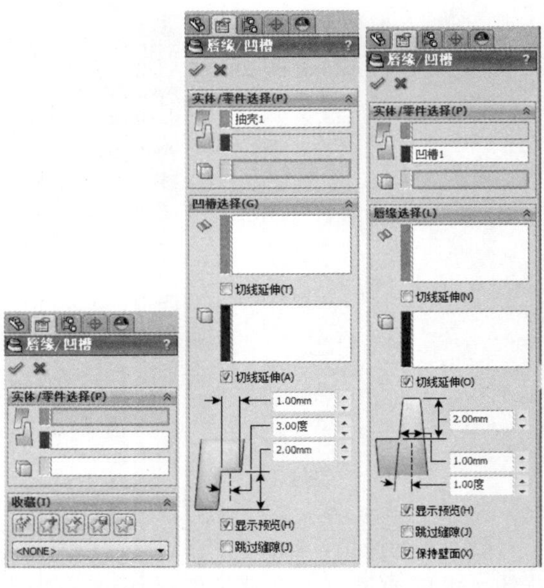

图 11-103　　图 11-104　　图 11-105

“唇缘 / 凹槽”面板中主要选项区的含义如下。

### 1. “实体 / 零件选择”选项区

“实体 / 零件选择”选项区包含 3 个选项，用于选择要创建的凹槽、唇缘及参考方向。

### 2. “凹槽选择”选项区

“凹槽选择”选项区用来选择要创建凹槽、唇缘的参考面和参考边。勾选“切线延伸”复选框，将自动选取与所选面或所选边相切的面与边。

**技术要点：**

凹槽、唇缘的参考边只能是单条或连续相切的边。

**动手操作——设计塑件外壳**

**操作步骤**

**01** 新建零件文件。

**02** 利用“拉伸凸台 / 基体”工具，在前视基准面上绘制如图 11-106 所示的草图。

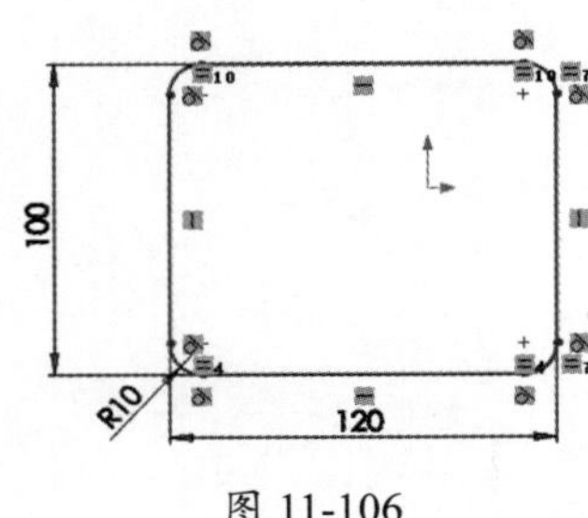

图 11-106

**03** 退出草图环境后，设置拉伸深度类型和深度值，如图 11-107 所示。

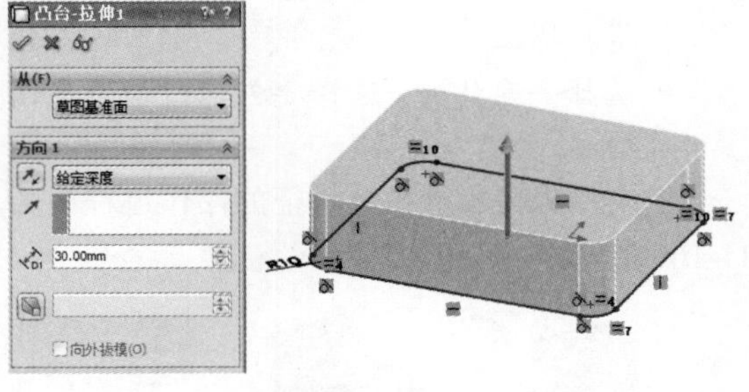

图 11-107

**04** 利用“圆角”命令，选择拉伸特征的边来创建半径为 5 的恒定圆角特征，如图 11-108 所示。

**05** 利用“抽壳”命令，选择未倒圆的一侧作为要移除的面，输入厚度值 3，创建的抽壳特征如图 11-109 所示。

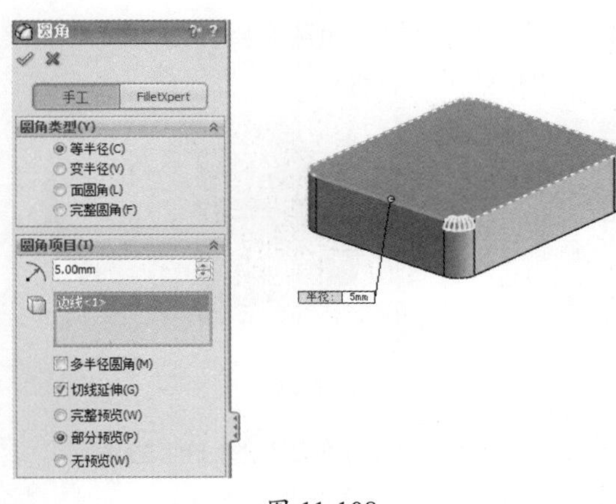


图 11-108

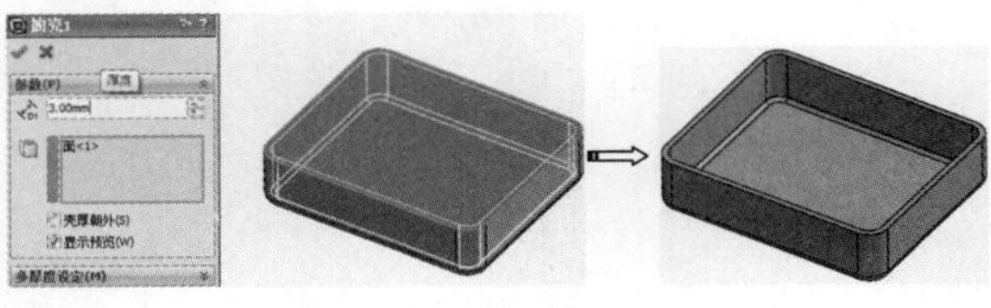

图 11-109

**06** 在抽壳后的外壳平面上绘制通风口草图，如图 11-110 所示。

**07** 单击“通风口”按钮，打开“通风口”面板。首先选择直径为42的圆作为通风口的边界，如图 11-111 所示。

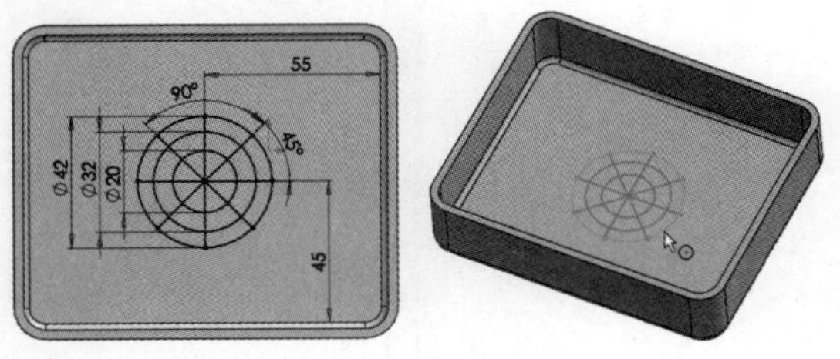


图 11-110　　图 11-111

**08** 接着选择 4 条直线创建通风口的筋，筋宽度为 2，如图 11-112 所示。

图 11-112

**09** 在“冀梁”选项区激活“选择代表通风口冀梁的 2D 草图段”收集器，然后选择直径分别为32、20的圆并创建冀梁，如图 11-113 所示。

图 11-113

**10** 最后单击“确定”按钮关闭面板，完成通风口的创建。

**11** 绘制 3D 草图点，如图 11-114 所示。

**12** 单击“装配凸台”按钮，打开“装配凸台”面板。选取一个 3D 草图点，随后放置凸台，如图 11-115 所示。

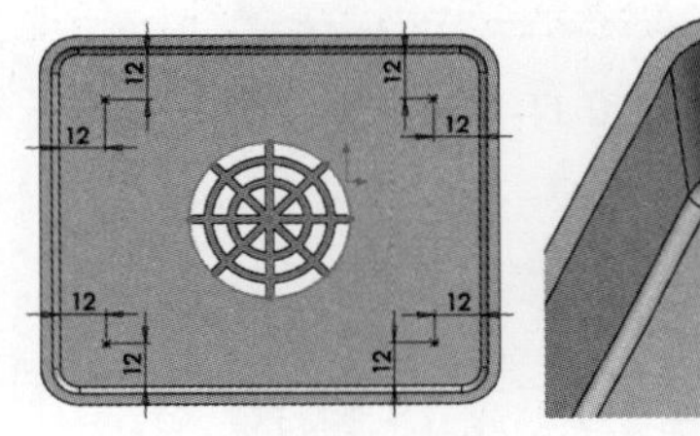


图 11-114　　图 11-115

**13** 选择“头部”凸台类型，编辑凸台参数，如图 11-116 所示。

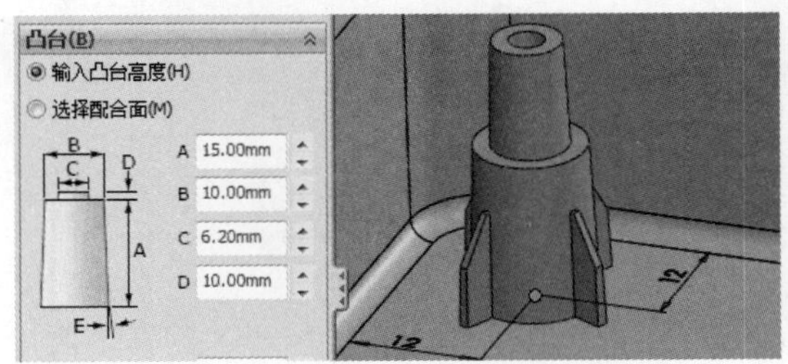


图 11-116

**14** 在“翅片”选项区设置翅片参数，如图 11-117 所示。

**15** 最后单击“确定”按钮，完成凸台的装配。

**16** 同理，在其余 3 个 3D 草图点上创建相同参数的凸台特征，结果如图 11-118 所示。

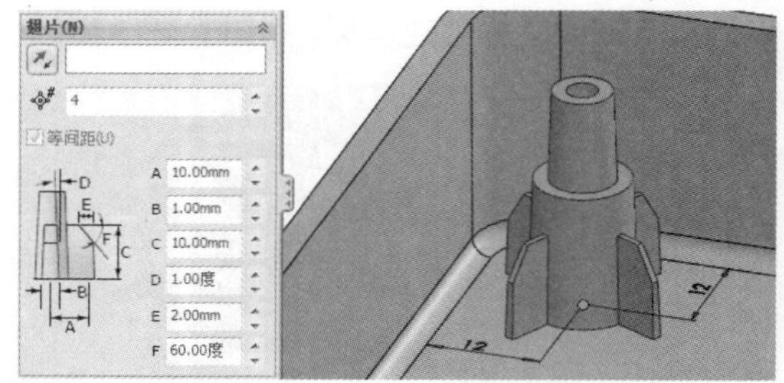

图 11-117

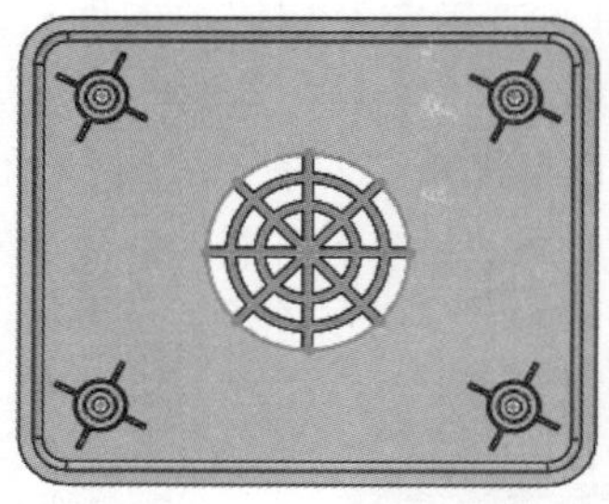

图 11-118

## 技术要点：

如果要装配相同参数的凸台，必须在装配第一凸台时，将凸台参数保存，即在面板的“收藏”选项区单击“添加或更新收藏”按钮，打开“添加或更新收藏”对话框，输入一个名称，并单击“确定”按钮，如图11-119所示。随后单击“保存收藏”按钮将其保存为tutai.sldfvt。当创建第二个凸台时，选择保存的收藏，面板中的参数将与第一个凸台相同，然后选取3D草图点即可自动创建凸台了，如图11-120所示。

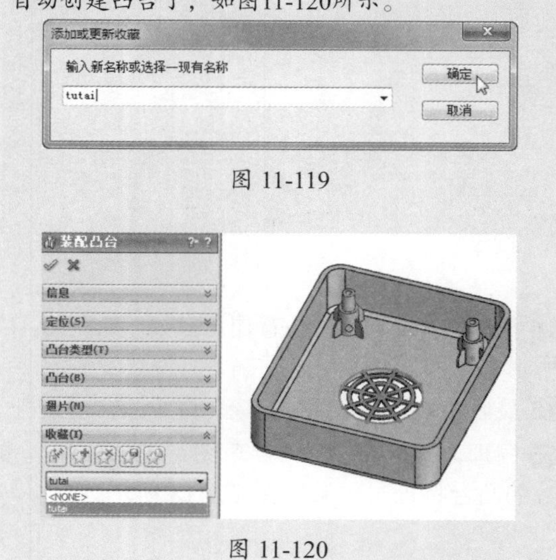

图 11-119

图 11-120

**17** 单击“唇缘/凹槽”按钮，打开“唇缘/凹槽”面板。首先选择壳体和定义唇缘方向的参考平面，如图 11-121 所示。

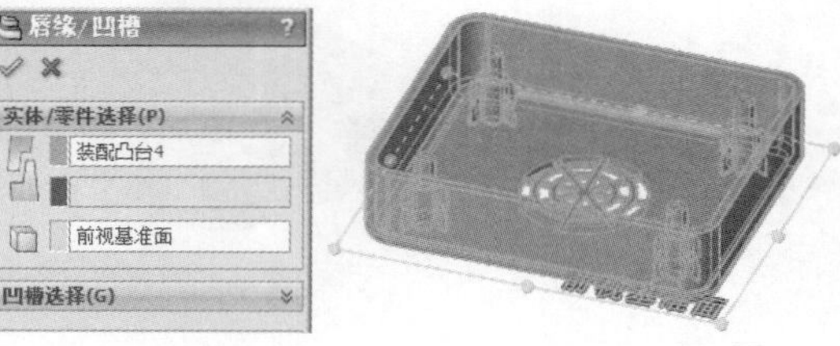

图 11-121

**18** 选择要生成唇缘的面，如图 11-122 所示。

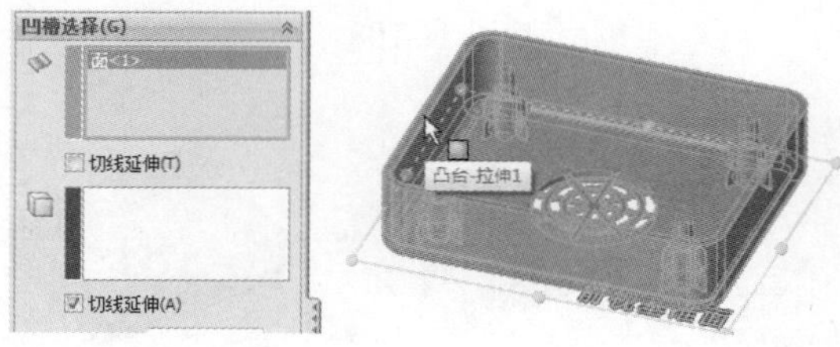

图 11-122

**19** 选择外边线来移除材料，并输入唇缘参数，如图 11-123 所示。

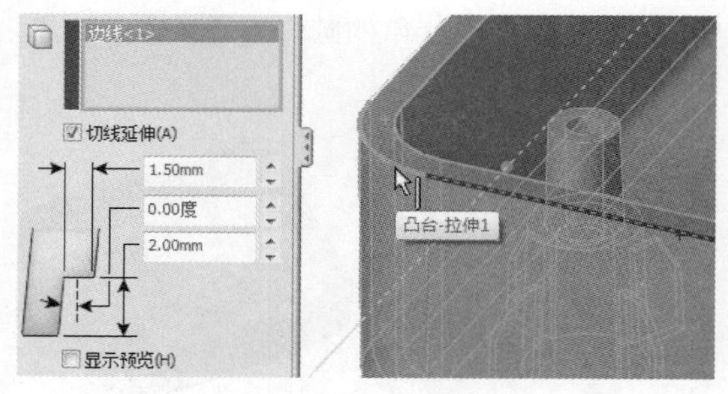

图 11-123

**20** 最后单击“确定”按钮，完成唇缘特征的创建，如图 11-124 所示。

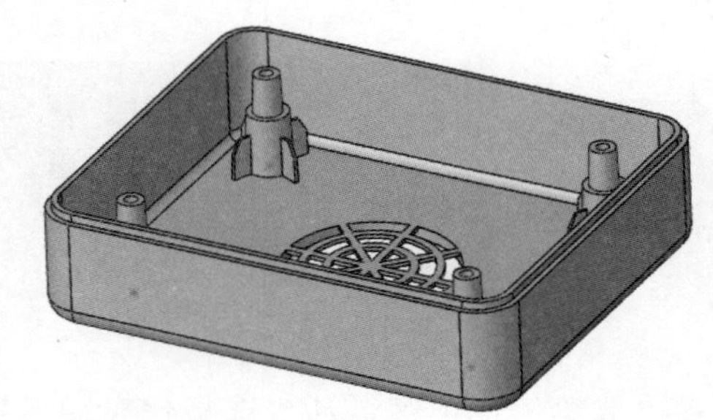

图 11-124

# 11.3 综合实战——轮胎和轮毂设计

◎ **引入素材：无**

◎ **结果文件：第11章综合实战\第11章结果文件\轮胎和轮毂设计.sldprt**

◎ **视频文件：轮胎和轮毂设计.avi**

轮胎和轮毂的设计是比较复杂的，要用到很多基本实体特征和高级实体特征命令。下面详解轮胎和轮毂的设计过程。要设计的轮胎和轮毂如图 11-125 所示。

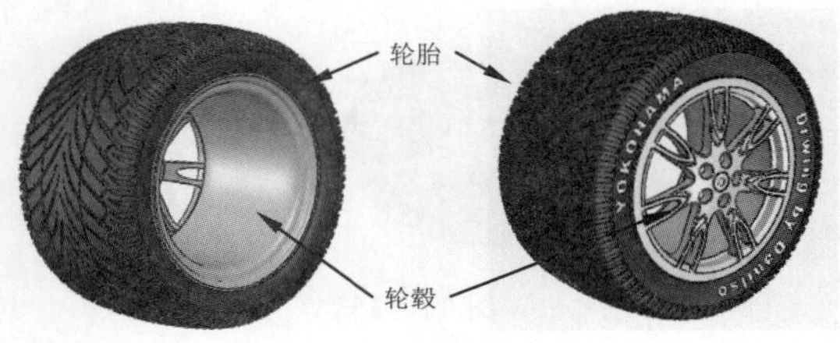


图 11-125

## 11.3.1　轮毂设计

轮毂的设计将用到拉伸凸台、切除拉伸、旋转切除、旋转凸台、圆角、圆周阵列、圆顶等工具，轮毂的整体造型如图 11-126 所示。

图 11-126

设计方法是：先创建主体，然后设计局部形状（为了清晰地截图表达设计意图，可以调整创建顺序）；先创建加材料特征，再创建减材料特征。

**操作步骤**

**01** 新建 SolidWorks 零件文件。

**02** 单击“拉伸凸台 / 基体”按钮，然后选择上基准面作为草图平面，绘制如图 11-127 所示的草图。

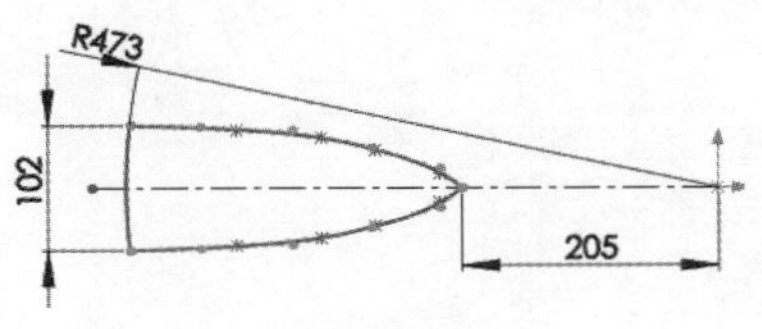


图 11-127

**03** 退出草图环境，在“凸台 - 拉伸 1”面板中设置拉伸选项及参数，最后单击“确定”按钮，完成拉伸凸台的创建，如图 11-128 所示。

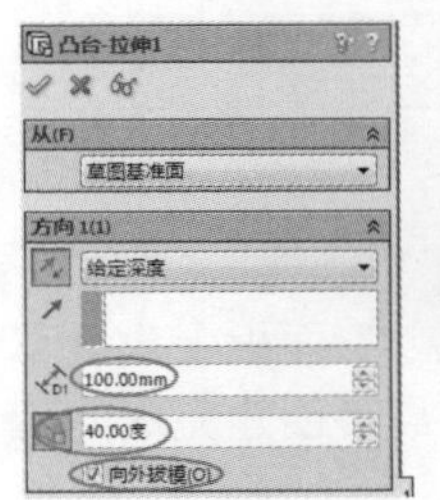


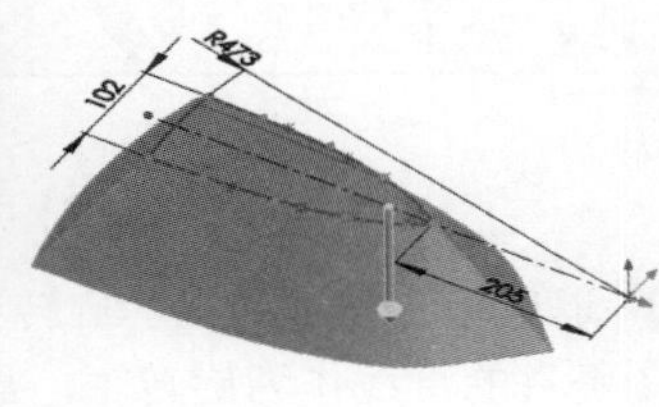


图 11-128

**04** 单击“基准轴”按钮，打开“基准轴 1”面板。选择前视基准面和右视基准面作为参考实体，再选择“两平面”类型，最后单击“确定”按钮完成基准轴的创建，如图 11-129 所示。

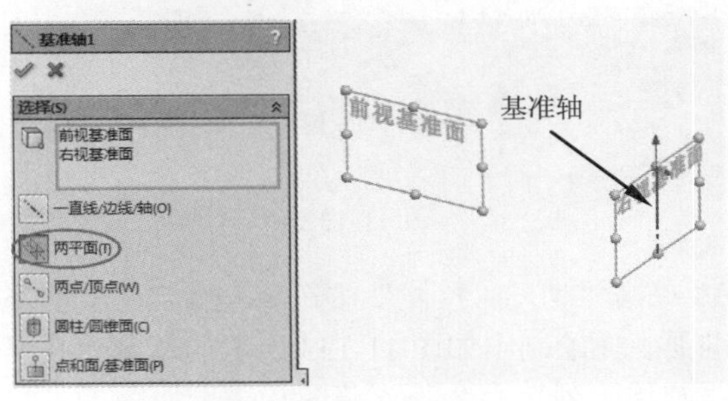


图 11-129

**05** 执行“圆周阵列”命令，打开“圆周阵列 1”

面板。选择基座轴为阵列轴，输入实例数 7，在“实体”选项区选择“凸台 - 拉伸 1”作为要阵列的实体，最后单击“确定”按钮，创建圆周阵列，如图 11-130 所示。

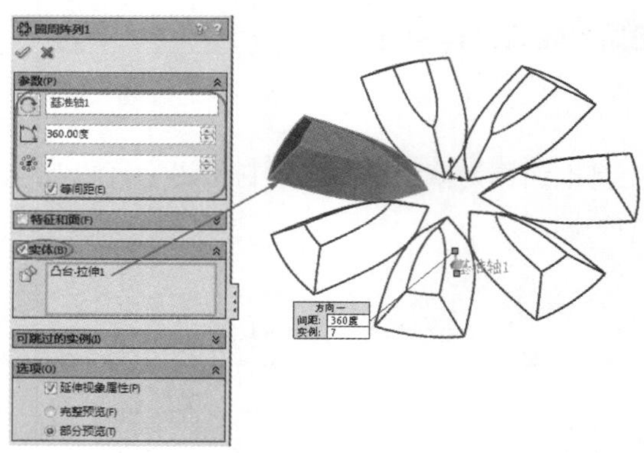

图 11-130

**06** 单击“旋转凸台 / 基体”按钮，在前视基准面上绘制旋转草图，如图 11-131 所示。

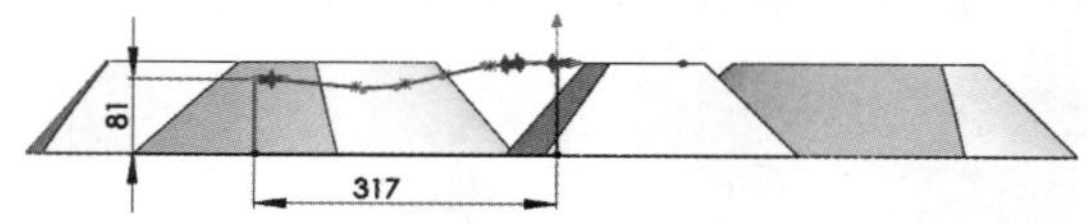


图 11-131

**07** 退出草图环境。在“旋转 1”面板上设置草图竖直的直线作为旋转轴，最终创建完成的旋转凸台，如图 11-132 所示。

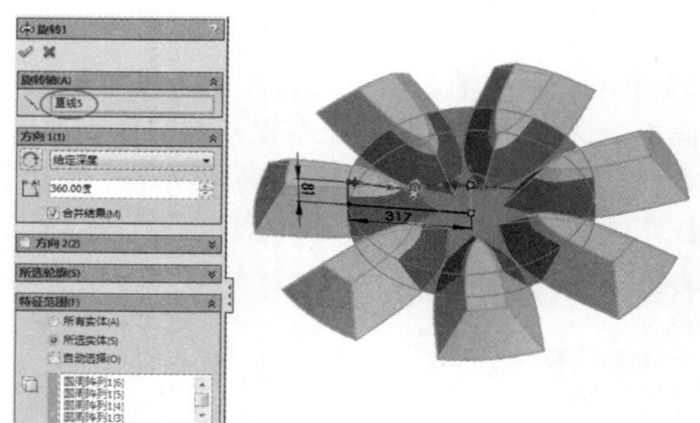

图 11-132

**08** 单击“切除 - 拉伸”按钮，然后在上视基准面上先绘制出如图 11-133 所示的草图。利用“圆周阵列”命令阵列草图，结果如图 11-134 所示。

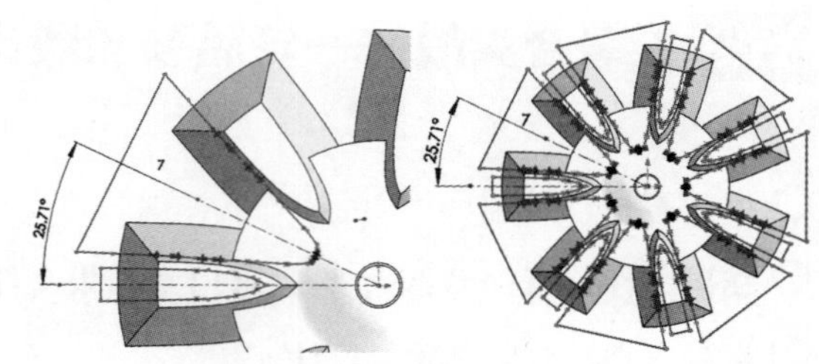


图 11-133　　图 11-134

**09** 退出草图环境，在“切除 - 拉伸 1”面板中设置“完全贯穿”切除类型，更改拉伸方向。单击“确定”按钮完成切除操作，如图 11-135 所示。

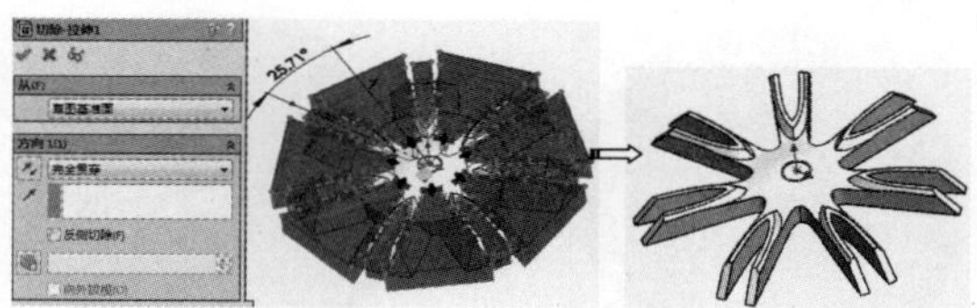

图 11-135

**10** 同理，再执行“切除 - 拉伸”命令，在前视基准面上绘制草图，如图 11-136 所示。

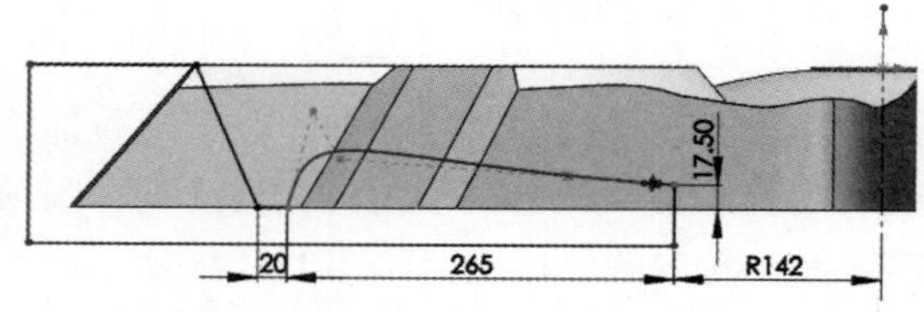


图 11-136

**11** 退出草图后，选择中心线为旋转轴，再单击“切除 - 拉伸 2”面板中的“确定”按钮，完成切除，如图 11-137 所示。

图 11-137

**12** 单击“旋转凸台 / 基体”按钮，在前视基准面上绘制草图，如图 11-138 所示。

**13** 退出草图环境后，在“旋转 2”面板中设置旋转轴，最后单击“确定”按钮完成旋转凸台的创建，如图 11-139 所示。

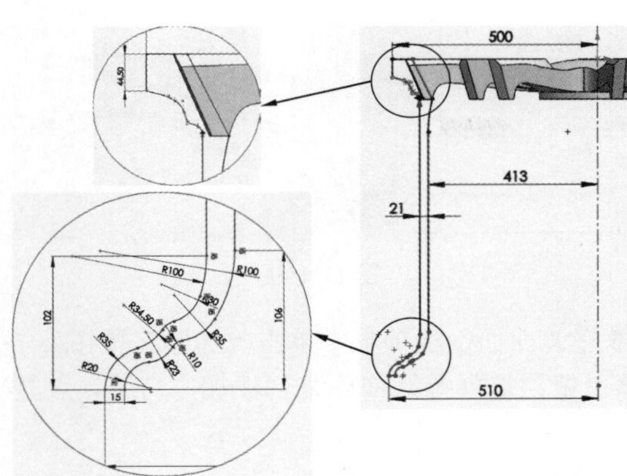

图 11-138

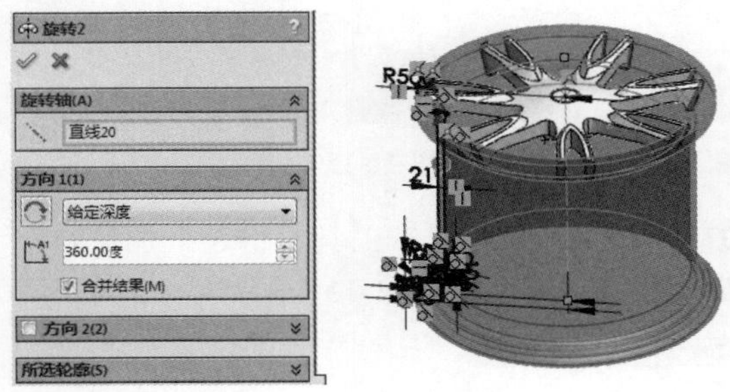

图 11-139

**14** 单击“旋转 - 切除”按钮，绘制如图 11-140所示的草图后，完成旋转切除特征的创建。

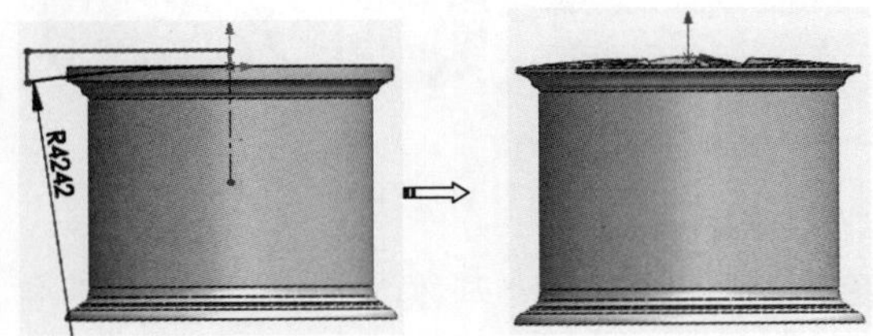

图 11-140

**15** 接下来利用“圆角”工具，对轮毂进行倒圆角处理，圆角半径均为 4，如图 11-141 所示。

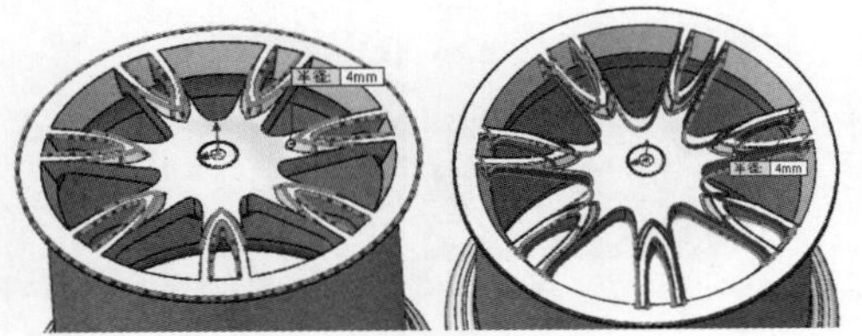

图 11-141

**16** 利用“切除 - 拉伸”工具，绘制如图 11-142 所示的草图，向下切除拉伸，距离为 80，完成切除拉伸特征的创建。

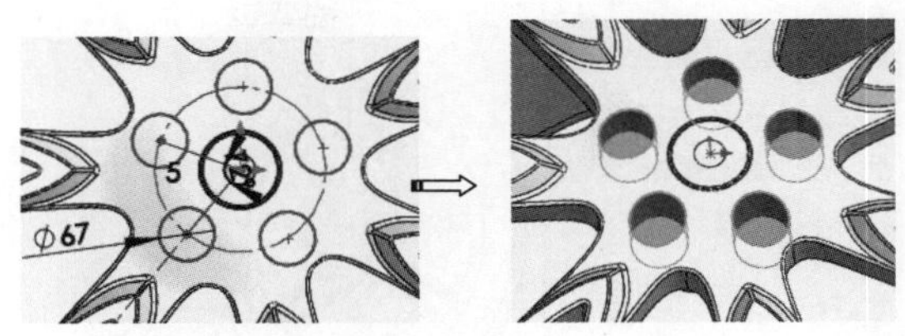

图 11-142

**17** 在切除拉伸特征上倒圆角，圆角半径为 4，如图 11-143 所示。

**18** 至此，轮毂设计完成，结果如图 11-144 所示。

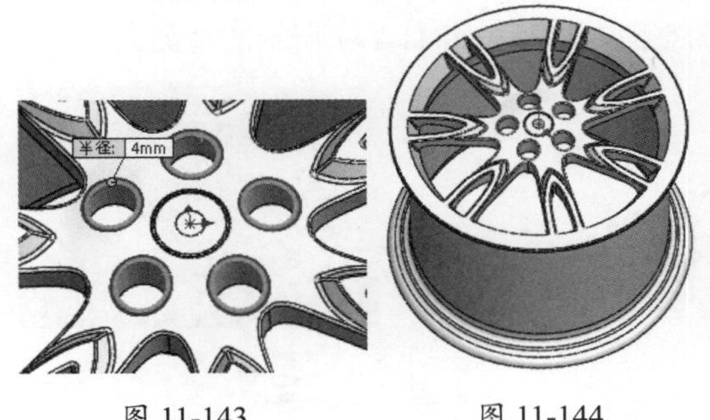

图 11-143　　图 11-144

## 11.3.2 轮胎设计

轮胎的设计稍微复杂，会用到部分曲面命令和形变命令。

**操作步骤**

**01** 利用“旋转凸台 / 基体”工具，在前视基准面上绘制草图，并完成旋转凸台的创建，如图 11-145 所示。

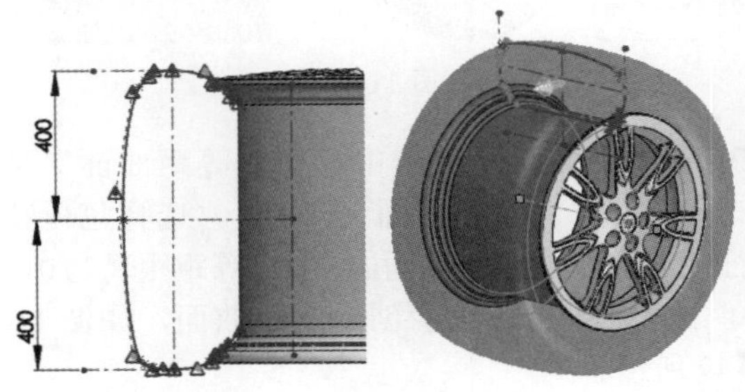

图 11-145

**02** 利用“基准面”工具，创建基准面 1，如图

11-146 所示。

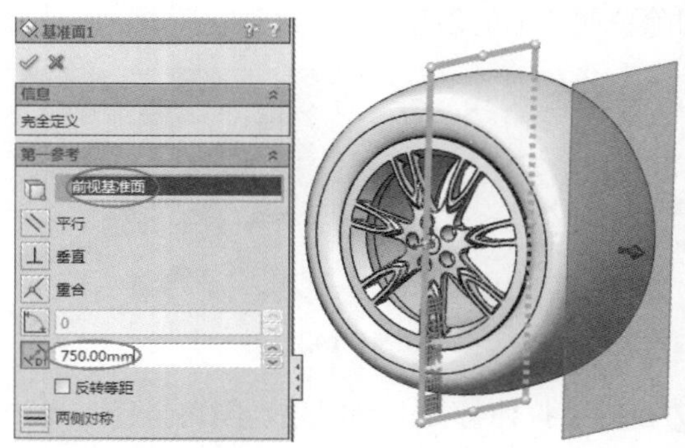

图 11-146

**03** 单击“包覆”按钮，选择基准面 1 作为草图平面，绘制如图 11-147 所示的草图。

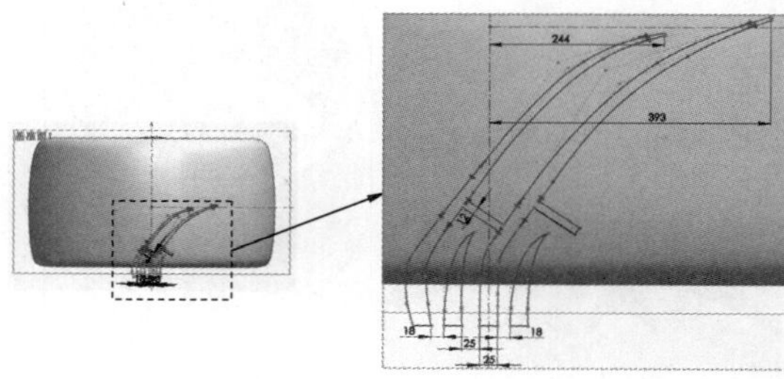

图 11-147

**04** 退出草图环境后，在“包覆 1”面板中选择“蚀雕”方法，并输入深度值 10，单击“确定”按钮，完成轮胎表面包覆特征的创建，如图 11-148 所示。

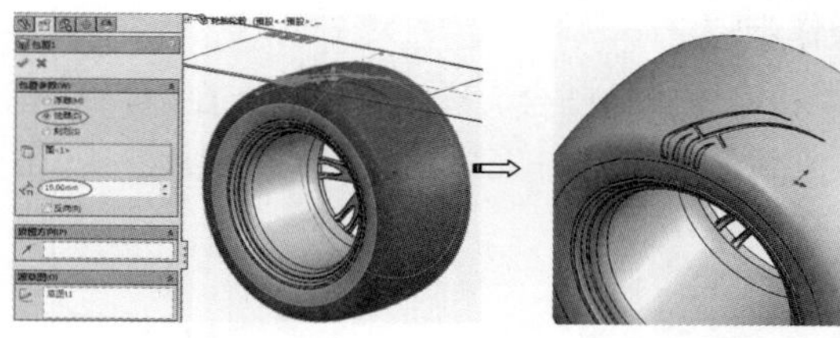

图 11-148

**05** 在“曲面”选项卡中单击“等距曲面”按钮，打开“等距曲面 1”面板。选择包覆特征的底面作为等距曲面的参考，等距距离为 0，单击“确定”按钮创建等距曲面，如图 11-149 所示。

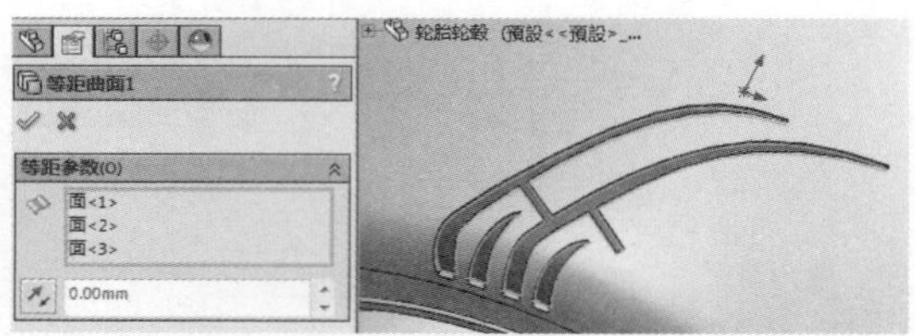

图 11-149

**06** 在“曲面”选项卡中单击“加厚”按钮，然后依次选择等距曲面来创建加厚特征，创建 3 个加厚特征，如图 11-150 所示。

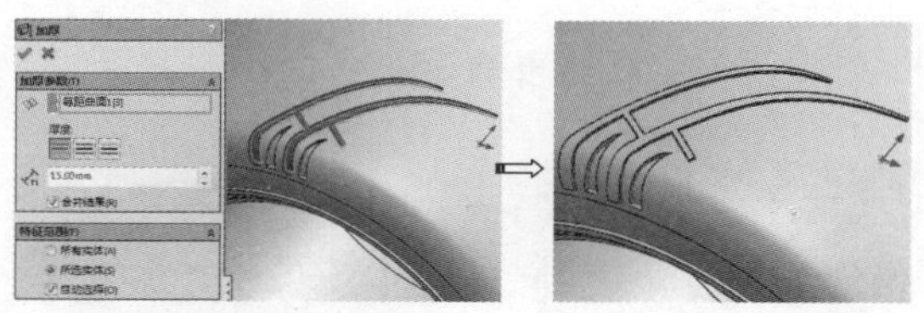

图 11-150

**07** 利用“圆周阵列”工具，将 3 个加厚特征进行圆周阵列，如图 11-151 所示。

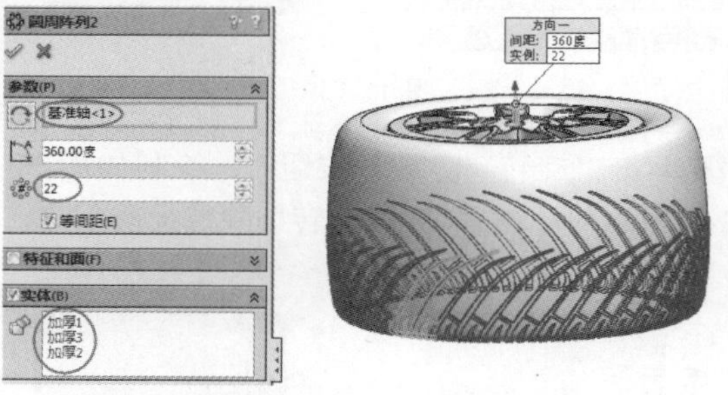

图 11-151

**08** 利用“旋转凸台 / 基体”工具，在前视基准面绘制草图（小矩形）后，完成旋转凸台的创建，如图 11-152 所示。

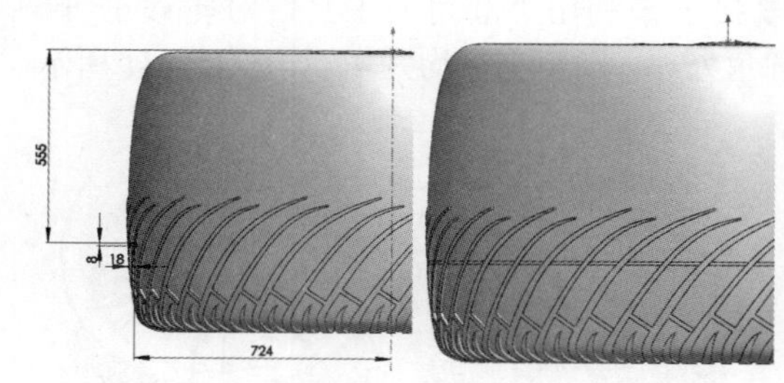

图 11-152

**09** 利用“基准面”工具创建基准面 2，如图 11-153 所示。

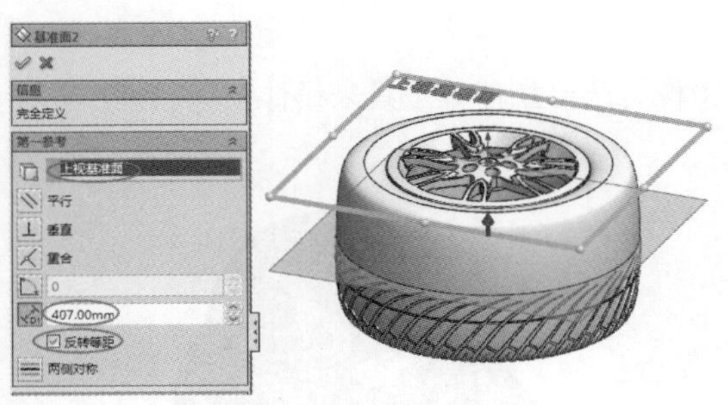

图 11-153

**10** 利用“镜像”工具，将前面创建的轮胎花纹全部镜像到基准面 2 的另一侧，如图 11-154 所示。

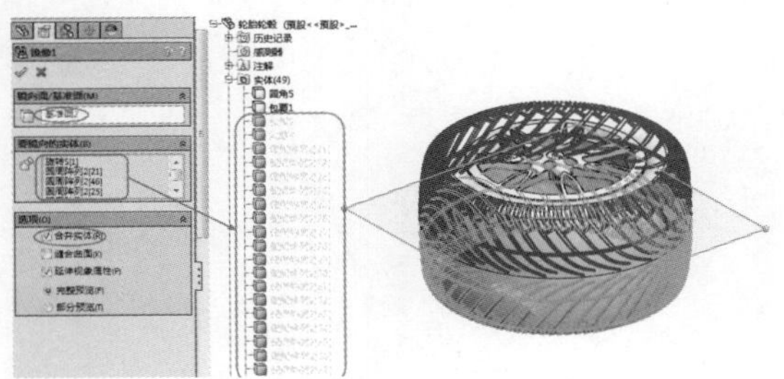

图 11-154

**11** 利用“等距曲面”工具，选择轮胎上的一个面来创建等距曲面，如图 11-155 所示。

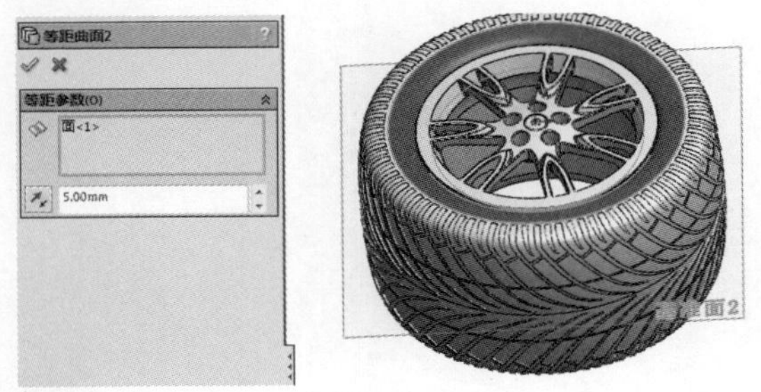

图 11-155

**12** 利用“拉伸凸台 / 基体”工具，在上视基准面绘制草图文字，如图 11-156 所示。

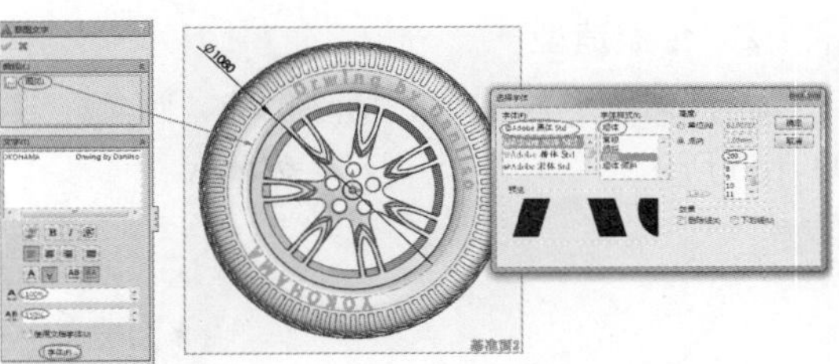

图 11-156

**13** 退出草图环境，在“凸台 - 拉伸 2”面板中设置拉伸参数，最后单击“确定”按钮✓创建文字实体特征，如图 11-157 所示。

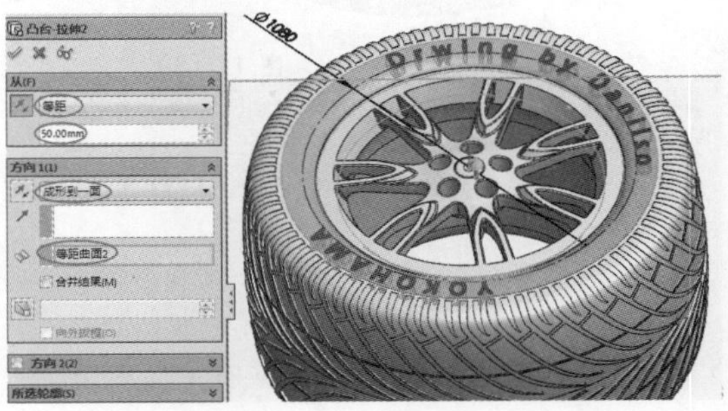

图 11-157

**14** 在菜单栏中执行“插入 | 特征 | 删除 / 保留实体”命令，将等距曲面 2 删除（上一步中作为成形参考的等距曲面），至此完成轮胎的设计，结果如图 11-158 所示。

图 11-158

**15** 最后将设计结果保存。

## 11.4 课后习题

### 1. 玩具飞机造型

本练习是利用拉伸、旋转、基准面、基准轴、放样曲面、圆周阵列、圆顶、扫描等工具来设计飞机的造型，如图 11-159 所示。

### 2. 企鹅造型

本练习将利用旋转、切除拉伸、圆角、放样、镜像、凸台拉伸等工具来设计企鹅造型，如图11-160 所示。

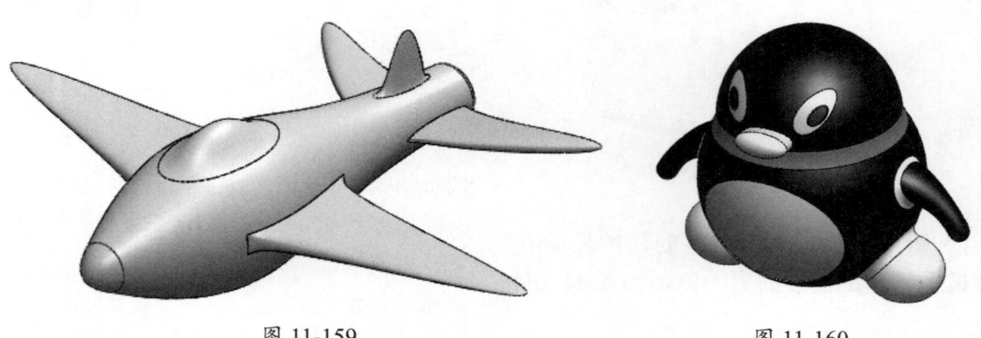

图 11-159　　图 11-160

# 第 12 章 特征编辑与操作

在 SolidWorks 2018 中，可以利用一些工具在已有模型的基础上进行二次建模与操作，以此来创建出结构与形状都比较复杂的模型。这些特征编辑与操作工具仅在创建基础模型后才变为可用，例如圆角、倒角、抽壳、拔模、阵列、复制、镜像等常见工具。本章将详细介绍这些功能的含义和具体的应用方法。

◆ 常规工程特征
◆ 特征阵列操作
◆ 复制与镜像操作
◆ 修改实体特征操作

## 12.1 常规工程特征

常规工程特征是指在机械零件设计中用来进行结构设计或满足零件铸造要求的功能特征。

### 12.1.1 圆角

圆角特征是在一条或多条边、边链或曲面之间添加半径创建的特征。在机械零件中，圆角用来完成表面之间的过渡，增加零件强度。

在功能区的“特征”选项卡中单击“圆角”按钮，打开“圆角”面板，如图 12-1 所示。

图 12-1

在“圆角类型”选项区中，有 4 种圆角类型，每种圆角类型的选项设置各不相同，下面详解。

#### 1. 等半径

要倒圆角的半径数值为恒定常数，如图 12-2 所示。其选项设置见图 12-1。“圆角项目”选项区参数详解如下。

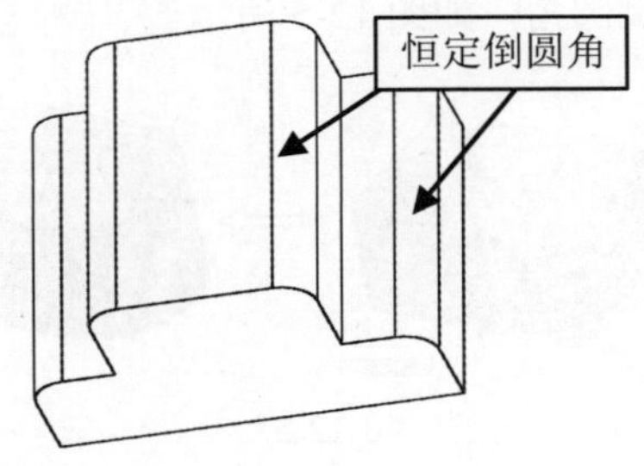


图 12-2

- 半径：此文本框用来输入圆角的半径值。
- 边线、面、特征：选择倒圆角对象。

#### 2. 变半径

倒圆角的半径是变化的，如图 12-3 所示。

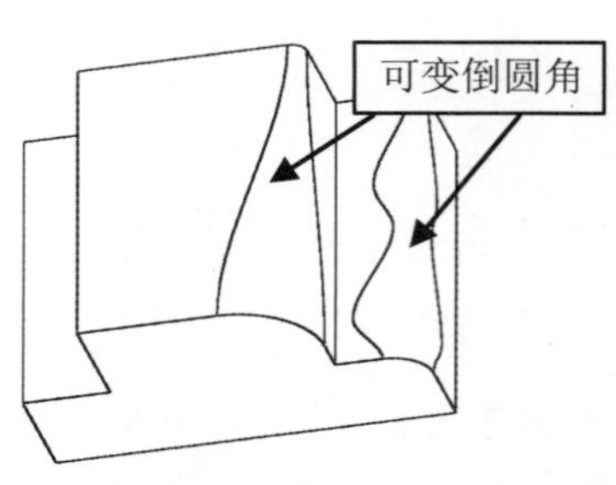


图 12-3

### 3. 面圆角

用于在两个相邻面的相交处创建圆角，如图 12-4 所示。

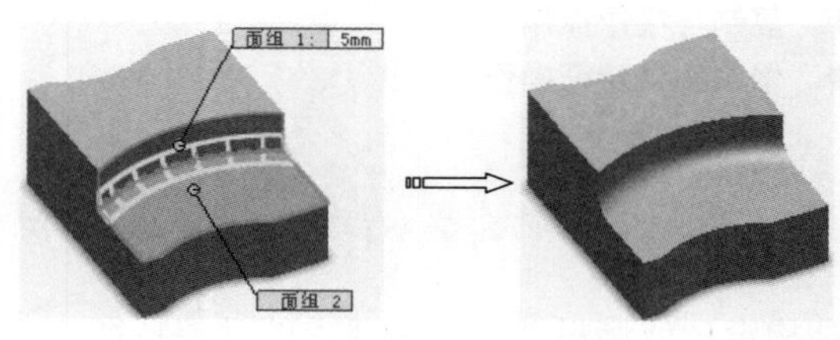


图 12-4

**技术要点：**

采用“面圆角”类型时，需要选择两个面（所选的两个面可以是平面或者曲面），并且这两个面相交，交线为一条直线段或曲线段。

### 4. 完整圆角

完整圆角针对相邻的 3 个实体表面对中间面整体倒圆角，如图 12-5 所示。

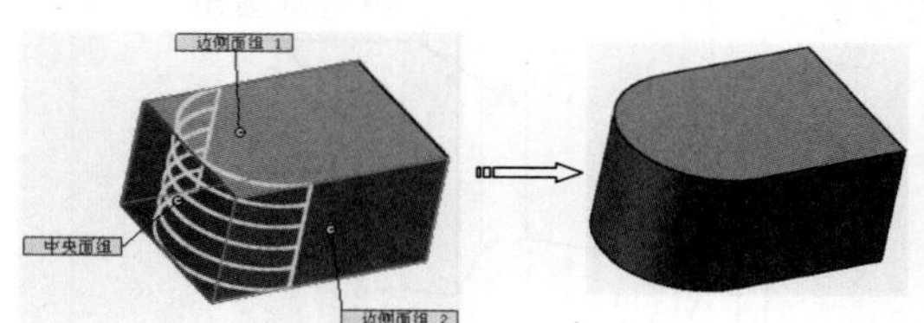

图 12-5

**技术要点：**

圆角特征的创建一般安排在零件建模后期，以免由于特征的修改及重定义等操作引起再生错误。一般而言，辅助特征的创建均安排在模型创建的后期阶段。

### 5. FilletXpert 圆角类型

通过 FilletXpert 圆角类型可以创建等半径圆角，也可以在勾选“多半径圆角”复选框后在一个特征中创建多个不同半径的圆角，并可对其中任意一个圆角对象的半径值进行修改，如图 12-6 所示。

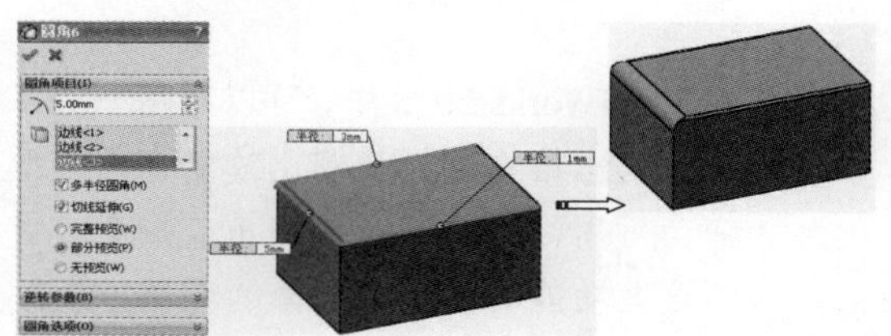

图 12-6

## 12.1.2 倒角

“倒角”是在所选的边线或者顶点上生成一个倾斜面的特征造型方法，它与“圆角”命令的使用方法及成形方式相似，差异在于“倒角”成形特征是直面，而圆角成形特征是圆弧面。工程上应用倒角一般是为了去除零件的毛边或者满足装配要求。

在“特征”选项卡中单击“倒角”按钮，弹出“倒角”面板如图 12-7 所示。可以对其中的参数进行设置来构建合理的倒角。

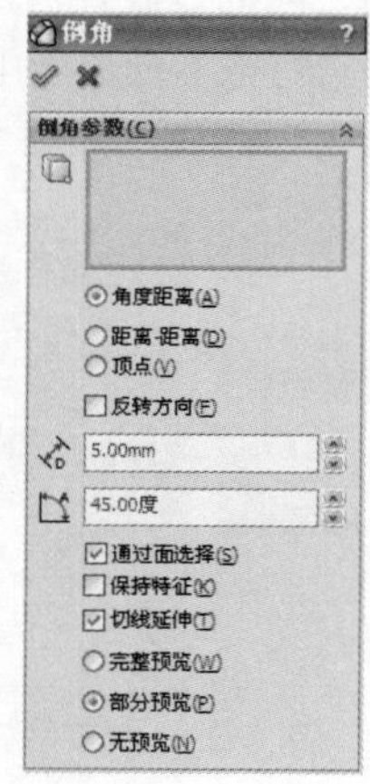


图 12-7

- 角度距离：输入一个角度和距离值来创建倒角，如图 12-7 所示。
- 距离 - 距离：用两个距离来创建倒角。
- 顶点：用 3 个距离来创建倒角，如图 12-8 所示。

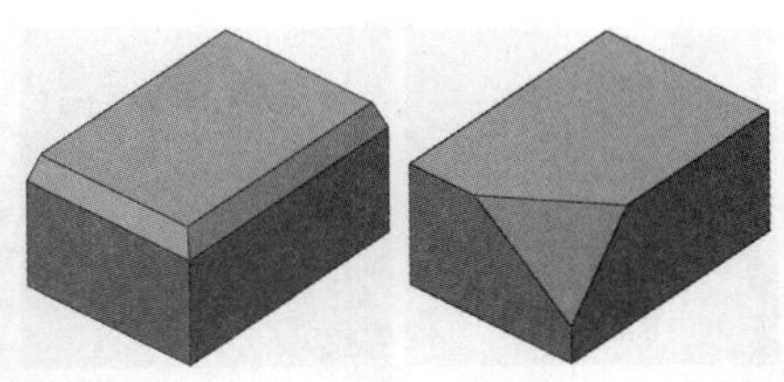

图 12-8

## 技术要点：

无论采用哪种倒角方式，倒角的距离不能超出基体模型的厚度或宽度。对于圆柱体，倒角距离不能超出圆柱的半径值。

- “反转方向”复选框：用于反转倒角方向。
- “距离”：应用到第一个所选的草图实体。
- “角度”：应用到从一个草图实体开始的第二草图实体。
- “通过面选择”复选框：选择该复选框后，通过隐藏边线的面选取边线。
- “保持特征”复选框：选择该复选框后，系统将保留无关的拉伸凸台等特征。如图 12-9 显示了保持特征前后的差异。

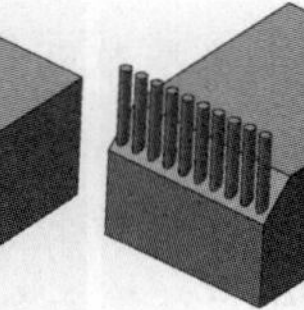

原始零件　　未选择“保持特征”选项　　选择“保持特征”选项

图 12-9

- “切线延伸”复选框：选择该复选框后，所选边线延伸至被截断处。
- “完整预览”复选框：选择该复选框表示显示所有边线的倒角预览。
- “部分预览”复选框：选择该复选框表示只显示一条边线的倒角预览。
- “无预览”复选框：选择该复选框，将不会产生倒角预览。

## 技术要点：

对于倒角和圆角命令的使用，用户可以借助于系统的智能选取提示，快速选择待倒角/圆角的边线。如图12-10所示的倒角边线中，选择长方体的一条竖直边线后，系统弹出“连接到开始面，3边线”和“特征内部，11曲线”两个智能选取推断按钮，通过单击该按钮可以快速选择被倒角/圆角边线，而无须逐条选取。

图 12-10

## 技术要点：

对于倒角和圆角，用户可借助于系统快捷键进行复制粘贴操作。如图12-11所示，首先选择圆角/倒角，按快捷键Ctrl+C，然后选择待圆角/倒角对象，最后按下快捷键Ctrl+V即可完成倒角和圆角的复制粘贴。

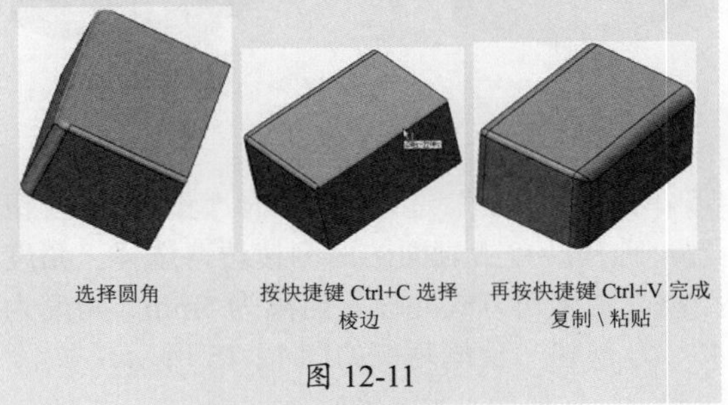

选择圆角　　按快捷键 Ctrl+C 选择棱边　　再按快捷键 Ctrl+V 完成复制\粘贴

图 12-11

### 动手操作——倒角与圆角操作

**操作步骤**

**01** 新建零件文件。

**02** 利用“拉伸凸台 / 基体”命令，在前视基准面上创建如图 12-12 所示的拉伸凸台。

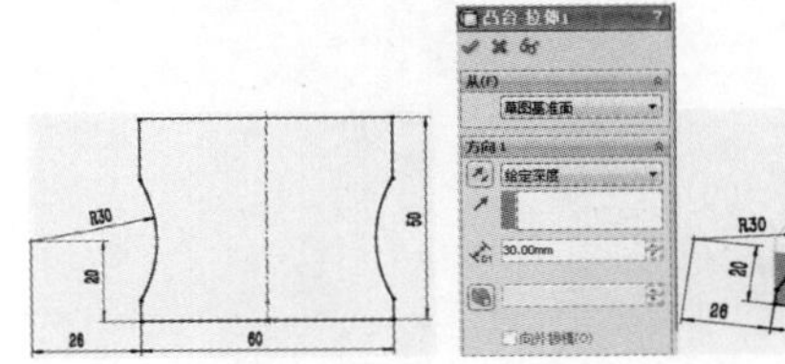


图 12-12

**03** 在图形区选择凸台的上表面为绘图平面，绘制半径为 $R50$ 的圆弧，并将其封闭。在特征选项卡中单击“切除 - 拉伸”按钮，完成凸台切除，如图 12-13 所示。

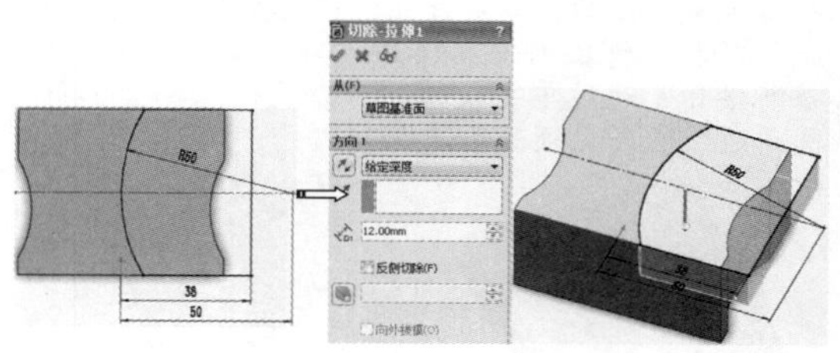

图 12-13

**04** 在“特征”选项卡中单击“圆角”按钮，设置圆角半径为 5mm，依次选择凸台台阶面和竖直面，创建面圆角，如图 12-14 所示。

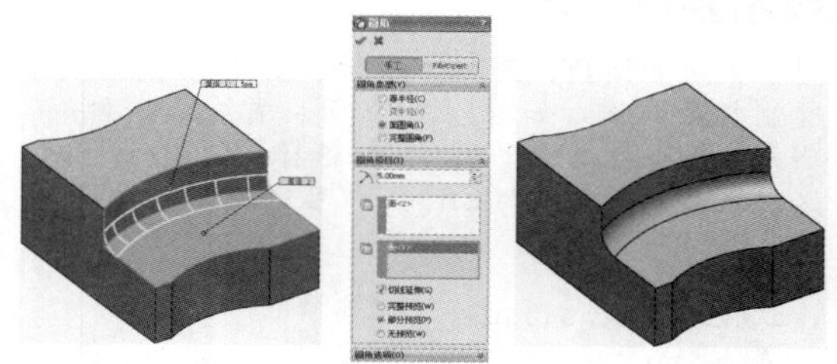

图 12-14

**05** 单击“特征”选项卡中的“倒角”按钮，选择凸台上表面的两侧棱边，选择“角度距离”的倒角方式并设置距离为 5mm、角度为 45°，创建凸台倒角，如图 12-15 所示。

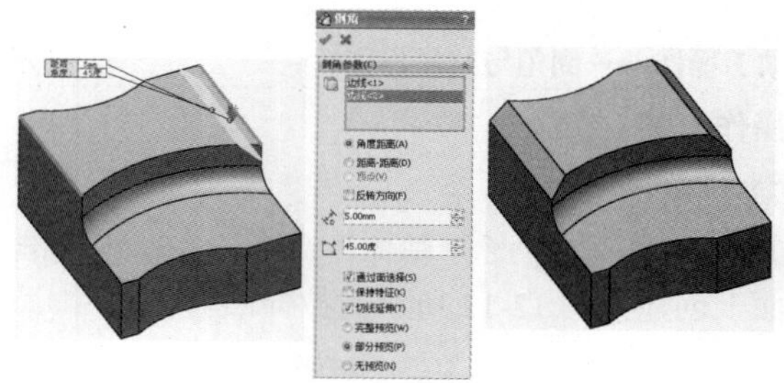

图 12-15

### 12.1.3 筋

“筋”特征是用添加材料的方法来加强零件强度，用于创建附属零件的辐板或肋片，如图 12-16 所示。

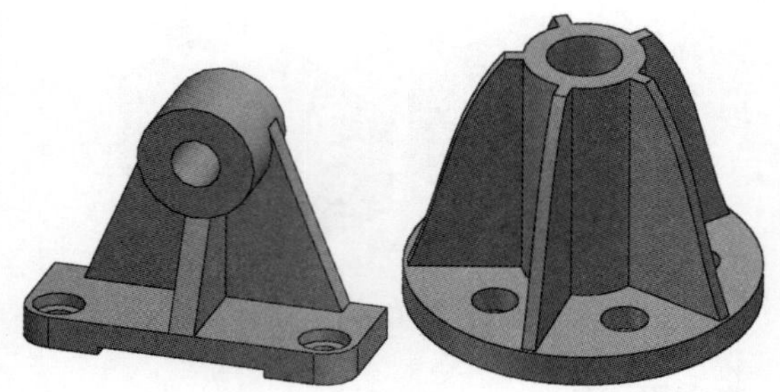

图 12-16

在“特征”选项卡中单击“筋”按钮，显示如图 12-17 所示的提示窗口，要求用户选择一个基准面或者已有平面、边线来绘制“筋”特征的横断面，或者选择一个已有草图作为特征横断面。

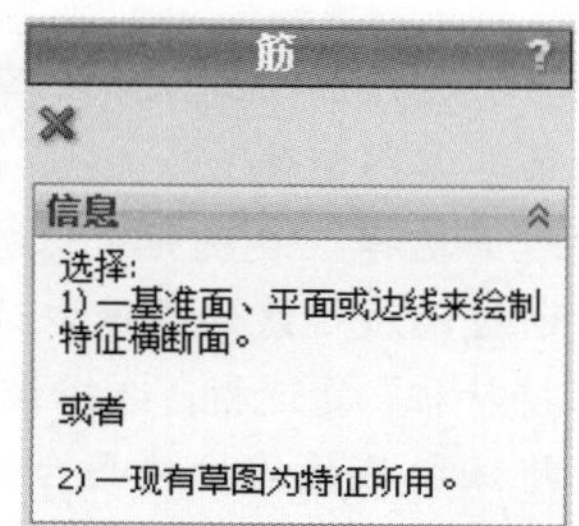


图 12-17

用户选择草图片面并完成草图绘制且退出草图后，系统弹出“筋 7”面板，并在图形区域中显示出预览效果。用户设置相应参数后，确认退出“筋”命令，即可完成筋特征的创建，如图 12-18 所示。

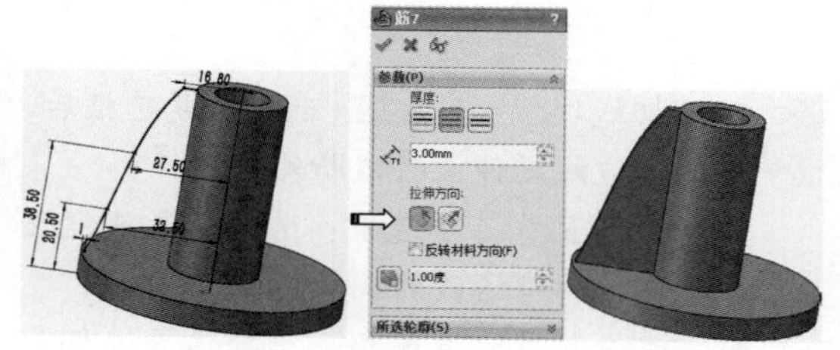

图 12-18

“筋”命令参数详解如下。

- “参数”选项区域：用于为筋特征设置相关参数。
  - ➢ 厚度：可添加厚度到所选草图边上。
  - ➢ 拉伸方向、：设置筋的生长方向。

➢ “反转材料方向”复选框：该选项用于更改轮廓拉伸方向。

- 拔模：该选项用于激活拔模或者关闭拔模，用于生成带有拔模斜度的筋。其中的“向外拔模”用于更改拔模的方向。
- “所选轮廓”选项：用于需要为草图中的多个线条筋设置拉伸参数。

**动手操作——筋操作**

操作步骤

**01** 新建零件文件。

**02** 在前视基准面上创建草图，利用“拉伸凸台/基体”命令，并设置拉伸深度为50mm，两侧对称的拉伸方式，完成凸台的生成，如图12-19所示。

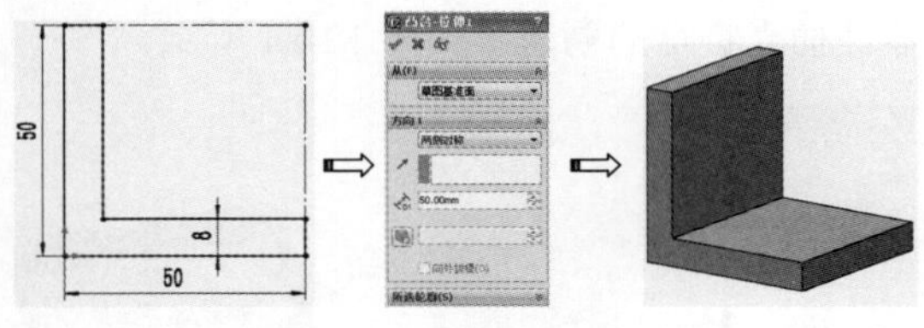


图 12-19

**03** 在前视基准面上绘制草图，使用样条曲线绘制草图并标注尺寸，如图12-20所示。

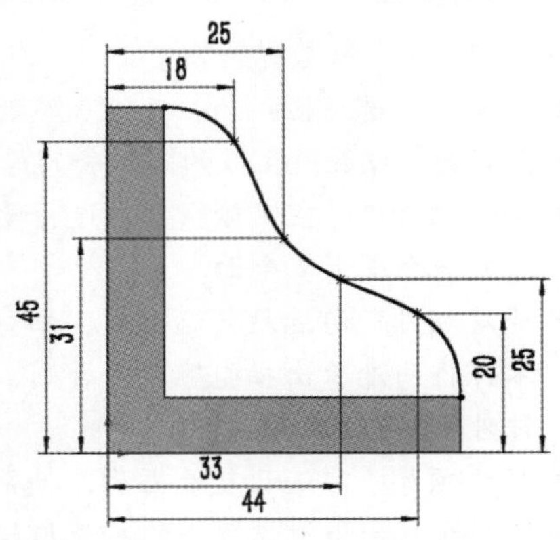


图 12-20

**04** 在“特征”选项卡中单击“筋”按钮，在弹出的“筋1”面板中选择“两侧”生成方式，并设置筋的厚度值为7mm，选择正确的方向后生成筋，如图12-21所示。

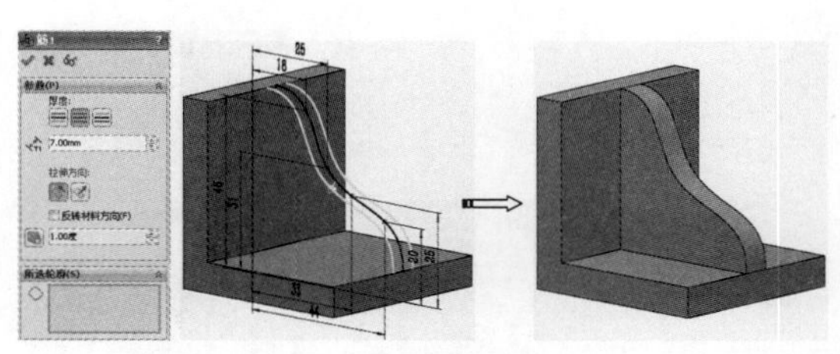

图 12-21

## 12.1.4　拔模

拔模特征在前面讲解“拉伸凸台/基体”命令时曾提到，它是以特定的角度逐渐缩放截面的特征，主要用于模具和铸件的零件设计。

拔模可用在创建零件特征的时候，利用该特征面板自带的拔模命令进行拔模操作，例如“拉伸凸台/基体”和“筋”等命令自带“拔模”特征；也可对已有的特征进行拔模操作，单击“特征”选项卡中的“拔模”按钮，然后选择要拔模的特征，设置相应参数即可。如图12-22所示为拔模特征类型效果对比。

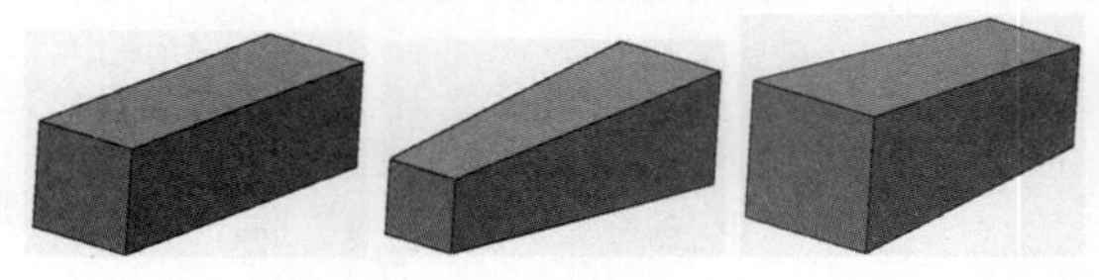

图 12-22

### 1．拔模面板切换

切换“添加”面板和DraftXpert面板。

- 手工：控制特征层次。
- DraftXpert：自动测试并找出拔模过程的错误。

### 2．DraftXpert 选项

DraftXpert选项介绍如下。

- 添加：生成新的拔模特征。
- 更改：修改拔模特征。

### 3．参数详解

“拔模”面板如图12-23所示，选择“手工”选项卡和DraftXpert选项卡时界面不同。

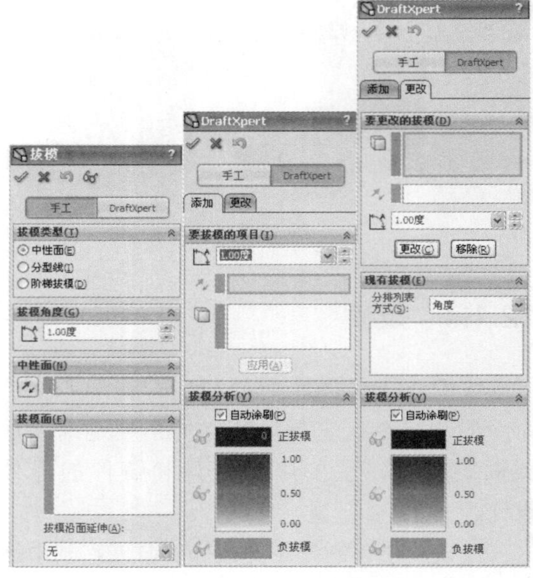


图 12-23

**技术要点：**

“拔模”特征主要用于模具设计。通常为了使型腔零件容易脱出模具，一般将零件的直面改为一定角度斜面的方法，在特征造型中对应的方法就是“拔模”。拔模特征所生成的斜面与直面之间的夹角称为“拔模角度”。

主要参数详解如下。

- “拔模类型”选项：选择拔模类型，包括“中性面”“分型线”和“阶梯拔模”。
- “拔模角度”选项：在文本框中输入要生成拔模的角度。
- “中性面”选项：决定模具的拔模方向。
- “拔模面”选项：选择被拔模的面。
- “要拔模的项目”选项：设置拔模的角度、方向等参数。
- “拔模分析”选项：核定拔模角度、检查面内角度，并找出零件的分型线、浇注面和出胚面等。
- “要更改的拔模”选项：设置拔模角度、方向等参数。
- “现有拔模”选项：根据角度、中性面或者拔模方向，过滤所有拔模。

## 12.1.5 抽壳

抽壳是从实体零件移除材料来生成一个薄壁特征零件，抽壳根据掏空零件，使所选择的面敞开，在剩余的面上留下指定壁厚的壳。若为选择实体模型上的任何面，实体零件将被掏空成一个闭合的模型。

默认情况下，抽壳创建的实体具有相同壁厚，用户可以单独指定某些表面的厚度，从而创建出壁厚不等的零件模型。

### 1. 启动“抽壳”命令

单击“特征”选项卡中的“抽壳”按钮，在弹出的“抽壳1”面板中选择移除的面，并输入厚度值后，单击“确定”按钮，完成零件抽壳特征的创建，如图12-24所示。

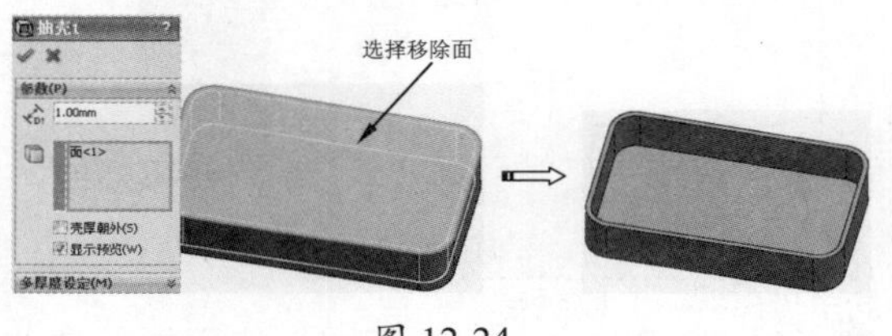


图 12-24

### 2. 参数详解

“抽壳”命令参数详解如下。

- “参数”选项区：为抽壳设置参数。
- 厚度：设置所生成的零件壳的厚度。
- 移除的面：在实体模型中选择要被移除的一个或者多个面。
- 壳厚朝外：勾选此复选框后，抽壳后的零件将向外长出抽壳厚度，否则，在零件外轮廓内完成抽壳。
- 显示预览：勾选此复选框后，抽壳过程中将预览出当前设置下的抽壳形状，否则不显示预览。
- “多厚度设置”选项：生成所有要保留面且具有不同厚度的抽壳特征。
- 多厚度：设定要保留的所有面的厚度。
- 多厚度面：选择模型中要保留的所有面。

### 3．多厚度抽壳创建

一般情况下，创建抽壳零件时选择一个移除和一个厚度。有时为了建模需要，需要创建多厚度抽壳，选择多个移除面时其操作与前面的相同厚度抽壳操作相似：首先选择待移除面并输入抽壳厚度值；展开"多厚度设定"选项区，在零件上非移除面中选择一面，并输入该面对应的厚度值。同理，选择其他不同厚度的面，并输入对应面的对应厚度，单击"确定"按钮，完成多厚度抽壳特征的创建，如图 12-25 所示。

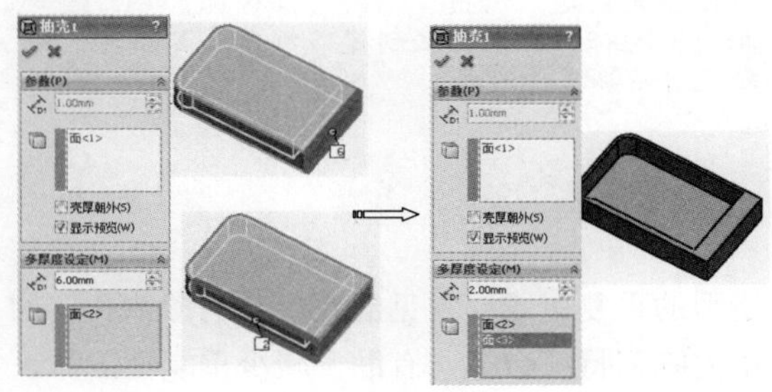

图 12-25

**动手操作——拔模与抽壳操作**

操作步骤

**01** 新建零件文件。

**02** 以上视基准面作为绘图平面，绘制长、宽分别为 80mm、50mm 的中心矩形，并分别经过矩形的 4 个端点绘制 4 条圆弧，添加对边圆弧相等的几何关系，并标注尺寸，如图 12-26 所示。

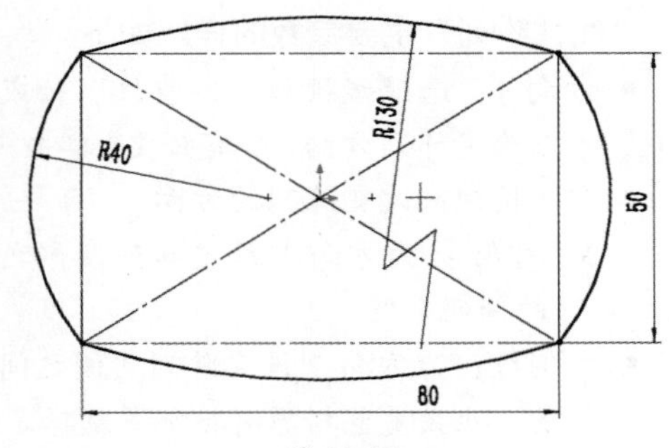


图 12-26

**03** 在"特征"选项卡中单击"拉伸凸台 / 基体"按钮，在弹出的"凸台 - 拉伸 1"面板中选择"给定深度"的拉伸方式并输入深度值为 50mm。单击"拔模开 / 关"按钮，将拔模打开，输入拔模角度值 3°，并勾选"向外拔模"复选框，即可在图形区域预览出拉伸拔模实体形状，如图 12-27 所示。

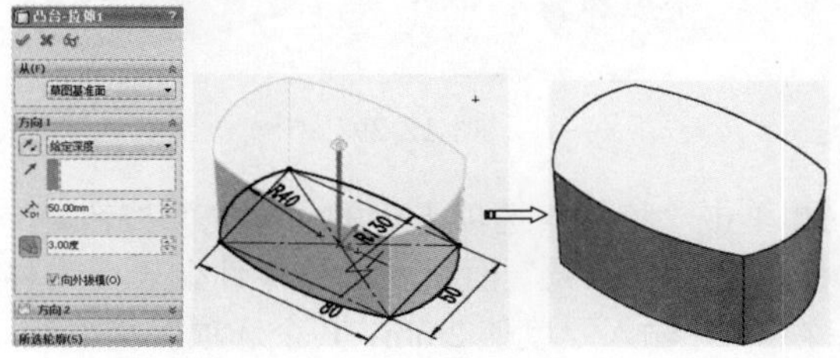

图 12-27

**技术要点：**

在实际设计中，拔模的角度往往比较小，塑料模为3°～10°，若方向与所求相反需要勾选"向外拔模"复选框。由于角度小，观察拔模方向较为困难时，用户可以将拔模角度增大至方便辨别方向，且设置正确拔模方向后，再改回正确的拔模角度。

**04** 在"特征"选项卡中单击"圆角"按钮，保持默认的"等半径"圆角方式，并输入圆角半径为 10mm，选择零件侧边的一条边线后，在出现的提示图标中选择前者"连接到开始面，3 边线"，快速选择所需圆角对象，完成侧边圆角特征的创建，如图 12-28 所示。

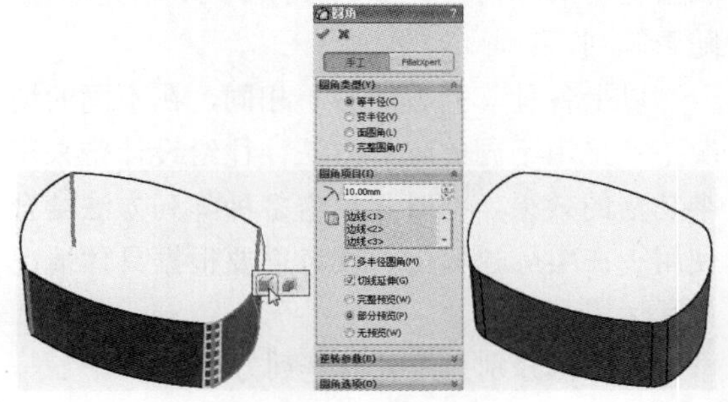

图 12-28

**05** 同理，按 Enter 键重复上次使用的命令——圆角，设置圆角半径为 5mm，完成底边圆角的创建，如图 12-29 所示。

图 12-29

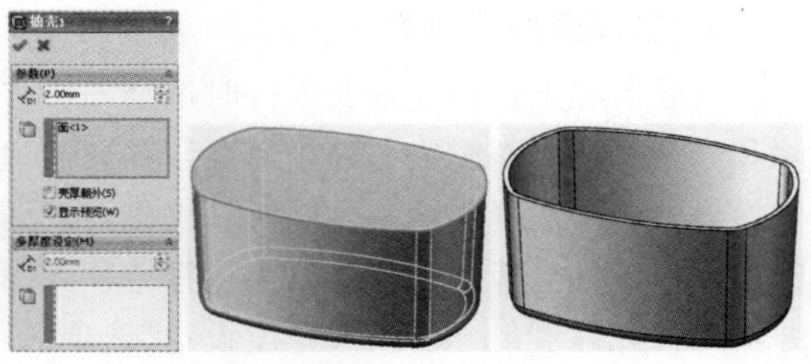


图 12-30

**06** 单击“特征”选项卡中的“抽壳”按钮，在弹出的“抽壳”面板中选择零件上表面为移除面，并输入厚度值2mm，其余选项保持默认，完成零件抽壳特征的创建，如图 12-30 所示。

**技术要点：**

“抽壳”特征一般安排在特征“拔模”的后期，以免抽壳后其他特征对其造成破坏。当模型创建中同时包含“圆角”“倒角”和“抽壳”特征时，应先创建“倒角”“圆角”特征，再创建“抽壳”特征，否则无法创建“倒角”“圆角”特征或者破坏零件厚度。

## 12.2 特征阵列操作

在产品特征建模中，经常会出现一些基本特征造型的重复生成，常见的有产品的散热孔、加强筋、螺钉孔、铆螺柱、元器件槽口等。采用软件中的阵列特征命令，有助于减少重复性工作，提高工作效率。

在 SolidWorks 软件中，阵列设计的方法包含规则阵列和不规则阵列。其中规则阵列包括：线性阵列和圆周阵列。

而不规则阵列则包括：曲线驱动的阵列、表格驱动的阵列、草图驱动的阵列、填充阵列、随形阵列。

以上各种阵列方法各不相同，在不同的情况下，采用不同的阵列方法往往给设计带来事半功倍的效果。有时，也将多种阵列方法结合使用。在实际建模中，读者需要根据具体情况灵活运用。

下面将分别介绍各种阵列方法。

### 12.2.1 线性阵列

线性阵列用于在线性方向上生成相同的特征，激活“线性阵列”命令后，弹出“线性阵列”面板，如图 12-31 所示。

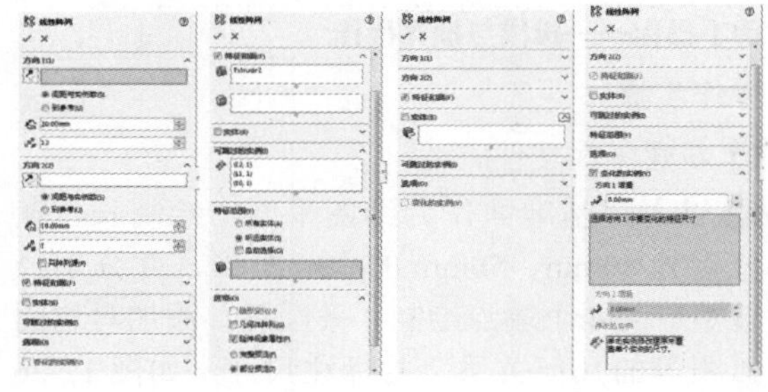

图 12-31

“线性阵列”主要参数的详解如下。

- 方向 1：选择线性边线、直线、轴或尺寸来确定阵列方向。如有必要，单击“反向”按钮来改变阵列的方向。
  - ➢ 间距：为方向 1 设定阵列实例之间的间距。
- 实例数：为方向 1 设定阵列实例之间的数量，此数量包括原有特征或选择。
- 方向 2：以第二方向生成阵列。
  - ➢ 阵列方向：为方向 2 阵列设定方向。
  - ➢ 间距：为方向 2 设定阵列实例之间的

间距。

- ➢ 实例数：为方向 2 设定阵列实例之间的数量。
- ➢ 只阵列源：只使用源特征而不复制方向 1 的阵列实例，在方向 2 中生成线性阵列。

- “要阵列的特征”选项区：使用选择的特征作为源特征来生成阵列。
- “要阵列的面”选项区：使用构成源特征的面生成阵列。在图形区域中选择源特征的所有面。这对于只输入构成特征的面，而不是特征本身的模型很有用。当使用要阵列的面时，阵列必须保持在同一面或边界内，它不能跨越边界。例如，横切整个面或不同的层（如凸起的边线），将会生成一条边界和单独的面，阻止阵列延伸。
- “要阵列的实体”选项区：使用在多实体零件中选择的实体生成阵列。
- “可跳过的实例”选项区：在生成阵列时，跳过在图形区域中选择的阵列实例。当将鼠标指针移动到每个阵列实例时，单击以选择阵列实例。阵列实例的坐标出现在图形区域中及可跳过的实例之下。若想恢复阵列实例，再次单击图形区域中的实例标号。
- 特征范围：通过选择选项下的几何体阵列，并使用特征范围来选择哪些实体应包括特征，将特征应用到一个或多个多实体零件。添加这些特征之前必须先生成想为多实体零件添加特征的模型。
  - ➢ 所有实体：在每次特征重新生成时，将特征应用到所有实体。如果将被特征所交叉的新实体添加到模型上，则这些新的实体也被重新生成，以包括特征在内。
  - ➢ 所选实体：将特征应用到选择的实体。如果将被特征所交叉的新实体添加到模型上，需要使用编辑特征来编辑阵列特征，选择这些实体，并将它们添加到所选实体清单中。如果不将新实体添加到所选实体清单中，则它们将保持完整。
  - ➢ 自动选择(在单击所选实体时可用)：当首先以多实体零件生成模型时，特征将自动处理所有相关的交叉零件。“自动选择”比“所有实体”要快，因为它仅处理初始清单上的实体，并不重新生成整个模型。如果单击所选实体并消除自动选择，必须从图形区域选择想包括的实体。
- 受影响的实体（在消除选取自动选择时可用）：选择在图形区域受影响的实体。
  - ➢ 随形变化：允许重复时阵列更改。
  - ➢ 几何体阵列：只使用特征的几何体（面和边线）来生成阵列，而不阵列和求解特征的每个实例。几何体阵列选项可以加速阵列的生成与重建。对于与模型上其他面共用一个面的特征，不能使用几何体阵列选项。
  - ➢ 延伸视象属性：将 SolidWorks 的颜色、纹理和装饰螺纹数据延伸给所有阵列实例。

**技术要点：**

线性阵列用于跟所选参考平行的方向生成多个复制实体，若要生成倾斜实体，可以首先生成辅助的参考倾斜，如一定角度的直线段等，然后再使用“线性阵列”命令。

**动手操作——线性阵列操作**

**操作步骤**

**01** 新建零件文件。

**02** 利用“拉伸凸台/基体”命令，在上视基准面上绘制一个长、宽分别为105mm、80mm的矩形，并创建如图12-32所示的拉伸凸台。

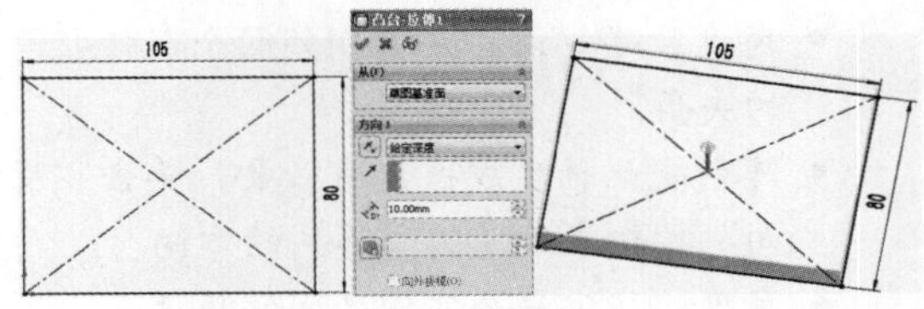


图 12-32

**03** 执行“拉伸凸台/基体”命令，以凸台上表面作为绘图平面，绘制外轮廓为正六边形内为空心的草图，并创建一个凸台，如图12-33所示。

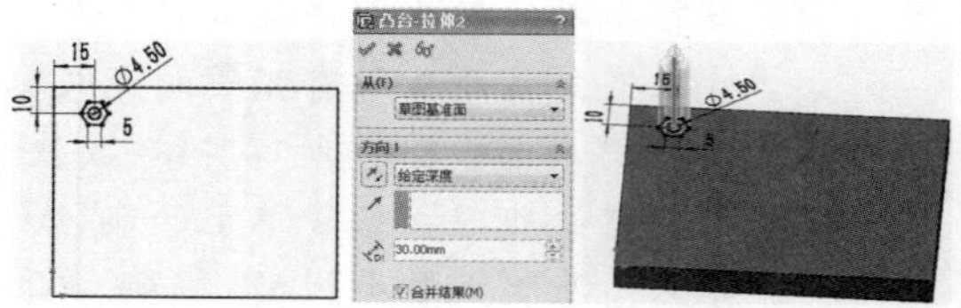

图 12-33

**04** 单击“线性阵列”按钮，选择小凸台作为要阵列的特征。选择第一个拉伸凸台的两条边分别为参考方向1和方向2，设置横向阵列间距为15、个数为6，设置竖向阵列间距为15、个数为5，最后单击“确定”按钮，完成阵列操作，结果如图12-34所示。

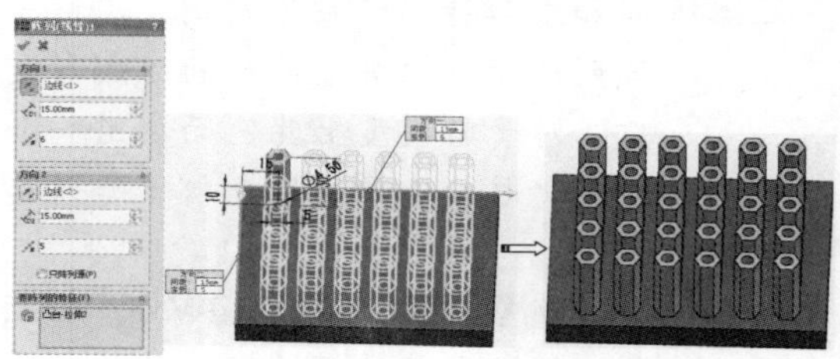

图 12-34

## 12.2.2 阵列（圆周）

需要选择特征和旋转轴（或边线），然后指定镜像对象生成总数及镜像对象的角度间距，或镜像对象总数及生成阵列的总角度。“阵列（圆周）”面板如图12-35所示。

阵列（圆周）主要参数的详解如下。

- 阵列轴：在图形区域中选取一实体，可以是基准轴、临时轴、圆形边线、草图直线、线性边线、草图直线圆柱面、曲面、旋转面或曲面。
- 角度尺寸：设置生成相邻两个实体之间的夹角。
- 阵列绕此轴生成：如有必要，单击“反向”按钮来改变圆周阵列的方向。
- 角度：指定每个实例之间的角度。
- 实例数：设定源特征的实例数。
- 等间距：设定总角度为360°，且阵列生成的实体均匀分布排列。

图 12-35

**动手操作——圆周阵列操作**

操作步骤

**01** 新建零件文件。

**02** 利用“旋转凸台/基体”命令，在上视基准面上创建草图，并完成如图12-36所示的旋转凸台。

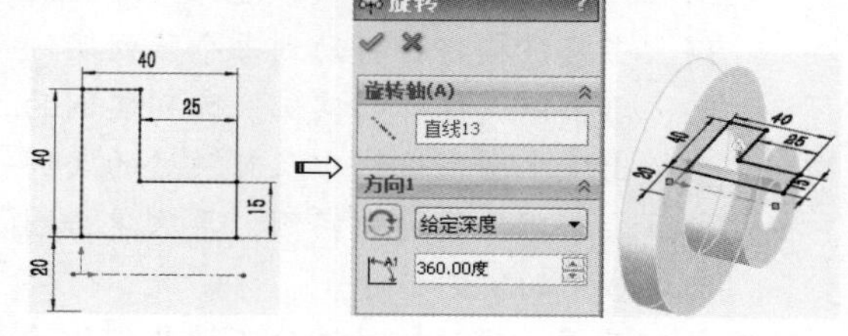


图 12-36

**03** 在“特征”选项卡中单击“异型孔向导”按钮，设置特性参数为M8的内六角圆柱头螺钉，选择凸台上表面单击确定3D草图的定位点，即可生成异型孔，如图12-37所示。

**04** 单击设计树中的“打孔尺寸根据内六角圆柱头螺钉的类型1”特征，展开出现的“3D草图1”和“草图2”。右击“3D草图1”，在弹出的快捷菜单中单击“编辑草图”按钮，并标注尺寸，确定异型孔的位置，如图12-38所示。

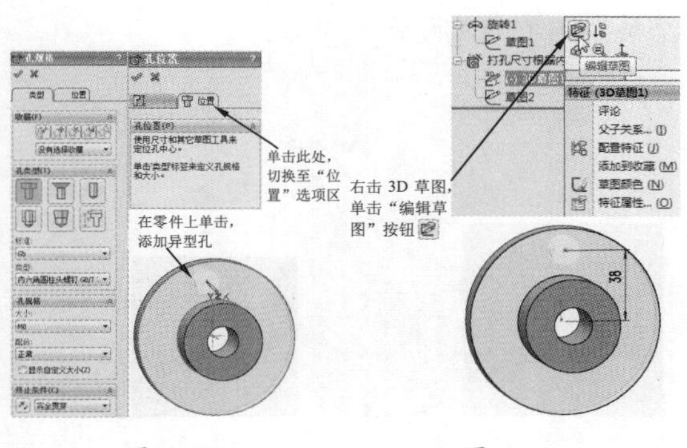


图 12-37　　　　图 12-38

**技术要点：**

3D草图进行尺寸标注时，需要选择正确的参考对象，否则可能标注的空间尺寸并非设计所需尺寸。

**05** 执行“插入”|“参考几何体”|“基准轴”命令，单击凸台内孔圆柱面后系统自动选择“圆柱/圆锥面”类型，完成基准轴的创建，如图 12-39 所示。

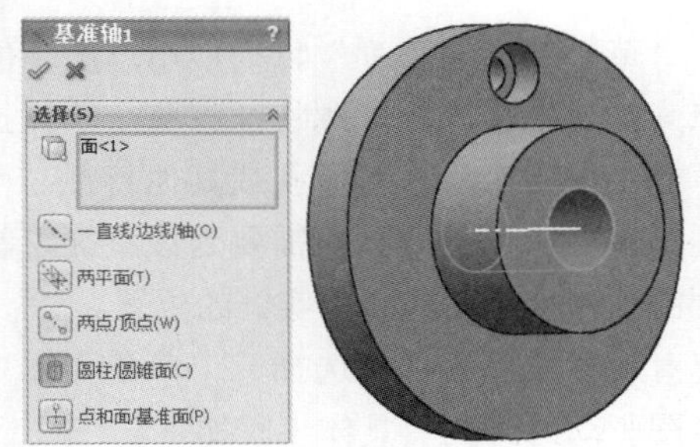

图 12-39

**06** 在“特征”选项卡中单击“圆周阵列”按钮，选择所创建的基准轴作为“阵列轴”，异型孔特征为“要阵列的特征”，设置“等间距”为 5，其余参数保持默认，完成异型孔的圆周阵列，如图 12-40 所示。

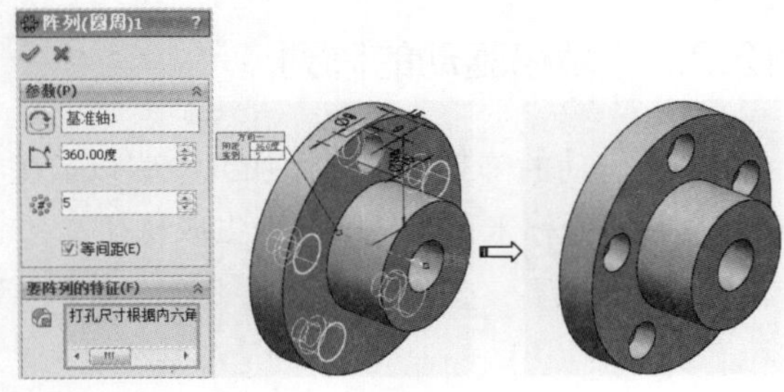

图 12-40

## 12.2.3　曲线驱动的阵列

曲线阵列可以沿着所选定的曲线方向生成实体。激活“曲线驱动的阵列”面板，如图 12-41 所示，选择特征和边线或阵列特征的草图线段，然后指定曲线类型、曲线方法和对齐方法，最后生成曲线阵列实体。

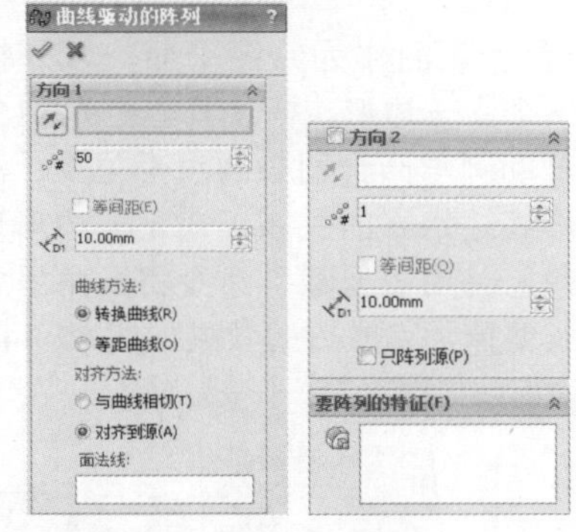

图 12-41

**动手操作——曲线驱动的阵列操作**

操作步骤

**01** 新建零件文件。

**02** 利用“拉伸凸台/基体”命令，在前视基准面上创建如图 12-42 所示的拉伸凸台。

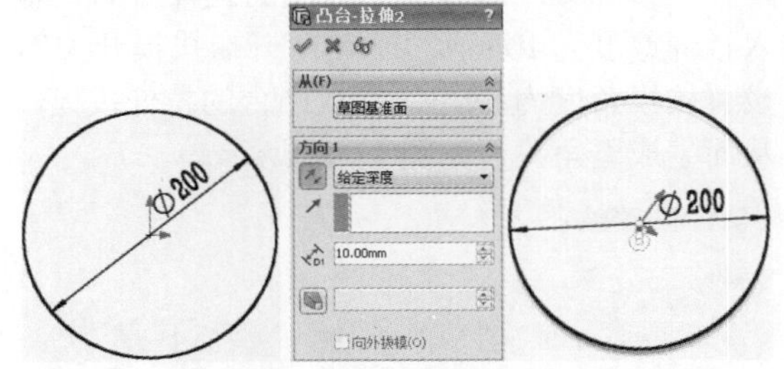

图 12-42

**03** 以凸台上表面作为绘图平面，绘制一个大圆，标注其直径为 ø200mm，然后绘制两个半圆阵列曲线，添加两个半圆圆心与大圆圆心共线关系，并添加该两个半圆相切的关系，完成后如图 12-43 所示，退出草图。

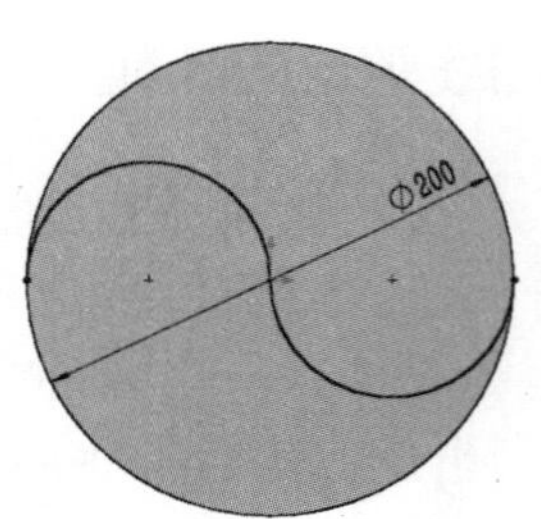


图 12-43

**04** 以凸台上表面作为绘图平面，以外接圆方式绘制一个正五边形，标注其直径为ø15mm，添加该辅助圆与凸台圆心的水平关系，添加该正五边形底边水平的关系，在正五边形顶点以直线连接，并用“剪裁”命令将五角星中间的多余线条剪掉，完成后的效果如图 12-44 所示。

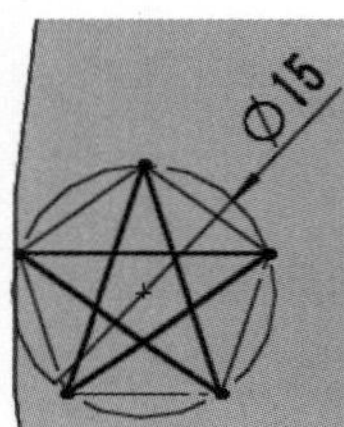

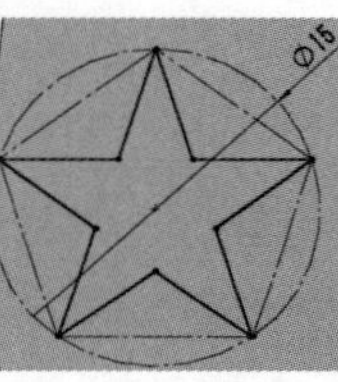


图 12-44

**05** 在不退出草图的情况下，单击“拉伸凸台/基体”按钮，选择给定深度的拉伸方式，输入拉伸厚度为10mm，并单击“开启拔模开关”，设置拔模角度为 50°，完成凸台的拉伸拔模，从而生成五角星，如图 12-45 所示。

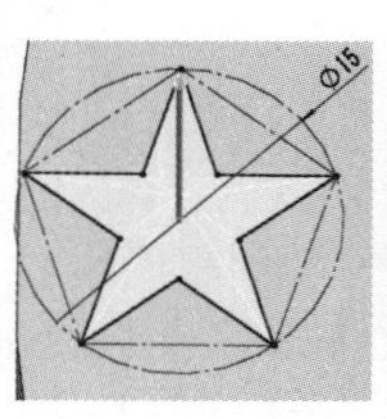

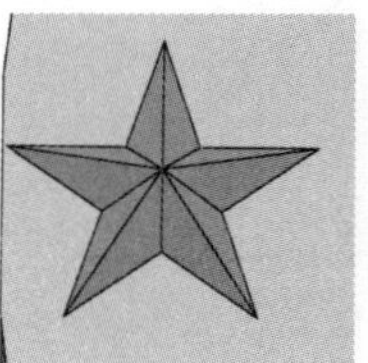

图 12-45

**06** 在“特征”选项卡中单击“曲线驱动的阵列”按钮，然后选择“草图 2”作为阵列方向参考，设置阵列个数为 11，再选择五角星作为要镜像的特征，最后单击“确定”按钮完成曲线阵列，结果如图 12-46 所示。

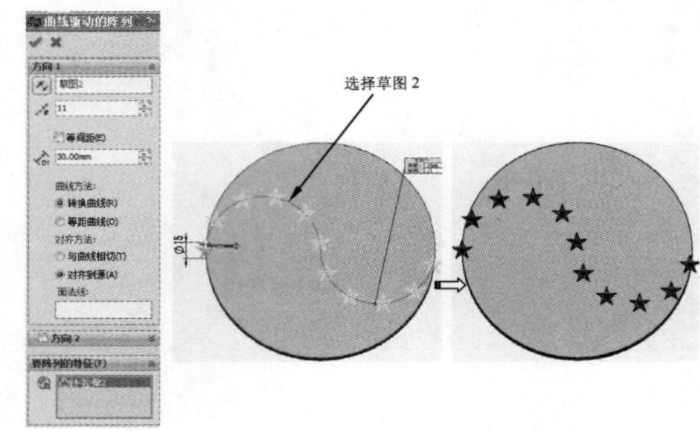


图 12-46

> **技术要点：**
> 选择阵列方向参考时，不要直接在模型上选择草图2。这样选择的结果是仅选择了草图2中的一段曲线。所以必须在图形区左上方展开设计结构树，然后选择“草图2”。

## 12.2.4 草图驱动的阵列

“草图驱动的阵列”特征使用草图中的草图点来指定特征阵列，源特征将整个阵列扩散到草图中的每个点。对于孔或其他特征，可以运用由草图驱动的阵列。需要为该特征绘制一系列的点，来指定阵列的实例的位置。

对于多实体零件，选择一个单独实体来生成草图驱动的阵列，具体步骤如下。

在零件的面上打开一个草图，在模型上生成源特征；选择“工具”|“草图绘制实体”|“点”命令，然后添加多个草图点来代表要生成的阵列；选择“插入”|“阵列/镜像”|“由草图驱动的阵列”命令；选择需要阵列的特征，设定相关选项，并单击“确定”按钮。

## 12.2.5 表格驱动的阵列

表格驱动的阵列，需要添加或检索以前生成的 *X*、*Y* 坐标来在模型的面上生成特征。

下面将详细介绍表格驱动阵列的操作步骤。

**动手操作——表格驱动阵列的操作**

操作步骤

**01** 新建零件文件。

**02** 利用“拉伸凸台 / 基体”命令，在前视基准面上创建如图 12-47 所示的拉伸凸台和切除拉伸特征。

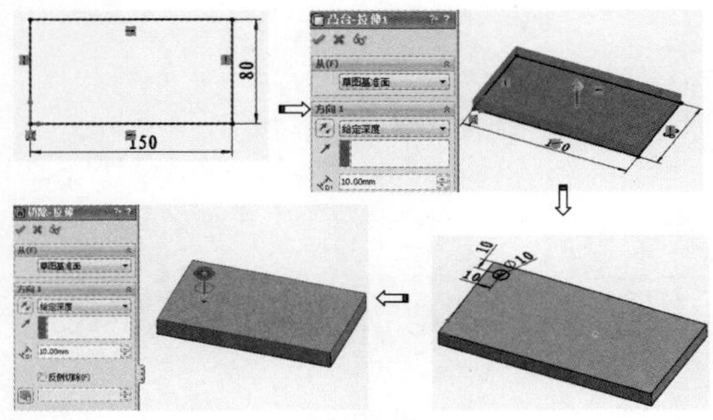

图 12-47

**03** 创建坐标系。表格驱动实际上就是一组坐标系数据形成的表格，创建表格驱动之前必须创建坐标系。在菜单栏中执行“插入”|“参考几何体”|“坐标系”命令，在弹出的“坐标系”面板中单击长方体右下角点为指标原点，选择水平和竖直棱边分别为 *X* 轴、*Y* 轴，完成坐标系的创建，如图 12-48 所示。

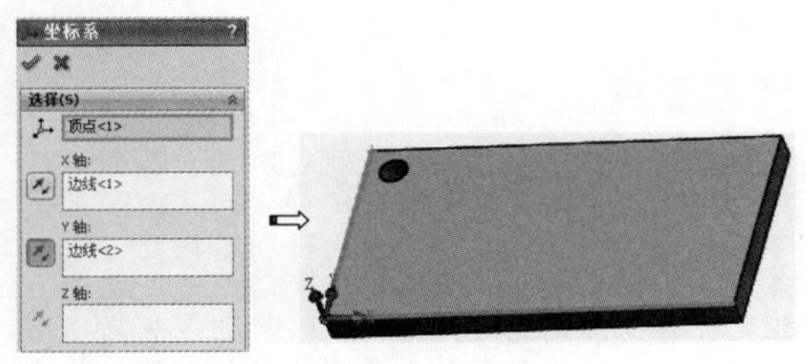


图 12-48

**04** 启用“表格驱动阵列”。在“特征”选项卡中“线性阵列”下拉列表中，单击“表格驱动阵列”按钮，在弹出的“由表格驱动的阵列”对话框中进行选择坐标系、要复制的特征、输入表格中坐标值等操作后，即可预览表格驱动阵列特征的效果，设置完毕后，单击“确定”按钮，完成“表格驱动阵列”的创建，如图 12-49 所示。

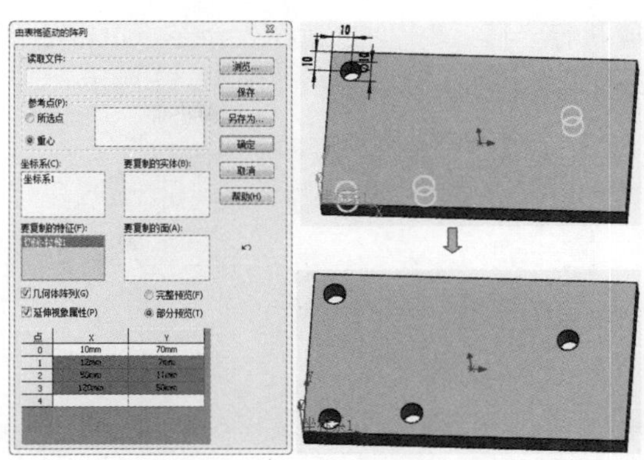

图 12-49

## 12.2.6 填充阵列

使用特征阵列或预定义的形状来填充定义的区域，通常用作电气箱开散热孔、模具开通风孔等情况。相对于线性阵列与圆周阵列而言，填充阵列更专注于区域生成待阵列实体。

下面通过实例讲解填充阵列的操作。

**动手操作——填充阵列操作**

操作步骤

**01** 新建零件文件。

**02** 利用“拉伸凸台 / 基体”命令，在上视基准面上创建如图 12-50 所示的拉伸凸台。

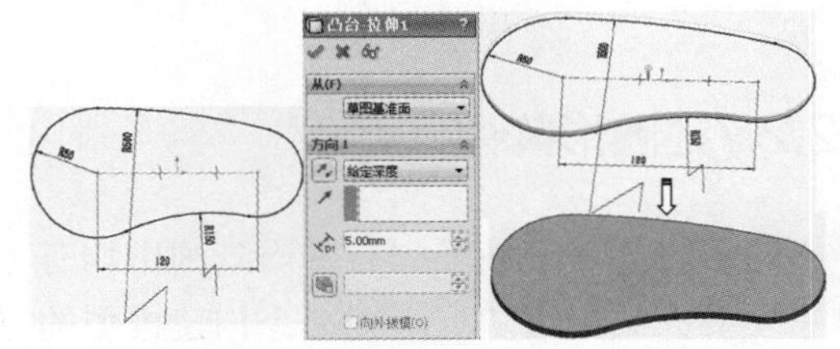

图 12-50

**03** 利用“拉伸凸台 / 基体”命令，在上视基准面上创建如图 12-51 所示的拉伸凸台。

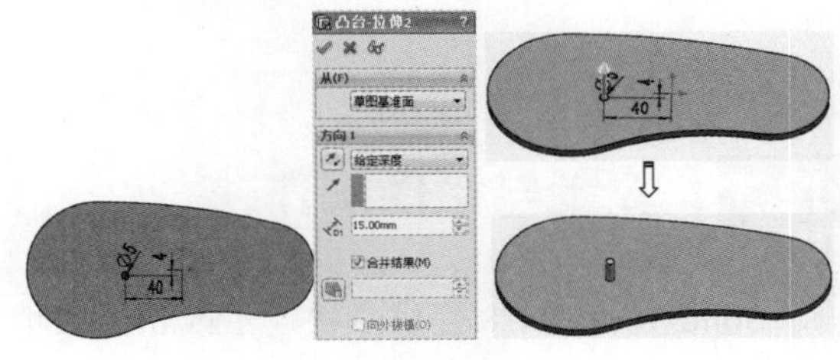

图 12-51

**04** 执行“插入”|“3D 草图”命令，单击凸台表面，绘制两条直线段，如图 12-52 所示。

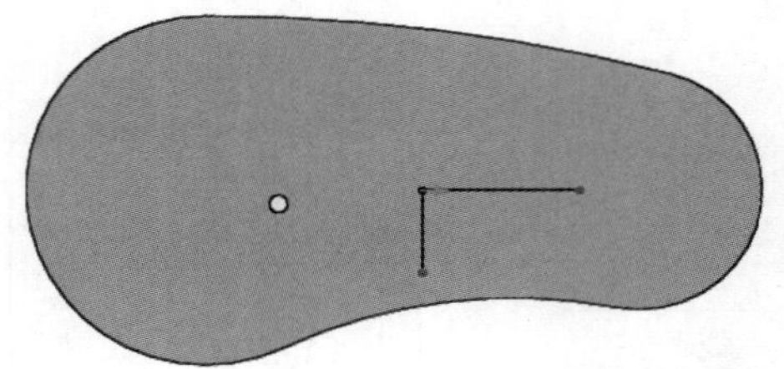

图 12-52

**05** 单击“填充阵列”按钮，打开“填充阵列 1”面板，选择底边大凸台表面作为填充边界，再选择圆柱形凸台作为阵列特征，设置其他阵列参数后单击“确定”按钮，完成填充阵列操作，结果如图 12-53 所示。

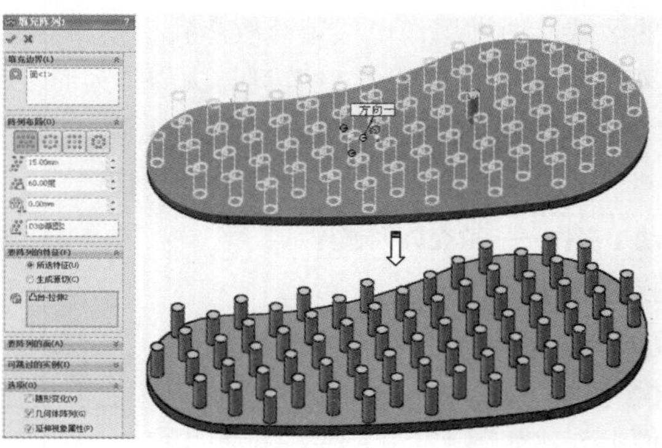

图 12-53

### 12.2.7 随形阵列

随形阵列在线性阵列与圆周阵列中均有，这里主要介绍利用随形阵列命令构建模型的方法。随形阵列主要是指在阵列过程中，特征呈现一定变化规律的阵列。这里的例子就是在一块板材上打上具备一定规律变化的孔特征。

随形阵列最关键的问题是“随形”，即找一条或多条“引线”，让阵列沿着“引线”排列，这条“引线”也就是随形阵列的核心，最常用的方法自然是“辅助线”，通过添加约束，使阵列的特征与辅助线之间保持某种约束关系，从而实现“随形”，如图 12-54 所示。

图 12-54

随形阵列的基本步骤如下：

（1）分析变化规律，绘制基本的特征关系。

（2）选择某一个实体平面，绘制辅助线和阵列草图，并且确定相互之间的尺寸和约束关系。

（3）选择尺寸作为阵列方向，确定阵列初始选项，选择阵列的特征，勾选“随形变化”复选框。

**技术要点：**

随形阵列的另一个核心问题就是阵列的驱题，简单的阵列通常用方向来定义阵列方向，例如最简单的线性阵列，还有以轴线为阵列基础的，例如最简单的圆周阵列。随形阵列的特殊之处在于使用尺寸作为阵列的阵列方向，线性随形阵列使用线性尺寸作为阵列驱动，圆周线性阵列使用角度尺寸作为阵列驱动。

## 12.3 复制与镜像操作

SolidWorks 2018 提供了快速生成相同或相似特征的手段，通过复制与镜像操作可以快速实现这一功能。镜像是绕面、基准面或基准面复制特征、面及实体。

## 12.3.1　镜像

SolidWorks 软件不仅在草图中提供了“镜像”命令用作镜像草图图元，在实体中还有“镜像”命令用作镜像实体特征，甚至装配体中也有“镜像”命令用作镜像零部件。

### 1．镜像操作步骤

（1）在“特征”选项卡中单击“镜像”按钮，弹出“镜像”面板。

（2）在“镜像 1”面板中选择待复制的特征和镜像点后，单击“确定”按钮即可完成特征的镜像，如图 12-55 所示。

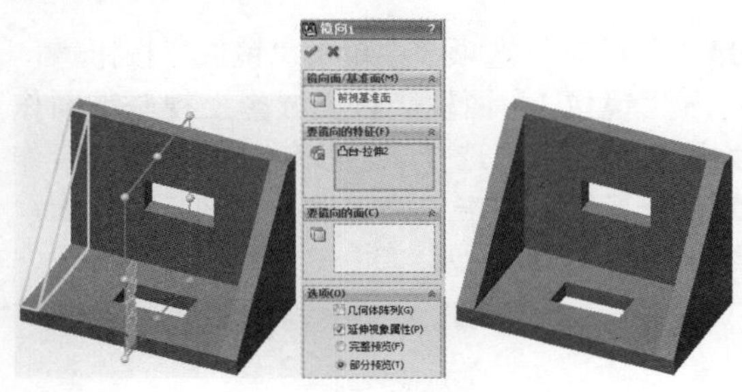

图 12-55

### 2．特征的复制与镜像的差异

特征的复制和镜像都是在源实体特征的基础上产生新的相同的特征，但是它们对于特征的修改和是否联动却有较大差异。

（1）镜像出来的实体没有草图，无法单独编辑，只能对源特征进行编辑，从而使镜像的特征也发生相应的变化。

（2）镜像后的特征与源特征并无关联，可以直接修改镜像后的特征，源特征不会产生联动变化。

**技术要点：**

若所需创建特征与源特征保持绝大部分相同，而且后续需要保持同步联动，用户可以采用镜像命令生成新的实体特征后，再对生成的实体特征进行“拉伸凸台/基体”“切除”等简单特征的添加；若所需创建特征与源特征保持绝大部分相同，但是后续它们需要保持各自独立，用“复制”命令，然后可以单独修改、复制生成的特征草图。

## 12.3.2　复制

SolidWorks 不仅继承了 Windows 系统的界面风格，还包括一些常用的快捷键，如 Ctrl+C、Ctrl+V。

选择切除拉伸特征后，按快捷键 Ctrl+C，选择零件凸台表面，如图 12-56 所示。按快捷键 Ctrl+V，弹出“复制确认”窗口，提示用户选择删除或悬空草图几何关系，如图 12-57 所示。

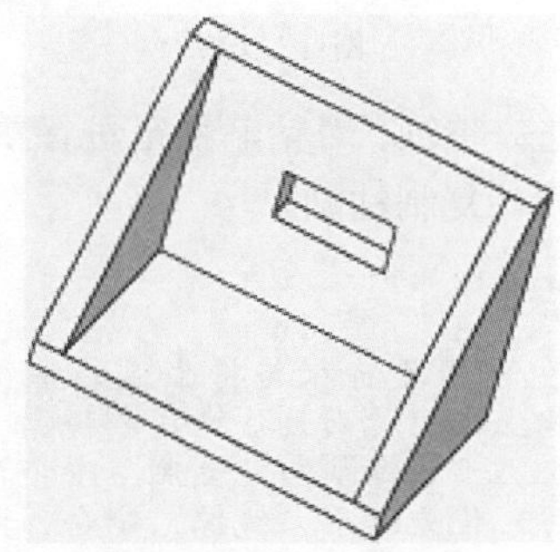

图 12-56

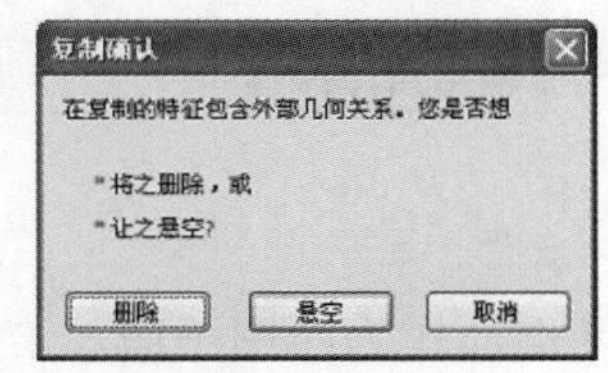


图 12-57

单击“悬空”按钮，选择将特征包含的外部几何关系悬空，生成特征之后再做修改。在绘图区域左侧的属性管理器中右击草图，在弹出的快捷菜单中选择“什么错”选项，系统便会弹出“什么错”窗口，指出当前错误的原因，提示用户进行更正，如图 12-58 所示。

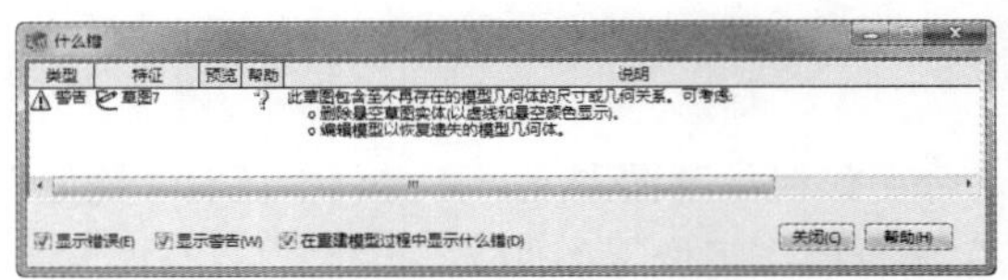
图 12-58

左侧 90mm 的尺寸线和中心线所依附的特征遗失，因此删除该遗失特征的标注，并重新对草图进行水平方向的定位，如图 12-59 所示。

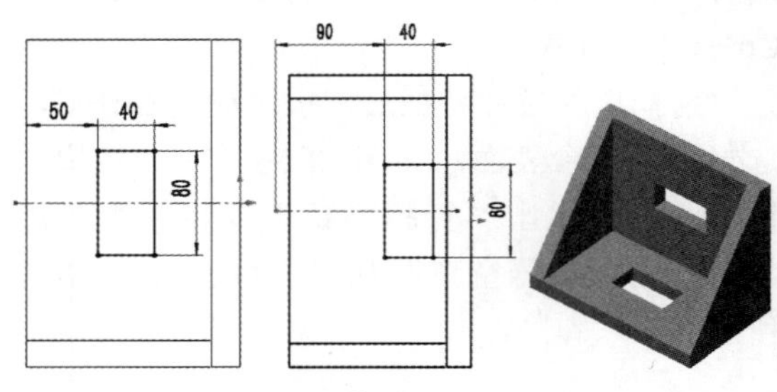

图 12-59

更改遗失特征，对粘贴特征进行重定义后，特征即被成功复制粘贴。

**技术要点：**

复制特征主要用于特征与将生成的特征形状相似，且结构上不对称而无法适用“镜像”命令实现的场合。当“镜像”与“复制”命令均能完成所需功能时，优先选用“镜像”命令，因为一般采用复制生成新的特征时，往往需要对生成的特征进行修改才能满足要求。

**动手操作——复制与镜像操作**

操作步骤

**01** 新建零件文件。

**02** 以上视基准面作为绘图平面，绘制草图并生成拉伸凸台，如图 12-60 所示。

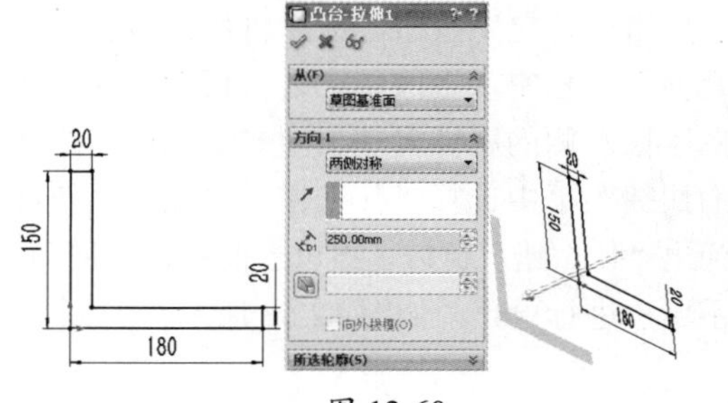

图 12-60

**03** 以凸台左端边作为绘图平面，利用草图选项卡中的“转换实体引用”命令，使用凸台的两条棱边进行连接，拉伸凸台基体来生成左侧板，如图 12-61 所示。

图 12-61

**04** 在“特征”选项卡中单击“镜像”按钮，打开“镜像 1”面板。首先选择上视基准面作为镜像平面，再选择上一步创建的拉伸凸台作为镜像特征，单击“确定”按钮完成镜像，结果如图 12-62 所示。

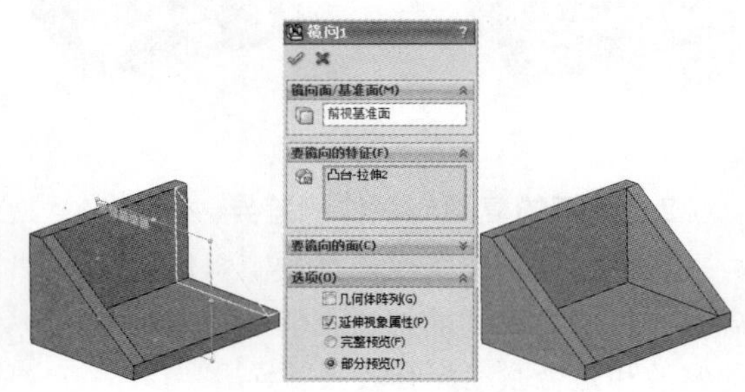

图 12-62

**05** 以凸台竖直内表面为绘图平面，绘制草图，并单击“特征”选项卡中的“切除 - 拉伸”按钮，在弹出的“切除 - 拉伸 2”面板中，选择“完全贯穿”的切除方式，完成安装孔的切除，如图 12-63 所示。

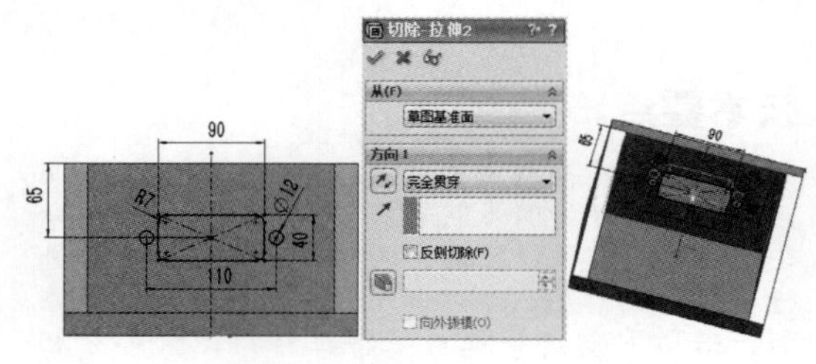

图 12-63

**06** 在设计树中选择上一步切除的特征，按快捷键 Ctrl+C，单击选择凸台上表面，并按快捷键 Ctrl+V，弹出“复制确认”窗口，单击“删除”按钮，即可在模型中看到安装孔特征已经被复制到底板上，如图 12-64 所示。

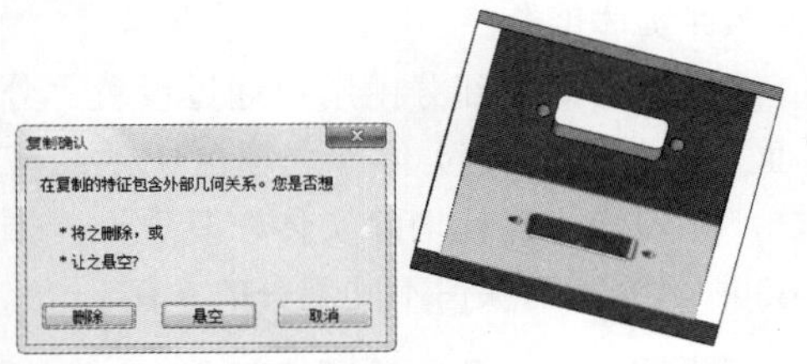


图 12-64

**技术要点：**

由于待复制安装孔特征草图，在原来绘图平面中相对于参考对象完全定义，在复制到新的平面上时其参考将丢失，因此需要删除其外部几何关系，然后在新的绘图平面上进行修改。

在设计树中右击新生成的特征草图，在弹出的快捷菜单中选择“编辑草图”命令，对复制生成的新特征草图进行重新标注尺寸和添加几何关系，完成草图定义，确定生成特征，如图 12-65 所示。

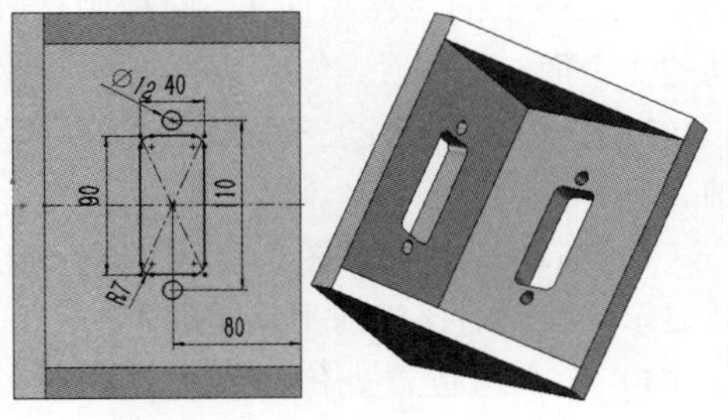


图 12-65

**技术要点：**

对于复杂草图生成的特征，可以采用特征复制生成，然后编辑生成特征的草图，从而达到设计的要求。

## 12.4 修改实体特征操作

修改实体特征包括移动面、分割和利用 Instant3D 修改实体，下面将分别介绍其使用方法。

### 12.4.1 移动面

移动面用于快速对实体表面进行等距、平移和旋转，从而实现快速修改实体。单击“数据迁移”选项卡中的“移动面”按钮，激活“移动面”命令后弹出“移动面”控制面板，并在图形区中出现三重坐标轴，如图 12-66 所示。

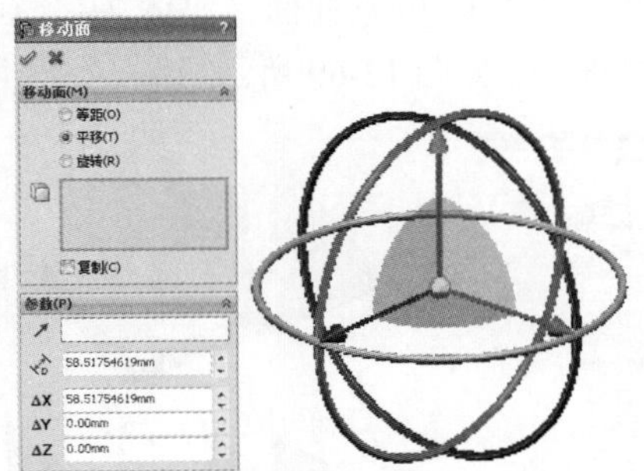


图 12-66

移动面有 3 种方式，分别为：

- 等距：以指定距离等距移动所选面或特征。
- 平移：以指定距离在所选方向上平移所选面或特征。
- 旋转：以指定角度绕所选轴旋转所选面或特征。

移动面相关参数详解如下。

- 要移动的面：列举选择的面或特征。
- 复制：选择此选项，将创建移动面的副本。
- 距离：对于等距和平移，设定移动面或特征的距离。
- 旋转角度：旋转时，设定旋转面或特征的角度。
- 方向参考：平移时，选择基准面、平面、线性边线或参考轴来指定移动面或特征的方向及轴参考；旋转时，选择线性边线或参考轴来指定面或特征的旋转轴。
- **ΔX**、**ΔY**、**ΔZ**：设置 X 轴、Y 轴和 Z 轴上的平移距离。

下面以移动面中较为常用的平移方式为例，介绍其操作步骤。

（1）单击“数据迁移”选项卡中的“移动面”按钮，在弹出的“移动面 1”面板中选择待移动的 3 个面。

（2）在图形区中的三重轴中选择平移方向轴。

（3）拖动三重轴，图形区预览出图形变化并显示标尺，对比当前平移距离。

（4）在合适位置处停止拖动三重轴，并单击“确定”按钮，完成移动面平移操作，如图 12-67 所示。

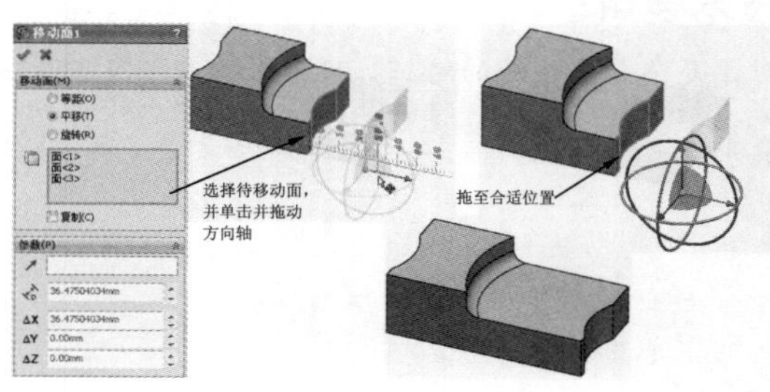


图 12-67

**技术要点：**

若需要对实体造型进行修改，外部输入文件（如IGS格式、STEP格式文件）在没有任何特征的情况下很难对模型进行编辑。此时移动面的使用就变得至关重要，此功能可以直接对外部输入文件进行造型修改。

## 12.4.2 分割

使用“分割”特征命令可以用来以一个现有零件产生多个零件。可以产生个别的零件档案，从而以新零件组成组合件。也可以分割单一零件文件为多实体零件文件。

“分割”特征包括实体分割、曲面分割和草图分割，下面将分别对这 3 种分割方法进行介绍。

### 1. 实体分割

实体分割用于将当前文档中两个或多个实体特征进行分割，形成单文件多实体零件，或者分割后去掉某个部分。分割的依据为“剪裁工具”选项区中用户所选的特征表面或系统自动识别所选特征的某个面作为剪裁分界面。若要去掉分割实体的某个部分，需要勾选“消耗切除实体”复选框。否则，只进行分割而不会去掉零件实体部分。

保留或去掉的部分由用户通过设置“分割 1”面板中“所产生实体”选项区中的相应复选框，并勾选“消耗切除实体”复选框，如图 12-68 所示分别为保留不同部分的实例。

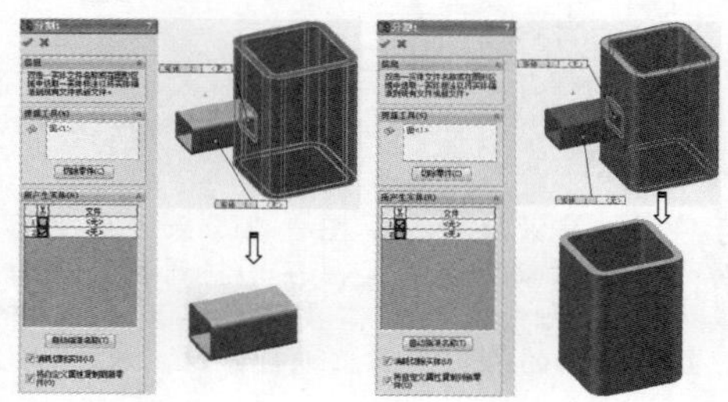

图 12-68

**技术要点：**

用户也可以在“所产生实体”选项区中勾选所有实体复选框，并勾选“消耗切除实体”复选框，则零件所有实体皆被分割，并且被剪裁掉，该特征将留下空白。通常这样的操作没有意义，因此极为少用。

### 2. 曲面分割

曲面分割则是用户需要在执行“分割”命令之前，创建所需分割的分界曲面，然后将其作为剪裁依据对零件进行剪裁。

曲面分割操作与实体分割相似，其差异在于加入了曲面作为剪裁工具，而不是实体特征自行分割。因此曲面分割后将可以产生多种分割结果：实体 1+ 分割曲面、实体 2+ 分割曲面和分割曲面，如图 12-69 所示。

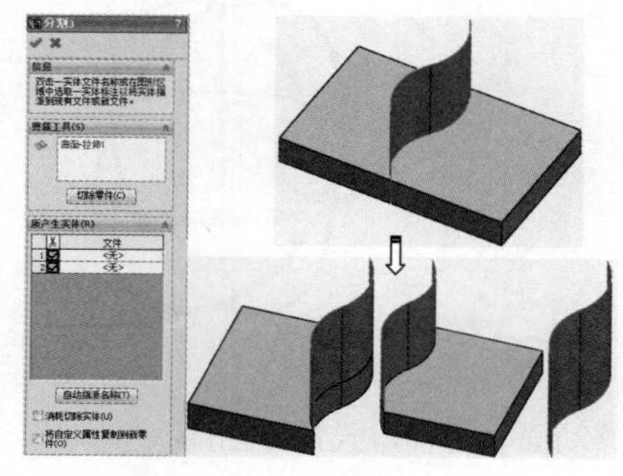

图 12-69

**技术要点：**

一般情况下，分割曲面仅作为一个辅助工具，完成分割后其作用即已实现，显示反而影响视觉，因此在完成分割后，通常将分割曲面隐藏，如图12-70所示。

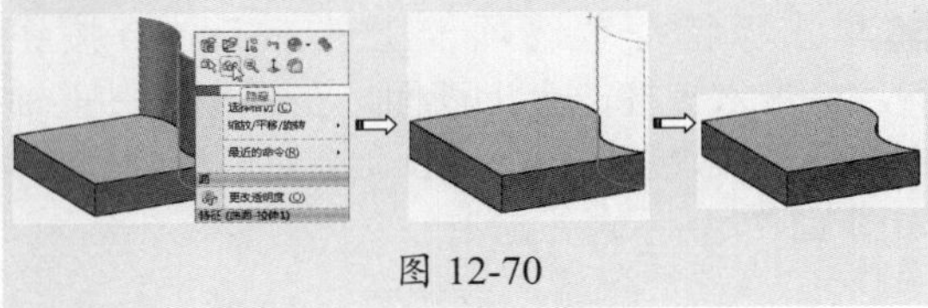

图 12-70

3. 草图分割

草图分割操作与实体分割相似，其差异在于分割是基于草图作为剪裁工具，而不是实体特征自行分割。因此曲面分割后将可以产生多种分割结果：实体 1、实体 2、实体 3……如图 12-71 所示。

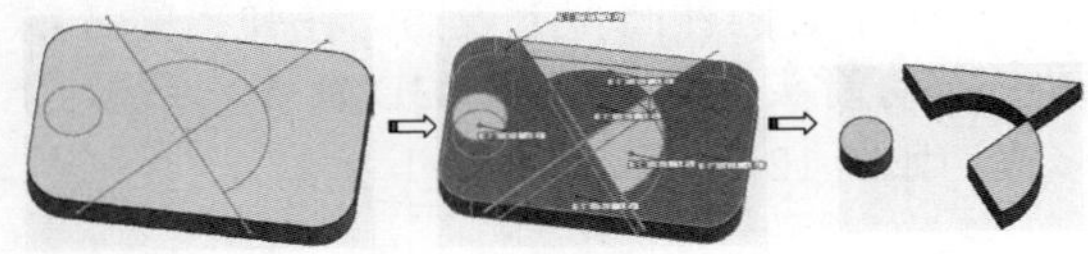

图 12-71

同样，也可以选择只分割不剪裁，或者保留某些部分实体，如图 12-72 所示。

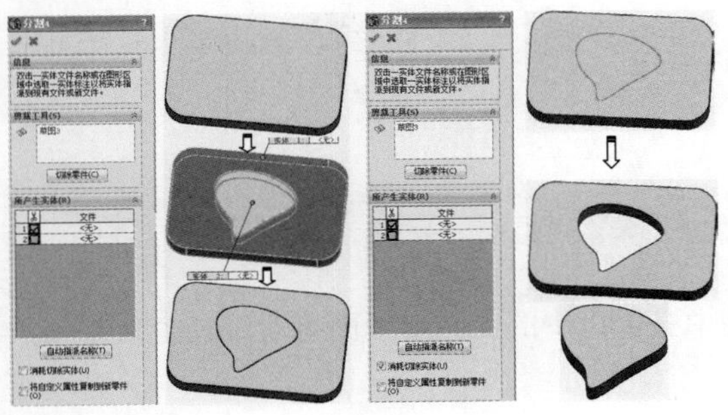

图 12-72

**技术要点：**

用户也可以不勾选“消耗切除实体”复选框，仅对实体进行分割处理，至于分割后的各部分实体谁去谁留，则通过隐藏和取消隐藏来实现。

## 12.4.3 利用 Instant3D 修改实体

Instant3D（实时三维）可以通过拖动控标、标尺及草图快速生成和修改模型几何体。要生成特征，必须退出编辑草图模式。不仅对于实体，装配体也支持 Instant3D 技术，可以使用 Instant3D 编辑内部草图轮廓。拖动控标可以通过标尺重新定位内部草图轮廓。此功能对凸台和切除特征有效，可用于多种草图实体。

Instant3D 默认为激活。要切换 Instant3D 模式，单击“特征”选项卡上的 Instant3D 按钮。

另外，这项技术还应用到了零件和装配体中活动的剖面中，总体上来说，是一个比较实用的功能。

利用 Instant3D 技术可以编辑装配体内的零部件特征，也可以编辑装配体层级草图配合尺寸，以及编辑内部草图轮廓，拖动控标可以通过标尺重新定位内部草图轮廓。Instant3D 支持单击和拖放，并有直观的标尺，可以观察变更尺寸，令我们能够更直观地进行尺寸的编辑修改，而无须进行烦琐的重定义，直接修改实体，而无须通过变更草图。

Instant3D 提供了更高级别的设计直观性，同时大幅减少了完成设计任务所需的步骤。新的拖动控标会在用户选择某个设计区域时出现，从而允许实时编辑和创建设计。没有任何对话框或输入字段，用户只需选择面，然后将它们拖动和捕捉到屏幕标尺，就可以得到精确的值。

**动手操作——Instant3D 修改实体**

操作步骤

**01** 新建零件文件。

**02** 利用“拉伸凸台 / 基体”命令，在前视基准面上创建如图 12-73 所示的拉伸凸台。

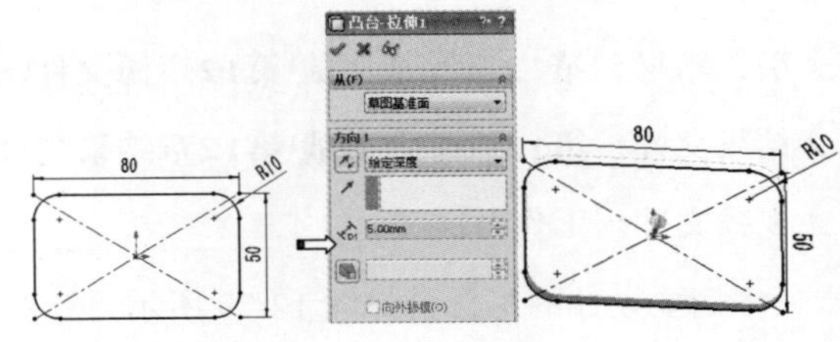


图 12-73

**03** 以凸台上表面作为绘图平面，利用“拉伸凸台/基体”命令创建如图12-74所示的正六边形凸台。

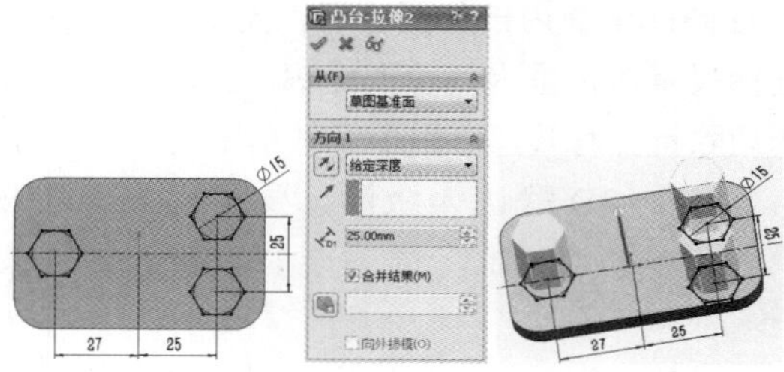

图 12-74

**04** 同上一步，以凸台上表面作为绘图平面，利用“拉伸凸台/基体”命令创建如图12-75所示的圆形凸台。

图 12-75

**05** 单击“特征”选项卡上的Instant3D按钮，单击凸台上表面，在弹出的三重轴中拖动箭头，完成Instant3D命令对底板的修改，如图12-76所示。

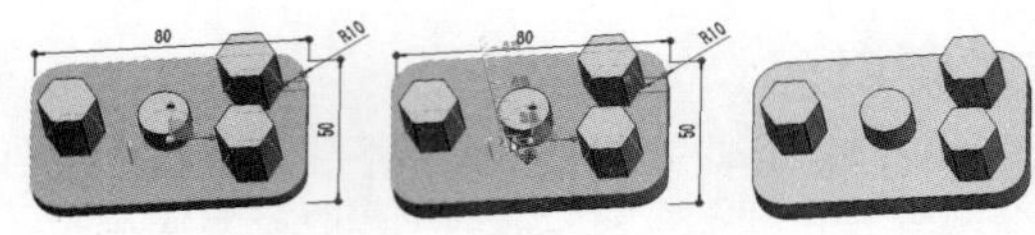

图 12-76

**06** 单击“特征”选项卡上的Instant3D按钮，单击六棱柱凸台上表面，在弹出的三重轴中拖动箭头，完成Instant3D命令对底板的修改，如图12-77所示。

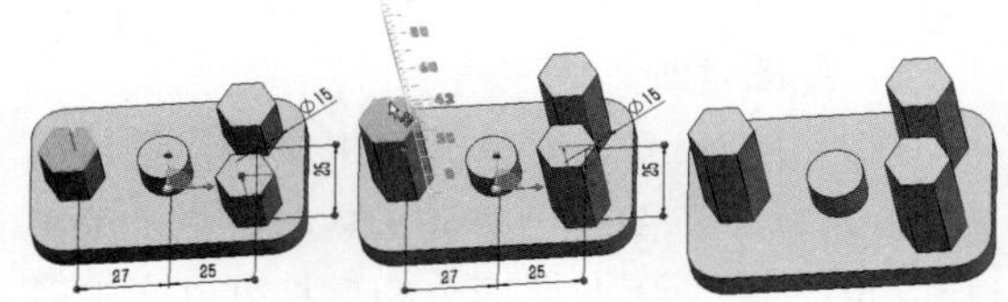

图 12-77

**07** 单击“特征”选项卡上的Instant3D按钮，单击中心圆柱凸台上表面，在弹出的三重轴中拖动箭头，完成Instant3D命令对底板的修改，如图12-78所示。

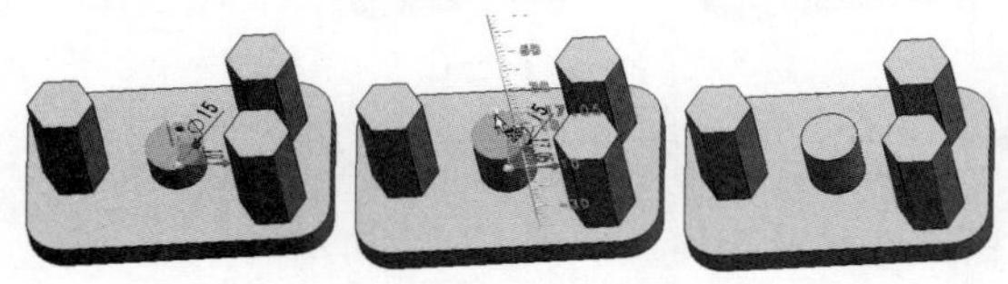

图 12-78

## 12.5 综合实战

特征的编辑与操作是机械设计和产品设计过程中必不可少的工具，下面再通过几个典型案例加强练习。

### 12.5.1 工作台零件设计

◎ **引入素材：第12章综合实战\第12章源文件\截面草图.sldprt**

◎ **结果文件：第12章综合实战\第12章结果文件\工作台.sldprt**

◎ **视频文件：工作台.avi**

本例要设计的工作台如图12-79所示。针对工作台零件做出如下设计分析：

- 使用“旋转凸台/基体”工具完成工作台主体。

- 由于工作台中T形键槽呈对称分布，因此可先创建一半的T形键槽。使用“切除-拉伸”工具，创建工作台的T形键槽。
- 使用“镜像”工具镜像出另一半T形键槽。
- 使用“倒角”工具创建工作台的倒角特征。
- 使用“异型孔向导”工具创建工作台的螺纹孔和直孔。

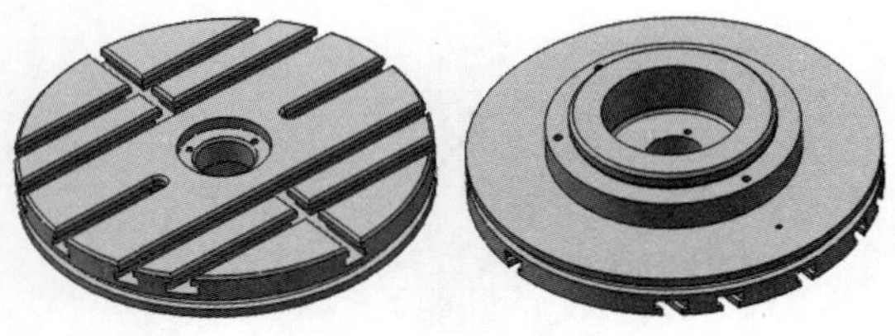

图 12-79

**操作步骤**

**01** 打开本例的源文件“截面草图”。

**02** 在“特征”选项卡中单击“旋转凸台/基体”按钮，属性管理器显示“旋转”面板。

**03** 按信息提示在图形区选择草图，随后显示旋转预览，如图12-80所示。保留面板中的选项设置，最后单击“旋转”面板中的“确定”按钮，完成工作台主体的创建。

图 12-80

**技术要点：**

选择一个现有草图，程序会自动判断出旋转中心线和旋转的草图轮廓。

**04** 使用“切除-拉伸”工具，在主体中创建出如图12-81所示的切除特征。

**05** 使用“切除-拉伸”工具，在主体中原切除特征基础之上，再创建出如图12-82所示的切除特征。

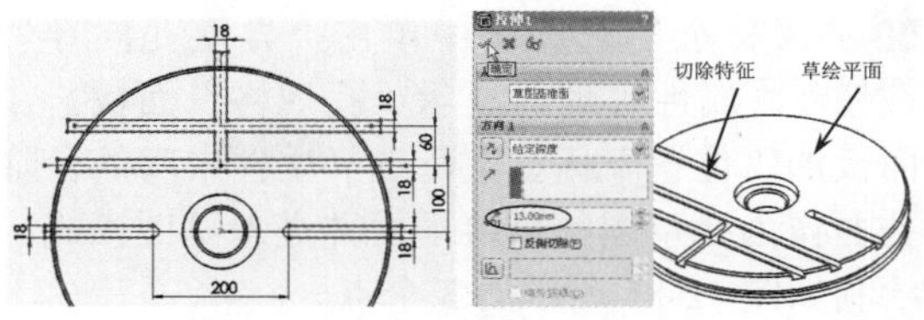


图 12-81

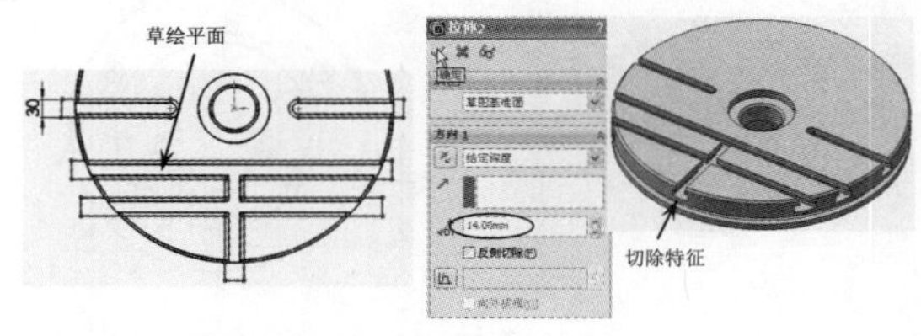


图 12-82

**06** 在特征管理器设计树中选择前视基准面，图形区显示该基准面。然后在“特征”选项卡中单击“镜像”按钮，属性管理器显示“镜像”面板。

**07** 在图形区中选择第一次与第二次创建的切除拉伸特征作为要镜像的特征，再单击“确定”按钮，完成特征的镜像，如图12-83所示。

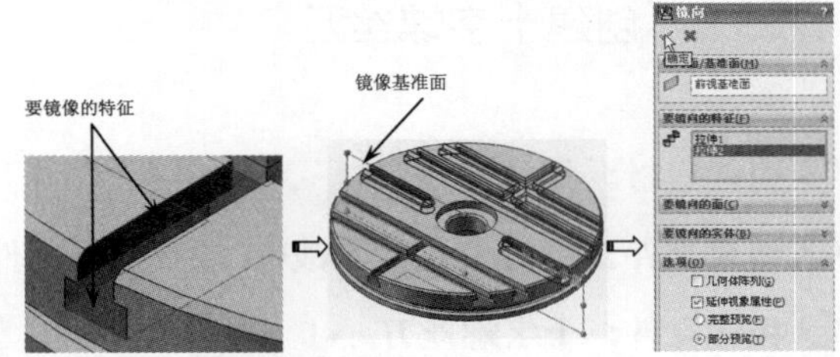


图 12-83

**08** 使用“倒角”工具对切除拉伸特征的边全部进行倒角处理，如图12-84所示。

图 12-84

**09** 在“特征”选项卡中单击“异型孔向导”按钮，属性管理器显示“孔规格”面板。在面板的“位置”标签下，选择主体中间的台阶孔面作为孔草图的草绘平面并进入草图模式，绘制如图 12-85 所示的 3 个点。

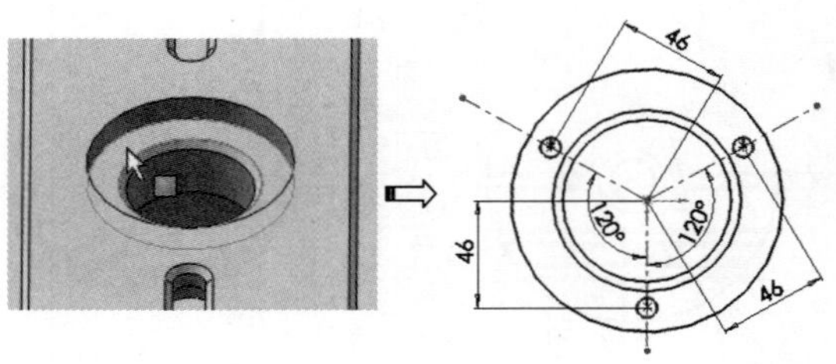


图 12-85

**10** 在面板“类型”标签下设置如图 12-86 所示的选项后，单击“确定”按钮完成螺纹孔的创建。

**11** 至此，工作台零件的创建工作已全部完成，创建的工作台如图 12-87 所示。

**12** 最后单击“保存”按钮保存结果。

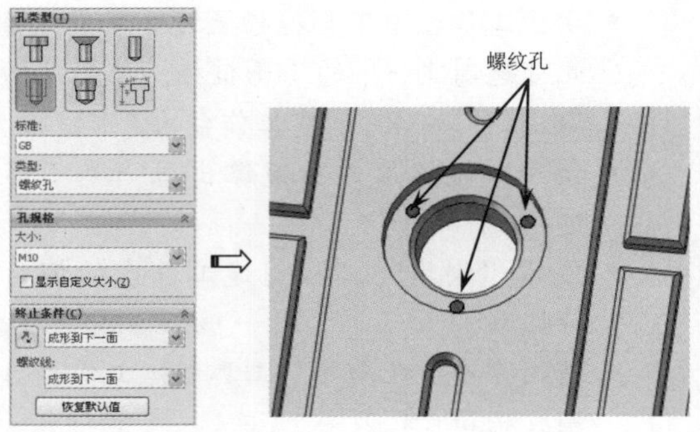


图 12-86

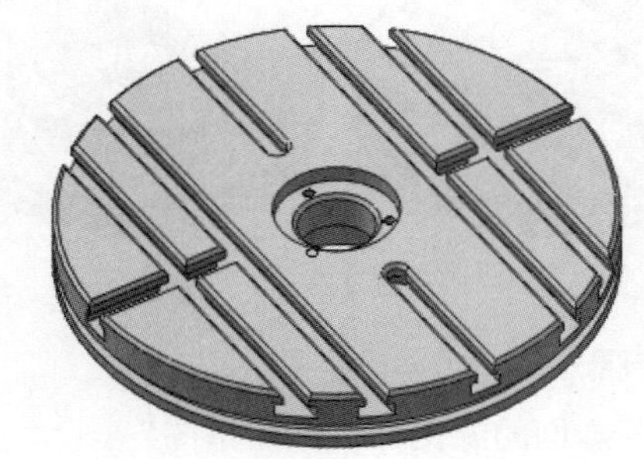

图 12-87

## 12.5.2 创建十字螺丝刀

**◎ 引入素材：无**

**◎ 结果文件：第12章综合实战\第12章结果文件\十字螺丝刀.sldprt**

**◎ 视频文件：十字螺丝刀.avi**

本例将要完成十字螺丝刀 3D 草图的绘制及模型的创建，完成后的效果如图 12-88 所示。

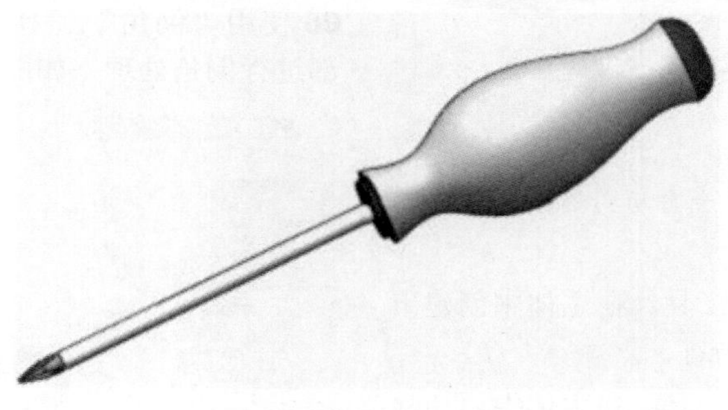

图 12-88

**技术要点：**

十字螺丝刀主要由手柄部分和尖端工作部分组成，手柄采用旋转生成，尖端工作部分则通过倒角、扫描切除和圆周阵列形成，主要操作过程见表12-1所示。

表 12-1　十字螺丝刀主要操作过程

| 序号 | 操作步骤 | 图　解 | 序号 | 操作步骤 | 图　解 |
|---|---|---|---|---|---|
| 1 | 旋转生成螺丝刀手握部分的基体特征 | | 4 | 切除刀刃 | |
| 2 | 倒角 | | 5 | 生成加强筋 | |
| 3 | 拉伸工作部分 | | 6 | 切除单个十字刀刃，并圆周阵列 | |

**01** 按快捷键 Ctrl+N 弹出“新建”对话框，新建一个零件文件，将其保存，并将其命名为“十字螺丝刀”。

**02** 单击“特征”选项卡中的“旋转”按钮，选择右视基准面作为绘图平面。

**03** 分别使用“直线”命令、“点”命令、“样条曲线”命令完成如图 12-89 所示旋转草图的绘制，并标注尺寸。

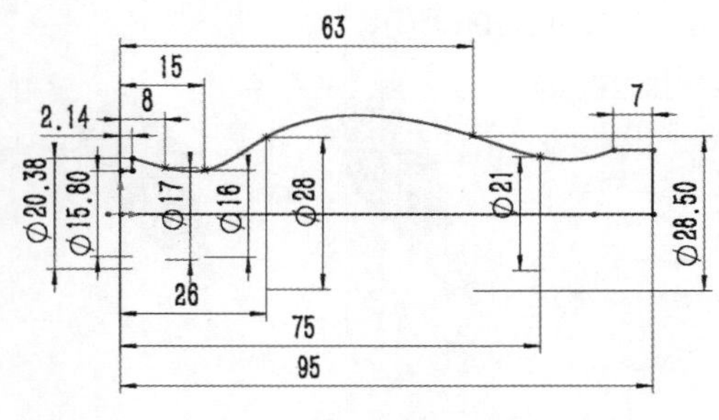


图 12-89

**04** 退出草图环境，再单击“确定”按钮退出“旋转”命令，创建的旋转特征如图 12-90 所示。

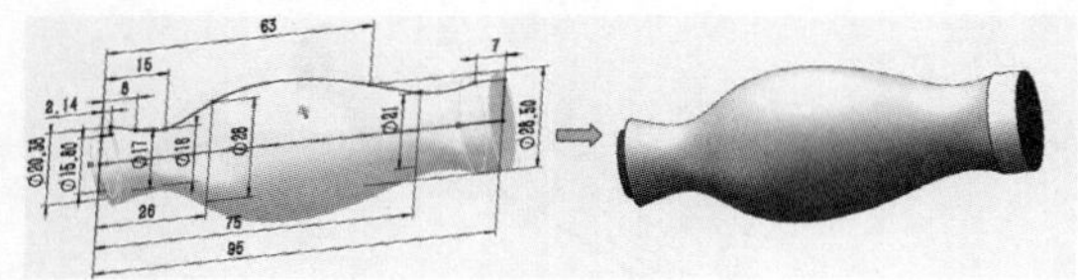

图 12-90

**05** 单击“特征”选项卡中的“圆角”按钮，在属性管理器中选择圆角的边线并输入圆角半径值 7mm，如图 12-91 所示。

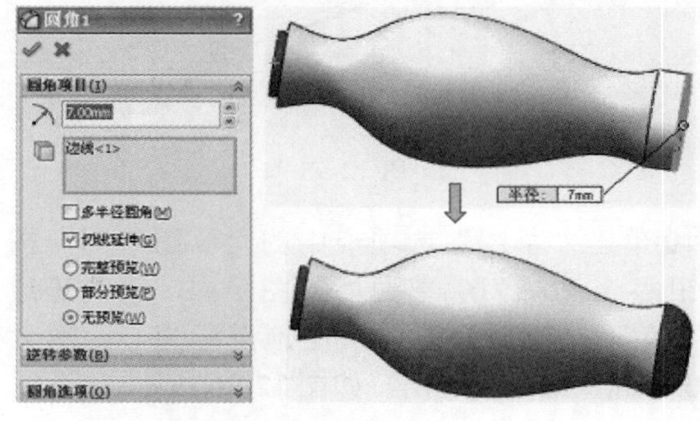


图 12-91

**06** 单击“特征”选项卡中的“拉伸凸台 / 基体”按钮，选择零件左端面为绘图平面，以坐标原点为圆心，绘制一个圆并标注圆的直径为 4.78mm，如图 12-92 所示。

**07** 单击“确定”按钮，然后在“拉伸凸台 / 基体”面板中输入拉伸值 100.5mm，如图 12-93 所示。

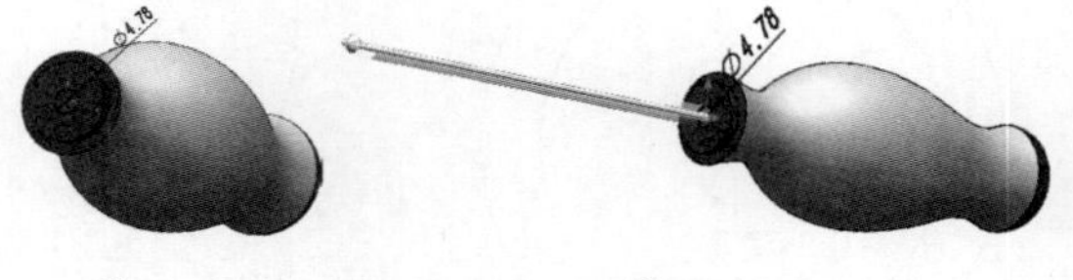


图 12-92　　图 12-93

**08** 单击“特征”选项卡中的“切除 - 拉伸”按钮。选择零件左端面为绘图平面，以坐标原点为圆心绘制一个圆并标注圆的直径为 4.77mm，确认后在“切除 - 拉伸”面板中输入拉伸值 12mm，如图 12-94 所示。

图 12-94

**09** 单击“特征”选项卡中的“倒角”按钮，选择“边线”为螺丝刀刀尖部分的外圆棱边，选择“角度距离”的倒角方式并输入“距离”值为7mm、角度值为15，如图12-95所示。

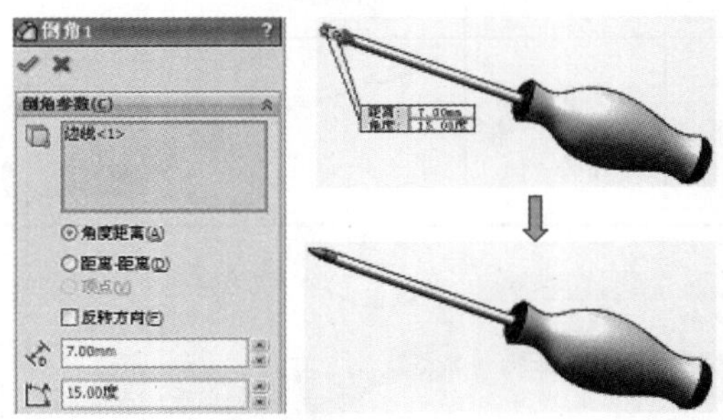


图 12-95

**10** 单击“草图”选项卡中的“草图绘制”按钮，选择刀尖端面为绘图平面，绘制等边三角形，边长为3mm，左顶点距圆心距离为0.3mm，确定后退出，如图12-96所示。

**11** 单击“草图”选项卡中的“草图绘制”按钮，选择上视基准面作为绘图平面。单击“绘制点”按钮，在螺丝刀的下边线中点处单击创建参考点。同理，创建其余5个点，并标注这5个点的尺寸，然后单击“样条曲面”按钮，顺次通过这5个点绘制样条曲线，如图12-97所示。

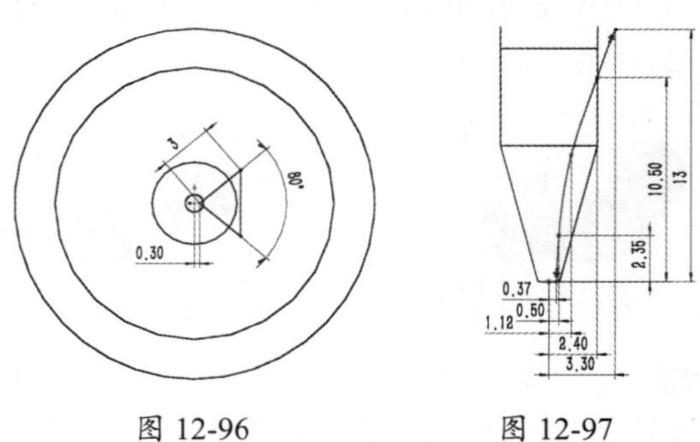


图 12-96　　图 12-97

**12** 单击“特征”选项卡中的“扫描切除”按钮，选择等边三角形草图为轮廓，样条曲线为路径，进行扫描切除，如图12-98所示。

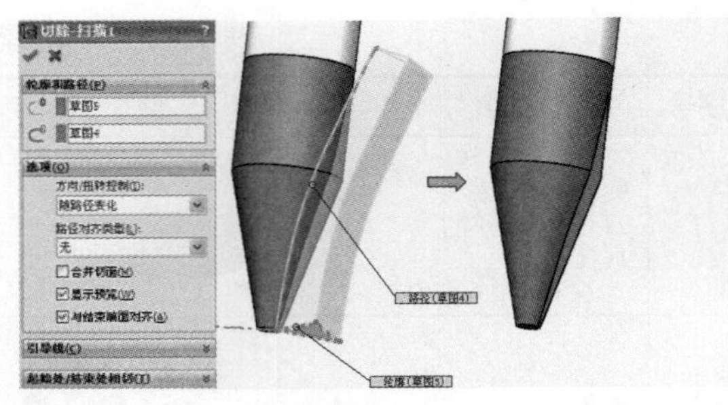

图 12-98

**13** 在菜单栏中执行“插入”|“参考几何体”|“基准轴”命令，选择刀杆柱面插入基准轴，如图12-99所示。

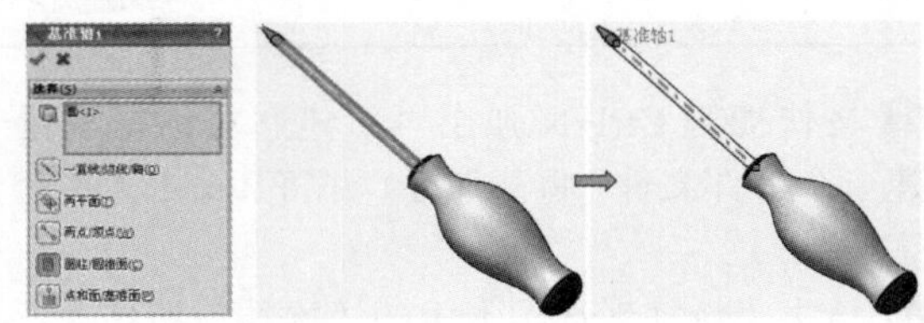

图 12-99

**14** 在“特征”选项卡中单击“圆周阵列”按钮，选择所创建的基准轴作为“阵列轴”，扫描切除作为“要阵列的特征”，设置“等间距”为4，如图12-100所示。

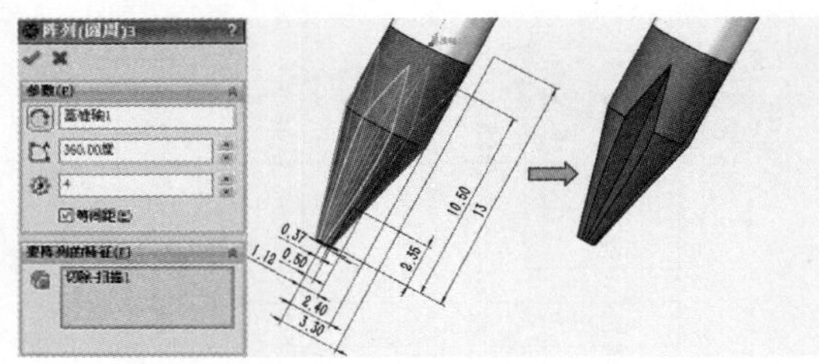

图 12-100

**15** 至此，十字螺丝刀创建完毕，如图12-101所示，保存文件并关闭文件窗口。

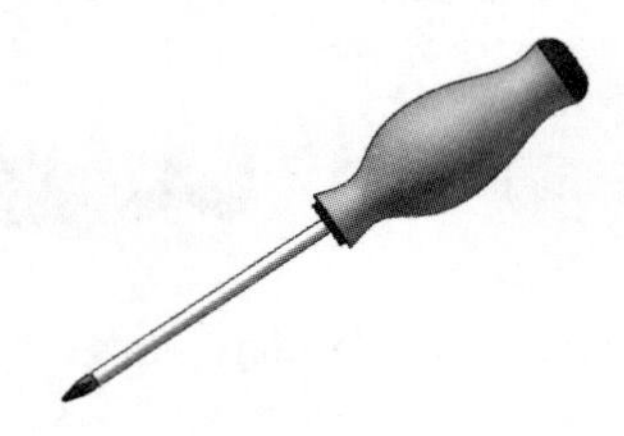

图 12-101

## 12.6 课后习题

### 1．创建梯子

梯子是一种居家和工业上常用的工具。本例练习梯子实体模型的建模，其实体模型如图12-102所示。梯子自下而上呈缩小的趋势，越往上走，供脚踏的宽度越小，因此需要线性阵列来完成。

### 2．创建管接头

本例练习管接头实体模型的建模。该实体零件一端通过螺纹与金属接头连接，另一端通过锥形凹槽与塑料软管过盈配合，且用喉箍压紧，从而起到连接的作用。

管接头主体为回转体零件，通过旋转实体生成，螺纹则通过插入装饰螺纹生成，锥形凹槽通过旋转切除与线性阵列随形阵列生成，完成后如图12-103所示。

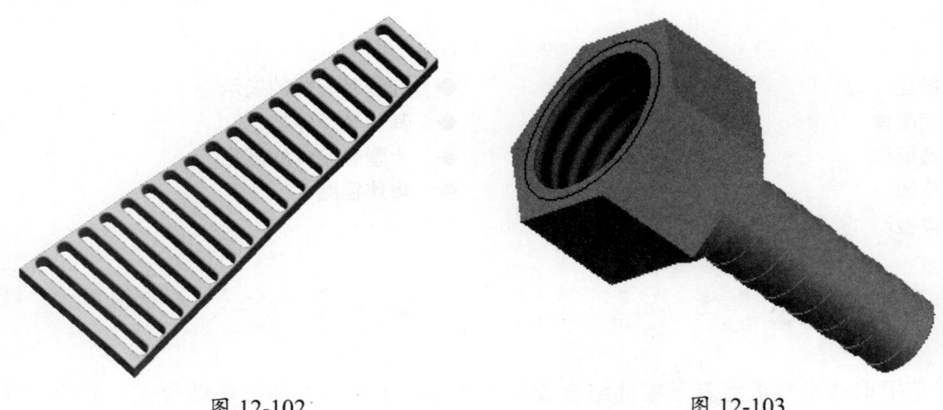

图12-102　　图12-103

# 第 13 章 零件装配设计

本章主要介绍 SolidWorks 装配设计的基本操作、装配环境下零部件的调入，在装配体中为零部件添加配合关系，装配体中零部件的复制，阵列与镜像，子装配体的操作，装配体的检查以及爆炸视图，大型装配体的简化及装配体的统计与干涉检查等。通过本章的学习，初学者应熟练掌握装配体的设计方法和操作过程，能将已经设计好的零件模型按要求装配在一起，生成装配体模型，直观、逼真地表达零件之间的配合关系，并为随后生成的装配体工程图做好了准备。

- 装配概述
- 开始装配体
- 控制装配体
- 布局草图
- 装配体检测
- 控制装配体的显示
- 其他装配体技术
- 大型装配体的简化
- 爆炸视图

## 13.1 装配概述

装配是根据技术要求将若干零件结合成部件或将若干个零件和部件结合成产品的过程。装配是整个产品制造过程中的后期工作，各部件需要正确装配，才能形成最终产品。如何从零部件装配成产品并达到设计所需要的装配精度，这是装配工艺要解决的问题。

### 13.1.1 计算机辅助装配

计算机辅助装配工艺设计是用计算机模拟装配人员编制装配工艺，自动生成装配工艺文件。因此它可以缩短编制装配工艺的时间，减少劳动量，同时也提高了装配工艺的规范化程度，并能对装配工艺进行评价和优化。

**1．产品装配建模**

产品装配建模是一个能完整、正确地传递不同装配体设计参数、装配层次和装配信息的产品模型。它是产品设计过程中数据管理的核心，是产品开发和支持设计灵活变动的强有力工具。

产品装配建模不仅描述了零、部件本身的信息，而且还描述产品零、部件之间的层次关系、装配关系，以及不同层次的装配体中的装配设计参数的约束和传递关系。

建立产品装配模型的目的在于，建立完整的产品装配信息表达，一方面使系统对产品设计能进行全面支持；另一方面它可以为 CAD 系统中的装配自动化和装配工艺规划提供信息源，并对设计进行分析和评价。如图 13-1 所示为基于 CAD 系统进行装配的产品零、部件。

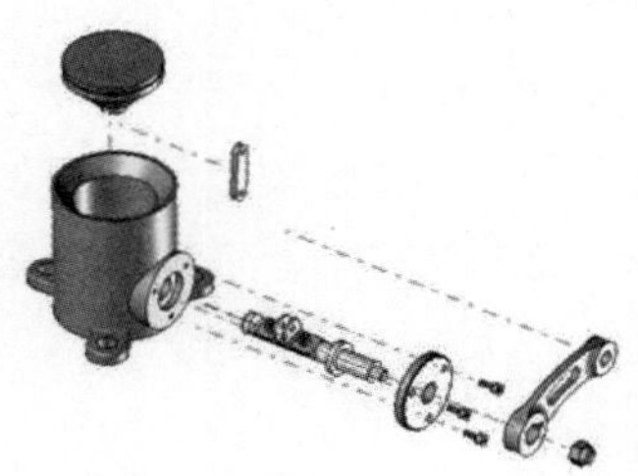

图 13-1

2．装配特征的定义与分类

从不同的应用角度出发，特征有不同的分类。根据产品装配的有关知识，零件的装配性能不仅取决于零件本身的几何特性（如轴孔配合有无倒角），而且还有部分取决于零件的非几何特征（如零件的重量、精度等）和装配操作的相关特征（如零件的装配方向、装配方法以及装配力的大小等）。

根据以上所述，装配特征的完整定义，即与零件装配相关的几何、非几何信息以及装配操作的过程信息。装配特征可分为几何装配特征、物理装配特征和装配操作特征 3 种类型。

- 几何装配特征：几何装配特征包括“配合特征几何元素”“配合特征几何元素的位置”“配合类型”和“零件位置”等属性。
- 物理装配特征：与零件装配有关的物理装配特征属性，包括零件的体积、重量、配合面粗糙度、刚性以及黏性等。
- 装配操作特征：指装配操作过程中零件的装配方向、装配过程中的阻力、抓拿性、对称性、有无定向与定位特征、装配轨迹以及装配方法等属性。

### 13.1.2　了解 SolidWorks 装配术语

在利用 SolidWorks 进行装配建模之前，初学者必须先了解一些装配术语，这有助于后面的学习。

1．零部件

在 SolidWorks 中，零部件就是装配体中的一个组件（组成部件）。零部件可以是单个部件（即零件），也可以是一个子装配体。零部件是由装配体引用而不是复制到装配体中的。

2．子装配体

组成装配体的这些零件称为“子装配体”。当一个装配体成为另一个装配体的零部件时，这个装配体也可称为“子装配体”。

3．装配体

装配体是由多个零部件或其他子装配体所组成的一个组合体。装配体文件的扩展名为 .sldasm。

装配体文件中保存了两方面的内容：一是进入装配体中各零件的路径；二是各零件之间的配合关系。一个零件放入装配体中，这个零件文件会与装配体文件产生链接关系。在打开装配体文件时，SolidWorks 要根据各零件的存放路径找出零件，并将其调入装配体环境。所以装配体文件不能单独存在，要与零件文件一起存在才有意义。

4．“自下而上”装配

自下而上装配是指在设计过程中，先设计单个零部件，在此基础上进行装配生成总体设计。这种装配建模需要设计人员交互地给定配合构件之间的配合约束关系，然后由 SolidWorks 自动计算构件的转移矩阵，并实现虚拟装配。

5．“自上而下”装配

自上而下装配是指在装配顶级中创建与其他部件相关的部件模型，是在装配部件的顶级向下产生子装配体和部件（即零件）的装配方法。即先由产品的大致形状特征对整体进行设计，然后根据装配情况对零件进行详细的设计。

6．混合装配

混合装配是将自上而下装配和自下而上装配结合在一起的装配方法。例如先创建几个主要部件模型，再将其装配在一起，然后在装配中设计其他部件，即为混合装配。在实际设计中，可根据需要在两种模式下切换。

7．配合

配合是在装配体零部件之间生成几何关系。当零件被调入到装配体中时，除了第一个调入的之外，其他的都没有添加配合，位置处于任意的“浮动”状态。在装配环境中，处于“浮动”状态的零件可以分别沿 3 个坐标轴移动，也可以分别绕 3 个坐标轴转动，即共有 6 个自由度。

8．关联特征

关联特征是用来在当前零件中通过对其他零件中几何体上绘制草图、投影、偏移或加入尺寸来创建几何体。关联特征也是带有外部参考的特征。

### 13.1.3　进入装配环境

进入装配体环境有两种方法：第一种是新建文件时，在弹出的“新建 SOLIDWORKS 文件”对话框中选择“装配体”模板，单击“确定”按钮即可新建一个装配体文件，并进入装配环境，如图 13-2 所示。第二种则是在零件环境中，执行“文件”|“从零件制作装配体”命令，切换到装配环境。

当新建一个装配体文件或打开一个装配体文件时，即进入 SolidWorks 装配环境。SolidWorks 装配操作界面和零件模式的界面相似，装配体界面同样具有菜单栏、选项卡、设计树、控制区和零部件显示区。在左侧的控制区中列出了组成该装配体的所有零部件。在设计树底端还有一个配合的文件夹，包含所有零部件之间的配合关系，如图 13-3 所示。

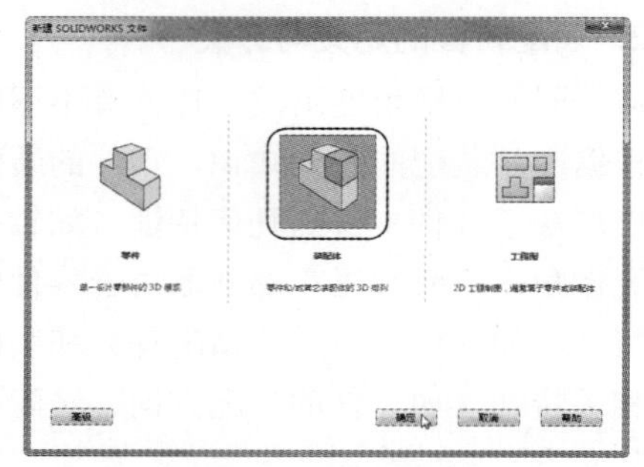

图 13-2

图 13-3

由于 SolidWorks 提供了用户定制界面的功能，这里的装配操作界面可能与读者实际应用的有所不同，但大部分界面应是一致的。

## 13.2　开始装配体

当用户新建装配体文件并进入装配环境时，属性管理器中显示“开始装配体”面板，如图 13-4 所示。

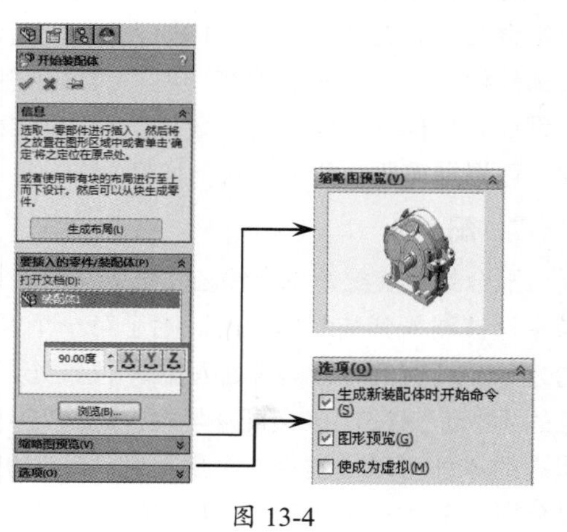


图 13-4

在面板中，用户可以单击“生成布局”按钮，直接进入布局草图模式，绘制用于定义装配零部件位置的草图。

用户还可以通过单击“浏览”按钮，浏览要打开的装配体文件位置并将其插入装配环境，然后再进行装配的设计、编辑等操作。

在面板的“选项”选项区中包含 3 个复选框，其含义如下。

- 生成新装配体时开始命令：该选项用于控制“开始装配体”面板的显示与否。如果用户的第一个装配体任务为插入零部件或生成布局之外的普通事项，可以取消勾选该复选框。

**技术要点：**

如果关闭“开始装配体”面板的显示，可以通过执行“插入零部件”命令，重新勾选此复选框后即可重新打开该面板。

- 图形预览：此复选框用于控制插入的装配模型是否在图形区中预览。
- 使成为虚拟：勾选此复选框，可以使用户插入的零部件成为“虚拟”零部件，断开外部零部件文件的链接，并在装配体文件内存储零部件定义。

**虚拟零部件**

虚拟零部件是SolidWorks提供的一种便于频繁操作和更改装配体、零部件的假想装配模型。虚拟零部件保存在装配体文件内部，而不是在单独的零件文件或子装配体文件中。

虚拟零部件的名称格式为：[Part_name^Assembly_name]

例如，(固定)[装配体-减速器^装配体12]表示一个减速器的虚拟零部件。

虚拟零部件在“自上而下”设计中尤为有用，它具有以下优点：

- 用户可以在特征管理器设计树中重新命名这些虚拟零部件，而不需要打开它们、另存备份档并使用替换零部件命令。
- 只需一步操作，即可让虚拟零部件中的一个实例独立于其他实例。
- 用于存储装配体的文件夹中，不会存放因零部件设计迭代而产生的未用零部件和装配体文件。

## 13.2.1　插入零部件

“插入零部件”功能可以将零部件添加到新的或现有装配体中。插入零部件功能包括以下几种装配方法：插入零部件、新零件、新装配体和随配合复制。

### 1. 插入零部件

“插入零部件”工具用于将零部件插入现有装配体。用户选择自下而上的装配方式后，先在零件模式中造型，可以使用该工具将其插入装配体，然后使用“配合”来定位零件。

用户可通过以下方式来执行“插入零部件”命令。

- 在命令管理器的“装配体”选项卡中单击“插入零部件”按钮。
- 在“装配体”选项卡中单击“插入零部件”按钮。
- 在菜单栏中执行“插入”|“零部件”|“现有零件/装配体”命令。

执行“插入零部件”命令后，属性管理器将显示“插入零部件”面板。“插入零部件”面板中的选项设置与“开始装配体”面板相同，这里不重复介绍。

**技术要点：**

在自上而下的装配设计过程中，第一个插入的零部件可以称为“主零部件”。因为后插入的零部件将以它作为装配参考。

### 2. 新零件

使用“新零件”工具，可以在关联的装配体中设计新的零件。在设计新零件时可以使用其他装配体零部件的几何特征。只有在用户选择了自上而下的装配方式后，可以使用此工具。

**技术要点：**

在生成关联装配体的新零部件之前，可指定默认行为将新零部件保存为单独的外部零件文件或者作为装配体文件内的虚拟零部件。

在“装配体”选项卡中执行了“新零件”命令后，特征管理器设计树中将显示一个空的“[零件1^装配体1]”的虚拟装配体文件，且鼠标指针变为，如图13-5所示。

当将鼠标指针在设计树中移动至基准面位置时，则变为，如图13-6所示。指定一个基准面后，即可在插入的新零件文件中创建模型了。

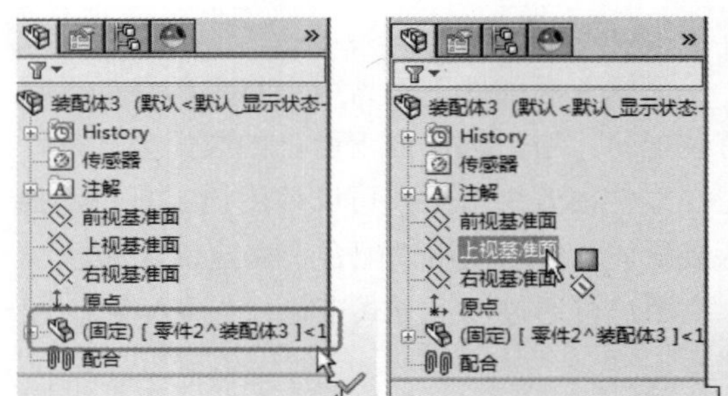


图 13-5　　　　图 13-6

对于内部保存的零件，可不选取基准面，而单击图形区域的一个空白区域，此时一个空白零件就添加到装配体中。用户可编辑或打开空白零件文件并生成几何体。零件的原点与装配体的原点重合，则零件的位置是固定的。

**技术要点：**

在生成关联装配体的新零部件之前，要想使虚拟的新零部件文件变为单独的外部装配体文件，只需“另存为”虚拟的零部件文件即可。

#### 3. 新装配体

当需要在任何一个装配体层次中插入子装配体时，可以使用“新装配体”工具。当创建了子装配体后，可以用多种方式将零部件添加到子装配体中。

插入新的子装配体的装配方法也是自上而下的设计方法。插入的新子装配体文件也是虚拟的装配体文件。

#### 4. 随配合复制

当使用“随配合复制”工具复制零部件或子装配体时，可以同时复制其关联的“配合”。例如，在“装配体”选项卡中执行“随配合复制”命令后，在减速器装配体中复制其中一个“被动轴通盖”零部件时，属性管理器将显示“随配合复制”面板，面板中显示了该零部件在装配体中的配合关系，如图 13-7 所示。

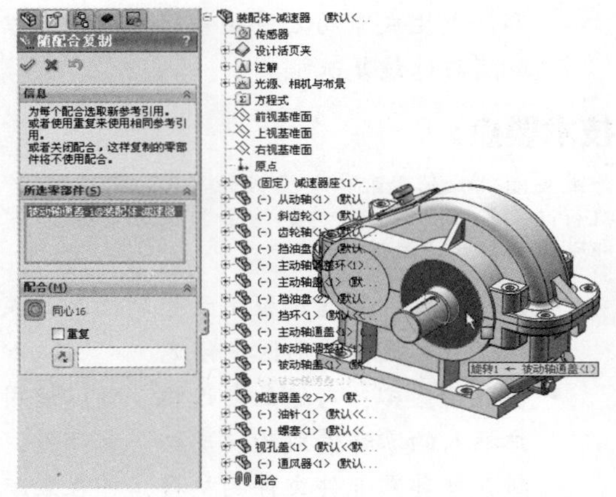


图 13-7

“随配合复制”面板中主要选项的含义如下。

- “所选零部件”选项区：该选项区下的列表，用于收集要复制的零部件。
- 同心◎：单击“配合”按钮，即可在复制零部件过程中也将复制配合，再单击此按钮，则不复制配合。
    - 重复：仅当所创建的所有复件都使用相同的参考时，可勾选“重复”复选框。
    - 要配合到的新实体：激活此列表，在图形区域中选择新配合参考，从而选择新的配合参考。
    - 反转配合对齐：单击此按钮，改变配合对齐方向。

### 13.2.2 配合

配合就是在装配体零部件之间生成几何约束关系。

当零件被调入到装配体中时，除了第一个调入零部件或子装配体之外，其他的都没有添加配合，位置处于任意的“浮动”状态。在装配环境中，处于“浮动”状态的零件可以分别沿 3 个坐标轴移动，也可以分别绕 3 个坐标轴转动，即共有 6 个自由度。

当给零件添加装配关系后，可消除零件的某些自由度，限制了零件的某些运动，此种情况称为“不完全约束”。当添加的配合关系将零件的6个自由度都消除时，称为“完全约束”，零件将处于“固定”状态，如同插入的第一个零件一样（默认情况下为“固定”），无法进行拖动操作。

**技术要点：**

一般情况下，第一插入的零部件位置是固定的，但也可以执行快捷菜单中的“浮动”命令，取消其“固定”状态。

用户可通过以下方式来执行“配合”命令。

- 在命令管理器的“装配体”选项卡中单击“配合”按钮。
- 在“装配体”选项卡中单击“配合”按钮。
- 在菜单栏中执行“插入”|“配合”命令。

执行“配合”命令后，属性管理器将显示“配合”面板。该面板的“配合”选项卡中包括用于添加标准配合、机械配合和高级配合的选项功能。“分析”选项卡的功能用于分析所选的配合，如图 13-8 所示。

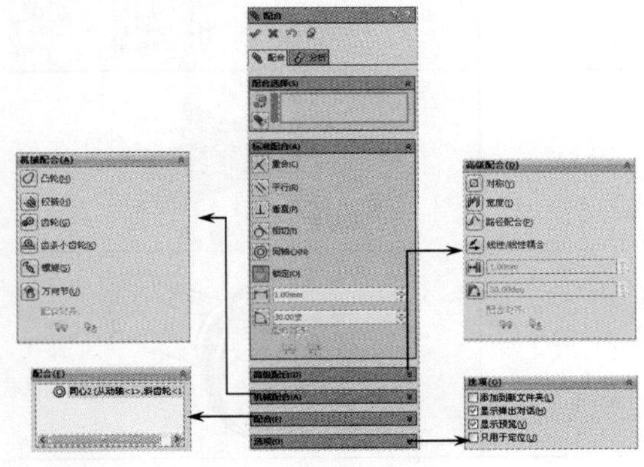

图 13-8

### 1. “配合选择”选项区

该选项区用于选择要添加配合关系的参考实体。激活“要配合的实体”选项，选择需要配合在一起的面、边线、基准面等。这是单一的配合，范例如图 13-9 所示。

“多配合”模式选项用于多个零件与同一参考的配合，范例如图 13-10 所示。

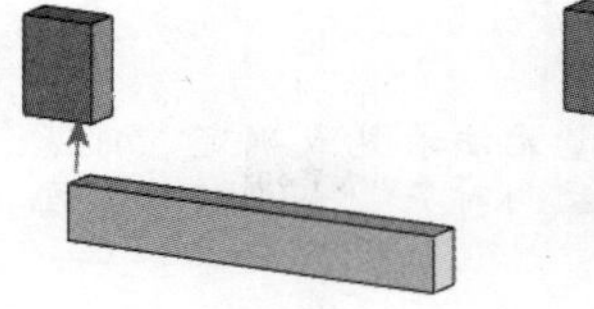

图 13-9

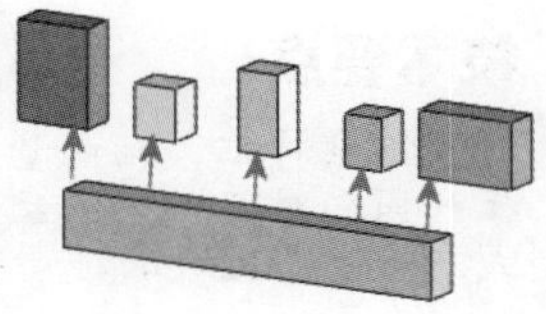

图 13-10

### 2. “标准配合”选项区

该选项区用于选择配合类型。SolidWorks 提供了 9 种标准配合类型，介绍如下。

- 重合：将所选面、边线及基准面定位（相互组合或与单一顶点组合），使其共享同一个无限基准面。定位两个顶点使它们彼此接触。
- 平行：使所选的配合实体相互平行。
- 垂直：使所选配合实体彼此之间以 90° 角度放置。
- 相切：使所选配合实体以彼此之间相切放置（至少有一个选择项为圆柱面、圆锥面或球面）。
- 同轴心：使所选配合实体放置于共享同一中心线。
- 锁定：保持两个零部件之间的相对位置和方向。
- 距离：使所选配合实体以彼此之间指定的距离放置。
- 角度：使所选配合实体以彼此之间指定的角度放置。
- 配合对齐：设置配合对齐条件。配合对齐条件包括“同向对齐”和“反向对齐”。“同向对齐”是指与所选面正交的向量指向同一方向，如图 13-11（a）所示；“反向对齐”是指与所选面正交的向量指向相反方向，如图 13-11（b）所示。

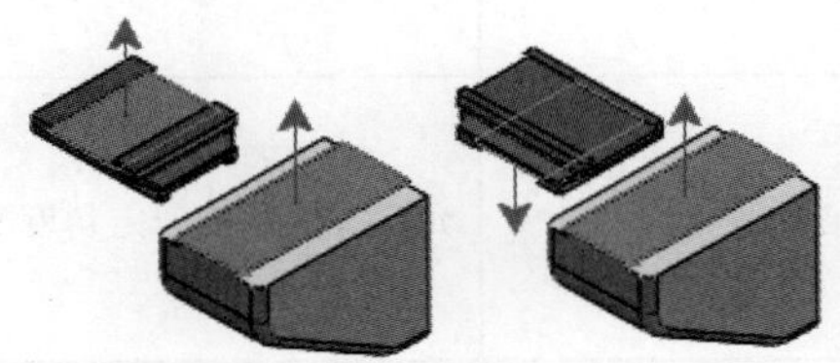

(a) 同向对齐　(b) 反向对齐

图 13-11

**技术要点：**

对于圆柱特征，轴向量无法看见或确定。可选择“同向对齐”或“反向对齐”来获取对齐方式，如图13-12所示。

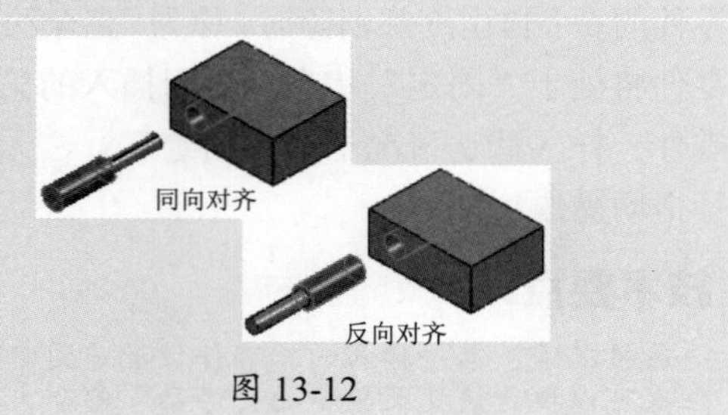

图 13-12

### 3. “高级配合”选项区

“高级配合”选项区提供了相对复杂的零部件配合类型。表 13-1 列出了 6 种高级配合类型的说明及图解。

表 13-1　6 种高级配合类型的说明及图解

| 高级配合 | 说　明 | 图　解 |
|---|---|---|
| 对称配合 | 强制使两个相似的实体相对于零部件的基准面、平面或者装配体的基准面对称 | |
| 宽度配合 | 使零部件位于凹槽宽度内的中心 | |
| 路径配合 | 将零部件上所选的点约束到路径 | 路径 |
| 线性 / 线性耦合 | 在一个零部件的平移和另一个零部件的平移之间建立几何关系 | |
| 距离配合 | 允许零部件在一定范围内移动 | |
| 角度配合 | 允许零部件在一定角度配合范围内移动 | 45° |

### 4. “机械配合”选项区

在“机械配合”选项区中提供了 6 种用于机械零部件装配的配合类型，如表 13-2 所示。

表 13-2 6 种机械配合类型的说明及图解

| 机械配合 | 说明 | 图解 |
|---|---|---|
| 齿轮配合 | 强迫两个零部件绕所选轴相对旋转。齿轮配合的有效旋转轴包括圆柱面、圆锥面、轴和线性边线 | |
| 铰链配合 | 将两个零部件之间的移动限制在一定的旋转范围内。其效果相当于同时添加同心配合和重合配合 | |
| 凸轮配合 | 为相切或重合配合类型。它允许将圆柱、基准面或点与一系列相切的拉伸曲面配合 | |
| 齿条小齿轮 | 通过齿条和小齿轮配合，某个零部件（齿条）的线性平移会引起另一个零部件（小齿轮）做圆周旋转，反之亦然 | |
| 螺旋配合 | 将两个零部件约束为同心，还在一个零部件的旋转和另一个零部件的平移之间添加纵倾几何关系 | |
| 万向节配合 | 允许零部件在角度配合的一定范围内移动 | |

## “万向节”的含义

所谓“万向节”，指的是利用球形连接实现不同轴的动力传送的机械结构，是汽车上一个很重要的部件。万向节与传动轴组合，称为“万向节传动装置”。在前置发动机后轮驱动的车辆上，万向节传动装置安装在变速器输出轴与驱动桥主减速器输入轴之间；而前置发动机前轮驱动的车辆省略了传动轴，万向节安装在既负责驱动又负责转向的前桥半轴与车轮之间。如图13-13所示为常见的十字轴式刚性万向节。

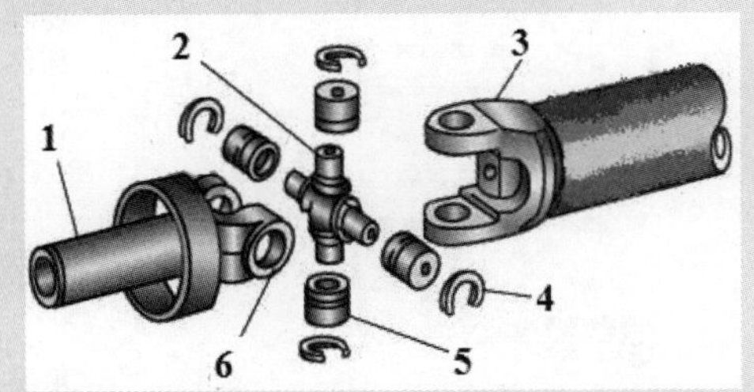


1—套筒；2—十字轴；3—传动轴叉；4—卡环；5—轴承外圈；6—套筒叉

图 13-13

**5. “配合”选项区**

“配合”选项区包含“配合”面板打开时添加的所有配合，或正在编辑的所有配合。当配合列表框中有多个配合时，可以选择其中一个进行编辑。

**6. “选项”选项区**

“选项”选项区包含用于设置配合的选项，选项含义如下。

- 添加到新文件夹：勾选此复选框后，新的配合会出现在特征管理器设计树的“配合”文件夹中。
- 显示弹出对话：勾选此复选框后，用户添加标准配合时会出现配合文字标签。
- 显示预览：勾选此复选框，在为有效配合选择了足够对象后，便会出现配合预览。
- 只用于定位：勾选此复选框，零部件会移至配合指定的位置，但不会将配合添加到特征管理器设计树中。配合会出现在“配合”选项区中，以便用户编辑和放置零部件，但当关闭“配合”面板时，不会有任何内容出现在特征管理器设计树中。

## 13.3 控制装配体

在SolidWorks装配各零部件的过程中，当出现相同的多个零部件装配时，使用“阵列”或“镜像”功能，可以避免多次插入零部件的重复操作。使用“移动”或“旋转”命令可以平移或旋转零部件。

### 13.3.1 零部件的阵列

在装配环境下，SolidWorks提供了3种零部件的阵列类型：圆周零部件阵列、线性零部件阵列和特征驱动零部件阵列。

**1. 圆周零部件阵列**

圆周零部件阵列可以生成零部件的圆周阵列。在“装配体”选项卡的“线性零部件…”下拉列表中选择“圆周零部件阵列”命令，属性管理器中显示“圆周阵列”面板，如图13-14所示。在该面板中指定阵列轴、角度和实例数（阵列数）及需要阵列的零部件后，即可生成零部件的圆周阵列，如图13-15所示。

图13-14

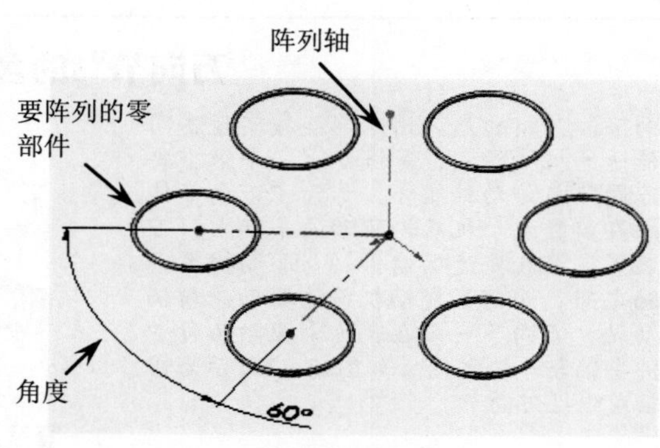


图13-15

若要跳过阵列中的某个零部件，在激活“可跳过的实例”列表框后，选择要跳过显示的零部件即可。

### 2. 线性零部件阵列

线性零部件阵列可以生成零部件的线性阵列。在“装配体”选项卡中单击“线性零部件…”按钮，属性管理器中显示“线性阵列”面板，如图 13-16 所示。当指定了线性阵列的方向 1、方向 2，以及各方向的间距、实例数之后，即可生成零部件的线性阵列，如图 13-17 所示。

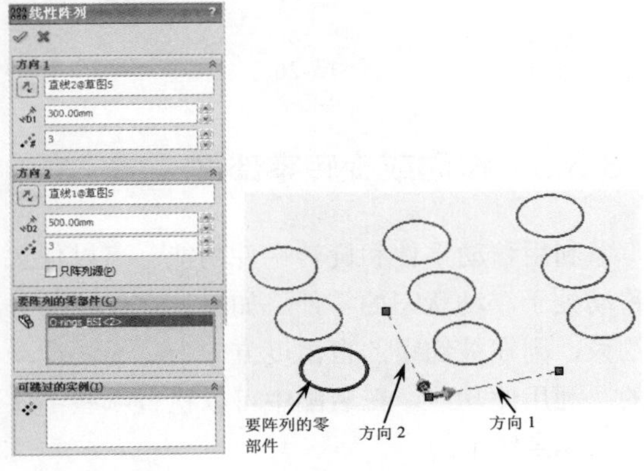


图 13-16　　图 13-17

### 3. 特征驱动零部件阵列

特征驱动零部件阵列是根据参考零部件中的特征来驱动的，在装配 Tollbox 标准件时特别有用。

在“装配体”选项卡的“线性零部件…”下拉列表中选择“特征驱动零部件阵列”命令，属性管理器中显示“特征驱动”面板，如图 13-18 所示。当指定了要阵列的零部件、螺钉和驱动特征和孔面后，程序自动计算出孔盖上有多少个相同尺寸的孔，并生成阵列，如图 13-19 所示。

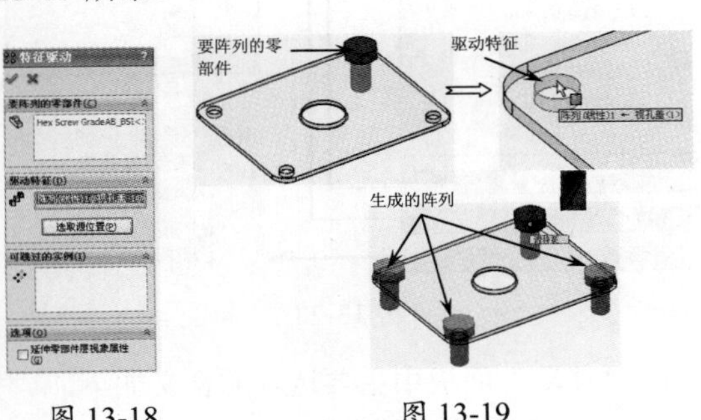


图 13-18　　图 13-19

## 13.3.2 零部件的镜像

当固定的参考零部件为对称结构时，可以使用“镜像零部件”工具生成新的零部件。新零部件可以是源零部件的复制版本或者相反方位版本。

复制版本与相反方位版本之间的生成差异如下。

- 复制版本：源零部件的新实例将添加到装配体中，不会生成新的文档或配置。复制零部件的几何体与源零部件完全相同，只有零部件的方位不同，如图 13-20 所示。

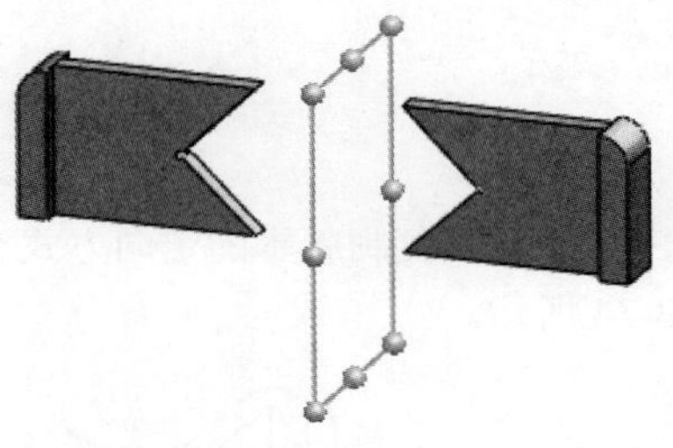

图 13-20

- 相反方位版本：生成新的文档或配置。新零部件的几何体是镜像所得的，所以与源零部件不同，如图 13-21 所示。

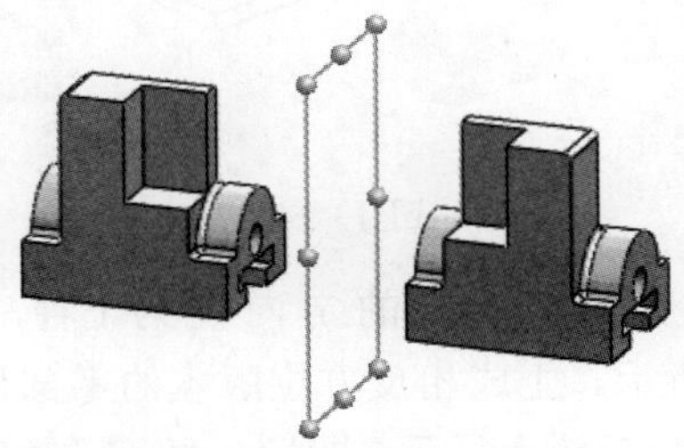

图 13-21

在“装配体”选项卡的“线性零部件…”下拉列表中选择“镜像零部件”命令，属性管理器中显示“镜像零部件”面板，如图 13-22 所示。当选择了镜像基准面和要镜像的零部件后（完成第 1 步），在面板顶部单击“下一步”按钮进入第 2 步。在第 2 步中，用户可以为镜像的零部件选择镜像版本和定向方式，如图

13-23 所示。

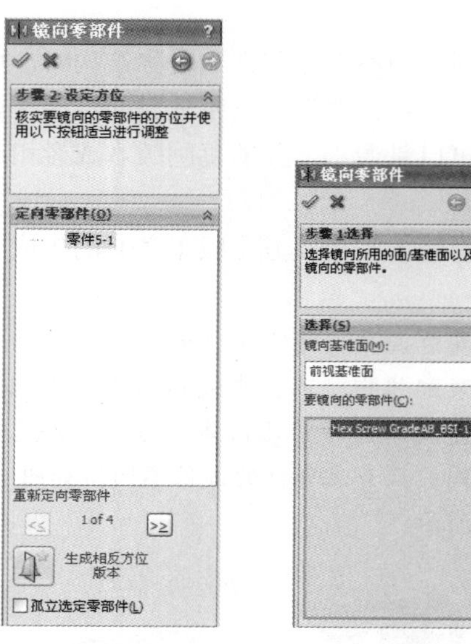


图 13-22　　　　图 13-23

在第 2 步中，复制版本的定向方式有 4 种，如图 13-24 所示。

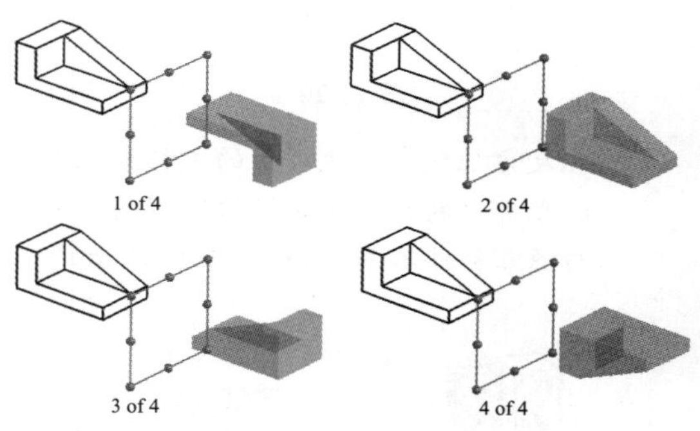


图 13-24

相反方位版本的定向仅为 1 种，如图 13-25 所示。生成相反方位版本的零部件后，在该项目旁边会显示图标，表示已经生成该项目的一个相反方位版本。

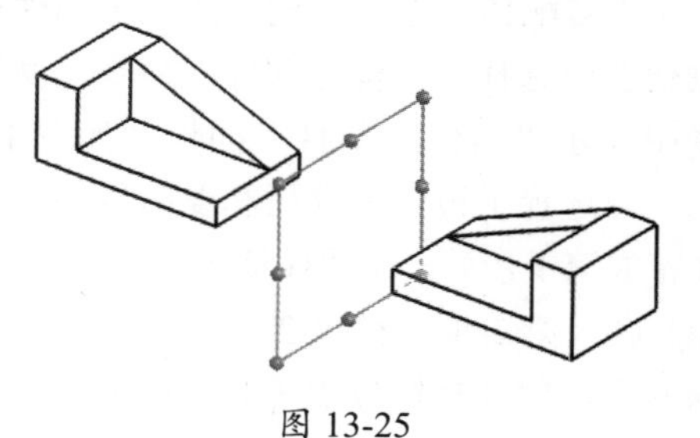

图 13-25

**技术要点：**

对于设计库中的Toolbox标准件，镜像零部件操作后的结果只能是复制版本，如图13-26所示。

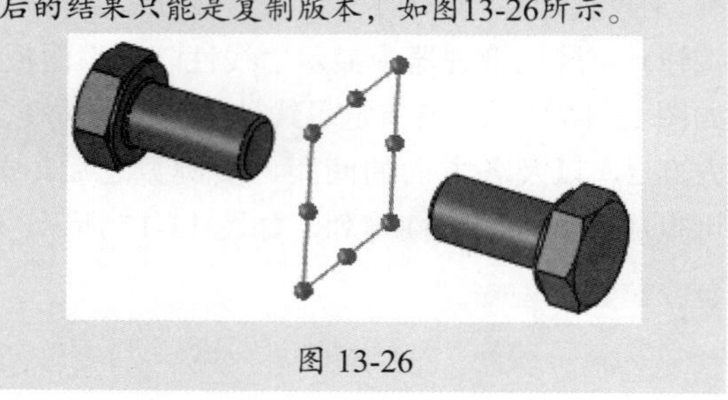

图 13-26

## 13.3.3 移动或旋转零部件

利用移动零件和旋转零件功能，可以任意移动处于浮动状态的零件。如果该零件被部分约束，则在被约束的自由度方向上是无法运动的。利用此功能，在装配中可以检查哪些零件是被完全约束的。

在“装配体”选项卡中单击“移动零部件”按钮，属性管理器将显示“移动零部件”面板，如图 13-27 所示。“移动零部件”面板和“旋转零部件”面板中的选项是相同的。

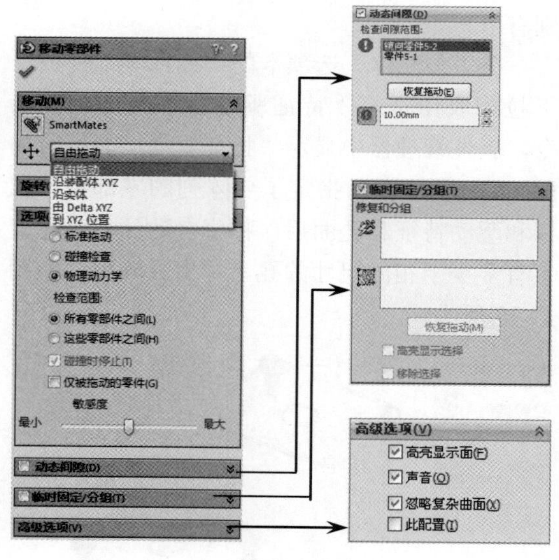


图 13-27

“移动”面板中主要选项的含义如下。

- “移动”选项区：SmartMates（智能配合）功能可以实现智能的装配。单击此按钮，然后在图形区中双击要装配的零部件的配合面（或边、点），该零部件透明显示，接着在固定零部件中选择一个与之相配合的有效面（或边、点），在随后弹出的“配合”选项卡中单击“添加/完成配合”按钮，自动完成装配过程，如图 13-28 所示。

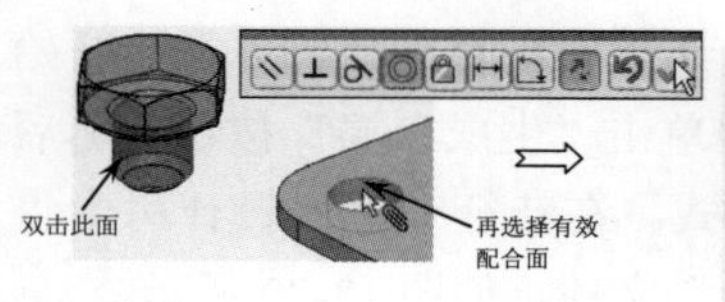


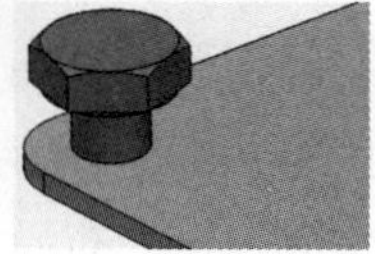


图 13-28

**技术要点：**

要使用智能配合功能，无须在移动或旋转零部件操作中进行，可以在图形区中按Alt键选择要配合的零部件即可。

- ➢ “移动类型”下拉列表：其中列出了 5 种类型，包括“自由拖动”“沿装配体 *XYZ*”“沿实体”“由 Delta *XYZ*”和“到 *XYZ* 位置”。
- “旋转”选项区：“旋转”选项区中列出了 3 种旋转类型，包括“自由拖动”“对于实体”和“由 Delta *XYZ*”。
- “选项”选项区：该选项区用于设置拖动或旋转零部件时与其他零部件所发生的碰撞检查。
  - ➢ 标准拖动：选择此单选按钮，只移动或旋转零部件，不检查碰撞。
  - ➢ 碰撞检查：选择此单选按钮，将检查碰撞，并显示碰撞检查的选项。
  - ➢ 物理动力学：是碰撞检查中的一个选项，允许用户以现实的方式查看装配体零部件的移动情况。
  - ➢ 所有零部件之间：选择此单选按钮，移动的零部件接触到装配体中任何其他的零部件，会检查出碰撞。
  - ➢ 这些零部件之间：选择此单选按钮，并选择“零部件供碰撞检查”列表框中的零部件，然后单击“恢复拖动”按钮。如果要移动的零部件接触到所选零部件，会检测出碰撞。与不在选框中的项目发生碰撞将被忽略。
  - ➢ 碰撞时停止：选择此单选按钮，停止零部件的运动，以阻止其接触到任何其他的实体。
- “动态间隙”选项区：该选项区用于在移动或旋转零部件时，动态检查零部件之间的间隙。激活“零部件供碰撞检查”列表框后，选择要检查的零部件。单击“恢复拖动”按钮以恢复拖动。
- “临时固定/分组”选项区：该选项区用于在移动过程中，选择临时固定组合分组的组件。
- “高级选项”选项区：该选项区用于设置移动或旋转零部件时的颜色、声音及碰撞检查的忽略面。

## 13.4 布局草图

布局草图对于装配体的设计是一个非常有用的工具，利用装配布局草图，可以控制零件和特征的尺寸和位置。对装配布局草图的修改会引起所有零件的更新，如果再采用装配设计表还可以进一步扩展此功能，自动创建装配体的配置。

### 13.4.1 布局草图的功能

装配环境中的布局草图有如下功能：

### 1．确定设计意图

所有的产品设计都有一个设计意图，无论它是创新设计还是改良设计。总设计师最初的想法、草图、计划、规格及说明都可以用来构成产品的设计意图。它可以帮助每个设计者更好地理解产品的规划和零件的细节设计。

### 2．定义初步的产品结构

产品结构包含了一系列的零件，以及它们所继承的设计意图。产品结构可以这样构成：在它里面的子装配体和零件都可以只包含一些从顶层继承的基准和骨架或者复制的几何参考，而不包括任何本身的几何形状或具体的零件；还可以把子装配体和零件在没有任何装配约束的情况下加入装配之中。这样做的好处是，这些子装配体和零件在设计的初期是不确定也不具体的，但是仍然可以在产品规划设计时把它们加入装配体中，从而可以为并行设计做准备。

### 3．在整个装配骨架中传递设计意图

重要零件的空间位置和尺寸要求都可以作为基本信息，放在顶层基本骨架中，然后传递给各个子系统，每个子系统就从顶层装配中获得了所需要的信息，进而可以在获得的骨架中进行细节设计，因为它们基于同一设计基准。

### 4．子装配体和零件的设计

当代表顶层装配的骨架确定，设计基准传递下去之后，可以进行单个的零件设计。这里，可以采用两种方法进行零件的详细设计：一种方法是基于已存在的顶层基准，设计好零件再进行装配；另一种方法是在装配关系中建立零件模型。零件模型建立好后，管理零件之间的相互关联性。用添加方程式的形式来控制零件与零件之间，以及零件与子装配体之间的关联性。

## 13.4.2　布局草图的建立

由于自上而下设计是从装配模型的顶层开始，通过在装配环境中建立零件来完成整个装配模型设计的方法，为此，在装配设计的最初阶段，按照装配模型的最基本功能和要求，在装配体顶层构筑布局草图时，用这个布局草图来充当装配模型的顶层骨架。随后的设计过程基本上都是在这个基本骨架的基础上进行复制、修改、细化和完善的，最终完成整个设计过程。

要建立一个装配布局草图，可以在“开始装配体”面板中单击“生成布局”按钮，随后进入3D草图模式。在特征管理器设计树中将生成一个“布局”文件，如图13-29所示。

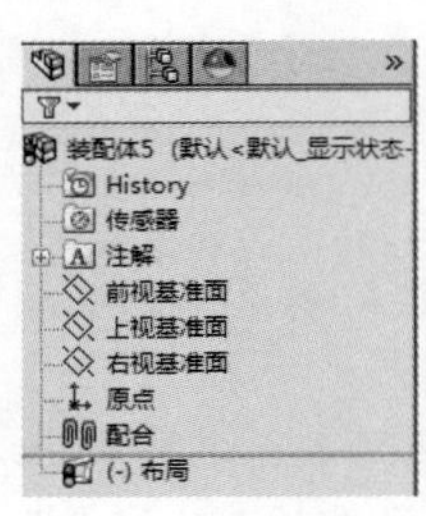


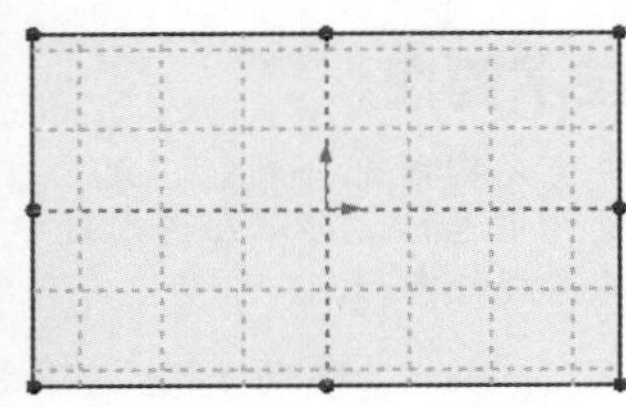

图 13-29

## 13.4.3　基于布局草图的装配体设计

布局草图能够代表装配模型的主要空间位置和空间形状，能够反应构成装配体模型的各个零部件之间的拓扑关系，它是整个自上而下装配设计展开过程的核心，是各个子装配体之间相互联系的中间桥梁和纽带。因此，在建立布局草图时，更注重在最初的装配总体布局中捕获和抽取各子装配体和零件之间的相互关联性和依赖性。

例如，在布局草图中绘制出如图13-30所示的草图。完成布局草图后单击“布局”按钮退出3D草图模式。

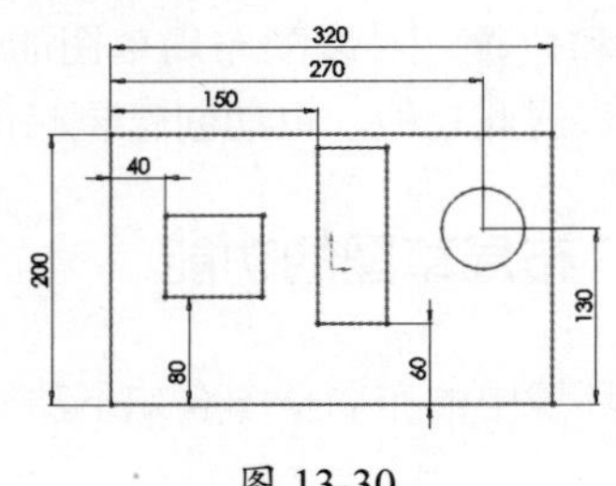


图 13-30

从绘制的布局草图中可以看出，整个装配体由4个零部件组成。在“装配体”选项卡使用“新零件”工具，生成一个新的零部件文件。在特征管理器设计树中选中该零部件文件并选择快捷菜单中的“编辑”命令，即可激活新零件文件。激活新零件文件，也就是进入零件设计模式创建新零件文件的特征。

使用“特征”选项卡中的“拉伸凸台/基体”工具，利用布局草图的轮廓，重新创建2D草图，并创建出拉伸特征，如图13-31所示。

创建拉伸特征后，在“草图”选项卡中单击“编辑零部件”按钮，完成装配体第一个零部件的设计。同理，再使用相同操作方法依次创建出其余的零部件，最终设计完成的装配体模型如图13-32所示。

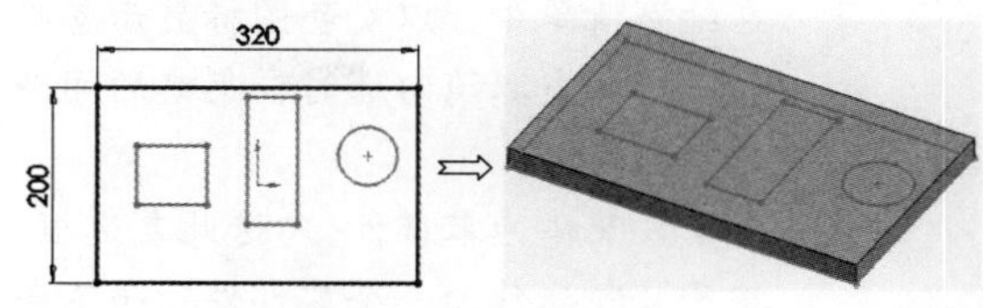


图 13-31

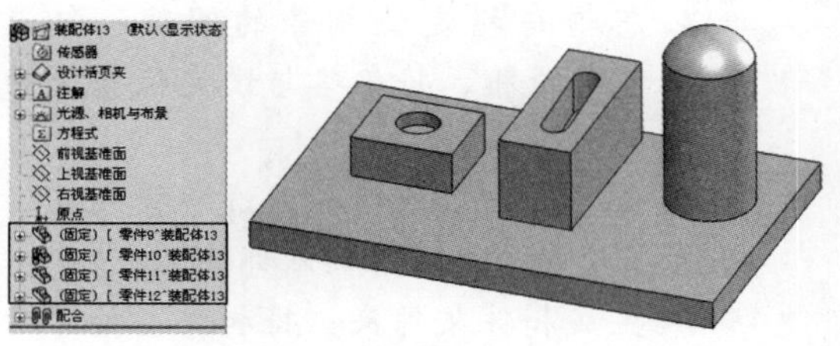


图 13-32

## 13.5　装配体检测

零部件在装配环境下完成装配后，为了找出装配过程中出现的问题，需要使用SolidWorks提供的检测工具，检测装配体中各零部件之间存在的间隙、碰撞和干涉，使装配设计更完善。

### 13.5.1　间隙验证

“间隙验证”工具用来检查装配体中所选零部件之间的间隙。使用该工具可以检查零部件之间的最小距离，并报告不满足指定的“可接受的最小间隙”的间隙。

在“装配体”选项卡中单击“间隙验证”按钮，属性管理器中显示“间隙验证”面板，如图13-33所示。

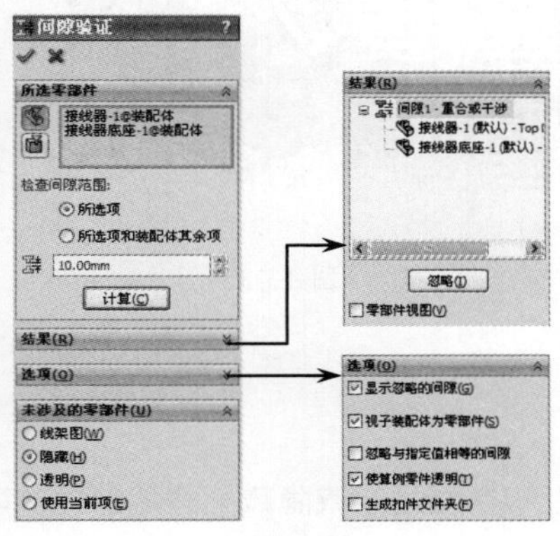


图 13-33

“间隙验证”面板中主要选项的含义如下。

- “所选零部件”选项区：该选项区用来选择要检测的零部件，并设定检测的间隙值。
- 检查间隙范围：指定只检查所选实体之间的间隙，还是检查所选实体和装配体其余实体之间的间隙。
  - ➢ 所选项：只检测所选的零部件。
  - ➢ 所选项和装配体其余项：单选此项，将检测所选及未选的零部件。
- 可接受的最小间隙：设定检测间隙的最小值。小于或等于此值时将在“结果”选项区中列出报告。
- “结果”选项区：该选项区用来显示间隙检测的结果。
  - ➢ 忽略：单击此按钮，将忽略检测结果。
  - ➢ 零部件视图：勾选此复选框，按零部件名称，而非间隙编号列出间隙。
- “选项”选项区：该选项区用来设置间隙检测的选项。

- 显示忽略的间隙：勾选此复选框，可在结果清单中，以灰色图标显示忽略的间隙。当取消勾选时，忽略的间隙将不会列出。
- 视子装配体为零部件：勾选此复选框，将子装配体作为一个零部件，而不会检测子装配体下的零部件间隙。
- 忽略与指定值相等的间隙：勾选此复选框，将忽略与设定值相等的间隙。
- 使算例零件透明：以透明模式显示正在验证其间隙的零部件。
- 生成扣件文件夹：将扣件（如螺母和螺栓）之间的间隙，隔离为单独文件夹。

- “未涉及的零部件”选项区：使用选定模式来显示间隙检查中未涉及的所有零部件。

### 13.5.2 干涉检查

使用“干涉检查”工具，可以检查装配体中所选零部件之间的干涉。在“装配体”选项卡中单击“干涉检查”按钮，属性管理器中显示“干涉检查”面板，如图 13-34 所示。

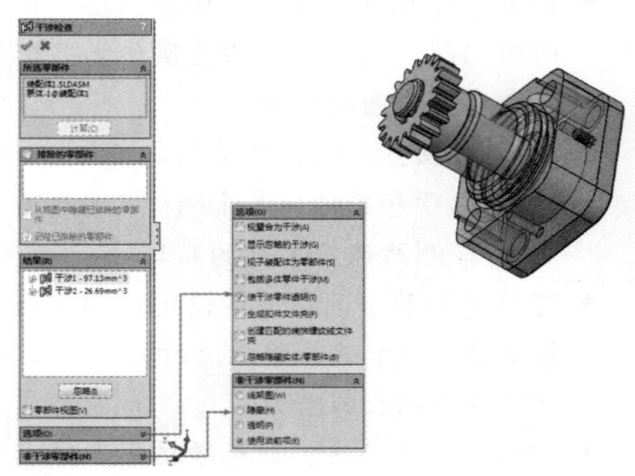

图 13-34

“干涉检查”面板中的属性设置与“间隙验证”面板中的属性设置基本相同，现介绍“选项”选项中主要选项的含义如下。

- 视重合为干涉：勾选此复选框，将零部件重合视为干涉。
- 显示忽略的干涉：勾选此复选框，将在“结果”选项区列表中，以灰色图标显示忽略的干涉；反之，则不显示。
- 包括多体零件干涉：勾选此复选框，将报告多实体零件中实体之间的干涉。

**技术要点：**

默认情况下，除非预选了其他零部件，否则将显示顶层装配体。当检查装配体的干涉情况时，其所有零部件将被检查。如果选取单一零部件，则只报告出涉及该零部件的干涉。

### 13.5.3 孔对齐

在装配过程中，使用“孔对齐”工具可以检查所选零部件之间的孔是否未对齐。在“装配体”选项卡中单击“孔对齐”按钮，属性管理器中显示“孔对齐”面板。在面板中设定“孔中心误差”后，单击“计算”按钮，程序将自动计算整个装配体中是否存在孔中心误差，计算的结果将列表于“结果”选项区中，如图 13-35 所示。

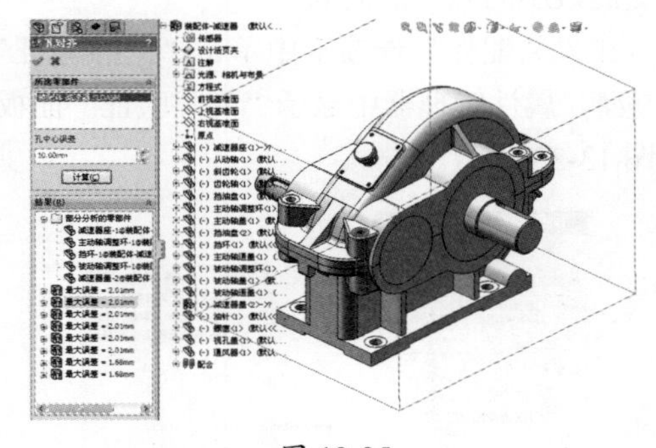

图 13-35

## 13.6 控制装配体的显示

在装配设计过程中，对于复杂的大型装配体来说，经常需要显示或隐藏某些零部件，以便于进行其他零部件的装配工作。接下来逐一介绍装配体零部件的显示或隐藏功能。

## 13.6.1 显示或隐藏零部件

在 SolidWorks 装配环境下的设计树中，单击顶部的“展开”按钮»，将打开显示窗格。显示窗格中包括 4 种显示或隐藏零部件的方法：隐藏 / 显示、显示模式、外观和透明度，如图 13-36 所示。

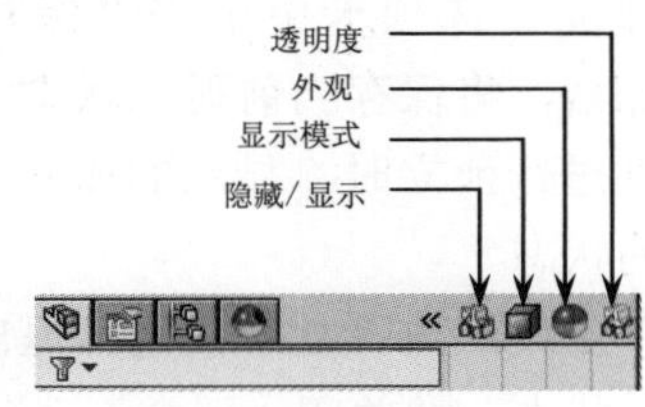

图 13-36

除了可以利用显示窗格中的工具外，还可以在特征管理器设计树中执行快捷菜单中的显示或隐藏命令，来控制零部件的显示或隐藏。该快捷菜单如图 13-37 所示。

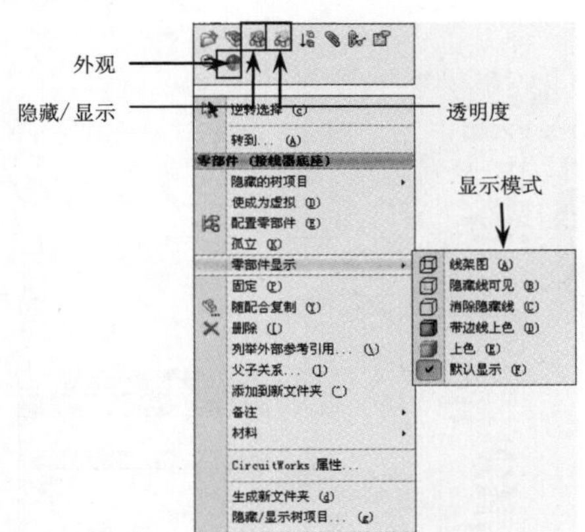

图 13-37

### 1. 隐藏 / 显示

从展开的显示窗格中可以看见，显示零部件的图标为。单击此图标，即可将该零部件隐藏，且图标变为。如图 13-38 所示。

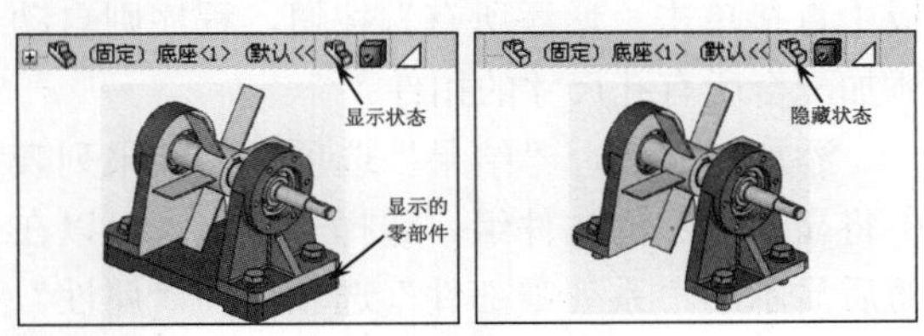

图 13-38

### 2. 显示模式

显示模式有 5 种：线架图、隐藏线可见、消除隐藏线、带边线上色和上色。选中一个零部件，然后在显示窗格中单击“显示模式”图标，会弹出显示模式的菜单。此菜单与特征管理器设计树中的快捷菜单的显示模式命令相同。如图 13-39 所示为 5 种显示模式下的零部件。

图 13-39

### 3. 外观

在显示窗格中单击 color 图标，属性管理器会显示 color 面板。在该面板中可以为选取的零部件设置外观。

**技术要点：**

在color面板的“光学属性”选项区中，拖动滑块可以改变零部件的透明度。

### 4. 透明度

在显示窗格中单击“透明度”图标，可以将75%透明度应用到零部件。应用透明度后，图标将半透明显示。

## 13.6.2 孤立

使用“孤立”工具可将选定零部件之外的所有其他零部件隐藏或以透明或线架图形式显示，使用户专注于选定的零部件。

在退出“孤立”模式之前，可以保存显示特性到新的显示状态。否则，显示将回到初始状态，而不会包含任何永久改动。

在特征管理器设计树中选择一个零部件，然后在弹出的快捷菜单中选择“孤立”命令，或者在菜单栏中执行“视图”|“显示”|“孤立”命令，将弹出“孤立”选项卡，如图13-40所示。

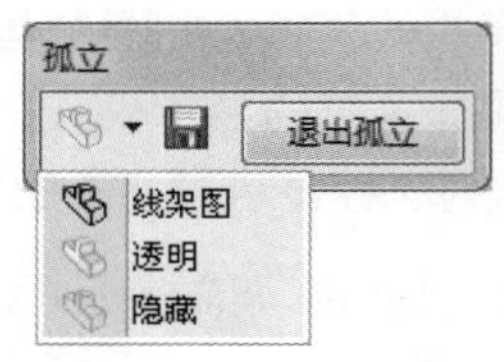


图 13-40

“孤立”选项卡中包括3个控制零部件显示状态的工具：线架图、透明和隐藏。如图13-41所示为某个零部件的3种孤立状态。

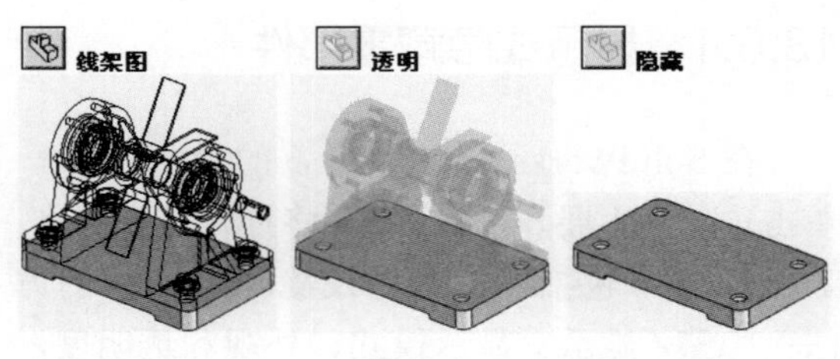


图 13-41

在“孤立”选项卡中单击“保存为显示状态”按钮，将保存当前孤立状态，在选择其他零部件进行孤立时，显示的孤立状态就是先前保存的状态。

最后单击“退出孤立”按钮，退出零部件的“孤立”状态，并关闭“孤立”选项卡。

## 13.7 其他装配体技术

在装配环境下，除了进行零部件的标准装配（自上而下和自下而上）设计外，还包括其他诸如“智能零部件”“智能扣件”和“装配体直观”等的装配方式。

### 13.7.1 智能扣件

当装配体中含有标准规格尺寸的孔、孔系列或孔阵列时，可以使用“智能扣件”工具向装配体添加Toolbox扣件库中的扣件。

Toolbox扣件库包含了ISO、GB及其他国家标准的扣件，如螺纹及螺纹紧固件等，如图13-42所示。

**技术要点：**

要使用Toolbox扣件库中的标准件，必须将SolidWorks Toolbox Browser插件激活。

在“装配体”选项卡中单击“智能扣件”按钮，属性管理器显示“智能扣件”面板，如图13-43所示。

如果要手动选择要添加扣件的孔，可以激活“选择”选项区中的列表框，然后在装配体中依次选择孔，此时“添加”按钮亮显。单击此按钮，程序自动计算孔尺寸，并添加能够配合孔尺寸的扣件。

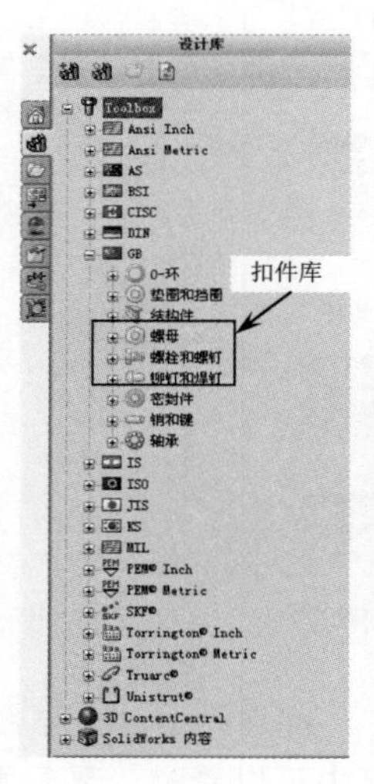


图 13-42

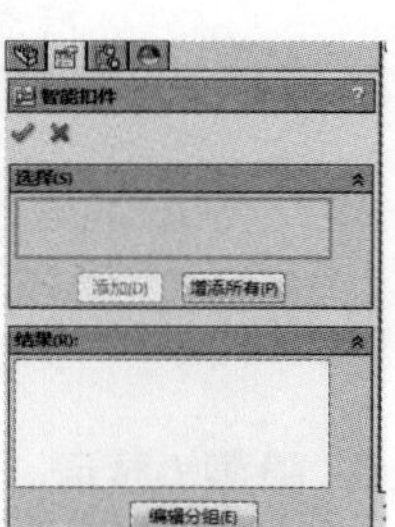


图 13-43

如果需要自动寻找装配体中的孔，可在面板中直接单击“增添所有”按钮，程序则自动添加配合所有孔尺寸的扣件。

添加扣件后，“结果”选项区的结果列表中将显示添加的扣件组。选择一个组，可以在随后显示的“系列零部件”选项区和“属性”选项区中编辑扣件参数，如图13-44所示。

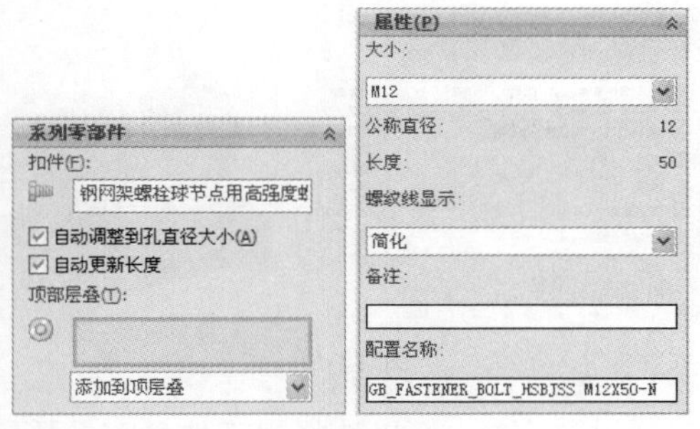


图 13-44

在“结果”选项区单击“编辑分组”按钮，可以对添加的组进行编辑。在组文件下选择“系列”选项，然后右击，在弹出的快捷菜单中选择相应命令来编辑扣件组，如图 13-45 所示。

有些情况下，程序自动添加的智能扣件类型未必符合设计要求，这就需要更改扣件类型。选择“更改扣件类型”命令，可以在弹出的“智能扣件”对话框中重新选择智能扣件的标准和类型，如图 13-46 所示。

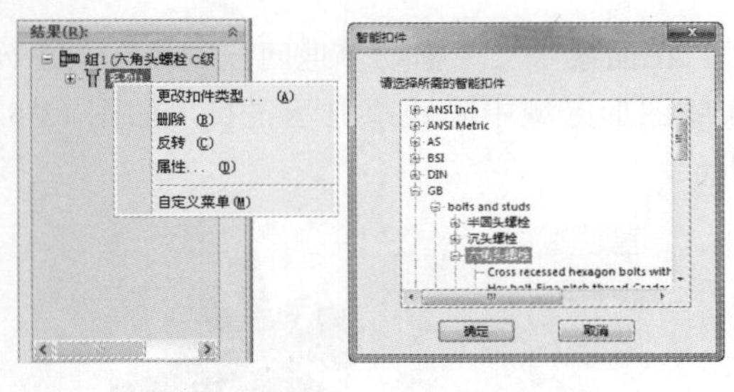


图 13-45　　　图 13-46

用户也可以在图形区中拖动控标来更改扣件的长度，更改之前需要在“系列零部件”选项区中取消勾选“自动更新长度”复选框，如图 13-47 所示。

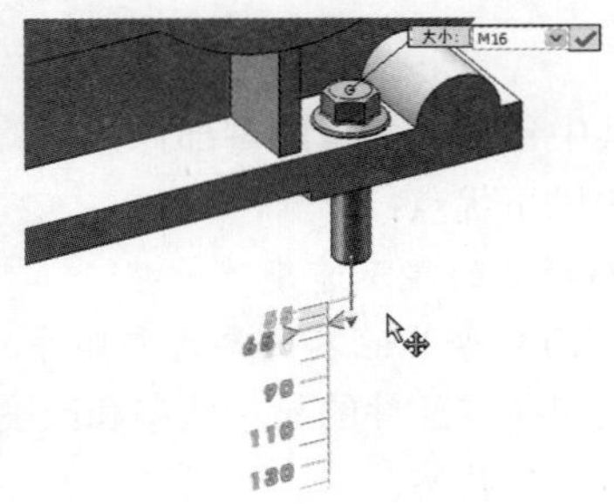


图 13-47

### 13.7.2 智能零部件

在装配环境中，用户可以使用“制作智能零部件”工具，将普通零部件（非 Toolbox 标准件）创建为智能零部件，以备重复调用。

在“装配体”选项卡中单击“制作智能零部件”按钮（如果没有此工具，可以调出来），属性管理器显示“智能零部件”面板，如图 13-48 所示。

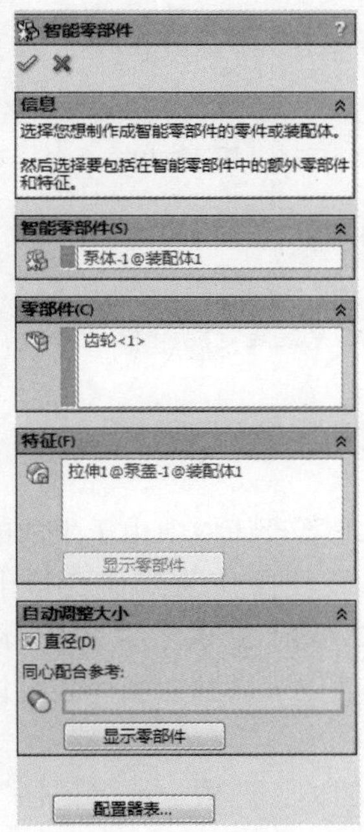


图 13-48

“智能零部件”面板中主要选项区的含义如下。

- “智能零部件”选项区：激活该选项区中的列表，选择或消除选择要成为智能零部件的零部件。
- “零部件”选项区：激活该选项区中的列表，选择或消除选择与智能零部件相关联的零部件。
- “特征”选项区：激活该选项区中的列表，选择在插入关联零部件和特征时需要指定的配合参考。单击“显示（隐藏）零部件”按钮，可以控制成为智能零部件的显示或隐藏。

- “自动调整大小”选项区：该选项区用于设置其余的配合参考。例如，勾选“直径”复选框，需要为插入智能零部件选择同心配合参考。

创建智能零部件后，在特征管理器原零部件文件夹中生成一个“智能特征”子文件夹，如图 13-49 所示。

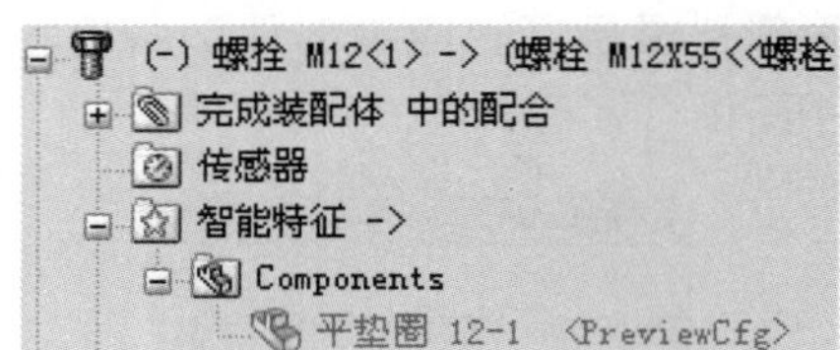


图 13-49

**技术要点：**

用户是不能选择Toolbox标准件制作为智能零部件的，因为其本身就是智能扣件。

### 13.7.3 装配体直观

特征管理器设计树中由于生成的各种装配文件繁多，致使操作装配体变得十分困难。为此，SolidWorks 提供了“装配体直观”功能。使用此功能可以独立操作装配体中的各零部件。

在“装配体”选项卡或“评估”选项卡中单击“装配体直观”按钮，设计树窗格中出现“装配体直观”标签，并显示“装配体直观”面板，如图 13-50 所示。

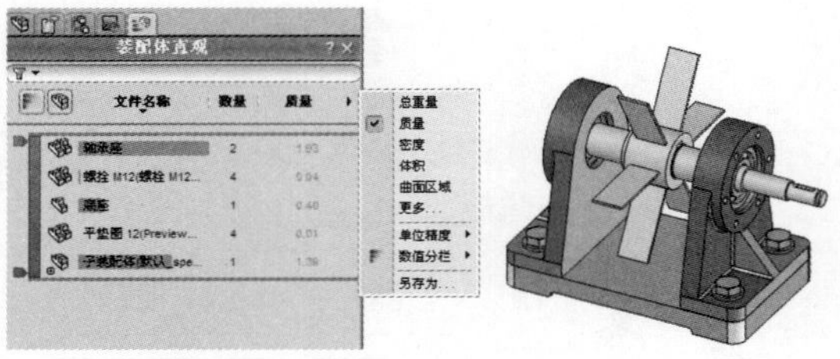


图 13-50

通过该面板，可以选择零部件并查看数量、质量、总重量、密度等，还可以编辑零部件。拖动“添加滑杆”可以显示或改变零部件的颜色，如图 13-51 所示。

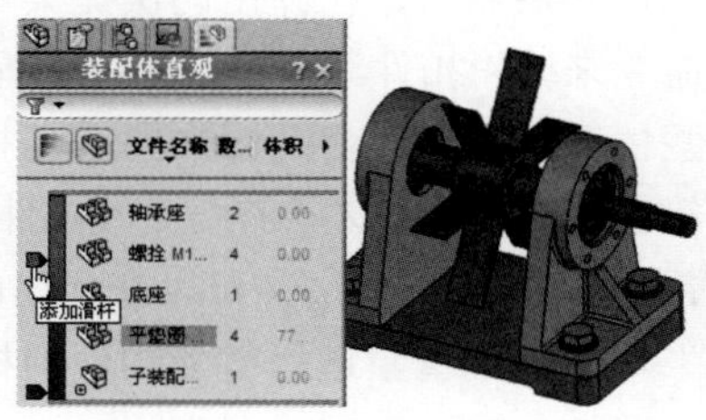


图 13-51

在面板中上下拖动“退回控制棒”，在列表或图形区域中隐藏或显示条目，如图 13-52 所示。

图 13-52

## 13.8 大型装配体的简化

在实际工程中，结构复杂的产品由大型装配体组成，其中包含了大量的零部件，这就要求对大型装配体进行相应的简化。简化后的大型装配体可以带来以下优点：

- 减少模型重建的时间，缩短屏幕刷新时间，显著提高模型的显示速度。
- 可以生成简化的装配体视图，其中只包含所需零部件而排除其他不必要的零部件。

为此，SolidWorks 提供了多种简化手段。用户可以通过切换零部件的显示状态和改变零部件的压缩状态来简化复杂的装配体。在装配体中的零部件共有 4 种状态。

- 还原：零部件的正常显示状态，将零部件所有数据信息调入内存。
- 隐藏：除零部件不在装配体中显示外，其他与还原状态相同。

- 压缩：使零部件在当前装配体中暂时不起作用，模型不显示，数据不可用。
- 轻化：零部件的数据信息根据需要调入内存，只占用部分内存资源。

## 13.8.1　零部件显示状态的切换

零部件的显示状态有3种：显示、隐藏与透明。通过切换装配体中零部件的显示状态，可以暂时将装配体中一些不必要的零部件隐藏起来，以便于用户专心地处理当前未被隐藏的零部件。也可以将一些零部件设置为透明状，以便用户观察和处理被该零部件遮挡的零部件。这3种状态的切换对装配体及零部件本身并没有影响，只是用于改变显示效果。

## 13.8.2　零部件压缩状态的切换

根据某段时间内的工作范围，可以指定合适的零部件压缩状态。这样可以减少工作时装入和计算的数据量，装配体的显示和重建会更快。零部件的压缩状态有3种：压缩、轻化和还原。

### 1．压缩

使用压缩状态可以暂时将零部件从装配体中移除（而不是删除）。它不装入内存，不再是装配体中有功能的部分。压缩后将无法看到压缩的零部件，也无法选取其实体。

一个压缩的零部件将从内存中移除，所以装入速度、重建模型速度和显示性能均有提高。由于减少了复杂程度，其余的零部件计算速度会更快。

不过，压缩零部件包含的配合关系也会被压缩。因此，装配体中零部件的位置可能变为欠定义。参考压缩零部件的关联特征也可能受影响。当恢复压缩的零部件为完全还原状态时，可能会发生矛盾。所以在生成模型时必须小心使用压缩状态。

在特征管理器设计树或在图形区域中，右击零部件并选择快捷菜单中的“压缩”命令，即可将选择的零部件压缩，如图13-53所示。

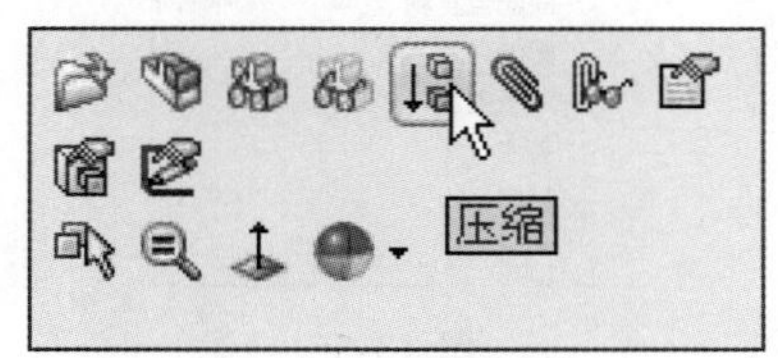


图 13-53

### 2．轻化

使用轻化零部件，可以显著提高大型装配体的性能。使用轻化的零件装入装配体比使用完全还原的零部件装入同一装配体的速度更快。因为计算的数据更少，包含轻化零部件的装配体的重建速度将更快。

在特征管理器设计树或在图形区域中，右击零部件并选择快捷菜单中的“设定为轻化”命令，即可将选中的零部件轻化，如图13-54所示。

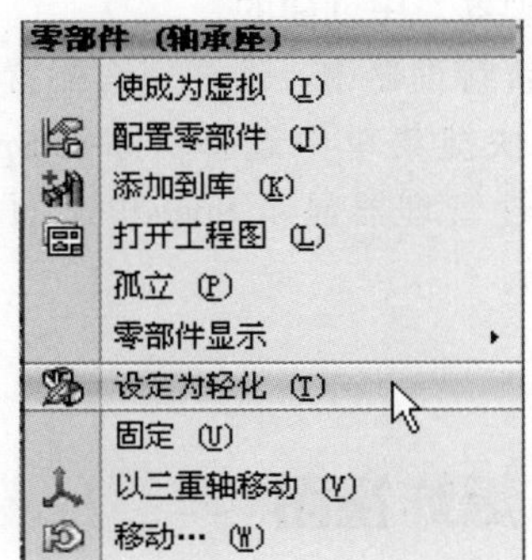


图 13-54

### 3．还原

还原是装配体零部件的正常状态。完全还原的零部件会被完全装入内存，可以使用所有功能并可以完全访问。同时，可以使用它的所有模型数据，所以可选取、参考、编辑，以及在配合中使用它的实体。

在特征管理器设计树或在图形区域中，右击零部件并选择快捷菜单中的“设定为还原”命令，即可将压缩状态的零部件还原，如图13-55所示。

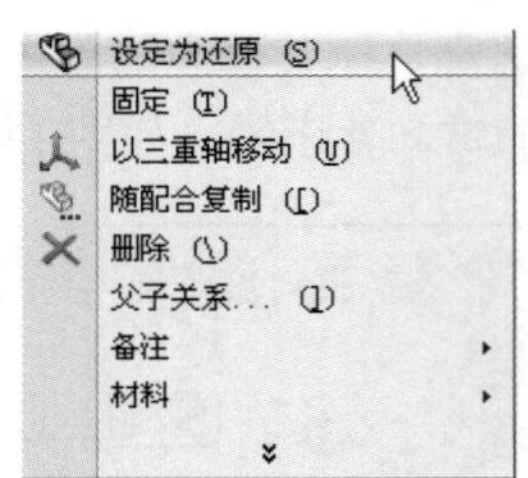

图 13-55

**技术要点：**

当用户还原或轻化零部件时，将会在装配体的所有配置中还原或轻化。

### 13.8.3 SpeedPak

SpeedPak 是对大型装配体进行简化的有力工具。简单来说，SpeedPak 的功能就是指定大型装配体中的某个子装配体的哪些面或实体参加配合，从而只把这些参加配合的面或实体调入内存，内存的使用得以减少。SpeedPak 是在"配置管理器"中创建的。

在配置管理器中，选择现有配置并右击，在弹出的快捷菜单中选择"添加 SpeedPak"命令，属性管理器显示 SpeedPak 面板，如图 13-56 所示。

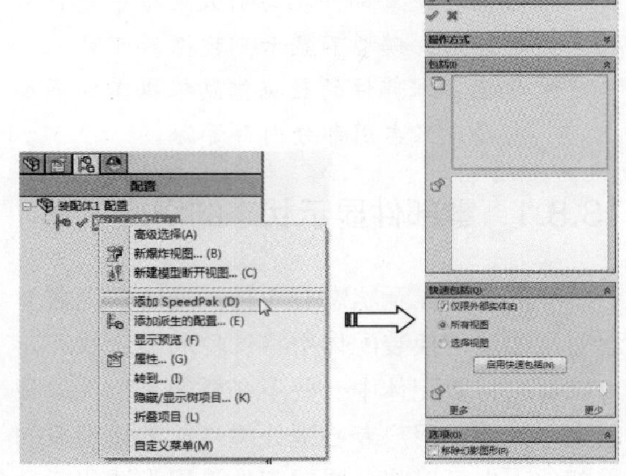
图 13-56

SpeedPak 面板中主要选项的含义如下。

- 要包括的面：激活该列表框，在装配体零部件中选择面。可以在下方通过拖动滑块来收集面。
- 要包括的实体：激活该列表框，在装配体零部件中选择实体。
- 启用快速包括：单击此按钮以便快速选择面和实体。
- 移除幻影图形：勾选此复选框，只显示 SpeedPak 配置中活动且可用的面和实体，隐藏其他所有面和实体，这样就进一步减少了内存需求，从而提高了性能。

## 13.9 爆炸视图

爆炸视图是指在装配模型中，组件按装配关系偏离原来的位置的拆分图形。爆炸视图的创建可以方便用户查看装配中的零件及其相互之间的装配关系。装配体的爆炸视图如图 13-57 所示。

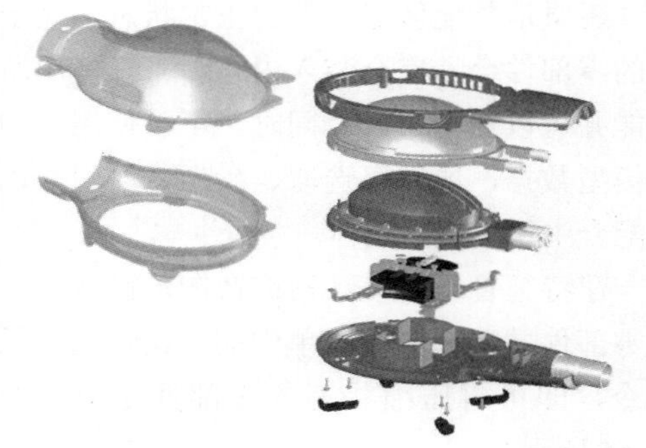
图 13-57

### 13.9.1 生成或编辑爆炸视图

在"装配体"选项卡中单击"爆炸视图"按钮，属性管理器中显示"爆炸"面板，如图 13-58 所示。

"爆炸"面板中主要选项的含义如下。

- "爆炸步骤"选项区：该选项区用于收集爆炸到单一位置的一个或多个所选零部件。要删除爆炸视图，可以删除爆炸步骤中的零部件。

- “设定”选项区：该选项区用于设置爆炸视图的参数。

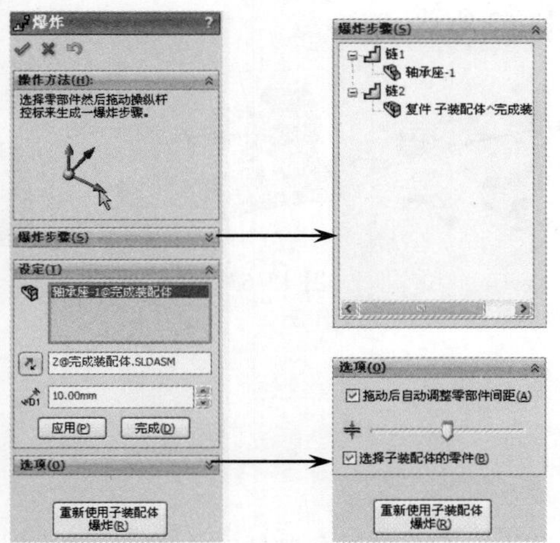

图 13-58

➢ 爆炸步骤的零部件：激活此列表框，在图形区选择要爆炸的零部件，随后图形区将显示三重轴，如图 13-59 所示。

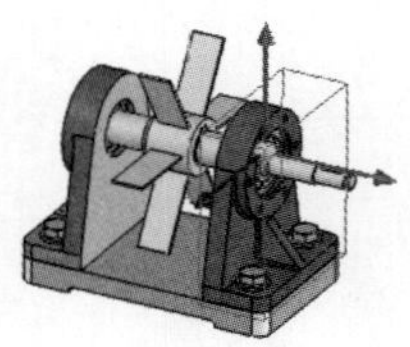

图 13-59

**技术要点：**

只有在改变零部件位置的情况下，所选的零部件才会显示在“爆炸步骤”选项区的列表框中。

➢ 爆炸方向：显示当前爆炸步骤所选的方向，可以单击“反向”按钮改变方向。

➢ 爆炸距离：输入值以设定零部件的移动距离。

➢ 应用：单击此按钮，可以预览移动后的零部件位置。

➢ 完成：单击此按钮，保存零部件移动的位置。

“选项”选项区：

➢ 拖动后自动调整零部件间距：勾选此复选框，将沿轴心自动均匀地分布零部件组的间距。

➢ 调整零部件链之间的间距：拖动此滑块可以调整放置零部件之间的距离。

➢ 选择子装配体的零件：勾选此复选框，可以选择子装配体的单个零部件；反之，则选择整个子装配体。

➢ 重新使用子装配体爆炸：使用先前在所选子装配体中定义的爆炸步骤。

除了在面板中设定爆炸参数来生成爆炸视图外，用户还可以自由拖动三重轴的轴来改变零部件在装配体中的位置，如图 13-60 所示。

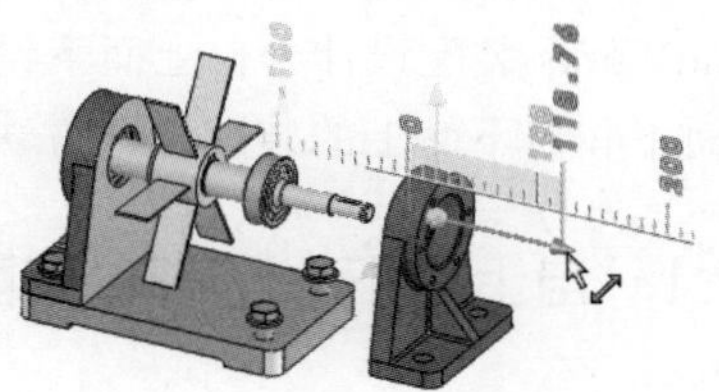

图 13-60

## 13.9.2 添加爆炸直线

创建爆炸视图后，可以添加爆炸直线来表达零部件在装配体中所移动的轨迹。在“装配体”选项卡中单击“爆炸直线草图”按钮，属性管理器中显示“步路线”面板，并自动进入 3D 草图模式，同时弹出“爆炸草图”选项卡，如图 13-61 所示。“步路线”面板可以通过在“爆炸草图”选项卡中单击“步路线”按钮来打开或关闭。

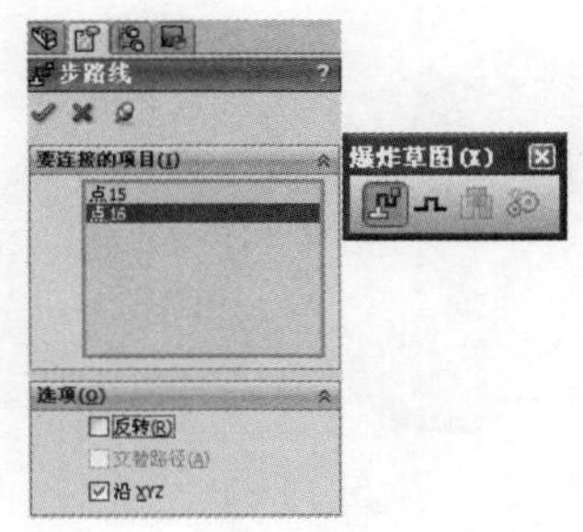

图 13-61

在 3D 草图模式中使用“直线”工具来绘制爆炸直线，如图 13-62 所示。绘制后将以幻影线显示。

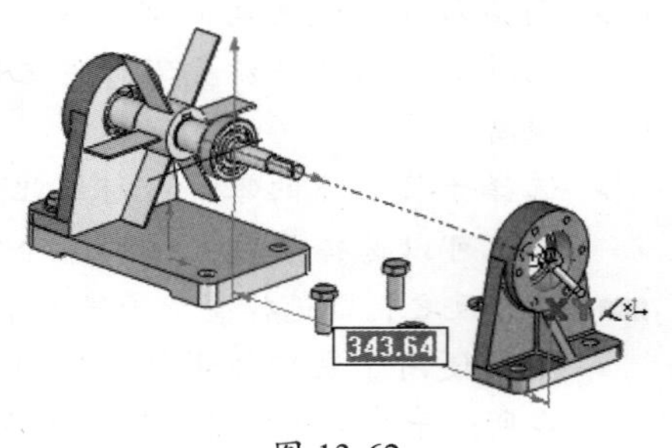


图 13-62

在“爆炸草图”选项卡中单击“转折线”按钮，然后在图形区中选择爆炸直线并拖动草图线条以将转折线添加到该爆炸直线中，如图 13-63 所示。

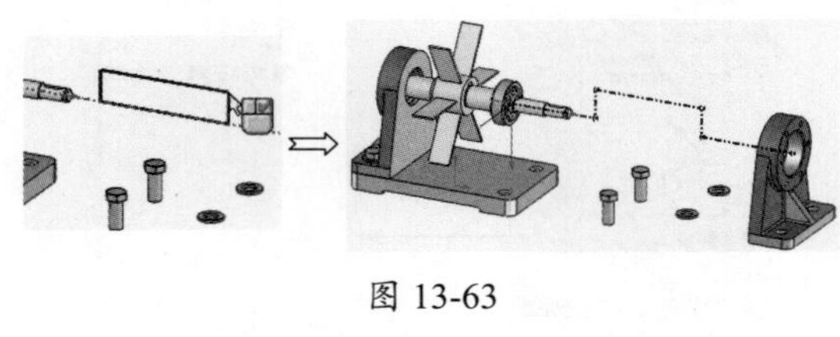

图 13-63

## 13.10 综合实战

SolidWorks 装配设计分自上而下设计和自下而上设计。下面以两个典型的装配设计实例来说明自上而下和自下而上的装配设计方法及操作过程。

### 13.10.1 自上而下——脚轮装配设计

◎ **引入素材：无**

◎ **结果文件：第13章综合实战\第13章结果文件\脚轮.sldasm**

◎ **视频文件：脚轮装配设计.avi**

活动脚轮是工业产品，它由固定板、支承架、塑料轮、轮轴及螺母构成。活动脚轮也就是人们常说的万向轮，它的结构允许 360° 旋转。

活动脚轮的装配设计方式是自上而下的，即在总装配体结构下，依次构建出各零部件模型。装配设计完成的活动脚轮如图 13-64 所示。

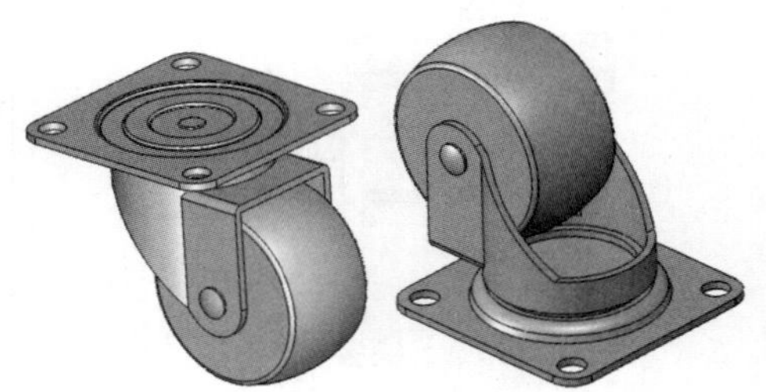

图 13-64

**操作步骤**

**1. 创建固定板零部件**

**01** 新建装配体文件，进入装配环境，并关闭属性管理器中的“开始装配体”面板。

**02** 在“装配体”选项卡中单击“插入零部件”命令下方的下三角按钮，然后选择“插入新零件”命令，随后建立一个新的零件文件，将该零件文件重命名为“固定板”，如图 13-65 所示。

**03** 选择该零部件，在“装配体”选项卡中单击“编辑装配体”按钮，进入零件设计环境。

**04** 在零件设计环境中，使用“拉伸凸台 / 基体”工具，选择前视基准面作为草绘平面，进入草图模式，并绘制出如图 13-66 所示的草图。

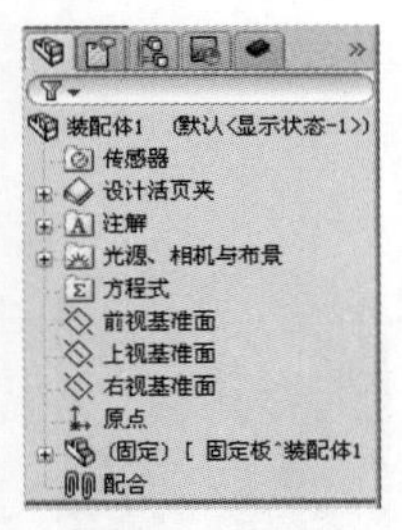

图 13-65　　图 13-66

**05** 在“凸台 - 拉伸”面板中重新选择轮廓草图，设置如图 13-67 所示的拉伸参数后完成圆形实体的创建。

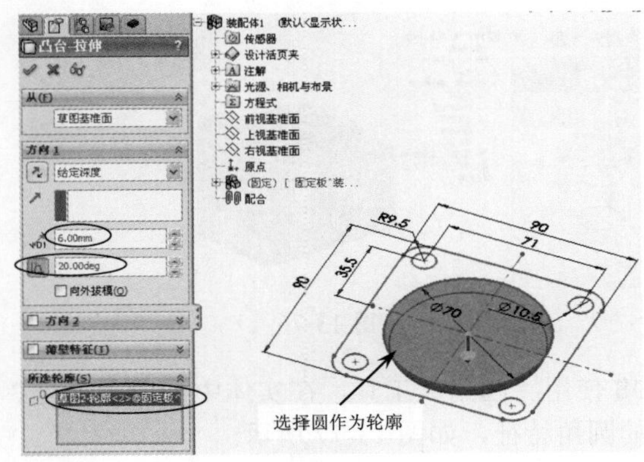


图 13-67

**06** 使用“拉伸凸台 / 基体”工具，选择余下的草图曲线来创建实体特征，如图 13-68 所示。

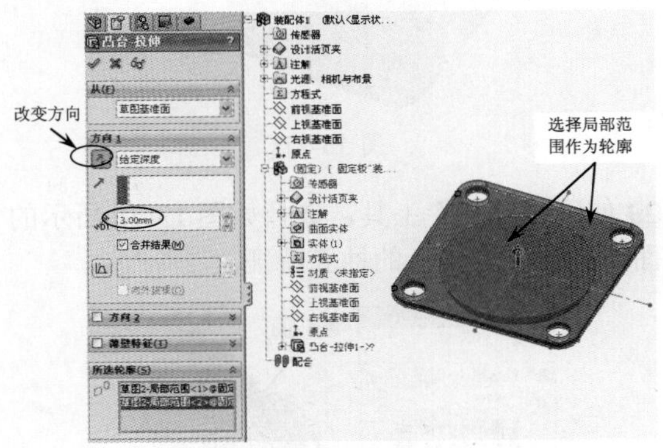


图 13-68

**技术要点：**

创建拉伸实体后，余下的草图曲线被自动隐藏，此时需要显示草图。

**07** 使用“旋转 - 切除”工具，选择上视基准面作为草绘平面，然后绘制如图 13-69 所示的草图。

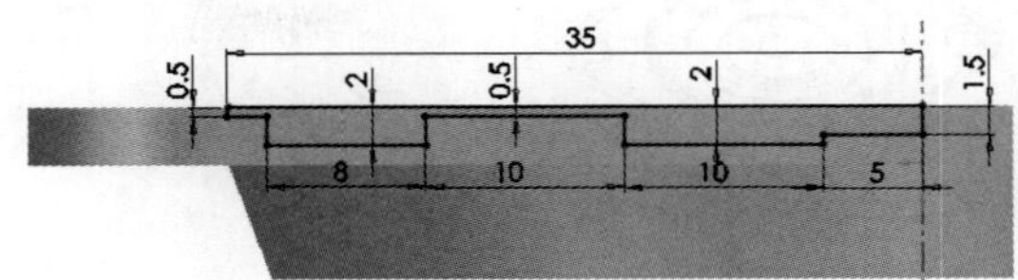

图 13-69

**08** 退出草图模式后，以默认的旋转切除参数来创建切除特征。如图 13-70 所示。

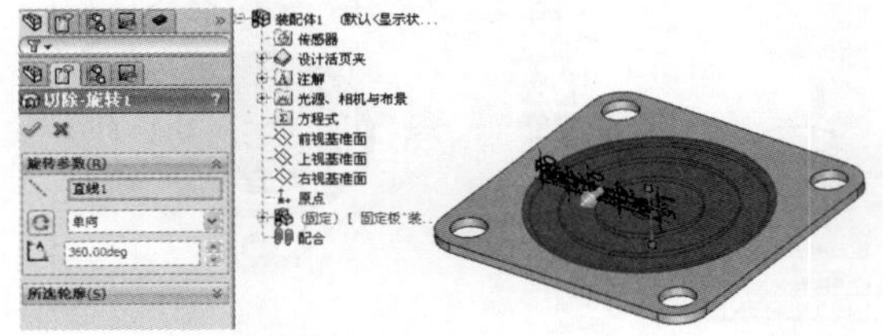

图 13-70

**09** 最后使用“圆角”工具对实体创建半径分别为 5、1 和 0.5 的圆角特征，如图 13-71 所示。

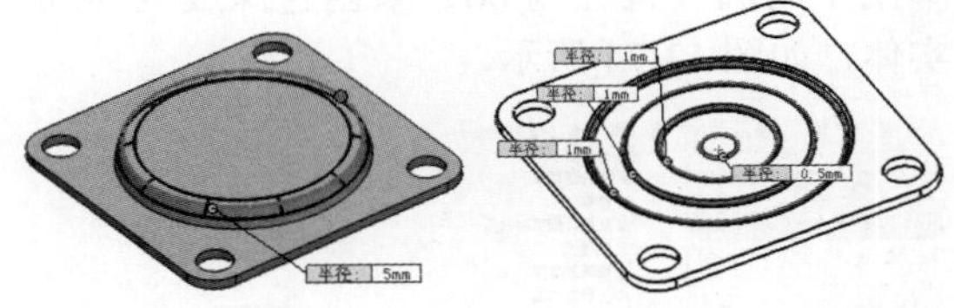

图 13-71

**10** 在选项卡上单击“编辑零部件”按钮，完成固定板零部件的创建。

### 2. 创建支承架零部件

**01** 在装配环境中插入第二个新零件文件，并重命名为“支承架”。

**02** 选择支承架零部件，然后单击“编辑零部件”按钮，进入零件设计环境。

**03** 使用“拉伸凸台 / 基体”工具，选择固定板零部件的圆形表面作为草绘平面，然后绘制出如图 13-72 所示的草图。

**04** 退出草图模式后，在“凸台 - 拉伸 1”面板中重新选择拉伸轮廓（直径为 54 的圆），并设置拉伸深度为 3，如图 13-73 所示，最后关闭面完成拉伸实体的创建。

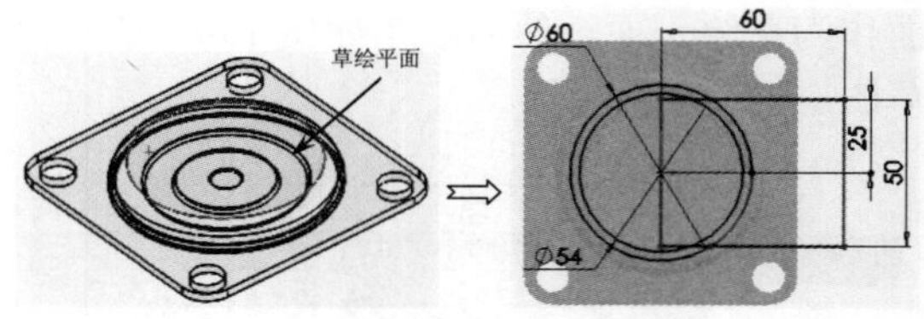


图 13-72

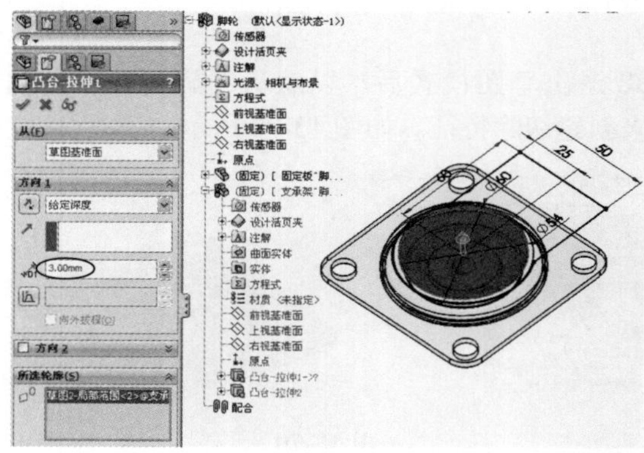

图 13-73

**05** 使用“拉伸凸台 / 基体”工具，选择上一个草图中的圆（直径为60）来创建深度为80的实体，如图13-74所示。

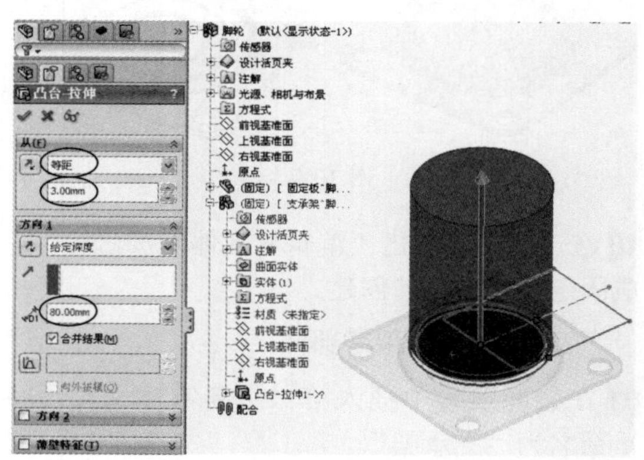

图 13-74

**06** 同理，再使用“拉伸凸台 / 基体”工具选择矩形来创建实体，如图13-75所示。

**07** 使用“切除 - 拉伸”工具，选择上视基准面作为草绘平面，绘制轮廓草图后再创建如图13-76所示的切除拉伸特征。

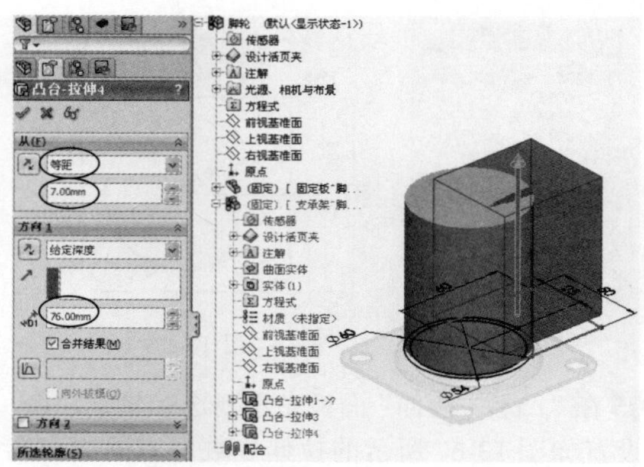

图 13-75

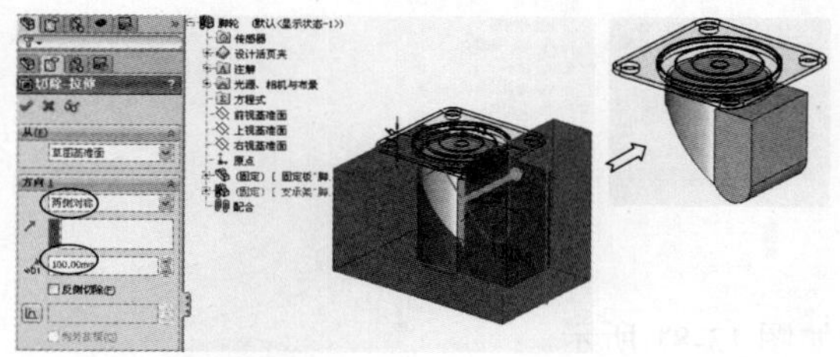

图 13-76

**08** 使用“圆角”工具，在实体中创建半径为3的圆角特征，如图13-77所示。

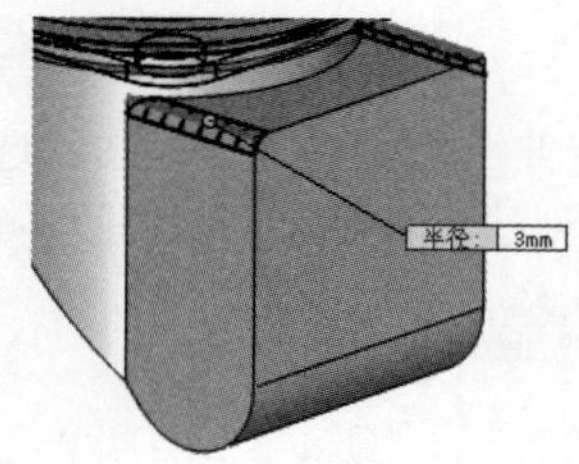


图 13-77

**09** 使用“抽壳”工具，选择如图13-78所示的面来创建厚度为3的抽壳特征。

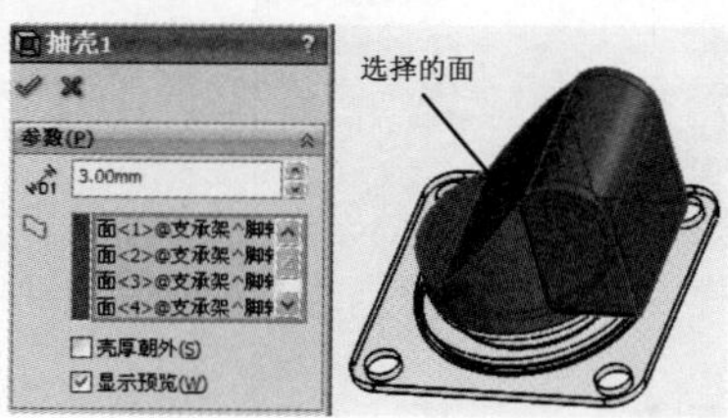


图 13-78

**10** 创建抽壳特征后，即完成了支承架零部件的创建，如图13-79所示。

**11** 使用“切除 - 拉伸”工具，在上视基准面上创建支承架的孔，如图 13-80 所示。

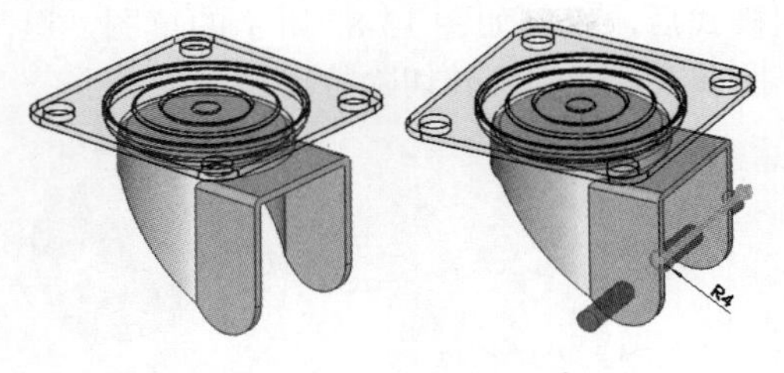


图 13-79　　图 13-80

**12** 完成支承架零部件的创建后，单击“编辑零部件”按钮，退出零件设计环境。

### 3. 创建塑料轮、轮轴及螺帽零部件

**01** 在装配环境下插入新零件，并重命名为“塑料轮”。

**02** 编辑“塑料轮”零件进入零件设计环境。使用“点”工具，在支承架的孔中心创建一个点，如图 13-81 所示。

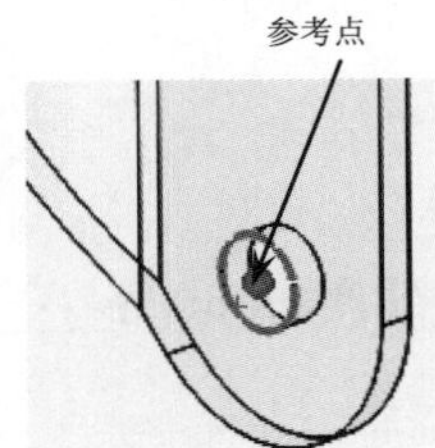


图 13-81

**03** 使用“基准面”工具，选择右视基准面作为第一参考，选择点作为第二参考，然后创建一个参考基准面，如图 13-82 所示。

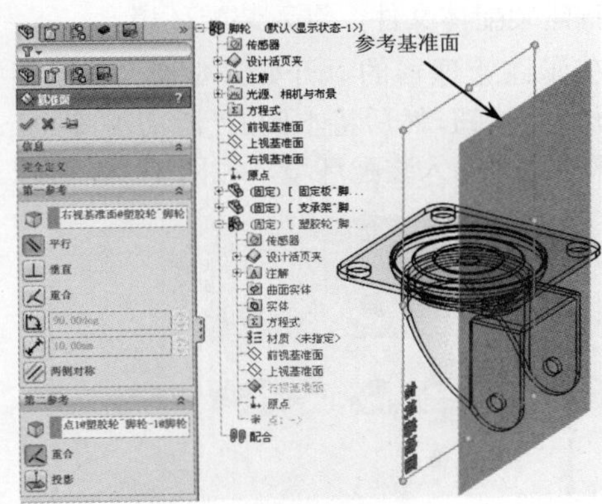


图 13-82

**技术要点：**

在选择第二参考时，参考点是看不见的。这需要展开图形区中的特征管理器设计树，然后再选择参考点。

**04** 使用“旋转凸台 / 基体”工具，选择参考基准面作为草绘平面，绘制如图 13-83 所示的草图后，完成旋转实体的创建。

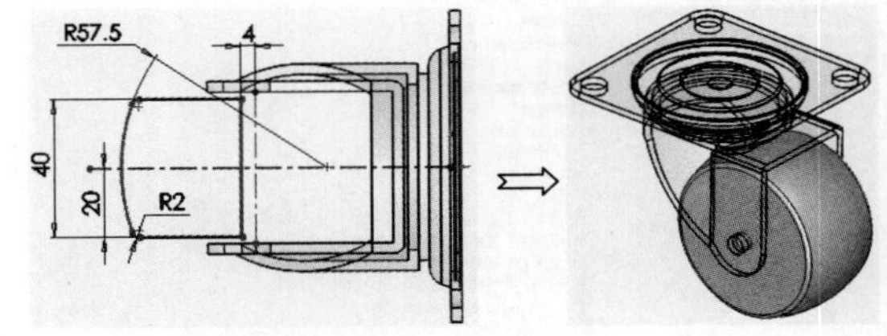


图 13-83

**05** 此旋转实体即为“塑料轮”零部件。单击“编辑零部件”按钮，退出零件设计环境。

**06** 在装配环境下插入新零件，并重命名为“轮轴”。

**07** 编辑“轮轴”零部件并进入零件设计环境。使用“旋转凸台 / 基体”工具，选择“塑料轮”零部件中的参考基准面作为草绘平面，然后创建如图 13-84 所示的旋转实体。此旋转实体即为轮轴零部件。

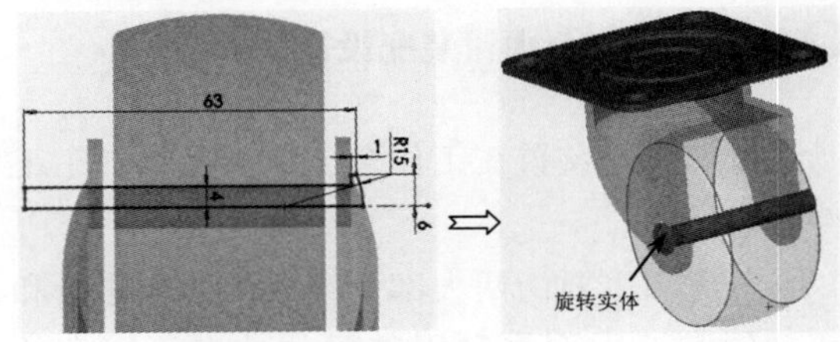


图 13-84

**08** 单击“编辑零部件”按钮，退出零件设计环境。

**09** 在装配环境下，插入新零件并重命名为“螺母”。

**10** 使用“拉伸凸台 / 基体”工具，选择支承架侧面作为草绘平面，然后绘制如图 13-85 所示的草图。

**11** 退出草图模式后，创建深度为 7.9 的拉伸实体，如图 13-86 所示。

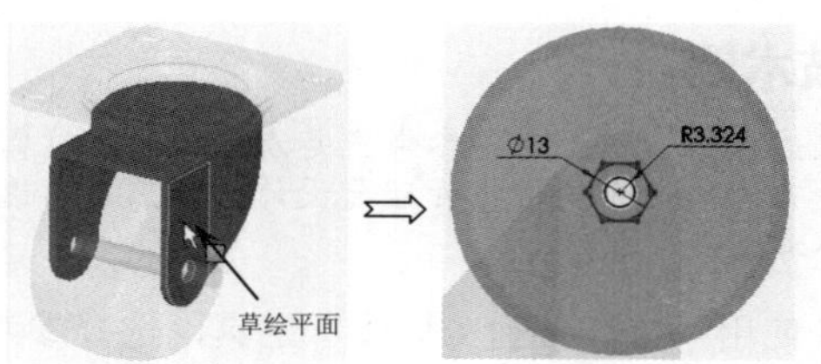


图 13-85

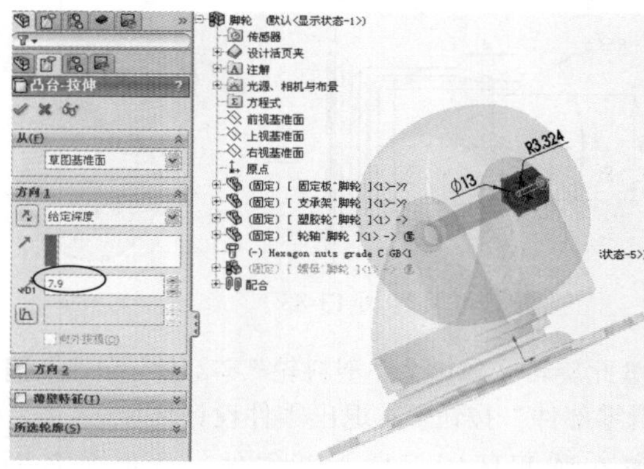

图 13-86

**12** 使用“旋转 - 切除”工具，选择“塑料轮”零部件中的参考基准面作为草绘平面，进入草图模式后，绘制如图 13-87 所示的草图，退出草图模式后创建旋转切除特征。

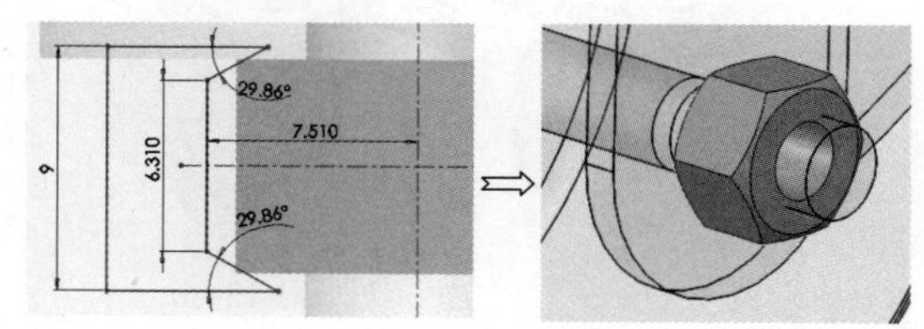


图 13-87

**13** 单击“编辑零部件”按钮，退出零件设计环境。

**14** 至此，活动脚轮装配体中的所有零部件已全部设计完成。最后将装配体文件保存，并重命名为“脚轮”。

## 13.10.2 自下而上——台虎钳装配设计

◎ **引入素材：第13章综合实战\第13章源文件\活动钳口.sldprt、钳座.sldprt等**

◎ **结果文件：第13章综合实战\第13章结果文件\台虎钳.sldasm**

◎ **视频文件：台虎钳装配设计.avi**

台虎钳是装置在工作台上用于夹稳加工工件的工具。

台虎钳主要由两大部分组成：固定钳身和活动钳身。本例将利用装配体的自下而上的设计方法来装配台虎钳。台虎钳装配体如图 13-88 所示。

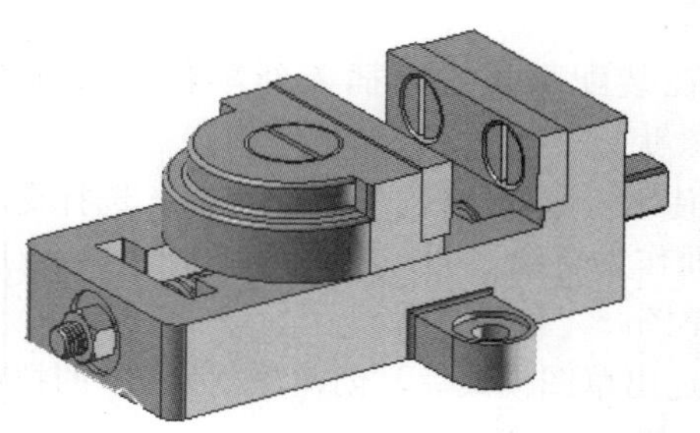

图 13-88

### 操作步骤

#### 1. 装配活动钳身子装配体

**01** 新建装配体文件，进入装配环境。

**02** 在属性管理器的“开始装配体”面板中单击“浏览”按钮，然后将本例的“活动钳口.sldprt”零部件文件插入装配环境，如图 13-89 所示。

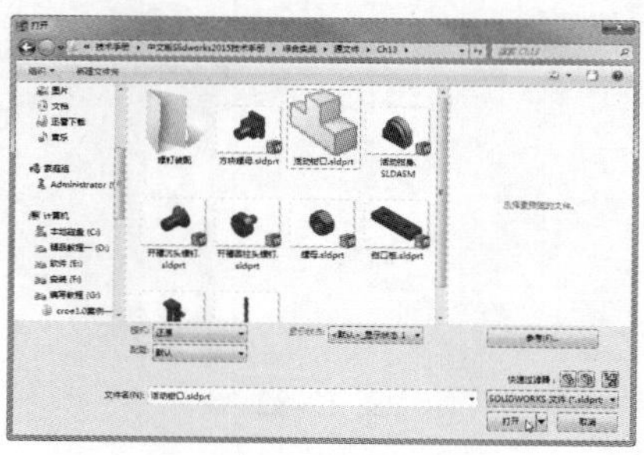

图 13-89

**03** 在“装配体”选项卡中单击“插入零部件”按钮，属性管理器显示“插入零部件”面板。在该面板中单击“浏览”按钮，将本例素材中的“钳口板.sldprt”零部件文件插入装配环境并任意放置，如图13-90所示。

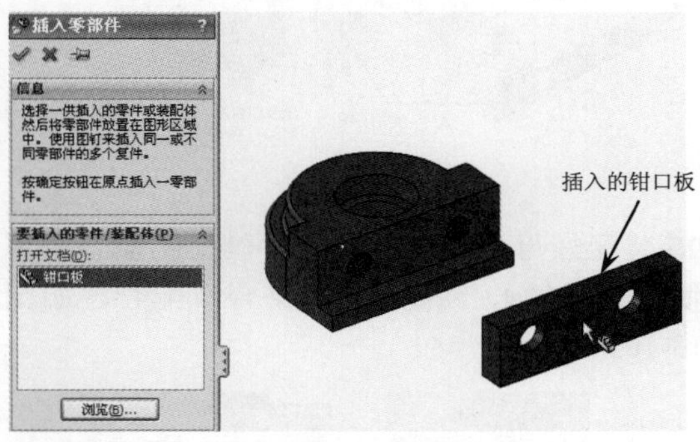


图 13-90

**04** 同理，依次将“开槽沉头螺钉.sldprt”和“开槽圆柱头螺钉.sldprt”零部件插入到装配环境中，如图13-91所示。

**05** 在“装配体”选项卡中单击“配合”按钮，属性管理器中显示“配合”面板。然后在图形区中选择钳口板的孔边线和活动钳口中孔边线作为要配合的实体，如图13-92所示。

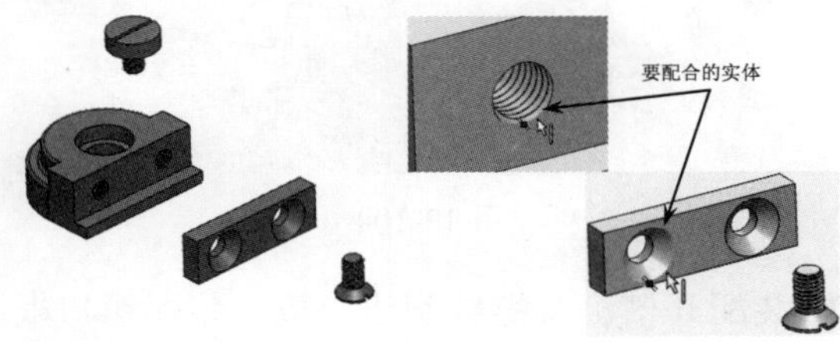


图 13-91　　图 13-92

**06** 随后钳口板自动与活动钳口孔对齐，并弹出标准配合选项卡。在该选项卡中单击“添加/完成配合”按钮，完成“同轴心”配合，如图13-93所示。

**07** 在钳口板和活动钳口零部件上各选择一个面作为要配合的实体，随后钳口板自动与活动钳口完成“重合”配合，在标准配合选项卡单击“添加/完成配合”按钮，完成配合，如图13-94所示。

**08** 选择活动钳口顶部的孔边线与开槽圆柱头螺钉的边线作为要配合的实体，并完成“同轴心”配合，如图13-95所示。

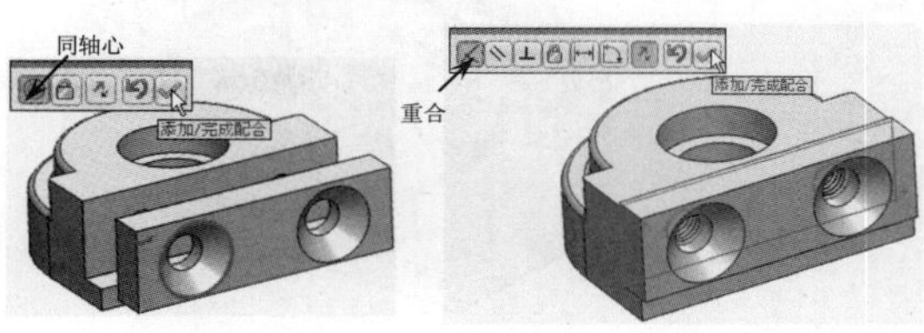


图 13-93　　图 13-94

**技术要点：**

一般情况下，有孔的零部件将使用“同轴心”配合、“重合”配合或“对齐”配合。无孔的零部件可用除“同轴心”配合来配合。

**09** 选择活动钳口顶部的孔台阶面与开槽沉头螺钉的台阶面作为要配合的实体，并完成“重合”配合，如图13-96所示。

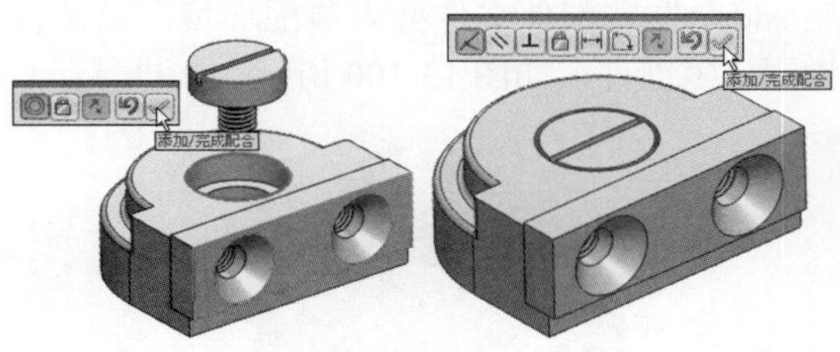


图 13-95　　图 13-96

**10** 同理，对开槽沉头螺钉与活动钳口使用“同轴心”配合和“重合”配合，结果如图13-97所示。

**11** 在“装配体”选项卡中单击“线性零部件阵列”按钮，属性管理器中显示“线性阵列”面板。然后在钳口板选择一边线作为阵列参考方向，如图13-98所示。

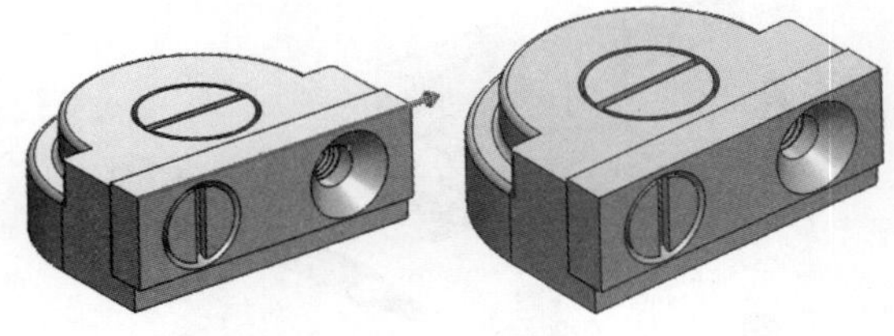

图 13-97　　图 13-98

**12** 选择开槽沉头螺钉作为阵列的零部件，在输入阵列距离及阵列数量后，单击该面板中的“确定”按钮，完成零部件的阵列，如图13-99所示。

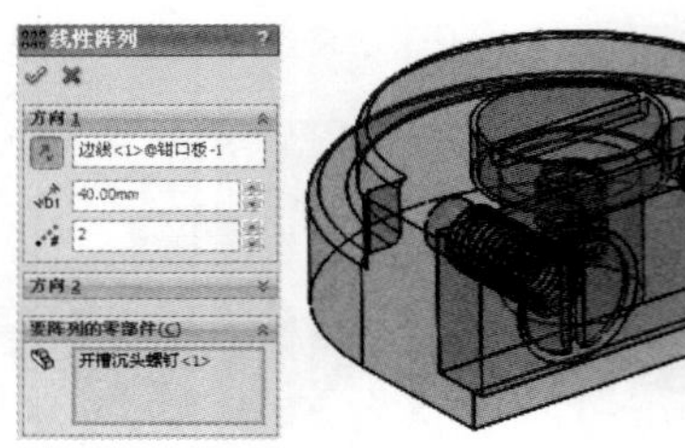

图 13-99

**13** 至此，活动钳身装配体设计完成，最后将装配体文件另存为“活动钳身 .SLDASM”，然后关闭窗口。

### 2. 装配固定钳身

**01** 新建装配体文件，进入装配环境。

**02** 在属性管理器的“开始装配体”面板中单击“浏览”按钮，然后将本例素材路径下的“钳座 .sldprt”零部件文件插入装配环境，以此作为固定零部件，如图 13-100 所示。

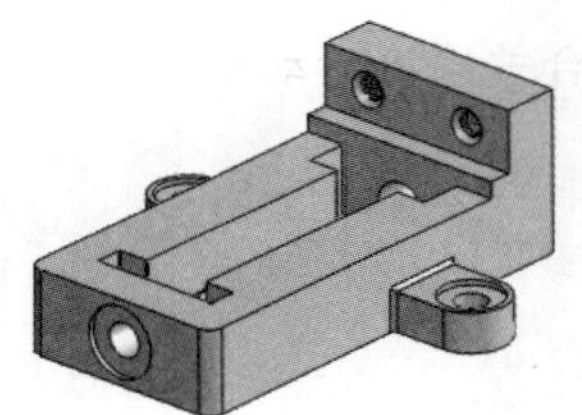

图 13-100

**03** 同理，使用“装配体”选项卡中的“插入零部件”工具执行相同的操作依次将丝杠、钳口板、螺母、方块螺母和开槽沉头螺钉等零部件插入装配环境，如图 13-101 所示。

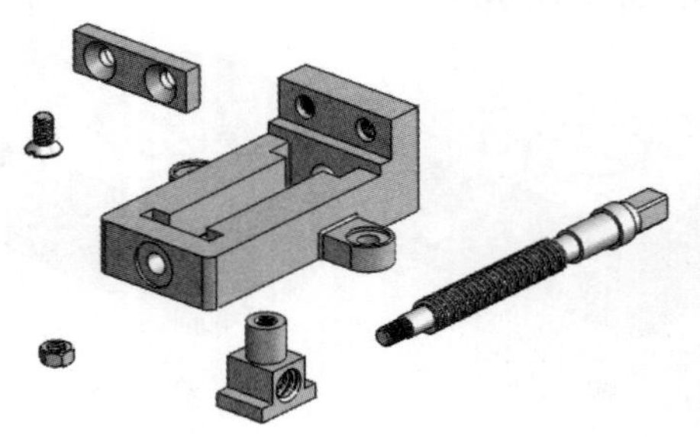

图 13-101

**04** 首先装配丝杠到钳身。使用“配合”工具，选择丝杠圆形部分的边线与钳座孔边线作为要配合的实体，使用“同轴心”配合。然后再选择丝杠圆形台阶面和钳座孔台阶面作为要配合的实体，并使用“重合”配合，配合的结果如图 13-102 所示。

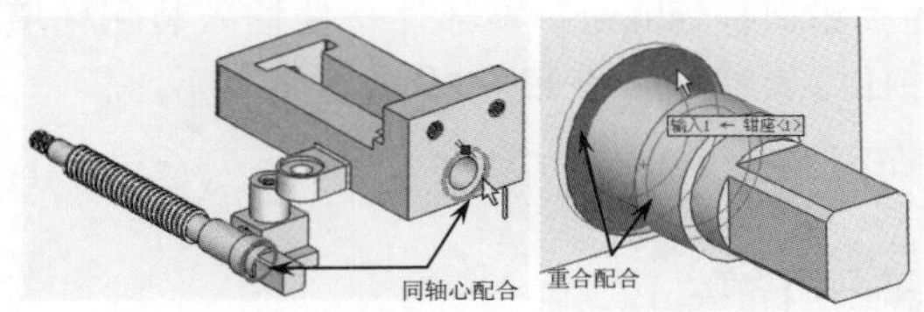


图 13-102

**05** 装配螺母到丝杠。螺母与丝杠的配合也将使用“同轴心”配合和“重合”配合，如图 13-103 所示。

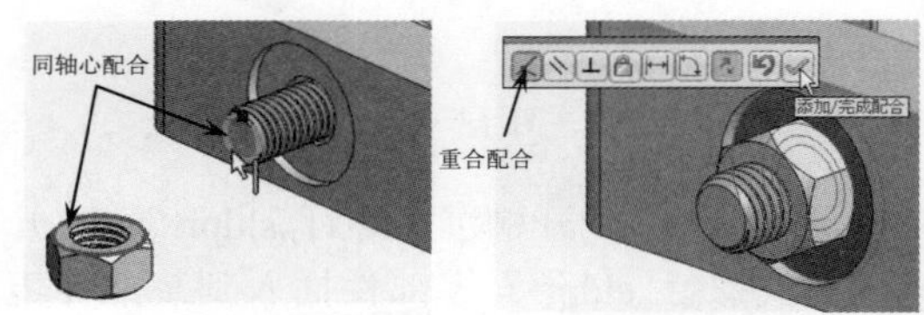


图 13-103

**06** 装配钳口板到钳身。装配钳口板时将使用“同轴心”配合和“重合”配合，如图 13-104 所示。

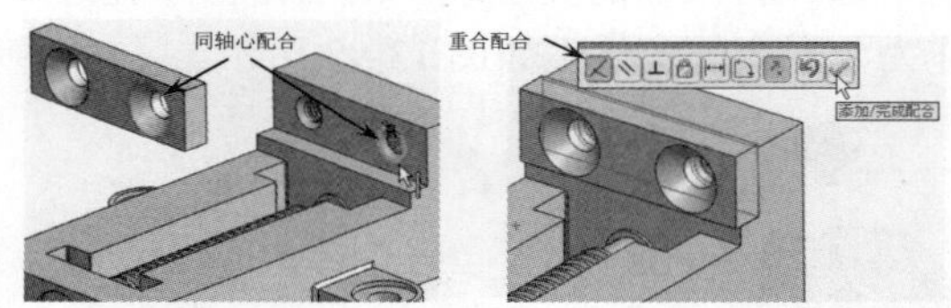


图 13-104

**07** 装配开槽沉头螺钉到钳口板。装配钳口板时将使用“同轴心”配合和“重合”配合，如图 13-105 所示。

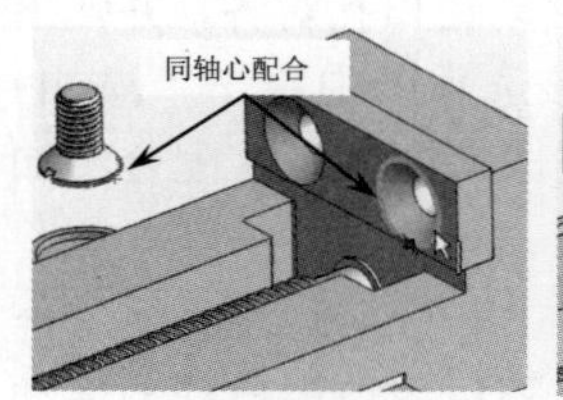


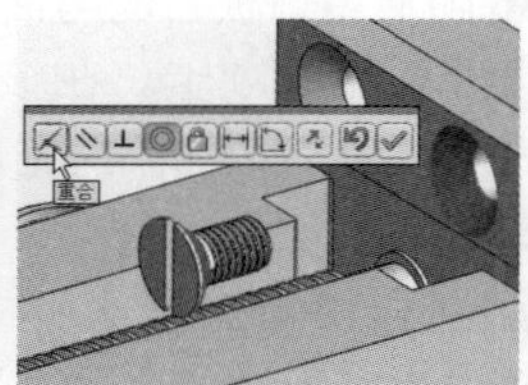


图 13-105

**08** 装配方块螺母到丝杠。装配时方块螺母将会使用“距离”配合和“同轴心”配合。选择方块螺母上的面与钳身面作为要配合的实体后，方块螺母自动与钳身的侧面对齐，如图

13-106 所示。此时，在标准配合选项卡上单击“距离”按钮，然后在距离文本框输入 70，再单击“添加 / 完成配合”按钮，完成距离配合，如图 13-107 所示。

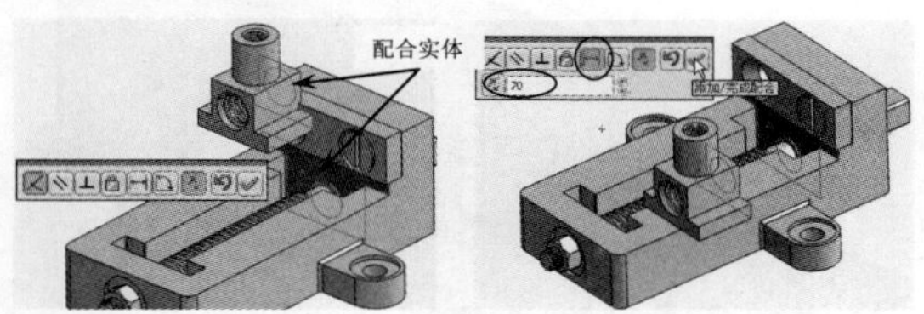


图 13-106　　　　图 13-107

**09** 接着对方块螺母和钳身再使用“同轴心”配合，配合完成的结果如图 13-108 所示。配合完成后，关闭“配合”面板。

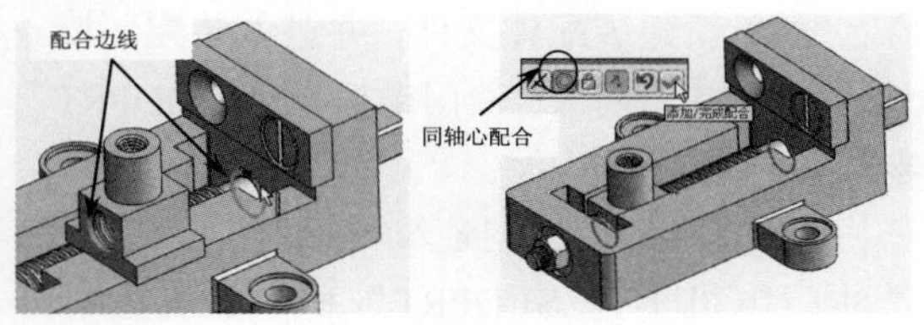


图 13-108

**10** 使用“线性阵列”工具，阵列出开槽沉头螺钉，如图 13-109 所示。

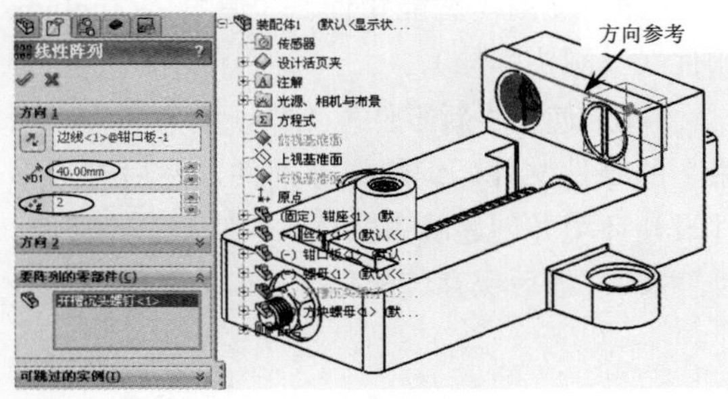


图 13-109

### 3．插入子装配体

**01** 在“装配体”选项卡中单击“插入零部件”按钮，属性管理器显示“插入零部件”面板。

**02** 在该面板中单击“浏览”按钮，然后在“打开”对话框中将先前另存为“活动钳身”的装配体文件打开，如图 13-110 所示。

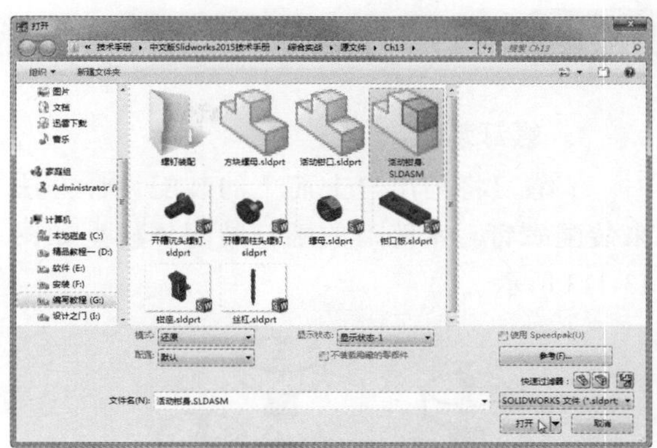

图 13-110

**技术要点：**

在“打开”对话框中，必须先将“文件类型”设定为“装配体（*asm;*sldasm）”，才可以选择子装配体文件。

**03** 打开装配体文件后，将其插入到装配环境中并任意放置。

**04** 添加配合关系将活动钳身装配到方块螺母上。装配活动钳身时先使用“重合”配合和“角度”配合，将活动钳身的方位调整好，如图 13-111 所示。

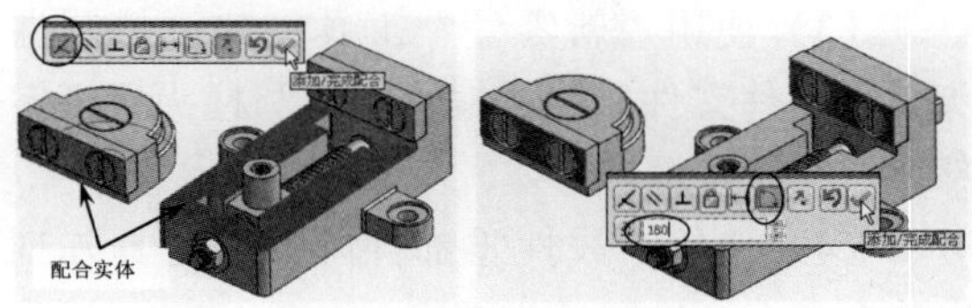


图 13-111

**05** 再使用“同轴心”配合，使活动钳身与方块螺母完全同轴地配合在一起，如图 13-112 所示。完成配合后关闭“配合”面板。

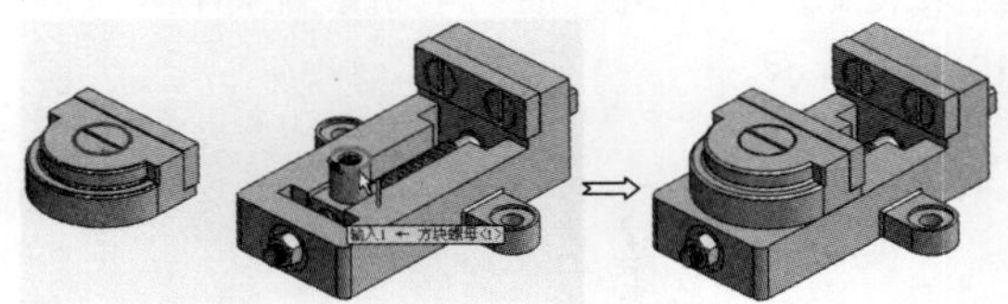

图 13-112

**06** 至此台虎钳的装配设计工作已全部完成。最后将结果另存为“台虎钳 .SLDASM”装配体文件。

## 13.11 课后习题

### 1．螺钉装配

本练习将利用自上而下的装配设计方法来装配螺钉。本练习的螺钉装配体模型如图 13-113 所示。

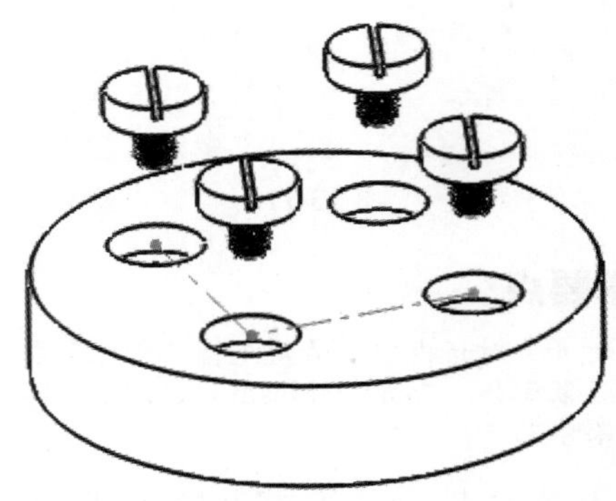

图 13-113

练习要求与步骤：

（1）新建装配体文件，并进入装配环境。

（2）使用“新零件”工具创建法兰零件文件，然后编辑法兰零部件，并绘制法兰实体。

（3）使用“新零件”工具创建开槽圆柱头螺钉零件文件，然后编辑开槽圆柱头螺钉零部件，并绘制螺钉实体。

（4）使用“线性零部件阵列”工具阵列出其余 3 个开槽圆柱头螺钉。

（5）最后保存结果。

### 2．油门电机装配

本练习中，将利用自下而上的装配设计方法来装配油门电机。油门电机装配体模型如图 13-114 所示。

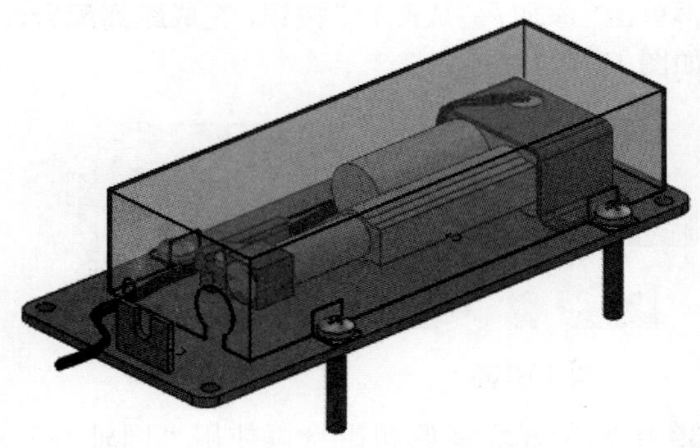

图 13-114

练习要求与步骤：

（1）新建装配体文件，并进入装配环境。

（2）首先插入“油门电机下部 .SLDPRT”零部件。

（3）再使用“插入零部件”工具将“油门电机上盖 .SLDPRT”和“油压报警开关 .SLDPRT”依次插入。

（4）使用“配合”工具将各零部件装配到“油门电机下部 .SLDPRT”零部件中。

（5）使用“智能扣件”工具插入 Toolbox 扣件（半圆头螺栓）。

（6）使用“新零件”工具，新建名为“线束”的零件文件。编辑该零部件，然后进入零件设计环境并创建线束实体。

（7）最后保存装配体。

# 第 14 章　机械工程图设计

本章内容包括 SolidWorks 2018 工程图环境设置、建立工程图、修改工程图、尺寸标注和技术要求、材料明细表和转换为 AutoCAD 文档的方法。

- 工程图概述
- 标准工程视图
- 派生视图
- 标注图纸
- 操作与控制工程图
- 工程图的打印、输出

## 14.1　工程图概述

在 SolidWorks 中，利用生成的三维零件图和装配体图，可以直接生成工程图。随后便可对其进行尺寸标注、表面粗糙度符号标注及公差配合等。也可以直接使用二维几何绘制生成工程图，而不必考虑所设计的零件模型或装配体，所绘制出的几何实体和参数尺寸一样，可以为其添加多种几何关系。工程图文件的扩展名为 .slddrw，新工程图名称使用所插入的第一个模型的名称，该名称出现在标题栏中。

### 14.1.1　设置工程图选项

#### 1. 工程图属性设置

单击“系统选项”对话框中的“文档属性”选项卡，用户可以分别对绘图标准、注解、尺寸、表格、单位、出详图等参数进行设置。如图 14-1 所示为注解的设置界面。

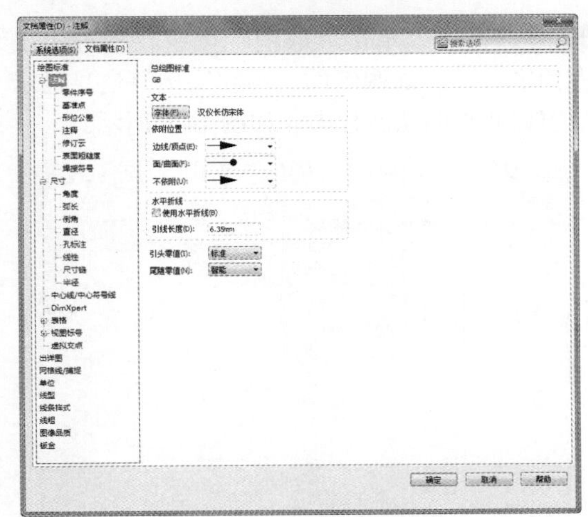

图 14-1

**技术要点：**

文件属性一定要根据实际情况正确设置，特别是总的绘图标准，否则将影响后续的投影视角和标注标准。

#### 2. 设置图纸投影视角

投影视图有“第一视角”和“第三视角”。中国、德国、法国用第一视角法，美国、英国、日本等国家以及中国台湾等地区习惯用第三视角。

当工程图中投影类型不符合设计制图要求时，用户可以通过以下步骤实现切换：在图形区右击，在弹出的快捷菜单中选择“属性”命令，弹出“图形属性”对话框，如图 14-2 所示。用户可在“投影类型”下选择“第一视角”或者“第三视角”实现视角的转换（椭圆框住部分）。

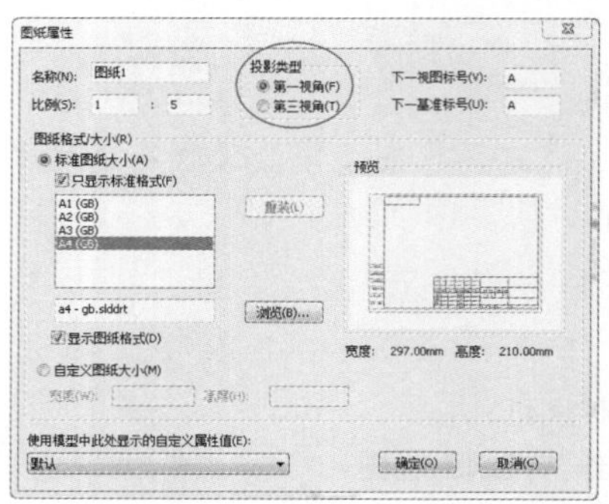

图 14-2

**技术要点：**

工程图中视角的类型决定了投影方向，视角错误将导致生成投影视图的错误，重者将导致生成零件的错误。在出图时必须检查视角，并保证其正确。

## 14.1.2 建立工程图文件

工程图通常包含一个零部件或装配体的多个视图。在创建工程图之前，需要保存零部件的三维模型。

**技术要点：**

有时，也将工程图当作二维绘图软件使用，它与AutoCAD相比最明显的优势在于，能够快速修改尺寸和标注，快速创建图形。

要创建一个工程图的操作步骤如下：

**01** 单击“标准”选项卡中的“新建”按钮，或执行“文件”|“新建”命令，打开如图 14-3 所示的“新建 SOLIDWORKS 文件”对话框。

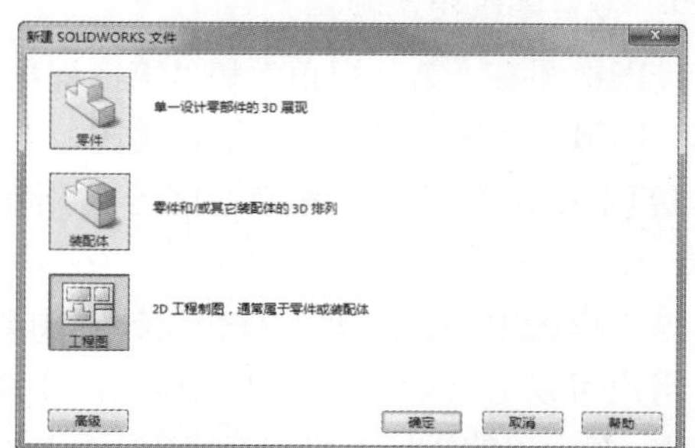

图 14-3

**02** 在“新建 SOLIDWORKS 文件”对话框中单击“高级”按钮，显示如图 14-4 所示的“模板”选项卡。

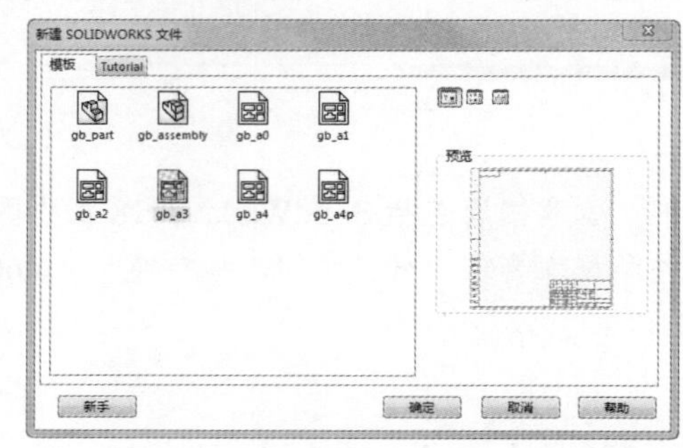

图 14-4

**03** 在“模板”选项卡中选择图纸模板，然后单击“确定”按钮，加载图纸模板。

**04** 加载图纸模板后，弹出如图 14-5 所示的窗口，用户通过单击“浏览”按钮打开需要制作工程图的零件来生成工程图。

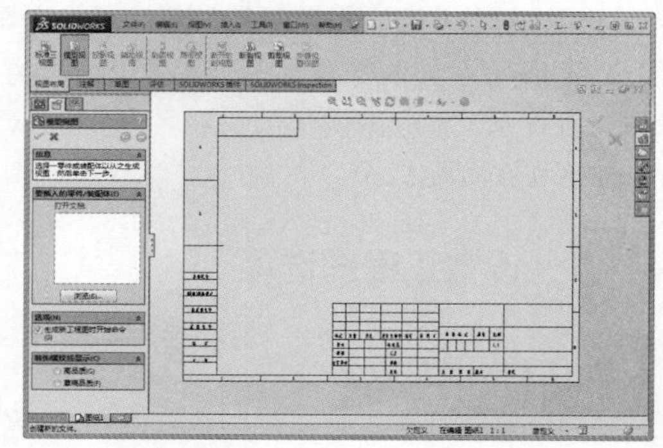

图 14-5

**05** 用户也可以单击“取消”按钮直接进入工程图窗口，当前图纸的大小和比例等信息显示在窗口底部的状态栏中，如图 14-6 所示。

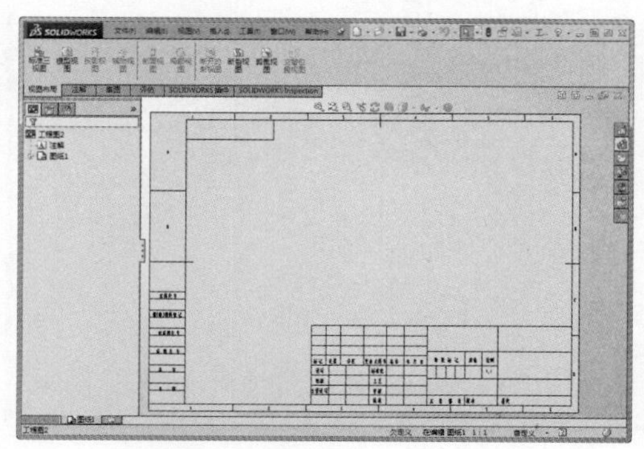

图 14-6

**06** 至此，已经成功进入工程图环境中，接下来需要在工程图中进行视图的创建和相关尺寸、技术要求的标注等具体操作。

从零件 / 装配体制作工程图的操作步骤如下：

**01** 在菜单栏中执行“文件”|“从零件制作装配图”命令，弹出“图纸格式 / 大小”对话框。

**02** 在“图纸格式 / 大小”对话框中选择图纸格式，具体操作与建立新的工程图的操作相同，在此不再重复叙述。

**03** 在“任务窗格”中展开“视图调色板”，如图 14-7 所示。将面板中用户选定的作为主视图的视图拖到图纸区域，单击后即可将主视图放置在鼠标指针所在位置。

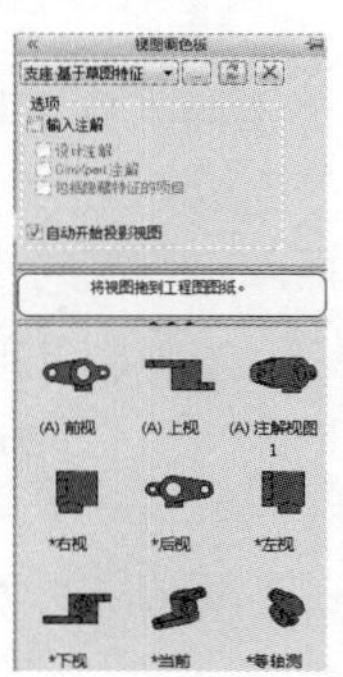

图 14-7

**04** 依次沿各个方向移动鼠标指针，出现虚线引导线，也会显示相应视图的预览效果（通常做三视图只需沿主视图下方和右方移动制作对应的俯视图和右视图），在合适的位置单击“确定”按钮，即可完成该视图的创建，如图 14-8 所示。

**技术要点：**

调色板中显示了调入模型的前视、上视、右视、后视、左视、下视、当前视图、等轴测以及注解视图等视图预览。用户可在调色板中预览视图的结构特征，选择将某个视图拖入图形区中，或者在建模环境中将模型旋转到最恰当的位置，在工程图中拖入“当前”视图来创建轴测图。

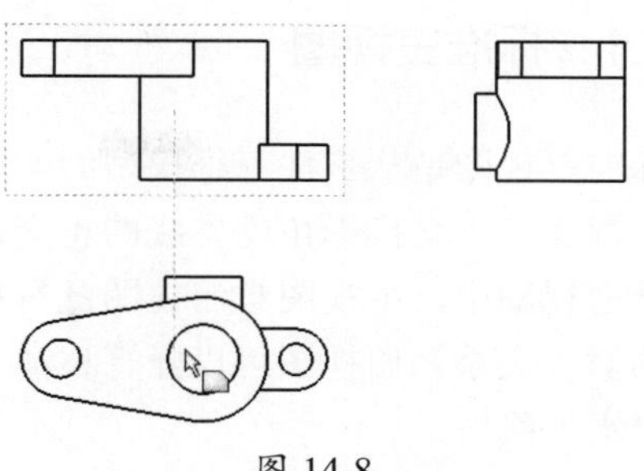

图 14-8

### 3. 在一个工程图文件中建立多张工程图

在实际情况下，一个复杂的零件或者装配体需要多张图纸才能将其表达完整，这样就需要在一个工程图文件中建立多张工程图，即在已有工程图文件中添加工程图。

添加工程图有如下 3 种方法：

- 单击图纸底部图纸名称右边的“添加图纸”按钮 。
- 在图纸底部的图纸名称上右击，在弹出的快捷菜单中选择“添加图纸”命令。
- 在工程图图纸区域空白处右击，弹出如图 14-9 所示的快捷菜单，选择其中的“添加图纸”命令。

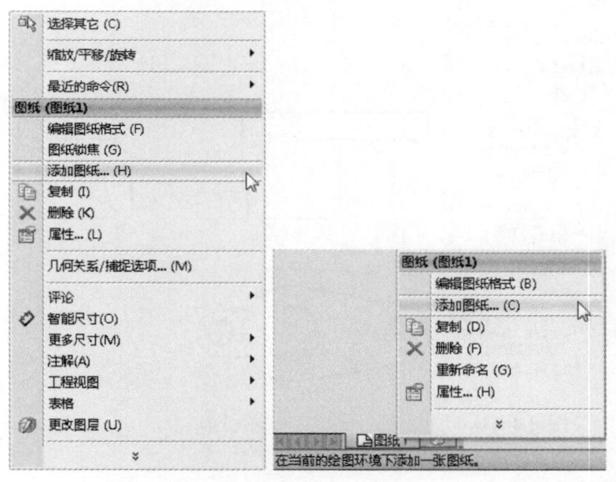


图 14-9

**技术要点：**

添加的工程图纸默认使用原来图纸的格式。

## 14.2 标准工程视图

标准工程视图包括标准三视图、模型视图、空白视图、预定义视图和相对视图。

### 14.2.1 标准三视图

标准三视图是从零件三维模型的前视、右视、上视 3 个正交投影角度生成的正交视图。在标准三视图中，主视图与俯视图及右视图有固定的对齐关系。俯视图可以竖直移动、右视图可以水平移动。

下面介绍两种环境下的标准三视图生成方法。

在此新建一张工程图，并利用模型视图法生成支座的标准三视图，其操作步骤如下：

**01** 新建工程图，在“模型视图”面板中，依次单击“要插入的零件 / 装配体”|“打开文档”按钮，选择一个已经打开的实体文档，或单击“浏览”按钮找到要制作标准三视图的零部件。

**02** 在“模型视图”面板的“方向”选项区中勾选“生成多视图”复选框，然后单击“前视”“上视”和“左视”按钮，如图 14-10 所示。

**03** 单击“确定”按钮，生成支座的三视图，如图 14-11 所示。

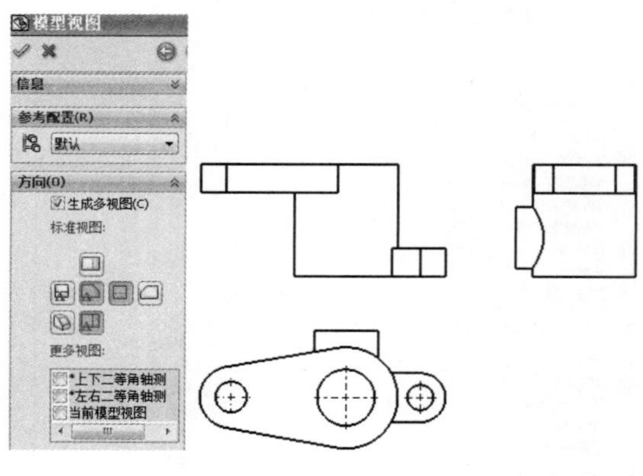


图 14-10　　图 14-11

**技术要点：**

模型视图方式不仅能生成标准三视图，还可以根据需要选择系统提供的7个视图中的任意一个或多个视图。

在“工程图”选项卡中单击“标准三视图”按钮，或者执行“插入”|“工程视图”|“标准三视图”命令，弹出“标准三视图”面板，如图 14-12 所示。

打开要创建三视图的“支座 - 基于草图特征”零件，单击“确定”按钮，自动创建标准三视图，如图 14-13 所示。

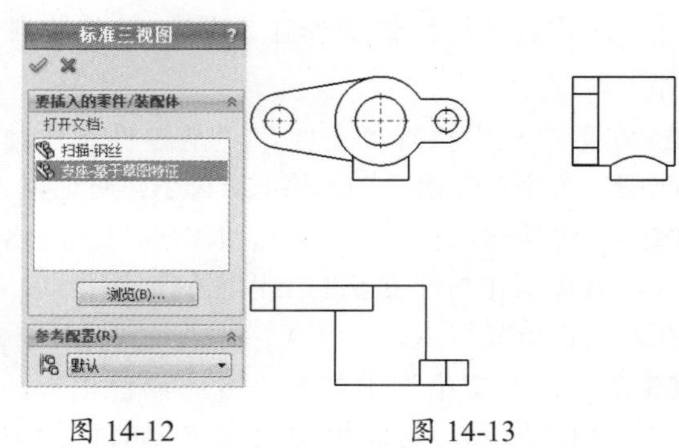


图 14-12　　图 14-13

### 14.2.2 模型视图

将一个模型视图插入到工程图文件中时，出现“模型视图”面板。

将模型视图插入工程图的步骤如下：

**01** 单击“工程图”选项卡上的“模型视图”按钮，或执行“插入”|“工程视图”|“模型”按钮。

**02** 在“模型视图”面板中设定选项，如图 14-14 所示。

**03** 单击“下一步”按钮。此时也可单击“标准三视图”按钮来插入所选模型的标准三视图。

**04** 在“模型视图”面板中设定额外的选项，如图 14-15 所示。

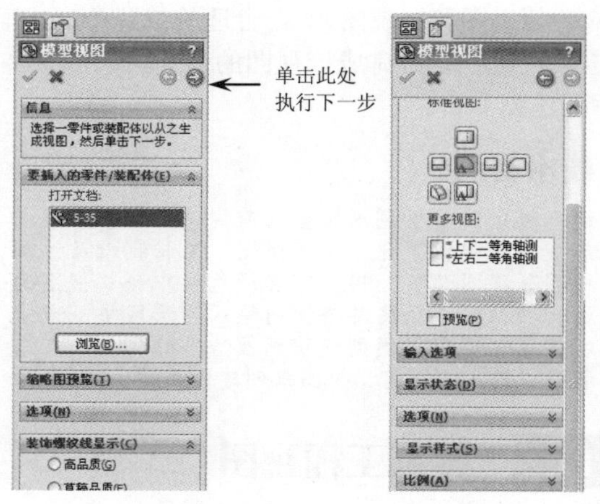


图 14-14　　图 14-15

**标准三视图**

三视图是观测者从3个不同位置观察同一个空间几何体而画出的图形。

将人的视线规定为平行投影线，然后正对着物体看过去，将所见物体的轮廓用正投影法绘制出来，该图形称为“视图”。

一个物体有6个视图：

（1）从物体的前面向后面投射所得的视图称“主视图”（正视图）——能反映物体前面的形状。

（2）从物体的上面向下面投射所得的视图称“俯视图”——能反映物体上面的形状。

（3）从物体的左面向右面投射所得的视图称“左视图”（侧视图）——能反映物体左面的形状，还有其他3个视图不是很常用。

三视图就是主视图（正视图）、俯视图、左视图（侧视图）的总称。

一个视图只能反映物体一个方位的形状，不能完整反映物体的结构形状。三视图是从3个不同方向对同一个物体进行投射的结果。另外，还有如剖面图、半剖面图等作为辅助，基本上能完整地表达物体的结构。

3个视图的位置摆放：

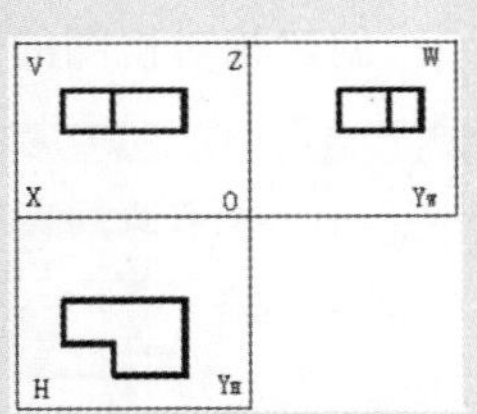


- 主视图在图纸的左上方。
- 左视图在主视图的右侧。
- 俯视图在主视图的下方。

三视图的关系：

- 主视图与俯视图的长度应对正（简称长对正）。
- 主视图与左视图高度保持平齐（简称高平齐）。
- 左视图与俯视图的宽度应相等（简称宽相等）。

若不按上述顺序放置，则应注明视图名称。

### 14.2.3 空白视图

#### 1. 添加空白视图

“空白视图”和“相对视图”命令在默认情况下并未显示在“工程图”选项卡中，用户可通过以下步骤将其调出：在选项卡的空白区域右击，在弹出的快捷菜单中选择“自定义”命令，在弹出的“自定义”对话框中选择“命令”选项卡，在“命令”选项卡中选择“工程图”选项，如图 14-16 所示。

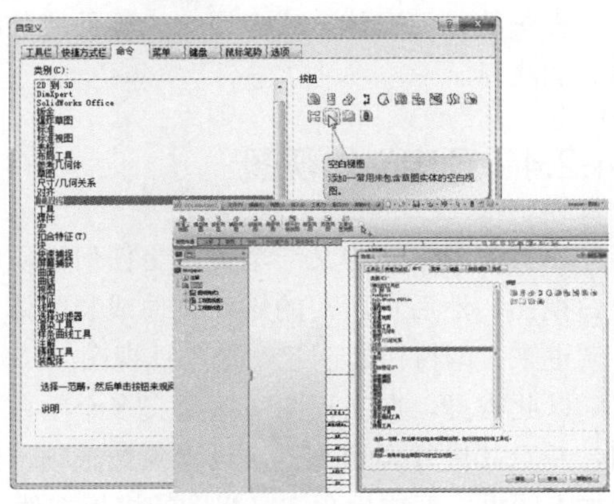

图 14-16

选择“自定义”对话框中的“工程图”选项后，右侧“按钮”选项区域显示了与工程图相关的全部命令按钮，单击“空白视图”按钮后，按住鼠标左键不放，将其拖到“工程图”选项卡的合适位置后释放，即可完成对“空白视图”按钮在“工程图”选项卡中的添加。

同理，将“相对视图”添加到“工程图”选项卡中。

#### 2. 创建空白视图

创建空白视图的步骤为：单击“空白视图”按钮，鼠标指针带有虚框，预览空白视图图框，将鼠标指针移至适当位置后单击，将其放置，左侧出现“工程图视图 3”面板，设置相关参数后单击“确定”按钮，即可完成空白视图的创建，如图 14-17 所示。

图 14-17

在工程图中预定义一个可以是任何性质的空白视图，然后将所需的零件文件或装配体文件调进来，即可快速创建一个工程视图。

#### 3. 空白视图的作用

空白视图可用于使用2D草图绘制工具绘制工程图的几何实体，或者用来为零件或装配体添加注释。

### 14.2.4 预定义的视图

在工程图中预定义一个可以是任何性质的空白视图，然后将所需的零件文件或装配体文件调进来，即可快速创建一个工程视图。

以此类推，在工程图中预定义多个空白视图，并对其进行合理布置，设置参数选项，然后加上图框，便成为预定义视图的模板文件。

完成多个预定义视图，并将它们合理布局后，可以通过以下两种方法快速创建工程图。

- 拖曳法：将已经激活的零部件模型文件拖曳到预定义视图的工程图文件中。
- 插入模型法：在预定义视图区域右击，在弹出的快捷菜单中选择“插入模型”命令，在已激活的零部件文件名称中选择要插入的模型文件即可，如图14-18所示。

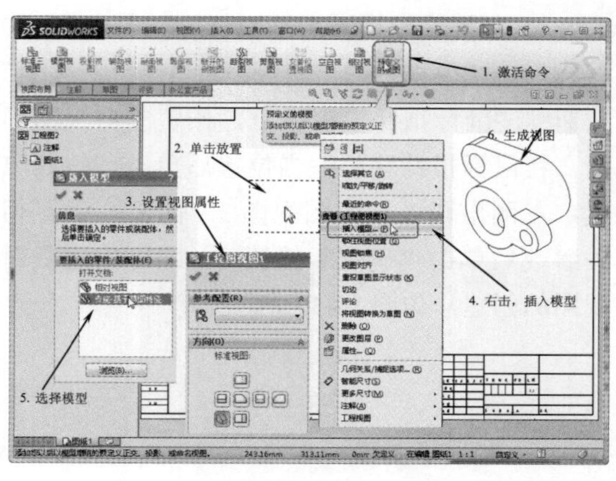


图 14-18

**技术要点：**

预定义视图可以用于经常使用的模型零件尺寸相当、视图排布一致的工程图纸的生成。用户可以在预定义图纸模板后，插入零件模型快速出图。

### 14.2.5 相对视图

相对视图是一个正交视图，由模型的两个正交面或基准面及各自的具体方位的规格定义。

- 第一方向下，选择一视向（前视、上视、左视等），然后在工程视图中为此方向在模型中选择面。
- 第二方向下，选择另一视向，与第一方向正交，然后在工程视图中为此方向选择另一个面。

创建相对视图的图解如图14-19所示。

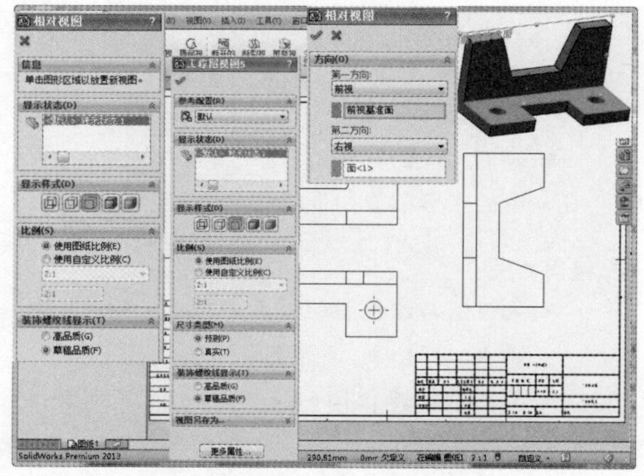

图 14-19

## 14.3 派生视图

派生视图是指在已有视图的基础上生成新的工程图。派生视图包括投影视图、辅助视图、局部视图、剪裁视图、剖面视图等。用户在决定工程图中的视图方位时，可以先生成一个主体视图，然后根据各零部件工程图的表达需要，添加派生的工程视图。

### 14.3.1　投影视图

投影视图是指根据已有视图通过正交投影生成的视图。投影视图的投影法，可以在图纸设定对话框中指定使用第一角或第三角投影法。

生成投影视图的操作步骤如下：

（1）打开工程图。

（2）单击“工程图”选项卡中的“投影视图”按钮，或执行“插入”|“工程视图”|“投影视图”命令，弹出“投影视图”面板。

（3）在图形中选择一个用于创建投影视图的视图。

（4）将鼠标指针移动到要创建投影视图的方向，在移动鼠标指针的过程中，在鼠标指针位置出现投影视图预览。

（5）视图移动到合适位置后，放置投影视图在鼠标单击的位置。系统默认投影视图只能沿着投影方向移动，而且与源视图保持对齐。

（6）单击“确定”按钮，完成投影视图的创建。

为某零件工程图中插入投影视图，其创建过程如图 14-20 所示。

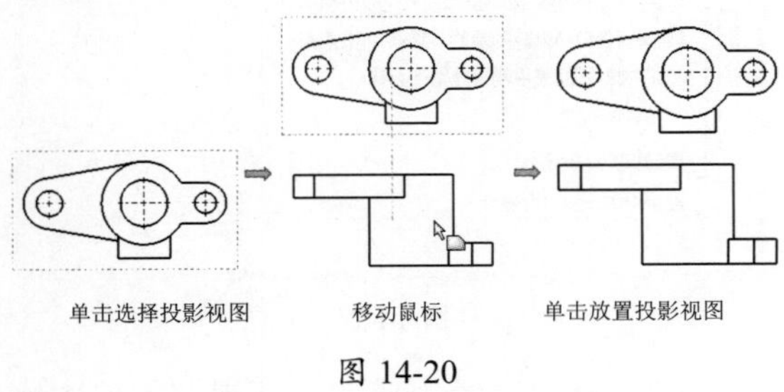


图 14-20

### 14.3.2　辅助视图

辅助视图的用途相当于机械制图中的斜视图，是一种特殊的投影视图，在恰当的角度上向选定的面或轴进行投影，用来表达零件的倾斜结构。

生成辅助视图的步骤如下：

（1）单击“工程图”选项卡上的“辅助视图”按钮，或执行“插入”|“工程视图”|“辅助视图”命令，弹出“辅助视图”面板。

（2）选择参考边线。参考边线可以是零件的边线、侧轮廓边线、轴线或者所绘制的直线段。

（3）将鼠标指针移动到要创建辅助视图的方向，在移动鼠标指针的过程中，在鼠标指针位置显示辅助视图预览，同时在辅助视图的反侧显示投影方向的箭头符号。

（4）将视图移动到合适的位置后，放置投影视图在鼠标指针单击的位置。若有必要，用户可更改视图方向。

（5）单击“确定”按钮，完成辅助视图的创建。

从工程图已有视图生成辅助视图的过程如图 14-21 所示。

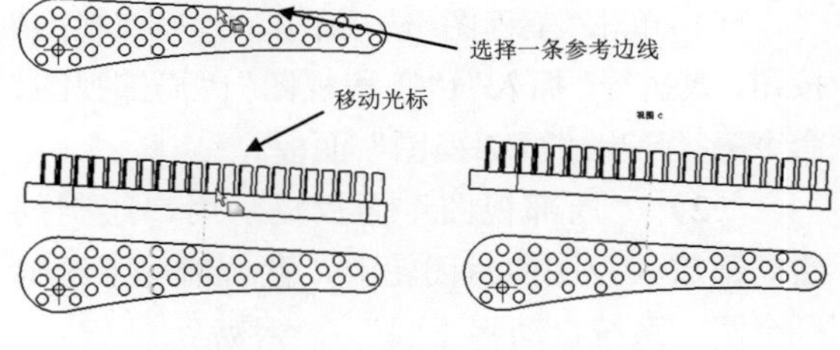


图 14-21

若使用绘制直线段生成辅助视图，草图将被吸收，这样不能将其删除。编辑草图时却可以删除草图实体。

编辑所绘制的用于生成辅助视图的直线段的过程如下：

（1）选择辅助视图。

（2）在“辅助视图”面板中选取箭头。

（3）右击视图箭头后选择“编辑草图”命令。

（4）编辑所绘制的直线段，然后退出草图。

（5）修改生成辅助视图的直线段，并重生辅助视图的过程，如图 14-22 所示。

（6）单击“重建模型”按钮，系统弹出

如图 14-23 的提示信息，单击“确定”按钮后便以修改后的直线段重生辅助视图。

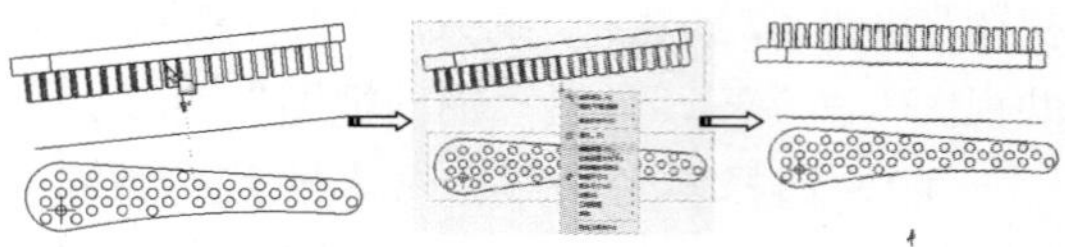

图 14-22

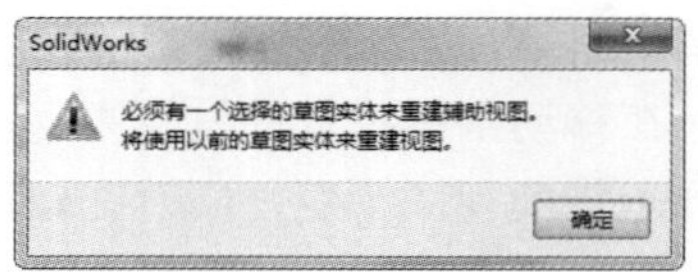


图 14-23

## 14.3.3 局部视图

在工程图中生成一个局部视图来放大显示某一个局部，局部视图对 FeatureManager 设计树中展开的所有零部件和特征均适用。

生成局部放大视图的步骤如下：

（1）单击“工程图”选项卡上的“局部视图”按钮，或执行“插入”|“工程视图”|“局部视图”命令，弹出“局部视图”面板。

（2）“局部视图”面板提示用户绘制创建局部放大视图的封闭轮廓，默认情况下绘制一个圆，系统自动将“圆”命令激活。

（3）绘制一个圆，或者使用草图中其他命令绘制一个封闭轮廓。

（4）移动鼠标指针，出现局部放大视图预览，将鼠标指针移动到合适的位置单击进行放置。用户可以根据绘图需要编辑视图标号和字体样式，还可以修改视图。

（5）单击“确定”按钮，完成辅助视图的创建，生成的局部放大视图如图 14-24 所示。

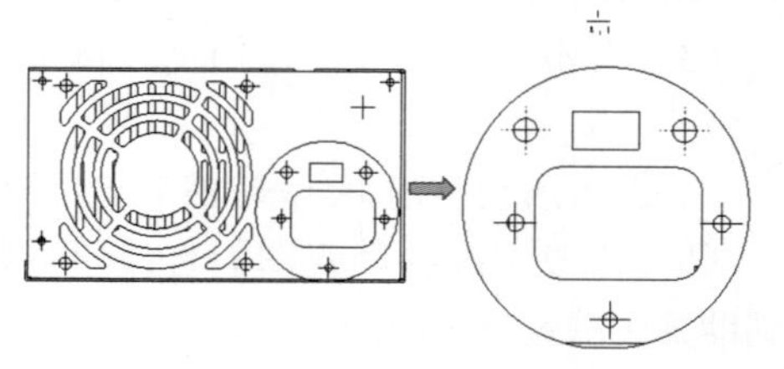

图 14-24

默认情况下，工程图中生成的局部放大视图将源放大区放大两倍。用户根据图形大小的实际需要，可以通过调整放大倍数来切除显示局部放大区域。修改局部视图放大倍数有以下两种方法。

- 修改系统默认局部视图放大的倍数。
- 修改生成的局部视图的倍数。

修改局部视图放大倍数两种方法的具体操作步骤分别如下：

（1）在菜单栏中执行“工具”|“选项”命令，在弹出的“系统选项 - 工程图”对话框中选择“工程图”，在“局部视图比例缩放”文本框中重设放大倍数，如图 14-25 所示。将系统视图比例缩放值修改为 3，单击“确定”按钮后即可生效。再次生成局部视图时，其放大比例则变成 3 倍，如图 14-25 所示。

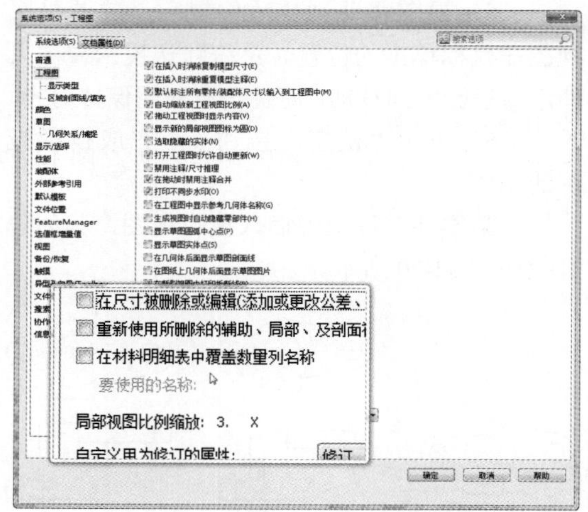


图 14-25

（2）修改已经生成的局部视图的放大比例。单击局部视图，在左侧弹出的“局部视图 I”面板中的“比例”选项区中选中“使用自定义比例”选项，在其下拉列表中选择合适的比例因子，或者选择“用户定义”选项，并在其下的文本框中输入自定义的视图显示比例。如图 14-26 所示的自定义局部视图显示比例为 1:1.125。

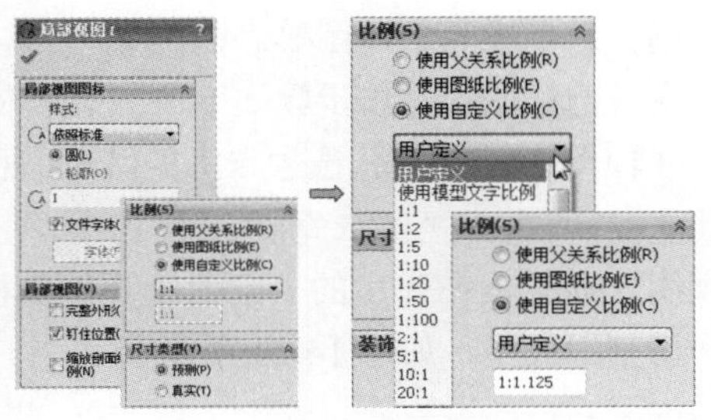

图 14-26

## 14.3.4 剪裁视图

除了局部视图和已用于生成局部视图的视图外，还可以使用“剪裁视图”命令裁剪任何工程视图。

### 1．剪裁视图的步骤

（1）激活现有的视图。

（2）使用圆、样条曲线等草图绘制工具绘制闭环轮廓。

（3）单击工程图选项卡上的“剪裁视图”按钮，或执行“工具”|“剪裁视图”|“剪裁”命令，轮廓以外的视图区域将消失。图 14-27 为剪裁视图前后的效果对比。

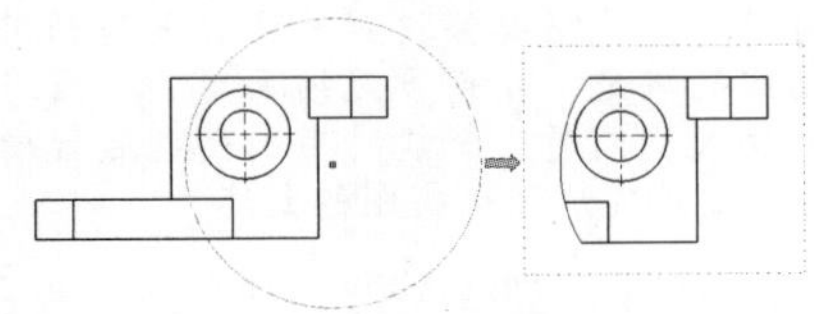

图 14-27

### 2．编辑或移除剪裁视图

右击剪裁视图，在弹出的快捷菜单中选择“剪裁视图”|“编辑剪裁视图”或“移除剪裁视图”命令，即可实现剪裁视图的编辑或删除，如图 14-28 所示。

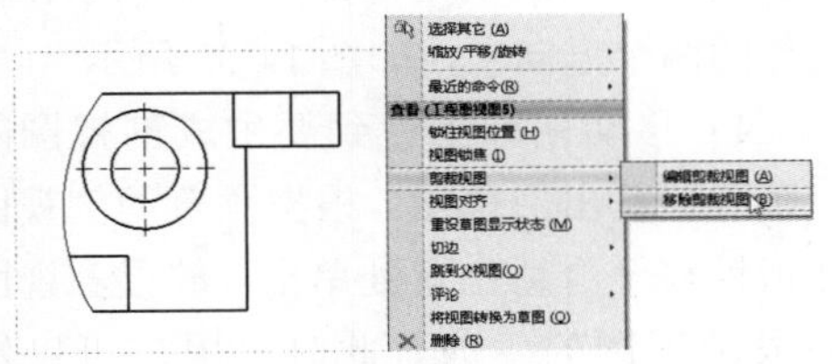

图 14-28

## 14.3.5 断开的剖视图

断开的剖视图是在已有视图中局部剖开的，它不是单独的视图，而是视图的一部分。用闭合的轮廓定义断开剖视图，通常用样条曲线来围成待剖开的封闭区域。通过设置剖切深度，在相关视图中选择一条边线来指定剖切深度。

**技术要点：**

不能在局部视图、剖面视图上生成断开的剖视图。

创建断开的剖视图的步骤如下：

（1）单击“工程图”选项卡中的“断开剖视图”按钮，激活“断开剖视图”命令。

（2）使用“样条曲线”命令绘制断开剖视图的封闭轮廓。

（3）设置深度后并勾选“预览”复选框，方便查看剖切深度是否恰当。可以对竖直或者使用微调开关进行调整，也可以在“深度参考”中选择工程图中视图的实体棱边作为参考生成断开的剖视图，使用“深度参考”方式后，距离文本框中的数值变成灰色，并显示出所选参考实体对应的深度值。

（4）确定后，完成操作。断开剖视图的生成如图 14-29 所示。

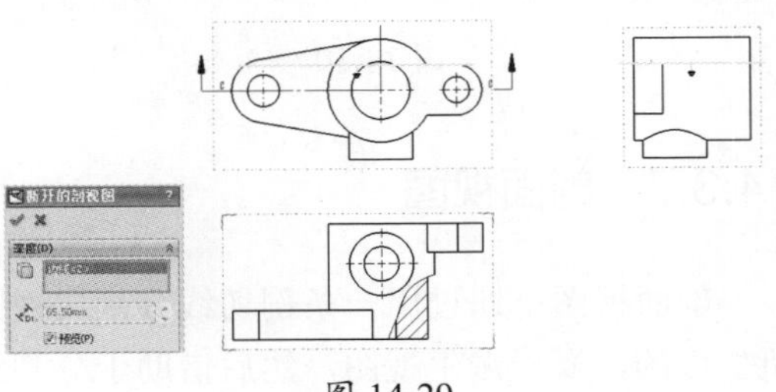

图 14-29

## 14.3.6 断裂视图

断裂视图，即视图的折断画法。

对于具有相同截面或截面均匀变化的长杆类零件，其工程图可使用沿长度方向折断显示的断裂视图，这样可使零件以较大比例显示在较小的工程图纸上。

断裂视图可以使视图图样更加简洁、直观，还能清楚、完整地表达设计意图。下面将介绍断裂视图的操作步骤。

（1）在工程图中生成待打断的视图。断裂视图为派生视图，必须在已有视图基础上创建，而且要断开的工程图视图不能为局部视图、剪裁视图或空白视图。

（2）在“工程图”选项卡中的“视图布局”工具条中单击“断裂视图”按钮，弹出“断裂视图”面板，并显示出“选择要断开的工程图视图”提示信息。

（3）在图形区域选择已有待断裂的视图后，“断裂视图”面板出现设置选项。选择“添加竖直折断线”类型，并设置其缝隙大小，保持默认值为10mm。在“折断线样式”下拉列表中选择“锯齿线切断”选项，单击“确定”按钮，完成断裂视图的创建，如图14-30所示。

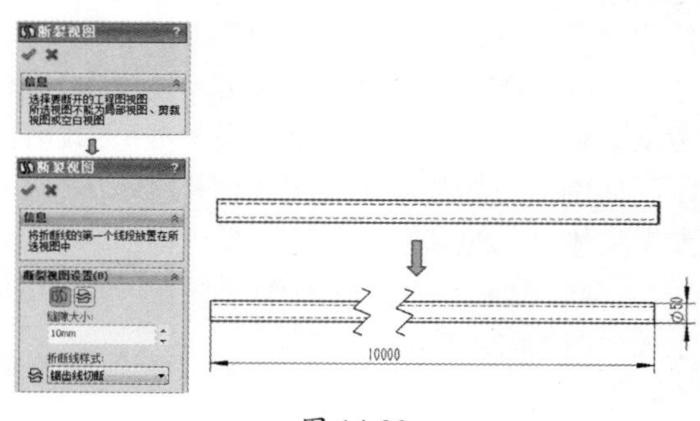


图 14-30

## 14.3.7 剖面视图

剖面视图是通过用一条剖切线分割父视图所生成的，属于派生视图，然后借助于分割线拉出预览投影，在工程图投影位置上生成一个剖面视图。剖切平面可以是直线剖切面或者用阶梯剖切线定义的等距剖切面。剖切线还可以包括同心圆弧。

其中用于生成剖面视图的父视图，可以是已有的标准视图或派生视图，还可以是生成剖面视图的剖面视图。

可以生成全剖、半剖、阶梯剖、旋转剖、局部剖、斜剖视、断面图等。

生成剖视图的操作步骤如下。

（1）单击“工程图”选项卡上的“剖面视图”按钮，或执行“插入”|“工程视图”|“剖面视图”命令，在弹出的“剖面视图”面板中选择切割线类型，如图14-31所示。

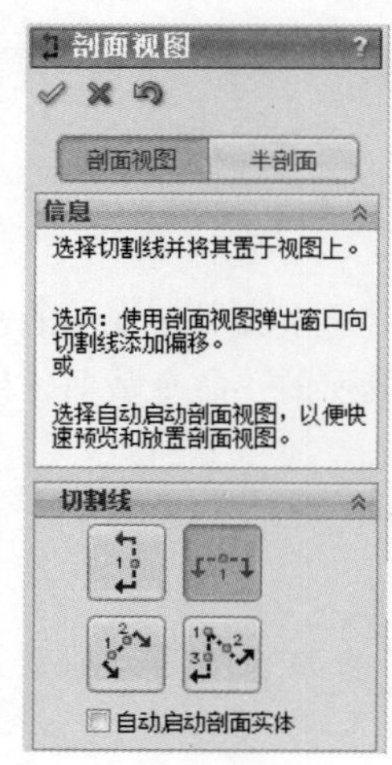


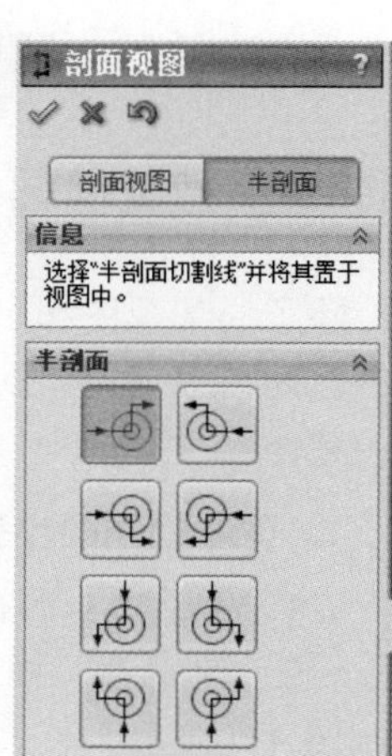


图 14-31

**技术要点：**

SolidWorks 2018关于剖面视图较以前版本有了更加智能的处理方式，系统能根据所选择的剖切线类型自动智能地借助捕捉到的特征点帮助用户完成剖切线的确定，而用户无须再用“直线”命令绘制剖切线。同时，智能的半剖面也能帮助用户方便、快速地完成半剖视图的创建。

（2）选择切割线类型（水平、竖直、辅助视图和对齐）为水平，并将鼠标指针移至待剖切的视图区域，鼠标指针处自动预览显示黄色的辅助剖切线。

（3）移动鼠标指针到捕捉剖切线上的特征点附近（如中点、圆心、坐标原点等），捕捉到圆心位置后单击，并单击“确定”按钮，系统自动将剖切线确定，并双箭头显示在剖切线向外的两个方向上，如图14-32所示。

（4）移动鼠标指针到要生成剖视图的方向，系统预览出剖视图。根据预览的剖视图，鼠标指针移至合适位置处单击，放置剖视图，便完成剖视图的生成。此时，用户可以修改剖视图标示的字母，可以单击“反转方向”

按钮调整视图方向，还可勾选“剖面视图”选项区的“部分剖面”“只显示切面”“自动加剖面线”等复选框，从而实现对生成的剖视图参数的设置。

（5）完成后的剖视图如图 14-32 所示。

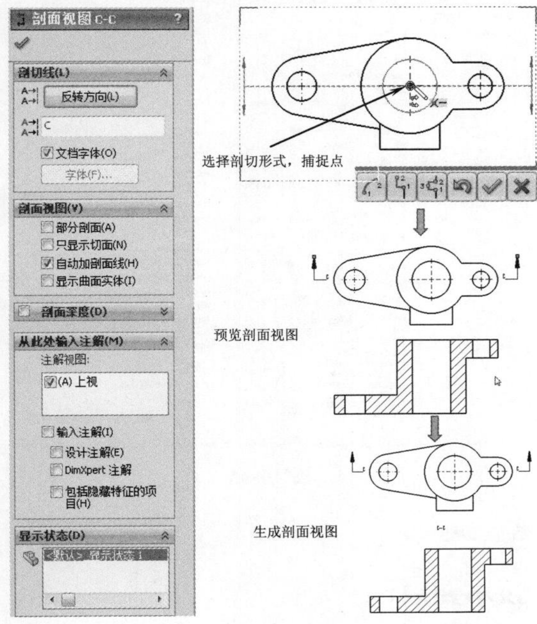


图 14-32

## 14.3.8 旋转剖视图

旋转剖视图是用来表达具有回转轴的机件内部形状的，与剖面视图所不同的是，旋转剖视图的剖切线至少应由两条具有一定夹角的连续线段组成。

生成旋转剖视图的操作步骤如下。

（1）单击“工程图”选项卡中的“旋转剖视图”按钮，或执行“插入”|“工程视图”|“旋转剖视图”命令。

（2）绘制剖切线。根据需要绘制两条相交的中心线段或直线段。一般情况下，两条线段的交点需要与回转轴重合。

（3）设置“剖面视图 G-G”面板中的相关参数。

（4）移动鼠标指针显示视图预览。系统默认视图与所选择中心线或直线生成的剖切线箭头方向对齐，当视图位于适当位置时单击将其放置。

从选择视图生成旋转剖视图，如图 14-33 所示。

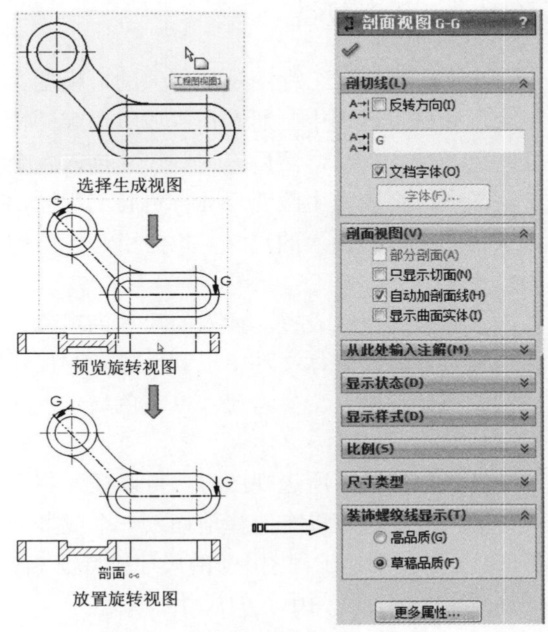


图 14-33

**技术要点：**

生成旋转剖视图的方向与绘制剖切线末段的方向有关。剖切线的绘制顺序为先绘制倾斜线段，再绘制水平线段，旋转剖视图沿水平线段的垂直方向长出。反之，若先绘制倾斜剖切线，再绘制水平剖切线，视图会发生变化，如图14-34所示。

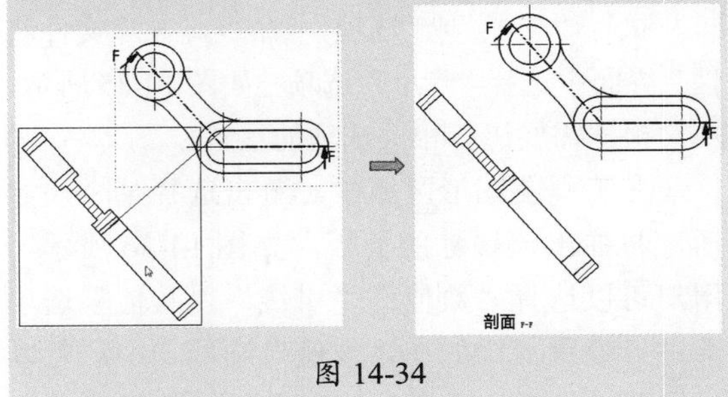


图 14-34

## 14.4 标注图纸

标注是完成工程图的重要环节，通过尺寸标注、公差标注、技术要求等，将设计者的设计意图和对零部件的要求完整表达出来。

### 14.4.1 尺寸标注

草图、模型、工程图是全相关的，模型变更会反映到工程图中。通常在生成每个零件特征时已经包含尺寸，然后将这些尺寸插入各个工程图中。在模型中改变尺寸会更新工程图，在工程图中改变插入的尺寸，也会引起模型的相应变化。

根据系统默认设置，插入的尺寸为黑色，还包括零件或装配体文件中以蓝色显示的尺寸（例如拉伸深度）。参考尺寸以灰色显示，并带有括号。

当将尺寸插入所选视图时，可以插入整个模型的尺寸，也可以有选择地插入一个或多个零部件（在装配体工程图中）的尺寸或特征（在零件或装配体工程图中）的尺寸。

尺寸只放置在适当的视图中，不会自动插入重复的尺寸。如果已经将尺寸插入一个视图中，则不会再将其插入另一个视图中。

#### 1. 设置尺寸选项

用户可以对当前文件中的尺寸选项进行设置，也可以在“文档属性”对话框指定文件中特定尺寸的属性。

执行“工具”|“选项”|命令，在“文件属性”界面中选择“尺寸”选项，如图14-35所示，用户根据需要进行相关选项的重置。

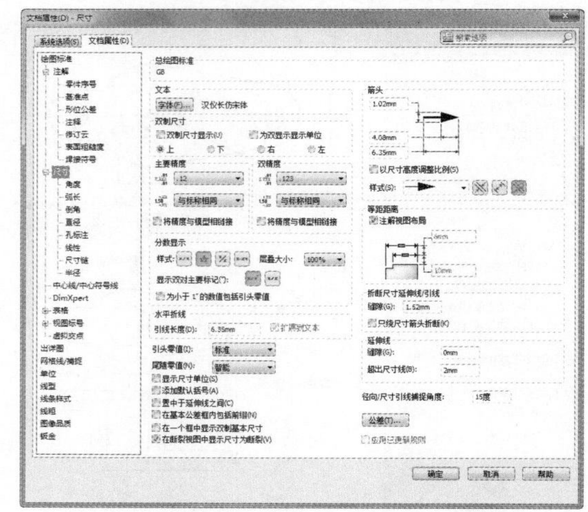

图 14-35

在工程图图形区域中，单击选择某个尺寸后，将弹出该尺寸的面板，如图14-36所示。用户可以选择“数值”“引线”“其他”选项卡进行设置。比如在“数值”选项卡中，可以设置尺寸公差/精度、自定义新的数值覆盖原来数值、双制尺寸等。

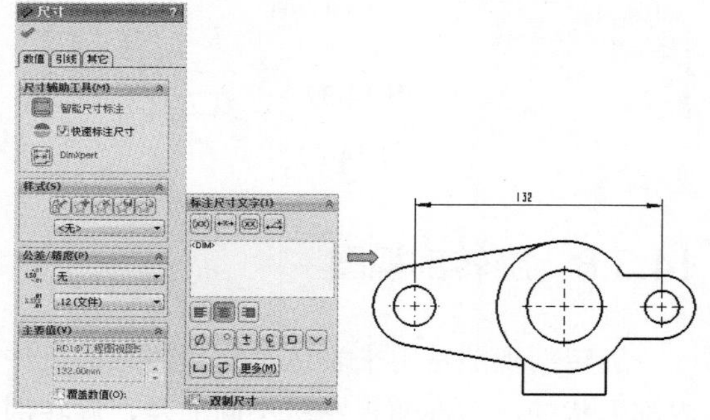

图 14-36

#### 2. 自动标注工程图尺寸

用户可以使用自动标注工程图尺寸工具将参考尺寸作为基准尺寸、链和尺寸插入工程图视图中，还可以在工程图视图内的草图中使用自动标注尺寸工具。

自动标注工程图尺寸的操作步骤如下。

（1）在工程图文档中，单击“尺寸/几何关系”选项卡中的“智能尺寸”按钮，在弹出的“尺寸”面板中，单击“自动标注尺寸”选项卡。

（2）在“自动标注尺寸”选项卡中设定

属性，选择待标注视图，然后单击“确定”按钮，即可实现自动尺寸标注，如图 14-37 所示。

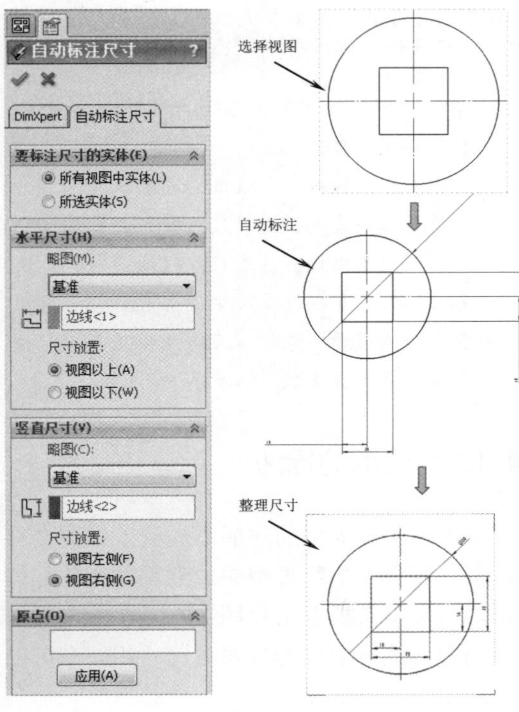


图 14-37

**技术要点：**

使用“自动标注尺寸”命令后，系统自动标出的尺寸排列杂乱，需要用户重新整理尺寸才能使图形标注美观、大方。因为自动标注不可控，也不能体现设计意图，所以在实际工程图标注中很少使用。

### 3. 参考尺寸

参考尺寸显示模型的测量值，但并不驱动模型，也不能更改其数值，但是当改变模型时，参考尺寸会自动更新。

可以使用与标注草图尺寸同样的方法添加平行、水平和竖直的参考尺寸到工程图中。添加参考尺寸的过程如下。

（1）单击“智能尺寸”按钮，或执行“工具”|“标注尺寸”|“智能尺寸”命令。

（2）在工程图视图中单击需要标注尺寸的项目。

（3）单击以放置尺寸。

**技术要点：**

按照默认设置，参考尺寸包括在圆括号中，如要防止括号出现在参考尺寸周围，可以在“工具”|“选项”|“文档属性”|“尺寸”中取消勾选“添加默认括号”复选框。

### 4. 插入模型项目

对于模型文件（零件或装配体）中的尺寸、注解及参考几何体，可以将其插入工程图。

对于项目，可以将其插入到所选特征、装配体零部件、装配体特征、工程视图或者使用视图中。当插入项目到所有工程视图时，尺寸和注解会以最适当的视图出现。显示在部分视图的特征、局部视图或剖面视图会先在视图中标注尺寸。

**技术要点：**

如果视图中特征尺寸没有标注，可以先在特征后单击“模型项目”按钮，则所选特征尺寸会标注到视图中。

将现有模型视图插入工程图的操作如下：

（1）单击“注解”选项卡上的“模型项目”按钮，或执行“插入”|“模型项目”命令。

（2）在“模型项目”面板中设定选项。

（3）单击“确定”按钮。

可以操作的模型项目如下。

- 删除：按 Delete 键删除模型项目。
- 拖动：按 Shift 键将模型项目拖至另一工程图视图中。
- 复制：按 Ctrl 键将模型项目复制到另一工程图视图中。

## 14.4.2　公差标注

工程图中的公差包括尺寸公差和形位公差，下面分别介绍。

### 1. 尺寸公差

可以通过单击“尺寸”按钮或“尺寸属性”对话框中的“公差”来激活“尺寸”面板，然后单击“数值”按钮，并在“公差”选项区设置尺寸公差值和非整数尺寸的显示方式，可在选项中根据所选的公差类型及是否设定文件选项或应用规格到所选的尺寸而定。

设置尺寸公差的过程如下。

（1）单击工程视图上任意一个尺寸。

（2）在“尺寸”面板中设置尺寸公差的各个选项，尺寸公差选项及图例如图 14-38 所示。

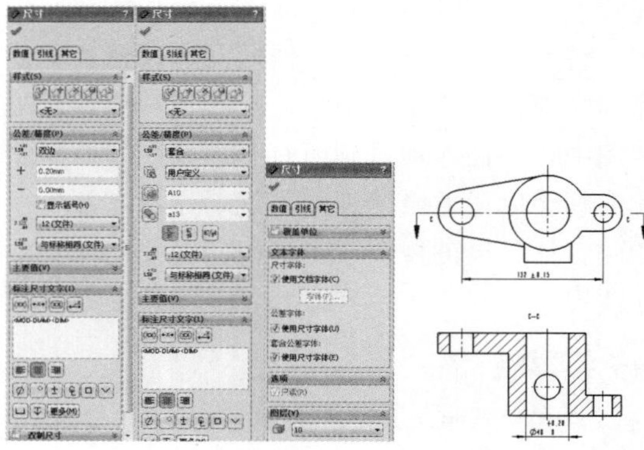

图 14-38

（3）单击“确定”按钮。

“尺寸”面板中主要选项的详解如下。

- 公差类型：从“公差类型”下拉列表中选择无、基本、双边、极限、对称、最小、最大、套合、与公差套合和套合（仅对公差）之一，“公差类型”下拉列表如图 14-39 所示。

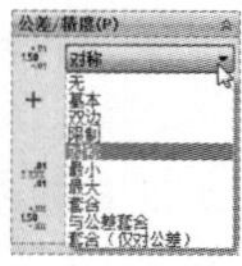

图 14-39

- 公差值：指定适合于所选公差类型的正向变化量和负向变化量。
- 孔套合和轴套合：孔套合和轴套合只可用于套合、与公差套合或尺寸属性的套合（仅对公差）类型，指定公差等级。
- 公差字体 / 套合公差字体：指定尺寸公差文字使用的字体。对于套合和与公差套合，套合公差字体可用于孔套合和轴套合的文字。

**技术要点：**

如果不想更改尺寸公差文字的大小，可以单击“使用尺寸字体”。如要更改尺寸公差文字的大小，消除选择“使用尺寸字体”选项，并可选择以下一项。

- 字体比例：输入 0 ~ 10.0 范围内的一个数值来调整字体比例。
- 字体高度：输入一个数值指定字体高度。
- 主要单位精度和公差精度：在“主要单位精度”文本框设置基本尺寸精度，在“公差精度”文本框设置尺寸公差精度。
- 套合公差显示：选择以直线显示层叠、无直线显示层叠或线性显示。

### 14.4.3 注解的标注

可以将所有类型的注解添加到工程图文件中，也可以将大多数类型添加到零件或装配体文档，然后将其插入工程图文档。在所有类型的文档中，注解的行为方式与尺寸相似，可以在工程图中生成注解。

“注解”选项卡中提供的工具用于添加注释及符号到工程图、零件或装配体文件中。

注解包括注释、表面粗糙度、形位公差、零件序号、自动零件序号、基准特征、焊接符号、中心符号线和中心线等内容。图 14-40 所示为轴的零件图。

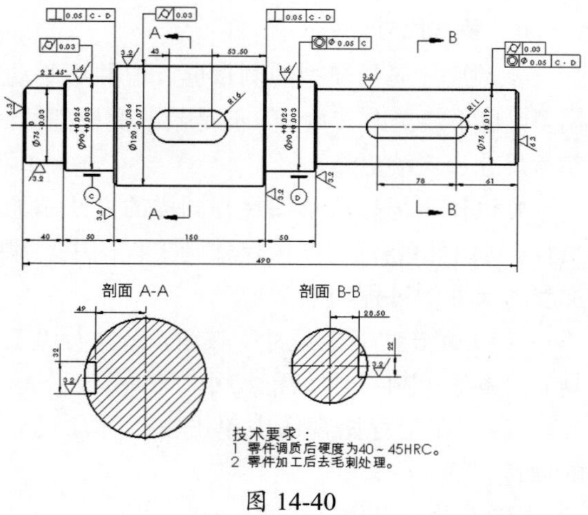


图 14-40

**1．注释**

在文档中，注释可为自由浮动或固定，也可带有一条指向某项（面、边线或顶点）的引线。注释可以包含简单的文字、符号、参数文字或超文本链接。

生成注释的过程如下。

（1）单击“注解”选项卡中的“注释”按钮，或执行“插入”|“注解”|“注释”命令，弹出“注释”面板，如图 14-41 所示。

图 14-41

（2）在“注释”面板中设定选项。

（3）如果注释有引线，单击以放置引线。

（4）再次单击来放置注释，或单击并拖动边界线。

（5）生成边界框。在输入文字前单击并拖动边界框。单击以放置注释，然后拖动控标根据需要调整边界框。

（6）输入文字。

（7）使用“格式化”选项卡设定选项。

（8）在图形区域的注释外单击以完成注释。

（9）保持打开“注释”面板，重复以上步骤生成所需数量的注释。

（10）单击“确定”按钮。

**技术要点：**

*若要编辑注释时，可以双击注释，在面板或对话框中进行相应编辑。*

**2．表面粗糙度符号**

用户可以使用表面粗糙度符号来指定零件实体面的表面纹理。在零件、装配体或者工程图文档中选择面。

输入表面粗糙度的操作过程如下：

（1）单击“注解”选项卡中的“表面粗糙度”按钮，或执行“插入”|“注解”|“表面粗糙度符号”命令，弹出“表面粗糙度”面板，如图 14-42 所示。

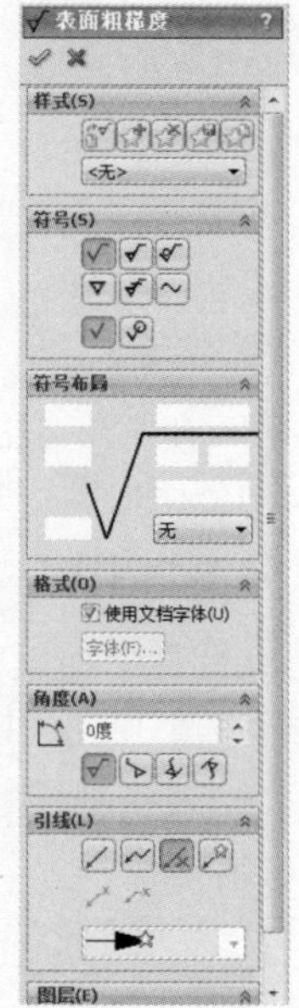


图 14-42

（2）在该面板中设定属性。

（3）在图形区域中单击，以放置符号。

（4）创建多个实例。根据需要单击多次以放置多条引线。

（5）编辑每个实例。可以在面板中更改每个符号实例的文字和其他项目。

（6）添加引线。如果符号带引线，第一次单击放置引线，然后再次单击以放置符号。

（7）单击“确定”按钮。

3．基准特征符号

在零件或装配体中，可以将基准特征符号附加在模型平面或参考基准面上。在工程图中，可以将基准特征符号附加在显示为边线（不是侧影轮廓线）的曲面或剖面视图面上。

插入基准特征符号的操作过程如下：

（1）单击“注解”选项卡上的“基准特征”按钮，或者执行“插入”|“注解”|“基准特征符号”命令，弹出“基准特征”面板，如图14-43所示。

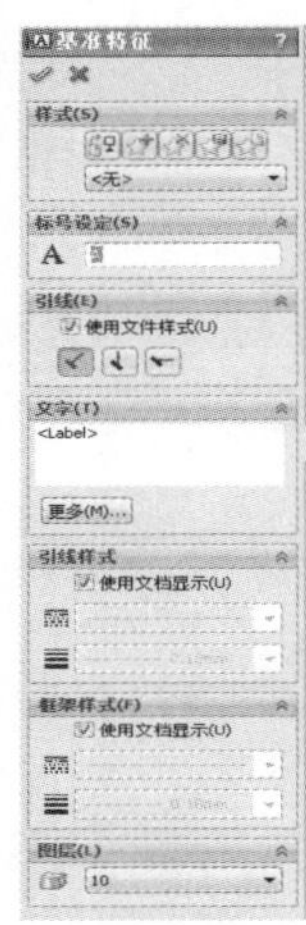


图 14-43

（2）在“基准特征”面板中设定选项。

（3）在图形区域中单击，以放置附加项，然后放置该符号。如果将基准特征符号拖离模型边线，则会添加延伸线。

（4）根据需要继续插入多个符号。

（5）单击“确定”按钮。

## 14.4.4 材料明细表

装配体由多个零部件组成，所以需要在装配图中列出装配清单。对于装配清单，可以通过材料明细表来快速生成。

1．生成材料明细表

在装配图中生成材料明细表的步骤如下：

（1）执行“插入”|“材料明细表”命令，打开“材料明细表”面板，如图14-44所示。

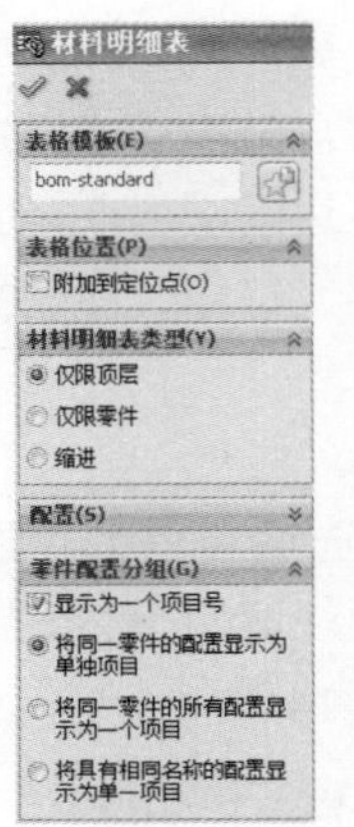


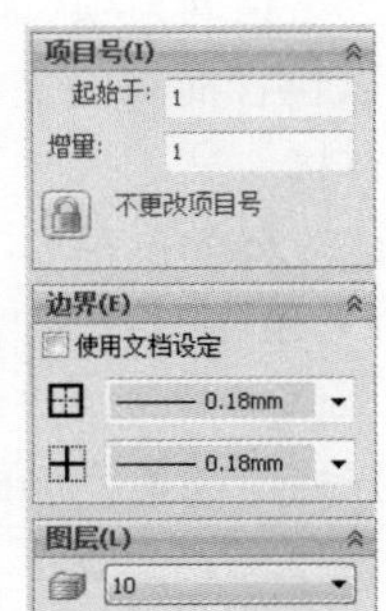


图 14-44

（2）选择工程图中的一个视图生成材料明细表的指定模型，图形区域显示材料明细表格的预览，如图14-45所示。

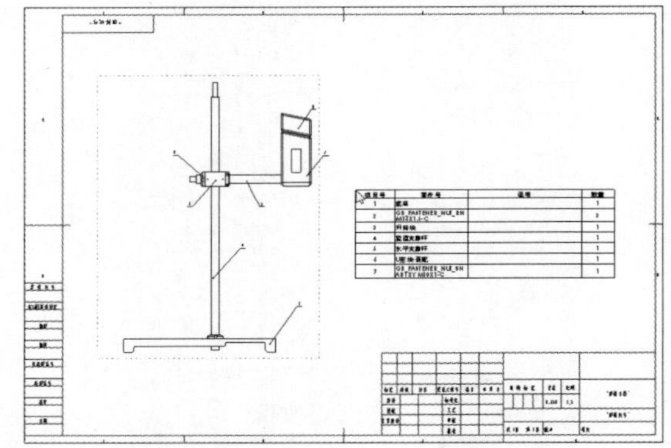

图 14-45

（3）将鼠标指针移至合适的位置单击以放置表格。通常需要将材料明细表与标题栏表格衔接，如图14-46所示。

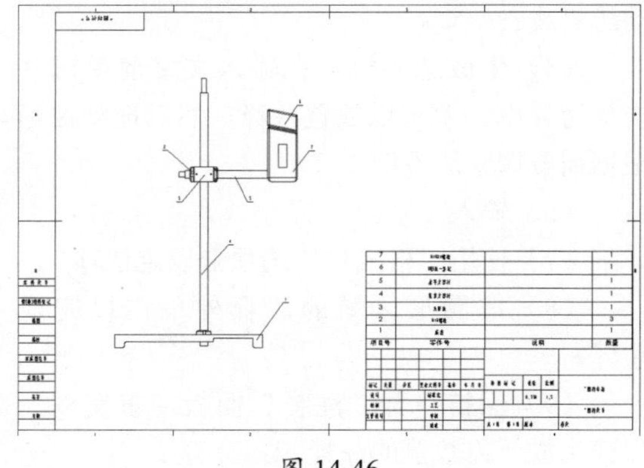

图 14-46

（4）编辑表格内容：在工程图中生成材料明细表后，可以双击材料明细表并编辑材料明细表内容。应该强调的是，由于材料明细表是参考装配体生成的，所以用户对材料明细表内容的更改将在重建时被覆盖。

**技术要点：**

编辑表格格式：右击表格区域，在弹出的快捷菜单中选择相应命令并对表格进行编辑，如图14-47所示。这些编辑命令包括：插入左/右列、插入上/下行、删除表格、隐藏表格、格式化、排序等。通过使用这些命令，实现对表格的处理。

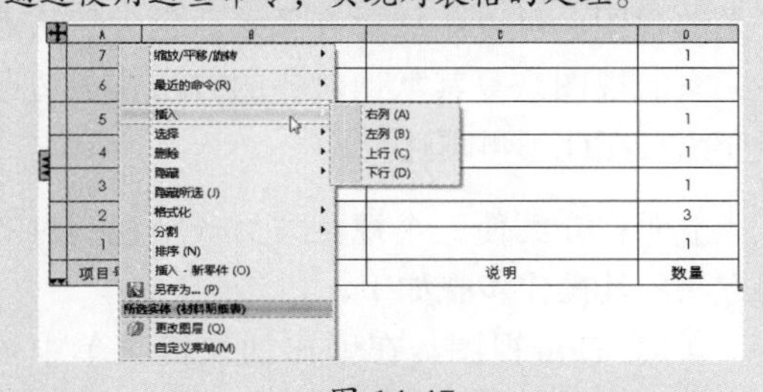

图 14-47

**技术要点：**

可以使用“表格标题在下”命令将标题栏转移到表格底部，如图14-48所示，并且零部件顺序由下至上编排，从而符合国标制图标准。

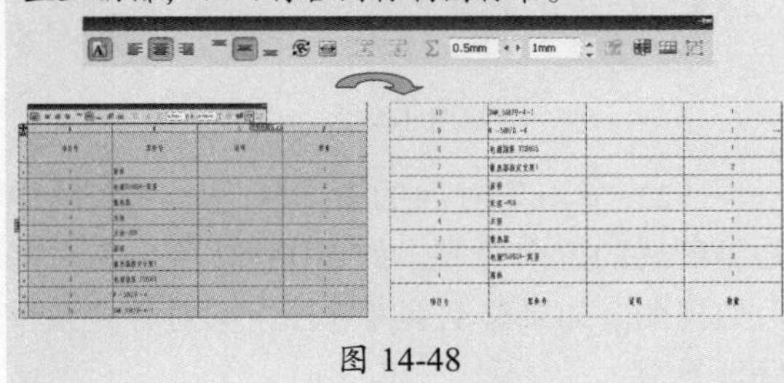

图 14-48

（5）设置完毕后，单击“确定”按钮✓。

### 2. 自定义材料明细表模板

系统预设的材料明细表范本位置为：安装目录 SolidWorks\lang\chinese-simplified\…，用户可根据需要自定义模板，操作步骤如下。

（1）打开 SolidWorks\lang\chinese-simplified\Bomtemp.xl 文件。

（2）进行如图 14-49 所示的设置。定义名称应与零件模型的自定义属性一致，以便在装配体工程图中自动插入明细表。

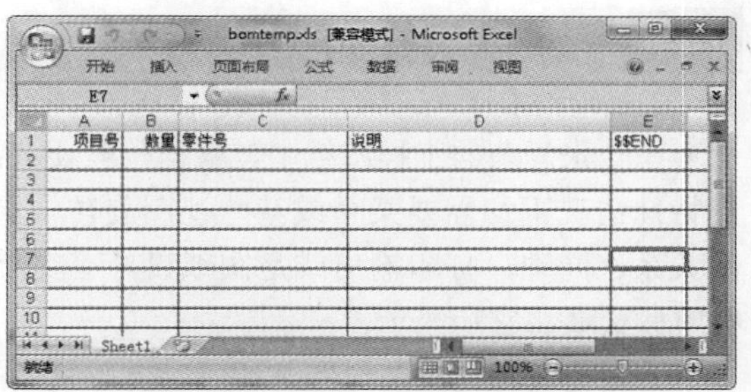


图 14-49

（3）将原 Excel 文件中的“项目号”改为“序号”，定义名称为 ItemNo。

（4）在“数量”前插入两列，分别为“代号”和“名称”，定义名称分别为 DrawingNo 和 PartNo。

（5）将“零件号”改为“材料”，定义名称为 Material。

（6）在“说明”前插入两列，分别为“单重”和“总重”，定义名称分别为 Weight 和 TotalWeight。

（7）将原 Excel 文件中的“说明”改为“备注”，定义名称为 Description。

（8）在 Excel 文件编辑环境中，逐步在 G 列中输入表达式 D2*F2，…，D12*F12，…，以便在装配体的工程图中由装入零件的数量与重量乘积来自动计算所装入零件的重量。

（9）执行“文件”|“另存为”命令，将文件命名为 BOM 表模板，并保存，保存路径为 SolidWorks\lang\chinese-simplified\… 下的模板文件。

（10）成功自定义材料明细表模板文件后，新建工程图或在工程图中插入材料明细表时，均会按定制的选项执行，并且无须查找模板文件复杂的放置路径。

**技术要点：**

用户在尝试自定义材料明细表模板文件之前需要先对系统源文件进行备份，以备万一自定义材料明细表模板文件失败，而且找不到源文件时方便进行恢复。

# 14.5 操作与控制工程图

在一张复杂的工程图纸中，根据一般要求都要将各个视图根据其空间位置关系严格对齐，但在特殊情况下却需要某个或某些视图旋转一定角度、错开一段距离，这时就需要解除视图对齐的关系。同理，打印输出或是图纸设计、交流过程中也会遇到将某个或某些视图隐藏，而另一些时候又要将它们显示。

下面将介绍视图的对齐与解除对齐、视图的显示与隐藏的方法。

## 14.5.1 对齐与解除对齐视图

### 1. 解除对齐视图

通过投影关系生成的辅助视图系统自动添加上了对齐的关系，如图 14-50 所示的支座的剖视图与主视图有对齐的关系，单击选中剖视图并按住不放进行拖动，剖视图始终在竖直方向上移动。

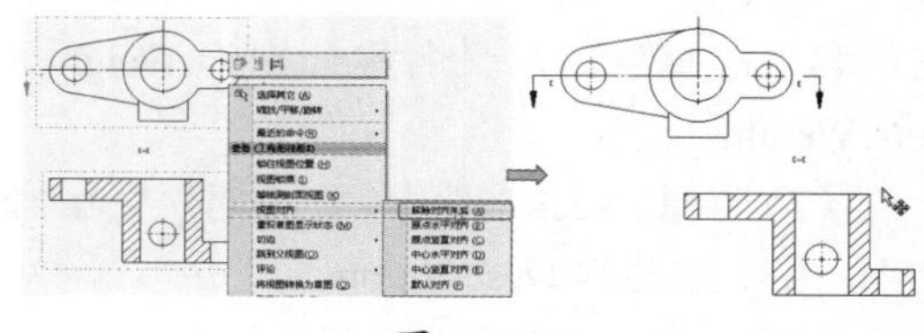

图 14-50

（1）单击选中包含与其他视图对齐关系的工程视图。

（2）右击，在弹出的快捷菜单中选择“对齐视图”|“解除视图关系”命令，或执行“工具”|“对齐视图”|“解除对齐关系”命令，即可完成对视图对齐的解除。

（3）如要再回到原来的对齐关系，操作步骤为：右击视图边框内部，在弹出的快捷菜单中选择“视图对齐”|“默认对齐”命令，或在菜单栏中执行“工具”|“对齐视图”|“默认对齐关系”命令，视图即可恢复默认的对齐状态，如图 14-51 所示。

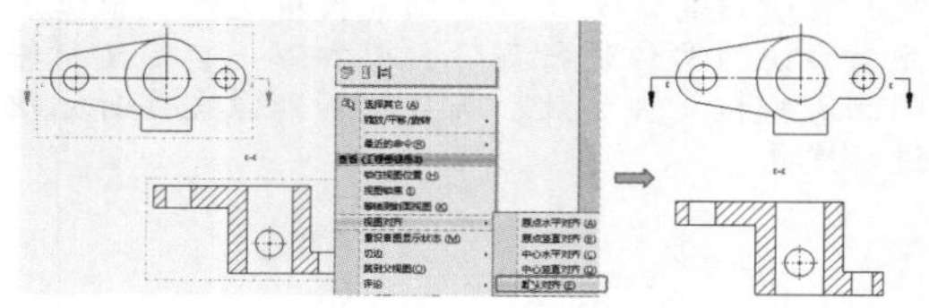

图 14-51

### 2. 对齐视图

对于默认为未对齐的视图，或解除了对齐关系的视图，可以添加对齐关系。包含默认对齐关系的视图恢复其默认对齐的方法在上边已经介绍，在此不再重述。

下面将介绍使一个视图与另一个视图对齐的方法，其操作步骤如下。

（1）右击视图，在弹出的快捷菜单中依次执行“视图对齐”|“水平对齐”/“竖直对齐”命令，指针形状变成，如图 14-52 所示。

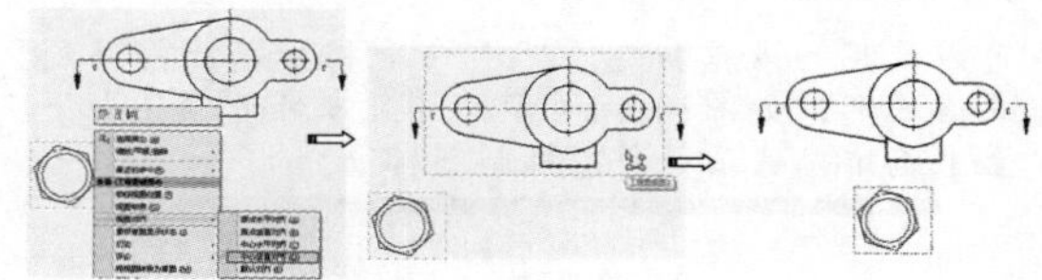

图 14-52

（2）单击要对齐的参考视图，视图的中心沿所选的方向对齐，如图 14-52 所示为对齐后的视图，如果移动参考视图，其对齐关系将保持不变。

移动添加竖直对齐关系后的两幅视图，只能分别沿着竖直方向移动。

## 14.5.2 视图的隐藏和显示

工程图中的视图可以被隐藏或显示，隐藏视图的操作步骤如下：

（1）右击要隐藏的视图，或单击特征管理器中视图的名称。

（2）从快捷菜单中选择“隐藏”命令。如果该视图有从属视图（如局部、剖面视图等），则会弹出对话框询问是否也要隐藏从属视图。

（3）视图被隐藏后，当鼠标指针经过隐藏的视图时，视图边界高亮显示。

（4）如果要查看图纸中隐藏视图的位置，但并不显示它们，可以选择菜单栏中的“视图”|“显示被隐藏视图”命令。

（5）要再次显示视图，可以右击视图，然后从快捷菜单中选择“显示”命令。当要显示的隐藏视图有从属视图时，则会弹出对话框询问是否也要显示从属视图。

## 14.6 工程图的打印、输出

零部件的设计通过图纸的形式体现设计成果，而图纸需要打印成纸质文档，方便公司之间、公司内部各部门之间的交流。

SolidWorks 工程图可以转换为 AutoCAD 图纸，并经修改、调整后在 AutoCAD 软件中进行打印，但效率最高的当然是能够直接在 SolidWorks 中完成图纸的最终形式，然后直接在 SolidWorks 工程图环境下进行打印。

### 14.6.1 一般工程图的打印、输出

下面介绍打印、输出的操作步骤。

（1）打开工程图，执行“文件”|“打印”命令，或者按快捷键 Ctrl+P，弹出“打印”对话框，如图 14-53 所示。

（2）打印设置。单击“打印”对话框中的“页面设置”按钮，在弹出的“页面设置”对话框中设置相关参数，如工程图颜色、图纸打印方向、纸张大小、打印比例等，如图 14-54 所示。

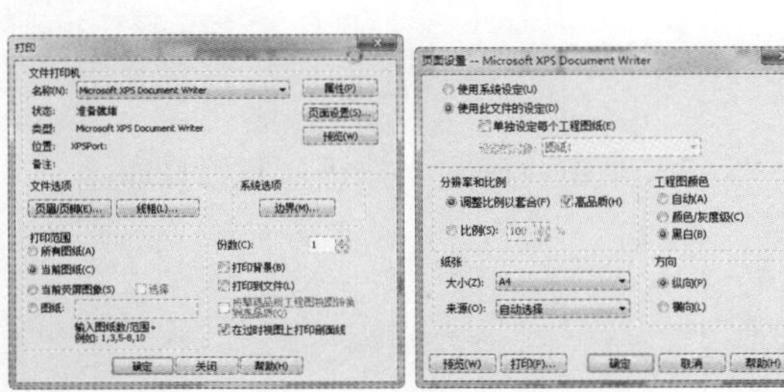

图 14-53　　图 14-54

（3）页眉页脚。在“打印”对话框的“文件选项”选项区中，单击“页眉 / 页脚”按钮，在弹出的“页眉 / 页脚”对话框中设置对应的内容。可以使用系统提供的页眉、页脚内容，也可以自定义，如图 14-55 所示。

**技术要点：**

页眉、页脚往往设置为打印日期、设计者、公司 LOGO、图纸共几张、当前是第几张等内容，便于表达信息和后续图纸的追溯。

（4）线粗。可以预先设置好系统属性，然后直接打印。对于特殊情况，需要手动设置，如图 14-56 所示。

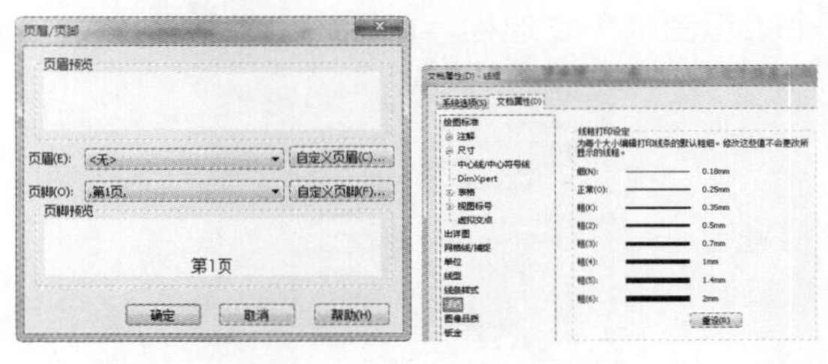

图 14-55　　图 14-56

（5）边界。设定打印区域与纸张的边界距离。

（6）打印范围。单击“选择”按钮，出现“打印所选区域”对话框，图形区中出现一个显示打印区域的方框，按住方框边界可移动方框，从而改变打印的区域。用小打印机打印较大的图纸时，可分区打印再采用粘贴的方法形成整张图纸。

（7）设置完毕后，单击“预览”按钮，查看打印设置是否妥当。若有误，则返回并进行调整；否则，单击“打印”按钮即可将图纸打印出来，如图 14-57 所示。

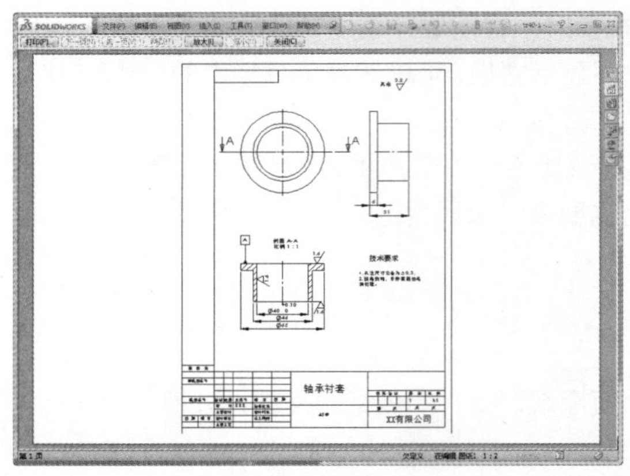

图 14-57

（8）打印完毕后，保存打印设置，方便下次打印直接使用。

### 14.6.2 为单独的工程图纸指定设置

若要对多个工程图进行打印，而且需要对多幅图纸进行单独设置，其操作如下。

（1）在菜单栏中执行“文件”|“页面设置”命令，在弹出的“页面设置”对话框中，选中“使用此文件的设定”选项，并勾选“单独设定每个工程图纸”复选框，如图 14-58 所示。

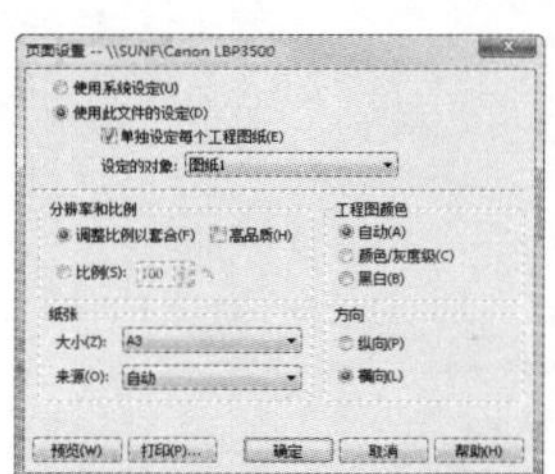

图 14-58

（2）在“设定的对象”下拉列表中选择一幅图纸，或者保留系统默认的图纸选择。若 SolidWorks 窗口中仅打开一幅图纸，则默认或用户选择都只能选中该图纸。

（3）为每个图纸对象分别进行设置，或者保留图纸的默认设置，然后单击“确定”按钮。

### 14.6.3 打印多个工程图文件

若要对多张工程图进行打印，而且不必对每张图纸进行单独打印，其操作如下。

（1）在菜单栏中执行“文件”|“打印”命令，在弹出的“打印”对话框中的“打印范围”选项组中选择“所有图纸”选项，或者指定要打印的页码范围。

（2）单击“页面设置”按钮，在弹出的“页面设置”对话框中勾选“比例”复选框，输入自定义的打印比例，如 95%，或者选中“调整比例以套合”选项，以最佳比例将整张工程图打印在纸上，如图 14-59 所示。

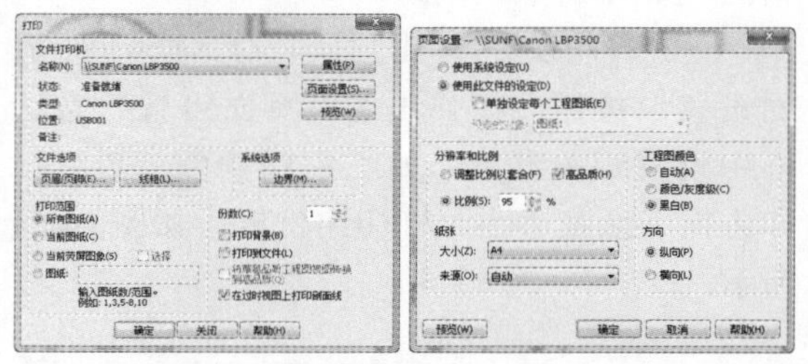

图 14-59

（3）单击“确定”按钮，开始打印。

## 14.7 综合实战——阶梯轴工程图

◎ **引入素材：第14章综合实战\第14章源文件\阶梯轴.sldprt**

◎ **结果文件：第14章综合实战\第14章结果文件\阶梯轴工程图.slddrw**

◎ **视频文件：阶梯轴工程图.avi**

阶梯轴的工程图包括一组视图、尺寸和尺寸公差、形位公差、表面粗糙度和一些必要的技术说明等。

本例练习阶梯轴的工程图绘制。阶梯轴工程图如图 14-60 所示。

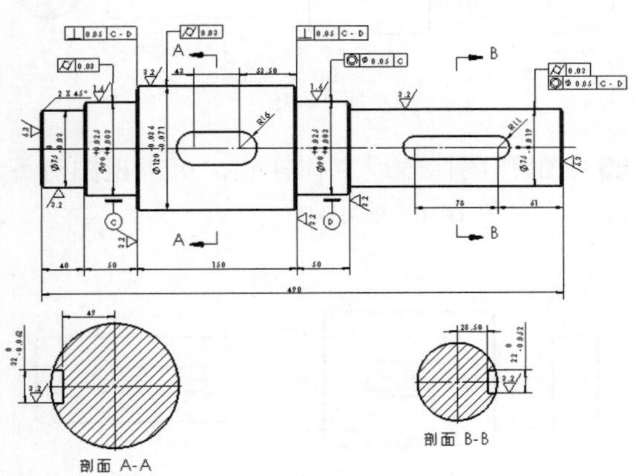


图 14-60

## 操作步骤

### 1．生成新的工程图

**01** 单击“标准”选项卡中的“新建”按钮。

**02** 在“新建 SOLIDWORKS 文件”对话框中单击“高级”按钮，进入“模板”选项卡。

**03** 在“模板”选项卡中选择 gb_a3 选项，选择横幅图纸模板，再单击“确定”按钮加载图纸，如图 14-61 所示。

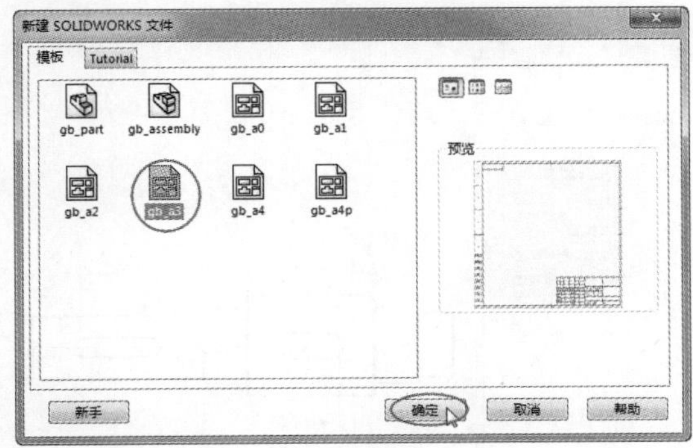


图 14-61

**04** 进入工程图环境后，指定图纸属性。在工程图图纸绘图区中右击，在弹出的快捷菜单中选择“属性”命令，在“图纸属性”对话框中进行设置，如图 14-62 所示。设置“名称”为“阶梯轴”、“比例”为1 ∶ 2、“投影类型”为“第一视角”。

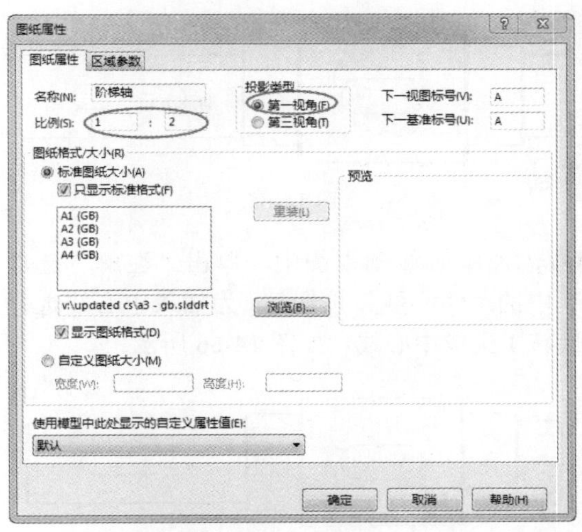


图 14-62

### 2．将模型视图插入工程图

**01** 单击“视图布局”选项卡上的“模型视图”按钮，在打开的“模型视图”面板中设定属性，如图 14-63 所示。

**02** 单击“下一步”按钮，在“模型视图”面板中设定额外属性，如图 14-64 所示。

图 14-63　　图 14-64

**03** 单击“确定”按钮，将模型视图插入工程图，如图 14-65 所示。

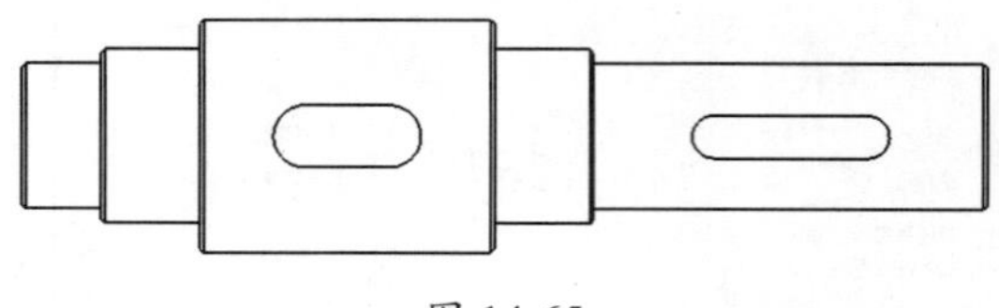

图 14-65

**04** 添加中心线到视图中。单击“注解”选项卡中的“中心线”按钮，为插入中心线选择旋转1生成中心线，如图14-66所示。

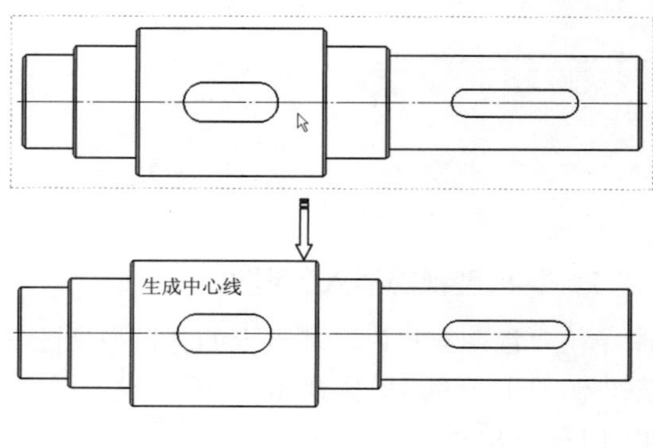


图 14-66

### 3. 生成剖面视图的过程

**01** 单击“工程图”选项卡中的“剖面视图”按钮，出现“剖面视图A-A”面板并进行设置，如图14-67所示，“直线”工具被激活。

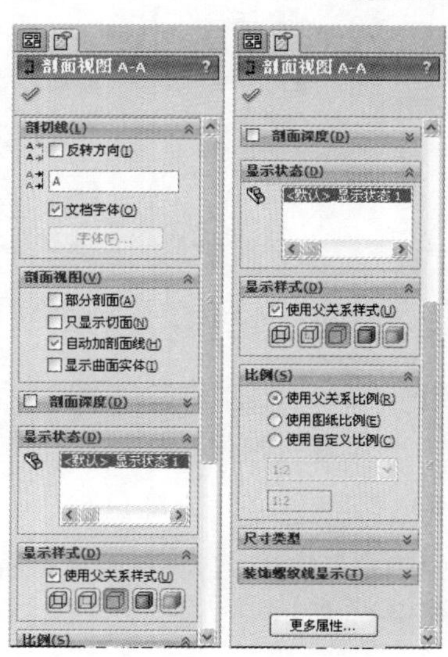

图 14-67

**02** 绘制剖切线，单击以放置视图，生成的剖面视图如图14-68所示。

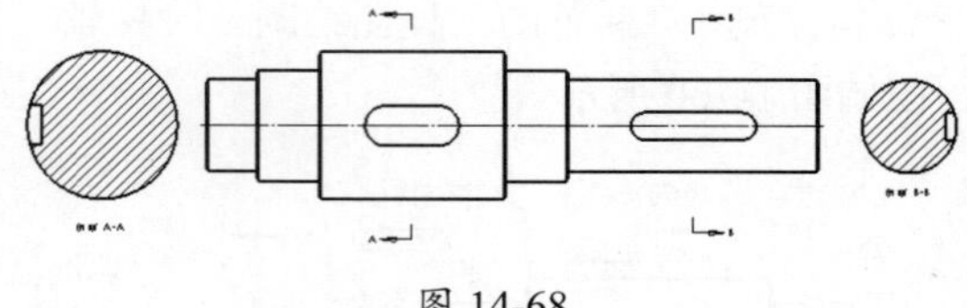

图 14-68

**03** 编辑视图标号或字体样式，更改视图对齐方式，如图14-69所示。

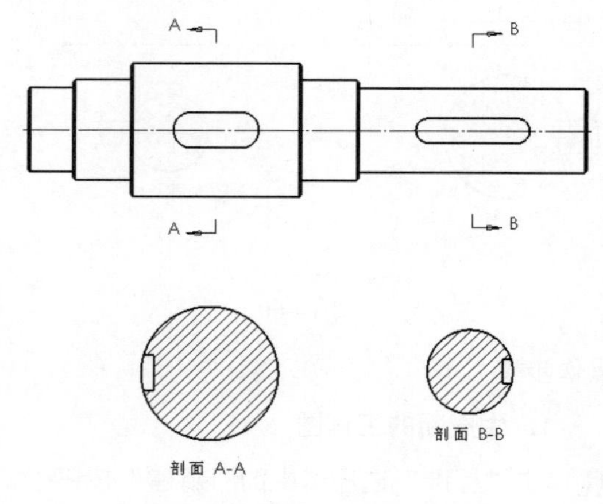


图 14-69

**04** 在剖面视图中添加中心符号线。单击“注解”选项卡中的“中心符号线”按钮，出现“中心符号线”面板并进行设置，在剖面视图中生成中心符号线，如图14-70所示。

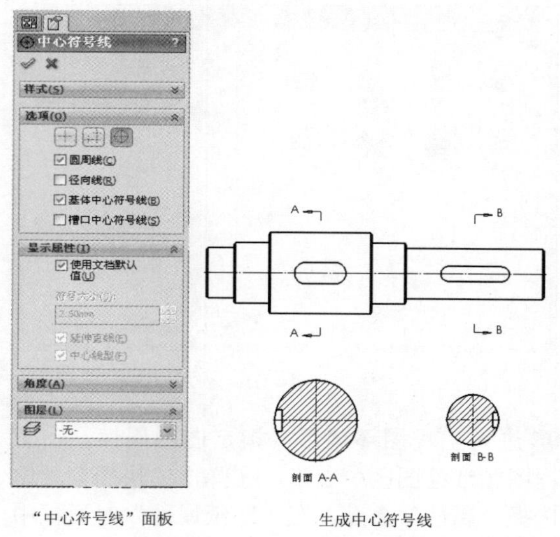


图 14-70

### 4. 尺寸的标注

**01** 利用“智能尺寸”工具标注基本尺寸。单击选项卡中的“智能尺寸”按钮，在“尺寸”面板中设定选项。标注尺寸的工程图如图14-71所示。

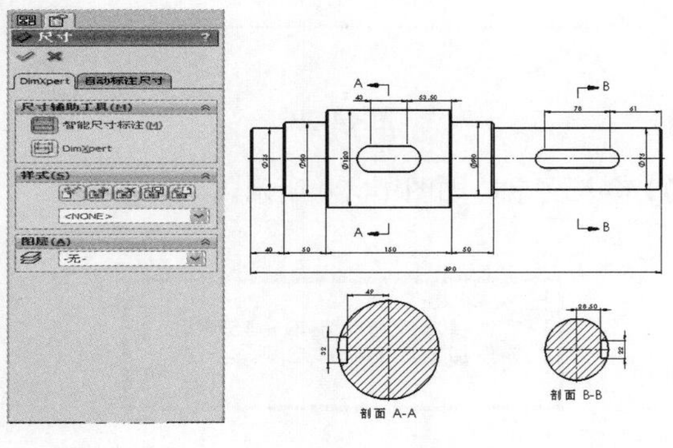


“尺寸”面板　　　　标注尺寸

图 14-71

**02** 标注尺寸公差。单击需要标注公差的尺寸，进行尺寸公差标注，如图14-72所示。

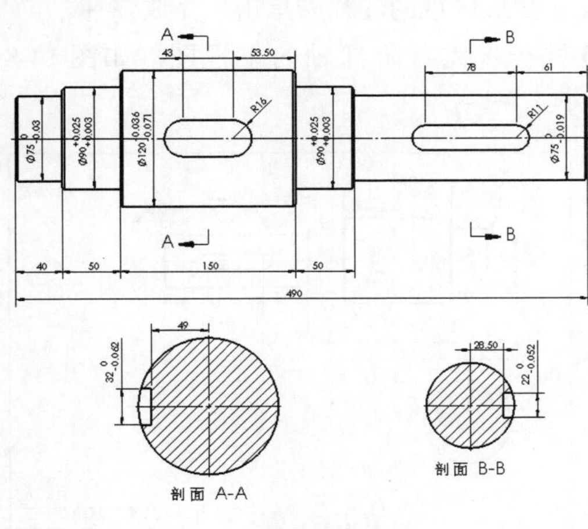


图 14-72

### 5. 标注基准特征

**01** 单击“注解”选项卡上的“基准特征”按钮，在“基准特征”面板中设定选项，如图14-73所示。

**02** 在图形区域中单击，以放置附加项，然后放置该符号，根据需要继续插入基准特征符号，如图14-74所示。

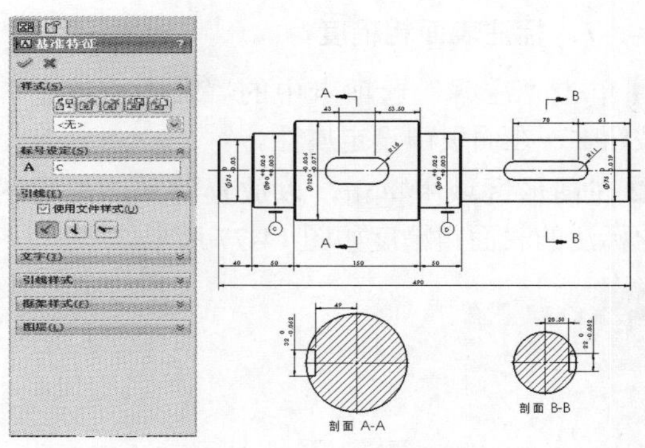


图 14-73　　　　图 14-74

### 6. 标注形位公差

**01** 在“注解”选项卡中单击“形位公差”按钮，在“属性”对话框和“形位公差”面板中设定相关参数，如图14-75所示。

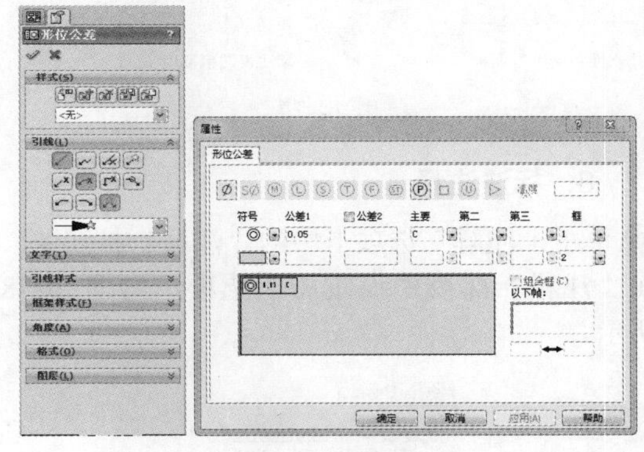


图 14-75

**02** 单击以放置符号，在工程图中标注形位公差，如图14-76所示。

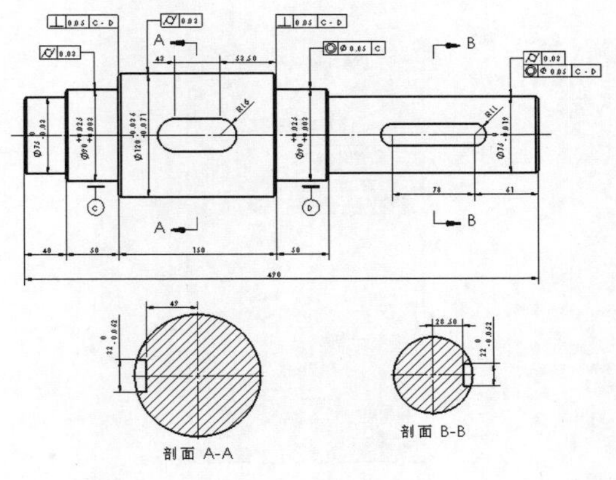


图 14-76

### 7. 标注表面粗糙度

**01** 单击“注解”选项卡中的“表面粗糙度”按钮✓，在面板中设定属性。

**02** 在图形区域中单击，以放置符号，工程图中标注的表面粗糙度如图 14-77 所示。

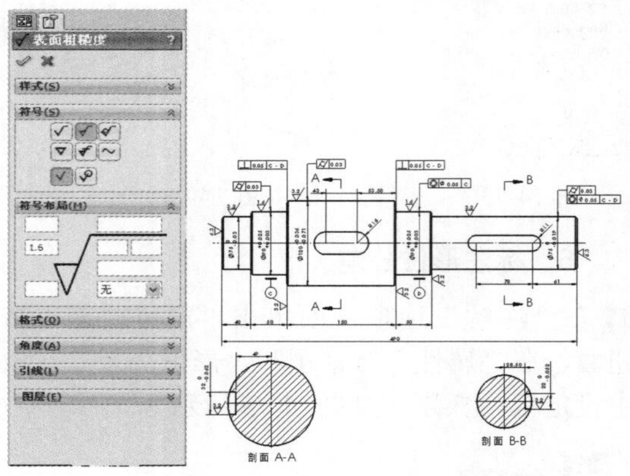


“表面粗糙度”面板　　　　标注表面粗糙度

图 14-77

### 8. 标注注释

**01** 单击“注解”选项卡中的“注释”按钮A，在“注释”面板中设定相关选项，如图 14-78 所示。

图 14-78

**02** 单击并拖动画出边界框，如图 14-79 所示。

图 14-79

**03** 输入文字，如图 14-80 所示。

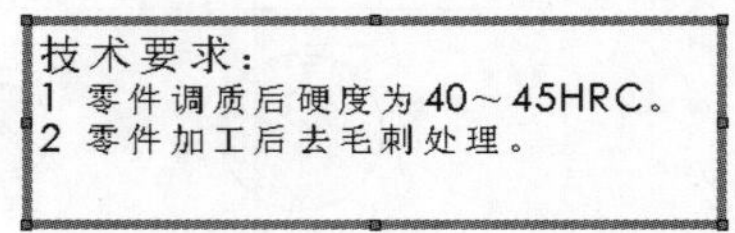


图 14-80

**04** 使用“格式化”选项卡中的选项设定文字样式。

**05** 在图形区域的注释外单击，完成注释。

**06** 进一步完善阶梯轴的工程图，如图 14-81 所示。

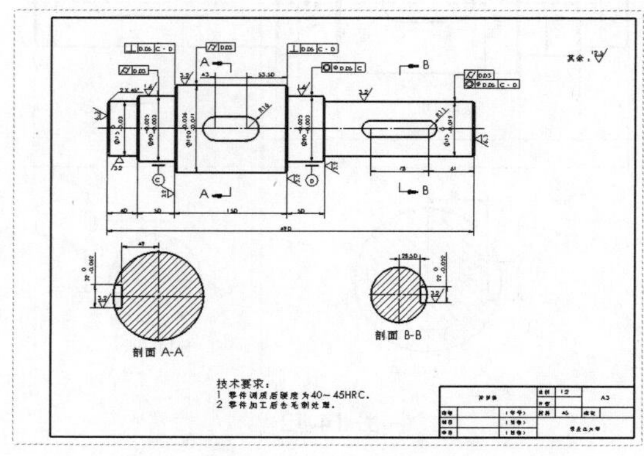


图 14-81

## 14.8 课后习题

### 1. 建立高速轴的工程图

本练习建立高速轴的工程图，并完成工程图中的尺寸和注解标注，如图 14-82 所示。

### 2. 建立轴承座的工程图

本练习建立轴承座工程图，并完成工程图中的尺寸和注解标注，如图 14-83 所示。

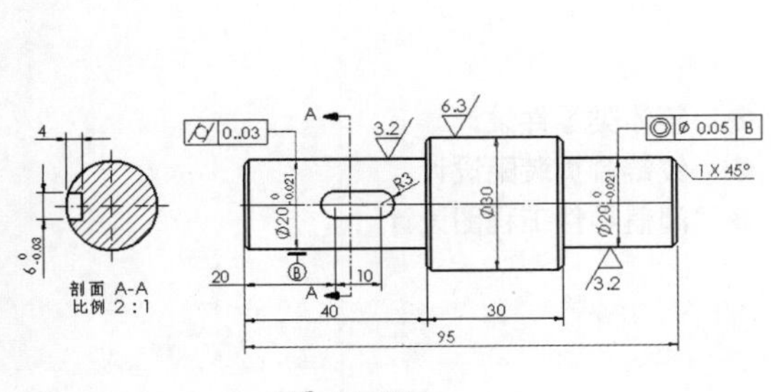


图 14-82

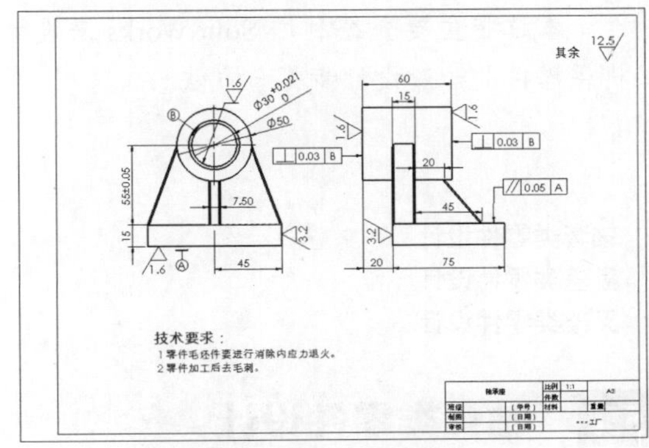


图 14-83

# 第 15 章　SolidWorks 机械设计案例

零件的形状虽然千差万别，但根据它们在机械（或部件）中的作用和形状特征，通过比较、归纳，可大体将它们划分为轴套类、盘盖类、叉架类和箱体类等类型。

本章将主要介绍利用 SolidWorks 来设计具有代表性的零件类型的方法，让读者了解机械零件的一般设计步骤与方法。

- 轴套类零件设计
- 盘盖类零件设计
- 叉架类零件设计
- 箱体类零件设计
- 铰链合页装配设计
- 阀盖零件工程图设计

## 15.1　轴套类零件设计

轴类零件结构的特点是：结构主体为回转体，并以其轴线为对称中心，各轴线直径虽然有一些差异，但相邻轴段的直径相差不大，呈阶梯状。根据使用场合和功能要求的不同，轴上的其他结构有的地方关于其轴线为对称，另一些结构则没有对称线、对称面。当需要传递扭矩时，轴类零件需要通过键槽配合或花键配合结构来实现。为了加工定位方便，轴两端具有中心孔结构。

### 15.1.1　设计思路

若忽略轴类零件的一些次要结构及非对称结构，则其主要结构是由不同直径的等直径圆柱体组合而成的，其外形结构一般为阶梯轴，有些轴类零件还具有阶梯孔。轴类零件建模的主体结构实现方法有 3 种。

**1．层叠法**

使用“拉伸”命令生成不同的轴段，再将这些轴段层叠形式组合起来。简而言之，就是将上一轴段端面作为草图绘制平面，依次使用“拉伸”命令，生成不同直径的轴段。

若要生成轴上孔位特征，可以使用“切除 - 拉伸”命令。

**2．切除拉伸生成法**

轴类零件的加工以车削、铣削为主，这是由其结构特点决定的，因此，可以参照此加工方法，在生成轴类零件的三维模型时将零件的加工工艺思想融入设计中。

首先生成轴类零件的毛坯，可以是拉伸 / 旋转生成的等直径棒料，也可以是旋转生成的阶梯形毛坯。然后，根据机械加工工艺过程的顺序或者参照工艺过程，逐渐去除多余的材料，最终形成零件模型。

**3．旋转生成法**

轴类零件的主要结构是以其轴线为对称的，因此，可以将轴类零件的主体结构看作是由一个封闭的矩形绕轴线回转一周形成的。然后，再通过“切除 - 拉伸”命令，生成其他结构要素。

使用这种方法时，若要通过改变特征的生成次序，以改变模型特征、生成不同的零件模型或者编辑零件模型，则比较困难。因为，通过旋转生成的特征是一个整体，要改变零件模型的结构，则只能通过编辑草图来实现。

使用不同的设计方法去实现同一种零件模型，可以体会不同设计方法的优劣，从而更好地理解如何将设计思想与建模方法结合起来。

## 15.1.2　泵轴零件实例

**◎ 引入素材：无**

**◎ 结果文件：第15章综合实战\第15章结果文件\泵轴零件.sldprt**

**◎ 视频文件：泵轴零件.avi**

本节将通过一个轴类零件——泵轴的设计实例，来详解轴类零件的应用技巧，如图 15-1 所示。

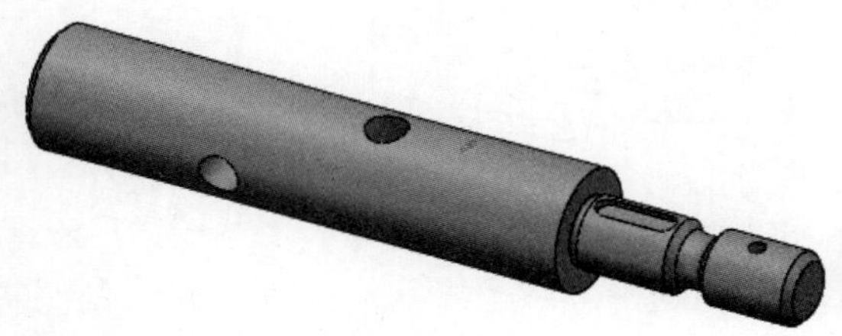

图 15-1

### 1．泵轴的模型分析

下面针对泵轴零件做出设计分析。

结构及工艺：泵轴的典型特征为回转体，其主体为车削加工形成，并经过钻孔、铣削键槽等成型工艺，同时还包括加工退刀槽、倒角等辅助工艺。

主要工序：粗车棒料毛皮→车右端小轴部分→车退刀槽 / 轴阶→钻孔 / 铣削键槽→旋转 90° 后钻孔→端面倒角。

**技术要点：**

在进行泵轴实体建模设计时，并不必完全按照其加工工艺顺序进行。用户可以根据建模特点将一些加工工艺合并或者打乱，从而实现快速实体建模。

下面将介绍泵轴的建模过程。

### 2．泵轴的模型创建

**操作步骤**

**01** 启动 SolidWorks 2018 软件，新建一个零件文件，并另存为“泵轴零件 .sldprt”，如图 15-2 所示。

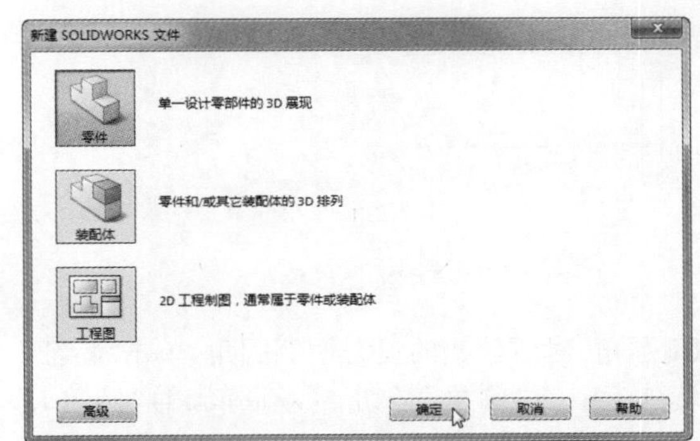


图 15-2

**02** 在“特征”选项卡中单击“拉伸”按钮，在绘图区域选择右视基准面作为草绘平面。

**03** 单击“草图”选项卡中的“圆”按钮，绘制直径为 15mm 的圆。单击“确定”按钮后，在弹出的“凸台 - 拉伸 2”面板中选择“给定深度”拉伸方式，设置深度值 68mm，单击“确定”按钮完成凸台的拉伸，如图 15-3 所示。

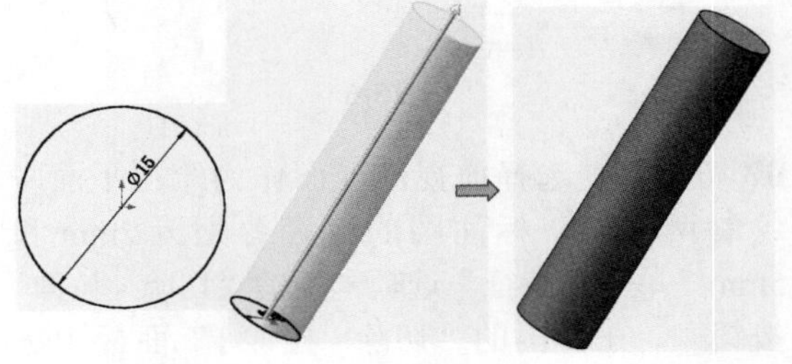


图 15-3

**04** 同理，选择已有凸台的端面作为绘图平面，绘制直径为 9mm 的圆，拉伸长度为 28mm，生成阶梯凸台实体，如图 15-4 所示。

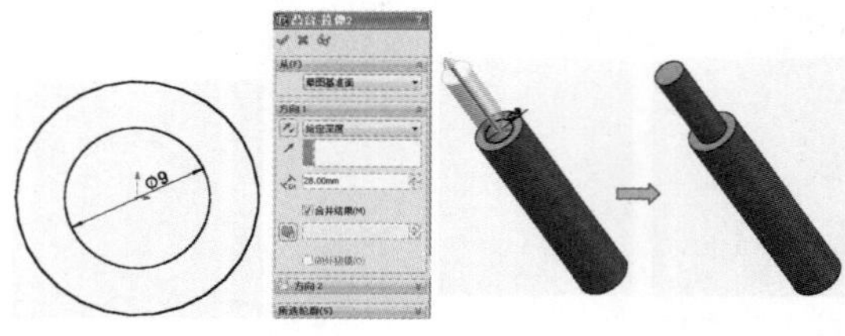

图 15-4

**05** 切退刀槽。利用“草图”选项卡中的“直线”和“圆”命令绘制草图，并标注尺寸。剪裁多余线条后，单击“确定”按钮，完成退刀槽的旋转切除，如图 15-5 所示。

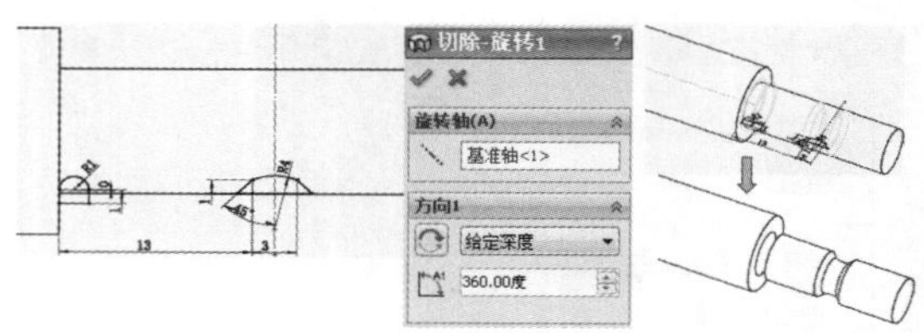


图 15-5

**06** 圆角。对所创建的退刀槽倒圆角。单击“特征”选项卡中的“圆角”按钮，在弹出的“圆角 1”面板中设置圆角半径为 0.5mm，并选择创建退刀槽的两条棱边倒圆角，单击“确定”按钮，完成圆角创建，如图 15-6 所示。

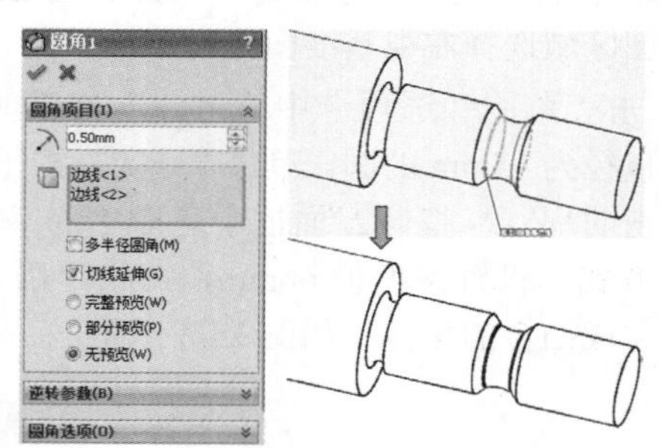


图 15-6

**07** 切除孔。选择前视基准面作为绘图平面，绘制两个圆，标注圆的直径分别为 2mm 和 5mm。单击“特征”选项卡中的“切除 - 拉伸”按钮，在弹出的“切除 - 拉伸 1”面板中选择“两侧对称”的切除方式，并输入切除深度值 28mm，对轴进行切除孔，如图 15-7 所示。

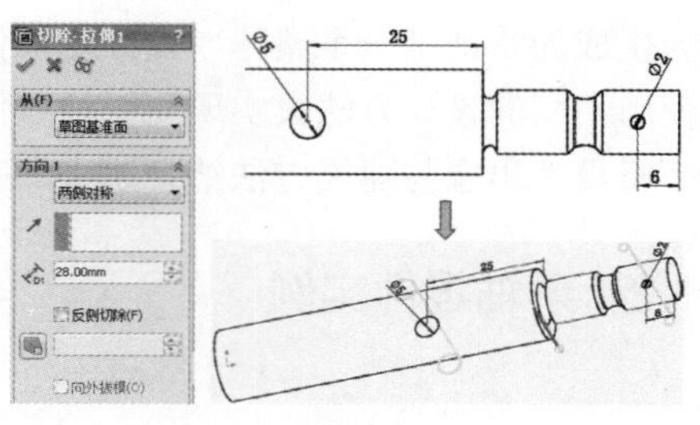


图 15-7

**08** 创建键槽草图的基准面。在菜单栏中执行“插入”|“参考几何体”|“基准面”命令，在弹出的“基准面 1”面板中选择前视基准面作为第一参考，并单击“偏移距离”按钮，在文本框中输入偏移距离值 3.5mm，单击“确定”按钮即可完成基准面的创建，如图 15-8 所示。

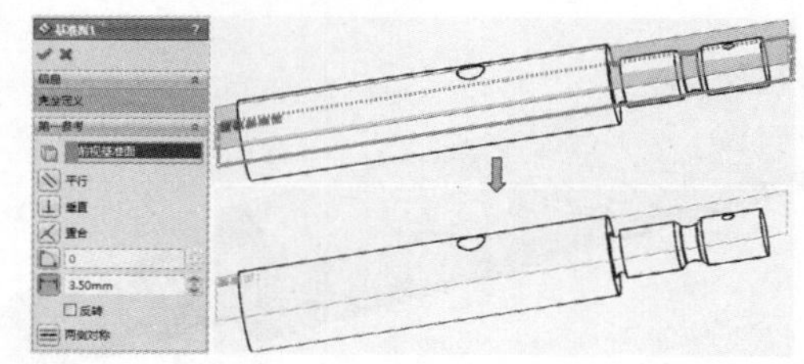

图 15-8

**09** 绘制键槽草图。单击基准面 1 后，在草图选项卡中单击“草图绘制”按钮，并在“前导视图”命令栏中“视图定向”的下拉列表中单击“正视于”按钮，或者按 Ctrl+8 快捷键，将绘图平面与屏幕贴合。绘制中心线和直槽口。单击“草图”选项卡中的“中心线”按钮，绘制经过中间轴中点的竖直中心线和经过坐标原点的水平中心线。单击“直槽口”按钮，绘制中心点在水平中心线上的直槽口，如图 15-9 所示。

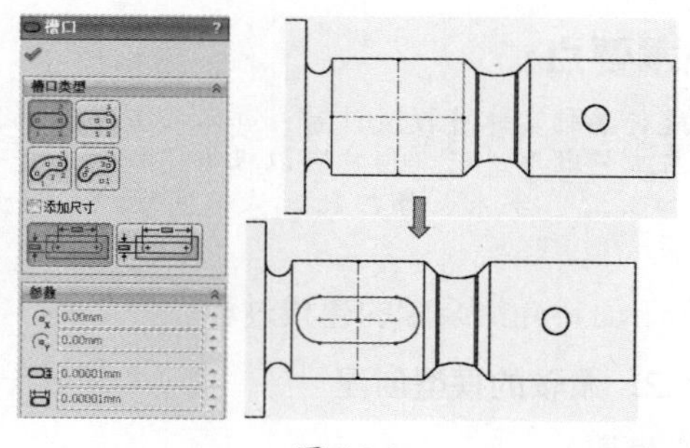


图 15-9

**10** 标注键槽尺寸及添加几何关系。单击“草图”选项卡中的“智能尺寸”按钮，标注槽口左端圆心与轴键的距离为3mm，并绘制过该段轴中点的中心线，添加槽口几何中心与该中心线重合的几何关系，添加槽口水平中心线与原点重合的几何关系，完成后的效果如图15-10所示。

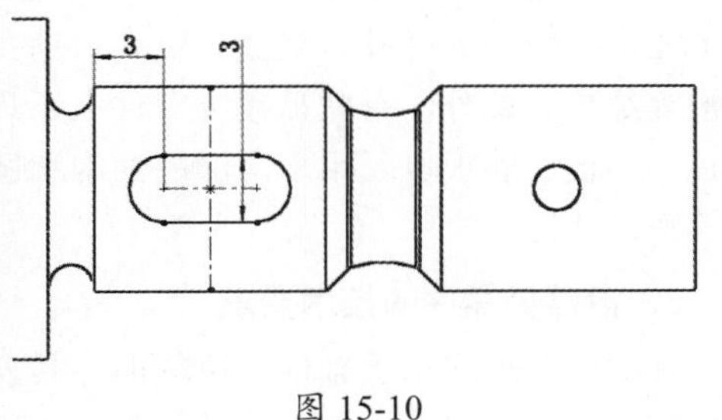

图 15-10

**11** 切除键槽。单击“特征”选项卡中的“切除-拉伸”按钮，在弹出的“切除-拉伸”面板中选择“完全贯穿”的切除方式，其余保持默认设置，对键槽草图进行切除，如图15-11所示。

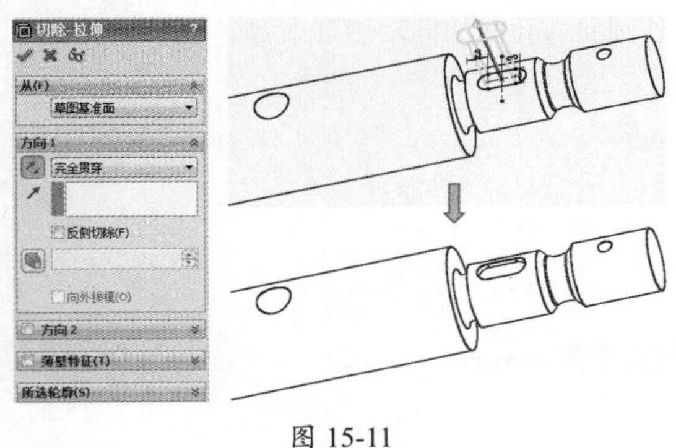

图 15-11

**12** 切除孔。单击“特征”选项卡中的“切除-拉伸”按钮，选择右视基准面作为草图平面，绘制一个直径为5的圆，退出草图后在弹出的“切除-拉伸”面板中选择“完全贯穿”的切除方式，其余保持默认设置，单击“确定”按钮完成孔的切除，如图15-12所示。

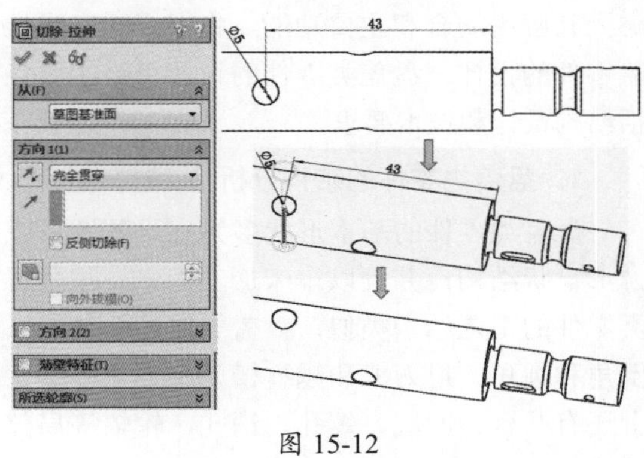

图 15-12

**13** 倒角。单击“特征”选项卡中的“倒角”按钮，在弹出的“倒角”面板中保持默认的“角度距离”倒角方式，“距离”中输入1mm，“角度”输入45，如图15-13所示。

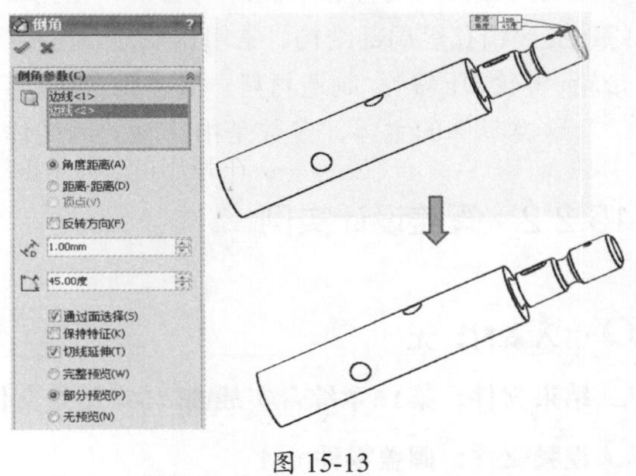

图 15-13

**14** 至此，泵轴模型创建完毕，保存文件。

## 15.2 盘盖类零件设计

盘盖类零件一般是指法兰盘、端盖、透盖等零件。这类零件在机械中主要起传动、连接、支承、密封和轴向定位等作用，如手轮、皮带轮、齿轮、法兰盘、端盖等。

产品或机械中的箱体通常都有为装配和调整而设置的孔，这些孔需用端盖、支承盖等盘盖类零件加以保护，并支承和调整各零部件。

## 15.2.1 设计思路

盘盖类零件在进行设计时结合实际，并考虑到其应用场合和主要功能，将很好地完成盘盖零件的设计。盘盖类零件的设计思路主要包括结构设计和技术要求。

### 1. 盘盖类零件的结构分析

盘盖类零件的基本形状多为扁平的圆形或方形盘状结构，并且以车床加工为主。与轴套类零件的工艺结构类似，盘盖类零件的加工以倒角和圆角、退刀槽和越程槽为主，一些零件上还有凸台、凹坑、螺孔、销孔、轮辐等局部结构。

轴向尺寸相对于径向尺寸小很多，常见的零件主体一般由多个同轴的回转体，或由一个正方体与几个同轴的回转体组成。在主体上常有沿圆周方向均匀分布的凸缘、肋条、光孔或螺纹孔、销孔等局部结构。常用作端盖、齿轮、带轮、链轮、压盖等，制造材料一般多为灰铸铁。

这类零件的主体，多数是由共轴的回转体构成的，也有一些盘盖类零件的主体是方形的。这类零件与轴套类零件正好相反，一般是轴向尺寸较小，而径向尺寸较大。其上常有凸台、凹坑、螺孔、销孔、轮辐等局部结构。

盘盖类零件上经常具有轴孔。为了加强支承，减少加工面积，常设计有凸缘、凸台或凹坑等结构。为了与其他零件相连接，盘盖类零件上还常有较多的螺孔、光孔、沉孔、销孔或键槽等结构。此外，有些盘盖类零件上还具有轮辐、辐板、肋板以及用于防漏的油沟和毡圈槽等密封结构。

### 2. 盘盖类零件的技术要求

有配合要求或用于轴向定位的面，其表面粗糙度和尺寸精度要求较高，端面与轴心线之间常有形位公差要求。

盘类零件往往对支承用端面有较高的平面度、轴向尺寸精度及两端面平行度的要求。对连接作用中的内孔等有与平面的垂直度要求、外圆和内孔间的同轴度要求等。

## 15.2.2 阀盖设计实例

**◎ 引入素材：无**

**◎ 结果文件：第15章综合实战\第15章结果文件\阀盖零件.sldprt**

**◎ 视频文件：阀盖零件.avi**

本例将设计如图 15-14 所示的轴套类零件——阀盖。

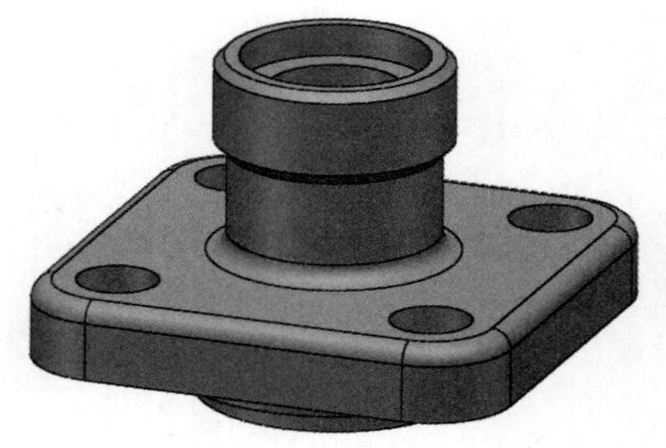

图 15-14

### 1. 阀盖的模型分析

下面针对阀盖零件做出设计分析。

阀盖的典型状态为传动特征的回转体和固定的方形板，其主要工艺为铣削和车削，配以钻孔、倒角等辅助工艺。

### 2. 阀盖的模型创建

**操作步骤**

**01** 启动 SolidWorks 2018 软件，新建一个零件文件，并另存为“阀盖 .sldprt”，如图 15-15 所示。

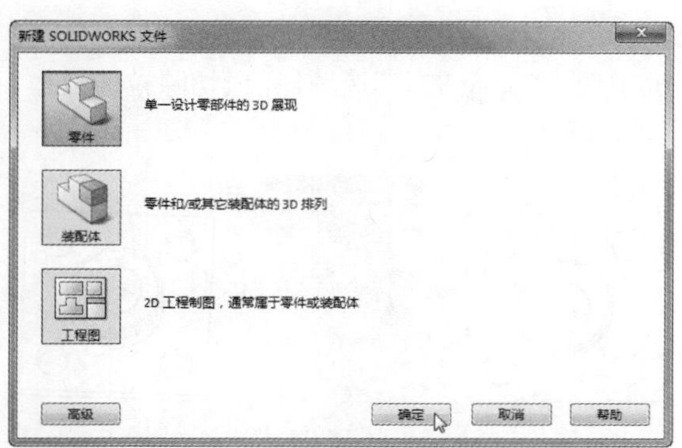

图 15-15

**02** 在“特征”选项卡中单击“拉伸凸台 / 基体”按钮，选择上视基准面作为草绘平面。

**03** 单击“草图”选项卡中的“圆”按钮，在坐标系原点位置绘制直径为 15mm 的圆，单击“退出草图”按钮退出草图环境，然后在弹出的“凸台 - 拉伸 1”面板中选择“给定深度”的拉伸方式，输入深度值 12mm，单击“确定”按钮完成凸台的拉伸操作，如图 15-16 所示。

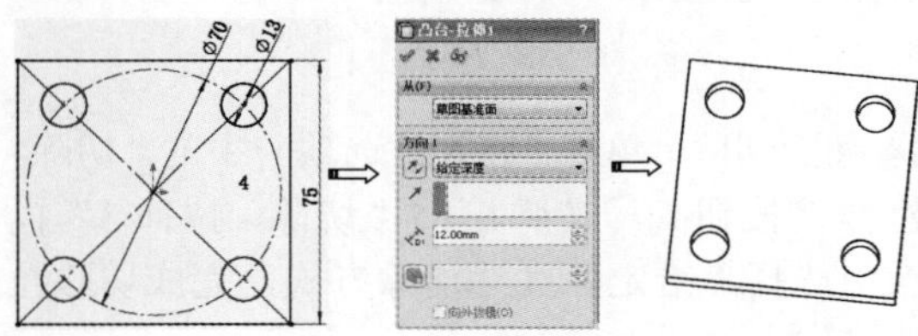

图 15-16

**04** 拉伸凸台。选择凸台上表面作为绘图平面，在“草图”选项卡中单击“圆”按钮，以坐标原点为圆心绘制一个圆，并标注其直径为 53mm。单击“特征”选项卡中的“拉伸”按钮，在弹出的“凸台 - 拉伸 2”面板中选择“给定深度”的拉伸方式，输入深度值 1mm，单击“确定”按钮完成拉伸操作，如图 15-17 所示。

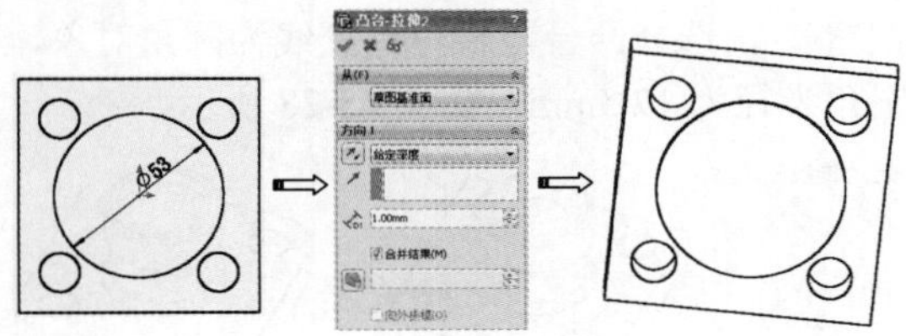

图 15-17

**05** 拉伸凸台。单击“特征”选项卡中的“拉伸”按钮，选择上一步中绘制的凸台表面作为绘图平面，以原点为圆心绘制圆，并标注其直径为 50mm。单击“确定”按钮进入“凸台 - 拉伸 3”面板，设置深度为 5mm，拉伸实体，如图 15-18 所示。

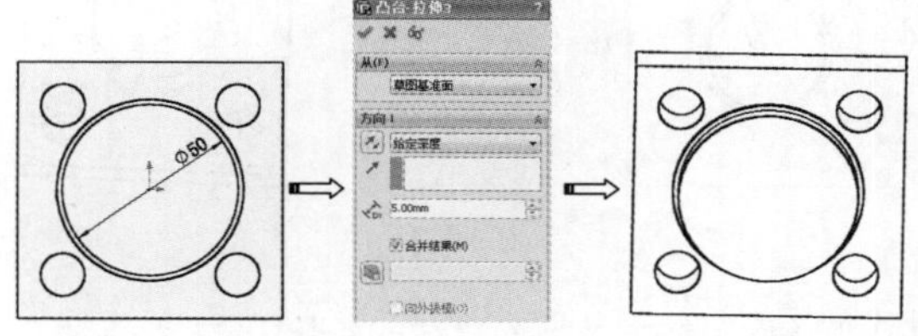

图 15-18

**06** 拉伸凸台。单击“特征”选项卡中的“拉伸”按钮，选择上一步中绘制的凸台表面作为绘图平面，以原点为圆心绘制圆，并标注其直径为 41mm。单击“确定”按钮，进入“凸台 - 拉伸 4”面板，设置深度为 4mm，拉伸实体，如图 15-19 所示。

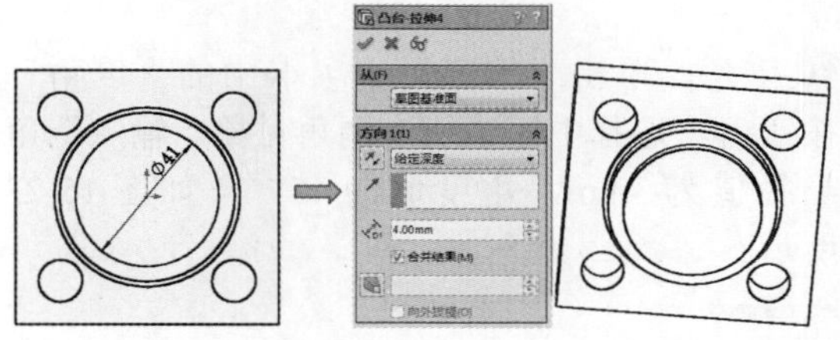

图 15-19

**07** 翻面拉伸凸台。单击“特征”选项卡中的“拉伸”按钮，选择长方体基体的另一面作为绘图平面，以原点为圆心绘制圆，并标注其直径为 32mm。单击“确定”按钮，进入“凸台 - 拉伸 5”面板，设置深度为 15mm，拉伸实体，如图 15-20 所示。

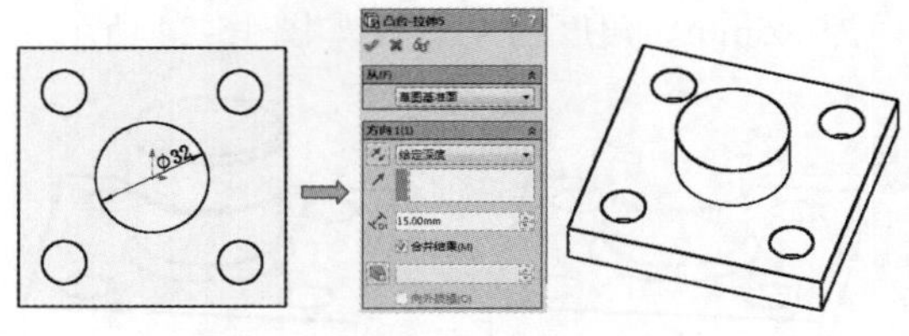

图 15-20

**08** 拉伸凸台。单击“特征”选项卡中的“拉伸”按钮，选择上一步中绘制的凸台表面作为绘图平面，以原点为圆心绘制圆，并标注其直径为 36mm。单击“确定”按钮，进入“凸台 - 拉伸 6”面板，设置深度为 16mm，拉伸实体，如图 15-21 所示。

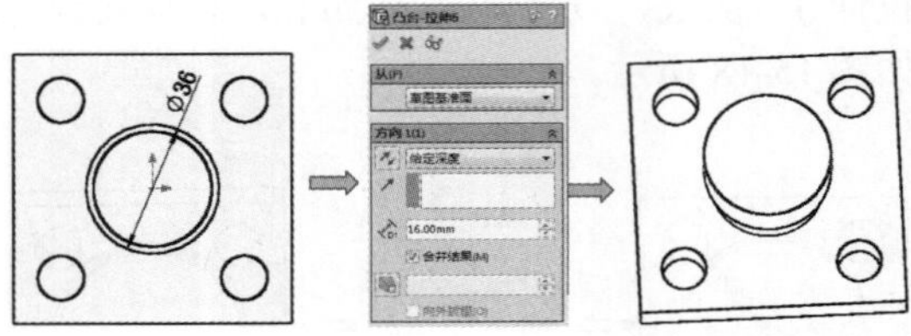

图 15-21

**09** 圆角。单击“特征”选项卡中的“圆角”按钮，选择凸台与长方体交线为圆角对象，圆角半径为 3mm，如图 15-22 所示。

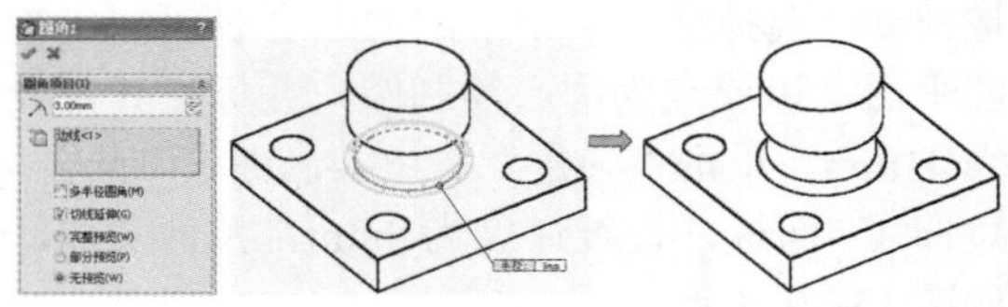

图 15-22

**10** 倒角。单击“特征”选项卡中的“倒角”按钮，选择中间边线为倒角对象，输入倒角半径值为 3mm，角度值为 45°，如图 15-23 所示。

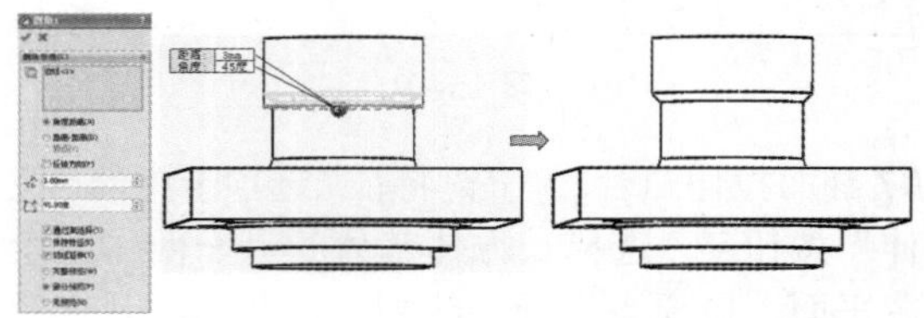

图 15-23

**11** 倒角。同理，单击“特征”选项卡中的“倒角”按钮，选择端边线为倒角对象，设置倒角半径为 1.5mm、角度为 45°，如图 15-24 所示。

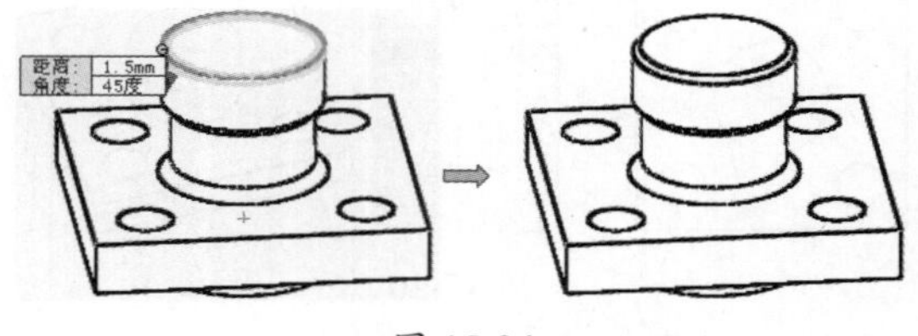

图 15-24

**12** 切除拉伸。单击“特征”选项卡中的“切除 - 拉伸”按钮，在弹出的“切除 - 拉伸 1”面板中选择“完全贯穿”选项，完成切除拉伸操作，如图 15-25 所示。

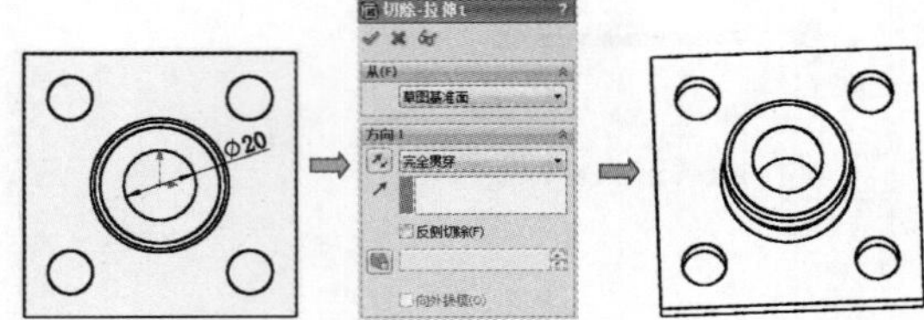

图 15-25

**13** 切除拉伸。单击“特征”选项卡中的“切除 - 拉伸”按钮，在弹出的“切除 - 拉伸 2”面板中选择“给定深度”切除方式，完成切除拉伸操作，如图 15-26 所示。

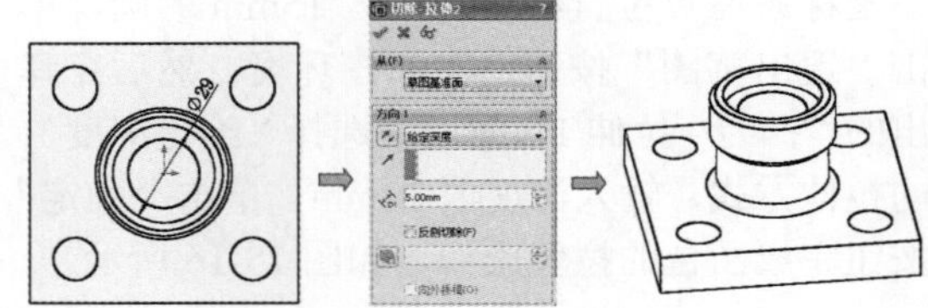

图 15-26

**14** 翻面切除。单击“特征”选项卡中的“切除 - 拉伸”按钮，在弹出的“切除 - 拉伸 3”面板中选择“给定深度”切除方式，完成切除拉伸操作，如图 15-27 所示。

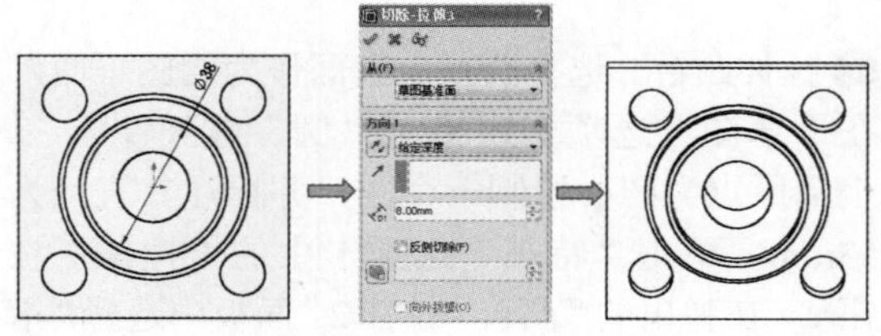

图 15-27

**15** 圆角。单击“特征”选项卡中的“圆角”按钮，选择凸台与长方体交线为圆角对象，圆角半径为 12.5mm，如图 15-28 所示。

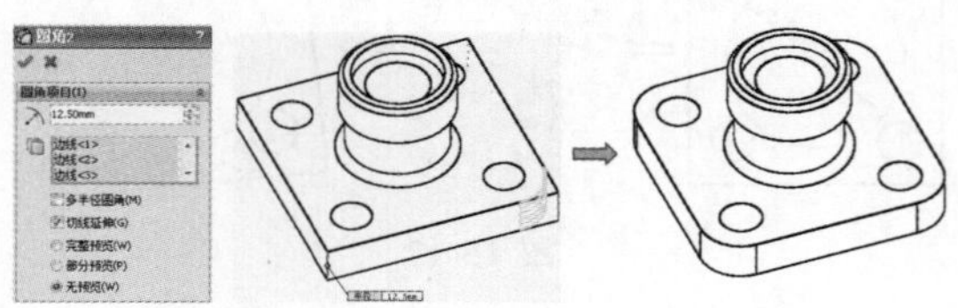

图 15-28

**16** 圆角。单击“特征”选项卡中的“圆角”按钮，选择凸台与长方体交线为圆角对象，圆角半径为3mm，如图15-29所示。

**17** 至此，完成了阀盖模型的创建，保存文件。

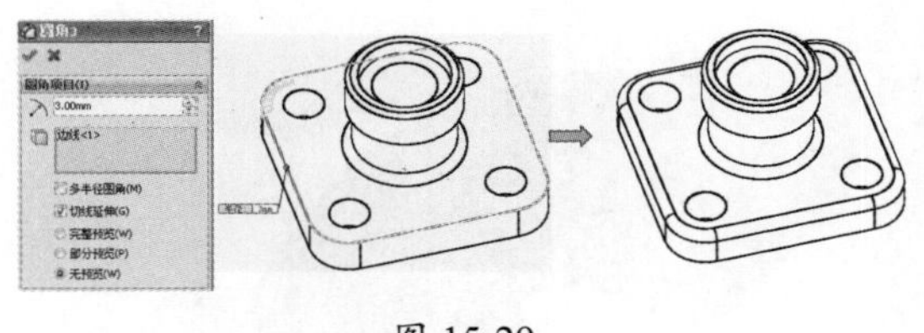

图 15-29

## 15.3 叉架类零件设计

叉架类零件是机械中常用的零件，主要在变速机构、操纵机构和支承结构中用于拨动、连接和支承传动零件，如拨叉、连杆、杠杆、拉杆、摇臂、支架等。其功能是通过它们的摆动或移动，实现机构各种不同的动作，如离合器的开合、快慢挡速度的变换、气门的开关等。

### 15.3.1 设计思路

叉架类零件的结构形状多样，差别较大，但都是由支承部分、工作部分和连接部分组成的，多数为不对称零件，具有凸台、凹坑、铸（锻）造圆角、拔模斜度等常见结构。

其加工表面较多且不连续，装配基准多为孔，其加工精度要求较高。工作表面杆身细长，刚性较差易变形。

由于工作位置的特殊性，导致其加工表面较多且不连续。叉架类零件的装配基准一般为孔或平面，其加工精度要求较高，工作表面杆身细长，刚性较差易变形。

在加工叉架类零件时，应以装配基准或设计基准作为精基准，以保证其他表面相对装配基准的正确位置。粗基准的选择，一是要保证以后加工时精基准的壁厚均匀，二是要保证重要表面相对精基准的准确位置。

因此可选择装配基准孔的外圆表面或装配基准面作为主要粗基准；选择重要的工作表面或非加工表面作为次要粗基准。

#### 1. 叉架类零件的功用

叉架类零件一般都是传力构建，承受冲击载荷。

#### 2. 外形特点

叉架的外形特点如下：

- 外形复杂，不易定位。
- 弯曲刚性差，易变形。
- 尺寸精度、形状精度、位置精度和表面粗糙度要求较高。

加工叉架类零件要遵循“加工分阶段、粗精加工分开”的原则。成批生产对工序分散较为有利，使工件在各工序之间能充分变形，以确保各表面相互位置的精度。

### 15.3.2 叉架设计实例

◎ **引入素材：无**

◎ **结果文件：第15章综合实战\第15章结果文件\叉架零件.sldprt**

◎ **视频文件：叉架零件.avi**

本例中将设计如图15-30所示的叉架类零件——叉架。

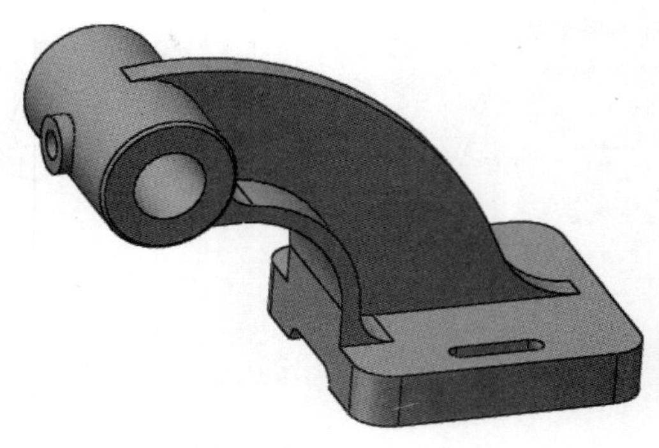

图 15-30

1. 叉架的模型分析

针对叉架零件做出如下设计分析。

结构及工艺分析：典型的叉架用作支撑和固定传动零件等，配以钻孔、倒角、加强筋等功能特征。

2. 叉架的模型创建

**操作步骤**

**01** 启动 SolidWorks 2018 软件，新建一个零件文件，将其另存为“叉架零件 .sldprt”，如图 15-31 所示。

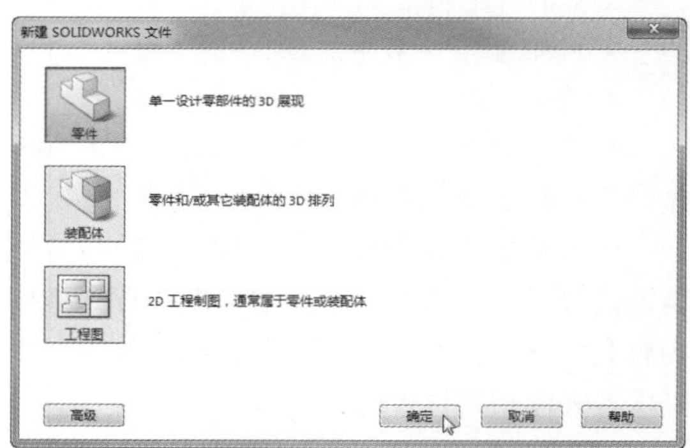


图 15-31

**02** 选择右视基准面作为绘图平面，在“草图”选项卡中单击“直线”按钮绘制经过坐标原点的水平中心线和竖直中心线。单击“矩形”下拉列表中的“中心矩形”按钮，以坐标原点为中心绘制矩形，添加两条相邻边线相等的几何关系，并标注边长为 80mm，对 4 个角进行圆角处理，半径为 10mm。单击“直槽口”按钮绘制槽口曲线，标注槽口半径为 3mm、竖直中心距为 20mm，两个槽口的水平中心距为 60mm，如图 15-32 所示。

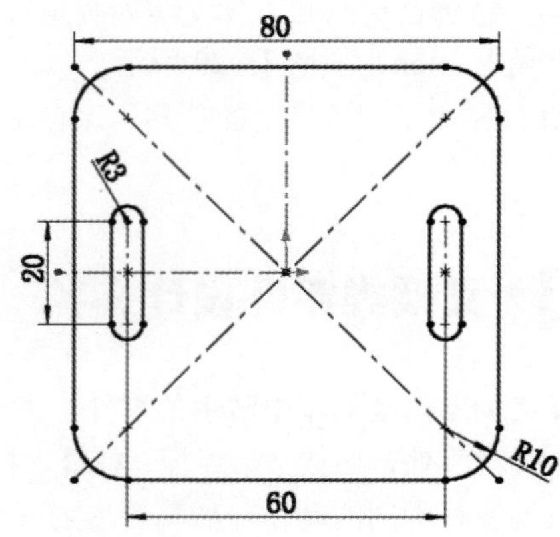


图 15-32

**03** 拉伸基板。单击“特征”选项卡中的“拉伸”按钮，在弹出的“凸台 - 拉伸 1”面板中选择“给定深度”拉伸方式，并输入深度值 15mm，如图 15-33 所示。

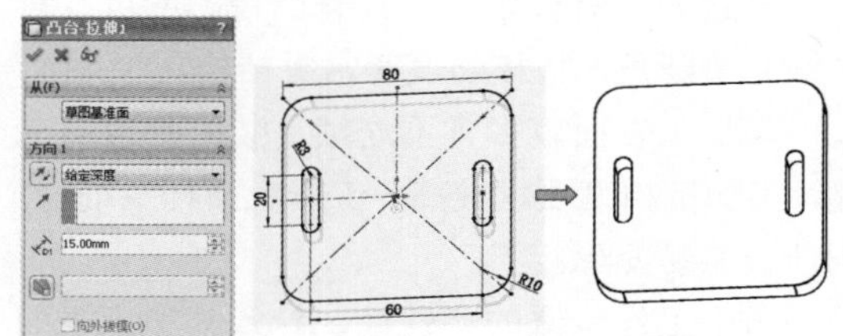

图 15-33

**04** 切除。选择前视基准面作为绘图平面，单击“矩形”按钮下拉列表中的“中心矩形”按钮，以坐标原点为中心绘制矩形，并标注其宽度为 30mm，长度方向超出实体边界，如图 15-34 所示。

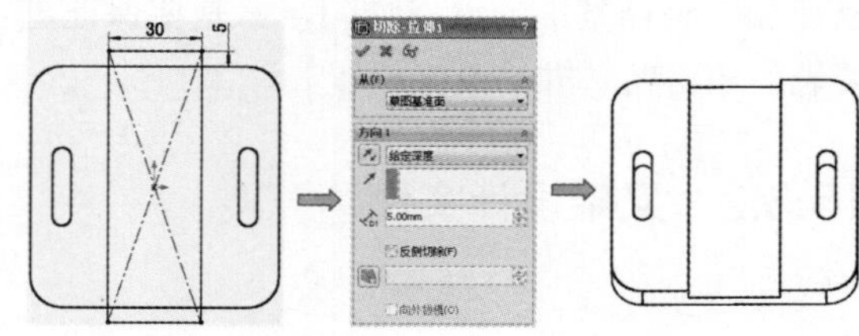

图 15-34

**05** 圆角。单击“特征”选项卡中的“圆角”按钮，在弹出的“圆角 1”面板中输入圆角半径值 5mm，然后在图形区中选择待圆角的两条棱边，如图 15-35 所示。

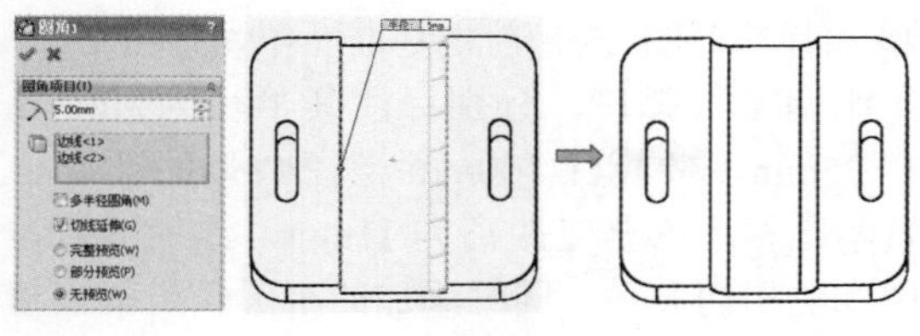

图 15-35

**06** 绘制草图并拉伸实体。选择前视基准面作为绘图平面，绘制水平中心线和竖直中心线，并标注水平中心线相对于原点的竖直距离为95mm，竖直中心线相对于原点的水平距离为75mm。在“草图”选项卡中单击“圆”按钮，以所绘制的两条中心线交点为圆心，绘制两个同心圆，并标注其直径分别为20mm和38mm，如图15-36所示。

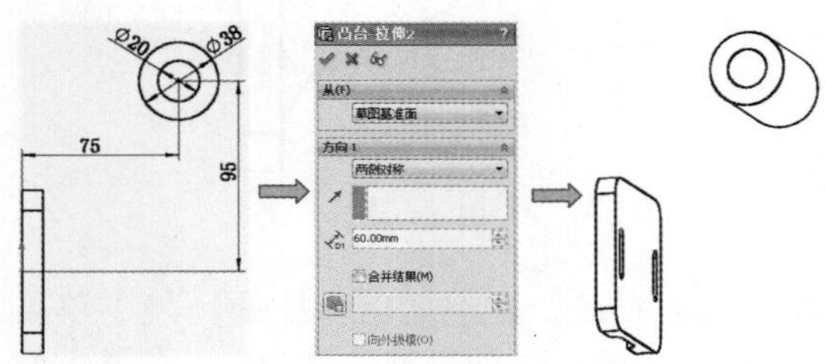


图 15-36

**07** 倒角。单击“特征”选项卡中的“倒角”按钮，在弹出的“倒角1”面板中选择“角度距离”的倒角方式，设置距离为1mm、角度为45°，并选择所创建的圆柱体的两条外棱边作为倒角对象进行矩形倒角，如图15-37所示。

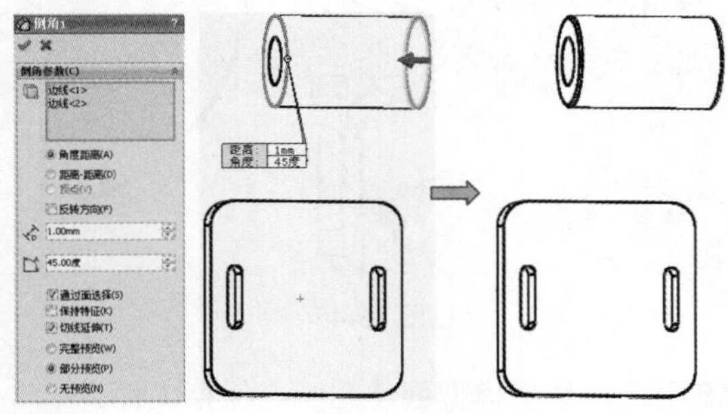

图 15-37

**08** 创建支撑臂。选择前视基准面作为绘图平面，并绘制封闭草图轮廓。单击“特征”选项卡中的“拉伸”按钮，在弹出的“凸台-拉伸1”面板中选择“两侧对称”的拉伸方式，输入深度值为40mm，如图15-38所示。

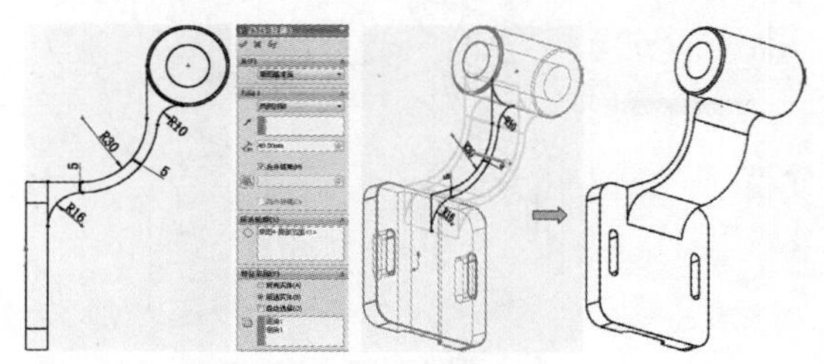

图 15-38

**09** 创建基准轴。在菜单栏中执行“插入”|“参考几何体”|“基准轴”命令。激活“基准轴”命令后，在图形区单击选择圆柱面，创建其中心线重合的基准轴，如图15-39所示。

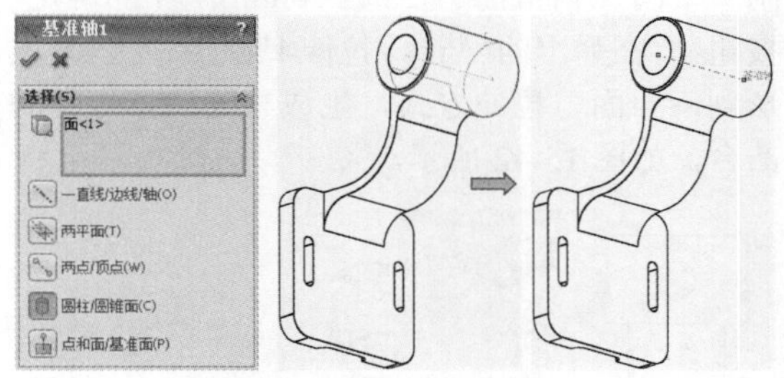


图 15-39

**10** 创建基准面1。在菜单栏中执行“插入”|“参考几何体”|“基准面”命令，在弹出的“基准面1”面板中，在“第一参考”选项区选择所创建的基准轴，在“第二参考”选项区选择上视基准面。创建的基准面如图15-40所示。

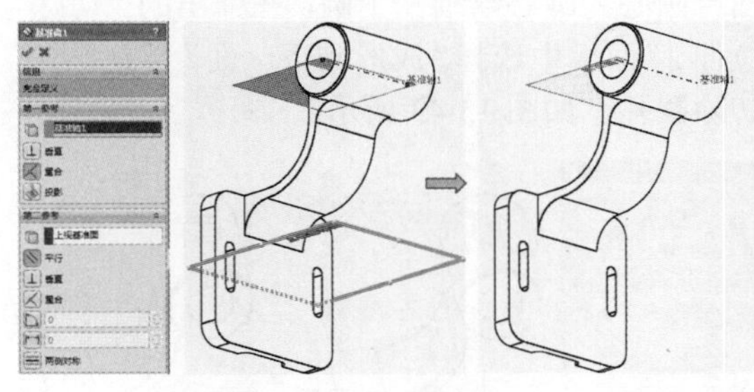

图 15-40

**11** 创建基准面2。同理，在菜单栏中执行“插入”|“参考几何体”|“基准面”命令，在弹出的“基准面2”面板中，在“第一参考”选项区选择所创建的基准面，并设置距离为22mm。创建的基准面2如图15-41所示。

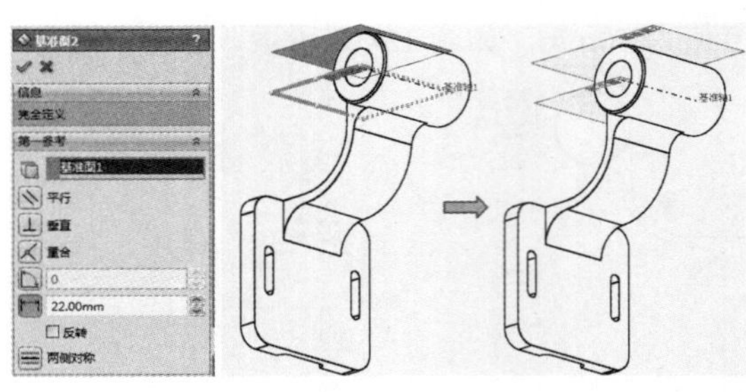

图 15-41

**12** 拉伸凸台。单击“特征”选项卡中的“拉伸”按钮，选择上一步创建的基准面作为绘图平面，绘制两个端点分别在圆柱中心的中心线，单击“圆”按钮，以中心线的中点为圆心绘制一个圆，并标注其直径为16mm，单击“确定”按钮，在弹出的“凸台-拉伸4”面板中选择“成形到下一面”拉伸方式，生成与圆柱体相交的凸台，如图15-42所示。

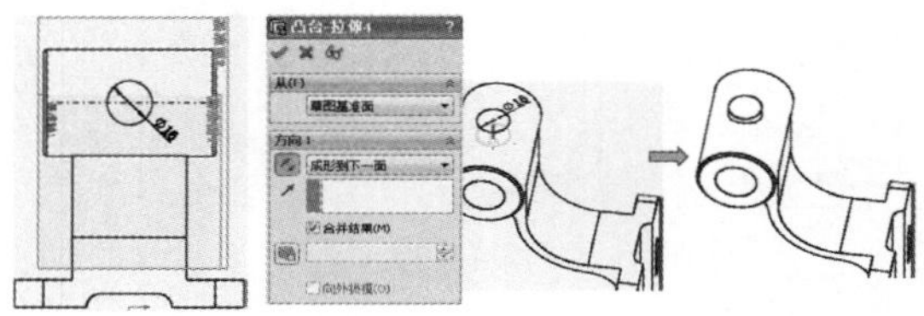

图 15-42

**13** 切除拉伸。单击“特征”选项卡中的“切除-拉伸”按钮，选择凸台上表面为绘图平面，在“草图”选项卡中单击“圆”按钮，捕捉凸台圆心为圆心绘制一个圆，在弹出的“切除-拉伸2”面板中选择“成形到下一面”切除方式，切除圆孔，如图15-43所示。

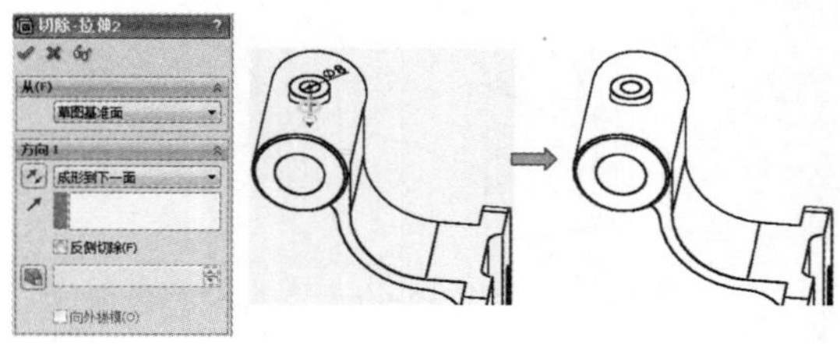

图 15-43

**14** 加强筋草图。选择前视基准面作为绘图平面，绘制两条圆弧段，分别标注其半径为100mm和25mm，并标注100mm半径圆弧的圆心位置与圆柱中心竖直距离为11mm，添加圆弧与圆柱的相切关系，同时添加的小圆弧与基板相切。完成的加强筋草图，如图15-44所示。

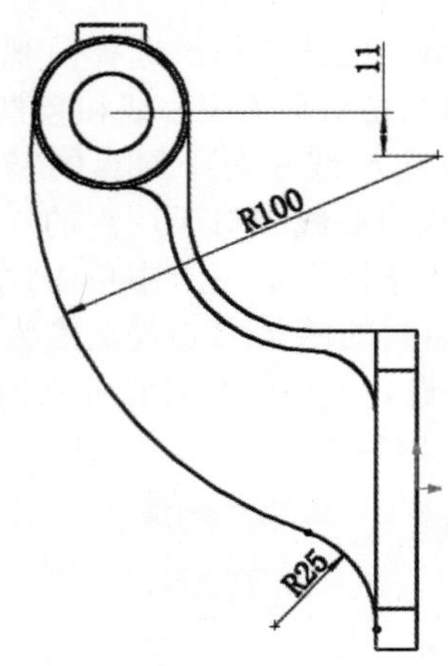


图 15-44

**15** 生成加强筋。在不退出草图的环境下单击“特征”选项卡中的“筋”按钮，在弹出的“筋22”面板的“厚度”选项区中单击选择“两侧”的筋长出方式，在“筋厚度”文本框中输入8mm，单击“确定”按钮完成筋特征的创建，如图15-45所示。

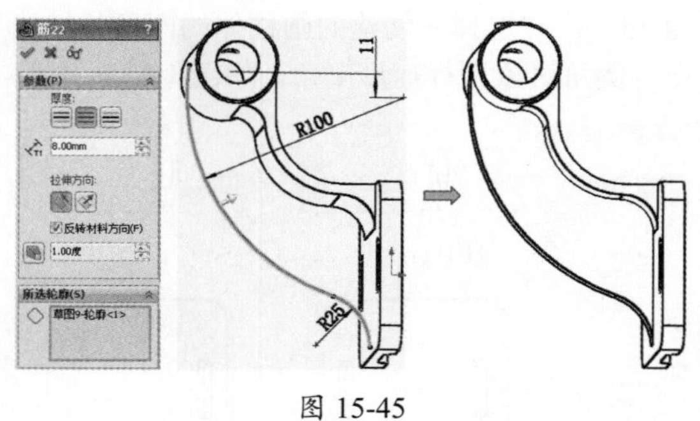

图 15-45

**16** 至此，叉架模型创建完毕，保存文件。

## 15.4 箱体类零件设计

箱体零件种类繁多，结构差异很大。其结构以箱壁、筋板和框架为主，工作表面以平面、孔和凸台为主。

在结构上，箱体零件的共性较少，只能针对具体零件具体设计。

## 15.4.1 设计思路

### 1. 选择基准面

箱体零件外形比较复杂，对其建模往往难以下手。但大多数箱体零件都近似为一个立方体，一般选择其某个外表面作为第一个草图绘制的基准面。不同的表面作为第一个绘制基准面则后续生成各个特征的先后次序，将有很大不同，因而设计过程也会有很大差异。

### 2. 主体结构

- 在生成箱体零件的主体结构特征时，如果使用“拉伸凸台 / 基体”“切除 - 拉伸”和“薄壁”命令，则要求绘制较复杂的草图。
- 如果使用“扫描”命令，则要求绘制较复杂的路径。

### 3. 孔特征

- 箱体具有对称面，在生成孔特征时，按照对称方式绘制部分草图，生成孔特征，然后再使用“镜像”命令生成其他孔。
- 孔特征排列有序，生成一个孔后，可使用“线性阵列”命令生成其他孔。
- 排列不规则的孔，只能单独完成。

### 4. 凸台特征

侧面密封盖用的凸台结构有3种设计方法。

- 绘制环形草图，选择“拉伸凸台 / 基体”命令。
- 绘制较大矩形，进行“拉伸凸台 / 基体”操作，再绘制较小的矩形，并使用“切除 - 拉伸”操作。
- 绘制横截面内的轮廓线，绘制环形草图，使用“扫描”功能。

## 15.4.2 箱体设计实例

◎ **引入素材：无**

◎ **结果文件：第15章综合实战\第15章结果文件\摆动箱体.sldprt**

◎ **视频文件：摆动箱体.avi**

本例中将设计如图 15-46 所示的箱体类零件——摆动箱体。

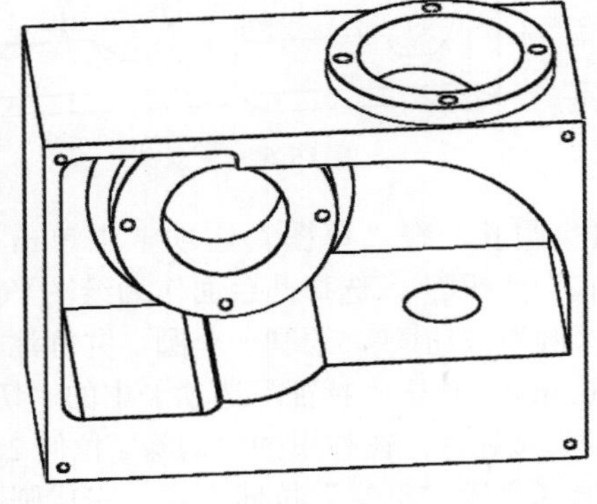

图 15-46

### 1. 箱体的模型分析

下面针对箱体零件做出设计分析。

结构及工艺分析：典型的箱体用作支撑和固定传动零件等，并利用自身重量自动平衡由于轴的转动等带来的震动。

### 2. 箱体的模型创建

**操作步骤**

**01** 启动 SolidWorks 2018 软件，新建一个零件文件，并另存为“摆动箱体 .sldprt”，如图 15-47 所示。

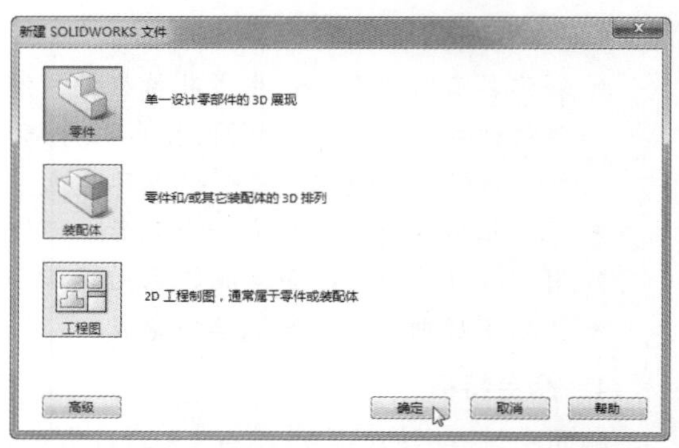


图 15-47

**02** 在“草图”选项卡中单击“草图绘制”按钮，选择前视基准面作为绘图平面，绘制一个矩形，并添加矩形底边与原点“中点”的几何关系，如图15-48所示。

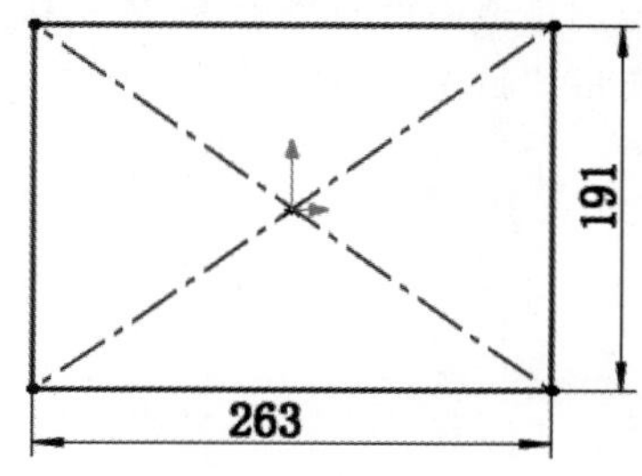


图 15-48

**03** 拉伸箱体基体。单击“特征”选项卡中的“凸台-拉伸”按钮，在弹出的“凸台-拉伸1”面板中设置拉伸深度为122mm，生成箱体基体，如图15-49所示。

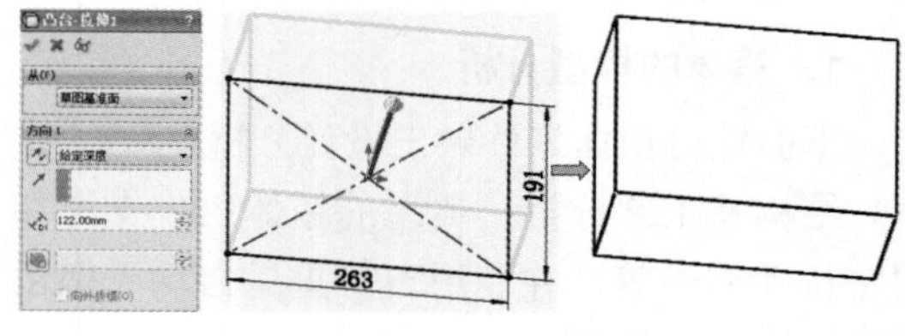


图 15-49

**04** 切除内腔。单击“特征”选项卡中的“切除-拉伸”按钮，选择箱体面为绘图平面，绘制内腔草图，单击“确定”按钮。在弹出的“切除-拉伸1”面板中，选择“给定深度”切除方式，并设置深度值为114mm，完成箱体内腔的切除，如图15-50所示。

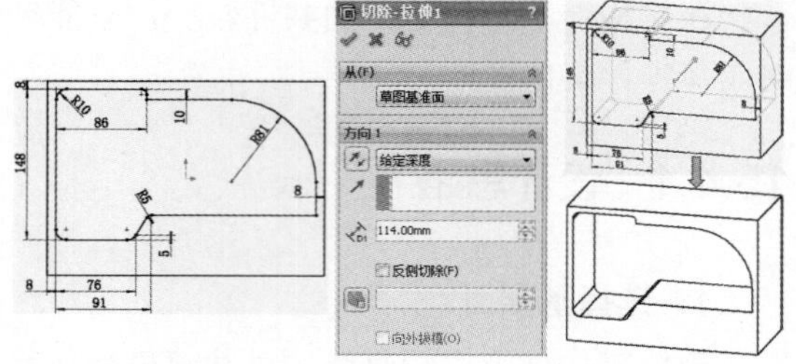


图 15-50

**05** 拉伸凸台。在“草图”选项卡中单击“草图绘制”按钮，选择内腔底面作为绘图平面，单击“圆”按钮，绘制一个圆，并标注其与箱体边缘的距离。单击“特征”选项卡中的“拉伸”按钮，在弹出的“凸台-拉伸2”面板中选择“给定深度”拉伸方式，并设置深度值为26.34mm，如图15-51所示。

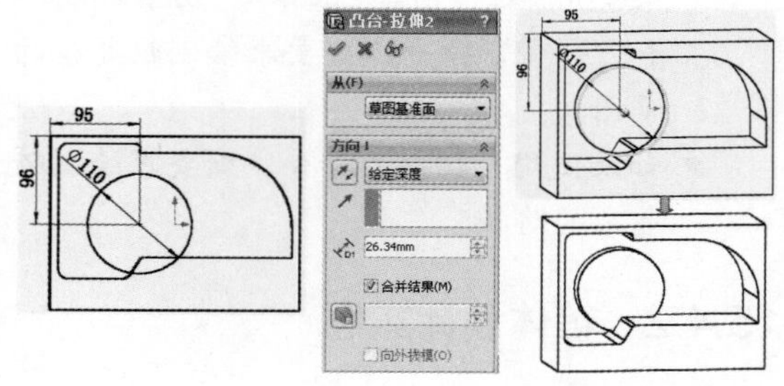


图 15-51

**06** 圆角。单击“特征”选项卡中的“圆角”按钮，在弹出的“圆角1”面板中输入圆角半径值10mm，并选择凸台与腔底的交线为圆角线，创建圆角，如图15-52所示。

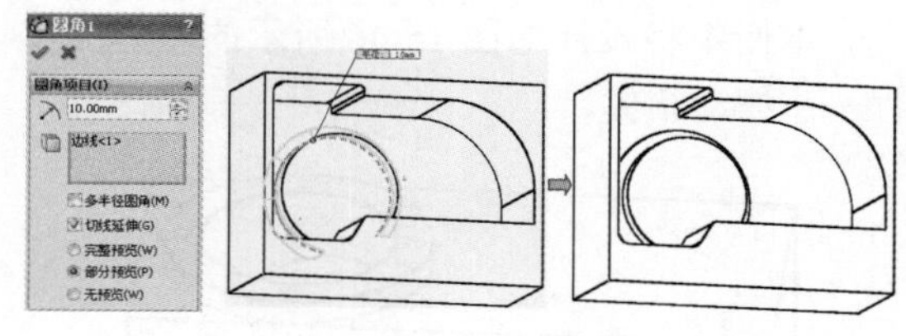


图 15-52

**07** 切除圆孔。在“草图”选项卡中单击“草图绘制”按钮，选择凸台面作为绘图平面，单击“圆”按钮，绘制一个圆，并标注其直径为62mm。单击“特征”选项卡中的“切除-拉伸2”按钮，在弹出的“切除-拉伸2”面板中选择“灌完贯穿”拉伸方式，完成圆孔切除操作，如图 15-53 所示。

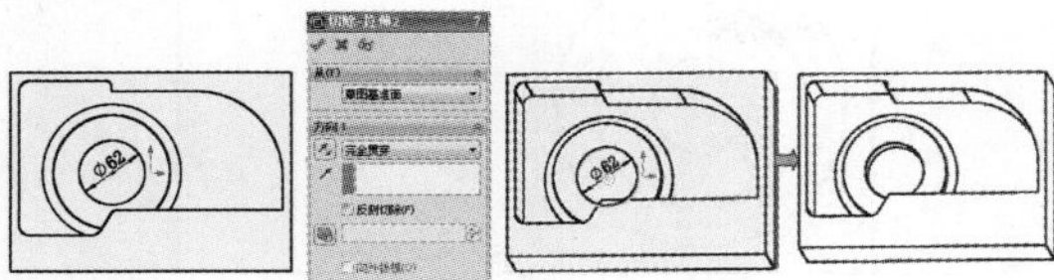

图 15-53

**08** 切除凸台上螺纹孔。单击“特征”选项卡中的“切除 - 拉伸”按钮，选择凸台面为绘图平面，绘制以坐标原点为圆心的圆，标注其直径为 95mm，并将其设置为构造线。在构造线上绘制一个小圆，标注其直径为 6mm，单击“确定”按钮，在弹出的“切除 - 拉伸 3”面板中选择“给定深度”切除方式，并输入深度值 15mm，完成凸台螺孔的切除，如图 15-54 所示。

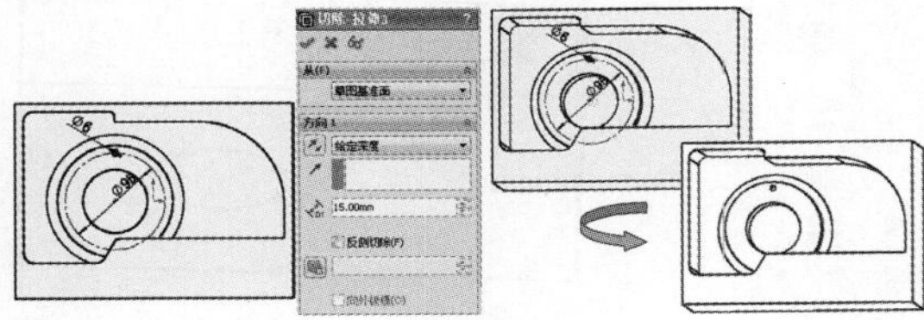

图 15-54

**09** 插入装饰螺纹线。执行“插入”|“注解”|“装饰螺纹线”命令，在弹出的“装饰螺纹线”面板中选择标准为 GB（国标）、类型为机械螺纹、大小为 M8×1.0，单击“确定”按钮，完成装饰螺纹线的插入，同时设计树中添加装饰螺纹线的切除孔特征下增加了“装饰螺纹线 1”，如图 15-55 所示。

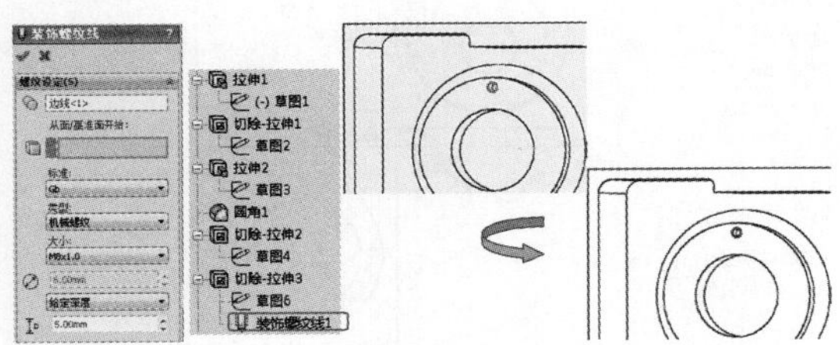

图 15-55

**10** 显示临时轴。在菜单栏中执行“视图”|“临时轴”命令，显示模型中所有的临时轴，如图 15-56 所示。

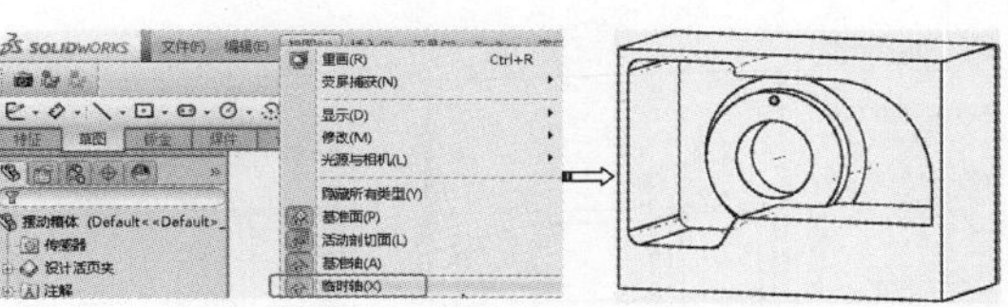

图 15-56

**技术要点：**

创建孔特征后，系统会自动添加临时轴，该轴为孔的轴线，可用作圆周阵列等辅助特征建模。

**11** 阵列凸台螺纹孔。单击“特征”选项卡中的“圆周阵列”按钮，在弹出的“阵列（圆周）1”面板中选择圆孔的临时轴作为基准轴，以螺纹孔为要阵列的特征，并设置阵列数量为 4 个。勾选“等间距”复选框，完成螺纹孔的阵列操作，如图 15-57 所示。

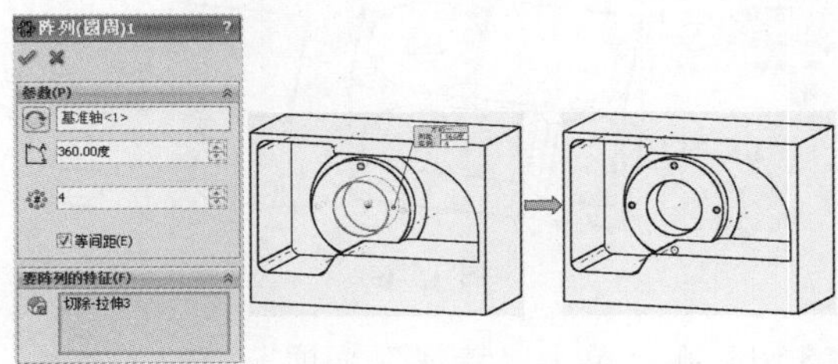

图 15-57

**12** 绘制竖轴孔草图。在“草图”选项卡中单击“草图绘制”按钮，选择摆动箱体的侧面作为绘图平面，单击“圆”按钮，标注其直径为 37mm，与箱体边缘的水平和竖直距离分别为 198mm 和 65mm，如图 15-58 所示。

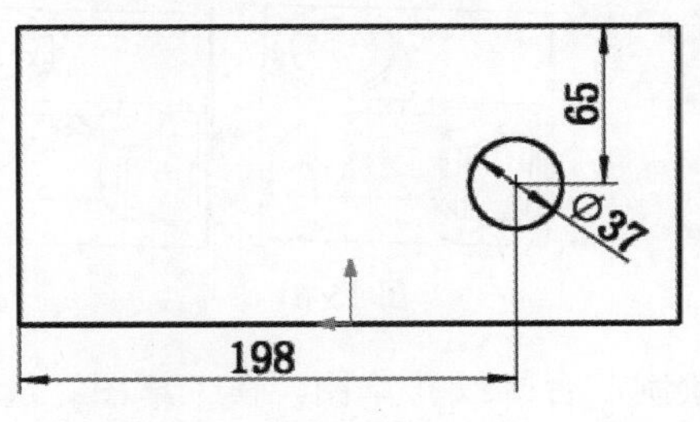


图 15-58

**13** 切除竖轴孔。在不退出草图环境的情况下，单击“特征”选项卡中的“切除 - 拉伸”按钮，在弹出的“切除 - 拉伸 1”面板中选择“完全贯穿”切除方式，完成箱体切除竖轴孔的操作，如图 15-59 所示。

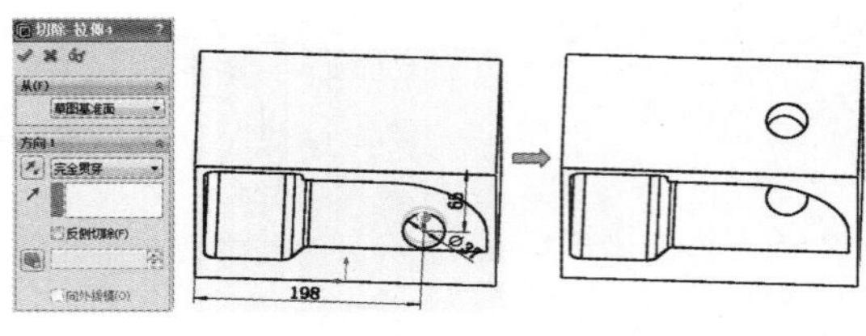

图 15-59

**14** 拉伸凸台。在“草图”选项卡中单击“草图绘制”按钮，选择箱体的侧表面作为绘图平面，单击“圆”按钮，绘制一个与圆孔同心的圆，并标注其直径为110mm。单击“特征”选项卡中的“拉伸”按钮，在弹出的“拉伸1”面板中，选择“给定深度”拉伸方式，并设置深度值为10mm，如图15-60所示。

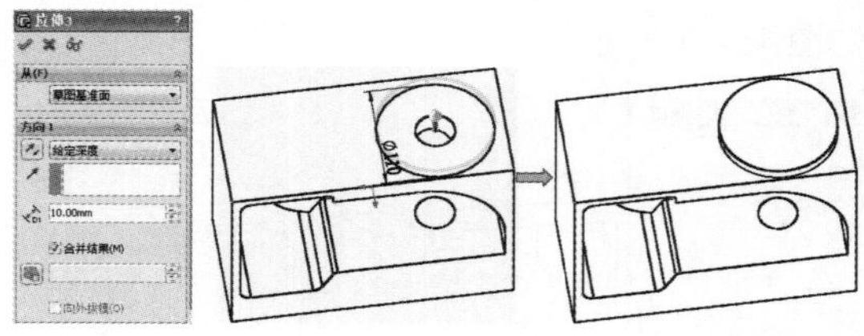

图 15-60

**15** 切除孔。单击“特征”选项卡中的“切除-拉伸”按钮，选择凸台面作为绘图平面，绘制一个与圆孔同心的圆，并标注其直径为80mm，单击“确定”按钮，在弹出的“切除-拉伸6”面板中，选择“成形到下一面”切除方式，完成孔的切除操作，如图15-61所示。

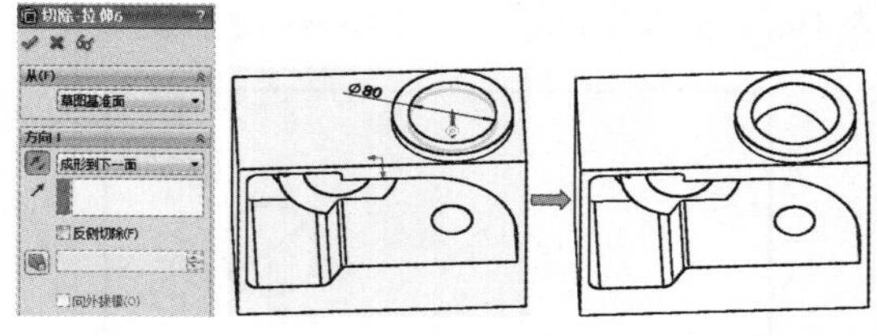

图 15-61

**16** 绘制凸台螺纹孔草图。在“草图”选项卡中单击“草图绘制”按钮，选择摆动箱体底面作为绘图平面，单击“圆”按钮，绘制与圆孔同心的圆，标注其直径为95mm，并将其设置为构造线，在构造线圆上顶点绘制直径为8mm的圆，如图15-62所示。

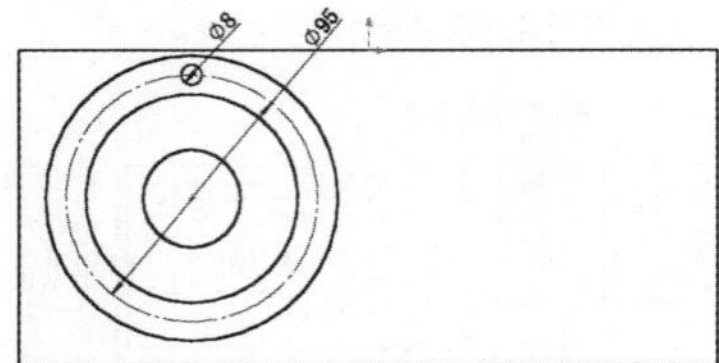

图 15-62

**17** 切除凸台螺纹孔。在不退出草图环境的情况下，单击“特征”选项卡中的“切除-拉伸”按钮，在弹出的“切除-拉伸10”面板中选择“给定深度”切除方式，并设置深度值为10mm，完成凸台螺纹孔的切除操作，如图15-63所示。

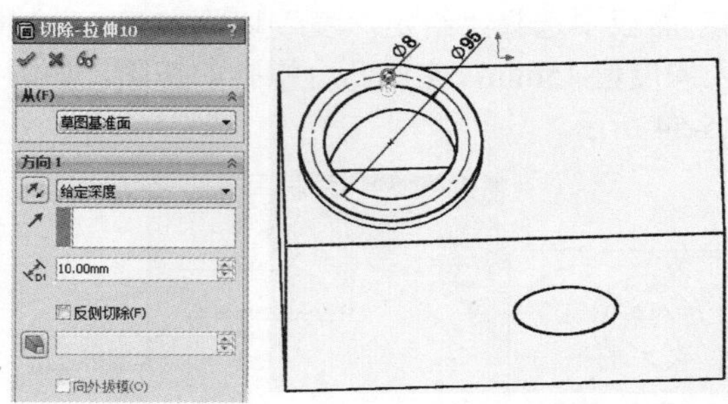

图 15-63

**18** 阵列凸台螺纹孔。单击“特征”选项卡中的“圆周阵列”按钮，在弹出的“阵列（圆周）2”面板中选择圆孔柱面为旋转基准、螺纹孔为要阵列的特征，并输入阵列数量为4个，勾选“等间距”复选框，完成螺纹孔的阵列，如图15-64所示。

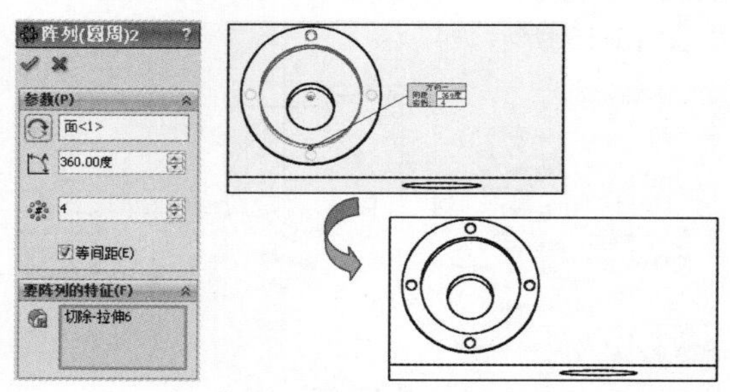

图 15-64

**19** 切除端盖孔。单击“特征”选项卡中的“切除-拉伸”按钮，选择箱体面为绘图平面，绘制构造圆，并标注其直径为80mm。绘制竖直中心线，并绘制倾斜中心线，标注与竖直中心线角度为 35°。以倾斜中心线与构造圆角度为圆心绘制直径为 8mm 的圆，单击“确定”按钮，在弹出的“切除 - 拉伸 11”面板中，选择“给定深度”切除方式，并输入深度值为 15m，完成箱体端盖孔的切除操作，如图 15-65 所示。

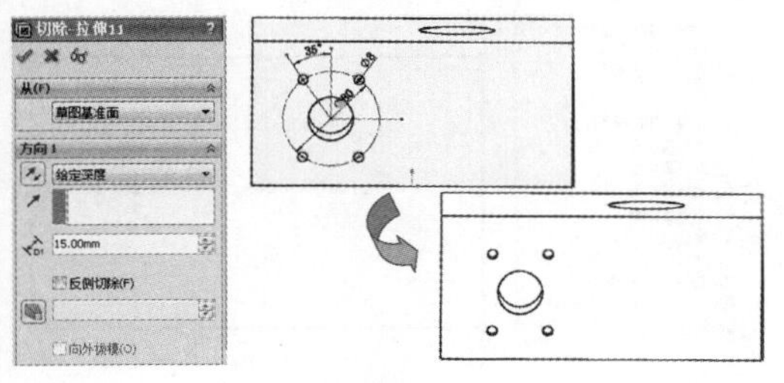

图 15-65

**20** 切除干涉部分。单击“特征”选项卡中的“切除 - 拉伸”按钮，选择箱体顶面为绘图平面。绘制一个圆，并添加圆与腔底凸台圆“全等”的几何关系，单击“确定”按钮，在弹出的“切除 - 拉伸 12”面板中，选择“成形到一面”切除方式，并选择箱底凸台面为截至面，完成箱体内腔干涉部分的切除操作，如图 15-66 所示。

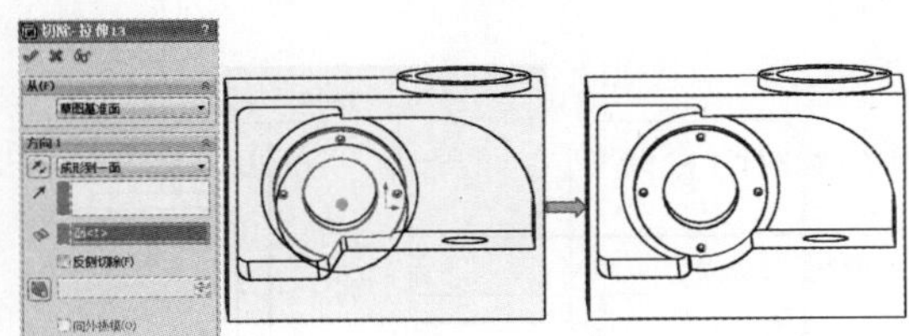

图 15-66

**21** 绘制箱体盖板连接孔草图。在“草图”选项卡中单击“草图绘制”按钮，选择箱体的侧面作为绘图平面，绘制经过原点的水平和竖直中心线，单击“圆”按钮，绘制一个圆，并标注其与箱体边缘的距离均为 8mm，其直径为 5mm，并镜像出 4 个圆，如图 15-67 所示。

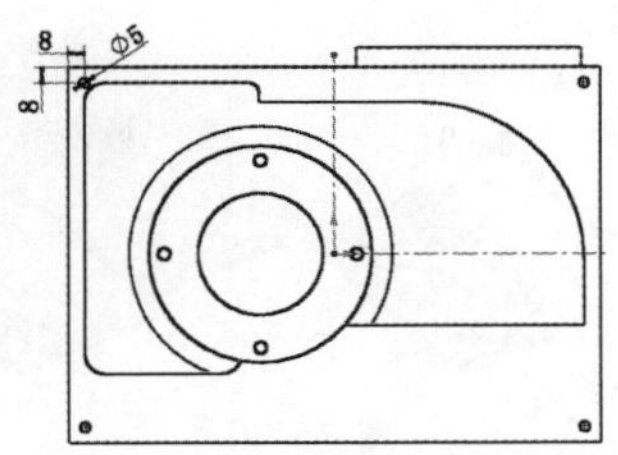

图 15-67

**22** 切除箱体盖板的连接孔。在不退出草图环境的情况下，单击“特征”选项卡中的“切除 - 拉伸”按钮，在弹出的“切除 - 拉伸 9”面板中，选择“给定深度”切除方式，并输入深度值为 20m，完成箱体端盖孔的切除操作，如图 15-68 所示。

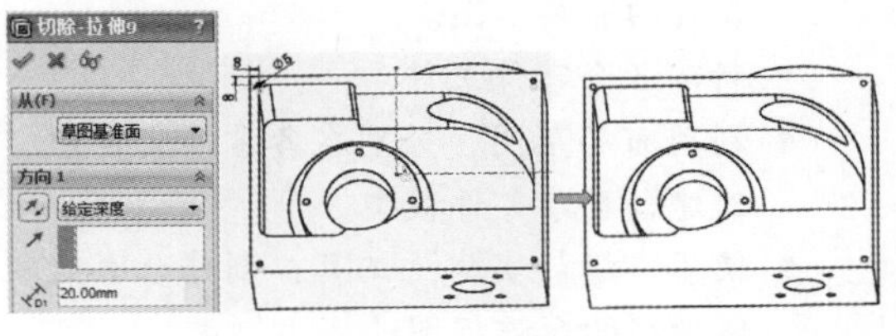

图 15-68

**23** 依次执行“视图”|“隐藏所有类型”命令，将临时轴隐藏，如图 15-69 所示。

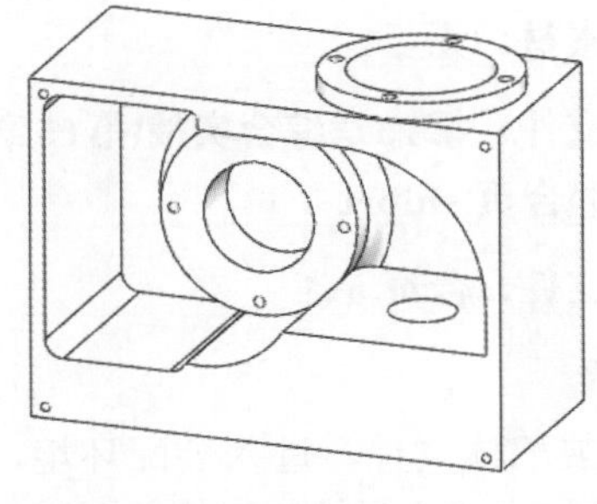

图 15-69

**24** 至此，摆动箱体模型制作完毕，保存文件。

## 15.5 铰链合页装配设计

合页，俗称“铰链”，是一种用于连接或转动的装置，由销钉连接的一对金属叶片组成。合页装配体模型，如图 15-70 所示。

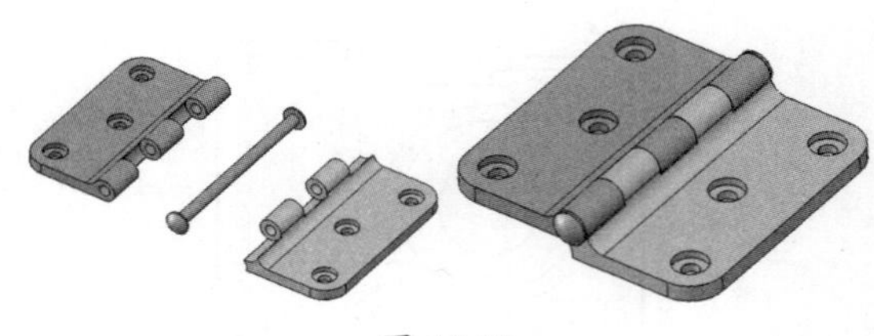

图 15-70

## 15.5.1 设计思想

针对合页的装配设计做出如下分析。

- 合页的装配设计采用“自上而下”的装配设计方法。
- 使用装配环境下的布局草图功能，绘制合页的布局草图。
- 新建3个零件文件。
- 利用布局草图，分别在各零件文件中，创建合页零部件模型。
- 使用“爆炸实体”工具，创建合页装配体模型的爆炸视图。

## 15.5.2 造型与装配步骤

**◎ 引入素材：无**

**◎ 结果文件：第15章综合实战\第15章结果文件\合页.sldprt**

**◎ 视频文件：合页.avi**

**操作步骤**

**01** 新建装配体文件，进入装配环境，再关闭属性管理器中的“开始装配体”面板。

**02** 在“装配体”选项卡中单击“插入零部件”下方的下三角按钮，在弹出的菜单中选择“插入新零件”命令，随后建立一个新零件文件，并将该零件文件重命名为“叶片 1”。

> **技术要点：**
>
> 要重命名零件文件，执行“新零件”命令后，必须先在图形区中单击，否则不能激活“装配体”选项卡中的工具命令。

**03** 同理，再新建两个零件文件，并分别命名为“叶片 2”和“销钉”，如图 15-71 所示。

**04** 在“装配体”选项卡中单击“生成布局草图”按钮，自动进入 3D 草图模式，并显示 3D 基准面，如图 15-72 所示。

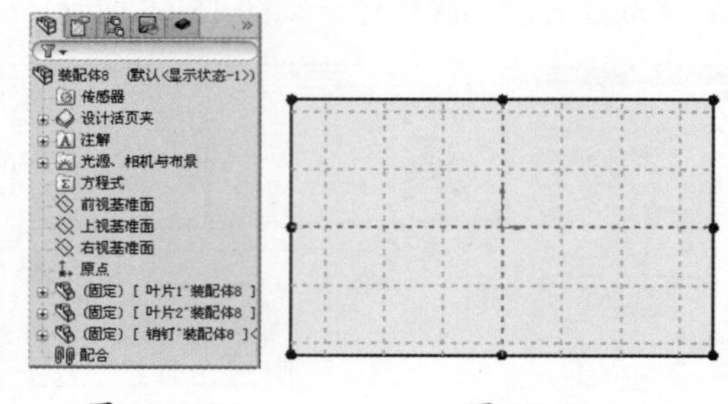


图 15-71　　图 15-72

**05** 在布局中默认的 *XY* 基准面上绘制如图 15-73 所示的 3D 草图。完成草图后，退出 3D 草图模式。

**06** 在特征管理器设计树中选择“叶片 1”零部件并进行编辑。在零件设计环境中，使用“拉伸凸台 / 基体”工具选择右视基准面作为草绘平面，进入草图模式绘制如图 15-74 所示的草图。

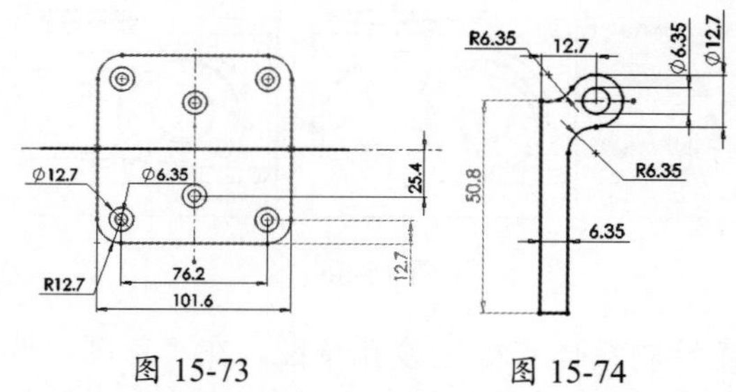


图 15-73　　图 15-74

**07** 退出草图模式后，在“凸台 - 拉伸”面板中设置如图 15-75 所示的选项及参数后，完成拉伸实体的创建。

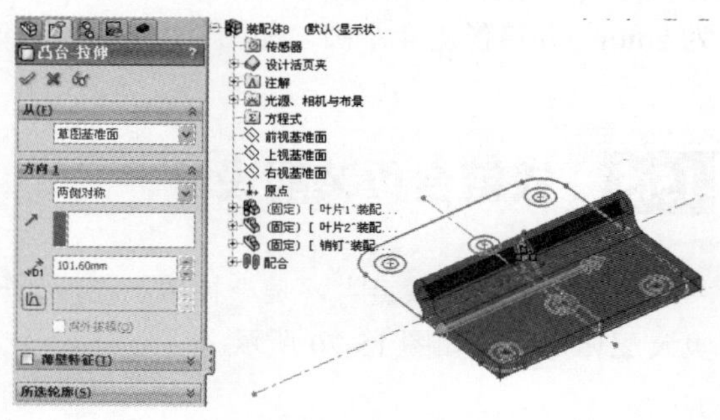


图 15-75

**08** 使用“切除 - 拉伸”工具，选择右视基准面作为草绘平面，绘制草图后再创建如图 15-76 所示的切除拉伸特征。

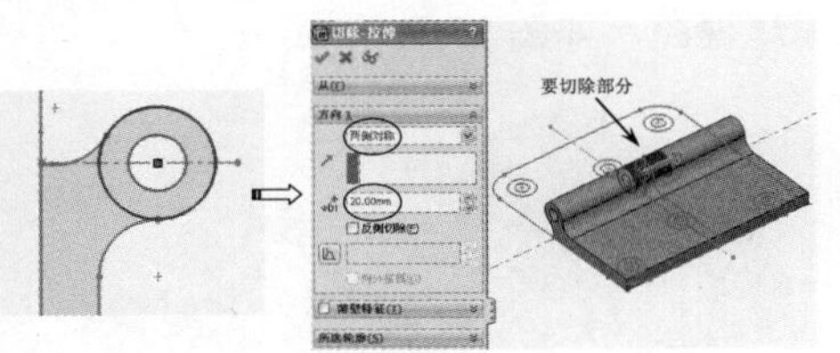


图 15-76

## 技术要点：

创建切除拉伸特征，可以不绘制草图，而是直接选择实体中的小孔边线作为草图来创建。

**09** 同理，使用“切除 - 拉伸”工具选择图 15-76 中的草图，创建如图 15-77 所示的切除拉伸特征。在另一侧也创建参数设置相同的切除特征。

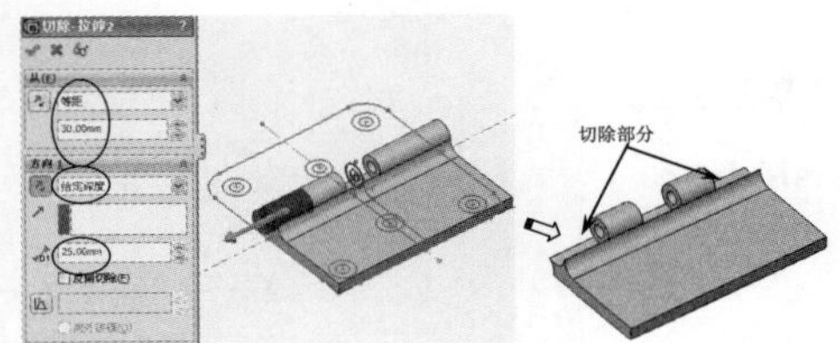


图 15-77

**10** 使用“切除 - 拉伸”工具，选择如图 15-78 所示的实体面作为草绘平面，根据布局草图绘制 2D 草图。

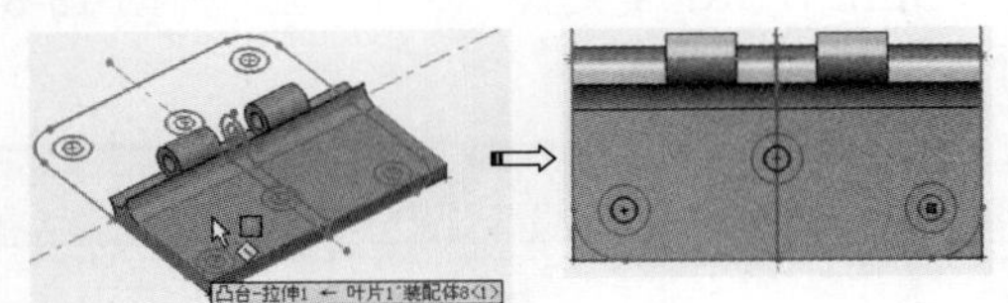

图 15-78

**11** 退出草图模式，以默认的参数创建如图 15-79 所示的切除拉伸特征。

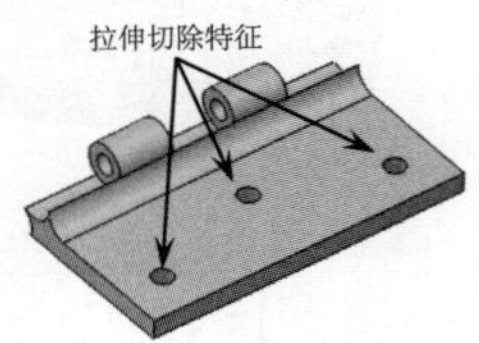


图 15-79

**12** 按此操作方法创建“拉伸深度”为 3 的切除特征，如图 15-80 所示。

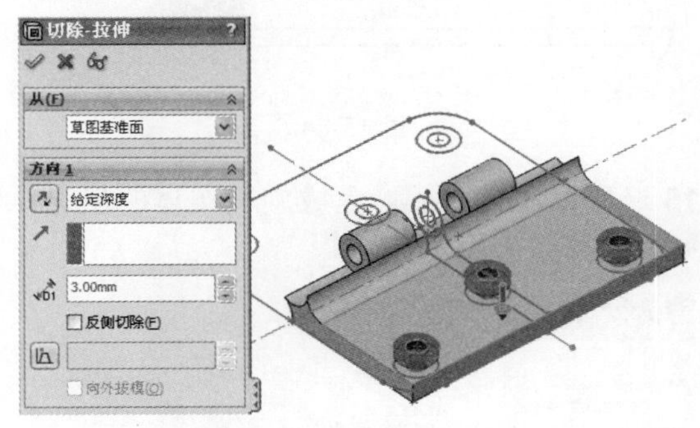


图 15-80

**13** 使用“圆角”工具，选择如图 15-81 所示的边线创建半径为 12.7 的圆角特征。

**14** 同理，选择如图 15-82 所示的边线创建半径为 0.25 的圆角特征。

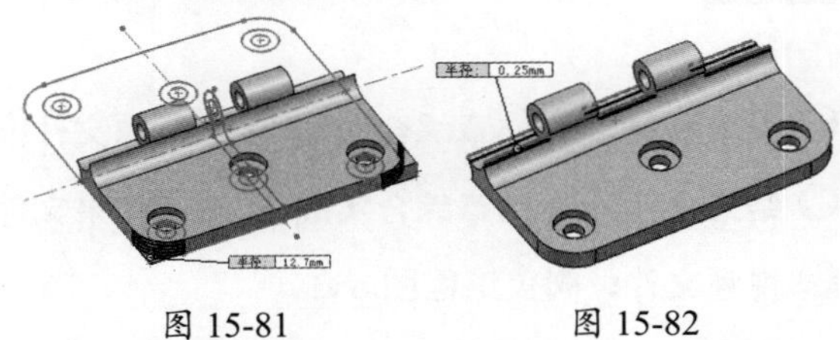

图 15-81　　图 15-82

**15** 单击“编辑装配体”按钮，完成“叶片 1”零部件的模型创建。

**16** 在特征管理器设计树中选择“叶片 2”零部件并进行编辑。该零部件的模型创建方法与“叶片 1”完全相同，其过程不再赘述。创建的“叶片 2”零部件模型如图 15-83 所示。

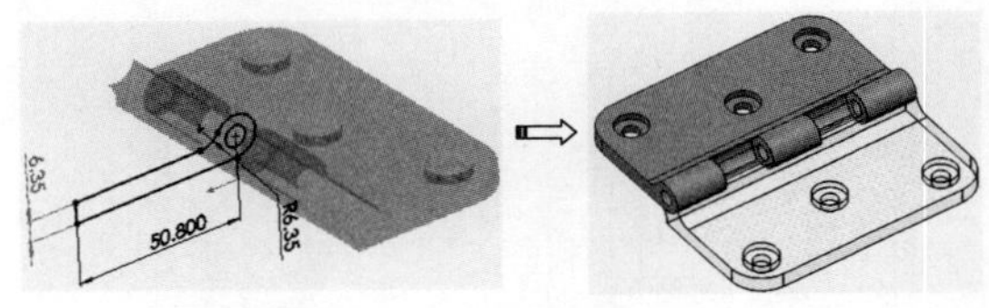


图 15-83

**17** 在特征管理器设计树中选择“销钉”零部件并进行编辑。进入零件设计环境后，使用“旋转凸台 / 基体”工具，选择上视基准面作为草绘平面，绘制如图 15-84 所示的旋转草图。

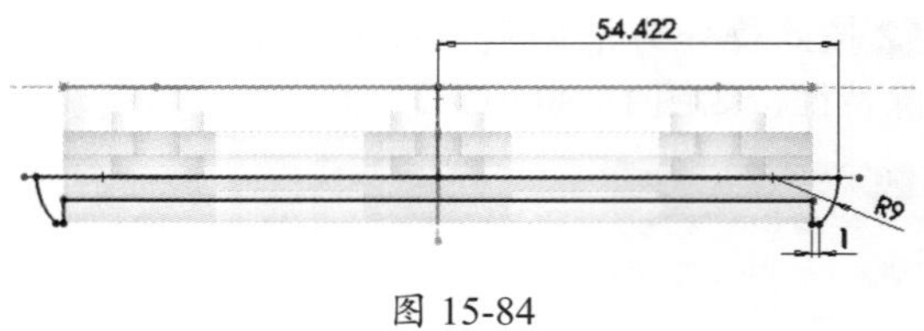


图 15-84

**18** 退出草图模式后，完成旋转实体的创建，如图 15-85 所示。

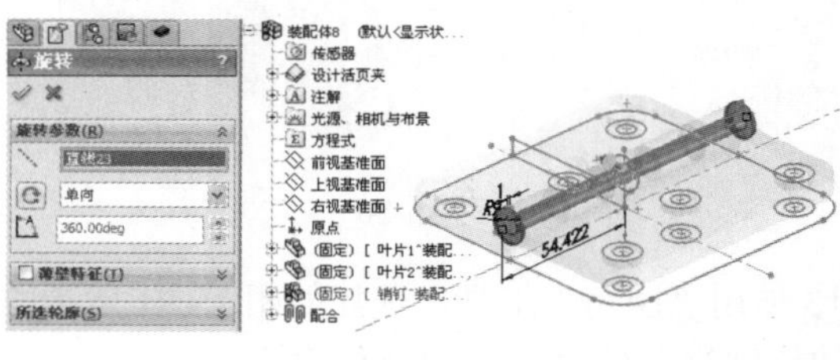

图 15-85

**19** 单击“编辑零部件”按钮，完成销钉零部件的创建。

**20** 使用“爆炸视图”工具，创建合页装配体的爆炸视图，如图 15-86 所示。

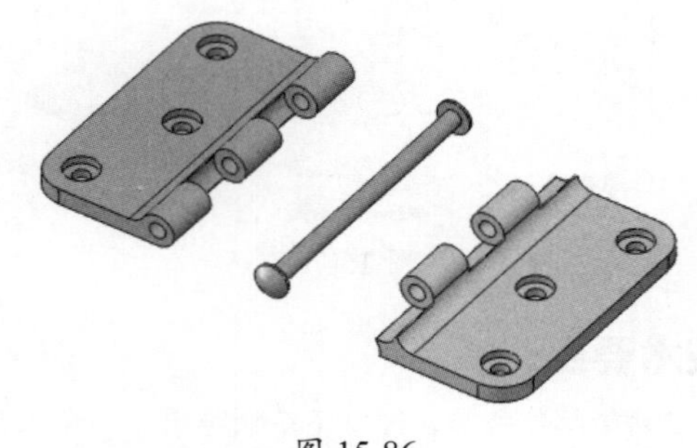

图 15-86

**21** 最后将合页装配体文件保存。

## 15.6 阀盖零件工程图设计

◎ **引入素材：第15章综合实战\第15章源文件\阀盖.sldprt**

◎ **结果文件：第15章综合实战\第15章结果文件\阀盖.slddrw**

◎ **视频文件：阀盖工程图.avi**

本节以阀盖模型工程图的创建过程为例，介绍在工程图中添加视图、尺寸标注及注释等内容。根据阀盖零件的结构特征，创建其一般视图和剖面视图，完成如图 15-87 所示的工程图。

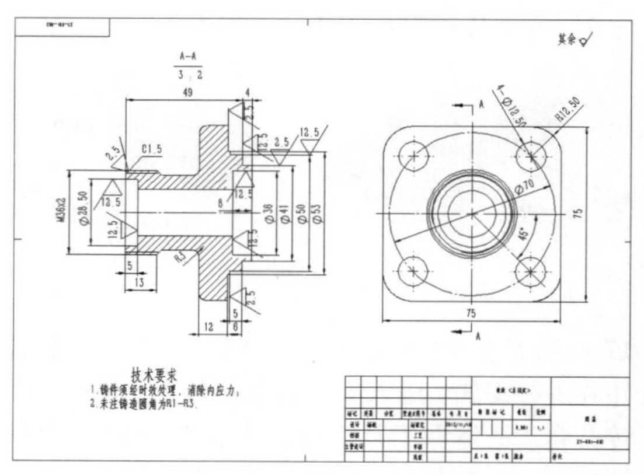

图 15-87

**操作步骤**

**01** 启动 SolidWorks 2018，并从素材中打开本例模型。

**02** 单击“从零件制作工程图”按钮，弹出“新建 SOLIDWORKS 文件”对话框，如图 15-88 所示。

图 15-88

**03** 选择gb-a3工程图模板文件，如图15-89所示。

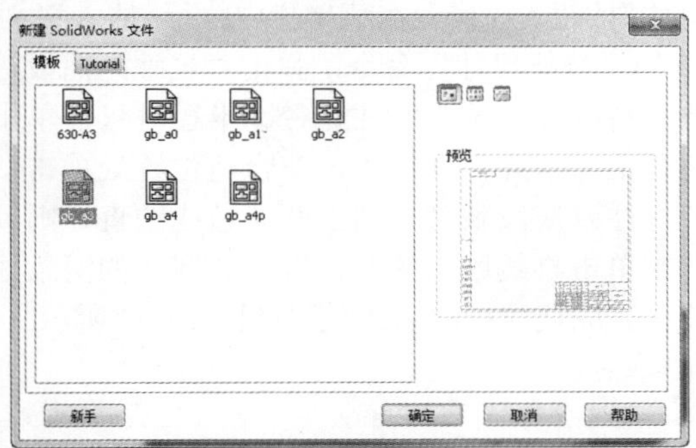


图 15-89

**04** 单击“确定”按钮进入工程图环境，同时绘图区右侧的“视图调色板”也会显示出来，如图15-90所示。

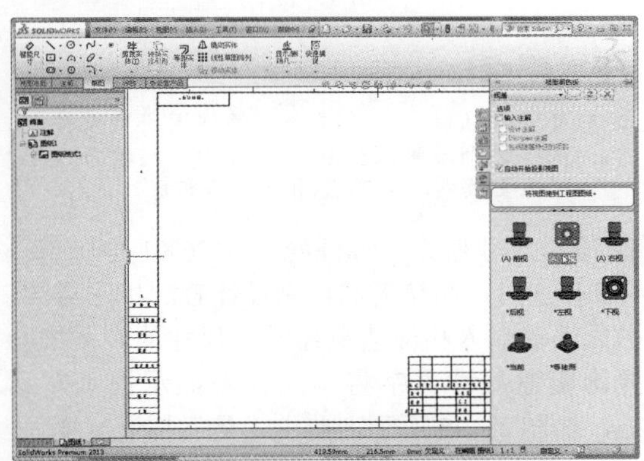

图 15-90

**05** 在“视图调色板”中单击选中“（A）上视”，并按住鼠标左键将其拖至绘图区域的合适位置后释放，即可放置上视图，如图15-91所示。

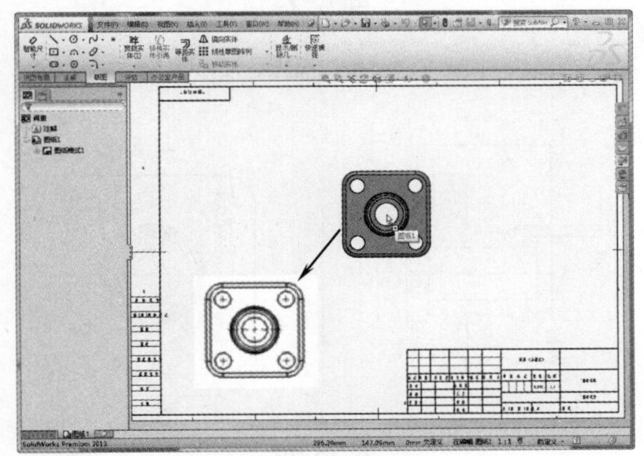

图 15-91

**06** 修改图纸比例。单击该上视图，在左侧的设计树中显示“工程图视图1”面板，在“比例”选项区输入3:2并单击“确定”按钮，则视图显示比例即发生变化，如图15-92所示。

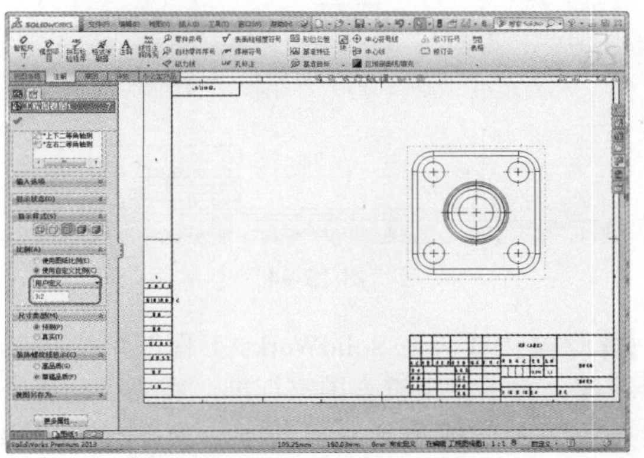

图 15-92

**07** 建立剖视图。在“视图布局”选项卡中单击“剖面视图”按钮，或者在菜单栏中执行“插入”|“工程图视图”|“剖面视图”命令，弹出“剖面视图”面板。在“剖面视图”面板中使用系统默认的“竖直”切割线，将鼠标指针移至阀盖的中心点，单击确认切割线的位置后，在弹出的对话框中单击“确定”按钮，放置切割线，同时预览出剖面视图，如图15-93所示。

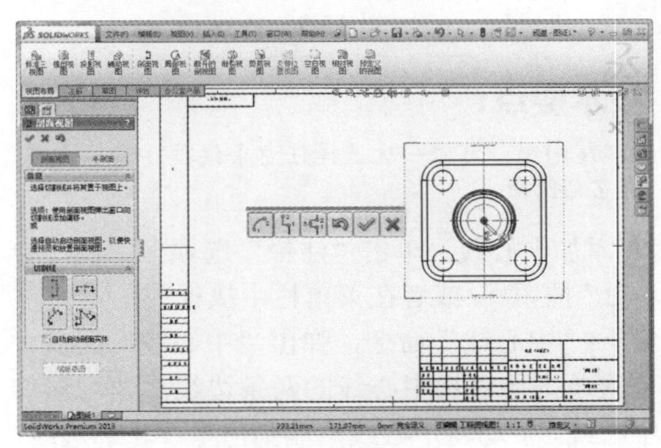

图 15-93

**08** 将鼠标指针移至上视图左侧的合适位置，单击将其放置，如图15-94所示。

**技术要点：**

建立剖视图，可以根据需要进行相应的操作，如设置剖切线的文字标示为A。

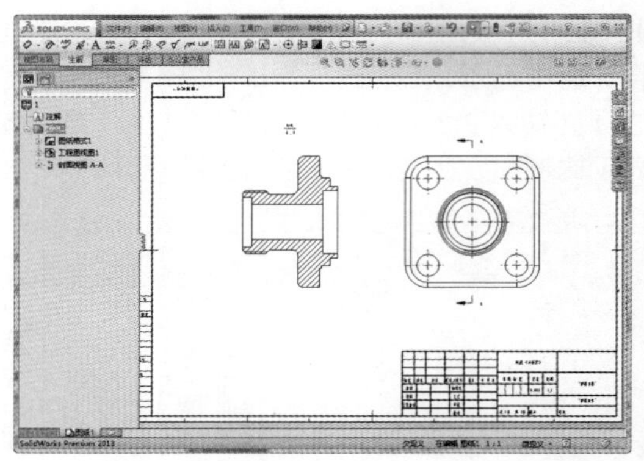

图 15-94

**09** 隐藏边线。在 SolidWorks 工程图中的投影视图，并不完全符合国家标准，需要手动将一些不必要的线条隐藏。其方法为：右击待隐藏边线，在弹出的快捷菜单中执行“隐藏/显示边线”命令，即可将所选线条隐藏，如图 15-95 所示。

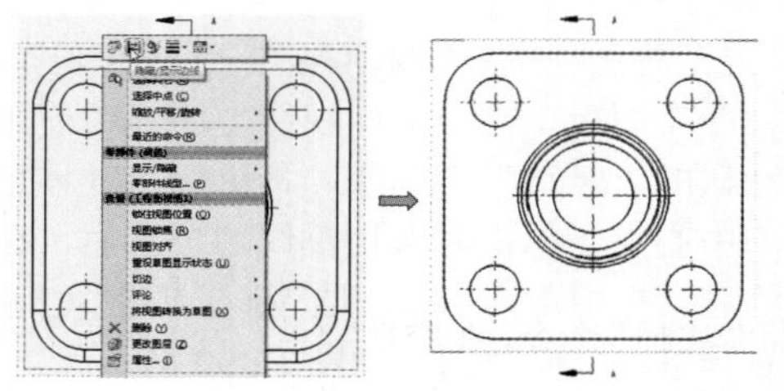

图 15-95

## 技术要点：

借助Ctrl键，可以一次选择任意条线段，然后右击将它们隐藏。

**10** 添加中心线。单击“注释”选项卡中的“中心线”按钮，或者在菜单栏中执行“插入”|“注释”|“中心线”命令，弹出“中心线”面板。依次单击待添加中心线的两条边线，即可添加中心线，手动将中心线两端拖出零件轮廓边线，如图 15-96 所示。

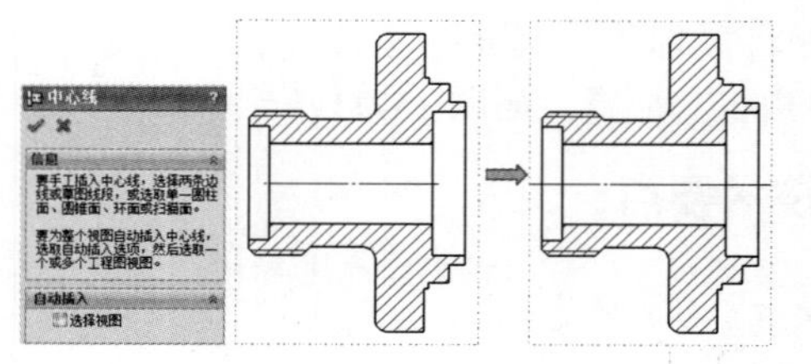

图 15-96

**11** 尺寸标注。单击“注释”选项卡中的“智能尺寸”按钮，或者在菜单栏中执行“插入”|“注释”|“智能尺寸”命令，弹出“尺寸”面板，单击待标注对象。标注直径、半径时只需单击圆弧上一点并往外拖曳，在合适位置处单击；若标注直线段长度、圆上两条边线的直径则须分别单击直线段上的两个端点、圆上的两条边线。完成尺寸标注后的效果如图 15-97 所示。

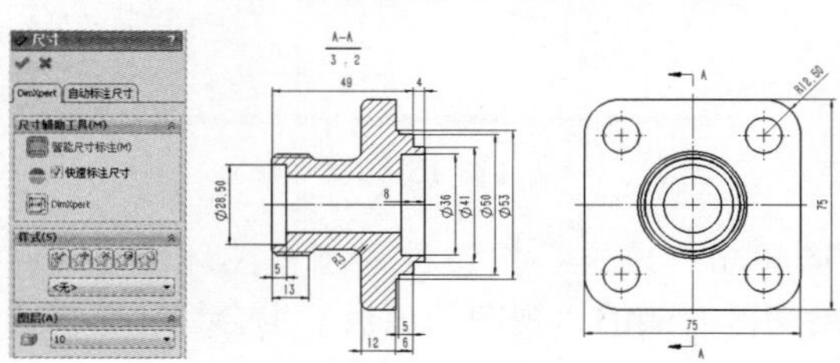

图 15-97

## 技术要点：

进行尺寸标注时，要选择合适的视图进行尺寸标注，从而达到清晰表达特征的目的。对于多个尺寸的标注要做到“既不遗漏，也不重复”。

**12** 覆盖尺寸值。在标注螺纹 M36X2 与均布孔 4-$\phi$12.5 时，系统无法识别设计者的标注意图，必须手动输入相应值覆盖原有尺寸值，系统会弹出覆盖尺寸文字将禁用公差显示提示对话框，如图 15-98 所示，单击“是”按钮继续。

图 15-98

**13** 完成尺寸文字覆盖，如图 15-99 所示。

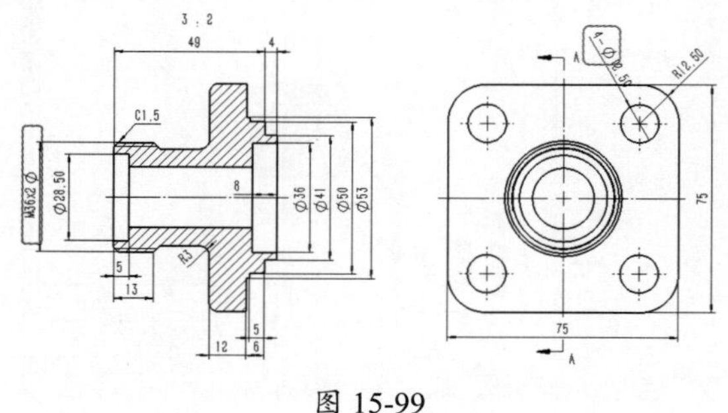

图 15-99

**14** 添加辅助线。将右侧视图中心线拖至图形边线轮廓外侧，单击“草图”选项卡中“直线”命令下的“中心”按钮，绘制经过中心点和右下角圆心的中心线，并单击“圆”按钮，绘制中心点为圆心、与周边圆圆心贴合的圆，作为构造线，如图 15-100 所示。

**15** 辅助线尺寸标注。单击“注释”选项卡中的“智能尺寸”按钮，标注辅助圆的直径为 70mm，倾斜中心线与水平中心的夹角为 45°，如图 15-101 所示。

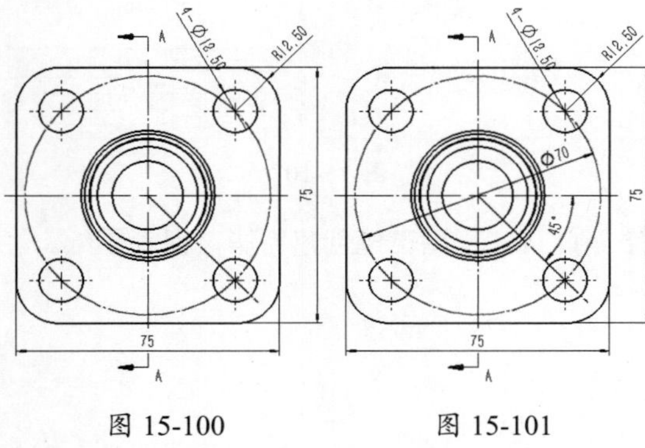


图 15-100　　　　图 15-101

**16** 注释标注。单击“注解”选项卡上的“表面粗糙度”按钮，或执行“插入”|“注解”|“表面粗糙度符号”命令，弹出“表面粗糙度”面板。在粗糙度符号上方的文本框中输入 12.5，“角度”文本框中根据需要输入相应数值后，将鼠标指针移至待标注公差的尺寸 / 实体边线上，单击放置即可，如图 15-102 所示。

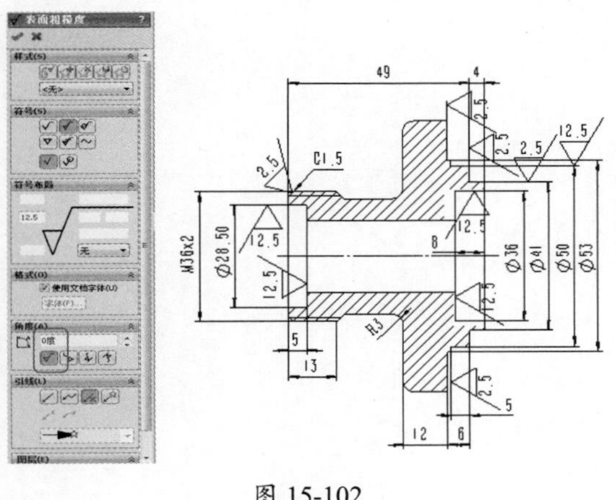


图 15-102

**17** 同理，添加 2.5 的粗糙度，完成后的效果如图 15-103 所示。

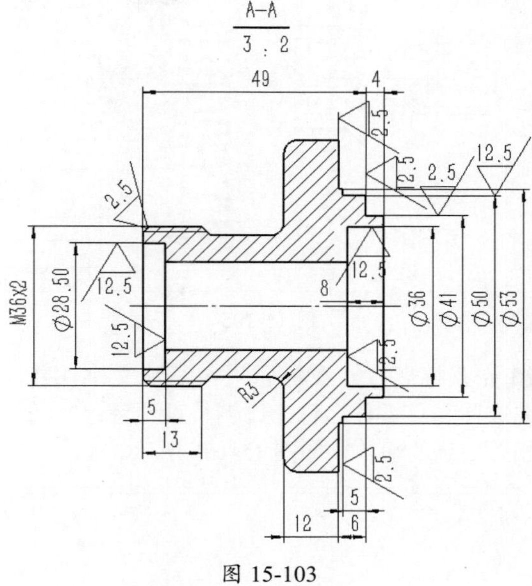


图 15-103

**18** 添加文字注释。单击“注解”选项卡上的“注释”按钮，或执行“插入”|“注解”|“注释”命令，弹出“注释”面板。单击待注释对象，在引出线中输入 C1.5，完成倒角的标注。再次激活“注释”命令，在空白处单击，然后输入“技术要求”字样，并分别设置字体大小等属性，如图 15-104 所示。

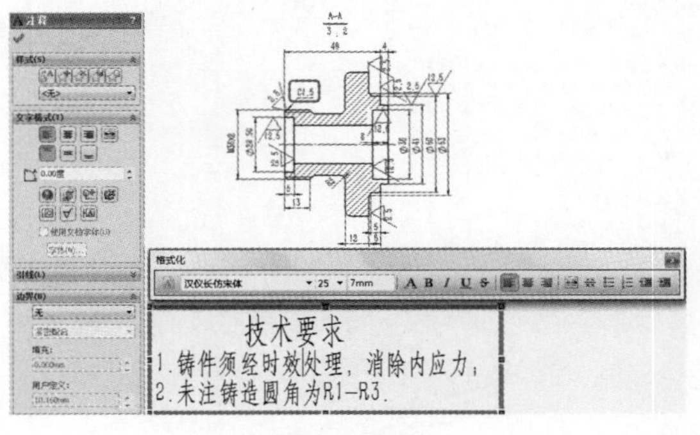


图 15-104

**19** 编辑图纸格式。在图形区右击，在弹出的快捷菜单中选择“编辑图纸格式”命令，如图 15-105 所示。

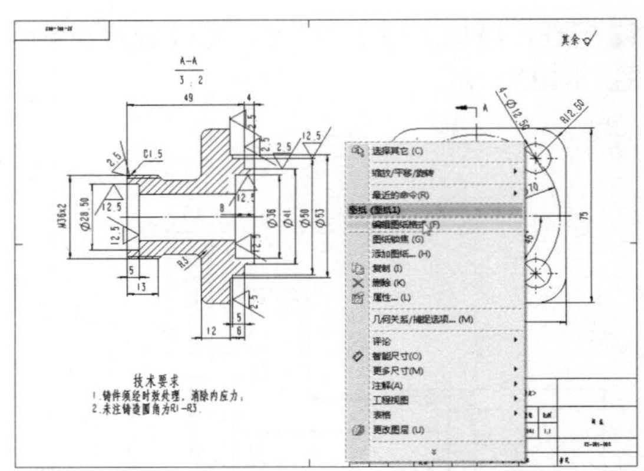
图 15-105

**20** 完善标题栏。在标题栏中添加文字注释，完成图号、零件名称、比例、设计者、时间等相关信息的输入，如图 15-106 所示。

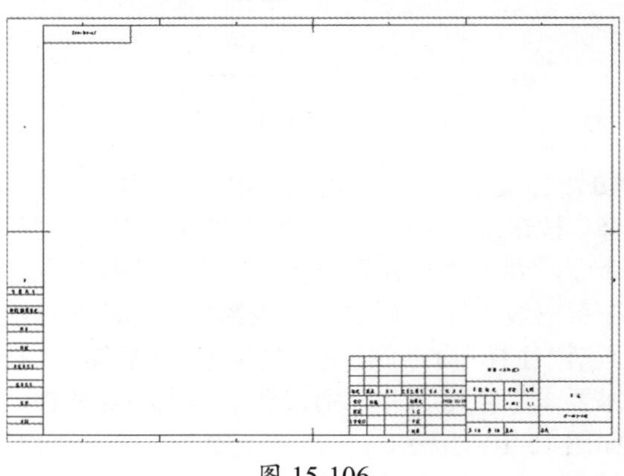
图 15-106

**21** 回到编辑图纸状态，在图形区右击，在弹出的快捷菜单中选择“编辑图纸”命令，完成整个工程图的创建，如图 15-107 所示。

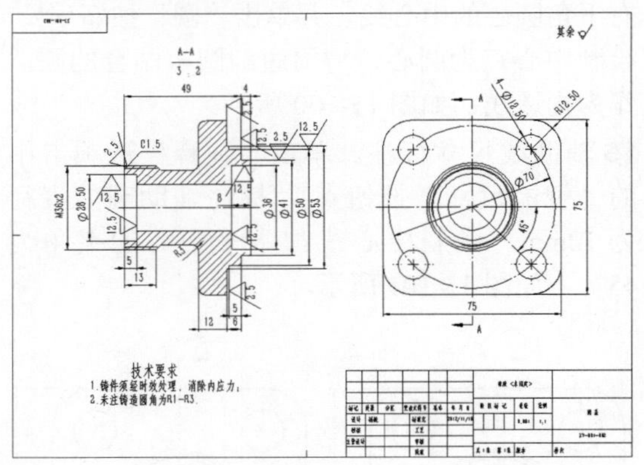
图 15-107

**22** 至此，工程图已经创建完毕，保存图纸。

# 第 16 章 基本曲面特征

本章主要介绍 SolidWorks 2018 基本类型的曲面特征命令、应用技巧及曲面控制方法。曲面的造型设计在实际工作中会经常用到，往往是三维实体造型的基础，因此要熟练掌握。

- ◆ 曲面概述
- ◆ 常规曲面
- ◆ 平面区域

## 16.1 曲面概述

在许多情况下，你需要使用曲面建模，例如输入其他 CAD 系统生成的曲面模型，将自由曲面缝合到一起生成实体。

实体模型的外表是由曲面组成的，曲面定义了实体的外形，曲面可以是平的也可以是弯曲的。曲面模型与实体模型的区别在于所包含的信息和完备性。实体模型总是封闭的，没有任何缝隙和重叠边；曲面模型可以不封闭，几个曲面之间可以不相交，可以有缝隙和重叠。

实体模型所包含的信息是完备的，系统知道哪些空间位于实体“内部”，哪些位于实体“外部”，而曲面模型则缺乏这种信息完备性。你可以把曲面看作极薄的“薄壁特征”，只有形状，没有厚度。也可以把多个曲面缝合在一起，没有缝隙，这时曲面将被填充为实体。

### 16.1.1 SolidWorks 曲面定义

当用 SolidWorks 设计的螺旋桨飞机发动机展示在网站上时，大众曾经对 SolidWorks 复杂曲面造型能力的怀疑已不复存在，人们更关心的可能是 SolidWorks 在曲面设计上还会给人什么样的惊喜。

曲面是一种可以用来生成实体特征的几何体。SolidWorks 对曲面建模方面的增强，让世人耳目一新。也许是因为 SolidWorks 以前在实体和参数化设计方面太出色，人们可能会忽略其在曲面建模方面的强大功能。

在 SolidWorks 2018 中建立曲面后，可以用很多方式对曲面进行延伸。用户既可以将曲面延伸到某个已有的曲面，与其缝合或延伸到指定的实体表面；也可以输入固定的延伸长度，或者直接拖动其红色箭头手柄，实时地将边界拖到想要的位置。

另外，现在的版本可以对曲面进行修剪，可以用实体修剪，也可以用另一个复杂的曲面进行修剪。此外还可以将两个曲面或一个曲面和一个实体进行弯曲操作，SolidWorks 2018 将保持其相关性，即当其中一个发生改变时，另一个会同时发生相应改变。

SolidWorks 2018 可以使用下列方法生成多种类型的曲面。

- 由草图拉伸、旋转、扫描或放样生成曲面。
- 从现有的面或曲面，等距生成曲面。
- 从其他应用程序（如 Pro、ENGINEER、MDT、Unigraphics、SolidEdge、AutodeskInventor 等）导入曲面文件。

- 由多个曲面组合成曲面。
- 曲面实体用来描述相连的零厚度的几何体，如单一曲面、圆角曲面等。一个零件中可以有多个曲面实体。

### 16.1.2 曲面命令

用户可以在标准选项卡中的任意位置右击，在弹出的快捷菜单中选择“曲面”命令，就会出现如图 16-1 所示的“曲面”工具条。

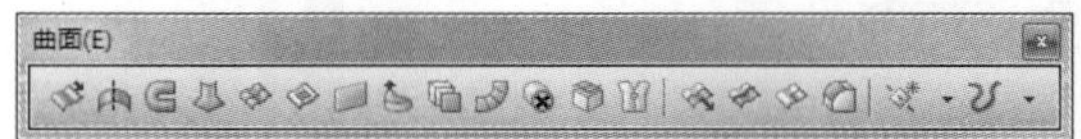

图 16-1

还可以在功能区“曲面”选项卡中选择曲面命令来创建曲面，如图 16-2 所示。

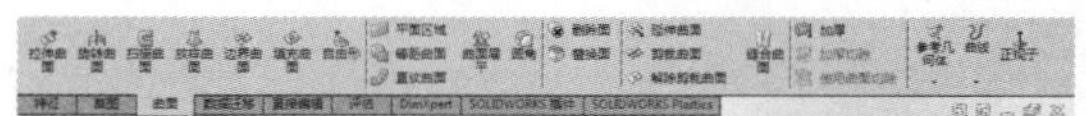

图 16-2

如果在功能区或“曲面”工具条中找不到所执行的曲面命令，可以在菜单栏的“插入”|“曲面”子菜单中选中所需的曲面命令，如图 16-3 所示。

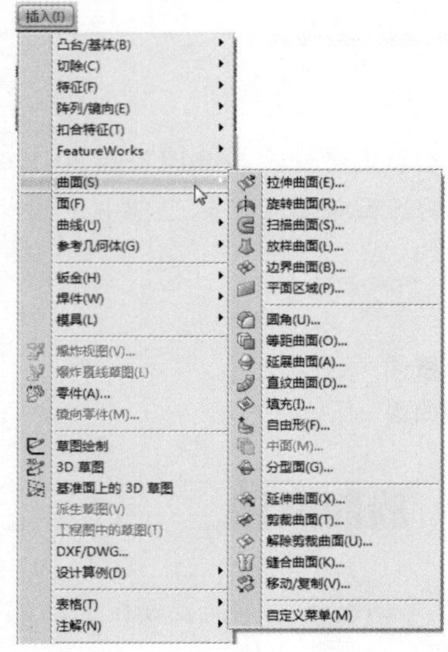

图 16-3

**技术要点：**

当然也可以从“自定义”对话框中调出相应的曲面命令，调出过程前面已经详解过了。

## 16.2 常规曲面

前面提到常规的几个曲面工具与“特征”选项卡中的几个实体特征工具的属性设置方法相同，下面列出几种曲面的常用方法。

### 16.2.1 拉伸曲面

拉伸曲面与拉伸凸台 / 基体特征的含义是相同的，都是基于草图沿指定方向进行拉伸的。不同的是结果，拉伸凸台 / 基体是实体特征，拉伸曲面是曲面特征。

**技术要点：**

这里提示一下，拉伸凸台/基体的轮廓如果是封闭的，则创建实体。如果是开放的，则创建加厚实体，但不能创建曲面。拉伸曲面工具不能创建实体，也不能创建薄壁实体特征。

在功能区“曲面”选项卡中单击“拉伸曲面”按钮，打开“曲面 - 拉伸”面板，如图 16-4 所示。如图 16-5 所示为选择圆弧轮廓后创建的“两侧对称”拉伸曲面。

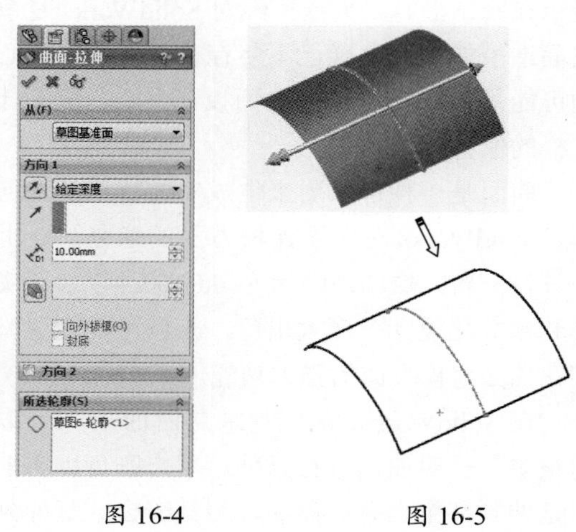

图 16-4　　图 16-5

**动手操作——设计废纸篓**

### 操作步骤

**01** 新建零件文件。

**02** 单击"拉伸曲面"按钮，然后选择上视基准面为草图平面，绘制如图 16-6 所示的草图 1。

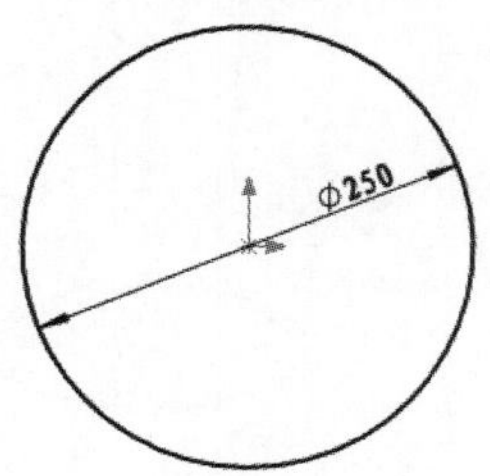


图 16-6

**03** 退出草图环境后，在"曲面 - 拉伸"面板中设置拉伸参数及选项，如图 16-7 所示。

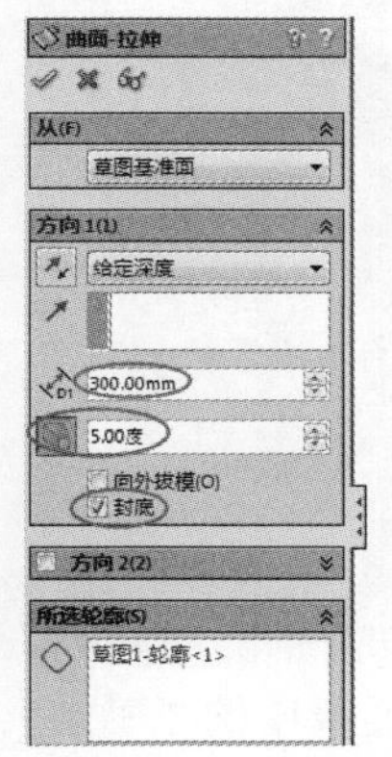


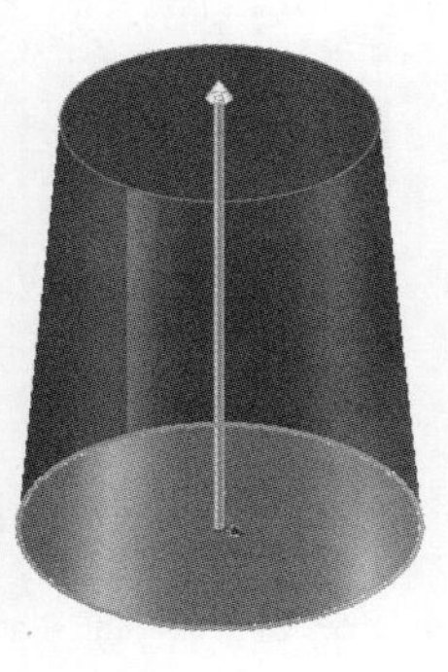

图 16-7

**04** 选择上视基准面，然后利用"等距实体"命令绘制如图 16-8 所示的草图 2。

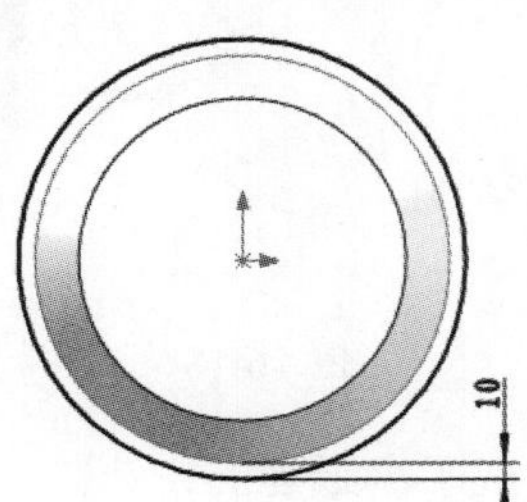


图 16-8

**05** 单击"填充曲面"按钮，打开"填充曲面"面板，然后选择拉伸曲面的边和草图 2 作为修补边界，创建填充曲面，如图 16-9 所示。

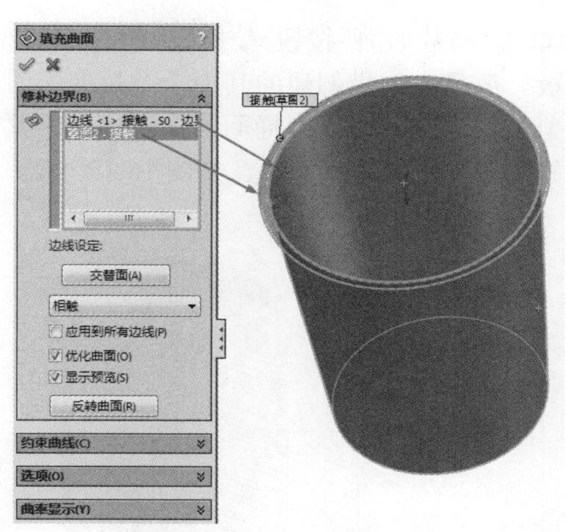


图 16-9

**06** 单击"拉伸曲面"按钮，选择前视基准面作为草图平面，绘制如图 16-10 所示的草图 3。

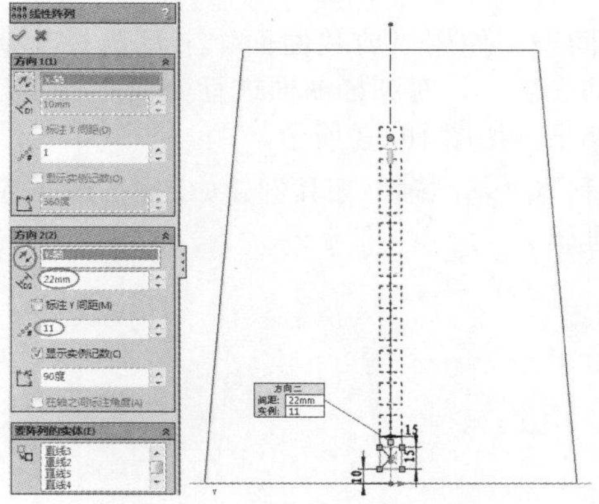


图 16-10

**07** 退出草图环境后，在"曲面 - 拉伸"面板中设置拉伸参数，最后单击"确定"按钮完成拉伸曲面的创建，如图 16-11 所示。

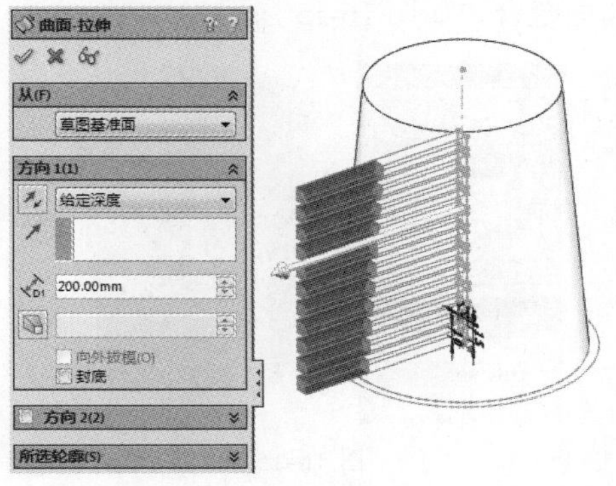


图 16-11

**08** 单击“剪裁曲面”按钮，打开“曲面-剪裁1”面板。选择上一步创建的其中一个拉伸曲面作为剪裁工具，再选择圆桶面为保留部分，单击“确定”按钮完成剪裁，如图16-12所示。

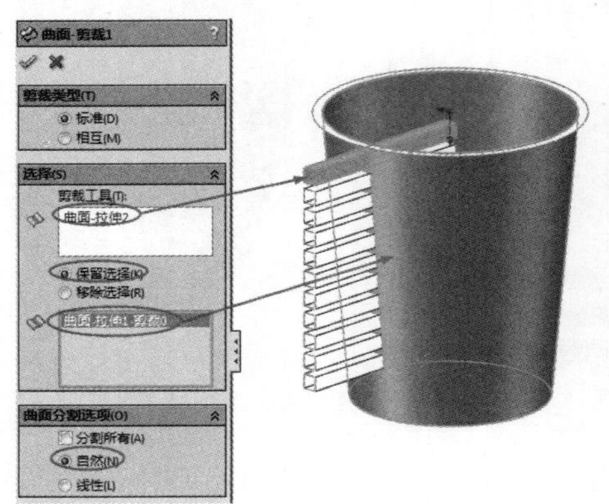

图 16-12

**09** 同理，使用“剪裁曲面”工具选择其余拉伸曲面之一，对圆桶曲面进行剪裁，最终剪裁的结果，如图16-13所示。

**10** 利用“基准轴”工具创建如图16-14所示的基准轴。

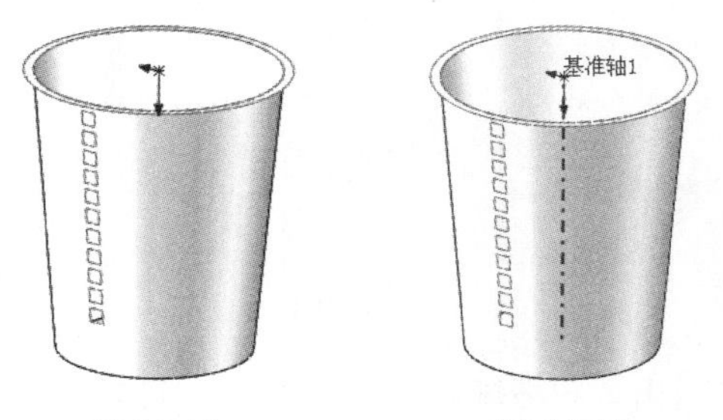


图 16-13　　图 16-14

**11** 单击“缝合曲面”按钮，将缝合曲面和填充曲面缝合，如图16-15所示。

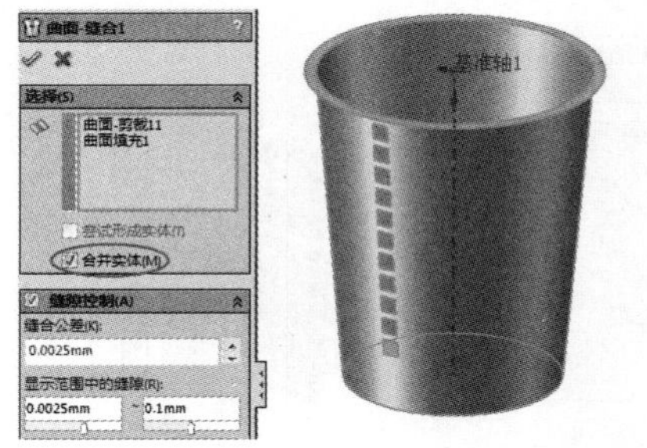


图 16-15

**12** 单击“圆角”按钮，然后选择两条边分别倒圆角2mm和5mm，如图16-16所示。

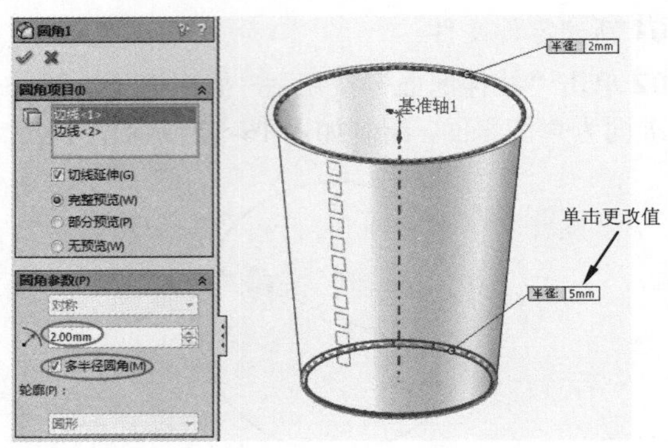


图 16-16

**13** 单击“加厚”按钮，然后为缝合的曲面创建加厚特征，变为实体，如图16-17所示。

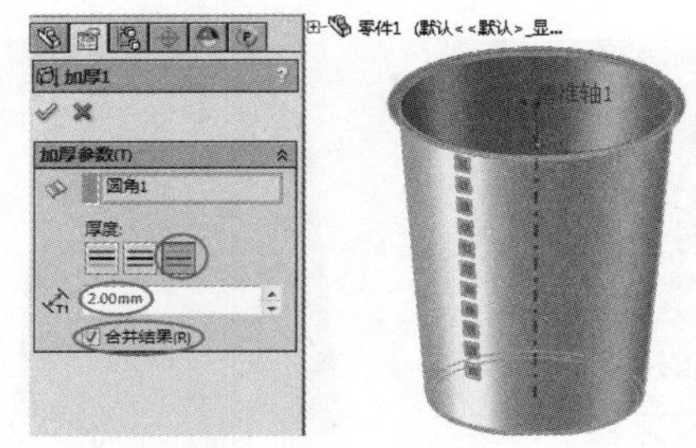


图 16-17

**14** 在“特征”选项卡中单击“圆周阵列”按钮，设置阵列参数后单击面板中的“确定”按钮，完成方孔的阵列操作，如图16-18所示。

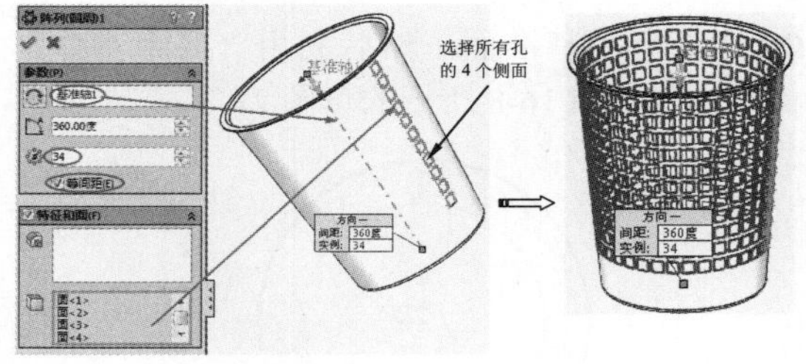


图 16-18

**15** 至此，完成了废纸篓的设计。

## 16.2.2 旋转曲面

要创建旋转曲面，必须满足两个条件：旋转轮廓和选择中心线。轮廓可以是开放的，也可以是封闭的；中心线可以是草图中的直线、中心线或构造线，也可以是基准轴。

在功能区“曲面”选项卡中单击“旋转曲面”按钮，打开“曲面 - 旋转”面板，如图 16-19 所示。如图 16-20 所示为选择样条曲线轮廓并旋转 180° 后创建的旋转曲面。

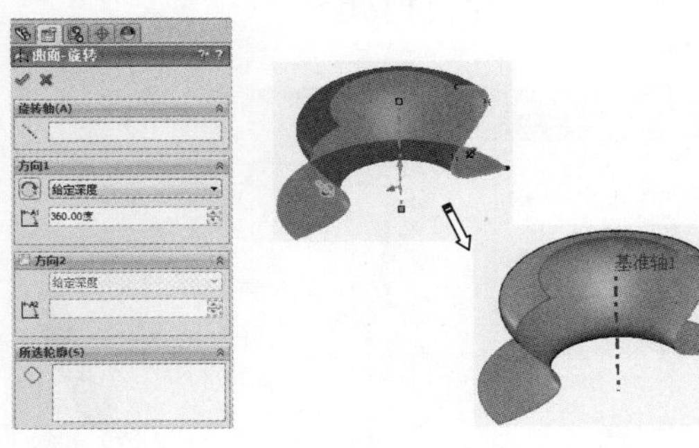

图 16-19　　图 16-20

**动手操作——饮水杯造型**

操作步骤

**01** 新建零件文件。

**02** 单击“旋转曲面”按钮，选择前视基准平面作为草图平面，绘制如图 16-21 所示的样条曲线草图 1。

**03** 在“曲面 - 旋转 1”面板中保留默认选项设置，单击“确定”按钮完成曲面的创建，如图 16-22 所示。

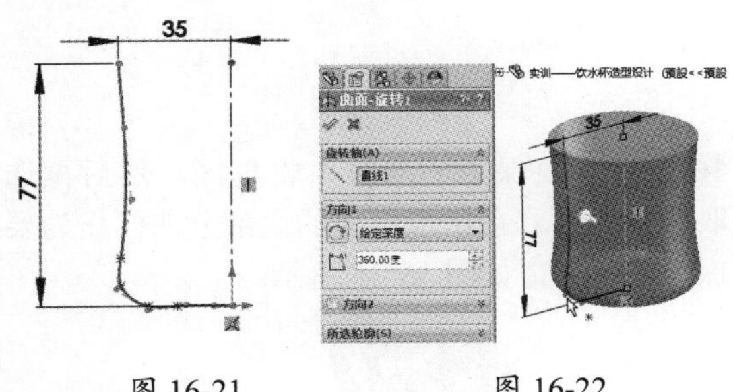

图 16-21　　图 16-22

**04** 在“草图”选项卡中单击“草图绘制”按钮，然后旋转前视基准面作为草图平面，并绘制出如图 16-23 所示的草图 2。

**05** 退出草图环境后，在菜单栏中执行“插入”|“曲线”|“分割线”命令，打开“分割线”面板。选择“投影”分割类型，勾选“单向”复选框，并调整投影方向，最终单击“确定”按钮完成曲面的分割操作，如图 16-24 所示。

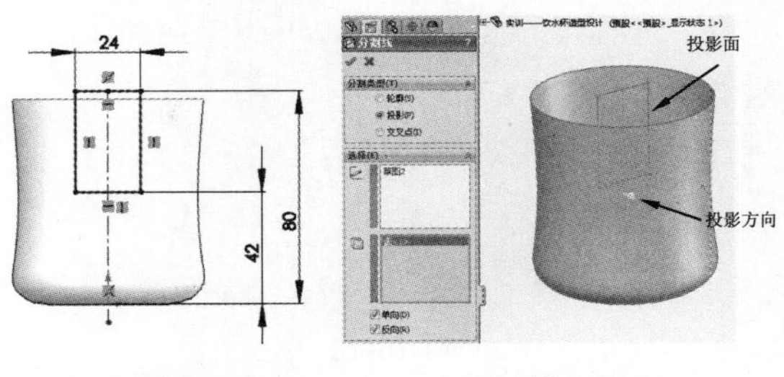


图 16-23　　图 16-24

**06** 在菜单栏中执行“插入”|“特征”|“自由形”命令，打开“自由形”面板。选择分割出来的小块曲面作为要变形的曲面，如图 16-25 所示。

**07** 修改变形曲面的 4 条边的连续性（3 个“相切”、一个“可移动”），如图 16-26 所示。

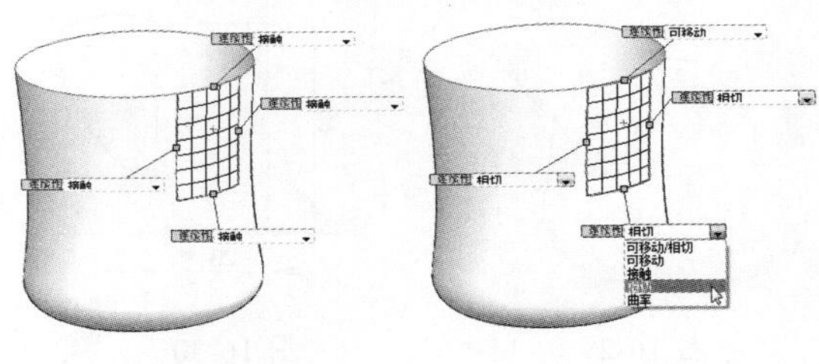

图 16-25　　图 16-26

**08** 在“面设置”选项区勾选“方向 1 对称”复选框，再单击“控制点”选项区的“控制点”按钮，添加控制点到连续性为“可移动边”的中点上，如图 16-27 所示。

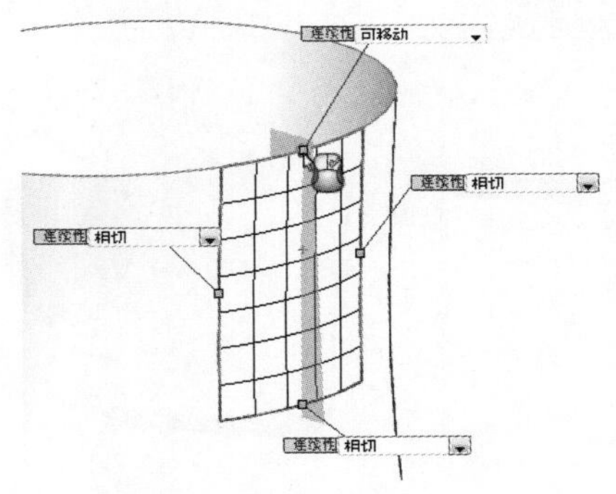


图 16-27

**09** 按 Esc 键结束添加控制点的操作。选中控制点使其显示三重轴，拖动三重轴的 Z 向轴，然后再拖动 Y 向轴，结果如图 16-28 所示。

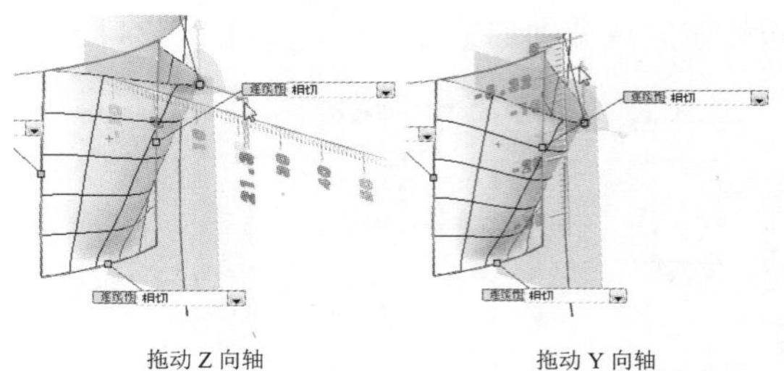


图 16-28

**10** 最后单击“确定”按钮，完成曲面的变形操作，结果如图 16-29 所示。

**11** 利用绘制草图工具，在右视基准面上绘制如图 16-30 所示的草图 3。

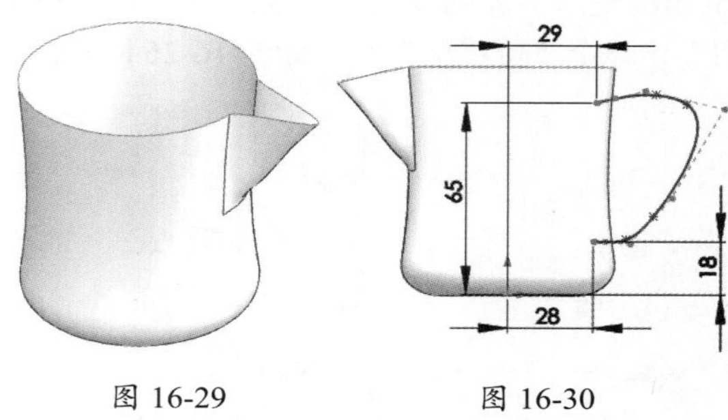


图 16-29　　图 16-30

**12** 单击“基准面”按钮，打开“基准面 1”面板。选择草图曲线和草图曲线的端点作为第一参考和第二参考，创建垂直于曲线的基准面 1，如图 16-31 所示。

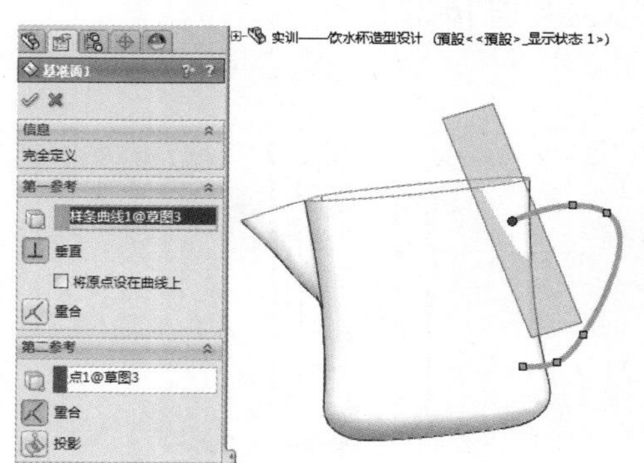


图 16-31

**13** 再次利用“绘制草图”命令，在基准面 1 上绘制如图 16-32 所示的草图 4。

**14** 单击“扫描曲面”按钮，打开“曲面 - 扫描”面板。选择草图 3 作为扫描路径、草图 4 作为轮廓，创建如图 16-33 所示的扫描曲面。

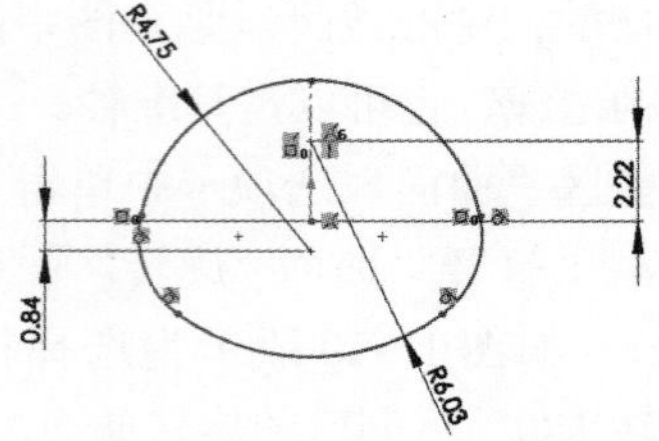


图 16-32

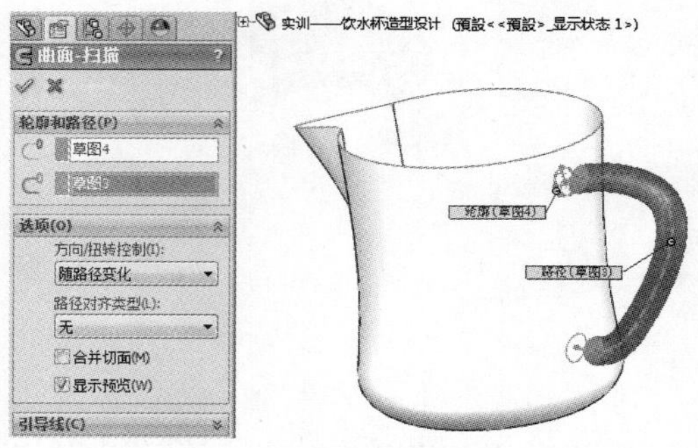


图 16-33

**15** 单击“剪裁曲面”按钮，打开“曲面 - 剪裁 1”面板。选择剪裁类型为“相互”，再选取扫描曲面和自由形曲面作为相互剪裁的曲面，如图 16-34 所示。

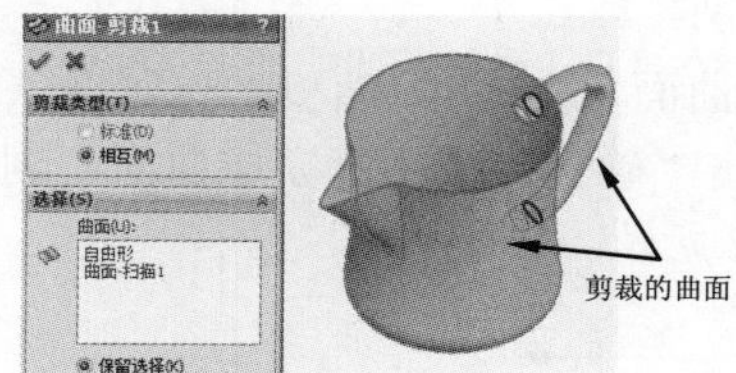


图 16-34

**16** 激活“要保留的部分”收集区，然后再选取扫描曲面和自由形曲面的大部分曲面作为要保留的部分，如图 16-35 所示。

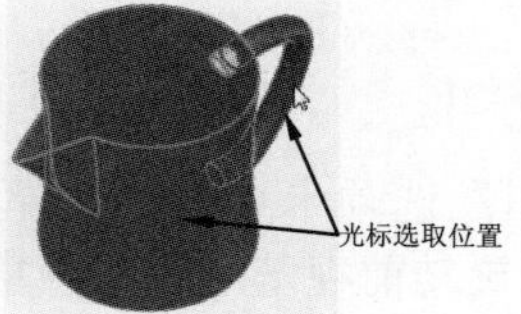


图 16-35

**技术要点：**

注意鼠标指针选取的位置，其代表着要保留的曲面部分。

**17** 单击“加厚”按钮，选择修剪后的整个曲面作为加厚对象，并单击“加厚侧边1”按钮，输入加厚厚度为1，再单击“确定”按钮完成加厚特征的创建，如图16-36所示。

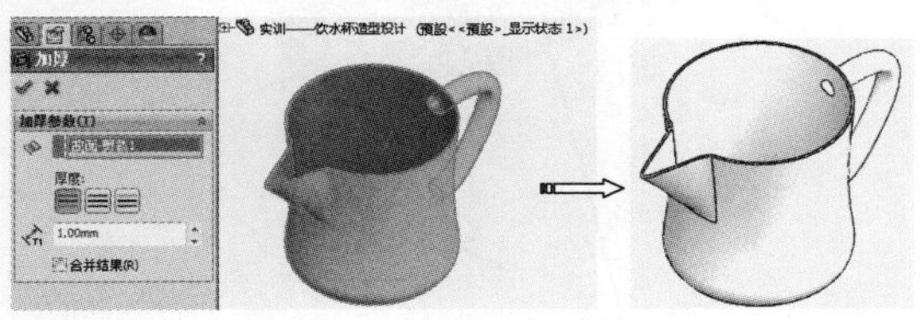

图 16-36

**18** 至此，完成了饮水杯的造型设计。

## 16.2.3　扫描曲面

扫描曲面是将绘制的草图轮廓沿绘制或指定的路径进行扫掠而生成的曲面特征。要创建扫描曲面需要满足两个基本条件：轮廓和路径。如图16-37所示为扫描曲面的创建过程。

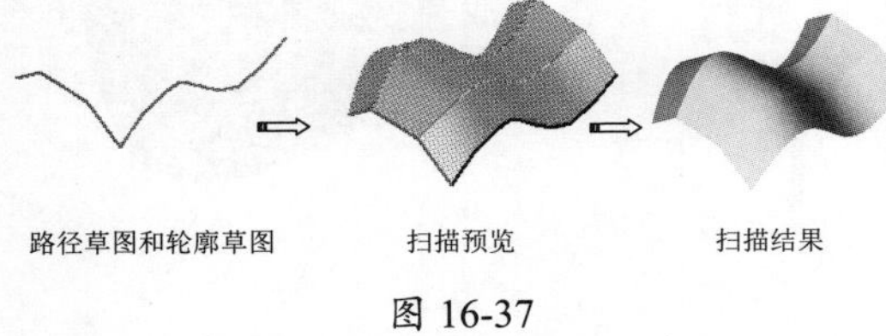


图 16-37

**技术要点：**

你也可以在模型面上绘制扫描路径，或为路径使用模型边线。

**动手操作——田螺曲面造型**

**操作步骤**

**01** 新建零件文件。

**02** 在菜单栏中执行“插入”|“曲线”|“螺旋线/涡状线”命令，打开“螺旋线/涡状线1”面板。

**03** 选择上视基准面为草图平面，绘制圆形草图1，如图16-38所示。

**04** 退出草图环境后，在“螺旋线/涡状线1”面板上设置如图16-39所示的螺旋线参数。

**05** 单击“确定”按钮完成螺旋线的创建。

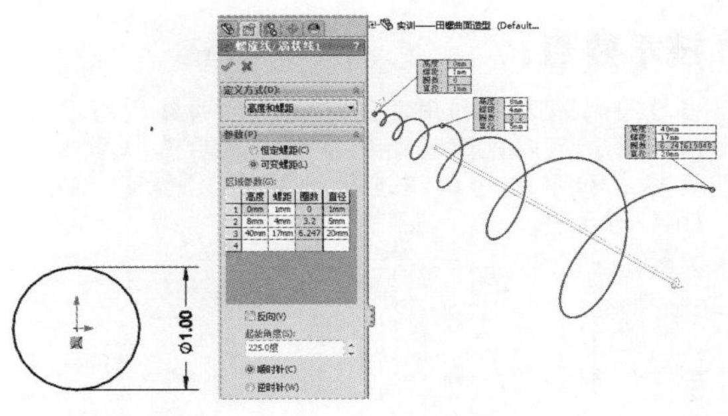

图 16-38　　图 16-39

**技术要点：**

要设置或修改高度和螺距，需要选择“高度和螺距”定义方式，若还需要修改圈数，选择“高度和圈数”定义方式即可。

**06** 利用“草图绘制”工具，在前视基准面上绘制如图16-40所示的草图2。

**07** 利用“基准面”工具，选择螺旋线和螺旋线端点作为第一参考和第二参考，创建垂直于端点的基准面1，如图16-41所示。

图 16-40　　图 16-41

**08** 利用“草图绘制”命令，在基准面1上绘制如图16-42所示的草图3。

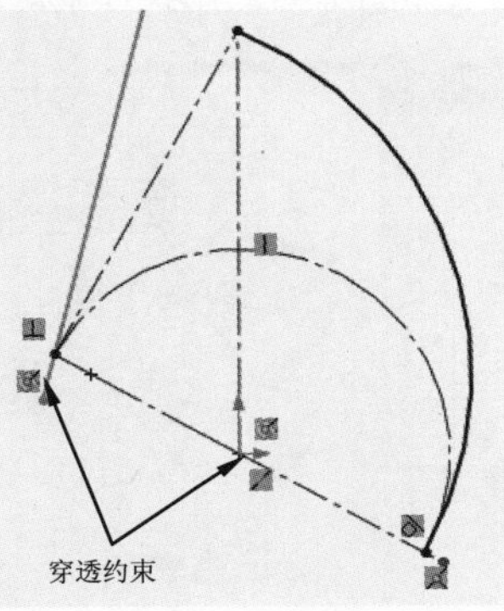


图 16-42

**技术要点：**

当草绘曲线无法利用草绘环境外的曲线进行参考绘制时，可以先随意绘制草图，然后选取草图曲线端点和草绘外曲线进行“穿透”约束，如图16-43所示。

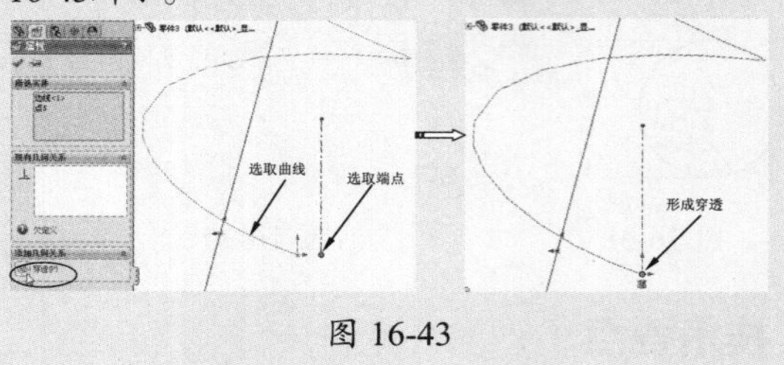


图 16-43

**09** 单击“扫描曲面”按钮，打开“曲面-扫描4”面板。

**10** 选择草图3作为扫描截面、螺旋线为扫描路径，再选择草图2作为引导线，如图16-44所示。

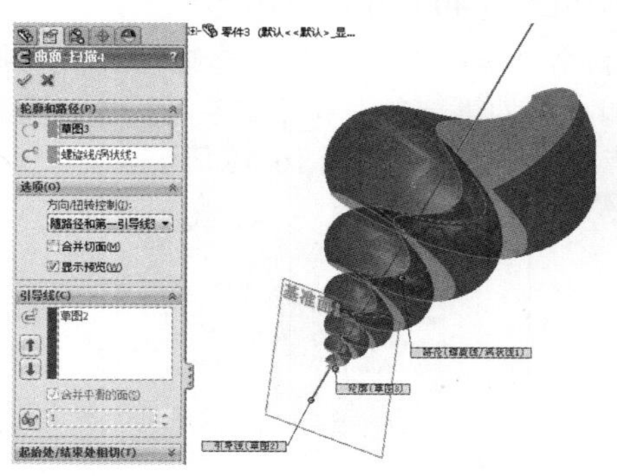

图 16-44

**11** 单击“确定”按钮，完成扫描曲面的创建。

**12** 利用“涡状线/螺旋线”工具，选择上视基准面为草图平面。在原点绘制直径为1的圆形草图后，完成如图16-45所示的螺旋线的创建。

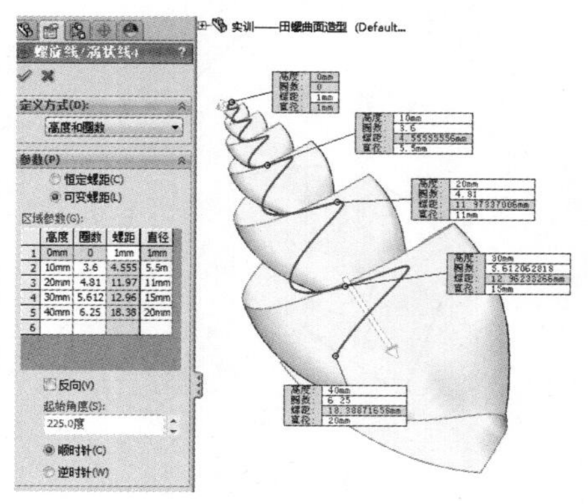

图 16-45

**13** 利用“草图绘制”工具，在基准面1上绘制如图16-46所示的圆弧草图。

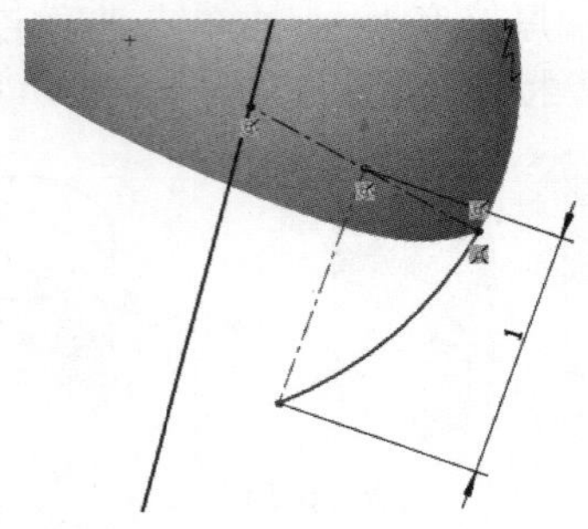

图 16-46

**14** 单击“扫描曲面”按钮，打开“曲面-扫描6”面板。按如图16-47所示的设置创建扫描曲面。

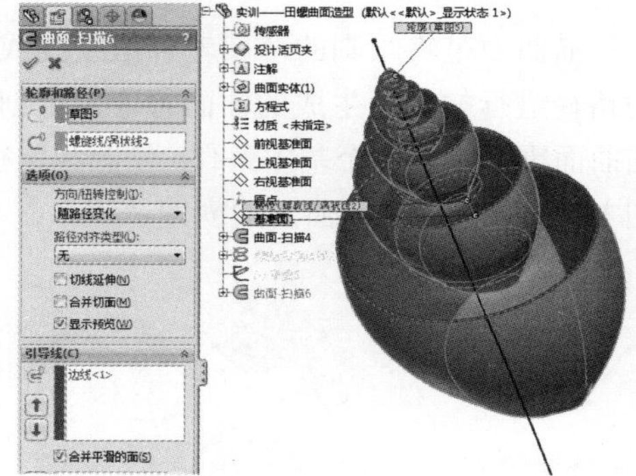

图 16-47

**15** 最终完成的结果如图16-48所示。

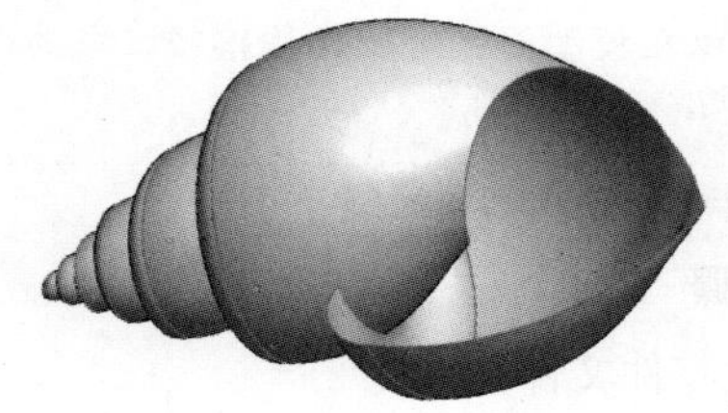

图 16-48

## 16.2.4 放样曲面

要创建放样曲面，必须绘制多个轮廓，每个轮廓的基准平面不一定要平行。除了绘制多个轮廓，对于一些特殊形状的曲面，还会绘制引导线。

**技术要点：**

当然，你也可以在3D草图中将所有轮廓都绘制出来。

如图 16-49 所示为放样曲面的创建过程。

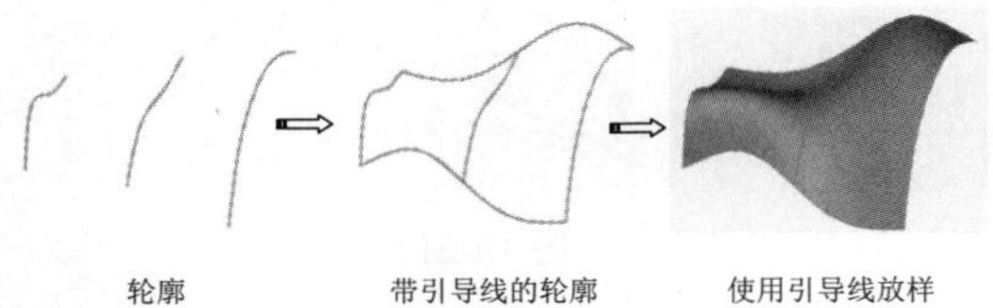


图 16-49

**动手操作——海豚曲面造型**

**操作步骤**

**01** 新建零件文件。

**02** 利用“草图绘制”工具，在前视基准面上绘制如图 16-50 所示的草图 1。

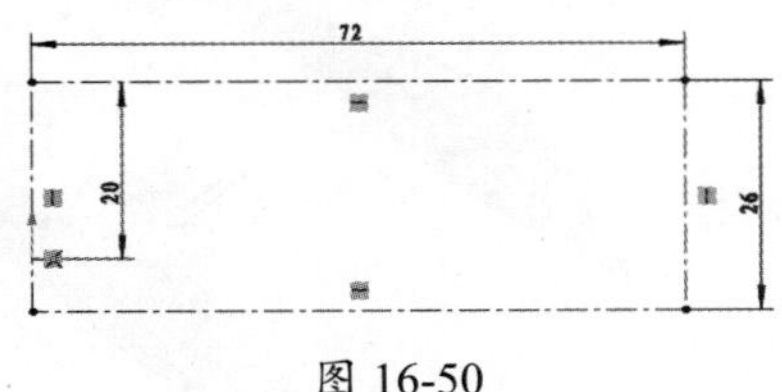


图 16-50

**03** 利用“草图绘制”工具，选择“样条曲线”命令绘制如图 16-51 所示的草图 2。

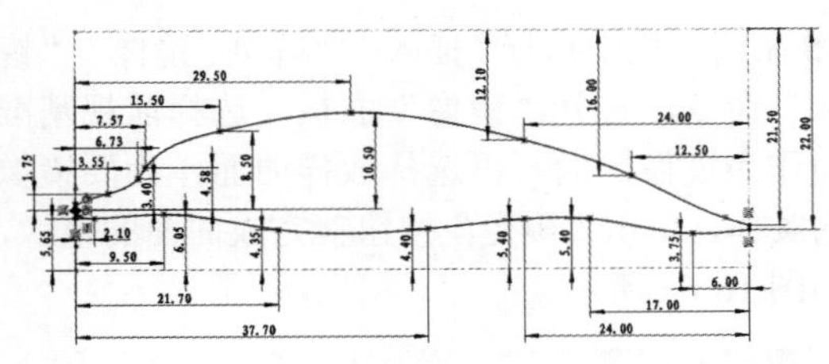

图 16-51

**04** 继续绘制草图。在前视基准面上绘制如图 16-52 所示的草图 3。

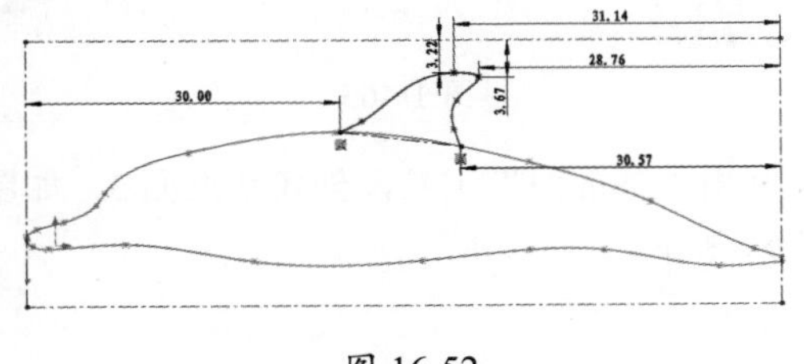


图 16-52

**05** 在前视基准面上绘制如图 16-53 所示的草图 4（构造斜线）。

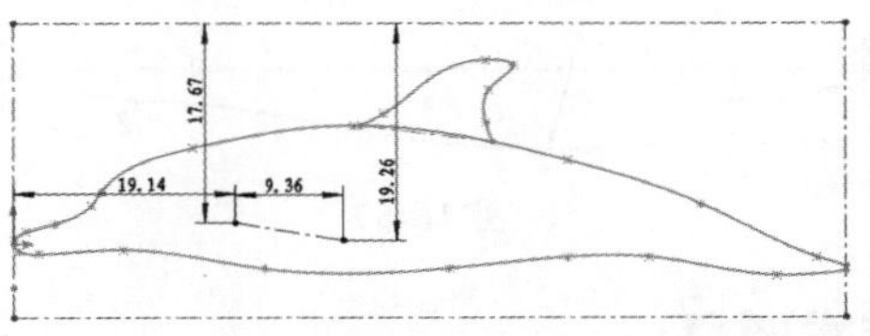


图 16-53

**06** 利用“基准面”工具，创建基准面 1，如图 16-54 所示。

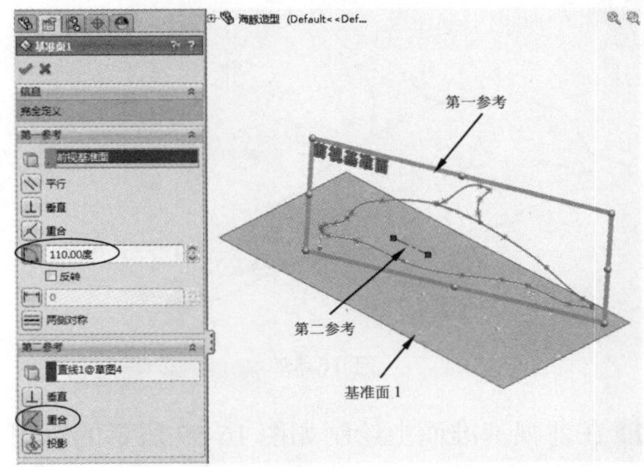


图 16-54

**07** 同理，创建基准面 2，如图 16-55 所示。

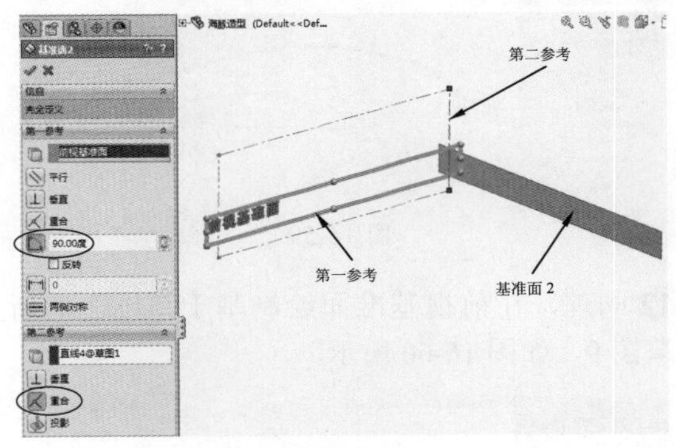


图 16-55

**08** 在前视基准面上绘制草图 5，如图 16-56 所示。

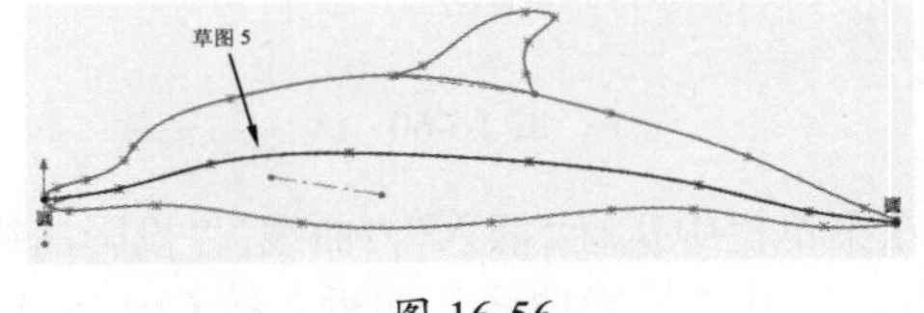


图 16-56

**09** 在上视基准面上绘制草图6，如图16-57所示。

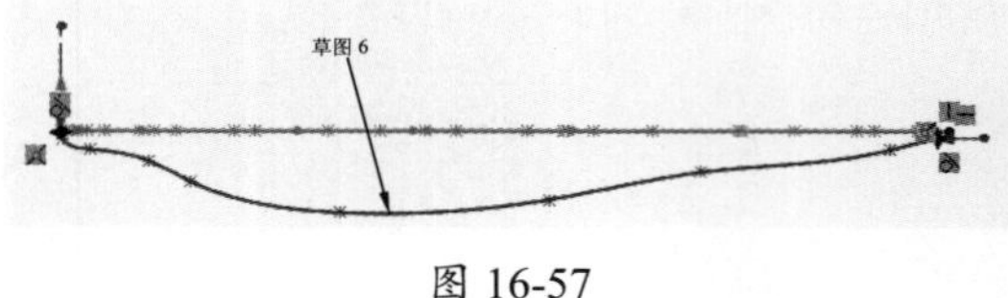


图 16-57

**技术要点：**

绘制样条曲线前，需要绘制一条竖直的构造线，用作样条曲线端点与构造线进行相切约束。

**10** 在新建的基准面 2 上绘制如图 16-58 所示的草图 7。

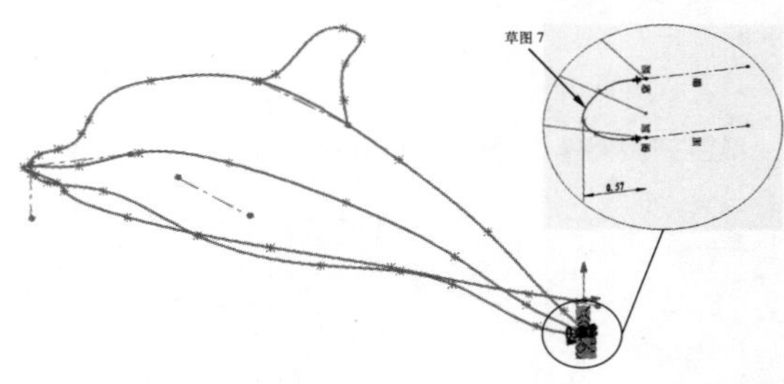


图 16-58

**11** 在前视基准面上绘制如图 16-59 所示的草图 8。此草图应用“等距实体”命令，基于草图 2 的草图轮廓进行偏移，偏移距离为 0。

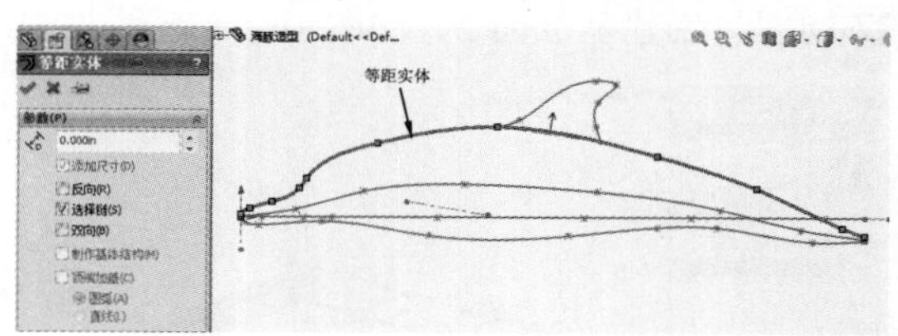


图 16-59

**12** 同理，在前视基准面绘制基于草图 2 的新草图 9，如图 16-60 所示。

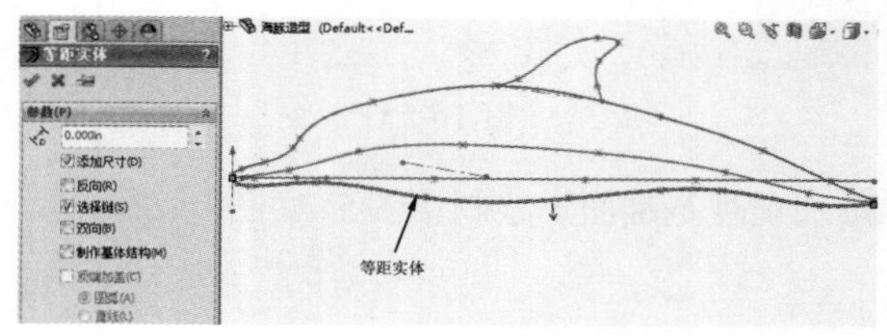


图 16-60

**13** 在菜单栏中执行“插入”|“曲线”|“投影曲线”命令，打开“投影曲线”面板。按 Ctrl 键选择草图 5 和草图 6 进行“草图上草图”投影，如图 16-61 所示。

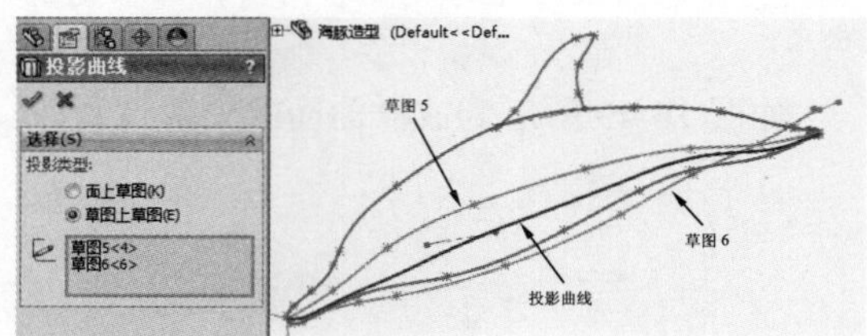


图 16-61

**14** 单击“放样曲面”按钮，打开“曲面 - 放样 1”面板。选择草图 8、草图 9 和投影曲线作为放样轮廓，再选择草图 7 作为引导线。单击“确定”按钮完成放样曲面的创建，如图 16-62 所示。

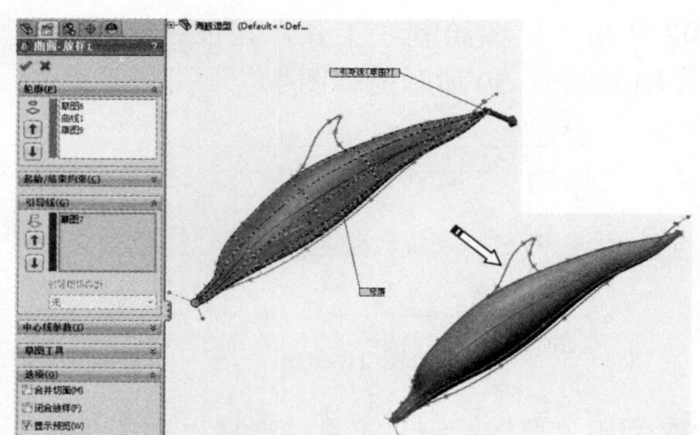

图 16-62

**15** 在菜单栏中执行“插入”|“阵列 / 镜像”|“镜像”命令，打开“镜像”面板。选择前视基准面作为镜像平面，再选择放样曲面作为要镜像的实体，单击“确定”按钮完成曲面的镜像，如图 16-63 所示。

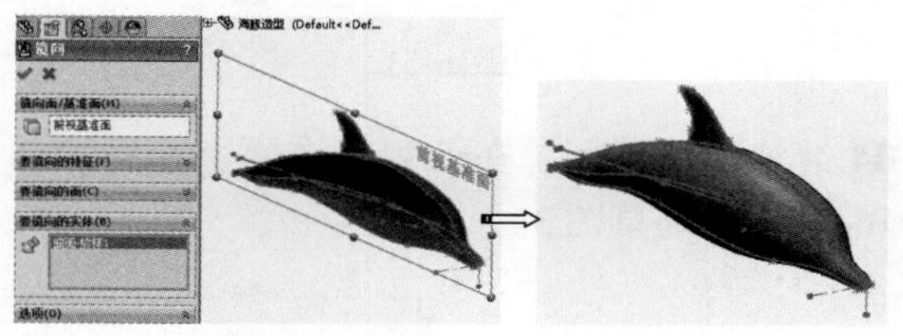

图 16-63

**16** 利用“基准面”工具，创建基准面 3，如图 16-64 所示。

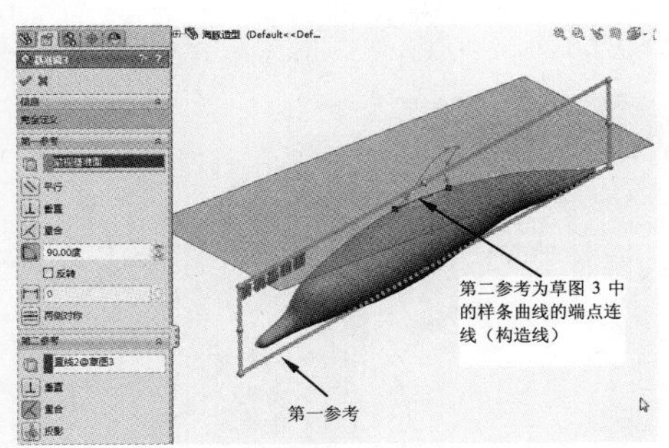


图 16-64

**17** 在基准面 3 上绘制如图 16-65 所示的草图 10（短轴半径为 1 的椭圆，长轴端点与草图 3 的端点重合）。

**18** 在前视基准面上绘制如图 16-66 所示的草图 11。

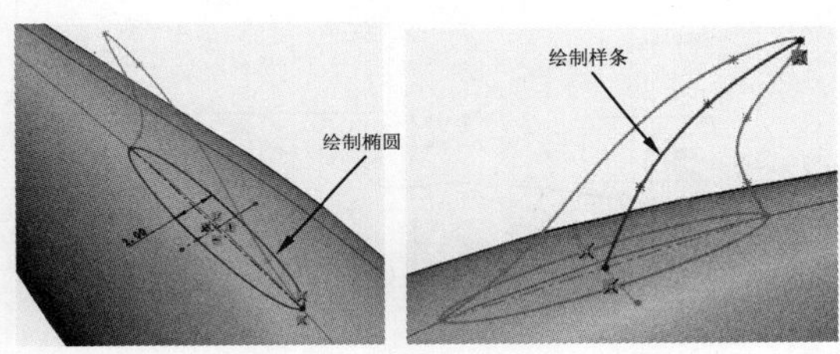


图 16-65　　图 16-66

**19** 进入 3D 草图环境，在草图 11 的样条曲线端点上创建点，如图 16-67 所示。

**20** 随后，在前视基准面上以草图 3 作为参考并绘制出草图 12，如图 16-68 所示。

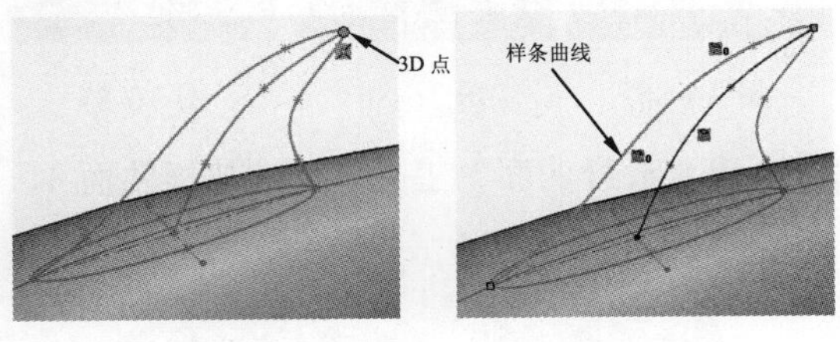


图 16-67　　图 16-68

**技术要点：**

在基于草图3创建样条曲线时，先绘制等距实体，再将其修剪。

**21** 同理，以草图 3 作为参考绘制出草图 13，如图 16-69 所示。

**22** 单击“曲面放样”按钮，打开“曲面 - 放样 2”面板。选择草图 10 和 3D 点作为放样轮廓，选择草图 12 和草图 13 作为放样引导线，如图 16-70 所示。再单击面板中的“确定”按钮完成放样曲面的创建。

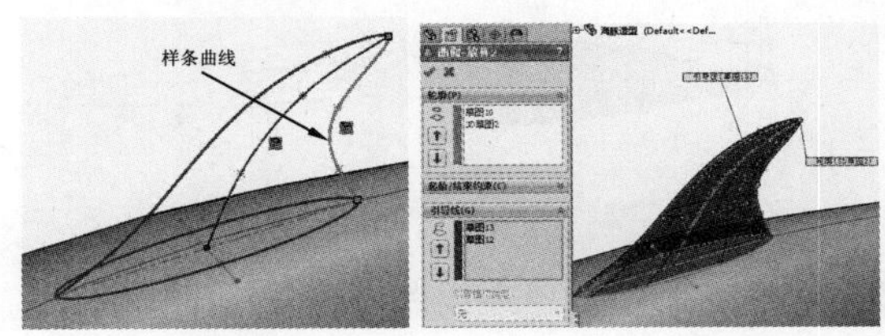


图 16-69　　图 16-70

**23** 单击“延伸曲面”按钮，打开“曲面 - 延伸 1”面板。选择曲面放样 2 的底边线作为延伸参考，单击“确定”按钮完成延伸，如图 16-71 所示。

**24** 接下来绘制草图 14，构造线如图 16-72 所示。

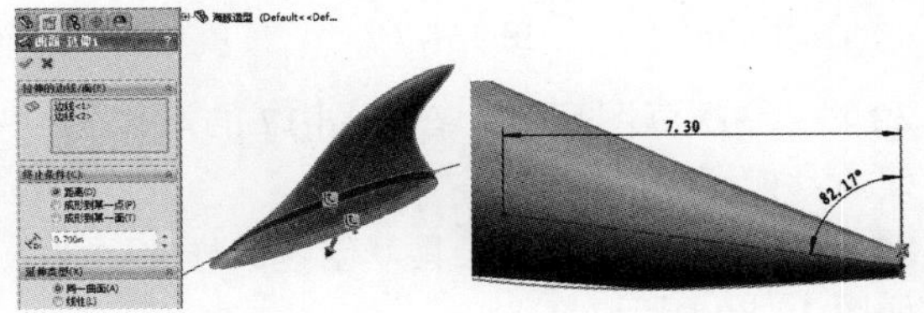


图 16-71　　图 16-72

**25** 利用“基准面”工具，以前视基准面和草图 14 的构造线作为参考，创建基准面 4，如图 16-73 所示。

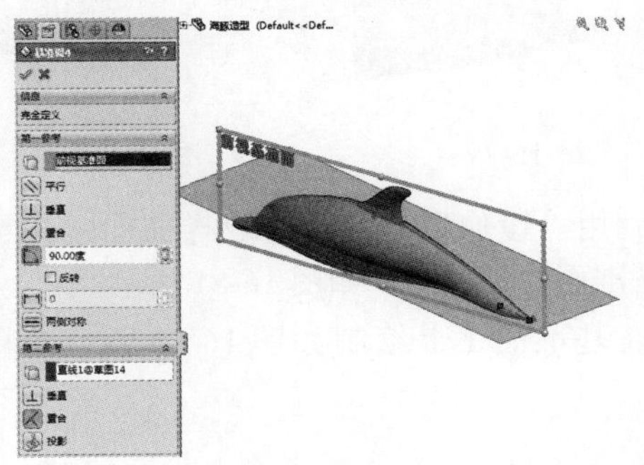

图 16-73

**26** 接下来在基准面 4 上绘制草图 15，如图 16-74 所示。

**27** 在前视基准面上绘制草图 16，如图 16-75 所示。

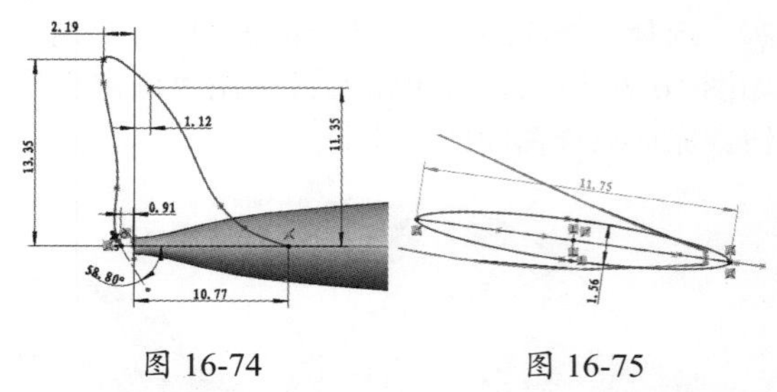

图 16-74　　图 16-75

**28** 在基准面 4 上连续绘制草图 17、草图 18、和草图 19，结果如图 16-76 ～图 16-78 所示。

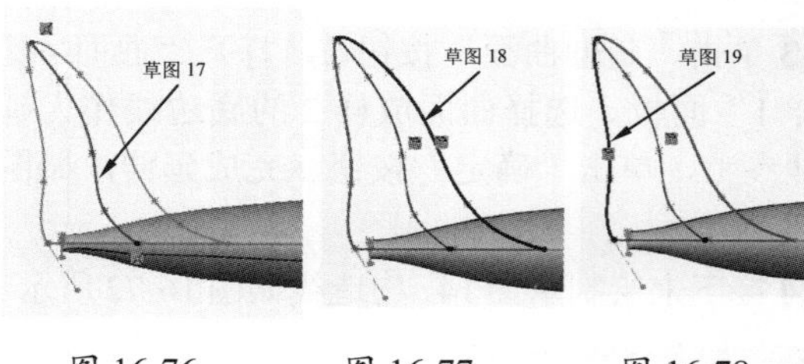


图 16-76　　图 16-77　　图 16-78

**29** 进入 3D 草图环境，在草图 17 的端点上创建点，如图 16-79 所示。

**30** 利用“放样曲面”工具，创建放样曲面 3，如图 16-80 所示。

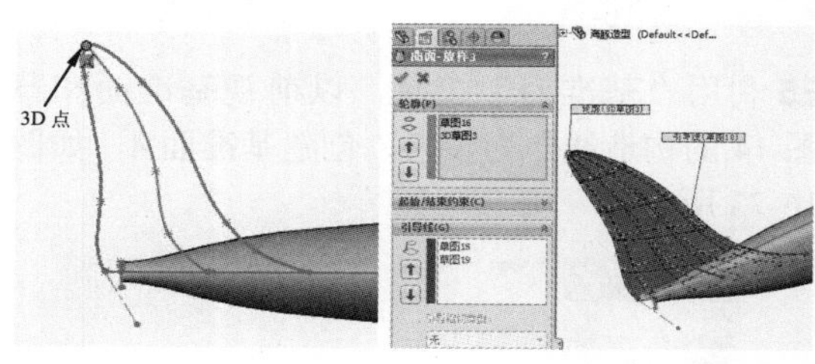


图 16-79　　图 16-80

**31** 利用“镜像”工具，将放样曲面镜像至前视基准面的另一侧，如图 16-81 所示。

**32** 在基准面 1 上绘制如图 16-82 所示的草图 20。

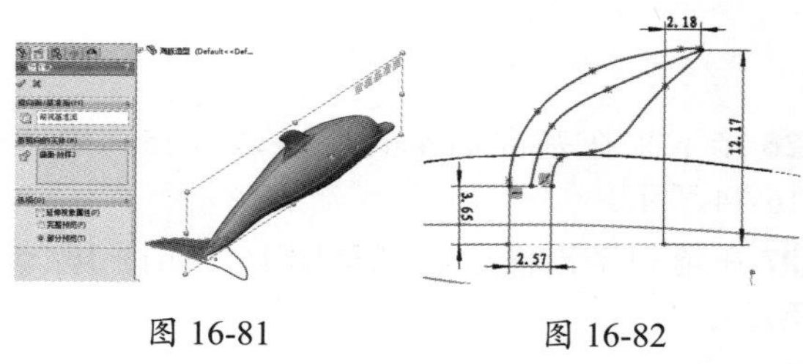


图 16-81　　图 16-82

**33** 利用“基准面”工具创建基准面 5，如图 16-83 所示。

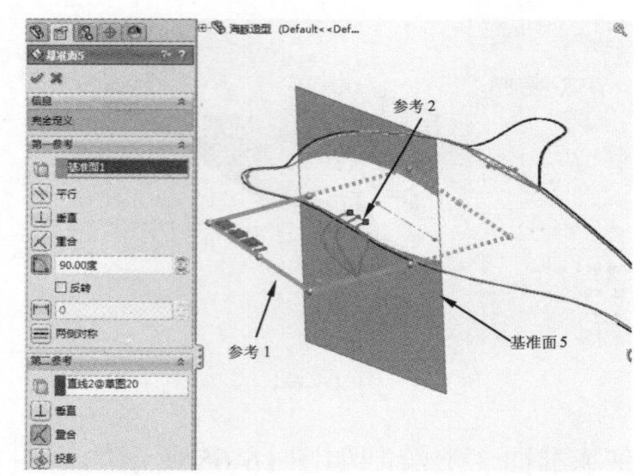


图 16-83

**34** 在基准面 5 上绘制草图 21，如图 16-84 所示。

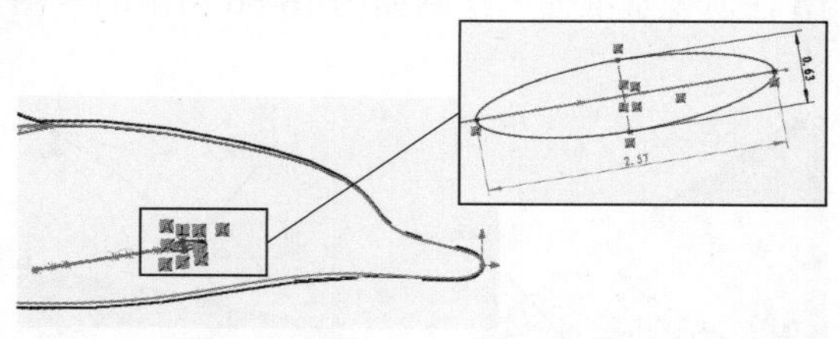

图 16-84

**35** 在基准面 1 上连续绘制草图 22 和草图 23，进入 3D 草图环境，创建 3D 点，如图 16-85 ～图 16-87 所示。

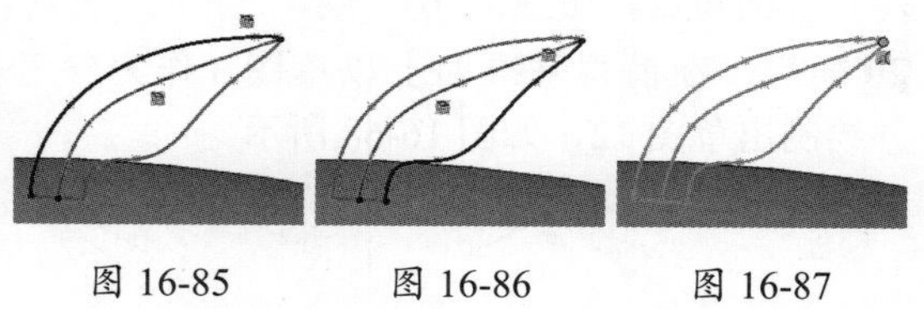

图 16-85　　图 16-86　　图 16-87

**36** 利用“放样曲面”工具，创建放样曲面 4，如图 16-88 所示。

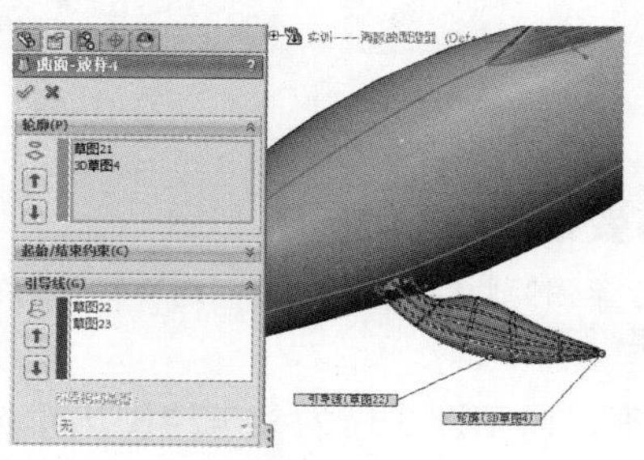

图 16-88

**37** 创建放样曲面 4 后，再利用镜像工具，将其镜像至前视基准面的另一侧，结果如图 16-89 所示。

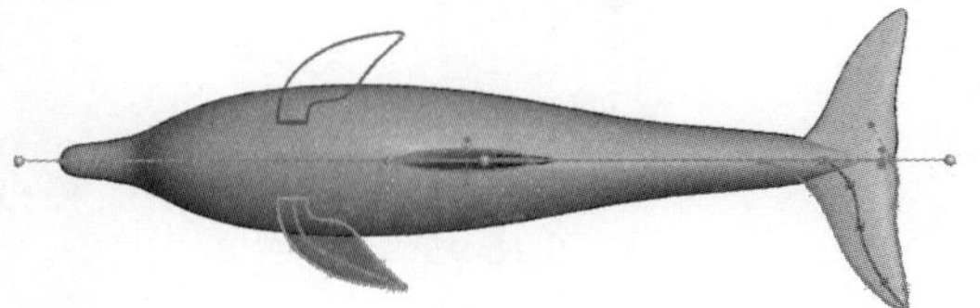

图 16-89

**38** 单击“剪裁曲面”按钮，打开“曲面 - 剪裁 1”面板。选择所有曲面作为要剪裁的曲面，然后选择所有曲面作为要保留的曲面，最后单击“确定”按钮完成剪裁，如图 16-90 所示。

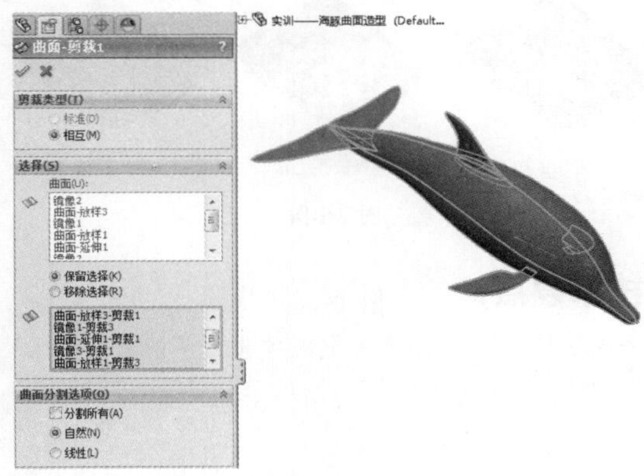

图 16-90

**技术要点：**

在选择要保留的曲面时，注意鼠标指针选取的位置。剪裁曲面自动将曲面转换成实体。

**39** 最后利用圆角工具，创建多半径的圆角特征，如图 16-91 所示。

**40** 至此，完成了海豚的曲面造型设计，最后保存结果。

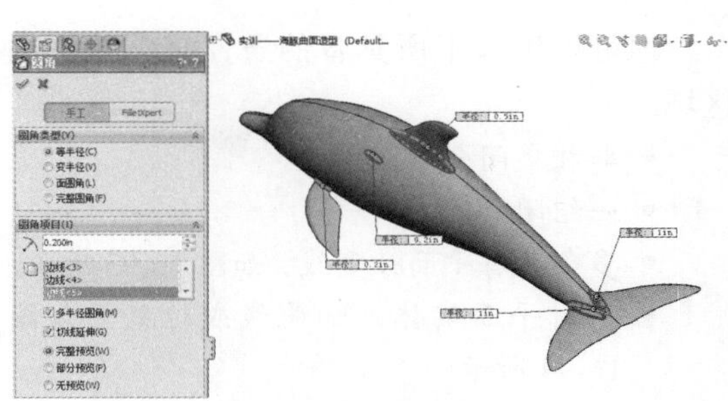

图 16-91

### 16.2.5　边界曲面

边界曲面是以双向在轮廓之间生成边界曲面。边界曲面特征可用于生成在两个方向上（曲面所有边）相切或曲率连续的曲面。大多数情况下，这样产生的结果比放样工具产生的结果质量更高。

边界曲面有两种情况：一种是一个方向上的单一曲线到点；另一种就是两个方向上的交叉曲线，如图 16-92 所示。

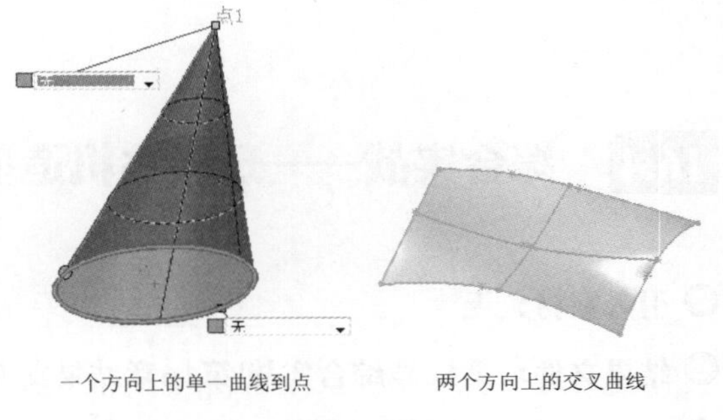


图 16-92

**技术要点：**

方向1和方向2在面板中可以完全相互交换。无论使用方向1还是方向2选择实体，都会获得同样的结果。

## 16.3　平面区域

平面区域是使用草图或一组边线生成的。利用该命令可以由草图生成有边界的平面，草图可以是封闭轮廓，也可以是一对平面实体。

你可以用以下所具备的条件来创建平面区域。

- 非相交闭合草图。
- 一组闭合边线。
- 多条共有平面分型线，如图16-93所示。
- 一对平面实体，如曲线或边线，如图16-94所示。

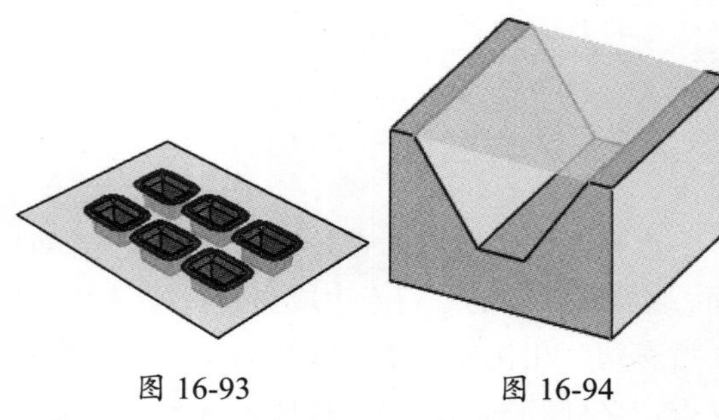

图16-93　　图16-94

单击“平面区域”按钮，属性管理器显示“平面”面板，如图16-95所示。

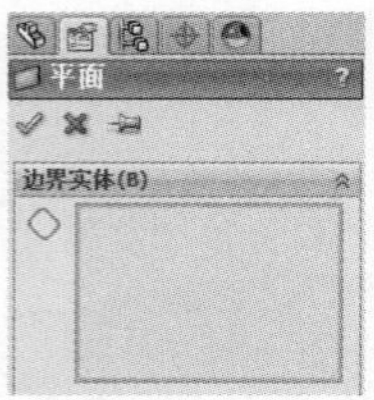


图16-95

**技术要点：**

平面区域工具主要还是用于模具产品拆模工作，即修补产品中出现的破孔，以此获得完整的分型面。

如图16-96所示为某产品破孔的修补过程。

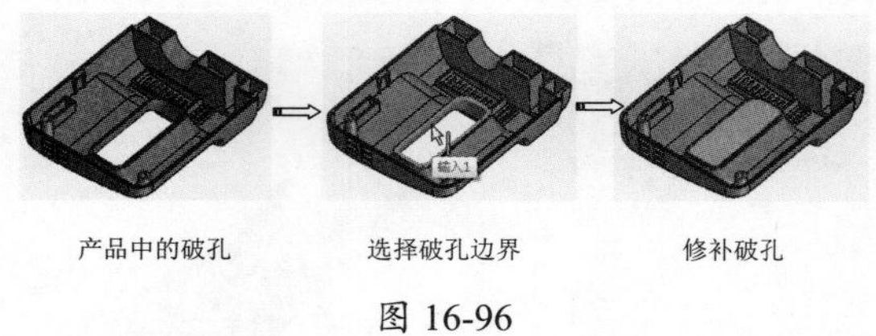


图16-96

**技术要点：**

平面区域只能修补平面中的破孔，不能修补曲面中的破孔。

## 16.4 综合实战——玩具飞机造型

◎ **引入素材：无**

◎ **结果文件：第16章综合实战\第16章结果文件\玩具飞机.sldprt**

◎ **视频文件：玩具飞机.avi**

本章介绍了关于SolidWorks 2018的基本特征建模命令。下面介绍一个玩具飞机的造型过程，造型过程中将用到旋转曲面、分割线、自由形、填充曲面等。

玩具飞机造型如图16-97所示。

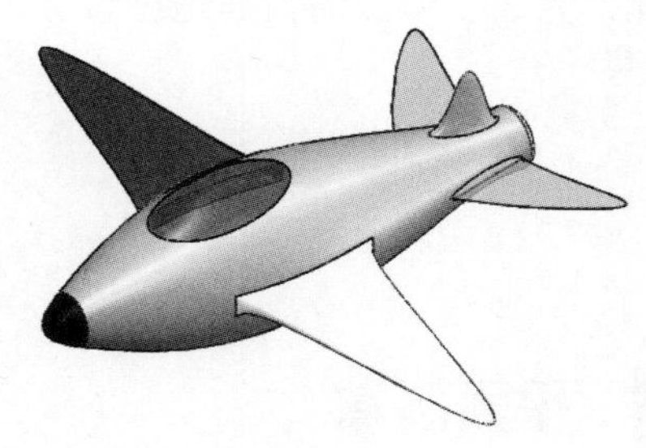

图16-97

**操作步骤**

**01** 新建零件文件。

**02** 在前视基准面上绘制如图 16-98 所示的草图 1。

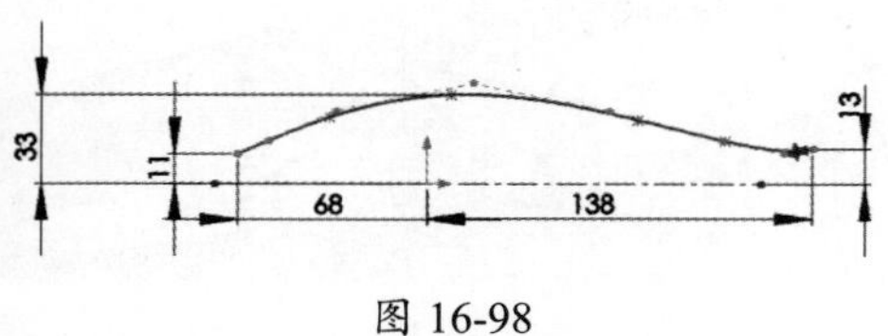

图 16-98

**03** 利用“曲面”选项卡中的“旋转曲面”工具，创建旋转曲面，如图 16-99 所示。

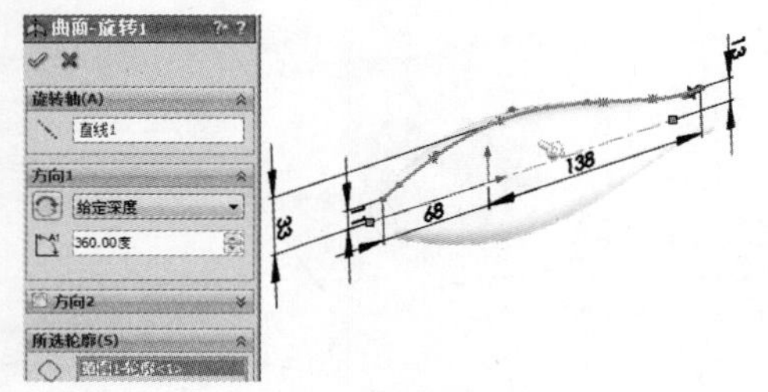

图 16-99

**04** 在前视基准面上绘制如图 16-100 所示的草图 2。

**05** 执行“插入”|“曲线”|“分割线”命令，选择草图曲线并在旋转曲面上进行分割，如图 16-101 所示。

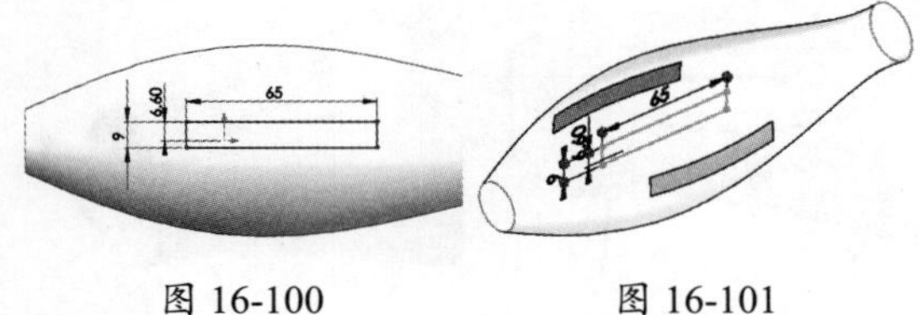

图 16-100　　图 16-101

**06** 单击“自由形”按钮，打开“自由形”面板。选择分割后的曲面进行变形，如图 16-102 所示。

**07** 单击“添加曲线”和“反向（标签）”按钮，然后在变形曲面上添加变形曲线，如图 16-103 所示。

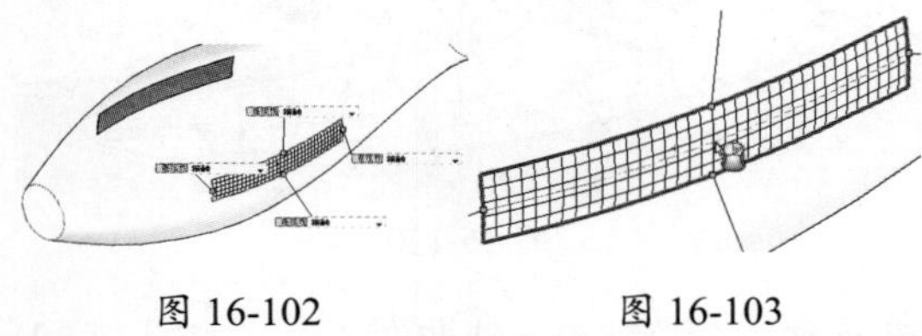

图 16-102　　图 16-103

**08** 单击“添加点”按钮，然后在变形曲线的中点添加变形控制点，如图 16-104 所示。

**09** 按 Esc 键结束添加操作，然后拖动变形控制点，使曲面变形，如图 16-105 所示。

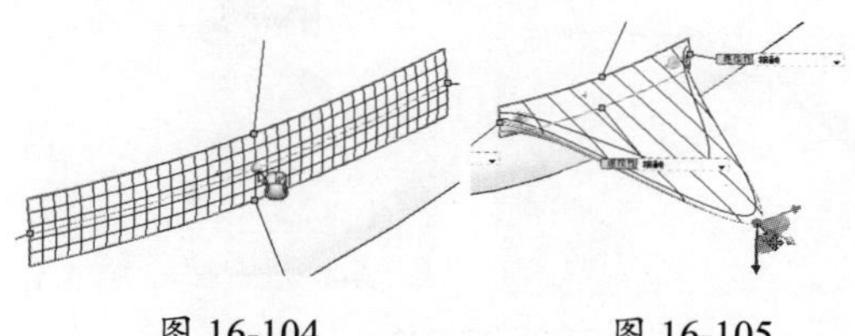

图 16-104　　图 16-105

**10** 在“控制点”选项区设置变形参数，即三重轴的位置坐标，如图 16-106 所示。最后单击“确定”按钮完成曲面的变形操作，如图 16-107 所示。

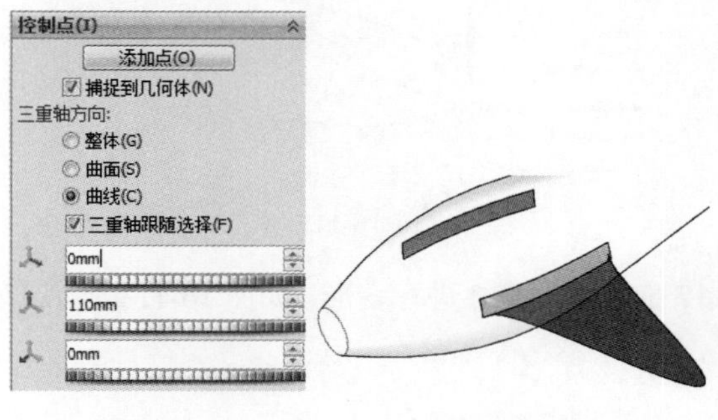


图 16-106　　图 16-107

**11** 在上视基准面绘制草图 3，如图 16-108 所示。

**12** 利用“分割线”工具，用草图 3 单向分割旋转曲面，如图 16-109 所示。

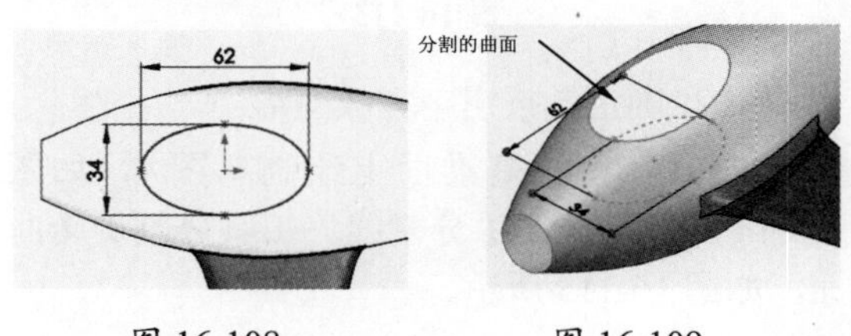


图 16-108　　图 16-109

**13** 利用“自由形”工具，打开“自由形”面板，选择要变形的曲面。

**14** 单击“添加曲线”和“反向（标签）”按钮，在变形曲面上添加变形曲线，如图 16-110 所示。

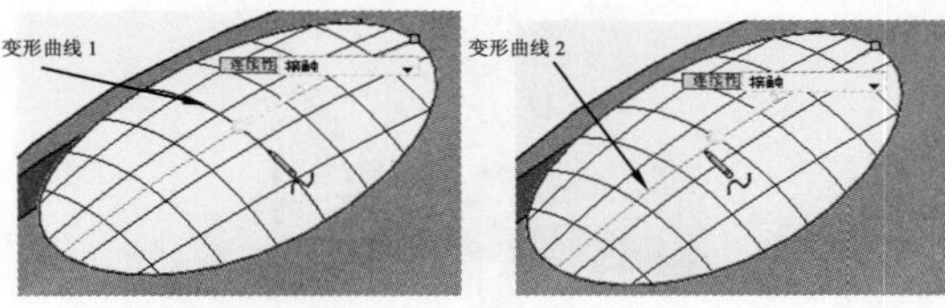


图 16-110

**15** 单击“添加点”按钮，然后在变形曲线上添加两个点，如图 16-111 所示。

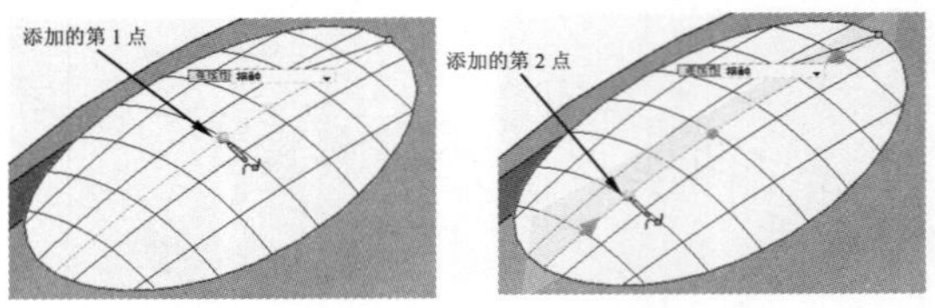


图 16-111

**16** 拖动控制点 1 进行变形，并设置三重轴坐标，如图 16-112 所示。

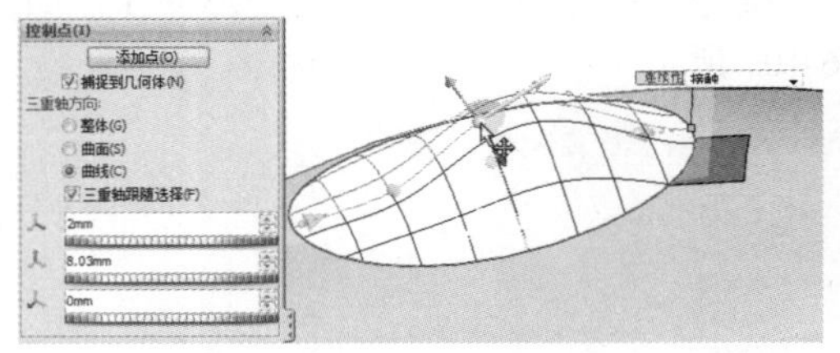


图 16-112

**17** 拖动控制点 2 进行变形，如图 16-113 所示。

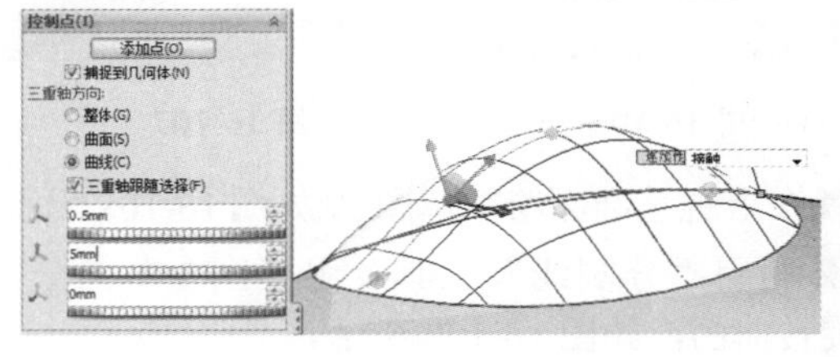


图 16-113

**18** 单击“确定”按钮✔完成变形。

**19** 同理，在前视基准面上绘制草图 4，如图 16-114 所示。利用“分割线”工具分割旋转曲面，如图 16-115 所示。

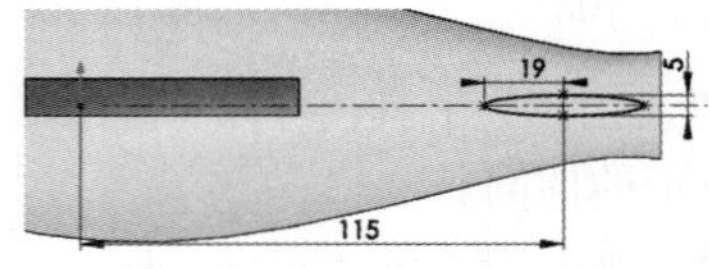


图 16-114

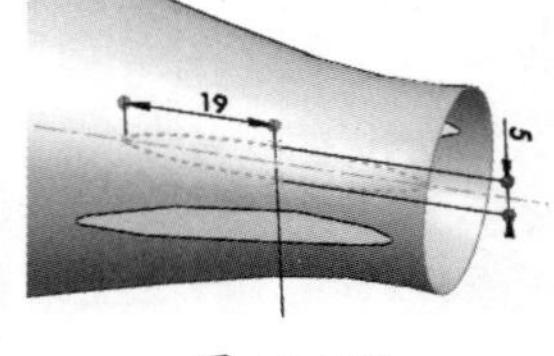


图 16-115

**20** 利用“自由形”工具，添加两条变形曲线和 3 个控制点，如图 16-116 所示。

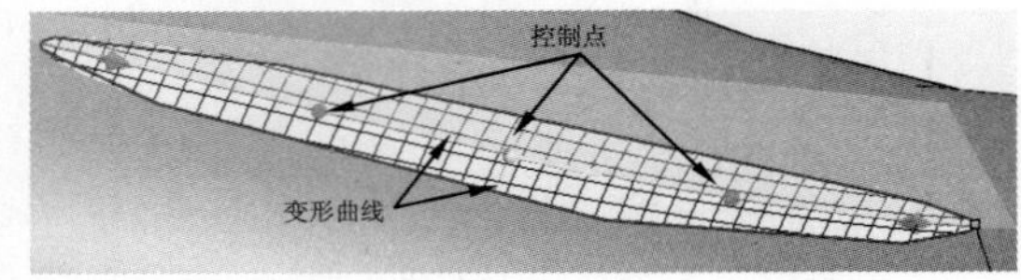


图 16-116

**21** 拖动 3 个控制点，使曲面变形，如图 16-117 所示。

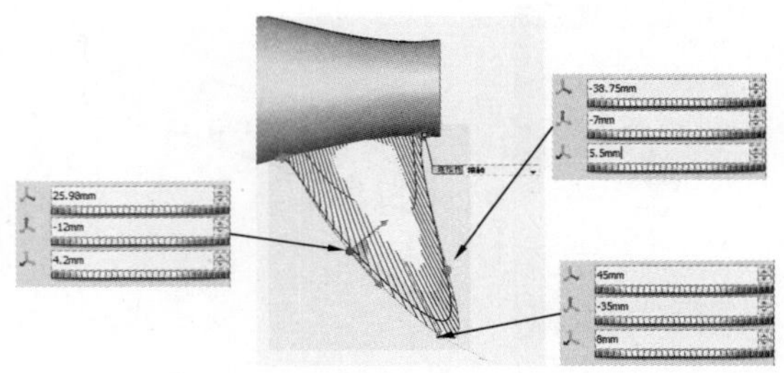


图 16-117

**22** 最后单击“确定”按钮完成曲面的变形操作。

**23** 在上视基准面绘制草图 5，如图 16-118 所示。利用“分割线”工具将旋转曲面分割，如图 16-119 所示。

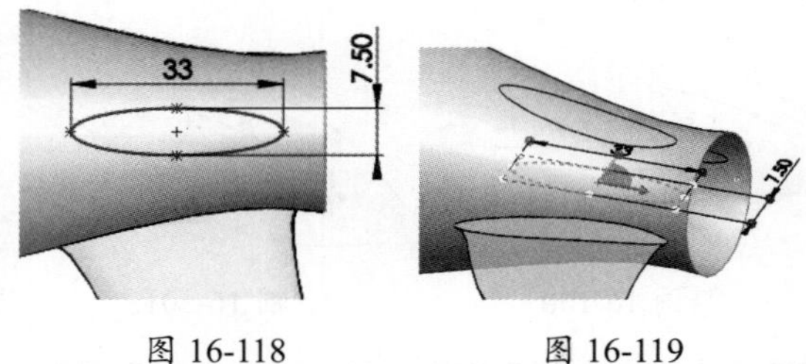


图 16-118　　图 16-119

**24** 利用“自由形”工具，添加两条变形曲线和 3 个控制点，如图 16-120 所示。

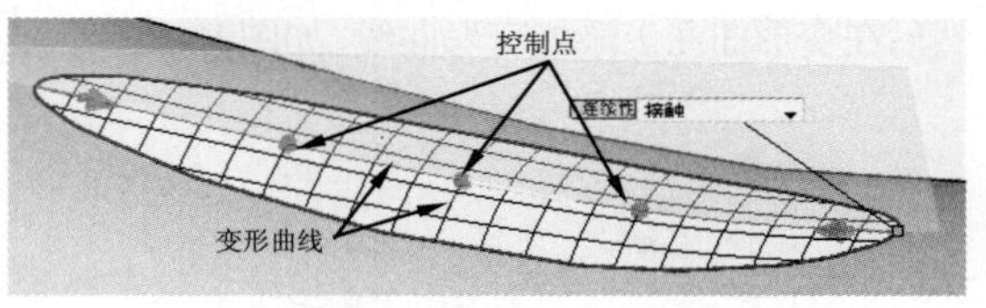


图 16-120

**25** 拖动 3 个控制点，使曲面变形，如图 16-121 所示。

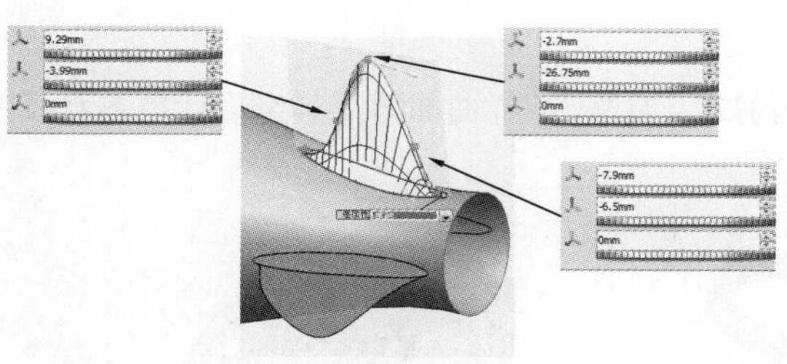


图 16-121

**26** 最后单击“确定”按钮✓完成曲面的变形操作。

**27** 利用“填充曲面”工具，在飞机头部曲面上创建填充曲面，如图 16-122 所示。

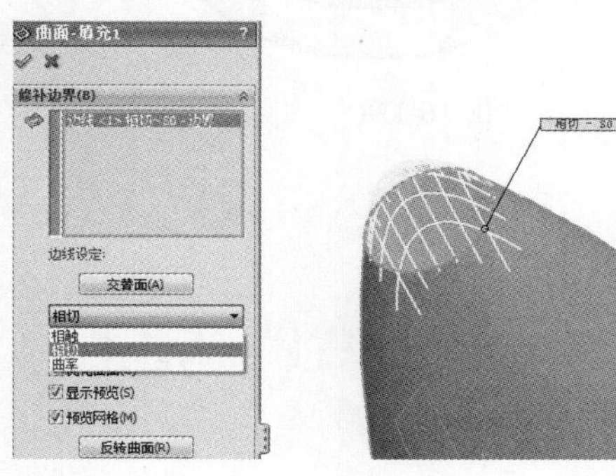


图 16-122

**28** 利用“曲面”选项卡中的“平面区域”工具，在飞机尾部曲面上创建平面区域，如图 16-123 所示。

图 16-123

**29** 利用“特征”选项卡中的“镜像”工具，将机翼和尾翼镜像至前视基准面的另一侧，如图 16-124 所示。

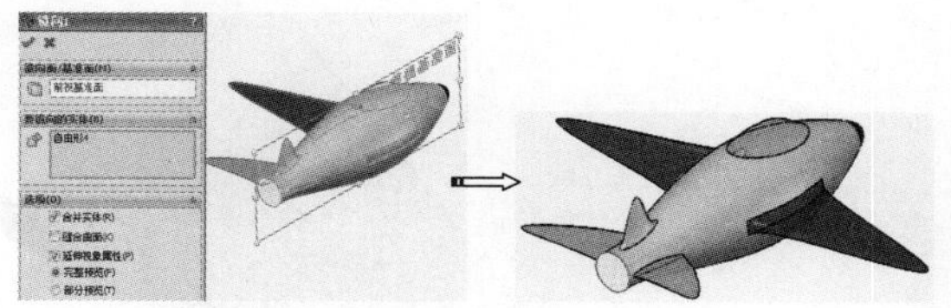

图 16-124

**30** 将主体曲面、填充曲面和平面区域缝合，形成实体，如图 16-125 所示。

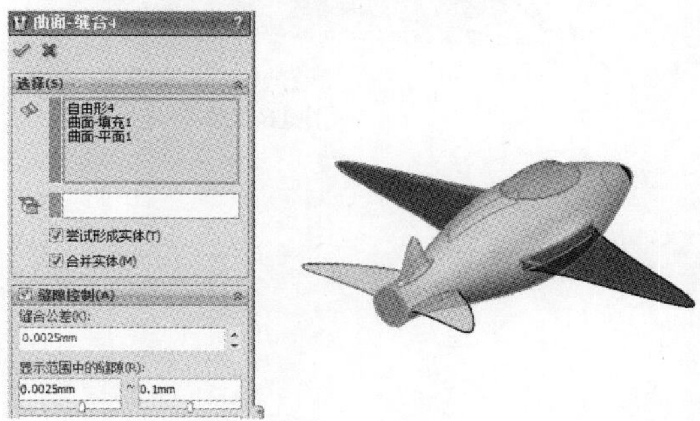


图 16-125

**31** 利用“圆顶”工具，在尾部的平面区域上创建圆顶特征，如图 16-126 所示。

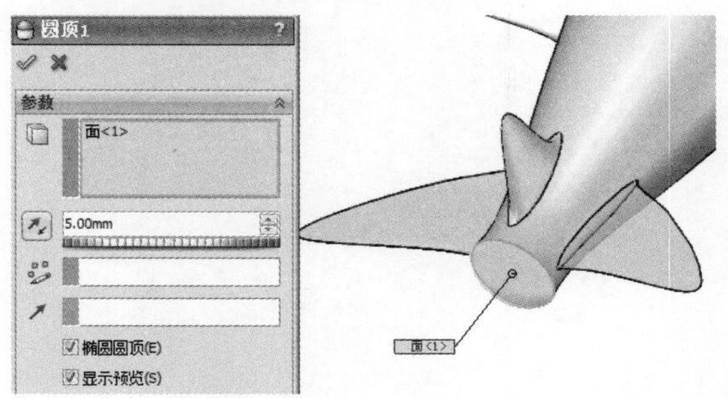


图 16-126

## 16.5 课后习题

### 1. 伞

本练习利用拉伸、旋转、基准面、基准轴、放样曲面、圆周阵列、圆顶、扫描等工具来设计伞的造型，如图 16-127 所示。

### 2. 电热水壶

本练习将利用旋转、拉伸曲面、旋转曲面、曲面剪裁、加厚、放样曲面等工具来设计电热水壶，如图 16-128 所示。

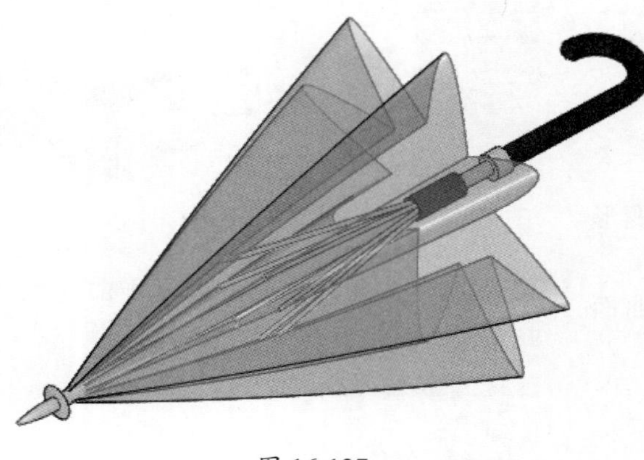

图 16-127

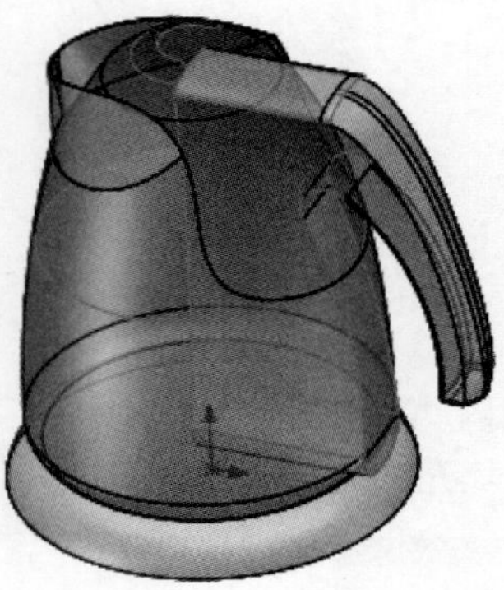

图 16-128

# 第 17 章 高级曲面特征

本章将介绍 SolidWorks 高级曲面特征命令，这里所指的高级曲面，就是在已有曲面基础之上，再进行一些变换操作，如填充、等距偏移、直纹曲面、中面及延展曲面等。

◆ 填充曲面

## 17.1 填充曲面

填充曲面是在现有模型边线、草图或曲线所定义的边框内建造一曲面修补。

用户可以使用此特征来建造一填充模型中有缝隙的曲面，或用来填补模型中的缝隙。填充曲面一般用于：其他软件设计的零件模型没有正确输入 SolidWorks（有丢失的面）；或者用作核心和型腔模具设计的零件中孔的填充；也可以根据需要为工业设计应用建造曲面；通过填充生成实体；作为独立实体的特征或合并那些特征。

单击“曲面”工具栏上的“填充曲面”按钮，或在菜单栏中执行“插入”|“曲面”|“填充曲面”命令，打开“填充曲面”面板，如图 17-1 所示。

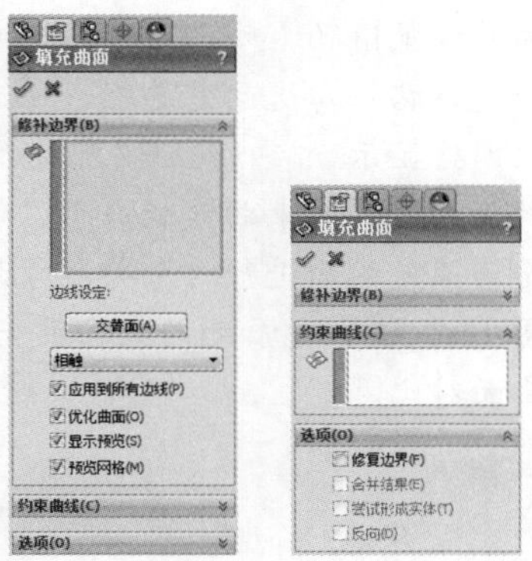


图 17-1

**技术要点：**

“平面区域”只能修补平面中的破孔，而“填充曲面”既可以修补平面中的破孔，还能修补曲面上的破孔。

该面板中主要选项的含义如下。

- 修补边：选取构成破孔的边界。

**技术要点：**

选中的边界必须是封闭的，开放的边界不能进行修补。

- 交替面：切换边界所在的面。当曲率控制设为“相切”时，此边界面不同，所产生的曲面也会不同，如图 17-2 所示。

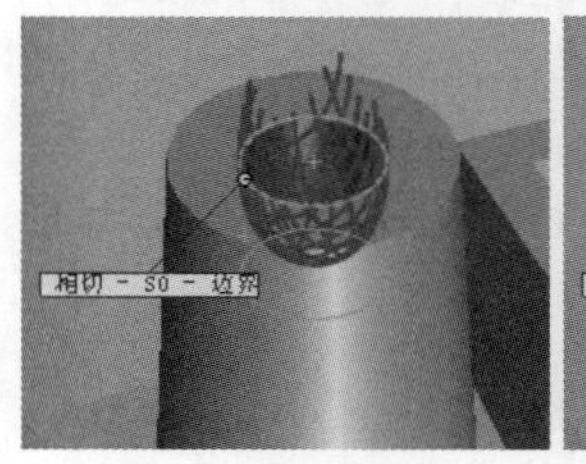

图 17-2

- 曲率控制：对于修补曲面破孔，曲率控制很重要，可以帮助你沿着产品的曲面形状来修补破孔。曲率控制方法有 3 种，分别是接触、相切和曲率。如图 17-3 所示为 3 种曲率的控制效果。

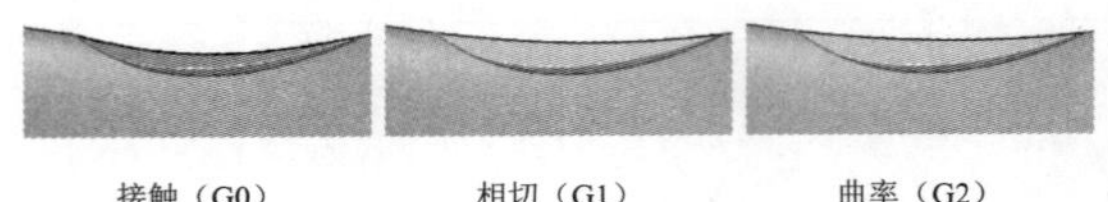

接触（G0）　　相切（G1）　　曲率（G2）

图 17-3

**技术要点：**

从图17-3的曲率控制对比图中可见，连续性越好，曲面就越光顺。

## 曲面连续性

在曲面的造型过程中，经常需要关注曲线和曲面的连续性问题。曲线的连续性通常是曲线之间端点的连续问题，而曲面的连续性通常是曲面的边线之间的连续问题，曲线和曲面的连续性通常有位置连续、斜率连续、曲率连续3种常用类型。

- 位置连续：SolidWorks 中称“接触”。曲线在端点处连接或者曲面在边线处连接，通常称为“G0 连续”，如图 17-4 所示。

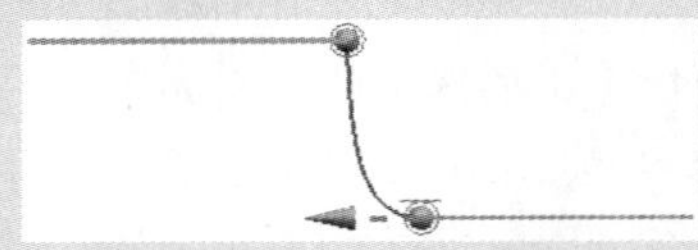

图 17-4

- 斜率连续：SolidWorks 中称“相切”。对于斜率连续，要求曲线在端点处连接，并且两条曲线在连接的点处具有相同的切向并且切向夹角为 0°。对于曲面的斜率连续，要求曲面在边线处连接，并且在连接线上的任何一点，两个曲面都具有相同的法向，斜率连续通常称为“G1 连续”，如图 17-5 所示。

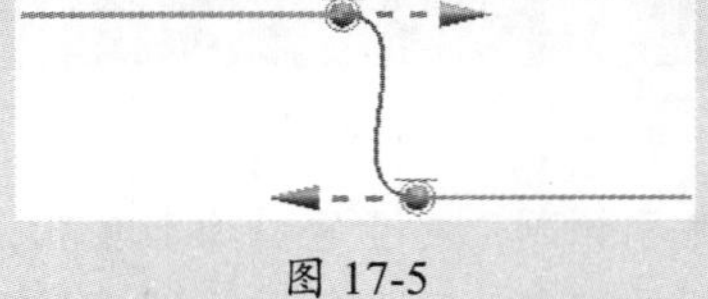

图 17-5

- 曲率连续：SolidWorks 中称“曲率”。曲率连续性通常称为“G2 连续”。对于曲线的曲率连续，要求在 G1 连续的基础上，曲线在接点处曲率具有相同的方向，并且曲率大小相同。对于曲面的曲率连接，要求在 G1 的基础上，两个曲面与公共曲面的交线也具有 G2 连续，如图 17-6 所示。

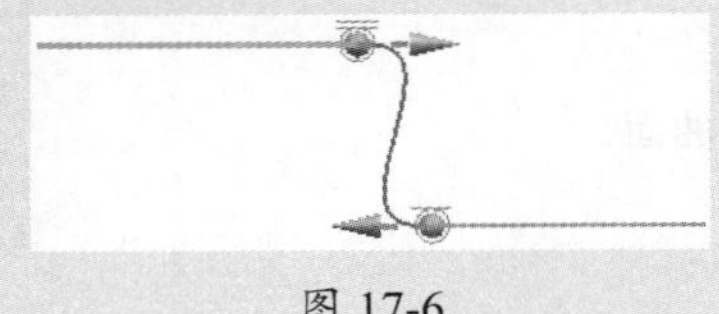

图 17-6

- 应用到所有边线：勾选此复选框，可以将相同的曲率控制应用到所有边线上。

**技术要点：**

如果在接触以及相切应用到不同边线后选择功能，将应用当前选择到所有边线。

- 优化曲面：对二或四边曲面选择优化曲面选项。优化曲面选项是与放样的曲面相类似的简化曲面修补。优化的曲面修补的潜在优势包括：重建时间加快以及当与模型中的其他特征一起使用时增强稳定性。
- 显示预览：勾选此复选框，显示填充曲面的预览情况。
- 预览网格：勾选此复选框，填充曲面将以网格显示。
- 约束曲线：约束曲线相当于引导线，就是为填充曲面进行约束的参考曲线。如图 17-7 所示为添加约束曲线后的填充曲面对比。

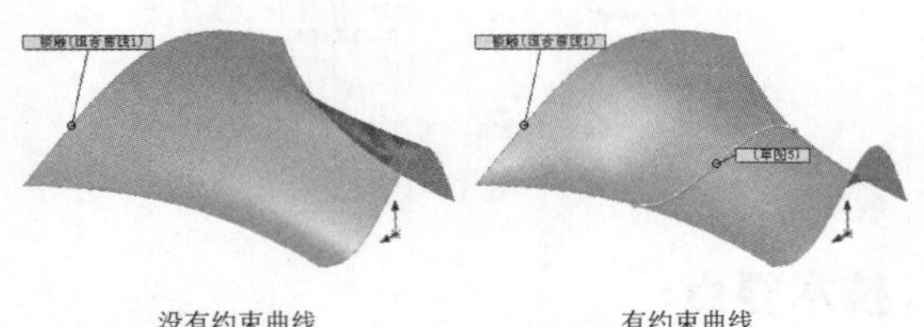

没有约束曲线　　有约束曲线

图 17-7

- 修复边界：当所选的边界曲面中存在缝隙时（使边界不能封闭），可以勾选此复选框，自动修复间隙，构造一个有效的填充边界，如图 17-8 所示。

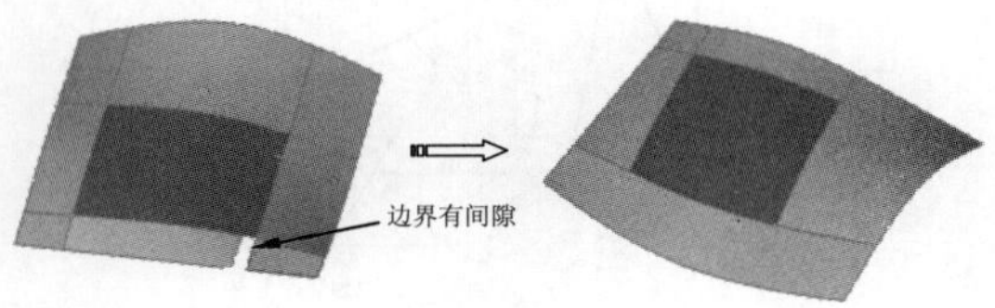


图 17-8

- 合并结果：勾选此复选框，将填充曲面与周边的曲面缝合。
- 尝试形成实体：如果创建的填充曲面与周边曲面会形成封闭，勾选“合并结果”和“尝试形成实体”复选框，会生成实体特征。
- 反向：勾选此复选框，更改填充曲面的方向。

**动手操作——产品破孔的修补**

操作步骤

**01** 打开本例的素材源文件“灯罩 .sldprt”。

**02** 从产品上看，存在 5 个小孔和一个大孔，鉴于模具分模要求，将曲面修补在产品外侧——即外侧表面的孔边界上，如图 17-9 所示。

**03** 单击“填充曲面”按钮，打开“填充曲面”面板。首先依次选取大孔中的边界，如图 17-10 所示。

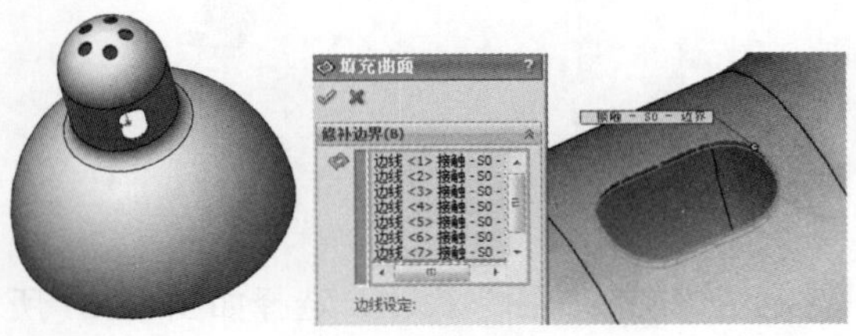

图 17-9　　图 17-10

**技术要点：**

修补边界可以不按顺序进行选取，这不会影响修补的效果。

**04** 单击“交替面”按钮，改变边界曲面，如图 17-11 所示。

**技术要点：**

更改边界曲面，可以使修补曲面与产品外表面的形状保持一致。

**05** 单击“确定”按钮完成大孔的修补，如图 17-12 所示。

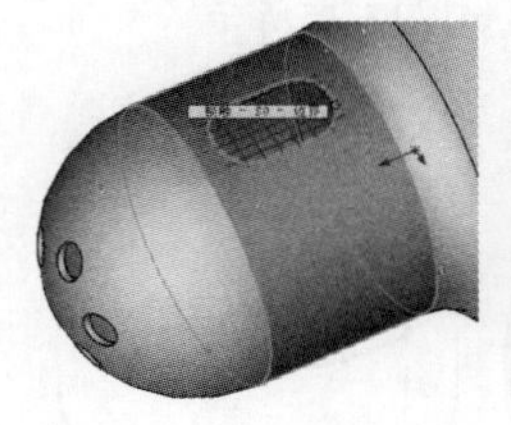

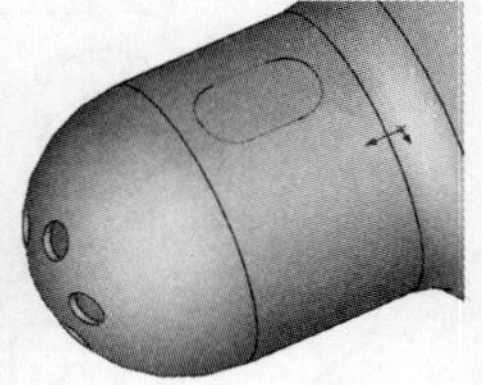

图 17-11　　图 17-12

**06** 同理，再执行 5 次“填充曲面”命令，将其余的 5 个小孔按此方法进行修补，曲率控制方式为“曲率”，结果如图 17-13 所示。

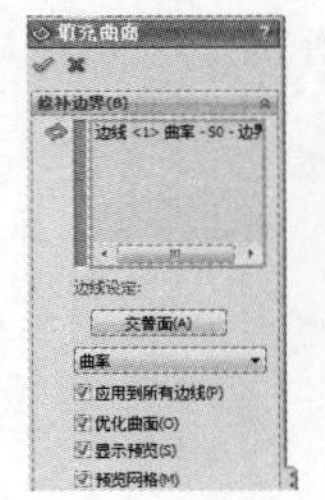

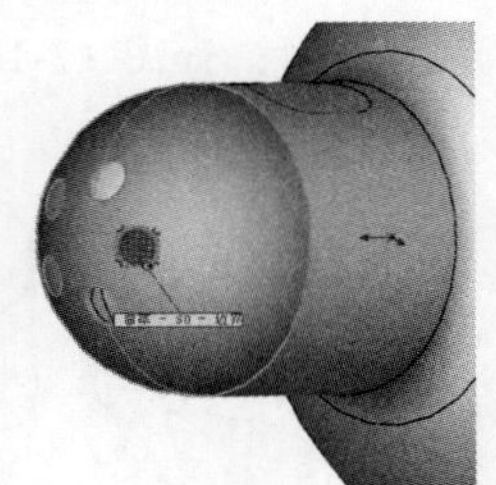

图 17-13

## 17.1.1　等距曲面

“等距曲面”工具用来创建基于原曲面的等距缩放特征曲面，当偏移复制的距离为 0 时，是一个复制曲面的工具，功能等同于“移动 / 复制实体”工具。

单击“曲面”工具条上的“等距曲面”按钮，或在菜单栏中执行“插入”|“曲面”|“等距曲面”命令，打开“等距曲面”面板，如图 17-14 所示。

图 17-14

“等距曲面”面板仅有两个选项。

- 要等距的曲面或面：选取要等距复制的曲面或平面。

**技术要点：**

对于曲面，等距复制将产生缩放曲面。对于平面，等距复制不会缩放，如图17-15所示。

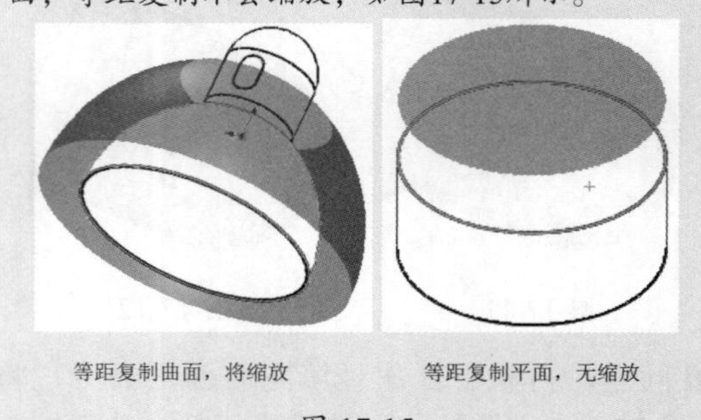


图 17-15

- 反转等距方向：单击此按钮，更改等距方向，如图 17-16 所示。

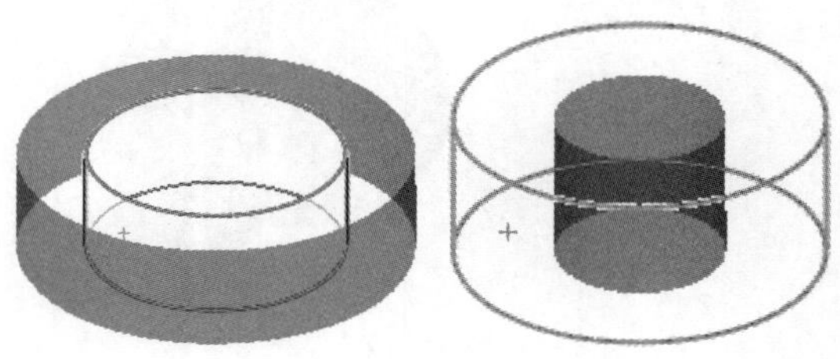

默认等距方向　　反转等距方向

图 17-16

**技术要点：**

无论在模型中选择多少个曲面进行等距复制，只要原曲面是整体的，等距复制后仍然是整体的。

### 动手操作——金属汤勺曲面造型

#### 操作步骤

**01** 新建零件文件。

**02** 利用“草图绘制”命令在前视基准面上绘制如图 17-17 所示的草图 1。

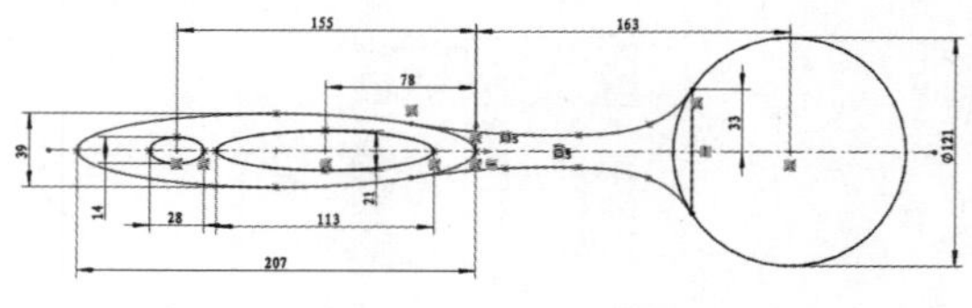

图 17-17

**03** 利用“草图绘制”命令在上视基准面上绘制如图 17-18 所示的草图 2。

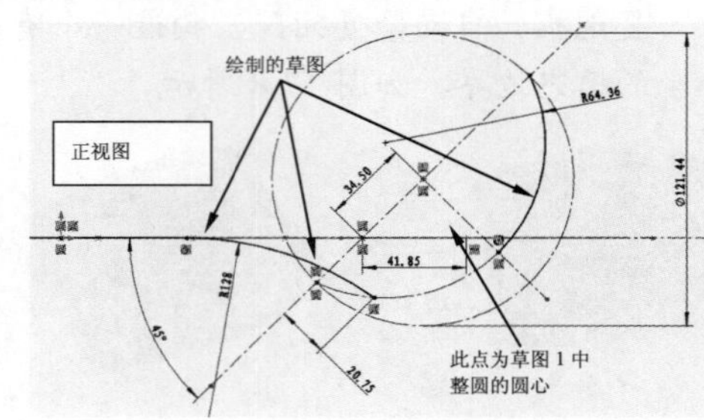


图 17-18

**技术要点：**

由于线条比较多，为了让大家看清楚绘制了多少曲线，将原参考草图1暂时隐藏，如图17-19所示。

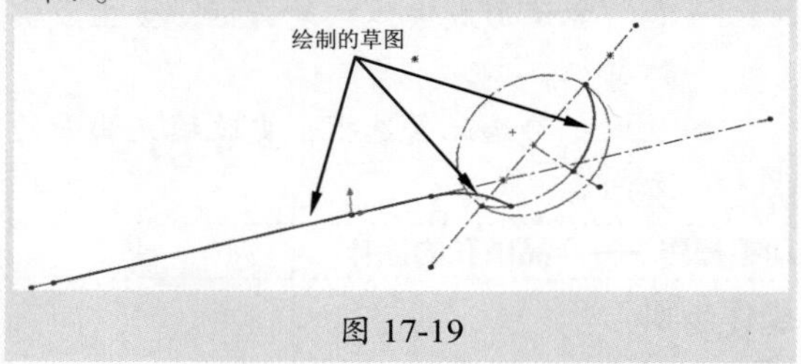


图 17-19

**04** 利用“拉伸曲面”命令，选择草图 2 中的部分曲线来创建拉伸曲面，如图 17-20 所示。

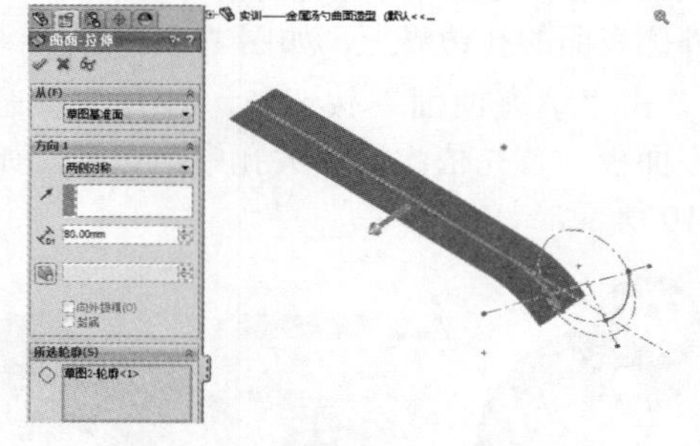

图 17-20

**05** 利用“旋转曲面”命令，选择如图 17-21 所示的旋转轮廓和旋转轴来创建旋转曲面。

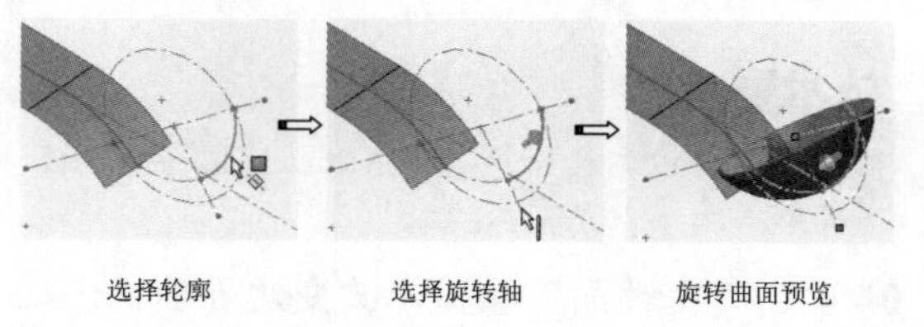


图 17-21

**06** 利用“剪裁曲面”命令，以“标准剪裁”类型，选择草图 1 作为剪裁工具，并在拉伸曲面中选择要保留的曲面部分，如图 17-22 所示。

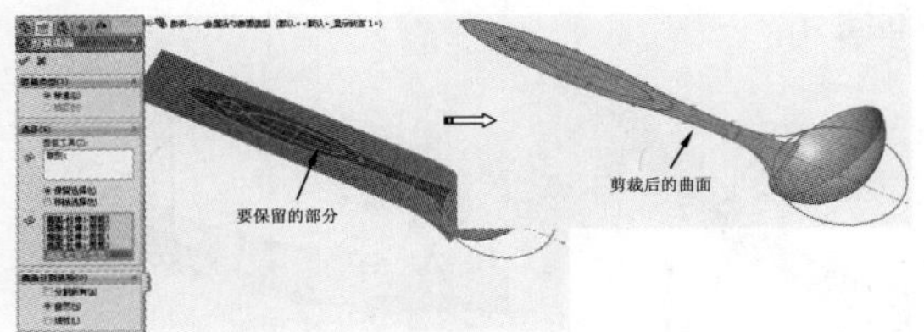


图 17-22

**07** 单击“等距曲面”按钮，打开“曲面 - 等距 1”面板，选择如图 17-23 所示的曲面进行等距复制。

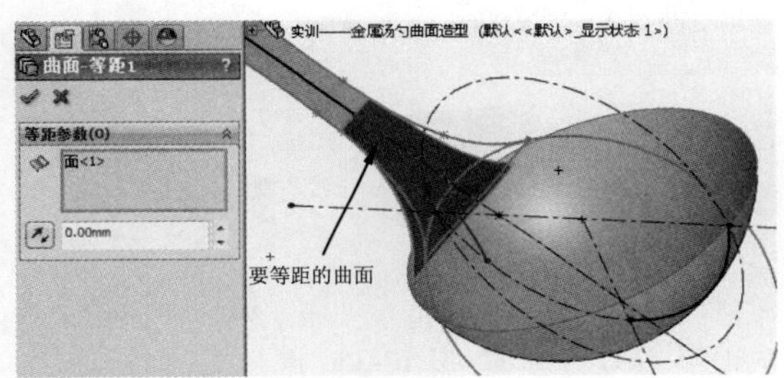


图 17-23

**08** 利用“基准面”工具，创建如图 17-24 所示的基准面 1。

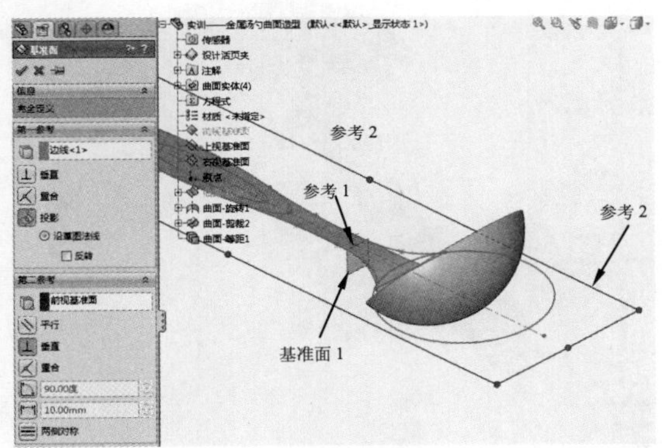


图 17-24

**09** 利用“剪裁曲面”工具，以基准面 1 为剪裁工具，剪裁如图 17-25 所示的曲面（此曲面为前面剪裁后的曲面）。

**10** 单击“加厚”按钮，打开“加厚”面板。选择剪裁后的曲面进行加厚，厚度为 10，单击“确定”按钮完成加厚操作，如图 17-26 所示。

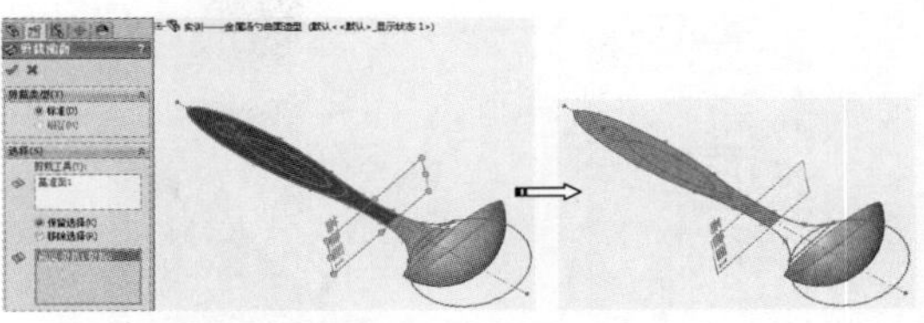

图 17-25

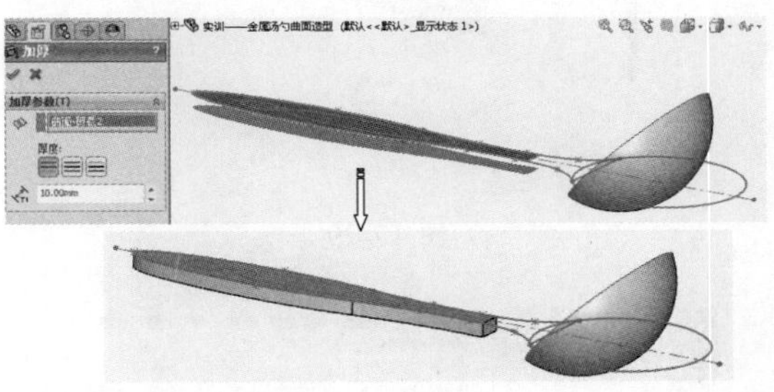

图 17-26

**11** 利用“圆角”工具，对加厚的曲面进行圆角处理，半径为 3，结果如图 17-27 所示。

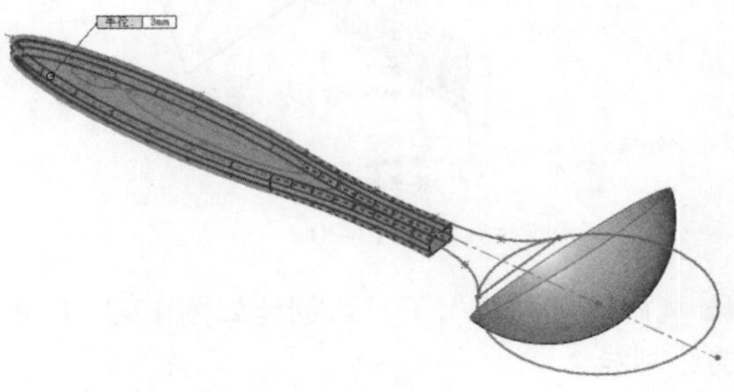

图 17-27

**12** 单击“删除面”按钮，然后选择如图 17-28 所示的两个面并删除。

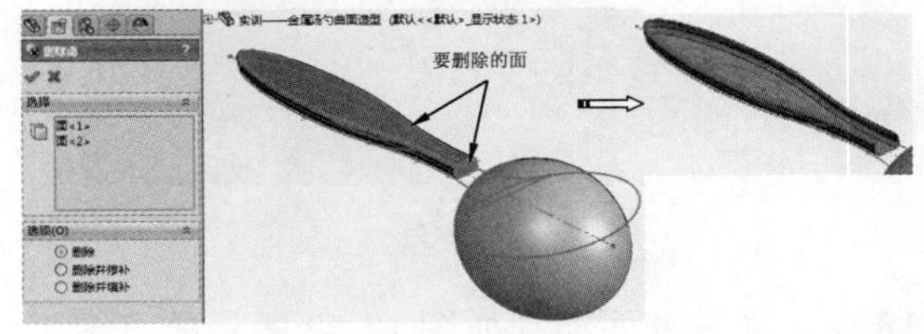


图 17-28

**13** 利用“直纹曲面”工具，选择等距曲面 1 上的边来创建直纹曲面，如图 17-29 所示。

**14** 利用“分割线”工具，选择上视基准面作为分割工具，选择两个曲面作为分割对象，创建如图 17-30 所示的分割线 1。

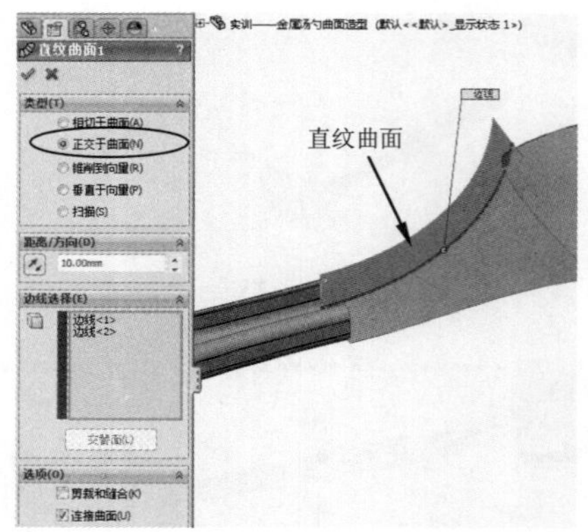


图 17-29

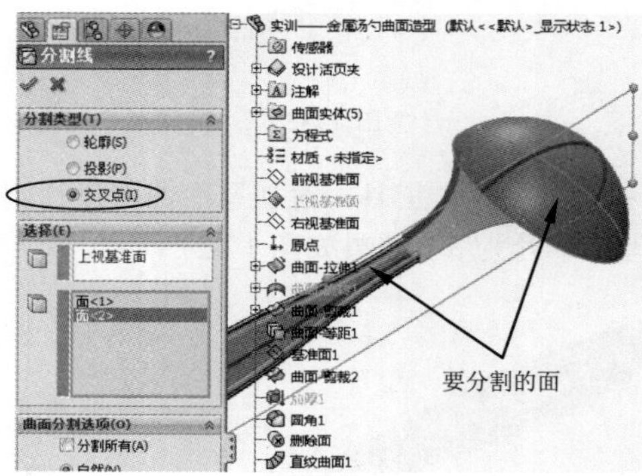


图 17-30

**15** 利用“分割线”工具，创建如图 17-31 所示的分割线 2。

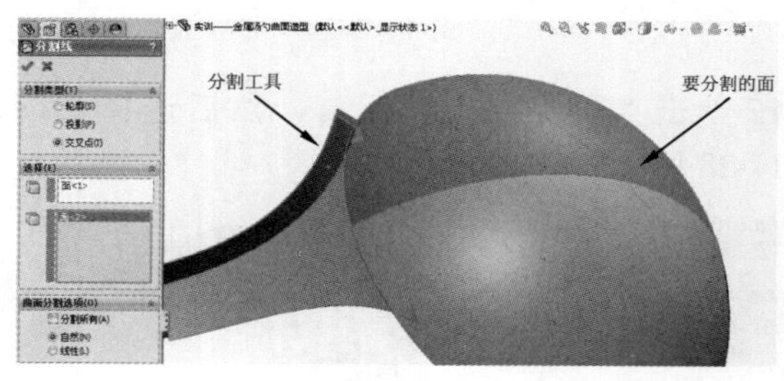


图 17-31

**16** 在上视基准面绘制如图 17-32 所示的草图 3。

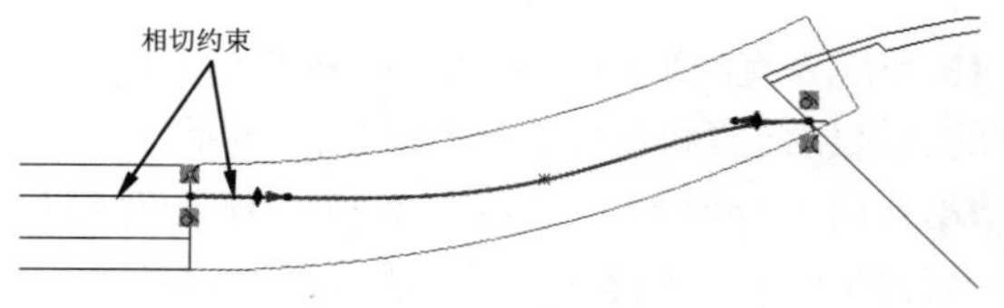


图 17-32

**17** 利用“投影曲线”工具，将草图 3 投影到直纹曲面上，如图 17-33 所示。

**18** 随后在上视基准面上绘制如图 17-34 所示的草图 4。

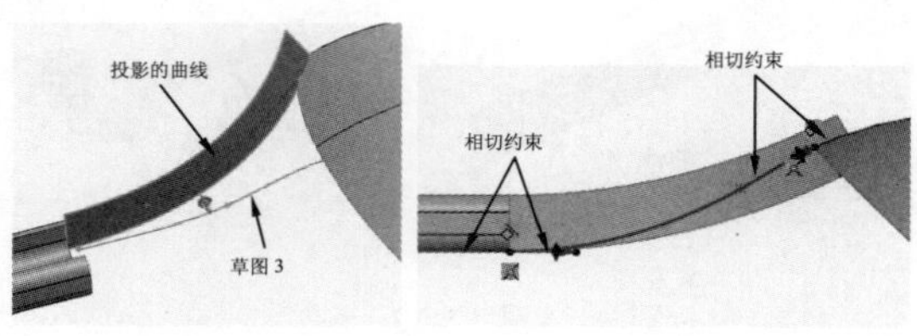


图 17-33　　图 17-34

**19** 利用“组合曲线”工具，选择如图 17-35 所示的 3 条边创建组合曲线。

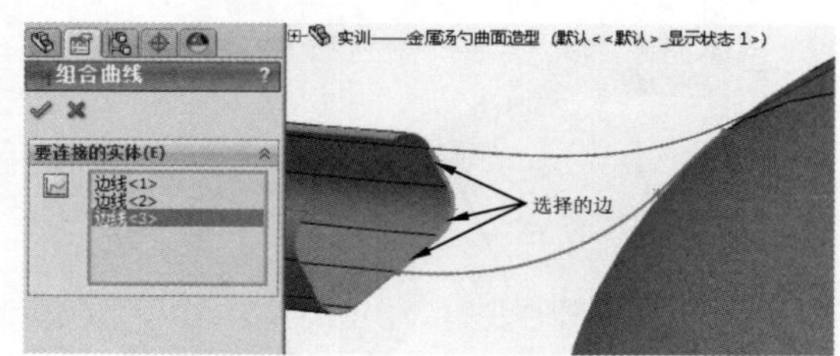


图 17-35

**20** 利用“放样曲面”工具，创建如图 17-36 所示的放样曲面。

图 17-36

**21** 利用“镜像”工具，将放样曲面镜像至上视基准面的另一侧，如图 17-37 所示。

**22** 在上视基准面绘制如图 17-38 所示的草图 5。

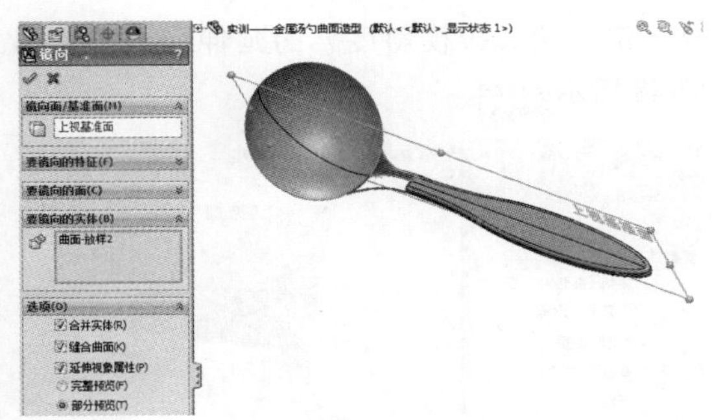

图 17-37

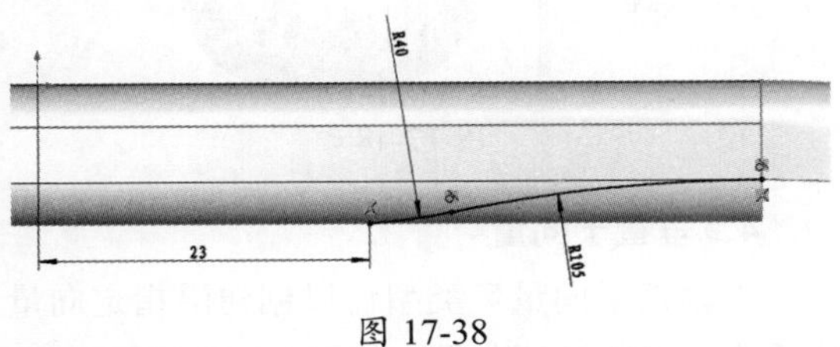


图 17-38

**23** 利用“剪裁曲面”工具，以草图 5 中的曲线剪裁手把曲面，如图 17-39 所示。

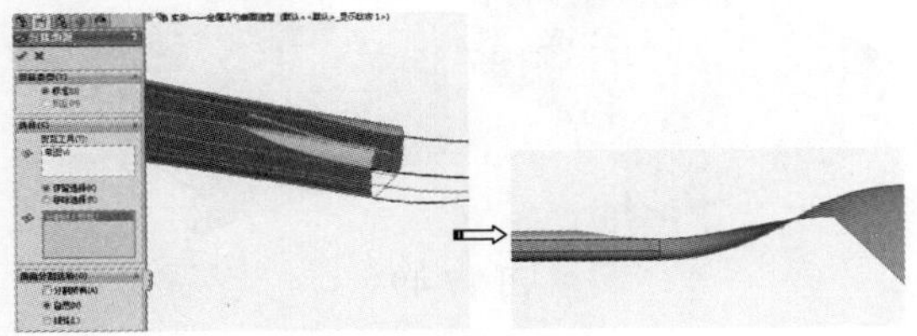

图 17-39

**24** 利用“缝合曲面”工具，缝合所有曲面。再利用“加厚”命令，创建厚度为 0.8 的特征。

**25** 至此，完成了汤勺的造型设计，结果如图 17-40 所示。

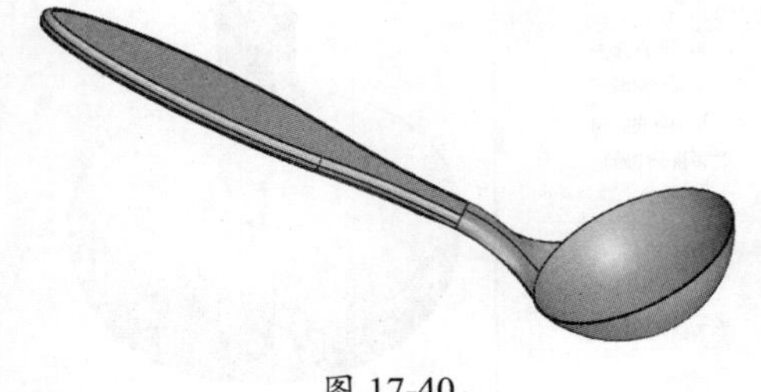

图 17-40

### 17.1.2 直纹曲面

“直纹曲面”工具是通过实体、曲面的边来定义曲面的。单击“直纹曲面”按钮，打开“直纹曲面”面板，如图 17-41 所示。

图 17-41

该面板中提供了 5 种直纹曲面的创建类型，介绍如下。

#### 1．相切于曲面

“相切于曲面”类型可以创建相切于所选曲面的延伸面，如图 17-42 所示。

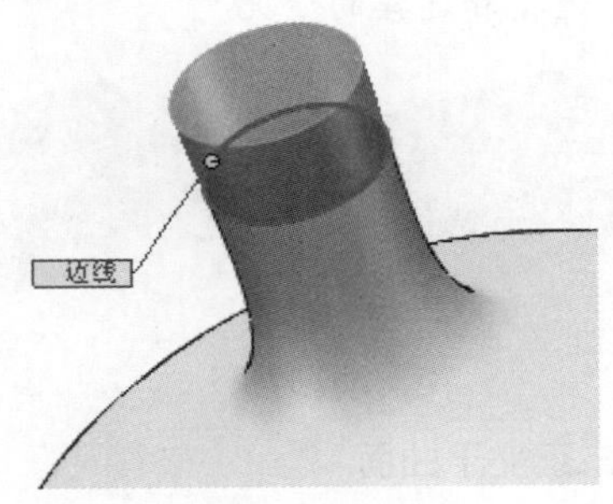


图 17-42

**技术要点：**

“直纹曲面”不能创建基于草图和曲线的曲面。

- 交替面：如果所选的边线为两个模型面的共边，可以单击“交替面”按钮切换相切曲面，以获取想要的曲面，如图 17-43 所示。

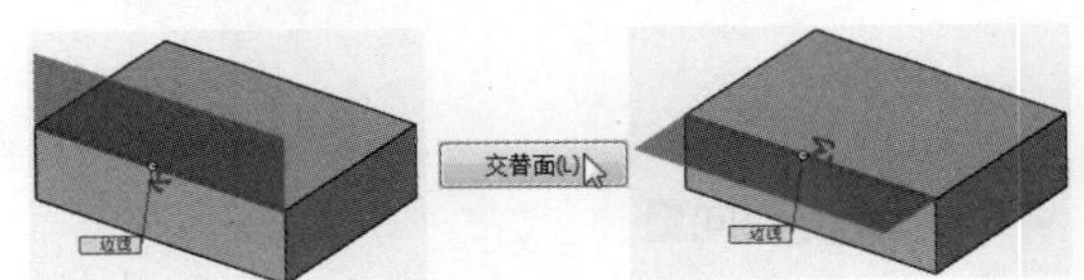


图 17-43

**技术要点：**

如果所选边线为单边，“交替面”按钮将灰显（不可用）。

- 裁剪和缝合：当所选的边线为两个或两个以上且相连，“裁剪和缝合”选项被激活。此选项用来相互剪裁和缝合所产生的直纹面，如图17-44所示。

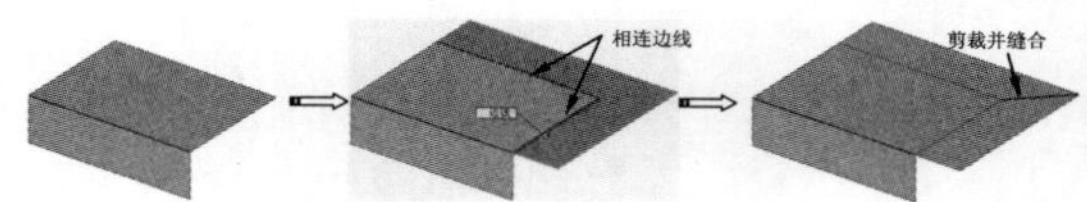


图 17-44

**技术要点：**

如果取消勾选此选项，将不进行缝合，但会自动修剪。如果所选的多边线不相连，那么勾选此选项就不再有效。

- 连接曲面：勾选此复选框，具有一定夹角且延伸方向不一致的直纹面，将以圆弧过渡进行连接。如图17-45所示为不连接和连接的情况。

图 17-45

### 2. 正交于曲面

“正交于曲面”类型是创建与所选曲面边正交（垂直）的延伸曲面，如图17-46所示。单击“反向”按钮可改变延伸方向，如图17-47所示。

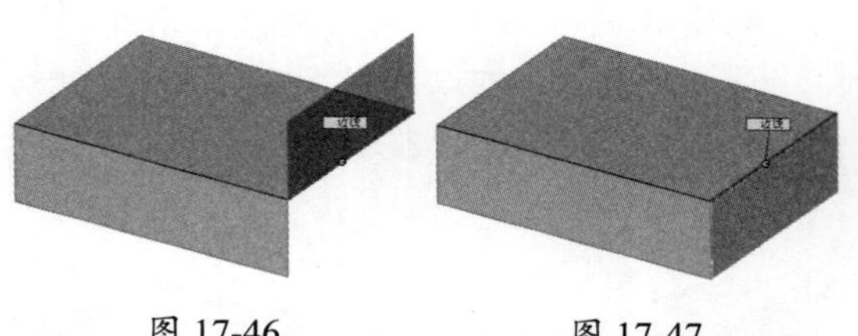

图 17-46　　图 17-47

### 3. 锥削到向量

“锥削到向量”类型可以创建沿指定向量成一定夹角（拔模斜度）的延伸曲面，如图17-48所示。

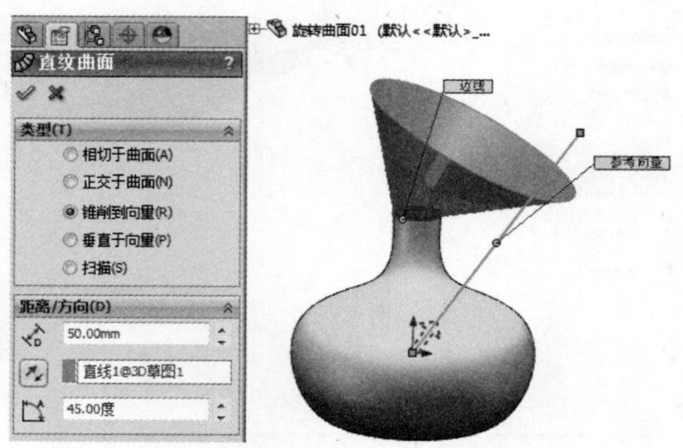


图 17-48

### 4. 垂直于向量

“垂直于向量”类型可以创建沿指定向量成垂直角度的延伸曲面，如图17-49所示。

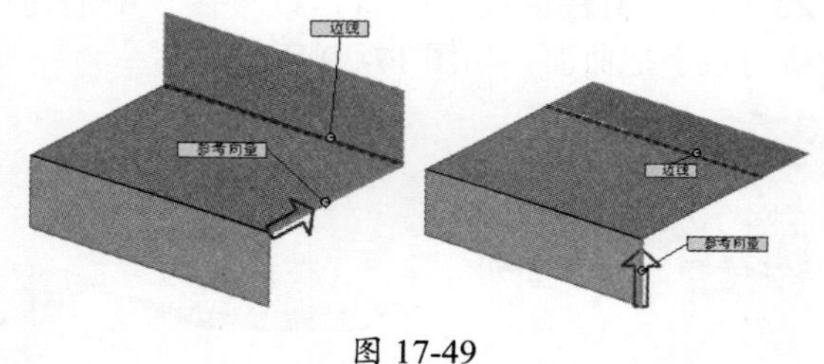


图 17-49

### 5. 扫描

“扫描”类型可以创建沿指定参考边线、草图及曲线的延伸曲面，如图17-50所示。

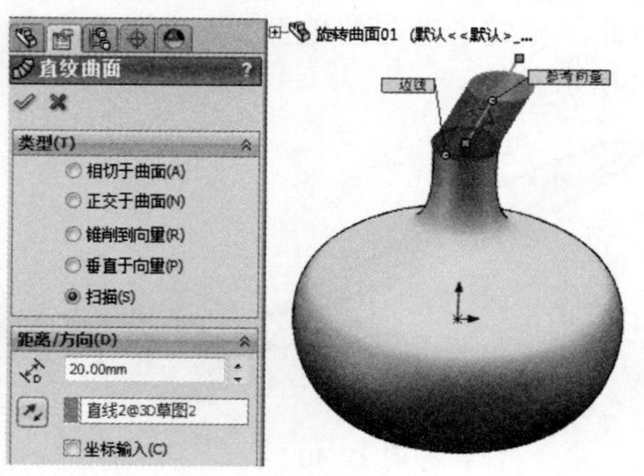


图 17-50

### 17.1.3　中面

“中面”就是在两组实体面中间创建面。

“中面”工具可以在实体上所选的双对面之间生成中面。合适的双对面应彼此等距，面必须属于同一实体。例如，两个平行的基准面或两个同心圆柱面，即是合适的双对面。

生成中面的过程如图 17-51 所示。

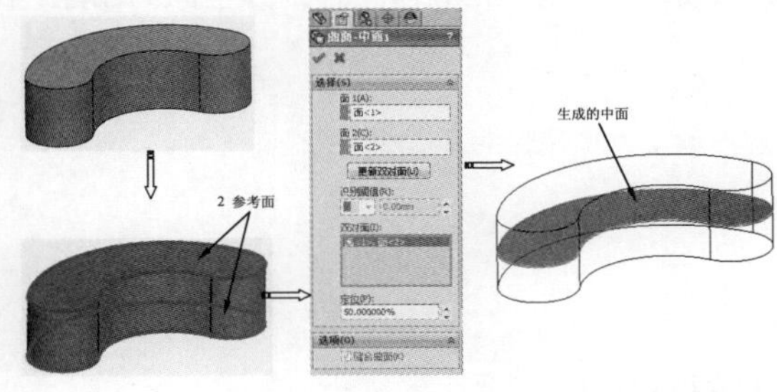


图 17-51

### 17.1.4　延展曲面

“延展曲面”是通过选择平面参考来创建实体或曲面边线的新曲面。多数情况下，我们也利用此工具来设计简单产品的模具分型面。

单击“延展曲面”按钮，打开“延展曲面”面板，如图 17-52 所示。

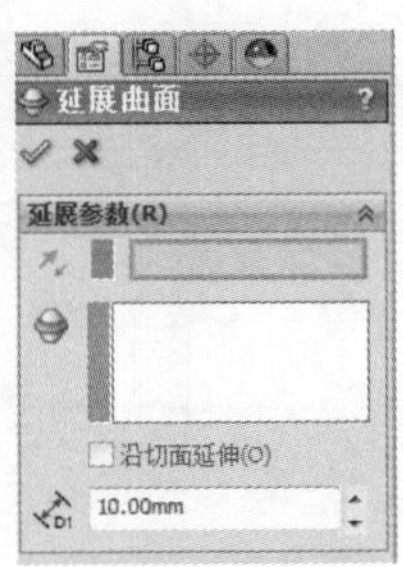


图 17-52

该面板中各属性含义如下。

- 延展方向参考：单击此收集器，为创建延展曲面选择延展方向，延展方向与所选平面为同一方向，即平行于所选平面（平面包括平的面和基准平面）。
- 反转延展方向：单击此按钮，将改变延展方向。
- 要延展的边线：选取要延展的实体边或曲面边。
- 沿切面延伸：勾选此复选框，将创建与所选边线都相切的延展曲面，如图 17-53 所示。

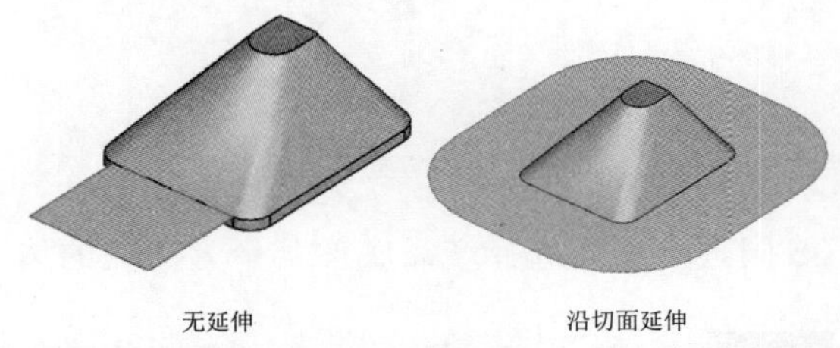


图 17-53

- 延展距离：输入延展曲面的延展长度。

**动手操作——创建产品模具分型面**

利用延展曲面工具，创建如图 17-54 所示的某产品模具分型面。

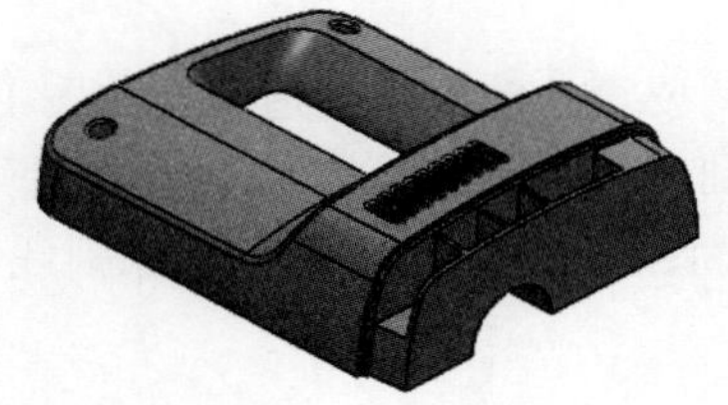

图 17-54

**01** 打开本例源文件“产品 .sldprt”。

**02** 单击“延展曲面”按钮，打开“延展曲面”面板。首先选择右视基准面作为延展方向参考，如图 17-55 所示。

**03** 依次选取产品一侧、连续的底部边线作为要延展的边线，如图 17-56 所示。

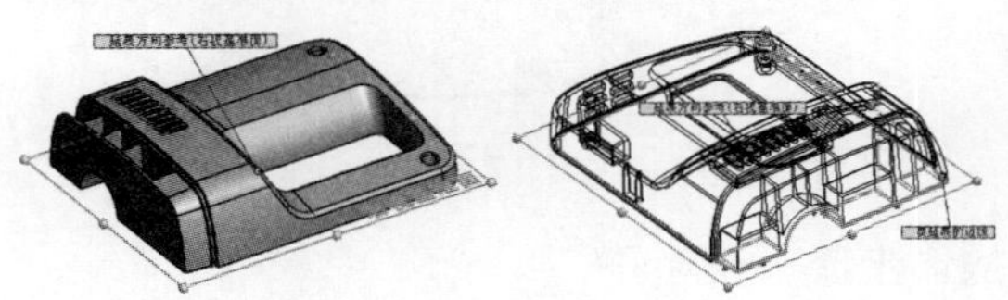

图 17-55　　图 17-56

**技术要点：**

选取的边线必须是连续的。如果不连续，可以分多次来创建延展曲面，最后缝合曲面即可。

**04** 输入延展距离为 100，单击“确定”按钮

✔，完成延展的曲面创建，如图17-57所示。

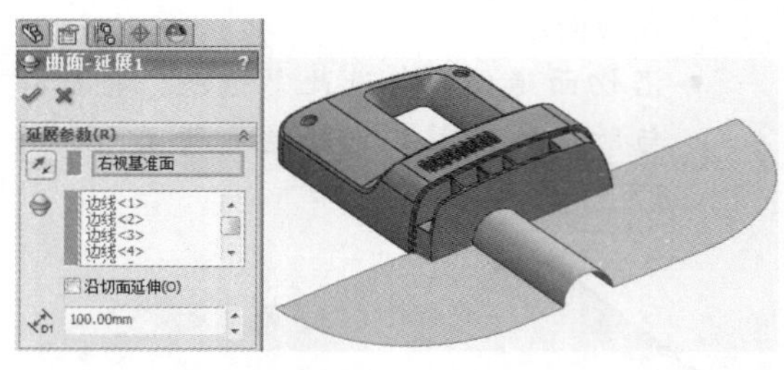


图 17-57

**05** 同理，继续选择产品底部其余方向侧的边线来创建延展曲面，结果如图17-58所示。

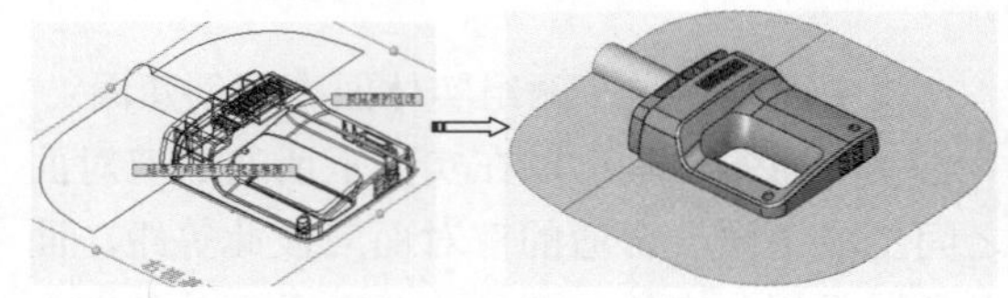

图 17-58

**06** 最后利用“缝合曲面”工具，缝合两个延展曲面成一个整体，完成模具外围分型面的创建。

## 17.2 综合实战——牛仔帽造型设计

◎ **引入素材：无**

◎ **结果文件：第17章综合实战\第17章结果文件\牛仔帽.sldprt**

◎ **视频文件：牛仔帽.avi**

本例要设计的牛仔帽造型，如图17-59所示。将利用拉伸曲面、剪裁曲面、放样曲面、填充曲面、等距曲面、加厚及分割线等工具完成。

图 17-59

### 操作步骤

**01** 新建零件文件。

**02** 在前视基准面上绘制草图1，如图17-60所示。

**03** 利用“拉伸曲面”工具，选择草图1作为拉伸截面曲线，创建如图17-61所示的拉伸曲面。

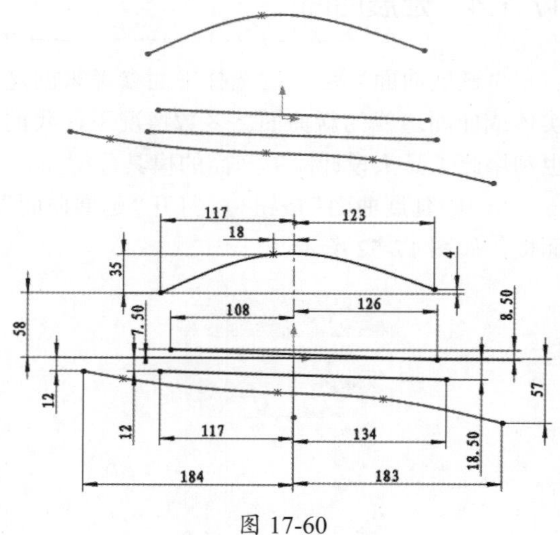


图 17-60

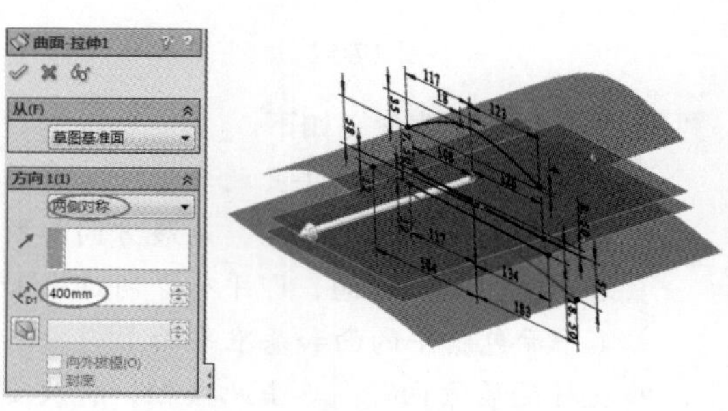


图 17-61

**04** 在上视基准面上继续绘制草图2，如图 17-62 所示。

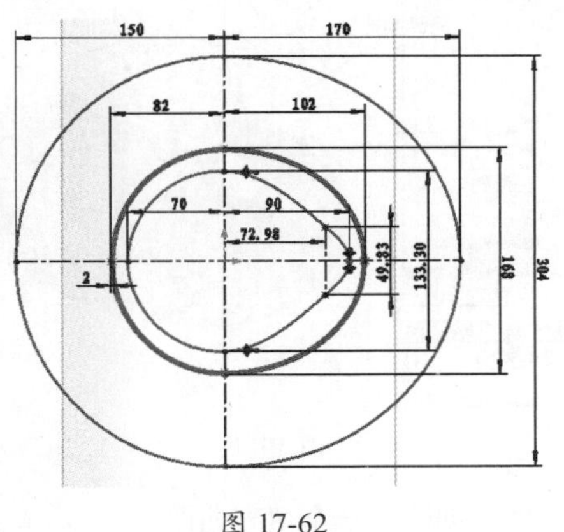

图 17-62

**技术要点：**

绘制的草图曲线工具用样条曲线，可以保障曲线是完整的，否则在建立放样曲面并缝合时会出现问题。

**05** 利用“剪裁曲面”工具，用草图 2 作为剪裁工具，剪裁前面创建的拉伸曲面 1（包含 4 个拉伸曲面），如图 17-63 所示。

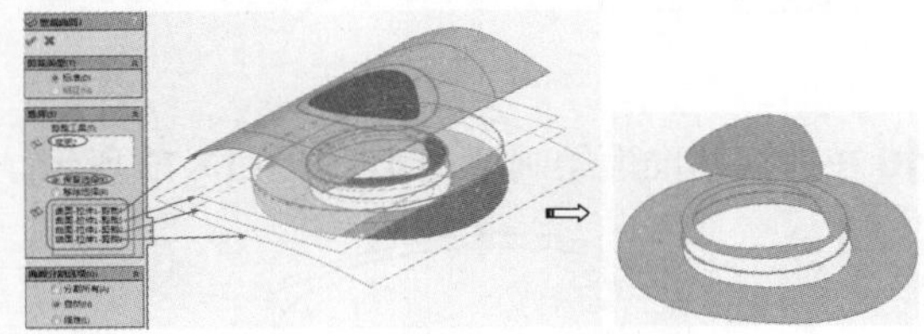

图 17-63

**06** 利用“放样曲面”工具，选择剪裁 4 个拉伸曲面后的各面的边作为轮廓，创建如图 17-64 所示的放样曲面。

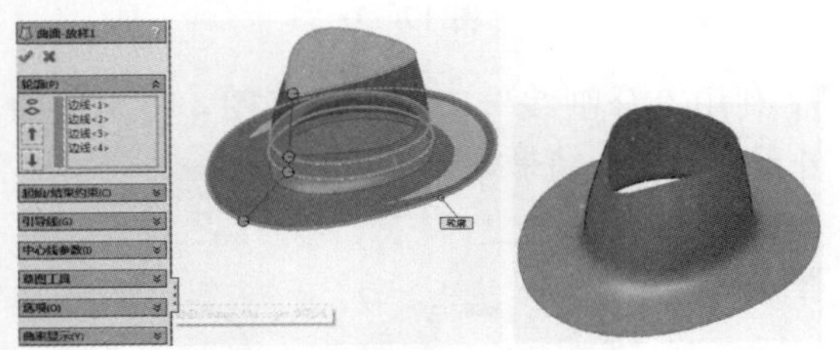

图 17-64

**技术要点：**

选择边时，要从上到下或从下到上依次选择。

**07** 利用“缝合曲面”工具，将放样曲面和最上面那个拉伸曲面（其余 3 个剪裁后的拉伸曲面隐藏）进行缝合，如图 17-65 所示。

图 17-65

**08** 利用“圆角”工具，创建如图 17-66 所示的圆角特征。

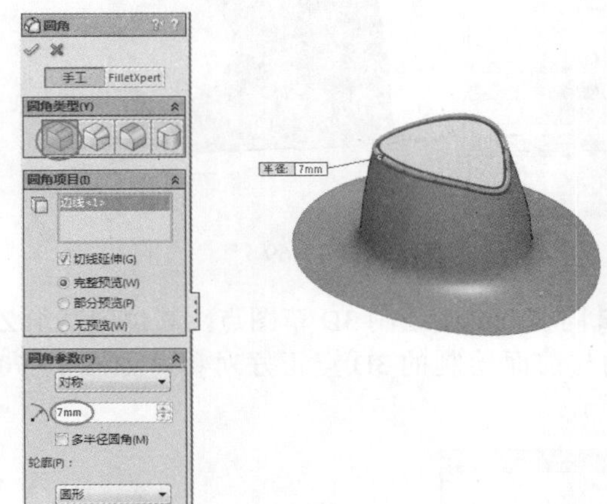

图 17-66

**09** 在前视基准面上绘制草图3，如图 17-67 所示。

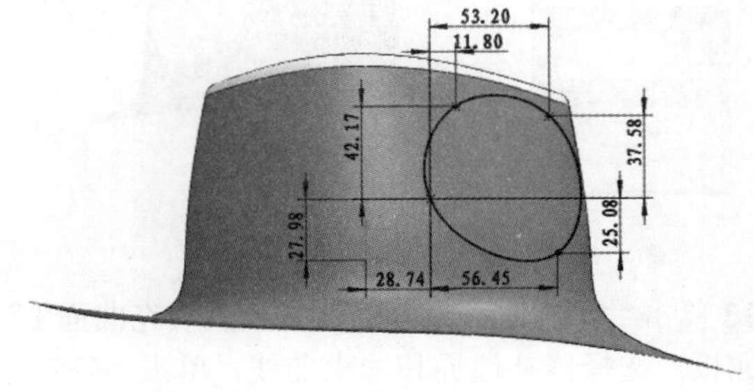

图 17-67

**10** 利用“剪裁曲面”工具，选择草图 3 作为剪裁工具，然后对缝合后的帽子曲面进行剪裁，结果如图 17-68 所示。

图 17-68

**11** 绘制 3D 草图点，如图 17-69 所示。

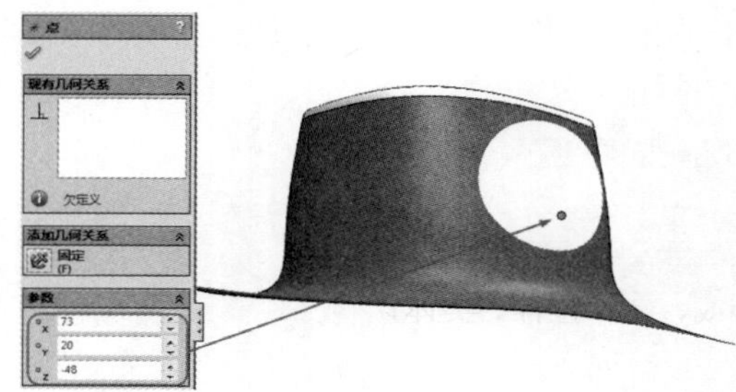

图 17-69

**12** 同理，继续绘制 3D 草图点，其位置基于 Z 轴与前面绘制的 3D 点正好对称，如图 17-70 所示。

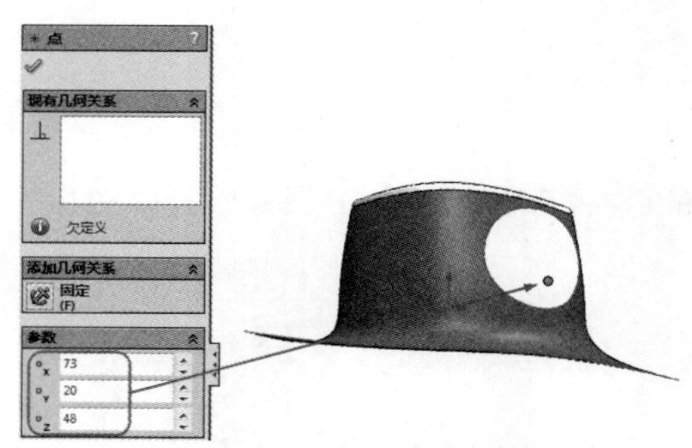

图 17-70

**13** 单击“填充曲面”按钮，打开“填充曲面 1”面板。选择修补边界和约束曲线，单击“确定”按钮完成填充曲面的创建，如图 17-71 所示。

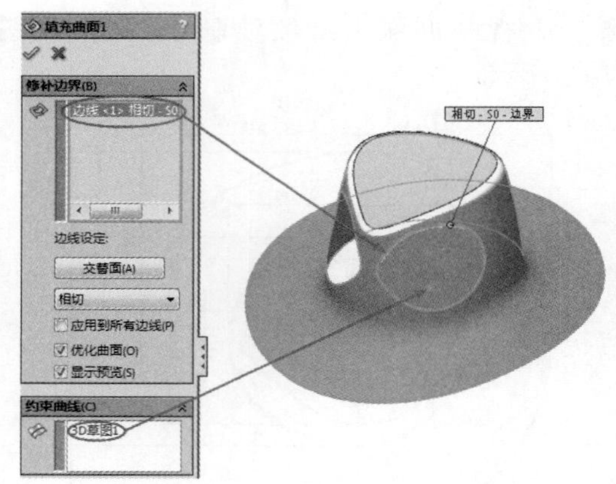

图 17-71

**14** 同理，创建另一个填充曲面。

**15** 利用“加厚”工具，为填充曲面创建厚度，如图 17-72 所示。

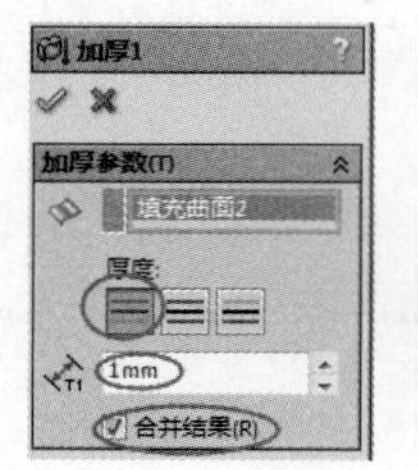

图 17-72

**16** 在前视基准面绘制草图 4，如图 17-73 所示。

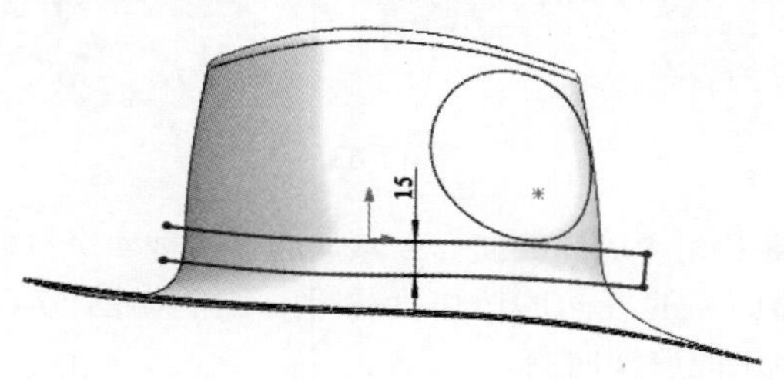

图 17-73

**17** 利用“分割线”工具，以草图 4 将帽子的外表面分割，结果如图 17-74 所示。

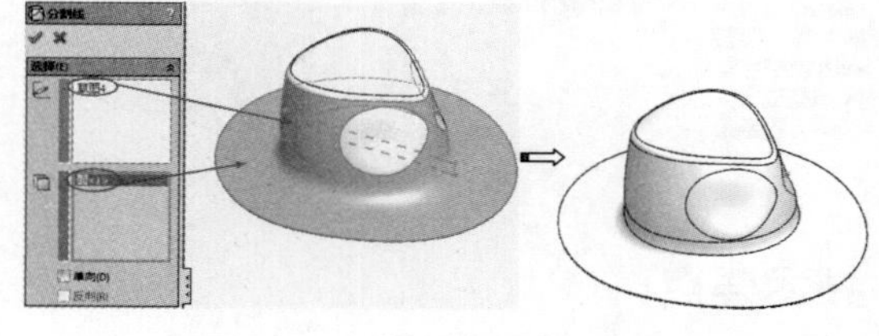

图 17-74

**18** 利用“等距曲面”工具，创建等距曲面，如图 17-75 所示。

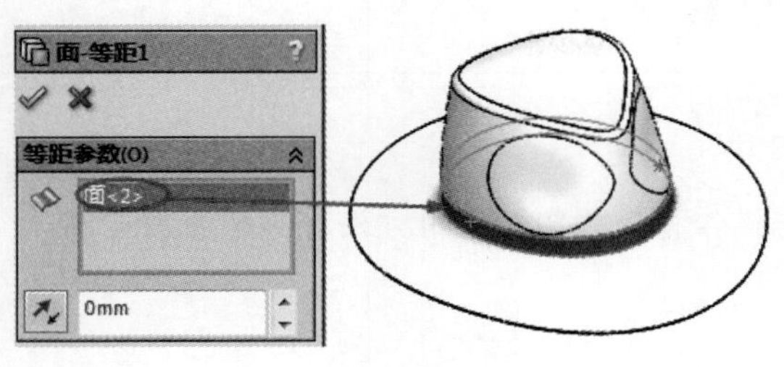


图 17-75

**19** 最后利用“加厚”工具，在等距曲面上创建厚度，如图 17-76 所示。

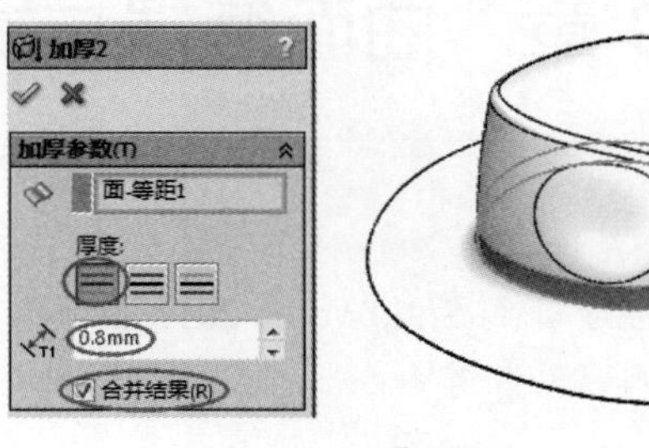


图 17-76

**20** 至此，完成了牛仔帽的设计。

## 17.3 课后习题

### 1. 椅子造型

熟练应用曲面拉伸、曲面放样、等距曲面、曲面剪裁、扫描曲面、镜像、移动复制等命令，设计出如图 17-77 所示的椅子造型。

### 2. 帽子造型

熟练应用曲面拉伸、曲面放样、等距曲面、曲面剪裁、实体拉伸、实体切除、实体旋转、圆角、扫描、镜像、曲面切除等命令，设计出如图 17-78 所示的帽子造型。

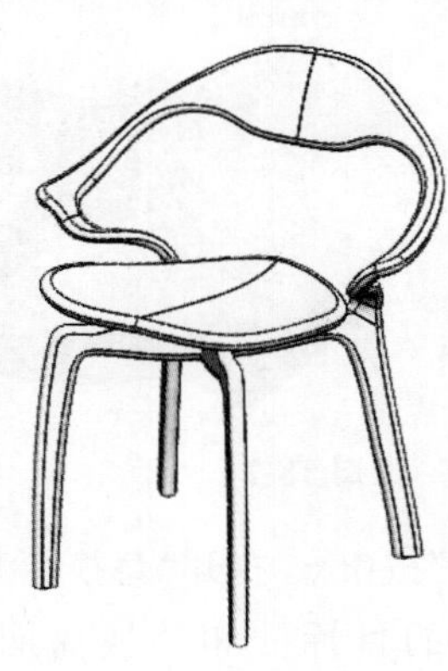

图 17-77

图 17-78

# 第 18 章 曲面编辑与操作

本章主要介绍 SolidWorks 2018 曲面编辑与操作指令的实际应用方法，包括曲面控制和曲面加厚、切除等命令。

- 曲面操作
- 曲面加厚与切除

## 18.1 曲面操作

SolidWorks 2018 提供了用于曲面编辑与操作的相关命令，这些命令可以帮助你完成复杂的产品造型工作，如替换面、延展曲面、延伸曲面、缝合曲面、剪裁曲面、剪除剪裁曲面、加厚等。

### 18.1.1 替换面

“替换面”可以用一个面替换一个或多个面。

替换曲面实体不必与旧的面具有相同的边界。当替换面时，原来实体中的相邻面自动延伸并剪裁到替换曲面实体，新的面剪裁。

**技术要点：**

替换的目标面可以是曲面，也可以是实体表面，但“替换曲面”必须是曲面。

**动手操作——替换面操作**

使用“替换面”命令把零件的两小凸台去除，并对加强筋和圆柱不足的位置进行填补，如图 18-1 所示。

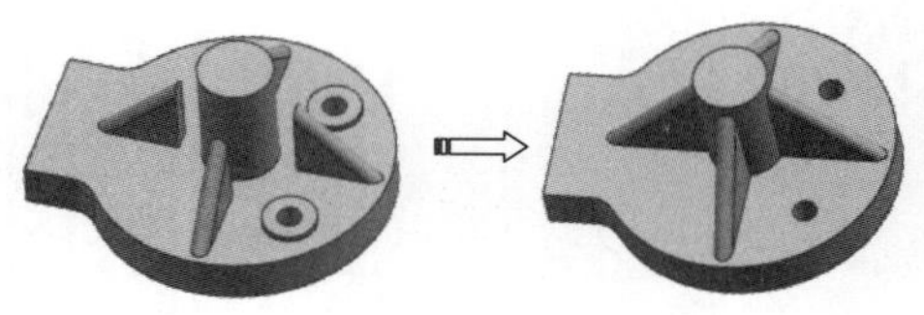

图 18-1

**操作步骤**

**01** 打开本例“替换面 .sldprt”文件。

**02** 利用“等距曲面”工具，选择中间圆柱表面来创建等距曲面，如图 18-2 所示。

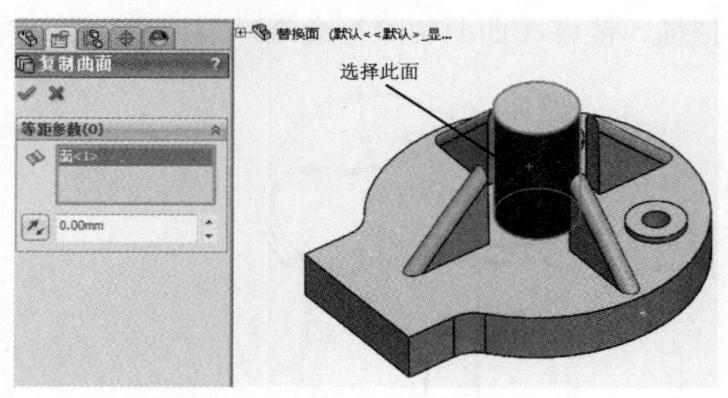


图 18-2

**03** 单击“替换面”按钮，打开“替换面 1”面板。

**04** 选择要替换的目标面和替换曲面，如图 18-3 所示。

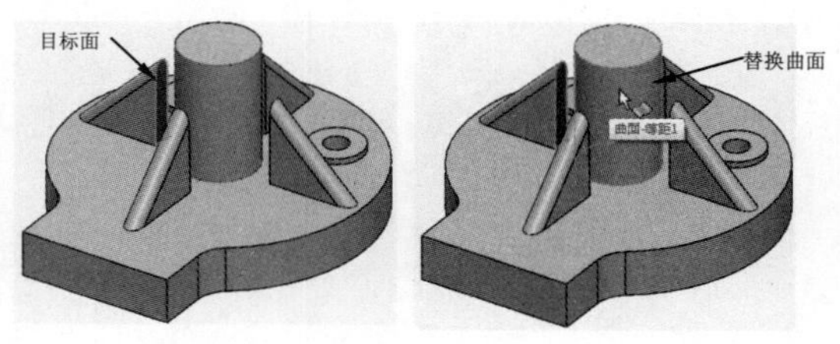


图 18-3

**05** 单击“确定”按钮，完成替换面的操作，结果如图 18-4 所示。

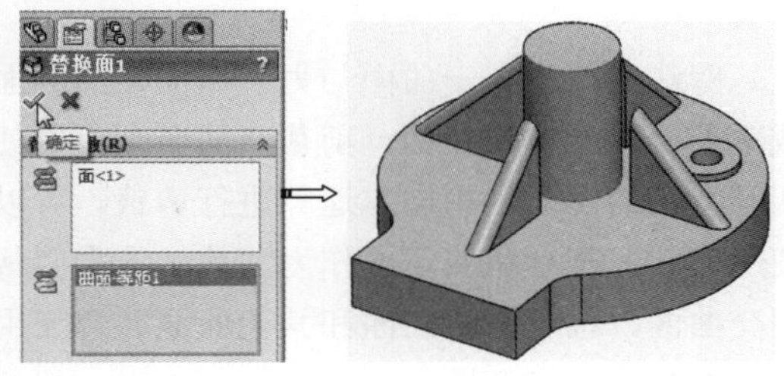


图 18-4

**技术要点：**

由于要替换的4个加强筋方向是相对的，如果同时替换，会造成自身相交，所以一次只能替换一个加强筋表面。

**06** 同理，完成其余 3 个加强筋的表面替换操作，结果如图 18-5 所示。

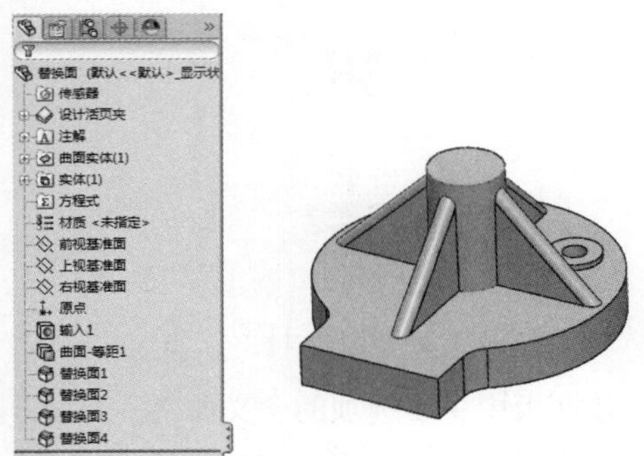


图 18-5

### 18.1.2　延伸曲面

“延伸曲面”是基于已有曲面而创建的新曲面，与前面所介绍的延展曲面不同，延伸的终止条件有多重选择，可以沿不同方向延伸，但截面会有变化。延展曲面只能与所选平面平行，截面是恒定的。

此外，延展曲面可以针对实体或曲面，而延伸曲面只能基于曲面进行创建。

**技术要点：**

对于边线，曲面沿边线的基准面延伸；对于面，曲面沿面的所有边线延伸，除那些连接到另一个面的以外。

单击“延伸曲面”按钮，打开“延伸曲面”面板，如图 18-6 所示。

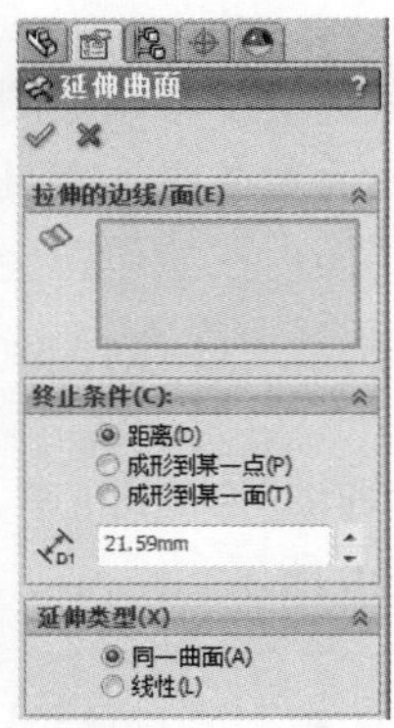


图 18-6

该面板中主要选项的含义如下。

- 拉伸的边线 / 面：激活所选面 / 边线收集器，在图形区中选择要延伸的面或边线。
- 终止条件：有 3 种终止条件供选择——距离、成形到某一点、成形到某一面，如图 18-7 所示。

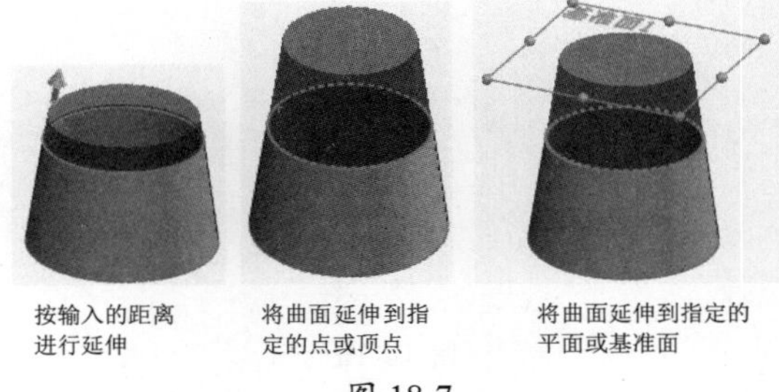


图 18-7

- 延伸类型：包括同一曲面延伸和线性延伸。“同一曲面延伸”是沿曲面的几何体延伸曲面，如图 18-8 所示；“线性延伸”是沿边线相切于原有曲面来延伸曲面，如图 18-9 所示。

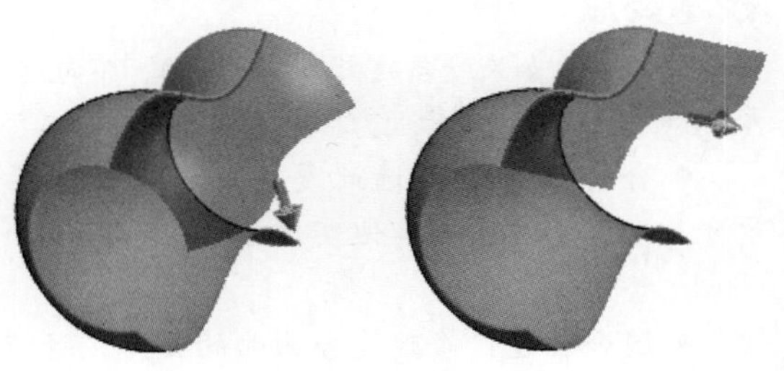

图 18-8　　　　图 18-9

## 18.1.3 缝合曲面

缝合曲面工具用于将相连的曲面连接为一个曲面。缝合曲面对于设计模具意义重大，因为缝合在一起的面，在操作中会作为一个面来处理，这样就可以一次选择多个缝合在一起的面。

单击“缝合曲面”按钮，打开“缝合曲面”面板，如图 18-10 所示。

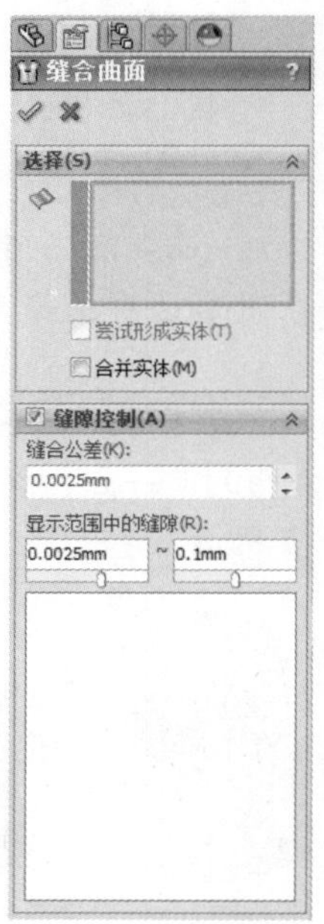


图 18-10

该面板中主要选项的含义如下。

- 要缝合的曲面和面：为创建缝合曲面特征选取要缝合的多个面。
- 尝试形成实体：勾选此复选框，将缝合后的封闭曲面转换成实体。

**技术要点：**

默认情况下，如果缝合的曲面是封闭的，不勾选此复选框，也会自动生成实体。

- 合并实体：勾选此复选框，将缝合后生成的实体与其他实体合并，形成一个整体。
- 缝合公差：修改缝合曲面的公差，缝隙大的公差值就大，反之则取值较小值。

## 18.1.4 剪裁曲面

剪裁曲面是在一曲面与另一曲面、基准面或草图交叉处剪裁曲面。剪裁曲面命令可以使相互交叉的曲面利用布尔运算进行剪裁。可以使用曲面、基准面或草图作为剪裁工具来剪裁相交曲面，也可以将曲面和其他曲面联合使用作为相互的剪裁工具。

单击“剪裁曲面”按钮，打开“剪裁曲面”面板，如图 18-11 所示。

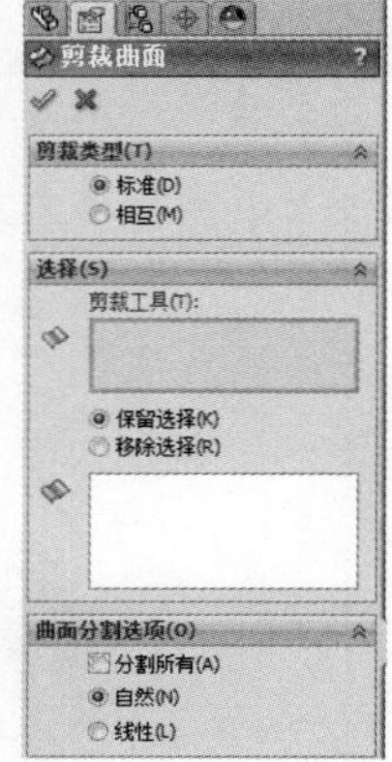


图 18-11

该面板中主要选项的含义如下。

- 剪裁类型：包括“标准”和“相互”剪裁类型。标准类型是单边剪裁，剪裁工具仅有一个，如图 18-12 所示；相互类型是多个曲面相互剪裁，剪裁工具为多个曲面，如图 18-13 所示。

图 18-12

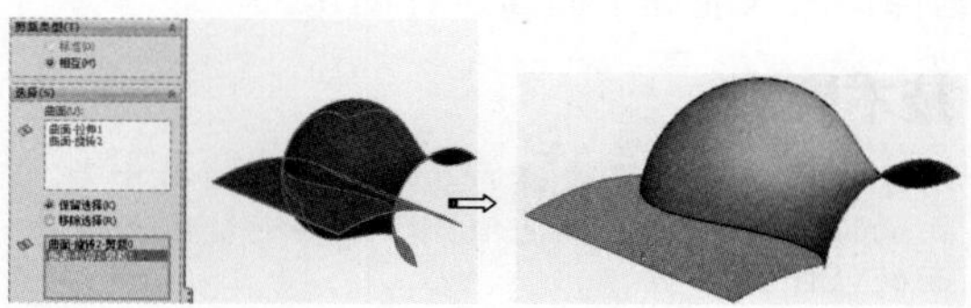

图 18-13

- 剪裁工具：在图形区域中选择曲面、草图实体、曲线或基准面作为剪裁其他曲面的工具。
- 保留选择：此单选按钮为选择要保留的部分曲面。选择的曲面将列于下面的收集器中。
- 移除选择：与“保留选择”相反，选择要移除的曲面。
- 分割所有：勾选此复选框，将显示多个分割曲面的预览，如图 18-14 所示。

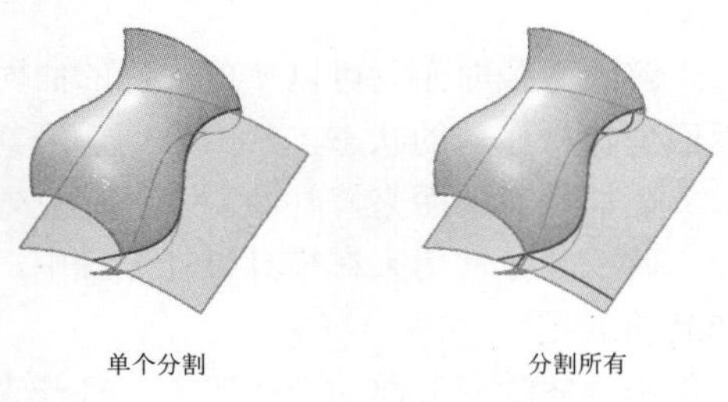


图 18-14

- 自然：强迫边界边线随曲面形状变化。
- 线性：强迫边界边线随剪裁点的线性方向变化。

**动手操作——塑料小汤匙造型**

利用剪裁曲面功能设计如图 18-15 所示的塑料小汤匙。

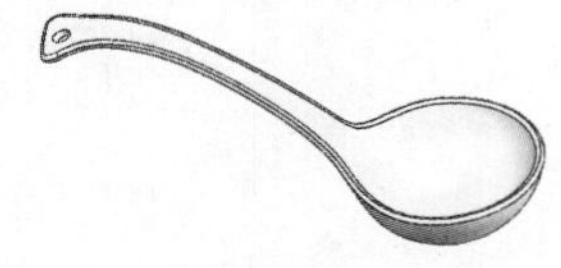

图 18-15

**操作步骤**

**01** 新建零件文件。

**02** 在前视基准面上绘制如图 18-16 所示的草图 1。

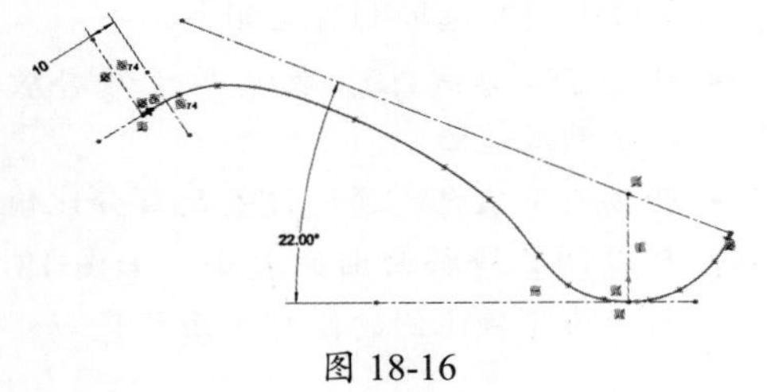


图 18-16

**03** 利用“旋转曲面”工具，创建如图 18-17 所示的旋转曲面。

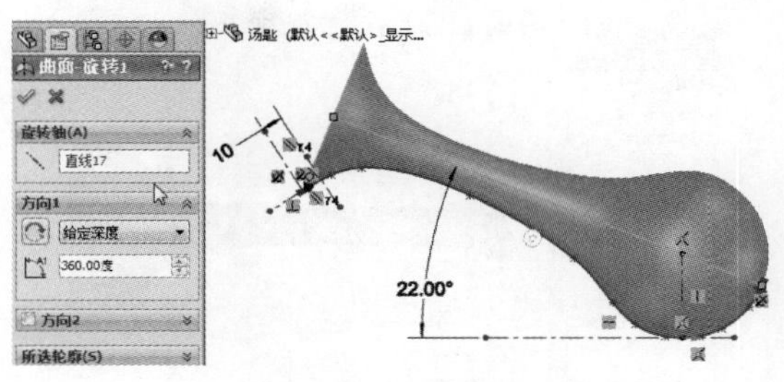


图 18-17

**04** 在前视基准面绘制如图 18-18 所示的草图 2（样条曲线）。

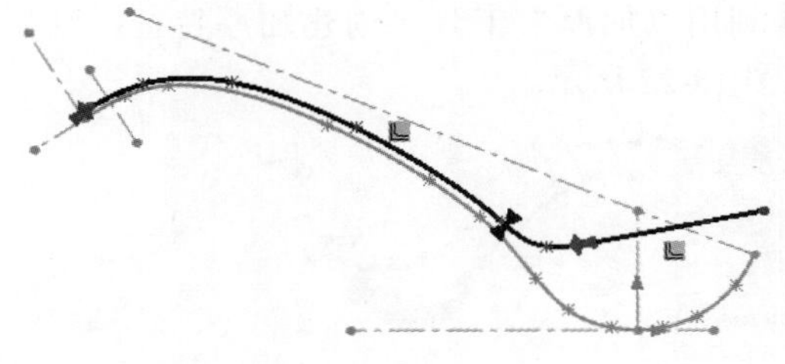

图 18-18

**05** 单击“剪裁曲面”按钮，打开“曲面-剪裁 1”面板。选择草图 2 作为剪裁工具，选择要保留的曲面，完成剪裁的结果如图 18-19 所示。

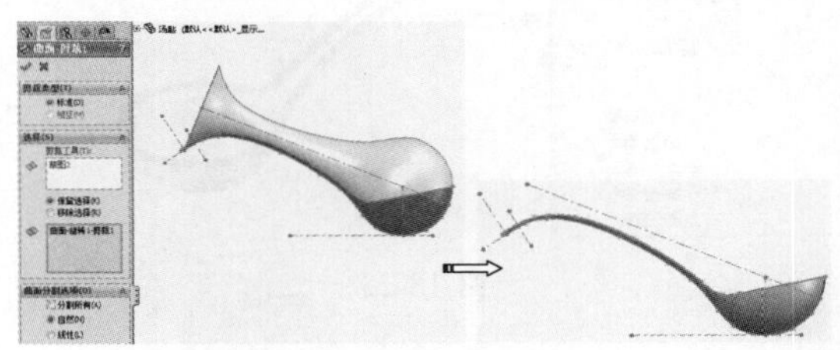

图 18-19

**06** 同理，在上视基准面继续绘制草图 3，如图 18-20 所示。

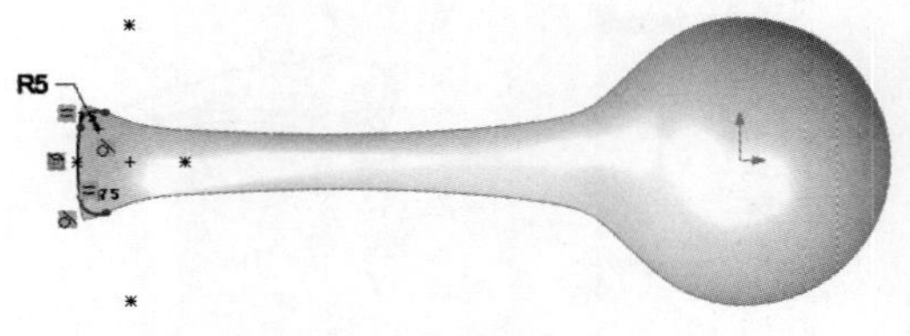


图 18-20

**07** 利用剪裁曲面工具，选择草图 3 作为剪裁工具，完成曲面的剪裁操作，如图 18-21 所示。

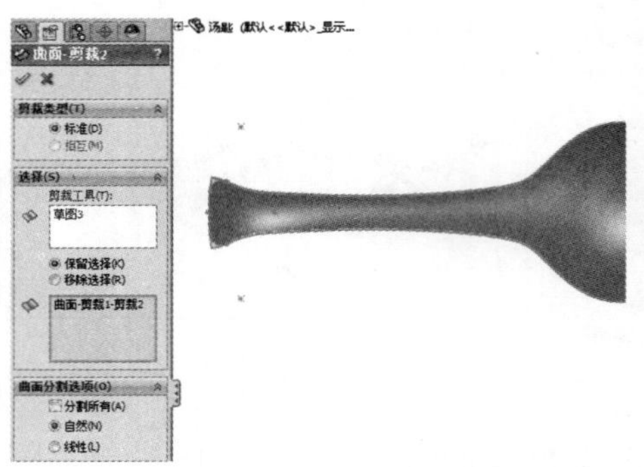

图 18-21

**08** 利用“加厚”工具，创建加厚特征，结果如图 18-22 所示。

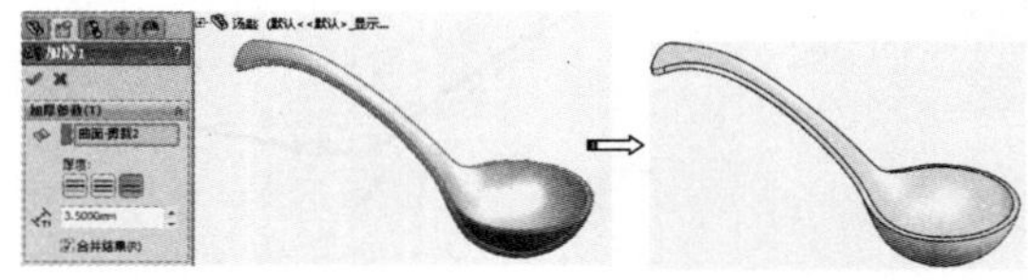

图 18-22

**09** 利用“圆角”工具，创建加厚特征上的圆角特征，如图 18-23 所示。

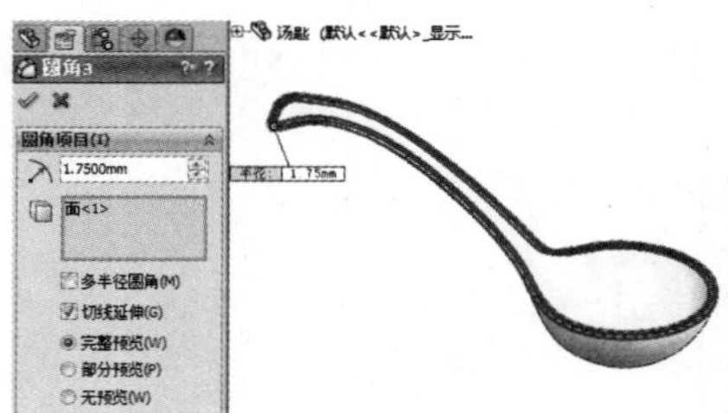

图 18-23

**10** 新建如图 18-24 所示的基准面 1。

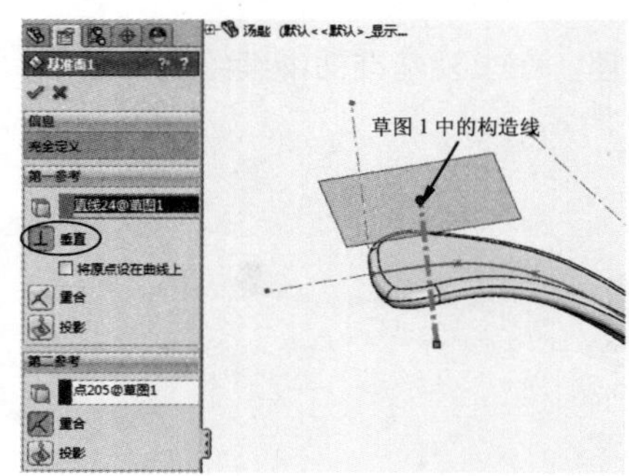


图 18-24

**11** 利用“切除 - 拉伸”工具在基准面 1 上绘制草图 5 后，再创建出如图 18-25 所示的汤勺挂孔。

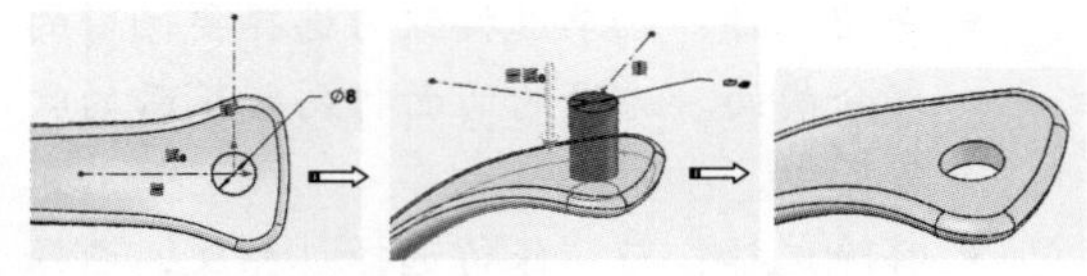

图 18-25

## 18.1.5 解除剪裁曲面

“解除剪裁曲面”可以使剪裁后的曲面重新返回剪裁操作前的状态，常用来创建沿其自然边界延伸现有曲面来修补曲面上的洞及外部边线。此工具也常用来在模具设计过程中，修补产品的破孔。

单击“解除剪裁曲面”按钮，打开“解除剪裁曲面”面板，如图 18-26 所示。

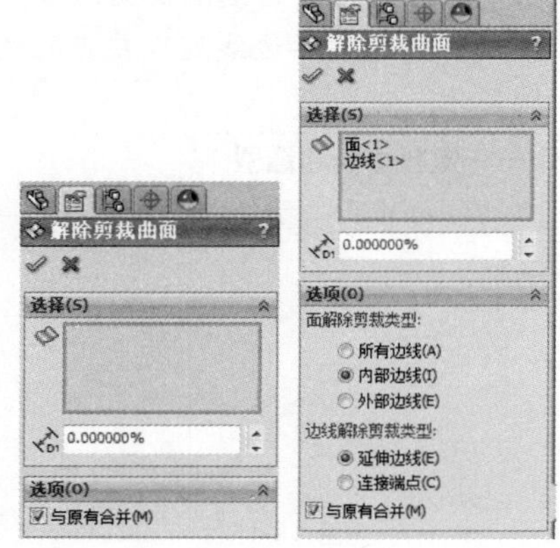


图 18-26

**技术要点：**

图18-26中的右图显示的多个选项，仅当在选择了面和边线后才显示。

该面板中主要选项的含义如下。

- 所选面 / 边线：收集用于修补破孔的曲面或边线。
- 距离百分比：通过设置此百分比值，可以调整修补曲面的大小。如图 18-27 所示为几种比例的修补曲面预览。

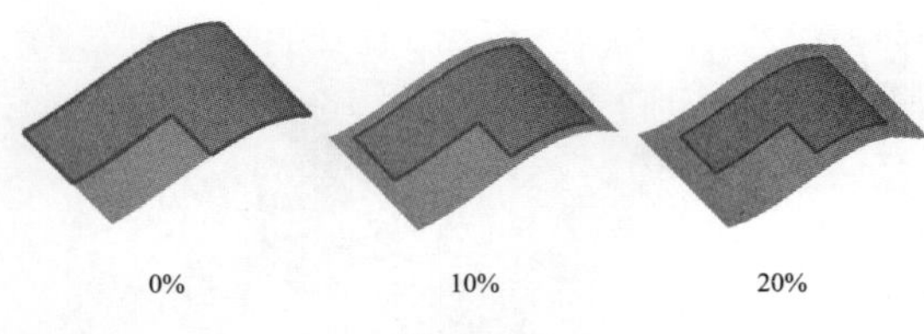


图 18-27

- 面解除剪裁类型：包括3种解除剪裁类型可供选择——所有边线、内部边线和外部边线。“所有边线”将包括原曲面对象的所有边界；“内部边线”仅包括原曲面内部的所有边界；“外部边线”也仅包括原曲面的外部边界，如图18-28所示。

图 18-28

- 边线解除剪裁类型：当选择原曲面的边线进行解除剪裁操作时，有两种类型可供选择——延伸边线和连接端点。“延伸边线”就是延伸所选的曲面边界；“连接端点”是指创建两条边线的端点连线曲面，如图18-29所示。

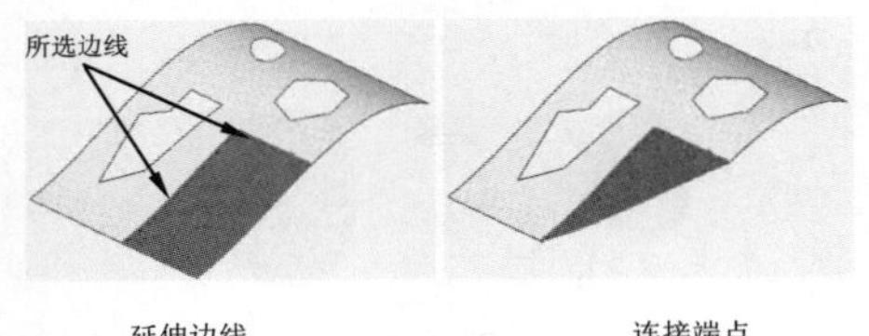


图 18-29

- 与原有合并：勾选此复选框，新建的曲面将与原曲面缝合成一个整体曲面。

## 18.1.6 删除面

“删除面”可以删除实体上的面来生成曲面，或者在曲面实体（指多个曲面形成的整体曲面）上删除曲面。

单击“删除面”按钮，打开“删除面”面板，如图18-30所示。

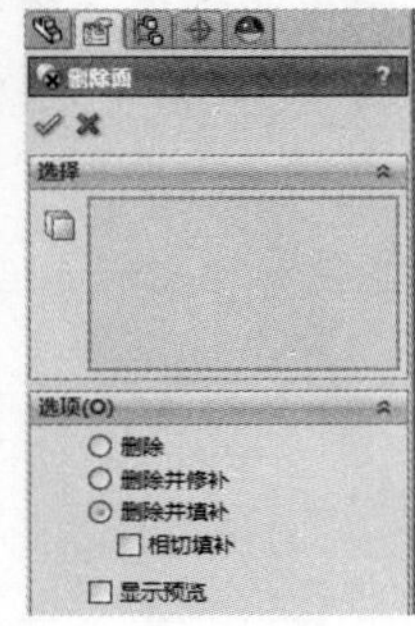


图 18-30

该面板中主要选项的含义如下。

- 要删除的面：选取要删除的实体面或曲面实体中的面。

**技术要点：**

单个的曲面是不能利用“删除面”功能进行删除的。

- 删除：只删除，不修补或填充。
- 删除并修补：删除曲面，然后利用自身的修补功能修补留下的孔，如图18-31所示。此类修补是沿曲面延伸进行修补的。

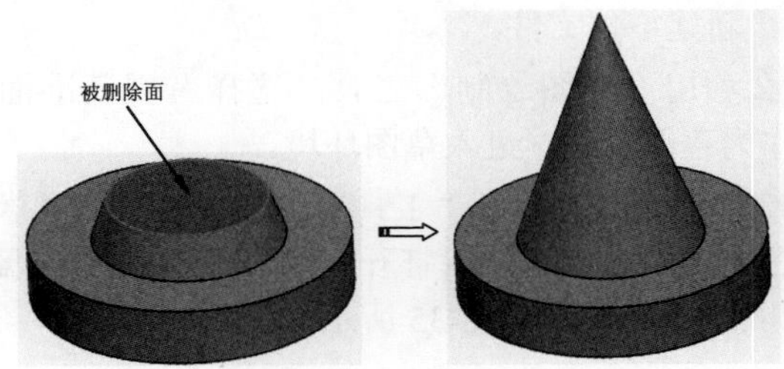


图 18-31

**技术要点：**

若曲面延伸后不能形成相交，就不能修补。图18-31中的顶面删除后，相邻的锥面延伸后会形成相交，所以能自动修补。但如果是圆柱面或竖直、水平而永远不能形成相交的曲面，则不能进行修补，如图18-32所示。

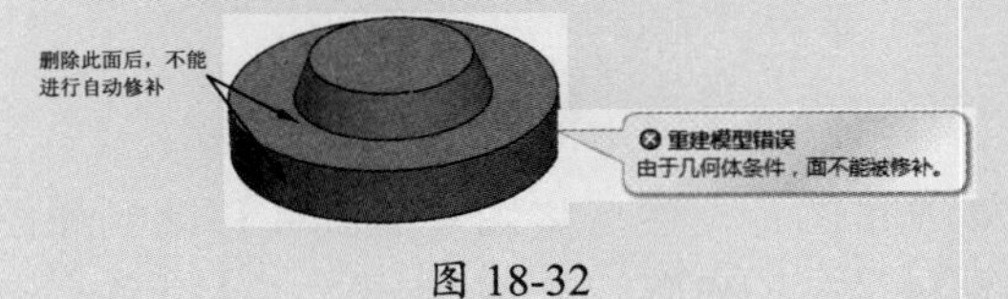


图 18-32

- 删除并填补：删除曲面，然后利用自身的修补功能去填补留下的孔。如图 18-33 所示为两种填充效果——一般填补和相切填补。

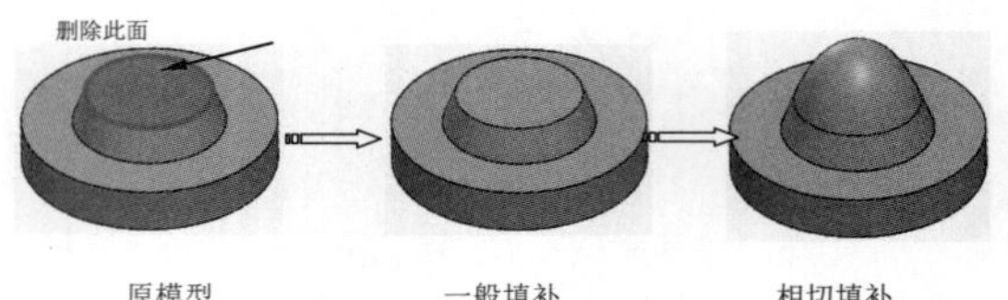


图 18-33

**动手操作——烟斗造型**

下面利用旋转曲面、剪裁曲面、扫描曲面、扫描切除、曲面缝合等功能，设计如图 18-34 所示的烟斗造型。

图 18-34

### 操作步骤

**01** 新建零件文件。

**02** 利用“草图绘制”工具，选择右视基准面作为草图平面，进入草图环境。

**03** 在菜单栏中执行“工具”|“草图工具”|“草图图片”命令，然后打开本例的素材图片“烟斗 .bmp”，如图 18-35 所示。

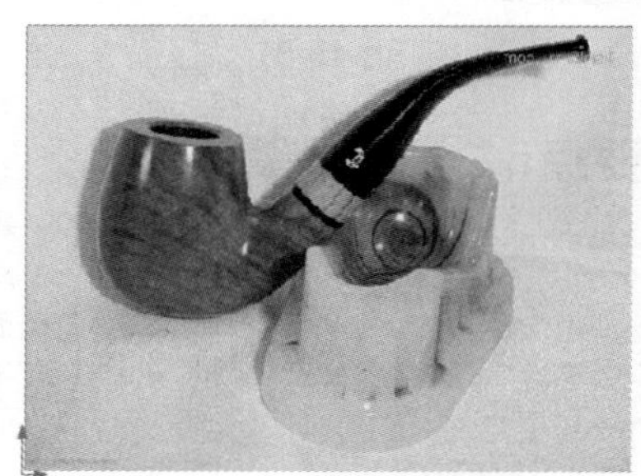

图 18-35

**04** 双击图片，然后将图片旋转并移动到如图 18-36 所示的位置。

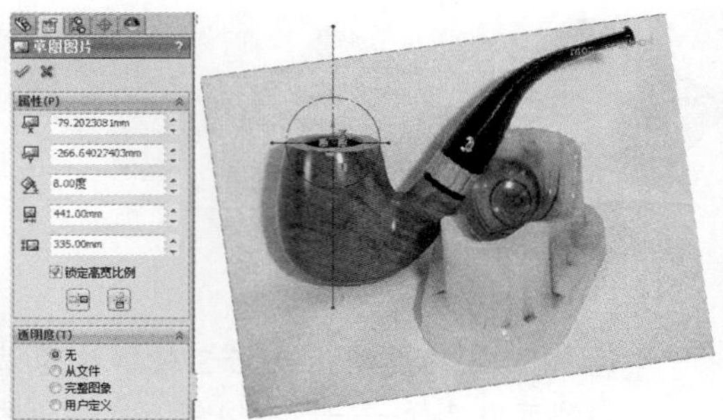


图 18-36

**技术要点：**

对正的方法是：先绘制几条辅助线，找到烟斗模型的尺寸基准或定位基准。可以看出，烟斗的设计基准就是烟斗的烟嘴部分（圆心）。

**05** 利用样条曲线命令，按烟斗图片的轮廓来绘制草图，如图 18-37 所示。

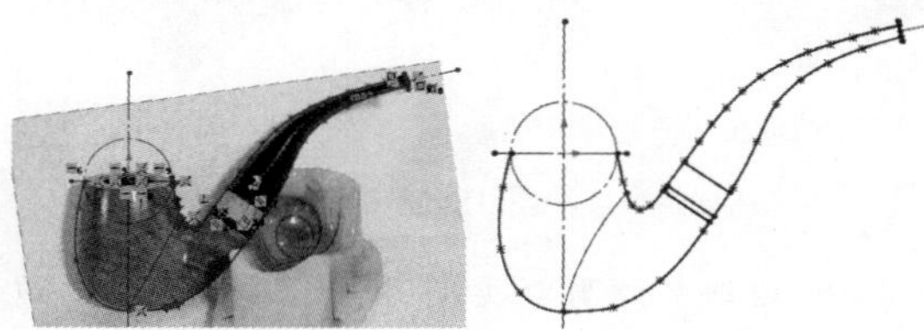

图 18-37

**06** 利用“旋转曲面”工具，创建如图 18-38 所示的旋转曲面。

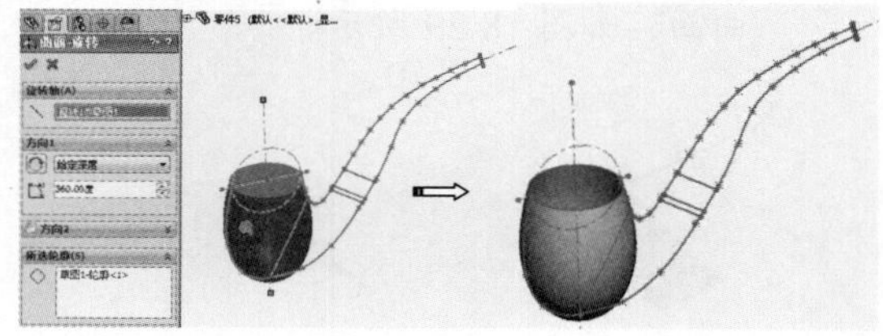

图 18-38

**07** 利用“拉伸曲面”工具拉伸曲面 1，如图 18-39 所示。

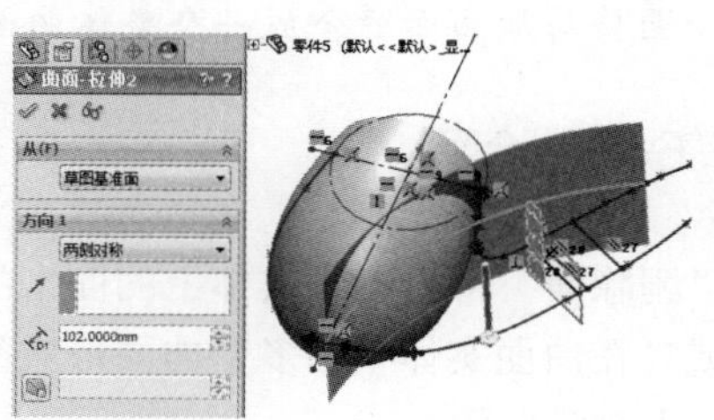


图 18-39

**08** 利用“剪裁曲面”工具，用基准面 1 剪裁旋转曲面，结果如图 18-40 所示。

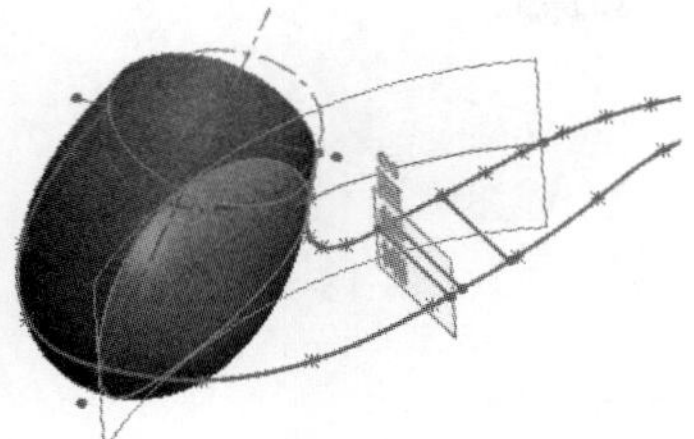

图 18-40

**09** 利用“基准面”工具创建基准面 2，如图 18-41 所示。

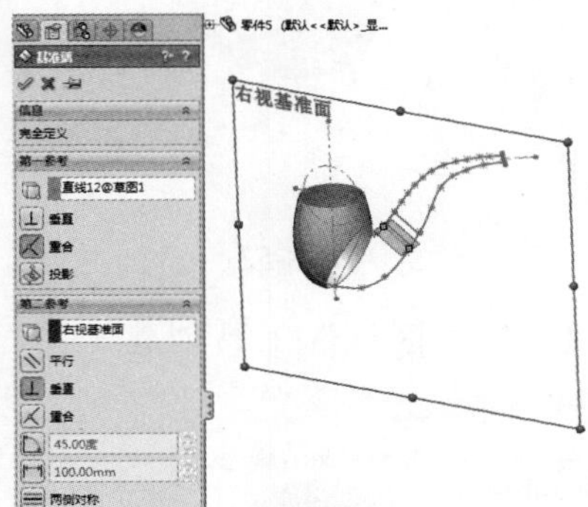


图 18-41

**10** 在基准面 2 上绘制圆草图，圆上点与草图 1 中直线 2 端点重合，如图 18-42 所示。

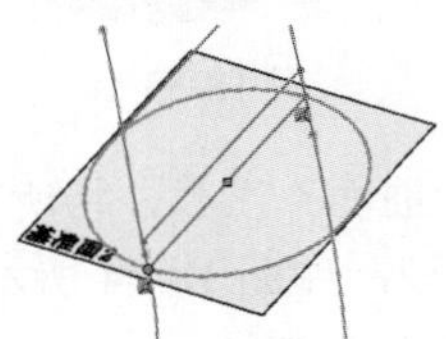

图 18-42

**11** 利用“拉伸曲面”工具创建拉伸曲面 2，如图 18-43 所示。

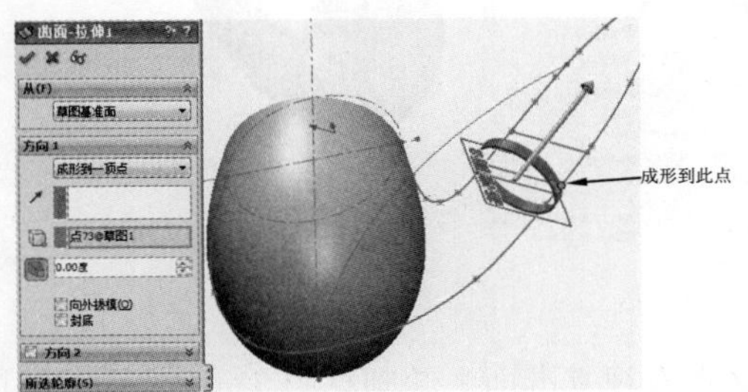


图 18-43

**12** 在右视基准平面上，先后绘制草图 3 和草图 4，如图 18-44 和图 18-45 所示。

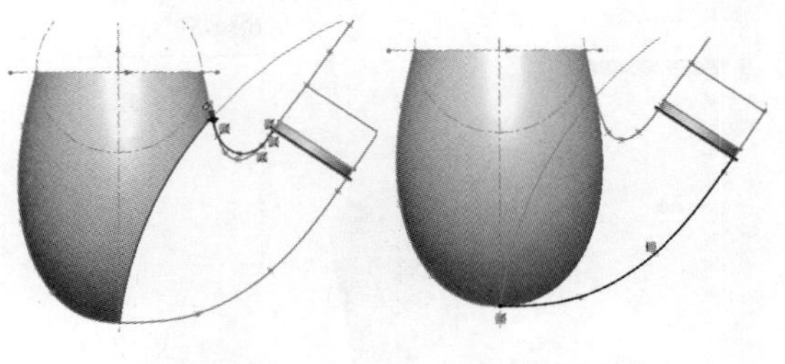

图 18-44　　图 18-45

**13** 利用“放样曲面”工具，创建如图 18-46 所示的放样曲面。

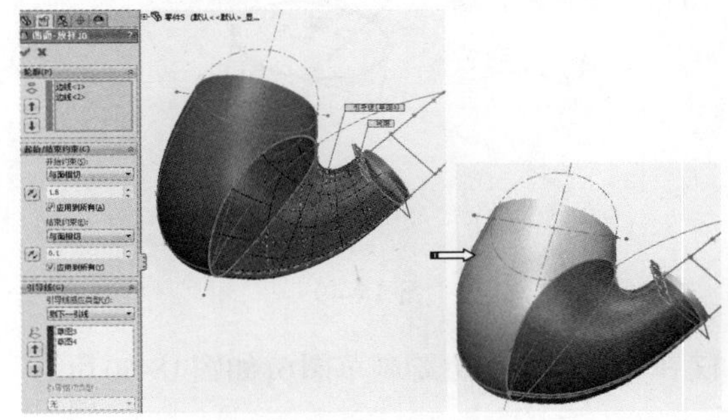

图 18-46

**14** 利用“延伸曲面”工具，创建如图 18-47 所示的延伸曲面。

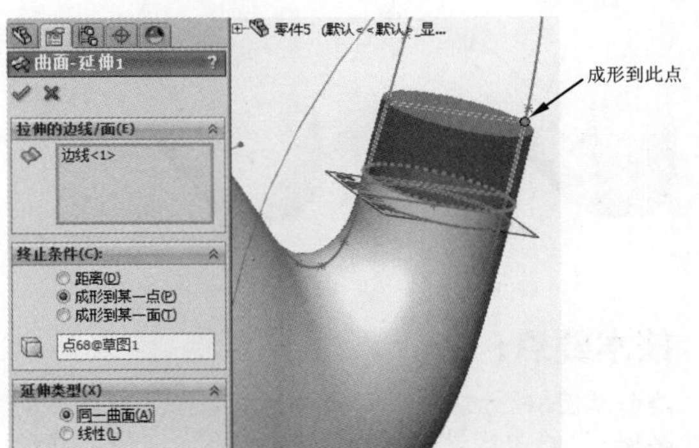


图 18-47

**15** 利用“基准面”工具创建基准面 2，如图 18-48 所示。

**16** 在基准面 2 上绘制草图 5——椭圆，如图 18-49 所示。

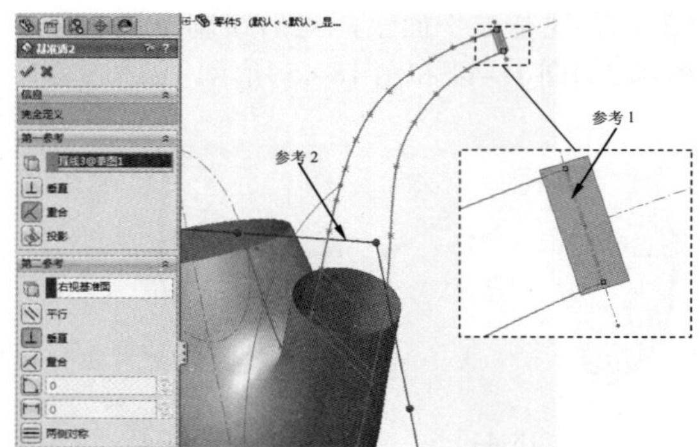

图 18-48

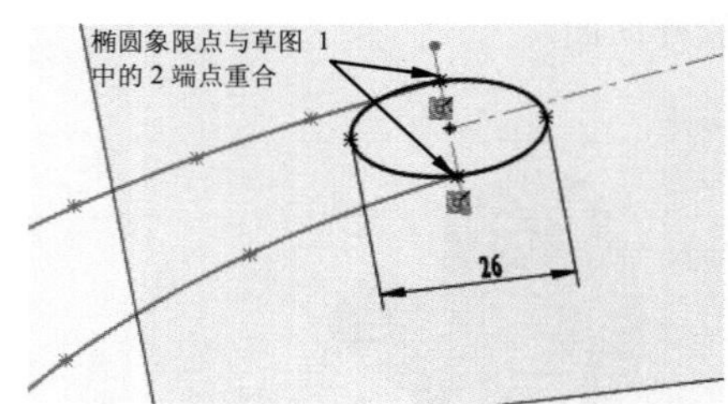

图 18-49

**17** 在右视基准面上绘制草图6，如图18-50所示。

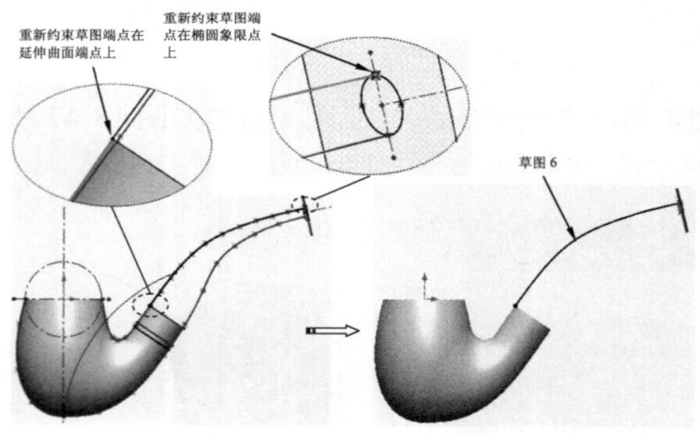

图 18-50

## 技术要点：

绘制草图6的方法是：先利用等距实体工具，将原草图1中的曲线等距（偏距0）偏移出，然后剪裁草图，最后删除等距实体的相关约束——等距尺寸，并重新将草图的端点分别约束在延伸曲面端点和草图5的椭圆象限点上。

**18** 同理，在草图 1 基础上，等距绘制出草图 7，如图 18-51 所示。

**19** 利用“放样曲面”工具，创建如图 18-52 所示的放样曲面。

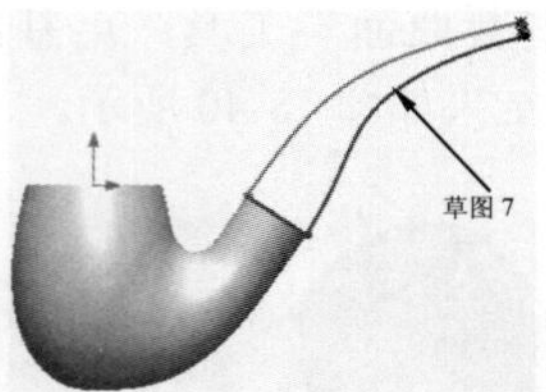

图 18-51

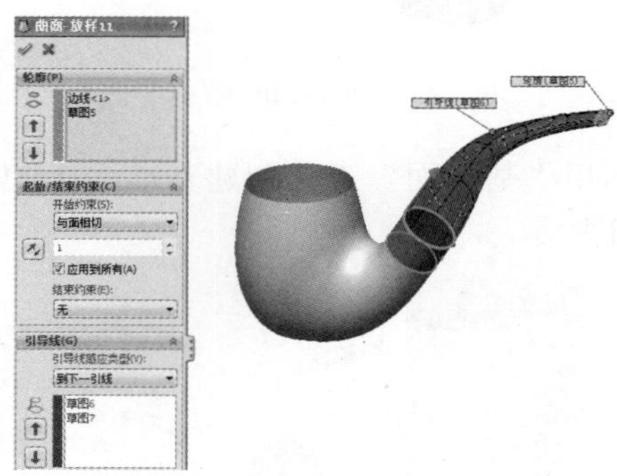
图 18-52

**20** 利用“平面区域”工具创建平面，如图 18-53 所示。

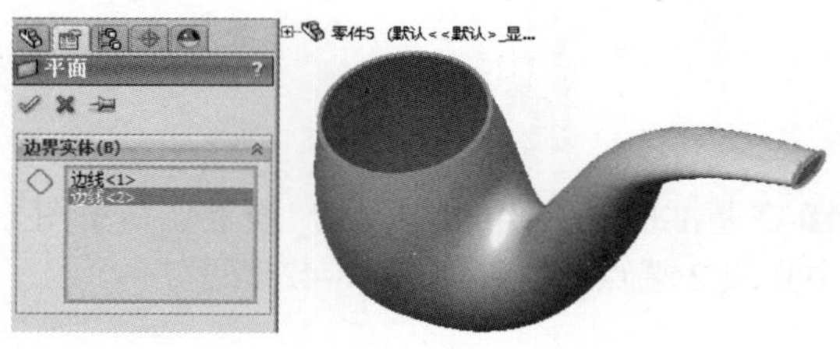

图 18-53

**21** 利用“缝合曲面”工具，将所有曲面缝合，并生成实体模型，如图 18-54 所示。

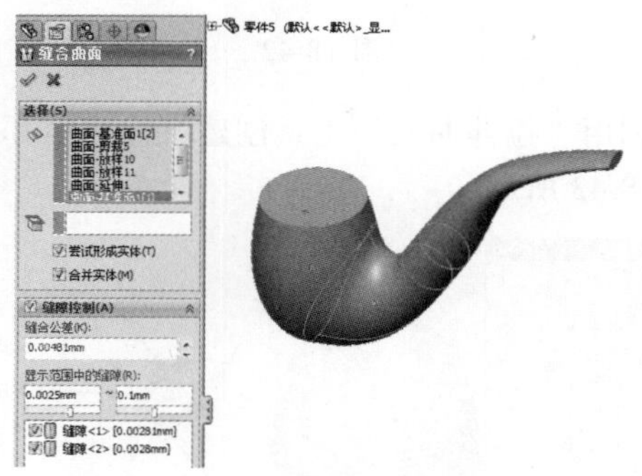
图 18-54

**22** 在右视基准面上绘制草图 8——圆弧，如图 18-55 所示。

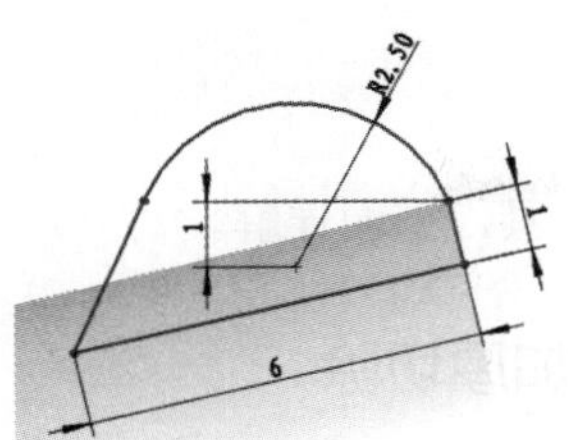

图 18-55

**23** 利用“特征”工具条中的“扫描”工具，创建扫描特征，如图 18-56 所示。

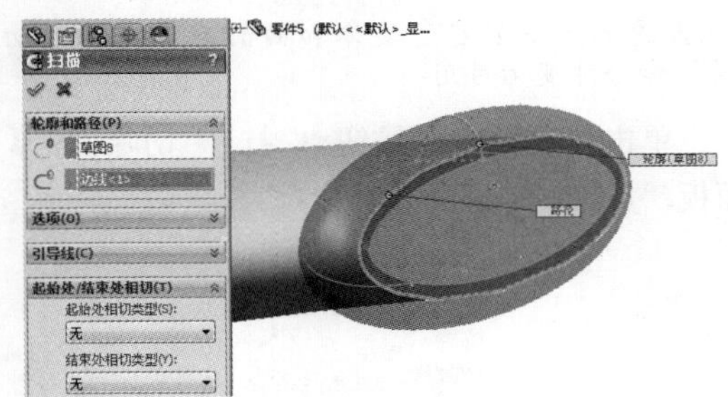

图 18-56

**技术要点：**

在创建扫描特征时，必须将“起始处相切类型”和“结束处相切类型”的选项选为“无”，否则无法创建扫描特征。

**24** 利用“旋转切除”工具，创建烟斗部分的空腔，草图与切除的结果如图 18-57 所示。

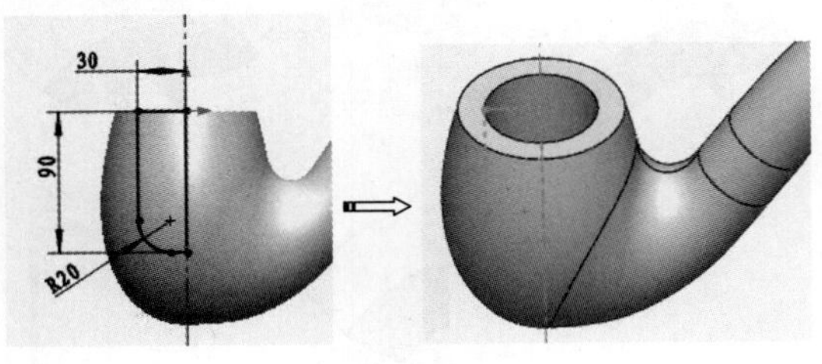

图 18-57

**25** 在右视基准面绘制草图 9，如图 18-58 所示。

**26** 在烟嘴平面上绘制草图 10，如图 18-59 所示。

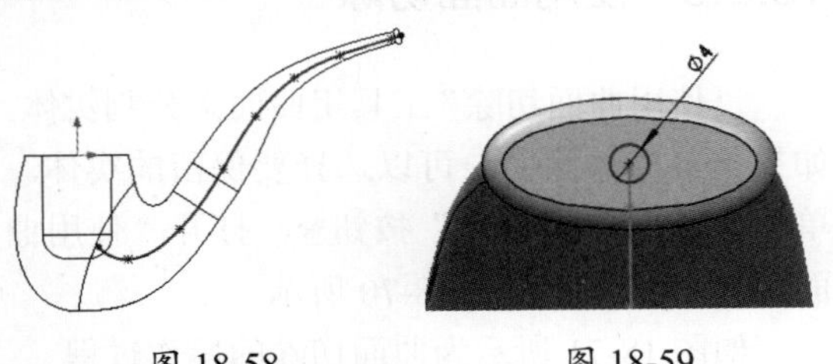

图 18-58　　图 18-59

**27** 利用“扫描切除”工具，创建如图 18-60 所示的扫描切除特征。

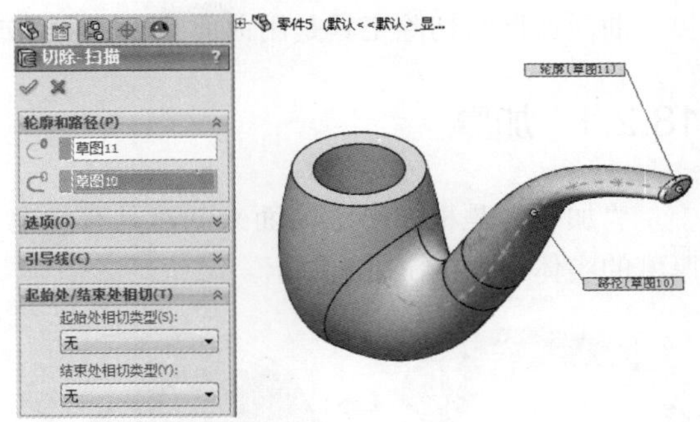

图 18-60

**28** 利用“倒角”工具，对烟斗外侧的边创建倒角特征，如图 18-61 所示。

**29** 利用“圆角”工具，对烟斗内侧边创建圆角特征，如图 18-62 所示。

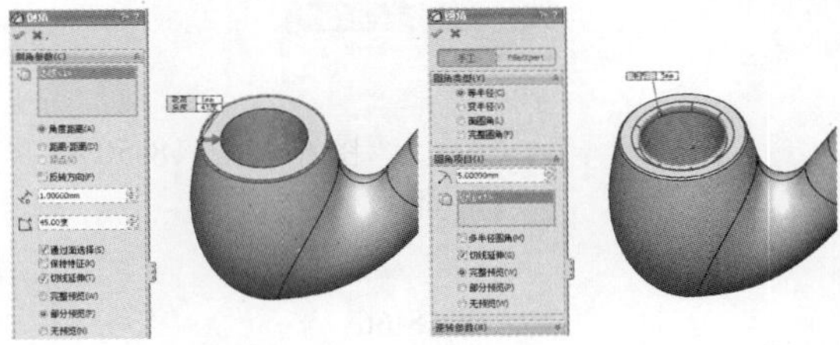

图 18-61　　图 18-62

**30** 最后对烟嘴部分的边进行圆角处理，如图 18-63 所示。

**31** 至此，完成了烟斗的整个造型工作，结果如图 18-64 所示。

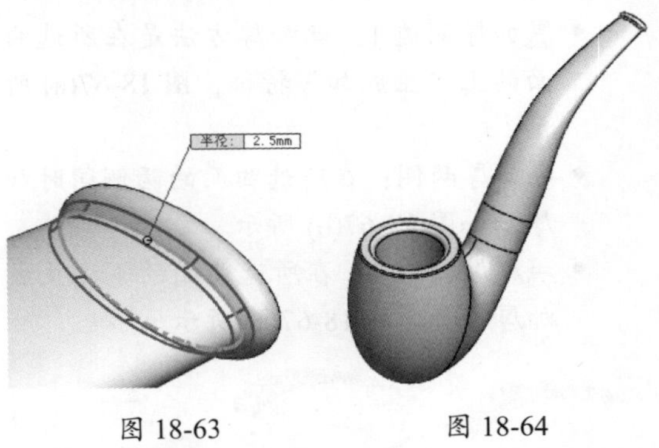

图 18-63　　图 18-64

## 18.2 曲面加厚与切除

曲面加厚与切除工具是用曲面来创建实体或切割实体的工具，下面详解。

### 18.2.1 加厚

“加厚”是根据所选曲面来创建具有一定厚度的实体，如图 18-65 所示。

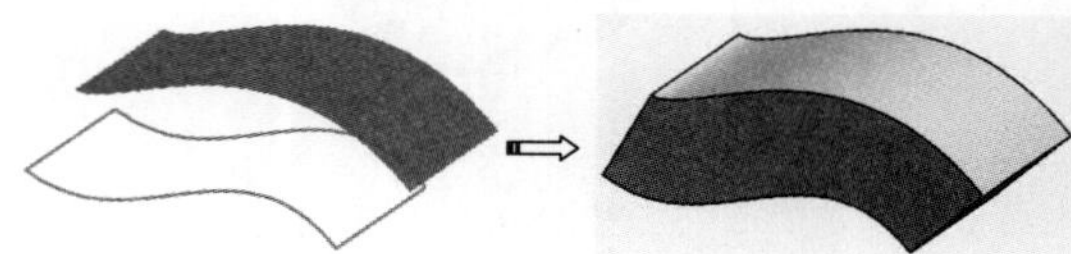

图 18-65

单击“加厚”按钮，打开“加厚”面板，如图 18-66 所示。

图 18-66

**技术要点：**

必须先创建曲面特征，“加厚”命令才能变为可用。

该面板中包括 3 种加厚方法：加厚侧边 1、加厚两侧和加厚侧边 2。

- 加厚侧边 1：此加厚方法是在所选曲面的上方生成加厚特征，图 18-67(a) 所示。
- 加厚两侧：在所选曲面的两侧同时加厚，如图 18-67(b) 所示。
- 加厚侧边 2：在所选曲面的下方生成加厚特征，图 18-67(c) 所示。

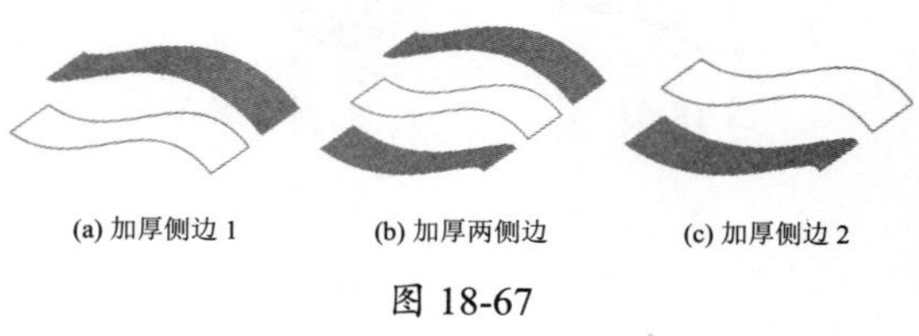

(a) 加厚侧边 1　(b) 加厚两侧边　(c) 加厚侧边 2

图 18-67

### 18.2.2 加厚切除

你也可以使用“加厚切除”工具来分割实体，从而创建出多个实体。

**技术要点：**

仅当图形区中创建了实体和曲面后，“加厚切除”命令才变为可用。

单击“加厚切除”按钮，打开“切除-加厚”面板，如图 18-68 所示。

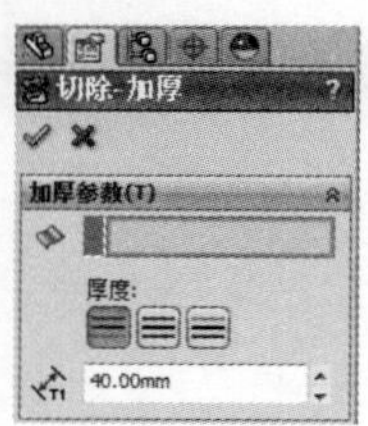


图 18-68

该面板中的选项与“加厚”面板中完全相同。如图 18-69 所示为加厚切除的操作过程。

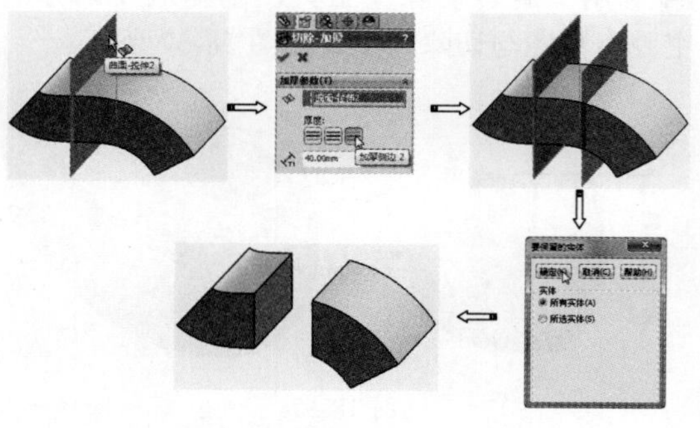

图 18-69

### 18.2.3 使用曲面切除

“使用曲面切除”工具用曲面来分割实体。如果是多实体零件，可以选择要保留的实体。单击“使用曲面切除”按钮，打开“使用曲面切除”面板，如图 18-70 所示。

如图 18-71 所示为曲面切除的操作过程。

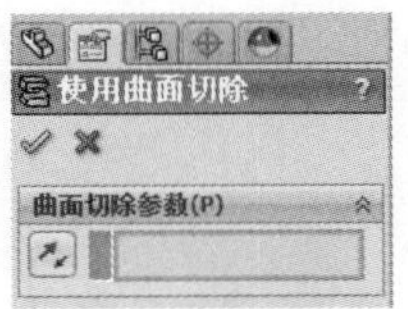


图 18-70

图 18-71

**技术要点：**

对于多实体零件，在特征范围内选择以下之一。

- 所有实体。每次特征重建时，曲面将切除所有实体。如果将被切除曲面所交叉的新实体添加到位于 FeatureManager 设计树中切除特征之前的模型上，则也会重建这些新实体，使切除生效。
- 所选实体。曲面只切除所选的实体。如果需要将被切除曲面所交叉的新实体添加到所选实体的清单中，请选择这些新实体。如果不将新实体添加到所选实体清单中，则它们将保持完整无损。
- 自动选择（可用于所选实体）。自动选择所有相关的交叉实体。自动选择比所有实体快，因为它只处理初始清单中的实体，并不会重建整个模型。如果消除自动选择，则必须选择想在图形区域中切除的实体。

## 18.3 综合实战——灯饰造型

◎ **引入素材：无**

◎ **结果文件：第18章综合实战\第18章结果文件\灯饰造型.sldprt**

◎ **视频文件：灯饰造型.avi**

本例要设计的灯饰造型，如图 18-72 所示。灯饰造型设计是采用了曲面和实体功能相结合的方式进行的。本例不但学习了曲面的建模技巧，还温习了实体造型功能及应用方法。

图 18-72

操作步骤

**01** 新建零件文件。

**02** 利用“旋转曲面”工具，在右视基准面上绘制草图 1，并完成旋转曲面的创建，结果如图 18-73 所示。

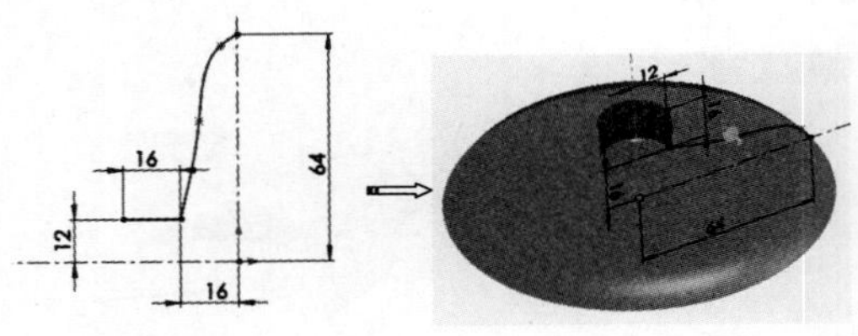


图 18-73

**03** 利用“拉伸曲面”工具，在前视基准面绘制草图 2，并完成拉伸曲面的创建，结果如图 18-74 所示。

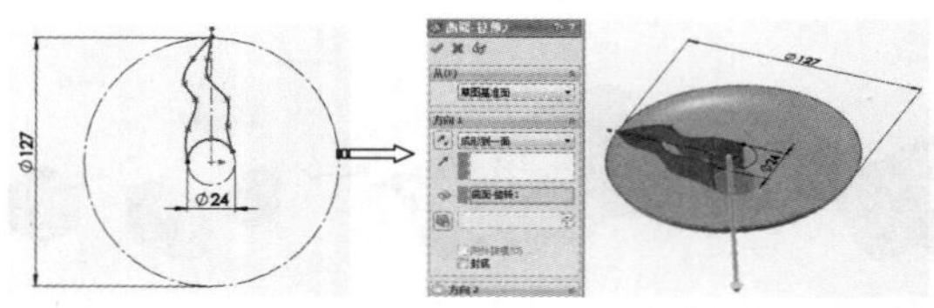

图 18-74

**04** 利用“放样曲面”工具，创建如图 18-75 所示的放样曲面。

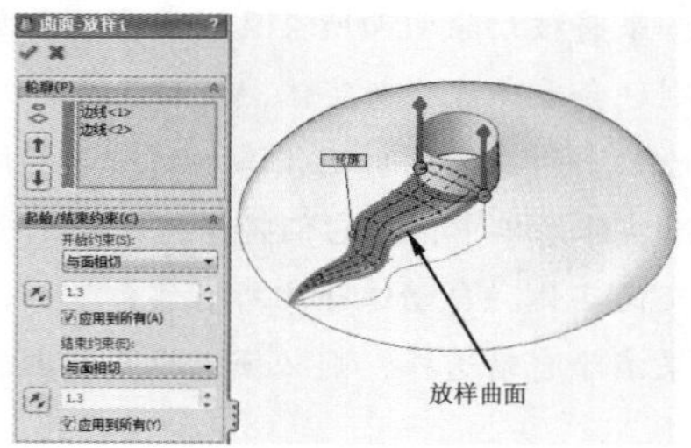


图 18-75

**05** 利用“剪裁曲面”工具，对曲面进行剪裁，结果如图 18-76 所示。

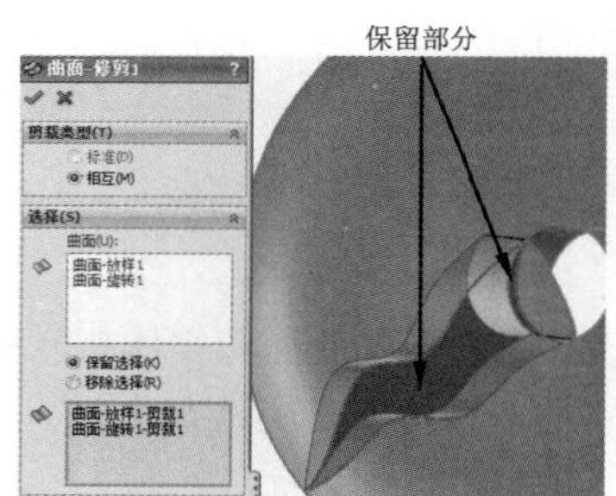


图 18-76

**06** 利用“基准轴”工具，创建一根轴，如图 18-77 所示。

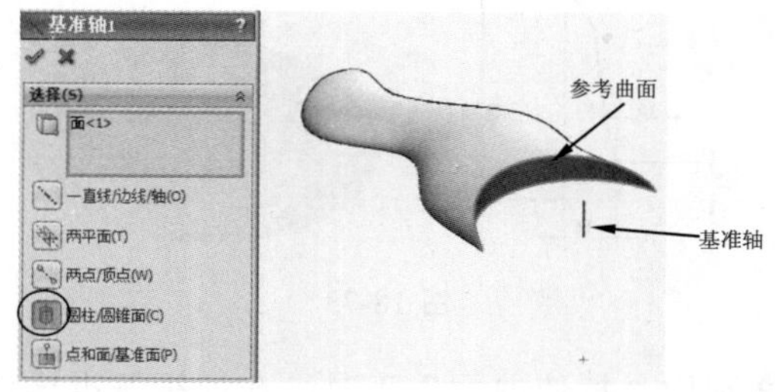


图 18-77

**07** 利用“圆周阵列”工具，以基准轴为旋转中心，创建阵列个数为 12、角度为 30 的阵列特征，如图 18-78 所示。

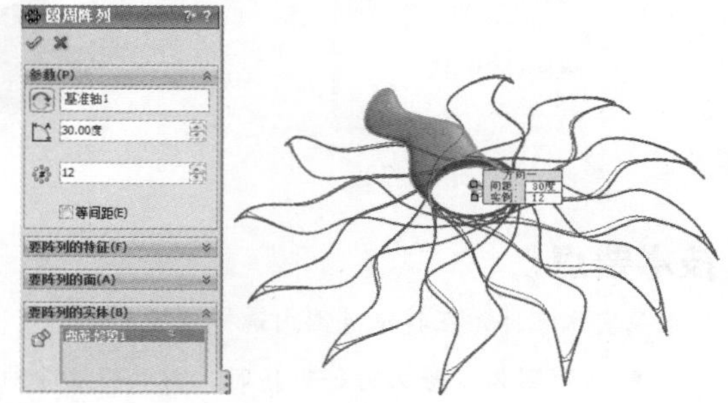

图 18-78

**08** 利用“旋转凸台 / 基体”工具，在右视基准面上绘制草图 3，并创建如图 18-79 所示的旋转特征。

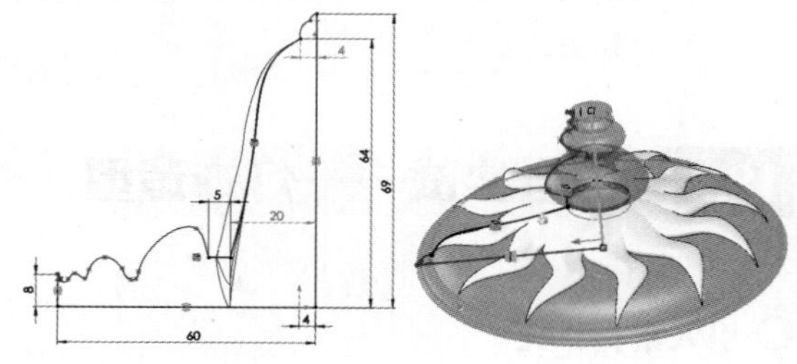

图 18-79

**09** 利用基准面工具，创建 3 个基准面，如图 18-80 所示。

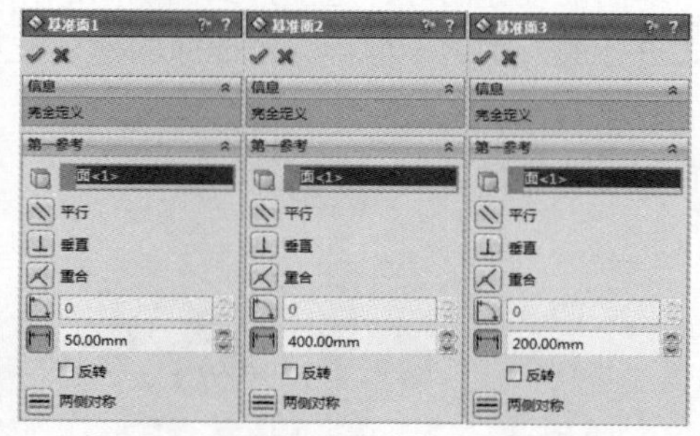

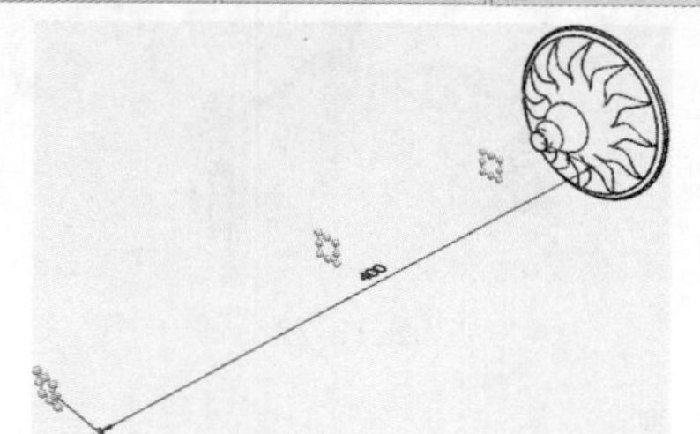

图 18-80

**10** 接下来在旋转特征顶部面、基准面 1、基准面2和基准面3上分别绘制草图4、草图5、草图6和草图7，如图18-81所示。

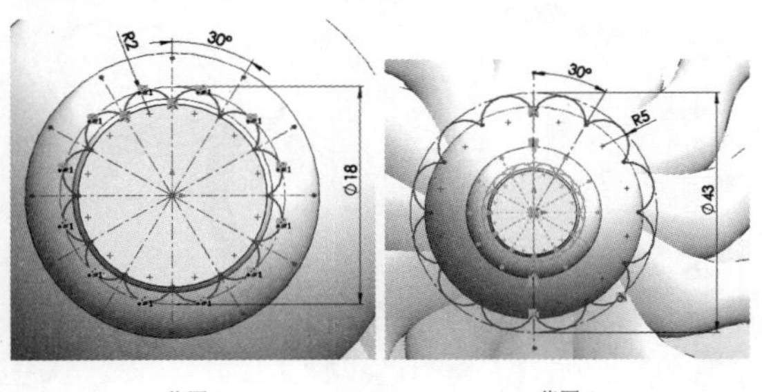


草图4　　草图5

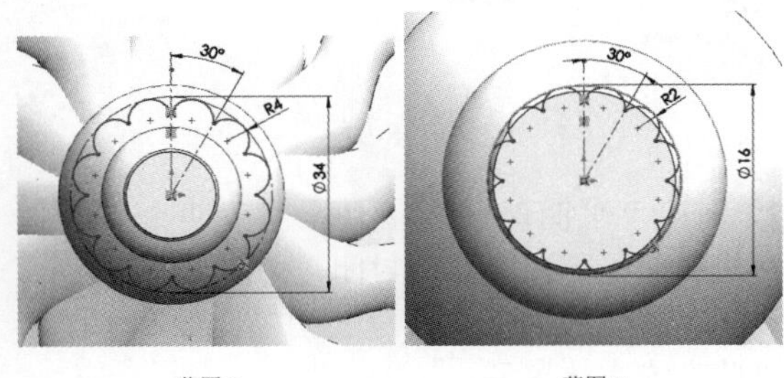


草图6　　草图7

图 18-81

**11** 利用“放样凸台 / 基体”工具，创建如图18-82所示的放样实体特征。

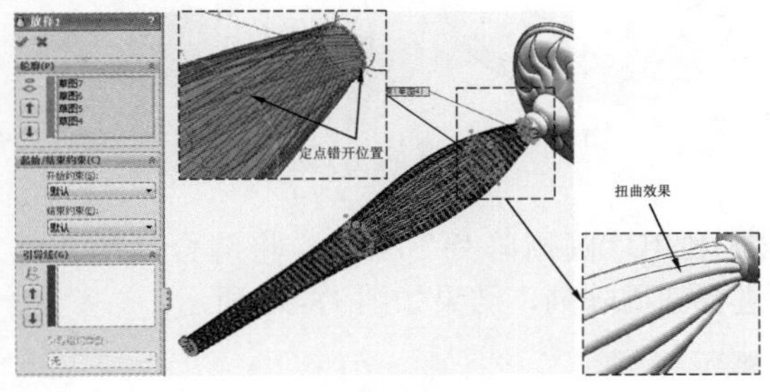


图 18-82

## 技术要点：

在选择轮廓时，每个轮廓的选取位置不应在同一位置，为了使放样实体产生扭曲效果，选取轮廓的定点应逐步偏移。毕竟4个轮廓形状是完全相同的，仅是尺寸不同而已。

**12** 利用“旋转凸台 / 基体”工具，在右视基准面绘制草图8，然后创建出如图18-83所示的旋转特征2。

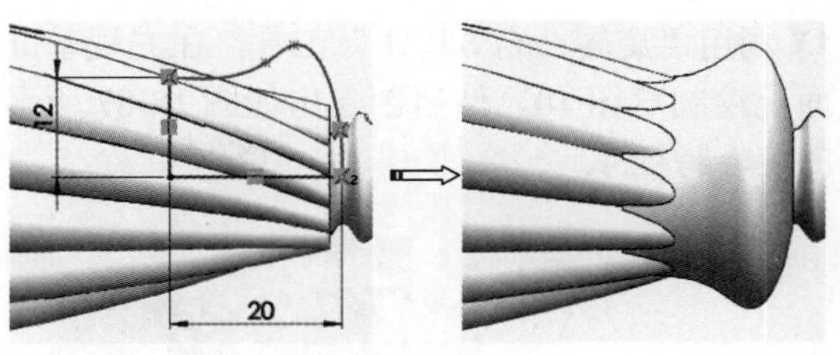


图 18-83

**13** 利用“旋转凸台 / 基体”工具，在右视基准面绘制草图9，然后创建如图18-84所示的旋转角度为60的旋转特征3。

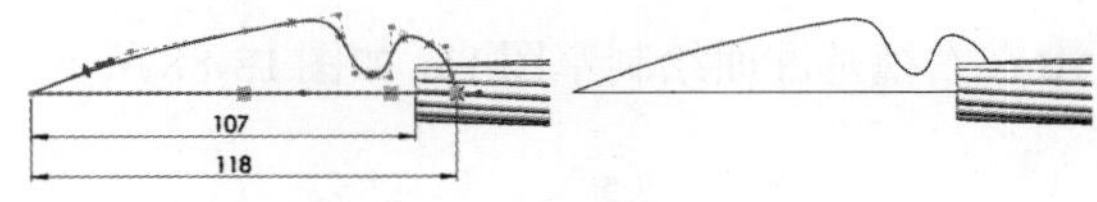


图 18-84

**14** 利用“圆角”工具，选择旋转特征3的边，创建变半径的圆角特征，如图18-85所示。

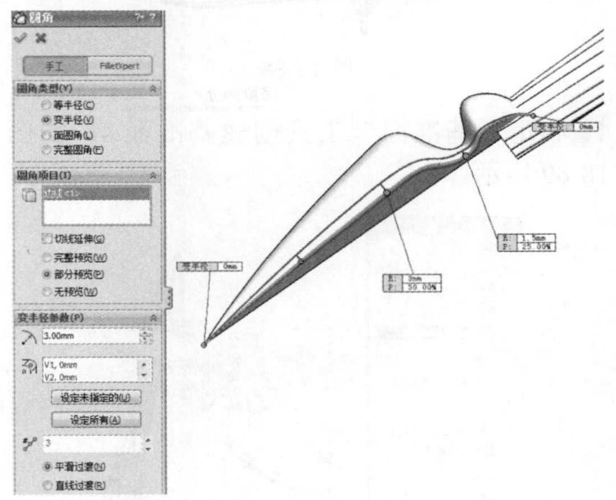


图 18-85

**15** 同理，在此旋转特征的另一侧也创建出相同的变半径圆角特征。

**16** 利用“圆周阵列”工具，阵列圆角后的旋转特征3，结果如图18-86所示。

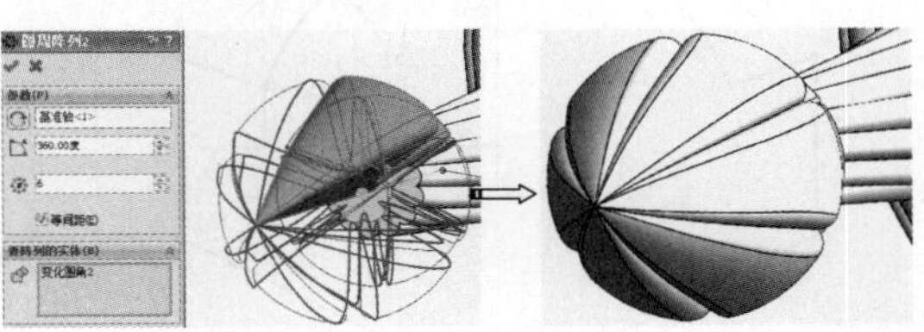

图 18-86

**17** 利用“旋转凸台/基体”工具，在右视基准面上绘制草图10，然后创建出如图18-87所示的旋转特征4。

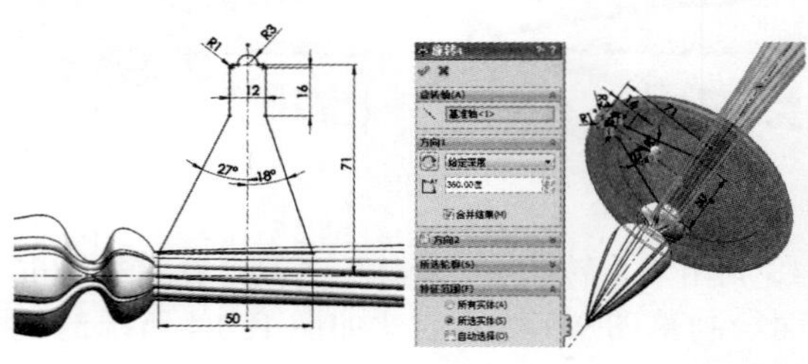

图 18-87

**18** 在右视基准面绘制草图11，如图18-88所示。

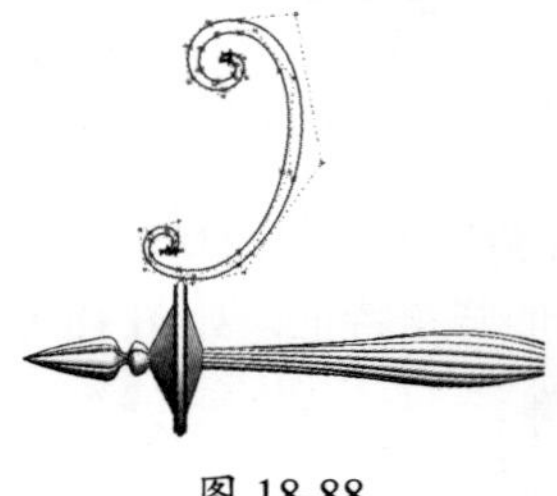

图 18-88

**19** 利用“基准面”工具创建基准面4，如图18-89所示。

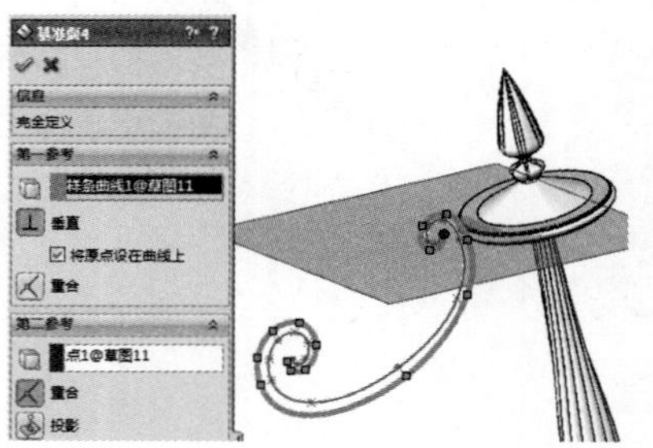

图 18-89

**20** 在基准面4上绘制如图18-90所示的草图12。

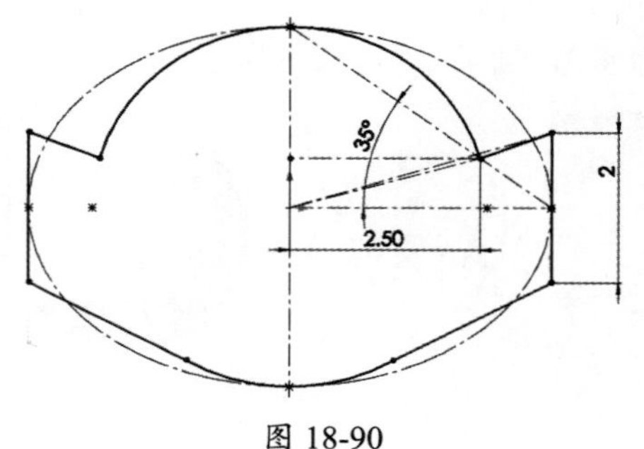


图 18-90

**21** 利用“曲面扫描”工具，创建如图18-91所示的扫描曲面特征1。

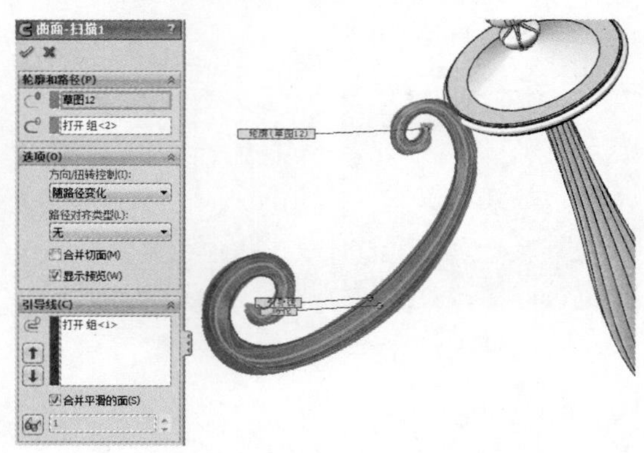

图 18-91

**22** 利用“平面区域”工具，创建两个平面将扫描曲面1的两个端口封闭，如图18-92所示。利用“缝合曲面”工具缝合扫描曲面和平面，以此生成实体模型。

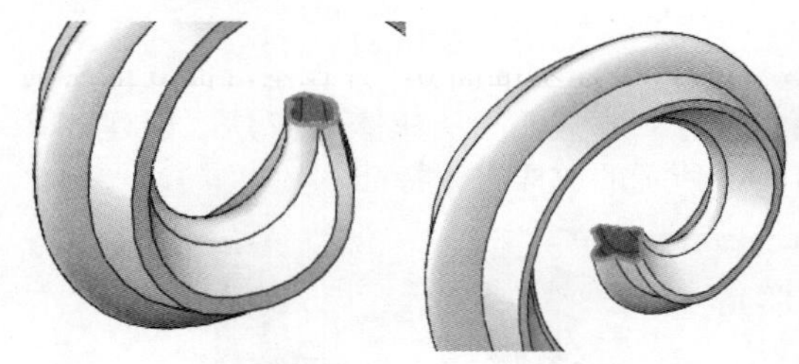

图 18-92

**23** 利用“圆周阵列”工具，将缝合后的实体进行圆周阵列，结果如图18-93所示。

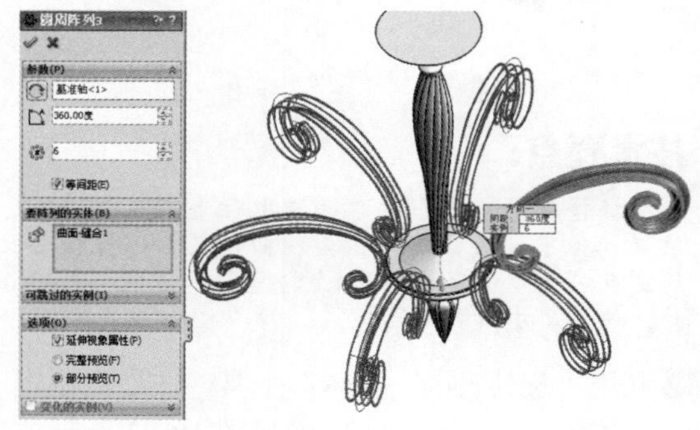

图 18-93

**24** 利用“旋转凸台/基体”工具，在右视基准面绘制草图13后，完成旋转特征5的创建，如图18-94所示。

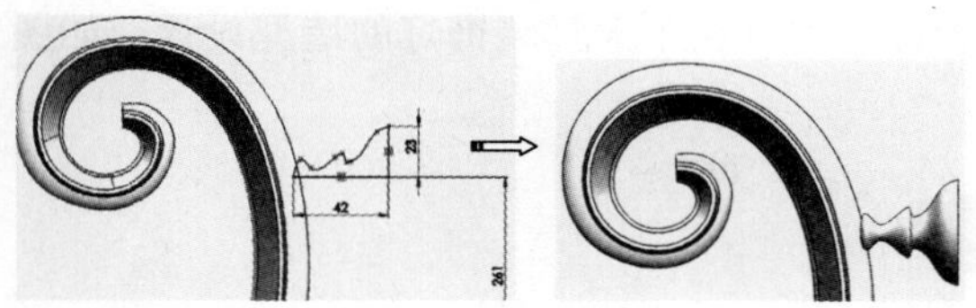

图 18-94

**25** 利用“基准面”工具创建如图 18-95 所示的基准面 5。

**26** 在基准面 5 上绘制草图 14（8 边形），如图 18-96 所示。

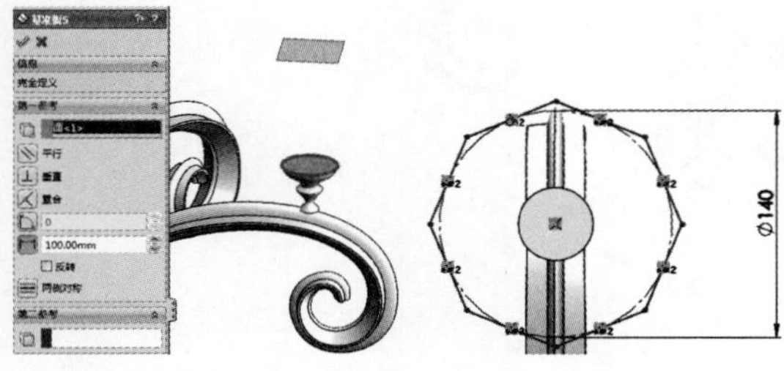


图 18-95　　　　图 18-96

**27** 同理，创建基准面 6，并在基准面 6 上绘制草图 15，结果如图 18-97 所示。

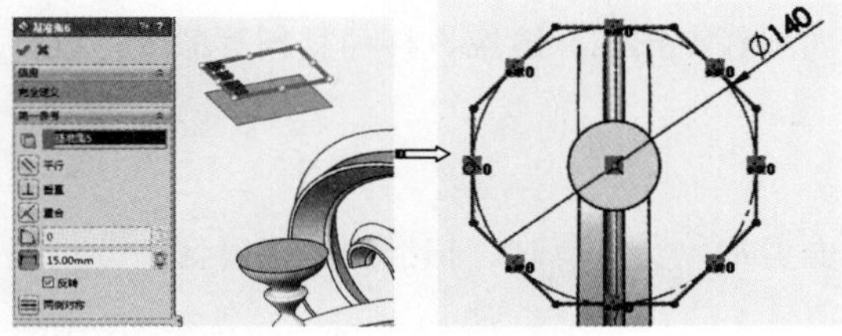


图 18-97

**28** 同理，创建基准面 7，以及在基准面 7 上绘制草图 16，结果如图 18-98 所示。

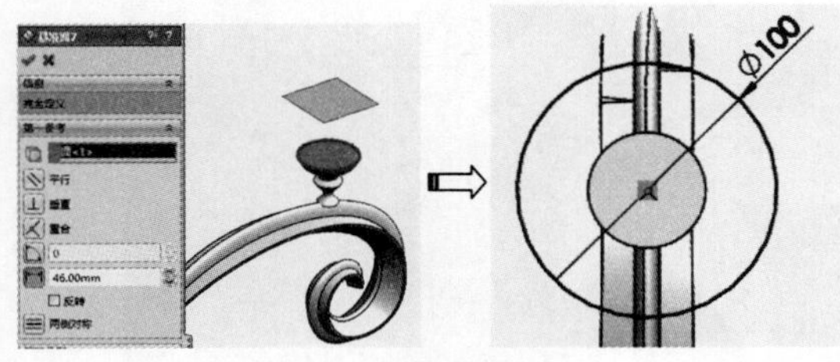


图 18-98

**29** 在右视基准面上绘制草图 17，如图 18-99 所示。

**30** 进入 3D 草图环境，利用样条曲线命令，依次选取草图 14 和草图 15 上的参考点来创建 3D 样条曲线，如图 18-100 所示。

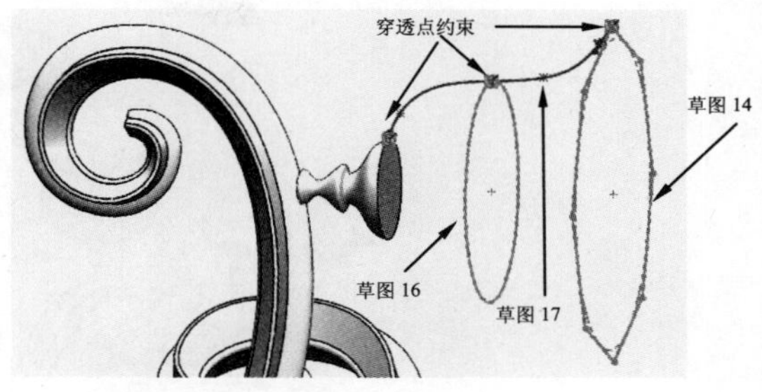


图 18-99

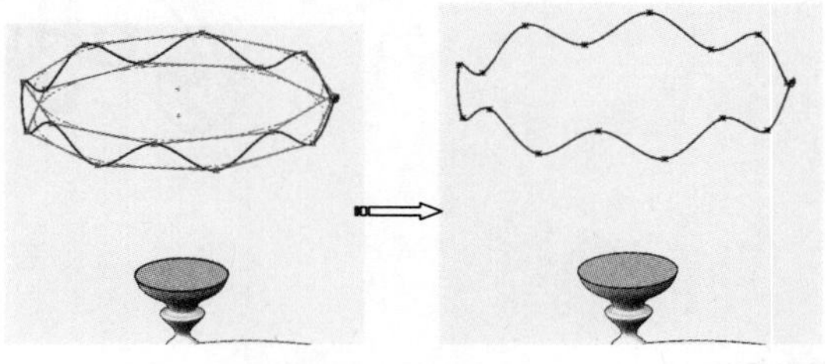

图 18-100

**31** 利用“扫描曲面”工具，创建出如图 18-101 所示的扫描曲面 3。

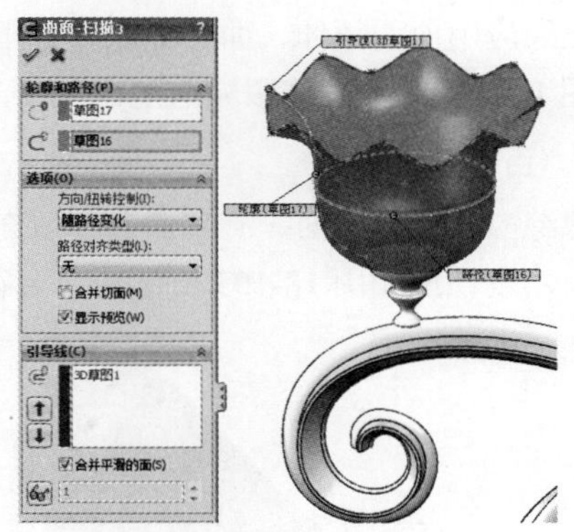


图 18-101

**32** 利用“加厚”工具，将扫描曲面 3 加厚，如图 18-102 所示。

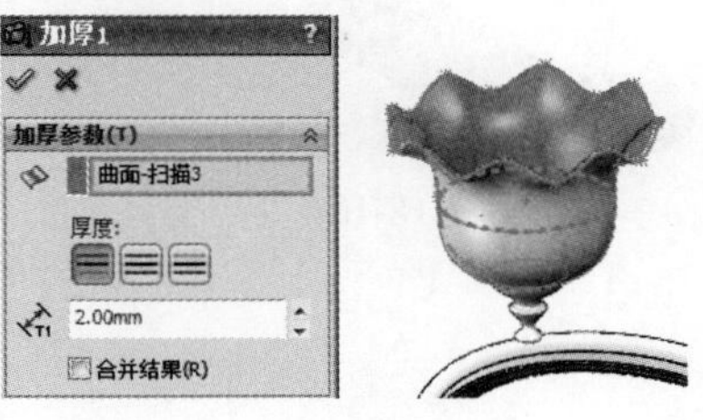


图 18-102

**33** 最后利用“圆周阵列”工具，圆周阵列加厚的特征，完成整个大堂装饰灯的造型设计，如图 18-103 所示。

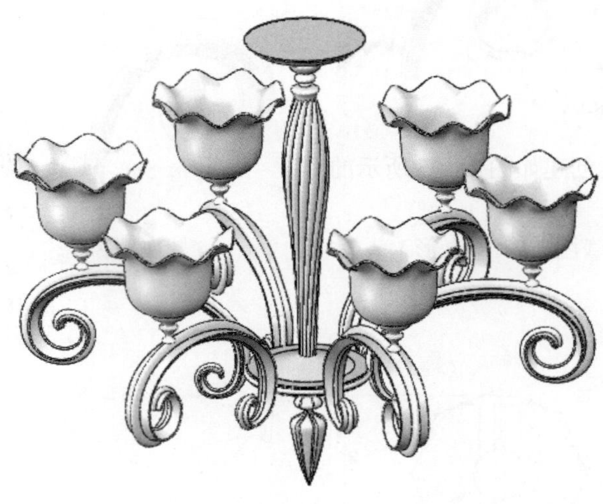

图 18-103

## 18.4 课后习题

### 1．高跟鞋曲面造型

熟练应用曲面拉伸、曲面放样、等距曲面、曲面剪裁、扫描、镜像、移动复制等命令，设计出如图 18-104 所示的高跟鞋造型。

### 2．百合花造型

熟练应用放样曲面、旋转曲面、填充曲面、曲面剪裁、实体复制、扫描曲面、镜像、分割线等命令，设计出如图 18-105 所示的百合花造型。

图 18-104

图 18-105

# 第 19 章　产品检测与分析

在利用 SolidWorks 进行机械零件、产品造型、模具设计、钣金设计以及管道设计时，需要利用 SolidWorks 提供的产品测量与分析工具，辅助设计人员完成设计。

这些工具包括模型测量、质量与剖面属性、传感器、实体分析与检查、面分析与检查等，希望初学者熟练掌握这些工具的应用方法，以提高自身的设计能力。

- ◆ 测量工具
- ◆ 质量属性与剖面属性
- ◆ 传感器
- ◆ 统计、诊断与检查
- ◆ 分析

## 19.1 测量工具

利用模型测量，可以测量草图、3D 模型、装配体或工程图中直线、点、曲面、基准面的距离、角度、半径以及大小，以及它们之间的距离、角度、半径或尺寸。当选择一个顶点或草图点时，会显示其 x、y 和 z 坐标值。

在“评估”选项卡中单击“测量”按钮，弹出“测量 - 零件 1”工具条，如图 19-1 所示。同时，鼠标指针变为。

图 19-1

“测量 - 零件 1”工具条中包括 5 种测量类型：圆弧 / 圆测量、显示 XYZ 测量、面积与长度测量、零件原点测量和投影测量。

### 19.1.1　设置单位 / 精度

在对模型进行测量之前，用户可以设置测量所用的单位及精度。在“测量 - 零件 1”工具条中单击“单位 / 精度”按钮，弹出“测量单位 / 精度”对话框，如图 19-2 所示。

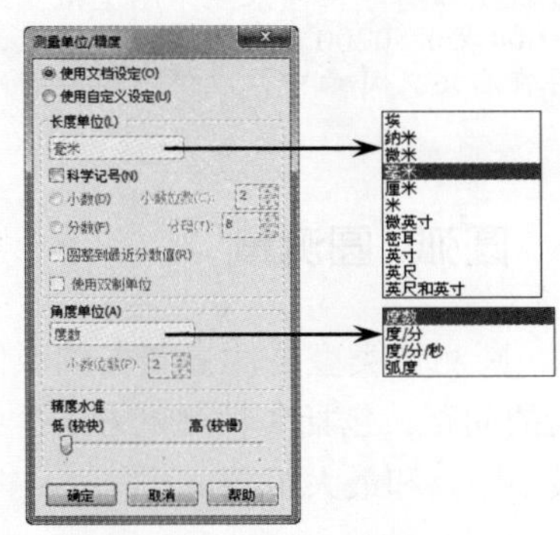


图 19-2

“测量单位 / 精度”对话框中主要选项的含义如下。

- 使用文档设定：选择此选项，将使用“文档属性”中所定义的单位和材质属性。如图 19-3 所示为系统选项设置的“文档属性”中默认的单位设置。
- 使用自定义设定：选择此选项，可以自定义单位与精度的相关选项，相关选项将可用。

- “长度单位”选项组：该选项组可以设置测量的长度单位与精度，其中包括选择线性测量的单位、科学记号、小数位数、分数与分母等。
- “角度单位”选项组：该选项组可以设置测量的角度单位与精度，包括选择角度尺寸的测量单位、设定显示角度和尺寸的小数位数等。

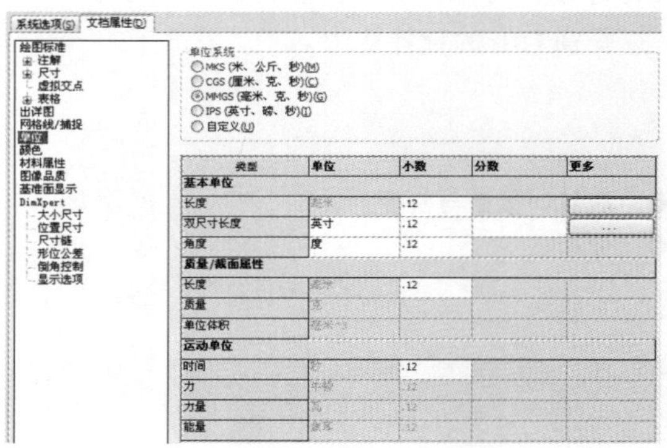


图 19-3

**技术要点：**

科学记号就是以科学记号来显示测量值。例如，以5.02e+004表示50200。修复输入模型后，要将结果保存在自定义目录中，以便作为数据准备时导入。

### 19.1.2 圆弧 / 圆测量

圆弧 / 圆测量类型是测量圆与圆或圆弧与圆弧之间的间距。包括 3 种测量方法：中心到中心、最小距离和最大距离。

#### 1. 中心到中心

“中心到中心”测量方法是选择要测量距离的两个圆弧或圆，程序自动计算并得出测量结果。如果两个圆或圆弧在同一平面内，将只产生中心距离，如图 19-4 所示；若不在同一平面内，将会产生中心距离和垂直距离，如图 19-5 所示。

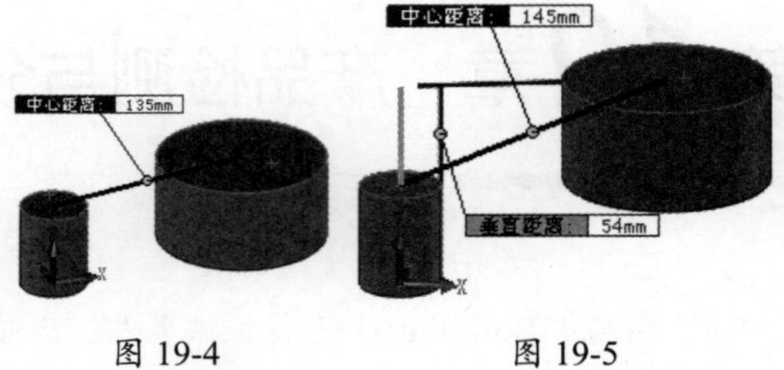


图 19-4　　图 19-5

#### 2. 最小距离

“最小距离”测量方法是测量两个圆或圆弧的最近端。无论是选择圆形实体的边缘或者圆面，程序都将依据最近端来计算出最小的距离值，如图 19-6 所示。

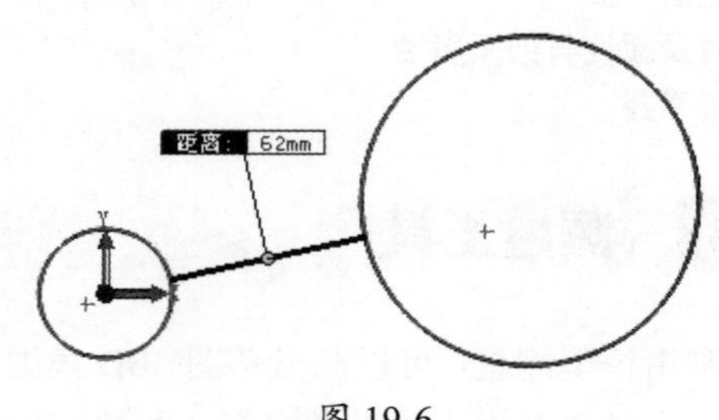


图 19-6

**技术要点：**

选择要测量的对象时，程序会自动拾取对象上的面或边进行测量。

#### 3. 最大距离

“最大距离”测量方法是测量两个圆或圆弧的最远端。无论是选择圆形实体的边缘或者是圆面，程序都将依据最远端来计算出最大的距离值，如图 19-7 所示。

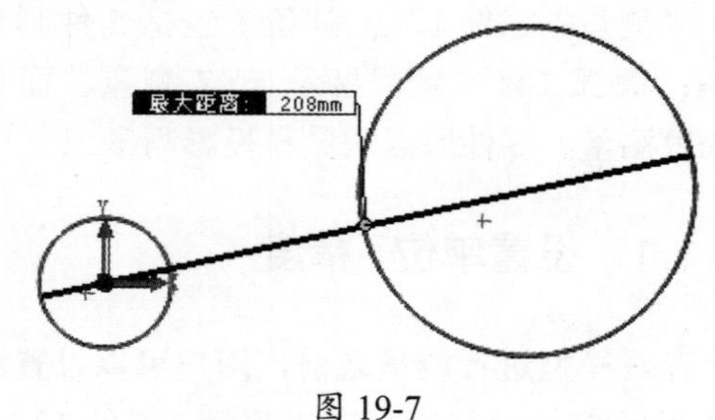


图 19-7

### 19.1.3 显示 XYZ 测量

“显示 XYZ 测量”类型是在图形区域中

所测实体之间显示 dX、dY 或 dZ 的距离。

例如，以“中心到中心”测量方法来测量两圆之间的中心距离并得出测量结果，然后在“测量 - 零件 1”工具条中单击“显示 XYZ 测量”按钮，图形区中将自动显示 dX、dY 和 dZ 的实测距离，如图 19-8 所示。

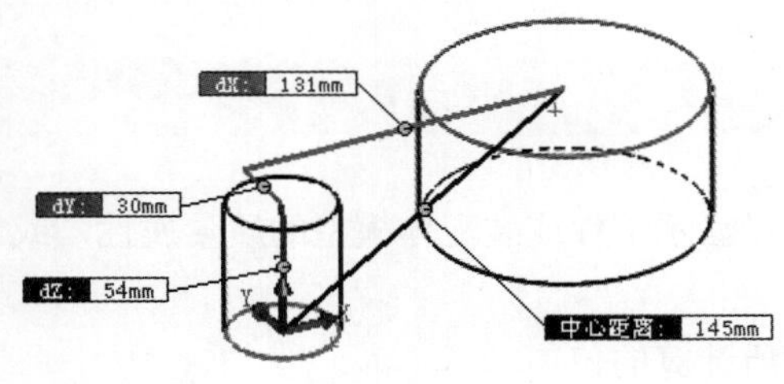


图 19-8

**技术要点：**

当测量的对象在同一平面内时，使用“显示XYZ测量”将只显示dX和dY的距离。当测量的对象相互垂直时，使用“显示XYZ测量”将只显示dZ的距离。

## 19.1.4 面积与长度测量

在默认情况下，当用户只选择一个圆形面、圆柱面、圆锥面或矩形面时，程序会自动计算出所选面的面积、周长及直径（当选择面为圆柱面时）。

例如，仅选择矩形面、圆形面或圆锥面进行测量，会得到如图 19-9 ～图 19-11 所示的面积测量结果。仅选择圆柱面测量时，会得到如图 19-12 所示的结果。

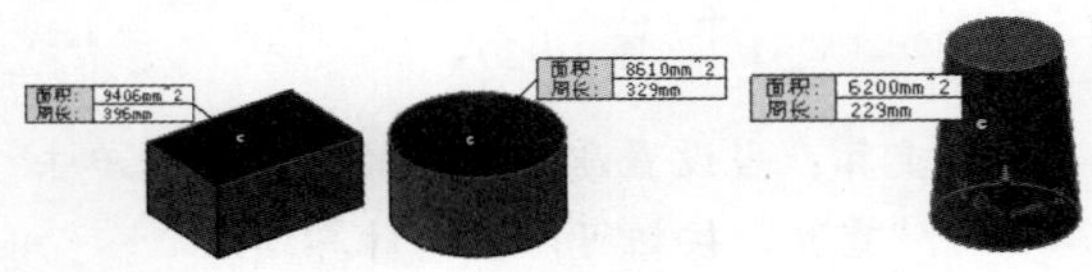

图 19-9　　图 19-10　　图 19-11

默认情况下，若用户选择实体的边线（直边或圆边）进行测量，程序会自动计算出所选边的长度、直径或中心点坐标，如图 19-13 和图 19-14 所示。

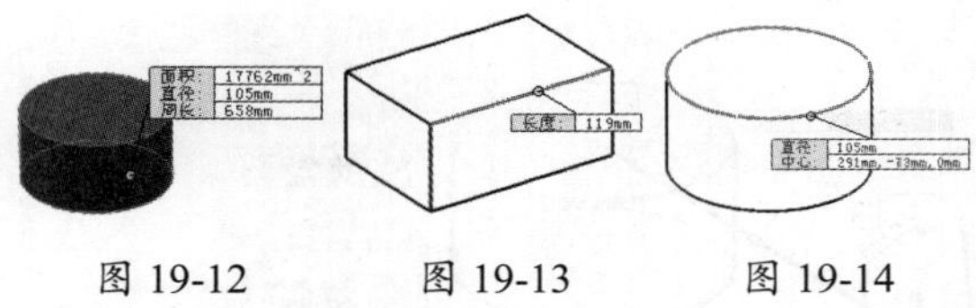

图 19-12　　图 19-13　　图 19-14

## 19.1.5 零件原点测量

“零件原点测量”测量类型主要测量相对于用户坐标系的原点至所选边、面或点之间的间距（包括中心距离、最小距离和最大距离）。

要使用“零件原点测量”类型测量距离，需要创建一个坐标系。使用该测量类型来测量的中心距离、最小距离和最大距离，如图 19-15 ～图 19-17 所示。

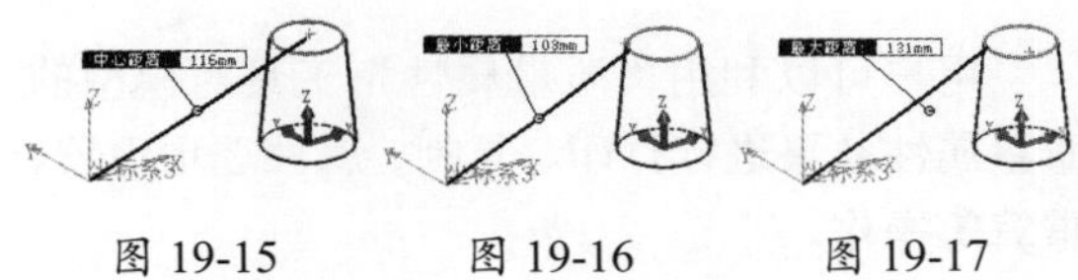

图 19-15　　图 19-16　　图 19-17

## 19.1.6 投影测量

“投影测量”测量类型用于测量所选实体之间投影于“无”“屏幕”或“选择面 / 基准面”之上的距离。

### 1. 投影于无

投影于无将测量不做任何投影。这对于不同平面内的对象测量来说，此方法保持其他类型的测量结果。

### 2. 投影于屏幕

投影于屏幕方法是将测量的数据结果投影于屏幕。

### 3. 投影于选择面 / 基准面

使用该方法，可以计算所投影的距离（所选的基准面上）及正交距离（所选的基准面正交）。投影和正交显示在“测量 - 零件 1”对话框中，如图 19-18 所示。

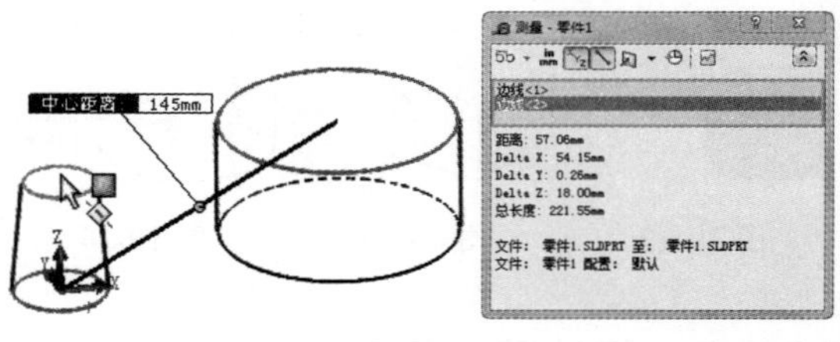

图 19-18

**技术要点：**

欲从当前选择消除项目，再次在图形区域中单击项目；若想消除所有选择，单击图形区域中的空白处；如要暂时关闭测量功能，用右击图形区域，然后选取“选择”命令；如要再次打开测量功能，在“测量-零件1”对话框中单击命令按钮。

## 19.2 质量属性与剖面属性

使用“质量属性”工具或“剖面属性”工具，可以显示零件或装配体模型的质量属性，或者显示面或草图的剖面属性。

用户也可以为质量和引力中心指定数值，以覆写所计算的值。

### 19.2.1 质量属性

用户可以利用“质量属性”工具对模型的质量属性结果进行打印、复制、属性选项设置、重算等操作。

在“评估”选项卡中单击“质量属性”按钮，弹出“质量属性”对话框，如图 19-19 所示。

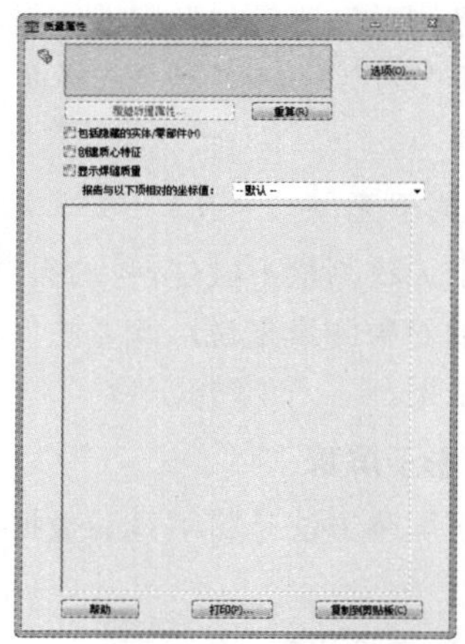

图 19-19

该对话框中主要选项、按钮命令的含义如下。

- 打印：选择项目，算出质量特性后，单击“打印”按钮打开“打印”对话框，通过该对话框可以直接打印结果。
- 复制到剪贴板：单击此按钮，可以将质量特性结果复制到剪切板。
- 关闭：单击此按钮，关闭“质量属性”对话框。
- 选项：单击此按钮，将弹出“质量 / 剖面属性选项”对话框，并对质量属性的单位、材料属性和精度水准等选项进行设置，如图 19-20 所示。

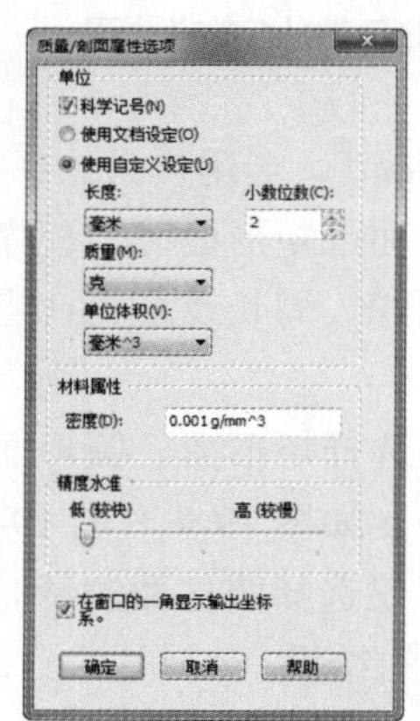

图 19-20

- 重算：当设置质量属性的选项后，单击“重算”按钮可以重新计算结果。
- 输出坐标系：为计算质量属性，选择参考坐标系。默认的坐标系为绝对坐标系。如果用户创建了坐标系，该坐标系将自动保存于“输出坐标系”列表中。当选择一个输出坐标系后，程序自动计算其质量属性，并将结果显示在对话框下方，如图 19-21 所示。

- 所选项目：列出要计算分析的零件。可以在特征树中选取，也可以在图形区中选取。
- 选项：单击此按钮，将弹出“质量/剖面属性选项”对话框。可以对质量属性的单位、材料属性和精度水准等选项进行设置，如图 19-22 所示。

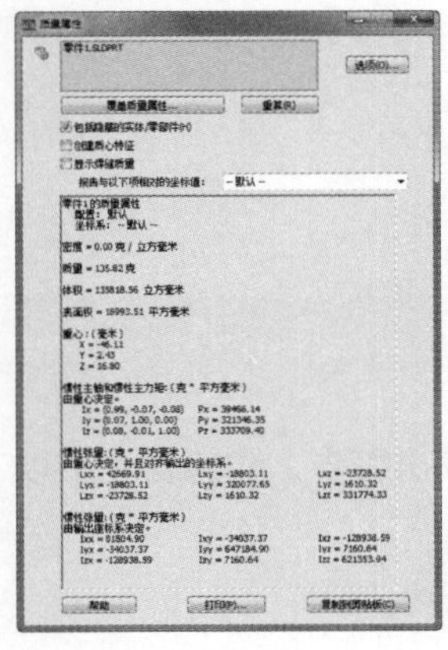

图 19-21

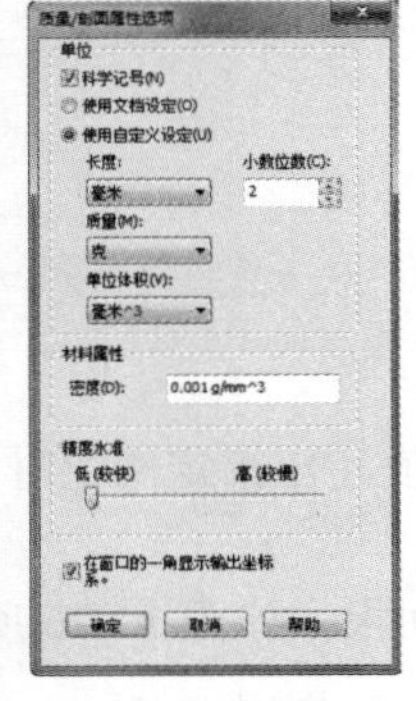

图 19-22

- 重算：当设置质量属性的选项后，单击“重算”按钮可以重新计算结果。
- 覆盖质量属性：单击此按钮，弹出“覆盖质量属性”对话框，如图 19-23 所示。通过该对话框您可以重新自定义质量、质量中心和惯性张量的值并覆盖所计算的值。

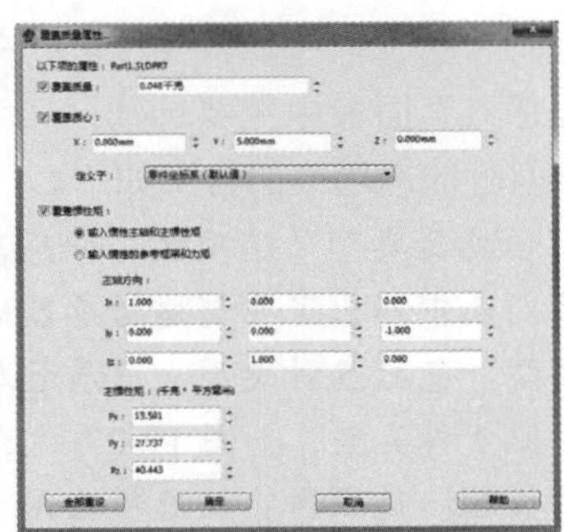

图 19-23

**技术要点：**

用户不必关闭“质量属性”对话框即可计算其他实体。取消选择，然后选择实体，接着单击“重算”按钮即可。

- 包括隐藏的实体/零部件：选择时包括隐藏的实体和零部件。
- 创建质心特征：将计算得到的质量中心添加到模型中。
- 显示焊缝质量：选中此选项，将在质量属性列表中显示计算得到的焊缝质量信息。
- 报告与以下项相对的坐标值：此列表列出所选模型的参考坐标系。
- 打印：选择项目，算出质量特性后，单击“打印”按钮打开“打印”对话框。通过“打印”对话框可以直接打印结果。
- 复制到剪贴板：单击此按钮，可以将质量特性结果复制到剪贴板。

### 19.2.2 剖面属性

“剖面属性”是为位于平行基准面的多个面和草图评估剖面属性。“剖面属性”的功能对话框及操作与“质量属性”是相同的。

**技术要点：**

当计算一个以上实体时，第一个所选面为计算截面属性定义基准面。此外，要计算剖面属性，必须创建一个用户坐标系。

当为多个实体计算剖面属性时，可以选择以下项目。

- 一个或多个平的模型面。
- 剖面上的面。
- 工程图中剖面视图的剖面。
- 草图（在 FeatureManager 设计树中单击草图，或右击特征，然后选择“编辑草图”命令）。

在“评估”选项卡中单击“剖面属性”按钮，弹出“截面属性”对话框。在该对话框的“输出坐标系”下拉列表中选择用户定义的坐标系，程序自动计算出所选平行面的剖面属性，并将结果显示在该对话框下方，且主轴和输出坐标系将显示在模型中，如图 19-24 所示。

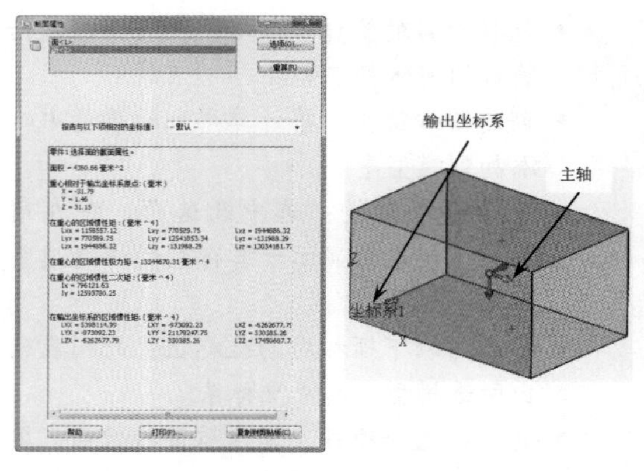


图 19-24

**技术要点：**

“剖面属性”工具只能计算平面而不能计算曲面，如圆弧、异形曲面。

# 19.3 传感器

传感器监视零件和装配体的所选属性，并在数值超出指定阈值时发出警告，传感器包括以下类型。

- 质量属性：监视质量、体积和曲面区域等属性。
- 尺寸：监视所选尺寸。
- 干涉检查：监视装配体中选定的零部件之间的干涉情况（只在装配体中可用）。
- 接近：监视装配体中所定义的直线和选取的零部件之间的干涉（只在装配体中可用）。例如，使用接近传感器来建立激光位置检测器的模型。
- Simulation 数据：（在零件和装配体中可用）监视 Simulation 的数据，如模型特定区域的应力、接头力和安全系数；监视 Simulation 瞬态算例（非线性算例、动态算例和掉落测试算例）的结果。

## 19.3.1 生成传感器

使用“传感器”工具，可以创建传感器以辅助设计。在“评估”选项卡中单击“传感器”按钮，属性管理器中显示“传感器”面板，如图 19-25 所示。

用户也可以右击特征管理器设计树中的“传感器”文件夹图标，并选择快捷菜单中的“添加传感器”命令，也会显示“传感器”面板，如图 19-26 所示。

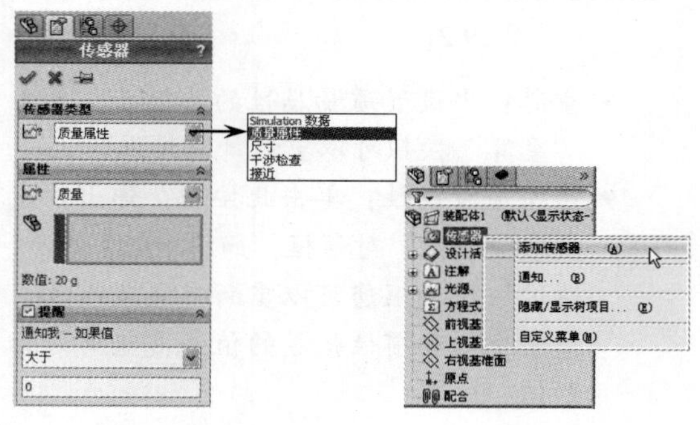


图 19-25　　图 19-26

“传感器”面板中主要选项区（为“质量属性”类型时的选项）的含义如下。

- “传感器类型”选项区：传感器类型下拉列表中列出了要创建传感器的传感器类型。包括 5 种类型，“质量属性”和其他 4 种类型，如图 19-27 所示。
- “提醒”选项区：该选项区用于选择警告并设定运算符和阈值。设定“提醒”后，在传感器数值超出指定阈值时立即发出警告。当传感器类型为“Simulation 数据”“质量属性”和“尺寸”时，需要指定一个运算符和 1 ~ 2 个数值。运算符如图 19-28 所示。当传感器类型为

“干涉检查”和“接近”时，需要指定发出的警告判断方式，如图 19-29 所示。

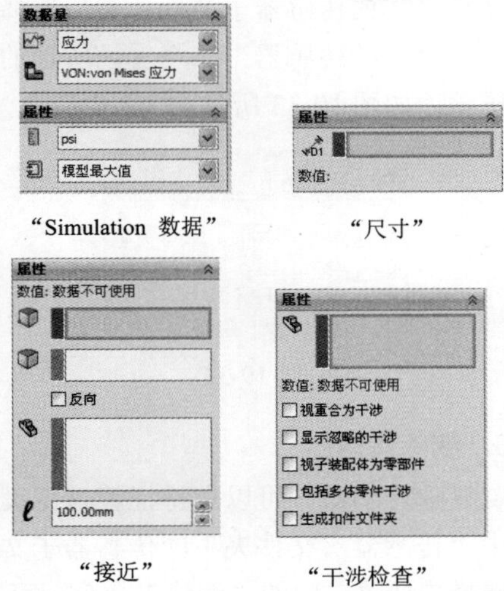


图 19-27

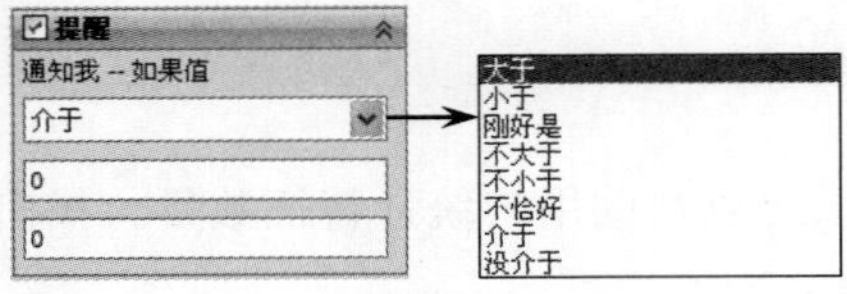


图 19-28

图 19-29

## 技术要点：

如果传感器文件夹不可见，右击特征管理器的设计树，然后选择“隐藏/显示树项目”命令。在弹出的“系统选项”对话框的FeatureManager选项区中将传感器设为“显示”。

## 19.3.2　传感器通知

当为实体设定了传感器类型并生成传感器后，若检查的结果超出“提醒”值，在特征管理器设计树中的“传感器”文件夹名称将灰显，同时会显示预警符号，鼠标指针接近图标时会弹出“传感器”通知，如图 19-30 所示。

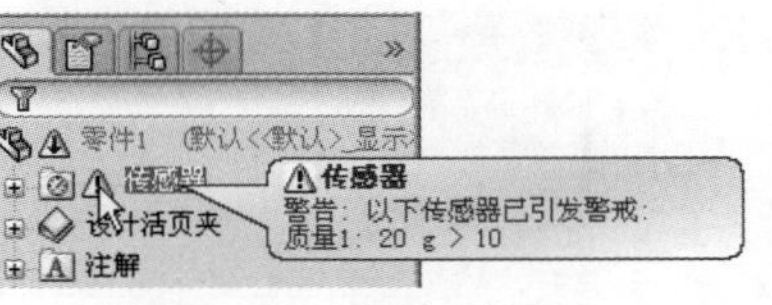


图 19-30

在特征管理器设计树中，右击“传感器”文件夹图标，然后选择快捷菜单中的“通知”命令，属性管理器将显示“传感器”面板，该面板仅包含“通知”选项区，如图 19-31 所示。

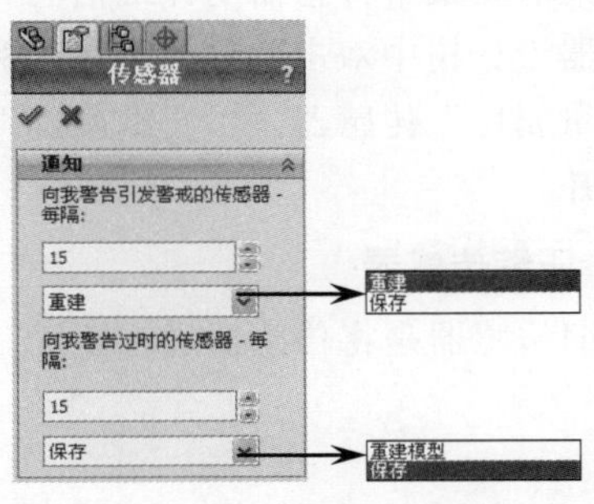


图 19-31

“传感器”面板中主要选项的含义如下。

- 触发警告频率：对于已引发警戒的传感器，指定通知消息的重建或保存次数。
- NotifyOn（关于通知）：包括重建和保存选项。
- 过时警告频率：对于已过时的传感器，指定通知消息的重建或保存次数。

## 19.3.3　编辑、压缩或删除传感器

如果需要对传感器进行编辑、压缩或删除操作，可以在特征管理器设计树中选中“传感器”文件夹，并执行快捷菜单中的命令即可。

### 1. 编辑传感器

在特征管理器设计树中，右键选中“传感器”文件夹下的传感器子文件，然后选择快捷菜单中的“编辑传感器”命令，属性管理器中显示“传感器”面板，如图 19-32 所示。通过“传感器”面板，为传感器重新设定类型、属性和警告等。

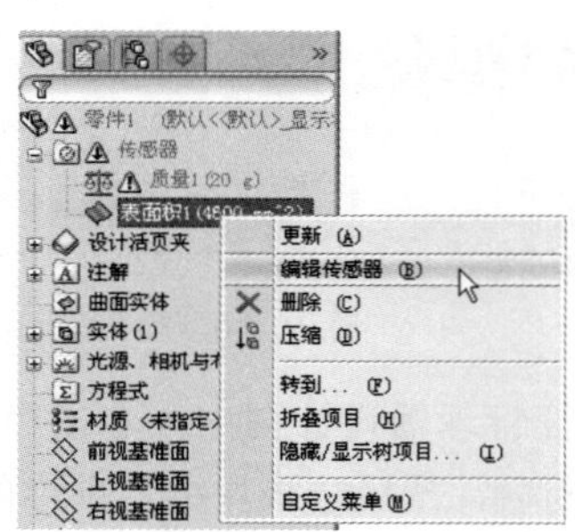

图 19-32

如果需要某个传感器的详细信息，可在特征管理器设计树中双击并进行查看。例如，双击“质量属性”传感器，“质量属性”对话框将被打开。

**2. 压缩传感器**

压缩传感器是将传感器进行压缩，压缩后的传感器以灰色显示，而且模型不会计算它。

在特征管理器设计树中，右键选中“传感器”文件夹下的传感器子文件，然后选择快捷菜单中的“压缩传感器”命令，所选的传感器被压缩，如图 19-33 所示。

图 19-33

**3. 删除传感器**

要删除传感器，可以在特征管理器设计树中选中“传感器”文件夹下的传感器子文件，然后选择快捷菜单中的“删除”命令即可。

# 19.4 统计、诊断与检查

利用 SolidWorks 提供的基于实体特征的检查工具，可以帮助用户统计特征数量、找出特征错误并解决。

## 19.4.1 统计

“统计”工具为显示重建零件中每个特征所需时间量的工具。使用此工具通过压缩需要很长时间重建的特征，以减少重建时间。此工具在所有零件文件中都可使用。

在“评估”选项卡中单击“统计”按钮，弹出“特征统计”对话框，如图 19-34 所示。

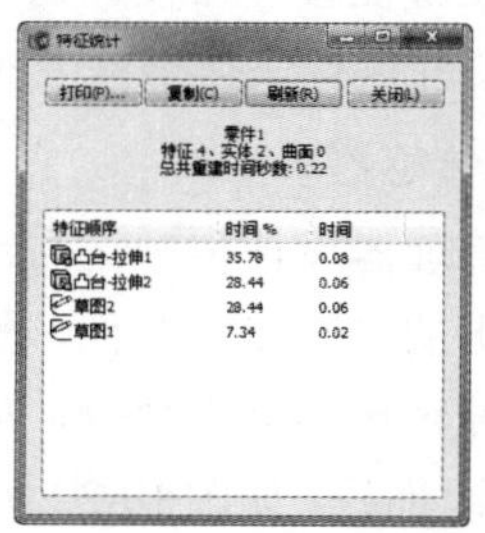

图 19-34

“特征统计”对话框中主要按钮和命令的含义如下。

- 打印：单击此按钮，弹出“打印”对话框，如图 19-35 所示。设置该对话框的选项可以打印统计结果。

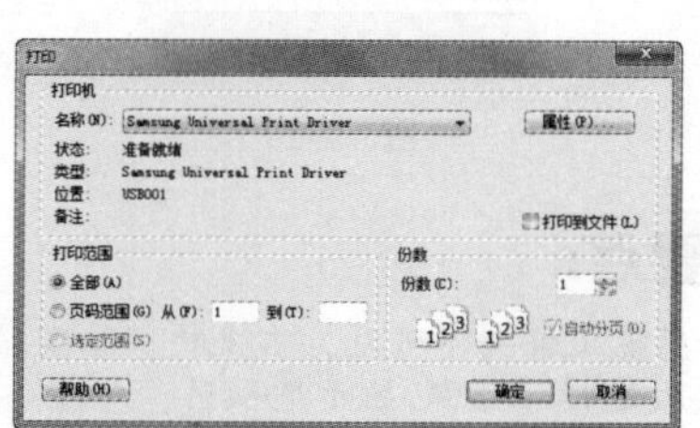

图 19-35

- 复制：单击此按钮，复制特征统计，然后可将其粘贴到另一文件中。
- 刷新：单击此按钮，刷新特征统计结果。
- 关闭：单击此按钮，关闭“特征统计”对话框。

在“特征统计”对话框的统计列表中，按降序显示所有特征及其重建时间的清单。其中包括：

- 特征顺序：在特征管理器设计树中列举每个项目（特征、草图及派生的基准面）。使用快捷菜单编辑特征定义、压缩特征等。
- 时间 %：显示重新生成每个项目的总零件重建时间的百分比。
- 时间：以秒数显示每个项目重建所需的时间量。

### 19.4.2 检查

“检查”工具可以检查实体几何体并识别出不良几何体。保持零件文档激活，然后在“评估”选项卡中单击“检查”按钮，将弹出“检查实体”对话框，如图 19-36 所示。

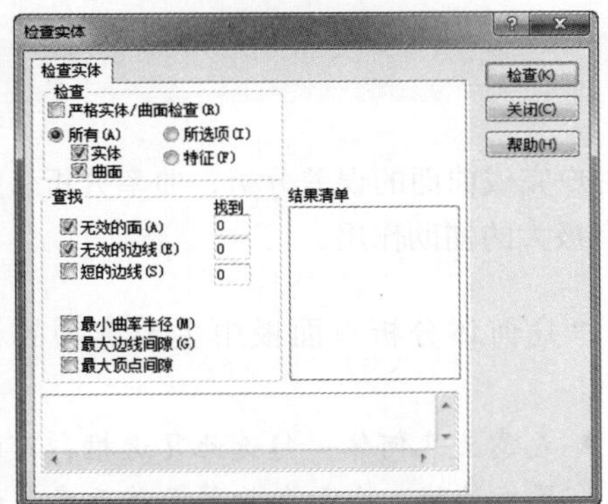


图 19-36

“检查实体”对话框中主要选项的含义如下。

- “检查”选项组：选择检查的等级和需要核实的实体类型。
- 严格实体 / 曲面检查：在消除选择时进行标准几何体检查，并利用先前几何体检查的结果改进性能。
- 所有：检查整个模型。指定实体、曲面，或者两者。
- 所有项：检查在图形区域中所选择的面或边线。
- 特征：检查模型中的所有特征。
- “查找”选项组：选择需要查找的问题类型及需要决定的数值类型。包括无效的面、无效的边线、短的边线、最小曲率半径、最大边线间隙、最大顶点间隙等。
- 检查：单击“检查”按钮，程序进行检查，并将检查结果显示在“结果清单”列表中。该对话框下方的信息区域中显示检查的信息。
- 关闭：单击此按钮，将关闭“检查实体”对话框。
- 帮助：单击此按钮，可查看“检查实体”工具的帮助文档。

**技术要点：**

在“结果清单”列表中，选择一个项目以在图形区域中高亮显示，并在信息区域显示额外信息。

### 19.4.3 输入诊断

“输入诊断”工具可以修复检查实体后所出现的错误。在“评估”选项卡中单击“输入诊断”按钮，属性管理器中将显示“输入诊断”面板，如图 19-37 所示。

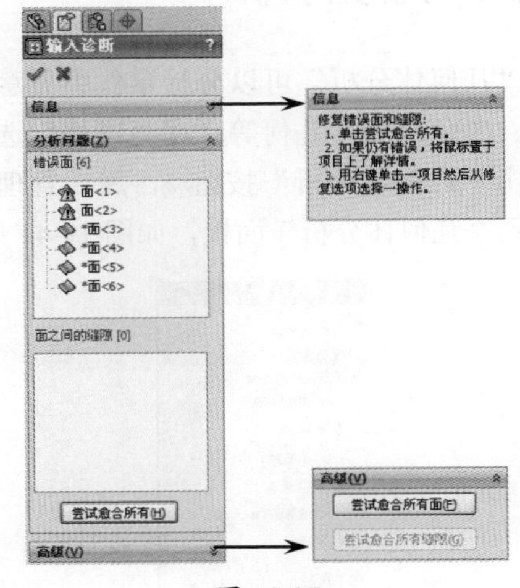


图 19-37

“输入诊断”面板中主要选项区的含义如下。

- “信息”选项区：该选项区显示有关模型状态和操作的结果。
- “分析问题”选项区：该选项区显示错

误面数和面之间的间隙数。面有错误时，图标为。当面被修复时，图标则变为✔。选择一个错误面，并右击，弹出快捷菜单，如图 19-38 所示。根据需要可以选择快捷菜单中的命令进行相应的操作。修复所有错误面后，错误面将以序编号，如图 19-39 所示。

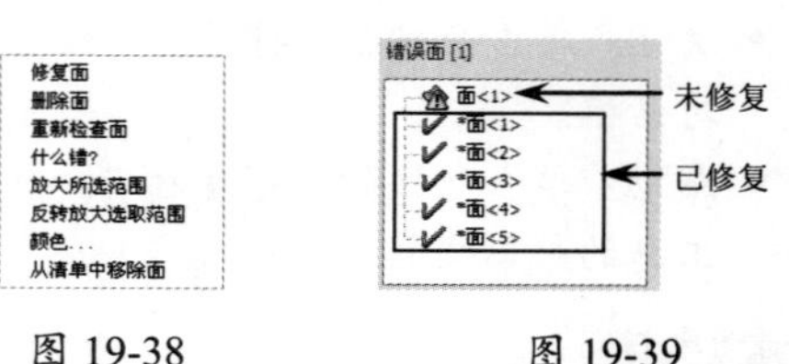


图 19-38　　图 19-39

- 尝试愈合所有：单击此按钮，程序会尝试着修复错误面和面间隙。

**技术要点：**

此快捷菜单中的命令与在图形区中的快捷菜单命令相同。图形区中的快捷菜单命令如图19-40所示。

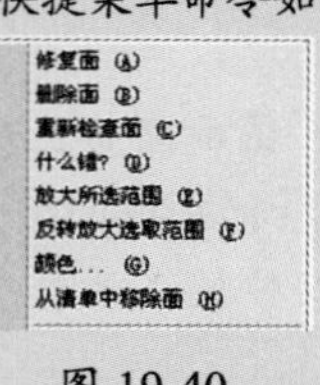


图 19-40

- “高级”选项区：当出现的错误面和面间隙较多时，可以使用“高级”选项区中的“尝试愈合所有面”和“尝试愈合所有间隙”功能来修复错误，修复的错误将不再显示在“分析问题”选项区中。

## 19.5 分析

SolidWorks 提供的面分析与检查功能，可以帮助用户完成曲面的误差分析、曲率分析、底切分析、分型线分析等操作，这对产品设计和模具设计有极大的辅助作用。

### 19.5.1 几何体分析

“几何体分析”可以分析零件中无意义的几何、尖角及断续几何等。在“评估”选项卡中单击“几何体分析”按钮，属性管理器中将显示“几何体分析”面板，如图 19-41 所示。

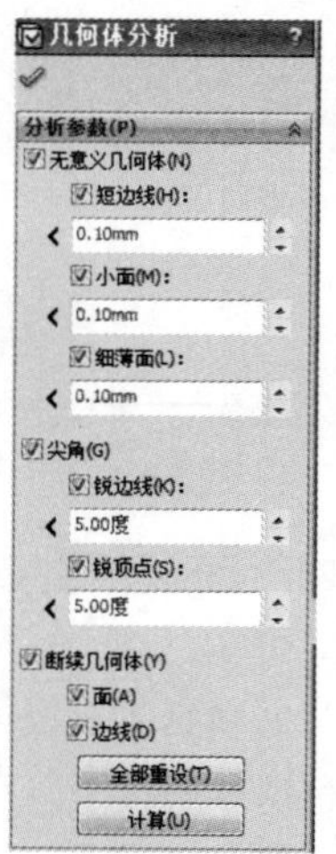


图 19-41

“几何体分析”面板中主要选项的含义如下。

- 无意义几何体：勾选此复选框，可以设置短边线、小面和细薄面等无意义的几何体选项。通常情况下，无法修复的实体就会出现无意义的几何体。
- 尖角：尖角就是几何体中出现的锐角边，包括锐边线和锐顶点。
- 断续几何体：指几何体出现的断续的边线和面。
- 全部重设：单击此按钮，将取消设定的分析参数选项。
- 计算：单击此按钮，程序会按设定的分析选项进行分析，分析结束后将结果显示在随后弹出的“分析结果”选项区中。
- “分析结果”选项区：用于显示几何体分析的结果，如图 19-42 所示。

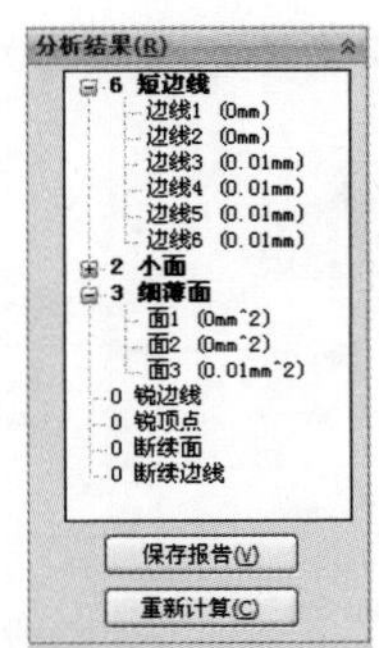


图 19-42

**技术要点：**

在分析结果列表中选择一个分析结果，图形区中将显示该结果，如图19-43所示。

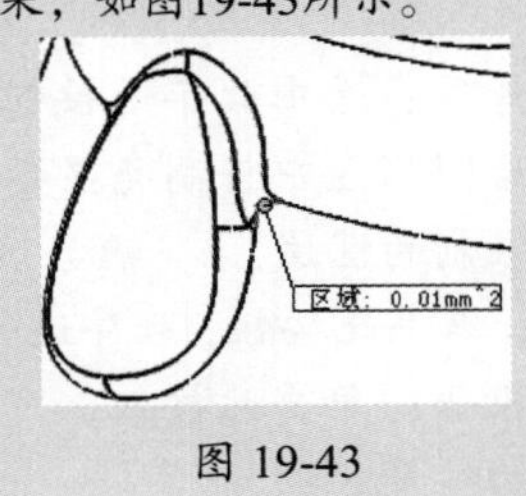


图 19-43

- 保存报告：单击此按钮，弹出“几何体分析：保存报告”对话框，如图 19-44 所示。为报告指定名称及文件夹路径后，单击“保存”按钮将分析结果保存。

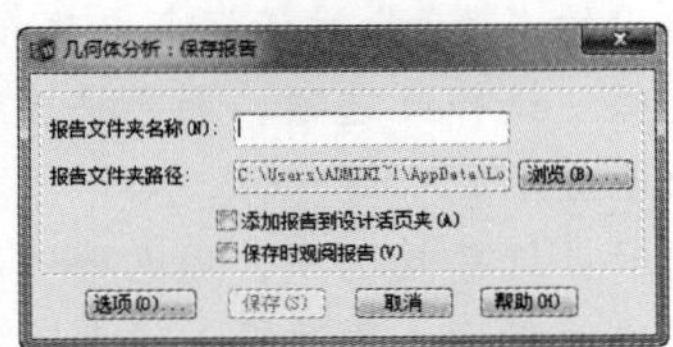


图 19-44

- 重新计算：单击此按钮，重新计算几何体。

## 19.5.2　拔模分析

“拔模分析”工具用来设置分析参数和颜色设定，以识别并直观地显示铸模零件上拔模不足的区域。

在“评估”选项卡中单击“拔模分析”按钮，属性管理器中将显示“拔模分析”面板，如图 19-45 所示。

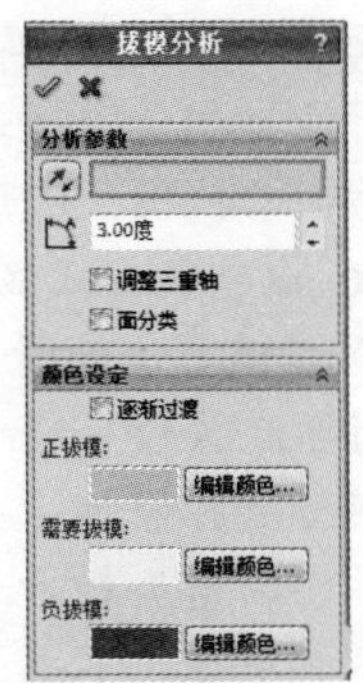


图 19-45

“拔模分析”面板中主要选项的含义如下。

- 拔模方向：选择一平面、线性边线或轴来定义拔模方向。单击“反向”按钮，可以更改拔模方向。
- 拔模角度：输入参考拔模角度，用于与模型中现有的角度进行对比。
- 调整三重轴：勾选此复选框，当用户在图形区拖动三重轴环时，拔模角度将更改，面的颜色也随之动态更新，而“分析参数”选项区中也出现只读的三重轴旋转角度值，如图 19-46 所示。
- 面分类：勾选此复选框，将每个面归入颜色设定下的类别之一，然后对每个面应用相应的颜色，并提供每种类型的面的计数，如图 19-47 所示。

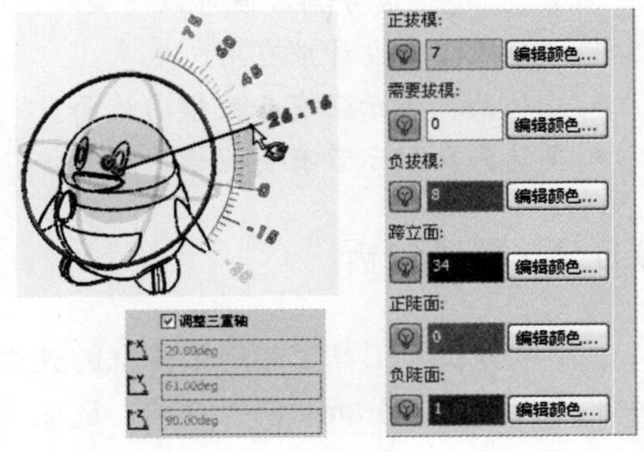


图 19-46　　图 19-47

**技术要点：**

如果取消勾选“面分类”复选框，分析将生成面角度的轮廓映射。例如，在放样面上，随着面角度的更改，面的不同区域将呈现出不同的颜色。

- 查找陡面：该选项仅在勾选了“面分类”复选框时才可用。勾选此复选框，分析应用于曲面的拔模，以识别陡面。
- 逐渐过渡：以色谱形式显示角度范围（正拔模到负拔模），如图 19-48 所示。逐渐过渡对于在拔模角度中具有无数变化的复杂模型很有帮助。
- 正拔模：面的角度相对于拔模方向大于设定的参考角度。单击“编辑颜色”按钮，在弹出的“颜色”对话框中更改拔模面的颜色，如图 19-49 所示。

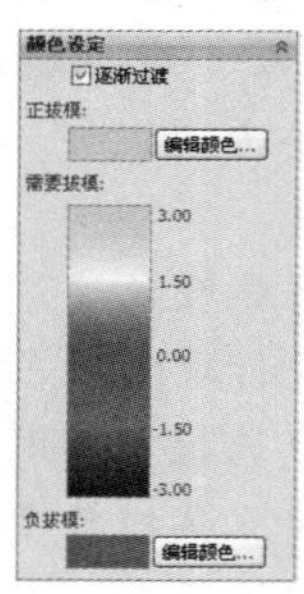


图 19-48

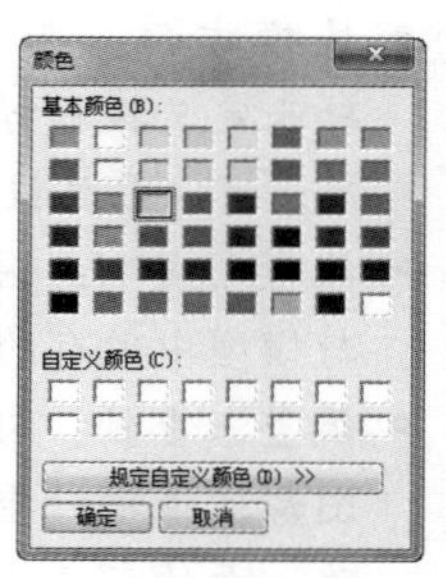


图 19-49

- 需要拔模：面的角度小于负参考角度或大于正参考角度。
- 负拔模：面的角度相对于拔模方向小于设定的负参考角度。
- 跨立面：显示包含正和负拔模的面。通常，通过生成分割线便可以消除跨立面，这对于模具设计很有用。
- 正陡面：显示带有正拔模的陡面。
- 负陡面：显示带有负拔模的陡面。

### 19.5.3 厚度分析

“厚度分析”工具主要用于薄壁的壳类产品中的厚度检测与分析。在“评估”选项卡中单击“厚度分析”按钮，属性管理器中将显示“厚度分析”面板，如图 19-50 所示。

“拔模分析”面板中主要选项的含义如下。

- 目标厚度：输入要检查的厚度，检查结果将与此值对比。
- 显示薄区：选中此单选按钮，厚度分析结束后图形区中将高亮显示低于目标厚度的区域。

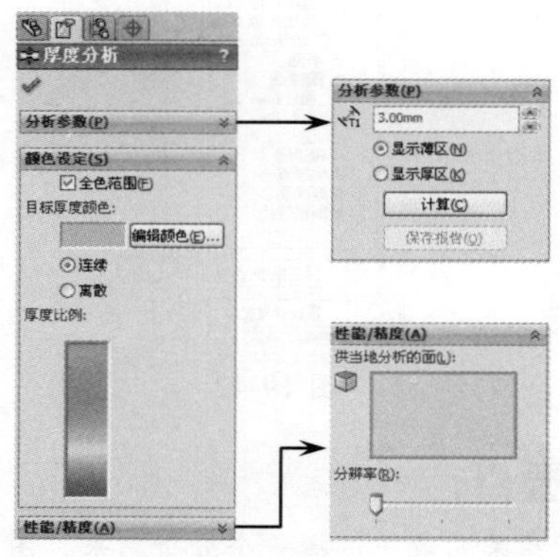


图 19-50

- 显示厚区：选中此单选按钮，厚度分析结束后图形区中将高亮显示高于设定的厚度限制的区域。
- 计算：单击此按钮，程序运行厚度分析。
- 保存报告：单击此按钮，可以保存厚度分析的结果数据。
- 全色范围：勾选此复选框，将以单色来显示分析结果。
- 目标厚度颜色：设定目标厚度的分析颜色。单击“编辑颜色”按钮，可以通过弹出的“颜色”对话框来更改颜色设置。
- 连续：选择此选项，颜色将连续、无层次地显示。
- 离散：选择此选项，颜色将不连续且无层次地显示。通过输入值来确定显示的颜色层次。
- 厚度比例：以色谱的形式显示厚度比例。“连续”和“离散”分析类型的厚度比例色谱是不同的，如图 19-51 所示。

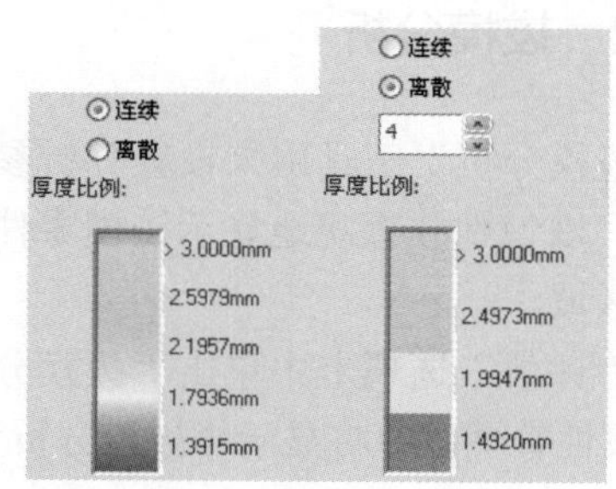


图 19-51

- 供当地分析的面：仅分析当前选择的面，如图 19-52 所示。拖动“分辨率”滑块，可以调节所选面的分辨率。

图 19-52

### 19.5.4 误差分析

“误差分析”工具为计算面之间的角度的诊断工具。用户可以选择一单一边线或一系列边线。边线可以是在曲面上的两个面之间，或位于实体上的任何边线上。

在“评估”选项卡中单击“误差分析”按钮，属性管理器中将显示“误差分析”面板，如图 19-53 所示。

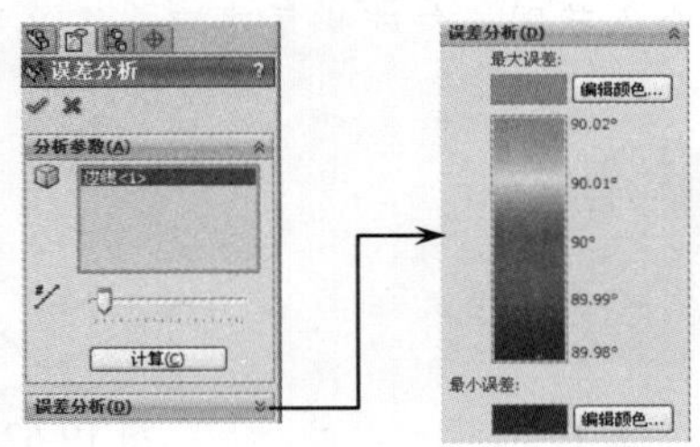


图 19-53

“误差分析”面板中主要选项的含义如下。

- 边线：激活列表，在图形区选择要分析的边线。
- 样本点数：拖动滑块，调整误差分析后在边线上显示的样本点数，如图 19-54 所示。

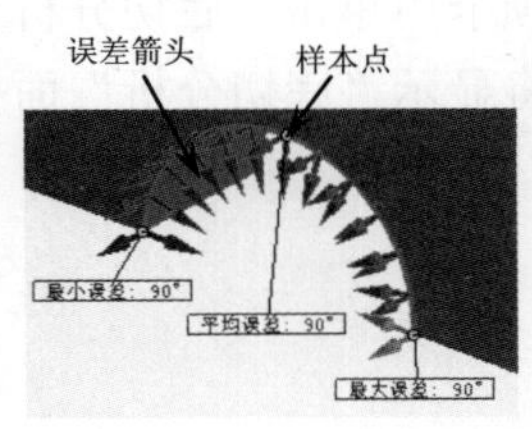


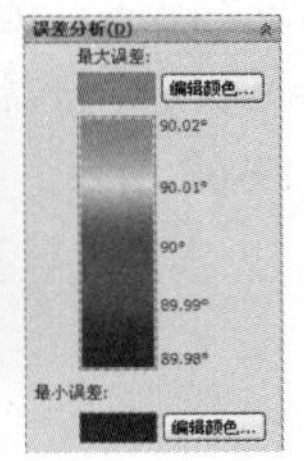


图 19-54

**技术要点：**

点数根据窗口按照区域的大小而定。若选择一条以上的边线，样本点则分布在所选边线上，与边线长度成比例。

- 计算：单击此按钮，将自动计算所选边线的误差，并将结果显示在图形区中。
- 最大误差：沿所选边线的最大误差错误。单击“编辑颜色”按钮，可以更改最大误差的显示颜色。
- 最小误差：沿所选边线的最小误差错误。
- 平均误差：沿所选边线的最大误差和最小误差之间的平均数。从色谱中可以看出，平均误差的角度为 90° 。

**技术要点：**

误差分析结果取决于所选的边线。若选择的边线由平直面构成，则误差分析结果如图19-54所示。若选择由复杂曲面构成的边线，误差分析结果如图19-55所示。

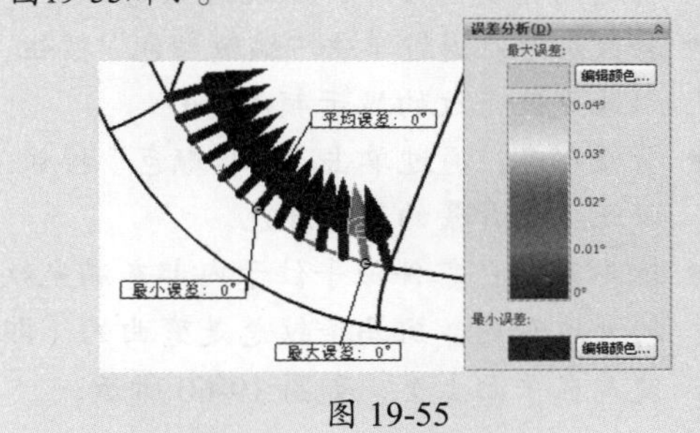


图 19-55

### 19.5.5 斑马条纹

“斑马条纹”允许用户查看曲面中标准显示难以分辨的小变化。有了斑马条纹，可以方便地查看曲面中小的褶皱或疵点，并且可以检查相邻面是否相连或相切，或具有连续曲率，如图 19-56 所示。

在“评估”选项卡中单击“斑马条纹”按钮，属性管理器中将显示“斑马条纹”面板，如图 19-57 所示。

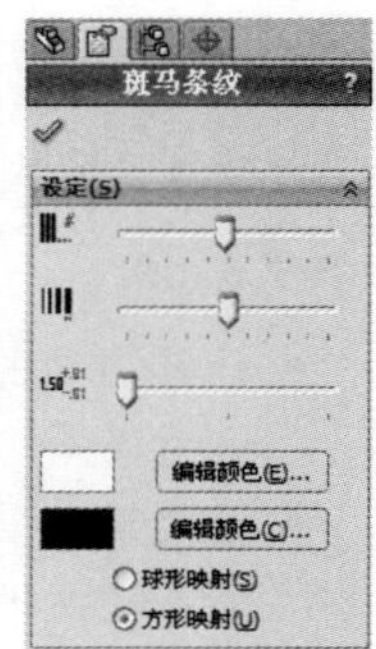


图 19-56　　　　图 19-57

“斑马条纹”面板中主要选项的含义如下。

- 条纹数：拖动滑块调整条纹数，条纹数越少，条纹就越大。
- 条纹宽度：拖动滑块调整条纹的宽度。条纹最大宽度如图 19-58 所示，最小宽度如图 19-59 所示。
- 条纹精度：将滑块从低精度（左）拖动到高精度（右），以改进显示品质。
- 条纹颜色：通过单击“编辑颜色”按钮，以此更改条纹的显示颜色。
- 背景颜色：通过单击“编辑颜色”按钮，以此更改背景的显示颜色。
- 球形映射：零件似乎位于内部充满光纹的大球形内。斑马条纹总是弯曲的（即使是在平面上），如图 19-60 所示。

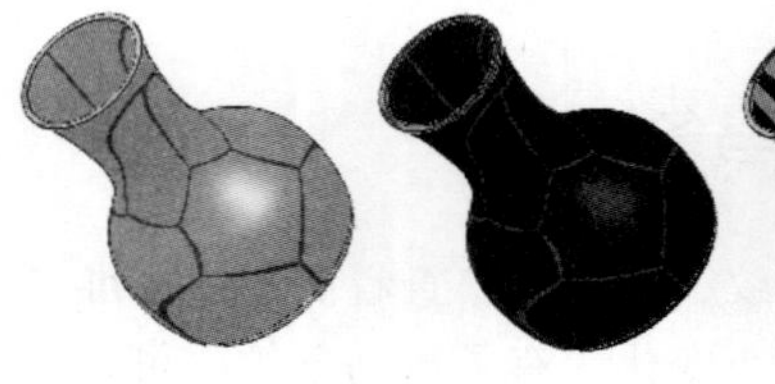

图 19-58　　图 19-59　　图 19-60

- 方形映射：零件似乎处于墙壁、天花板及地板上，充满光纹的大方形房间内。斑马条纹在平面上为直线，不展现奇异性。如图 19-56 所示为方形映射的条纹。

**技术要点：**

用户可以通过只选择那些用斑马条纹显示的面来提高显示精度。若想以斑马条纹查看面，在图形区域中右击，然后在弹出的快捷菜单中选择“斑马条纹”命令即可。

## 19.5.6 曲率分析

“曲率分析”是根据模型的曲率半径以不同颜色来显示零件或装配体的。显示带有曲面的零件或装配体时，可以根据曲面的曲率半径使曲面呈现不同的颜色。曲率定义为半径的倒数（1/ 半径），使用当前模型的单位。默认情况下，所显示的最大曲率值为 1.000，最小曲率值为 0.0010。

随着曲率半径的减小，曲率值增加，相应的颜色从黑色（0.0010）依次变为蓝色、绿色和红色（1.0000）。

在“评估”选项卡中单击“曲率分析”按钮，程序自动计算模型的曲率，并将分析结果显示在模型中。当鼠标指针靠近模型并慢慢移动时，鼠标指针旁边显示指定位置的曲率及曲率半径，如图 19-61 所示。

对于规则的模型（长方体）来说，每个面的曲率为 0，如图 19-62 所示。

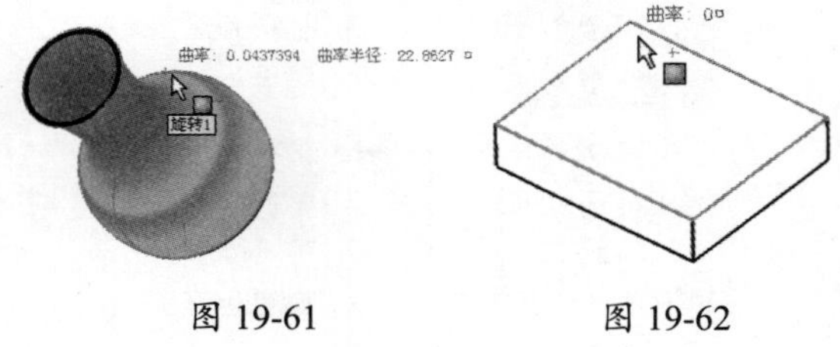


图 19-61　　　　图 19-62

## 19.5.7 底切分析

“底切分析”在设置分析参数和颜色后，以识别并直观地显示铸模零件上可能会阻止零件从模具中弹出的围困区域。该区域通常要做侧抽芯机构。

在“评估”选项卡中单击“底切分析”按钮，属性管理器将显示“底切分析”面板，如图 19-63 所示。

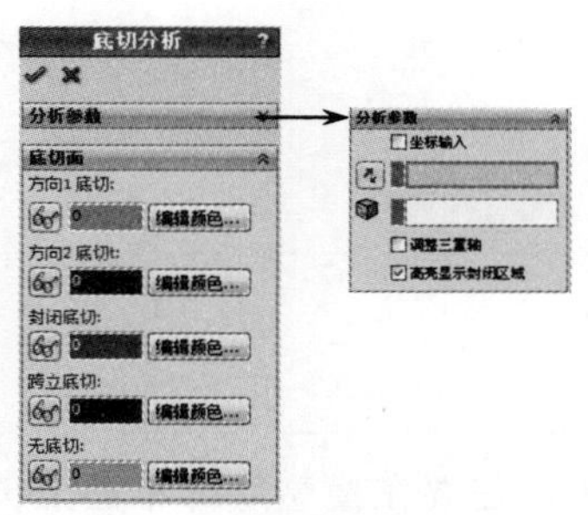


图 19-63

“底切分析”面板中主要选项、按钮的含义如下。

- 坐标输入：勾选此复选框，程序自动参考坐标系的Z轴来分析模型。
- 拔模方向：为拔模方向选择参考边和平面。单击“反向”按钮，可以更改拔模的方向。

**技术要点：**

不要选择非线性边线和非平面作为拔模参考。若拔模方向与Z轴方向一致，可以勾选“坐标输入”复选框。

- 分型线：若已创建了分型线，程序自动将分型线收集到该列表中，并自动完成底切分析。分型线以上或以下将显示底切颜色的面，如图 19-64 所示。

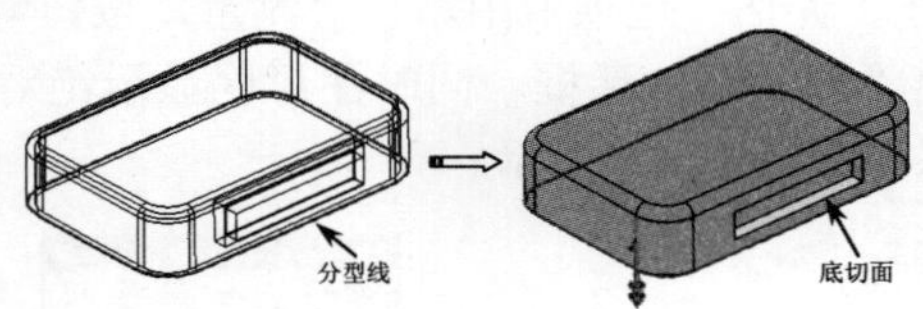


图 19-64

- 调整三重轴：勾选此复选框，当用户在图形区拖动三重轴环时，拔模角度将更改，面的颜色也随之动态更新。
- 高亮显示封闭区域：勾选此复选框，图形区中将高亮显示封闭区域（模型面）。
- 方向 1 底切：从分型线以上底切的面。单击“显示 / 隐藏”按钮，控制底切面的显示。单击“编辑颜色”按钮，可以改变底切颜色。
- 方向 2 底切：从分型线以下底切的面。
- 封闭底切：从分型线以上或以下底切的面。
- 跨立底切：双向底切的面。
- 无底切：没有底切的面。

### 19.5.8　分型线分析

“分型线分析”工具用来分析正拔模和负拔模之间的过渡情况，从而直观地显示并优化铸模零件上可能的分型线。

在“评估”选项卡中单击“分型线分析”按钮，属性管理器将显示“分型线分析”面板，如图 19-65 所示。

在图形区的模型中选择垂直于拔模方向的平面或平行于拔模方向的边线，将显示拔模方向箭头，如图 19-66 所示。单击“分型线分析”面板中的“确定”按钮，图形区中将显示模型中的所有分型线，如图 19-67 所示。通过显示的边线，找出模型在拔模方向上的最大外环边线，即可作为模具分型线了。

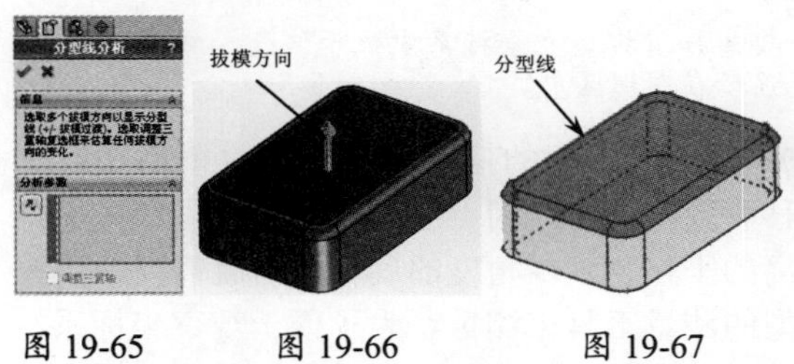


图 19-65　　图 19-66　　图 19-67

## 19.6　综合实战

SolidWorks 提供的“评估”功能，可帮助用户在零件设计、产品造型、模具设计等方面进行优化，并提供数据参考。本节将以几个典型的实例来说明 SolidWorks 的“评估”功能在各个设计领域里面的应用方法。

## 19.6.1 测量模型

◎ **引入素材：第19章综合实战\第19章源文件\壳体.sldprt**

◎ **结果文件：第19章综合实战\第19章结果文件\壳体.sldprt**

◎ **视频文件：壳体测量.avi**

在利用 SolidWorks 进行设计时，通常要使用模型测量工具来测量距离，以达到精确定位的效果。下面以模具设计为例，模具的模架是以坐标系为参考的，那么，在模具设计初期就要将产品定位在便于模具分模的位置，也就是将产品的中心定位在坐标系原点。

本例练习的模型如图 19-68 所示。

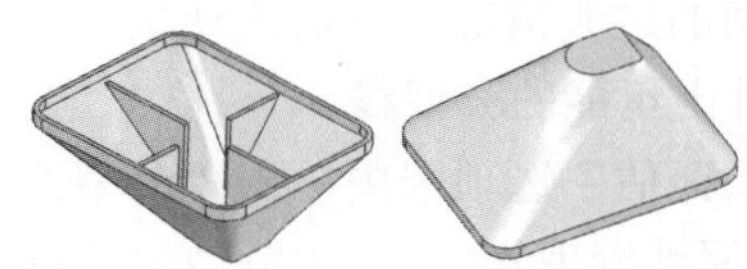

图 19-68

**操作步骤**

**01** 从素材中打开实例文件。

**02** 从打开的模型文件来看，绝对坐标系的原点不在模型的中心及底平面上。而且坐标系 Z 轴没有指向正确的模具开模方向（产品拔模方向），如图 19-69 所示。

> **技术要点：**
> 要想知道模型在坐标系中位于何处，需要将原点显示在图形区中。

**03** 以上述出现的情况看，需要对模型进行平移和旋转操作。因不清楚到底需要进行多少距离的平移和多少角度的旋转，这就需要使用模型的测量工具来测量。为了便于观察坐标系，使用参考几何体的“坐标系”工具，在原点位置创建一个参考坐标系，如图 19-70 所示。

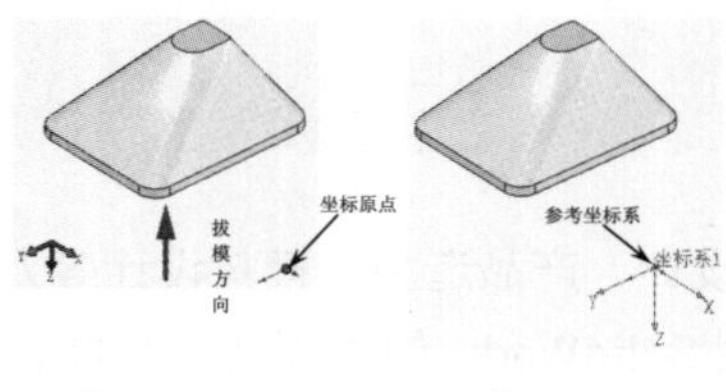


图 19-69　　图 19-70

**04** 接下来，需要在模型底部平面上创建一个参考点。这个点可作为测量模型至坐标系原点之间距离的参考。在“特征”选项卡的“参考几何体”下拉列表中选择“点”选项，属性管理器中显示“点”面板。

**05** 在“点”面板中单击“面中心”按钮，然后在图形区选择模型的底面作为点的放置面，随后显示预览点，如图 19-71 所示。

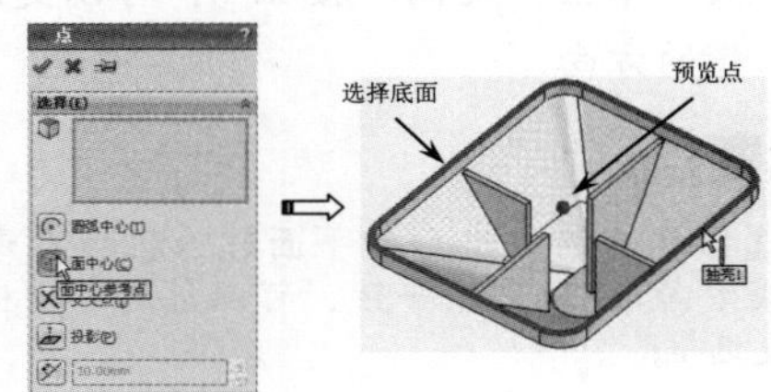


图 19-71

**06** 单击“点”面板中的“确定”按钮，完成参考点的创建。

**07** 在“评估”选项卡中单击“测量”按钮，弹出“测量”对话框，同时图形区显示绝对坐标系，如图 19-72 所示。

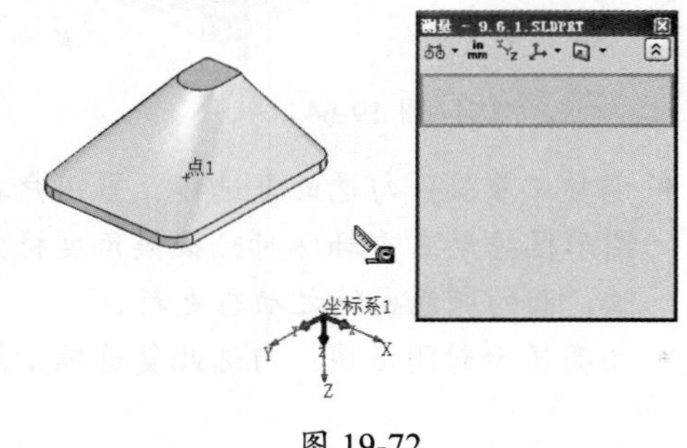


图 19-72

**08** 在该对话框的“圆弧 / 圆测量”类型列表中选择“中心到中心”命令，然后在图形区选择参考点与坐标系原点进行测量。

**09** 在对话框中单击“显示 XYZ 测量”按钮，图形区中显示参考点至坐标系原点的 3D

距离，且“测量”对话框中显示测量的数据，如图 19-73 所示。从测量的结果看，dX 的距离为 77.38，dZ 的距离为 39.75，dY 的距离为 0。这说明要想参考点与坐标系原点重合，需要对模型进行 X 和 Z 方向的平移操作。

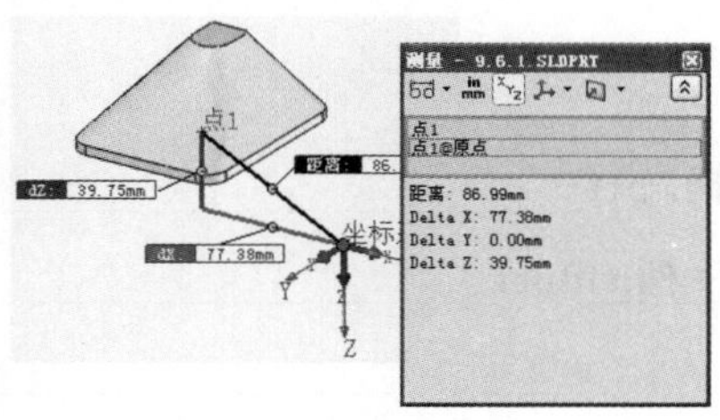


图 19-73

**10** 在不关闭“测量”对话框的情况下，进入“特征”选项卡，然后单击“移动 / 复制实体”按钮，属性管理器中显示“移动 / 复制实体”面板。

## 技术要点：

用户必须先打开“测量”对话框，然后再打开“移动/复制实体”面板进行测量操作。

**11** 此时，“测量”对话框灰显，但该对话框顶部显示“单击此处来测量”，如图 19-74 所示。

**12** 在图形区选择模型作为要移动的实体，模型中随后显示三重轴，如图 19-75 所示。

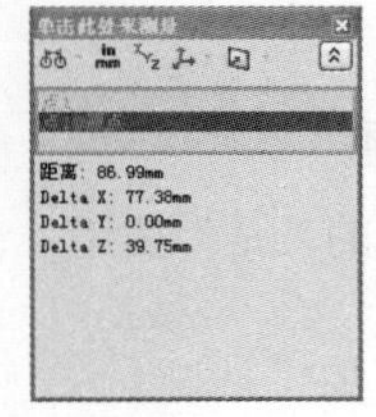


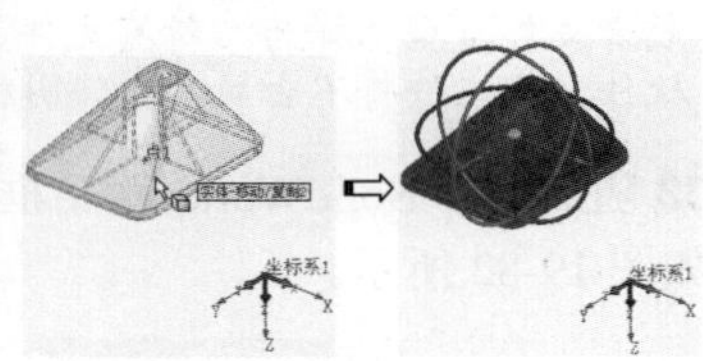


图 19-74　　图 19-75

**13** 单击“测量”对话框的顶部，以激活“测量”对话框，先前测量的数据被消除，但选择的模型被收集到“测量”对话框的信息列表中，如图 19-76 所示。

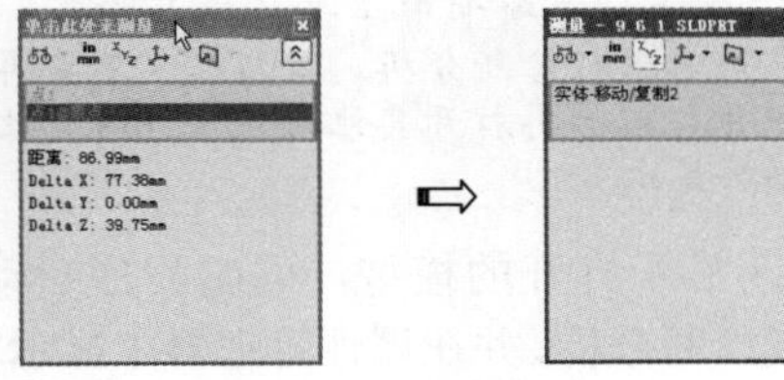


图 19-76

## 技术要点：

在没有选择要移动或旋转的实体之前，不要将“测量”对话框激活，否则，不能选择实体进行移动或旋转。

**14** 在“测量”对话框的信息列表中选择快捷菜单中的“消除选择”命令，然后在图形区中重新选择参考点和坐标系原点进行测量，如图 19-77 所示。

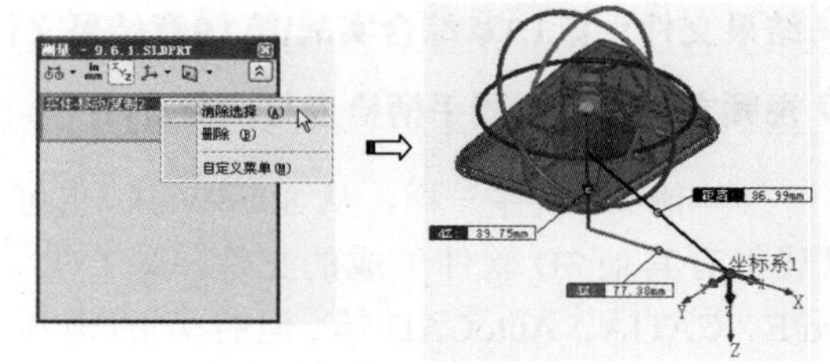


图 19-77

**15** 按照测量的数据，在“移动 / 复制实体”面板的“平移”选项区中输入△ X 的值为 77.38、△ Z 的值为 39.75，然后单击面板中的“确定”按钮，完成模型的平移操作，如图 19-78 所示。

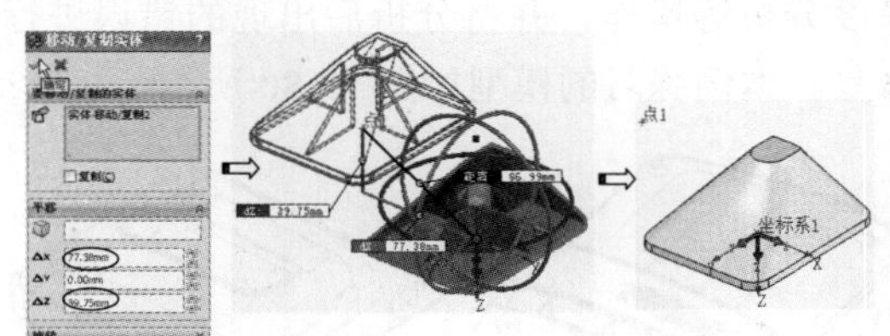


图 19-78

**16** 再次打开“移动 / 复制实体”面板，在该面板的“旋转”选项区中输入 X 旋转角度为 180，并按 Enter 键确认，图形区显示旋转预览。最后单击面板中的“确定”按钮，完成模型的旋转，如图 19-79 所示。

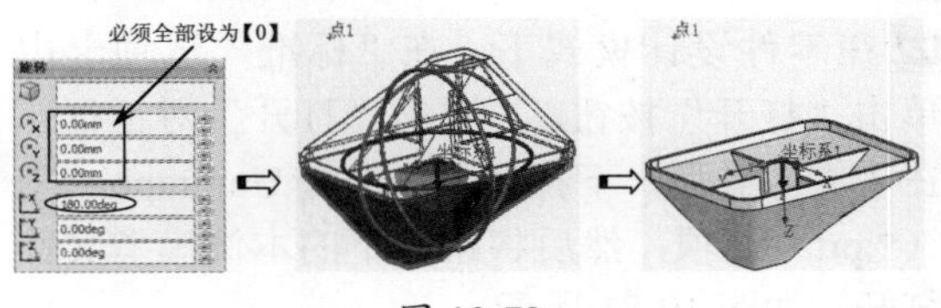


图 19-79

**技术要点：**

由于模型是绕三重轴的球心来旋转的，当选择了模型后，面板中的旋转原点参数可能发生了变化，这就需要重新设置为0。

**17** 至此本例的模型测量应用于模具设计的操作已全部结束，最后将本例操作的结果保存。

### 19.6.2 吸尘器手柄检查与诊断

◎ **引入素材：第19章综合实战\第19章源文件\吸尘器手柄. prt**

◎ **结果文件：第19章综合实战\第19章结果文件\吸尘器手柄.sldprt**

◎ **视频文件：吸尘器手柄检查与诊断.avi**

与其他 3D 软件一样，从 SolidWorks 也可以载入有其他 3D 软件生成的文件，如 UG、Pro/E、CATIA、AutoCAD 等，但打开的模型有可能因精度（每个 3D 软件设置的精度不同）问题而导致一些交叉面、重叠面或间隙面的产生，这就需要利用 SolidWorks 的修复功能进行模型的修复。

本例中，将从导入 UG 零件文件开始，然后依次进行输入诊断、检查实体、几何体分析、厚度分析等操作，并将分析后出现的错误进行修复。本例练习的模型如图 19-80 所示。

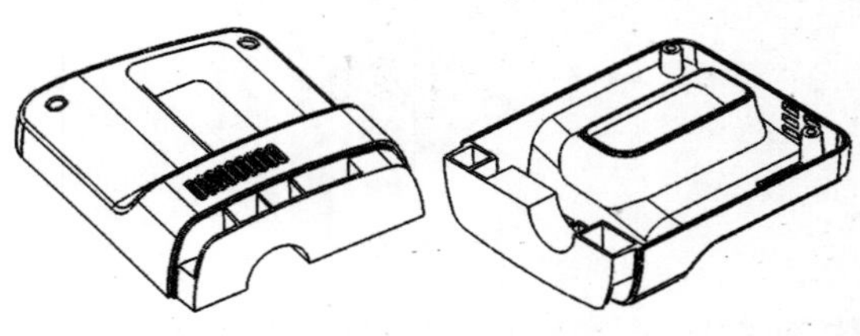

图 19-80

**操作步骤**

**1. 输入诊断**

**01** 新建一个零件文件。

**02** 在零件设计模式下，在“标准”选项卡中单击“打开”按钮，弹出“打开”对话框。在“文件类型”下拉列表中选择 Unigraphics II（*.prt）选项，然后将路径下的本例模型文件打开，如图 19-81 所示。

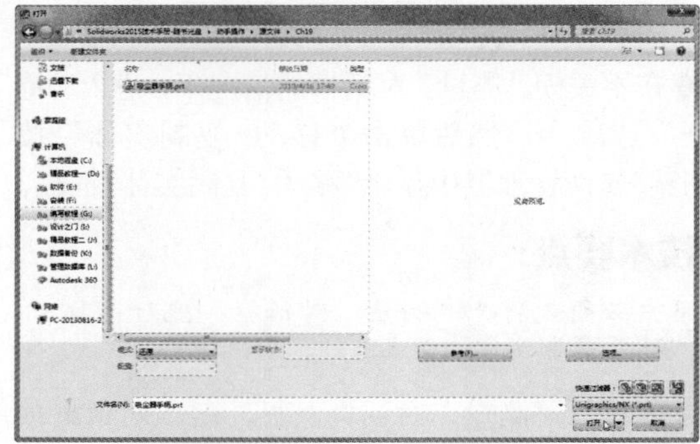

图 19-81

**技术要点：**

UG零件文件仅在选择了UG文件类型后才显示，或者文件类型选择为“所有文件”。没有安装UG软件，此文件将不会显示软件图标。

**03** 随后单击 SolidWorks 对话框的“是”按钮，如图 19-82 所示。

图 19-82

**技术要点：**

如果在SolidWorks对话框单击“否”按钮，那么可以在“评估”选项卡中单击“输入诊断”按钮，然后再进行诊断分析。若勾选“不要再显示”复选框，以后再打开其他格式文件时，此对话框将不再显示。

**04** 图形区显示打开的模型，同时程序自动对模型进行诊断分析，并在属性管理器中显示“输入诊断”面板。该面板中列出了关于模型的“面错误”，选择“面错误”，模型中高亮显示错误的面，如图 19-83 所示。

**05** 在该面板中单击“尝试愈合所有”按钮，程序自动将错误面修复。而错误面的图标由变为✔，“信息”选项区则显示修复的信息，如图 19-84 所示。

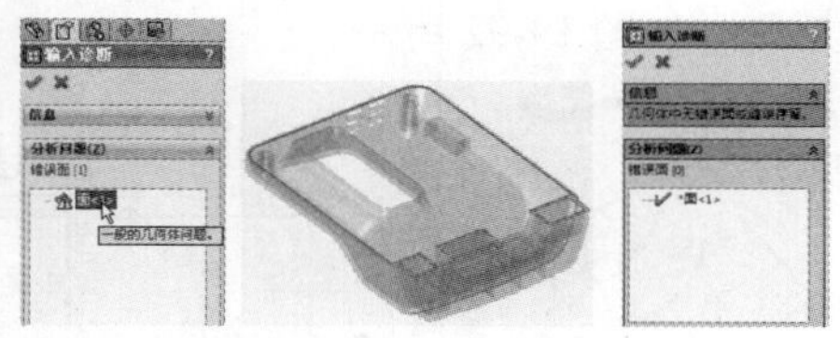

图 19-83　　　　图 19-84

**06** 最后单击面板中的“确定”按钮✔，完成模型的修复操作。

### 2．检查实体与几何体分析

为了检验 SolidWorks 程序对模型是否做出了合理的诊断分析，下面用“检查”工具来复查模型中是否有其他类型的错误。

**01** 在“评估”选项卡中单击“检查”按钮，弹出“检查实体”对话框。

**02** 在该对话框中勾选“严格实体 / 曲面检查”复选框，然后单击“检查”按钮进行检查。程序将检查结果显示在信息区域，如图 19-85 所示。信息区域中显示“未发现无效的边线 / 面”信息，说明模型中无错误。

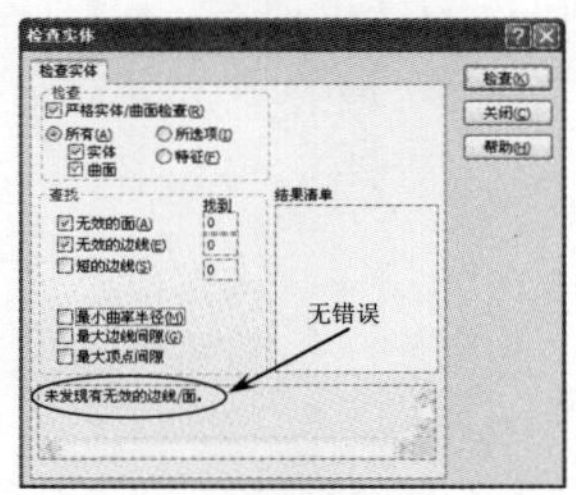


图 19-85

**03** 在“评估”选项卡中单击“几何体分析”按钮，属性管理器显示“分析参数”面板。在该面板中勾选所有的参数选项，然后单击“计算”按钮，程序开始计算且将分析结果列表于“分析结果”选项区中，如图 19-86 所示。

**04** 从几何体分析结果中看出，模型中出现了两个锐角顶点。选择“锐顶点”选项，模型中将高亮显示两个锐顶点，如图 19-87 所示。

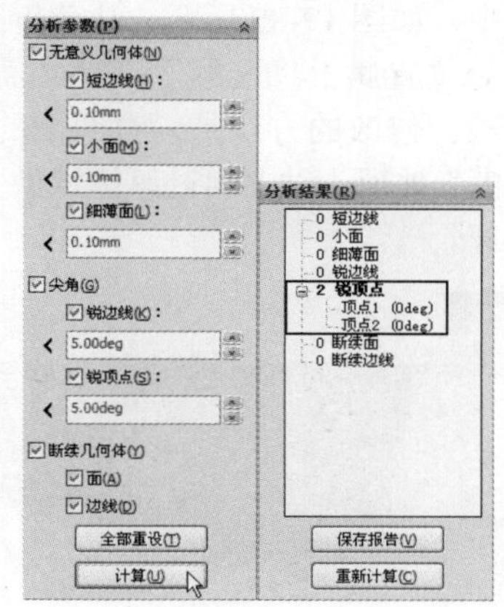

图 19-86

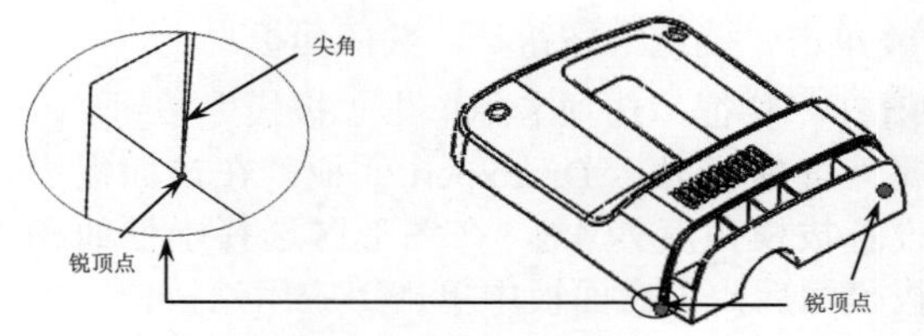


图 19-87

**05** 现在对出现的尖角（锐顶点）进行修复，模型中的尖角并非是模型出现的错误而导致的，而是由于设计造型的需要，且用来做分模设计（模具的分模）。由于在拔模方向上，并不影响产品的脱模，只是在数控加工这个区域时需要使用电极，这的确增加了制造难度，因此，出现的锐边无须修改。

### 3．厚度分析

模型的厚度分析结果主要用于参考塑料产品的结构设计。最理想的壁厚分布无疑是切面在任何一个地方都是均一的厚度。均匀的壁厚可以避免注塑过程中出现翘曲、气穴现象。过厚的产品不但增加物料成本，而且会延长生产周期（冷却时间）。

**01** 在“评估”选项卡中单击“厚度分析”按钮，属性管理器显示“厚度分析”面板。

**02** 在“分析参数”选项区输入目标厚度为 3，并单击“显示厚区”单选按钮。在单击“计算”按钮后，程序开始计算模型的厚度，如图 19-88 所示。

**03** 计算完成后，程序将结果以颜色表达并显示在模型中，如图 19-89 所示。从分析结果看，模型有 3 处位置属于“过厚”，因此需要对模型进行修改。修改的方法是，对两侧的过厚区域做“拔模”处理，对中间过厚区域做“切除 - 拉伸”处理。

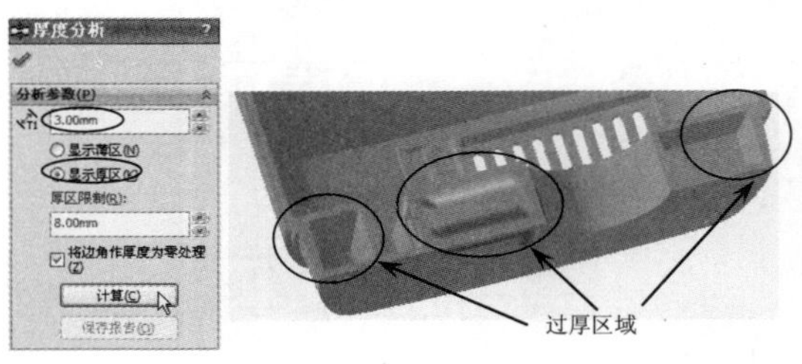


图 19-88　　图 19-89

**04** 单击“确定”按钮，关闭面板。

**05** 在“特征”选项卡中单击“拔模”按钮，属性管理器显示 Draftxpert 面板。在该面板中设置拔模角度为 4.5，在图形区选择中性面和拔模面后，再在面板中单击“应用”按钮，程序将拔模应用于模型中，如图 19-90 所示。

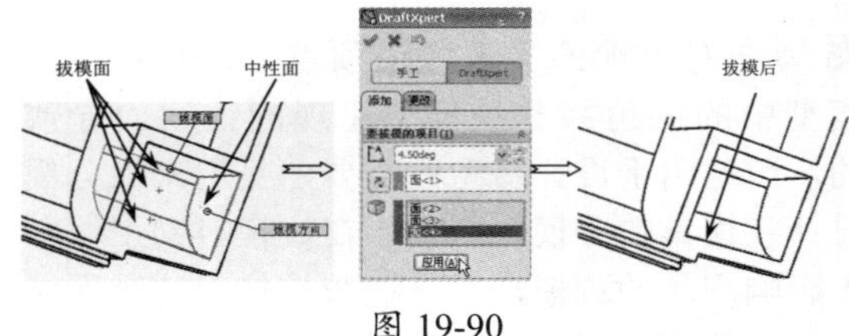


图 19-90

**06** 最后单击“确定”按钮关闭面板。

**07** 同理，对另一侧的过厚区域也进行相同的拔模操作。

**08** 在“特征”选项卡中单击“切除 - 拉伸”按钮，属性管理器显示“拉伸”面板。选择模型的底面作为草绘平面并进入草图模式中，如图 19-91 所示。

**09** 使用“边角矩形”工具，在过厚区域绘制一个矩形，如图 19-92 所示。

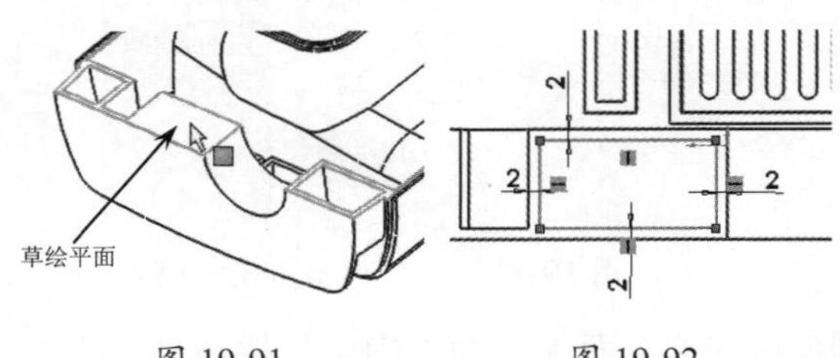


图 19-91　　图 19-92

**10** 退出草图模式，然后在“切除 - 拉伸”面板的“方向 1”中输入深度为 17，单击“确定”按钮后，完成过厚区域的切除拉伸处理，如图 19-93 所示。

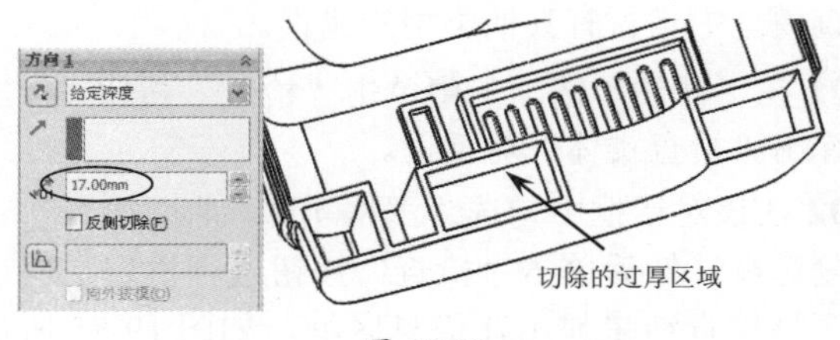


图 19-93

**11** 至此，本例的模型检查与诊断操作已全部完成，最后将操作的结果保存。

## 19.6.3　前大灯罩的分析与修改

◎ **引入素材：第19章综合实战\第19章源文件\前大灯罩.sldprt**

◎ **结果文件：第19章综合实战\第19章结果文件\前大灯罩.sldprt**

◎ **视频文件：前大灯罩的分析与修改.sldprt**

在产品结构设计阶段，产品设计师必须为后续的模具设计、数控加工等工作流程深思熟虑。毕竟，产品的结构直接影响了模具结构和数控加工方法，最直接的因素就是产品的脱模问题。

下面以一个产品的模具分析实例来说明拔模分析、底切分析及分型线分析的过程，以及对分析的结果做判断和修改。分析模型为摩托车的前大灯罩，如图 19-94 所示。

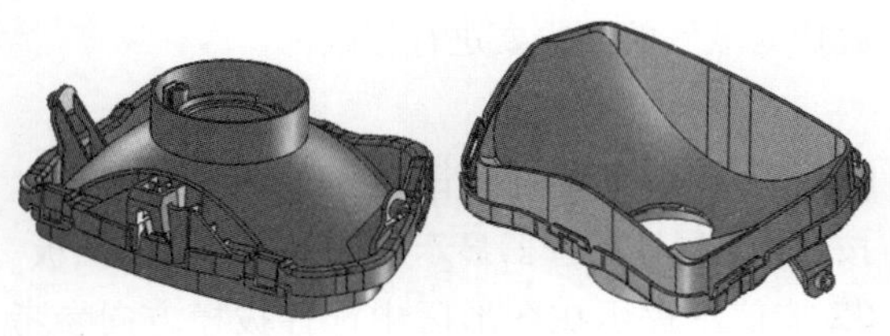

图 19-94

操作步骤

### 1. 拔模分析

**01** 在“评估”选项卡中单击“拔模分析”按钮，属性管理器显示“拔模分析”面板。

**02** 在面板中输入拔模角度为0，然后按信息提示在图形区选择与平直的模型表面作为拔模方向参考，随后程序自动进行拔模分析，如图19-95所示。

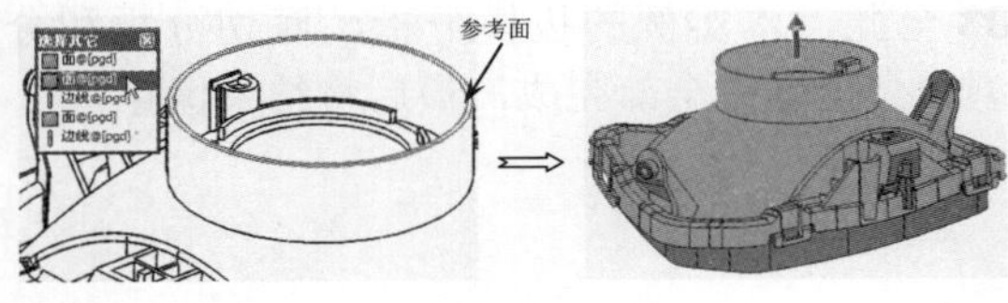


图 19-95

**03** 从拔模分析结果看，模型中显示正拔模（绿色显示）和负拔模（红色显示）两种面。以产品最大截面的外环边线（也是模具分型线）为界，分产品外侧区域和产品内侧区域。外侧是型腔区域，内侧也是型芯区域。如果型芯区域中出现负拔模角的面，是不影响脱模的。但型腔区域中出现负拔模角面，会有两种情况：一种是侧抽芯区域，它可以设计侧向分型机构帮助脱模；另一种则是产品出现倒扣，在不便于使用侧抽芯帮助脱模的情况下，必须修改其拔模角度。如图19-96所示，产品拔模分析后，型腔区域出现多处区域显示红色（负拔模），这里就出现了前面所述的两种情况。

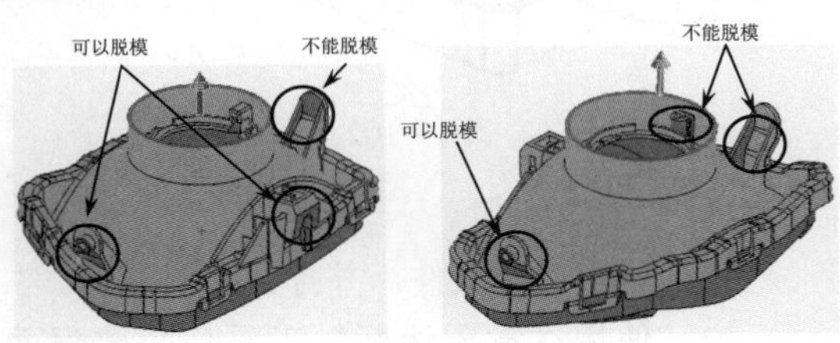


图 19-96

**04** 接下来对不能脱模的红色区域（含4个面）进行修改，也就是做拔模处理。在“特征”选项卡中单击“拔模”按钮，属性管理器显示Draftxpert面板。在该面板中设置拔模角度为6，在图形区选择中性面和拔模面后，再在面板中单击“应用”按钮，程序将拔模应用于模型中。拔模处理后，该面由红色变为绿色，如图19-97所示。

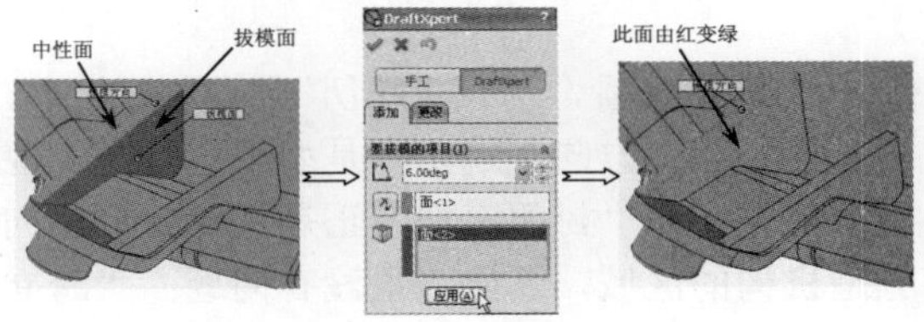


图 19-97

**05** 在该面板没有关闭的情况下，在型腔区域的其余红色面上依次做拔模处理，直至型腔区域中的红色全部变为绿色，完成拔模处理后关闭面板。拔模处理完成的结果如图19-98所示。

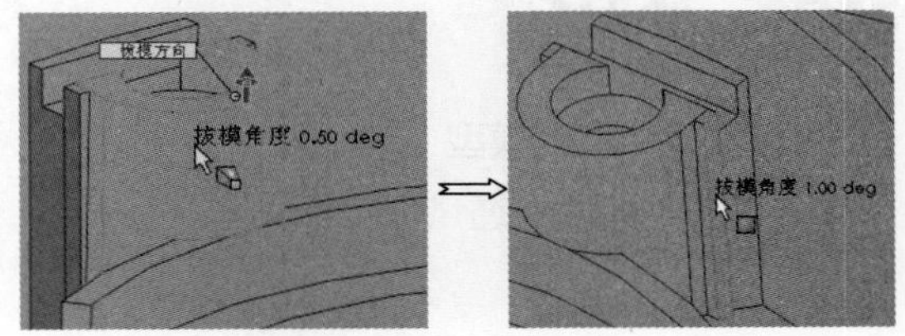


图 19-98

**技术要点：**

模型中间圆形孔内的红色面，由于拔模角度与模型两侧的红色面不相同，因此拔模角度取值为0.05和1即可。

### 2. 底切分析

通过底切分析，可以从模型中知道哪些区域有底切面，或者没有底切面。对于底切分析来说，封闭底切和跨立底切是要重点关注的区域。

**01** 在“评估”选项卡中单击“底切分析”按钮，属性管理器显示“底切分析”面板。

**02** 按信息提示，在模型中选择拔模方向的参考面（拔模分析中的参考面相同）。

**03** 随后程序自动进行底切分析，并将分析结果显示在“底切面”选项区中，如图 19-99 所示。

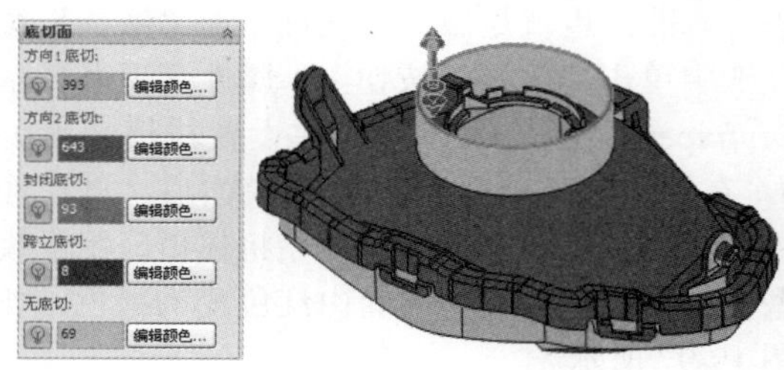

图 19-99

**04** 从分析结果看，“方向 1 底切”是型芯区域面，没有问题；“方向 2 底切”是型腔区域面，也没有问题；而“封闭底切”正是可以做成侧向分型机构的区域，因此，也没有问题；“跨立区域”则既包含于型腔，又包含于型芯，该区域面是需要进行裁剪的；“无底切区域”为竖直面（即零拔模角的面），不存在脱模困难的问题。因此，此产品模型对于模具设计来说，“无底切区域”的面需要进行修改。

### 3. 分型线分析

**01** 在“评估”选项卡中单击“分型线分析”按钮，属性管理器显示“分型线分析”面板。

**02** 按信息提示在图形区中选择拔模方向参考面，然后程序自动计算出模型的分型线，并直观地显示在模型中，最后单击“确定”按钮，关闭面板。如图 19-100 所示。

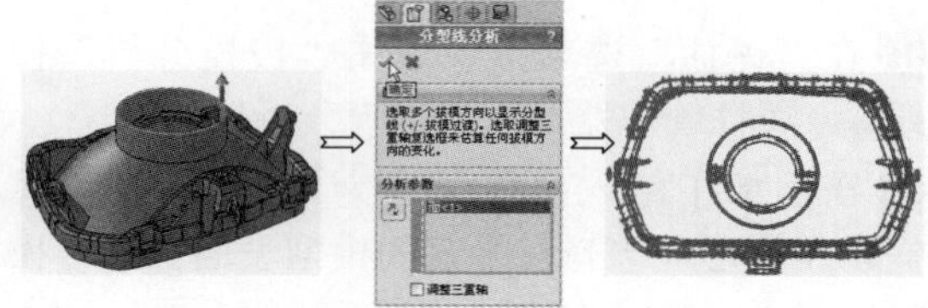

图 19-100

**03** 至此，本实例的拔模分析、底切分析和分型线分析操作全部完成，最后将结果保存。

## 19.7 课后习题

### 1. 移动 / 旋转模型

本练习的模型 - 通风器如图 19-101 所示。

图 19-101

练习要求与步骤。

（1）新建零件文件，并打开练习模型。

（2）在零件头部面中心创建参考点。

（3）使用“测量”工具测量参考到原点之间的距离。

（4）使用“移动 / 复制实体”工具移动模型至原点。

（5）使用“移动 / 复制实体”工具旋转模型，使其轴心与 X 轴重合。

### 2. 模型诊断与检查

本练习的面罩模型如图 19-102 所示。

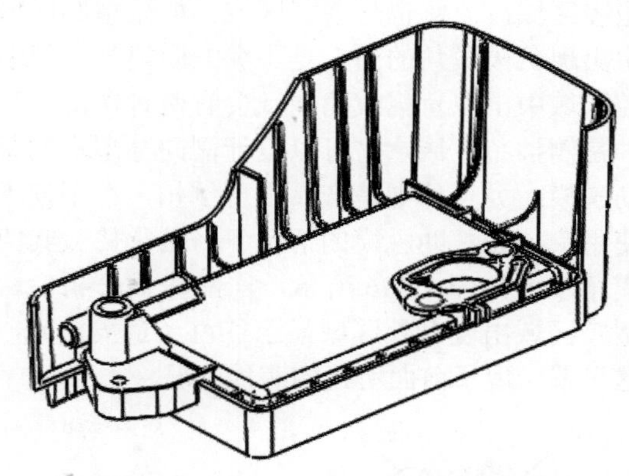

图 19-102

练习要求与步骤。

（1）新建零件文件，并打开练习模型。

（2）使用“输入诊断”工具修复错误面和面间隙。

（3）进行几何体分析。

（4）进行厚度分析。

（5）进行实体检查。

**3．模具分析**

本练习的吸尘器外壳模型如图 19-103 所示。

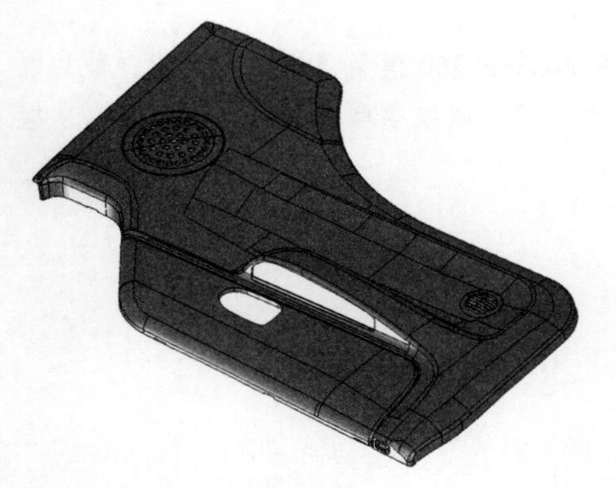

图 19-103

练习要求与步骤：

（1）新建零件文件，并打开模型。

（2）对产品进行拔模分析。

（3）对产品进行底切分析。

（4）对产品进行分型线分析。

# 第20章 产品高级渲染

渲染是产品设计的收尾工作，在进行了建模、设计材质、添加灯光或制作一段动画后，需要通过渲染，才能生成丰富多彩的图像或动画。

在本章中，将详细介绍 SolidWorks 2018 的 PhotoView 360 模型渲染设计功能。最后以典型实例讲解如何进行渲染，以及渲染的一些基本知识。通过本章希望大家能够基本掌握渲染的操作方法，并能进行一些简单的渲染工作。

- 产品渲染概述
- PhotoView 360渲染功能

## 20.1 产品渲染概述

渲染是三维制作中的收尾工作，在进行了建模、设计材质、添加灯光或制作一段动画后，需要通过渲染，才能生成丰富多彩的图像或动画。此时需要通过“渲染场景”对话框创建渲染，并将其保存到文件中，也可以直接表现在屏幕中。

### 20.1.1 认识渲染

渲染（Render），也有的把它称为“着色”，但工程师更习惯把 Shade 称为“着色”，把 Render 称为“渲染”。因为 Render 和 Shade 这两个词在三维软件中是截然不同的两个概念，虽然它们的功能相似，但却有明显的不同。

Shade 是一种显示方案，一般出现在三维软件的主要窗口中，和三维模型的线框图一样起到辅助观察模型的作用。很明显，着色模式比线框模式更容易让设计人员理解模型的结构，但它只是简单显示而已，数字图像中把它称为“明暗着色法”。如图 20-1 所示为模型的着色效果显示。

在 PhotoView 360 软件中，还可以用 Shade 显示出简单的灯光效果、阴影效果和表面纹理效果，当然，高质量的着色效果（RealView）是需要专业三维图形显示卡来支持的，它可以加速和优化三维图形的显示。但无论怎样优化，它都无法把显示出来的三维图形变成高质量的图像，这是因为 Shade 采用的是一种实时显示技术，硬件的速度限制它无法实时地反馈出场景中的反射、折射等光线追踪效果。

Render 效果就不同了，它是基于一套完整的程序计算出来的，硬件对它的影响只是一个速度问题，而不会改变渲染的结果，影响结果的是看它是基于什么方式渲染的，是光影追踪还是光能传递，如图 20-2 所示。

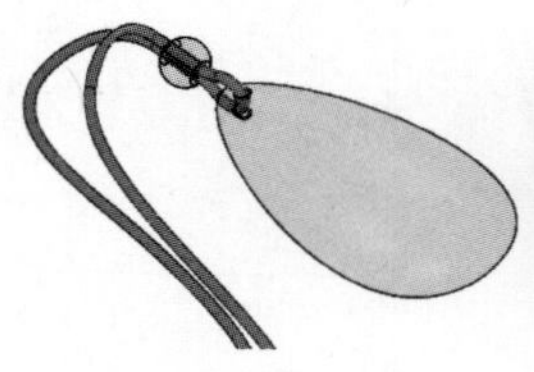

图 20-1

图 20-2

### 20.1.2 PhotoView 360 概述

PhotoView 360 软件用于产品的渲染，产生逼真的渲染效果图。PhotoView 360 完全集成于 SolidWorks 中，可以直接使用 SolidWorks 模型。用户可以在 SolidWorks 的零件和装配体设计环境下使用PhotoView 360进行效果渲染，但不能用于 SolidWorks 工程图。

利用 PhotoView 360 产生的真实效果渲染图，可以在产品展示或产品的介绍文件中增强产品的视觉效果。

PhotoView 360 软件的主要功能如下。

- 直接利用 SolidWorks 模型产生真实效果图：PhotoView 360 直接利用 SolidWorks 建立的三维模型进行渲染，因此对 SolidWorks 进行的任何修改都将精确反映到 PhotoView 360 的图像中。
- 与 PhotoView 360 无缝集成：PhotoView 360 软件是作为 PhotoView 360 的动态链接库（.DLL）来执行的。在 SolidWorks 中加载PhotoView 360以后，PhotoView 360 的所有功能都可以从 SolidWorks 主菜单中新添的 PhotoView 360 菜单或 PhotoView 360 选项卡中得到。在 PhotoView 360 中打开零件或装配体文件时，将在 PhotoView 360 软件界面中显示 PhotoView 360 菜单和 PhotoView 360 选项卡。
- 材质：在 PhotoView 360 中使用材质指定模型表面属性，如颜色、纹理、反射系数和透明度。PhotoView 360 软件提供了大量预定义的材质，用户可以直接利用选择材质进行渲染；另外，用户也可以从不同的网站下载其他的材质、通过扫描或使用图像编辑软件建立材质。
- 光源：使用 PhotoView 360 进行渲染时，用户可以使用与摄影师同样的方式添加光源。PhotoView 360 软件使用 PhotoView 360 中定义的光源，但 PhotoView 360 还可以利用跟踪光线和反射技术。PhotoView 360 为用户提供了不同的预定义的光源方案。
- 布景（场景）：每一个 PhotoView 360 模型都与 PhotoView 360 的布景相关。利用布景设置，用户可以指定如房间、环境和背景等方面的属性。通过设置布景，可以将产品放置到相关的环境中。
- 贴图：用户可以将不同的图片（如公司的徽标）应用到模型上。
- 输出：PhotoView 360 软件可以将渲染效果输出到屏幕、打印机或图像文件。

### 20.1.3 启动 PhotoView 360 插件

PhotoView 360 功能随 SolidWorks 软件安装以后不会自动出现在 SolidWorks 用户界面中，用户必须从 SolidWorks 中加载 PhotoView 360 插件。

如图 20-3 所示，在标准选项卡中选择“插件”命令，弹出“插件”对话框。从“插件”对话框中勾选 PhotoView 360 复选框，然后单击“确定”按钮即可启动 PhotoView 360 插件。

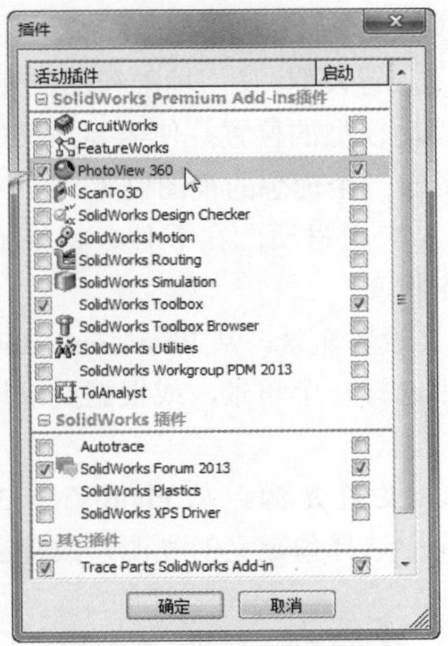

图 20-3

### 20.1.4 PhotoView 360 菜单及工具条

当激活零件或装配体窗口时，PhotoView

360 将显示在“渲染工具”选项卡（如图 20-4 所示）、PhotoView 360 菜单（如图 20-5 所示）及 PhotoView 360 工具条中（如图 20-6 所示）。“渲染工具”选项卡与其他 PhotoView 360 选项卡一样，可以被移动、改变大小或固定在窗口边缘。

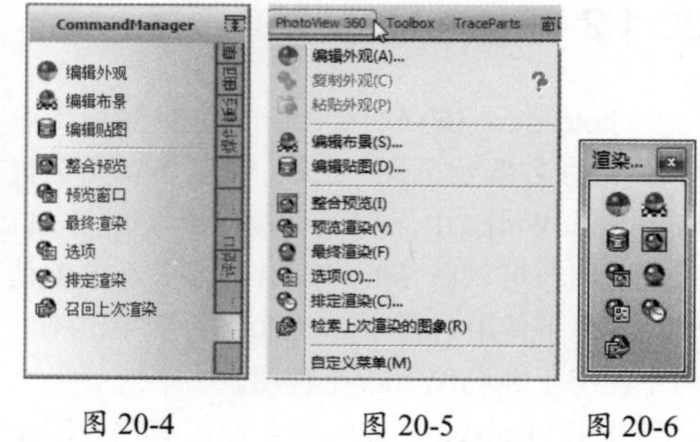


图 20-4　　图 20-5　　图 20-6

## 20.2 PhotoView 360 渲染功能

使用 PhotoView 360 生成 PhotoView 360 模型可以具有特殊品质的逼真图像。PhotoView 360 提供了许多专业的渲染效果。

### 20.2.1 渲染步骤

在使用PhotoView 360对模型进行渲染时，所需要的步骤基本相同。为了达到理想的渲染效果，可能需要多次、重复的渲染步骤。渲染的基本步骤如下。

（1）放置模型。使用标准视图或使用放大、旋转和移动模型的位置，使需要渲染的零件或装配体处于一个理想的视图位置。

（2）应用材质。在零件、特征或模型表面上指定材质。

（3）设置布景。从 PhotoView 360 预设的布景库中选择一个布景，或根据要求设置背景与场景。

（4）设置光源。从 PhotoView 360 预设的光源库中选择预定义的光源，或建立所需的光源。

（5）渲染模型。在屏幕中渲染模型并观看渲染效果。

（6）后处理。PhotoView 360 输出的图像可能不符合最终的要求，用户可以将输出的图像用于其他应用程序，以达到更加理想的效果。

### 20.2.2 应用外观

PhotoView 360外观定义模型的视觉属性，包括颜色和纹理。物理属性是由材料定义的，外观不会对其产生影响。

**1．外观的层次关系**

在零件中，用户可以将外观添加到面、特征、实体以及零件本身。在装配体中，可以将外观添加到零部件。根据外观在模型上的指派位置，会对其应用一种层次关系。

例如，在“外观、布景和贴图”任务窗格中，浏览到外观面板并将某个外观拖到模型上。释放鼠标后会出现一个弹出式工具条，这个工具条中的按钮命令表达了外观层次关系，如图 20-7 所示。

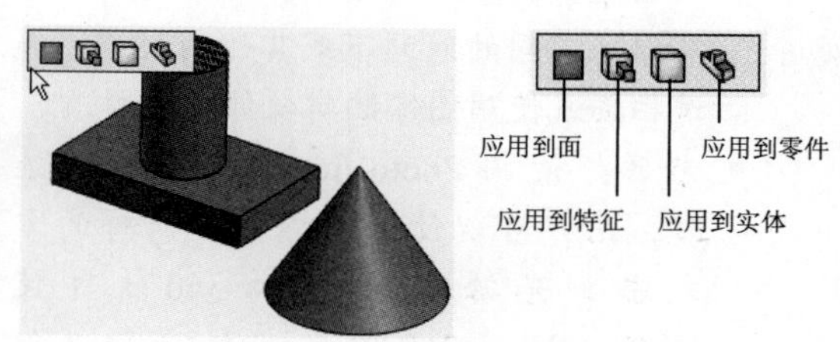


图 20-7

外观的层次关系表达如下。

- 应用到面：单击此按钮，鼠标选择的面被外观覆盖，其余面不被覆盖，如图 20-8 所示。
- 应用到特征：单击此按钮，特征会呈现新外观，除非被面指派所覆盖，如图 20-9 所示。

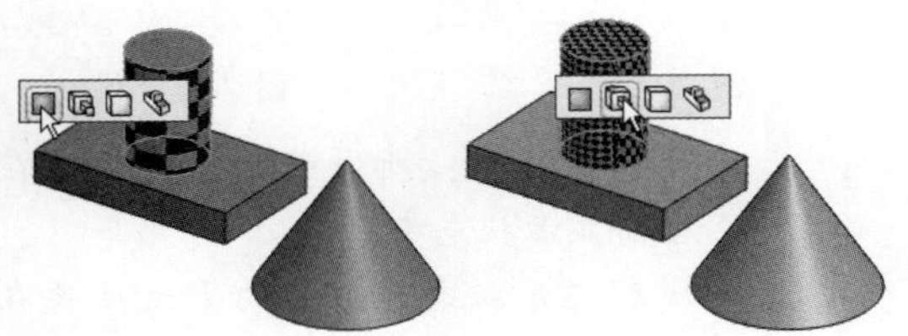

图 20-8　　　　图 20-9

- 应用到实体：实体会呈现新外观，除非被特征或面指派所覆盖，如图 20-10 所示。
- 应用到零件：整个零件会呈现新外观，除非被实体、特征或面指派所覆盖，如图 20-11 所示。

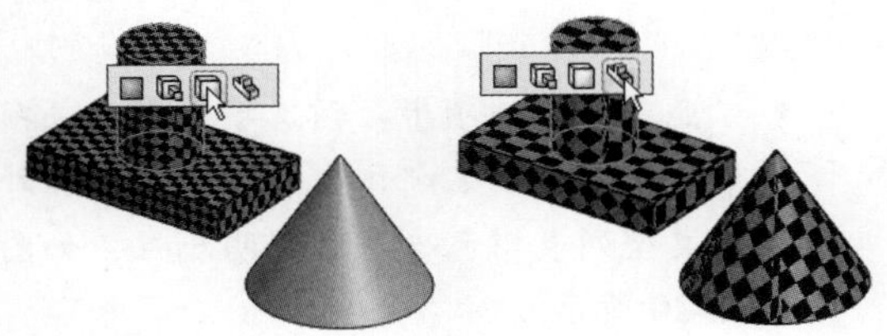

图 20-10　　　　图 20-11

**2．编辑外观**

在“渲染工具”选项卡中单击“编辑外观”按钮或者在前导视图工具条上单击“编辑外观”按钮，信息管理器中显示“颜色”面板。同时在任务窗格中打开“外观、布景和贴图”选项卡。“颜色”面板中包括“基本”和“高级”两个选项设置面板，如图20-12和图20-13所示。

（1）“基本”选项设置面板

在“基本”选项设置面板中，包括“所选几何体”选项区、“颜色”选项区、“光学属性”选项区和“显示状态（链接）”选项区，介绍如下。

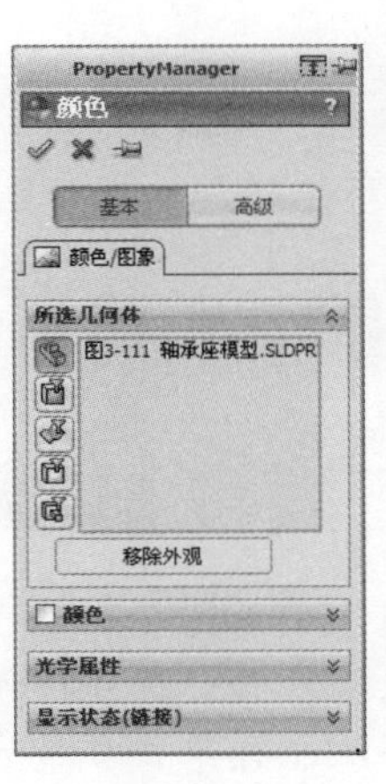


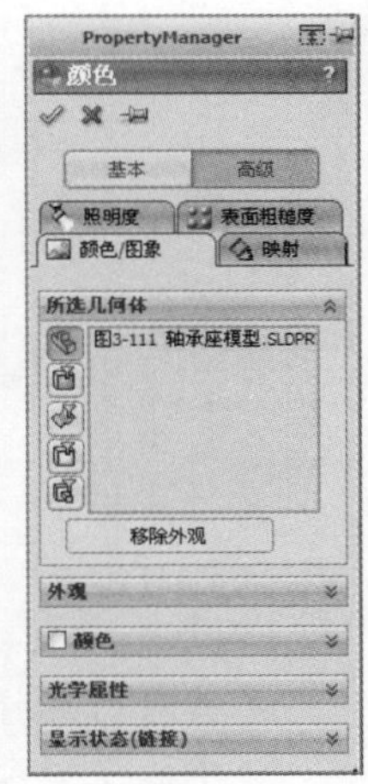


图 20-12　　　　图 20-13

- “所选几何体”选项组：该选项组用来选择要编辑外观的零件、面、曲面、实体和特征。例如，单击要编辑外观的“选择特征”按钮后，所选的特征将显示在几何体列表中。通过单击“移除外观”按钮，可以从面、特征、实体或零件中移除外观。

**技术要点：**

“所选几何体”选项区中包含了表达外观层次关系的按钮，包括选择零件、选取面、选择曲面、选择实体、选择特征。

- “颜色”选项组：该选项组中各选项可以使颜色添加至所选对象中，“颜色”选项组如图 20-14 所示。
  - 主要颜色：为当前状态下默认的颜色，要编辑此颜色，需双击颜色区域，然后在弹出的“颜色”对话框中选择新颜色。
  - 生成新样块：将用户自定义的颜色保存为 .sldclr 样块文件，以便于调用。
  - 添加当前颜色到样块：在颜色选项列表中选择一种颜色，再单击“添加当前颜色到样块”按钮，即可将颜色添加到样块列表中，如图 20-15 所示。用户也可以使用样块列表中的颜色样块为模型上色。

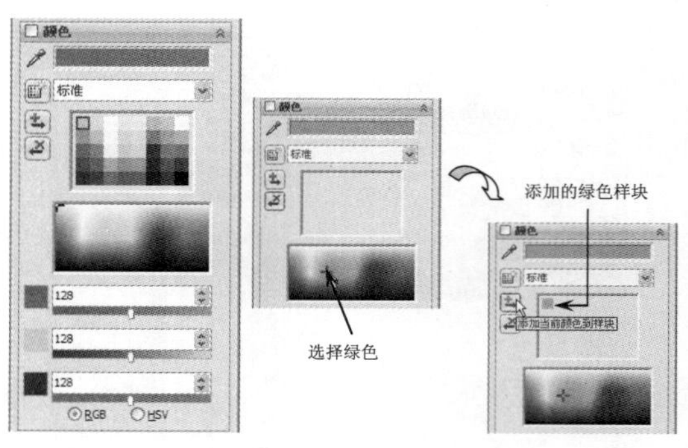


图 20-14　　　图 20-15

➢ 移除所选样块颜色：在样块列表中选中一个样块，再单击“移除所选样块颜色”按钮，即可将其从样块列表中移除。

➢ RGB：以红、绿及蓝色数值定义颜色。在如图 20-16 所示的颜色中拖动滑块或输入数值来设置颜色。

➢ HSV：以色调、饱和度和数值条目定义颜色。在如图 20-17 所示的颜色中拖动滑块或输入数值来设置颜色。

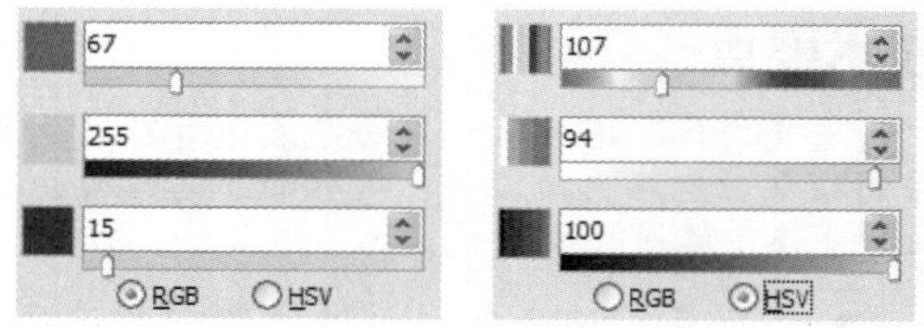


图 20-16　　　图 20-17

- “光学属性”选项组：该选项组为用户提供模型的透明度、反射度、光泽度和明暗度的选项设置。通过拖动数值滑块、输入值或单击微调按钮，即可改变当前状态下的光学属性，如图 20-18 所示。
- “显示状态（链接）”选项组：该选项组的主要功能是设置显示状态，且列表中的选项反映出显示状态是否链接到配置，如图 20-19 所示。

**技术要点：**

如果无显示状态链接到该配置，则该零件或装配体中的所有显示状态均可供选择。如果有显示状态链接到该配置，则仅可选择该显示状态。

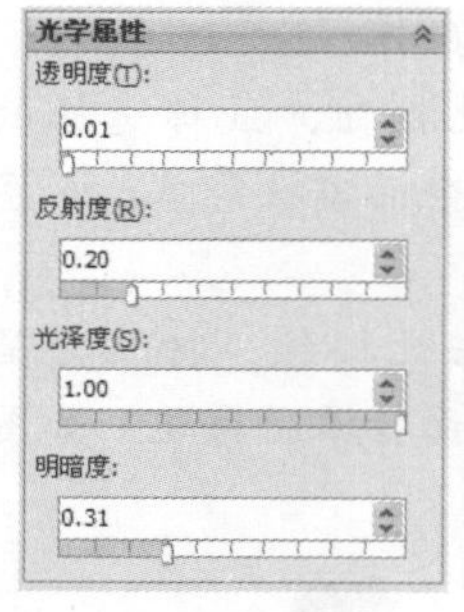


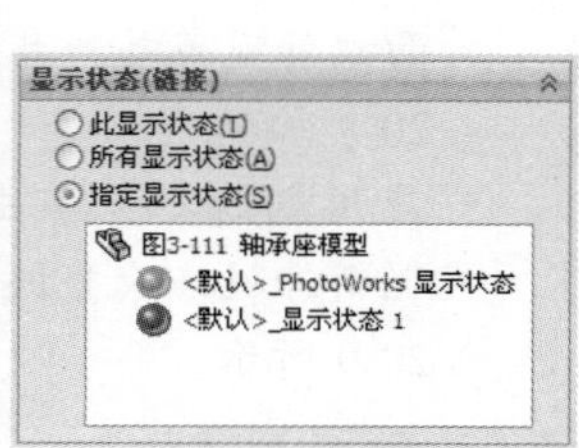


图 20-18　　　图 20-19

➢ 此显示状态：所做的更改只反映在当前显示状态中。

➢ 所有显示状态：所做的更改反映在所有显示状态中。

➢ 指定显示状态：所做的更改只反映在所选的显示状态中。

（2）“高级”选项设置面板

“高级”选项设置面板主要用于模型的高级渲染。在“高级”选项设置中，包含 4 个选项卡：照明度、表面粗糙度、颜色 / 图像和映射。其中“颜色 / 图像”选项卡在“基本”选项中已介绍。

- “照明度”选项卡：该选项卡下的选项用于在零件或装配体中调整光源。在外观类型列表中包含多种照明属性，如图 20-20 所示。
- “表面粗糙度”选项卡：使用该选项卡的功能可修改外观的表面粗糙度。其中包括多种表面粗糙度类型可供选择，如图 20-21 所示。

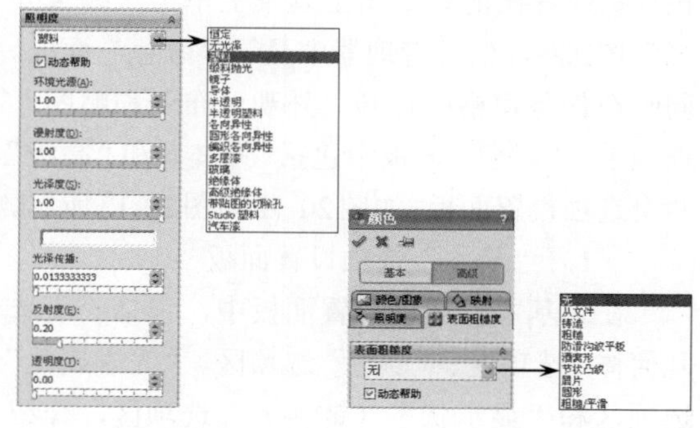


图 20-20　　　图 20-21

- “映射”选项卡：使用该选项卡的功

能为在零件或装配体文档中映射纹理外观。映射可以控制材质的大小、方向和位置，例如织物、粗陶瓷（瓷砖、大理石等）和塑料（仿塑料、合成塑料等）。

### 3. “外观、布景和贴图”任务窗格

任务窗格上的“外观、布景和贴图”选项卡包含了所有的外观、布景、贴图和光源的数据库，如图 20-22 所示。

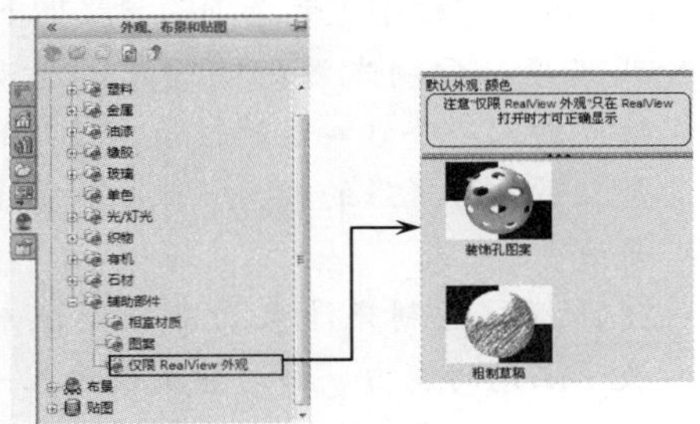

图 20-22

“外观、布景和贴图”选项卡有以下几种功能。

- 拖动：当用户从“外观、布景和贴图”选项卡中拖动外观、布景或贴图到图形区时，可将其直接应用到模型上，“按 Alt 键 + 拖动”可打开对应的属性管理器面板或对话框。对于光源方案不会显示属性管理器面板。

**技术要点：**

将光源方案拖到图形区域不仅添加光源，还会更改光源方案。

- 双击：当用户在选项卡上双击外观、布景或光源文件时，布景或光源会附加到活动文档中。双击贴图时，“贴图”面板会打开，但是贴图不会插入图形区域。
- 保存：编辑一个外观、布景、贴图或光源文件后，可通过属性管理器面板、布景编辑器保存。

## 20.2.3 应用布景

使用布景功能可生成被高光泽外观反射的环境。用户可以通过 PhotoView 360 的布景编辑器或布景库来添加布景。

在“渲染工具”选项卡中单击“编辑布景”按钮，弹出“编辑布景”面板。

“编辑布景”面板包含 3 个功能选项卡：基本、高级和照明度，如图 20-23 所示。

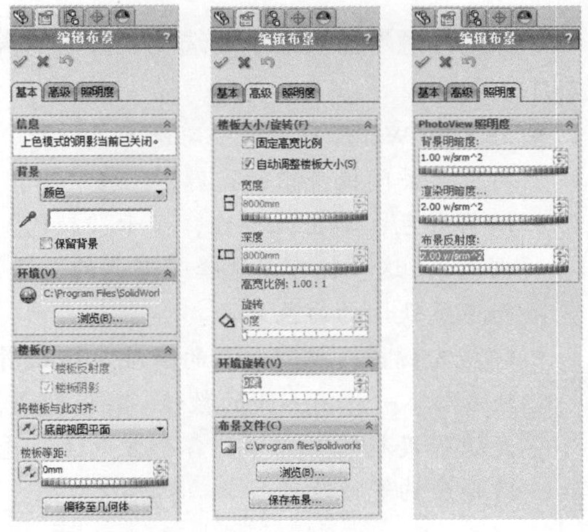

图 20-23

## 20.2.4 光源与相机

使用光源，可以极大地提高渲染的效果。关于光源的位置，设计者可以将自己想象为一名摄影师，在 PhotoView 360 中设置光源与在实际拍摄过程中设置灯光的原理是相同的。

### 1. 光源类型

PhotoView 360 光源类型包括环境光源、线光源、点光源和聚光源。

（1）环境光源

环境光源从所有方向均匀照亮模型。白色墙壁房间内的环境光源很强，这是由于墙壁和环境中的物体会反射光线所致。

在 DisplayManager（显示管理器）设计树中，打开“查看布景、光源与相机”面板。并在该面板中双击“环境光源”项目，属性管理器会显示“环境光源”面板，如图 20-24 所示。

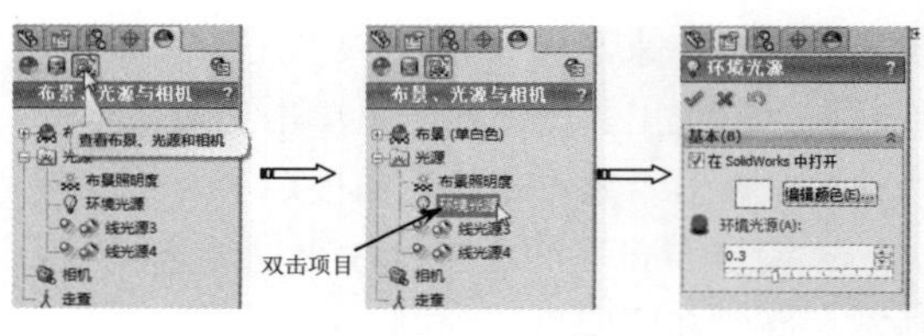


图 20-24

“环境光源”面板中主要选项、按钮的含义如下。

- 在 SolidWorks 中打开：勾选此复选框，打开或关闭模型中的光源。
- 编辑颜色：单击此按钮，显示“颜色”调色板，这样就可以选择带颜色的光源，而不是默认的白色光源。
- 环境光源：控制光源的强度。拖动滑块或输入一个 0 ~ 1 的数值。数值越高，光源强度越强。在模型各个方向上，光源强度均等地改变。

**技术要点：**

环境光源依据多种因素，包括光源的颜色、模型的颜色以及环境光源的度数(强度)。例如，在高环境光源中更改环境光源的颜色比在低环境光源中产生更显著的结果，如图20-25所示。

低强度光源　　高强度光源

图 20-25

（2）线光源

线光源是从距离模型无限远的位置发射的光线，可以认为是从单一方向发射的、由平行光组成的准直光源。线光源中心照射到模型的中心。

在显示管理器设计树的“光源”面板下，右键选择“线光源 1”面板并在弹出的快捷菜单中选择“添加线光源”命令，如图 20-26 所示。或者在菜单栏中执行“视图”|“光源与相机”|“添加线光源”命令，属性管理器中显示“线光源”面板，如图 20-27 所示。同时图形区中显示线光源预览。

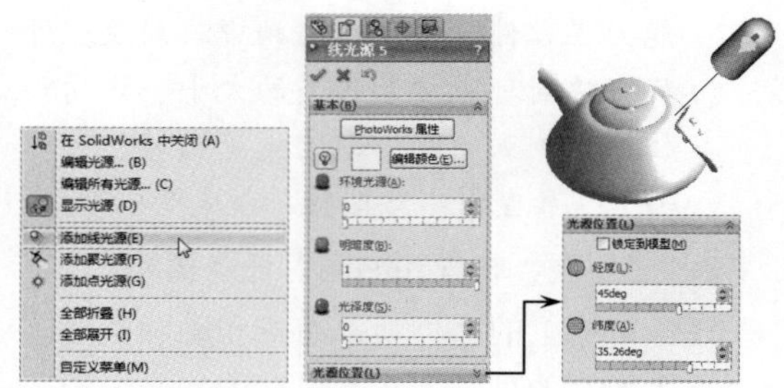

图 20-26　　图 20-27

“线光源”面板中主要选项的含义如下。

- 明暗度：控制光源的明暗度。移动滑块或输入一个 0 ~ 1 的数值。较高的数值在最靠近光源的模型一侧投射更多的光线。
- 光泽度：控制光泽表面在光线照射处展示强光的能力。移动滑块或输入一个 0 ~ 1 的数值。此数值越高则强光越显著，且外观更光亮。
- 锁定到模型：当选择该选项时，相对于模型的光源位置将保留，当取消选择该选项时，光源在模型空间中保持固定。
- 经度与纬度：拖动滑块调节光源在经度和纬度上的位置。

（3）聚光源

聚光源来自一个限定的聚焦光源，具有锥形光束，其中心位置最明亮。聚光源可以投射到模型的指定区域。

在菜单栏中执行“视图”|“光源与相机”|“添加聚光源”命令，属性管理器中显示“聚光源”面板，如图 20-28 所示。同时图形区中显示聚光源预览。

“聚光源”面板中主要选项的含义如下。

- 球坐标：使用球形坐标系指定光源的位置。在图形区域中拖动操纵杆或者在“光源位置”选项区中输入值或拖动滑块都可以改变光源的位置。
- 笛卡尔式：使用笛卡尔坐标系来指定光源的位置。
- “高级”选项区：该选项区用于设置光强度、衰减系数等参数。

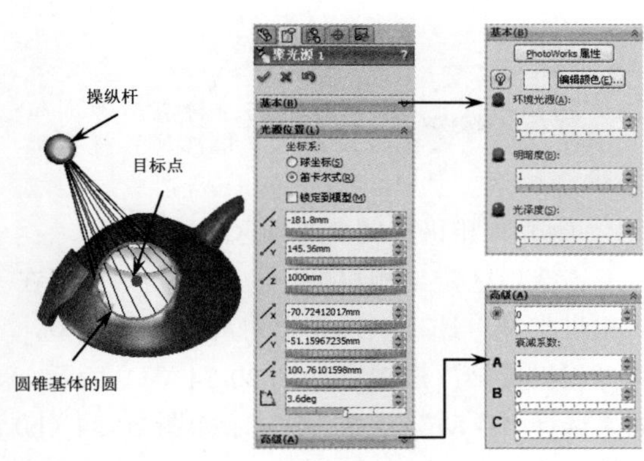


图 20-28

在图形区中，当鼠标指针由变为时，可以拖动操纵杆来旋转聚光灯源。当鼠标指针变为时，可以平移聚光灯源。将鼠标指针移到定义圆锥基体的圆上，可以放大或缩小聚光灯源。

（4）点光源

点光源的光来自于模型空间特定坐标处一个非常小的光源。此类型的光源向所有方向发射光线。

在菜单栏中执行“视图”|“光源与相机”|“添加点光源”命令，属性管理器中显示“点光源”面板，如图 20-29 所示。同时图形区中显示点光源预览。

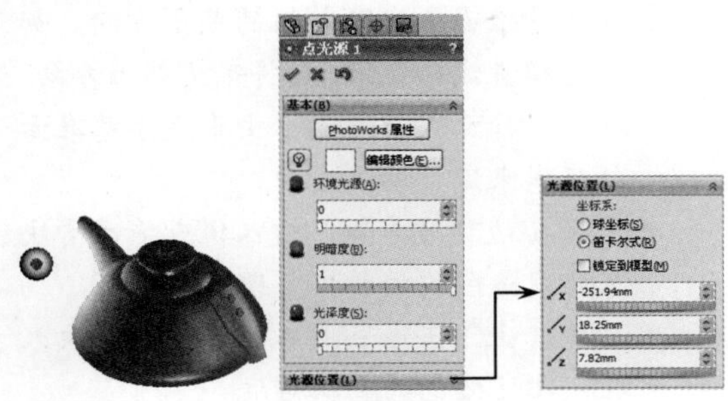


图 20-29

**技术要点：**

将鼠标指针移到点光源上。当指针变成时，可以平移点光源。当将点光源拖动到模型上时，可以捕捉到各种实体，如顶点和边线。

**2．相机**

使用“相机”可以创建自定义的视图。也就是说，使用相机对渲染的模型进行拍摄，然后通过“相机”拍摄角度来查看模型，如图 20-30 所示。

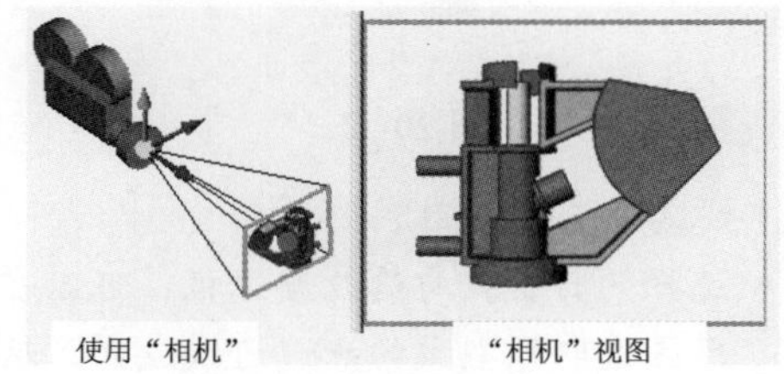


图 20-30

在菜单栏中执行“视图”|“光源与相机”|“添加相机”命令，属性管理器中显示“相机”面板，同时图形区中显示相机预览和相机视图，如图 20-31 所示。

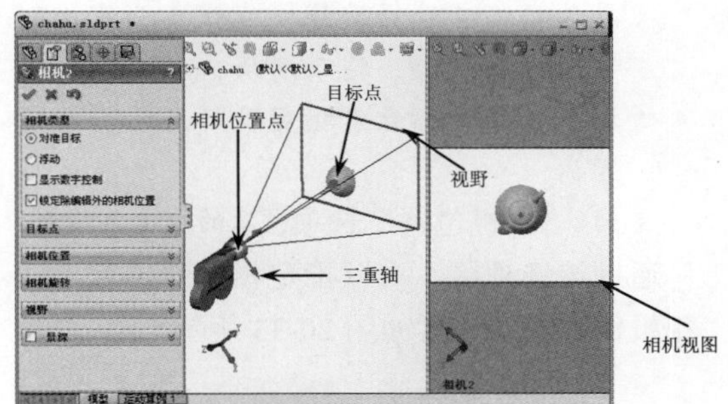


图 20-31

“相机”面板中主要选项区的含义如下。

（1）“相机类型”选项区

该选项区用于设置相机的位置，主要选项的含义如下。

- 对准目标：当拖动相机或设置其他属性时，相机保持目标点的视线。
- 浮动：相机不锁定到任何目标点，可任意移动。
- 显示数字控制：勾选此复选框，为相机和目标位置显示数字栏。如果取消勾选，则可通过在图形区域单击来指定位置。
- 锁定除编辑外的相机位置：勾选此复选框，在相机视图中禁用“视图”工具（旋转、平移等），但在编辑相机视图时除外。

（2）“目标点”选项区

当选择了“对准目标”选项后，该选项区

才可用，如图 20-32 所示。该选项区用来设置目标点。

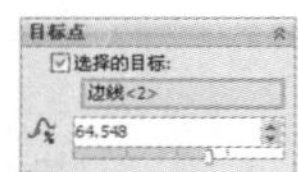

图 20-32

主要选项的含义如下。

- 选择的目标：勾选此复选框，可以在图形区选取模型上的点、边线或面，从而指定目标点。

**技术要点：**

若想在已通过选择而选取了一个目标点时拖动目标点，可以按住 Ctrl 键并拖动。

- 沿边线 / 直线 / 曲线的百分比距离：如果为目标点选择边线、直线或曲线，则可通过输入值、拖动滑块，或在图形区域中拖动目标点来指定目标点距实体的距离。

（3）“相机位置”选项区

通过该选项区，可以指定相机的位置点。“相机位置”选项区如图 20-33 所示。

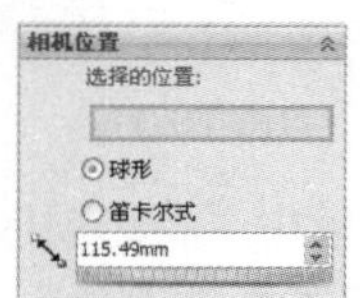

图 20-33

主要选项的含义如下。

- 选择的位置：相机可以在任意空间中，也可以将其连接到零部件上或草图中（包括模型的内部空间）的实体上。
- 球形：通过球形坐标的方法来拖动相机位置。
- 笛卡尔式：通过笛卡尔坐标方式来指定相机位置。
- 沿边线 / 直线 / 曲线的百分比距离：如果为相机位置选择边线、直线或曲线，则可通过输入数值、拖动滑块，或在图形区域中拖动相机点来指定相机点距实体的距离。

**技术要点：**

若“选择的位置”被消除，仍维持有参考。如果再次选择“选择的位置”，相机位置将重新选择。

（4）“相机旋转”选项区

该选项区定义相机的定位与方向。如果在“相机类型”选项区选择“对准目标”类型，则“相机旋转”选项区如图 20-34（a）所示；如果选择“浮动”类型，则显示如图 20-34（b）所示的选项区。

(a)

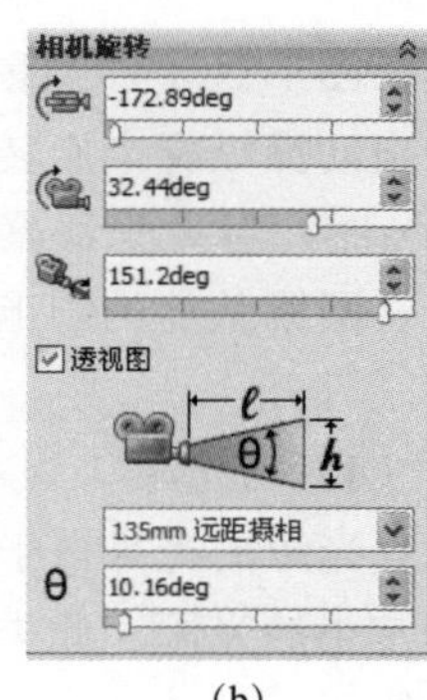

(b)

图 20-34

“相机旋转”选项区中主要选项的含义如下。

- 通过选择设定卷数：选择直线、边线、面或基准面来定义相机的朝上方向。如果选择直线或边线，它将定义朝上方向。如果选择面或基准面，由垂直于基准面的直线来定义朝上方向。
- 偏航（边到边）：输入值或拖动滑块来指定边到边的相机角度。
- 俯仰（上下）：输入值或拖动滑块来指定上下方向的相机角度。
- 滚转（扭曲）：输入值或拖动滑块来指定相机推进角度。
- 透视图：勾选此复选框，可以透视查看模型。
- 标准镜头预设值：从镜头列表中选择 PhotoView 360 提供的标准镜头选项。如果选择“自定义”，将通过设置视图的角度值、高度值和距离值来调整镜头。

- 视图角度θ：设定此值，矩形的高度将随视图角度的变化而调整。

（5）“视野”选项区

该选项区用于指定相机视野的尺寸。“视野”选项区如图 20-35 所示。镜头尺寸示意图如图 20-36 所示。

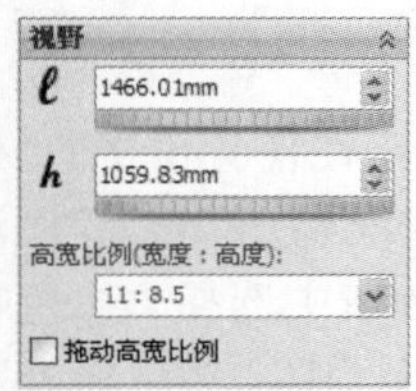


图 20-35

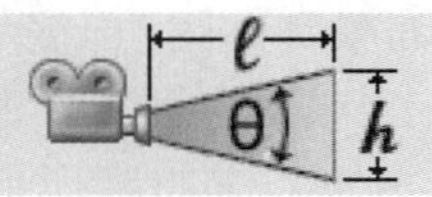


图 20-36

主要选项的含义如下。

- 视图矩形的距离ℓ：设定此值，视图角度将随距离的变化而调整。该值与“视图角度”值都可以通过在图形区中拖动视野来更改，如图 20-37 所示。

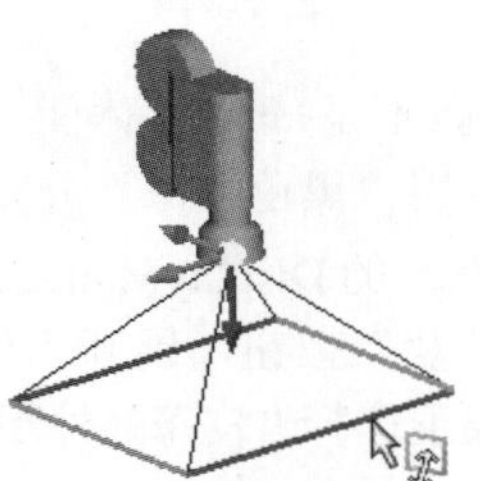

图 20-37

- 视图矩形的高度h：设定此值，视图角度将随高度的变化而调整。
- 高度比例（宽度：高度）：输入数值或从列表中选择数值来设定比例。
- 拖动高宽比例：勾选此复选框，可以通过拖动图形区域中的视野矩形来更改高宽比例。

（6）“景深”选项区

景深指定物体处在焦点时所在的区域范围。基准面将出现在图形区域中，以指明对焦基准面以及对焦基准面两侧大致失焦的基准面，与对焦基准面交叉的模型部分将锁焦，如图 20-38 所示。

“景深”选项区用于设置相机位置点与目标点之间的距离，以及对焦基准面到失焦基准面的距离。“景深”选项区如图 20-39 所示。

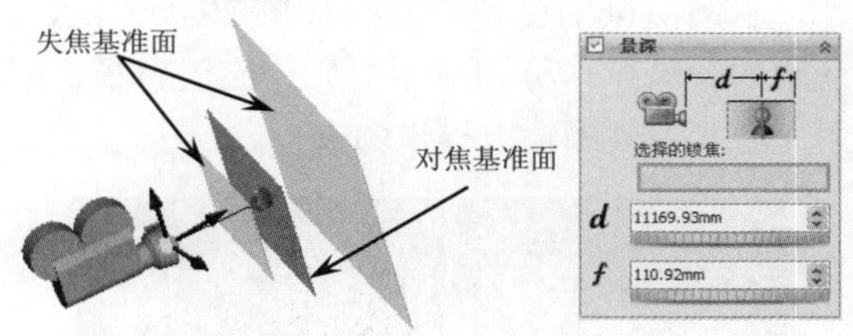


图 20-38　　图 20-39

选项区中主要选项的含义如下。

- 选择的锁焦：在图形区域中单击以选择到对焦基准面的距离。
- 到准确对焦基准面的距离d：如果取消选中“选择的锁焦”复选框，则可设置到对焦基准面的距离。
- 对焦基准面到失焦的大致距离f：设置从对焦基准面到基准面（对焦基准面每侧一个）的距离，以指明大致的失焦位置。

**技术要点：**

失焦基准面与对焦基准面不是等距的，因为相对于与相机距离较近的物体而言，距离较远的物体在显示时所需的像素要少。

**成像原理**

如图20-40所示为相机简单的成像平面图，光学变焦就是通过移动镜头内部镜片来改变焦点的位置、镜头焦距的长短，并改变镜头的视角大小，从而实现影像的放大与缩小。当改变焦点的位置时，焦距也会发生变化。例如将焦点向成像面反方向移动，则焦距会变长，图中的视角也会变小。这样，视角范围内的景物在成像面上会变得更大，这就是光学变焦的成像原理。

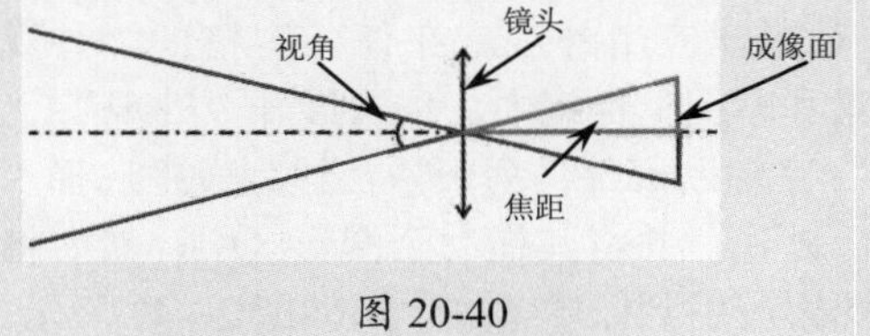


图 20-40

**动手操作——渲染篮球**

篮球是皮革制品，表面具有粗糙的纹理。在其渲染的效果图像中，场景、灯光、材质要合理搭配，地板上能反射篮球，光源要有阴影效果，使渲染的篮球作品达到以假乱真的效果。

本例渲染的篮球作品，如图 20-41 所示。篮球的渲染操作分为应用材质、应用布景、应用光源及渲染和输出等步骤进行。

图 20-41

## 操作步骤

### 1. 应用外观

**01** 打开本例模型文件，其中包括篮球实体和地板实体。

**02** 首先对地板实体应用材质。在任务窗格的“外观、布景和贴图”标签中，依次展开“外观”|“有机”|“木材”|“抛光青龙木 2”列表。然后在该列表中选择“地板 2”外观，并将其拖至图形区中，然后将外观图案应用到地板特征中，如图 20-42 所示。

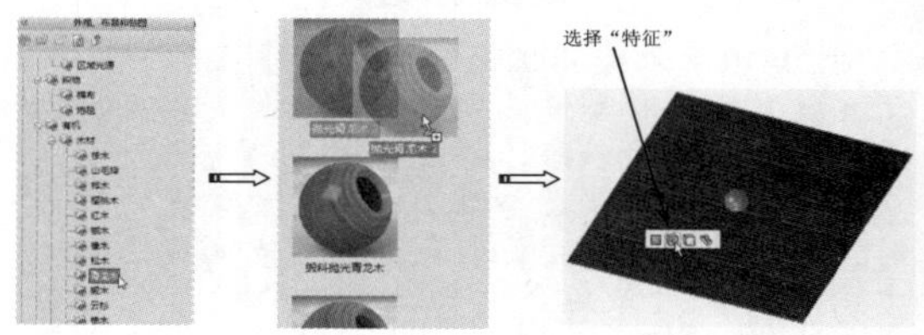


图 20-42

**03** 对篮球应用外观。在任务窗格的“外观、布景和贴图”标签中，依次展开“外观”|“有机”|“辅助部件”列表。在该列表中选择“皮革”外观，并将其拖动至图形区中，然后将外观图案应用到篮球实体中，如图 20-43 所示。

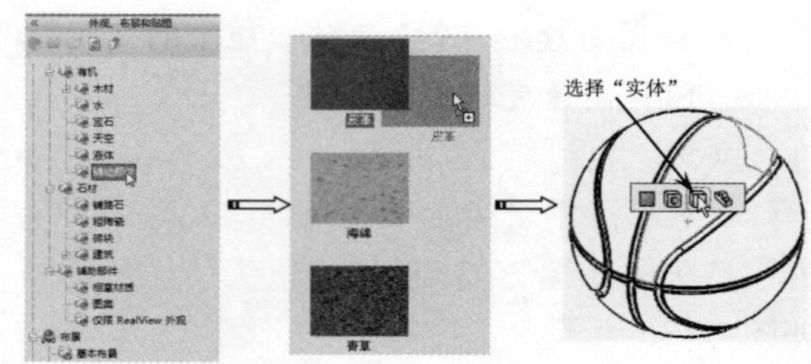


图 20-43

**04** 对篮球中的凹槽应用外观。在任务窗格的“外观、布景和贴图”标签中，依次展开“外观”|“油漆”|“喷射”列表。在该列表中选择“黑色喷漆”外观，并将其拖至图形区中，然后将外观图案应用到篮球的凹槽中，如图 20-44 所示。

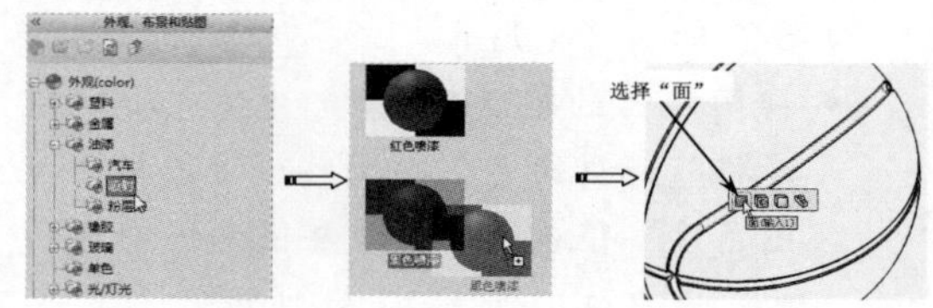


图 20-44

**05** 由于凹槽面不是一个整体面，因此需要多次对凹槽面应用“黑色喷漆”外观。

**06** 在图形区左侧的 DisplayManager 选项卡中，单击“查看外观”按钮，展开“外观”面板，然后在该面板下选择“皮革”外观并进行编辑。

**07** 随后属性管理器中显示“皮革”面板。在面板中的“基本”设置的“颜色 / 图像”选项卡中为皮革选择红色；在“高级”设置的“照明度”选项卡中，将环境光源设为 0，漫射度为 1，光泽度设为 1，反射度为 0.1，其余参数保持默认；在“高级”设置的“表面粗糙度”选项卡中，将表面粗糙度的“高低幅值”设为 –8。如图 20-45 所示。

**08** 在 DisplayManager 选项卡的“外观”面板中选择“地板 2”外观并进行编辑，随后属性管理器中显示 floorboard2 面板。在面板的“高级”设置的“照明度”选项卡中，设置环境光源为 0，漫射度为 1，反射度为 0.7，其余参数保持默认，最后关闭“透明度”面板完成编辑，如图 20-46 所示。

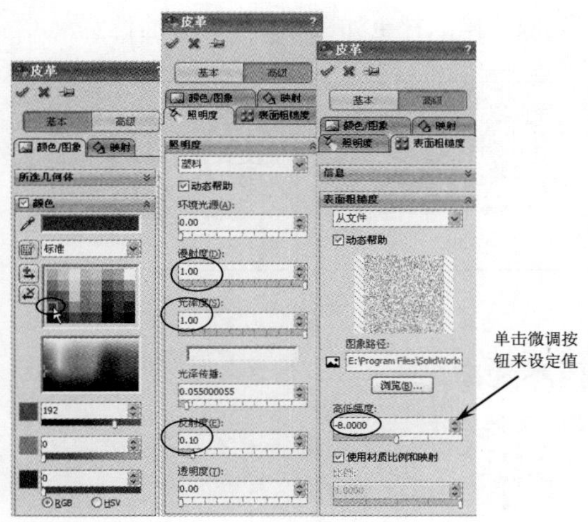


图 20-45

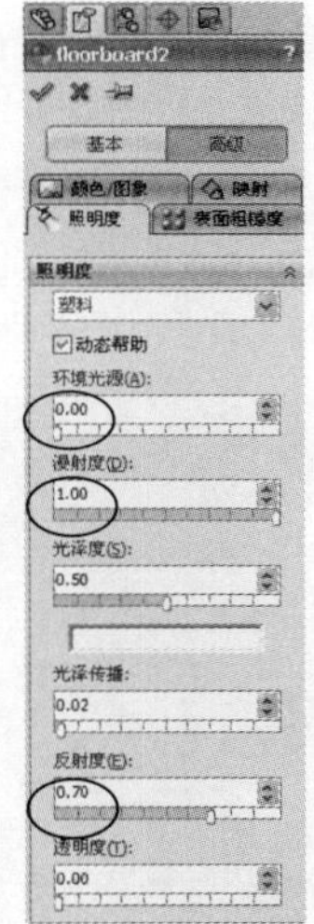


图 20-46

## 2．应用布景

**01** 在 DisplayManager 选项卡中，展开“布景”面板，然后选择快捷菜单中的“编辑景观”命令，弹出“编辑布景”面板。

**02** 在“编辑布景”面板的“管理程序”选项卡中，选择“基本布景”选项，然后在右侧展开的布景中选择“单白色”布景，单击对话框中的“应用”按钮，完成布景的应用，如图 20-47 所示。

**03** 在“编辑布景”面板的“基本”标签中，选择“单色”的背景选项，单击“背景”的颜色框■，在弹出的“颜色”对话框中选择黑色作为背景颜色，最后单击“应用”按钮，完成背景的编辑，如图 20-48 所示。

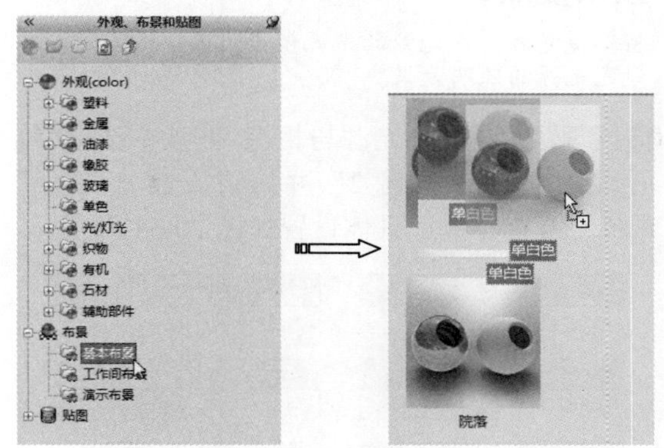


图 20-47

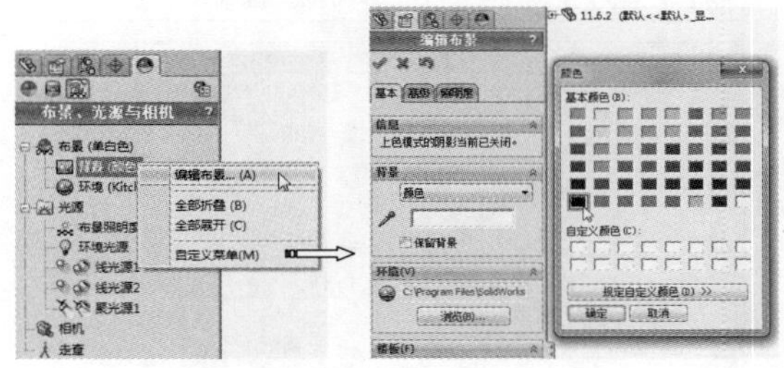


图 20-48

## 3．应用光源

**01** 展开“布景、光源与相机”面板。展开“SOLIDWORKS 光源”项目，在“环境光源”子项目中选择快捷菜单中的“编辑环境光源”命令，属性管理器显示“环境光源”面板，如图 20-49 所示。

**02** 在该面板中设置环境光源值为 0，然后单击“确定”按钮✔关闭面板，如图 20-50 所示。

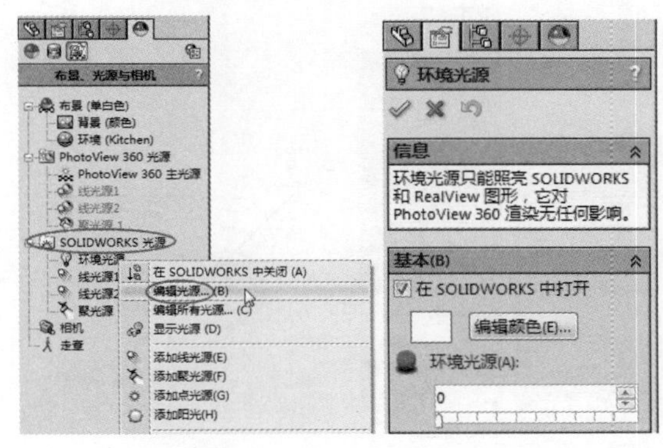


图 20-49　　图 20-50

**技术要点：**

将环境光源、线光源的光源值设为0，是为了突出聚光光源的照明效果。

**03** 同理，在“布景、光源与相机”面板中选择“线光源 1”和“线光源 2”并编辑属性，设置线光源的所有参数，具体设置如图 20-51 所示。

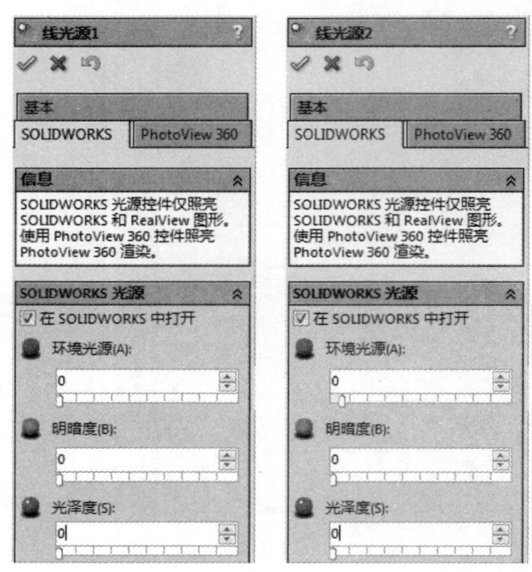


图 20-51

**04** 在“布景、光源与相机”面板中选择快捷菜单中的“添加聚光源”命令，属性管理器显示“聚光源 1”面板。在 SolidWorks 选项卡中将“光泽度”设为 0；在“基本”选项卡中勾选“锁定到模型”复选框，如图 20-52 所示。

**05** 在图形区将聚光源的目标点放置在球面上，并缩小圆锥基体的圆，如图 20-53 所示。

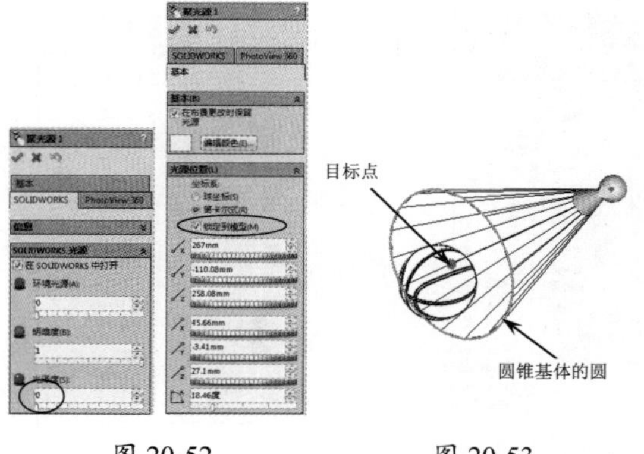


图 20-52　　图 20-53

**06** 将视图切换为左视图和前视图，然后拖动聚光源的操纵杆至如图 20-54 所示的位置。

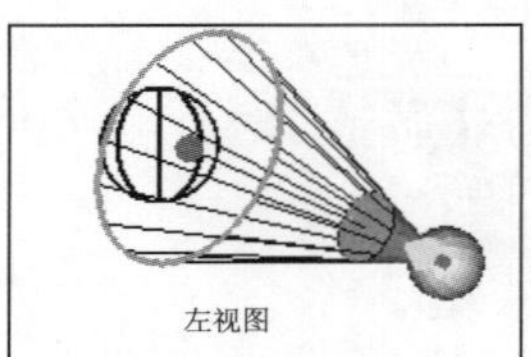


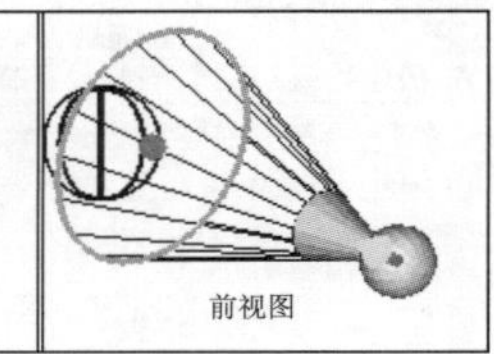


图 20-54

**技术要点：**

在确定操纵杆的位置时，可以通过在面板中输入坐标值来实现，利用切换视图来拖动操纵杆，更便于控制。

**07** 在该面板的 PhotoView 360 选项区中勾选“在 PhotoView360 打开”复选框。

**08** 最后单击“聚光源”面板中的“确定”按钮✔，完成聚光源的添加操作。

**09** 在“渲染工具”选项卡中单击“最终渲染”按钮，程序开始渲染模型。经过一段时间后，完成渲染后的篮球如图 20-55 所示。

图 20-55

**10** 最后单击“保存”按钮，将篮球作品的渲染结果保存。

### 20.2.5 贴图和贴图库

贴图是应用于模型表面的图像，在某些方面类似于赋予零件表面的纹理图像，并可以按照表面类型进行映射。

贴图与纹理材质又有所不同。贴图不能平铺，但可以覆盖部分区域。通过掩码图像，可将图像的部分区域覆盖，且仅显示特定区域或形状的图像部分。

### 1. 从任务窗格添加贴图

PhotoView 360 提供了贴图库。在任务窗格的“外观、布景和贴图”标签中，展开“贴图”项目，然后单击“贴图”面板图标，在标签下方显示所有贴图图像，如图 20-56 所示。

选择一个贴图图像，如果拖动至图形区中的任意位置，它将应用到整个零件，操纵杆将随着贴图出现，如图 20-57 所示。如果拖动至模型的面或曲面中，被选择的面或曲面则贴上图像，如图 20-58 所示。

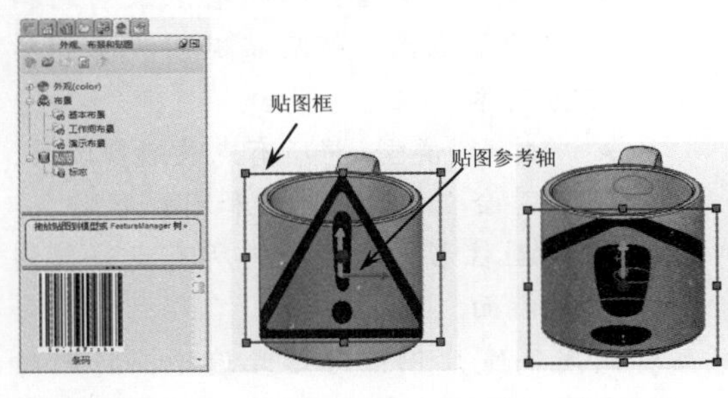


图 20-56　　图 20-57　　图 20-58

**技术要点：**

贴图不能在精确的“消除隐藏线”“隐藏线可见”和“线架图”的显示模式中添加或编辑。

当拖动贴图图像至模型中后，属性管理器中将显示“贴图”面板。通过该面板可以编辑贴图图像。

### 2. 从 PhotoView 360 添加贴图

在“渲染工具”选项卡中单击“编辑贴图”按钮，属性管理器中将显示“贴图”面板，如图 20-59 所示。

该面板中包含 3 个选项卡：图像、映射和照明度。“映射”选项卡如图 20-60 所示；“照明度”选项卡如图 20-61 所示。

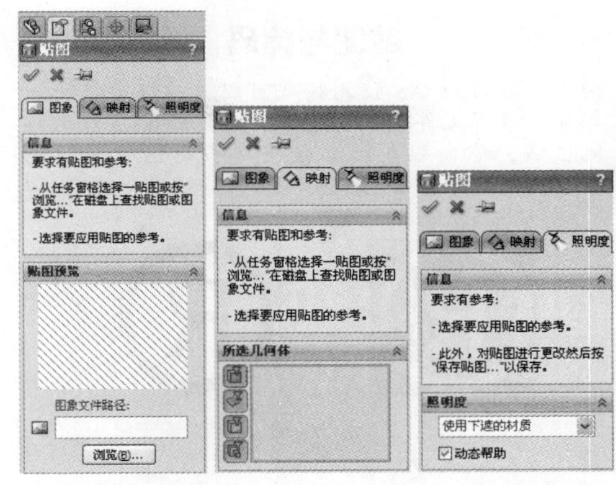


图 20-59　　图 20-60　　图 20-61

（1）“图像”选项卡

该选项卡用于贴图图像的编辑。用户可以在“贴图预览”选项区单击“浏览”按钮，然后从图像文件保存路径中将其打开，或者从贴图库拖动贴图图像到模型中，将显示贴图预览，并显示“掩码图形”选项区，如图 20-62 和图 20-63 所示。

图 20-62　　图 20-63

“图像”选项卡中主要选项、按钮的含义如下。

- 浏览：单击此按钮，浏览贴图文件，并将其打开。
- 保存贴图：单击此按钮，可将当前贴图及其属性保存到文件。
- 无掩码：没有掩码文件。
- 图形掩码文件：在掩码为白色的区域显示贴图，而在掩码为黑色的区域贴图会被阻挡。

### 贴图与掩码

由于贴图为矩形，使用掩码可以过滤掉图像的一部分。掩码文件是黑白图像，也是除贴图外的其他区域，它与贴图配合使用。当贴图为深颜色时，掩码文件为白色，可以反转掩码。如图20-64所示为掩码文件的示意图。

图 20-64

通常情况下，没有经过掩码处理的图像，拖放到模型中时，无掩码图形预览，而程序自动选择为“无掩码”类型。有掩码图像的贴图，拖放到模型中时，程序则自动选择掩码类型为“图形掩码文件”。

在贴图库的“标志”文件夹中的贴图，是没有掩码图像的。在贴图文件路径中，凡类似于XXX_mask.bmp的文件均为掩码文件，XXX.bmp为贴图文件。

（2）“映射”选项卡

该选项卡控制贴图的位置、大小和方向，并提供渲染功能。当拖动贴图到模型中时，选项卡中将显示“映射”选项区和“大小 / 方向”选项区，如图 20-65 和图 20-66 所示。

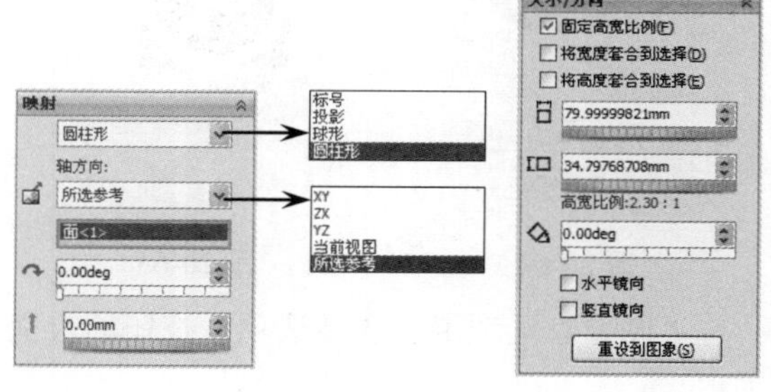


图 20-65　　图 20-66

“映射”选项卡中主要选项的含义如下。

- 映射类型：映射类型列表中列出了 4 种类型，包括标号、投影、球形和圆柱形。各种类型均有不同的选项设置，如图 20-67 所示为投影、球形和圆柱形类型的选项。

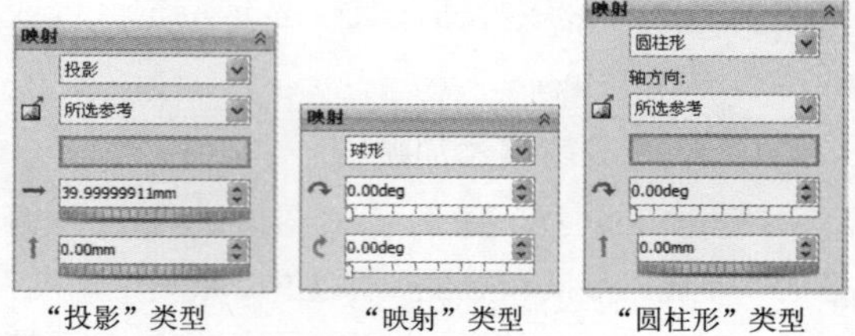


“投影”类型　“映射”类型　“圆柱形”类型

图 20-67

  - ➢ “标号”类型：也称为UV，以一种类似于在实际零件上放置黏合剂标签的方式将贴图映射到模型表面（包括多个相邻非平面曲面），此方式不会产生伸展或紧缩现象。
  - ➢ “投影”类型：将所有点映射到指定的基准面，然后将贴图投影到参考实体。
  - ➢ “球形”类型：将所有点映射到球面，程序会自动识别球形和圆柱形。
  - ➢ “圆柱形”类型：将所有点映射到圆柱面。
- 固定高宽比例：勾选此选项，将同时更改贴图框的高宽比例。在下方的“高度”“宽度”和“旋转”文本框中输入值或拖动滑块，可以改变贴图框的大小。
- 将宽度套合到选择：勾选此选项，将固定贴图框的宽度。
- 将高度套合到选择：勾选此选项，将固定贴图框的高度。
- 水平镜像：水平反转贴图图像。
- 竖直镜像：竖直反转贴图图像。

（3）“照明度”选项卡

该选项卡用于选择贴图对照明度的影响。在选项卡下的照明度类型下拉列表中，包括所有 PhotoView 360 的照明度类型。不同的类型则有不同的设置选项。

#### 动手操作——渲染烧水壶

烧水壶的材料主要由不锈钢、铝和塑料组成。渲染作品中地板面能反射，不锈钢具有抛光性且能反射，塑料手柄和壶盖为黑色但要光亮，另外壶身有贴图。

本例渲染的烧水壶作品，如图 20-68 所示。

图 20-68

烧水壶作品的渲染过程包括应用外观、应用布景、应用贴图及渲染和输出。由于应用的布景中已经有了很好的光源，因此就不再另外添加光源了。

**操作步骤**

**01** 打开烧水壶模型文件。

**02** 对烧水壶的壶身应用材质。在任务窗格的“外观、布景和贴图”标签中，依次展开“外观”|“金属”|“钢”列表。然后在该列表中选择“地板 2”外观，并将其拖动至图形区中，然后将外观图案应用到壶身特征中，如图 20-69 所示。

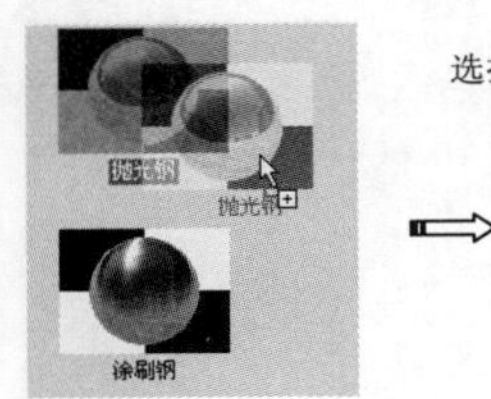



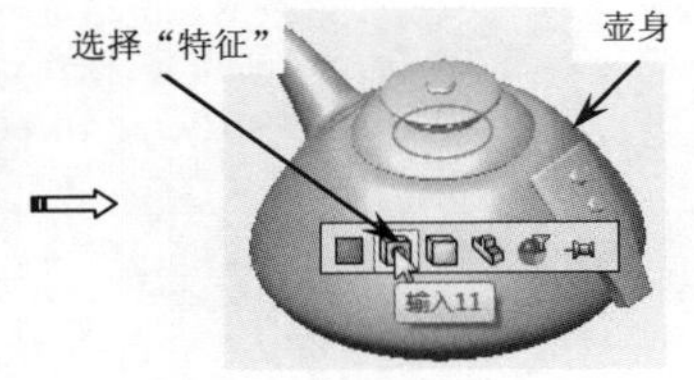



图 20-69

**03** 对壶盖应用外观。同理，将“抛光钢”材料应用于壶盖，如图 20-70 所示。

**04** 对壶钮应用外观。将金属“无光铝”材料应用于 3 个壶钮，如图 20-71 所示。

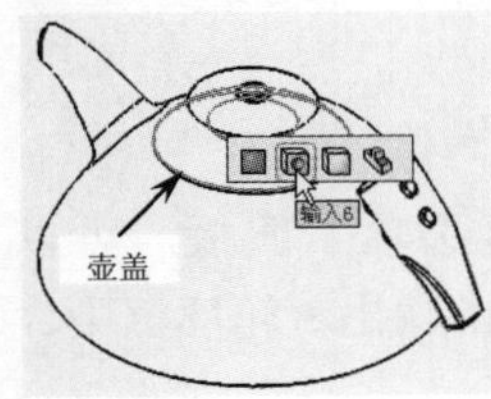



图 20-70

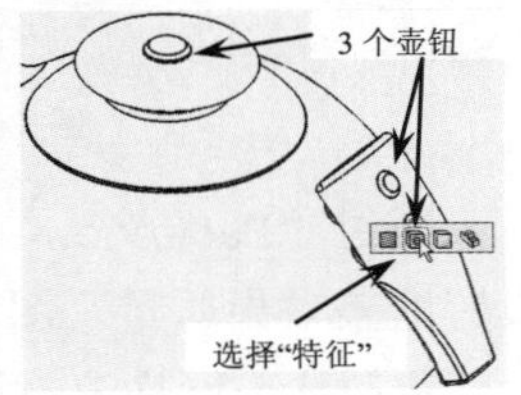



图 20-71

**05** 对壶柄应用外观。将塑料库中的“黑色锻料抛光塑料”材料应用于两个壶柄，如图 20-72 所示。

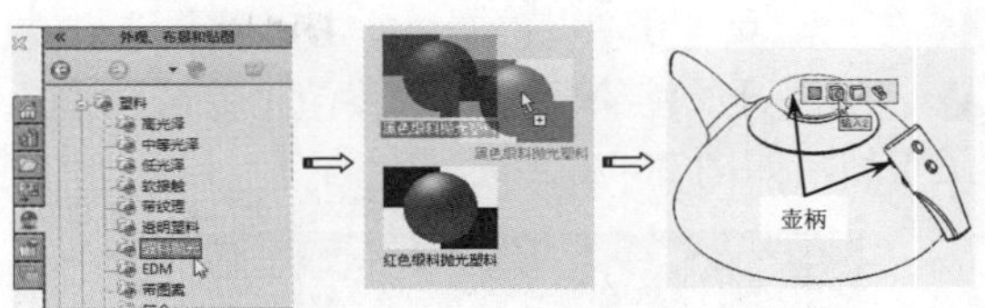



图 20-72

**06** 在任务窗格的“外观、布景和贴图”标签中，展开“布景”文件夹。

**07** 单击“基本布景”文件夹，然后在下方展开的布景中选择“带完整光源的黑色”布景，将其拖移到图形区中释放，完成布景的应用，如图 20-73 所示。

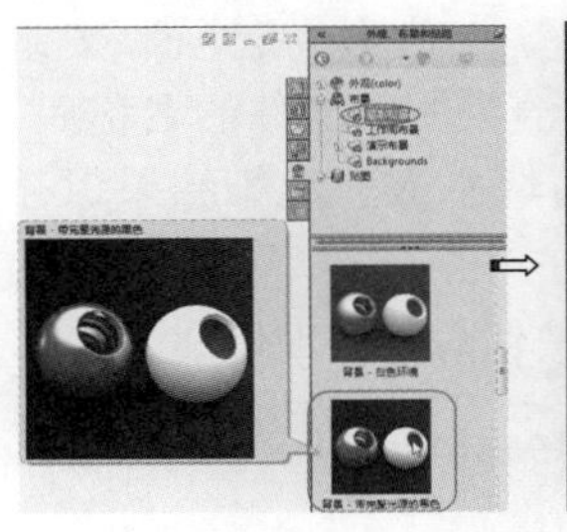



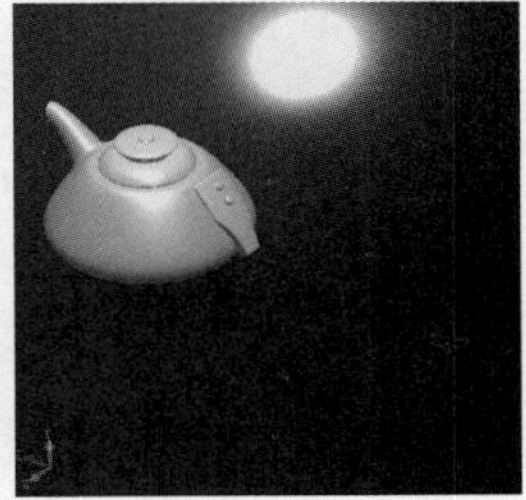

图 20-73

**08** 在任务窗格的“外观、布景和贴图”标签中，依次展开“贴图”列表，然后在列表中选择 SolidWorks 外观，并将其拖动至图形区的壶身上，壶身显示贴图预览，如图 20-74 所示。

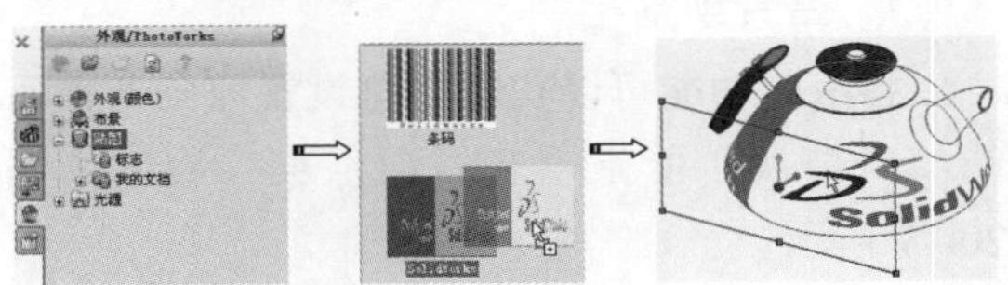



图 20-74

**09** 随后，属性管理器显示“贴图”面板。拖动贴图控制框至合适大小和位置，如图 20-75 所示。

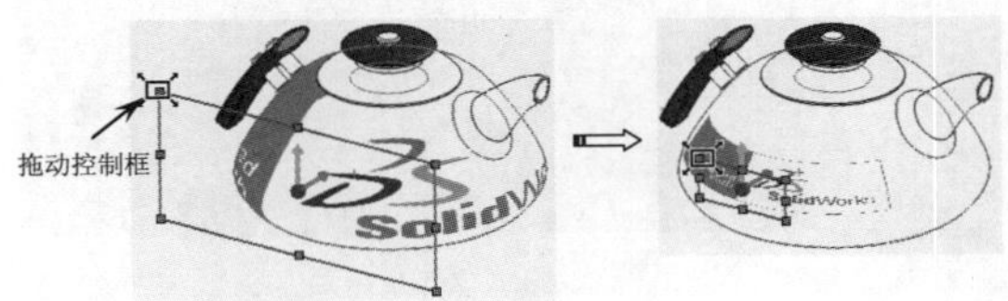



图 20-75

**10** 保留“贴图”面板中其余参数的默认设置，单击“确定”按钮，完成贴图图像的编辑。

**11** 在“渲染工具”标签中单击“渲染”按钮，程序开始渲染模型。最终渲染完成的烧水壶作品，如图 20-76 所示。

图 20-76

**12** 在“渲染工具”标签中单击“选项”按钮，然后在面板中输入渲染图像文件的名称后，单击“确定”按钮，将烧水壶的渲染结果保存为 .BMP 文件。

**13** 最后单击“保存”按钮，将本例烧水壶作品的渲染结果保存。

## 20.2.6 渲染操作

当用户完成了模型的外观（材质）、布景、光源及贴图等操作后，就可以使用渲染工具对模型进行渲染了。

### 1. 整合预览

利用此功能可以实时预览设置渲染条件后的渲染情况，便于重新做出渲染设置，如图 20-77 所示。

图 20-77

### 2. 预览窗口

当设置完成并希望渲染成真实的效果时，可以单击“预览窗口”按钮，单独打开 PhotoView 360 窗口预览渲染效果，如图 20-78 所示。

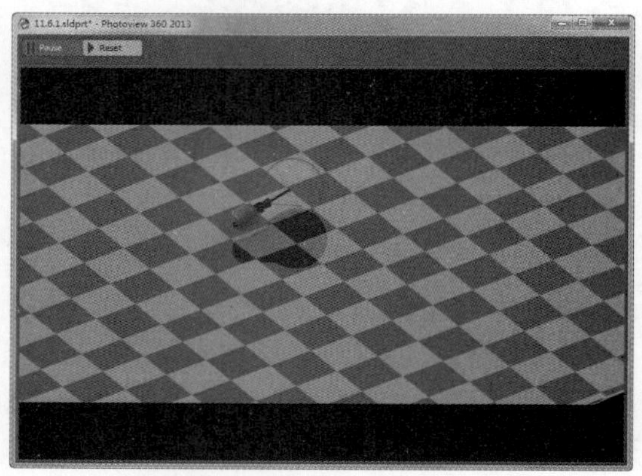


图 20-78

### 3. 选项

单击“选项”按钮，打开“PhotoView 360 选项”面板，如图 20-79 所示。

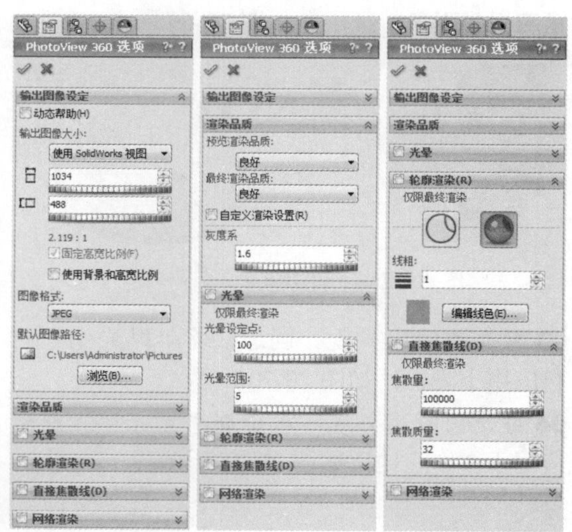


图 20-79

通过“PhotoView 360 选项”面板，可以设置渲染效果质量、图像的输出、轮廓渲染、直接焦散线、网格渲染等。

#### 4. 排定渲染

使用“排定渲染”对话框在指定时间进行渲染并将其保存到文件。由于渲染的时间较长，如果渲染的对象较多，那么使用此功能排定要渲染的项目后，无须再值守在计算机前了。

单击“排定渲染”按钮，打开“排定渲染”对话框，如图 20-80 所示。通过该对话框，还可以输出渲染图片。取消勾选“在上一任务后开始”复选框，可以自行设定单个渲染项目的时间段。

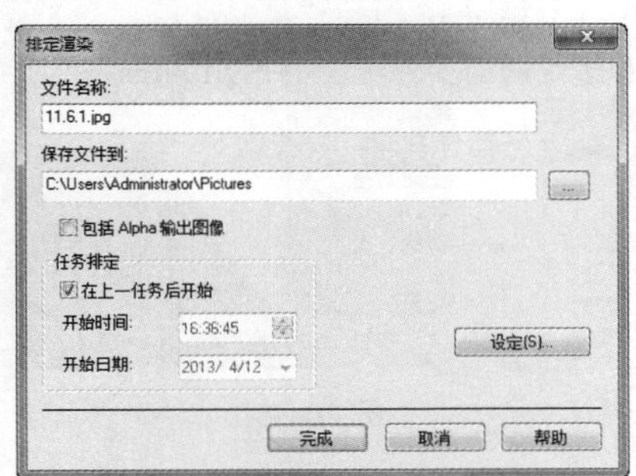


图 20-80

#### 5. 最终渲染

将设置的外观、布景、光源及贴图全部渲染到模型中。在“渲染工具”选项卡中单击“最终渲染”按钮，程序开始渲染模型，并打开“最终渲染”窗口，浏览渲染完成的效果，如图 20-81 所示。

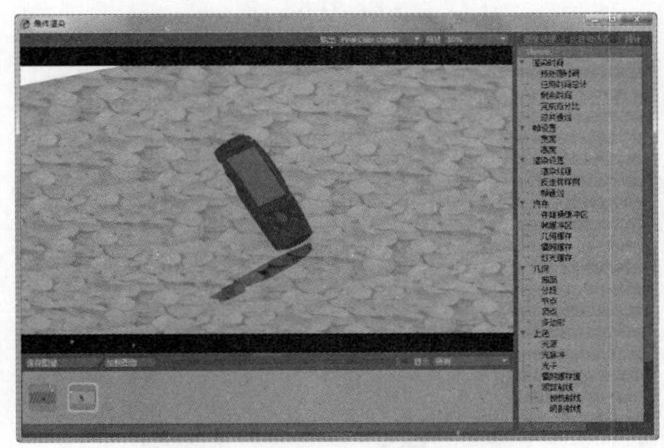

图 20-81

#### 6. 召回上次渲染

通过此功能，可以查找先前渲染的项目。

## 20.3 综合实战

PhotoView 360 提供的渲染功能十分强大，使用户操作起来方便、快捷，渲染的模型可以达到逼真的效果。

下面以几个渲染操作实例来说明模型渲染的基本步骤，以及渲染中所采用的方法。

### 20.3.1 渲染钻戒

**◎ 引入素材：第20章综合实战\第20章源文件\钻戒.sldprt**

**◎ 结果文件：第20章综合实战\第20章结果文件\钻戒.sldprt**

**◎ 视频文件：钻戒渲染.avi**

渲染钻戒要想达到逼真的效果，必须在材质（外观）和灯光这两个方面充分考虑。材质主要有黄金镶边、铂金箍和镶嵌钻石等。渲染钻戒的效果，如图 20-82 所示。

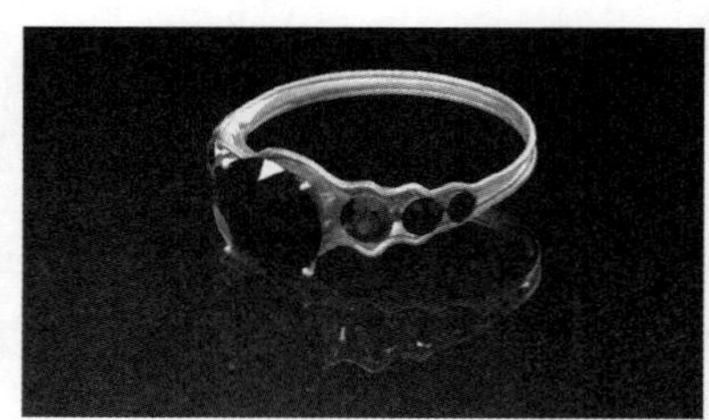

图 20-82

操作步骤

1．应用外观

01 打开本例练习模型——钻戒，如图 20-83 所示。

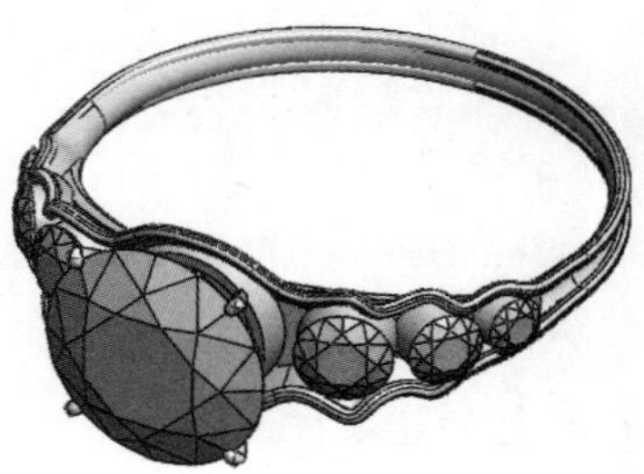

图 20-83

02 应用黄金材质。在任务窗格的“外观、布景和贴图”标签中，依次展开“外观”|“金属”|“金”列表。在该列表中选择“抛光金”外观，并将其拖至图形区的空白位置，即可将黄金材质应用到整体钻戒的实体中，如图 20-84 所示。

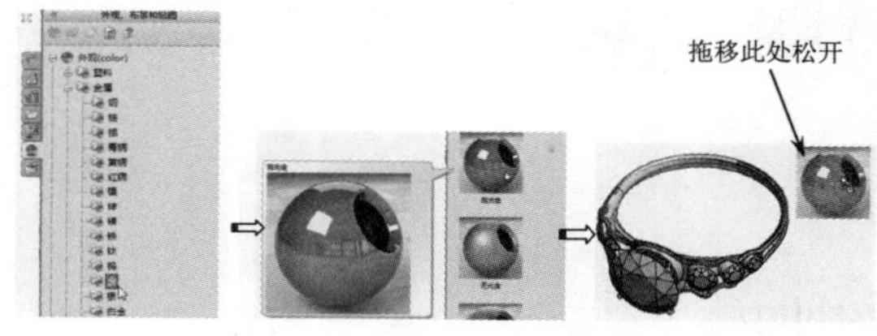


图 20-84

**技术要点：**

首先将黄金材质赋予整个钻戒，是考虑到要镶边的曲面太多。

03 对钻戒箍应用外观。首先按 Ctrl 键依次选取钻戒箍的所有曲面，然后在任务窗格的“外观、布景和贴图”标签中，依次展开“外观”|“金属”|“白金”列表。将“皮抛光白金”外观拖至图形区的空白位置，则白金材质自动添加到所选曲面上，如图 20-85 所示。

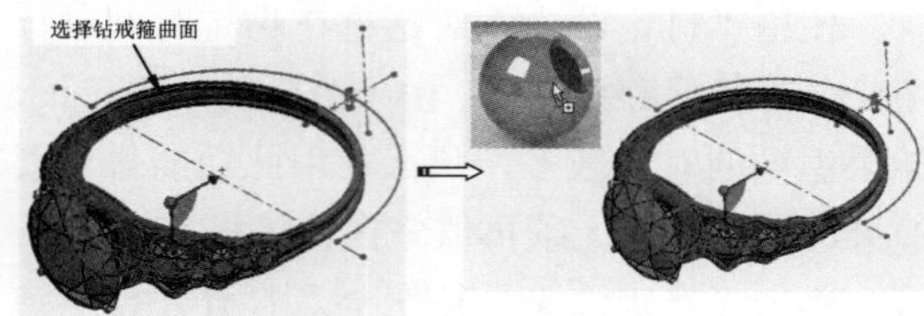


图 20-85

**技术要点：**

考虑到要应用外观的曲面比较多，若有选择遗漏的，可以在DisplayManager显示属性管理器中单击“查看外观”按钮，然后编辑白金外观，重新添加遗漏的曲面即可，如图20-86所示。

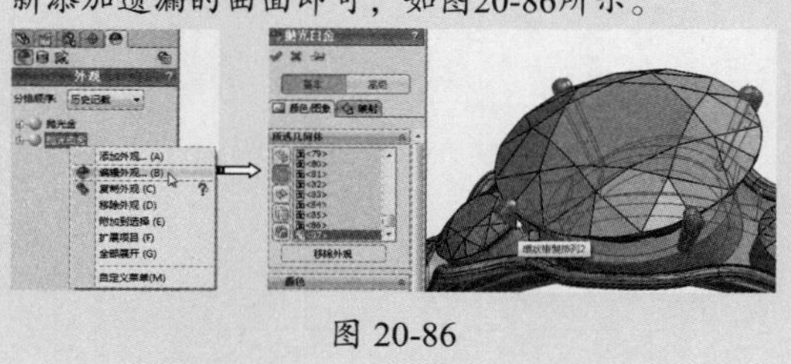

图 20-86

04 对钻戒上的最大钻石应用外观。首先选择最大钻石上的所有曲面，然后在任务窗格的“外观、布景和贴图”标签中，依次展开“外观”|“有机”|“宝石”列表。选择“红宝石 01”外观，并将其拖动至图形区中，随后红宝石外观自动应用到最大钻石中，如图 20-87 所示。

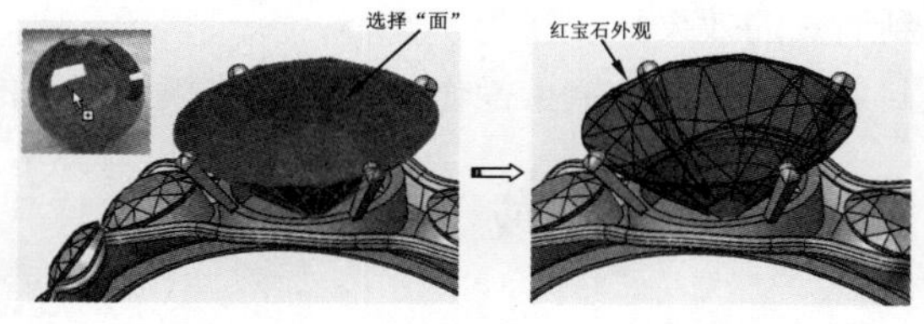


图 20-87

05 同理，将“海蓝宝石 01”外观应用到最大钻石旁边的两颗钻石上，如图 20-88 所示。

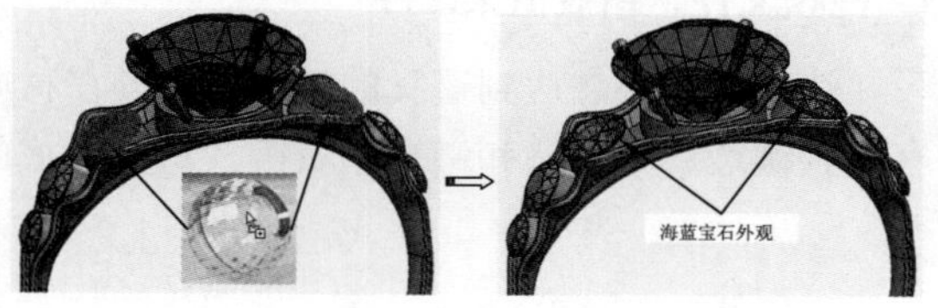


图 20-88

06 再将“紫水晶 01”应用到其余 4 颗小钻石上，

如图 20-89 所示。

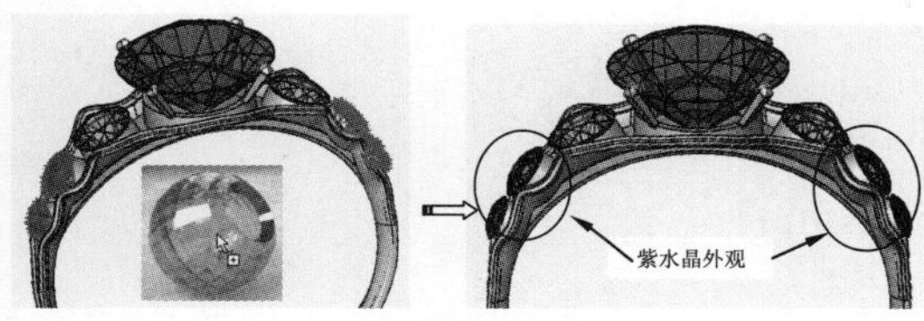


图 20-89

### 2．应用布景和光源

**01** 在窗口右侧的“外观、布景和贴图”标签中展开“布景”|“工作间布景”列表选项，然后将“反射黑地板”布景拖到图形区窗口中，如图 20-90 所示。

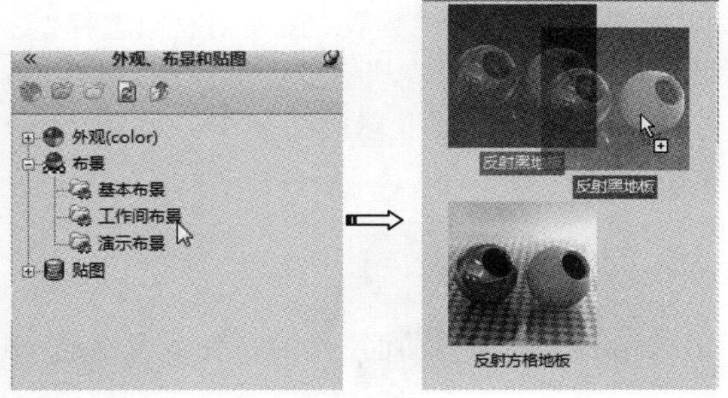


图 20-90

**02** 在 DisplayManager 标签中，单击“查看布景、光源和相机”按钮，展开“布景、光源与相机”面板。选择快捷菜单中的“编辑布景”命令，显示“编辑布景”面板。在面板的“照明度”选项卡中设置如图 20-91 所示的参数。

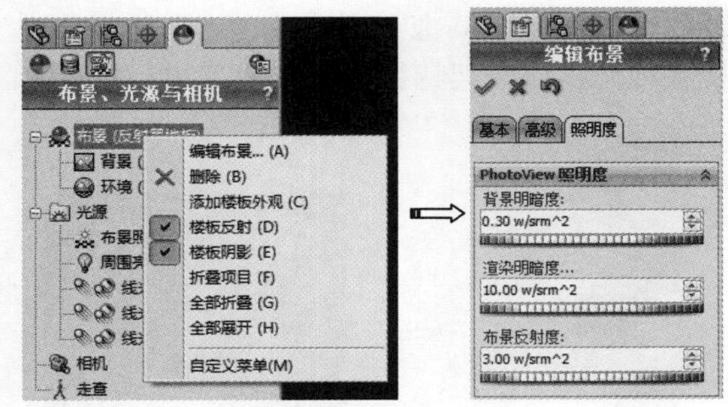


图 20-91

**03** 在“布景、光源与相机”面板中展开“光源”项目，然后将光源 1、光源 2 和光源 3 设为“在 PhotoView 中打开”，如图 20-92 所示。

**技术要点：**

如果不设为“在PhotoView中打开”，那么光源将不会在PhotoView360渲染时打开，渲染的效果会大打折扣。

**04** 在功能区的“渲染工具”选项卡中单击“选项”按钮，打开“PhotoView 360 选项”面板。然后设置最终渲染品质为“最大”，如图 20-93 所示。

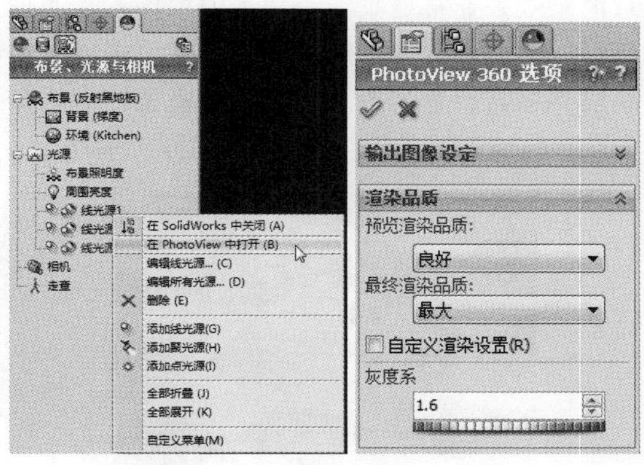


图 20-92　　图 20-93

**05** 在“渲染工具”选项卡中单击“最终渲染”按钮，程序开始渲染模型。经过一定时间的渲染进程后，完成了渲染。渲染后的钻戒，如图 20-94 所示。

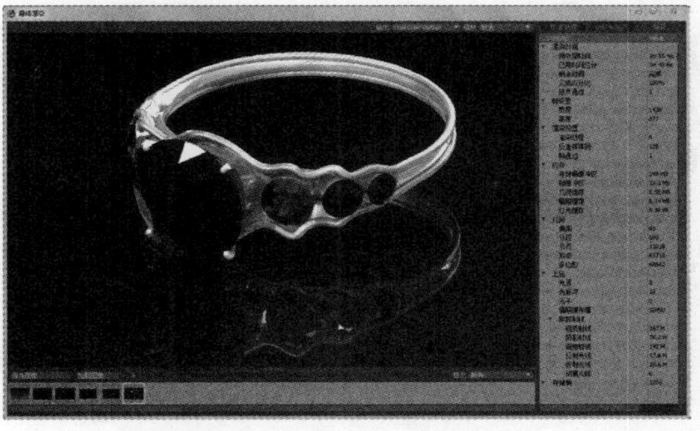

图 20-94

**06** 最后单击“保存”按钮，将钻戒作品的渲染结果保存。

## 20.3.2 渲染灯泡

◎ **引入素材：第20章综合实战\第20章源文件\灯泡.sldprt**

◎ **结果文件：第20章综合实战\第20章结果文件\灯泡.sldprt**

◎ **视频文件：灯泡渲染.avi**

本例的电灯泡渲染图像质量要求比较高，且渲染效果非常逼真，特别是使用场景光源使灯泡、地板都可以反射。同时，将地板赋予材料后并将其设置为投影，则可以镜像灯泡的图像。电灯泡作品的渲染效果如图 20-95 所示。

图 20-95

电灯泡渲染的操作过程可分应用外观、应用布景、应用光源及渲染和输入。

### 1. 应用外观

**操作步骤**

**01** 打开本例练习模型，模型中包括地板实体和电灯泡实体。

**02** 首先对地板实体应用材质。在任务窗格的“外观、布景和贴图”标签中，依次展开“外观”|“辅助部件”|“图案”列表。然后在该列表中选择“方格图案 2”外观，并将其拖动至图形区中，然后将外观图案应用到地板实体模型中，如图 20-96 所示。

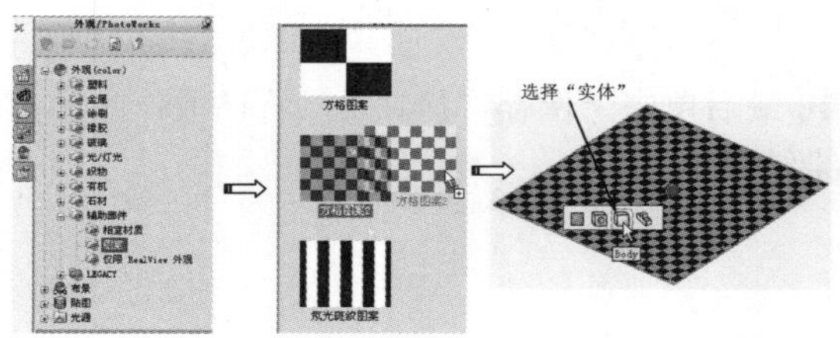


图 20-96

**技术要点：**

也可以将外观应用到地板的面、特征上，但不能应用到整个实体，否则会将外观应用到灯泡模型中。

**03** 对灯泡的球形玻璃面应用外观。在任务窗格的“外观、布景和贴图”标签中，依次展开“外观”|“玻璃”|“光泽”列表。在该列表中选择“透明玻璃”外观，并将其拖至图形区中，然后将外观图案应用到灯泡球面特征中，如图 20-97 所示。

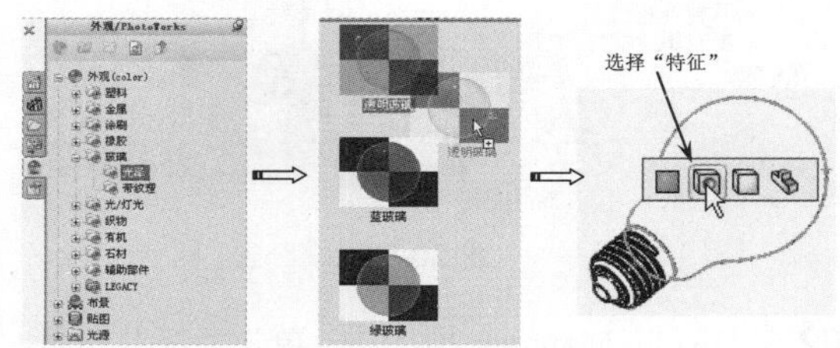


图 20-97

**04** 对灯泡的灯丝架应用外观。在任务窗格的“外观、布景和贴图”标签中，依次展开“外观”|“玻璃”|“光泽”列表。在该列表中选择“透明玻璃”外观，并将其拖至图形区中，然后将外观图案应用到灯丝架特征中，如图 20-98 所示。

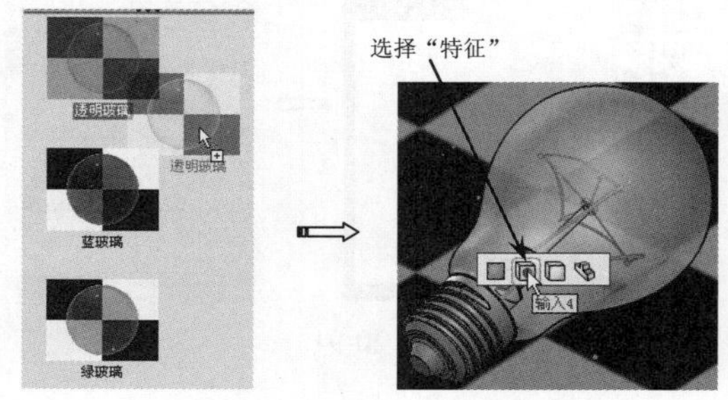


图 20-98

**05** 对灯泡的灯丝应用外观。在任务窗格的“外观、布景和贴图”标签中，依次展开“外观”|“光

/灯光”|“区域光源”列表。在该列表中选择“区域光源”外观，并将其拖至图形区中，然后将外观图案应用到灯丝特征中，如图 20-99 所示。

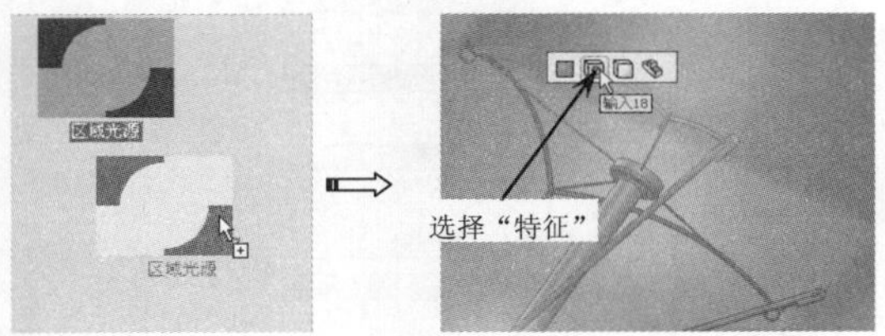


图 20-99

**技术要点：**

对灯丝应用“灯光”外观，是为了渲染后可以让灯泡发出模拟的光源，以此增添真实感。

**06** 对灯泡的灯头应用外观。在任务窗格的“外观、布景和贴图”标签中，依次展开“外观”|“金属”|“锌”列表。在该列表中选择“抛光锌”外观，并将其拖至图形区中，然后将外观图案应用到灯头特征中，如图 20-100 所示。

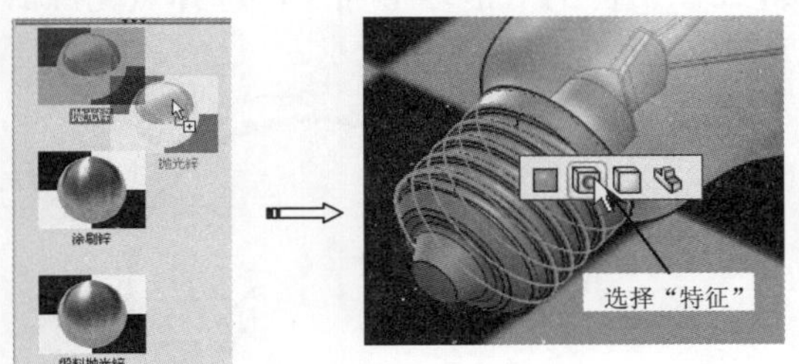


图 20-100

**07** 对灯头的绝缘体应用外观。在任务窗格的“外观、布景和贴图”标签中，依次展开“外观”|“石材”|“粗陶瓷”列表。在该列表中选择“陶瓷”外观，并将其拖至图形区中，然后将外观图案应用到灯头绝缘体面中，如图 20-101 所示。

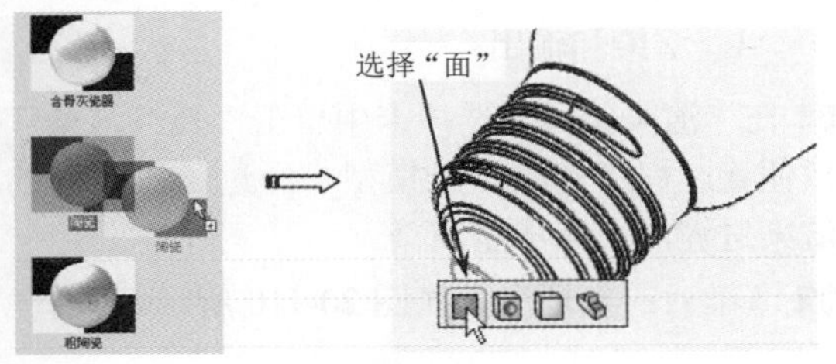


图 20-101

**08** 在 DisplayManager 标签中，单击“查看外观”按钮。在“外观”面板中选择“陶瓷”外观并进行编辑，如图 20-102 所示。

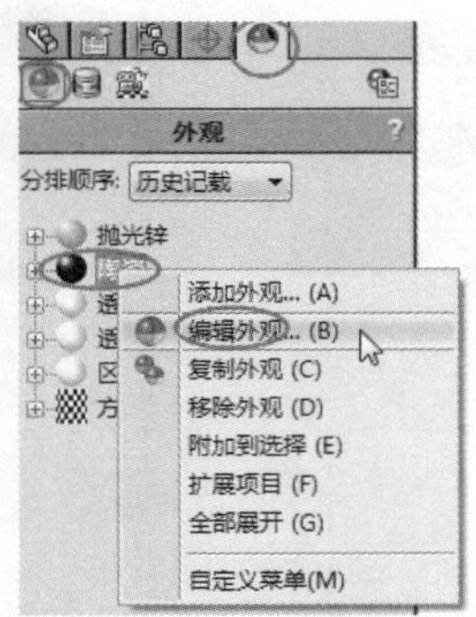


图 20-102

**09** 随后属性管理器中显示“陶瓷”面板。在面板中的“基本”设置中，为陶瓷选择黑色，然后单击“确定”按钮关闭“陶瓷”面板，如图 20-103 所示。

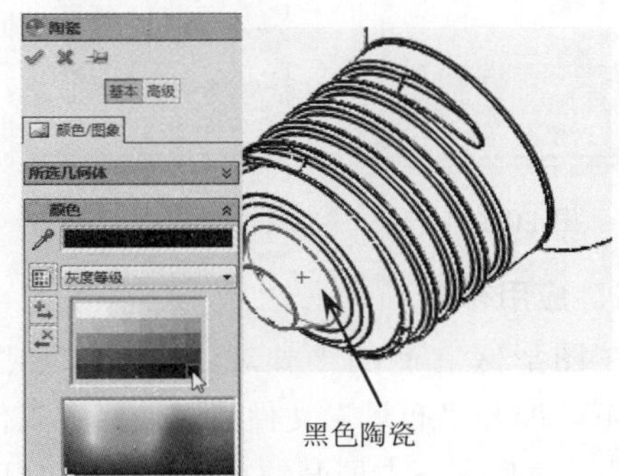


图 20-103

**10** 在 DisplayManager 标签的“外观（颜色）”文件夹中选择“透明玻璃”（这个透明玻璃应用于球面特征的外观）外观并进行编辑，随后属性管理器中显示“透明玻璃”面板。在该面板的“高级”设置中单击“照明度”标签，然后在“照明度”选项区中设置折射系数为 1.55，透明量为 1，最后关闭“透明玻璃”面板完成编辑，如图 20-104 所示。

**11** 在 DisplayManager 标签的“外观（颜色）”文件夹中选择“方格图案 2”外观并进行编辑，随后属性管理器中显示“方格图案 2”面板。在该面板的“高级”设置中单击“照明度”标签，然后在“照明度”选项区中设置环境光源为 0，漫射量为 1.0，光泽量为 0.5，反射度为 0.3，最后关闭“方格图案 2”面板完成地板的编辑，如图 20-105 所示。

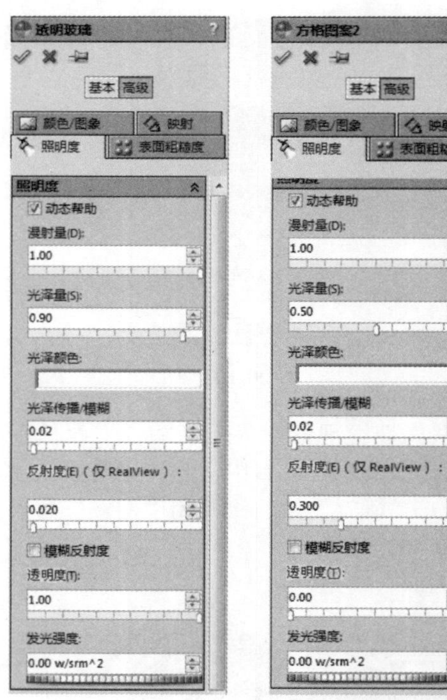

图 20-104　　图 20-105

2. 应用布景

在图形区右侧的“外观、布景和贴图”标签下，展开“布景”文件夹。选择“工作间布景”，然后在下方展开的布景中选择“灯卡”布景。单击该对话框中的“应用”按钮，完成布景的应用，如图 20-106 所示。

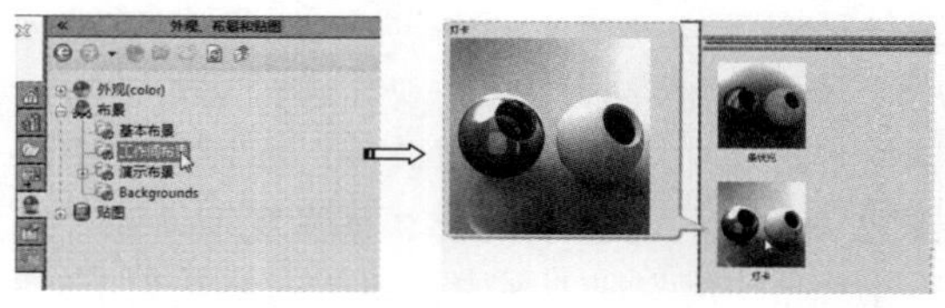

图 20-106

3. 应用光源

**01** 在特征管理器设计树 DisplayManager 标签中，展开“布景、光源与相机”面板。在“PhotoView360 光源”项目下选择快捷菜单中的“添加点光源”命令，属性管理器显示“点光源”面板，如图 20-107 所示。

**02** 在该面板中设置明暗度和光泽度为 0.5，并勾选“锁定到模型”复选框，如图 20-108 所示。

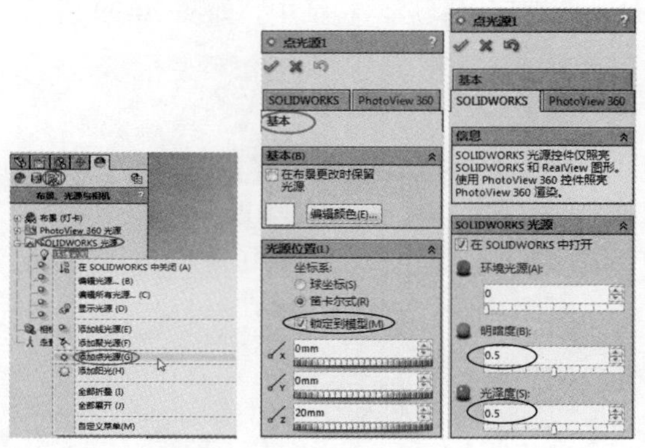

图 20-107　　图 20-108

**技术要点：**

勾选“锁定到模型”复选框，是为了便于在球形面上选择点的放置位置。否则，选择的点可能在球形面或地板之后。

**03** 在图形区的灯泡球形面上，选择点光源的放置位置，如图 20-109 所示。

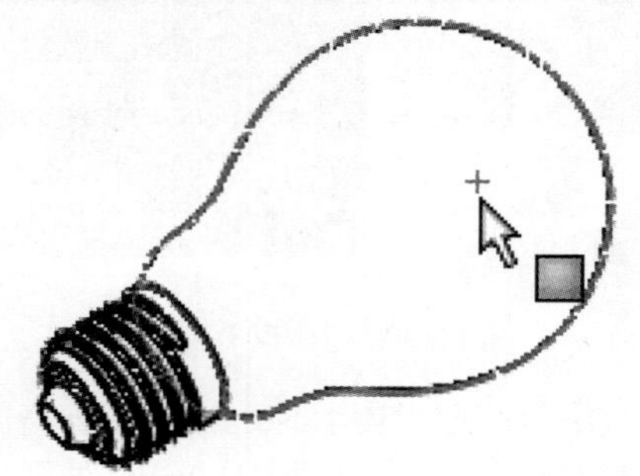

图 20-109

**04** 最后单击“点光源”面板中的“确定”按钮✔，完成点光源的添加。

4. 渲染和输出

**01** 在“渲染工具”选项卡中单击“最终渲染”按钮，程序开始渲染模型。经过一段时间的渲染进程后，完成了渲染。

**02** 渲染后的电灯泡，如图 20-110 所示。

图 20-110

**03** 最后单击“保存”按钮，将本例电灯泡的渲染结果保存。

## 20.4 课后习题

### 1. 渲染手机

本练习渲染的手机作品如图 20-111 所示。

图 20-111

练习要求与步骤。

（1）打开练习模型。

（2）为桌面应用 LEGACY|“天然”|“有机物”列表下的“三叶草”外观。

（3）为手机外壳应用“塑料”|High Gloss 列表下的“红色高光泽塑料”外观。

（4）为手机按钮应用“塑料”|“透明塑料”列表下的“半透明塑料”外观。

（5）为手机屏幕应用贴图，贴图图片“手机 .bmp”在本例素材文件夹中。

（6）应用“单白色”基本布景。

（7）编辑基本布景下的环境光源、线光源，使其产生阴影。再添加聚光源，也使其产生阴影。

（8）渲染手机模型。

（9）输出渲染图像文件。

### 2. 渲染茶几

本练习渲染的茶几作品如图 20-112 所示。

图 20-112

练习要求与步骤。

（1）打开练习模型。

（2）为茶几桌面应用 LEGACY|“玻璃”|“反射”列表下的“蓝色玻璃”外观。

（3）为茶几腿及支架应用“金属”|“钢”列表下的“抛光钢”外观。

（4）为茶几脚及茶几与玻璃的固定脚应用“金属”|“铜”列表下的“抛光黄铜”外观。

（5）应用“带完整光源的工作间”基本布景。

（6）编辑基本布景下的环境光源、线光源，使其产生阴影。

（7）渲染茶几模型。

（8）输出渲染图像文件。

### 3. 渲染水杯

本练习渲染的水杯作品如图 20-113 所示。

图 20-113

练习要求与步骤。

（1）打开练习模型。

（2）为水杯的桌面应用“石材”|“建筑”列表下的“花岗岩”外观。

（3）为水杯应用“塑料”|High Gloss 列表下的“白色高光泽塑料”外观。

（4）为水杯中的水应用 LEGACY|“其他”|“水”列表下的“液体”外观。

（5）应用“单白色”基本布景，并将背景颜色设为黑色。

（6）编辑基本布景下的环境光源、线光源，使其产生阴影，并添加聚光源。

（7）渲染茶几模型。

（8）输出渲染图像文件。

# 第 21 章　SolidWorks 产品设计案例

产品造型设计是指从确定产品设计任务书起到确定产品结构为止的一系列技术工作的准备和管理，是产品开发的重要环节，也是产品生产过程的开始。

接下来本章以 4 个产品造型设计实例来讲解 SolidWorks 的应用及产品造型设计技巧与设计过程。

- ◆ 电吹风造型设计
- ◆ 洗发露瓶造型设计
- ◆ 玩具蜘蛛造型设计
- ◆ 工艺花瓶造型设计

## 21.1 电吹风造型设计

◎ **引入素材：无**

◎ **结果文件：第21章综合实战\第21章结果文件\电吹风.sldprt**

◎ **视频文件：电吹风.avi**

电吹风是常见的家用电器。本例的电吹风造型将只设计电吹风的外观形状，而不涉及内部结构。电吹风的造型设计过程分 3 部分进行：壳体造型、附件设计、电源线与插头。电吹风的完整造型如图 21-1 所示。

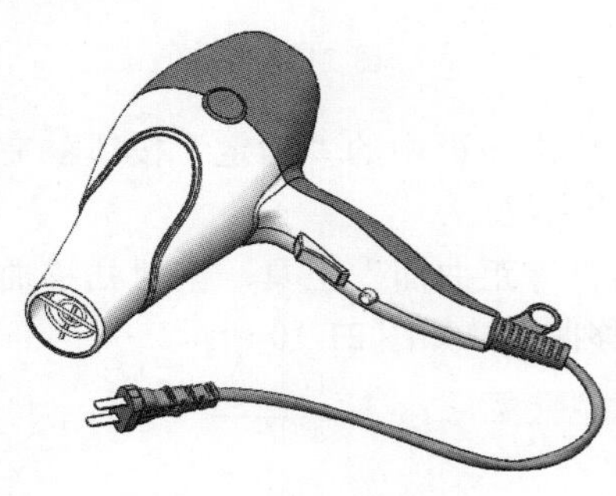

图 21-1

### 21.1.1　壳体造型

整个壳体造型包括机身和手柄的曲面建模、抽壳、圆角等步骤，下面详解。

**操作步骤**

**01** 新建零件文件。

**02** 在前视基准面上绘制如图 21-2 所示的草图 1。

**03** 在右视基准面上先绘制如图 21-3 所示的两个同心圆和正六边形，然后继续绘制出如图 21-4 所示的草图 2 样条曲线，完成后退出草图环境。

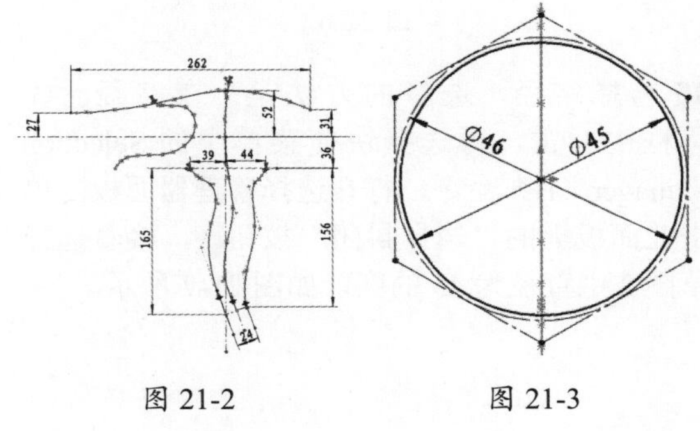


图 21-2　　图 21-3

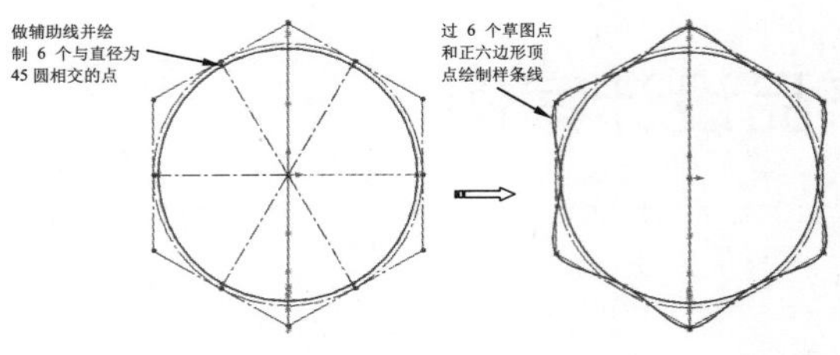


图 21-4

**04** 在前视基准面上，参考草图 1，利用“等距实体”命令绘制出草图 3，如图 21-5 所示。

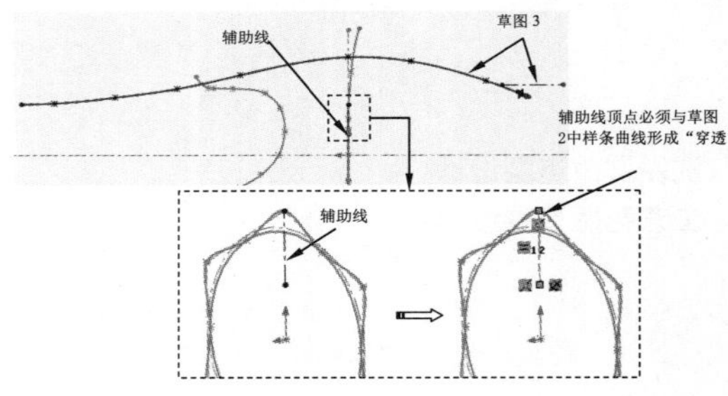


图 21-5

### 技术要点：

为什么要创建辅助线呢？这是因为在创建扫描曲面时，草图2中的样条曲线将用作引导线。草图3作为轮廓，而引导线必须与轮廓或轮廓草图中的点重合，否则不能创建扫描曲面。

**05** 利用“扫描曲面”工具，打开“曲面 - 扫描 1”面板。首先选择草图 3 作为扫描轮廓，如图 21-6 所示。

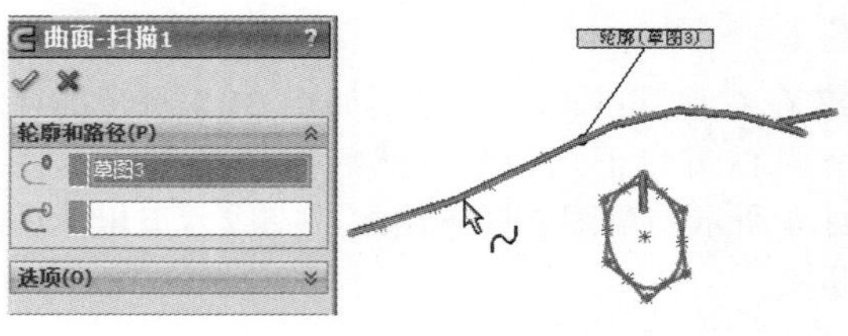


图 21-6

**06** 选择路径。选择的方法是：在路径收集框中右击，再选择快捷菜单中的 Selection Manager（B）命令，打开选择管理器面板。单击此面板上的“选择封闭”按钮，接着选择草图 2 中直径为 45 的圆，如图 21-7 所示。

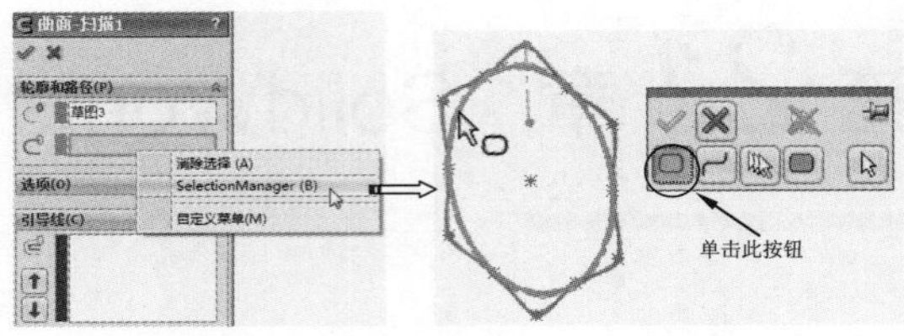


图 21-7

### 技术要点：

由于草图2中包含两个图形——圆和样条曲线。所以选择路径或引导线时，需要利用选择过滤器（选择管理器）中的相关工具来辅助选择，否则不能正确创建此扫描特征。

**07** 选择圆后，单击选择管理器面板中的“确定”按钮，完成路径的选取。随后显示扫描预览，如图 21-8 所示。

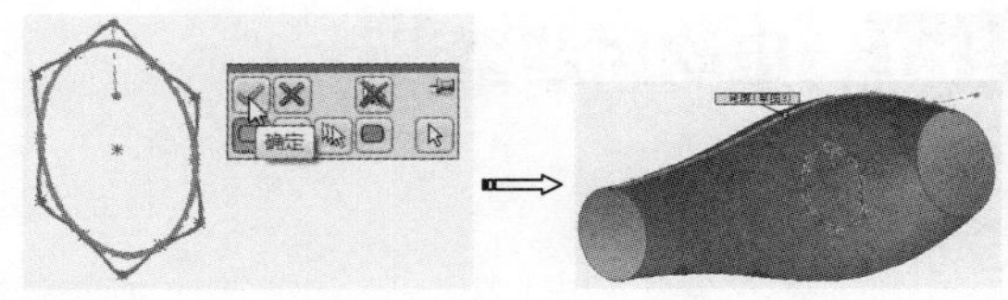


图 21-8

**08** 选择引导线。在“引导线”选项区激活收集框，然后按选择路径的方法来选择引导线，如图 21-9 所示。

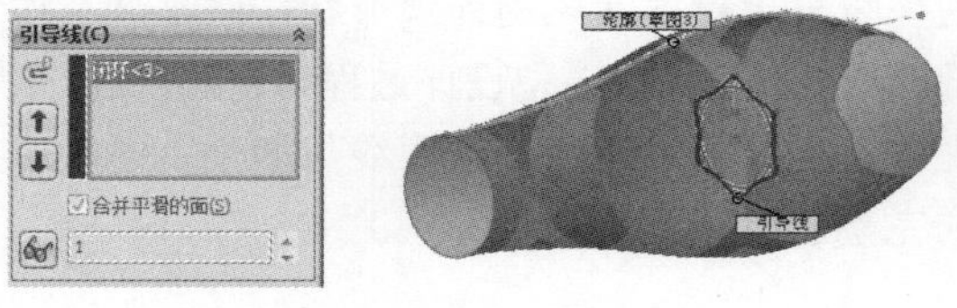


图 21-9

**09** 最后单击面板中的“确定”按钮完成扫描曲面的创建。

**10** 利用“等距曲面”工具，创建扫描曲面的等距偏移曲面，如图 21-10 所示。

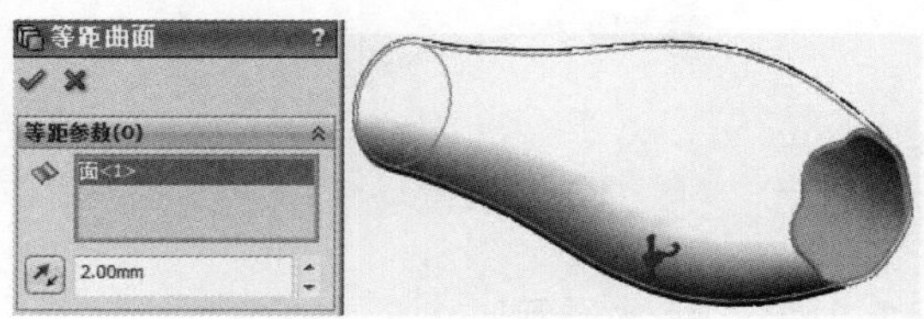


图 21-10

**11** 在前视基准面上，参考草图 1 中的样条曲线来绘制草图 4，如图 21-11 所示。

**12** 利用“剪裁曲面”工具，用草图 4 来修剪扫描曲面，如图 21-12 所示。

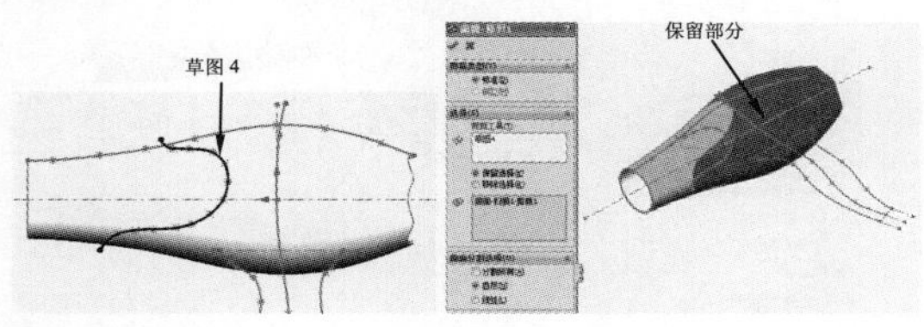


图 21-11　　　　图 21-12

**13** 在前视基准面上，参考草图 4，利用“等距实体”命令来等距偏移出草图 5，如图 21-13 所示。

**14** 利用“剪裁曲面”工具，用草图 5 来修剪等距曲面，如图 21-14 所示。

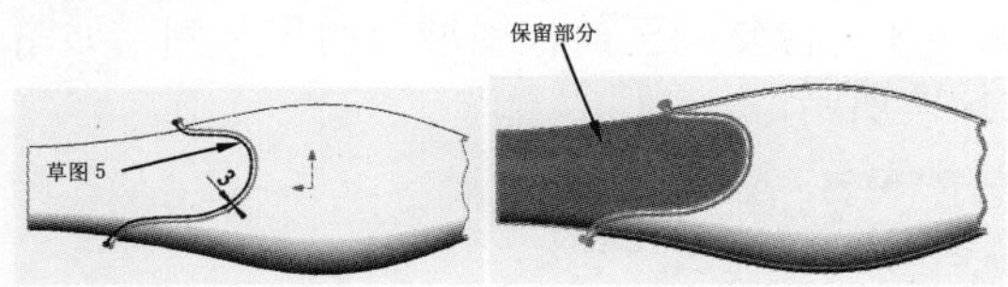


图 21-13　　　　图 21-14

**15** 利用“放样曲面”工具，打开“曲面 - 放样 1”面板。选择草图 5 和草图 4 作为放样轮廓，设置开始约束为“与面相切”，其余保持默认，单击“确定”按钮✔完成放样曲面 1 的创建，如图 21-15 所示。

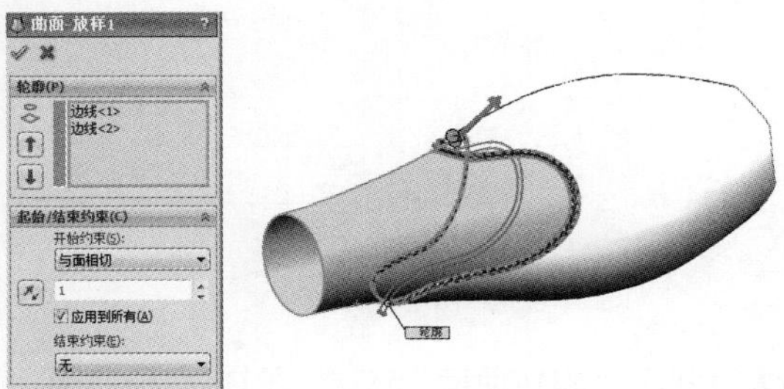


图 21-15

> **技术要点：**
>
> 在开始或结束位置设置“与面相切”约束，这与选择的轮廓顺序有关。

**16** 利用“基准面”工具，创建基准面 1，如图 21-16 所示。

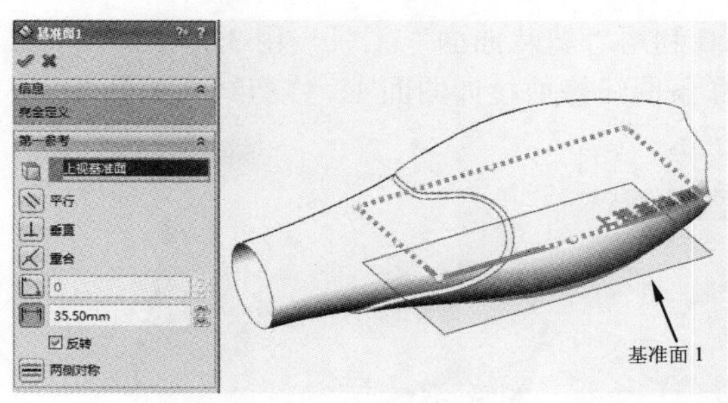


图 21-16

**17** 在前视基准面上绘制草图 6，如图 21-17 所示。利用“拉伸曲面”工具将草图 6 拉伸成曲面 1，如图 21-18 所示。

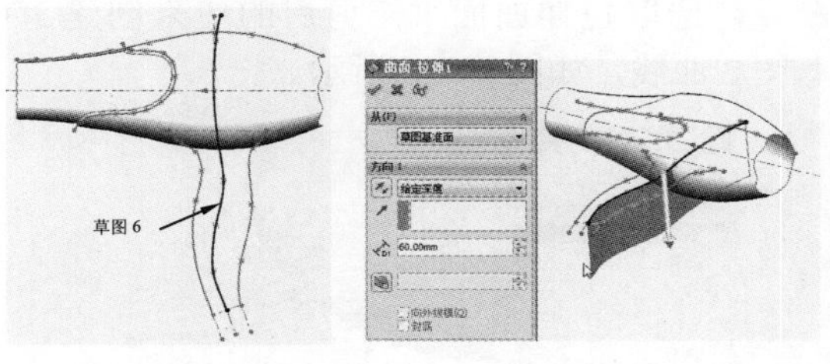


图 21-17　　　　图 21-18

**18** 在前视基准面上绘制草图 7，如图 21-19 所示。利用“拉伸曲面”工具将草图 7 拉伸成曲面 2，如图 21-20 所示。

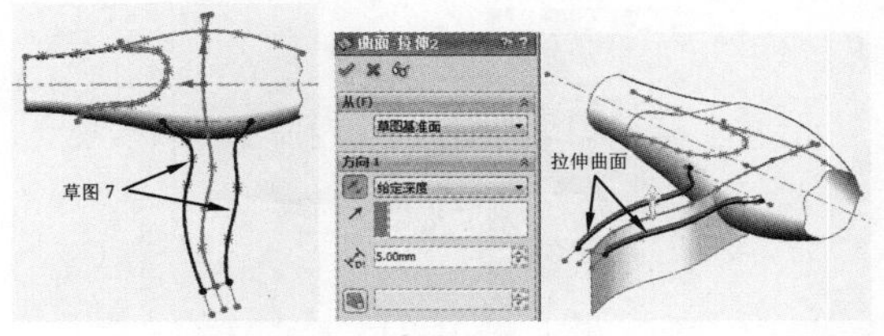


图 21-19　　　　图 21-20

**19** 进入 3D 草图环境，利用“曲面上的样条曲线”命令，在曲面 1 上绘制 3D 草图 1 曲线，如图 21-21 所示。

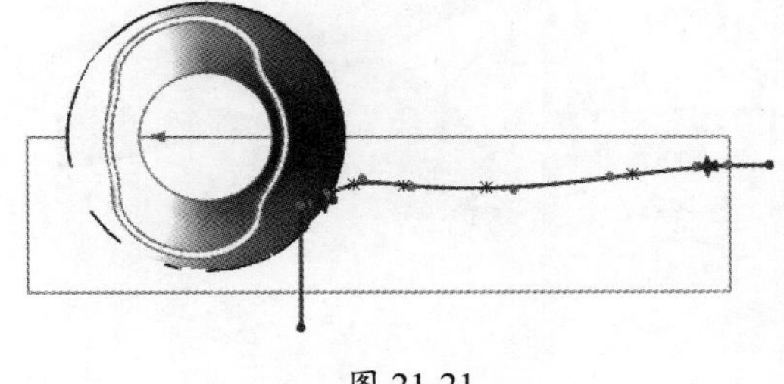

图 21-21

**20** 利用“剪裁曲面”工具，用3D草图1中的样条曲线修剪拉伸曲面1，修剪结果如图21-22所示。

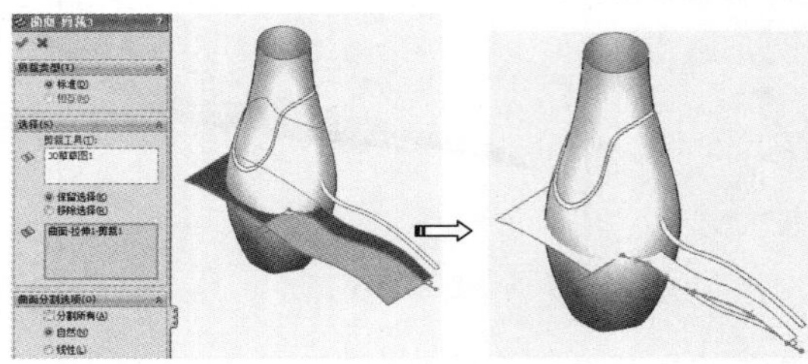
图 21-22

**21** 进入3D草图环境，利用“转换实体引用”命令，选取拉伸曲面1修剪后的边来创建3D草图2曲线，如图21-23所示。

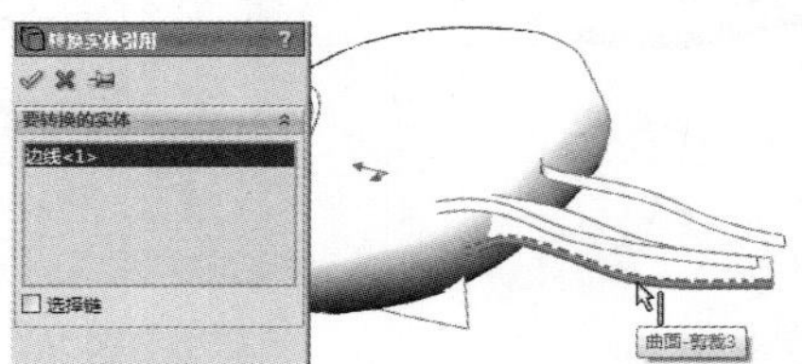

图 21-23

**22** 利用“拉伸曲面”命令，选择3D草图2进行拉伸创建拉伸曲面3，如图21-24所示。

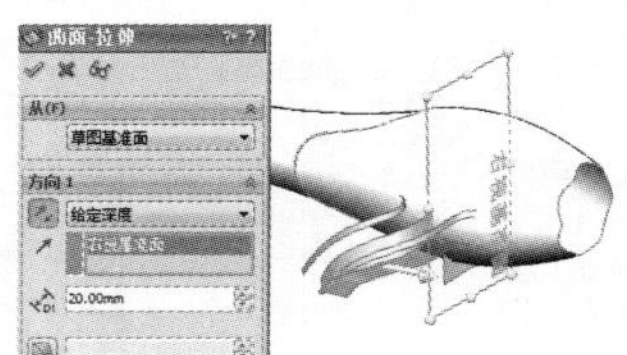

图 21-24

**23** 暂时隐藏拉伸曲面1，利用“放样曲面”工具，创建如图21-25所示的放样曲面2。

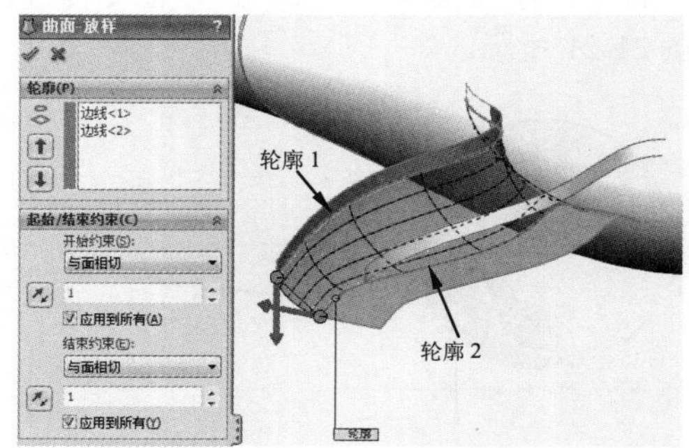

图 21-25

**24** 同理，再利用“放样曲面”工具，创建放样曲面3，如图21-26所示。

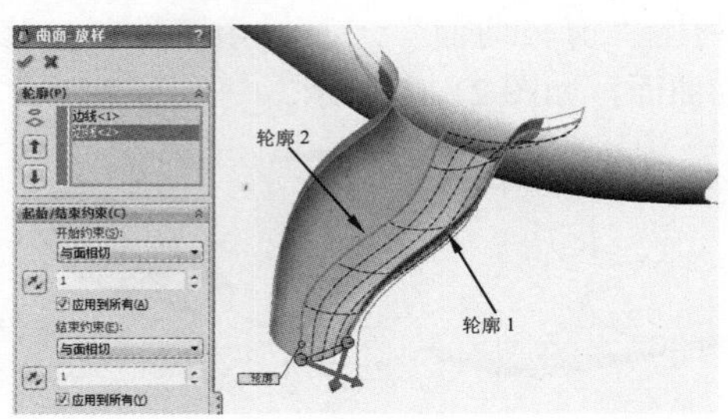

图 21-26

## 技术要点：

在选取轮廓2时，可以将拉伸曲面3暂时隐藏，避免将拉伸曲面的边作为放样轮廓，否则不会创建所需的放样曲面。

**25** 利用“镜像”工具，将放样曲面2和放样曲面3镜像复制至前视基准面的另一侧，如图21-27所示。

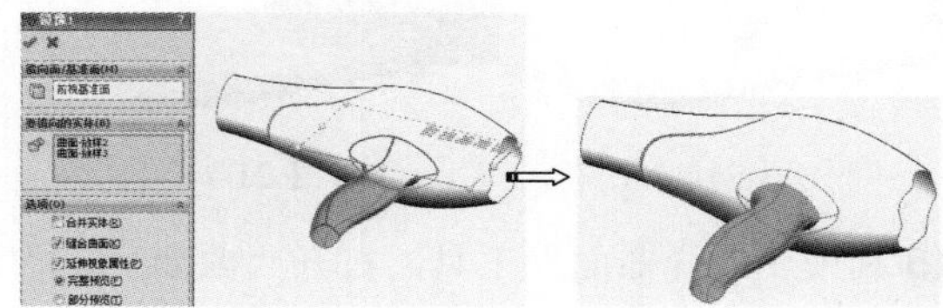
图 21-27

**26** 在前视基准面上绘制如图21-28所示的草图8。

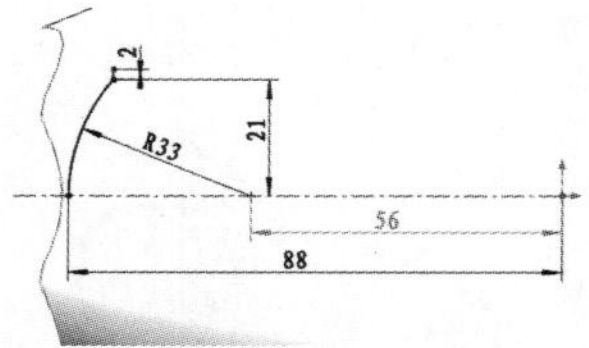

图 21-28

**27** 再利用“旋转曲面”工具，创建旋转曲面，如图21-29所示。

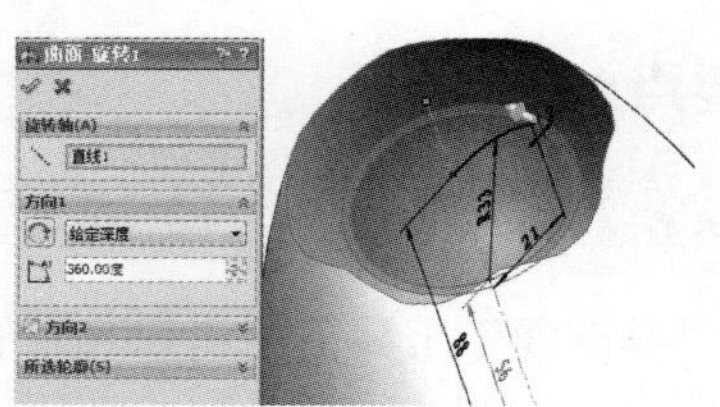

图 21-29

**28** 利用“放样曲面”工具，创建放样曲面 4，如图 21-30 所示。

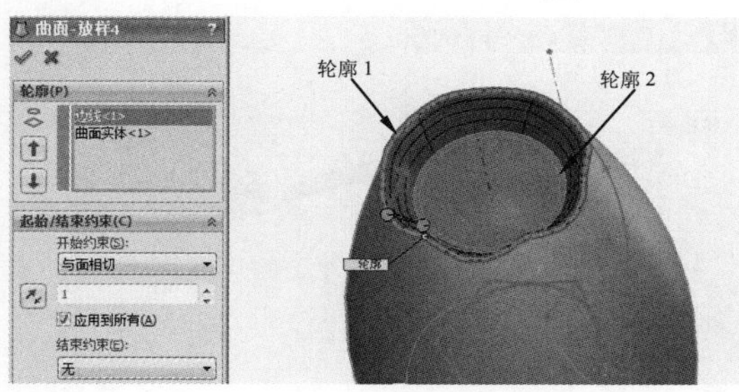


图 21-30

**29** 利用“缝合”工具，缝合手柄上的几个曲面。

**30** 利用“剪裁曲面”工具，对手柄和机身进行相互剪裁，如图 21-31 所示。

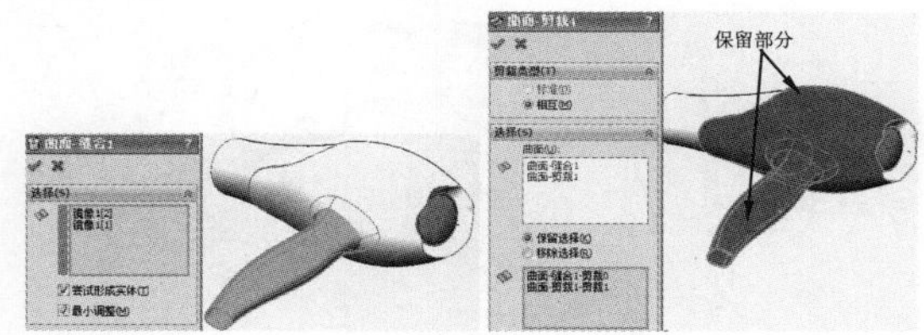


图 21-31

**31** 利用“填充曲面”工具，在手柄曲面上创建填充曲面，如图 21-32 所示。再利用“平面区域”工具，在吹风口位置创建平面，如图 21-33 所示。

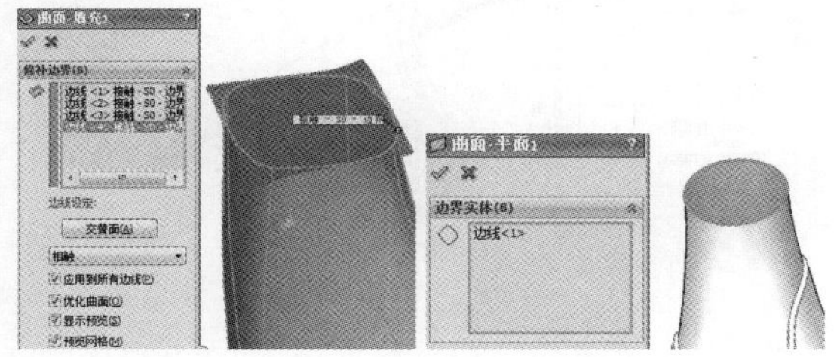

图 21-32　　　　图 21-33

**32** 最后利用“缝合曲面”工具，缝合所有曲面，并形成实体，如图 21-34 所示。

**33** 利用“圆角”命令，对缝合的实体分别进行圆角处理，且各圆角半径不一致，如图 21-35 所示。

**34** 利用“特征”选项卡中的“抽壳”工具，选择吹风口的平面进行移除，以此创建出抽壳特征，如图 21-36 所示。

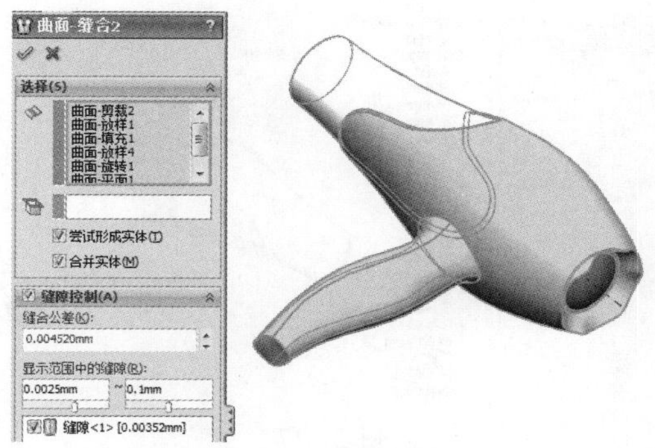

图 21-34

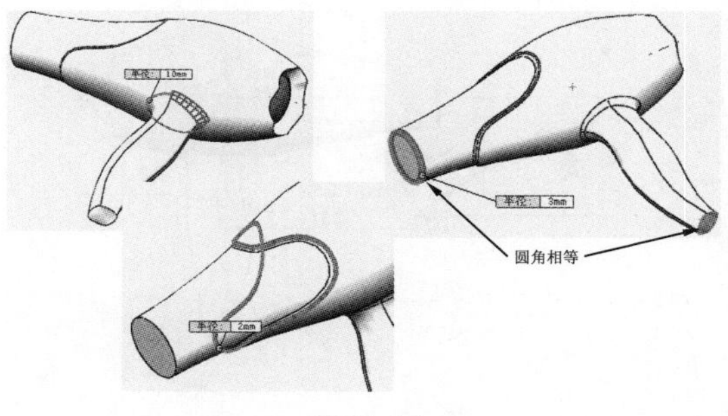


图 21-35

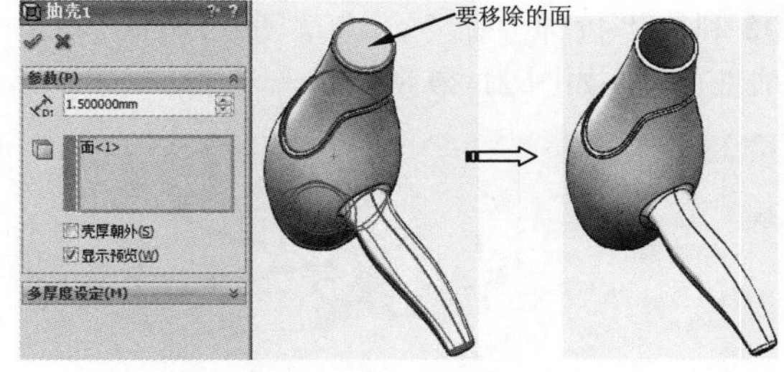


图 21-36

## 21.1.2　吹风机附件设计

电吹风的附件特征包括电线输出接头、通风口网罩、按钮、散热窗等特征。设计过程详解如下。

**操作步骤**

### 1. 电线输出接头

**01** 利用“分割线”工具，选择草图 6 投影到机身曲面上，并对机身曲面进行分割，如图 21-37 所示。

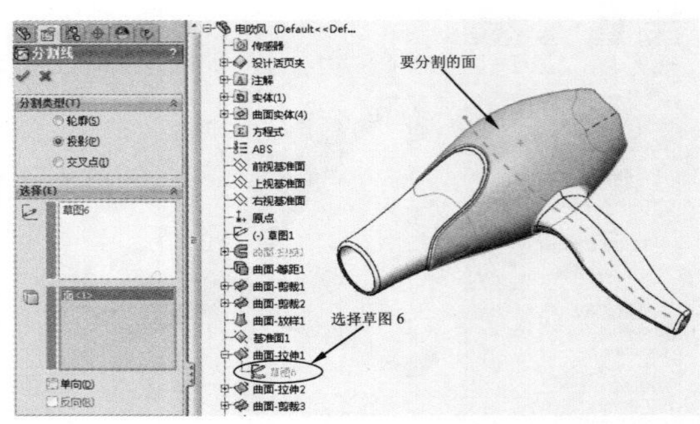


图 21-37

**02** 在前视基准面上绘制草图9，如图21-38所示。

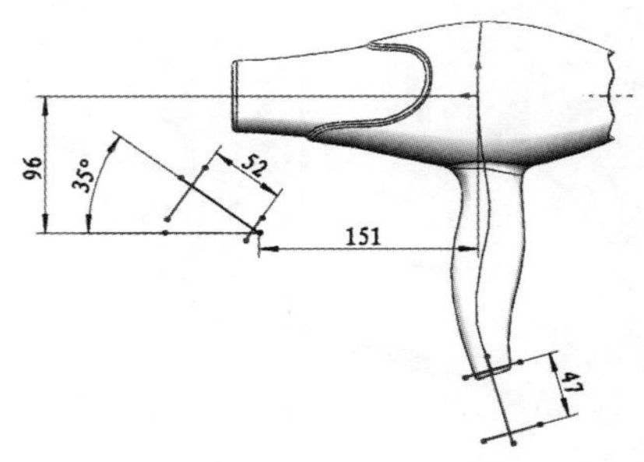


图 21-38

**03** 利用“拉伸”命令，将草图 9 的曲线拉伸成曲面 4，如图 21-39 所示。

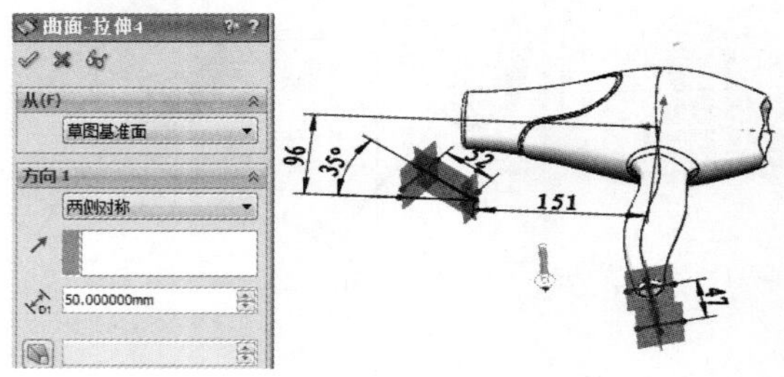


图 21-39

**04** 在拉伸曲面 4 的其中两个平面上先后绘制草图 10 和草图 11，如图 21-40 所示。

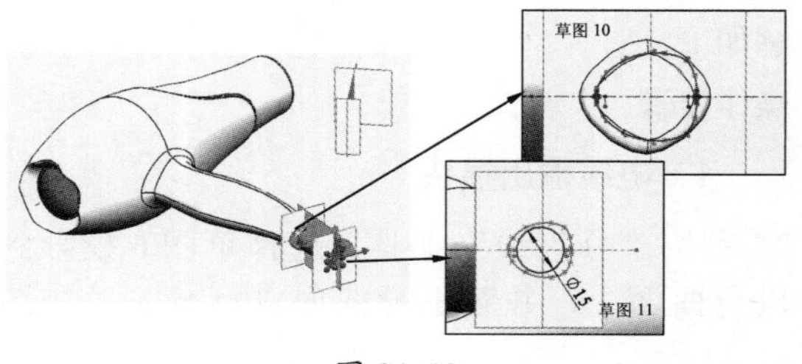


图 21-40

**05** 利用“放样凸台 / 基体”工具，创建放样实体特征，如图 21-41 所示。

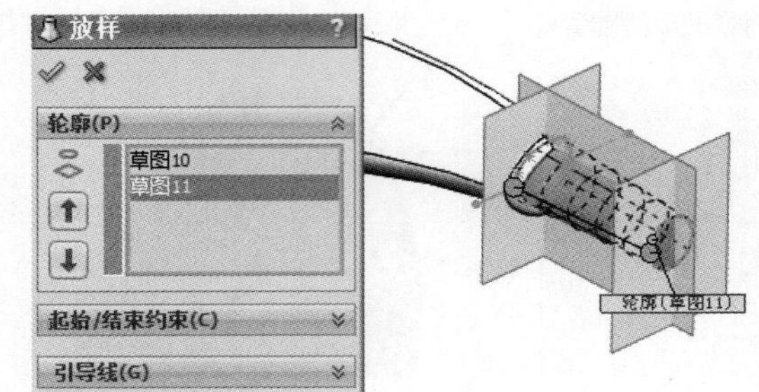


图 21-41

**06** 利用“拉伸凸台 / 基体”命令，在前视基准面上绘制草图 12 并创建拉伸特征 1，如图 21-42 所示。

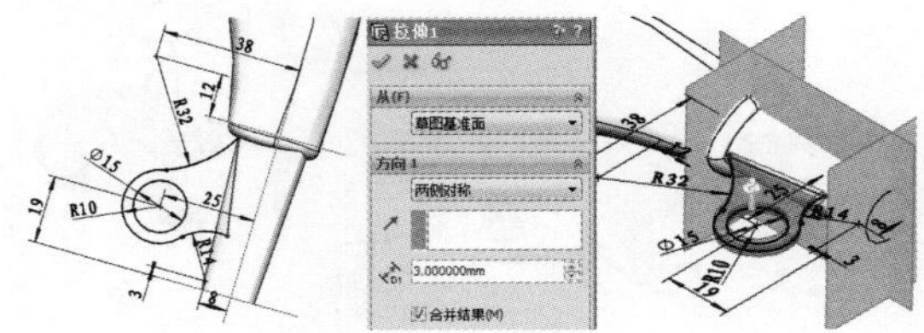


图 21-42

**07** 利用“圆角”工具对拉伸特征 1 创建圆角特征，如图 21-43 所示。

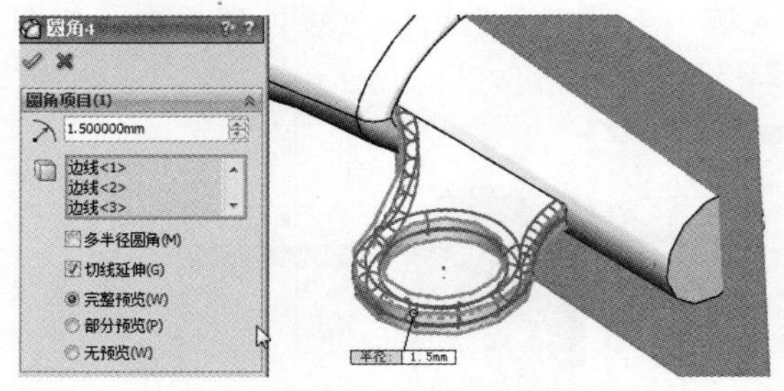


图 21-43

**08** 利用“切除 - 拉伸”工具，在拉伸曲面 4 的其中一个平面上绘制草图 13，并创建切除拉伸特征 1，如图 21-44 所示。

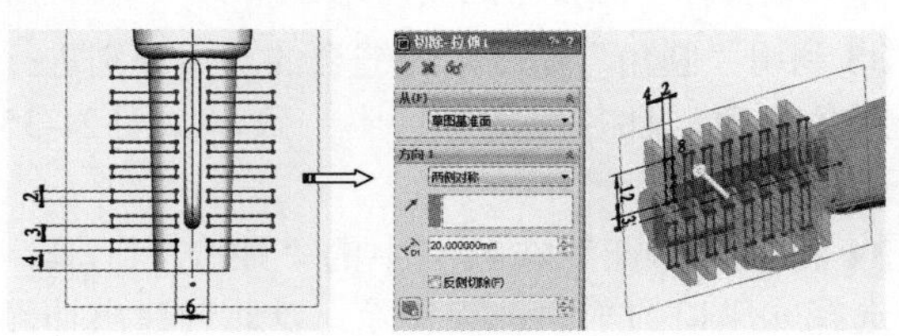


图 21-44

### 2．开关按钮设计

**01** 利用“拉伸凸台 / 基体”工具，在前视基准面绘制草图 14，并创建出拉伸特征 2，如图 21-45 所示。

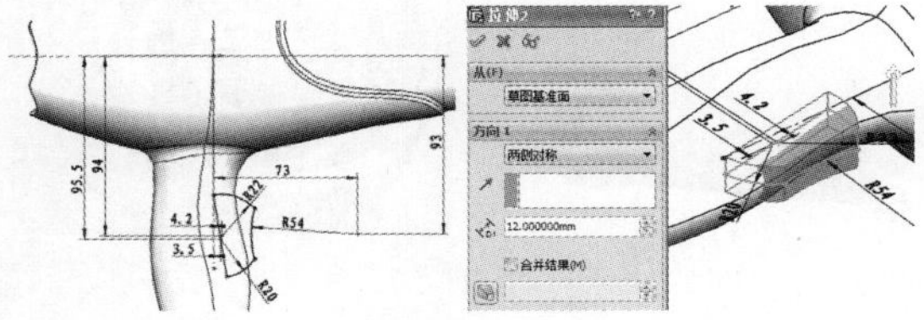

图 21-45

**02** 利用“圆角”工具，在拉伸特征 2 上创建圆角特征，如图 21-46 所示。

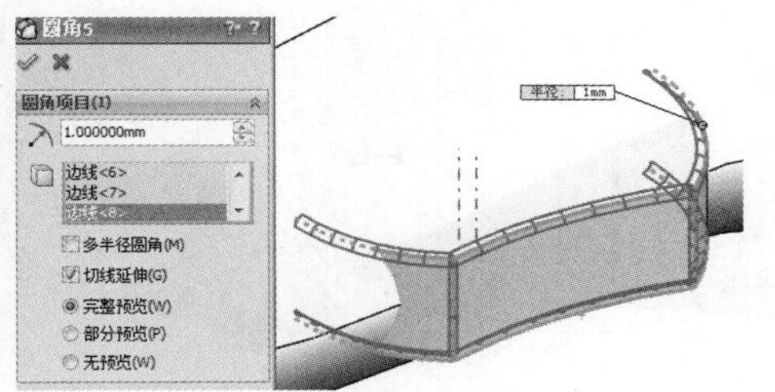

图 21-46

**03** 利用“等距曲面”工具，选择拉伸特征 2 上的几个曲面进行等距偏移，如图 21-47 所示。

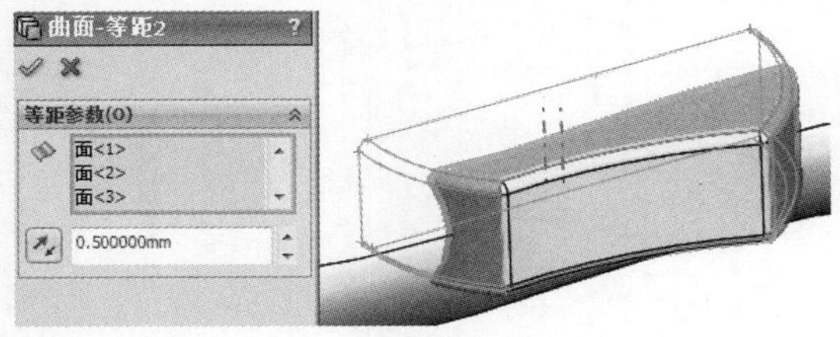

图 21-47

**04** 利用“使用曲面切除”工具，使用等距曲面来切除手柄实体，如图 21-48 所示。

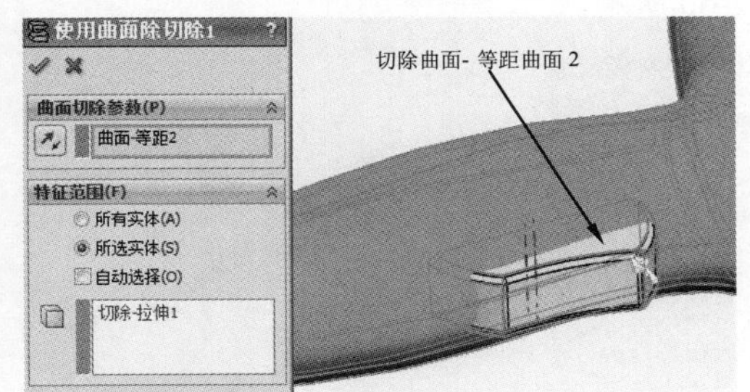


图 21-48

**05** 利用“旋转切除”工具，在前视基准面上绘制草图 15，并完成旋转切除，结果如图 21-49 所示。

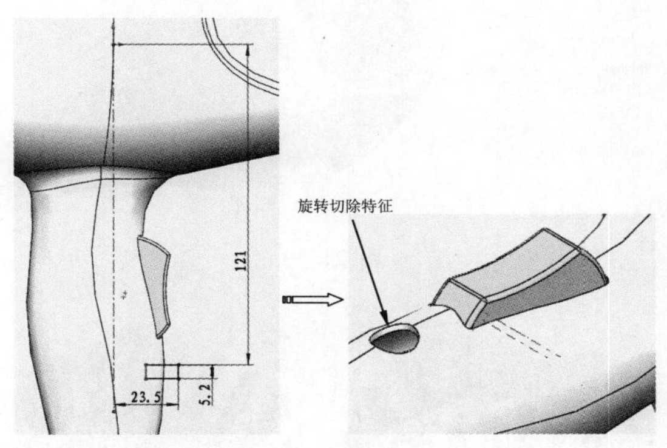


图 21-49

**06** 再利用“旋转凸台 / 基体”工具，创建出旋转特征 1，如图 21-50 所示。然后创建半径为 1 的圆角特征，如图 21-51 所示。

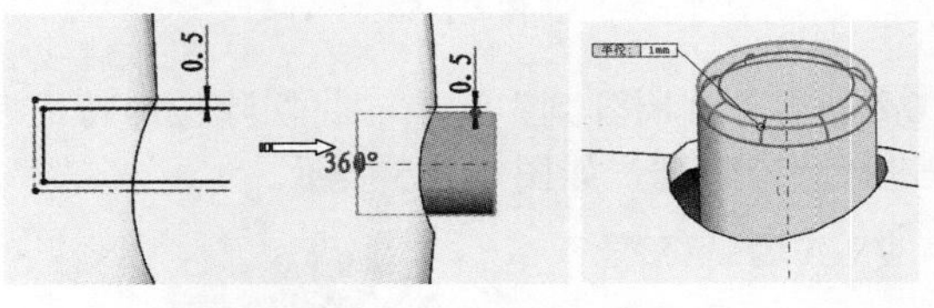


图 21-50　　图 21-51

### 3．吹风机散热窗

**01** 利用“切除 - 拉伸”工具，先在右视基准面绘制草图 16，然后创建切除拉伸特征 2，如图 21-52 所示。

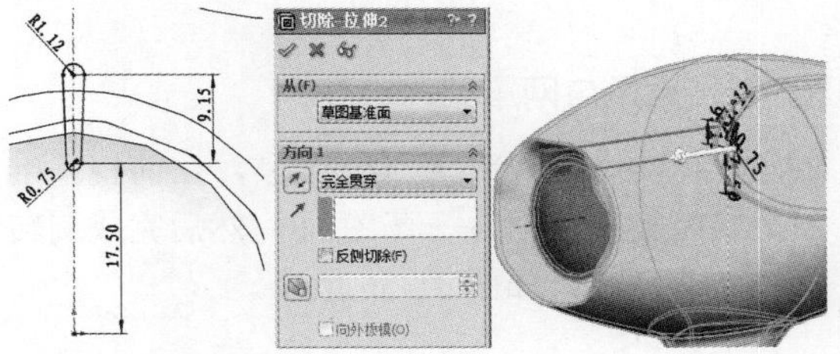


图 21-52

**02** 利用“圆周阵列”工具，将切除拉伸特征 2 进行圆周阵列，如图 21-53 所示。

**03** 同理，再利用“切除 - 拉伸”工具，在右视基准面绘制草图 17，然后创建切除拉伸特征 3，如图 21-54 所示。

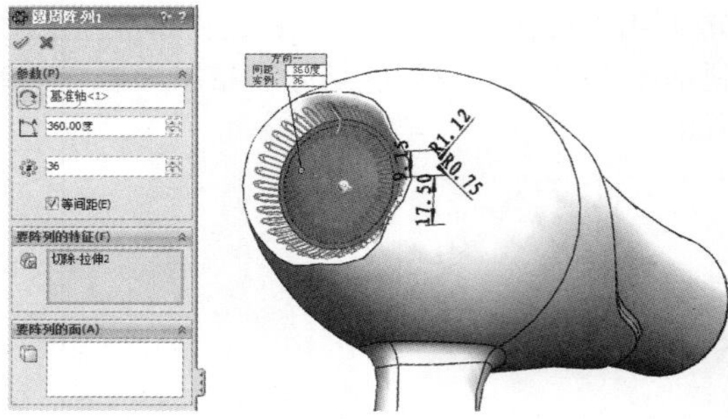

图 21-53

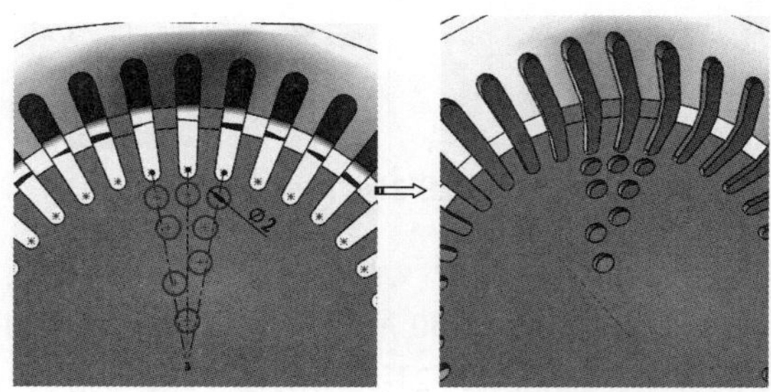

图 21-54

**04** 利用“圆周阵列”工具，将切除拉伸特征 3 进行圆周阵列，如图 21-55 所示。

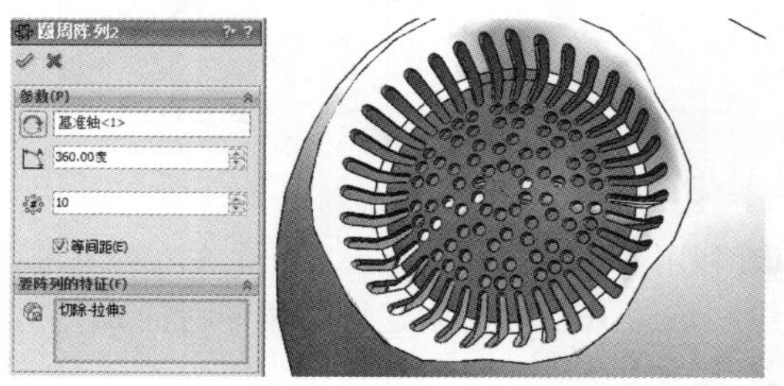

图 21-55

### 4．通风口网罩

**01** 利用“旋转凸台 / 基体”工具，在前视基准面上绘制旋转截面——草图 18，然后完成旋转特征 2 的创建，如图 21-56 所示。

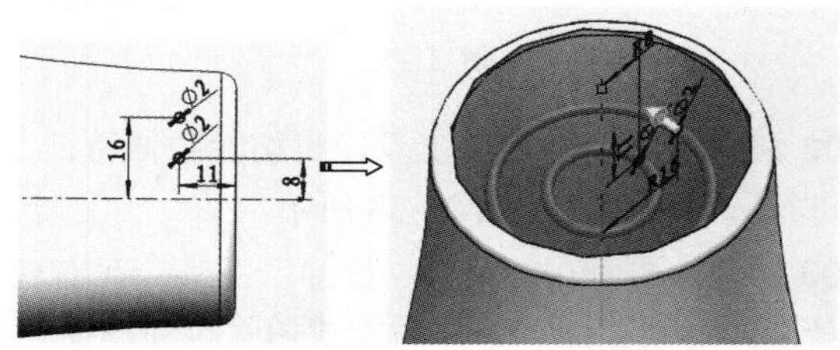

图 21-56

**02** 继续在前视基准面上绘制草图 19，并创建拉伸特征 3，如图 21-57 所示。

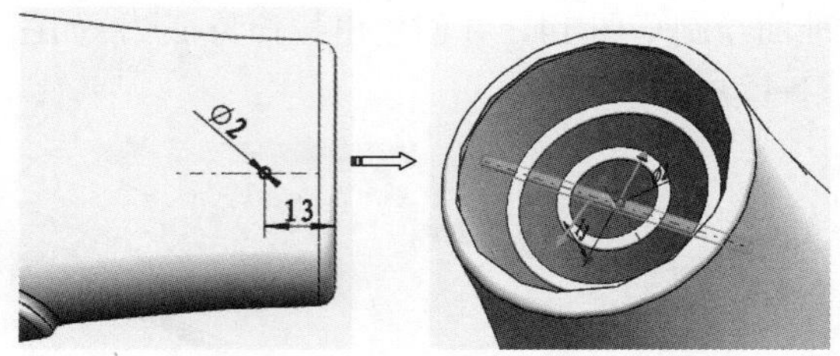

图 21-57

**03** 利用“旋转凸台 / 基体”工具，在前视基准面上绘制草图 20，并创建出如图 21-58 所示的旋转特征 3。

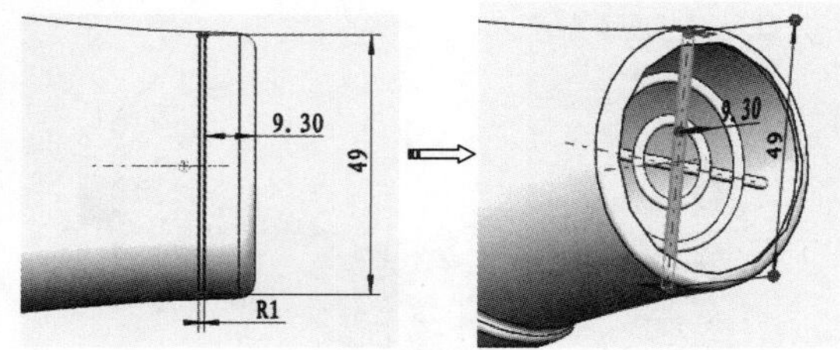

图 21-58

**04** 利用“拉伸凸台 / 基体”工具，在前视基准面绘制草图 21，并创建出拉伸特征 4（双侧拉伸，深度为 105），如图 21-59 所示。

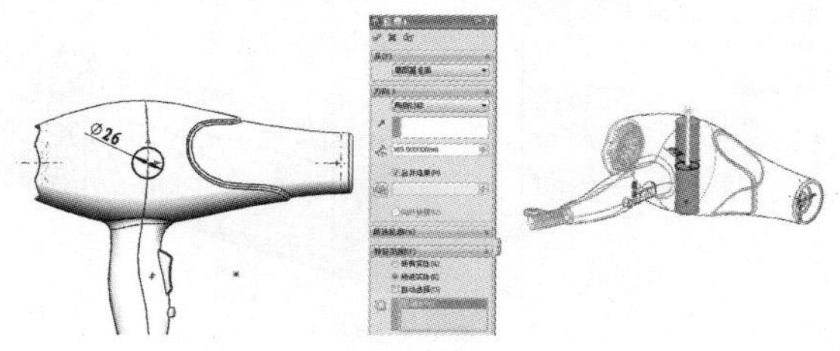

图 21-59

**05** 利用“圆角”工具创建圆角特征，如图 21-60 所示。

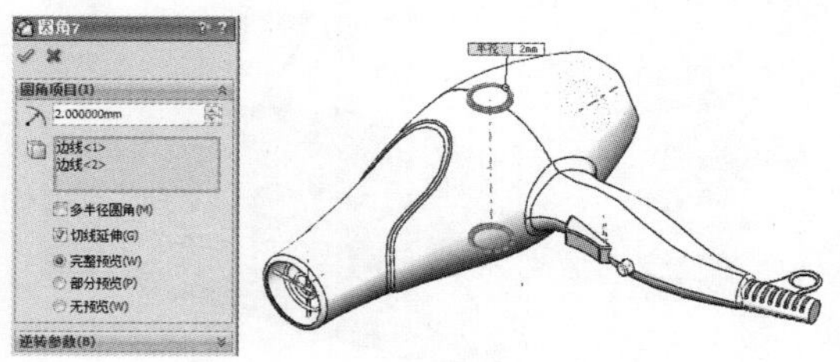

图 21-60

## 21.1.3 电源线与插头设计

**操作步骤**

**01** 在拉伸曲面 4 的其中一个平面上，绘制草图 22，如图 21-61 所示。

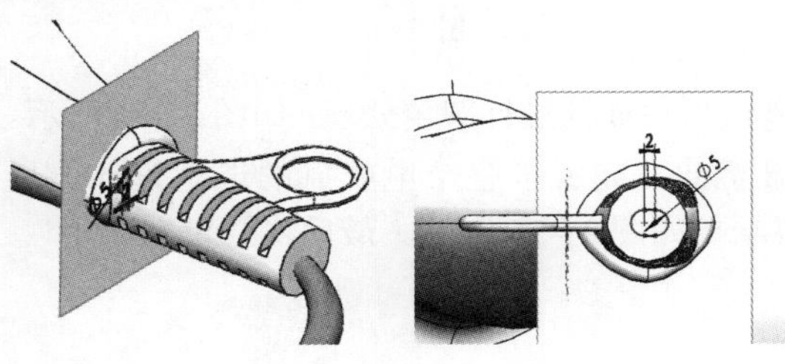

图 21-61

**02** 在前视基准面上绘制草图 23，如图 21-62 所示。

**03** 利用“扫描”工具，创建扫描实体特征 1，如图 21-63 所示。

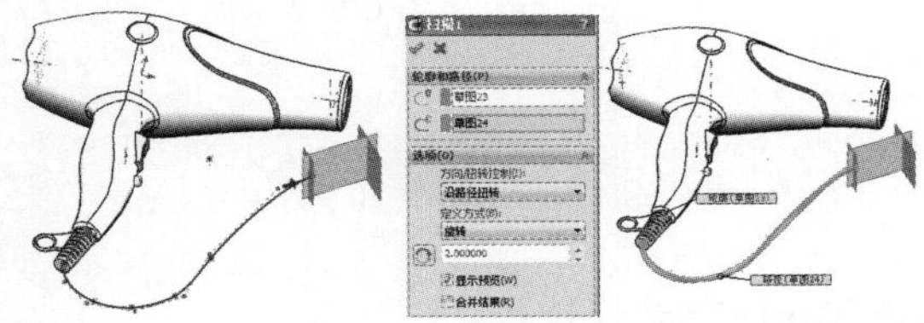

图 21-62 图 21-63

**04** 利用“拉伸凸台 / 基体”工具，在拉伸曲面 4 的其中一个平面上，绘制草图 24，然后创建如图 21-64 所示的深度为 8 的拉伸特征 5。

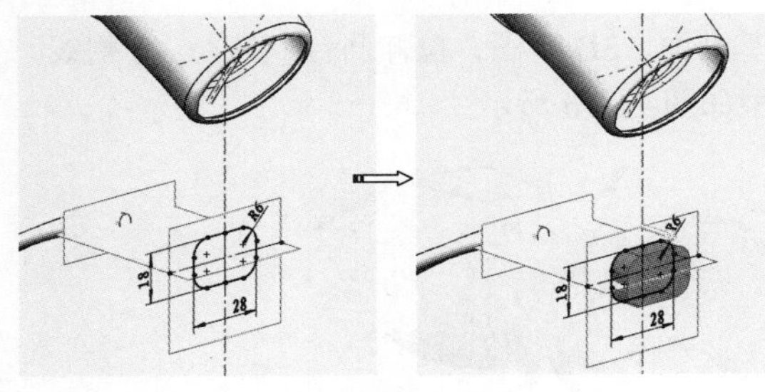

图 21-64

**05** 同理，依次在拉伸曲面 4 的其中 3 个平面上，绘制出草图 25、草图 26、草图 27，如图 21-65 所示。

**06** 利用“放样凸台 / 基体”工具，创建放样特征 2，如图 21-66 所示。

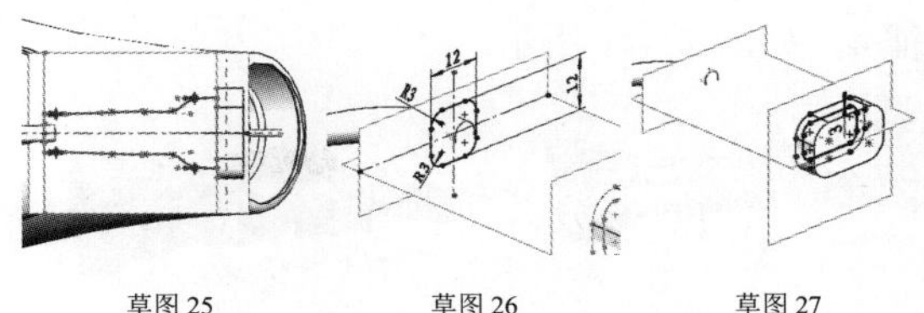

草图 25 草图 26 草图 27

图 21-65

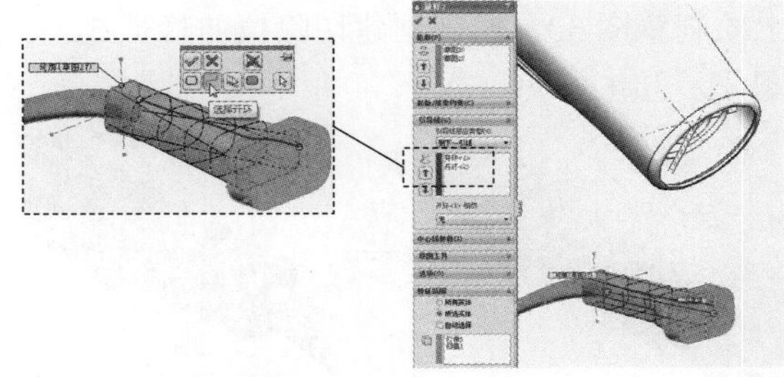

图 21-66

**07** 在拉伸特征 5 上创建圆角特征，如图 21-67 所示。

**08** 利用“拉伸凸台 / 基体”工具，在前视基准面上绘制草图 28，如图 21-68 所示。

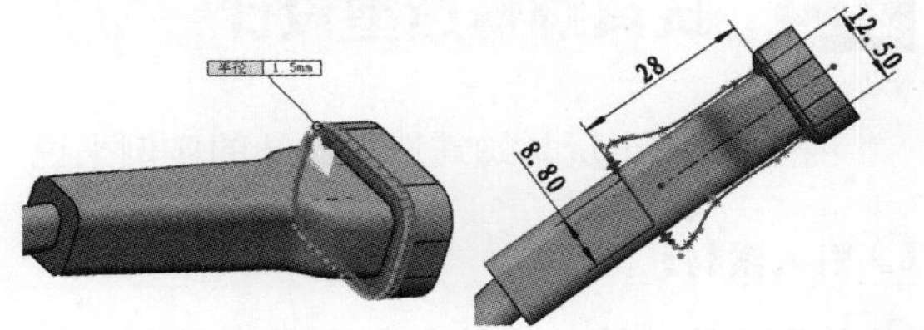

图 21-67 图 21-68

**09** 退出草图环境后，完成拉伸特征 6 的创建，如图 21-69 所示。

**10** 随后对拉伸特征 6 创建圆角特征，如图 21-70 所示。

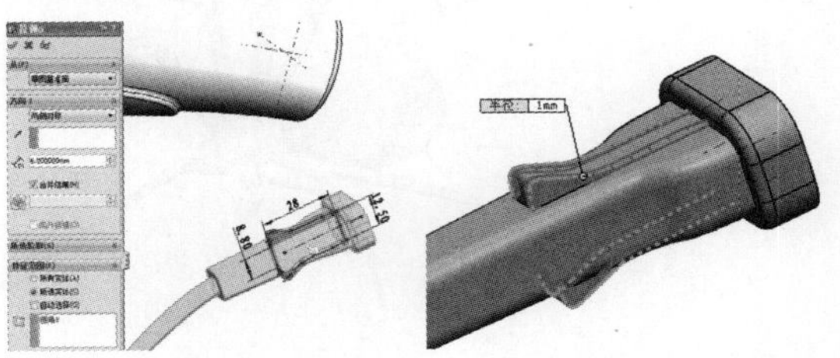

图 21-69 图 21-70

**11** 利用“切除 - 拉伸”工具，在拉伸曲面 4 的一个平面上绘制草图 29，然后创建切除拉伸特征 4，如图 21-71 所示。

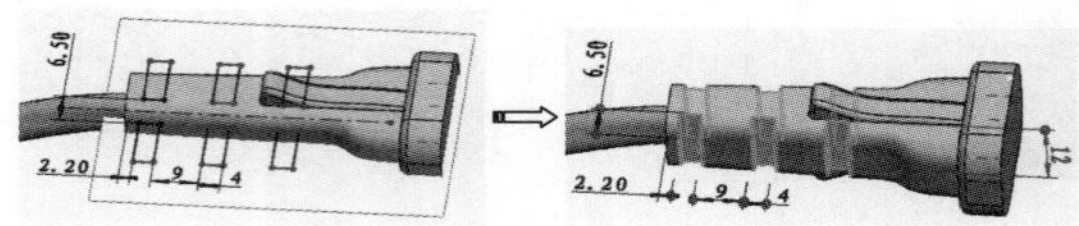

图 21-71

**12** 再利用“切除 - 拉伸”工具，在前视基准面上绘制草图 30，然后创建切除拉伸特征 5，如图 21-72 所示。

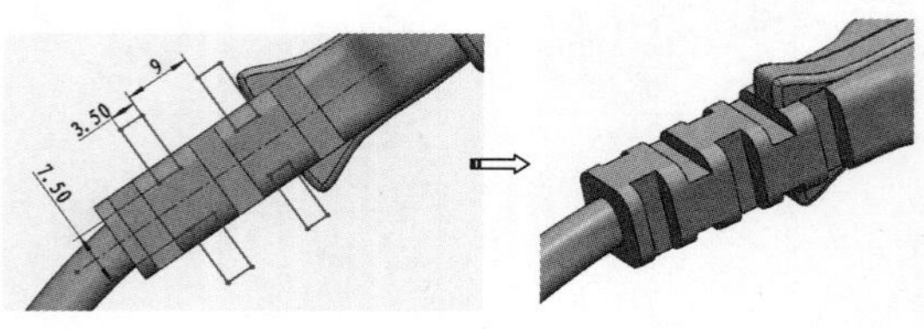

图 21-72

**13** 利用“拉伸凸台 / 基体”工具，在插头端面绘制草图 31，然后创建拉伸深度为 20 的拉伸特征 7（即插针），如图 21-73 所示。

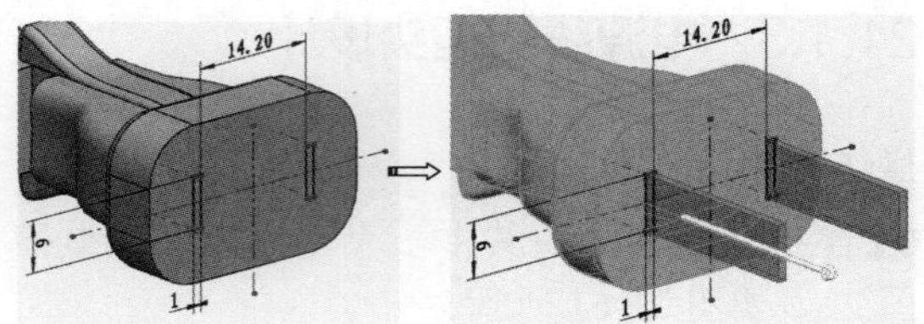

图 21-73

**14** 最后对插针进行圆角处理，如图 21-74 所示。

**15** 至此，完成了整个电吹风的造型设计，最终结果如图 21-75 所示。最后将结果保存。

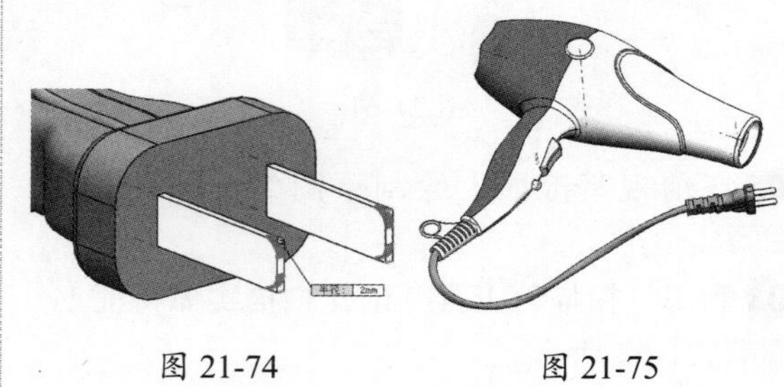

图 21-74　　图 21-75

## 21.2 玩具蜘蛛造型设计

下面用一个玩具蜘蛛造型设计的实例来说明 SolidWorks 的建模技巧。

◎ **引入素材：无**

◎ **结果文件：第21章综合实战\第21章结果文件\玩具蜘蛛.sldprt**

◎ **视频文件：玩具蜘蛛.avi**

本例中绘制工具用得比较多，主要的工具有：基准面、3D 草图、拉伸凸台 / 基体、分割线、放样凸台 / 基体、镜像和圆顶等。完成后的蜘蛛模型如图 21-76 所示。

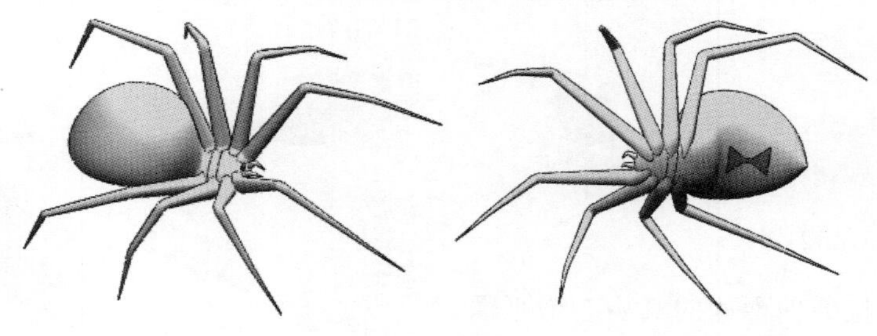

图 21-76

### 操作步骤

**01** 启动 SolidWorks 2018，新建零件，并将其保存为“玩具蜘蛛”。

**02** 在“草图”选项卡中单击“草图绘制”按钮，选择前视基准面作为草绘平面，绘制一条中心线作为草图 1，如图 21-77 所示。

**03** 在“参考几何体”命令菜单中单击“基准面”按钮，选择“右视基准面”作为第一参考，创建基准面 1，操作过程如图 21-78 所示。

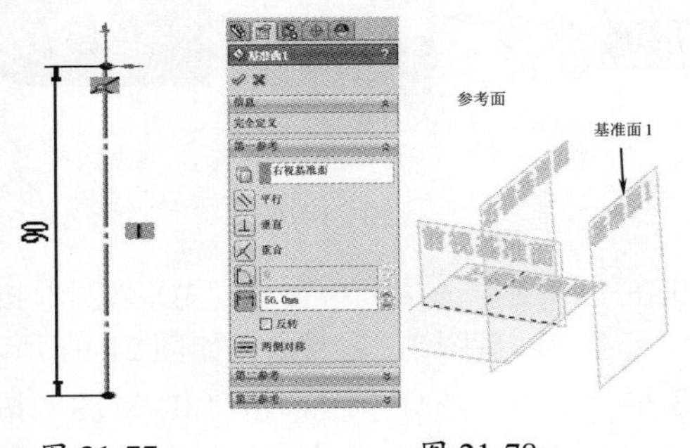


图 21-77　　图 21-78

**04** 用同样的方法创建基准面 2、基准面 3、基准面 4 和基准面 5，在创建过程中各个基准面的参考面和参数设置如图 21-79 所示，完成结果如图 21-80 所示。

图 21-79

**05** 在“草图”选项卡中单击“3D 草图”按钮，在上视基准面上绘制 3D 草图 1，完成结果如图 21-81 所示。

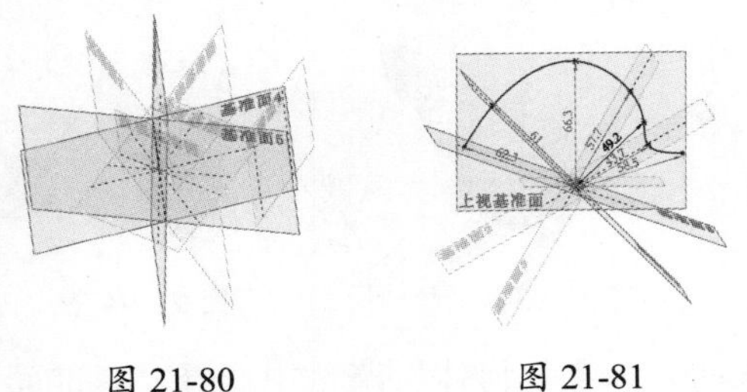


图 21-80　　图 21-81

**06** 在“特征”选项卡中单击“拉伸凸台 / 基体”按钮，选择“基准面 1”作为草图基准面绘制草图 2，操作过程如图 21-82 所示。

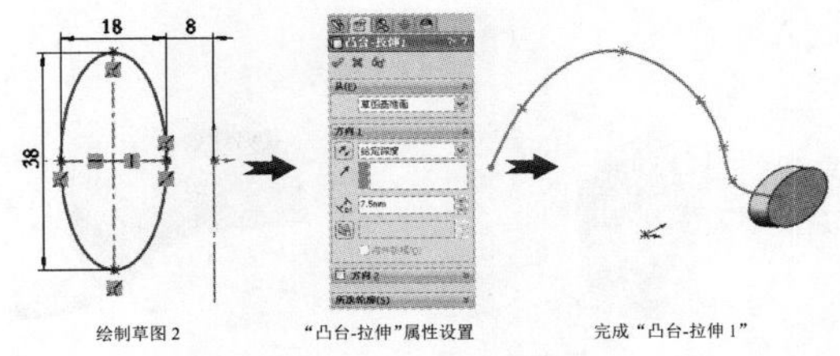


图 21-82

**07** 在“特征”选项卡中单击“圆顶”按钮，创建“圆顶 1”，操作过程如图 21-83 所示。

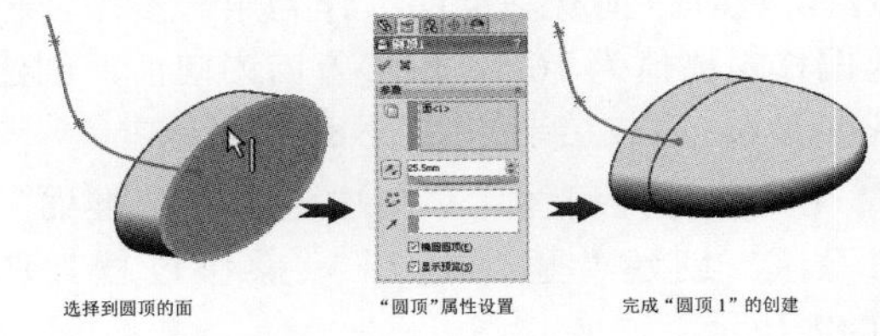


图 21-83

**08** 在“草图”选项卡中单击“草图绘制”按钮，选择“基准面 2”作为草绘平面，绘制一个椭圆作为草图 3，如图 21-84 所示。

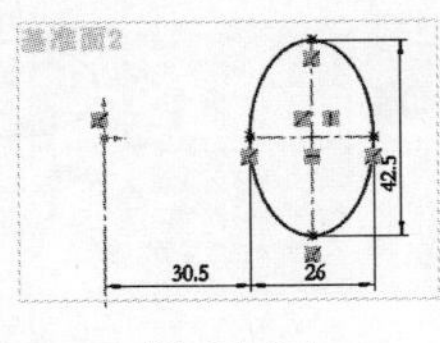


图 21-84

**09** 用同样的方法在其他基准面上绘制椭圆，绘制的尺寸、基准面和结果如图 21-85 所示。

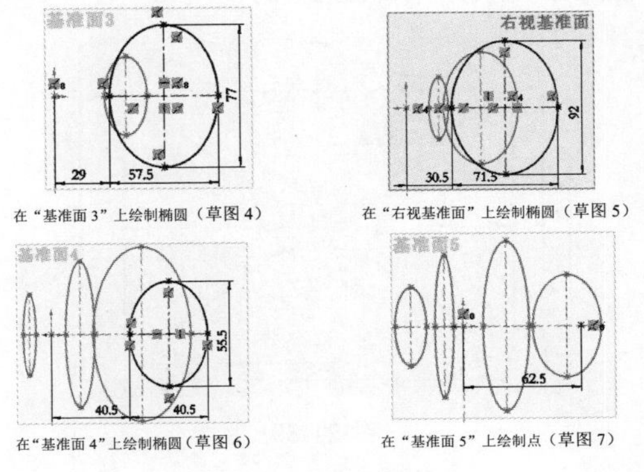


图 21-85

**10** 在“特征”选项卡中单击“放样凸台 / 基体”按钮，创建“放样 1”，操作过程如图 21-86 所示。

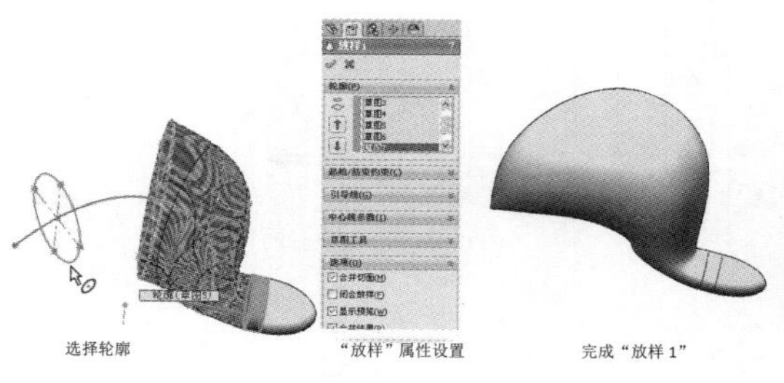


图 21-86

**11** 在"参考几何体"菜单中选择"基准面"命令，选择"前视基准面"作为第一参考，输入偏移距离值为16.5，偏移方向为向前，创建基准面6，完成结果如图21-87所示。

**12** 在"参考几何体"菜单中选择"基准面"命令，创建"基准面7"，操作过程如图21-88所示。

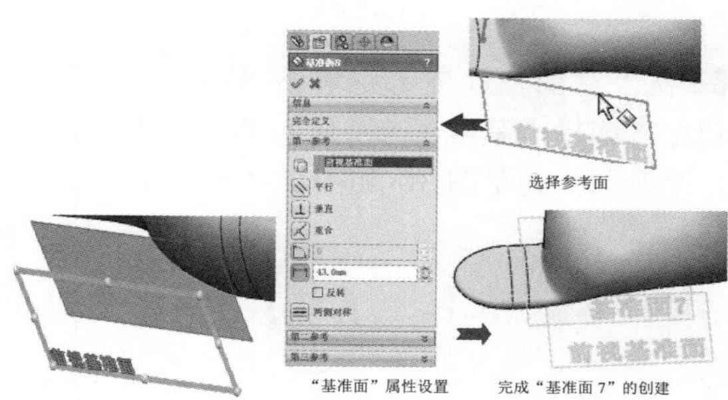


图 21-87　　图 21-88

**13** 在"草图"选项卡中单击"草图绘制"按钮，选择"基准面7"作为草图基准面绘制草图8，完成结果如图21-89所示。

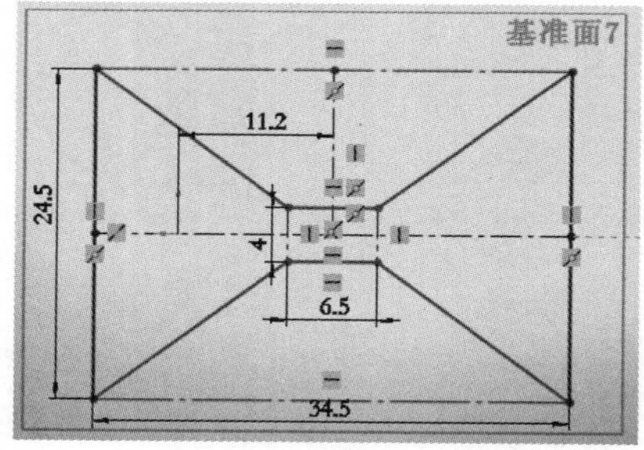


图 21-89

**14** 在"曲线"菜单中选择"分割线"命令，创建"分割线1"的操作过程如图21-90所示。

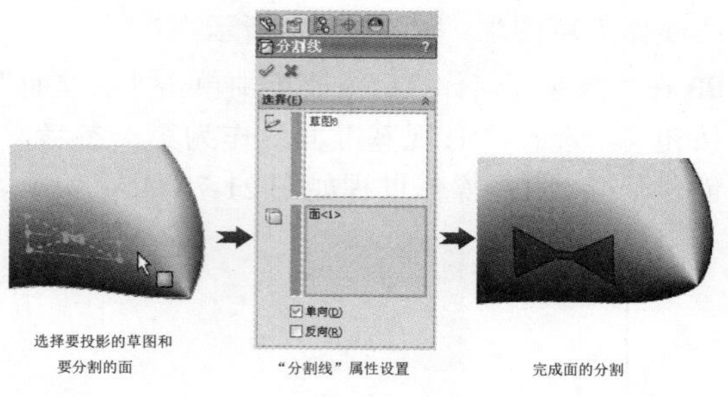


图 21-90

**15** 在"草图"选项卡中单击"3D草图"按钮，绘制3D草图2，完成结果如图21-91所示。

**16** 在"草图"选项卡中单击"3D草图"按钮，绘制3D草图3，完成结果如图21-92所示。

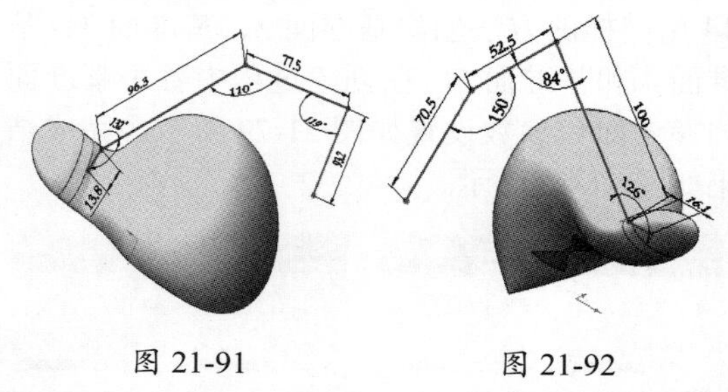

图 21-91　　图 21-92

**技术要点：**

在绘制的过程中，按Tab键来切换草绘平面。

**17** 在"草图"选项卡中单击"3D草图"按钮，绘制3D草图4，完成结果如图21-93所示。

**18** 在"草图"选项卡中单击"3D草图"按钮，绘制3D草图5，完成结果如图21-94所示。

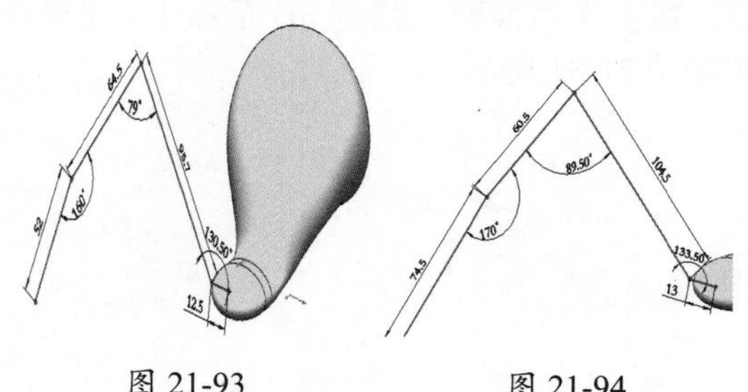

图 21-93　　图 21-94

**19** 在"参考几何体"菜单中选择"基准面"命令，创建"基准面8"，操作过程如图21-95所示。

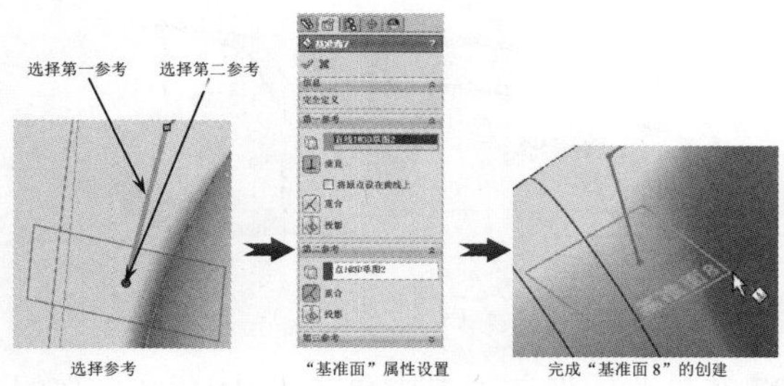


图 21-95

**20** 用同样的方法创建基准面 9、基准面 10 和基准面 11，在创建过程中各个基准面的“第一参考”和“第二参考”的设置如图 21-96 所示，完成结果如图 21-97 所示。

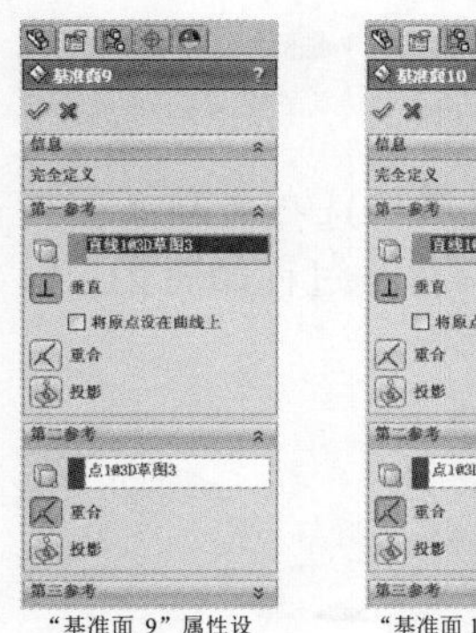


“基准面 9”属性设

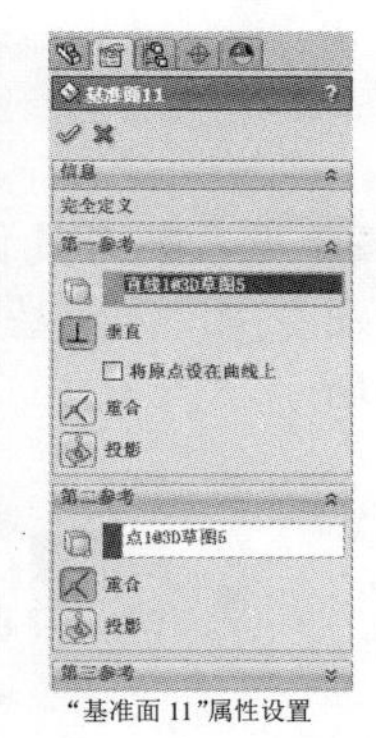


“基准面 10”属性设置

“基准面 11”属性设置

图 21-96

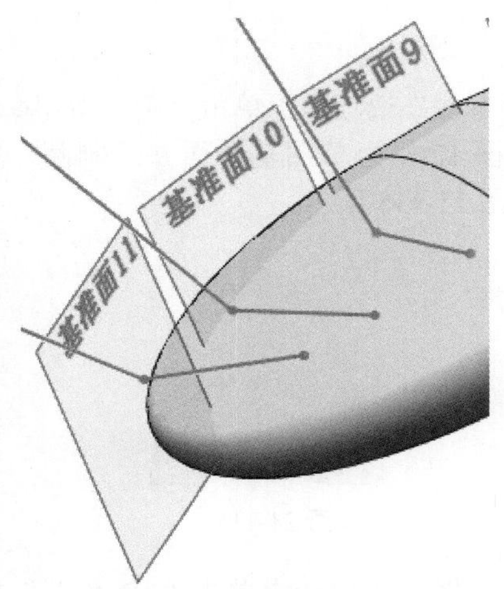


图 21-97

**21** 在“草图”选项卡中单击“圆”按钮，分别选择基准面 8、基准面 9、基准面 10 和基准面 11 作为草图基准面并绘制圆，完成结果如图 21-98 ～图 21-101 所示。

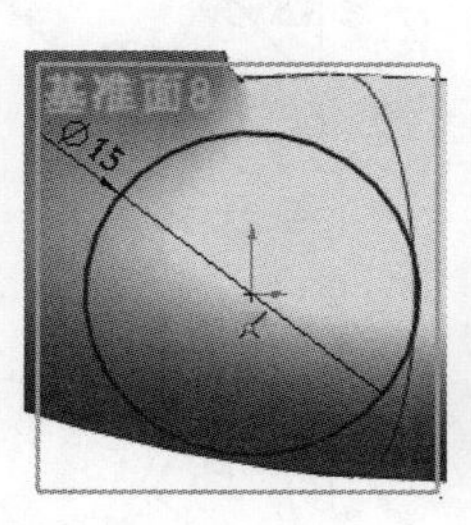


图 21-98

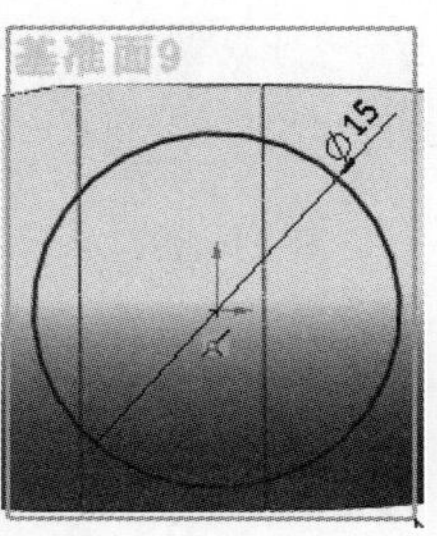


图 21-99

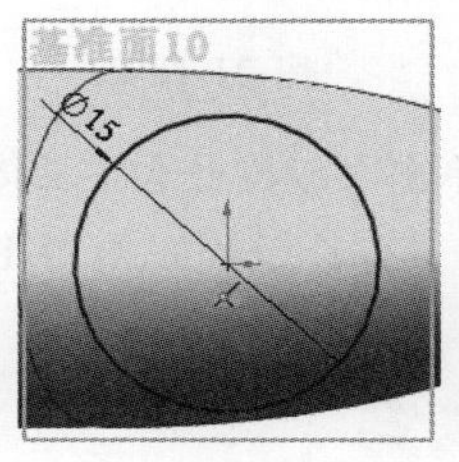


图 21-100

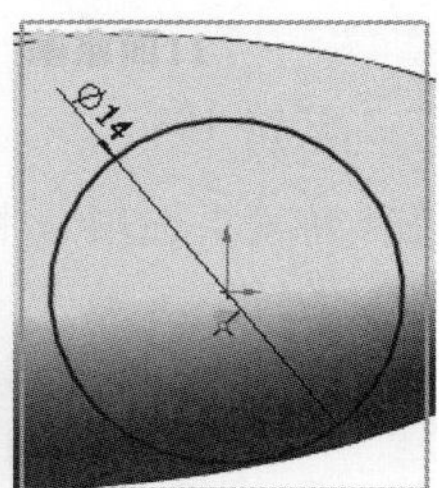


图 21-101

**22** 在“草图”选项卡中单击“3D 草图”按钮，绘制 3D 草图 6，完成结果如图 21-102 所示。

**23** 在“草图”选项卡中单击“3D 草图”按钮，绘制 3D 草图 7，完成结果如图 21-103 所示。

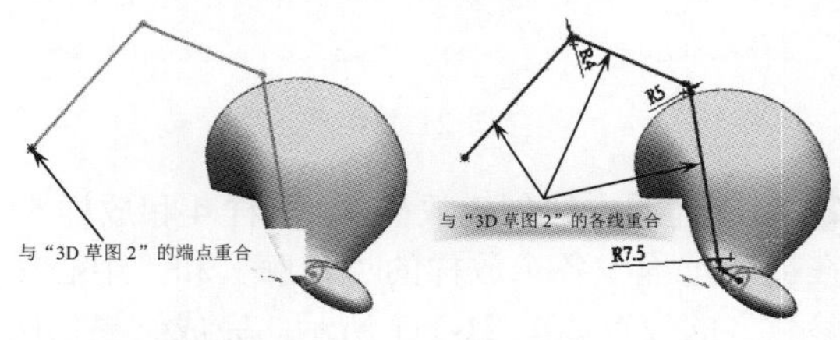


图 21-102 图 21-103

**24** 用同样的方法绘制 3D 草图 8 ～ 3D 草图 13，完成结果如图 21-104 ～图 21-109 所示。

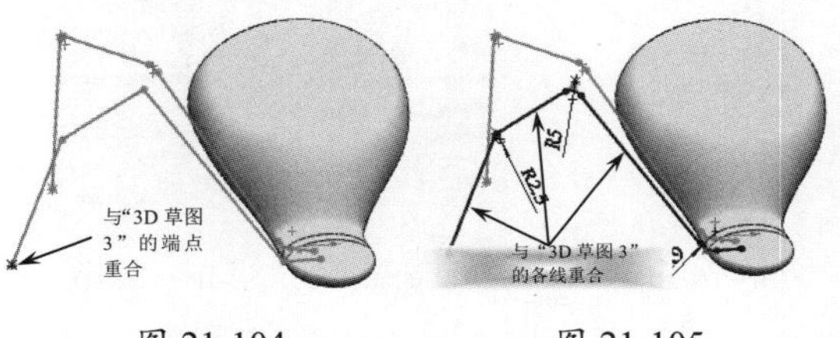


图 21-104 图 21-105

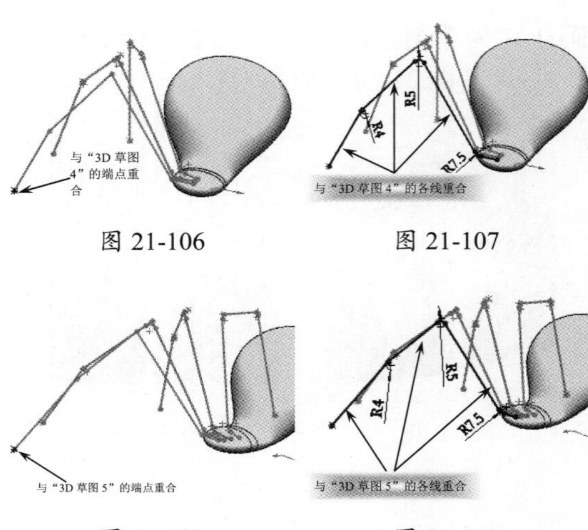


图 21-106　　图 21-107

图 21-108　　图 21-109

**25** 在“特征”选项卡中单击“放样凸台 / 基体”按钮，创建“放样 2”，其操作过程如图 21-110 所示。

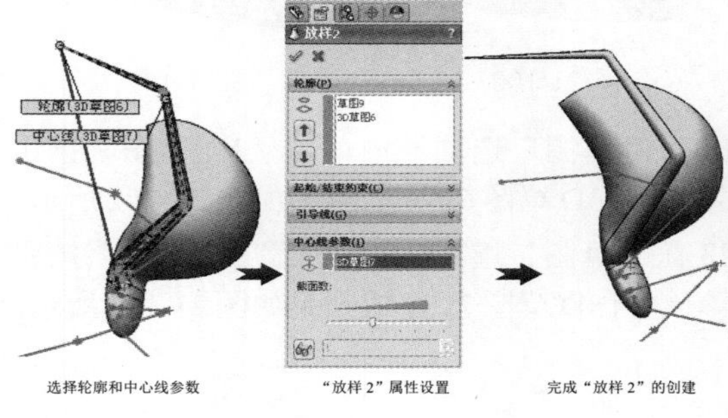


图 21-110

**26** 用同样的方法创建放样 3、放样 4 和放样 5，在创建过程中各个放样的“轮廓”和“中心线参数”的设置如图 21-111 所示，完成结果如图 21-112 所示。

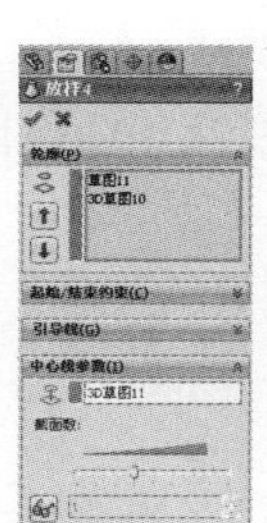


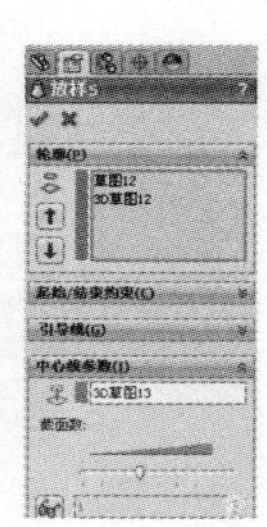


图 21-111

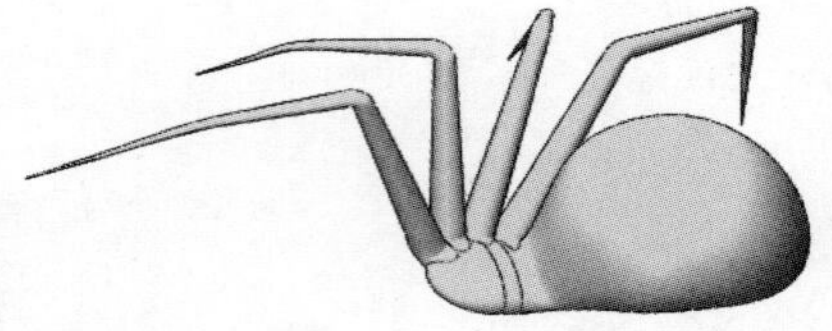

图 21-112

**27** 在“草图”选项卡中单击“3D 草图”按钮，绘制 3D 草图 14，完成结果如图 21-113 所示。

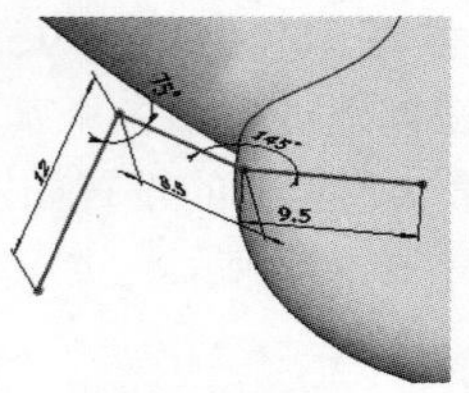


图 21-113

**28** 在“参考几何体”菜单中选择“基准面”命令，创建基准面 12，操作过程如图 21-114 所示。

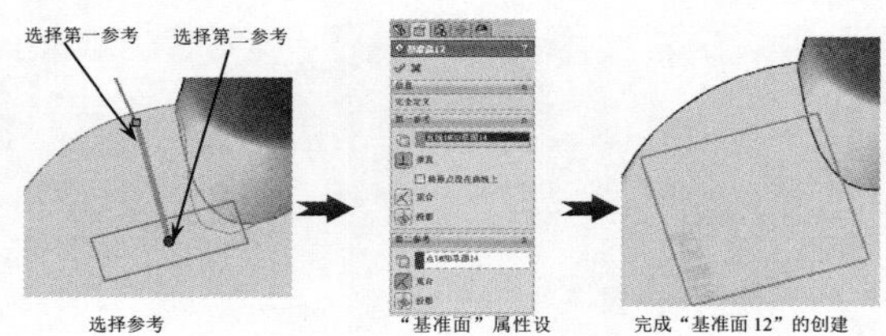


图 21-114

**29** 在“草图”选项卡中单击“圆”按钮，选择基准面 12 作为草图基准面并绘制圆，完成结果如图 21-115 所示。

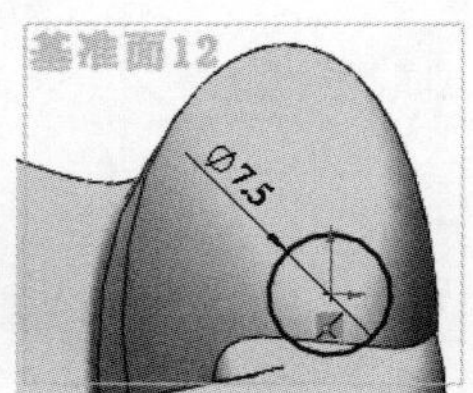


图 21-115

**30** 在“草图”选项卡中单击“3D 草图”按钮，绘制 3D 草图 15，完成结果如图 21-116 所示。

**31** 同理，继续绘制 3D 草图 16，如图 21-117 所示。

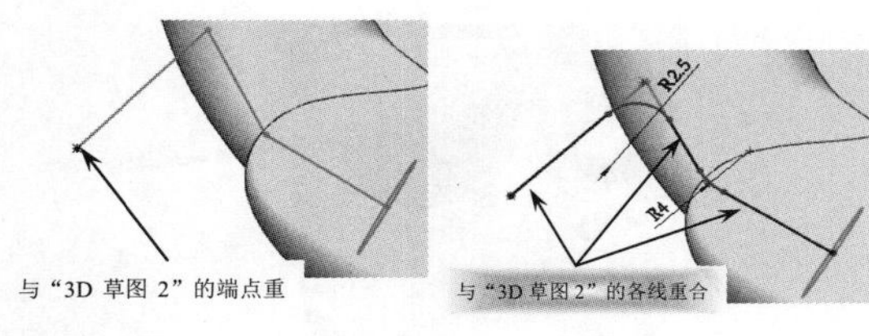


图 21-116　　　　图 21-117

**32** 在“特征”选项卡中单击“放样凸台 / 基体”按钮，创建“放样 6”，其操作过程如图 21-118 所示。

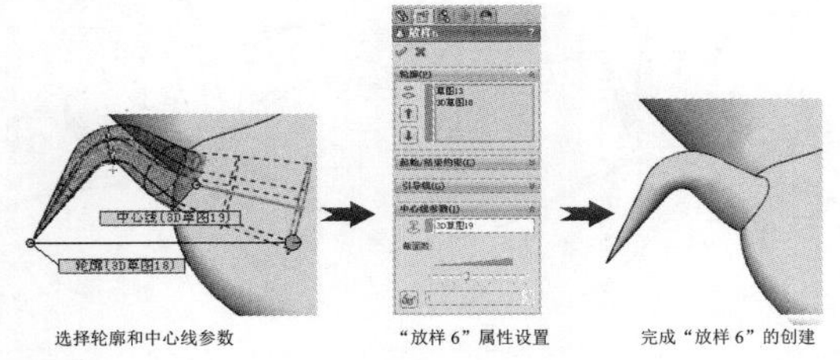


图 21-118

**33** 在“特征”选项卡中单击“镜像”按钮，创建“镜像 1”，其操作过程如图 21-119 所示。

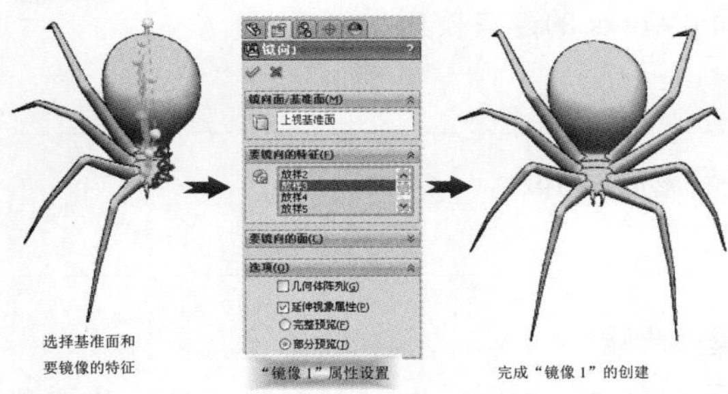


图 21-119

**34** 在“草图”选项卡中单击“圆”按钮，选择“基准面 6”作为草图基准面并绘制圆，完成结果如图 21-120 所示。

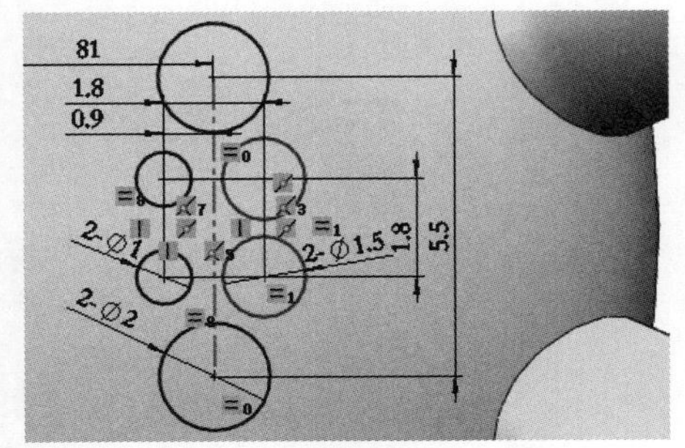


图 21-120

**35** 在“参考几何体”菜单中选择“基准面”命令，创建基准面 13，操作过程如图 21-121 所示。

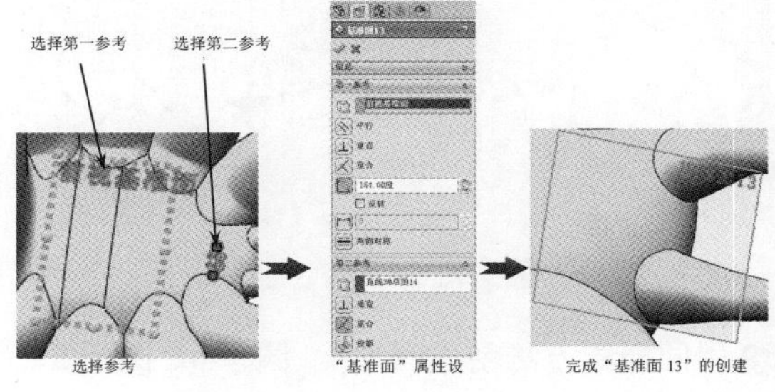


图 21-121

**36** 在“特征”选项卡中单击“拉伸凸台 / 基体”按钮，选择基准面 13 作为草图基准面，绘制草图 14 并进行拉伸，其操作过程如图 21-122 所示。

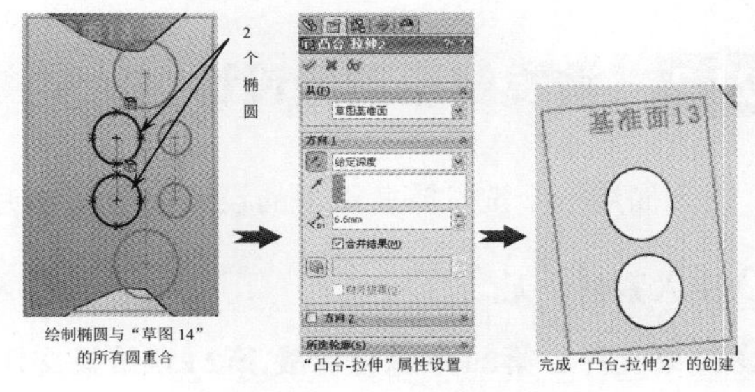


图 21-122

**37** 用同样的方法创建“凸台 - 拉伸 3”和“凸台 - 拉伸 4”，其草图基准面和属性设置与“拉伸 - 凸台2”完全一样，其区别在于绘制的椭圆不同，完成结果如图 21-123 和图 21-124 所示。

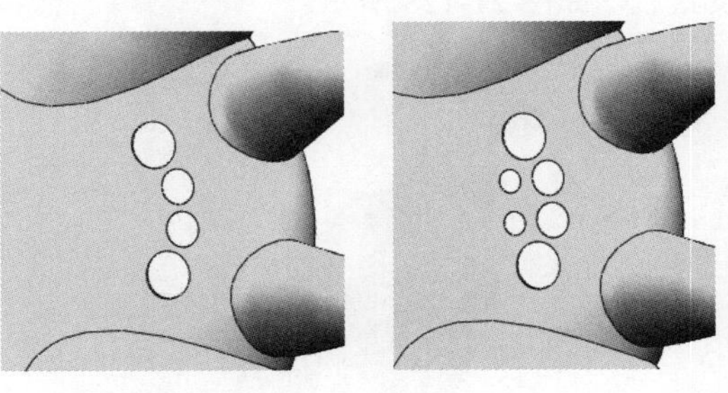

图 21-123　　　　图 21-124

**38** 在“特征”选项卡中单击“圆顶”按钮，创建“圆顶 2”，操作过程如图 21-125 所示。

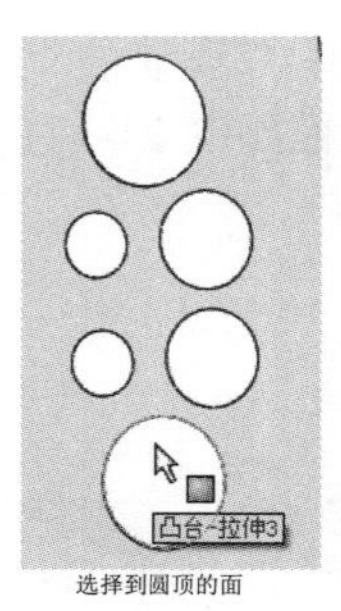


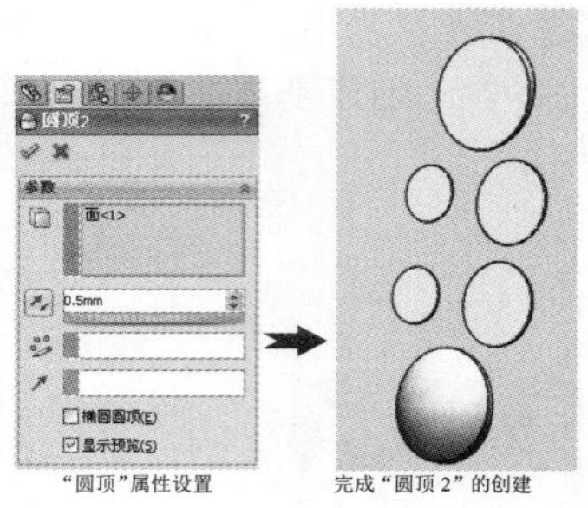


图 21-125

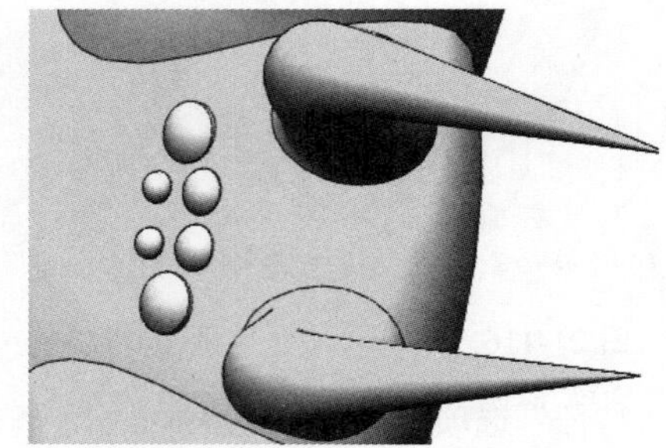

图 21-126

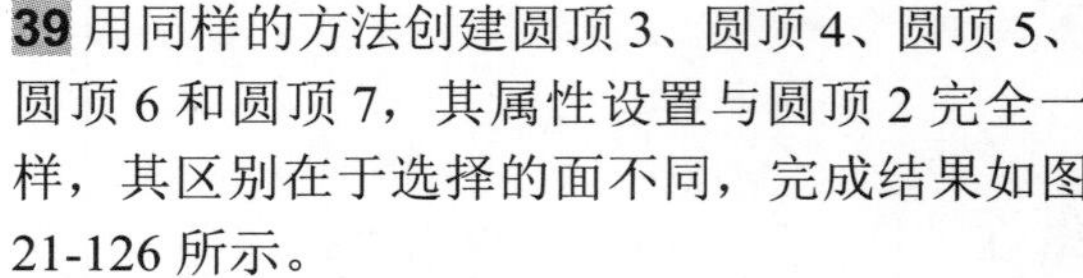

**39** 用同样的方法创建圆顶 3、圆顶 4、圆顶 5、圆顶 6 和圆顶 7，其属性设置与圆顶 2 完全一样，其区别在于选择的面不同，完成结果如图 21-126 所示。

**40** 在“标准”选项卡中单击“保存”按钮，将其保存。至此，整个玩具蜘蛛的绘制已经完成，其最终效果如图 21-127 所示。

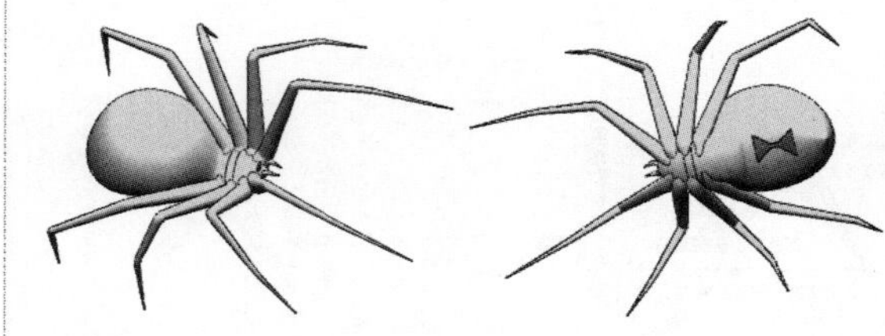

图 21-127

## 21.3 洗发露瓶造型设计

下面用一个洗发露瓶造型的设计实例来说明 SolidWorks 的建模技巧。

◎ **引入素材：无**

◎ **结果文件：第21章综合实战\第21章结果文件\洗发露瓶.sldprt**

◎ **视频文件：洗发露瓶.avi**

使用“平面区域”“放样曲面”“拉伸曲面”“剪裁曲面”“旋转曲面”和“扫描曲面”工具就可以完成洗发露瓶的创建。完成后的洗发露瓶，如图 21-128 所示。

图 21-128

**操作步骤**

**01** 启动 SolidWorks 2018，新建零件，并将其保存为“洗发露瓶”。

**02** 在“草图”选项卡中单击“圆”按钮，选择上视基准面作为草绘平面，绘制如图 21-129 所示的草图。

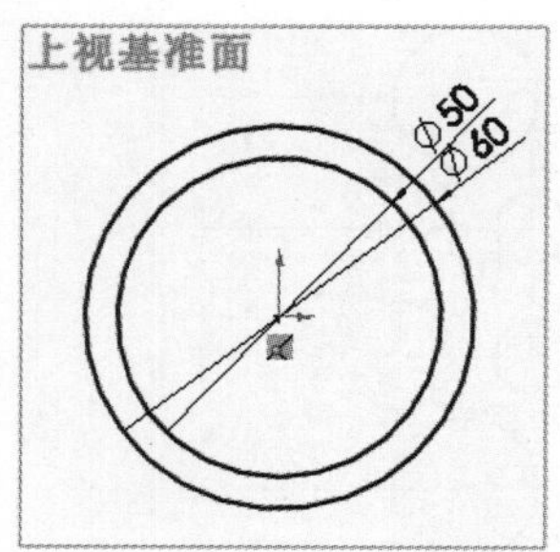


图 21-129

**03** 在“曲面”选项卡中单击“平面区域”按钮，创建一个平面区域，创建过程如图 21-130 所示。

图 21-130

**04** 选择前视基准面作为草绘平面，单击“草图”选项卡中的“中心线”按钮，绘制一条构造线，如图 21-131（a）所示；单击“3 点圆弧”按钮，绘制一段圆弧，如图 21-131（b）所示。

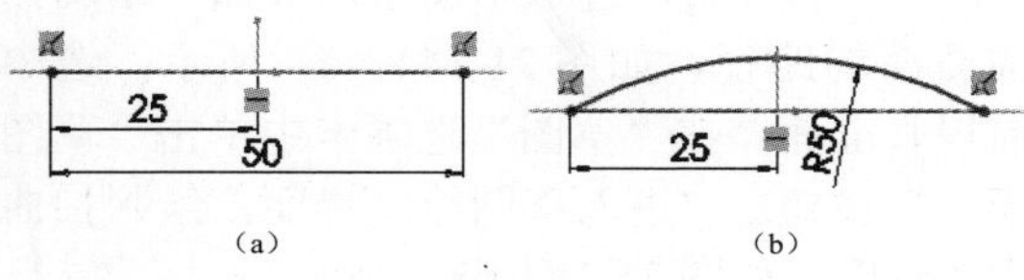


图 21-131

**05** 在“曲面”选项卡中单击“填充曲面”按钮，将创建的平面区域中空的地方填充起来，填充的过程如图 21-132 所示。

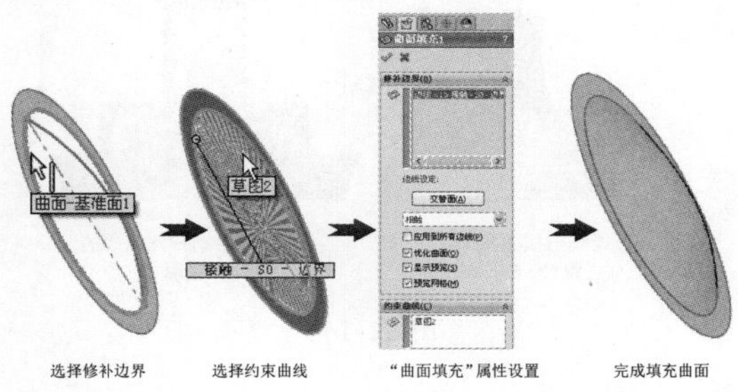


图 21-132

**06** 选择上视基准面作为参考，选择“参考几何体”菜单中的“基准面”命令，在“基准面”面板的“偏移距离”文本框中输入距离值为 100，创建基准面 1，完成结果如图 21-133 所示。

**07** 用同样的方法创建基准面 2、基准面 3 和基准面 4，其偏移距离分别为 107.5、125 和 140，完成结果如图 21-134 所示。

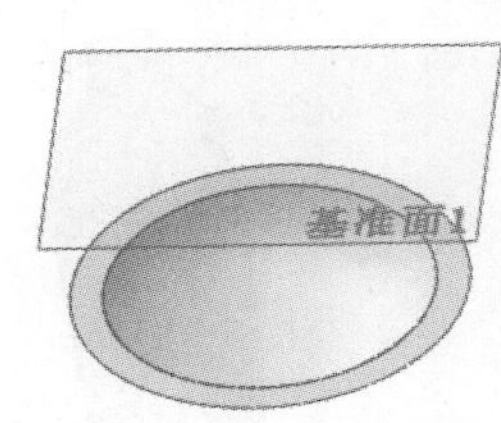


图 21-133　　图 21-134

**08** 选择基准面 1 作为草绘平面，单击“草图”选项卡中的“圆”按钮，绘制如图 21-135 所示的草图。

**09** 选择基准面 2 作为草绘平面，单击“草图”选项卡中的“圆”按钮，绘制如图 21-136 所示的草图。

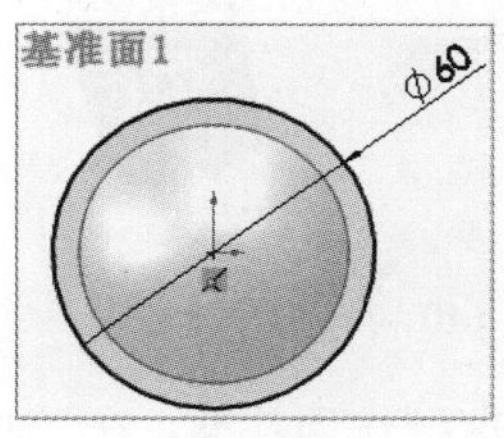


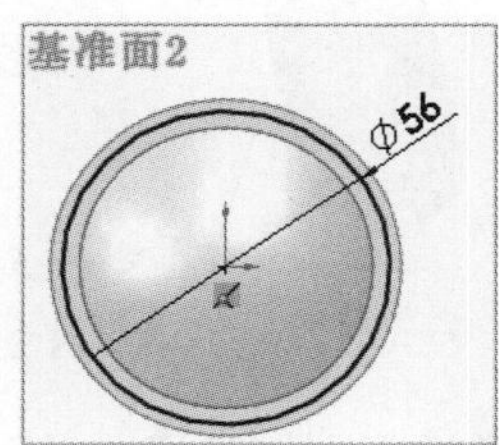


图 21-135　　图 21-136

**10** 选择基准面 3 作为草绘平面，单击“草图”选项卡中的“圆”按钮，绘制如图 21-137 所示的草图。

**11** 选择基准面 4 作为草绘平面，单击“草图”选项卡中的“圆”按钮，绘制如图 21-138 所示的草图。

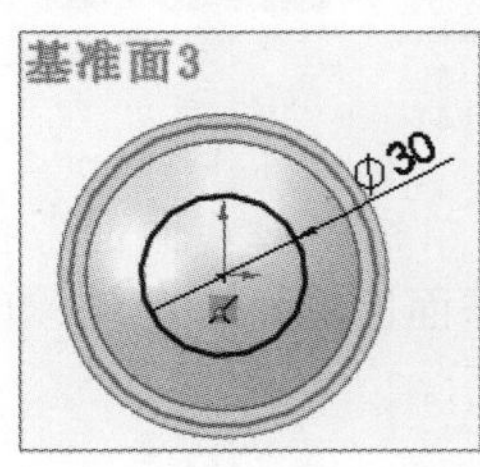


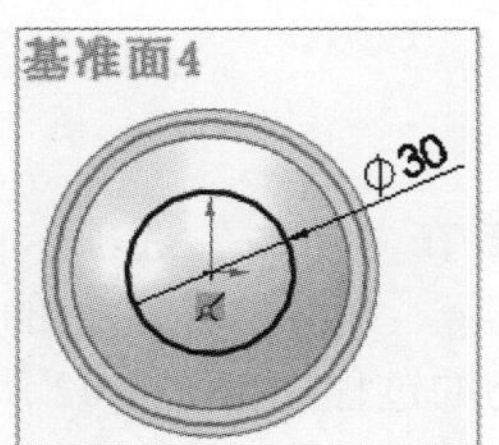


图 21-137　　图 21-138

**12** 在“曲面”选项卡中单击“放样曲面”按钮，创建放样曲面，放样过程如图 21-139 所示。

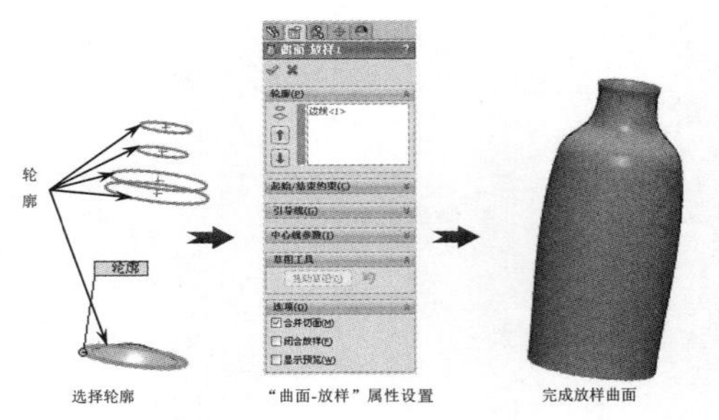


图 21-139

**13** 在“曲面”选项卡中单击“平面区域”按钮，创建一个平面区域，创建过程如图 21-140 所示。

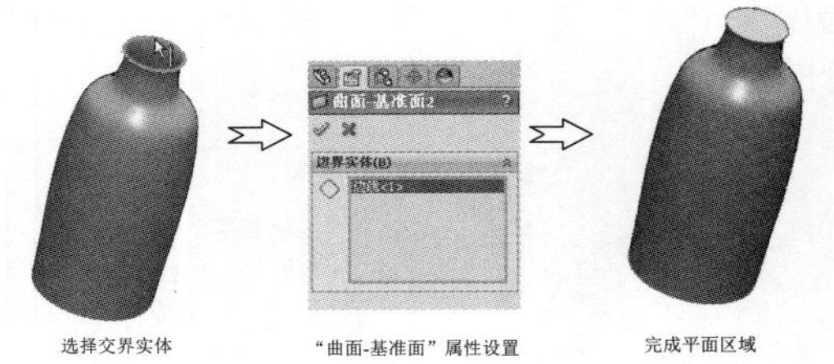


图 21-140

**14** 选择刚创建好的平面区域作为基准，在“曲面”选项卡中单击“拉伸曲面”按钮，创建拉伸曲面，其操作过程如图 21-141 所示。

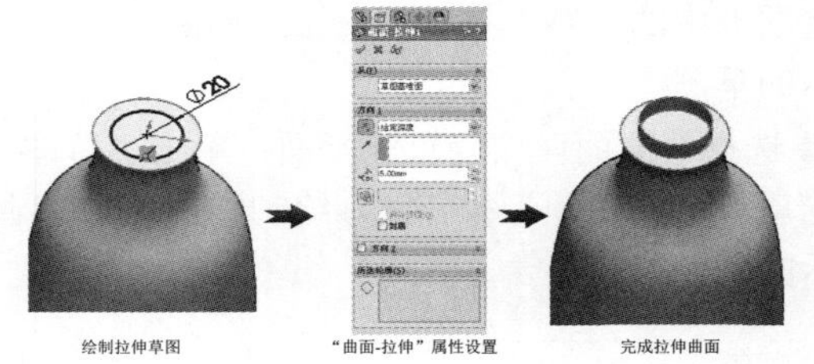


图 21-141

**15** 在“曲面”选项卡中单击“剪裁曲面”按钮，对第二次创建的平面区域进行剪切，剪切的过程如图 21-142 所示。

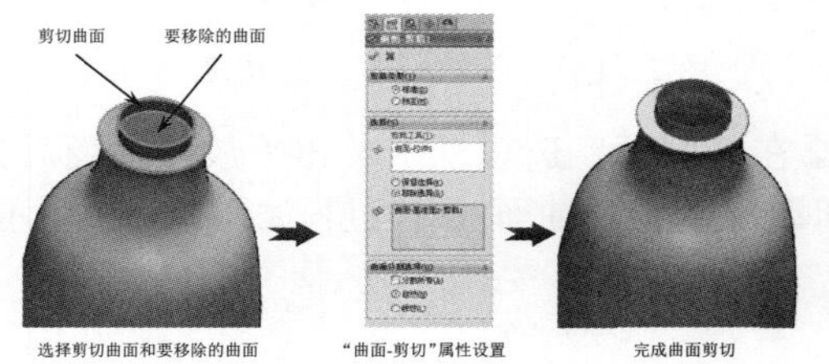


图 21-142

**16** 选中前视基准面，在“曲面”选项卡中单击“旋转曲面”按钮，进入草图绘制界面，绘制好旋转曲面的草图，再创建旋转曲面，其创建过程如图 21-143 所示。

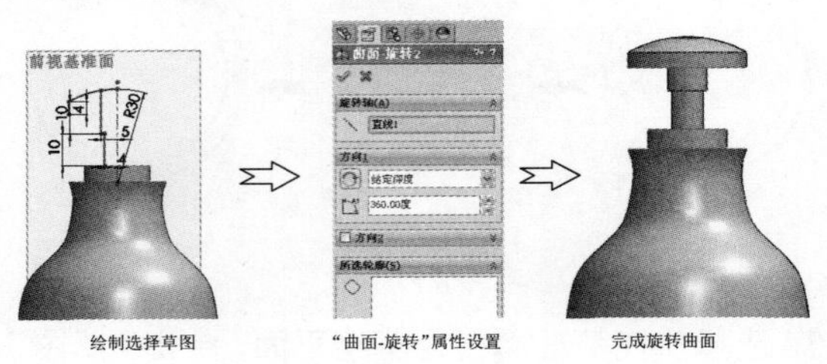


图 21-143

**17** 选中前视基准面，在“草图”选项卡中单击“草图绘制”按钮，进入草图绘制界面，绘制扫描曲面的路径，如图 21-144（a）所示；选中前视基准面，在“草图”选项卡中单击“草图绘制”按钮，进入草图绘制界面，绘制扫曲面的轮廓，如图 21-144（b）所示。

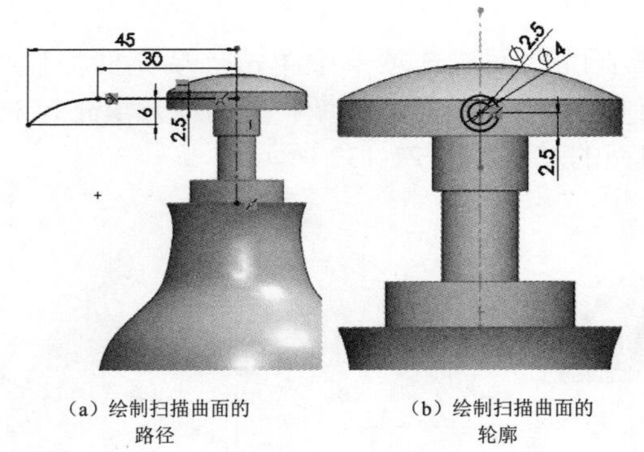


（a）绘制扫描曲面的路径　（b）绘制扫描曲面的轮廓

图 21-144

**18** 在“曲面”选项卡中单击“扫描曲面”按钮，创建扫描曲面，其创建过程如图 21-145 所示。

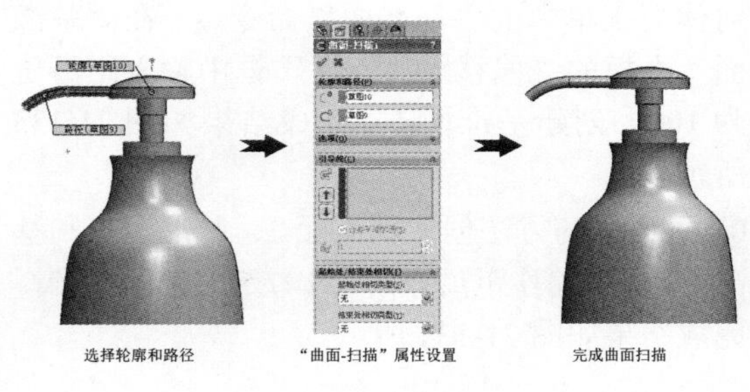


图 21-145

**19** 在“曲面”选项卡中单击“平面区域”按钮，创建一个平面区域，创建过程如图 21-146 所示。

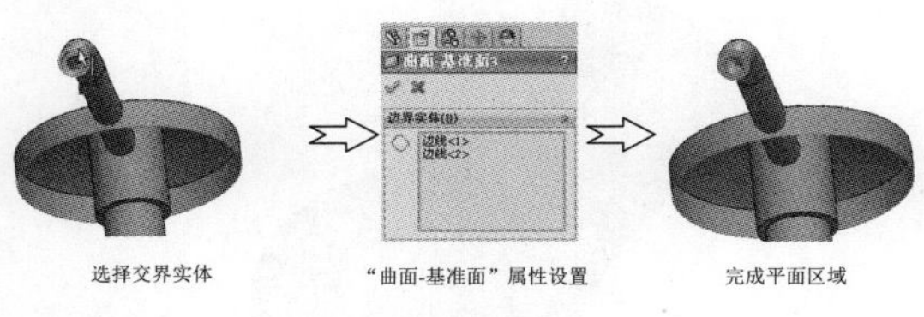


图 21-146

**20** 单击“保存”按钮将其保存，至此，整个洗发露瓶的创建已完成，其结果如图 21-147 所示。

图 21-147

## 21.4 工艺花瓶造型设计

下面用一个工艺花瓶造型的实例来说明 SolidWorks 的建模技巧。

◎ **引入素材：无**

◎ **结果文件：第21章综合实战\第21章结果文件\工艺花瓶.sldprt**

◎ **视频文件：工艺花瓶.avi**

使用“旋转曲面”“分割线”“删除面”“填充曲面”和“加厚”工具就可以完成工艺花瓶的创建。完成后的工艺花瓶如图 21-148 所示。

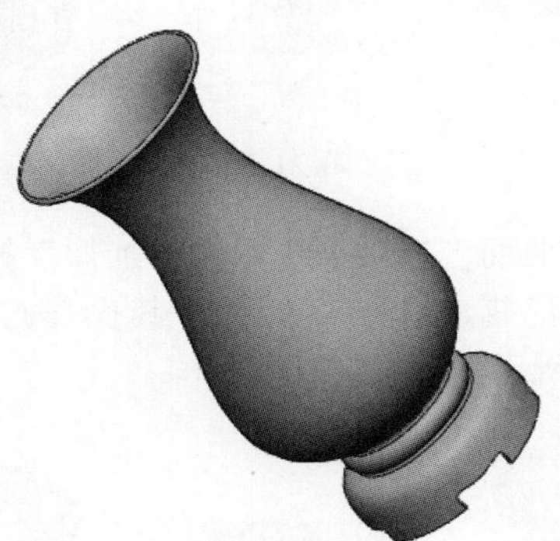

图 21-148

### 操作步骤

**01** 启动 SolidWorks 2018，新建零件，并将其保存为“工艺花瓶”。

**02** 在“草图”选项卡中单击“样条曲线”按钮，选择前视基准面作为草绘平面，绘制如图 21-149 所示的草图。

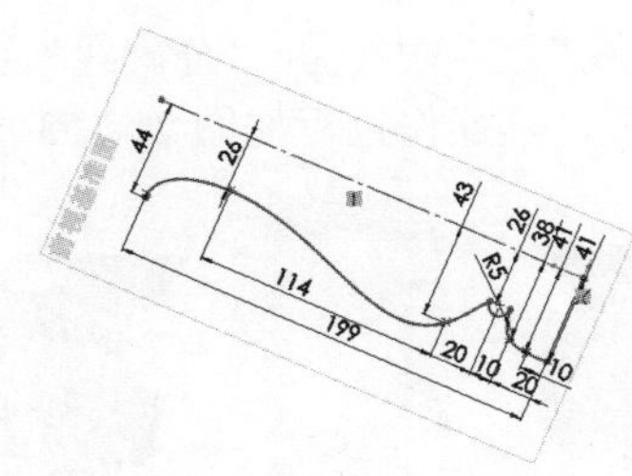


图 21-149

**03** 在“曲面”选项卡中单击“旋转曲面”按钮，创建一个曲面，创建过程如图 21-150 所示。

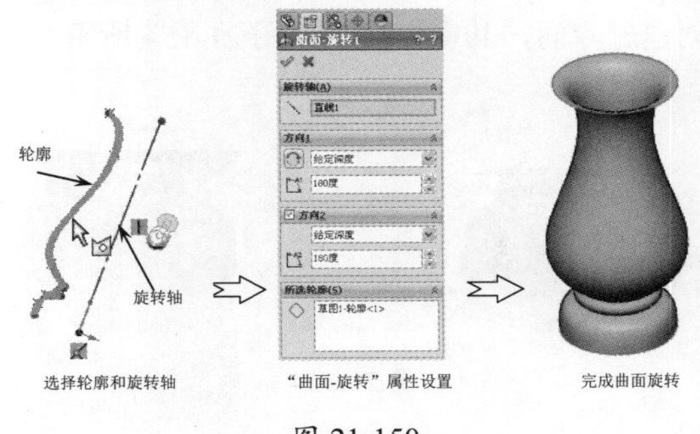


图 21-150

**04** 在“特征”选项卡中单击“圆角”按钮，将旋转的曲面进行圆角，其操作过程如图 21-151 所示。

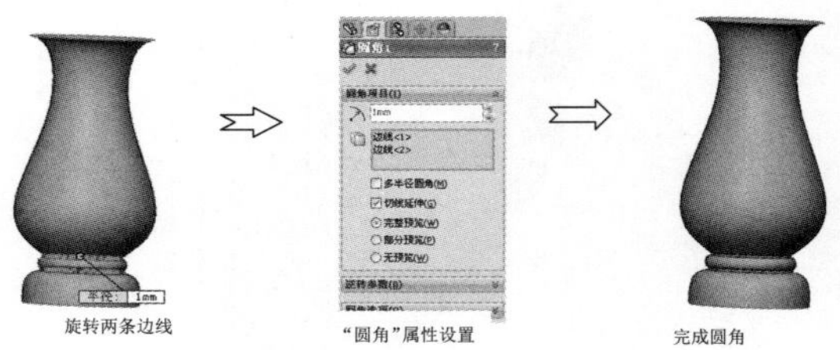


图 21-151

**05** 在“草图”选项卡中单击“样条曲线”按钮，选择前视基准面作为草绘平面，绘制如图 21-152 所示的草图。

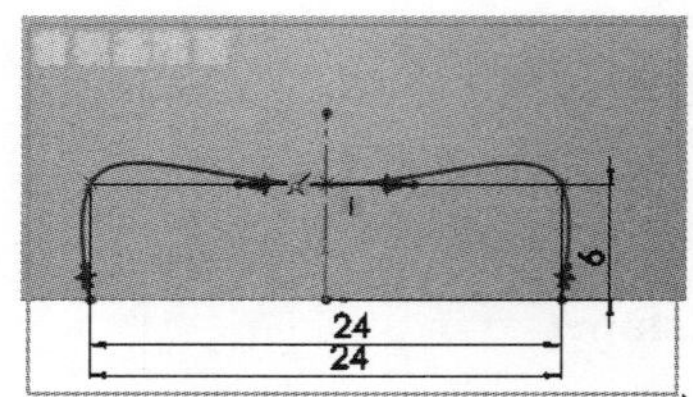


图 21-152

**06** 在“曲线”菜单中选择“分割线”命令，创建分割线，其操作过程如图 21-153 所示。

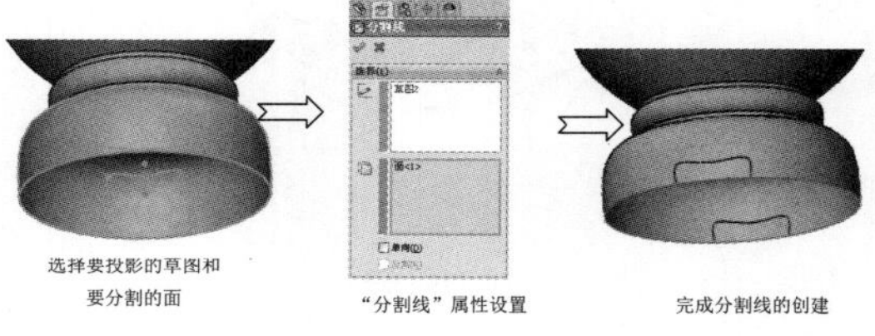


图 21-153

**07** 在“曲线”菜单中选择“删除面”命令，创建删除面，其操作过程如图 21-154 所示。

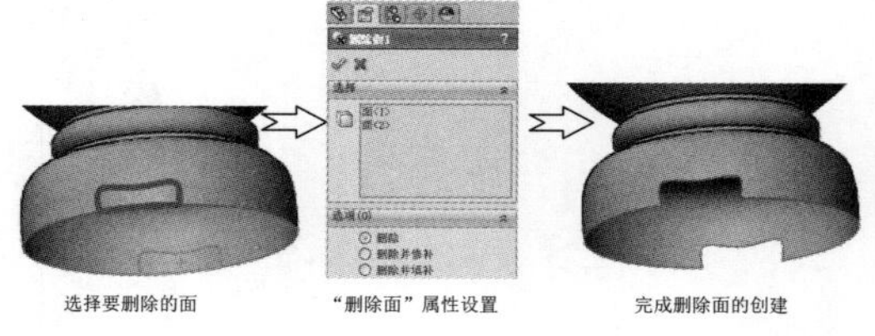


图 21-154

**08** 用同样的方法创建“删除面 2”，只是绘制草图的时候选择右视基准面作为草图基准面，完成结果如图 21-155 所示。

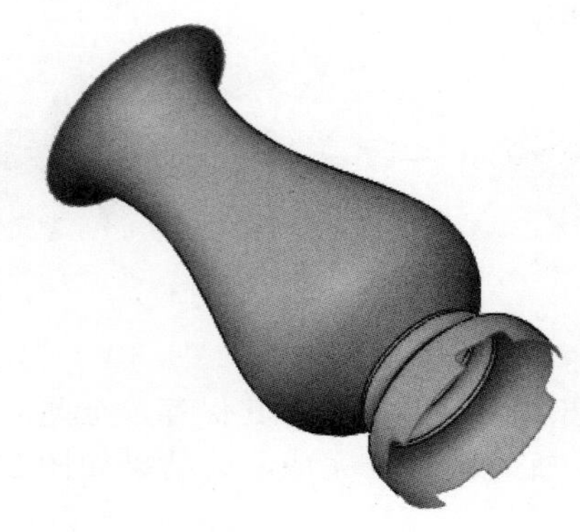

图 21-155

**09** 在“曲面”选项卡中单击“填充曲面”按钮，创建曲面填充，其操作过程如图 21-156 所示。

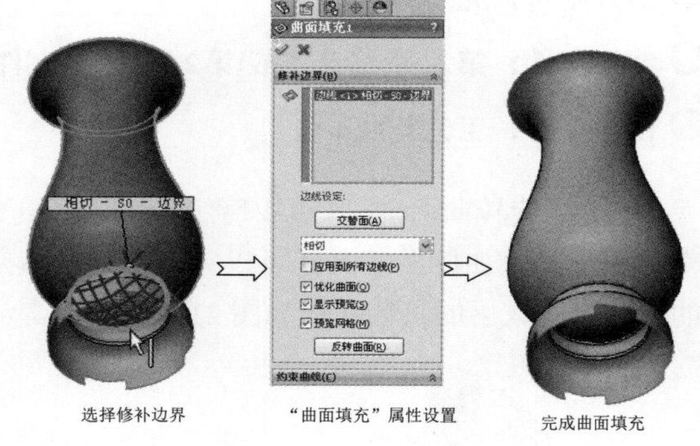


图 21-156

**10** 在“曲面”选项卡中单击“加厚”按钮，将工艺花瓶进行加厚处理，其操作过程如图 21-157 所示。

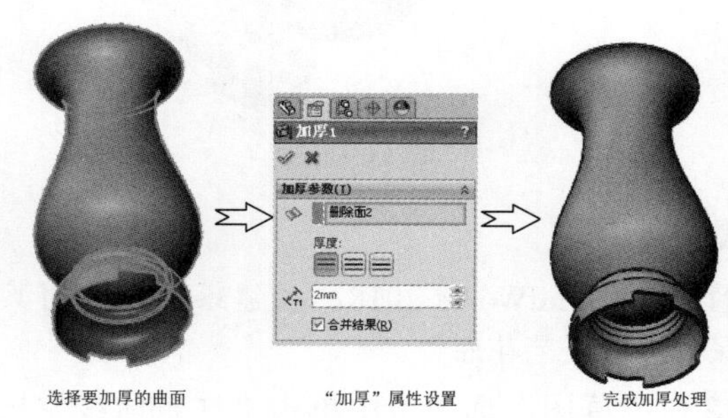


图 21-157

**11** 在“特征”选项卡中单击“圆角”按钮，对工艺花瓶进行圆角处理，其操作过程如图 21-158 所示。

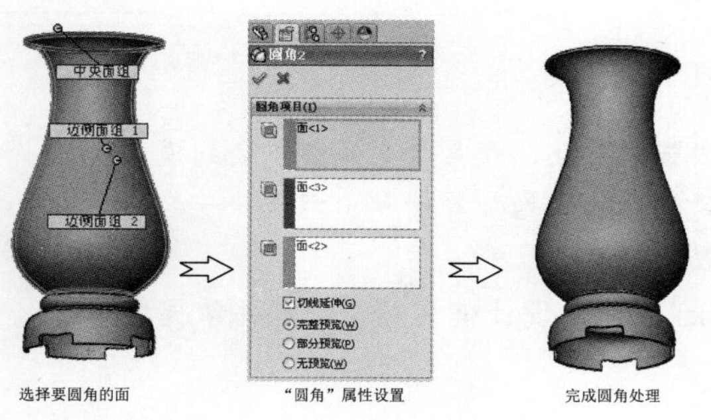


图 21-158

# 第22章 模具设计基础

众所周知，模具业是一个专业性和经验性极强的行业，模具界也深切体会到模具设计之重要，往往因设计不良、尺寸错误造成加工延误、成本增加等问题。但培养一名有足够经验，能独立作业的模具设计师，必须三五年以上时间。

对于模具设计的初学者，要利用 SolidWorks 合理地设计模具必须了解并掌握模具设计与制造相关的基本知识。

- 模具设计概述
- 模具设计常识
- 产品设计、模具设计与加工制造

## 22.1 模具设计概述

对于模具设计的初学者，要合理地设计模具必须事先全面了解模具设计与制造相关的基本知识，这些知识包括模具的种类与结构、模具设计流程以及在注塑模具设计中存在的一些问题等。

### 22.1.1 模具种类

在现代工业生产中，各行各业的模具种类很多，并且个别领域还有创新的模具诞生。模具分类方法很多，常使用的分类方法如下。

- 按模具结构形式分类，如单工序模、复式冲模等。
- 按使用对象分类，如汽车覆盖件模具、电机模具等。
- 按加工材料性质分类，如金属制品用模具、非金属制品用模具等。
- 按模具制造材料分类，如硬质合金模具等；按工艺性质分类，如拉深模、粉末冶金模、锻模等。

### 22.1.2 模具的组成结构

在上述的分类方法中，有些不能全面地反映各种模具的结构和成形加工工艺的特点及它们的使用功能，因此，采用以使用模具进行成形加工的工艺性质和使用对象，以及根据各自的产值比重的综合分类方法，主要将模具分为以下五大类。

**1. 塑料模**

塑料模用于制件塑料成型，当颗粒状或片状塑料原材料经过一定的高温加热成黏流态熔融体后，由注射设备将熔融体经过喷嘴射入型腔内成型，待成型件冷却固定后再开模，最后由模具顶出装置将成型件顶出。塑料模在模具行业所占比重较大，约为 50%。

通常塑料模具根据生产工艺和生产产品的不同又可分为注射成型模、吹塑模、压缩成型模、转移成型模、挤压成型模、热成型模和旋转成型模等。

塑料注射成型是塑料加工中最普遍采用的方法。该方法适用于全部热塑性塑料和部分热固性塑料，制得的塑料制品数量之大是其他成型方法望尘莫及的，作为注射成型加工的主要工具之一的注塑模具，在质量精度、制造周期以及注射成型过程中的生产效率等方面的水平，直接影响产品的质量、产量、成本及产品的更新，同时也决定着企业在市场竞争中的反应能力和速度。常见的注射模典型结构，如图 22-1 所示。

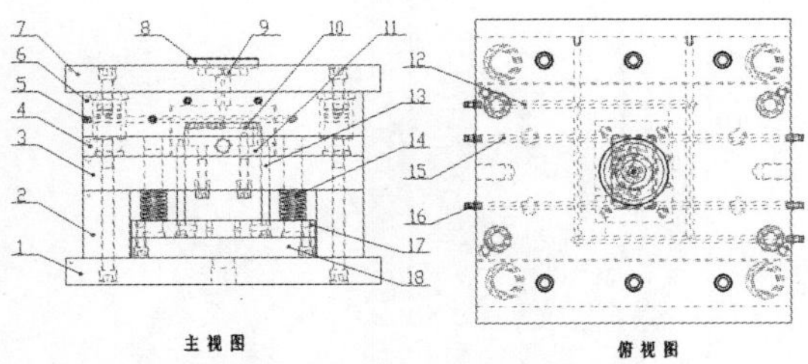


1- 动模座板 2- 支撑板 3- 动模垫板 4- 动模板 5- 管赛 6- 定模板 7- 定模座板 8- 定位环 9- 浇口衬套 10- 型腔组件 11- 推板 12- 围绕水道 13- 顶杆 14- 复位弹簧 15- 直水道 16- 水管街头 17- 顶杆固定板 18- 推杆固定板

图 22-1

注射成型模具主要由以下几个部分构成。

- 成型零件：直接与塑料接触构成塑件形状的零件称为“成型零件”，它包括型芯、型腔、螺纹型芯、螺纹型环、镶件等。其中构成塑件外形的成型零件称为“型腔”，构成塑件内部形状的成型零件称为“型芯”，如图 22-2 所示。
- 浇注系统：它是将熔融塑料由注射机喷嘴引向型腔的通道。通常，浇注系统由主流道、分流道、浇口和冷料穴 4 个部分组成，如图 22-3 所示。

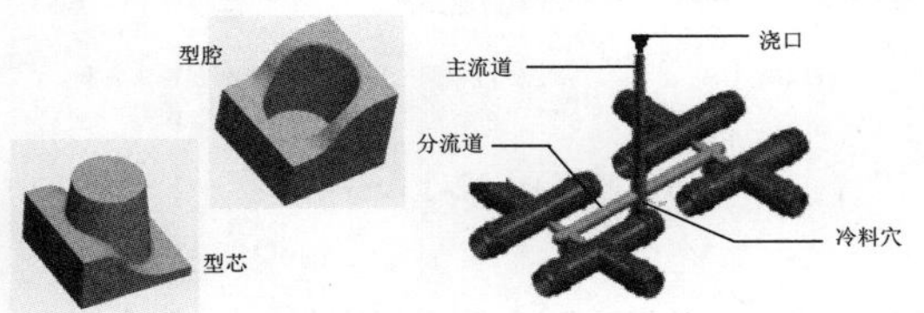


图 22-2　　图 22-3

- 分型与抽芯机构：当塑料制品上有侧孔或侧凹时，开模推出塑料制品以前，必须先进行侧向分型，将侧型芯从塑料制品中抽出，塑料制品才能顺利脱模，例如斜导柱、滑块、锲紧块等，如图 22-4 所示。
- 导向零件：引导动模和推杆固定板运动，保证各运动零件之间相互位置的准确度的零件为“导向零件”，如导柱、导套等，如图 22-5 所示。

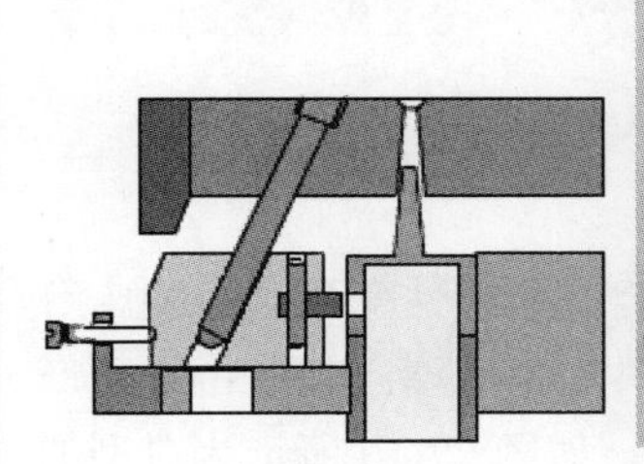

图 22-4

图 22-5

- 推出机构：在开模过程中将塑料制品及浇注系统凝料推出或拉出的装置，如推杆、推管、推杆固定板、推件板等，如图 22-6 所示。
- 加热和冷却装置：为满足注射成型工艺对模具温度的要求，模具上需要设有加热和冷却装置。加热时在模具内部或周围安装加热元件，冷却时在模具内部开设冷却通道。如图 22-7 所示。

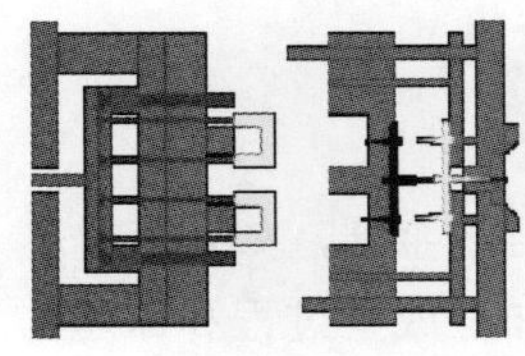

图 22-6

图 22-7

- 排气系统：在注射过程中，为将型腔内的空气及塑料制品在受热和冷凝过程中产生的气体排除而开设的气流通道。排气系统通常是在分型面处开设排气槽，有的也可利用活动零件的配合间隙排气。如图 22-8 所示为排气系统部件。
- 模架：主要起装配、定位和连接的作用。包括定模板、动模板、垫块、支承板、定位环、销钉、螺钉等，如图 22-9 所示。

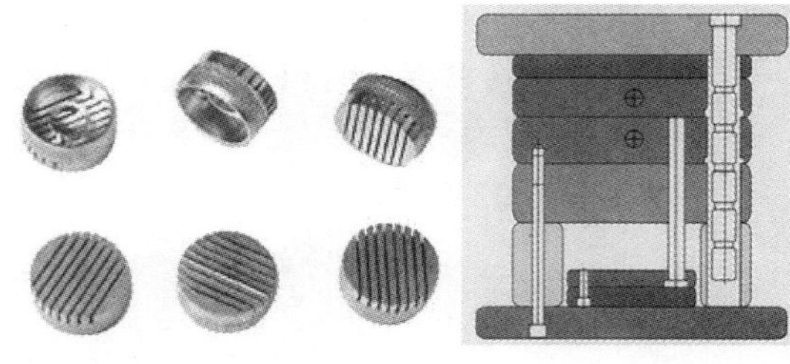

图 22-8　　图 22-9

### 2. 冲压模

冲压模是利用金属的塑性变形，由冲床等冲压设备将金属板料加工成型。其所占行业产值比重为40%左右。如图22-10所示为典型的单冲压模具。

图 22-10

### 3. 压铸模

压铸模具被用于熔融轻金属，如铝、锌、镁、铜等合金成型。其加工成型过程和原理与塑料模具差不多，只是两者在材料和后续加工所用的器具不同而已。塑料模具其实就是由压铸模具演变而来的。带有侧向分型的压铸模具，如图22-11所示。

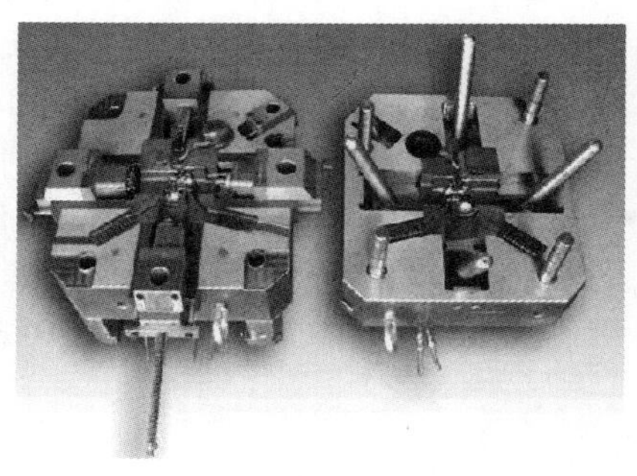

图 22-11

### 4. 锻模

锻造就是将金属加工成型，将金属胚料放置锻模内，运用锻压或锤击方式，使金属胚料按设计的形状成型。如图22-12所示为汽车件的锻造模具。

图 22-12

### 5. 其他模具

除以上介绍的几种模具外，还包括如玻璃模、抽线模、金属粉末成型模等其他类型的模具。如图22-13所示为常见的玻璃模、抽线模和金属粉末成型模。

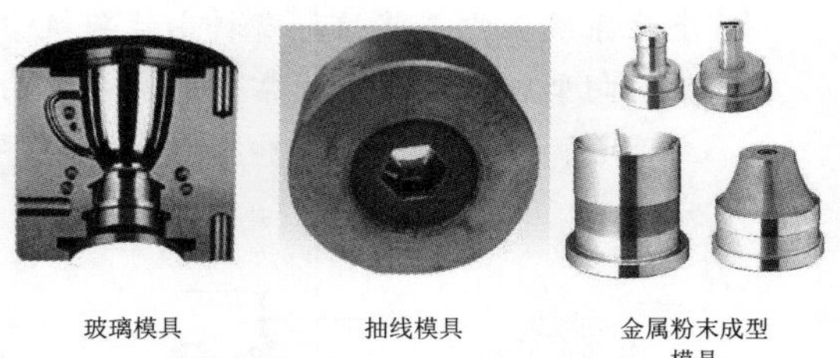

玻璃模具　　抽线模具　　金属粉末成型模具

图 22-13

## 22.1.3 模具设计与制造的一般流程

当前我国大部分模具企业在模具设计/制造过程中最普遍的问题是：至今模具设计仍以二维工程图纸为基础，产品工艺分析及工序设计也是以设计师的丰富实践经验为基础。模具的零件加工以二维工程图为基础作三维造型，进而用数控加工完成。

以上现状，将直接影响产品的质量、模具的试制周期及成本。现在大部分企业已实现模具产品设计数字化、生产过程数字化、制造装备数字化、管理数字化，为机械制造业信息化工程提供基础信息化、提高模具质量缩短设计制造周期、降低成本的最佳途径。如图 22-14 所示为基于数字化的模具设计与制造的整体流程。

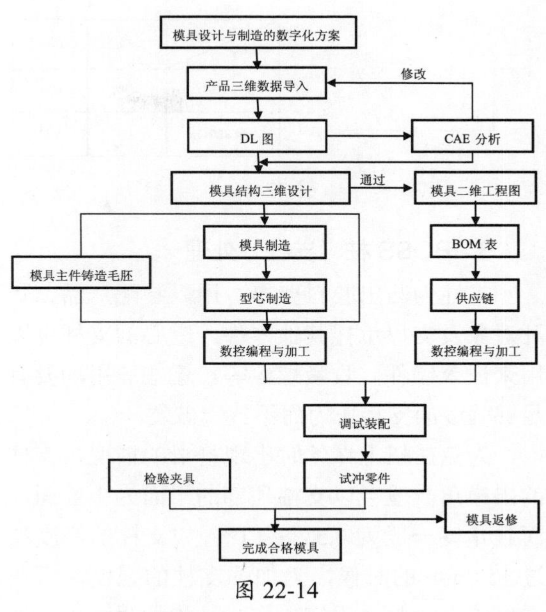


图 22-14

## 22.2　模具设计常识

一副模具的成功与否，关键在于模具设计标准的应用和模具设计细节的处理是否正确。合理的模具设计主要体现在以下几个方面。

- 所成型的塑料制品的质量。
- 外观质量与尺寸稳定性。
- 加工制造时方便、迅速、简练，节省资金、人力，留有更正、改良余地。
- 使用时安全、可靠，便于维修。
- 在注射成型时有较短的成型周期。
- 较长使用寿命。
- 具有合理的模具制造工艺性。

下面就有关模具设计的常识做必要的介绍。

### 22.2.1　产品设计注意事项

制件设计得合理与否，事关模具能否成功开出。模具设计人员要注意的问题主要有制件的肉厚（制件的厚度）要求、脱模斜度要求、BOSS 柱处理，以及其他一些应该避免的设计误区。

**1. 肉厚要求**

在设计制件时，应注意制件的厚度应以各处均匀为原则。决定肉厚的尺寸及形状需考虑制件的构造强度、脱模强度等因素，如图 22-15 所示。

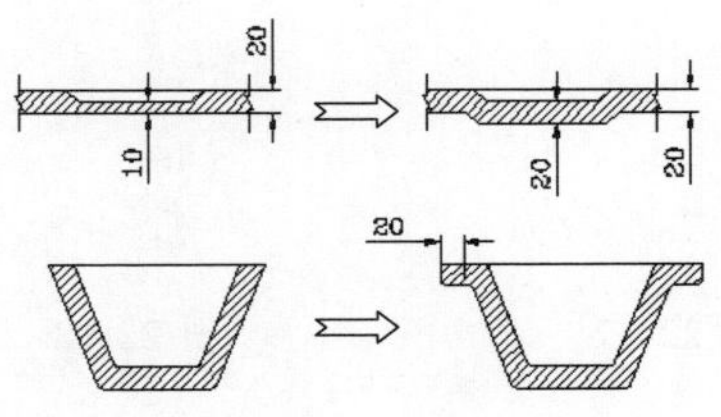


图 22-15

**2. 脱模斜度要求**

为了在模具开模时能够使制件顺利取出，而避免其损坏，制件设计时应考虑增加脱模斜度。脱模角度一般取整数，如 0.5、1、1.5、2 等。通常，制件的外观脱模角度比较大，这便于成型后脱模，在不影响其性能的情况下，一般应取较大脱模角度，如 5° ～10° ，如图 22-16 所示。

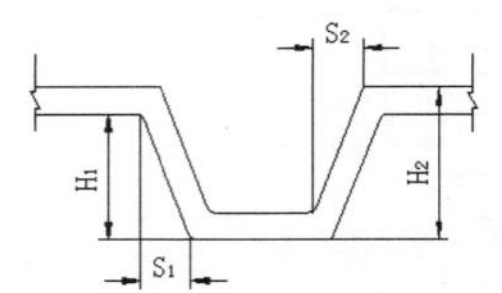


| 高度H / 拔模比 | 凸面 | 凹面 |
|---|---|---|
| 外侧 S1/H1 | 1/30 | 1/40 |
| 内侧 S2/H2 | / | 1/60 |

图 22-16

### 3. BOSS柱（支柱）处理

支柱为凸出胶料壁厚，用以装配产品、隔开对象及支撑承托其他零件。空心的支柱可以用来嵌入镶件、收紧螺丝等。这些应用均要有足够强度的支持压力而不致于破裂。

为免在扭上螺丝时出现打滑的情况，支柱的出模角一般会以支柱顶部的平面为中性面，而且角度一般为0.5º～1.0º。如支柱的高度超过15.0mm的时候，为加强支柱的强度，可在支柱连上一些加强筋，作为结构加强之用。如支柱需要穿过PCB的时候，同样在支柱连上一些加强筋，而且在加强筋的顶部设计成平台形式，此可作承托PCB之用，而平台的平面与丝筒项的平面必须要有2.0～3.0mm，如图22-17所示。

为了防止制件的BOSS部位出现缩水，应做防缩水结构，即“火山口”，如图22-18所示。

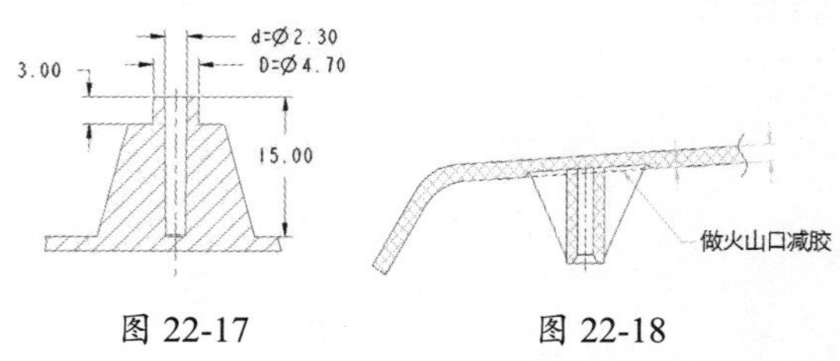


图 22-17　　图 22-18

## 22.2.2 分型面设计主要注意事项

一般来说，模具都由两大部分组成：动模和定模（或者公模和母模）。分型面是指两者在闭和状态时能接触的部分。在设计分型面时，除考虑制品的形状要素外，还应充分考虑其他选择因素。下面将分型面的一般设计要素做简要介绍。

①在模具设计中，分型面的选择原则如下。

- 不影响制品外观，尤其对外观有明确要求的制品，更应注意分型面对外观的影响。
- 有利于保证制品的精度。
- 有利于模具的加工，特别是型胚的加工。
- 有利于制品的脱模，确保在开模时使制品留于动模一侧。
- 方便金属嵌件的安装。
- 绘制2D模具图时要清楚地表达开模线位置、封胶面是否有延长等。

②分型面的设置。

分型面的位置应设在塑件断面的最大部位，形状应以模具制造及脱模方便为原则，应尽量防止形成侧孔或侧凹，有利于产品的脱模。如图22-19所示，左图产品的布置能避免侧抽芯；右图的产品布置则使模具增加了侧抽芯机构。

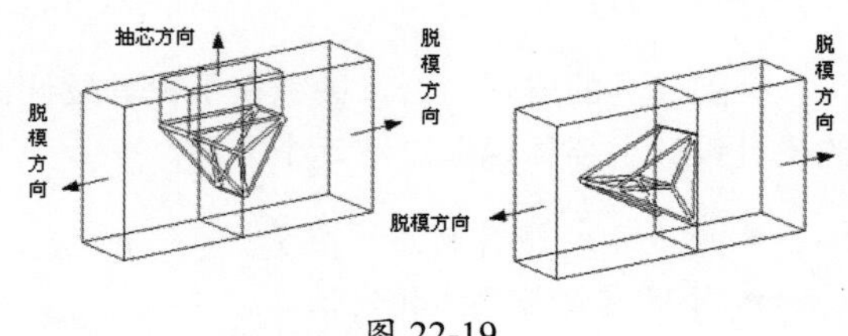


图 22-19

### 1. 分型面的封胶

在中、小型模具中有15～20mm的封胶面，大型模具有25～35mm的封胶面，其余分型面有深0.3～0.5mm的避空。大、中模具避空后应考虑压力平衡，在模架上增加垫板（模架一般应有0.5mm左右的避空），如图22-20所示。

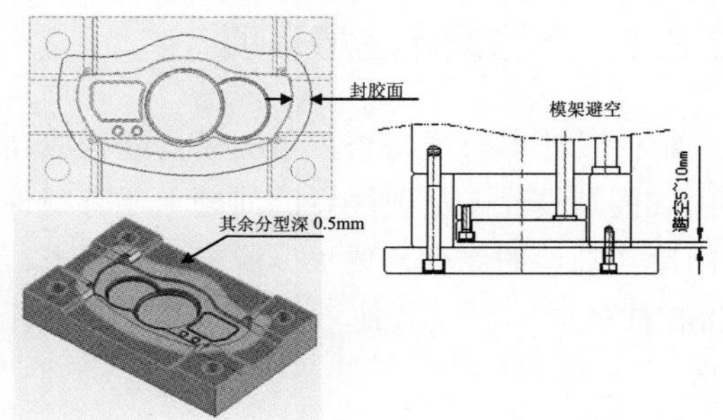


图 22-20

2．分型面的其他注意事项

分型面为大曲面或分型面高低距较大时，可考虑上下模料做虎口配合（型腔与型芯互锁，防止位移），虎口大小按模料而定。长和宽在200mm以下，做4个15mm×8mm高的虎口，斜度约为10°。如长度和宽度超过200mm以上的模料，其虎口应做20mm×10mm高或以上的虎口，数量按排位而定（可做成镶块也可原身留），如图22-21所示。

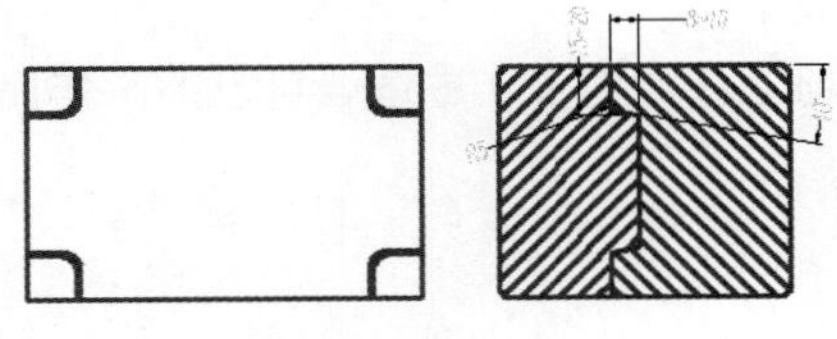

图 22-21

在动、定模上做虎口配合（在动模的4个边角上的凸台特征，作定位用），以及分型面有凸台时，需做R角间隙处理，以便于模具的机械加工、装配与修配，如图22-22所示。

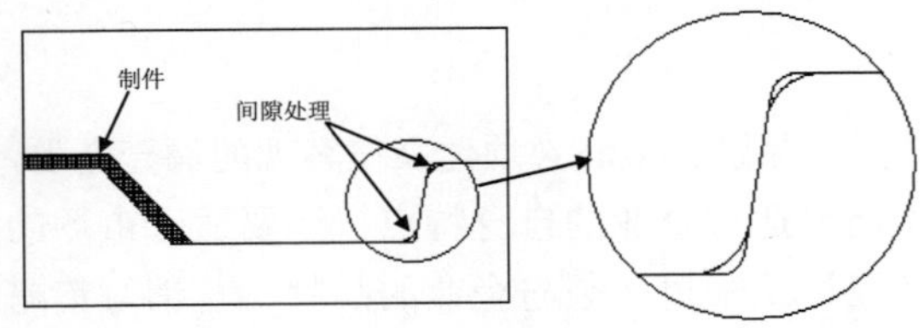


图 22-22

## 22.2.3 模具设计注意事项

合理的模具设计主要体现在以下几个方面：所成型的塑料制品的质量；外观质量与尺寸稳定性；加工制造时方便、迅速、简练，节省资金、人力，留有更正、改良余地；使用时安全、可靠，便于维修；在注射成型时有较短的成型周期；较长的使用寿命；具有合理的模具制造工艺性等。

设计人员在模具设计时应注意以下几点。

- 模具设计开始时应多考虑几种方案，衡量每种方案的优缺点，并从中优选一种最佳设计方案。对于T型模，也应认真对待。由于时间与认识上的原因，当时认为合理的设计，经过生产实践也一定会有可改进之处。
- 在交出设计方案后，要与工厂多沟通，了解加工过程及制造使用中的情况。每套模具都应有一个分析经验、总结得失的过程，这样才能不断地提高模具的设计水平。
- 设计时多参考过去所设计的类似图纸，吸取其经验与教训。
- 模具设计部门应视为一个整体，不允许设计成员各自为政。特别是在模具设计总体结构方面，一定要统一风格。

## 22.2.4 模具设计依据

模具设计的主要依据就是客户所提供的产品图纸及样板。设计人员必须对产品图及样板进行认真详细的分析与消化，同时在设计进程中必须逐一核查以下所有项目。

- 尺寸精度与相关尺寸的正确性。
- 脱模斜度是否合理。
- 制品壁厚及均匀性。
- 塑料种类。塑料种类影响到模具钢材的选择和缩水率的确定。
- 表面要求。
- 制品颜色。一般情况，颜色对模具设计无直接影响。但制品壁过厚、外形较大时易产生颜色不匀，且颜色越深时制品缺陷暴露得越明显。
- 制品成型后是否有后处理。如需表面电镀的制品，且一模多腔时，必须考虑设置辅助流道将制品连在一起，待电镀工序完毕再将其分开。
- 制品的批量。制品的批量是模具设计的重要依据，客户必须提供一个范围，以决定模具腔数、大小、模具选材及寿命。
- 注塑机规格。
- 客户其他要求。设计人员必须认真考虑及核对，以满足客户要求。

## 22.3 产品设计、模具设计与加工制造

许多朋友由于受到所学专业的限制，对整个产品的开发流程不甚了解，这也增加了模具设计的学习难度。模具工程师所具备的能力不仅是做出产品的模具结构，还要懂得如何进行产品设计、如何修改产品、如何数控加工制造和数控编程。

一个合格的产品设计工程师，如果不懂得模具结构设计和数控加工的理论知识，那么在设计产品时则会脱离实际导致无法开模和加工生产出来。同样，模具工程师也要懂得产品结构设计和数控加工知识，因为这会让他清楚地知道如何去修改产品，如何节约加工成本而设计出结构更加简易的模具。数控编程工程师是最后一个环节，除了自身具备数控加工的应有知识外，还要明白如何有效地拆电极、拆模具镶件，从而降低加工成本。

总而言之，具备多样化的知识，能让你在今后的职场上获得更多、更适合自己的工作岗位。

### 22.3.1 产品设计阶段

通常，一般产品的开发包括以下几个方面的内容。

①市场研究与产品流行趋势分析：构想、市场调查产品价值观。

②概念设计与产品规划：外形与功能。

③造型设计：外观曲线和曲面、材质和色彩造型的确认。

④机构设计：组装，零件。

⑤模型开发：简易模型、快速模型（R.P）。

**1．市场研究与产品流行趋势分析**

任何一款新产品在开发之初，都要进行市场研究。产品设计策略必须建立在客观的调查之上，专业的分析推论才有正确的依据，产品设计策略不但要适合企业的自身特点，还要适合市场的发展趋势以及适合消费者的消费需求。同时，产品设计策略也必须与企业的品牌、营销等策略相符合。

下面介绍一个热水器项目的案例。本案例是由深圳市嘉兰图设计有限公司完成，是针对“润星泰”电热水器的目前情况，通过产品设计策划，完成了三套主题设计，全面提升原有产品的核心市场地位，树立了品牌形象。

（1）热水器行业分析

① 热水器产品比较（见表 22-1）：目前市场上有 4 种热水器：燃气热水器、传统电热水器、即热型电热水器、太阳能热水器。各种产品具有各自的优劣势，各自拥有相应的用户群体。其中即热型电热水器凭借其安全、小巧和时尚的特点正在越来越多地被年轻、时尚、新房装修的一类群体接受。

**表 22-1 热水器产品比较**

| 行　业 | 劣　势 | 优　势 |
|---|---|---|
| 传统电热水器 | 加热时间长，占用空间，易生水垢 | 适应任何气候环境，水量大 |
| 燃气热水器 | 空气污染，安全隐患，能源不可再生 | 快速，占地小，不受水量控制 |
| 太阳能热水器 | 安装条件限制，各地太阳能分布不均 | 安全，节能，环保，经济 |

续表

| 行　　业 | 劣　　势 | 优　　势 |
|---|---|---|
| 即热型电热水器 | 安装条件受限制 | 快速，节能，时尚，小巧，方便 |

② 热水器产品市场占有率的变化：由于能源价格不断攀升，燃气热水器的竞争优势逐渐丧失，“气弱电强”已成定局，整个电热水器品类的市场机会增大。数据显示，近两年来即热型电热水器行业的年增长率超过100%，可称得上是家电行业增长最快的产品之一。2006年国内即热型电热水器的市场销售总量已达60万台。预计未来3～5年内，即热型电热水器将继续保持50%以上的高速增长率。如图22-23所示为即热型热水器和传统电热水器、燃气热水器、太阳能热水器的市场占有率分析图表。

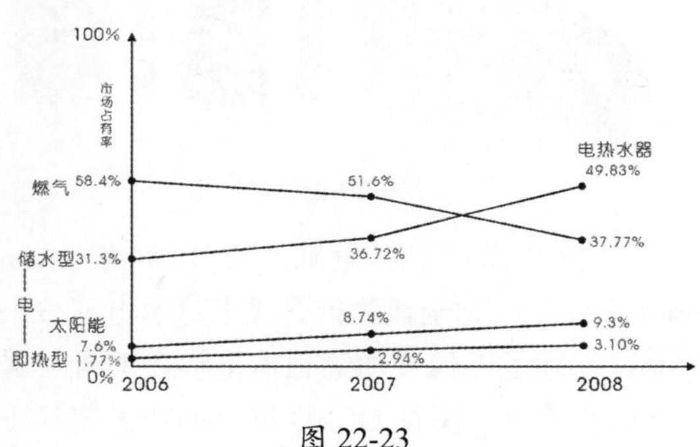


图 22-23

③即热型电热水器发展现状：除早期介入市场已经形成一定的规模的奥特朗、哈佛、斯狄沨等品牌外，快速电热水器市场比较混乱，绝大部分快速电热水器生产企业不具备技术和研发优势，无一定规模，售后服务不完善，也缺乏资金实力等。

④分析总结：目前进入即热型电热水器领域，时机较好。

- 市场培育基本成熟，目前进入市场无须培育市场的推广费用，风险小。
- 行业品牌集中程度不高，没有形成垄断经营局面，基本上仍然处于完全竞争状态，对新进入者是一个机会。
- 行业标准尚未建立，没有技术壁垒。
- 产品处在产品生命周期中的高速成长期，目前利润空间较大。

（2）即热型电热水器竞争格局

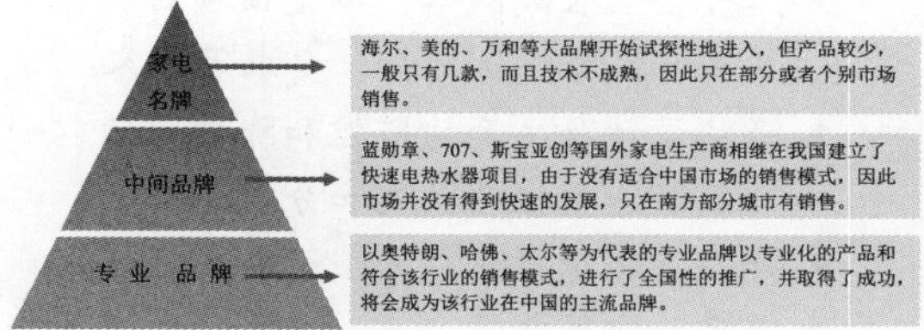


① 产品组合策略：凭借设计、研发实力开发出满足不同需要、不同场所、中档到高档五大系列共几十个品种。

② 产品线策略：按常理，在新产品上市初期应尽量降低风险、采用短而窄的产品线，奥特朗反其道而行之，采用了长而宽的产品线策略。一方面强化快速电热水器已经是主流热水器产品的有形证据，让顾客感觉到快速电热水器已经不是边缘产品；另一方面以强势系列产品与传统储水式和燃气式热水器进行对抗，强化行业领导者印象。

**2. 概念设计与产品规划**

在概念开发与产品规划阶段，将有关市场机会、竞争力、技术可行性、生产需求的信息综合起来，确定新产品的框架。这包括新产品的概念设计、目标市场、期望性能的水平、投资需求与财务影响。在决定某一新产品是否开发之前，企业还可以用小规模实验对概念、观点进行验证。实验可包括样品制作和征求潜在顾客的意见。

（1）产品设计规划

产品设计规划是依据企业整体发展战略目标和现有情况，结合外部动态形势，合理地制定本企业产品的全面发展方向和实施方案，以及一些关于周期、进度等的具体问题。产品设计规划在时间上要领先于产品开发阶段，并参与产品开发的全过程。

产品设计规划的主要内容包括：

- 产品项目的整体开发时间和阶段任务时间计划。
- 确定各个部门和具体人员各自的工作及相互关系与合作要求，明确责任和义务，建立奖惩制度。
- 结合企业长期战略，确定该项目具体产品的开发特性、目标、要求等内容。
- 产品设计及生产的监控和阶段评估。
- 产品风险承担的预测和分布。
- 产品宣传与推广。
- 产品营销策略。
- 产品市场反馈及分析。
- 建立产品档案。

这些内容都在产品设计启动前安排和定位，虽然这些具体工作涉及不同的专业人员，但其工作的结果却是相互关联和相互影响的，最终将交集完成一个共同的目标，体现共同的利益。在整个过程中，需存在一定的标准化操作技巧，同时需要专职人员疏通各个环节，监控各个步骤，期间既包括具体事务管理，也包括具体人员管理。

（2）概念设计

概念设计不同于现实中真实的产品设计，概念产品的设计往往具有一定的超前性，它不考虑现有的生活水平、技术和材料，而是在设计师遇见能力所能达到的范围来考虑未来的产品形态，它是一种针对人们的潜在需求的设计。

概念设计主要体现在：

- 产品的外观造型风格比较前卫。
- 比市场上现有的同类产品，在技术上先进很多。

下面列举几款国外的概念产品设计。

① Sbarro Pendolauto 概念摩托车。瑞士汽车摩托改装公司的概念车。有意混淆汽车和摩托车的界限，如图 22-24 所示。

图 22-24

② 概念手机。手机外形简洁，虽说看上去方方正正，但是薄薄的身材有点像巧克力。外壳完全采用橡胶材质，特点是在生活中能经受磕磕碰碰。而且还有一个细微的特点，仔细看图，键盘和屏幕是有点倾斜的，据说更符合人体工程学。内置 400 百万像素的摄像头和一对立体声喇叭，如图 22-25 所示。

图 22-25

③ 折叠式笔记本电脑。设计师 Niels van Hoof 设计了一款全新的折叠式笔记本电脑——Feno，它除了能像普通笔记本电脑在键盘与屏幕之间折叠外，柔性 OLED 屏幕的加入使其还可以从中间再折叠一次。这样使得它更加小巧，携带方便。它还配备了一个弹出式无线鼠标，轻轻一按，即能弹出使用，如图 22-26 所示。

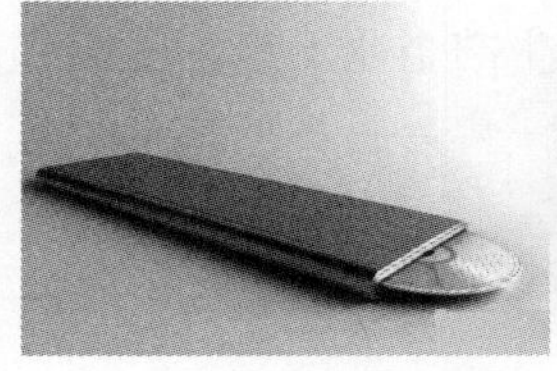

图 22-26

④ MP3 播放器概念产品。这款新型的 MP3 播放器，既保持小巧的身姿，又能够兼顾 CD 音乐媒体，大部分时候它都像是普通的 MP3 播放器一样工作，但是如果你想听一下 CD 的时候，只需要将 CD 插入插槽，通过

一端的转轴将CD光盘固定住，它就可以读取CD上的音乐了，如图22-27所示。

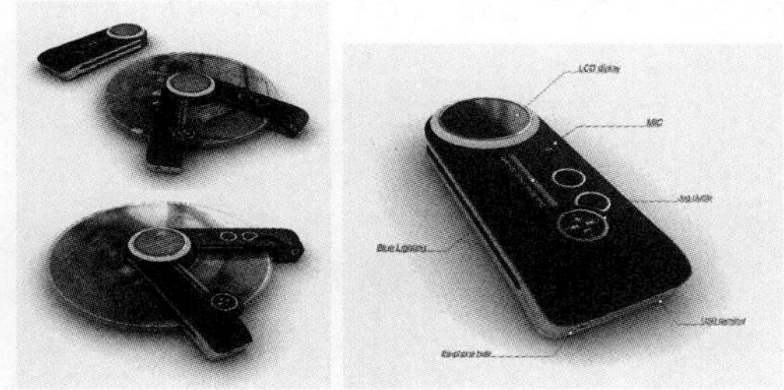

图 22-27

（3）将概念设计商业化

当一个概念设计符合当前的设计、加工制造水平时，就可以商业化了。即把概念产品转变成真正能使用的产品。

把一个概念产品变成具有市场竞争力的商品，并大批量地生产和销售之前有很多问题需要解决，工业设计师必须与结构设计师、市场销售人员密切配合，对他们提出的设计中一些不切实际的新创意进行修改。对于概念设计中具有可行性的设计成果也要敢于坚持自己的意见，只有这样才能把设计中的创新优势充分发挥出来。

例如，借助了中国卷轴画的创意，设计出一款类似的画轴手机。这款手机平时像一个圆筒，但如果你想看视频或者收短消息，就可以从侧面将卷在里面的屏幕抽出来。按照设计师的理念，这块可以卷曲的屏幕还应该有触摸功能，如图22-28所示。

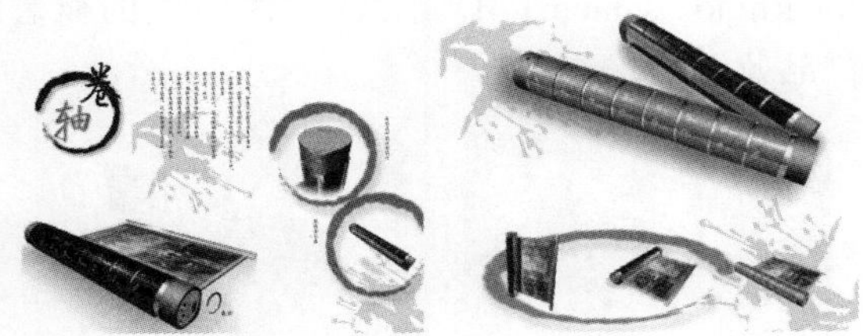


图 22-28

之前，这款手机商业化的难题是：没有软屏幕。现在，世界著名的手机厂商三星已设计出一款软屏幕“软性液晶屏”，可以像纸一样卷起来，如图22-29所示。利用这个新技术，卷轴手机也就可以真正商品化了。

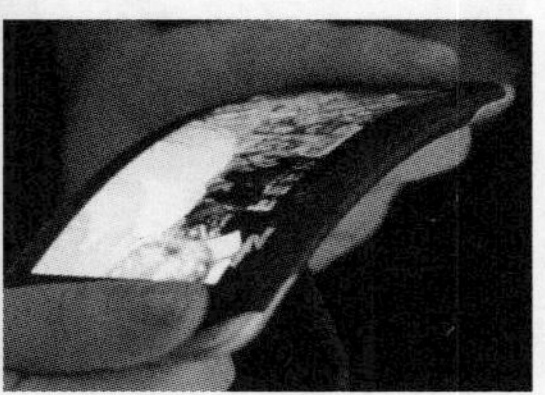

图 22-29

（4）概念设计的二维表现

既然产品设计是一种创造活动，就工业产品来讲，新创意往往就是从未出现过的新创意，这种产品的创意是没有参考样品的，无论多么聪明的人，都不可能一下子在头脑里形成相当成熟和完整的方案，甚至更精确的设计细节，他必须借助书面的表达方式，或文字或图形，随时记录想法进而推敲定案。

①手绘表现。在诸多的表达方式（如速写、快速草图、效果图、计算机设计等）中，最方便、快捷的是快速表现方法，如图22-30所示的就是利用速写方式进行的创意表现。通过使用不同颜色的笔，可以绘制出带有色彩、质感和光射效果，且较为逼真的设计草图，如图22-31所示。现在，工业设计师们越来越多地采用数字手绘方法，即利用数位板（手绘板）手绘，如图22-32所示。

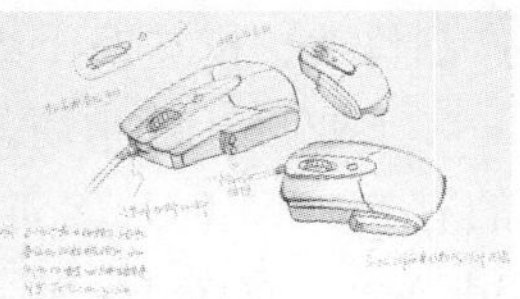

图 22-30

图 22-31

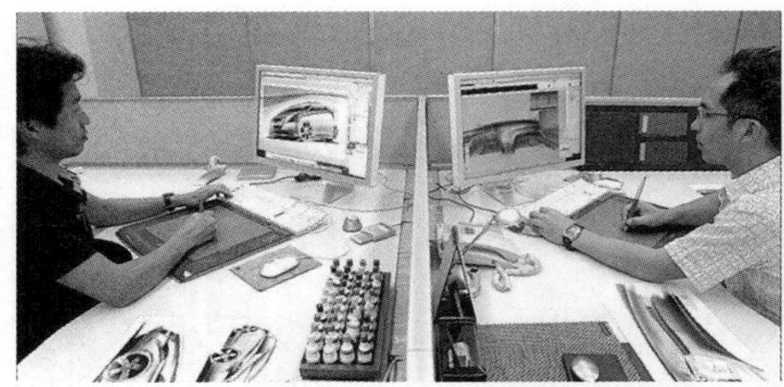

图 22-32

②计算机二维表现。这是另一种表达设计师概念设计意图的方式。计算机二维效果图（2D Rendering）介于草绘和数字模型之间，具有制作速度快、修改方便、基本能够反映产品本身材质、光影、尺度比例等诸多优点。制作二维效果图的常用软件有 Adobe Photoshop、Adobe Illustrator、Freehand、CorelDRAW 等。效果图如图 22-33 和图 22-34 所示。

图 22-33

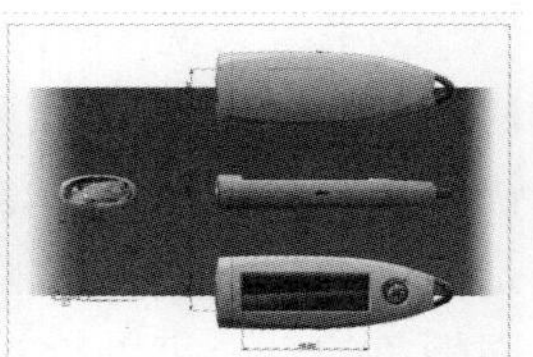

图 22-34

### 3．3D 造型设计

有了产品的手绘草图以后，我们就可以利用计算机辅助设计软件进行 3D 造型了。3D 造型设计也就是将概念产品参数化，便于后期的产品修改、模具设计及数控加工等工作。

工业设计师常用的 3D 造型设计软件常见的有 Pro/E、UG、SolidWorks、Rhino、Alias、3ds Max、MsterCAM、Cinema 4D 等。

首先，产品设计师利用 Rhino 或 Alias 造型软件设计出不带参数的产品外观。如图 22-35 所示为利用 Rhino 软件设计的产品造型。

在产品外观造型阶段，还可以再次对方案进行论证，以达到让客户满意的效果。然后将 Rhino 中构建的模型导入 Pro/E、UG、SolidWorks 或 MsterCAM 中进行产品的结构设计，这样的结构设计是带有参数的，这便于后期的数据存储和修改。如图 22-36 所示为利用 MsterCAM 软件进行产品结构设计的示意图。

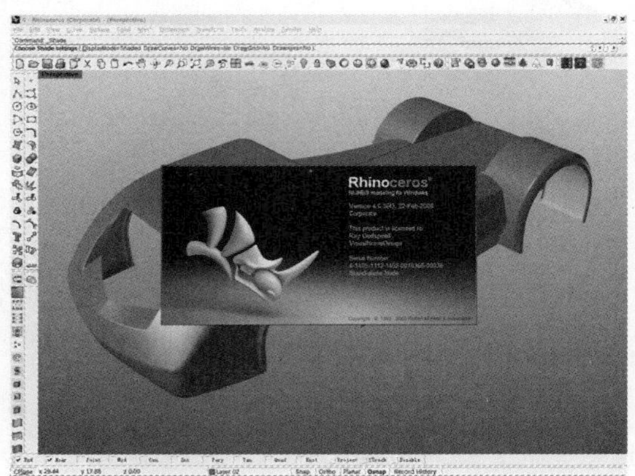


图 22-35

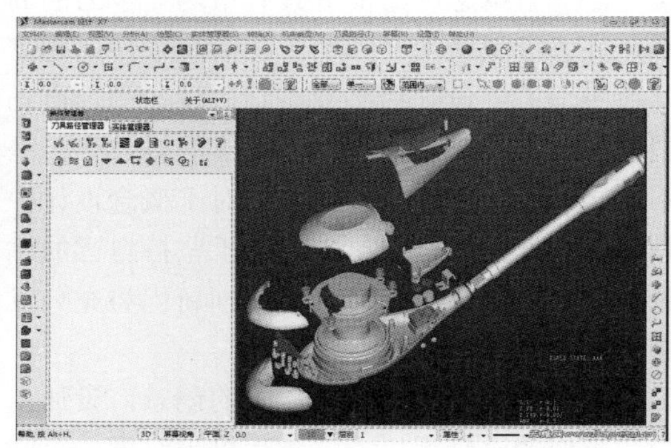

图 22-36

前面我们介绍了产品的二维表现，这里我们可以用 3D 软件做出逼真的实物效果图，如图 22-37 ～图 22-40 所示为利用 Alias、V-Ray for Rhino、Cinema 4D 等 3D 软件制作的概念产品效果图。

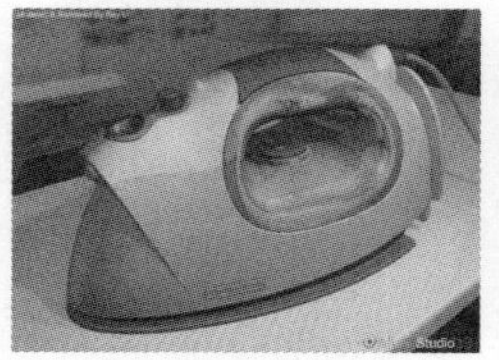

图 22-37

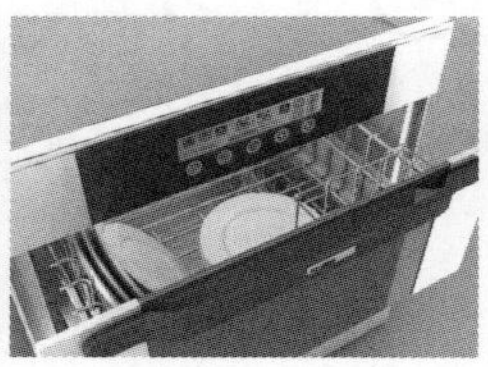

图 22-38

图 22-39

图 22-40

### 4. 机构设计

3D 造型完成后，创建产品的零件图纸和装配图纸，这些图纸用来在加工制造和装配过程中工人参考用。如图 22-41 所示为利用 SolidWorks 软件创建的某自行车产品的图纸。

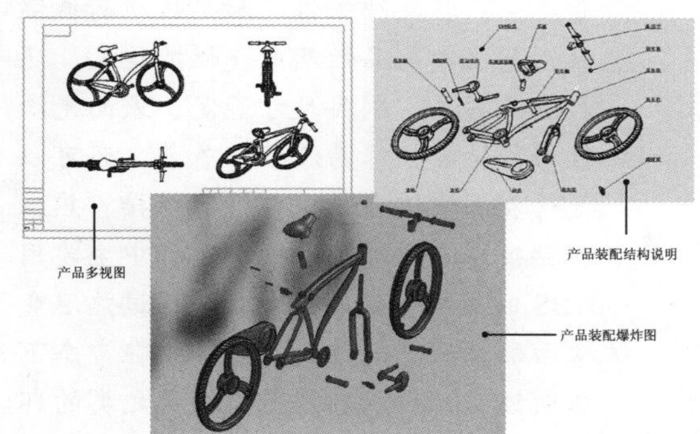


图 22-41

### 5. 模型开发

模型，首先是一种设计的表达形式。它是接近现实的，以一种立体的形态来表达设计师的设计理念及创意思想的手段。同时也是一种方案，使设计师的意图转化为视觉和触觉的近似真实的设计方案。产品设计模型与市场上销售的商品模型是有根本区别的。产品模型的功能是设计师将自己所从事的产品设计过程中的构想与意图，通过接近或等同于设计产品的直观化体现出来。这个体现过程其实也就是一种设计创意的体现。它使人们可以直观地感受设计师的创造理念、灵感、意识等诸多要素，如图 22-42 所示。

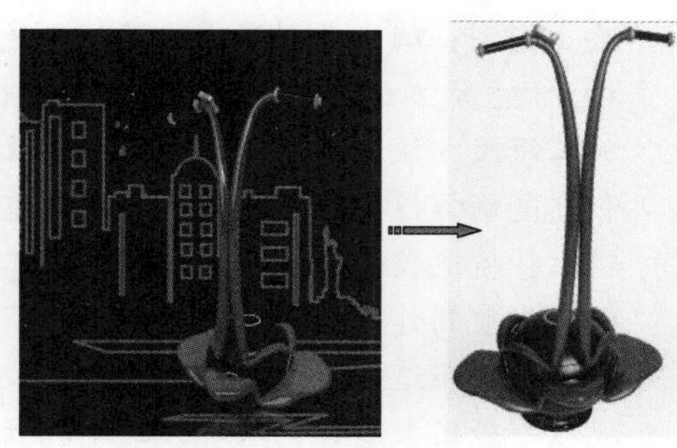

图 22-42

根据材料的不同，模型包括纸质模型、石膏模型、陶土模型、油泥模型、玻璃钢模型、ABS 板塑料模型、泡沫塑料模、木质模型、金属模型（RP 成型技术）和 3D 打印模型等。

- 纸质模型：纸质材料是一种常见的制作材料，它具有来源广泛、易加工成型、制作简单、简易方便等特性。常见的有各种克数的卡纸、瓦楞纸、包装纸，厚度不同的泡沫夹心纸板等。纸质模型及其制作工具，如图 22-43 所示。

图 22-43

- 石膏模型：石膏模型具有实体性强、具有一定强度、成型较为容易、不宜变形、保存期长、方便二次加工制作、可涂着色彩等优点。不足之处是有一定的重量、易碰碎、不宜携带、细微刻画不足等。所以石膏模型一般用于形态适中、外形较为整体、负空间不大的产品设计。石膏模型及其制作工具，如图 22-44 所示。

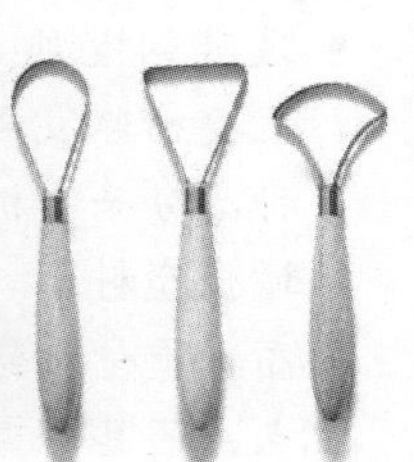

图 22-44

- 陶土模型：陶土也叫黏土，其特点是取材方便、成本低廉、具有很好的可塑性、加工修改方便简易。同时具有可回收性和重复制作性等特点。不足之处是重量较大、质地较粗糙、不太适合精加工。以此材质制作的模型干湿变化很大，经常因脱水而造成模型变形和表面龟裂。现在一般用来制作构思阶段的草稿性模型，为以后的定型提供探讨研究依据。陶土模型及其制作工具，如图22-45所示。

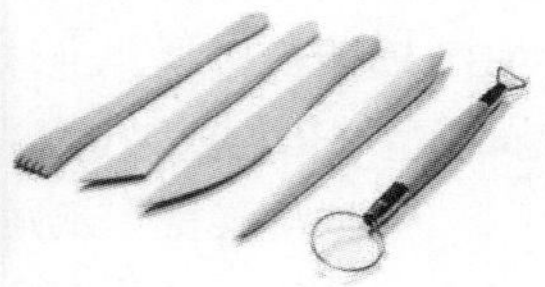

图 22-45

- 油泥模型：油泥是一种含油质的材料，不溶于水，成型后不会干裂，其特点是可塑性和粘接性非常好，成型后经过加热软化后可以自由修改，油泥经过加温，硬度会有所降低，呈现出很好的柔软性。温度降低后，硬度会恢复到原来的强度，这个过程可以经过无数次，而丝毫不影响材质的质量。油泥材质还可以回收再用，对设计师来讲是非常方便和有效的。油泥模型及其制作工具，如图22-46所示。

图 22-46

- 玻璃钢模型：玻璃钢是一种复合材料，主要由环氧树脂与玻璃纤维构成，是一种高分子有机树脂，学名叫“玻璃纤维增强塑料”。玻璃钢具有密度小、强度高、重量比铝还轻、强度比钢还高的特点，还具有良好的耐酸碱腐蚀特性、不导电、具绝缘性、耐瞬间高温等优良特征。表面易于进行装饰，是当今许多工业产品广泛使用的优良材料。玻璃钢模型及其制作工具，如图22-47所示。

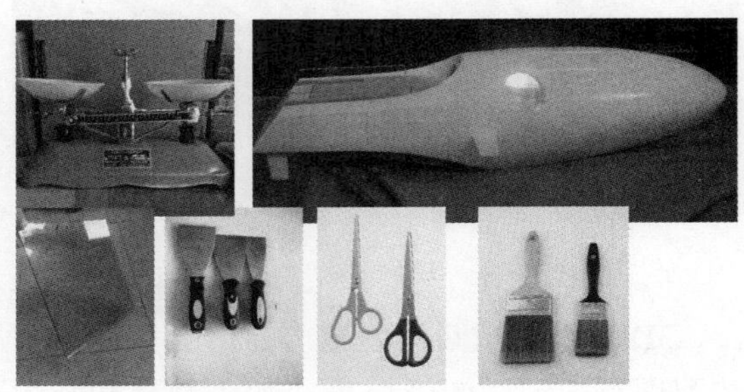

图 22-47

- ABS板塑料模型：ABS是五大合成树脂之一，其抗冲击性、耐热性、耐低温性、耐化学药品性及电气性能优良，还具有易加工、制品尺寸稳定、表面光泽性好等特点，容易涂装、着色，还可以进行表面喷镀金属、电镀、焊接、热压和粘接等二次加工。模型制作中主要用ABS的板材和块材，板材多通过热温变软后配合磨具制作大曲面，或在常态下雕刻镂空，用以制作产品面板之类的部件。也可通过CNC数控加工中心切削制作精确的模型形态。设计师既可以自己动手通过简单工具制作简易的模型，也可通过专业人员运用数码设备制作手板级别的精密模型。ABS板塑料模型及其制作工具，如图22-48所示。

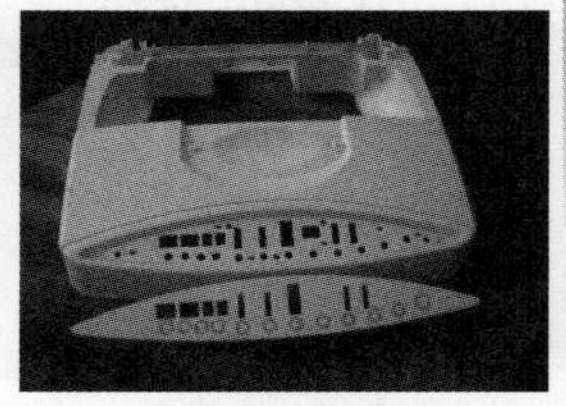

图 22-48

- 泡沫塑料模型：泡沫塑料的种类有很多，用以制作模型的材料有UPS、XPS、PU这三种材料，其中UPS和XPS一般是用作制作黏土模型和油泥模型的芯料，能够较为独立地应用于模型制作的材料便是PU了，这里所说的PU就是聚氨酯发泡塑料。这种材料同前面提到的三种材料一样，主要应用于建筑做隔温材料使用，聚氨酯发泡密度较低：$80kg/m^3 \sim 150kg/m^3$，由于其颗粒均匀易于切削打磨的特点，既可以用于作为方案初期快速的草模制作，也可用于后期较为精密的效果模型的制作。泡沫塑料模型和常用工具，如图22-49所示。

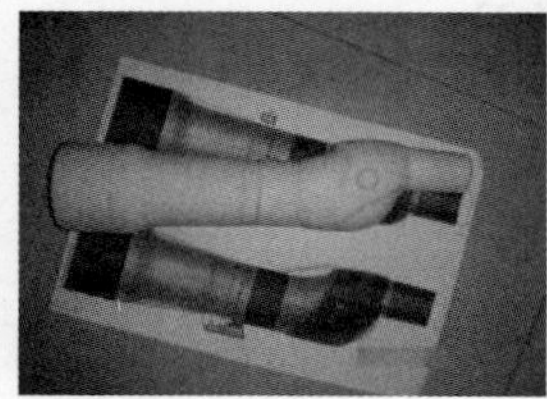

图22-49

- 木质模型：木材是一种常见的材料，它来源广泛，品种众多，品质呈多样性，是一种模型制作常用的构成材质。相对来讲木材质量轻而强度大，具有绝缘隔热的特性，有其天然的纹理和色泽，加工相对容易。同时易于表面装饰和利用自身色泽肌理进行产品模型的制作。因此木材常用于家具和家居产品模型的制作。木质模型和常用工具，如图22-50所示。

图22-50

- 金属模型：金属模型要动用的材料和工具比较复杂和高端，所以制作这类模型往往需要专业技师来配合。但作为设计师来说也要掌握一些这方面的专业知识，以更好地达到设计目的和更好地体现设计效果。金属模型和常用加工工具，如图22-51所示。金属模型加工的步骤，如图22-52所示。

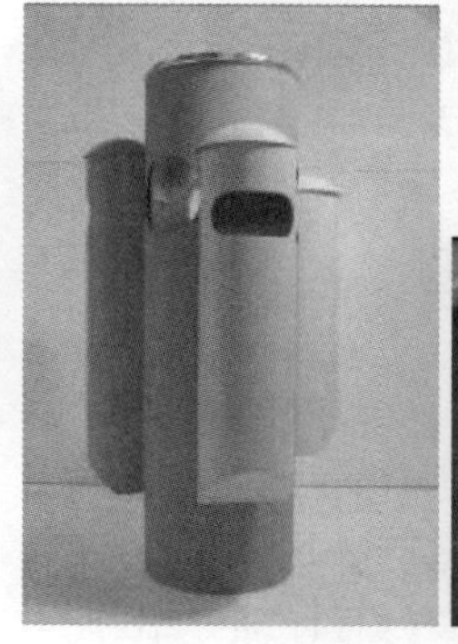
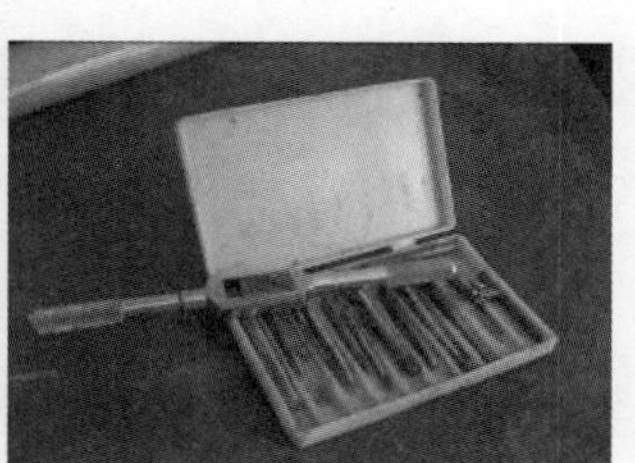

图22-51

①加工主体模型 ②加工局部模型 ③完成所有模型加工 ④零件模型装配

图22-52

- 3D打印机制作模型：3D打印机的应用技术也叫RP（Rapid Prototyping）快速成型技术。它是一种以数字模型文件为基础，运用粉末状金属或塑料等可粘合材料，通过逐层打印的方式来构造物体的技术。过去其常在模具制造、工业设计等领域被用于制造模型，现正逐渐用于一些产品的直接制造，这意味着这项技术正在普及。它的原理是：把数据和原料放进3D打印机中，机器会按照程序把产品一层层地造出来。打印出的产品，可以即时使用。3D打印机及其加工的模型，如图22-53所示。

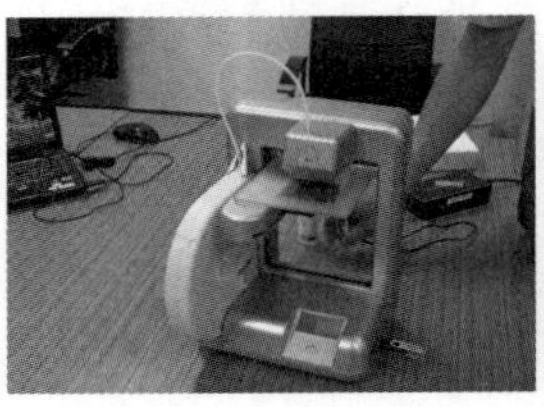

图 22-53

## 22.3.2 模具设计阶段

除了前面介绍的利用3D打印机技术制作产品以外，几乎所有的塑料产品都需要利用注射成型技术（模具）来制造产品。

模具设计流程在上节中已有详细介绍。

下面介绍利用CAD软件设计模具。

常见用于模具结构设计的计算机辅助设计软件有Pro/E、UG、SolidWorks、MsterCAM、CATIA等。模具设计的步骤如下。

（1）分析产品

主要是分析产品的结构、脱模性、厚度、最佳浇口位置、填充分析、冷却分析等，若发现产品有不利于模具设计的地方，与产品结构设计师商量后须进行修改。如图22-54所示为利用MsterCAM软件对产品进行的脱模性分析，即更改产品的脱模方向。

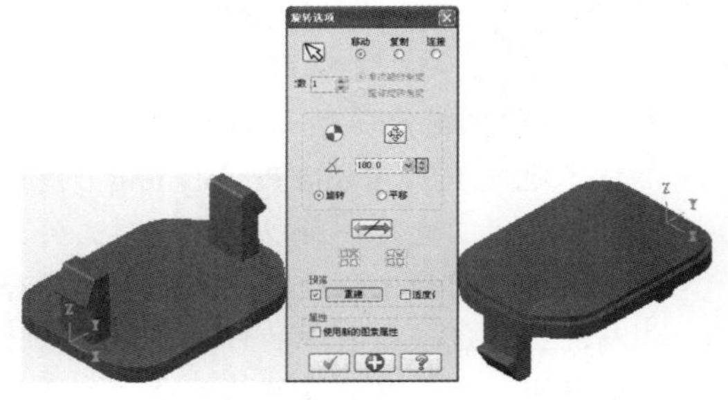

图 22-54

（2）分型线设计

分型线是型腔与型芯的分隔线。它在模具设计初期有着非常重要的指导作用——只有合理地找出分型线，才能正确分模乃至模具的完整，产品的模具分型线如图22-55所示。

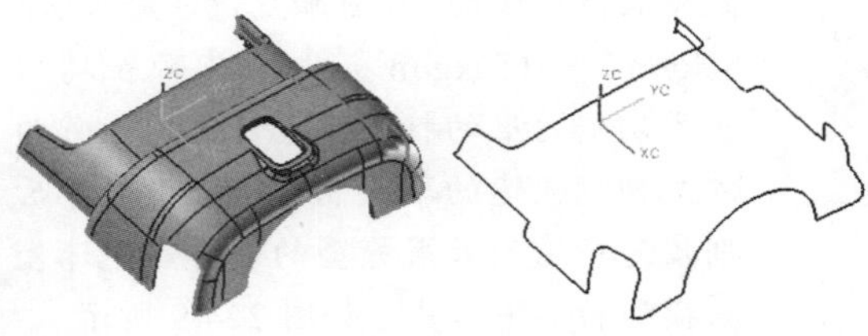

图 22-55

（3）分型面设计

模具上用以取出制品与浇注系统凝料的、分离型腔与型芯的接触表面称为“分型面”。在制品的设计阶段，就应考虑成型时分型面的形状和位置。模具分型面如图22-56所示。

（4）成型零件设计

构成模具模腔的零件统称为“成型零件”，它主要包括型腔、型芯、镶块、成型杆和成型环。如图22-57所示为模具的整体式成型零件。

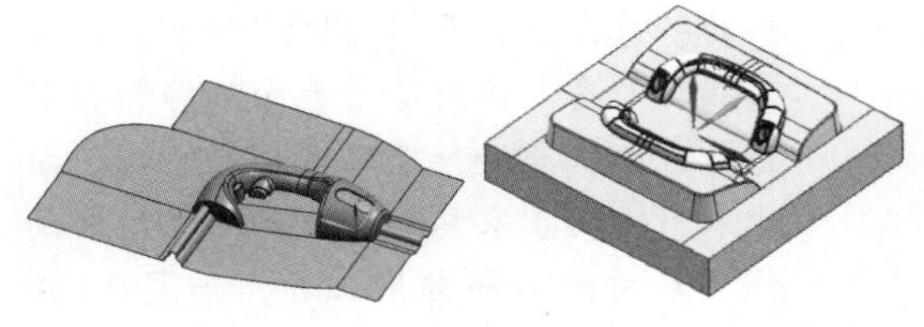

图 22-56　　图 22-57

（5）模架设计

模架（沿海地区或称为“模胚”）一般采用标准模架和标准配件，这对缩短制造周期、降低制造成本是有利的。模架有国际标准和国家标准。符合国家标准的龙记模架结构，如图22-58所示。

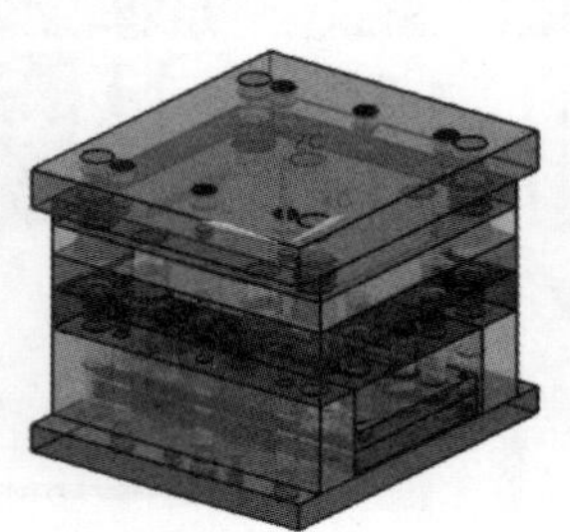

图 22-58

（6）浇注系统设计

浇注系统是指塑料熔体从注塑机喷嘴出来后到达模腔前，在模具中所流经的通道。普通浇注系统由主流道、分流道、浇口、冷料穴几部分组成，如图22-59所示是卧式注塑模的普通浇注系统。

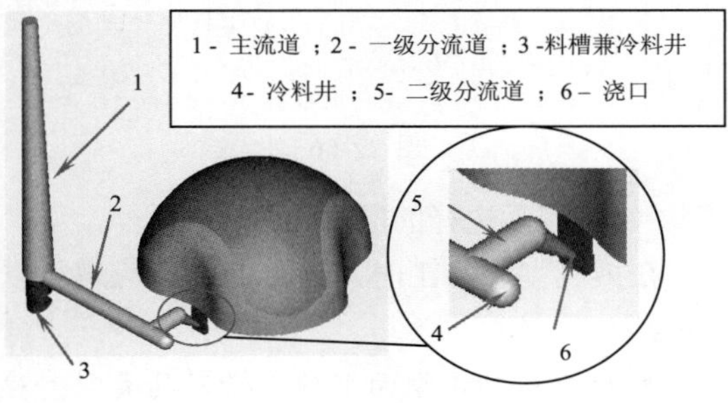


图 22-59

（7）侧向分型机构设计

由于某些特殊要求，在塑件无法避免其侧壁内外表面出现凸凹形状时，模具就需要采取特殊的手段对所成形的制品进行脱模。因为这些侧孔、侧凹或凸台与开模方向不一致，所以在脱模之前必须先抽出侧向成形零件，否则将不能脱模。这种带有侧向成形零件移动的机构称为“侧向分型”与“抽芯机构”。如图22-60所示为模具四面侧向分型的滑块机构设计。

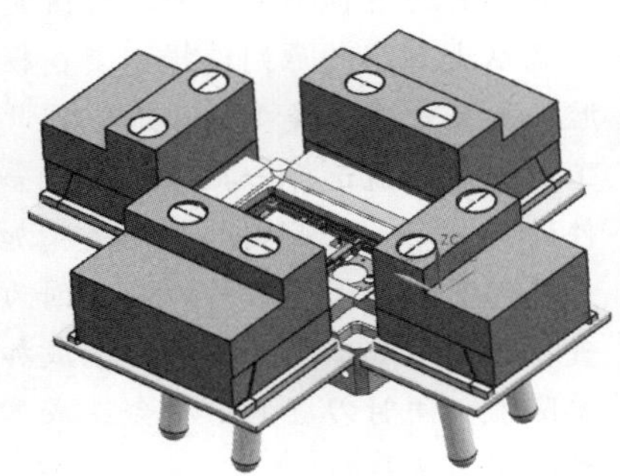

图 22-60

（8）冷却系统设计

模具冷却系统的设计与使用的冷却介质和冷却方法有关。注塑模可用水、压缩空气和冷凝水冷却，其中使用水冷却最为广泛，因为水的热容量大、传热系数大、成本低。冷却系统组件包括冷却水路、水管接头、分流片、堵头等。如图22-61所示为模具冷却系统设计图。

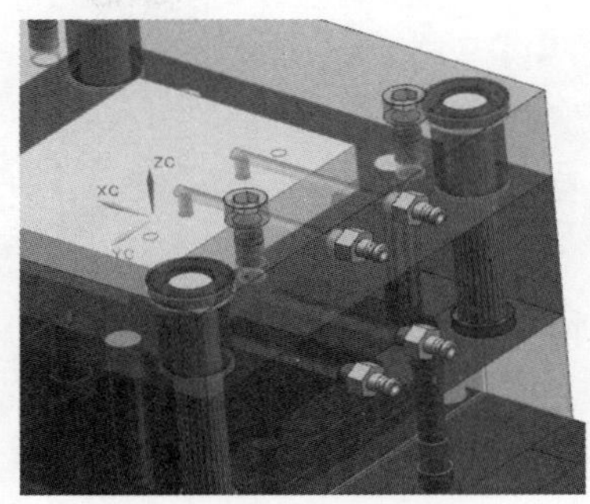

图 22-61

（9）顶出系统

成型模具必须有一套准确、可靠的脱模机构，以便在每个循环中将制件从型腔内或型芯上自动脱出模具外，脱出制件的机构称为“脱模机构”或“顶出机构”（也叫模具顶出系统）。常见的顶出形式有顶杆顶出和斜向顶出，如图22-62所示。

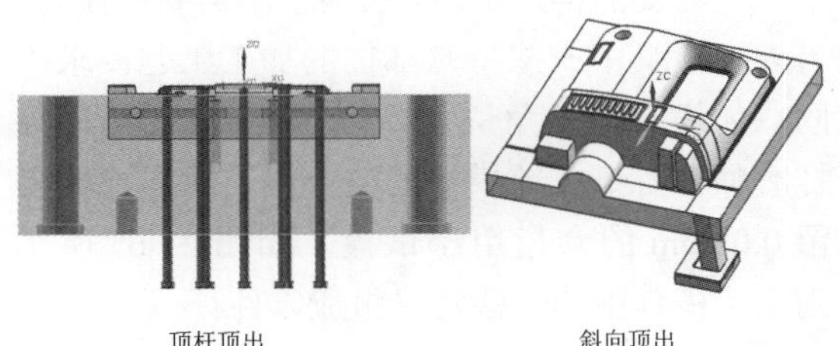


图 22-62

（10）拆电极

作为数控编程师，一定要懂得拆镶块和拆电极。拆镶块，可以降低模具数控加工的成本。拆出来的镶块用普通机床、线切割机床就可以完成加工。如果不拆，那么就有可能需要利用到电极加工方式，电极加工成本是很高的。就算用不上电极加工，但对于数控机床也会增加加工时间。此外，拆镶块还利用装配和维修。如图22-63所示为拆镶块的示意图。

有的产品为了保证产品的外观质量，例如手机外壳，是不允许有接缝产生的。因此必须利用电极加工，那么就需要拆电极。如图22-64所示为模具的型芯零件与型芯电极。

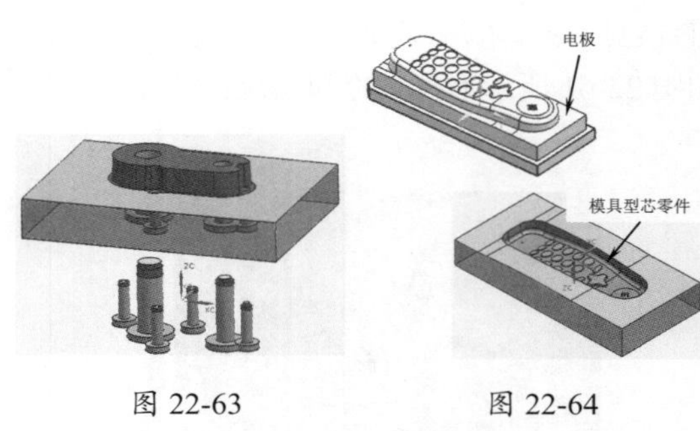


图 22-63　　图 22-64

## 22.3.3　加工制造阶段

在模具加工制造阶段，新手除前面介绍的知识应掌握外，还应掌握以下重要内容。

### 1. 数控加工中常见的模具零件结构

一般情况下前模（也叫定模）的加工要求比后模的加工要求高，所以前模面必须加工得非常准确和光亮，该清的角一定要清；但后模（也叫动模）的加工就有所不同，有时有些角不一定需要清得很干净，表面也不需要很光亮。另外，模具中一些特殊部位的加工工艺要求不同，如模具中的角位需要留 0.02mm 的余量待打磨师傅打磨；前模中的碰穿面、擦穿面需要留 0.05mm 的余量用于试模。如图 22-65 所示列出了模具中的一些常见组成零件。

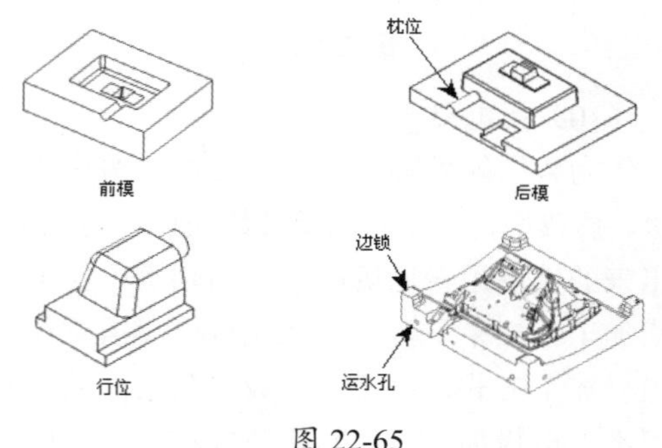


图 22-65

### 2. 模具加工的刀具选择

在模具型腔数控铣削加工中，刀具的选择直接影响着模具零件的加工质量、加工效率和加工成本，因此正确选择刀具有着十分重要的意义。在模具铣削加工中，常用的刀具有平端立铣刀、圆角铣刀、球头刀和锥度铣刀等，如图 22-66 所示。

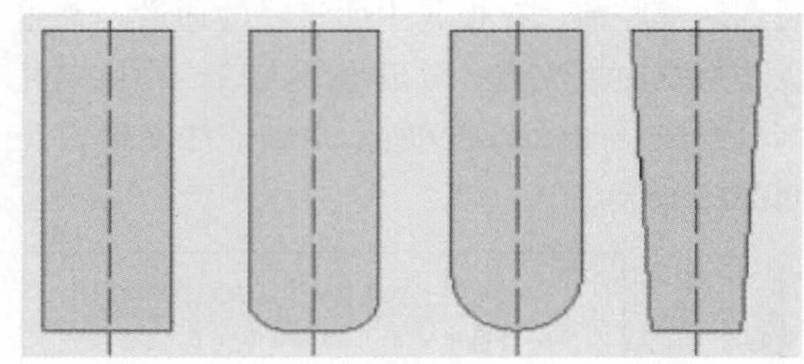

图 22-66

（1）刀具选择的原则

在模具型腔加工时，刀具的选择应遵循以下原则。

- 根据被加工型面形状选择刀具类型：对于凹形表面，在半精加工和精加工时，应选择球头刀，以得到好的表面质量，但在粗加工时宜选择平端立铣刀或圆角铣刀，这是因为球头刀切削条件较差；对凸形表面，粗加工时一般选择平端立铣刀或圆角铣刀，但在精加工时宜选择圆角铣刀，这是因为圆角铣刀的几何条件比平端立铣刀好；对带脱模斜度的侧面，宜选用锥度铣刀，虽然采用平端立铣刀通过插值也可以加工斜面，但会使加工路径变长而影响加工效率，同时会加大刀具的磨损而影响加工的精度。
- 根据从大到小的原则选择刀具：模具型腔一般包含多个类型的曲面，因此在加工时一般不能选择一把刀具完成整个零件的加工。无论是粗加工还是精加工，应尽可能选择大直径的刀具，因为刀具直径越小，加工路径越长，造成加工效率降低，同时刀具的磨损会造成加工质量的明显差异。
- 根据型面曲率的大小选择刀具：在精加工时，所用最小刀具的半径应小于或等于被加工零件上的内轮廓圆角半径，尤其是在拐角加工时，应选用半径小于拐角处圆角半径的刀具，并以圆弧插补的方式进行加工，这样可以避免采用直线插补而出现过切现象。在粗加工时，考虑到尽可能采用大直径刀具的原则，一般选择的刀具半径较大，这时需要考虑的是粗加工后所留余量是否会给半精加工或精加工刀具造成过大的切削负荷。因为较大直径的刀具在零件轮廓拐角处会留下更多的余量，这往往是精加工过程中出现切削力的急剧变化而使刀具损坏的直接原因。

- 粗加工时尽可能选择圆角铣刀：一方面圆角铣刀在切削中可以在刀刃与工件接触的0°～90°范围内给出比较连续的切削力变化，这不仅对加工质量有利，而且会使刀具寿命大幅延长；另一方面，在粗加工时选用圆角铣刀，与球头刀相比具有良好的切削条件，与平端立铣刀相比可以留下较为均匀的精加工余量，如图22-67所示，这对后续加工是十分有利的。

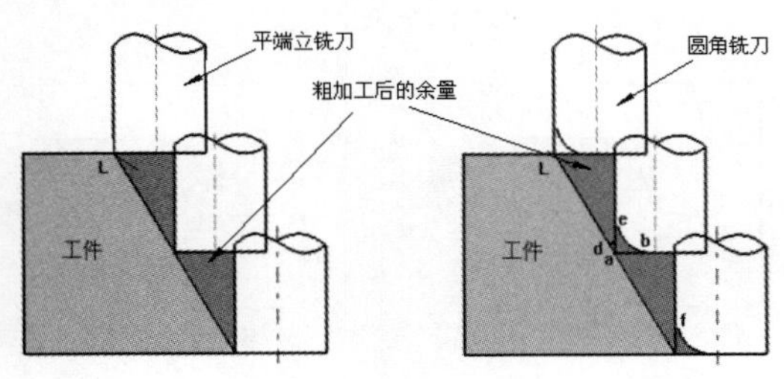

图 22-67

（2）刀具的切入与切出

一般的UG CAM模块提供的切入切出方式有刀具垂直切入切出工件、刀具以斜线切入工件、刀具以螺旋轨迹下降切入工件、刀具通过预加工工艺孔切入工件以及圆弧切入切出工件。

其中刀具垂直切入切出工件是最简单、最常用的方式，适用于可以从工件外部切入的凸模类工件的粗加工和精加工，以及模具型腔侧壁的精加工，如图22-68所示。

刀具以斜线或螺旋线切入工件常用于较软材料的粗加工，如图22-69所示。通过预加工工艺孔切入工件是凹模粗加工常用的下刀方式，如图22-70所示。圆弧切入切出工件由于可以消除接刀痕，而常用于曲面的精加工，如图22-71所示。

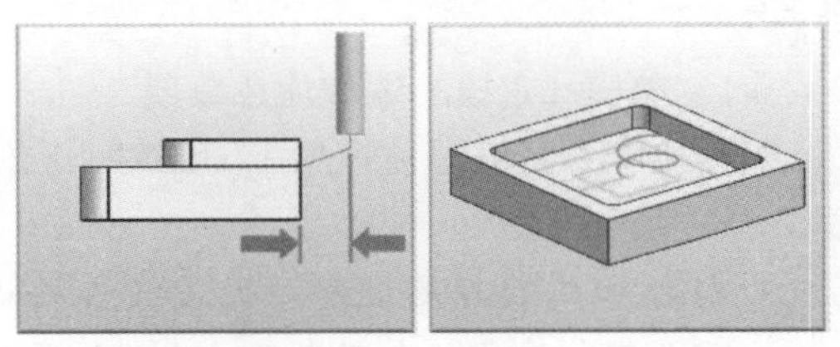
图 22-68　　图 22-69

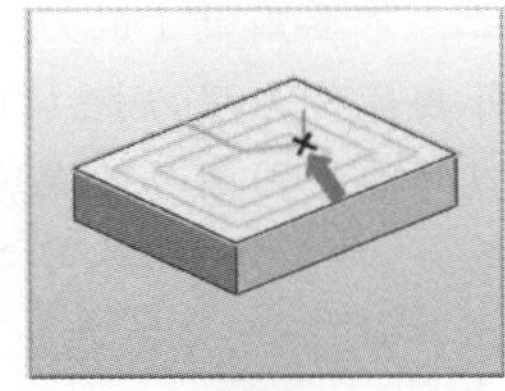
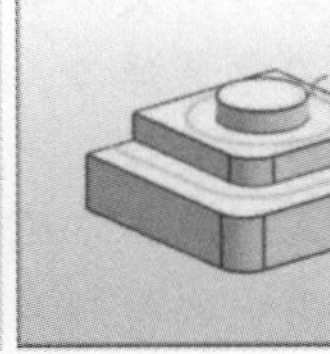
图 22-70　　图 22-71

**技术要点：**

需要说明的是，在粗加工型腔时，如果采用单向走刀方式，一般CAD/CAM系统提供的切入方式是一个加工操作开始时的切入方式，并不定义是在加工过程中每次的切入方式，这个问题有时是造成刀具或工件损坏的主要原因。解决这一问题的一种方法是采用环切走刀方式或双向走刀方式；另一种方法是减小加工的步距，使背吃刀量小于铣刀半径。

### 3. 模具前后模编程注意事项

在编写刀路之前，先将图形导入编程软件，再将图形中心移动到系统默认的坐标原点，最高点移动到Z原点，并将长边放在X轴方向，短边放在Y轴方向，基准位置的长边向着自己，如图22-72所示。

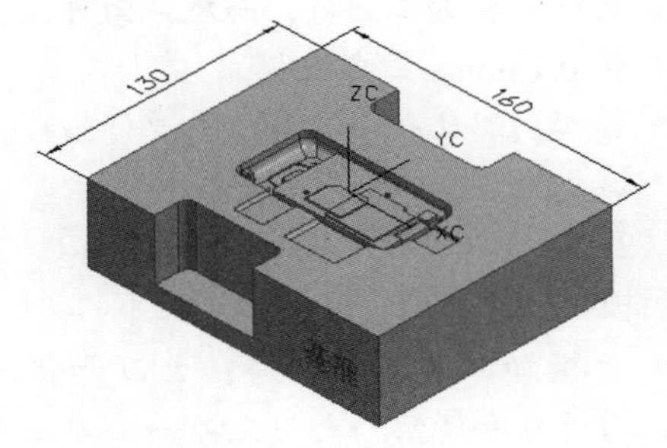

图 22-72

**技术要点：**

工件最高点移动到Z原点有两个目的：一是防止程式中忘记设置安全高度造成撞机；二是反映刀具保守的加工深度。

（1）前模（定模）编程注意事项

编程技术人员编写前模加工刀路时，应注意以下事项。

- 前模加工的刀路顺序：大刀开粗→小刀开粗和清角→大刀光刀→小刀清角和光刀。
- 应尽量用大刀加工，不要用太小的刀，小刀容易弹刀，开粗通常先用刀把（圆鼻刀）开粗，光刀时尽量用圆鼻刀或球刀，因圆鼻刀足够大、有力，而球刀主要用于曲面加工。
- 有PL面（分型面）的前模加工时，通常会碰到一个问题，当光刀时PL面因碰穿需要加工到数，而型腔要留0.2 ~ 0.5mm的加工余量（留出来打火花）。这时可以将模具型腔表面朝正向补正0.2 ~ 0.5 mm，PL面在写刀路时将加工余量设为0。
- 前模开粗或光刀时通常要限定刀路范围，一般系统默认参数以刀具中心产生刀具路径，而不是刀具边界范围，所以实际加工区域比所选刀路范围单边大一个刀具半径。因此，合理设置刀路范围，可以优化刀路，避免加工范围超出实际加工需要。
- 前模开粗常用的刀路方法是曲面挖槽，平行式光刀。前模加工时分型面、枕位面一般要加工到数，而碰穿面可以留余量0.1 mm，以备配模。
- 前模材料比较硬，加工前要仔细检查，减少错误，不可轻易烧焊。

（2）后模（动模）编程注意事项

后模（动模）编程注意事项如下。

- 后模加工的刀路顺序：大刀开粗→小刀开粗和清角→大刀光刀→小刀清角和光刀。
- 后模同前模所用材料相同，尽量用圆鼻刀（刀把）加工。分型面为平面时，可用圆鼻刀精加工。如果是镶拼结构，则后模分为镶块固定板和镶块，需要分开加工。加工镶块固定板内腔时要多走几遍空刀，不然会有斜度、上面加工到数，下面加工不到位的现象，造成难以配模，深腔更明显。光刀内腔时尽量用大直径的新刀。
- 内腔高、较大时，可翻转过来首先加工腔部位，装配入腔后，再加工外形。如果有止口台阶，用球刀光刀时需控制加工深度，防止过切。内腔的尺寸可比镶块单边小0.02mm，以便配模。镶块光刀时公差为0.01 ~ 0.03mm，步距值为0.2 ~ 0.5mm。
- 塑件产品上下壳配合处凸起的边缘称为“止口”，止口结构在镶块上加工或在镶块固定板上用外形刀路加工。止口结构如图22-73所示。

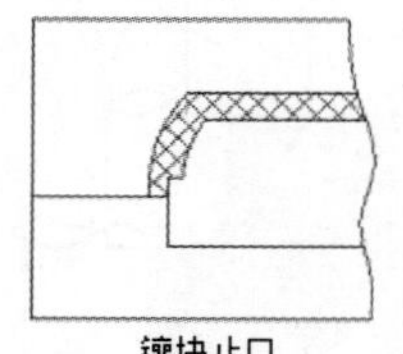


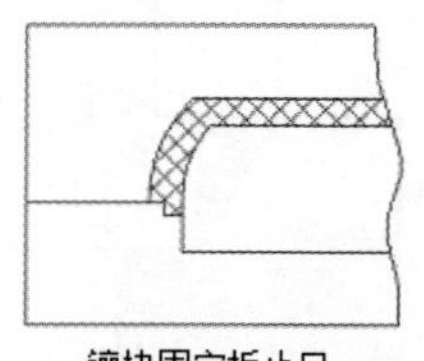


图 22-73

### 4．数控加工过程中的常见问题

在数控编程中，常遇到的问题有撞刀、弹刀、过切、漏加工、多余的加工、空刀过多、提刀过多和刀路凌乱等问题，这也是编程初学者需要解决的重要问题。

（1）撞刀

撞刀是指刀具的切削量过大，除了切削刃外，刀杆也撞到了工件。造成撞刀的原因主要是安全高度设置不合理或根本没设置安全高度、选择的加工方式不当、刀具使用不当和二次开粗时余量的设置比第一次开粗设置的余量小等。

撞刀的原因及其解决方法介绍如下：

- 吃刀量过大：由于吃刀量过大，可引起刀具与工件碰撞，如图22-74所示。解决方法是：减少吃刀量。刀具直径越小，其吃刀量应该越小。一般情况下模具开粗每刀吃刀量不大于0.5mm，半精加工和精加工吃刀量更小。
- 不当的加工方式：选择了不当的加工方式，同样引起撞刀，如图22-75所示。解决方法是：将等高轮廓铣的方式改为型腔铣的方式。当加工余量大于刀具直径时，不能选择等高轮廓的加工方式。

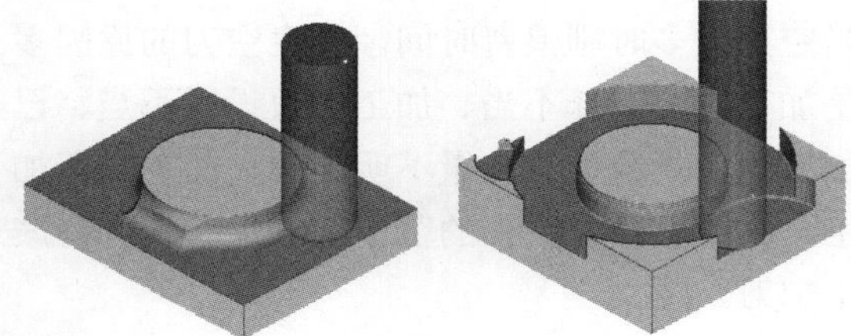

图22-74　　图22-75

- 安全高度：由安全高度设置不当引起的撞刀，如图22-76所示。解决方法是：安全高度应大于装夹高度；多数情况下不能选择“直接的”进退刀方式，除了特殊的工件之外。
- 二次开粗余量：由二次开粗余量设置不当引起的撞刀现象，如图22-77所示。解决方法是：二次开粗时余量应比第一次开粗的余量要稍大一点，一般大0.05mm。如第一次开粗余量为0.3mm，则二次开粗余量应为0.35mm。否则，刀杆容易撞到上面的侧壁。

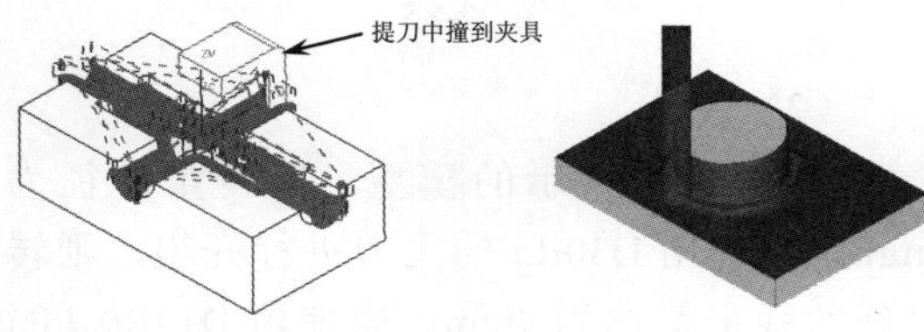


图22-76　　图22-77

- 其他原因：除了上述原因会产生撞刀外，修剪刀路有时也会产生撞刀，故尽量不要修剪刀路。撞刀产生最直接的后果就是损坏刀具和工件，更严重的可能会损害机床主轴。

（2）弹刀

弹刀是指刀具因受力过大而产生幅度相对较大的振动。弹刀造成的危害就是造成工件过切和损坏刀具，当刀径小且刀杆过长或受力过大时都会产生弹刀的现象。下面是弹刀的原因及其解决方法。

- 刀径小且刀杆过长：由刀径小且刀杆过长导致的弹刀现象，如图22-78所示。解决方法是：改用大一点的球刀清角或电火花加工深的角位。
- 吃刀量过大：由吃刀量过大导致的弹刀现象，如图22-79所示。解决方法是：减少吃刀量（即全局每刀深度），当加工深度大于120mm时，要分开两次装刀，即先装上短的刀杆加工到100mm的深度，然后再装上加长刀杆加工100mm以下的部分，并设置小的吃刀量。

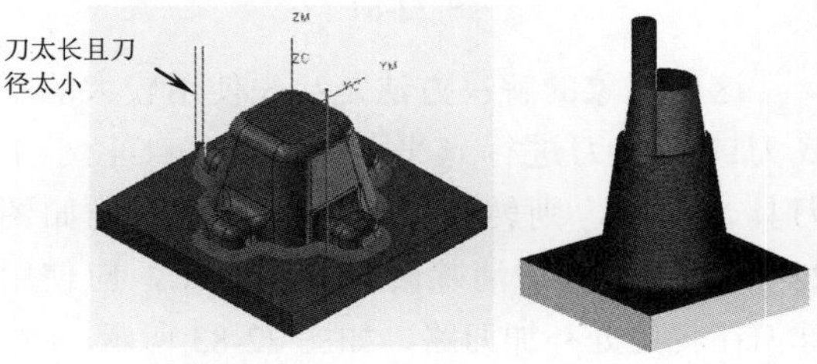


图22-78　　图22-79

（3）过切

过切是指刀具把不能切削的部位也切削了，使工件受到了损坏。造成工件过切的原因有多种，主要有机床精度不高、撞刀、弹刀、编程时选择小的刀具但实际加工时误用大的刀具等。另外，如果操机工人对刀不准确，也可能会造成过切。如图22-80所示的情况是由于安全高度设置不当而造成的过切。

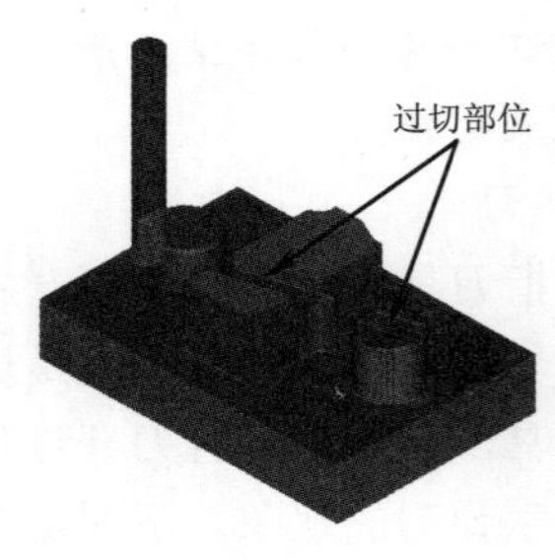


图 22-80

（4）漏加工

漏加工是指模具中存在一些刀具能加工到的地方却没有加工，其中平面中的转角处是最容易漏加工的，如图 22-81 所示。

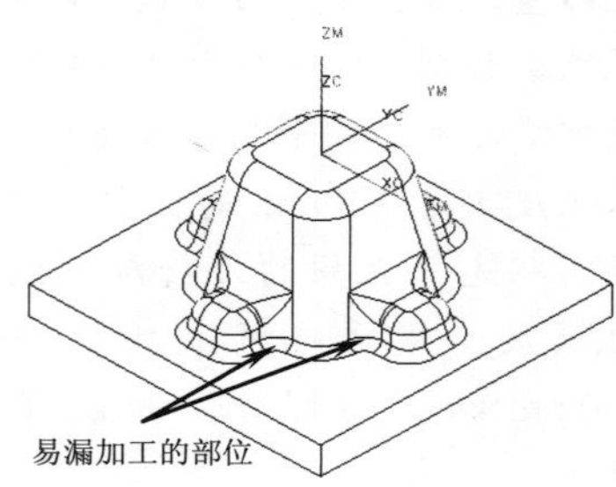


图 22-81

这种现象的解决方法是：先使用较大的平底刀或圆鼻刀进行光平面，当转角半径小于刀具半径时，则转角处就会留下余量，如图 22-82 所示。为了清除转角处的余量，应使用球刀在转角处补加刀路，如图 22-83 所示。

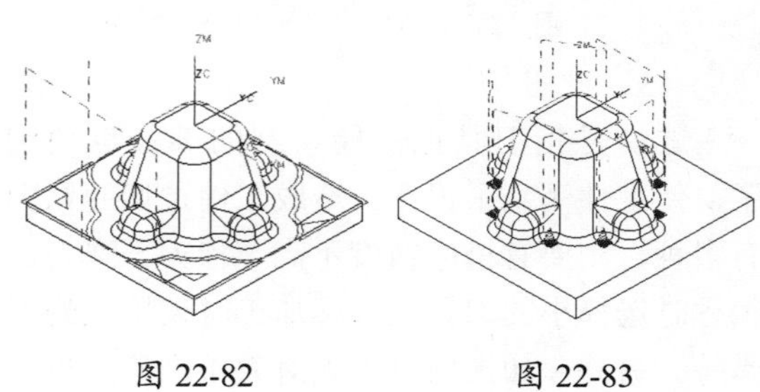

图 22-82　　图 22-83

（5）多余加工

多余加工是指对于刀具加工不到的地方或电火花加工的部位进行加工，它多发生在精加工或半精加工上。有些模具的重要部位或者普通数控加工不能加工的部位都需要进行电火花加工，所以在开粗或半精加工完成后，这些部位就无须再使用刀具进行精加工，否则就是浪费时间或者造成过切。如图 22-84 所示的模具部位就无须进行精加工。

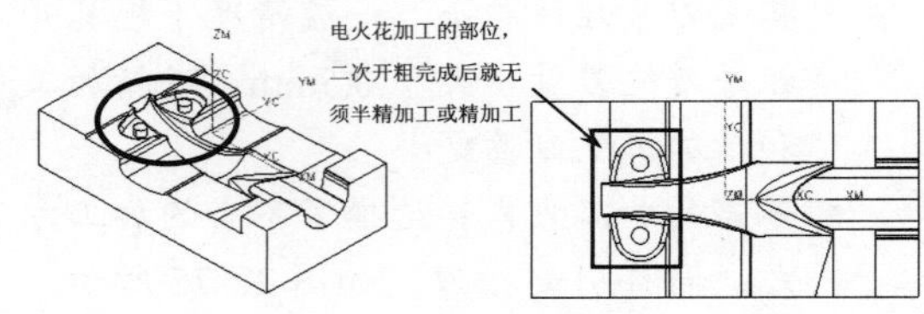


图 22-84

（6）空刀过多

空刀是指刀具在加工时没有切削到工件，当空刀过多时则浪费时间。产生空刀的原因多是加工方式选择不当、加工参数设置不当、已加工的部位所剩的余量不明确和大面积进行加工，其中选择大面积的范围进行加工最容易产生空刀。

为避免产生过多的空刀，在编程前应详细分析加工模型，确定多个加工区域。编程总脉络是开粗用型腔铣刀路，半精加工或精加工平面用平面铣刀路，陡峭的区域用等高轮廓铣刀路，平缓区域用固定轴轮廓铣刀路。

半精加工时不能选择所有的曲面进行等高轮廓铣加工，否则将产生过多空刀，如图 22-85 所示。

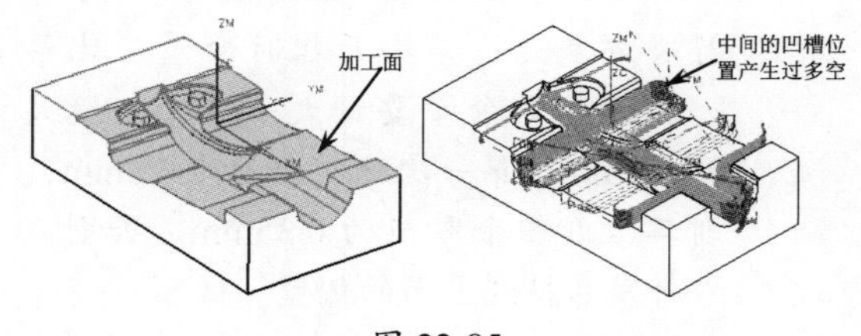


图 22-85

（7）残料

如图 22-86 所示的模型，其转角半径为 5mm。如使用 D30R5 的飞刀进行开粗，则转角处的残余量约为 4mm；当使用 D12R0.4 的飞刀进行等高清角时，则转角处的余量约为 0.4mm；当使用 D10 或比 D10 小的刀具进行加工时，则转角处的余量为设置的余量，当设置的余量为 0 时，则可以完全清除转角上的余量。

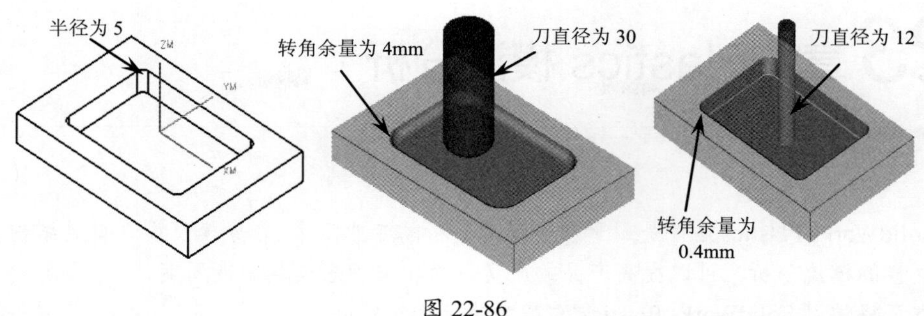


图 22-86

当使用 D30R5 的飞刀对图 22-86 的模型进行开粗时，其底部会留下圆角半径为 5mm 的余量，如图 22-87 所示。

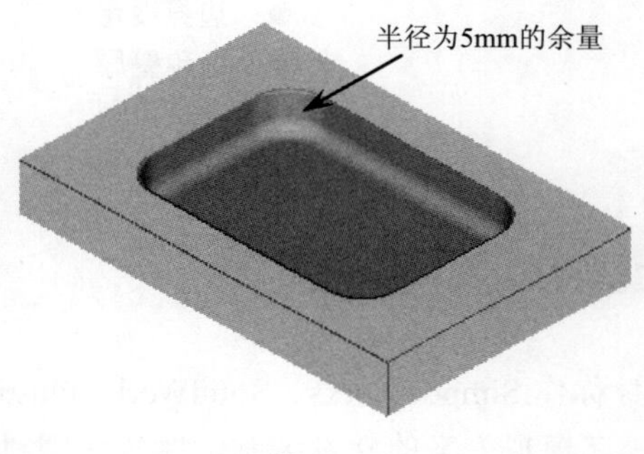


图 22-87

# 第 23 章 Plastics 模流分析

SolidWorks Plastics 插件是用于模具模流分析的专业工具。在分模及设计模具结构之前，进行这样的模流分析，可以提高产品的质量，简化与缩短模具制造周期。

本章将学习 SolidWorks Plastics 的基本功能及其分析应用。

- SolidWorks Plastics入门基础
- 建立网格
- 设定材料
- 设置操作条件
- 边界设定
- 标称壁厚
- 分析类型

## 23.1 SolidWorks Plastics 入门基础

SolidWorks Plastics 的前身称作 SimpoeWorks。SolidWorks Plastics 由法国 SIMPOESAS 公司开发，该公司专业从事注塑工艺模拟方案的软件编制。通过对塑料树脂在注塑零件的制造过程中的性能进行模拟，可以验证和优化模具以及制造的零件。新产品的开发时间以及开发费用都可以因此而大幅减少。

为了使读者能更好地了解 SolidWorks Plastics 的分析过程与方法，接下来将对学习背景和学习方法做必要的介绍，让读者有充分的准备。

### 1. 学习背景

应用 SolidWorks Plastics 进行塑料制品的注塑成型分析是一项比较复杂、对使用者素质要求相对较高的技术。它要求软件的使用者首先要具备一定的理论背景知识和实际的工作经验，其中主要包括：

- CAD/CAE/CAM 的基础知识。
- 具有一定的有限元分析的理论功底。
- 具有相当的模具设计和塑料产品生产的实际工程经验。
- 常用 CAD 软件的基本操作和三维造型能力。
- 一定的英语阅读水平。
- 计算机的基本操作技能。

虽然以上的各项基本技能并非要求绝对满足，但如果在某方面有欠缺，就需要读者通过自身的学习和一定的培训来弥补，从而更好地掌握 SolidWorks Plastics 的使用，并且能够深入下去。

### 2. 学习方法

SolidWorks Plastics 注塑成型分析技术的学习主要包括两个方面的内容：一是注射成型及相关的理论背景的基础知识、基本原理、分析思路的学习；二是 SolidWorks Plastics 具体操作的学习，其中包括各模块的基本功能和原理、使用技巧和操作方法。

有关注塑成型和相关的理论基础的学习，应该是使用者始终坚持的内容，也是注塑成型分析的重点，它可以说是评价一位工程师水平的主要依据。然而，理论背景的学习与实际工程的经验积累并不是一下子就能成就的。

### 23.1.1 有限元分析基础

SolidWorks Plastics 作为成功的注塑产品成型仿真及分析软件，采用的基本思想也是工程领域中最为常用的有限元法。有限元法的应用领域从最初的离散弹性系统发展到后来进入连续介质力学中，目前广泛应用于工程结构强度、热传导、电磁场、流体力学等领域。经过多年的发展，现代的有限元法几乎可以用来求解所有的连续介质和场问题，包括静力问题和与时间有关的变化问题，以及振动问题。

简单说来，有限元法就是利用假想的线或面将连续的介质的内部和边界分割成有限个大小的、有限数目的、离散的单元来研究。这样就把原来一个连续的整体简化成有限个单元体系，从而得到真实结构的近似模型，最终的数值计算就在这个离散化的模型上进行。直观上，物体被划分成“网格”状，在 SolidWorks Plastics 中将这些单元称为网格（mesh），如图 23-1 所示。

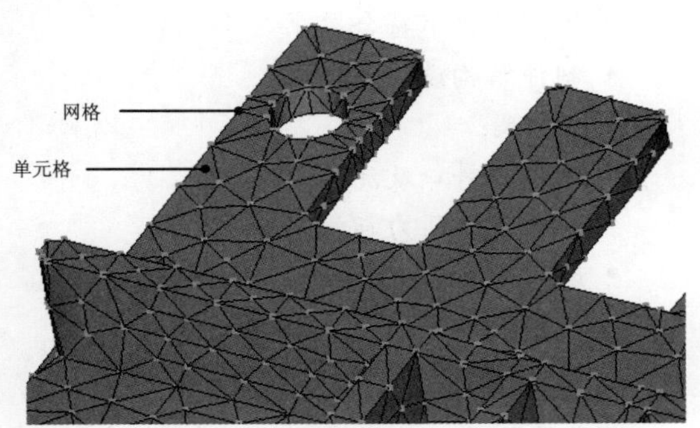


图 23-1

有限元法的基本思想包括以下几个方面。

- 连续系统（包括杆系、连续体、连续介质）被假想地分割成数目有限的单元，单元之间只在数目有限的节点处相互连接，构成一个单元集合体来代替原来的连续系统，在节点上引进等效载荷（或边界条件），代替实际作用于系统上的外载荷。
- 由分块近似的思想，对每个单元按一定的规则建立求解未知量与接点相互之间的关系。
- 把所有单元的这种特性关系按一定的条件（变形协调条件、连续条件或变分原理及能量原理）集合起来，引入边界条件，构成一组以接点变量（位移、温度、电压等）为未知量的代数方程组，求解它们就得到有限个接点处的待求变量。

所以，有限元法实质上是把具有无限个自由度的连续系统理想化为具有有限个自由度的单元集合体，使问题转化为适合于数值求解的结构型问题。

有限元方法正是由于它的诸多特点，在当今各个领域都得到了广泛应用。表现如下：

- 原理清楚，概念明确。
- 应用范围广泛，适应性强。
- 有利于计算机应用。

### 23.1.2 常见制品缺陷及产生原因

下面介绍一些常见的制品缺陷及产生的原因。

**1. 短射**

短射是指由于模具型腔填充不完全造成的制品不完整的质量缺陷，即熔体在完成填充之前就已经凝结。

其造成原因为：

- 流动受限，由于浇注系统设计得不合理导致熔体流动受到限制，流道过早凝结。
- 出现滞留或制品流程过长、过于复杂。
- 排气不充分，未能及时排出的气体会产生阻止熔体流动的压力。
- 模温或料温过低，降低了熔体流动性，导致填充不完全。
- 成型材料不足，注塑机注塑量不足或者螺杆速率过低也会造成短射。
- 注塑机的缺陷，入料堵塞或螺杆前端缺料。

解决方案：

- 避免滞留现象发生。

- 尽量消除气穴，将气穴位置设在利于排气或利用顶杆排气的位置。
- 增加螺杆速率。
- 改进制件设计，使用平衡流道，并尽量减小制件的厚度差异。
- 更换成型材料。
- 增大注塑压力。

**2．气穴**

气穴是指由于熔体前沿汇聚，而小塑件内部或在模腔表层形成的气泡。

气穴成因：

- 跑道效应。
- 滞留。
- 不平衡，即使制件厚度均匀，各个方向上的流长也不一定相同，导致气穴产生。
- 排气不充分。

解决方案：

- 平衡流长。
- 避免滞留和跑道效应的出现，对浇注系统进行修改，从而使制件最后填充位置位于容易排气的区域。
- 充分排气，将气穴位置设在利于排气的位置或利用顶杆排气。

**3．熔接痕与熔接线**

当两个或多个流动前沿融合时，会形成熔接痕和熔接线。两者的区别是融合流动前沿的夹角的大小。

熔接痕和熔接线的成因：由于制件的几何形状，填充过程中出现两个或两个以上的流动前沿时，很容易产生熔接痕和熔接线。

解决方案：

- 增加模温和料温，使两个相遇的熔体前沿融合得更好。
- 改进浇注系统设计，在保持熔体流动速率的前提下减小流道尺寸，以产生摩擦热。

**4．飞边**

飞边是指在分型面或者顶杆部位从模具模腔溢出的一薄层材料。飞边仍然与制件相连，通常需要人工清除。

飞边成因：

- 模具分型面闭合性差，模具变形或存在堵塞物。
- 锁模力过小。
- 过保压。
- 成型条件有待优化，如成型材料黏度、注塑速率、浇注系统等。
- 排气位置不当。

解决方案：

- 确保分型面能很好地闭合。
- 避免保压过度。
- 选择具有较大锁模力的注塑机。
- 设置合适的排气位置。
- 优化成型条件。

**5．凹陷及缩痕**

凹陷及缩痕是注塑制品表面产生凹坑、陷窝或是收缩痕迹的现象，是由熔体冷却固化时体积收缩而产生的。

凹陷及缩痕成因：

- 模具缺陷。
- 注塑工艺不当。
- 注塑原料不符合要求。
- 制件结构设计不合理。

解决方案：

- 改进进料口及浇口的形状。
- 增加注塑压力与注射速率。
- 改善原料的成分，可适当增加润滑剂。
- 尽量保证制品壁厚的一致性。

**6．翘曲及扭曲**

翘曲及扭曲都是产品脱模后产生的制品变形。沿边缘平行方向的变形称为“翘曲”，沿对角线方向上的变形称为“扭曲”。

翘曲及扭曲成因：

- 冷却不当。
- 分子取向不均衡。
- 浇注系统设计的缺陷。
- 脱模系统结构不合理。
- 成型条件设置不当。

解决方案。

- 合理改善冷却系统，应保证制件均匀冷却。
- 降低模温与料温，减小分析的流动取向。
- 合理地设置浇口位置和浇口类型。
- 适当增加注射压力、注射速率、保压时间等注塑工艺参数。

## 23.1.3　SolidWorks Plastics 插件的安装

要使用 SolidWorks Plastics 插件，必须在安装 SolidWorks 2018 主程序时，同时安装 SolidWorks Plastics 插件，如图 23-2 所示。

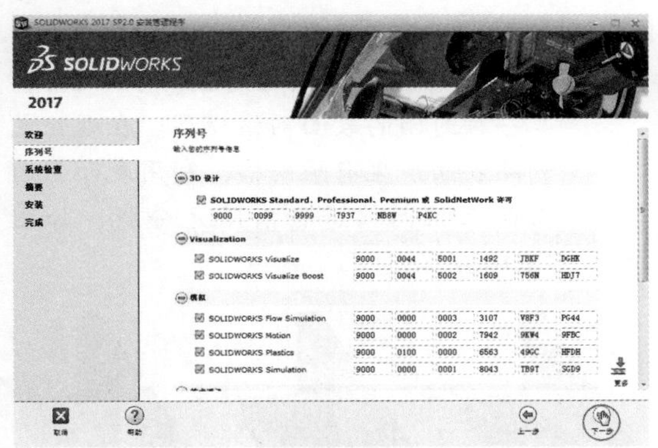


图 23-2

在 SolidWorks 2018 功能区的“SolidWorks 插件”选项卡中单击 SolidWorks Plastics 插件图标，启动 SolidWorks Plastics 选项卡，应用界面如图 23-3 所示。

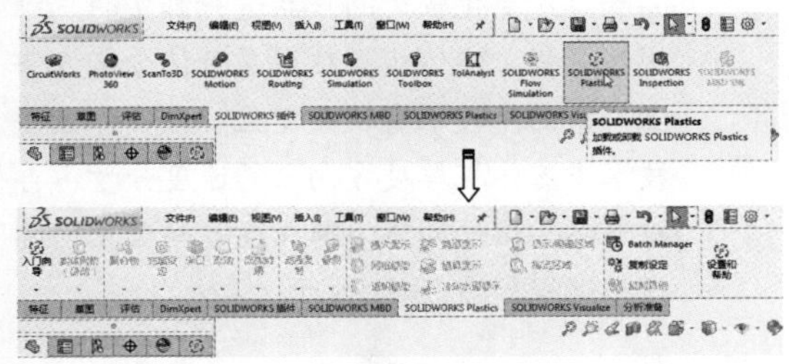


图 23-3

没有导入分析模型之前，SolidWorks Plastics 选项卡中的相关功能命令是不能使用的。如图 23-4 所示为导入模型并经过“入门向导”操作后的应用界面。

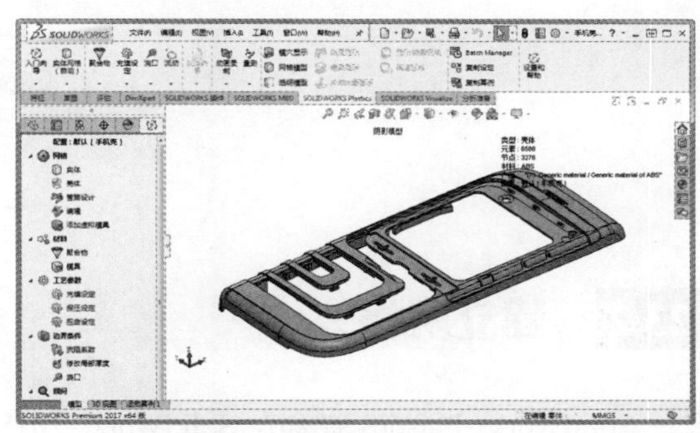


图 23-4

## 23.1.4　入门向导

使用入门向导，可以帮助你了解 SolidWorks Plastics 的详细操作流程。单击入门向导按钮，在软件窗口右侧的任务窗格中显示“Getting Started 精灵”入门向导的操作面板，如图 23-5 所示。

单击“下一步”按钮，显示 SolidWorks Plastics 的操作流程。默认情况下，没有对分析模型进行任何操作之前，操作流程中的步骤字体是灰显的，表示还未进行操作，如图 23-6 所示。

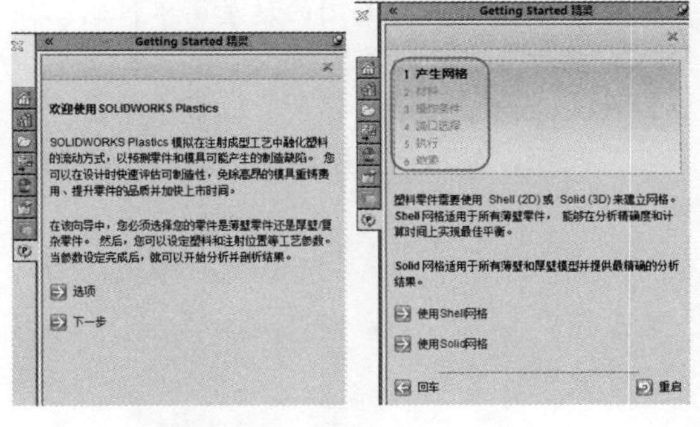


图 23-5　　图 23-6

SolidWorks Plastics 的分析可以从任务窗格中开始，也可以在软件窗口左侧的 Plastics Manager 管理器中进行，如图 23-7 所示。

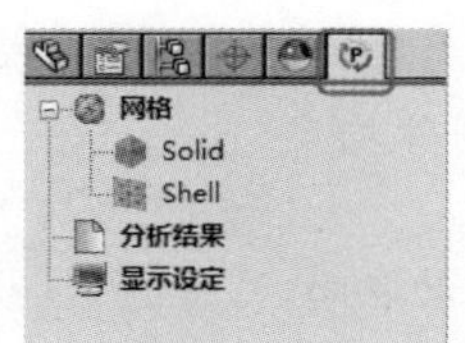

图 23-7

## 23.2 建立网格

SolidWorks Plastics 整合在 SolidWorks 2018 之内，可以导入更多的三维 CAD 软件的实体模型进行分析，并且能够自动修复模型。

SolidWorks Plastics 能提供实用性的自动化网格生成。建立网格模型是 SolidWorks Plastics 模流分析的第一步。

### 23.2.1 从任务窗格中建立网格模型

当使用入门向导后，我们可以在任务窗格的入门向导面板中进行分析流程操作。在“Getting Started 精灵”面板中选择“选项”选项，弹出“SOLIDWORKS Plastics 选项”对话框，如图 23-8 所示。通过该对话框设置模流分析的单位制。

包括 3 种单位制：

- 公制 CGS：（厘米 - 克 - 秒）公制。
- 公制 SI：（米 - 千克 - 秒）公制。
- 英制：是源自英国的度量衡单位制，如英寸、英尺、英里等。

在“Getting Started 精灵”面板中单击“下一步”按钮，显示创建网格的选项，如图 23-9 所示。

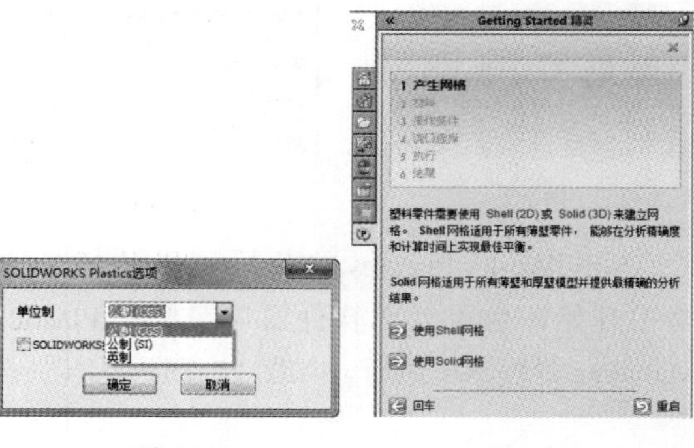

图 23-8　　图 23-9

SolidWorks Plastics 分 Shell 网格和 Solid 网格。

- Shell 网格：Shell 网格是 2D 壳体网格，是一种封闭的表面网格模型。在型腔或制品表面产生有限网格，利用表面上的平面三角网格进行有限元分析，如图 23-10 所示。

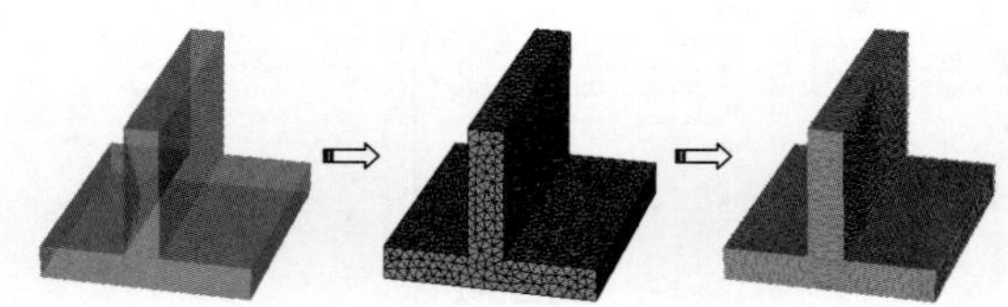
图 23-10

- Solid 网格：Solid 网格是 3D 实体网格。通过使用经过验证的、基于四面体的有限元体积网格解决方案技术，可以对厚壁产品和厚度变化较大的产品进行真实的三维模型分析。实体模型技术在数值分析方法上与中面流技术有较大变化。在实体模型技术中熔体在厚度方向上的速度分量不再被忽略，熔体的压力随厚度方向变化。其模拟过程如图 23-11 所示。

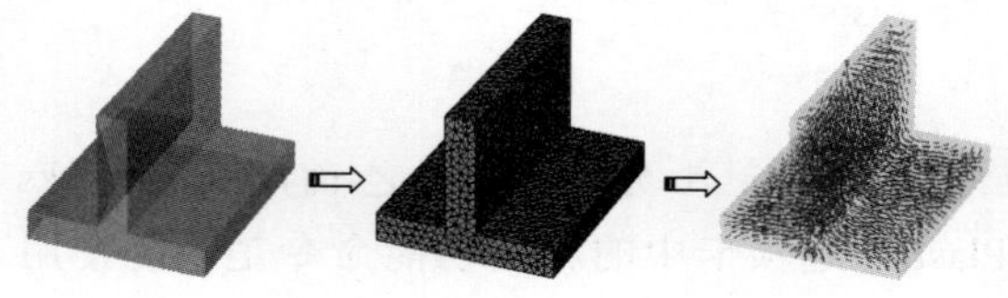
图 23-11

**技术要点：**

与中面模型或表面模型相比，由于实体模型考虑了桶体在厚度方向上的速度分量，所以其控制方式才要复杂得多，相应的求解过程也复杂得多，计算量大，计算时间长，这是基于实体模型的注塑流动分析目前所存在的最大问题。

在任务窗格中选择“使用Shell网格”选项，或者选择“使用Sold网格”选项，在属性管理器中显示如图23-12所示的“选择格式”面板和如图23-13所示的“实体化”面板。

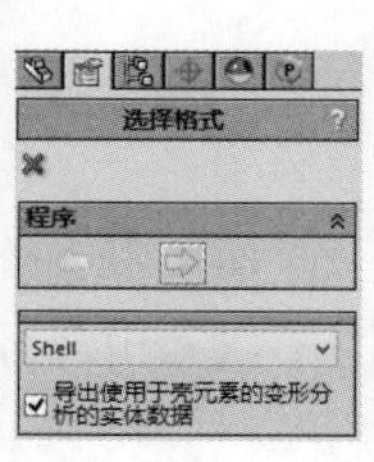


图 23-12

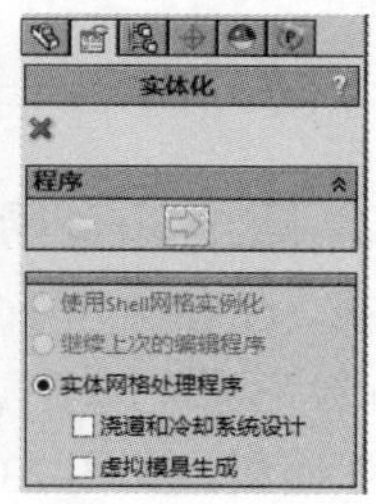


图 23-13

### 1. 创建Shell网格

在“选择格式”面板中若勾选“导出使用于壳元素的变形分析的实体数据”复选框，将导出变形分析数据，否则不会导出变形分析数据。

单击“下一步”按钮，会弹出如图23-14所示的“种类”选项卡。此选项卡用于选择分析的类型：模穴分析（模具流动分析）和冷却水路分析（型芯、型腔及模板的冷却水路分析）。

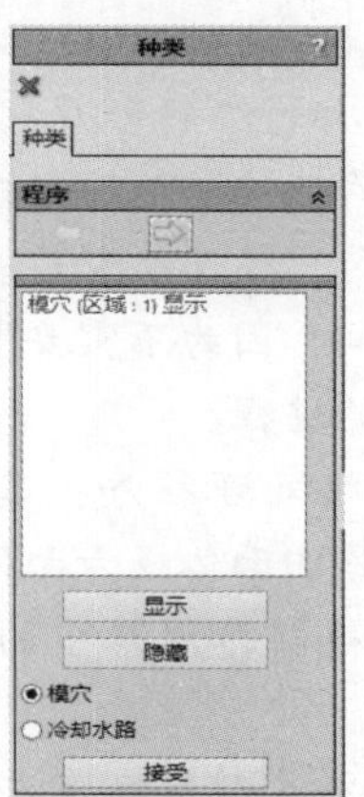


图 23-14

如果是产品，就选择“模穴”单选按钮，如果是冷却水路分析就选择“冷却水路”单选按钮。面板的中间列表中列出了当前要分析对象的区域显示与隐藏信息，如图23-15所示。

图 23-15

设置好分析种类后，再单击“下一步”按钮，面板中显示“曲面网格”选项卡，如图23-16所示。

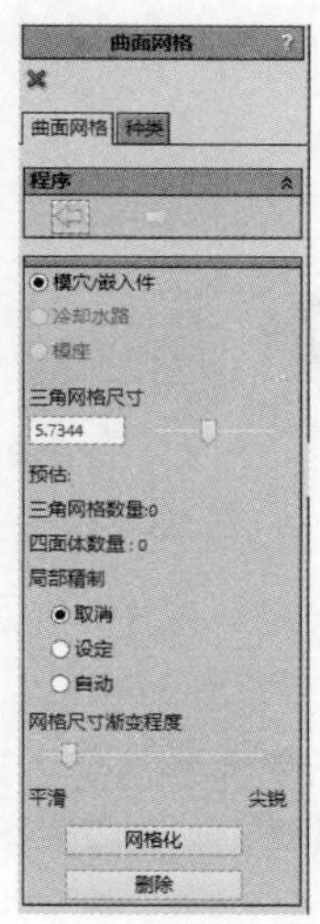


图 23-16

该选项卡中主要选项的含义如下。

- 模穴/嵌入件：呈选中状态，表面当前的分析对象为产品、成型零件或成型小镶件的一种。
- 冷却水路：如果为选中状态，表示当前要分析的对象仅是冷却系统。
- 模座：如果为选中状态，表示当前分析对象为模具的型芯、型腔零件。

- 三角形网格尺寸：Shell网格的密度大小。可以输入具体参数，也可以拖动滑块来确定。一般情况下，会给当前的分析模型设定一个网格尺寸。网格尺寸密度越小，分析结果越精密，但耗费的时间越长。反之，结果较差，但所用分析时间较短。
- 预估：事先对设定的网格密度进行评估，得到相应的网格数量和四面体数量。
- 局部精制：可以对局部区域设定三角网格或四面体的密度大小。“取消”表示不单独设定；“设定”表示可以单独设定，当单击“设定”按钮后，会弹出详细的设定选项，如图23-17所示；“自动”表示随着模型的复杂程度，密度自动调整网格。

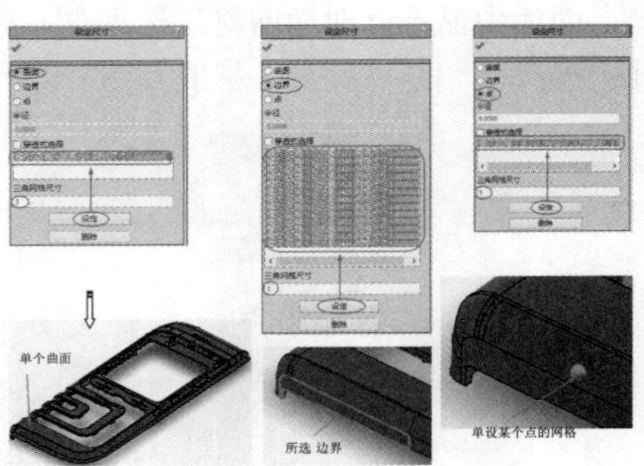


图 23-17

- 网格尺寸渐变程度：拖动滑块改变网格的平滑度。
- 网格化：单击此按钮，将分析对象进行网格化处理，如图23-18所示。

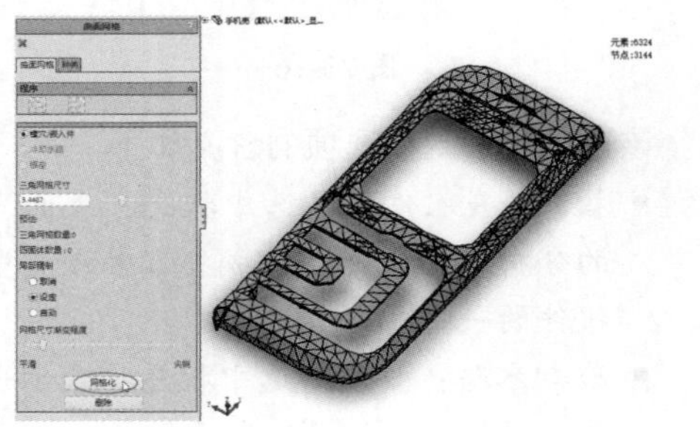

图 23-18

- 删除：单击此按钮，删除网格。

网格化模型后，单击“下一步”按钮，面板中会显示网格化后的一些基本信息，供分析者参阅，如图23-19所示。最后单击“确定”按钮，完成网格操作。

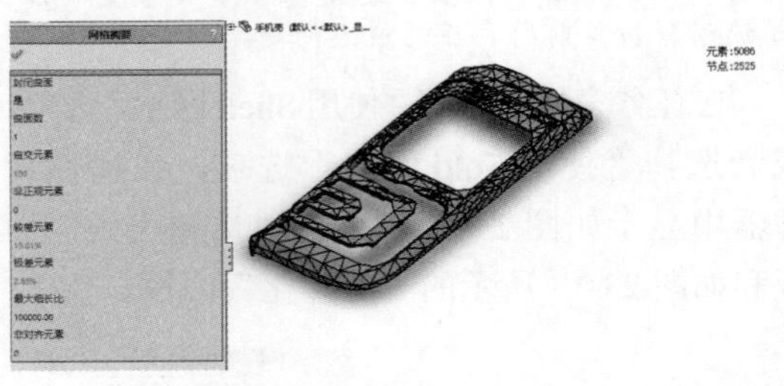

图 23-19

### 2. 建立Solid网格

在“Getting Started精灵”面板中选择“使用Solid网格”选项，在属性管理器中弹出“实体化”面板，如图23-20所示。

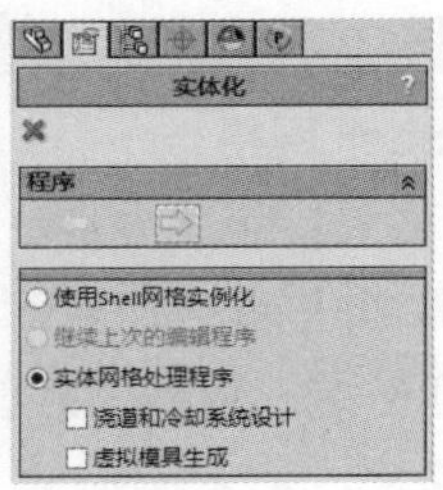


图 23-20

该面板中主要选项的含义如下。

- 使用Shell网格实例化：若选择此单选按钮，可将曲面Shell网格重新定义为Solid网格。
- 继续上次的编辑程序：选择此项可从前面保存的编辑曲面网格的最后一步开始，进行固体网格创建。选择此选项可节省时间，因为不需要重新启动创建曲面网格的过程。
- 实体网格处理程序：选择此选项，可着手创建四面体或六面体元素的网格。设置转换实体网格中的三角曲面网格大小。
  - ➢ 浇道和冷却系统设计：勾选此选项，将进行浇道和冷却系统的管路布局设计。

**技术要点：**

可以先建立网格，然后再设置浇道及冷却系统。

➢ 虚拟模具生成：勾选此选项，可以创建虚拟的模具型芯体积块。

单击“下一步”按钮，SolidWorks Plastics 自动分析模型并打开“种类”面板，如图 23-21 所示。随后的操作与创建 Shell 网格相同。

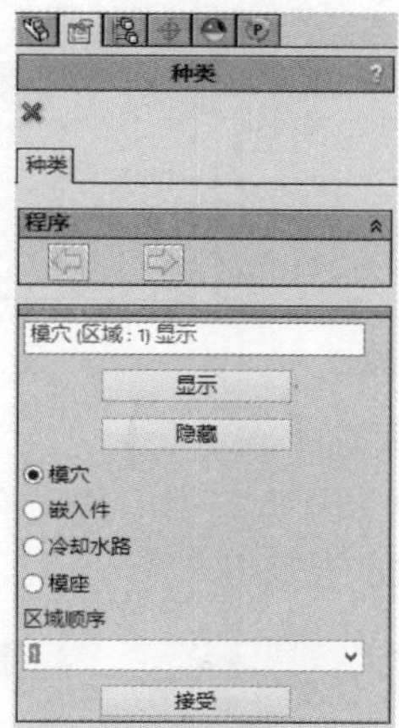


图 23-21

## 23.2.2 从 Plastics Manager 管理器中建立网格模型

除了从任务窗格中创建网格，还可以在 Plastics Manager 管理器中进行，在“网格”选项组下选择 Solid 或 Shell 选项，单击右键自动创建网格或手动创建网格，如图 23-22 所示。

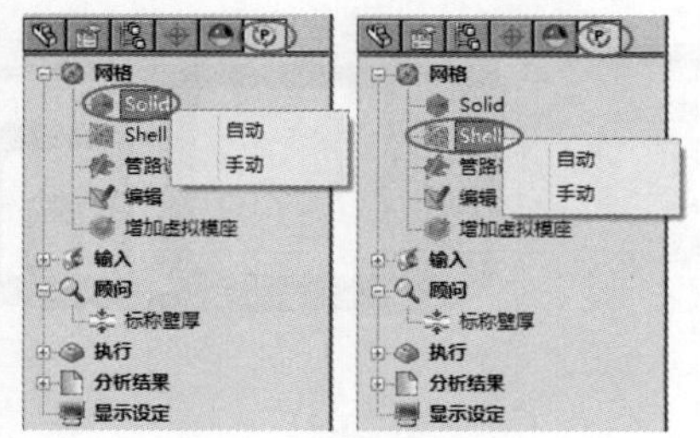


图 23-22

### 1. 自动创建网格

如果选择“自动”选项来创建网格，Plastics 将基于零件尺寸创建出最佳的三角形单元网格。

要查看自动建立网格的各项信息，在面板中依次双击“编辑”|“网格摘要”命令，弹出“网格摘要”信息窗口，如图 23-23 所示。

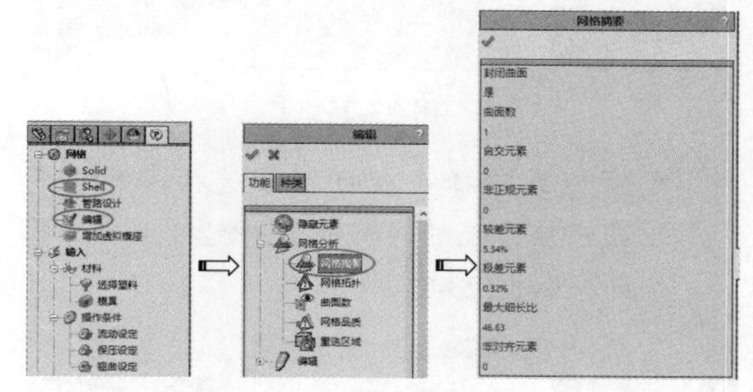

图 23-23

### 2. 手动创建网格

如果选择“手动”选项来创建网格，将进行与前面介绍的“从任务窗格中建立网格模型”相同的步骤。

## 23.2.3 网格诊断与修复

网格化模型后，在 Plastics Manager 管理器中双击“编辑”选项，弹出“编辑”面板。“功能”选项卡用来为建立的网格进行诊断和修复设置，如图 23-24 所示。

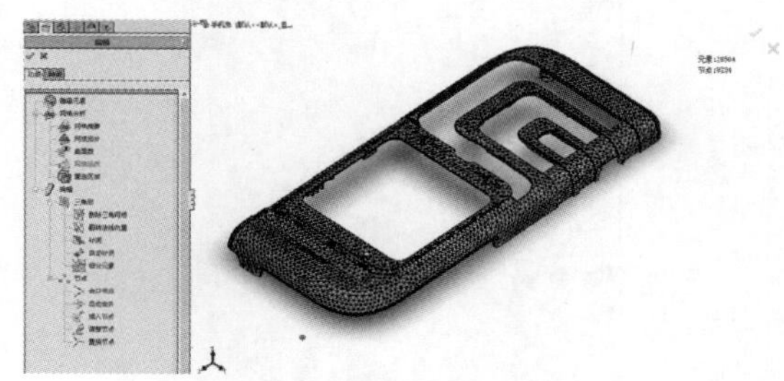

图 23-24

### 1. 网格分析

网格创建后，可运用网格分析中的分析选项查看网格质量。主要选项的含义如下。

（1）隐藏元素

双击此选项，弹出“隐藏元素”选项卡。选项卡中包括两种单元网格的选择方法。

- 可视式选择：仅隐藏可见的网格，以及面向操作者的部分网格，如图 23-25 所示。

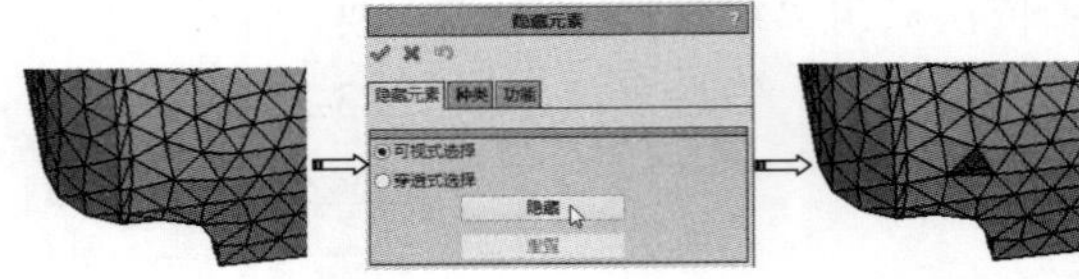


图 23-25

- 穿透式选择：在可视面选择网格，背面对应位置的网格也会一起被选中并隐藏，如图 23-26 所示。

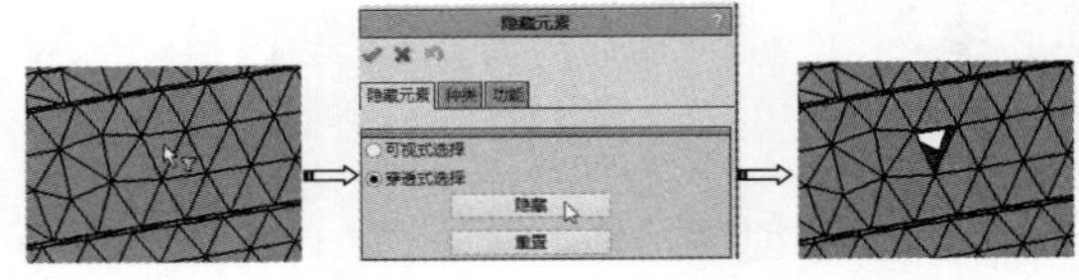


图 23-26

（2）网格摘要

网格摘要是记录网格质量的信息面板，如图 23-27 所示。网格摘要中可以直接诊断出网格质量的信息包括“较差元素”和“极差元素”。

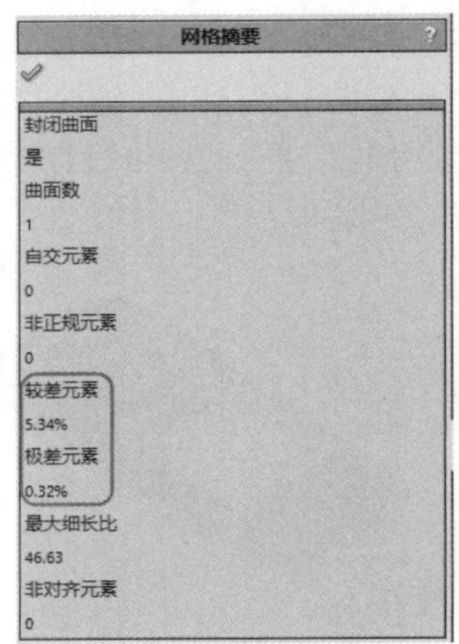


图 23-27

（3）网格拓扑

网格拓扑选项用来检查网格中是否有不正确的单元网格、自相交网格、交叉网格等，并把相关信息显示在“网格拓扑”选项卡中，如图 23-28 所示。

**技术要点：**

要想模流分析的结果更精准，不能出现这些不正确的自相交及交叉的网格。若有，那么必须进行修复。

如果分析模型的网格质量比较好，那么在“网格拓扑”选项卡中所显示的数量均为 0，如果建立的网格质量不好，那么会显示出现问题的网格数量，如图 23-29 所示。

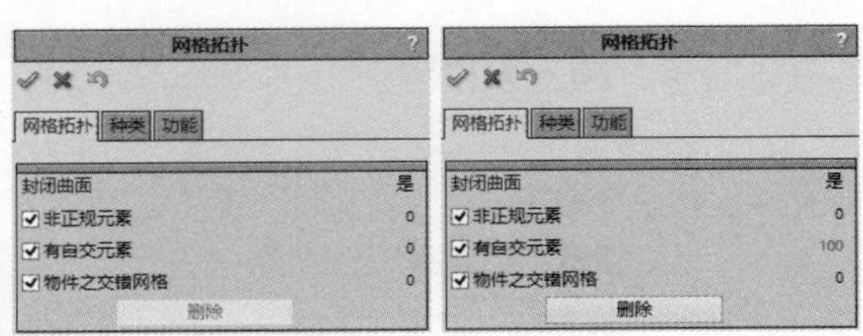


图 23-28　　图 23-29

（4）曲面数

此选项显示分析模型中的所有三角网格数目，如图 23-30 所示。

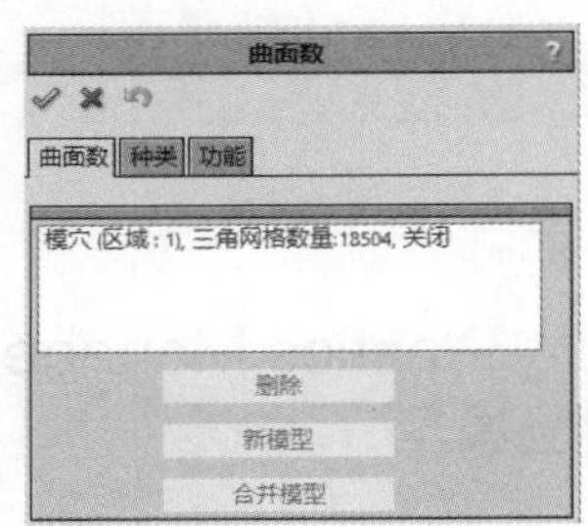


图 23-30

（5）网格品质

双击此选项，可以查看所建网格的网格质量，如图 23-31 所示。

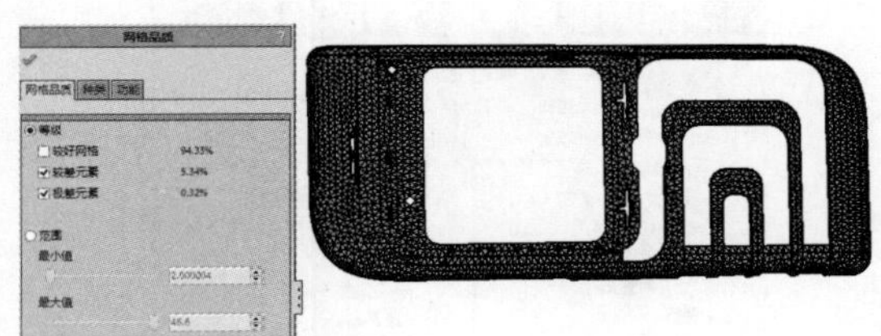

图 23-31

一般要求“较好网格”的比重在 90% 以上，分析的结果才会理想，也更接近于实际。反之，则需要重新设定网格密度建立网格或修复网格中出现的错误。

（6）重迭区域

重迭区域就是指网格中重叠的单元格。一般情况下产品在导入 SolidWorks 时就对产品进行识别和诊断，这个过程可以简单修复产品中出现的交叉、重叠或缝隙大的问题。

在建立网格后，很少有重叠区域存在。

### 2．编辑网格

“编辑”选项组中包含“三角形”和“节点”子选项。主要用来修补破洞、修复存在问题的网格。

“三角形”选项中主要选项的含义如下。

- 删除三角形：双击此选项，打开“删除三角形网格”面板。然后通过“可视式选择”和“穿透式选择”方法，选择要删除的单元网格，单击“接受”按钮，随即删除选择的单元网格，如图 23-32 所示。

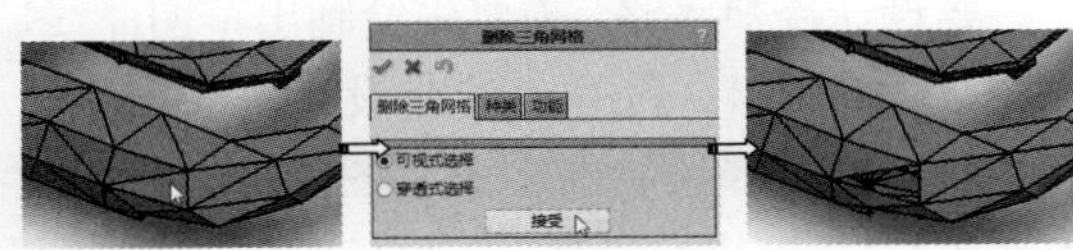


图 23-32

**技术要点：**

单元网格也称“元素”。

- 翻转法线向量：默认的法线向量就是 Z 向，也是产品脱模方向。双击此选项，可以更改法线向量为相反方向。
- 补洞：如果模型中存在破洞，可以双击此选项，打开“补洞”面板，再选取相应的补洞方法修复破洞，如图 23-33 所示。这几种补洞方法为手动补洞。

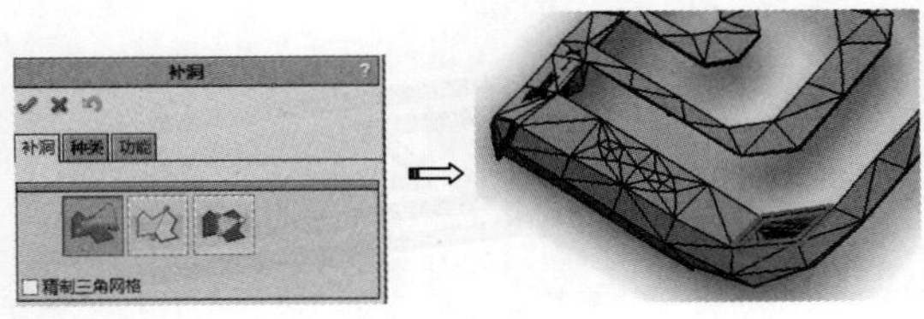


图 23-33

- 自动补洞：双击“自动补洞”选项，为模型中的破洞进行自动修补。
- 细分元素：有些单元网格的纵横比比较大，可以利用此选项，重新划分这个单元网格，以此获得细纵横比的单元网格，如图 23-34 所示。

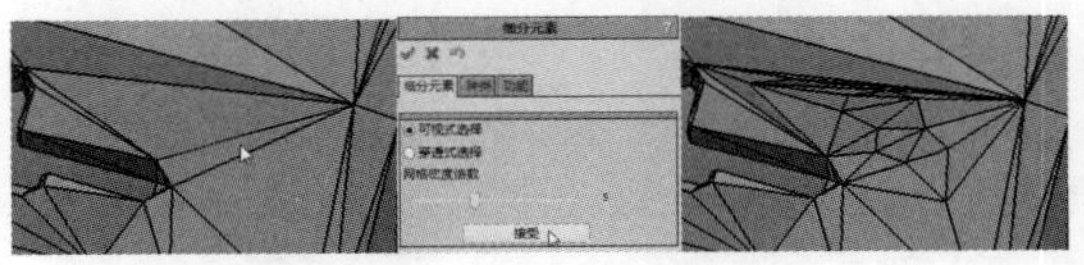


纵横比大的单元网格　　细分网格　　改变纵横比后的网格

图 23-34

**技术要点：**

纵横比是衡量网格质量的一个重要指标，纵横比就是三角形单元网格短边对长边的比例。纵横比越大，说明三角形越细长，三角形网格各边承受的载荷差别越大，那么结果就越不精准。

“节点”选项下的主要选项的含义如下。

- 合并节点：针对纵横比大的三角形网格单元，可以通过合并节点的方法，减小纵横比，或者删除这个大纵横比的单元格，如图 23-35 所示。

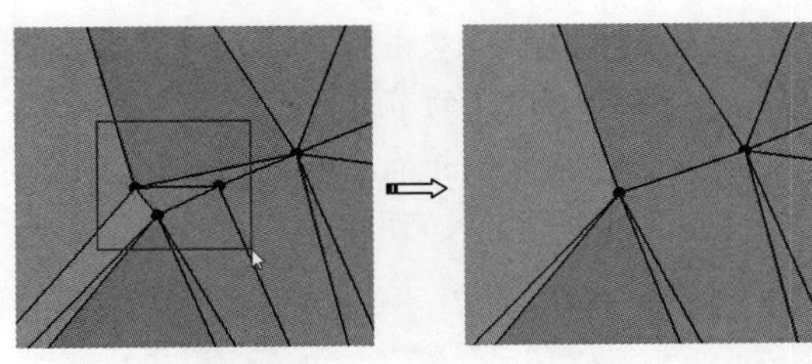

框选要合并的节点　　自动合并节点

图 23-35

- 自动合并：通过选择要合并节点的所在曲面，完成自动合并，如图 23-36 所示。

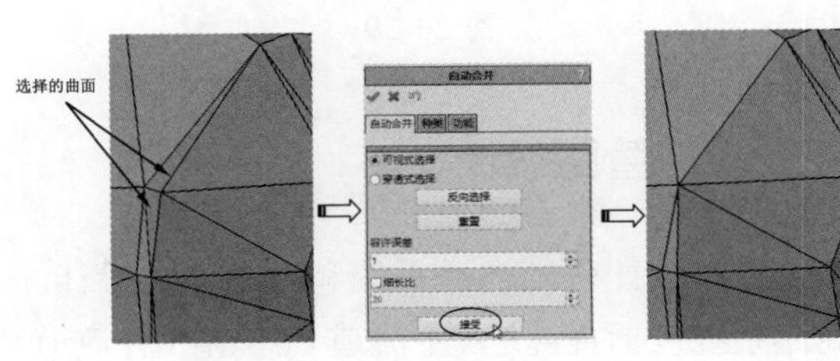


图 23-36

- 插入节点：对于大纵横比的单元格，可以插入节点来改变纵横比，如图23-37所示。

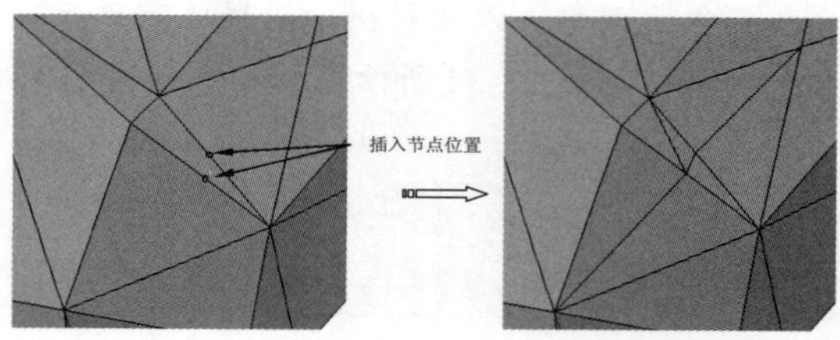


图 23-37

- 调整节点：双击此选项，通过调整单元网格的节点位置，来改变单元格的纵横比，如图23-38所示。

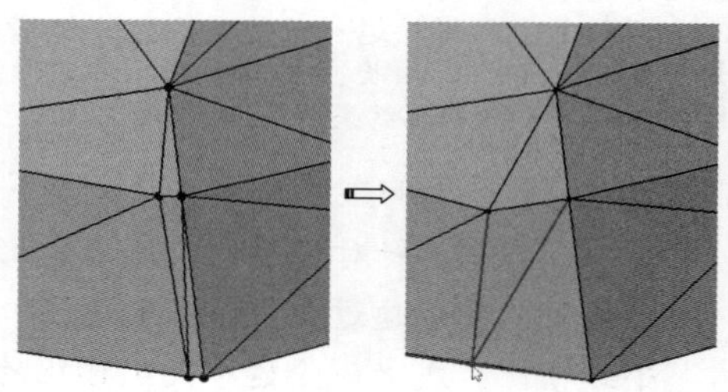

图 23-38

- 置换节点：双击此选项，可以选取两个或两个以上的节点进行置换（互换），其实也就是合并节点的一种。不同的是，利用置换操作，可以保持原形不变，如图23-39所示。

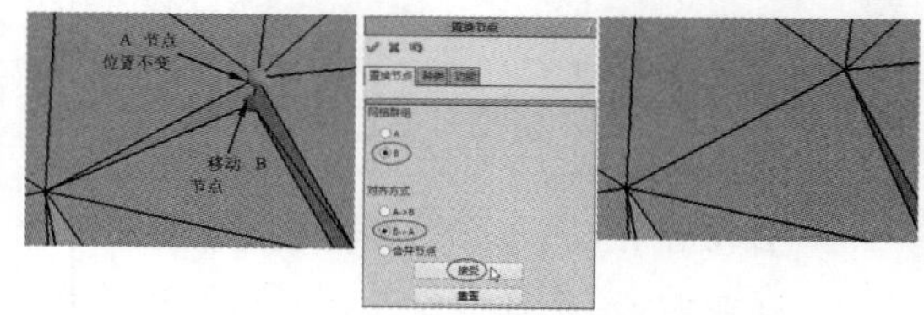


图 23-39

## 23.2.4 管路设计

管路设计包括浇注系统和冷却水路设计。浇注系统包括直浇道（主流道）、浇道（分流道）和浇口。在Plastics Manager管理器中双击“管路设计”选项，弹出“管路设计”面板，如图23-40所示。

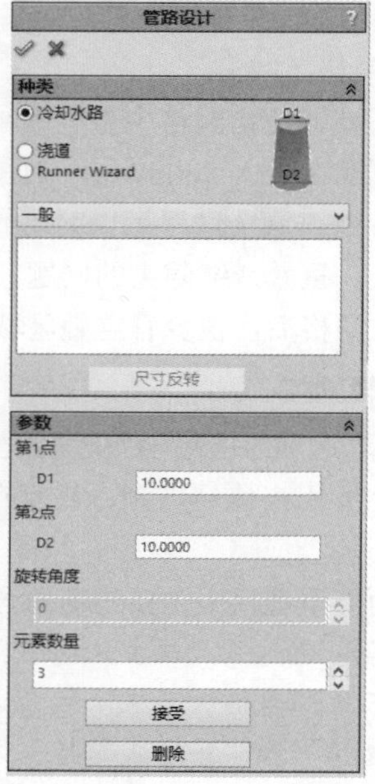


图 23-40

### 1. 冷却水路设计

要设计冷却水路，需要先绘制出草图曲线，如图23-41所示。打开“管路设计”面板。然后按Ctrl键选择绘制的多条草图曲线，在面板中设定D1（管径）和D2的大小，单击“接受”按钮，随即创建出冷却水路，如图23-42所示。

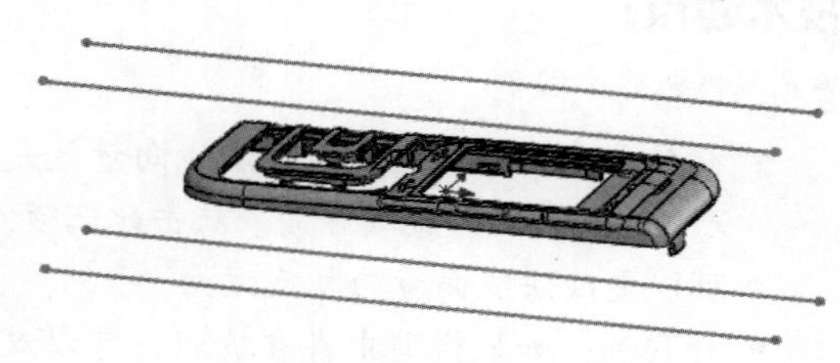

图 23-41

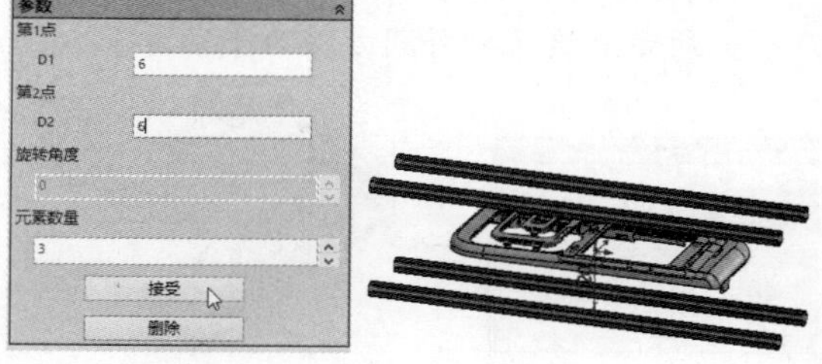


图 23-42

**2．浇道设计**

在“管路设计”面板中选择“浇道”选项，可以创建由草绘曲线构成的浇注系统。浇道的创建方法与冷却水路的创建完全相同，只是浇道分直浇道、浇道和浇口，因此需要绘制3段草图曲线。如果是多腔模布局的，还要绘制平衡或非平衡的布局草图曲线，即分流道的布局曲线。

**3．Runner Wizard（管路设计精灵）**

在“管路设计”面板中选择Runner Wizard选项，弹出“管路设计精灵”面板，如图23-43所示。

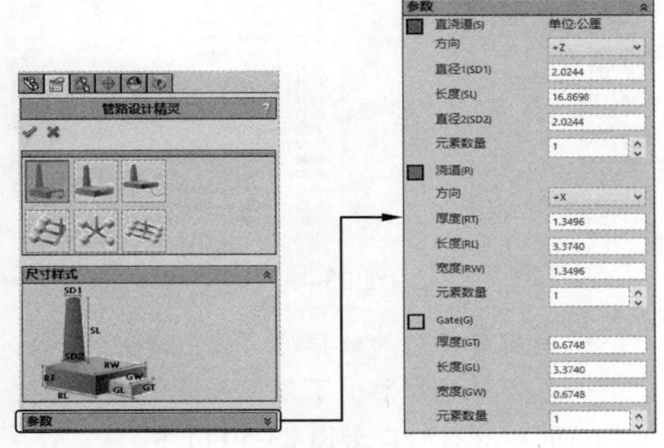

图 23-43

“管路设计精灵”面板中包括两种类型的浇道布局和3种浇口形式。

浇道布局为单浇口布局（包括3种浇口形式）和多浇口布局（包括3种流道平衡布局）。

为分析的模型选定一种合适的浇道布局，然后参照“尺寸样式”中的缩略图，在“参数”选项区中设置直浇道、浇道和浇口的参数。

在模型中选取一点作为浇口位置，随后自动创建浇注系统，如图23-44所示。

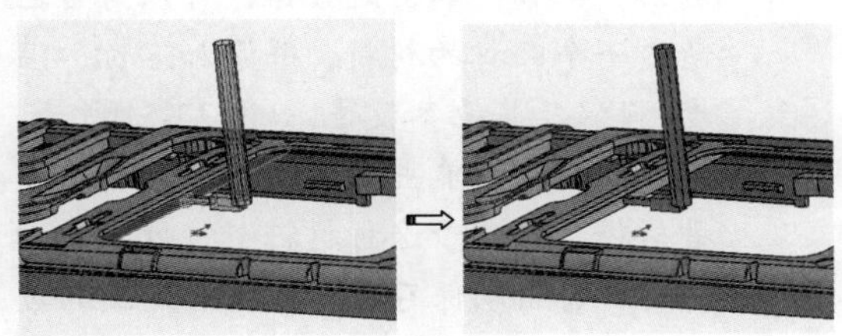

图 23-44

## 23.2.5　增加虚拟模座

为了便于后面在流动分析中更能体现真实性，需要设定模具温度、材料等，因此我们可以添加虚拟的模座（这里也可以成为模具的成型零件）。

当网格类型为Solid时，并且建立手动网格，勾选随后弹出的“实体化”面板中的“虚拟模具生成”复选框，单击“下一步”按钮，即可在“模座设定”面板中设置模座的具体参数，如图23-45所示。

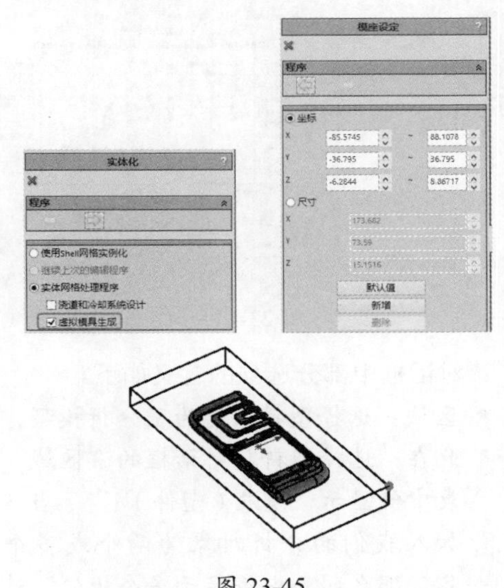

图 23-45

当网格类型为Shell时，在Plastics Manager管理器中双击“增加虚拟模座”选项，在打开的“虚拟模座”面板中设置模座尺寸后，单击“新增”按钮，即可创建虚拟的模座，如图23-46所示。

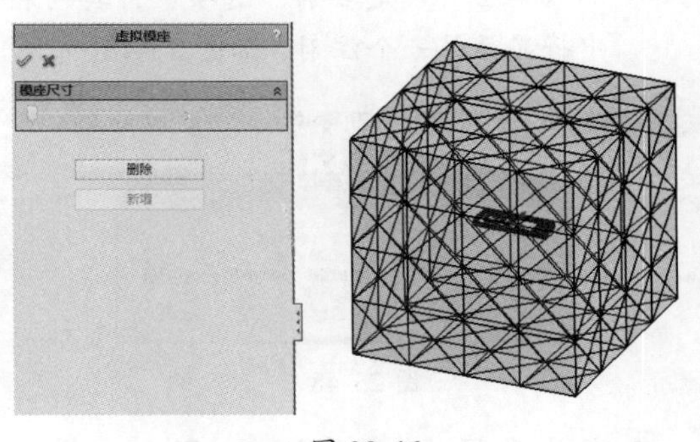

图 23-46

# 23.3 设定材料

建立网格后，接下来为分析模型选择塑料材料以及模具材料。

## 23.3.1 选择塑料

在“输入”选项组的“材料”选项区中，双击“选择塑料”选项，弹出“选择塑料”对话框，如图 23-47 所示。

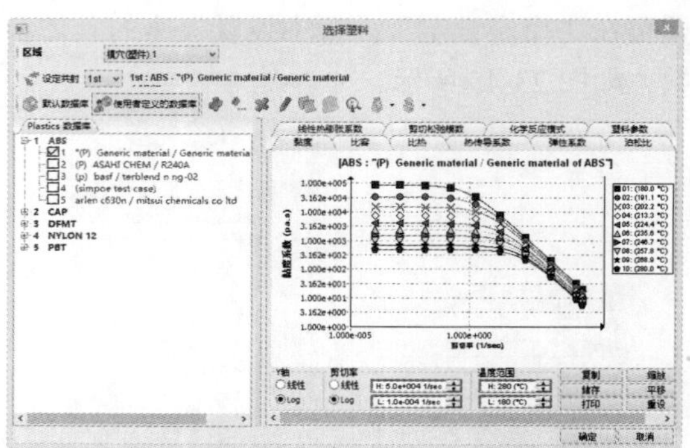


图 23-47

该对话框中部分选项的含义如下。

- 区域：选择塑料只是为了分析模型，因此在“选择塑料”对话框的“区域”列表中仅显示“模穴（塑件）1”。当然，加入我们的分析对象为两个或多个产品，那么列表中将显示多个模穴。选择不同的模穴，可以为其添加不同的塑性材料。
- 设定共射：如果当前分析的对象为一种塑料注射，那么列表中仅显示一个选项“1st”，如果是双色注射或是多色注射，那么单击“设定共射”选项，其列表中将显示另一个注射，如图 23-48 所示。

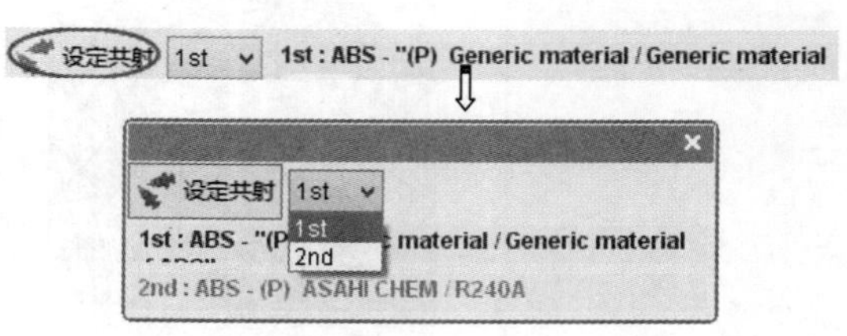


图 23-48

- 默认数据库：SolidWorks Plastics 提供了默认的材料库，你可以在此数据库中选取塑性材料，选取材料时可以按“依类别排序”或按“依公司排序”进行查找，如图 23-49 所示。

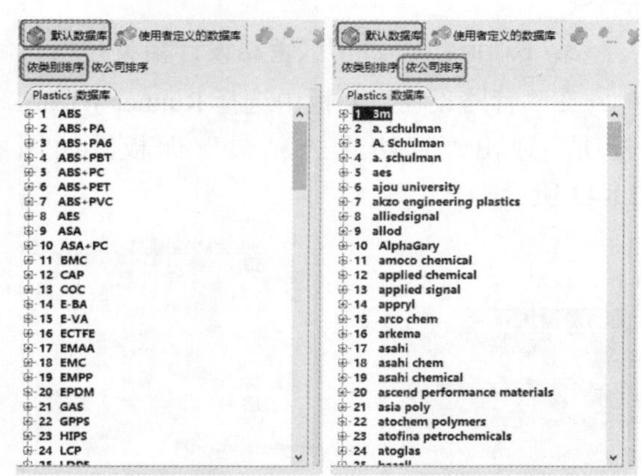


图 23-49

- 使用者定义的数据库：使用者定义的数据库中通常列出了分析人员曾经使用过的所有材料，如图 23-50 所示。

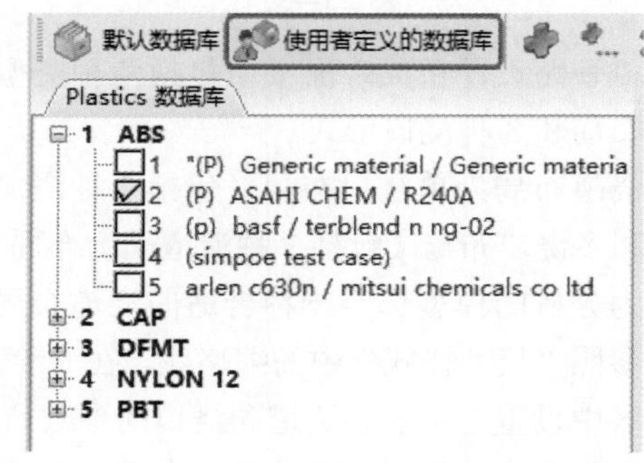


图 23-50

- 增加产品：单击此按钮，可以为自己新增一个品种的材料，并添加名称、温度、模温及其他参数等，如图 23-51 所示。
- 增加材料：单击此按钮，可以新建一种材料，并赋予这种材料新特性。新增的材料将自动保存在“使用者定义的数据库”中，如图 23-52 所示。

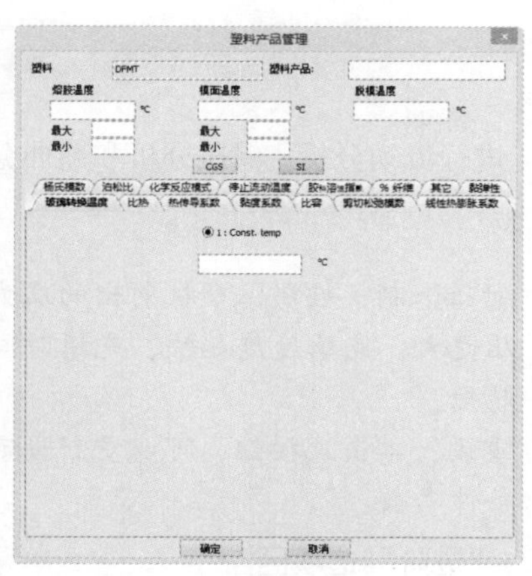
图 23-51

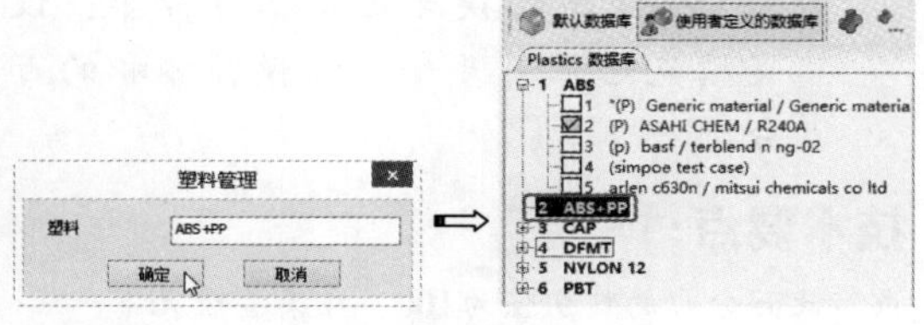
图 23-52

- 删除：单击此按钮，删除用户自定义数据库中的材料。
- 编辑：单击此按钮，编辑“使用者定义的数据库”中的所选材料，如图 23-53 所示。

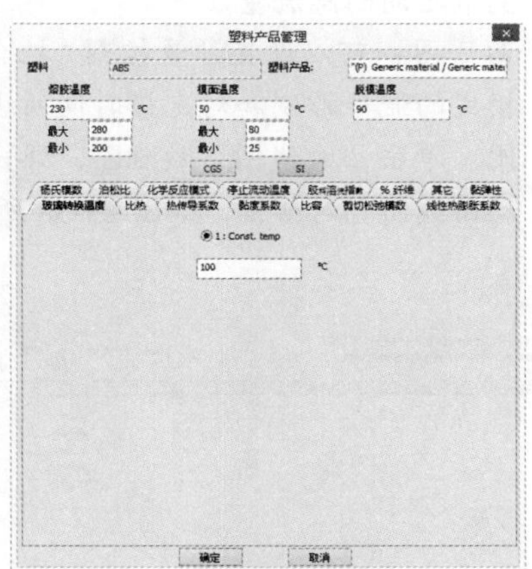
图 23-53

- 复制：单击此按钮，复制一种材料到粘贴板。
- 粘贴：单击此按钮，粘贴复制的材料到“使用者定义的数据库”中。
- 寻找：单击此按钮，通过输入材料名称查找所需的材料，如图 23-54 所示。

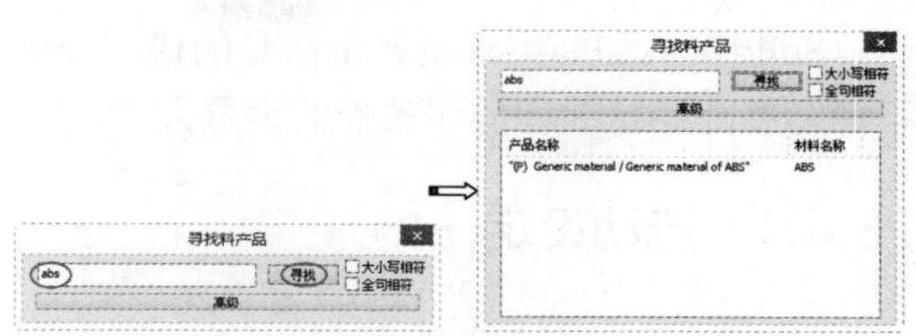
图 23-54

在“选择塑料”对话框的右侧，显示了当前塑料材料的一些特性选项和图例，通常会设置材料的溶胶温度和模面温度。除了在此处设置材料温度外，我们还可以在数据库列表中双击某种材料，然后在打开的“塑料产品管理”对话框中进行设置，如图 23-55 所示。

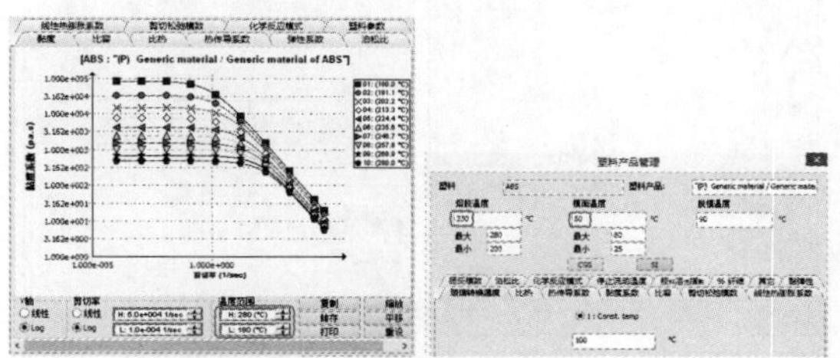
图 23-55

## 23.3.2 模具材料

“模具”选项用来设置模具的材料参数、比热、热传导系数和密度。双击此选项，打开“模具”对话框，如图 23-56 所示。

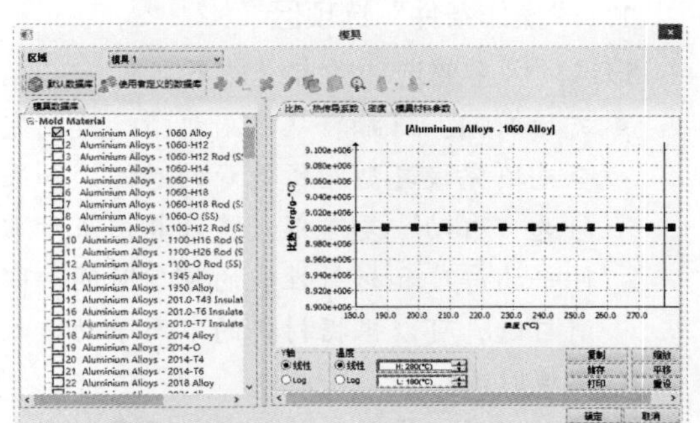
图 23-56

针对一些产品缺陷，有必要调节模具温度，使熔融料能顺利流入型腔。

## 23.4 设置操作条件

SolidWorks Plastics 是一个简易的模流分析插件，只能进行流动分析、保压分析和翘曲分析，下面简单介绍这 3 种操作条件的设置方法。

### 23.4.1 流动设定

流动设定是设置熔融料在模具型腔中的流动参数，包括充填时间、溶胶温度、模面温度（可在材料里面设置）、射出压力、模具温度曲线等。双击“流动设定”选项，弹出“流动设定”面板，如图 23-57 所示。

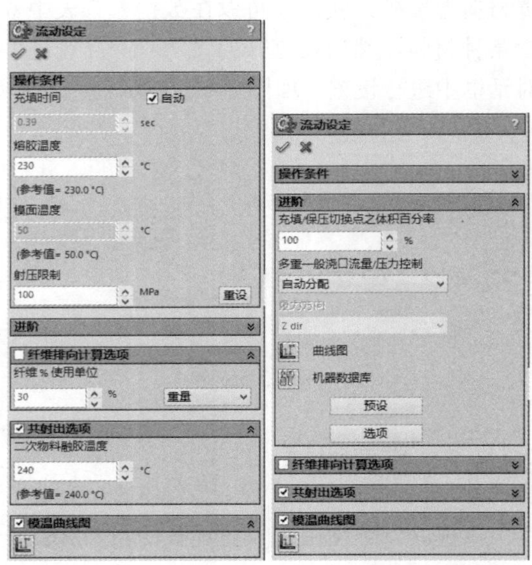

图 23-57

#### 1. “操作条件”选项区

该选项区主要选项的含义如下。

- 充填时间：熔融料从注射机喷嘴直到完全充填完模具型腔所花费的时间。如果勾选“自动”复选框，将计算出基于零件平均厚度和材料性能的注射时间。取消勾选，可以根据材料的不同手动输入充填时间。
- 溶胶温度：熔融料从注射机喷嘴射出来的实际最高温度。
- 模面温度：熔融料流经模具型腔后的型腔表面温度。
- 射压限制：控制注塑机射出的压力。射压越大，充填速度越快，充填时间也就越短。
- 重设：单击此按钮，可以重新设定操作条件参数。

#### 2. “进阶”选项区

该选项区主要选项的含义如下。

- 充填 / 保压切换点之体积百分率：设置填充熔融料开始时的模腔体积的百分比。

**技术要点：**

虽然此百分比的默认值为100，在某些情况下，压力控制之前，型腔完全填充的容积百分比通常为99%。

- 多重一般浇口流率 / 压力控制：用来控制浇口位置的入口流量。“自动分配”是分布在每个浇口考虑阻力的入口流量。“等流量 / 压力分配”是平均分配浇口之间的总流量。
- 曲线图：可以设置计量控制 / 机台设定模式的流率控制和对充模时间所占百分比。单击“曲线图”按钮，弹出“流动曲线图”对话框，如图 23-58 所示。

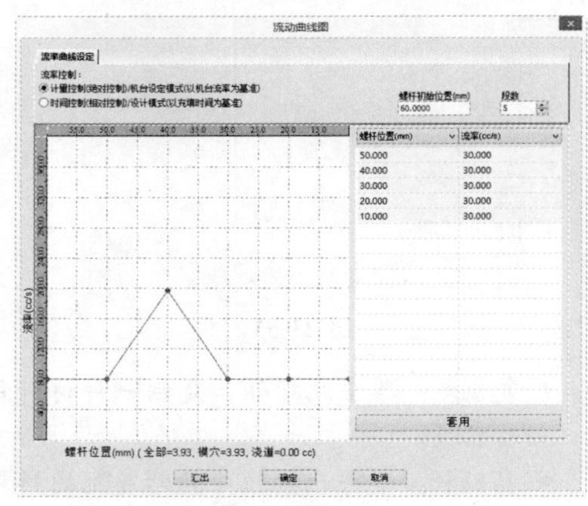

图 23-58

- 机器数据库：单击“机器数据库”按钮，打开注射机的数据库。数据库仅供大家参考，任何选择都不能对分析结果产生影响。
- 预设：单击此按钮，恢复系统默认设置。
- 选项：单击此按钮，打开“设置流动保压计算参数”对话框，可以设置充填的高级选项，如图 23-59 所示。

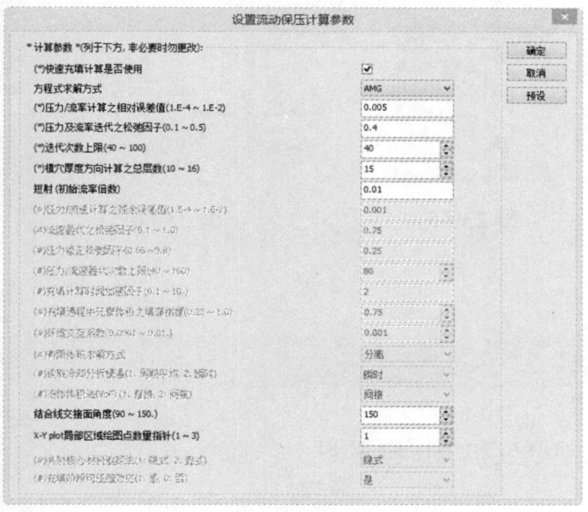


图 23-59

### 3. “纤维排向计算选项”选项区

该选项区如图 23-60 所示。设置基于重量或体积的材料纤维的百分比。

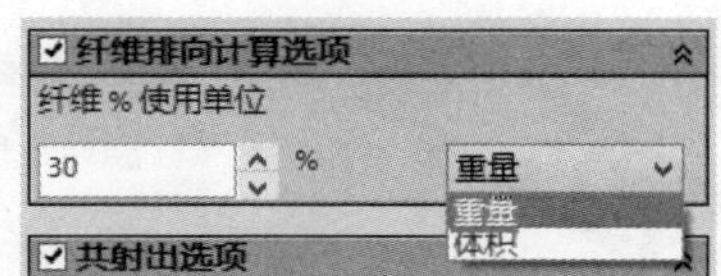


图 23-60

### 4. “共射出选项”选项区

该选项区用来设置双色注塑的第二色溶料的温度，如图 23-61 所示。第一色是在“操作条件”选项区中设置“溶胶温度”选项。

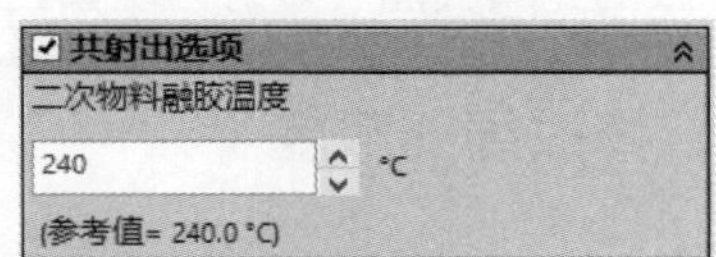


图 23-61

### 5. “模温曲线图”选项区

选择此项可设置在注射过程中模具温度的曲线。输入模具温度（º C）随时间的值（以秒为单位或总的注塑成型时间百分比值）。在此选项区中单击“显示曲线图”按钮，弹出“模温曲线图”对话框，可以手动设置曲线图，如图 23-62 所示。

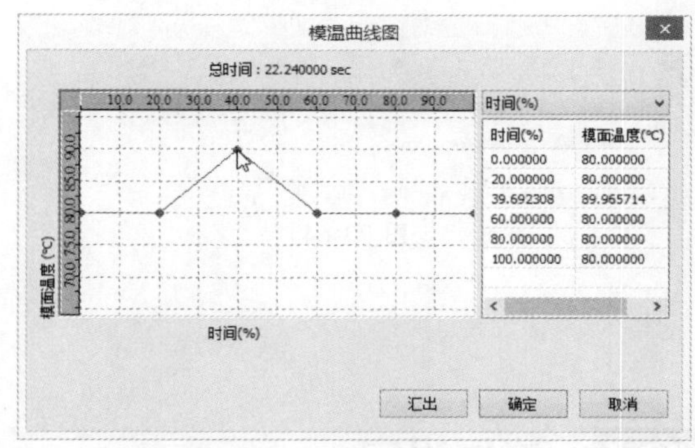


图 23-62

## 23.4.2 保压设定

保压设定是设置从充填结束到开模顶出制品的型腔内侧压力保持时间和冷却时间。

双击“保压设定”选项，弹出“保压设定”面板，如图 23-63 所示。一般情况下，压力维持时间和冷却时间大都采用的是使用默认值，也就是自动设定值。

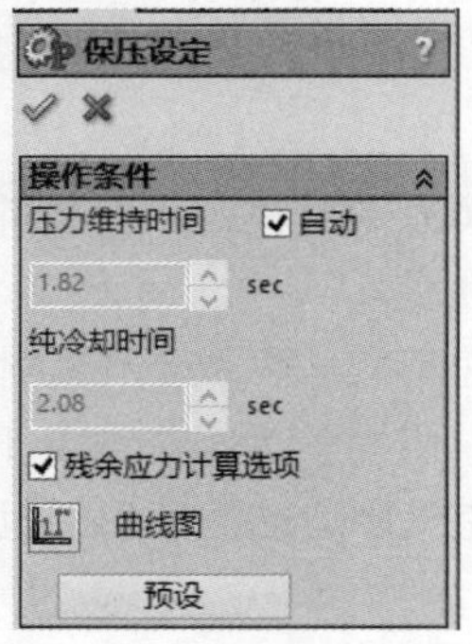


图 23-63

单击“曲线图”按钮，弹出“保压曲线图”对话框。通过该对话框设置压力曲线及保压时间，如图 23-64 所示。

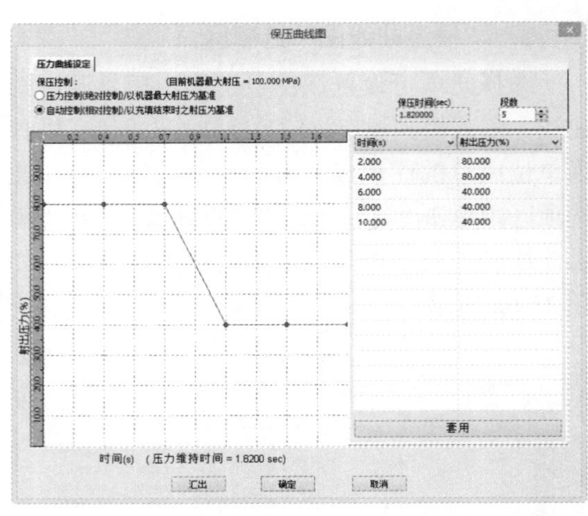

图 23-64

### 23.4.3 翘曲设定

“翘曲设定”选项用来设置制件在出模后常温条件下的翘曲设定，包括环境温度（常温）和重力方向设置，如图23-65所示为“翘曲设定”面板。也可以单击“选项”按钮进行高级选项设置，如图 23-66 所示。

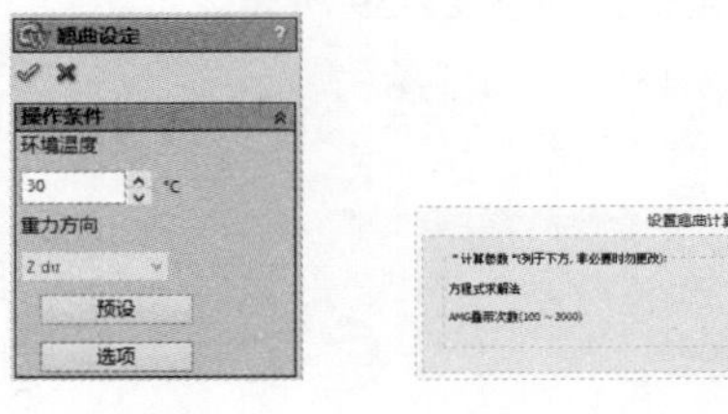

图 23-65　　图 23-66

## 23.5 边界设定

“边界设定”选项用来设定流阻系数、产品局部厚度和浇口位置。

### 23.5.1 流阻系数

“流阻系数”是指一个物体在流体中流动时，会受到流体的阻力，阻力的方向和物体相对于流体的速度方向相反，其大小和相对速度的大小有关。

在相对速率 v 较小时，阻力 f 的大小与 v 成正比：

$$f = kv$$

式中比例系数 k 决定于物体的大小和形状以及流体的性质。

在相对速率较大以致于在物体的后方出现流体旋涡时，阻力的大小将与 v 平方成正比。对于物体在空气中运动的情形，阻力为：

$$f = C\rho Avv/2$$

式中，ρ 是空气的密度，A 是物体的有效横截面积，C 为阻力系数。

双击“流阻系数”选项，弹出“流阻系数”面板。

预设阻力系数后，框选模型，再单击“套用”按钮，即可显示（图形区中显示）模型中的流阻系数图谱分析，如图 23-67 所示。

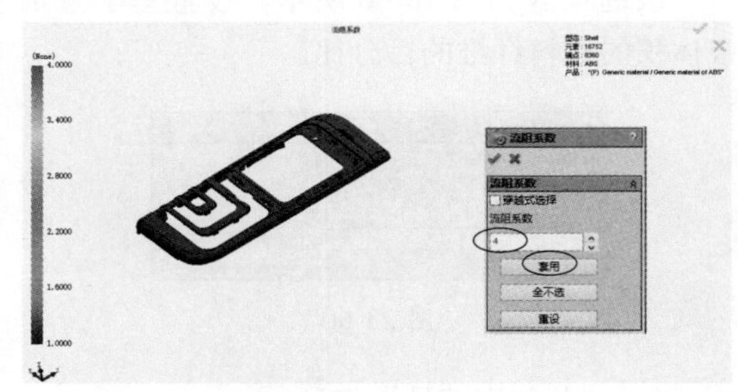

图 23-67

模型中如果出现统一的颜色，说明整个模型的流阻系数是相等的。不会出现因流阻系数不同而导致的充填欠注（短射）现象。

### 23.5.2 修改局部厚度

当产品局部厚度不均匀时，可能会出现短射现象、翘曲等制件缺陷。那么就可能涉及调整产品厚度、注射压力、增加模具温度等优化操作。

双击“修改局部厚度”选项，打开“修改局部厚度”面板，如图 23-68 所示。

修改局部厚度之前，可以先自动计算分析模型的厚度，如图 23-69 所示。

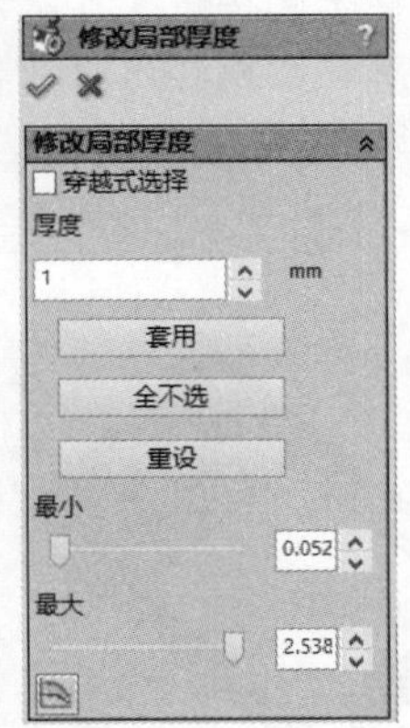

图 23-68

图 23-69

根据计算得到的模型厚度，然后在面板中设置一个最大厚度和最小厚度，即可达到分析要求。要赋予新的厚度，需要先框选模型对象，然后单击“套用”按钮即可，如图 23-70 所示。

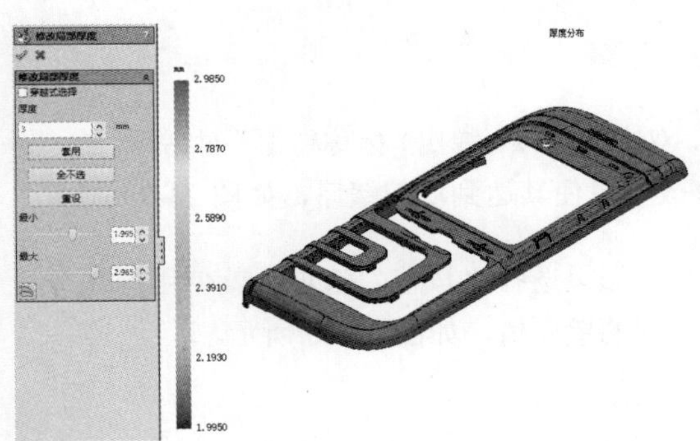

图 23-70

### 23.5.3 浇口选择

模流分析前期工作已经接近尾声，各项参数设定完成后，最后设置好浇口位置，就可以进行流动、保压或翘曲分析了。

双击“浇口选择”选项，弹出“浇口选择”面板，如图 23-71 所示。

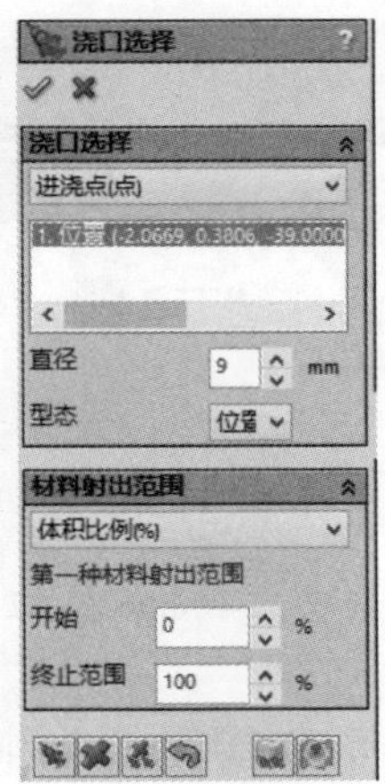

图 23-71

该面板中主要选项的含义如下。

- 进浇点（点）：设置浇口位置，可以用选择面、点的方法设置，如图 23-72 所示。

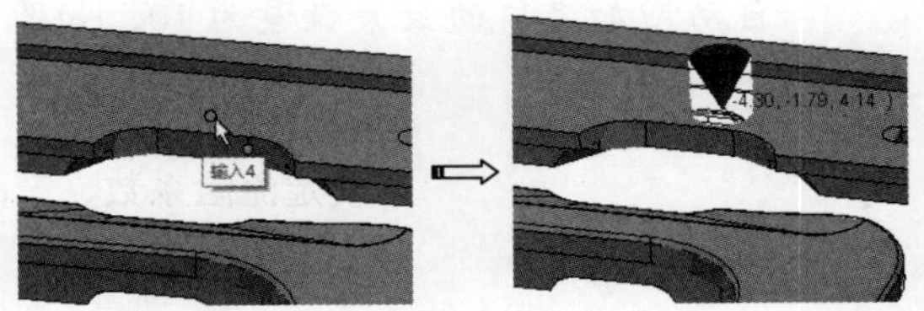

图 23-72

- 直径：设置浇口的直径。
- 型态：浇口位置的状态。
- 体积比例：按整个浇道、型腔内体积的比例来设定材料注射的范围，如图 23-73 所示。
- 时间（sec）：充填时间 =0.39，按充填完成的时间来确定材料注射范围，如图 23-74 所示。
- 体积比例（排除掉浇道）（%）：仅按型腔内的体积比例来设定材料的注射范围，如图 23-75 所示。

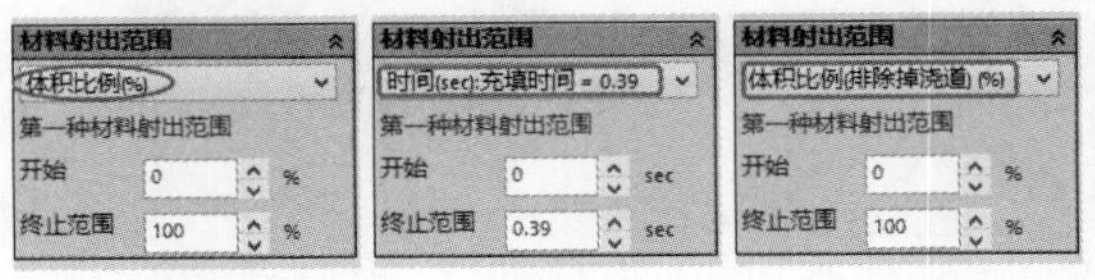

图 23-73　　图 23-74　　图 23-75

- 新增浇口：单击此按钮，在新的注射位置上添加新浇口，如图 23-76 所示。

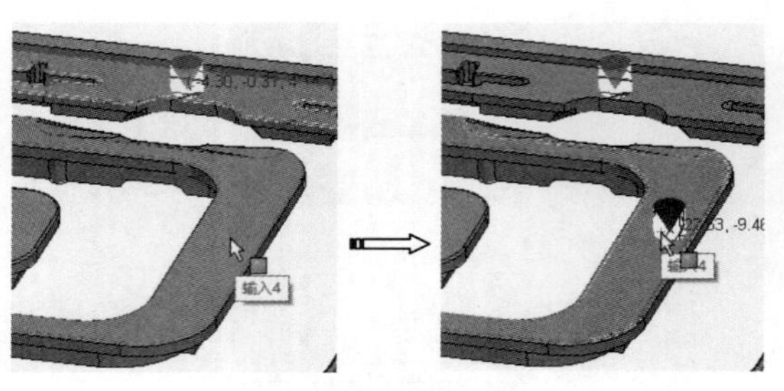


图 23-76

- 删除浇口：单击此按钮，删除选择的浇口。
- 删除所有浇口：单击此按钮，删除添加的所有浇口。
- 上一步：单击此按钮，删除上一个设定的浇口。
- 自动增加浇口：单击此按钮，系统将自动在模型的平衡位置添加浇口，可以自动增加浇口的最大数量为 10，如图 23-77 所示。

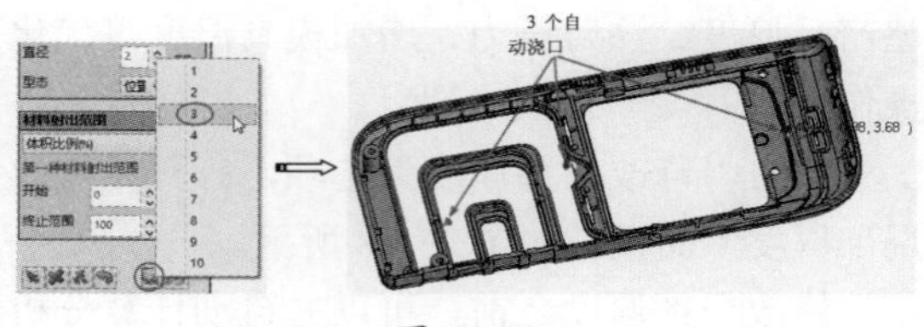


图 23-77

- 预测流动图形：单击此按钮，可以预览设定浇口后的熔融料在模具内的流动情况，如图 23-78 所示。

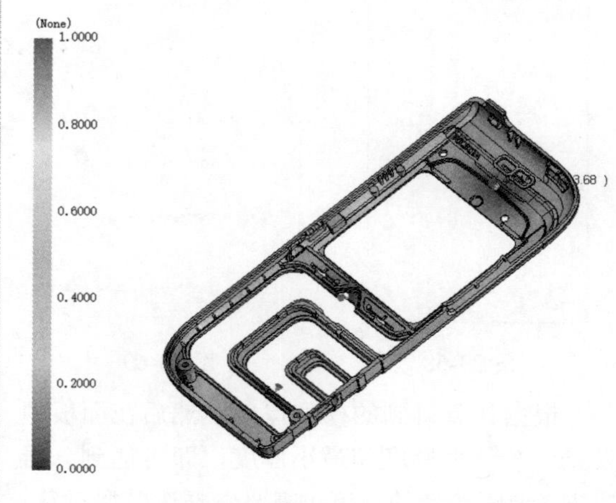


图 23-78

## 23.6 标称壁厚

“标称壁厚”选项用来设置分析模型的壁厚，双击此选项，弹出“标称壁厚”对话框。在“标称壁厚”对话框中选择“按百分比”选项，可以修改壁厚使其达到均匀壁厚，如图 23-79 所示。

较薄区域显示为红色，较厚区域显示为绿色。

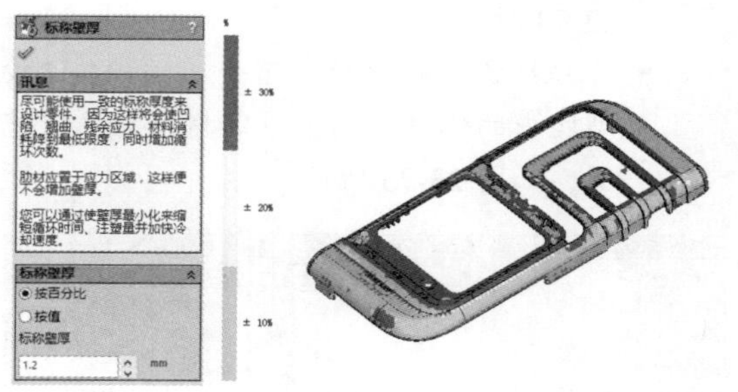


图 23-79

根据默认的壁厚分布，适当调整壁厚，直到颜色全部变为红色，那么就变成了均匀壁厚。

如果选择“按值”选项，就使用原先分析模型的壁厚值，如图 23-80 所示。

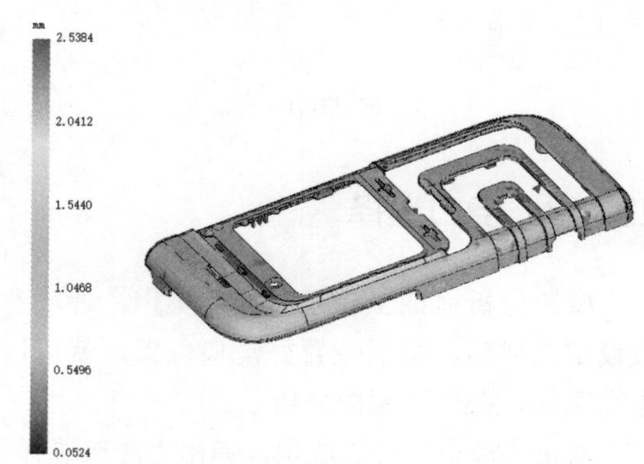


图 23-80

# 23.7 分析类型

模流分析前期完成后，我们就可以进行相应的分析了，分析的类型包括流动分析、流动＋保压分析、流动＋保压＋翘曲分析。

## 23.7.1 “流动”分析

“流动”类型用来分析塑料在模具中的流动，并且优化模腔的布局、材料的选择、填充和保压的工艺参数。

双击“流动”选项，Plastics开始执行流动分析，如图23-81所示。

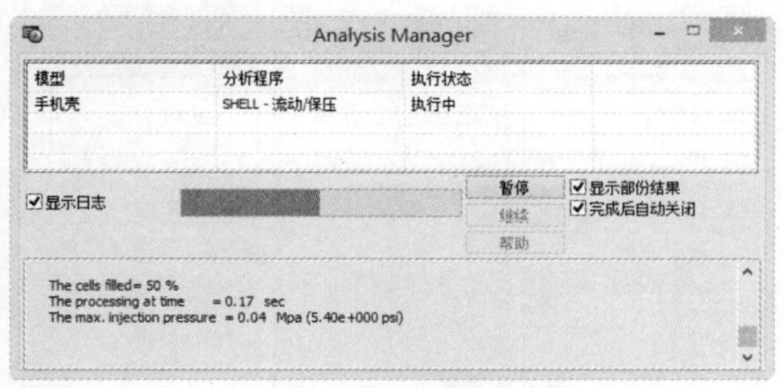


图 23-81

分析过程完成后，将分析结果显示在“结果”面板中，如图23-82所示。然后针对分析结果进行判断、分析和优化操作。

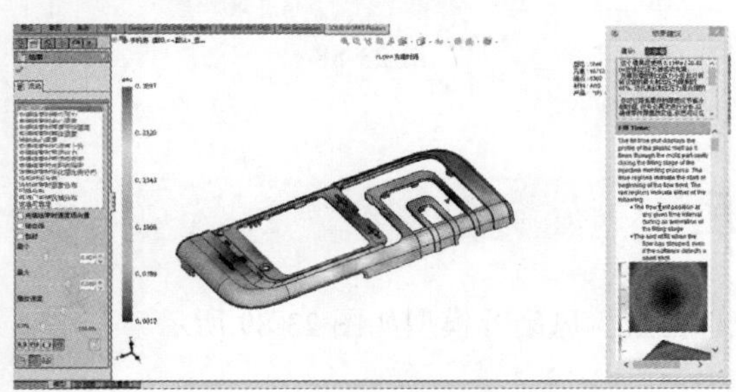

图 23-82

优化操作就是重新设定相关参数，如模温、保压压力、注射压力、溶料温度、浇口位置选择等。

**技术要点：**

如果要重新打开分析结果面板，或者删除分析结果，可以在Plastics Manager管理器的“分析结果”选项组下双击“流动结果”选项，或者双击“删除所有结果”选项。

在“结果”面板中，可以选择“流动”结果列表中的“充填时间”，然后单击面板下方的“播放”按钮，演示整个充填过程，如图23-83所示。

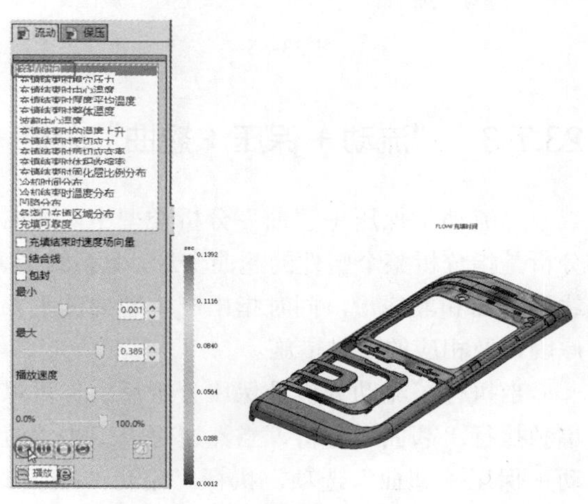


图 23-83

通过模拟，可以判断出充填过程是否顺利，是否出现短射现象，再参考右侧的“结果建议”，重新优化整个分析。

## 23.7.2 “流动＋保压”分析

“流动＋保压”分析类型除了分析流动情况，还要分析注塑完成后保持注射压力阶段的情况。双击“流动＋保压”分析选项，开始对模型进行流动分析和保压分析，如图23-84所示。

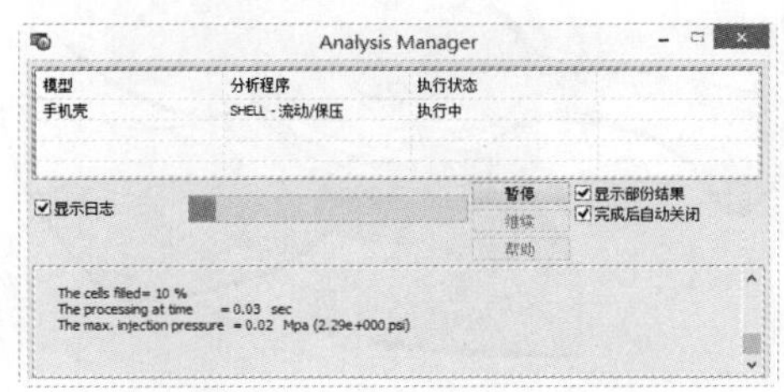


图 23-84

分析结束后，“流动＋保压”分析比“流动”分析多了一个“保压”分析结果，如图23-85所示。

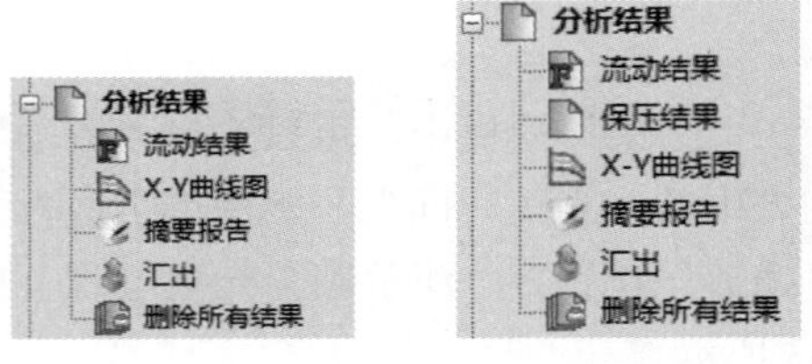


“流动”分析结果　　“流动＋保压”分析结果

图23-85

### 23.7.3 “流动＋保压＋翘曲”分析

“流动＋保压＋翘曲”分析类型中，翘曲分析是指分析整个塑件的翘曲变形，包括线形、线形弯曲和非线形，同时指出产生翘曲的主要原因以及相应的改进措施。

当执行了流动分析及保压分析后，你可以单独执行“翘曲”分析，当然也可以双击“流动＋保压＋翘曲”选项，执行“流动＋保压＋翘曲”分析，如图23-86所示。

完成分析后，在分析结果中可以看出多了“翘曲结果”，如图23-87所示。

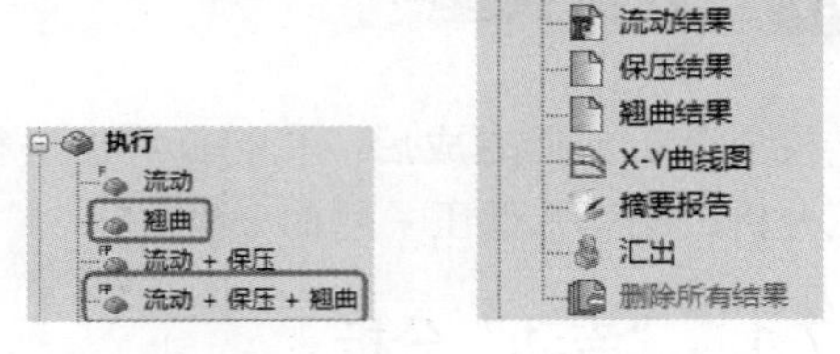


图23-86　　图23-87

双击翘曲结果选项，在“结果”面板中即可查看翘曲分析、流动分析和保压分析的结果，如图23-88所示。

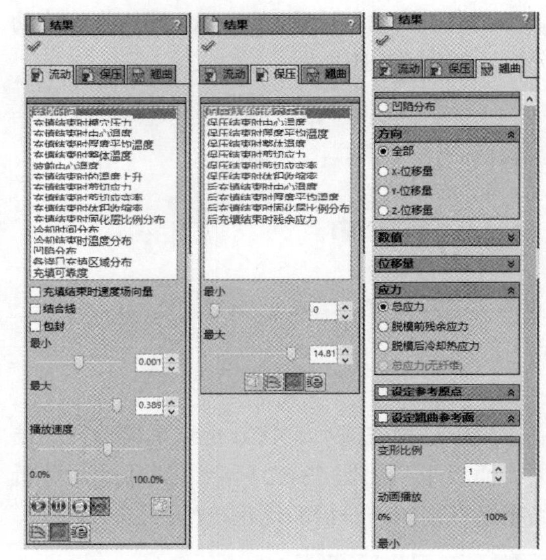

图23-88

## 23.8 拓展训练——风扇叶模流分析

本例中对风扇叶模型进行模流分析，并确定浇口位置。风扇叶模型如图23-89所示。

图23-89

### 23.8.1 分析前期准备工作

**操作步骤**

**01** 打开本例的风扇叶模型。

**02** 在Plastics Manager管理器中选中Shell并右击，选择“自动”命令，Plastics自动建立网格。通过双击“编辑”选项，查看网格质量，如图23-90所示。

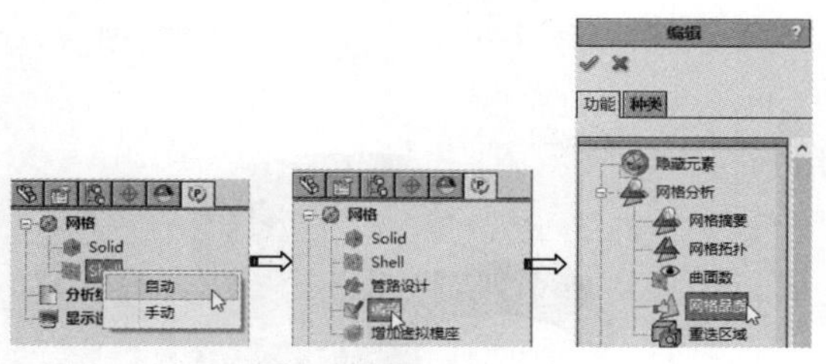

图 23-90

**03** 从弹出的“网格品质”面板中，可以看出“较好网格”所占比重为98.77%，说明网格的质量非常好，达到了分析要求，如图23-91所示。

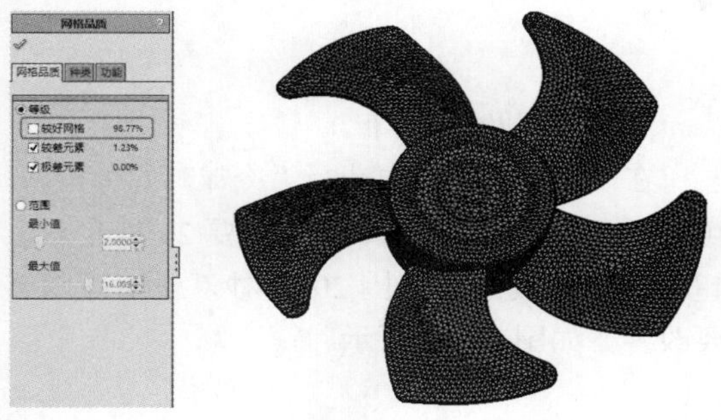

图 23-91

**04** 在Plastics Manager管理器中双击“选择塑料”选项，打开“选择塑料”对话框，选择“默认数据库”列表中的第一种ABS材料，其余选项保留默认设置，然后单击“确定”按钮，如图23-92所示。

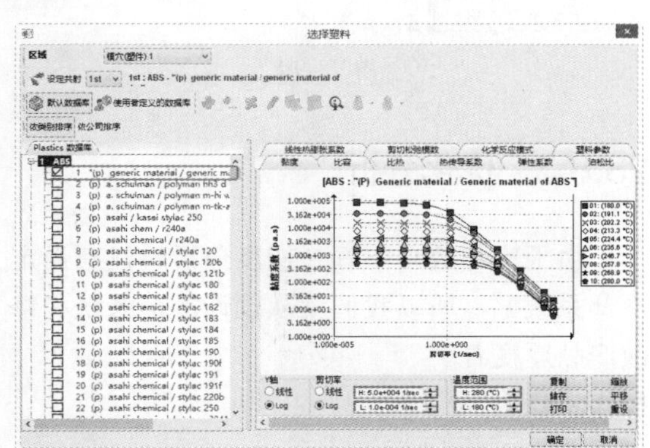

图 23-92

**05** 在Plastics Manager管理器中双击“模具”选项，打开“模具”对话框，选择“使用者定义的数据库”列表中的第一种模具材料，其余模具参数保持默认，最后单击“确定”按钮，如图23-93所示。

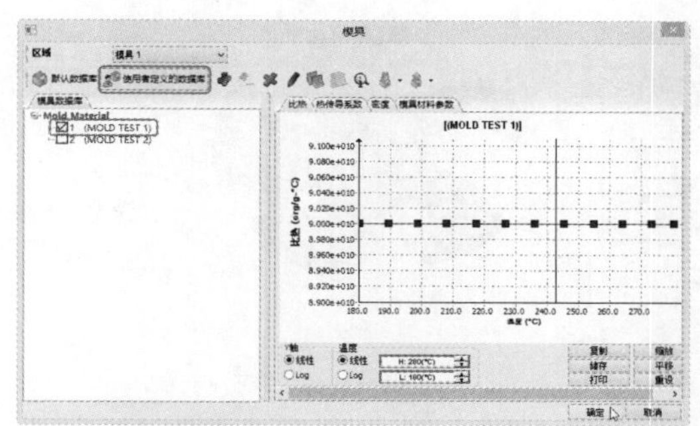

图 23-93

**06** 双击“浇口选择”选项，然后在风扇叶中间设置一个浇口，其余参数保持默认，如图23-94所示。

图 23-94

## 23.8.2 流动分析与结果剖析

### 操作步骤

#### 1. 流动分析

**01** 在Plastics Manager管理器的“执行”选项组中双击“流动”选项，开始运行流动分析，如图23-95所示。

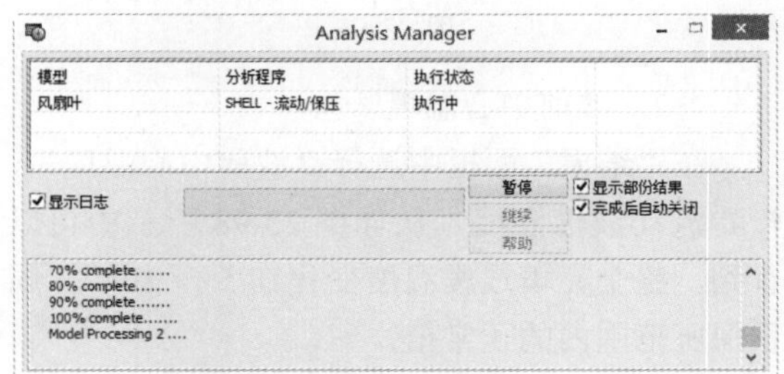

图 23-95

**02** 分析完成的结果，如图 23-96 所示。

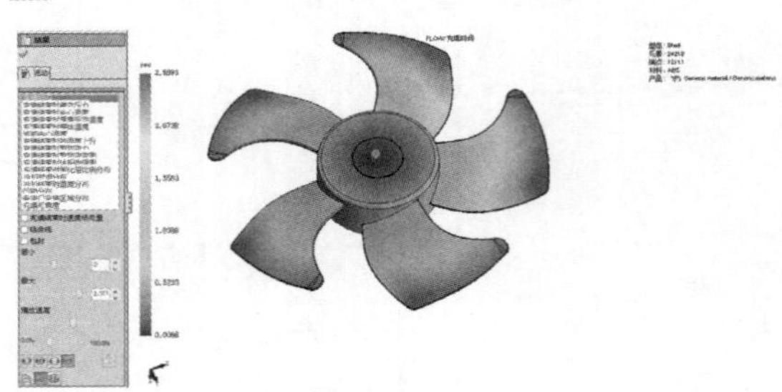

图 23-96

### 2. 结果剖析

下面我们剖析一下结果，对一些重要的结果进行讲解。

（1）充填时间

首先在“结果”面板中选择“充填时间”，从注射到冷凝结束共花了 2.5893 秒，如图 23-97 所示。单击“播放”按钮，演示了整个注射过程，没有发现欠注（短射）现象，基本上各扇叶的充填是同时完成的。

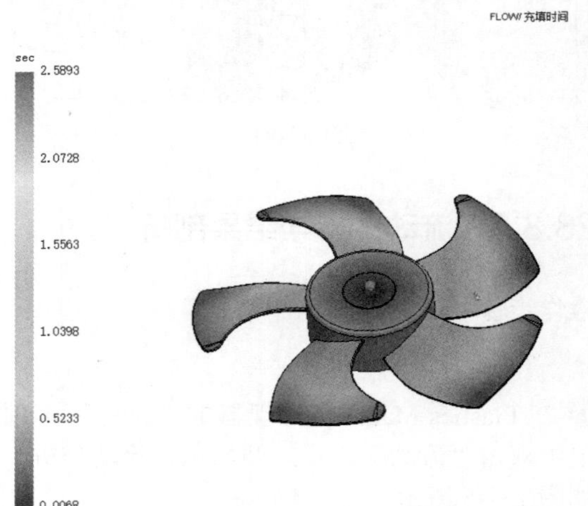


图 23-97

（2）波前中心温度

在“结果”面板中选择“波前中心温度”，查看流动波前温度，从如图 23-98 所示中可以看到，整个充填过程温度变化在 5 ～ 10℃，属于保压范围内的正常值。

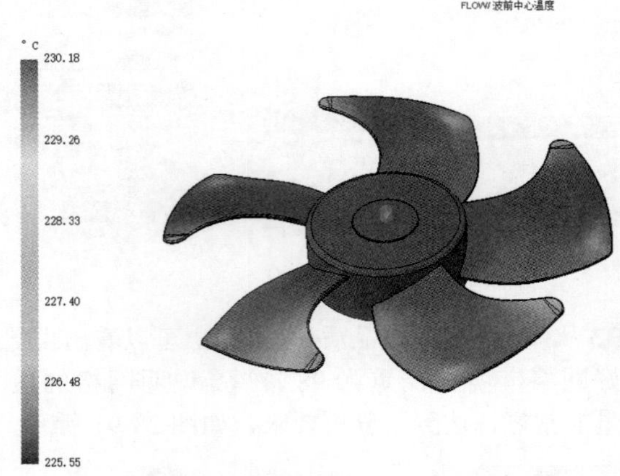


图 23-98

（3）冷却时间分布

在“结果”面板中选择“冷却时间分析”，可以看出整个产品冷却时间需要 23 秒左右，超出了默认设定的范围 20.83 秒，说明冷却需要改善。如图 23-99 所示。

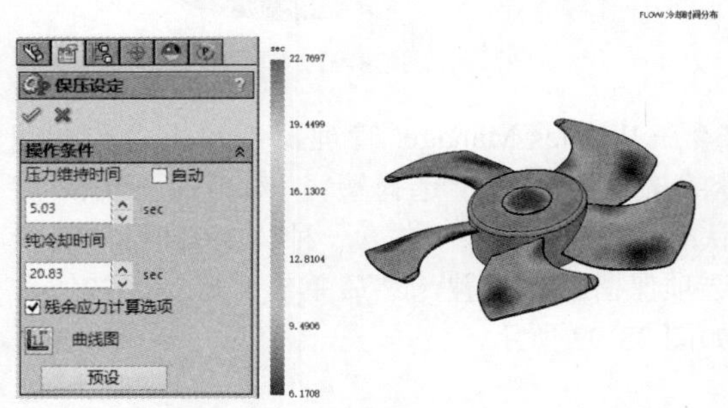


图 23-99

## 23.8.3 优化分析

由于冷却效果不好（初步分析时没有设定冷却系统），所以我们就从设计冷却系统和修改产品厚度着手。

**操作步骤**

### 1. 冷却水路设计和修改产品厚度

**01** 在 SolidWorks 2018 的“特征”选项卡中单击“基准面”按钮，选择前视基准平面为参考，然后创建基准平面 1，如图 23-100 所示。

**02** 接下来再以前视基准面为参考，创建基准平面 2，如图 23-101 所示。

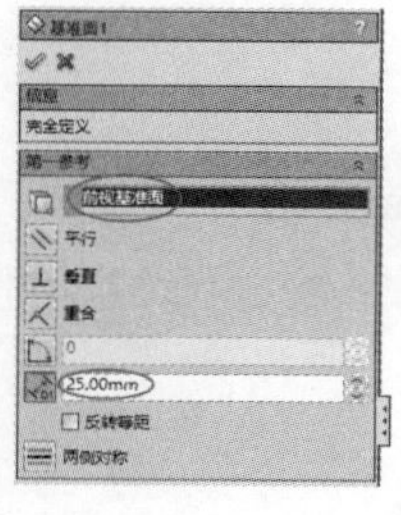
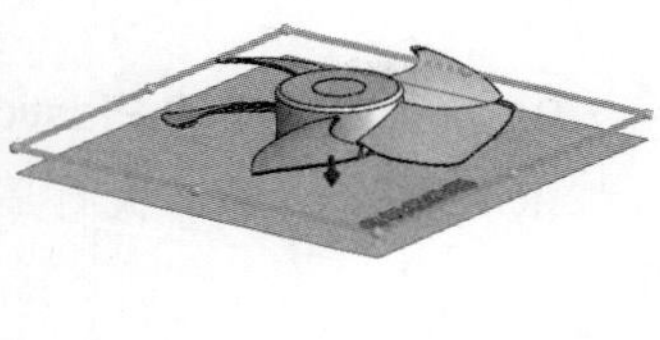

图 23-100

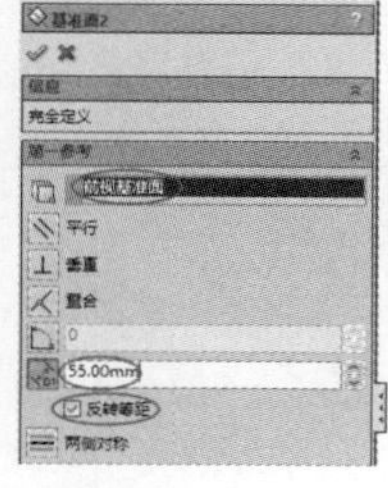
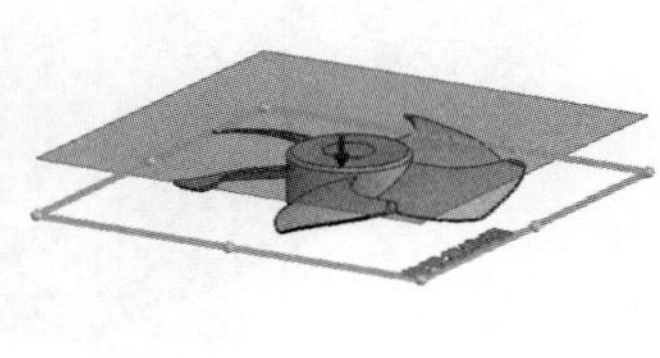

图 23-101

**03** 在基准面 1 和基准面 2 上绘制相同的草图，如图 23-102 所示。

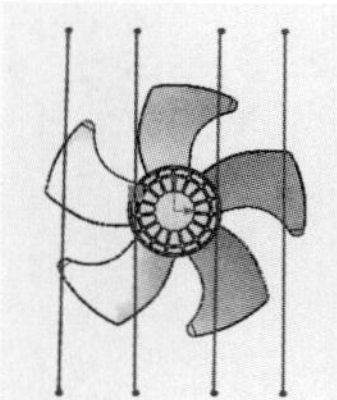

图 23-102

**04** 重新进入 Plastics Manager 管理器中，双击“修补局部厚度”选项，打开“修改局部厚度”面板。框选整个模型，然后在面板中设置“厚度”为 5，单击“套用”按钮，完成产品厚度的修改，如图 23-103 所示。

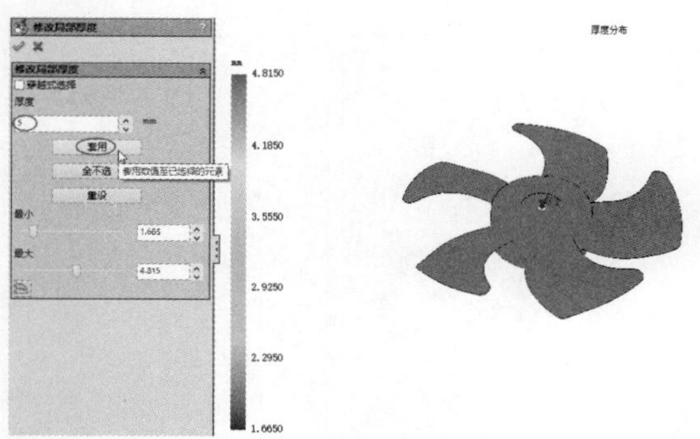

图 23-103

2．重新执行分析

**01** 双击冷却水路并修改产品厚度后，“执行”选项组中多了几种分析模式，如图 23-104 所示。双击“冷却 + 流动 + 保压 + 翘曲”选项，重新执行分析。

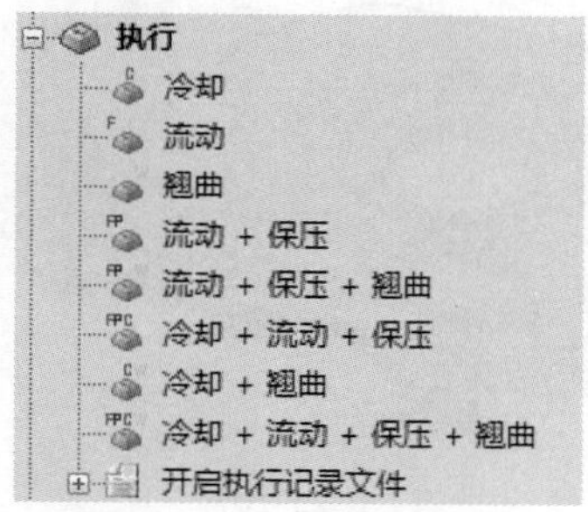


图 23-104

**02** 完成后的分析结果如图 23-105 所示。

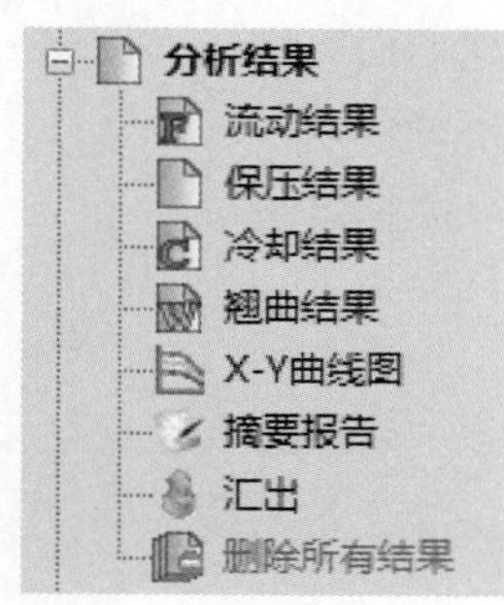


图 23-105

**03** 其他指标暂且不看，仅查看“流动结果”中的“冷却时间分布”，如图 23-106 所示。

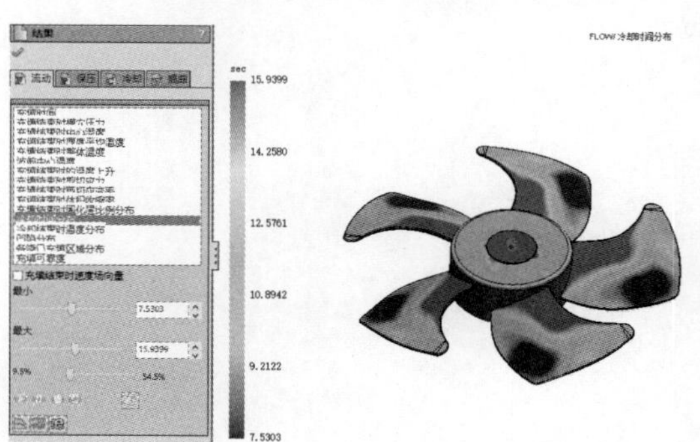

图 23-106

**04** 从结果可以看出，经过冷却水路的设计与产品壁厚的修改，冷却时间明显缩短了，而且效果很不错。

## 23.9 课后练习

### 1. 相机壳 Plastics 分析

本练习创建的管筒线路如图 23-107 所示。

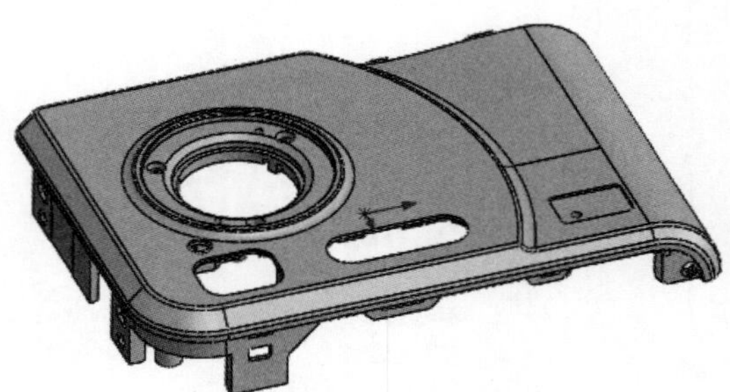

图 23-107

练习要求与步骤：

（1）打开练习模型。

（1）创建曲面网格。

（2）设定浇口。

（3）执行流动分析。

（4）优化分析。

### 2. 前大灯罩壳体 Plastics 分析

本分析模型的前大灯罩壳体如图 23-108 所示。

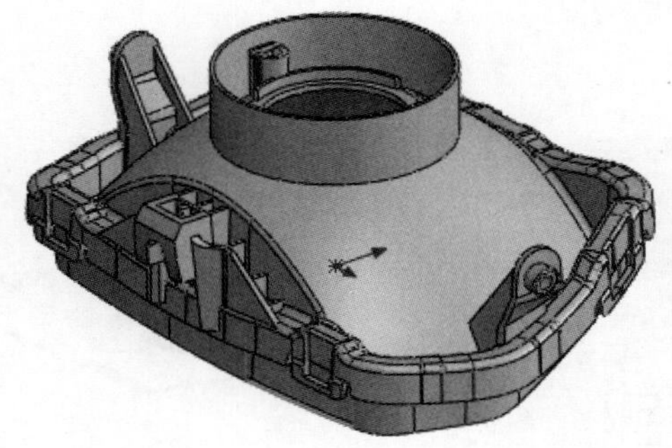

图 23-108

练习要求与步骤：

（1）打开练习模型。

（2）创建曲面网格。

（3）设定浇口。

（4）执行流动分析。

（5）优化分析。

# 第 24 章 SolidWorks 分模设计

分模是模具设计流程中最为复杂，也是最为关键的技术，因为它直接影响到模具的成败以及产品的质量。对于利用软件进行分模来说，关键在于合理应用软件的相关功能指令，再结合实际的模具分型技术，高效设计出完整、合格的分型面和成形零件。

本章将全面介绍利用 SolidWorks 的模具工具指令进行手动分模的方法。

- SolidWorks模具工具介绍
- 产品分析工具
- 分型线设计工具
- 分型面设计工具
- 成型零部件设计工具

## 24.1 SolidWorks 模具工具介绍

SolidWorks 模具工具主要用来进行模具的分模设计——即设计分型面来分割工件得到型芯、型腔和其他小成型镶件的设计过程。SolidWorks 的“模具工具”选项卡如图 24-1 所示。

图 24-1

## 24.2 产品分析工具

当载入一个分模产品后，首先要做的工作是对产品进行分析，其中包括产品厚度分析、拔模分析、底切分析、分型线分析等。产品分析工具在“评估”选项卡中，如图 24-2 所示。

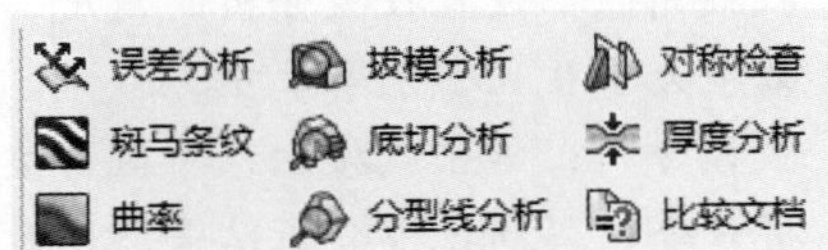


图 24-2

## 24.3 分型线设计工具

仅当确定好模具分型线后，才可以设计出合理的分型面，分型线就是产品中型芯区域和型腔区域的分界线。

对于大多数形状较规则、较简单的产品来说，我们均可以使用“分型线”工具来分析出产品中的分型线。其基本原理就是：通过在某一方向上进行投影，得到产品最大的投影边界，此边界就是分型线。

**技术要点：**

对于具有侧孔、侧凹、倒扣等复杂结构的产品，最大投影边界不一定就全是产品上的分型线。

在“模具工具”选项卡中单击“分型线”按钮，打开“分型线”面板，如图24-3所示。

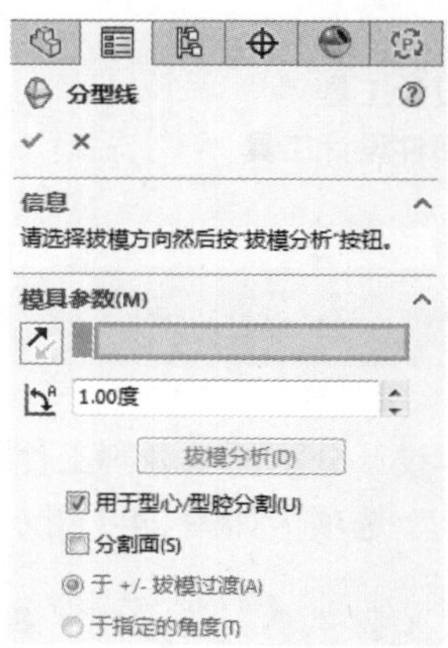


图 24-3

该面板中主要选项的含义如下。

- 拔模方向：激活此收集器，为拔模方向（投影方向）选择参考平面。参考平面与拔模方向始终垂直，如图24-4所示。
- 反向：单击此按钮，改变投影方向。
- 拔模角：设置拔模分析的角度。此值必须大于0且小于等于90。
- 拔模分析：单击此按钮，将执行拔模分析命令，得到拔模分析结果，同时也得到产品最大投影方向上的截面边界。
- 用于型芯/型腔分割：勾选此复选框，可直接得到产品分型线。此选项只针对简单产品，如图24-5所示。

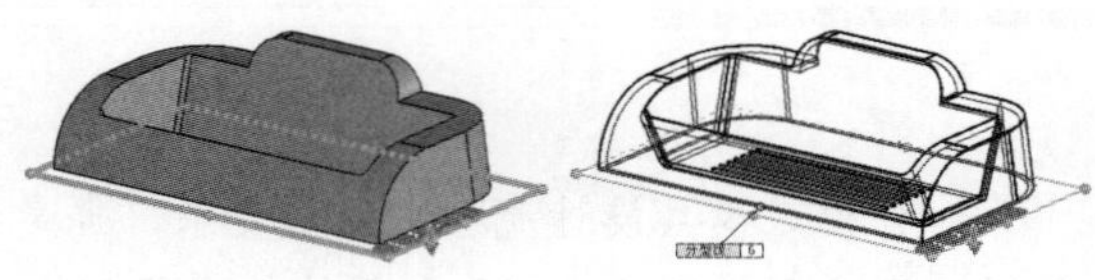

图 24-4　　图 24-5

**技术要点：**

“分型线”面板中“用于型心/型腔分割”选项的“型心”系人为翻译错误。

- 分割面：勾选此复选框，可以得到投影曲线，再利用此曲线来分割产品，使产品中的某些混合区域得以分割，从而使其分别从属于型芯区域和型腔区域，如图24-6所示。

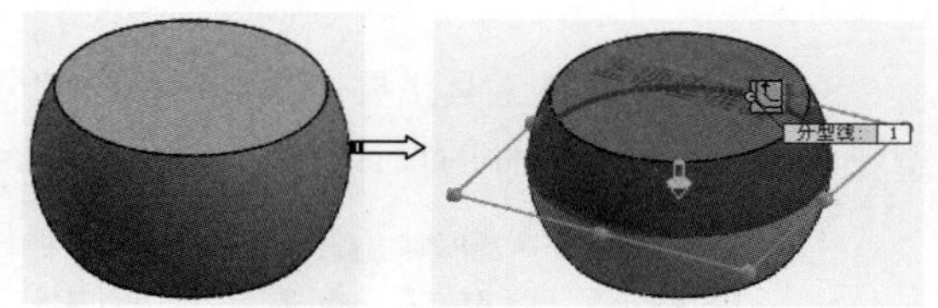


图 24-6

- 于 +/- 拔模过渡：仅在0°拔模位置分割曲面。
- 于指定的角度：在指定的拔模角度位置分割曲面，如图24-7所示。

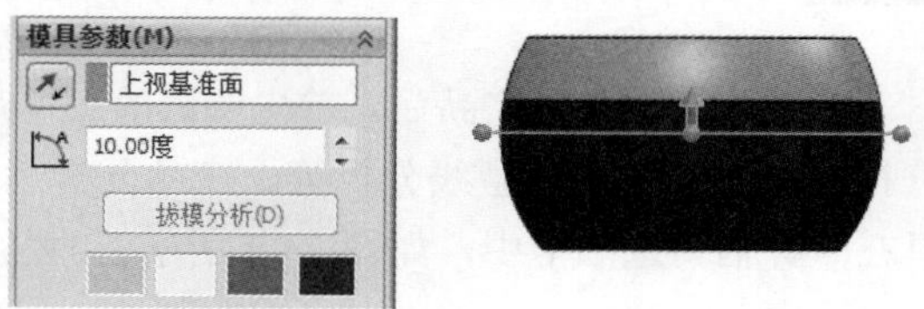


图 24-7

## 24.4 分型面设计工具

分型面包括产品区域面（型芯区域或型腔区域）、分型线延展曲面和破孔修补曲面。

## 24.4.1　用于创建区域面的工具

“模具工具”选项卡中用于设计区域面的工具，如“等距曲面”工具，选取产品的外表面（通常为型腔区域面）或者产品内表面（型芯区域面）进行等距复制，从而得到区域面，如图 24-8 所示。

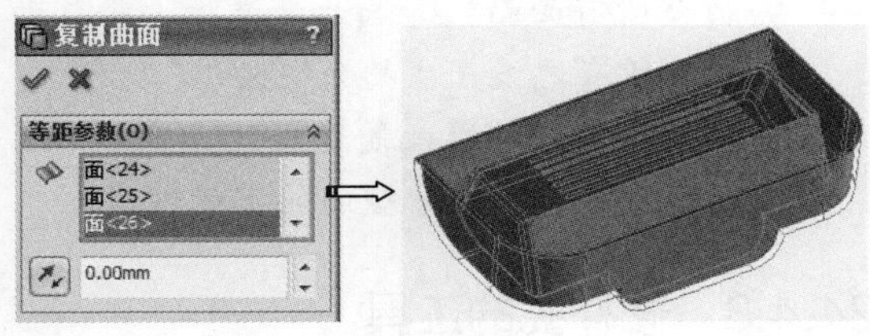


图 24-8

“移动面”也可以用于区域面的创建，单击“移动面”按钮，打开“移动面”面板。此面板中包括 3 个移动复制类型：等距、平移和旋转。

“等距”类型与“等距曲面”工具的功能作用是相同的。“平移”“旋转”类型与“移动 / 复制”工具的功能作用也是相等的，如图 24-9 所示。

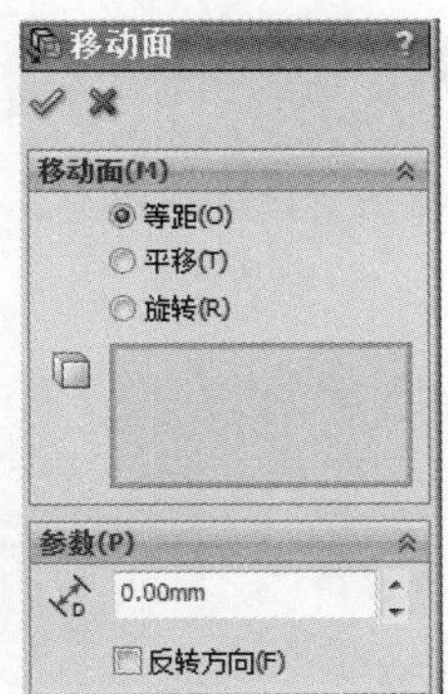


图 24-9

## 24.4.2　用于创建延展面的工具

### 1．手动分型面设计工具

当设计了分型线，需要利用“延展曲面”工具创建水平延展的曲面，这种分型面称为“平面分型面”，如图 24-10 所示。

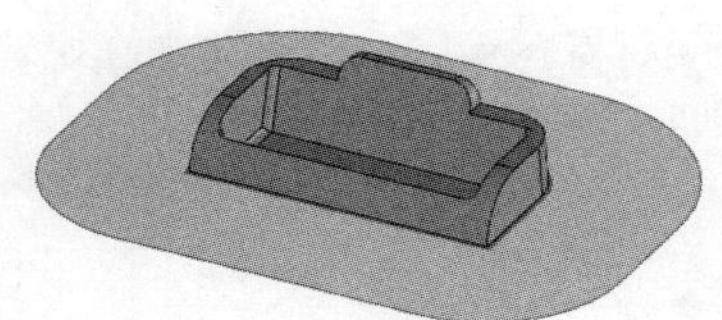

图 24-10

当产品底部为弧形曲面时，是不能直接创建水平延展曲面的，需要利用“曲面”选项卡中的“延伸曲面”工具来创建延伸曲面，延伸一定距离后，再创建出水平延展曲面，这种分型面称为“斜面分型面”，如图 24-11 所示。

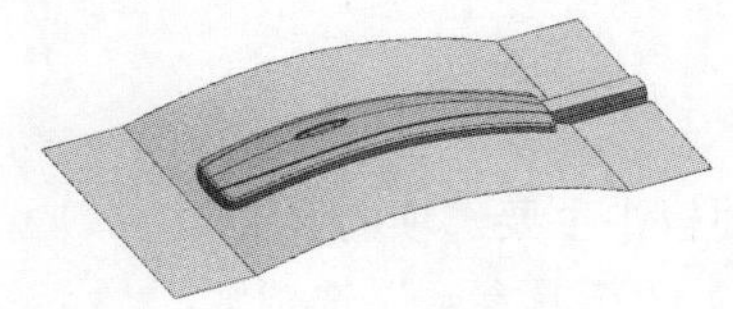

图 24-11

当选用的分模面具有单一曲面（如柱面）特性时，要求按如图 24-12（b）所示的形式即按曲面的曲率方向伸展一定距离建构分型面，这种分型面称为“曲面分型面”。否则，则会形成如图 24-12（a）所示的不合理结构，产生尖钢及尖角形的封胶面，尖形封胶位不易封胶且易于损坏。

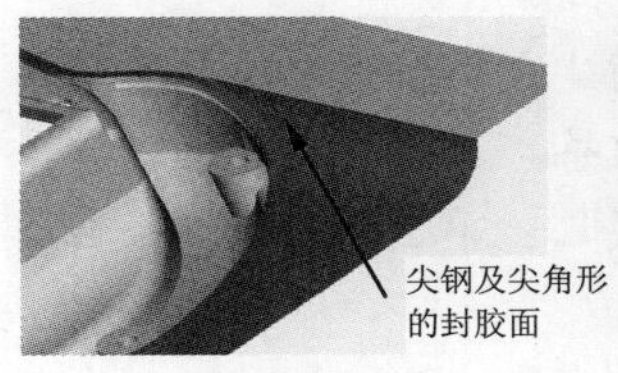


(a) 不合理结构　　(b) 合理结构

图 24-12

曲面分型面除了利用延展曲面工具，还会利用到“放样曲面”或“扫描曲面”工具。

上述介绍的是手动操作的分型面设计工具。下面介绍“分型面”工具，此工具可以创建水平延展、斜面延伸、曲面曲率连续的分型面。

### 2．自动分型面工具

单击“分型面”按钮，打开“分型面”面板，如图 24-13 所示。

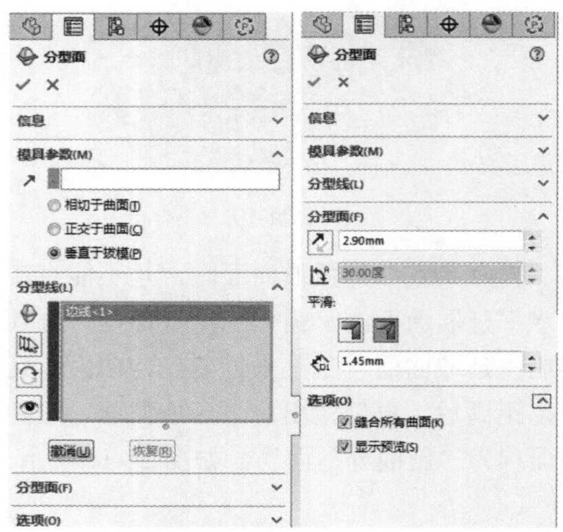

图 24-13

该面板中主要选项的含义如下。

（1）“模具参数”选项区

- 拔模方向：即选择与拔模方向垂直的参考平面。
- 相切于曲面：选择此单选按钮，将创建出相切于产品底部曲面的分型面。
- 正交于曲面：选择此单选按钮，将创建出正交于产品底部曲面的分型面。
- 垂直于拔模：选择此单选按钮，将创建出垂直于拔模方向的分型面。

（2）“分型线”选项区

- 边线：为创建分型面而选择分型线作为分型面的边界。
- 添加所选边线：单击此按钮，将自动添加分型线。
- 选择下一边线：单击此按钮，改变自动搜索的路径，使自动添加得以正确完成。
- 放大所选边线：单击此按钮，将放大显示所选的分型线。
- 撤销：单击此按钮，撤销选择的分型线。
- 恢复：单击此按钮，恢复选择的分型线。

（3）“分型面”选项区

- 距离：设定相邻曲面之间的距离。高的值在相邻边线之间生成更平滑过渡。
- 反转等距方向：单击此按钮，更改方向。
- 角度：当在“模具参数”选项区中选择“相切于曲面”类型后，可以输入拔模角度，使分型面与底部曲面呈一定角度等距偏移。
- 平滑：转角处分型面的平滑过渡形式。包括“尖锐”和“平滑”两种。

（4）“选项”选项区

- 缝合所有曲面：勾选此复选框，将自动缝合所有边线产生的分型面。
- 显示预览：勾选此复选框，将显示分型面的预览，保证分型面的正确性。

### 24.4.3 修补孔的工具

若产品中存在破孔，需要进行修补。在一个平面或曲面中的孔（如图24-14所示），可以使用“关闭曲面”工具来自动修补。如果破孔由多个面（不在同平面）组合而成（如图24-15所示），将使用一般的曲面工具进行修补，如“平面区域”“直纹”和“填充”等。

图 24-14

图 24-15

这里主要介绍“关闭曲面”工具的应用。单击“关闭曲面”按钮。打开“关闭曲面”面板，如图24-16所示。

该面板中主要选项的含义如下。

- 边线：此列表中用于收集要修补的孔边界。默认情况下SolidWorks会自动收集同平面或同曲面中的简单孔边界。

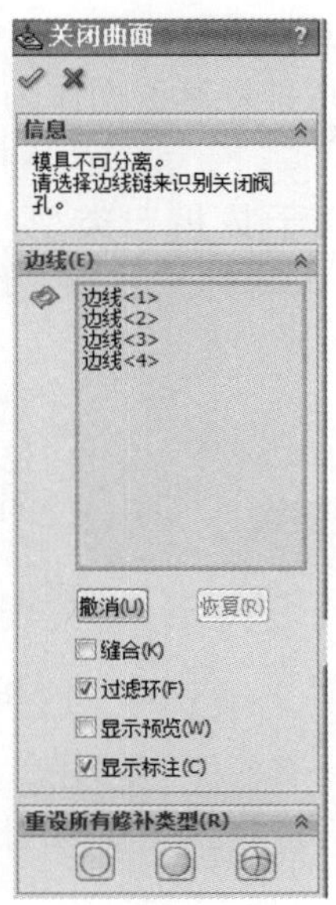


图 24-16

**技术要点：**

对于斜面上的孔，需要用户手动选择边线，如图24-17所示。

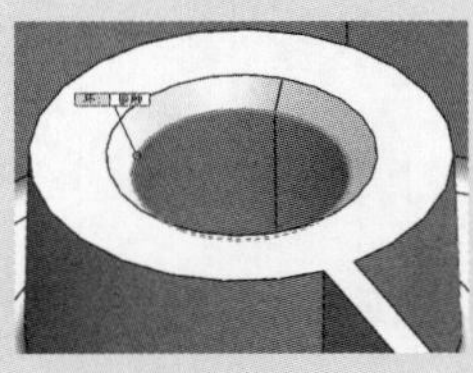

图 24-17

- 缝合：勾选此选项，将自动缝合封闭曲面与产品区域面。
- 过滤环：勾选此选项，将自动过滤符合修补要求的孔边线。即孔边线必须形成封闭的环，否则不能创建曲面。
- 显示预览：勾选该选项，将显示修补曲面，如图 24-18 所示。
- 显示标注：勾选该选项，将显示孔边线的说明文字，如图 24-19 所示。

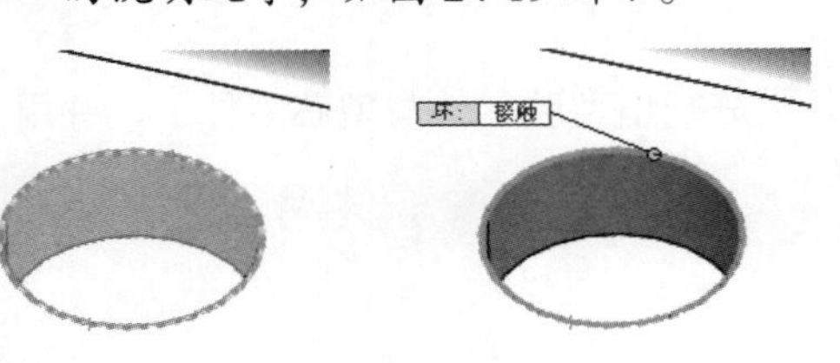

图 24-18　　图 24-19

- 重设所有修补类型：其中共 3 种修补类型——“全部不填充”“全部相触”和“全部相切”。“全部不填充”表示将不创建封闭曲面；“全部相触”表示封闭曲面与孔所在曲面仅接触，为 G0 连续，如图 24-20 所示；“全部相切”表示封闭曲面与孔所在曲面全相切，为 G1 连续，如图 24-21 所示。

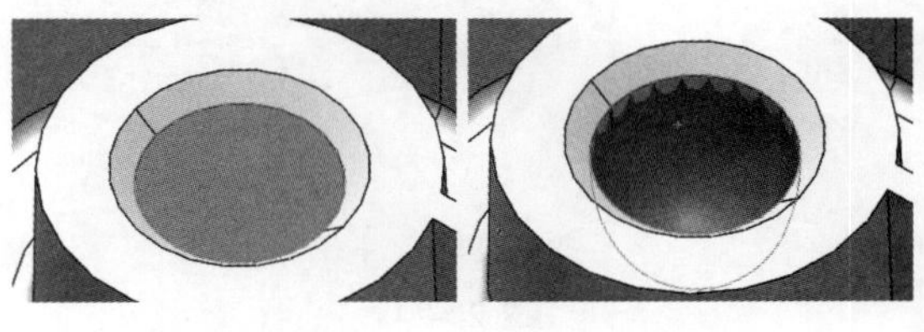

图 24-20　　图 24-21

**动手操作——设计平面分型面**

**操作步骤**

**01** 打开本例产品模型，如图 24-22 所示。

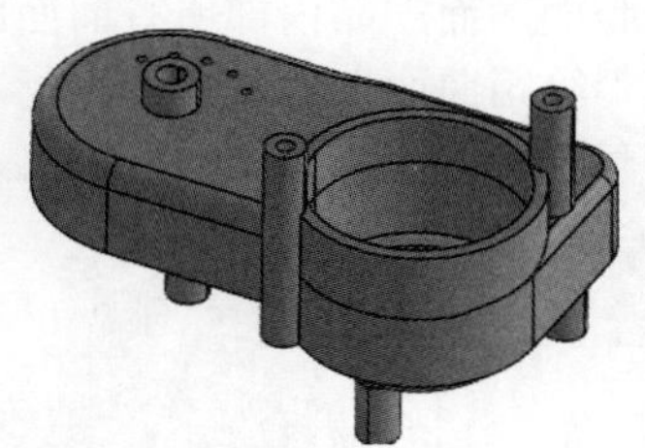

图 24-22

**02** 单击“分型线”按钮，打开“分型线”面板。选择拔模方向参考为“前视基准面”，再单击“拔模分析”按钮，产品中显示分型线，如图 24-23 所示。

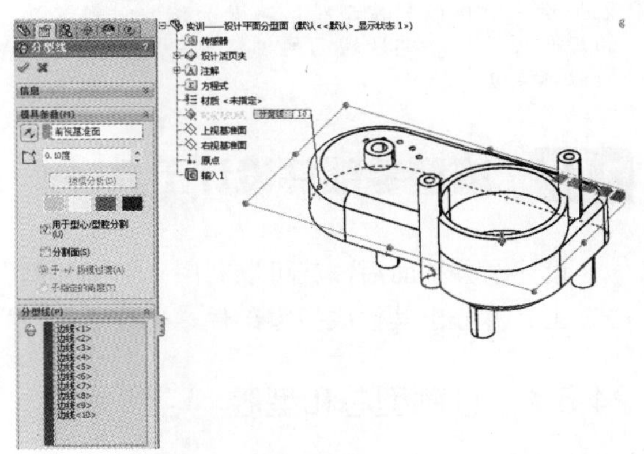

图 24-23

**03** 单击“确定”按钮，创建分型线。

**04** 利用“关闭曲面”工具，自动修补产品中的破孔，如图 24-24 所示。

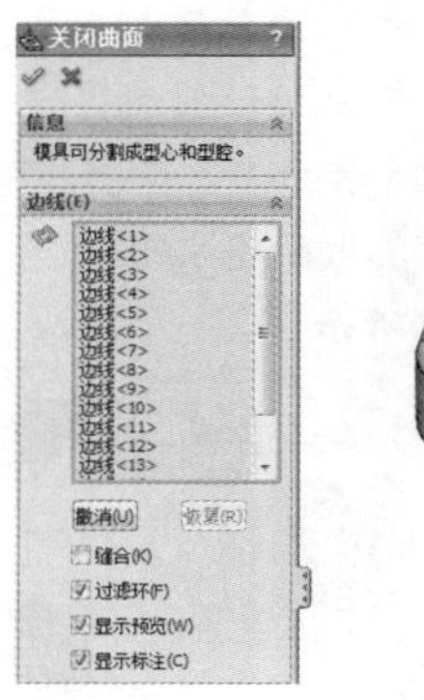
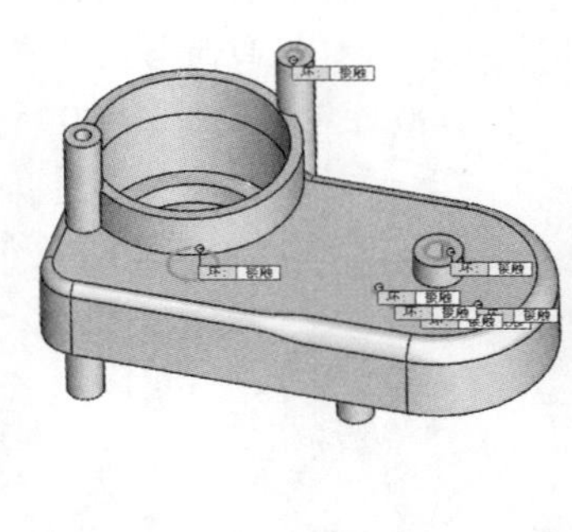

图 24-24

**技术要点：**

暂时不要勾选“缝合”复选框。

**05** 以分型线和封闭曲面为界，产品外侧所有曲面为型腔面，而产品内部所有曲面则为型芯面。利用“等距曲面”工具，等距复制出产品外侧的所有曲面，如图 24-25 所示。

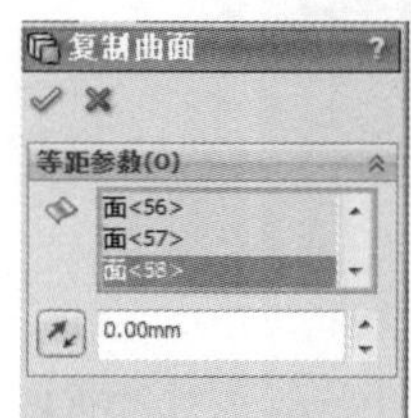

图 24-25

**技术要点：**

本例中我们仅以创建型腔区域面为例，讲解详细的操作方法。型芯区域面的创建方法是相同的，所以不重复介绍。

**06** 单击“分型面”按钮，打开“分型面”面板。程序已自动拾取前视基准面作为拔模参考，如图 24-26 所示。

**07** 选择“垂直于拔模”类型，设置距离为 60，并单击“尖锐”按钮，预览情况如图 24-27 所示。

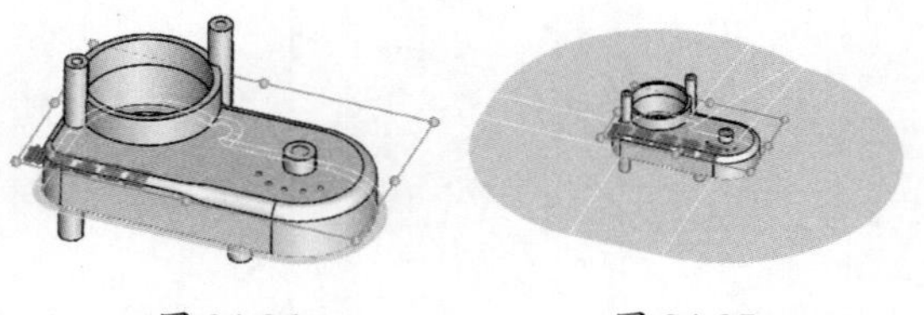

图 24-26　　图 24-27

**08** 勾选“缝合所有曲面”复选框，并单击“确定”按钮完成平面分型面的设计，如图 24-28 所示。

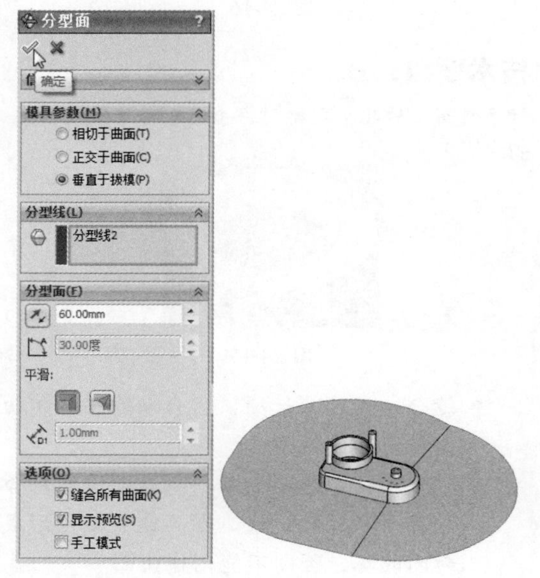

图 24-28

## 24.5 成型零部件设计工具

设计了分型面后，就可以利用“切削分割”工具来分割出型腔零件与型芯零件了，并用“型心”工具拆分出其他成型零部件（也称“镶件”）。

### 24.5.1 分割型芯和型腔

“切削分割”操作就是进入草图平面绘制工件轮廓，然后以分型面作为分割工具，对具有一定厚度的工件进行分割而得到的型芯、型腔零件的操作。

下面以实例操作来说明“切削分割”工具的应用方法，就以图 24-28 所创建的分型面来分割型芯和型腔。

**动手操作——分割型芯与型腔**

**01** 打开创建完成的分型面。

**02** 单击“切削分割”按钮，选择分型面上的平面作为草图平面，然后绘制如图 24-29 所示的工件轮廓。

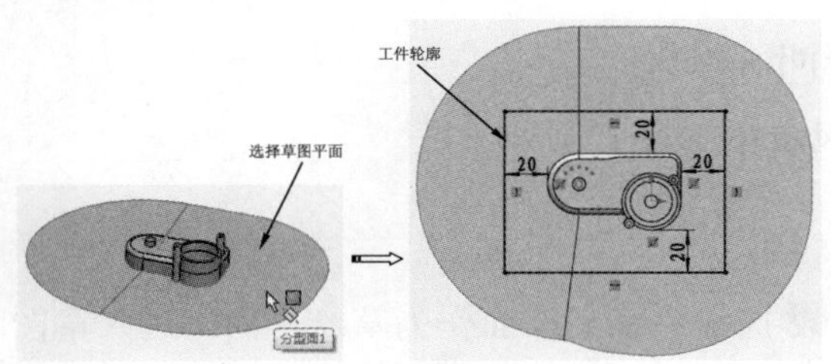


图 24-29

**03** 退出草图环境，然后在“切削分割”面板中设置方向 1 的深度为 20，方向 2 的深度为 40，最后单击“确定”按钮完成工件的分割，并得到型芯和型腔零件，如图 24-30 所示。

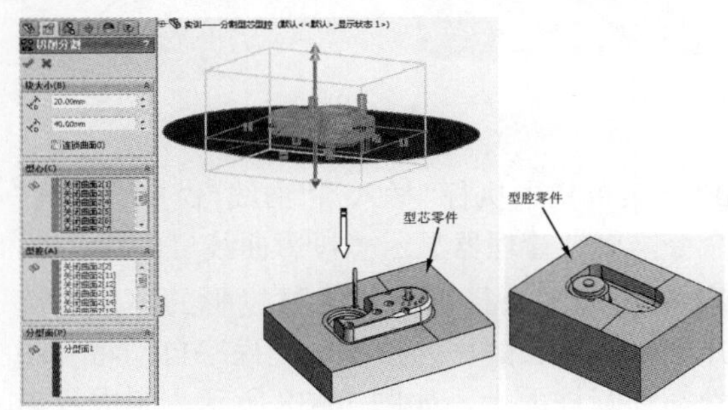


图 24-30

**04** 最后将结果保存。

## 24.5.2　拆分成型镶件

分割型芯和型腔零件后，有时候为了便于零件的加工，同时也是为了节约加工成本，需要将型芯零件或型腔零件上的某些特征分割出来，形成小的成型镶件。

分割镶件的工具是“型心”。下面以分割型芯零件中的某镶件为例，具体说明此工具的应用方法。源文件为上一实例操作后的型芯零件。

**动手操作——分割型芯镶件**

**操作步骤**

**01** 打开型芯零件。除型芯零件外，隐藏其余特征，如图 24-31 所示。

**02** 下面需要将型芯零件中最长的一个立柱分割。单击“型心”按钮，然后选择型芯零件上的平面（即分型面）作为草图平面，如图 24-32 所示。

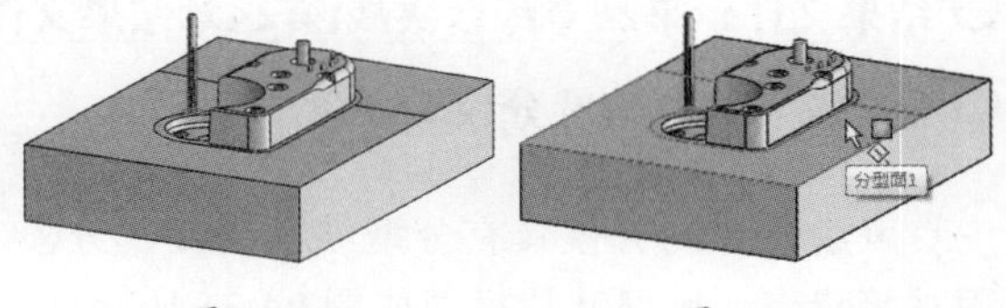


图 24-31　　图 24-32

**03** 绘制如图 24-33 所示的草图，然后退出草图环境。

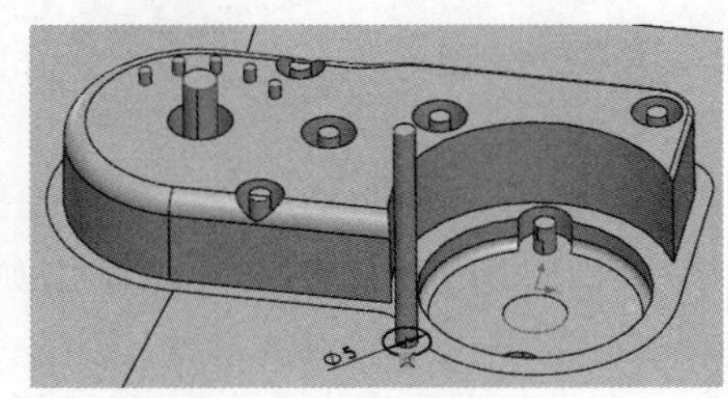

图 24-33

**04** 在随后打开的“型心”面板中设置深度值，如图 24-34 所示。

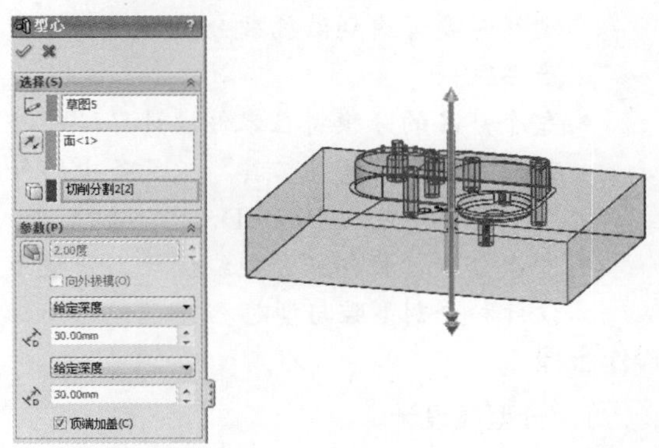


图 24-34

**05** 再单击“确定”按钮完成镶件的分割，结果如图 24-35 所示。

**06** 最后保存结果。

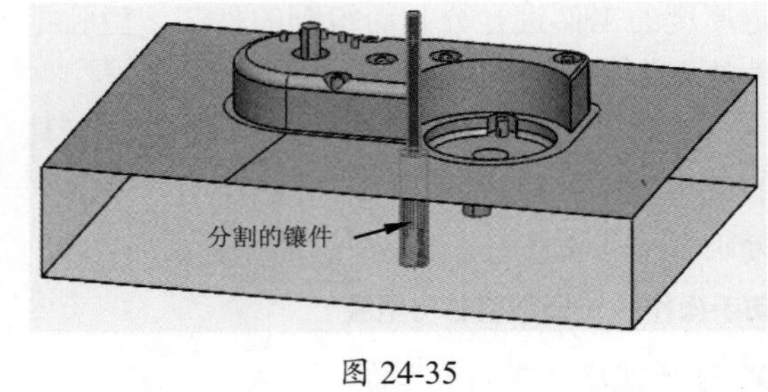

图 24-35

## 24.6 综合实战——风扇叶分模

◎ **引入素材：第24章综合实战\第24章源文件\风扇叶.sldprt**

◎ **结果文件：第24章综合实战\第24章结果文件\风扇叶.sldprt**

◎ **视频文件：风扇叶分模.avi**

风扇叶片的分模具有分型线不明显、分模困难等特点。风扇叶片模型如图 24-36 所示。

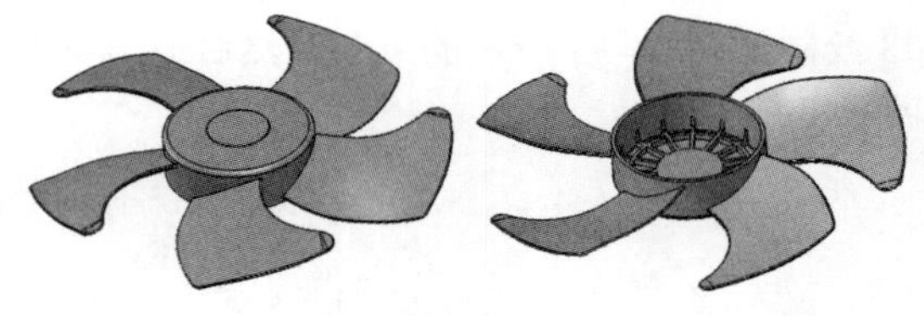
图 24-36

针对风扇叶产品的分模设计做出如下分析。

- 分型线不明显的位置位于中间圆形壳体、叶片与叶片之间，在这里需要手工创建分型线来连接产品边线。
- 由于风扇叶模型的深度较大，因此做分型线时要考虑到做插破分型面，以便于产品脱模。
- 整个产品的分模将在零件设计环境中进行，并使用“模具工具”工具条中的命令，而不是应用 IMOLD。
- 整个分模过程包括分型线设计、分型面设计和分割型腔与型芯。

**操作步骤**

**1．分型线设计**

**01** 从本例素材中打开“风扇叶 .sldprt”零件文件。

**02** 选择右视基准面作为草绘平面，进入草图模式绘制如图 24-37 所示的草图。

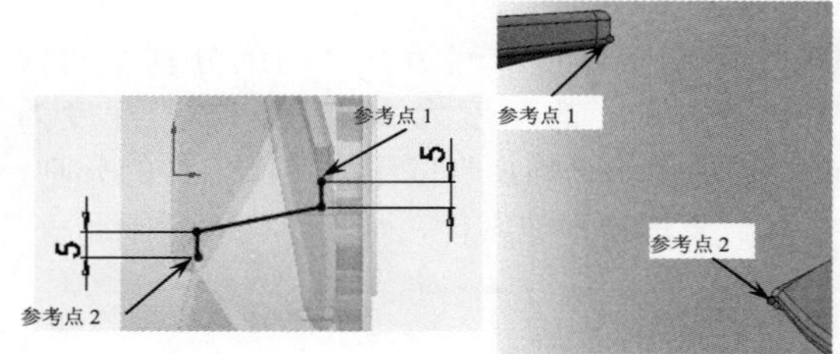

图 24-37

**03** 在菜单栏中执行“插入”|“曲线”|“投影曲线”命令，属性管理器显示“投影曲线”面板。

**04** 在图形区选择草图作为要投影的草图，选择产品圆柱表面作为投影面，程序自动将草图投影到圆柱面上，如图 24-38 所示。完成投影后关闭该面板。

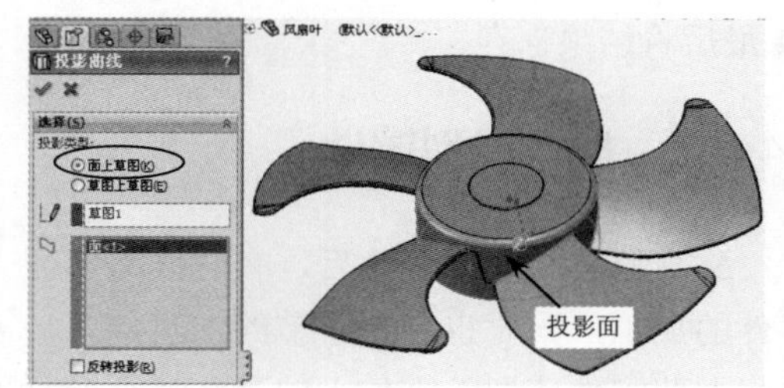

图 24-38

**技术要点：**

选择投影面后，可以查看投影预览。如果草图没有投影到预定面上，可勾选“反转投影”复选框来调整。

**05** 使用“基准轴”工具，以上视基准面和右视基准面为参考，创建如图 24-39 所示的轴。

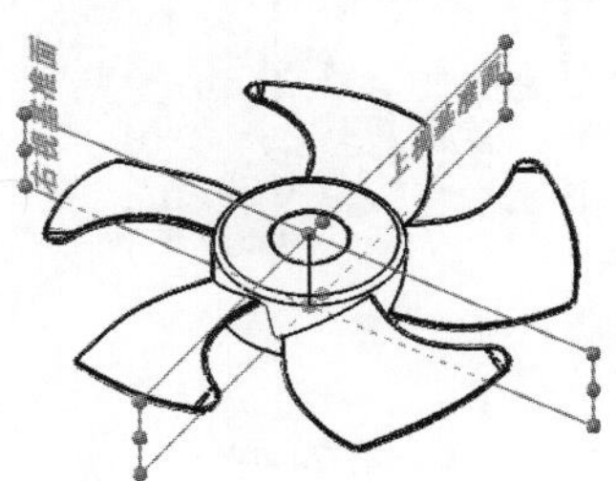

图 24-39

**06** 使用“基准面”工具，选择右视基准面作为第一参考，基准轴作为第二参考，然后创建出两面夹角为 72、基准面数为 4 的 4 个新基准面，如图 24-40 所示。

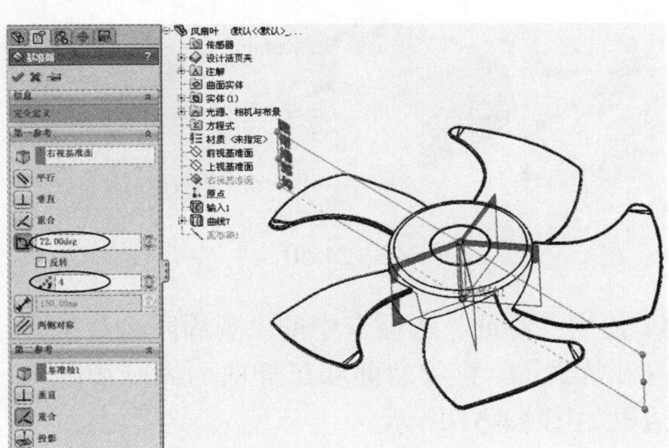

图 24-40

**07** 按步骤 02 的操作方法，分别在 4 个基准面上绘制同样参数的草图。绘制后使用“投影曲线”工具分别将绘制的 4 个草图投影到产品圆柱面上，如图 24-41 所示。

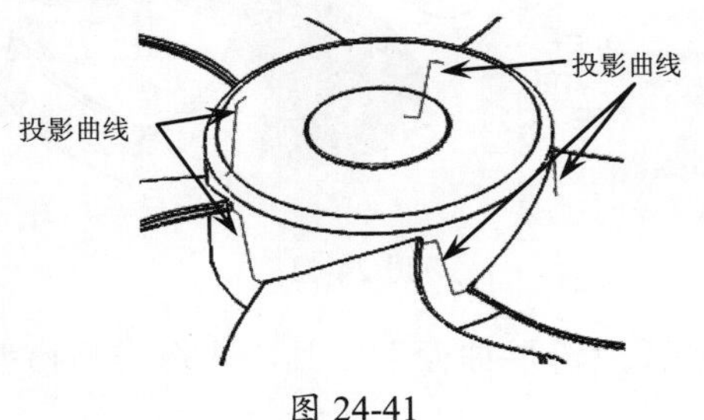


图 24-41

**08** 投影的 5 个草图曲线为分型线中的一部分，也是做插破分型面的基础。其余分型线即为叶片外沿边线，无须再创建出来。

### 2. 分型面设计

**01** 使用“曲线”工具条上的“组合曲线”工具，依次选择投影曲线和叶片与圆柱面的交线作为要连接的实体，然后创建出组合曲线，如图 24-42 所示。

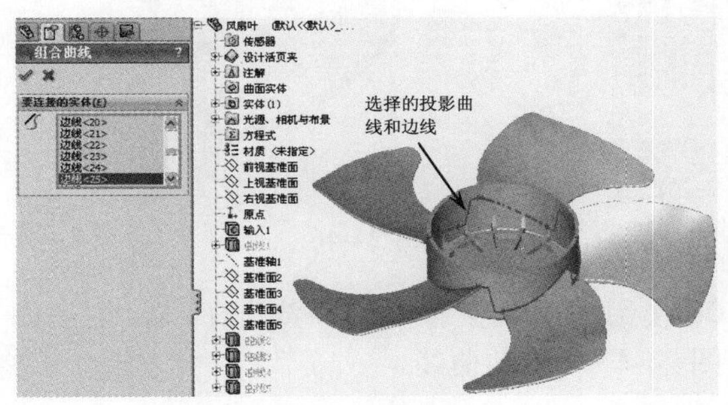


图 24-42

**02** 使用“等距曲面”工具，选择圆柱面作为要等距的面，然后创建出等距距离为 0 的曲面，如图 24-43 所示。

**03** 使用“剪裁曲面”工具，选择组合曲线作为剪裁工具，然后再选择如图 24-44 所示的区域作为要保留的曲面，以此剪裁圆柱面。

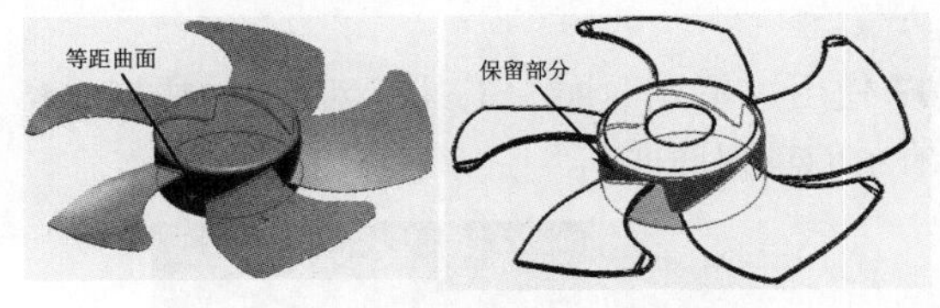


图 24-43　　图 24-44

**04** 使用“等距曲面”工具，以组合曲线为界，选择产品其中一个叶片的外部面进行复制，结果如图 24-45 所示。

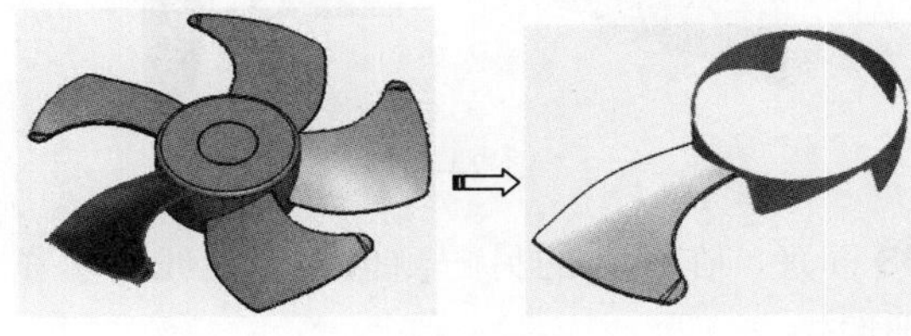

图 24-45

**05** 暂时隐藏产品模型。使用“直纹曲面”工具，以“正交于曲面”类型，选择叶片曲面边线来创建距离为5的直纹曲面，如图24-46所示。

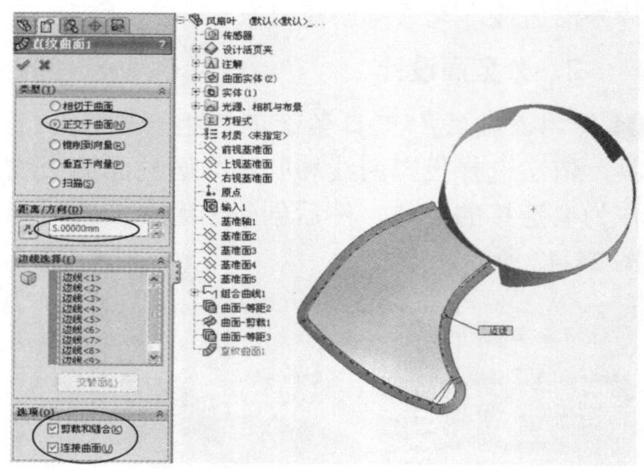

图 24-46

**06** 使用“通过参考点的曲线”工具，创建如图24-47所示的曲线。

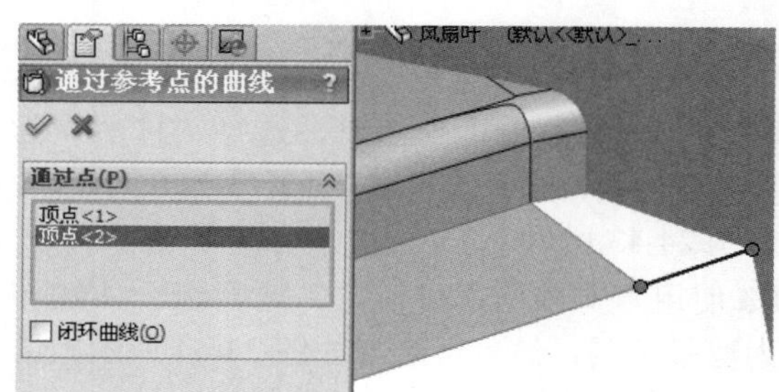


图 24-47

**07** 使用“填充曲面”工具，创建出如图24-48所示的填充曲面。

图 24-48

**08** 同理，在叶片的另一侧也创建曲线和填充曲面。

**09** 使用“直纹曲面”工具，选择直纹曲面的边线和参考矢量来创建具有锥度（锥度为10.65）的新直纹曲面，如图24-49所示。

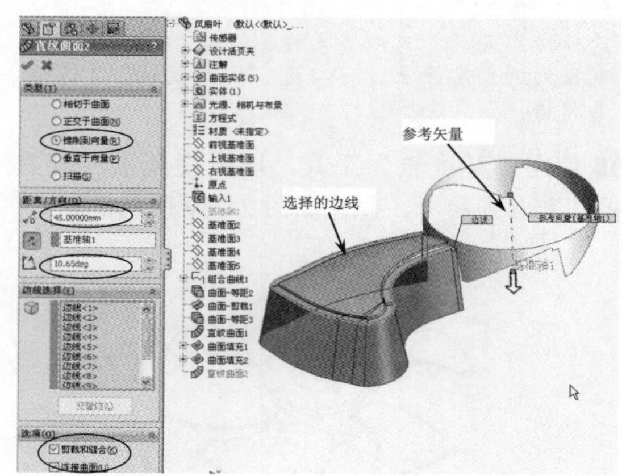


图 24-49

**10** 使用“延伸曲面”工具，选择锥度直纹曲面的两端边线来创建距离为5的延伸曲面，如图24-50所示。

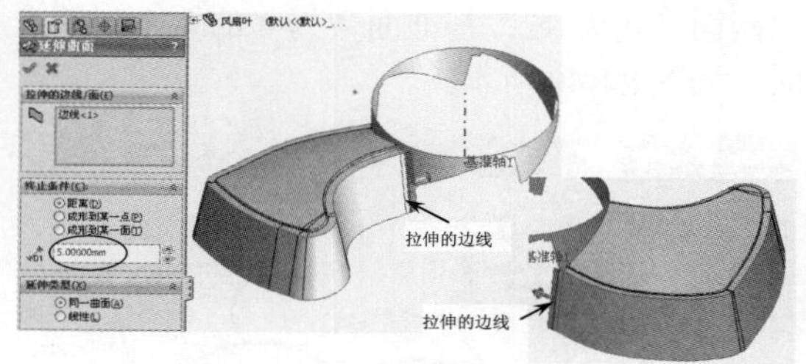


图 24-50

**11** 使用“特征”选项卡中的“圆周阵列”工具，将叶片表面、直纹曲面和延伸曲面做圆周阵列，结果如图24-51所示。

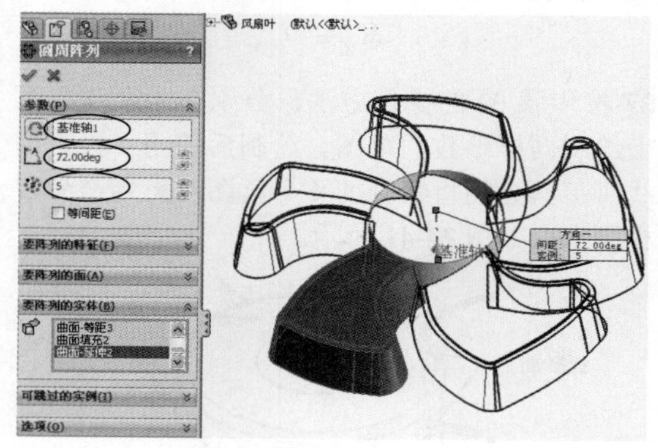

图 24-51

**12** 使用“沿展曲面”工具，选择产品模型底部外边线作为要延伸的边线，然后创建出如图24-52所示的沿展曲面。

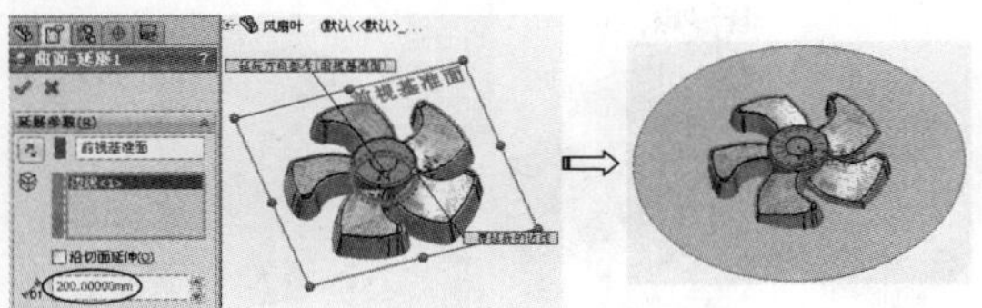

图 24-52

**技术要点：**

在创建沿展曲面时，要尽量将沿展曲面做得足够大，以此可以将毛坯完全分割。

**13** 使用“剪裁曲面”工具，选择沿展曲面作为剪裁工具，将圆周阵列的曲面剪裁，如图24-53所示。

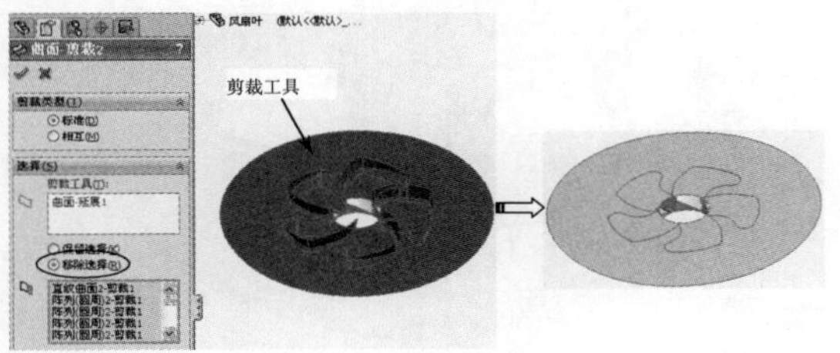


图 24-53

**14** 使用“通过参考点的曲线”工具，创建如图24-54所示的5条曲线。

**15** 暂时隐藏沿展曲面。使用“剪裁曲面”工具，选择一条曲线来剪裁叶片中的延伸曲面，如图24-55所示。

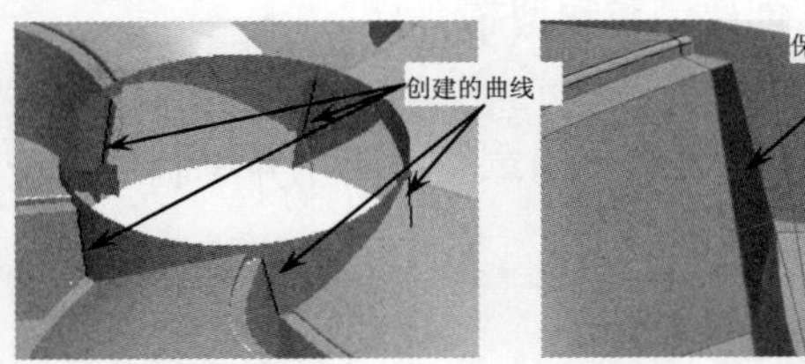


图 24-54　　图 24-55

**16** 同理，按此方法选择其余4条曲线，将其余叶片中的延伸曲面剪裁。

**17** 再使用“剪裁曲面”工具，以两个叶片相邻的延伸曲面进行相互剪裁，最终完成的结果如图24-56所示。

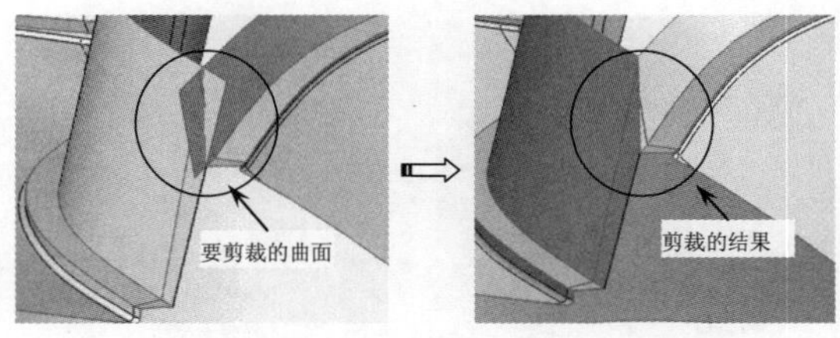


图 24-56

**18** 隐藏剪裁的圆柱面、叶片外表面，图形区中仅显示剪裁的直纹曲面和延伸曲面，以及沿展曲面。在沿展曲面中绘制如图24-57所示的“等距实体”草图。

**19** 使用“拉伸曲面”工具，选择上一步绘制的草图来创建“两侧对称”的曲面，如图24-58所示。

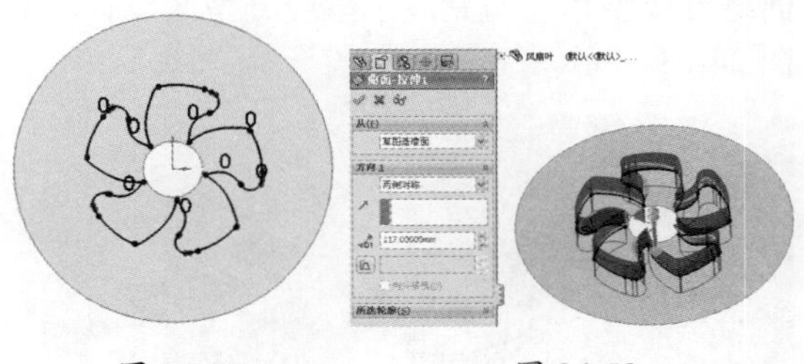

图 24-57　　图 24-58

**技术要点：**

这里创建拉伸曲面，是用来剪裁沿展曲面的。草图是不能剪裁出要求的形状的。

**20** 使用“剪裁曲面”工具，选择其中一个叶片位置的拉伸曲面作为剪裁工具，然后剪裁沿展曲面，如图24-59所示。

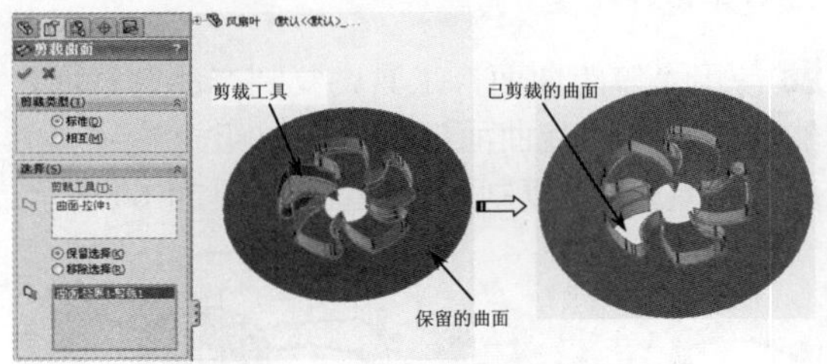


图 24-59

**21** 同理，按此方法依次剪裁沿展曲面，最终剪裁的结果如图24-60所示。

**22** 将拉伸曲面隐藏。使用“缝合曲面”工具，缝合如图24-61所示的曲面。

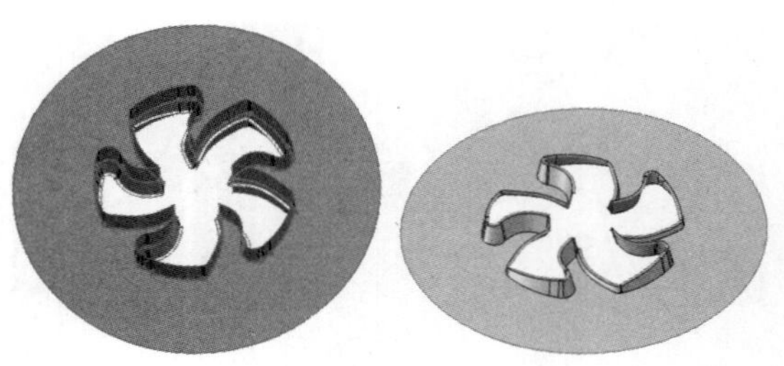

图 24-60　　　　图 24-61

**23** 使用“等距曲面”工具，复制上一步缝合后的曲面。复制的曲面将作为型芯分型面的一部分（复制后暂时隐藏），原曲面则作为型腔分型面的一部分。

**24** 使用“等距曲面”工具，复制产品顶部的面，如图 24-62 所示。最后将属于型腔区域的所有面缝合成整体，即完成了型腔分型面设计，如图 24-63 所示。

图 24-62

图 24-63

**25** 将最后一个缝合的曲面重命名为“型腔分型面”。

**技术要点：**

在缝合曲面的过程中，不要选择全部的面进行缝合，这可能会因其精度太高而不能缝合。这时需要逐一进行缝合。

**26** 使用“等距曲面”工具，复制产品圆柱面，然后使用“剪裁曲面”工具，以组合曲线作为剪裁工具，剪裁复制的圆柱面，如图 24-64 所示。

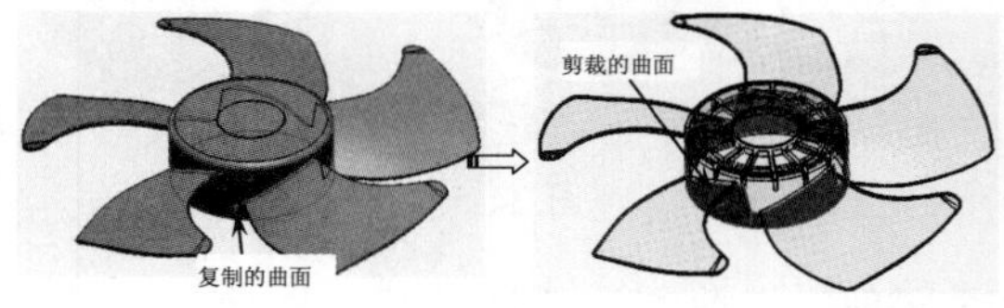


图 24-64

**27** 使用“等距曲面”工具，依次选择组合曲面以下的叶片表面进行复制，如图 24-65 所示。

**28** 使用“等距曲面”工具，依此产品内部的曲面进行复制，如图 24-66 所示。

图 24-65　　　　图 24-66

**29** 将先前隐藏的作为型芯分型面的一部分的曲面显示，然后使用“缝合曲面”工具，将所有属于型芯区域的曲面进行缝合。缝合结果如图 24-67 所示。

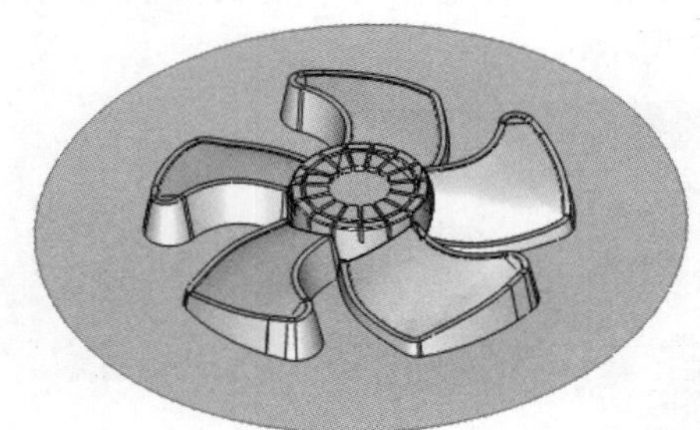

图 24-67

**技术要点：**

在缝合曲面不成功的情况下，除了采用前面所介绍的方法外，最好的方法是在一步一步缝合的曲面过程中统一设定缝合公差为0.1。这样就可以将不能缝合的曲面成功地缝合在一起。

### 3．创建型腔和型芯

**01** 使用“拉伸曲面”工具，选择如图 24-68 所示的型芯分型面作为草绘平面，并绘制“等距实体”草图。

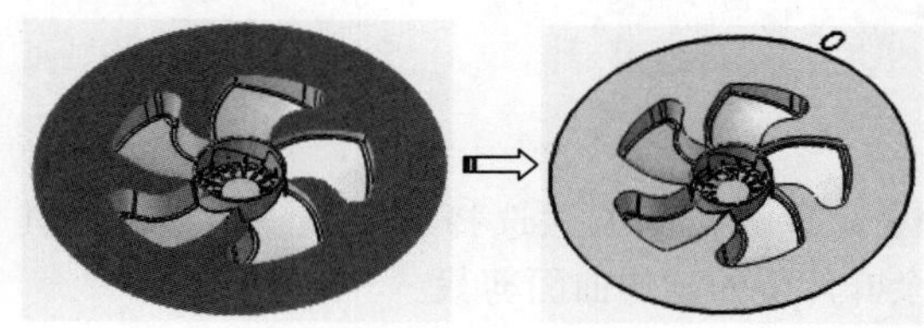

图 24-68

**02** 退出草图模式后，创建拉伸距离为 50 的曲面，如图 24-69 所示。

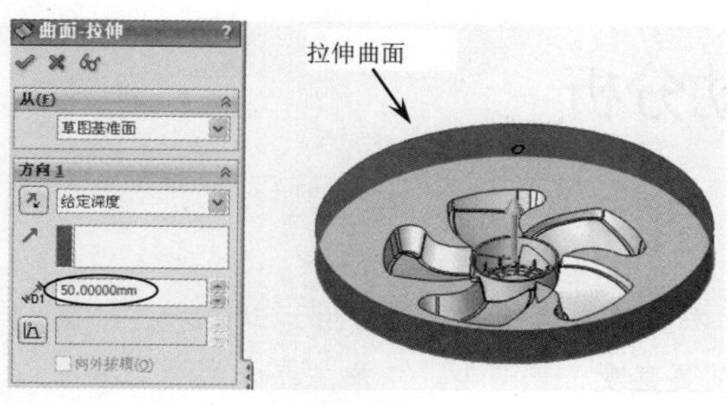


图 24-69

**03** 使用“平面区域”工具，创建如图 24-70 所示的曲面。

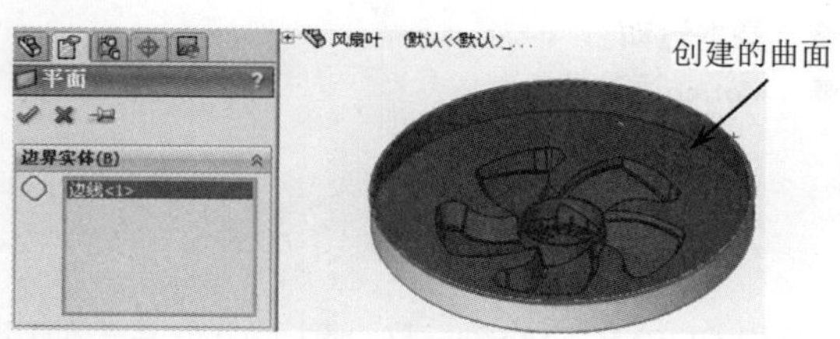


图 24-70

**04** 使用“缝合曲面”工具，将型芯分型面、拉伸曲面和“平面区域”曲面缝合成实体，如图 24-71 所示。缝合后生成的实体就是型芯。

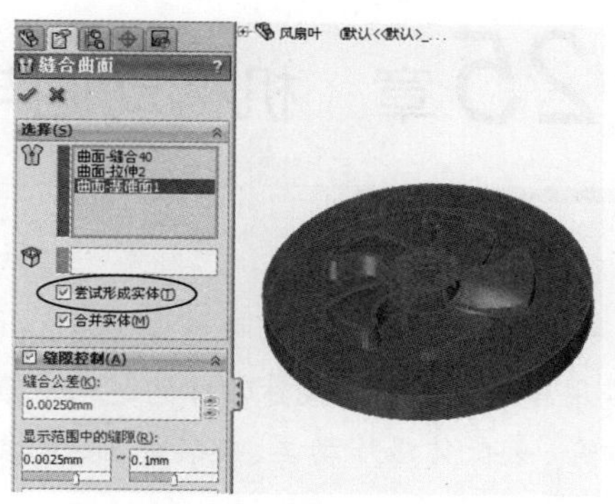


图 24-71

**05** 将缝合后的曲面实体的名称更改为“型芯”。创建的型芯如图 24-72 所示。

**06** 显示型腔分型面。同理，按创建型芯的方法来创建型腔（拉伸曲面的距离为 90），创建的型腔如图 24-73 所示。

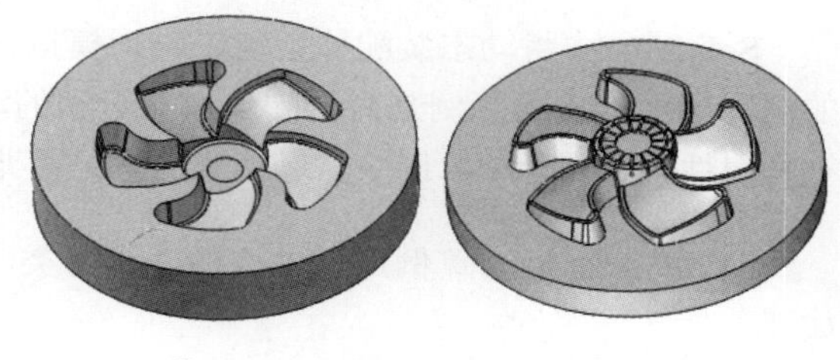

图 24-72　　图 24-73

**07** 最后将风扇叶的分模设计的结果保存。

## 24.7 课后习题

在本练习中，将以一个简单的壳体零件的模具设计来巩固前面所学的 IMOLD 模具设计。练习模型为一个塑料壳体，完成的模具如图 24-74 所示。

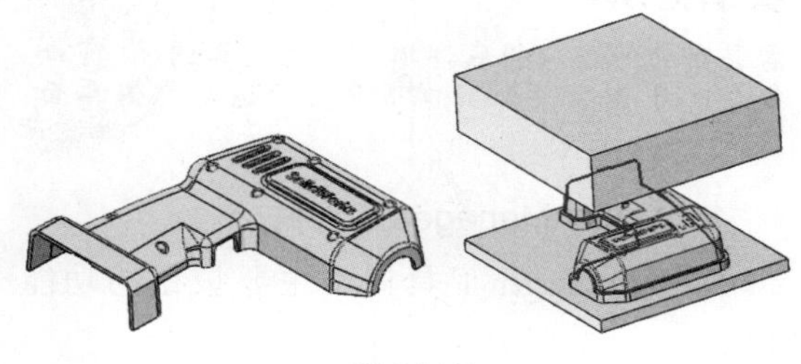

图 24-74

练习要求与步骤：

（1）利用复制曲面工具复制产品内部面和外部面。

（2）修补外部面和内部面中的破孔。

（3）创建拉伸实体作为模坯。

（4）利用分型面分割模坯。

# 第 25 章　机构动画与运动分析

SolidWorks 利用自带插件 Motion 可以制作产品的演示动画，并可做运动分析。动画是用连续的图片来表述物体的运动，给人的感觉更直观、更清晰。本章主要介绍运动算例简介、装配体爆炸动画、旋转动画、视像属性动画、距离和角度配合动画以及物理模拟动画。

- SolidWorks 运动算例
- 动画
- 基本运动
- Motion运动分析

## 25.1 SolidWorks 运动算例

SolidWorks 将动态装配体运动、物理模拟、动画和 COSMOSMotion 整合到了一个易于使用的用户界面。运动算例是对装配体模型运动的动画模拟。可以将诸如光源和相机透视图之类的视觉属性融合到运动算例中。运动算例与配置类似，并不更改装配体模型或其属性。

SolidWorks 运动算例可以生成的动画种类如下。

- 旋转零件或装配体模型动画。
- 爆炸装配体动画。
- 解除爆炸动画。
- 视像属性动画：装配体零部件的视像属性包括：隐藏和显示、透明度、外观（颜色、纹理）等。
- “视向及相机视图”动画。
- 应用模拟单元实现动画。

### 25.1.1　运动算例界面

要从模型生成或编辑运动算例，可单击图形区域左下方的运动算例标签。图形区域被水平分割，模型“窗口”和动画“运动算例”特征管理器将同时显示在图形区域，顶部区域显示模型，底部区域被分割成 3 个部分，如图 25-1 所示。

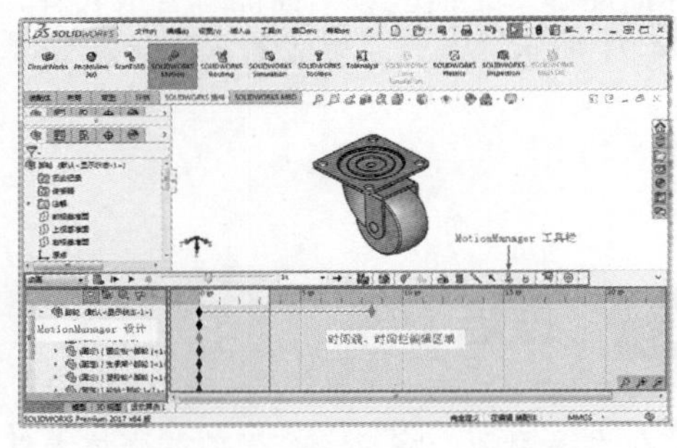


图 25-1

**友情提示：**

需要在软件窗口的底部单击“运动算例1”窗口命令，才会在模型窗口下面显示运动算例界面窗口。

#### 1. MotionManager 工具栏

MotionManager 工具栏中主要按钮的功能如下。

- “计算”：计算当前模拟。如果模拟被更改，则再次播放之前必须重新计算。
- “从头播放”：重设定部件并播放模拟，在计算模拟后使用。

- “播放” ▶：从当前时间栏位置播放模拟。
- “停止” ■：停止播放。
- “播放模式：正常” ➡：一次性从头到尾播放。
- “播放模式：循环” ：多次从头到尾连续播放。
- “播放模式：往复” ↔：从头到尾播放，然后从尾到头回放，往复播放。
- “保存动画” ：将动画保存为 AVI 或其他文件类型。
- “动画向导” ：向导生成简单的动画。
- “自动键码” ：当按下此按钮时，会自动为拖动的部件在当前时间栏生成键码。再次单击可关闭该选项。
- “添加 / 更新键码” ：单击该按钮可以添加新键码或更新现有键码的属性。
- “结果和图解” ：计算结果并生成图表。
- “运动算例属性” ：设置运动算例的属性。

在运动算例中使用模拟单元，可以接近实际地模拟装配体中零部件的运动。模拟单元种类有：“电机”、“弹簧”、“阻尼”、“力”、“接触”和“引力”。

2. MotionManager 设计树

在设计树的上端有 5 个过滤按钮，其功能为：

- “无过滤” ：显示所有项。
- “过滤动画” ：只显示在动画过程中移动或更改的项目。
- “过滤驱动” ：只显示引发运动或其他更改的项目。
- “过滤选定” ：只显示选中项。
- “过滤结果” ：只显示模拟结果项目。

MotionManager 设计树包括：

- 视向及相机视图。
- 光源、相机与布景。
- 出现在 SolidWorks FeatureManager 设计树中的零部件实体。
- 所添加的电机、力或弹簧之类的任何模拟单元。

选择零件时，可以从装配体的设计树、“运动算例”设计树中选择或在图形区域直接选择。

## 25.1.2　时间线与时间栏

1. 时间线

时间线是动画的时间界面，位于 MotionManager 设计树的右侧。时间线显示运动算例中动画事件的时间和类型。时间线被竖直网格线均分，这些网格线对应于表示时间的数字标记。数字标记从 00:00:00 开始，其间距取决于窗口大小和缩放等级。例如，沿时间线可能每隔一秒、两秒或五秒就会有一个标记。其间隔大小可以通过时间线编辑区域右下角的和按钮来调整。

2. 时间栏

时间线上的纯黑灰色竖直线即为时间栏，它表示动画的当前时间。沿时间线拖动时间栏到任意位置或单击时间线上的任意位置（关键点除外），都可以移动时间栏。移动时间栏会更改动画的当前时间并更新模型。时间线和时间栏，如图 25-2 所示。

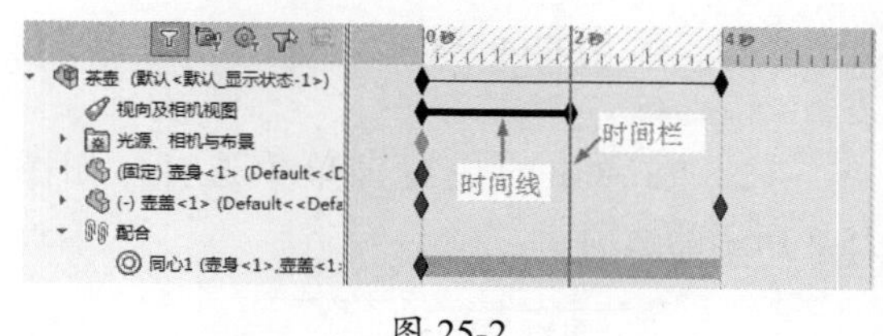


图 25-2

## 25.1.3　键码点、关键帧、更改栏、选项

SolidWorks 运动算例是基于键码画面（关键点）的动画，先设定装配体在各个时间点的外观，然后 SolidWorks 运动算例的应用程序会计算从一个位置移动到下一个位置中间所需的过程。它使用的基本用户界面元素有：键码点、时间线、时间栏和更改栏。

#### 1. 键码点与键码属性

时间线上的♦符号，被称为“键码点”。可使用键码点设定动画位置更改的开始、结束或某特定时间的其他特性。无论何时定位一个新的键码点，它都会对应于运动或视像特性的更改。

键码属性：当在任意键码点上移动鼠标指针时，零件序号将会显示此键码点时间的键码属性。如果零部件在 MotionManager 设计树中折叠，则所有的键码属性都会包含在零件序号中。键码属性中各项的含义如表 25-1 所示。

表 25-1　键码属性中各项的含义

钳口板<1> 4.600 秒

该键只在 Animation 算例中才受支持。

| | 键码属性 | 说　明 |
|---|---|---|
| 钳口板<1> 4.600 秒 | 零部件 | MotionManager 设计树中时间线内某点处的零部件“钳口板 <1>” |
| | 移动零部件 | 是否移动零部件 |
| | 分解 (X) | 爆炸表示某种类型的重新定位 |
| | 外观 | 指定应用到零部件的颜色 |
| | 零部件显示 | 线架图或上色 |

可在动画中键码点处定义相机和光源属性。通过在键码点处定义相机位置，生成完整动画。

要在键码点处设定相机或光源属性可以执行下列操作。

（1）在 MotionManager 设计树中右击 光源、相机与布景。

（2）在弹出的快捷菜单中选择，如图 25-3 所示的选项。

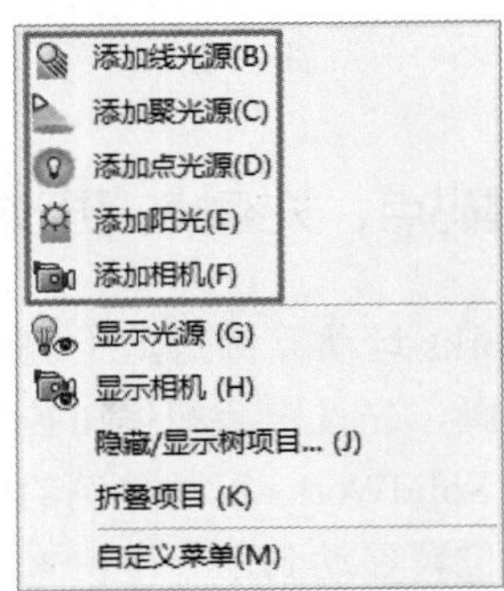


图 25-3

（3）右击相机或光源，然后在 DisplayManager 中设定以下属性，如图 25-4 所示。

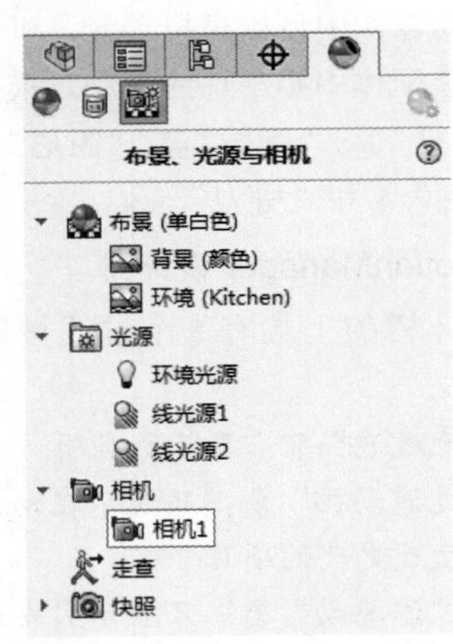


图 25-4

- 目标点
- 相机位置
- 相机类型
- 视野
- 相机旋转
- 光源属性（位置、明暗度、圆锥角等）

### 2．关键帧

关键帧是两个键码点之间、可以为任何时间长度的区域。此定义表示装配体零部件运动或视觉属性更改所发生的时间，如图25-5所示。

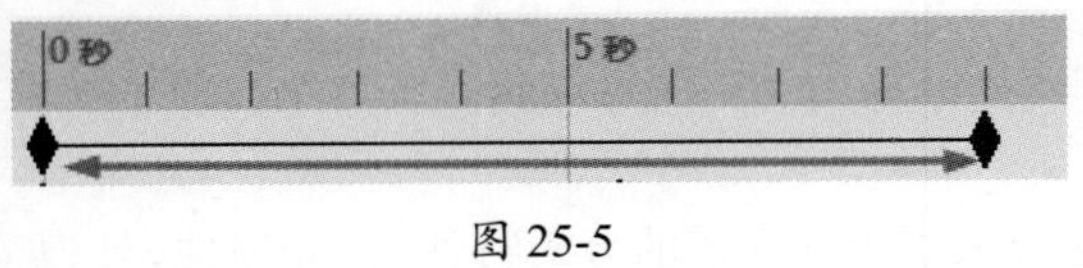


图25-5

### 3．更改栏

更改栏是连接键码点的水平栏，它们表示键码点之间的更改。可以更改的内容包括：动画时间长度、零部件运动、模拟单元属性、视图定向（如旋转）、视像属性（如颜色或视图隐藏、显示等）。

对于不同的实体，更改栏使用不同的颜色来直观地识别零部件和类型的更改，如表25-2所示。除颜色外还可以通过“运动算例设计树”中的图标来识别实体。当生成动画时，键码点在时间线上随动画进程增加。水平更改栏以不同颜色显示，以识别动画顺序过程中变更的每个零部件或视觉属性所发生的活动类型，例如，可以使用默认颜色。

- 绿色：驱动运动。
- 黄色：从动运动。
- 橙色：爆炸运动。

表25-2　更改栏及功能

| 图标和更改栏 | 功　能 | 注　释 |
|---|---|---|
| | 总动画持续时间 | |
| | 视向及相机视图 | 视图定向的时间长度 |
| | 选取了禁用观阅键码播放 | |
| | 模拟单元 | |
| | 外观 | 包括所有的视像属性（颜色和透明度等）<br>可能存在独立的零部件运动 |
| | 驱动运动 | 驱动运动和从动运动更改栏，可在相同键码点之间包括外观更改栏 |
| | 从动运动 | 从动运动零部件可以是运动的，也可以是固定的<br>运动<br>无运动 |
| | 分解 (X) | 使用“动画向导”生成 |
| | 零部件或特征属性更改，如配合尺寸 | |
| | 特征键码 | 键码点 |
| | 任何压缩的键码 | |
| | 位置还未解出 | |
| | 位置不能到达 | |
| | Motion 解算器故障 | 在 FeatureManager 设计树中生成的文件夹折叠项目 |
| | 隐藏的子关系 | |
| | 活动特征 | 示例：配合压缩一段时间 |

### 25.1.4 算例类型

SolidWorks 提供了 3 种装配体运动模拟。

动画：是一种简单的运动模拟，它忽略了零部件的惯性、接触位置、力以及类似的特性。例如，这种模拟很适合用来验证正确的配件。

基本运动：会将零部件惯性之类的属性考虑在内，能够一定程度地反映真实情况，但这种模拟不会识别外部施加的力。

Motion 运动分析：是最高级的运动分析工具，它反映了所有必需的分析特性，例如惯性、外力、接触位置、配件摩擦力等。

## 25.2 动画

用动画来生成插值以在装配体中指定零件点到点运动的简单动画，也可以使用动画将基于电机的动画应用到装配体零部件。

### 25.2.1 创建基本动画

#### 1. 创建关键帧动画

关键帧动画是最基本的动画。方法是：沿时间线拖动时间栏到某一时间关键点，然后移动零部件到目标位置。MotionManager 将零部件从其初始位置移动到你以特定时间指定的位置。

**动手操作——制作关键帧动画**

**操作步骤**

**01** 打开本例素材源文件“茶壶 .sldasm”，如图 25-6 所示。

图 25-6

**02** 在视向及相机视图时间栏的 0 秒键码点右击，然后选择快捷菜单中的“替换键码”命令，如图 25-7 所示。

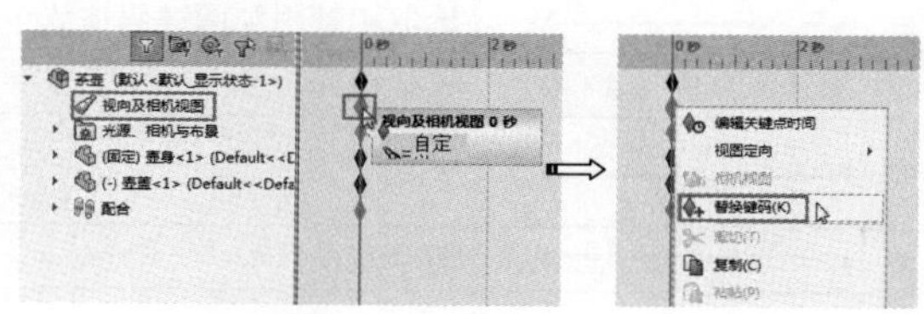

图 25-7

**03** 将键码拖动到 2 秒处，然后在模型窗口中将茶壶的视图旋转，状态如图 25-8 所示。

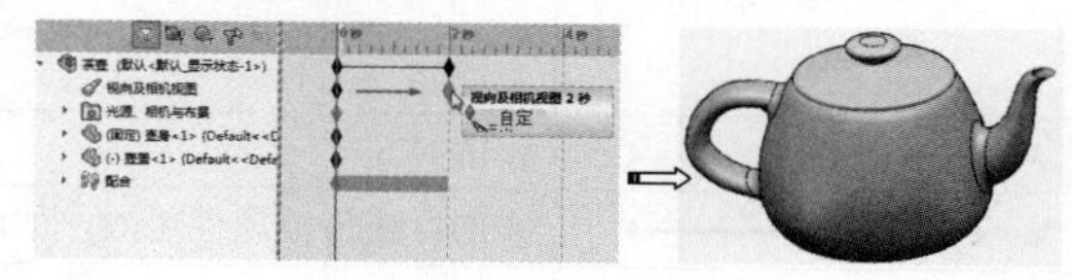

图 25-8

> **技术要点：**
> 也可以在2秒的时间线上右击，选择“放置键码”命令来创建键码点。

**04** 在 2 秒位置的键码点右击并选择快捷菜单中的“替换键码”命令，以此完成创建动态旋转的时间线，如图 25-9 所示。

**05** 在 MotionManager 工具栏中单击“计算”按钮，创建动画帧，如图 25-10 所示。

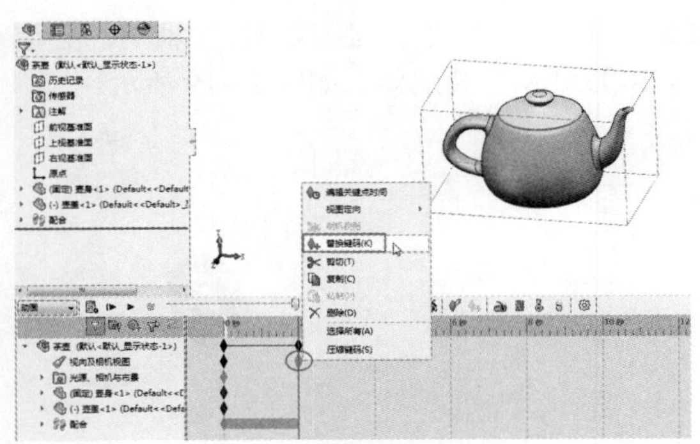

图 25-9

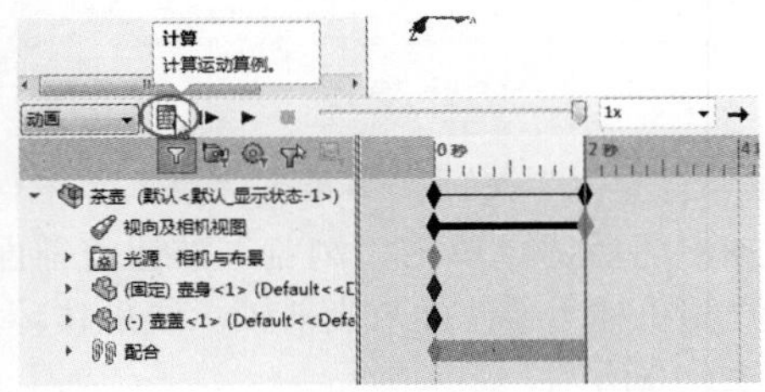


图 25-10

**06** 单击“从头播放”按钮，播放茶壶旋转动画，如图 25-11 所示为动画状态。

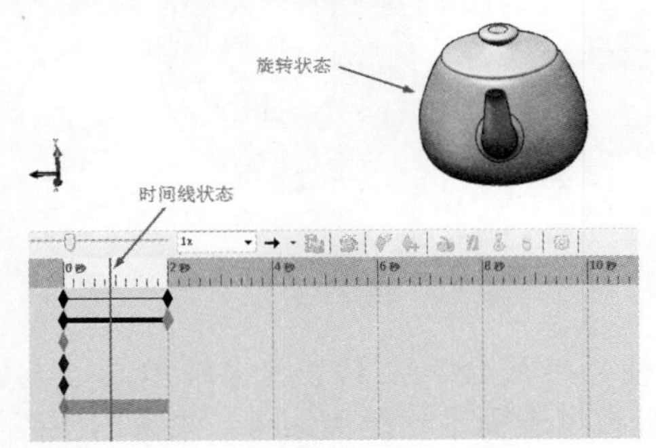


图 25-11

**07** 在 MotionManager 设计树中删除“配合”节点下的“重合 1”约束，如图 25-12 所示。

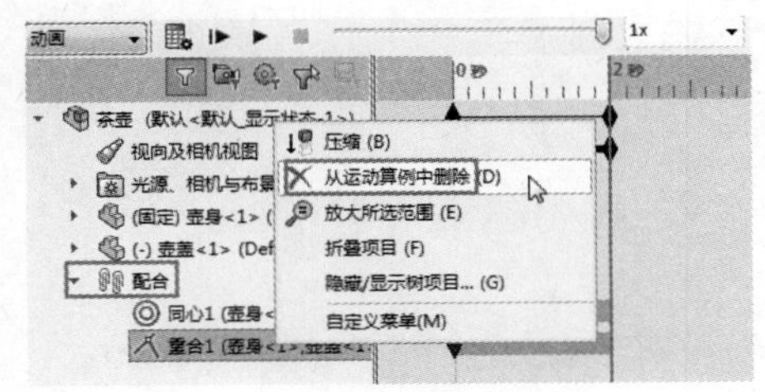

图 25-12

**08** 在茶壶壶盖的时间栏上 4 秒位置处放置键码，或者直接拖动 0 秒处的键码到 4 秒位置，如图 25-13 所示。

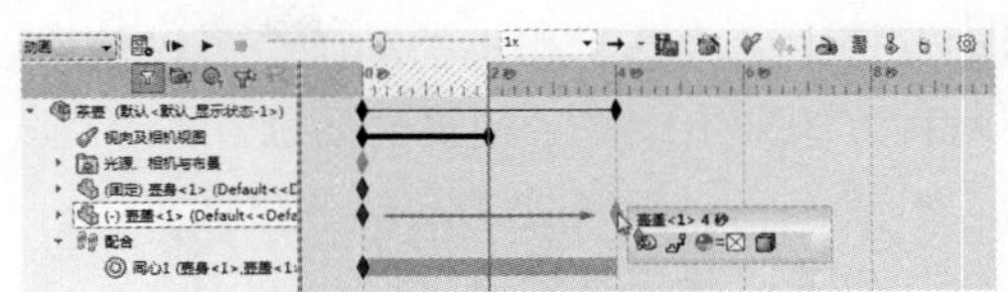

图 25-13

**09** 利用“模型”窗口中功能区中“装配体”选项卡的“移动零部件”命令，将壶盖向上移动一段距离，如图 25-14 所示。

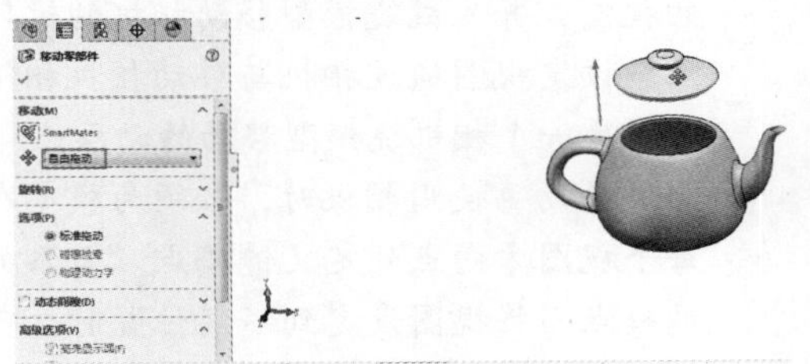

图 25-14

**10** 移动后，在 4 秒处的键码点上右击并选择快捷菜单中的“替换键码”命令，创建壶盖的时间线，如图 25-15 所示。

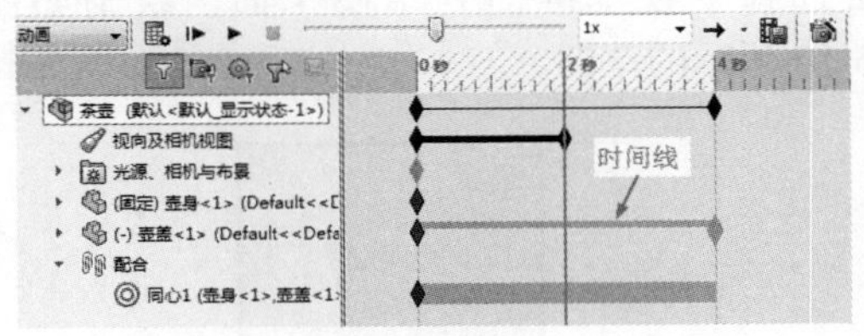


图 25-15

**11** 最后单击“计算”按钮，完成茶壶动画的创建，如图 25-16 所示为茶壶壶盖在动画过程中的状态。

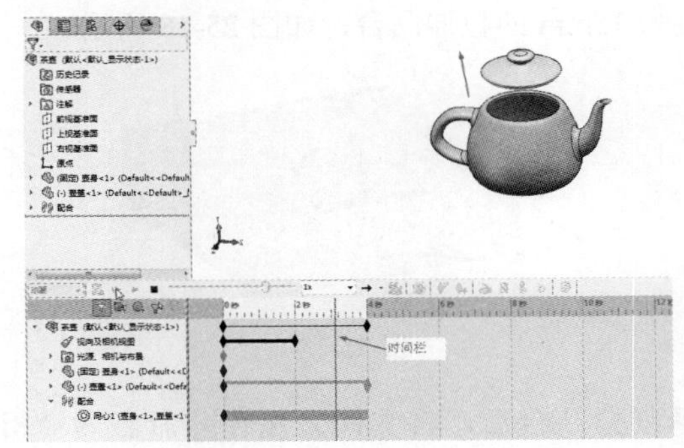

图 25-16

### 2. 创建基于相机的动画

可以通过更改相机视图或其他属性，而在运动算例中生成基于相机的动画。可以使用以下两种方法来生成基于相机的动画。

- 键码点：使用键码点动画相机属性，如位置、景深及光源。
- 相机撬：附加一个草图实体到相机，并为相机橇定义运动路径。

使用或不使用相机的动画比较。

- 当为动画使用相机时，可设定通过相机的视图，并生成绕模型移动相机的键码点。设定视图通过相机与移动相机相组合产生一个相机绕模型移动的动画。
- 当没为动画使用相机时，必须为模型在每个视图方向点处定义键码点。当添加键码点而将视图设定到不同位置时，可生成视图方向绕模型移动的动画。

**动手操作——创建相机撬动画**

操作步骤

**01** 首先要创建出相机撬，新建零件文件。

**02** 选择上视基准面为草图平面，绘制如图25-17所示的草图。

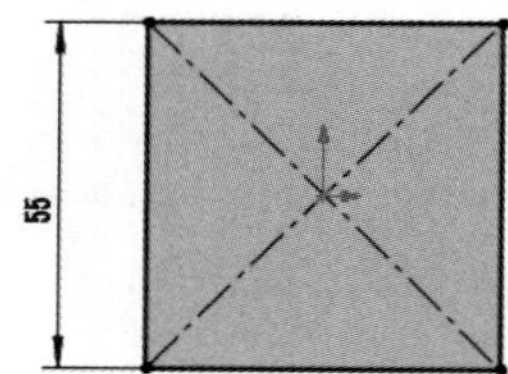


图 25-17

**03** 使用“拉伸凸台 / 基体”工具，创建拉伸深度为15mm的拉伸凸台，如图25-18所示。

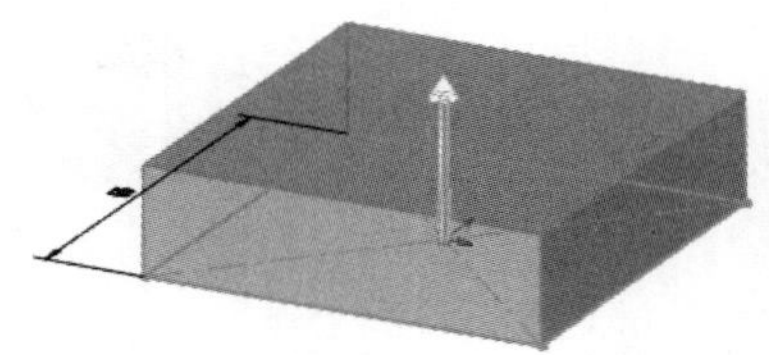

图 25-18

**04** 创建凸台后，将文件另保存并命名为“相机撬”。

**05** 打开本例素材源文件“轴承装配体.SLDASM”装配体，如图25-19所示。

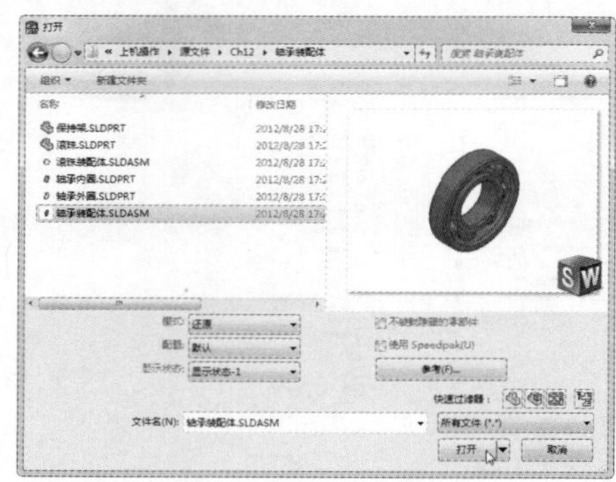

图 25-19

**06** 在“装配体”选项卡中单击“插入零部件”按钮，然后通过单击“浏览”按钮将前面保存的“相机撬”零件插入当前轴承装配体环境，如图25-20所示。

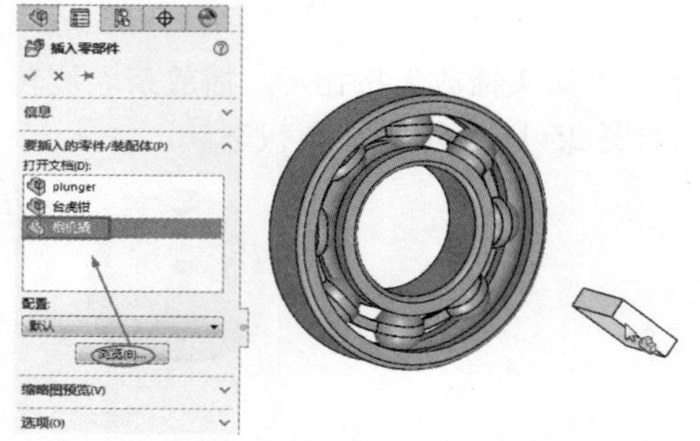

图 25-20

**07** 使用“配合”工具，将轴承端面与相机撬模型表面进行距离约束，约束的距离为300mm，如图25-21所示。

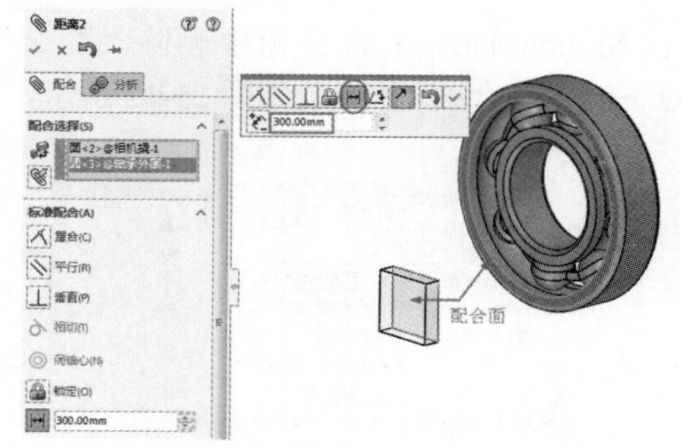


图 25-21

**08** 切换到右视图，然后利用“移动零部件”

工具，调整相机撬零件的位置，如图 25-22 所示。

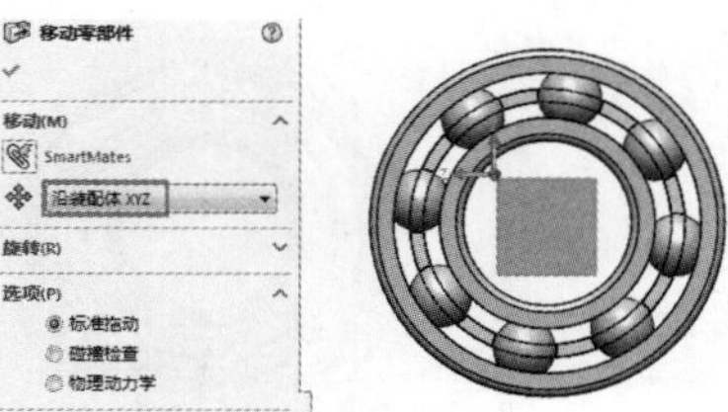

图 25-22

**09** 保存新的装配体文件为“相机撬 - 轴承装配体”。

**10** 在软件窗口底部单击“运动算例 1”按钮，展开运动算例界面窗口。在 MotionManager 设计树中右击 光源、相机与布景，在弹出的快捷菜单中选择“添加相机”命令，如图 25-23 所示。

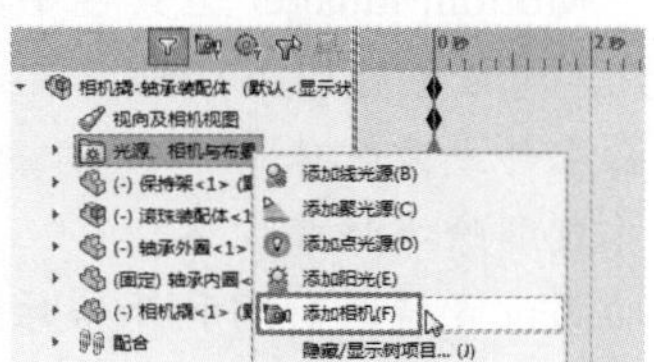

图 25-23

**11** 随后软件窗口中显示模型轴侧视图视口和相机 1 视口，属性管理器中显示“相机 1”面板，如图 25-24 所示。

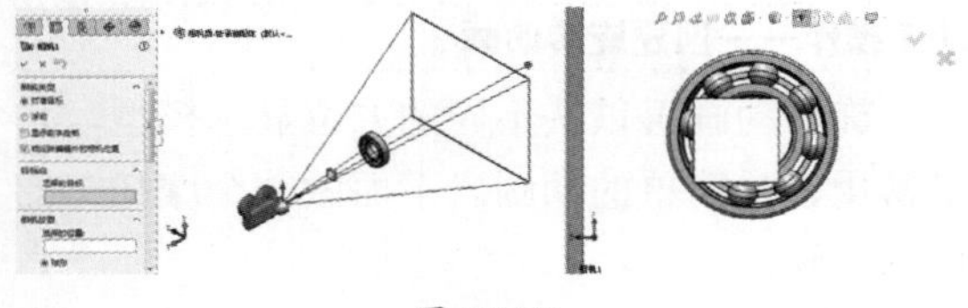

图 25-24

**12** 通过“相机 1”面板，选择相机撬顶面前边线的中点作为目标点，如图 25-25 所示。

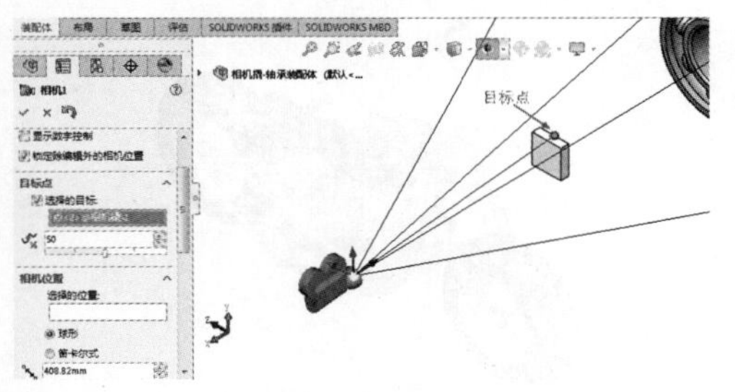


图 25-25

**13** 接着选择相机撬顶面后边线的中点作为相机位置，如图 25-26 所示。

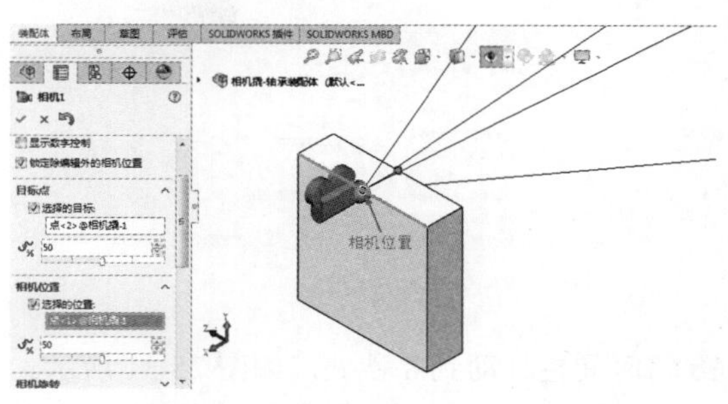


图 25-26

**技术要点：**

在“相机1”面板中必须勾选“选择的目标”和“选择的位置”选项，否则在移动相机视野时，相机的位置会变动。

**14** 拖动视野至合适位置，改变相机视口大小，便于相机拍照，如图 25-27 所示。单击“相机 1”面板的“确定”按钮，

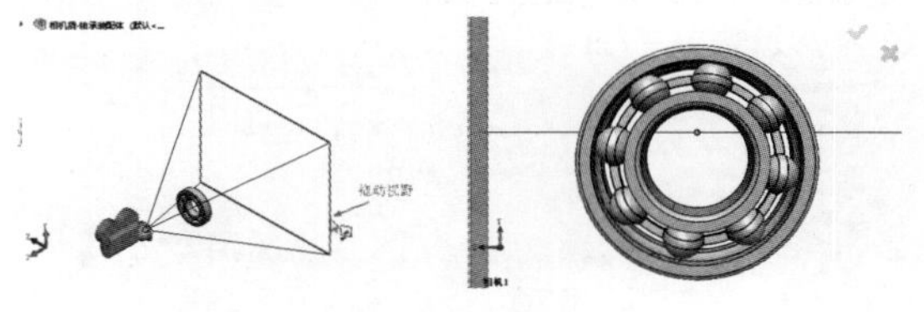

图 25-27

**15** 设置视图为上视图，如图 25-28 所示。

图 25-28

**16** 在时间线区域中，视向及相机视图的 8 秒位置放置键码，如图 25-29 所示。

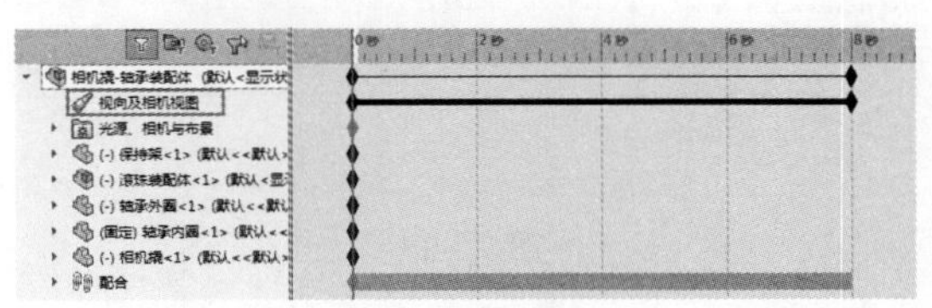

图 25-29

**17** 在 MotionManager 设计树中删除相机撬与轴承之间的距离约束，如图 25-30 所示。

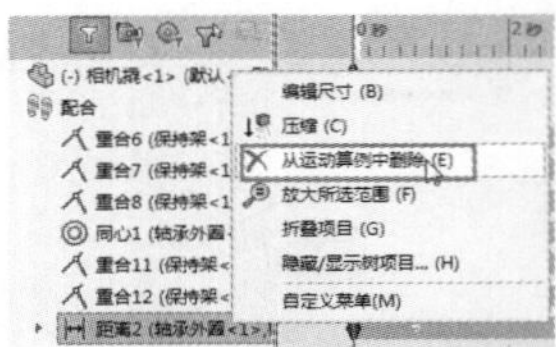

图 25-30

**18** 将时间栏移动到 8 秒处，如图 25-31 所示。

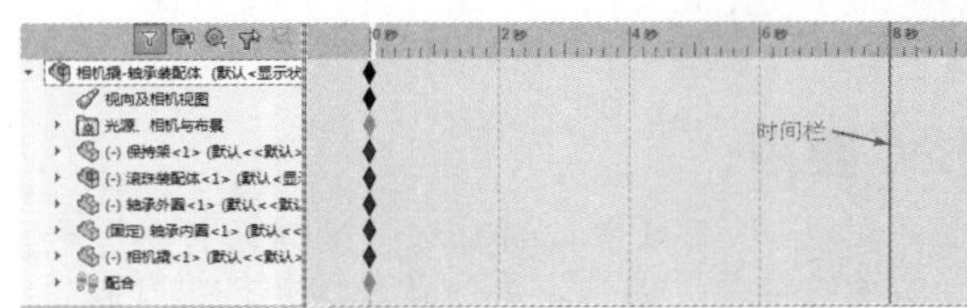

图 25-31

**19** 拖动相机撬 0 秒处的键码点到 8 秒处，再通过“移动零部件”工具将相机撬模型平移至如图 25-32 所示的位置。

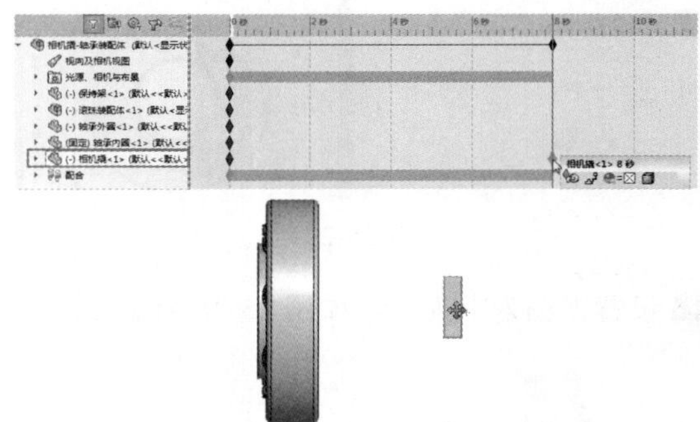

图 25-32

**20** 在 8 秒处的键码点右击，并选择快捷菜单中的“替换键码”命令，创建时间线。然后在 MotionManager 设计树中右击 视向及相机视图，选择快捷菜单中的“禁用观阅键码播放”命令，如图 25-33 所示。

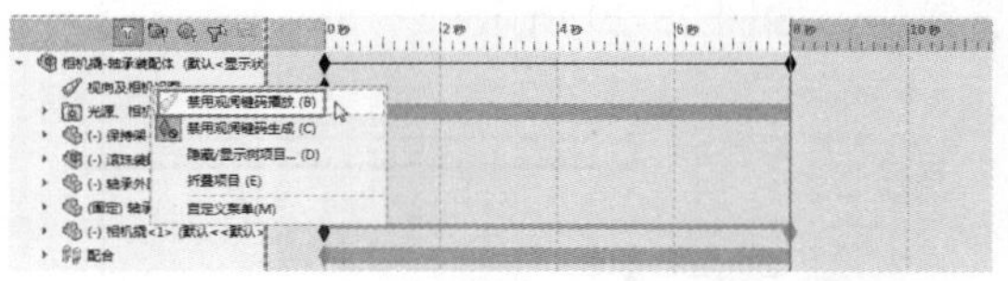

图 25-33

**21** 单击 MotionManager 工具栏中的“从头播放”按钮，开始播放创建的相机动画，如图 25-34 所示。最后保存动画文件。

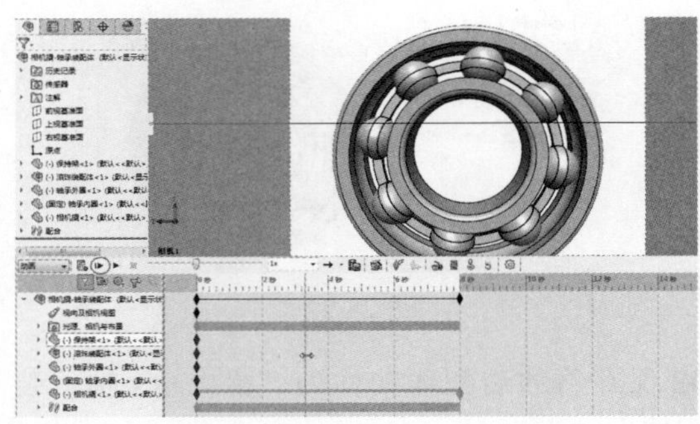

图 25-34

## 25.2.2 动画向导

借助于 MotionManager 工具栏中的“动画向导”工具，可以创建以下动画。

- 旋转零件或装配体。
- 爆炸或解除爆炸装配体。
- 为动画设置持续时间和开始时间。
- 添加动画到现有运动序列中。
- 将计算过的基本运动或运动分析结果输入动画。

下面仅介绍旋转动画、装配爆炸动画的创建过程。

**动手操作——创建旋转动画**

旋转动画可以从不同的方位显示模型，是最常用、最简单的动画。下面做一个摩托车的展示动画。

**操作步骤**

**01** 打开本例素材源文件“摩托车 .SLDPRT”，如图 25-35 所示。

图 25-35

**02** 打开运动算例界面窗口。在 MotionManager 工具栏中单击“动画向导”按钮，打开“选择动画类型”对话框，如图 25-36 所示。

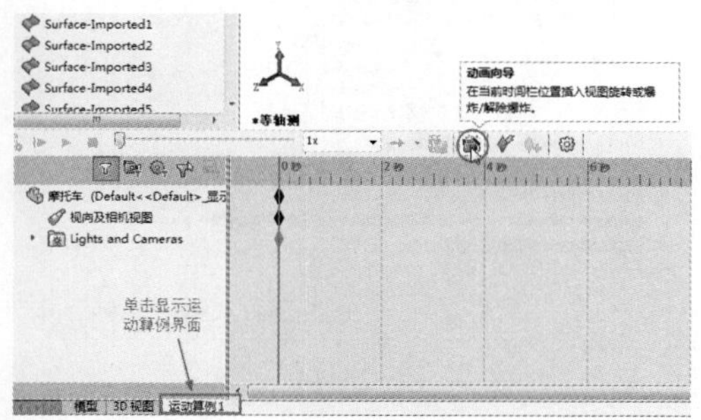


图 25-36

**03** 在“选择动画类型”对话框中保留默认的“旋转模型”动画类型，单击“下一步”按钮，如图 25-37 所示。

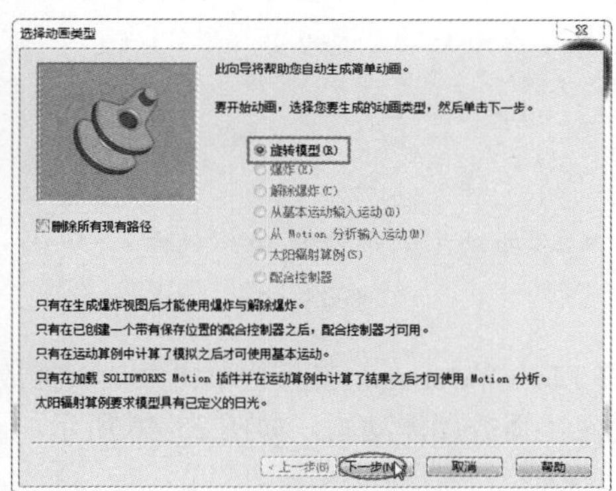


图 25-37

**04** 在“选择 - 旋转轴”界面中选择“Y- 轴”作为旋转轴，并输入旋转次数为 10，其他不变，单击“下一步”按钮，如图 25-38 所示。

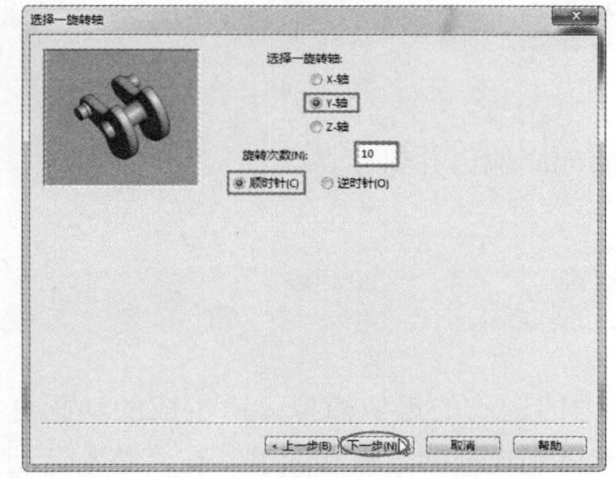


图 25-38

**05** 在“动画控制选项”对话框中设置时间长度为 60 秒，再单击“完成”按钮，完成整个旋转动画的创建，如图 25-39 所示。

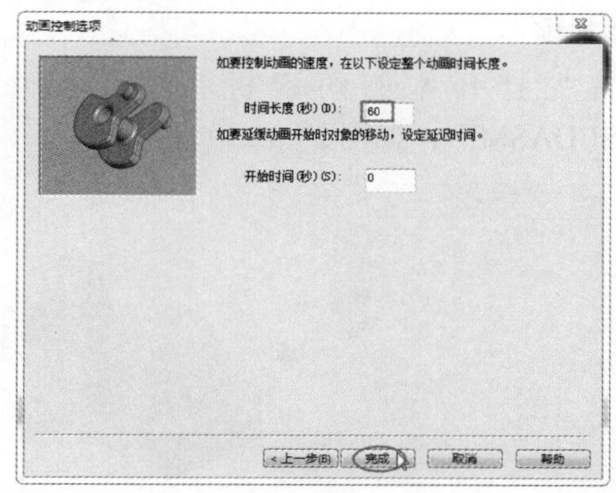


图 25-39

**06** 在 MotionManager 工具栏中单击“从头播放”按钮，播放旋转动画展示效果，如图 25-40 所示。

图 25-40

**07** 将动画输出并保存，如图 25-41 所示。

图 25-41

### 动手操作——创建爆炸动画

要想创建装配体的爆炸动画，必先在装配体环境中制作出装配体爆炸视图。

**操作步骤**

**01** 首先打开本例的素材源文件“台虎钳.SLDASM”，如图25-42所示。

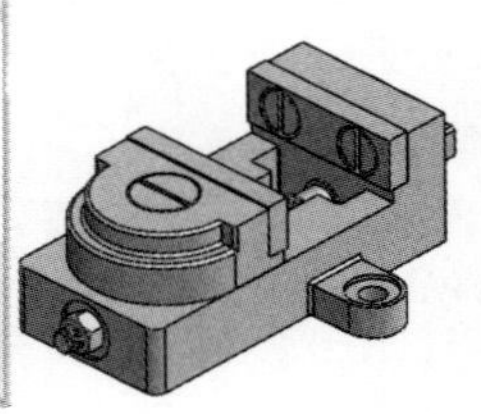

图 25-42

**02** 在“装配体”选项卡中单击“爆炸视图”按钮，然后通过“爆炸”面板选择台虎钳装配体中各个零部件，在装配体的XYZ方向上平移，完成爆炸视图的创建，如图25-43所示。

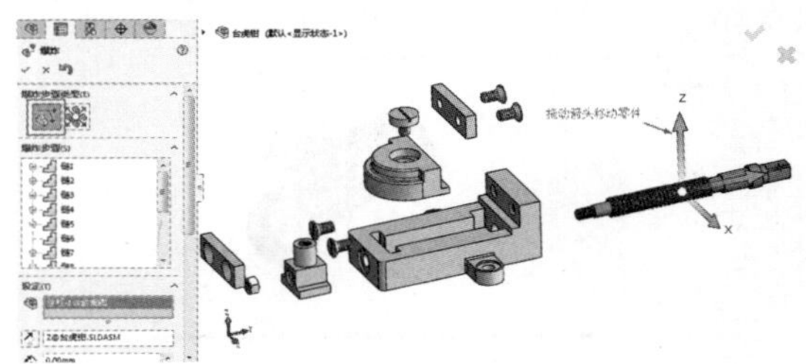

图 25-43

**03** 在MotionManager工具栏中单击“动画向导”按钮，打开“选择动画类型”对话框。

**04** 在“选择动画类型”对话框中选择“爆炸”动画类型，单击“下一步”按钮，如图25-44所示。

**05** 在“动画控制选项”界面中设置时间长度为30秒，再单击“完成”按钮，完成整个爆炸动画的创建，如图25-45所示。

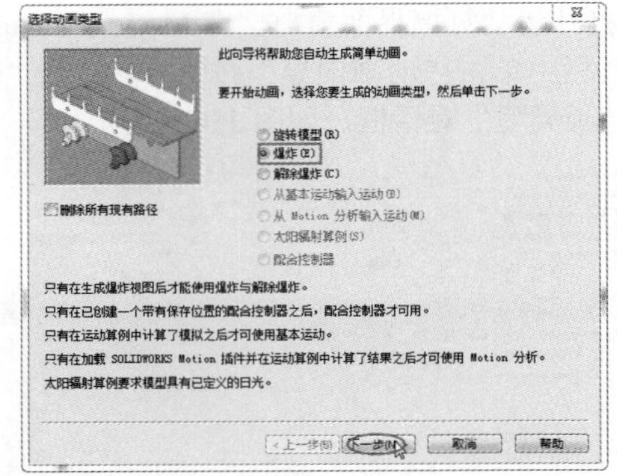


图 25-44

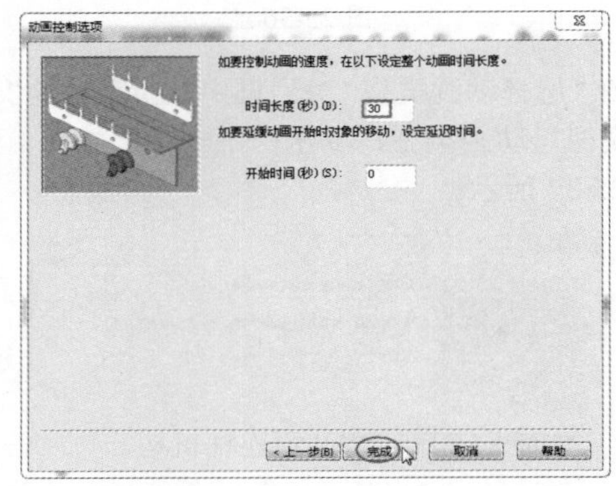


图 25-45

**06** 在MotionManager工具栏单击“从头播放”按钮，播放爆炸动画，如图25-46所示。

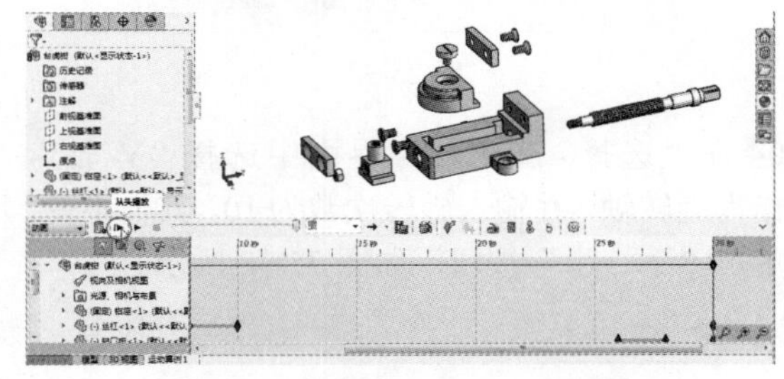

图 25-46

**07** 将动画输出并保存。

## 25.3 基本运动

使用“基本运动”可以生成考虑质量、碰撞或引力的运动的近似模拟。所生成的动画更接近真实的情形，但求得的结果仍然是演示性的，并不能得到详细的数据和图解。在“基本运动”界面中可以为模型添加电机、弹簧、接触和引力等，以模拟物理环境。

### 25.3.1 四连杆机构运动仿真

连杆机构经常根据其所含构件数目的多少而命名，如四杆机构、五杆机构等。其中平面四杆机构不仅应用特别广泛，而且经常是多杆机构的基础，所以本节将重点讨论平面四杆机构的有关基本知识，并对其进行运动仿真研究。

机构有平面机构与空间机构之分。

- 平面机构：各构件的相对运动平面互相平行（常用的机构大多数为平面机构）。
- 空间机构：至少有两个构件能在三维空间中相对运动。

#### 1. 平面连杆机构

平面连杆机构就是用低副连接而成的平面机构。特点是：

- 运动副为低副，面接触。
- 承载能力大。
- 便于润滑，寿命长。
- 几何形状简单——便于加工，成本低。

下面介绍几种常见的连杆机构。

（1）铰链四杆机构

铰链四杆机构是平面四杆机构的基本形式，其他形式的四杆机构均可以看作是此机构的演化。如图 25-47 所示为铰链四杆机构的示意图。

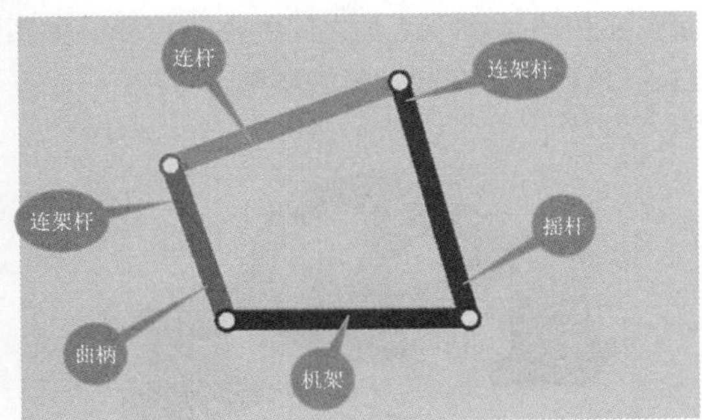


图 25-47

铰链四杆机构根据其两连架杆的不同运动情况，可以分为以下两种类型。

- 曲柄摇杆机构：铰链四杆机构的两个连架杆中，若其中一个为曲柄，另一个为摇杆，则称为“曲柄摇杆机构”。当以曲柄为原动件时，可将曲柄的连续转动转变为摇杆的往复摆动，如图 25-48 所示。

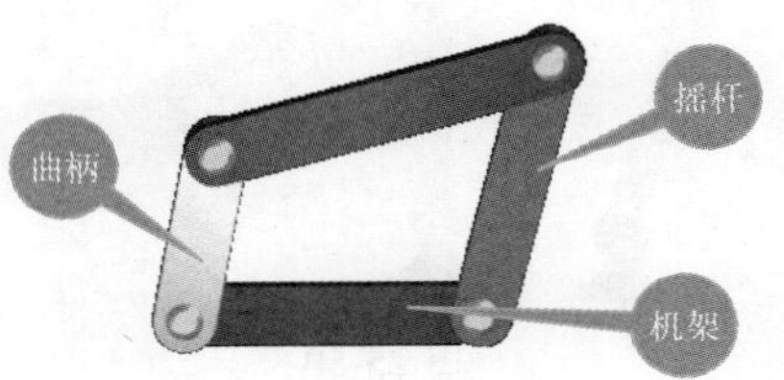


图 25-48

- 双摇杆机构：若铰链四杆机构中的两个连架杆都是摇杆，则称为“双摇杆机构”，如图 25-49 所示。

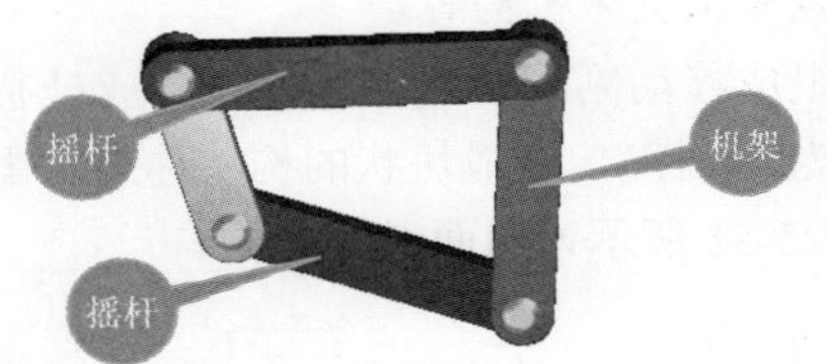


图 25-49

铰链四杆机构中，与机架相连的构件能否成为曲柄的条件是：

最短杆长度 + 最长杆长度 ≤ 其他两杆长度之和（杆长条件）

“机架长度－被考察的连架杆长度”≥“连杆长度－另一连架杆长度”

上述的条件表明，如果铰链四杆机构满足杆长条件，则最短杆两端的转动副均为周转副。此时，若取最短杆为机架，则可得到双曲柄机构；若取最短杆相邻的构件为机架，则得到曲柄摇杆机构；取最短杆的对边为机架，则得到双摇杆机构。

如果铰链四杆机构不满足杆长条件，则以任意杆为机架得到的都是双摇杆机构。

- 双曲柄机构：若铰链四杆机构中的两个连架杆均为曲柄，则称为“双曲柄机构”。在双曲柄机构中，若相对两杆平行且长度相等，则称为“平行四边形机构”。它的运动有两个显著特征：一是两曲柄以相同速度同向转动；二是连杆作平动。这两个特性在机械工程上都得到了广泛应用，如图 25-50 所示。

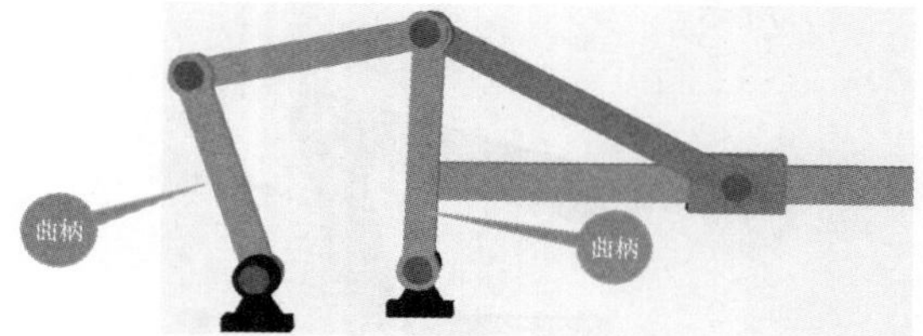


图 25-50

（2）其他演变机构

其他由铰链四杆机构演变而来的机构还包括常见的曲柄滑块机构、导杆机构、摇块机构和定块机构、双滑块机构、偏心轮机构、天平机构及牛头刨床机构等。

组成移动副的两活动构件，画成杆状的构件称为“导杆”，画成块状的构件称为“滑块”。如图 25-51 所示为曲面滑块机构。

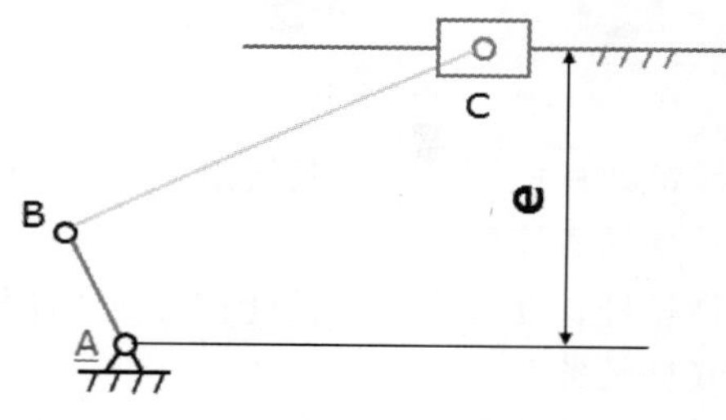


图 25-51

导杆机构、摇块机构和定块机构是在曲柄滑块基础上分别固定的对象不同而演变的新机构，如图 25-52 所示。

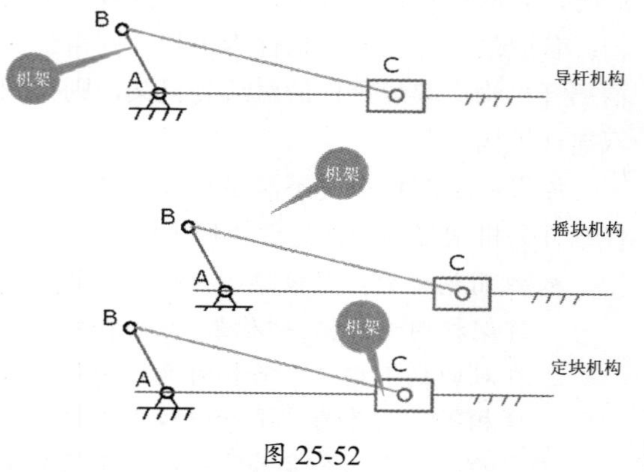


图 25-52

2．空间连杆机构

在连杆机构中，若各构件不都在相互平行的平面内运动，则称为“空间连杆机构”。

空间连杆机构，从动件的运动可以是空间的任意位置，机构紧凑、运动多样、灵活可靠。

（1）常用运动副

组成空间连杆机构的运动副，除转动副 R 和移动副 P 外，还常有球面副 S、球销副 S'、圆柱副 C 及螺旋副 H 等。在科学研究和实际应用中，经常以机构中所含运动副的代表符号来命名各种空间连杆机构，如图 25-53 所示。

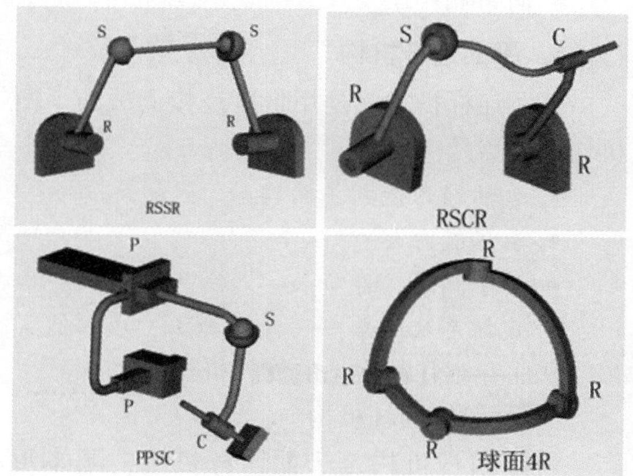


图 25-53

（2）万向联轴器

万向联轴器：传递两相交轴的动力和运动，而且在传动过程中两轴之间的夹角可变。如图 25-54 所示为万向联轴器的结构示意图。

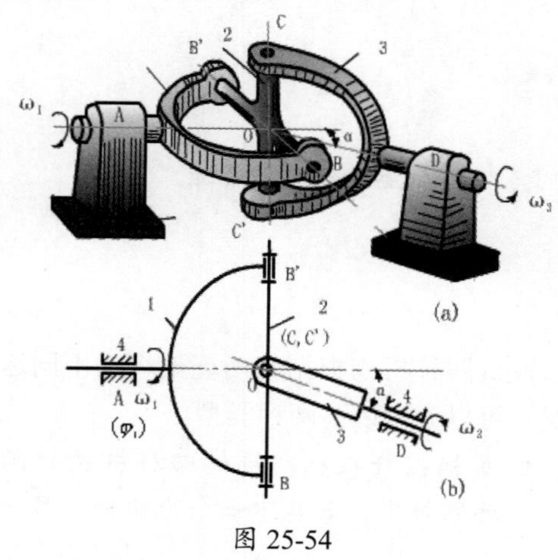


图 25-54

万向联轴器分单向和双向。

- 单向万向联轴器：输入输出轴之间的夹角为180-α，特殊的球面四杆机构。主动轴匀速转动，从动轴作变速转动。随着α的增大，从动轴的速度波动也增大，在传动中将引起附加的动载荷，使轴产生振动。为消除这一缺点，通常采用双万向联轴器。
- 双向万向联轴器：一个中间轴和两个单万向联轴器。中间轴采用滑键连接，允许轴向距离有变动。如图25-55所示。

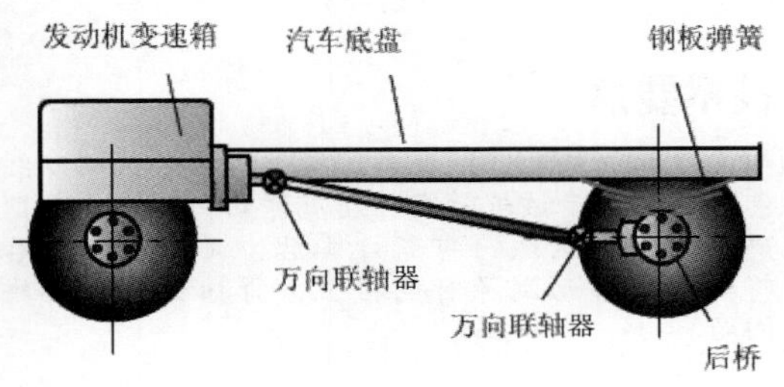


图 25-55

**动手操作——连杆机构运动仿真**

本例的四连杆机构的建模与装配工作已经完成，下面仅介绍其运动仿真过程。

**操作步骤**

**01** 打开本例素材文件“四连杆.SLDASM”，如图25-56所示。

图 25-56

**02** 在软件窗口底部单击“运动算例1”标签，打开运动算例界面。

**03** 在MotionManager工具栏运动算例类型列表中选择“基本运动”算例，如图25-57所示。

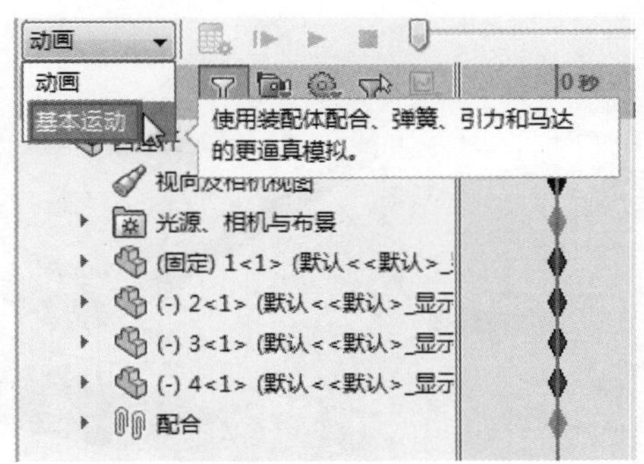


图 25-57

**04** 拖动键码点到8秒位置，如图25-58所示。

图 25-58

**05** 在MotionManager工具栏中单击“电机”按钮，打开“马达”面板。选择“旋转马达”类型，首先选择电机位置，如图25-59所示。

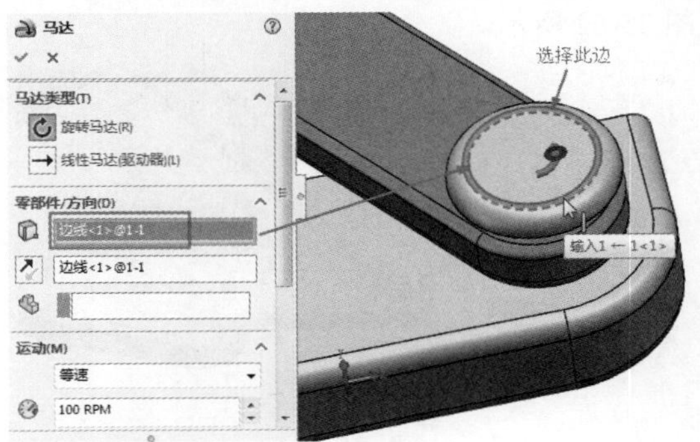


图 25-59

> **技术要点：**
> 选择参考可以是边线，也可以是面。放置电机后，注意电机运动的方向箭头，后面的几个电机运动方向必须与此方向一致。

**06** 接着再选择要运动的对象，选择编号为3的连杆部件（界面显示为紫色），如图25-60所示。再单击面板中的“确定”按钮，完成电机的添加。

**07** 同理，创建第2个电机（在连杆3和连杆4之间），如图25-61所示。

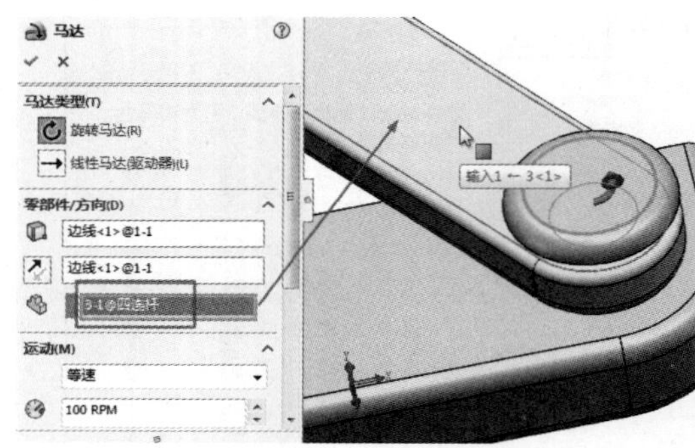

图 25-60

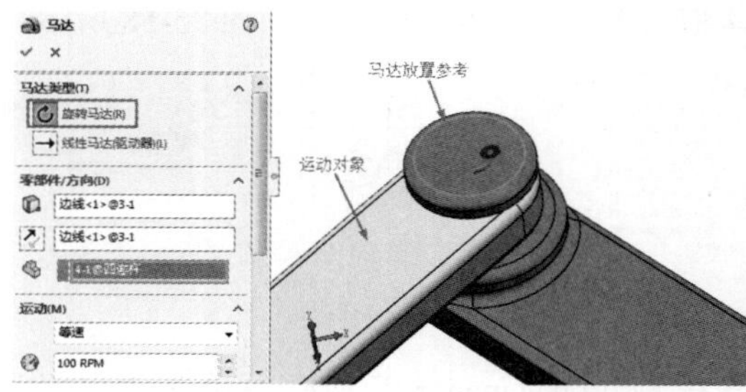


图 25-61

**08** 在连杆 1 和连杆 2 之间创建第 3 个电机，如图 25-62 所示。

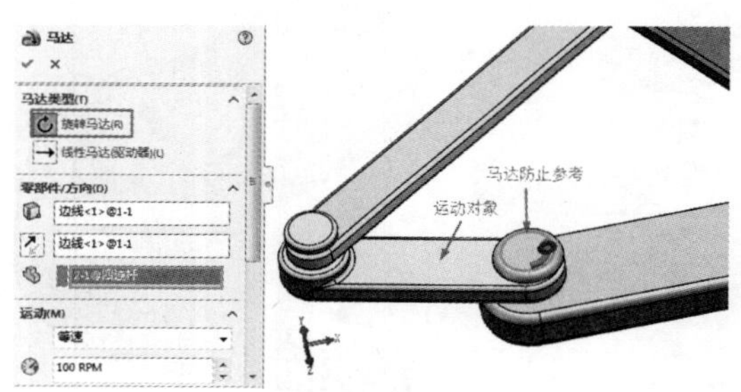


图 25-62

**09** 在连杆 2 和连杆 4 之间创建第 4 个电机，如图 25-63 所示。

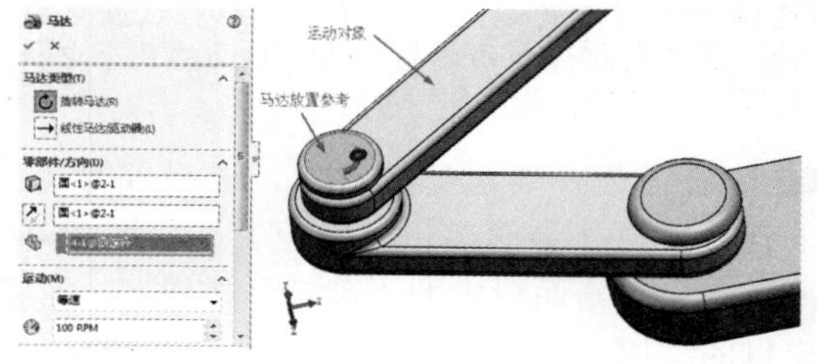


图 25-63

**10** 单击"计算"按钮。计算运动算例，完成电机运动动画。单击"从头播放"按钮，播放电机运动仿真动画，如图 25-64 所示。

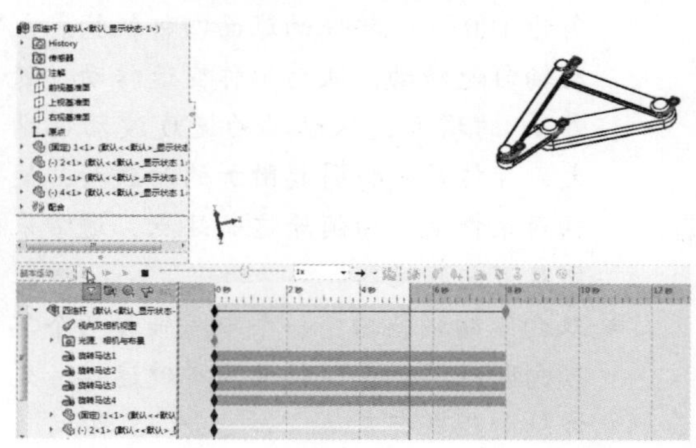

图 25-64

**技术要点：**

如果添加电机后，发现时间轨上有部分时间以红色显示，表示该段时间并没有运动，可以拖动键码点回黄色区域，重新计算后，再播放。最后将键码点移动到原时间栏上，再播放就能解决问题。

## 25.3.2 齿轮传动机构仿真

齿轮是用于机器中传递动力、改变旋向和改变转速的传动件。根据两啮合齿轮轴线在空间的相对位置不同，常见的齿轮传动可分为下列三种形式，如图 25-65 所示。其中，图（a）所示的圆柱齿轮用于两平行轴之间的传动；图（b）所示的圆锥齿轮用于垂直相交两轴之间的传动；图（c）所示的蜗杆蜗轮则用于交叉两轴之间的传动。

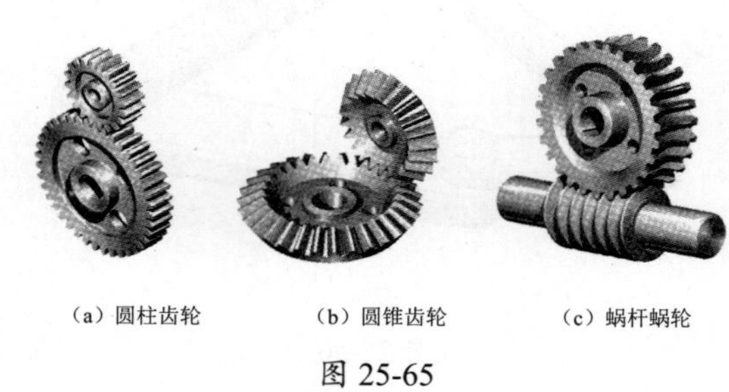

（a）圆柱齿轮　（b）圆锥齿轮　（c）蜗杆蜗轮

图 25-65

### 1．齿轮机构

齿轮机构就是由在圆周上均匀分布着某种轮廓曲面的齿的轮子组成的传动机构。齿轮机构是各种机械设备中应用最广泛、最多的一种机构，因而是最重要的一种传动机构。比如机床中的主轴箱和进给箱、汽车中的变速箱等部件的动力传递和变速功能，都是由齿轮机构实现的。

齿轮机构之所以成为最重要的传动机构是因为其具有以下优点。

- 传动比恒定，这是最重要的特点。
- 传动效率高。
- 其圆周速度和所传递功率范围大。
- 使用寿命较长。
- 可以传递空间任意两轴之间的运动。
- 结构紧凑。

### 2. 平面齿轮传动

平面齿轮传动形式一般分3种：平面直齿轮传动、平面斜齿轮传动和平面人字齿轮传动。

其中，平面直齿轮传动又分为3种类型，如图25-66所示。

外啮合齿轮传动

内啮合齿轮传动

齿轮齿条传动

图25-66

平面斜齿轮传动（轮齿与其轴线倾斜一定角度），传动如图25-67所示。

平面人字齿轮传动（由两个螺旋角方向相反的斜齿轮组成），如图25-68所示。

图25-67

图25-68

### 3. 空间齿轮传动

常见的空间齿轮传动包括圆锥齿轮传动、交错轴斜齿轮传动和蜗轮蜗杆传动。

圆锥齿轮传动（用于两相交轴之间的传动），如图25-69所示。

交错轴斜齿轮传动（用于传递两交错轴之间的运动），如图25-70所示。

蜗轮蜗杆传动（用于传递两交错轴之间的运动，其两轴的交错角一般为90º），如图25-71所示。

图25-69

图25-70

图25-71

**动手操作——齿轮减速器机构运动仿真**

齿轮减速箱的装配工作已经完成，如图25-72所示。下面进行仿真操作。

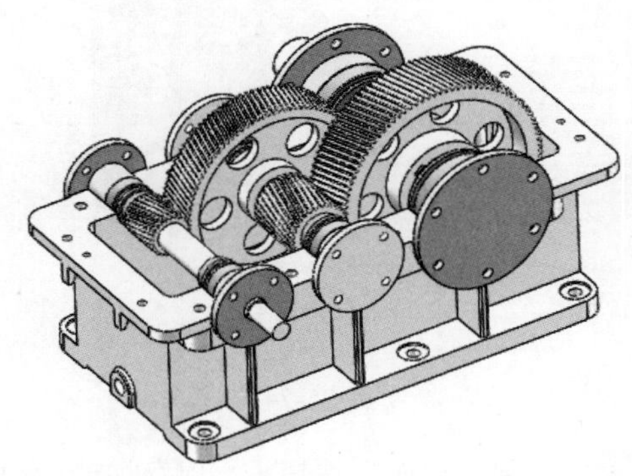
图25-72

**操作步骤**

**01** 打开本例素材文件“阀门凸轮机构.SLDASM”。

**02** 单击“运动算例1”标签，打开运动算例界面窗口。

**03** 在MotionManager工具栏运动算例类型列表中选择“基本运动”算例。

**04** 接下来首先为凸轮机构添加动力电机。单击“电机”按钮，打开“马达”面板。本例的齿轮减速箱如果是减速制动，那么电机就要安装在小齿轮上；如果是提速运动，电机则要安装在大齿轮上。

**05** 首先做加速动画，创建的电机如图 25-73 所示。

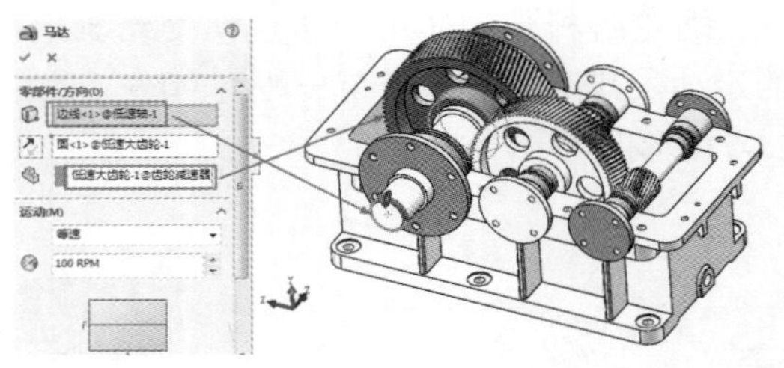


图 25-73

**06** 单击“计算”按钮。计算运动算例，完成电机加速运动动画。单击“从头播放”按钮，播放加速运动的仿真动画。如图 25-74 所示。如果没有设置动画时间，默认的运动时间为 5s。

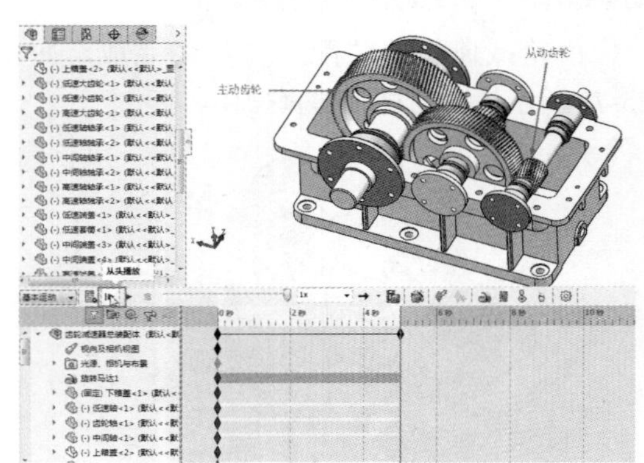


图 25-74

**07** 单击“保存动画”按钮，保存加速运动的动画仿真视频文件。

**08** 接下来创建减速运动。在软件窗口底部的“运动算例 1”位置右击，选择快捷菜单中的“生成新运动算例”命令，如图 25-75 所示。

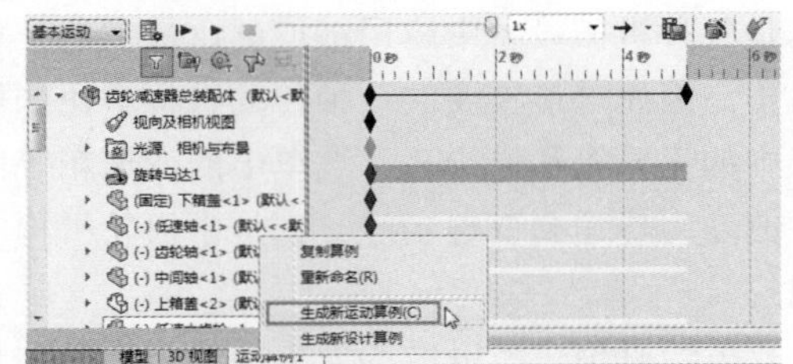


图 25-75

**09** 打开新的“运动算例 2”界面窗口。单击“电机”按钮，将电机添加到小齿轮上（将小齿轮作为主动齿轮、大齿轮作为从动齿轮），设置运动转速为 3000rpm，如图 25-76 所示。

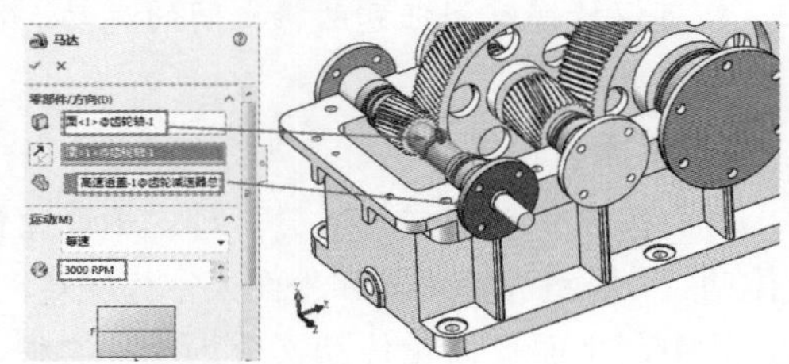


图 25-76

**10** 单击“计算”按钮。计算运动算例，完成电机减速运动动画。单击“从头播放”按钮，播放减速运动的仿真动画，如图 25-77 所示。

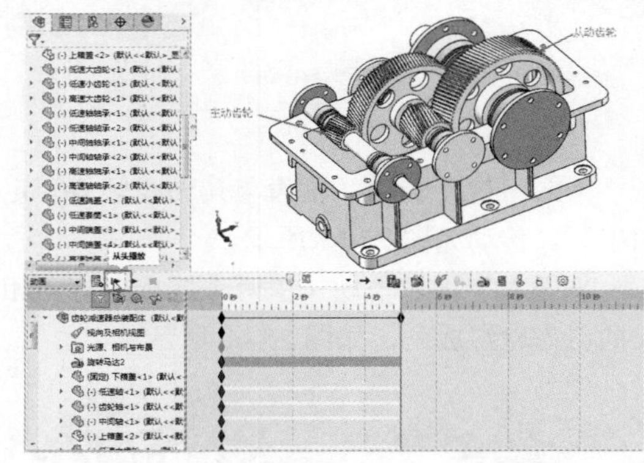


图 25-77

**11** 单击“保存动画”按钮，保存减速运动的动画仿真视频文件。

## 25.4 Motion 运动分析

前门已经学习了基本动画和基本运动的操作方法，本节来学习 Motion 插件的运动分析。那么到底动画、基本运动和 Motion 分析 3 者之间有什么区别及联系呢？

- “动画”是基于 SolidWorks 的一般动画操作，对象可以是零件，也可以是装配体。是仿真运动分析的最基本操作。考虑的因素较少。
- “基本运动”也是基于 SolidWorks 来使用的，单个零件不能使用此动画功能。主要是在装配体上模仿电机、弹簧、碰撞和引力。“基本运动”在计算运动时考虑到质量。“基本运动”计算相当快，所以可将其用来生成使用基于物理模拟的演示性动画。
- “Motion 分析”必须加载 SolidWorks Motion 插件才可用，如图 25-78 所示。利用“Motion 分析”功能对装配体进行精确模拟和运动单元的分析（包括力、弹簧、阻尼和摩擦）。“Motion 分析”使用计算能力强大的动力学求解器，在计算中考虑到了材料属性和质量及惯性。还可以使用“Motion 分析”来标绘模拟结果供进一步分析。用户可根据需要决定使用哪种算例类型。“动画”，可生成不考虑质量或引力的演示性动画；“基本运动”，可以生成考虑质量、碰撞或引力，且近似实际的演示性模拟动画；“Motion 分析”，考虑到装配体的物理特性，该算例是以上三种类型中计算能力最强的。用户对所需运动的物理特性理解得越深，则计算结果越佳。

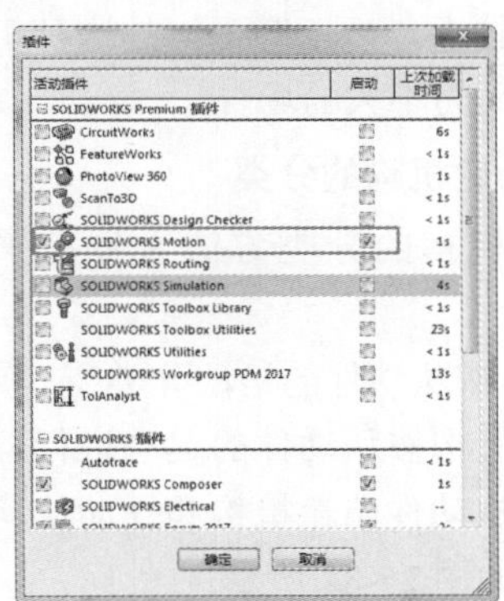

图 25-78

在“SolidWorks 插件”选项卡中单击 SolidWorks Motion 按钮，启用 Motion 运动分析算例，如图 25-79 所示。

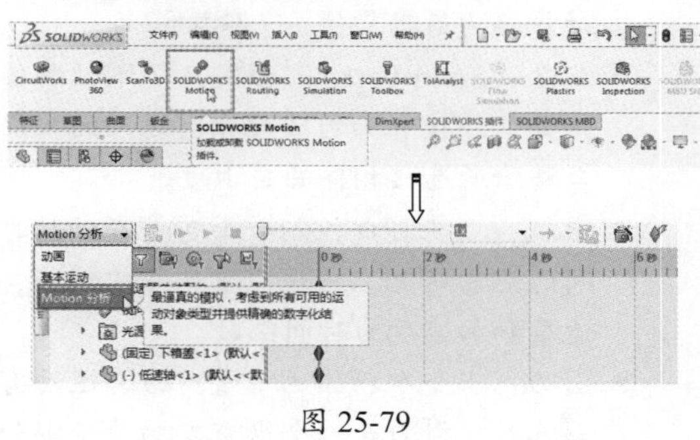

图 25-79

## 25.4.1 Motion 分析的基本概念

掌握并了解以下基本名词概念。

- 质量与惯性：惯性定律是经典物理学的基本定律之一。在动力学和运动学系统的仿真过程中，质量和惯性有着非常重要的作用，几乎所有的仿真过程都需要真实的质量和惯性数据。
- 自由度：一个不被约束的刚性物体在空间坐标系中，具有沿 3 个坐标轴的移动和绕 3 个坐标轴转动，共 6 个独立运动的可能。
- 约束自由度：减少自由度将限制构件的独立运动，这种限制称为“约束”。配合连接两个构件，并限制两个构件之间的相对运动。
- 刚体：在 Motion 中，所有构件被看作为理想刚体。在仿真的过程中，机构内部和构件之间都不会出现变形。
- 固定零件：一个刚性物体可以是固定零件或浮动零件。固定零件是绝对静止的，每个固定的刚体自由度为零。在其他刚体运动时，固定零件作为这些刚体的参考坐标系统。当创建一个新的机构并映射装配体约束时，SolidWorks 中固定的部件会自动转换为固定零件。
- 浮动零件：浮动零件被定义为机构中的运动部件，每个运动部件有 6 个自由度。

当创建一个新的机构并映射装配体约束时，SolidWorks 装配体中浮动部件会自动转换为运动零件。

- 配合：SolidWorks 配合定义了刚性物体是如何连接和如何彼此相对运动的。配合移除所连接构件的自由度。
- 电机：电机可以控制一个构件在一段时间的运动状况，它规定了构件的位移、速度和加速度为时间函数。
- 引力：当一个物体的重量对仿真运动有影响时，引力是一个很重要的量，例如一个自由落体。
- 引力矢量方向：引力加速度的大小。在“引力属性”对话框中可以设定引力矢量的大小和方向。在对话框中输入 x、y 和 z 的值可以指定引力矢量。引力矢量的长度对引力的大小没有影响。引力矢量的默认值为（0,–1,0），大小为 385.22inch/s²，即 9.81m/ s²（或者为当前激活单位的当量值）。
- 约束映射概念：约束映射就是 SolidWorks 中零件之间的配合（约束）会自动映射为 Motion 中的配合。
- 力：当在 Motion 中定义不同的约束和力后，相应的位置和方向将被指定。这些位置和方向源自所选择的 SolidWorks 实体。

## 25.4.2 凸轮机构运动仿真

凸轮传动是通过凸轮与从动件之间的接触来传递运动和动力的，是一种常见的高副机构，结构简单，只要设计出适当的凸轮轮廓曲线，就可以使从动件实现任何预定的复杂规律运动。

如图 25-80 所示为常见的凸轮传动机构示意图。

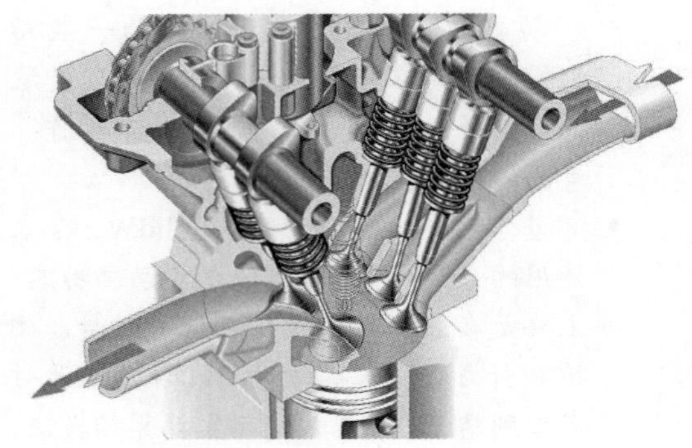

图 25-80

### 1．凸轮机构的组成

凸轮机构是由凸轮、从动件和机架构成的三杆高副机构，如图 25-81 所示。

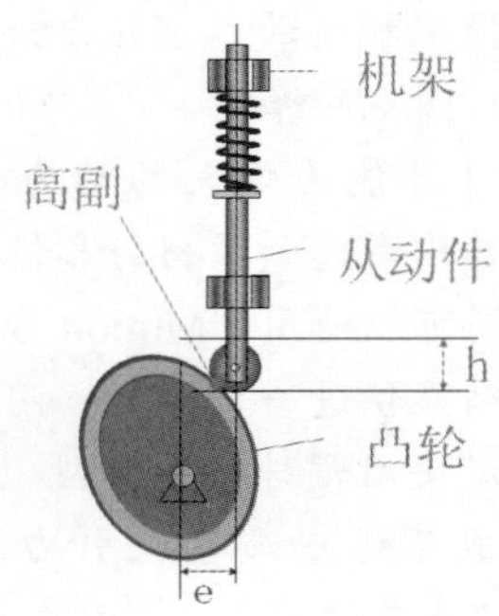


图 25-81

凸轮机构的优点：只要适当地设计凸轮的轮廓曲线，便可使从动件获得任意预定的运动规律，且机构简单紧凑。

凸轮机构的缺点：凸轮与从动件是高副接触，比压较大，易于磨损，故这种机构一般仅用于传递动力不大的场合。

### 2．凸轮机构的分类

凸轮机构的分类方法大致有 4 种，介绍如下。

（1）按从动件的运动分类

凸轮机构按从动件的运动进行分类，可以分为直动从动件凸轮机构和摆动从动件凹槽凸轮机构，如图 25-82 所示。

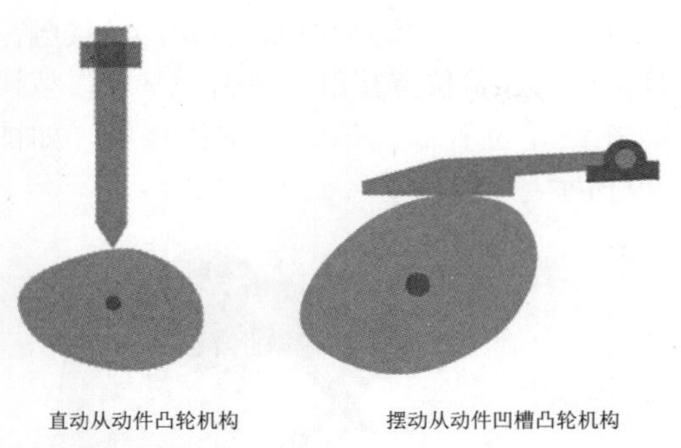


图 25-82

（2）按从动件的形状分类

凸轮机构按从动件的形状进行分类，可分为滚子从动件凸轮机构、尖顶从动件凸轮机构和平底从动件凸轮机构，如图 25-83 所示。

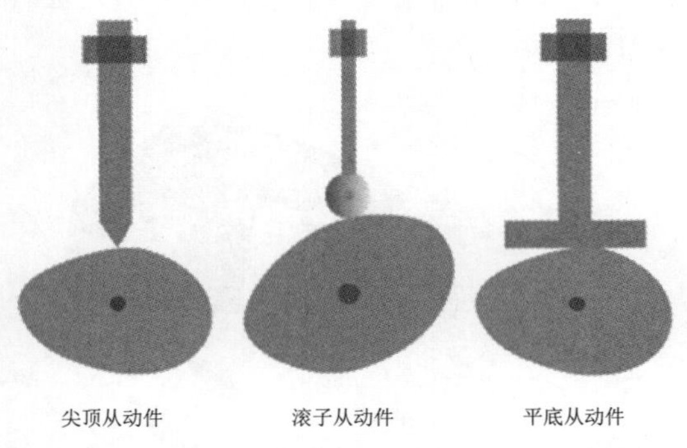


图 25-83

（3）按凸轮的形状分类

凸轮机构按凸轮形状可以分为盘形凸轮机构、移动（板状）凸轮机构、圆柱凸轮机构和圆锥凸轮机构，如图 25-84 所示。

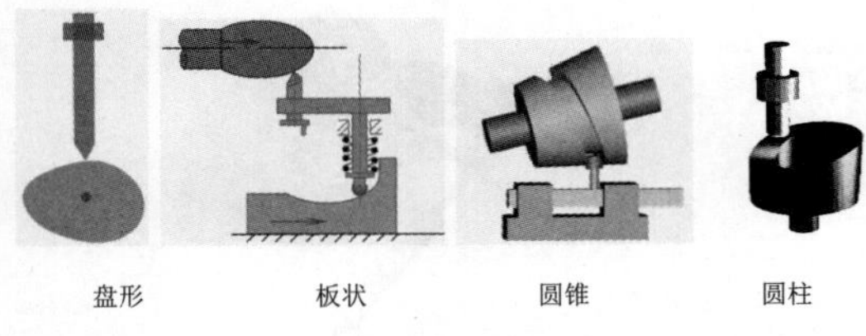


图 25-84

（4）按高副维持接触的方法分类

按高副维持接触的方法可以分为力封闭的凸轮机构和形封闭的凸轮机构。

力封闭的凸轮机构利用重力、弹簧力或其他外力，使从动件始终与凸轮保持接触。如图 25-85 所示。

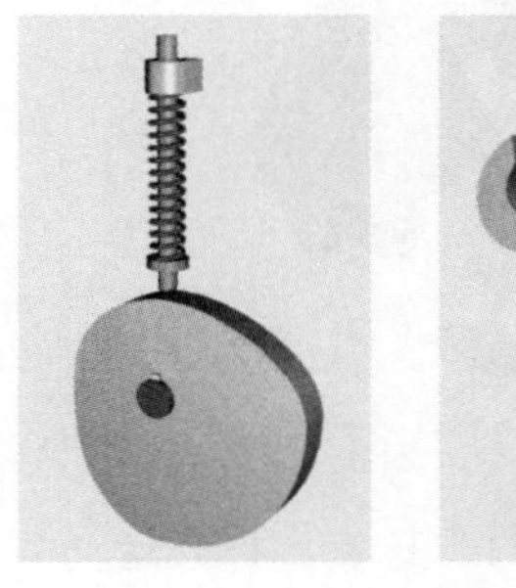
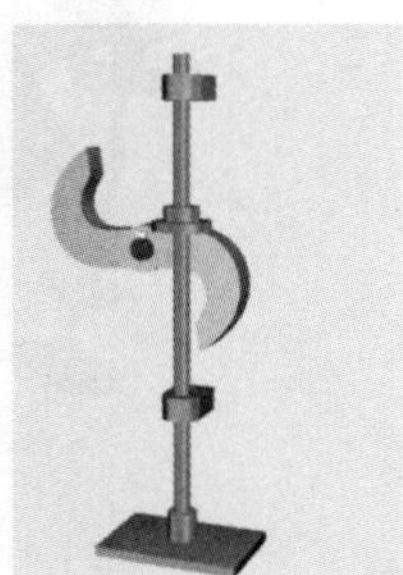

图 25-85

形封闭的凸轮机构利用凸轮与从动件构成高副的特殊几何结构，使凸轮与推杆始终保持接触。如图 25-86 所示为常见的几种形封闭的凸轮机构。

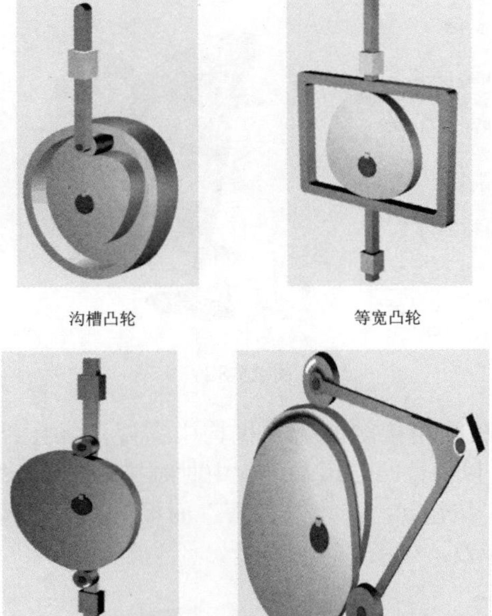


图 25-86

**动手操作——阀门凸轮机构运动仿真**

阀门凸轮机构的装配工作已经完成。下面进行仿真操作。

**操作步骤**

**01** 打开本例素材文件“阀门凸轮机构 .SLDA-

SM”，如图 25-87 所示。

图 25-87

**02** 单击“运动算例 1”标签，打开运动算例界面窗口。

**03** 在 MotionManager 工具栏的运动算例类型列表中选择“Motion 分析”算例。

**04** 接下来首先为阀门凸轮机构添加动力电机。将动画时间设置在 1 秒处，单击“电机”按钮，为凸轮添加旋转电机，如图 25-88 所示。

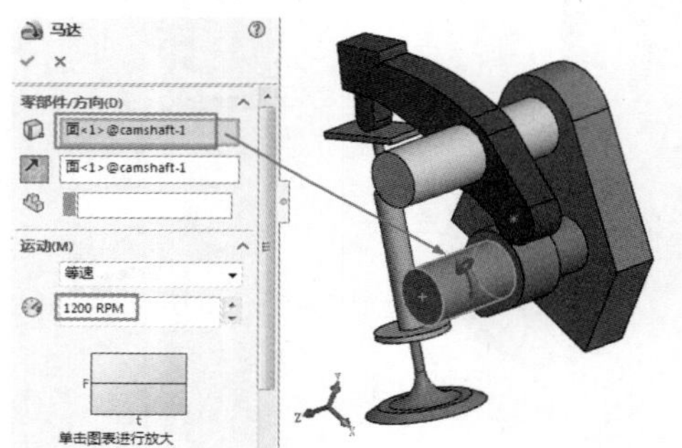


图 25-88

**05** 在凸轮接触的另一机构中需要添加压缩弹簧，以保证凸轮运动过程中时时接触。单击“弹簧”按钮，弹出“弹簧”面板，然后设置弹簧参数，如图 25-89 所示。

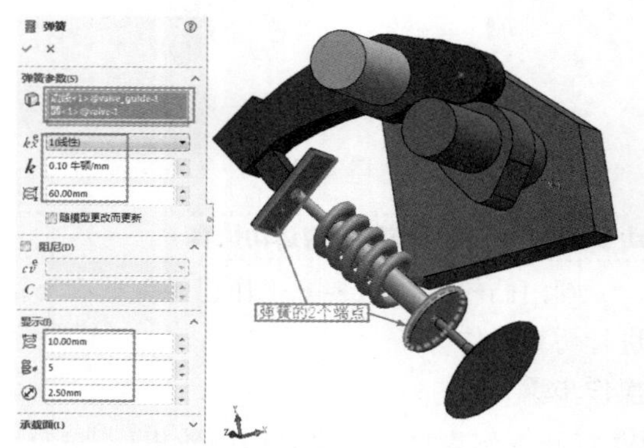


图 25-89

**06** 接下来设置两个实体接触：一是凸轮接触，二是推杆与弹簧位置接触。单击“接触”按钮，在凸轮位置添加第一个实体接触，如图 25-90 所示。

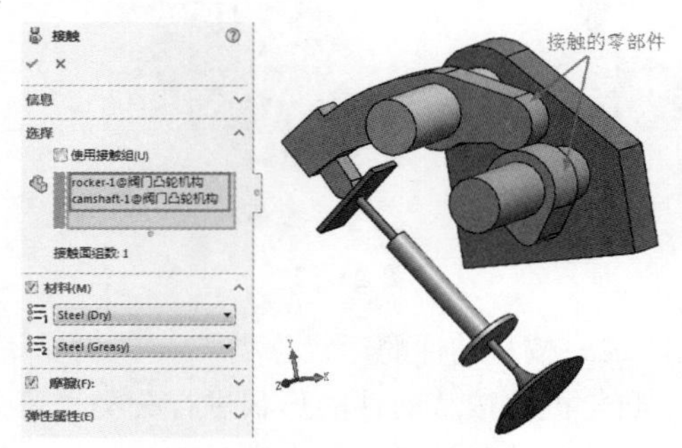


图 25-90

**07** 同理，再添加弹簧端的实体接触，如图 25-91 所示。

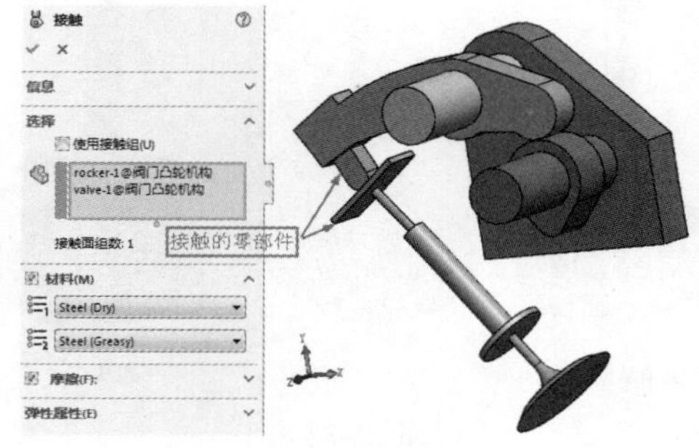


图 25-91

**08** 单击“计算”按钮。计算运动算例，完成电机减速运动动画。单击“从头播放”按钮，播放减速运动的仿真动画，如图 25-92 所示。

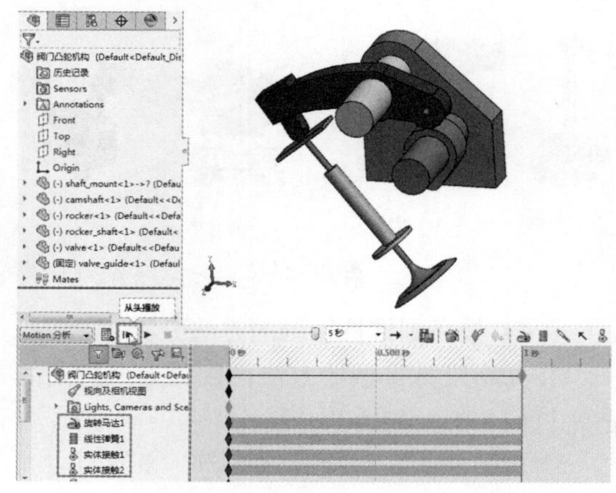


图 25-92

**09** 单击“保存动画”按钮，保存减速运动的动画仿真视频文件。

**10** 当完成模型动力学的参数设置后，就可以进行仿真分析了。单击 MotionManager 工具栏的“运动算例属性”按钮，打开“运动算例属性”面板，然后设置运动算例属性参数，如图 25-93 所示。

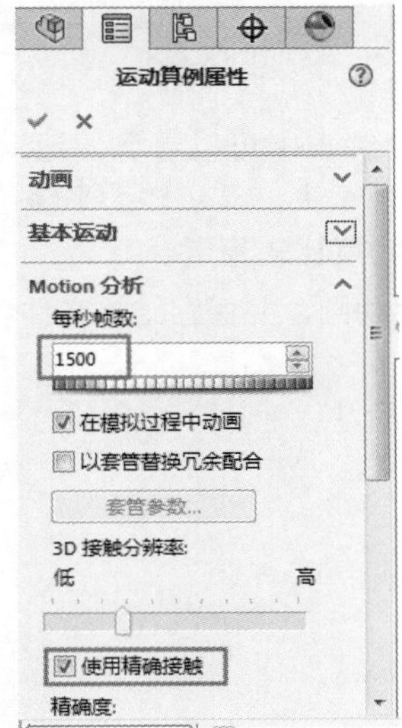


图 25-93

**11** 将时间栏拖到 0.1 秒位置，并单击右下角的“放大”按钮，如图 25-94 所示。然后从头播放动画。

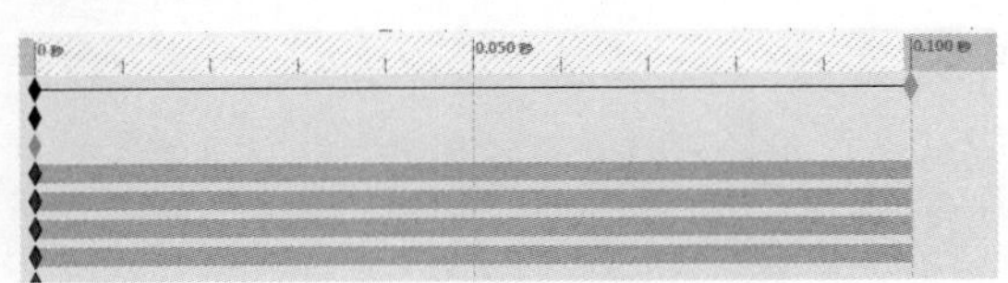

图 25-94

**12** 修改播放时间为 5 秒，并重新单击“计算”按钮。生成新的动画，如图 25-95 所示。

图 25-95

**13** 单击“结果和图解”按钮，打开“结果”面板。在“选取类型”列表中选择“力”类型，选择子类型为“接触力”，选择结果分量为“幅值”，然后选择凸轮接触部位的两个面作为接触面，如图 25-96 所示。

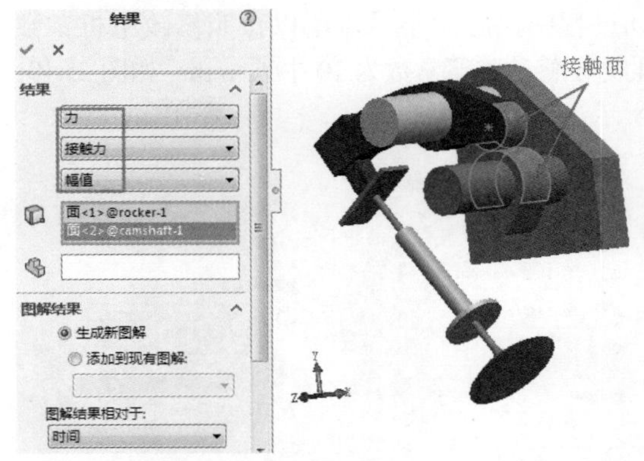


图 25-96

**14** 单击面板中的“确定”按钮，生成运动算例图解，如图 25-97 所示。

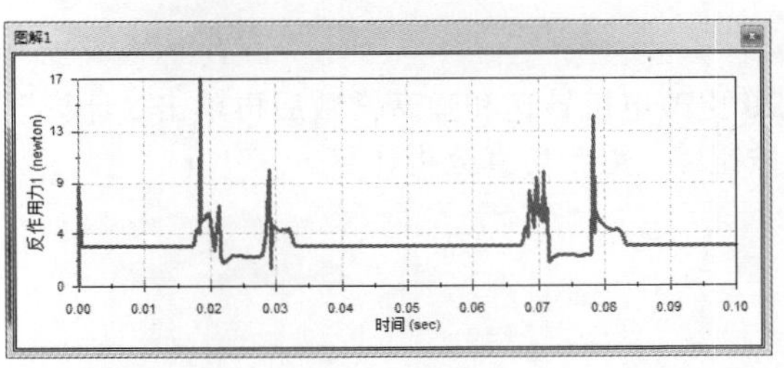


图 25-97

**15** 通过图解表可以看出 0.02s、0.08s 位置的曲线振荡幅度较大，如果不调整，长久会对凸轮机构的使用寿命造成破坏。需要重新对运动仿真的参数进行修改。

**16** 在软件窗口底部的“运动算例 1”标签上右击，选择快捷菜单中的“复制算例”命令，复制运动算例的整个项目，如图 25-98 所示。

**17** 在复制的运动算例中，编辑旋转电机 2，如图 25-99 所示。

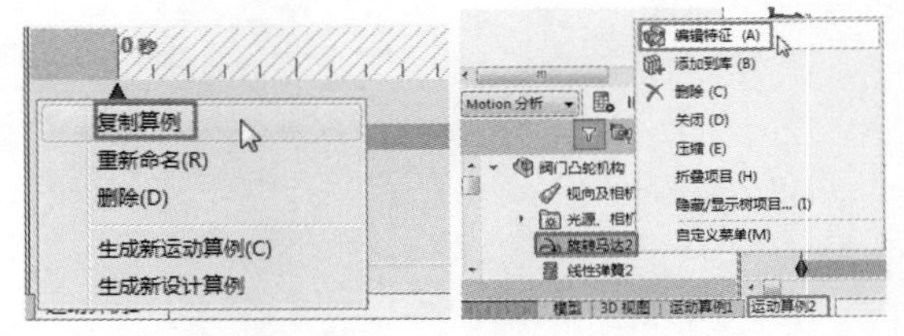


图 25-98　　图 25-99

**18** 更改电机的转速为 2000rpm，如图 25-100 所示。

**19** 更改弹簧。鉴于弹簧的强度不够会导致运动过程中接触力不足，所以按照修改电机参数的方法修改弹簧常数为 10 牛顿 /mm，如图 25-101 所示。

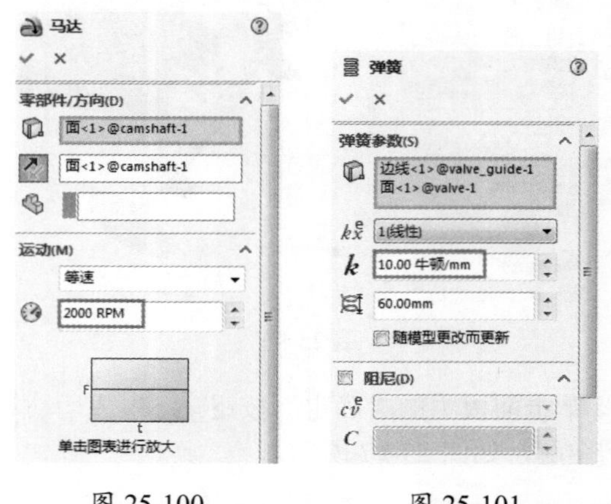


图 25-100　　图 25-101

**20** 更改电机转速和弹簧常数后再单击“计算”按钮，重新仿真分析计算。

**21** 在 MotionManager 设计树中的“结果”项目中右击“图解 2< 反作用力 2>”，再选择快捷菜单中的“显示图解”命令，查看新的运动仿真图解，如图 25-102 所示。

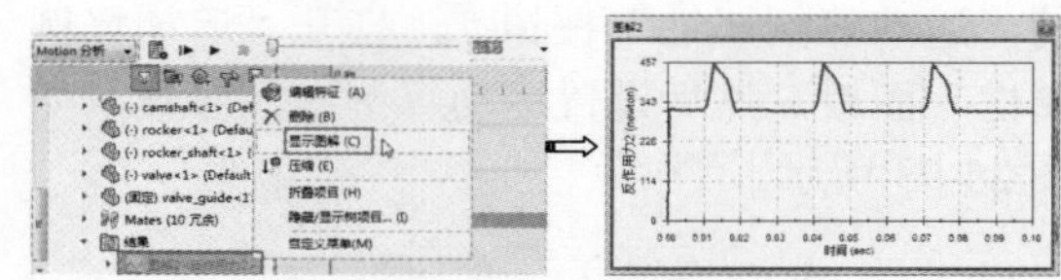

图 25-102

**22** 从新的图解表中可以看到，运动曲线的振动幅度不再那么大，显示较为平缓了，说明运动过程中的力度比较稳定。

**23** 最后保存动画，并保存结果文件。

# 第26章 钣金结构件设计

使用 SolidWorks 软件进行钣金设计是由各个法兰开始的，在各个法兰上完成其他的特征，进而完成钣金件的设计，因此，各个法兰在 SolidWorks 钣金设计中占重要地位，也是使用该模块的基础。SolidWorks 的法兰包括基体法兰、边线法兰、斜接法兰、薄片，法兰是钣金零件设计的基础。本章将详细介绍钣金法兰工具、钣金折弯工具、钣金成形工具及特征工具。

- 钣金设计概述
- SolidWorks 2018钣金设计工具
- 钣金法兰设计
- 折弯钣金体
- 钣金成形工具
- 编辑钣金特征

## 26.1 钣金设计概述

钣金产品在日常生活中随处可见，从日用家电到汽车、飞机、轮船等。随着科技的发展和生活水平的提高，对产品外观、质量的要求也越来越高。SolidWorks 2018 中的钣金设计模块提供了强大的钣金设计功能，使用户可以轻松、快捷地完成设计工作。

### 26.1.1 钣金零件分类

根据成型的类型不同，钣金零件大致可分为三类：平板类钣金件零件、板弯类钣金零件（不包括蒙皮、壁板类零件）和型材类钣金零件。

（1）平板类钣金零件包括：剪切成型钣金零件、铣切成型钣金零件和冲裁成型钣金零件。

- 剪切成型钣金零件是通过剪切加工得到的钣金零件。
- 铣切成型钣金零件是通过铣切加工得到的钣金零件。
- 冲裁成型钣金零件是通过冲裁加工得到的钣金零件。

（2）板弯类钣金零件包括：闸压钣金零件、滚压钣金零件、液压钣金零件和拉伸钣金零件。

- 闸压钣金零件是利用闸压模逐边、逐次地将板材折弯成所需形状的成型方法得到的钣金零件。
- 滚压钣金零件是利用板料从两到四根同步旋转的辊轴间通过，并连续产生塑性弯曲的成型方法得到的钣金零件。
- 液压钣金零件是利用橡皮垫或橡皮囊液压成形的，液压橡皮囊作为凹模（或凸模），将金属板材按刚性凸模（或凹模）加压成形的方法称为“橡皮成形”。
- 拉伸钣金零件是通过拉形模对板料施加拉力，使板料产生不均匀拉应力和拉伸应变，随之板料与拉形模贴合面逐渐扩展，直至与拉形模型面完全贴合得到的钣金零件。

（3）型材类钣金零件包括：拉弯钣金零件、压弯钣金零件和直型材钣金零件。

- 拉弯钣金零件是指毛料在弯曲的同时加以切向拉力，将毛料截面内的应力分布都变为拉应力，以减少回弹，提高成形准确度。
- 压弯钣金零件是通过在冲床、液压机上，利用弯曲模对型材进行弯曲成形的钣金零件。

**技术要点：**

压弯适用于曲率半径小、壁厚大于2mm及长度较小的型材零件的成形。

- 直型材钣金零件是通过挤压成型设备将金属材料挤出成型的零件。

### 26.1.2 钣金加工工艺流程

随着社会的发展，钣金业也随之迅速发展，现在钣金涉及各行各业，对于任何一个钣金件来说，它都有一定的加工过程，也就是所谓的工艺流程。钣金加工工艺流程大致如下：

（1）材料的选用：钣金加工一般用到的材料有冷轧板（SPCC）、热轧板（SHCC）、镀锌板（SECC、SGCC），铜（CU：黄铜、紫铜、铍铜），铝板（6061、6063、硬铝等），铝型材，不锈钢（镜面、拉丝面、雾面），根据产品作用的不同，选用材料也不同，一般需从产品用途及成本上来考虑。

（2）图面审核：要编写零件的工艺流程，首先要知道零件图的各种技术要求，图面审核是零件工艺流程编写的最重要环节。

（3）展开零件图：展开图是依据零件图（3D）展开的平面图（2D）。

（4）钣金加工的工艺流程，根据钣金件结构的差异，工艺流程可各不相同，但总的不超过以下几点。

- 下料：下料的方式有很多。剪床，是利用剪床剪切条料简单料件，它主要是为模具落料成形进行准备加工，成本低，精度低于0.2，但只能加工无孔无切角的条料或块料；冲床，利用冲床分一步或多步，在板材上将零件展开后的平板件冲裁成各种形状料件，其优点是耗费工时短，效率高，精度高，成本低，适用大批量生产，但要设计模具；NC数控下料，NC下料时首先要编写数控加工程序，利用编程软件，将绘制的展开图编写成NC数拉加工机床可识别的程序，让其根据这些程序一步一刀在平板上冲裁各结构形状平板件，但其结构受刀具结构所至，成本低，精度低于0.15；激光下料，是利用激光切割方式，在大平板上将其平板的结构形状切割出来，同NC下料一样需编写激光程序，它可下各种复杂形状的平板件，成本高，精度低于0.1；锯床：主要用于下铝型材、方管、图管、圆棒料之类，成本低，精度低。
- 钳工加工：沉孔、攻丝、扩孔、钻孔沉孔角度一般为120°，用于拉铆钉，90°用于沉头螺钉、攻丝英制底孔。
- 冲床：是利用模具成形的加工工序，一般冲床加工的有冲孔、切角、落料、冲凸包（凸点）、冲撕裂、抽孔、成形等加工方式，其加工需要有相应的模具来完成操作，如冲孔落料模、凸包模、撕裂模、抽孔模、成型模等，操作主要注意位置和方向性。
- 折弯：折弯就是将2D的平板件，折成3D的零件。其加工需要有折床及相应折弯模具完成，它也有一定的折弯顺序，其原则是对下一刀不产生干涉的先折，会产生干涉的后折。
- 焊接：也称作熔接、镕接，是一种以高温、加热或者高压的方式接合金属及其他热塑性材料的制造工艺及技术。焊接包括电焊、点焊、氩氟焊、二氧化碳保护焊等。

（5）表面处理：钣金零件的表面处理方式有很多，根据钣金零件的用途和颜色来确定表面处理方式。钣金零件的表面处理方式包括：喷塑、电镀、电解、阳极氧化等。

### 26.1.3　钣金结构设计的注意事项

钣金设计的最终结果是以一定的结构形式表现出来的，按照所设计的结构进行加工、组装，制造成最终的钣金成品。所以，钣金结构设计应满足产品的多方面要求，基本要求有功能性、可靠性、工艺性、经济性和外观造型等要求。此外，还应该改善钣金零件的受力，提高强的、精度和使用寿命。因此，钣金结构设计是一项综合性的技术工作。

钣金结构设计过程中应注意以下问题。

- 是否能实现预期功能。
- 是否满足强度功能要求。
- 是否满足刚度结构要求。
- 是否影响加工工艺性。
- 是否影响组装性。
- 是否影响外观造型。

## 26.2　SolidWorks 2018 钣金设计工具

在功能区中将“钣金”选项卡调出来，SolidWorks 2018 的钣金设计工具，如图 26-1 所示。

图 26-1

- 基体工具：基体工具是钣金造型的第一步，设定钣金件基本参数和钣金基体。
- 折弯工具：折弯工具可以生成钣金折弯造型。
- 边角工具：边角工具可以闭合角、焊接边角、断开边角和边角剪裁。
- 成形工具：成形工具可以快速创建钣金复杂成型特征。
- 孔工具：孔工具可以生成孔及通风孔造型。
- 展开工具：展开工具可以将钣金折弯特征展平。
- 实体工具：实体工具是使实体生成钣金件的工具。

## 26.3　钣金法兰设计

SolidWorks 2018 具有 4 种不同的法兰特征工具来生成钣金零件，使用这些法兰特征可以按预定的厚度增加材料。这 4 种法兰特征依次是：基体法兰、薄片（凸起法兰）、边线法兰和斜接法兰，具体见表 26-1。

表 26-1　法兰特征列表

| 法 兰 特 征 | 定 义 解 释 | 图　例 |
| --- | --- | --- |
| 基体法兰 | 基体法兰可为钣金零件生成基体特征。它与基体拉伸特征相类似，只不过用指定的折弯半径增加了折弯 | |

续表

| 法兰特征 | 定义解释 | 图例 |
|---|---|---|
| 薄片（凸起法兰） | 薄片特征为钣金零件添加相同厚度的薄片，薄片特征的草图必须产生在已存在的表面上 | |
| 边线法兰 | 边线法兰特征可将法兰添加到钣金零件上的所选边线上，它的弯曲角度和草图轮廓都可以修改 | |
| 斜接法兰 | 斜接法兰特征可将一系列法兰添加到钣金零件的一条或多条边线上，可以在需要的地方加上相切选项，生产斜接特征 | |

## 26.3.1 基体法兰

基体法兰是钣金零件的第一个特征。基体法兰被添加到 SolidWorks 零件后，系统就会将该零件标记为钣金零件。折弯添加到适当位置，并且特定的钣金特征被添加到 FeatureManager 设计树中。

基体法兰特征是由草图生成的。生成基体法兰特征的草图可以是单一开环轮廓、单一封闭轮廓或多重封闭轮廓，如表 26-2 所示。

表 26-2　3 种不同草图建立的基体法兰

| 草图 | 说明 | 图解 |
|---|---|---|
| 单一开环轮廓 | 单一开环的草图轮廓可以用于拉伸、旋转、剖面、路径、引线以及钣金 | |
| 单一封闭轮廓 | 单一闭环的草图轮廓可以用于拉伸、旋转、剖面、路径、引线以及钣金 | |
| 多重封闭轮廓 | 多重封闭草图轮廓可以用于拉伸、旋转以及钣金 | |

**动手操作——创建钣金法兰**

在 SolidWorks 中用多重封闭轮廓创建一个料厚为 2.0 的钣金零件，如图 26-2 所示。

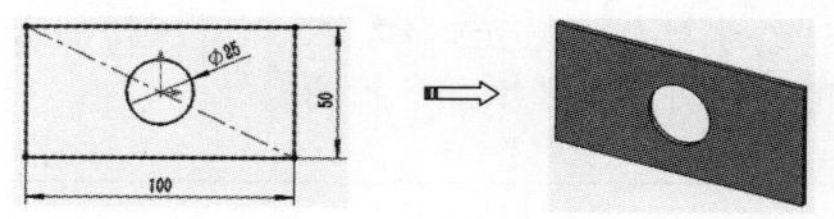


图 26-2

**操作步骤**

**01** 单击“新建”按钮，创建一个新的零件文件。

**02** 执行菜单栏中的“插入”|“钣金”|“基体法兰”命令，或者在同步建模工具条中单击“基体-法兰”按钮，选择“前视基准面”为草绘基准平面，绘制草图，如图26-3所示，单击“退出草图”按钮。

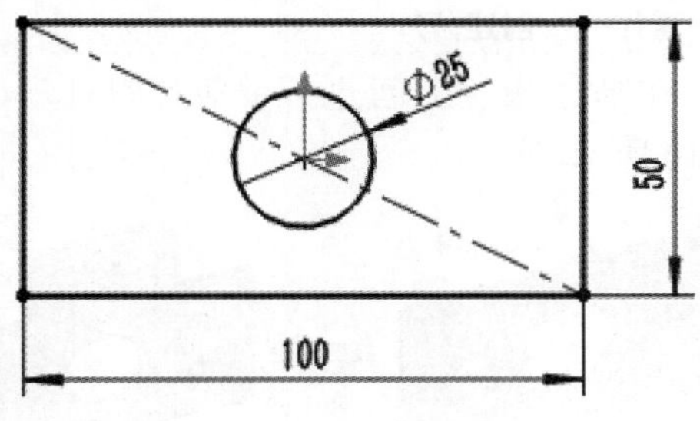


图 26-3

**03** 在“基体法兰”面板中，修改“厚度”栏中的值为2.0mm；在“折弯系数类型”下拉列表中选择“K 因子”；在“K 因子”栏中输入值为0.158；在“自动释放槽类型”下拉列表中选择“矩形”；在“释放槽比例”栏中输入值为0.05。然后单击“确定”按钮，生成基体法兰实体，如图26-4所示。

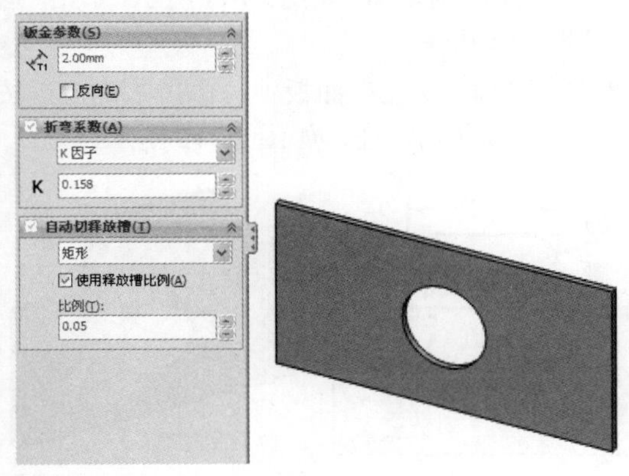


图 26-4

**技术要点：**

在SolidWorks零件中，只能有一个基体法兰特征，且样条曲线对于包含开环轮廓的钣金为无数的草图实体。

在生成基体-法兰特征时，同时生成钣金特征。

在“FeatureManager 设计树”中选中“钣金1”后右击，在弹出的快捷菜单中单击“编辑特征”按钮，如图26-5所示。系统将打开“钣金1”面板，如图26-6所示。钣金特征中包含用来设计钣金零件的参数，这些参数可以在其他法兰特征生成的过程中设置，也可以在钣金特征中编辑定义来改变它们。

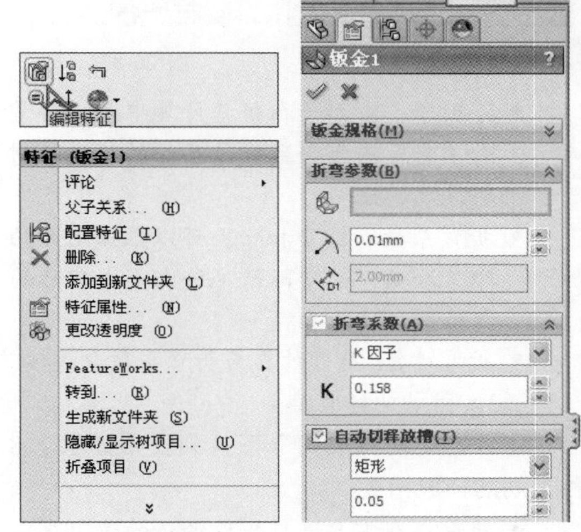


图 26-5　　图 26-6

“钣金1”面板中主要参数的含义如下。

（1）折弯参数

- 固定的面和边：该选项被选中的面或边在展开时保持不变。在使用基体法兰特征建立钣金零件时，该选项不可选。
- 折弯钣金：该选项定义了建立其他钣金特征时默认的折弯半径，也可以针对不同的折弯给定不同的半径值。

（2）折弯系数

在“折弯系数”下拉列表中，提供了5种类型的折弯系数表，如图26-7所示。

- 折弯系数表：折弯系数表是一种指定材料（如刚、铝等）的表格，它包含基于板厚和折弯半径的折弯运算，折弯系数表为Excel表格文件，其扩展名为*.xls。可以通过执行“插入”|“半径”|“折弯系数表”|“从文件”命令，在当前

的钣金零件中添加折弯系数表。也可以在钣金特征面板中的“折弯系数类型”下拉列表中选择“折弯系数表”选项，并选择指定的折弯系数表，或单击“浏览”按钮使用其他的折弯系数表，如图26-8所示。

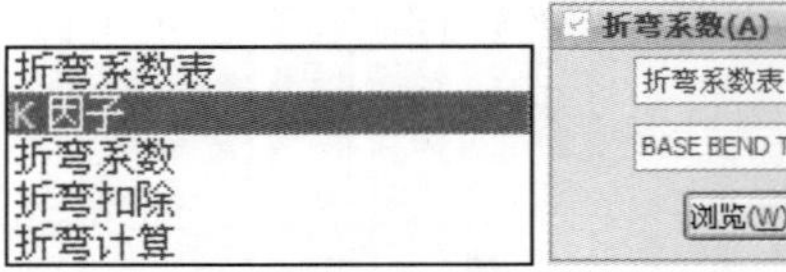

图 26-7　　图 26-8

- K因子：K因子在折弯计算中是一个常数，它是内表面到中性层面的距离与材料厚度的比率。
- 折弯系数和折弯扣除：可以根据用户的经验和工厂的实际情况给定一个实际的数值。
- 折弯计算：折弯计算与折弯系数表类似。

（3）自动切释放槽

在“自动切释放槽”下拉列表中提供了3种不同的释放槽类型。

- 矩形：在需要进行折弯释放的边上生成一个矩形切除，如同26-9（a）所示。
- 撕裂形：在需要撕裂的边和面之间生成一个撕裂口，如图26-9（b）所示。
- 矩圆形：在需要进行折弯释放的边上生成一个矩圆形切除，如图26-9（c）所示。

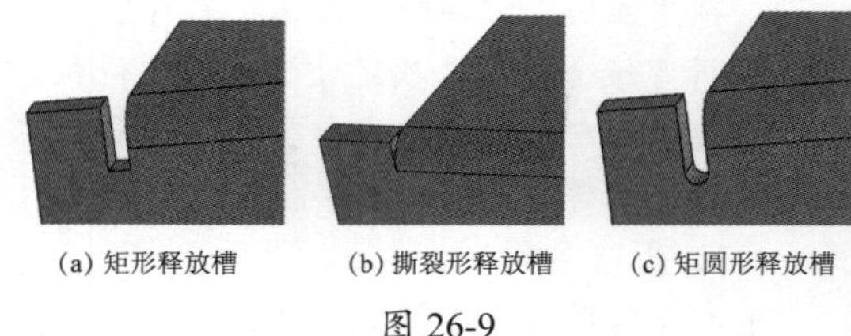

(a) 矩形释放槽　(b) 撕裂形释放槽　(c) 矩圆形释放槽

图 26-9

## 26.3.2　薄片

薄片特征可以为钣金零件添加薄片。系统会自动将薄片特征的深度设置为钣金零件的厚度。至于深度的方向，系统会自动将其设置为与钣金零件重合，从而避免脱节。

**技术要点：**

在生成薄片特征时，需要注意的是，草图可以是单一闭环、多重闭环和多重封闭轮廓。草图必须位于垂直钣金零件厚度方向的基准面或平面上。

薄片特征可以编辑草图，但不能编辑定义。其原因是已将深度、方向及其他参数设置为与钣金零件参数相匹配的状态。

**动手操作——创建薄片**

在基体法兰上创建一个薄片特征，如图26-10所示。

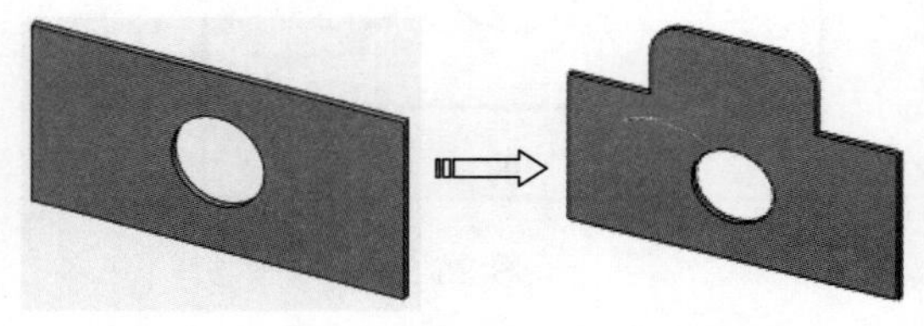

图 26-10

**操作步骤**

**01** 接着上一个动手操作文件创建薄片特征。

**02** 执行菜单栏中的“插入”|“钣金”|“基体法兰”命令，或者在同步建模工具条中单击“基体-法兰/薄片”按钮，选择前视基准面为草绘基准平面，绘制草图，如图26-11所示，单击“退出草图”按钮。

**03** 在“基体-法兰”面板中，单击“确定”按钮，生成薄片特征，如图26-12所示。

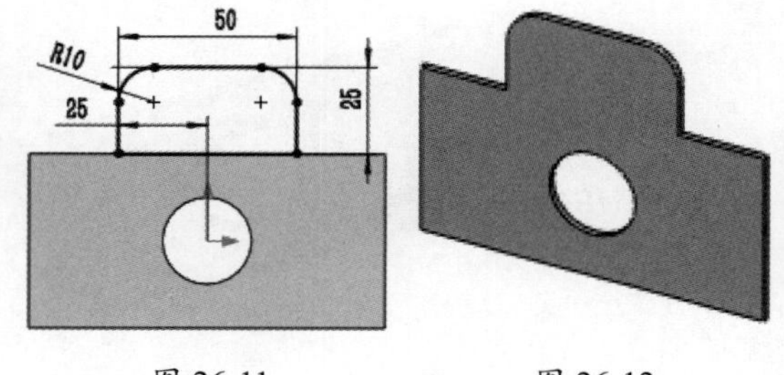


图 26-11　　图 26-12

**技术要点：**

可以先绘制草图，然后再单击“钣金”选项卡中的“基体法兰/薄片”按钮，来生成薄片特征。

## 技术要点：

在“基体法兰”面板中，若勾选“合并结果”复选框，生成薄片特征将与父特征合并。若取消勾选，则生成独立的特征，在“FeatureManager设计树”中将会出现“钣金2”，如图26-13所示，基体法兰特征与薄片特征之间将出现分界线，如图26-14所示。

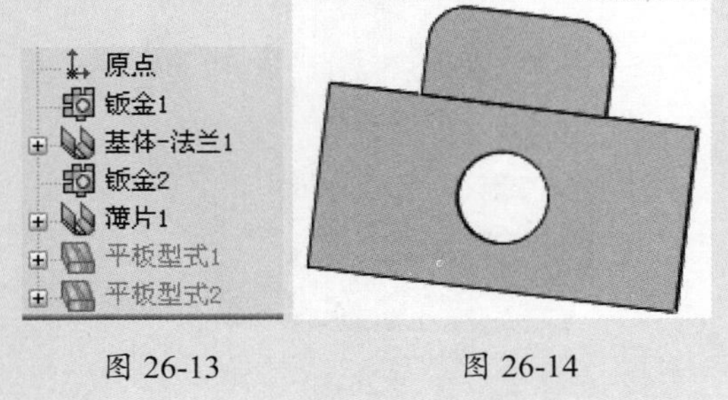


图 26-13　　图 26-14

### 26.3.3 边线法兰

使用边线法兰特征工具可以将法兰添加到一条或多条边线上。添加边线法兰时，所选边线必须为线性。系统自动将褶边厚度链接到钣金零件的厚度上。轮廓的一条草图直线必须位于所选边线上。

**动手操作——创建边线法兰特征**

在钣金零件上创建边线法兰特征，如图26-15所示。

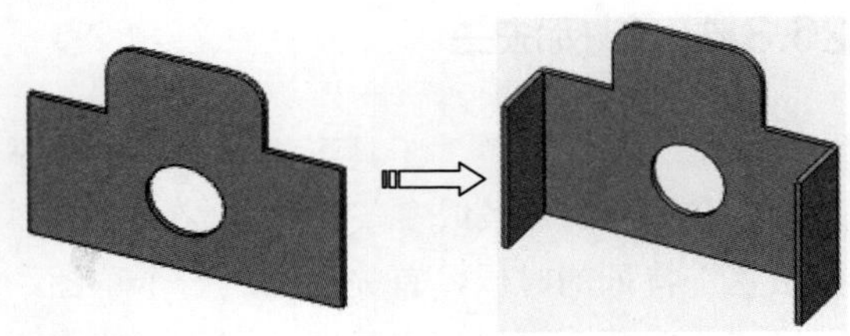

图 26-15

**操作步骤**

**01** 接着上一个动手操作文件创建边线法兰特征。

**02** 执行菜单栏中的“插入”|“钣金”|“边线法兰”命令，或者在同步建模工具条中单击“边线法兰”按钮，在钣金零件上选择两条边线，在“边线 - 法兰 1”面板的“边线”栏中将显示所选中的边线，如图26-16所示。

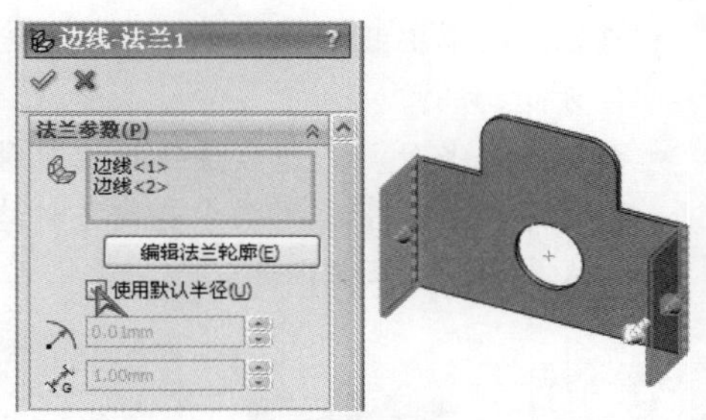


图 26-16

**03** 在“边线 - 法兰 1”面板的“法兰角度”栏中输入角度值为90，在“长度终止条件”下拉列表中选择“给定深度”选项，在“长度”栏中输入长度值为25mm，在“边线 - 法兰 1”面板中单击“外部虚拟交点”按钮和“材料在内”按钮。最后单击“确定”按钮，生成边线法兰特征，如图26-17所示。

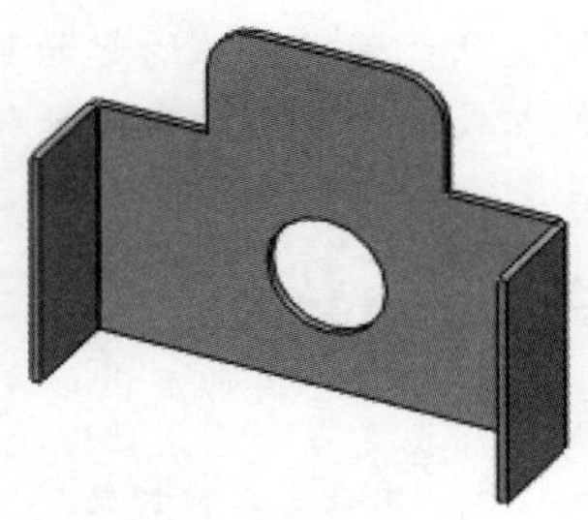

图 26-17

“边线 - 法兰”面板中主要参数的含义如下。

（1）法兰参数

- 边线：在此栏中显示所选择需要添加边线法兰的边线。
- 编辑法兰轮廓按钮 编辑法兰轮廓(E)：单击此按钮可以对边线法兰的轮廓进行编辑。
- 使用默认半径：勾选此复选框，边线法兰的折弯半径，将与基体法兰的折弯半径相等；反之，则可以在“折弯半径”中通过输入值或单击微调按钮，来设置边线法兰的折弯半径。

（2）角度

- 角度：通过输入值或单击微调按钮，来设置边线法兰的角度。

（3）法兰长度

- 反向：单击此按钮，更改边线法兰拉伸方向。
- 长度终止条件：为边线法兰设定拉伸的终止方式。其下拉列表中包括3种终止方式，如图26-18所示。

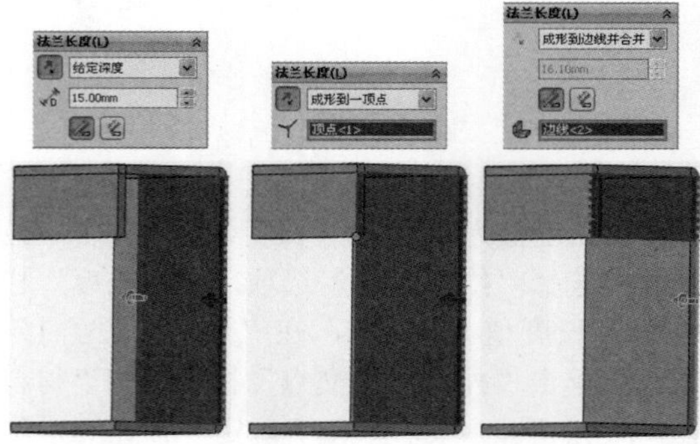


图 26-18

- 虚拟交点：确定法兰的起始长度（包括两种方式：外部虚拟交点和内部虚拟交点）。

**技术要点：**

“外部虚拟交点”与“内部虚拟交点”的区别在于，“外部虚拟交点”生成法兰的长度比“内部虚拟交点”生成法兰的长度少一个材料的厚度。

（4）法兰位置

- 法兰位置：确定边线法兰的位置，其有4种不同类型的位置可供选择：“材料在内”、“材料在外”、“折弯在外”和“虚拟交点的折弯”。不同的选项生成的法兰位置将不同，如图26-19所示。

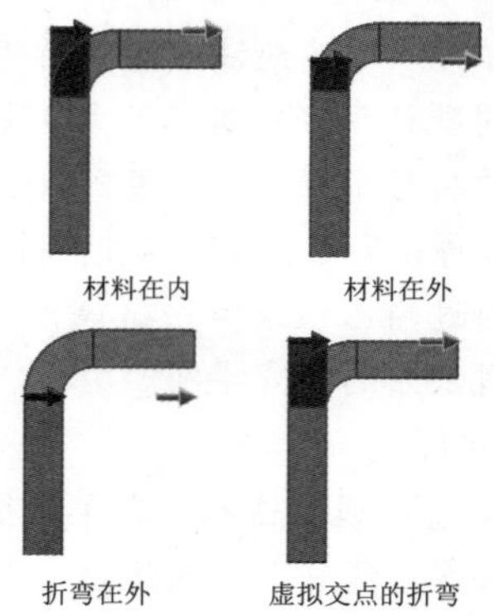


图 26-19

- 剪裁侧边折弯：勾选此复选框，切除相邻折弯的多余材料；反之，则不会切除相邻折弯的多余材料。
- 等距：勾选此复选框，生成一个两边相等的边线法兰，如图26-20所示。

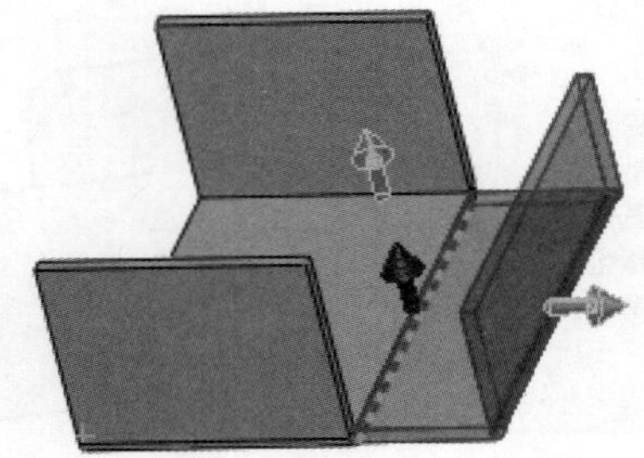

图 26-20

（5）自定义折弯系数

勾选此复选框，显示折弯系数类型，可以重新设定折弯系数类型；若不勾选此复选框，则默认为前面的折弯系数类型。在此的折弯系数类型与“基体法兰”中的折弯系数类型相同。

（6）自定义释放槽类型

勾选此复选框，显示释放槽类型，可以重新设定释放槽类型；若不勾选此复选框，则默认为前面的释放槽类型。在此的释放槽类型与“基体法兰”中的释放槽类型相同。

## 26.3.4 斜接法兰

使用“斜接法兰”工具可将一系列法兰添加到钣金零件的一条或多条边线上。在生成“斜接法兰”特征的时候，首先要绘制一个草图，斜接法兰的草图可以使用直线或圆弧。使用圆弧草图生成斜接法兰的时候，圆弧是不能与钣金件厚度边线相切的，但可以与长边线相切，或在圆弧和厚度边线之间由一条直线相连。

**动手操作——创建斜接法兰特征**

在钣金零件上创建斜接法兰特征，如图26-21所示。

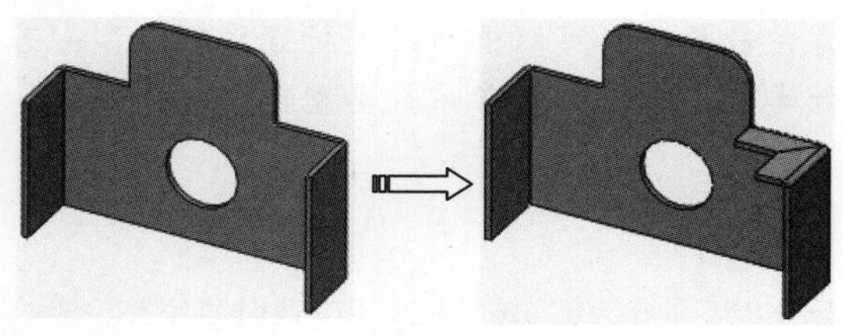

图 26-21

操作步骤

**01** 接着上一个动手操作文件创建斜接法兰特征。

**02** 执行菜单栏中的“插入”|“钣金”|“斜接法兰”命令，或者在同步建模工具条中单击“斜接法兰”按钮，在钣金零件上选择一个平面为草图基准面，绘制草图，如图 26-22 所示。在钣金零件上选择边线，如同 26-23 所示。

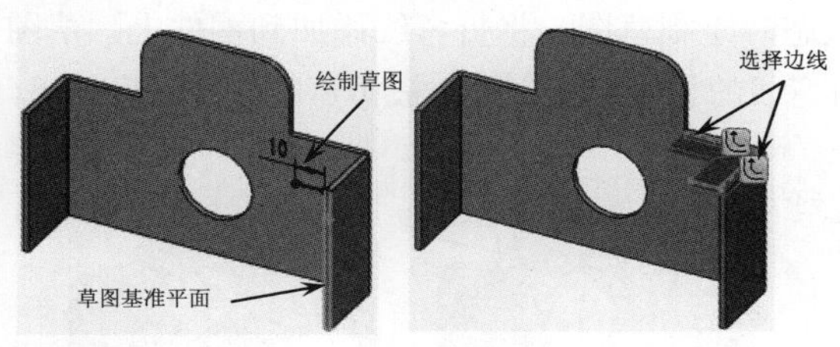


图 26-22　　图 26-23

**03** 在“斜接 - 法兰”面板中单击“材料在内”按钮，在“切口缝隙”栏中输入缝隙值为 0.1，最后单击“确定”按钮，生成斜接法兰特征，如图 26-24 所示。

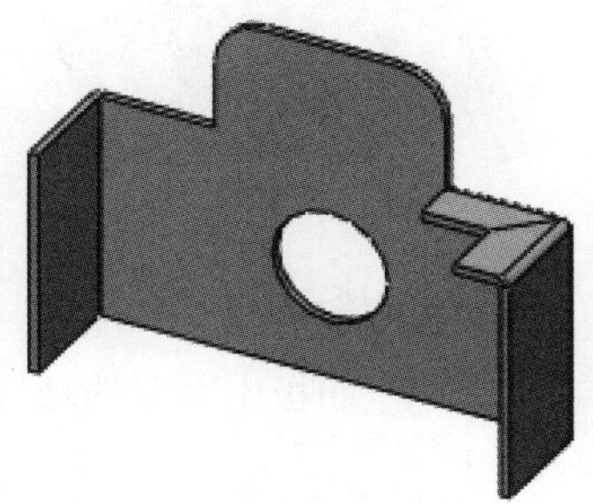

图 26-24

“斜接法兰”面板中主要选项、按钮的含义如下。

- 沿边线：在此栏中显示所选择需要添加斜接法兰的边线。
- 使用默认钣金：勾选此复选框，边线法兰的折弯半径将与基体法兰的折弯半径相等，反之，则可以在“折弯半径”中通过输入值或单击微调按钮，来设置边线法兰的折弯半径。
- 法兰位置：确定斜接法兰的位置，其有 3 种不同类型的位置可供选择：“材料在内”、“材料在外”和“折弯在外”。不同的选项生成的法兰位置将不同，如图 26-25 所示。

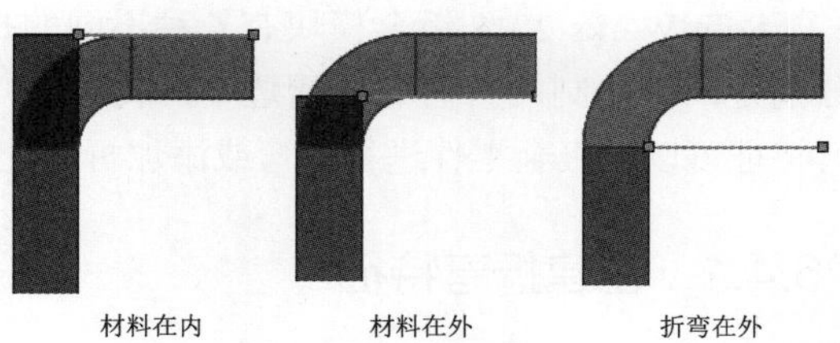


图 26-25

- 剪裁侧边折弯：勾选此复选框，切除相邻折弯的多余材料；反之，则不会切除相邻折弯的多余材料。
- 切口缝隙：确定斜接法兰两个相邻边的缝隙大小。
- 开始等距距离：通过输入值或单击上、下调按钮，设置斜接法兰与边线起始端之间的距离，如图 26-26 所示。

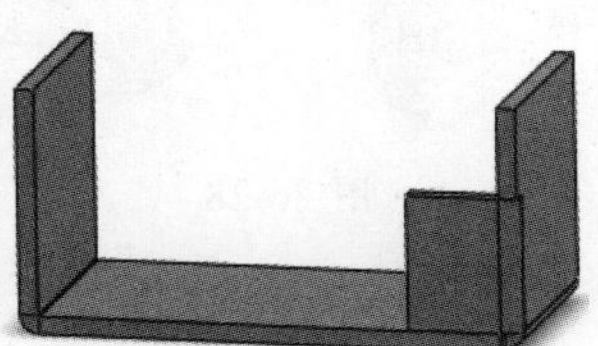

图 26-26

- 结束等距距离：通过输入值或单击上、下调按钮，来设置斜接法兰距离边线末端的距离，如图 26-27 所示。

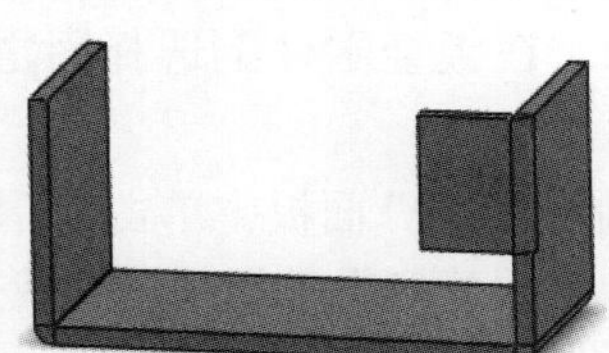

图 26-27

- 自定义折弯系数：勾选此复选框，显示折弯系数类型，可以重新设定折弯系数类型；若不勾选此复选框，则默认为前面的折弯系数类型。此处的折弯系数类型与“基体法兰”中的折弯系数类型相同。

**技术要点：**

要生成多边斜接法兰的钣金零件的折弯半径不能为0，如果折弯半径为0，则不能生成多边斜接法兰。

## 26.4 折弯钣金体

SolidWorks 2018 钣金模块有 6 种不同的折弯特征工具用于设计钣金零件，这 6 种折弯特征分别是：“绘制的折弯”“褶边”“转折”“展开”“折叠”和“放样的折弯”。使用这些折弯特征可以对钣金零件进行折弯或添加折弯处理。

### 26.4.1 创建折弯特征

要创建折弯特征，可以在钣金零件处于折叠状态时绘制草图，将折弯线添加到零件上。草图中只允许使用直线，可为每个草图添加多条直线。折弯线的长度不一定要与被折弯的面的长度相等。

**动手操作——创建折弯特征**

在钣金零件上创建的折弯特征如图 26-28 所示。

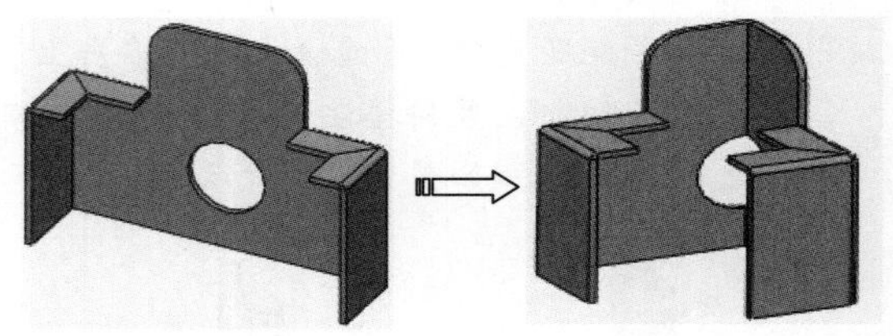

图 26-28

**操作步骤**

**01** 接着上一个动手操作文件创建折弯特征。

**02** 执行菜单栏中的“插入”|“钣金”|“绘制的折弯”命令，或者在同步建模工具条中单击“绘制的折弯”按钮，在钣金零件上选择一个平面作为草图基准面，绘制草图，如图 26-29 所示。在钣金零件上选择固定面，如同 26-30 所示。

**03** 在“绘制的折弯”面板中单击“折弯中心线”按钮，单击“确定”按钮，生成折弯特征，如图 26-31 所示。

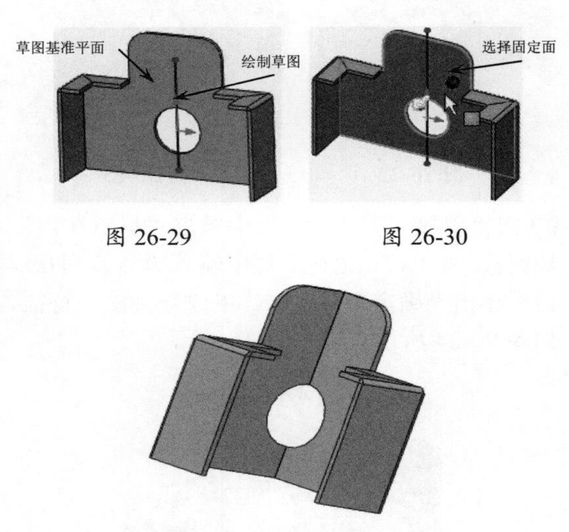


图 26-29　　图 26-30

图 26-31

“绘制的折弯”面板中主要选项区的选项、按钮的含义如下。

- 固定面：在此栏中显示所选择的固定不动的面。
- 折弯位置：确定绘制的折弯位置，其有 4 种不同的折弯位置可供选择：“折弯中心线”、“材料在内”、“材料在外”和“折弯在外”。选择不同类型的折弯位置，生成的折弯特征将不同，如图 26-32 所示。

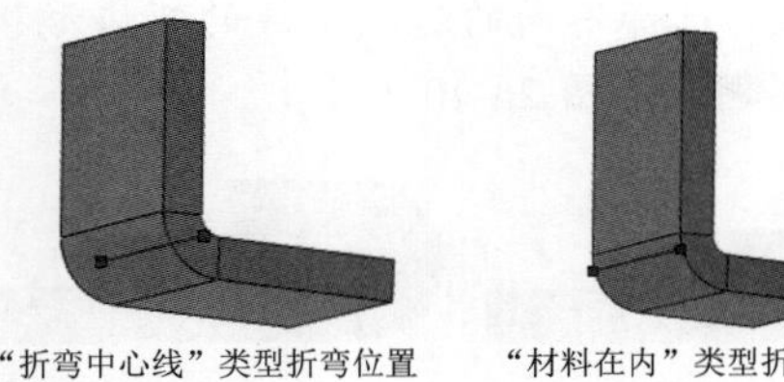
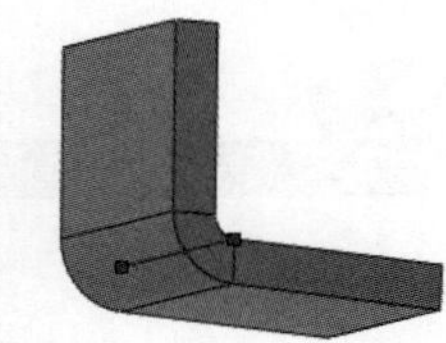

“折弯中心线”类型折弯位置　“材料在内”类型折弯位置

“材料在外”类型折弯位置　“折弯在外”类型折弯位置

图 26-32

- 使用默认钣金：勾选此复选框，边线法兰的折弯半径将与基体法兰的折弯半径相同；反之，则可以在“折弯半径”中通过输入值或单击微调按钮，设置边线法兰的折弯半径。
- 反向：单击此按钮，可以更改折弯特征的生成方向，如图 26-33 所示。

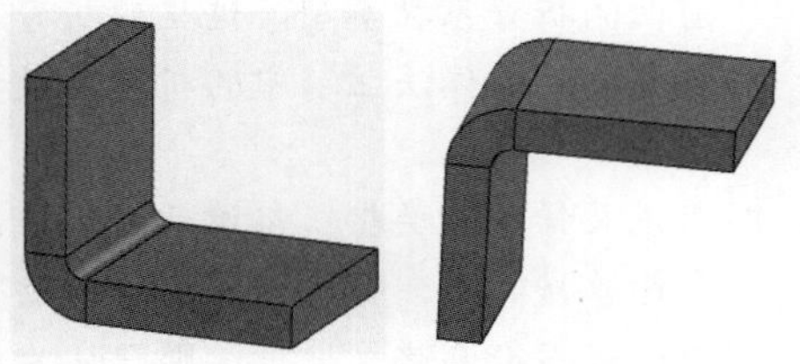

默认生成方向　反向生成方向

图 26-33

- 自定义折弯系数：勾选此复选框，显示折弯系数类型，可以重新设定折弯系数类型：若不勾选此复选框，则默认为前面的折弯系数类型。这里的折弯系数类型与“基体法兰”中的折弯系数类型相同。

**技术要点：**

“折弯半径”值只能是大于等于0.001，并且小于等于1000000的数值。

- 使用默认钣金：勾选此复选框，边线法兰的折弯半径将与基体法兰的折弯半径相同；反之，则可以在“折弯半径”中，通过输入值或单击微调按钮，设置边线法兰的折弯半径。
- 法兰位置：确定斜接法兰的位置，其有 3 种不同类型的位置可供选择：“材料在内”、“材料在外”和“折弯在外”。选择不同的选项生成的法兰位置将不同，如图 26-25 所示。

## 26.4.2　褶边

利用褶边工具可将褶边添加到钣金零件的所选边线上。创建褶边特征时所选边线必须为直线。斜接边角被自动添加到交叉褶边上。

**技术要点：**

如果选择多个要添加褶边的边线，则这些边线必须在同一个面上。

**动手操作——创建褶边特征**

在钣金零件上创建褶边特征，如图 26-34 所示。

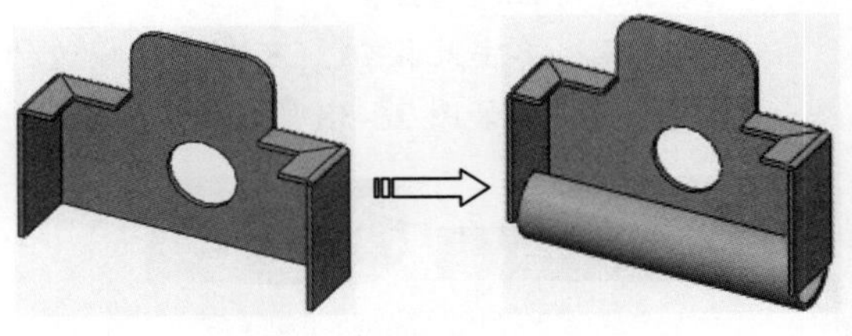

图 26-34

**操作步骤**

**01** 接着斜接法兰练习文件中的动手操作创建褶边特征。

**02** 执行菜单栏中的“插入”|“钣金”|“褶边”命令，或者在同步建模工具条中单击“褶边”按钮，在钣金零件上选择一条边线，如图 26-35 所示。

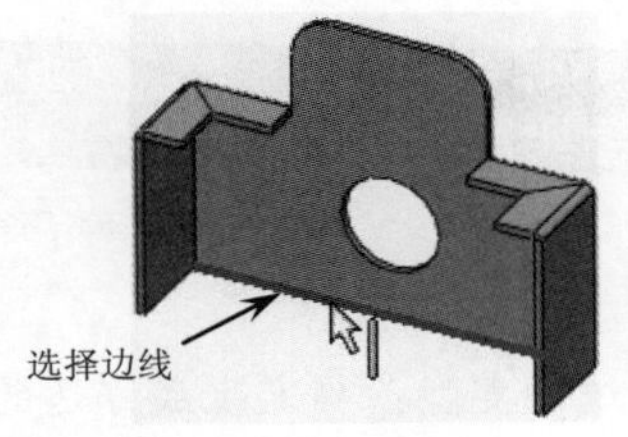


图 26-35

**03** 在“褶边1”面板中单击“折弯在外”按钮，再单击“滚扎”按钮，在“角度”栏中输入角度值270；在“半径”栏中输入半径值10，如图26-36所示。单击“确定”按钮，生成褶边特征，如图26-37所示。

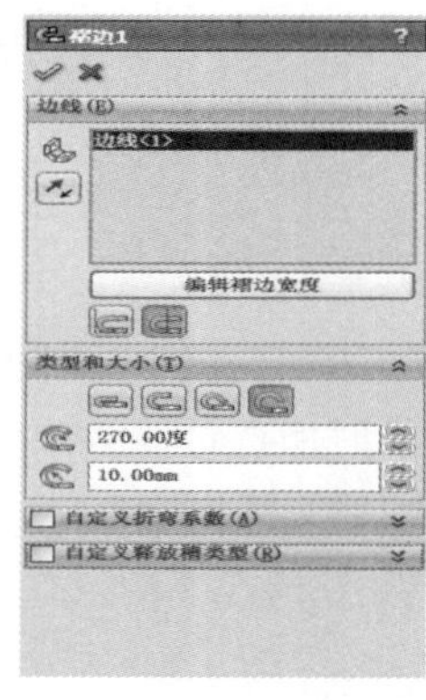


图26-36

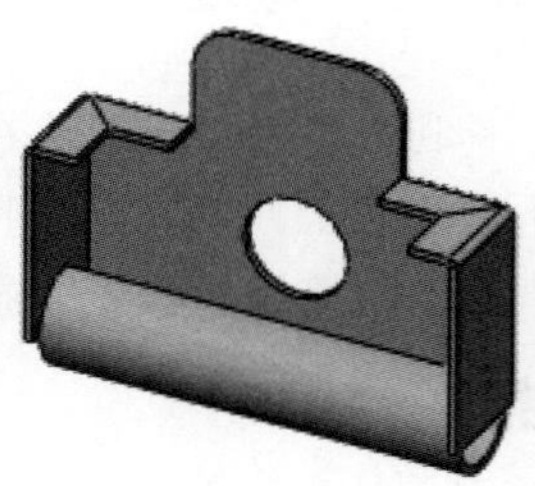

图26-37

“褶边1”面板中主要选项区的选项、按钮的含义如下。

- 边线：在此栏中显示所选择的需要生成褶边特征的边线。
- 反向：单击此按钮，可以更改褶边的生成方向，如图26-38所示。

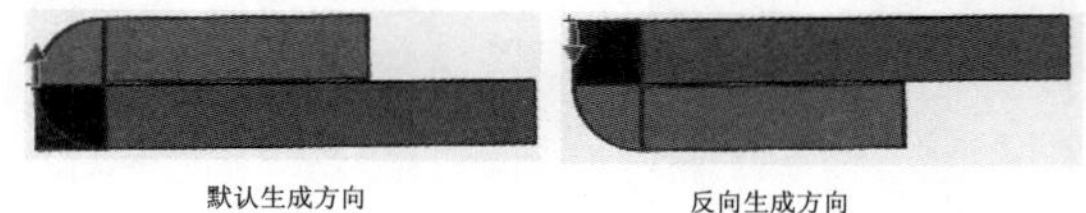


图26-38

- 编辑褶边宽度：单击此按钮，可以更改褶边在钣金零件上面的宽度。
- 褶边位置：确定褶边生成的起始位置，其有两种不同的折弯位置可供选择：“材料在内”和“折弯在外”。选择不同类型的折弯位置，生成的“绘制的折弯”特征将不同，如图26-39所示。

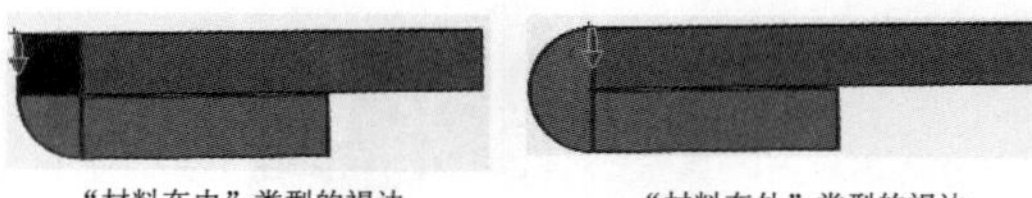


图26-39

- 褶边的类型：确定生成褶边的形状，其有4种不同类型的褶边形状：“闭合”、“打开”、“撕裂形”和“滚扎”。选择不同的选项生成的褶边形状将不同，如图26-40所示。

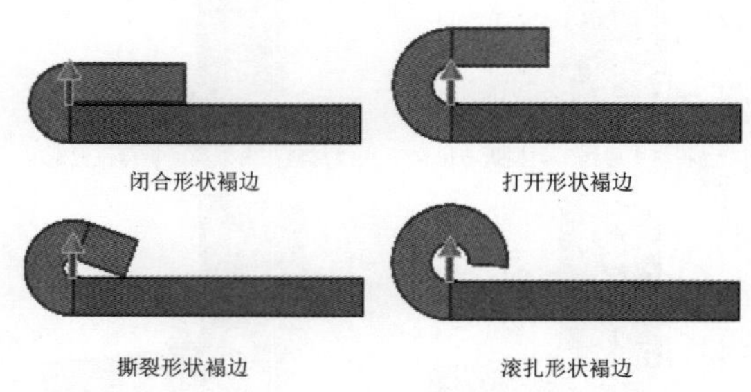


图26-40

**技术要点：**

每种类型的褶边都有与其相对应的尺寸设置参数。“长度”参数只用于“闭合”和“打开”褶边；“缝隙距离”参数只用于“打开”褶边；“角度”参数只用于“撕裂形”和“滚扎”褶边；半径参数只用于“撕裂形”和“滚扎”褶边。

- 自定义折弯系数：勾选此复选框，显示折弯系数类型，可以重新设定折弯系数类型；若不勾选此复选框，则默认为前面的折弯系数类型。这里的折弯系数类型与“基体法兰”中的折弯系数类型相同。
- 自定义释放槽类型：勾选此复选框，显示释放槽类型，可以重新设定释放槽类型；若不勾选此复选框，则默认为前面的释放槽类型。

## 26.4.3 转折

使用转折特征工具可以在钣金零件上通过草图直线生成两个折弯。生成转折特征的草图只能包含一条直线。直线可以不是水平和垂直的，折弯线的长度不一定要与被折弯面的长度相等。

**动手操作——创建转折特征**

在钣金零件上创建转折特征，如图26-41所示。

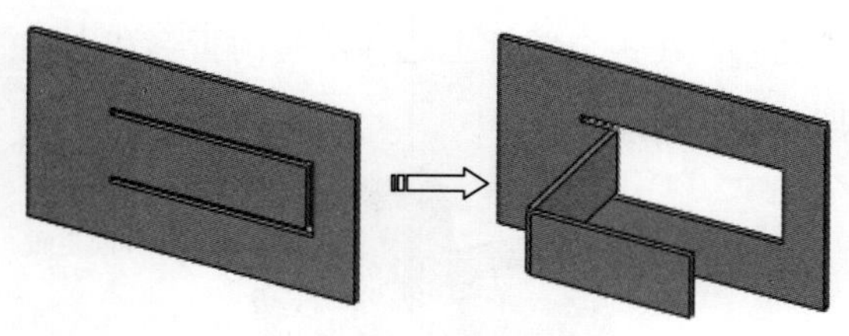

图 26-41

### 操作步骤

**01** 打开素材文件 26-1.sldprt。

**02** 执行菜单栏中的“插入”|“钣金”|“转折”命令，或者在同步建模工具条中单击“转折”按钮，在钣金零件上选择一个草绘基准平面绘制草图，如图 26-42 所示。在钣金零件上选择一个固定面，如图 26-43 所示。

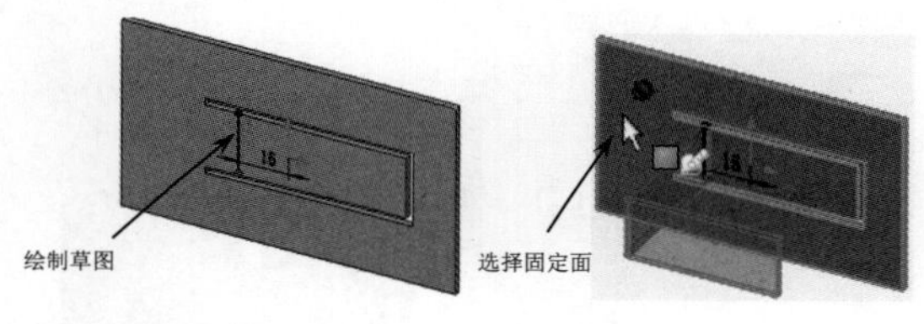


图 26-42　　图 26-43

**03** 在“转折 1”面板的“等距距离”栏中输入距离值 50，单击“外部等距”按钮，再单击“折弯中心线”按钮，如图 26-44 所示。单击“确定”按钮，生成转折特征，如图 26-45 所示。

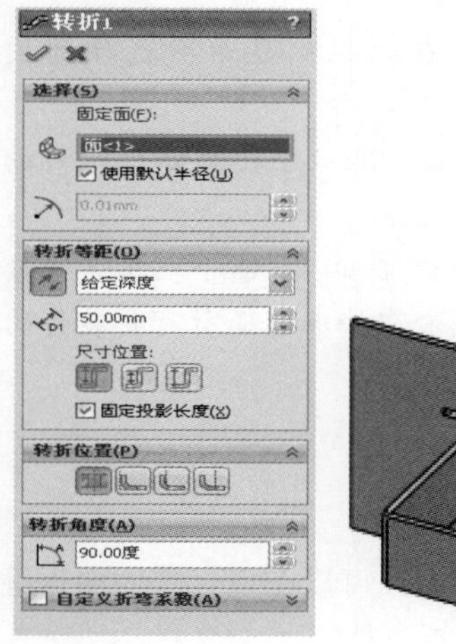


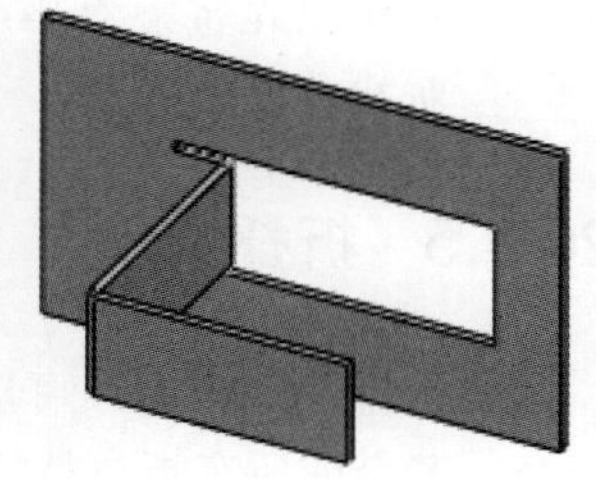

图 26-44　　图 26-45

“转折 1”面板中主要选项区的选项、按钮的含义如下。

- 固定面：在此栏中显示所选择的固定面。
- 使用默认半径：勾选此复选框，边线法兰的折弯半径将与基体法兰的折弯半径相同；反之，则可以在“折弯半径”中通过输入值或单击微调按钮，设置边线法兰的折弯半径。
- 终止条件：用于为转折特征设定拉伸的终止方式，其下拉列表中包括 4 种终止方式，如图 26-46 所示。

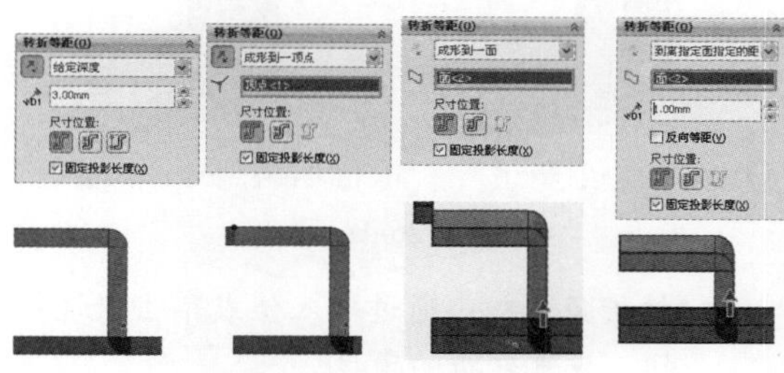

图 26-46

- 尺寸位置：确定“转折”特征的位置，其有 3 种不同类型的尺寸位置：“外部等距”、“内部等距”和“总尺寸”。选择不同的选项生成的转折形状将不同，如图 26-47 所示。

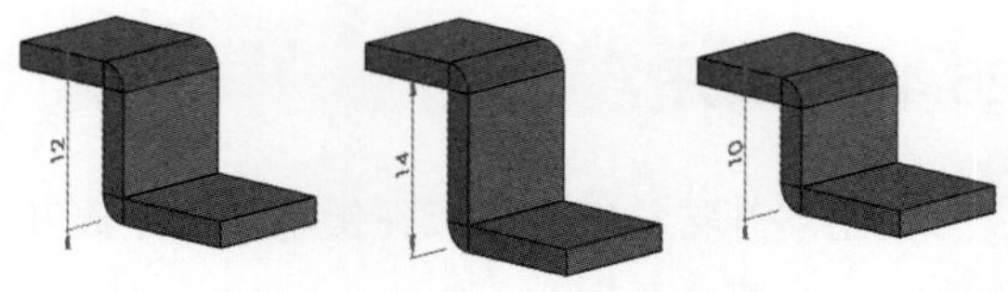


图 26-47

**技术要点：**

这3种“尺寸位置”的关系是：“总尺寸”类型比“外部等距”类型少一个钣金材料厚度；“外部等距”类型比“内部等距”类型少一个钣金材料厚度。

- 转折位置：确定转折生成的起始位置，其有 4 不同的转折位置可供选择：“折弯中心线”、“材料在内”、“材料在外”和“折弯在外”。选择不同类型的转折位置，生成的“转折”特征将不同，如图 26-48 所示。

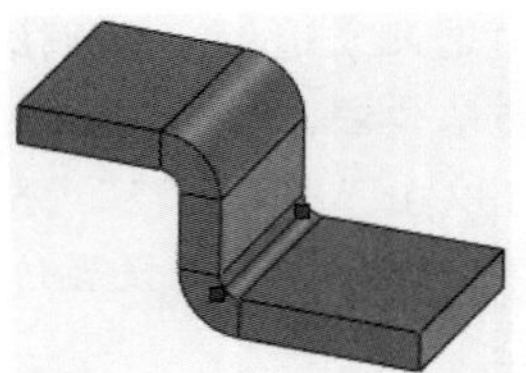

“折弯中心线”类型折弯位置

“材料在内”类型折弯位置

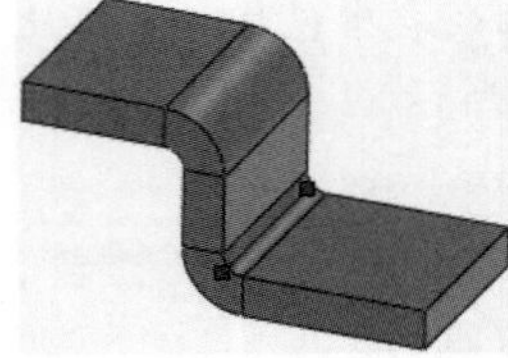

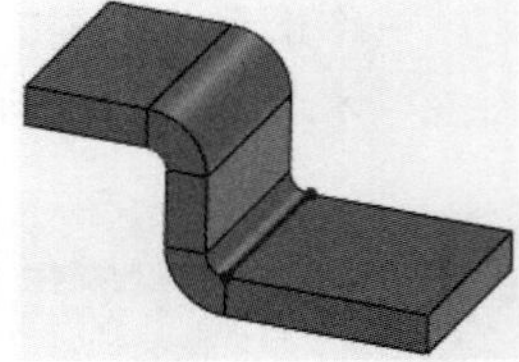

“材料在外”类型折弯位置　　“折弯在外”类型折弯位置

图 26-48

- 转折角度：通过输入值或单击微调按钮，设置转折的角度。
- 自定义折弯系数：勾选此复选框，显示折弯系数类型，可以重新设定折弯系数类型；若不勾选此复选框，则默认为前面的折弯系数类型。这里的折弯系数类型与“基体法兰”中的折弯系数类型相同。

## 26.4.4 展开

使用展开特征工具可以在钣金零件中展开一个、多个或所有折弯。

**动手操作——创建展开特征**

在钣金零件上创建展开特征，如图 26-49 所示。

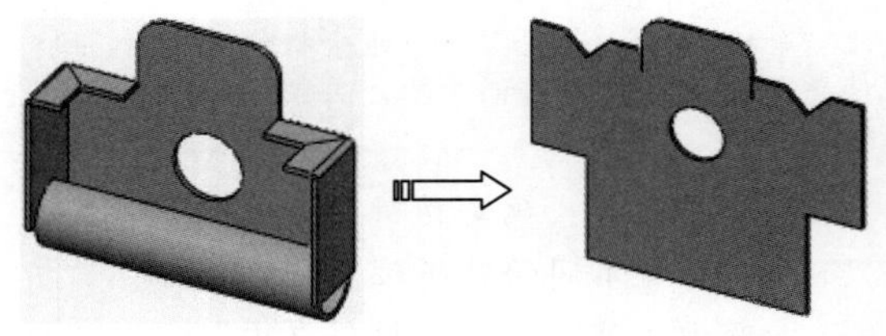

图 26-49

**操作步骤**

**01** 接着上一个动手操作文件创建展开特征。

**02** 执行菜单栏中的“插入”|“钣金”|“展开”命令，或者在同步建模工具条中单击“展开”按钮，在钣金零件上选择所有的折弯和固定面，如图 26-50 所示。

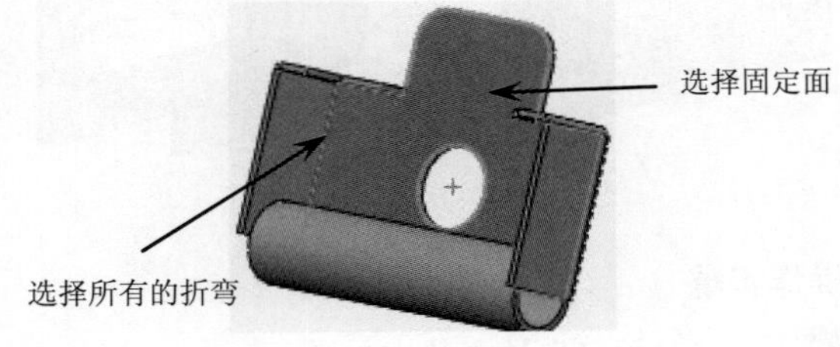


图 26-50

**03** 选择好所有的折弯和固定面后，在“展开 1”面板中将显示所有的选择，如图 26-51 所示。在“展开 1”面板中单击“确定”按钮，生成展开特征，如图 26-52 所示。

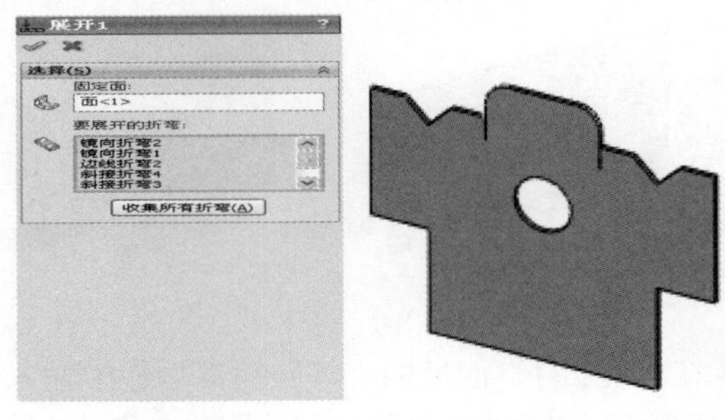


图 26-51　　图 26-52

“展开 1”面板中主要选项区的选项、按钮的含义如下。

- 固定面：在此栏中显示所选择的固定面。
- 展开的折弯：在此栏中显示选择好的要展开的折弯。
- 收集所有折弯 收集所有折弯(A)：单击此按钮可以在钣金零件中选择所有要展开的折弯特征。

## 26.4.5 折叠

使用折叠特征工具可以在钣金零件中折叠一个、多个或所有折弯特征。

**动手操作——创建折叠特征**

在钣金零件上创建折叠特征，如图 26-53 所示。

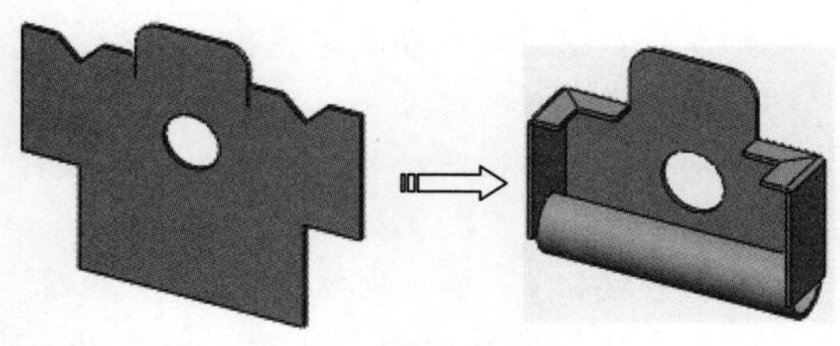

图 26-53

操作步骤

**01** 接着上一个动手操作文件创建折叠特征。

**02** 执行菜单栏中的“插入”|“钣金”|“折叠”命令，或者在同步建模工具条中单击“折叠”按钮，在钣金零件上选择一个固定面，如图26-54 所示。

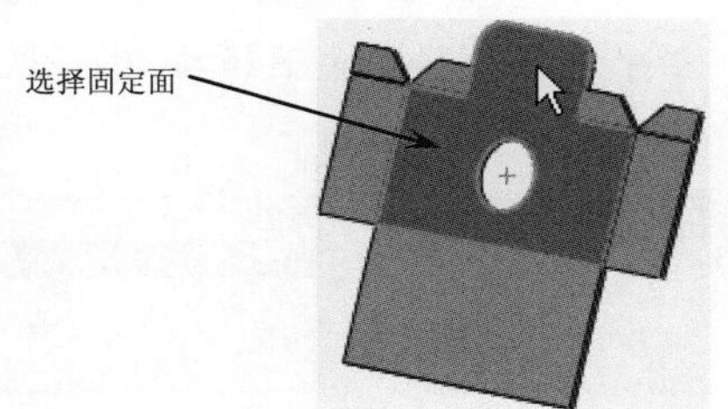


图 26-54

**03** 在“折叠”面板中单击“收集所有折弯”按钮。在“折叠”面板中将显示所有的折弯，如图 26-55 所示。单击“确定”按钮，生成折叠特征，如图 26-56 所示。

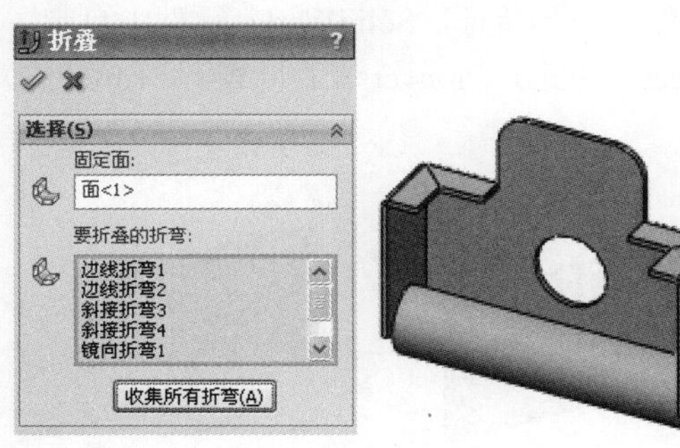


图 26-55　　　　图 26-56

“折叠”面板中主要选项区的选项、按钮的含义如下。

- 固定面：在此栏中显示所选择的固定面。
- 折叠的折弯：在此栏中显示选择好的要折叠的折弯。
- 收集所有折弯按钮：单击此按钮可以在钣金零件中选择所有要折叠的折弯特征。

## 26.4.6　放样折弯

使用放样折弯特征工具可以在钣金零件中生成放样的折弯。放样的折弯和零件实体设计中的放样特征类似，需要有两个草图才可以进行放样操作。

**技术要点：**

放样折弯的草图必须为开环轮廓，轮廓开口应同向对齐，以使平板形式更精确。草图不能有尖角边线。

**动手操作——创建放样折弯**

在 SolidWorks 中用两个草图轮廓创一个料厚为 2.0 的钣金零件，如图 26-57 所示。

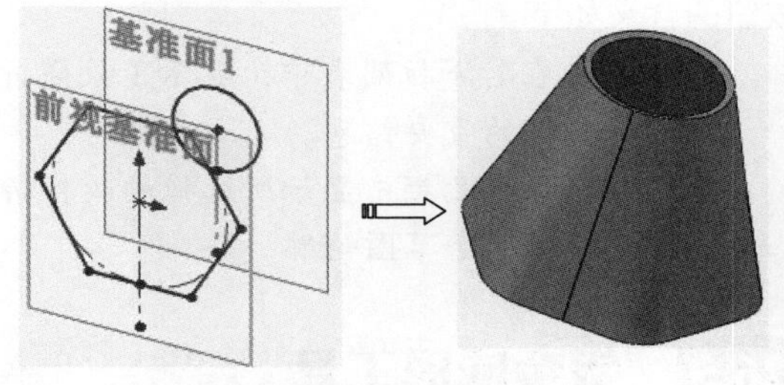


图 26-57

操作步骤

**01** 单击“新建”按钮，创建一个新的零件文件。

**02** 在“草图”工具条中单击“草图绘制”按钮，选择前视基准面作为草图基准面，绘制如图 26-58 所示的草图，单击“退出草图”按钮。

**03** 在距离前视基准面 50mm 处，创建一个基准面，绘制草图，如图 26-59 所示。

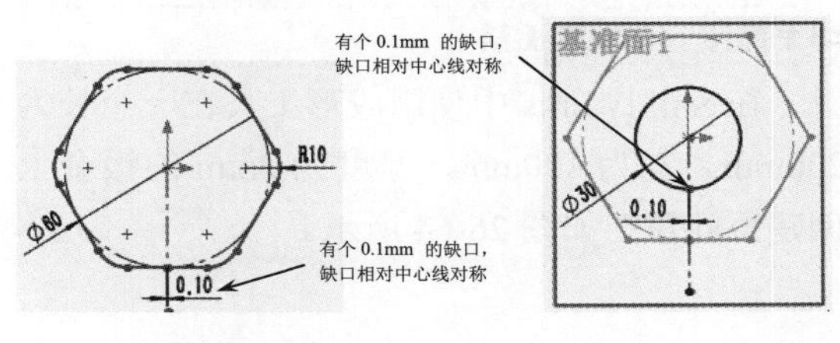


图 26-58　　　　图 26-59

**04** 执行菜单栏中的“插入”|“钣金”|“放样折弯”命令，或者在同步建模工具条中单击“放样折弯”按钮，选择两个草图作为轮廓，在“放样折弯”面板的“厚度”栏中输入厚度值2mm，如图26-60所示。单击“确定”按钮，生成放样折弯特征，如图26-61所示。

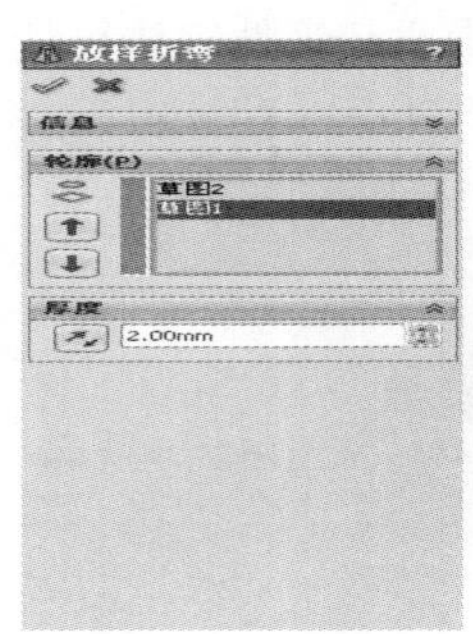


图26-60

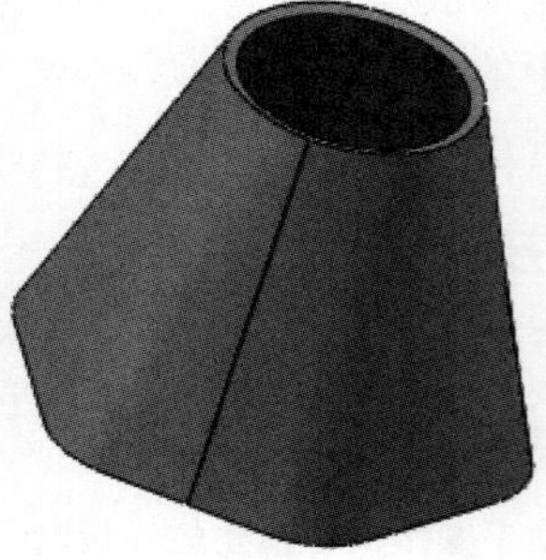

图26-61

“放样折弯”面板中主要选项区的选项、按钮的含义如下。

- 信息：在其下拉列表中，显示了放样折弯过程中的重要信息。
- 轮廓：在此栏中显示所选择的放样折弯需要的两个草图轮廓。
- 厚度：通过输入值或单击微调按钮，设置放样折弯的厚度。
- 反向：单击此按钮，更改生成的放样折弯方向。
- 上移按钮：单击此按钮可以将“轮廓”栏中选好的草图向上移动，如图26-62所示。

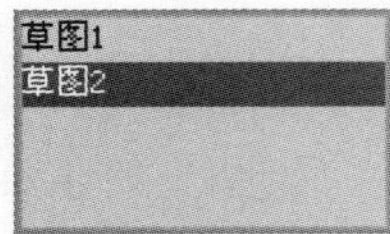


单击“上移”按钮之前

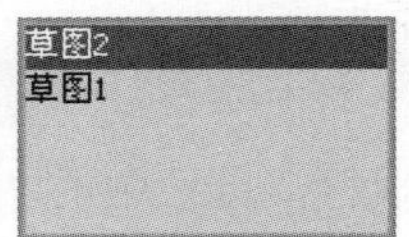


单击“上移”按钮之后

图26-62

- 下移按钮：单击此按钮可以将“轮廓”栏中选好的草图向下移动，如图26-63所示。

单击“下移”按钮之前

单击“下移”按钮之后

图26-63

## 26.5 钣金成形工具

利用SolidWorks 2018中的成形工具可以生成各种钣金成形特征，SolidWorks软件中自带了5种标准成形工具，即embosses（凸包）、extruded flanges（冲孔）、louvers（百叶窗）、ribs（筋）和lances（切口）成形特征。

### 26.5.1 使用成形工具

使用成形工具，可以在钣金零件上生成特殊形状的特征。在设计的时候使用钣金成形特征工具，可以为设计师节约很多时间。

**动手操作——成形工具**

在SolidWorks中使用成形工具在一个长为200mm、宽为100mm、厚度为2mm的钣金上创建百叶窗，如图26-64所示。

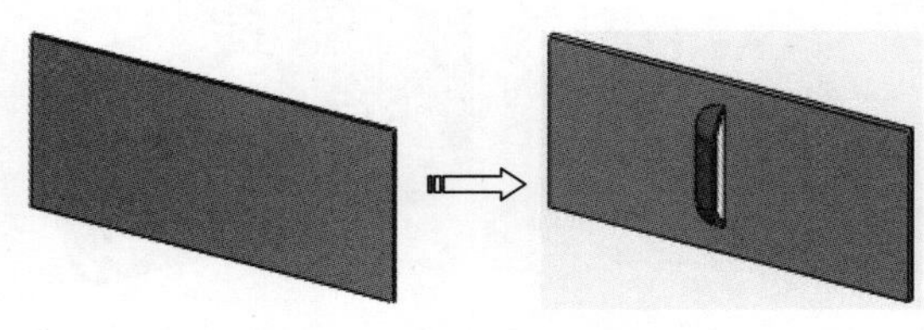

图26-64

**操作步骤**

**01** 新建零件文件。利用“钣金”标签（选项卡）中的“基体法兰/薄片”工具，创建一个长为200mm、宽为100mm、厚度为2mm的钣金。

**02** 在窗口任务窗格中单击“设计库”标签，弹出“设计库”标签，在“设计库”标签中按照路径 Design Library/forming tools/louvers 可以找到 5 种钣金标准成形工具的文件夹，在每一个文件夹中都有许多种成形工具。

**03** 在 louvers 文件夹中将 louvers（百叶窗）成形工具拖到窗口的钣金表面上放置，然后设置其定位参数和定形参数，如图 26-65 所示。

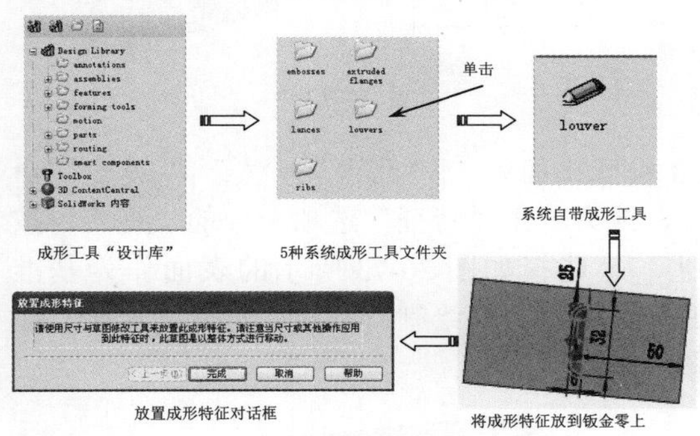


图 26-65

**04** 单击“放置成形特征”对话框中的“完成”按钮，完成成形特征的放置，如图 26-66 所示。

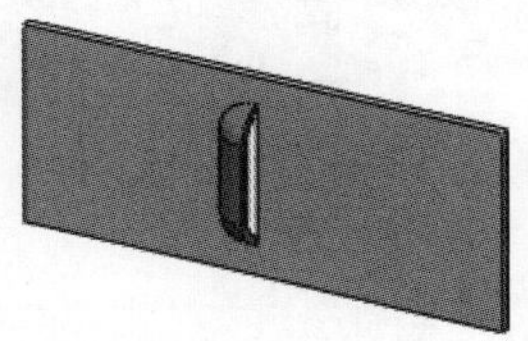

图 26-66

**技术要点：**

使用成形特征工具时，默认情况下成形工具向下进行，即成形的特征方向是向下凹的，如果要使成形特征的方向向上凸，需要在拖入成形特征的同时按一下Tab键。

## 26.5.2 编辑成形工具

在“设计库”标签中标准成形工具的形状或大小与实际需要的形状或大小有差异的时候，需要对成形工具进行编辑，使其达到实际所需要的形状或大小。

**动手操作——编辑成形工具**

**操作步骤**

**01** 新建文件。

**02** 单击任务窗格中的“设计库”标签。在“设计库”标签中按照路径 Design Library/forming tools 找到需要修改的成形工具，双击成形工具图标。例如：双击 embosses（凸起）文件夹中的 counter sink emboss 特征工具图标，如图 26-67 所示。系统将进入 counter sink emboss 特征工具的设计界面。

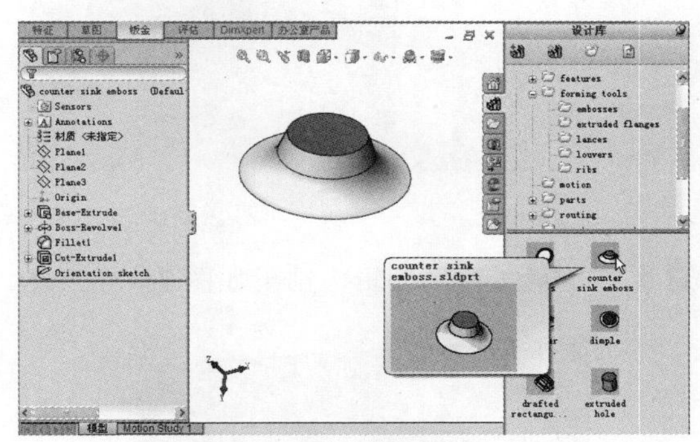

图 26-67

**03** 在操作界面左侧的 Feature Manager（设计树）中右击 Boss-Revolve1，在弹出的快捷菜单中单击“编辑草图”按钮，进入草图界面，修改草图，如图 26-68 所示。

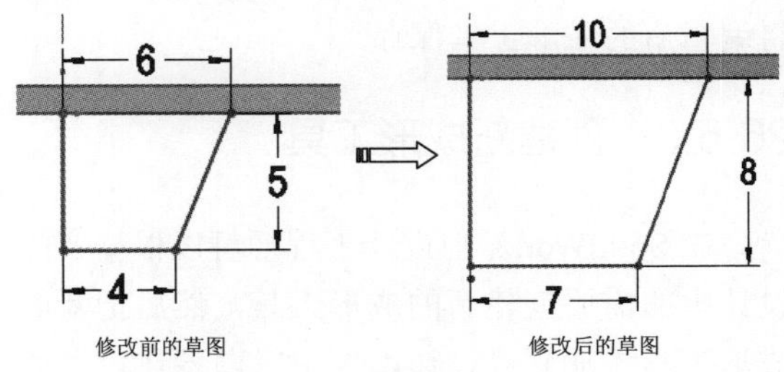


图 26-68

**04** 在操作界面左侧的 Feature Manager（设计树）中右击Fillet1，在弹出的快捷菜单中单击“编辑特征”按钮，弹出“Fillet1”面板，如图 26-69 所示。

**05** 将“编辑属性”管理器的“半径”中的值改为 3mm，在“边线、面、特征和环”中添加“边线 2”，如图 26-70 所示。单击“倒角”管理器左上角的“确定”按钮，完成倒角的修改。

图 26-69　　　　图 26-70

**06** 完成成形工具的编辑，结果如图 26-71 所示

图 26-71

**07** 执行“文件”|“保存”或“另存为”命令，将编辑后的成形工具保存。

## 26.5.3 创建新成形工具

在 SolidWorks 中设计工程师可以根据实际设计中的需要创建新的成形工具，然后把新的成形工具添加到“设计库”中，以备在以后的设计中运用，创建新的成形工具和创建其他实体零件的方法相同。

创建新的成形工具操作步骤如下：

**01** 单击“新建”按钮，创建一个新的文件，在操作界面左侧的 Feature Manager 设计树中选择“前视基准面”作为草图基准面，接着单击“草图”选项卡中的“矩形”按钮，绘制一个矩形，如图 26-72 所示。

**02** 执行“插入”|“凸台 / 基体”|“拉伸”命令，或者单击“特征”选项卡中的“拉伸凸台 / 基体”按钮。在“拉伸”面板中的“深度”文本框中输入深度值 10mm，单击“拉伸”属性管理器左上角的“确定”按钮，生成“拉伸”特征。

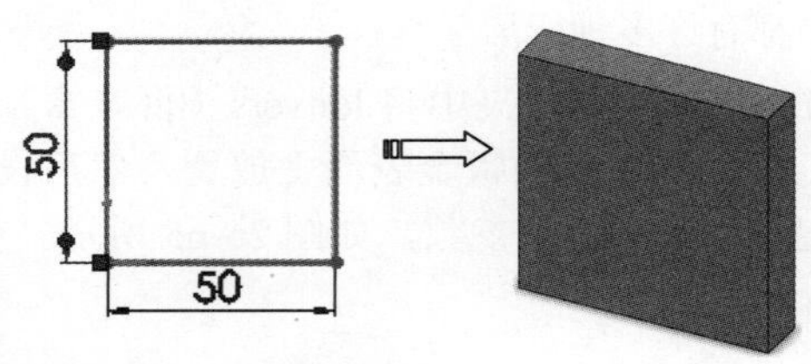


图 26-72

**03** 执行“插入”|“凸台 / 基体”|“旋转”命令，或者单击“特征”选项卡中的“旋转”按钮。选择如图 26-73 所示的表面作为基准面，在基准面上绘制“旋转”特征的草图，如图 26-74 所示。

图 26-73

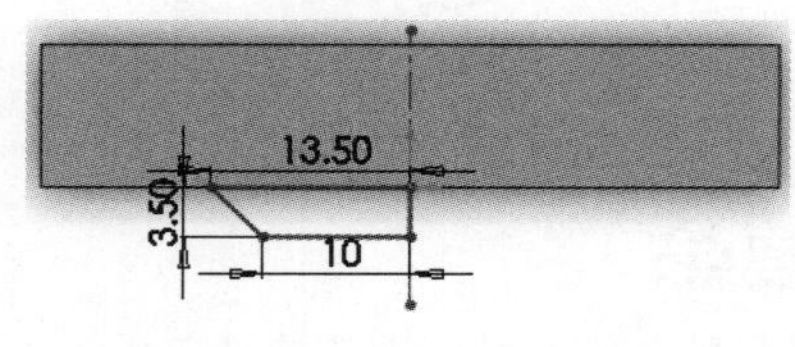


图 26-74

**04** 退出草图后，将进入“旋转”面板，单击“旋转”面板左上角的“确定”按钮，生成“旋转”特征，如图 26-75 所示。

**05** 执行“插入”|“特征”|“圆角”命令，或者单击“特征”选项卡中的“圆角”按钮。在“圆角”特征属性管理器中的“半径”文本框中输入半径值 2mm，在“边线、面、特征和环”中选择旋转凸台的顶圆线和底圆线作为“边线 1”和“边线 2” 单击“圆角”属性管理器左上角的“确定”按钮，生成“圆角”特征，如图 26-76 所示。

图 26-75

图 26-76

**06** 选择旋转凸台顶面作为基准面，在基准面上绘制草图，如图 26-77 所示。

**07** 执行“插入”|“曲线”|“分割线”命令，或者单击“模具”选项卡中的“分割线”按钮。在“分割线”面板的“要投影的草图”中选择所绘制的草图，在“要分割的面”中，选择旋转凸台的顶面。单击“分割线”面板左上角的“确定”按钮，将旋转凸台的顶面分成两面，如图 26-78 所示。

图 26-77

图 26-78

**08** 执行“编辑”|“外观”|“外观颜色”命令。在“外观颜色”面板的“所选几何体”中选择旋转凸台顶面中被分割出来的异形面，在“颜色”下拉列表中选择红色，单击“外观颜色”面板左上角的“确定”按钮，旋转凸台顶面中的异形面即变成红色，如图 26-79 所示。

图 26-79

### 技术要点：

改变颜色后，在生成此成形工具时，在钣金零件上才会有相应的异型孔生成；反之，则不会有相同的异型孔生成。

**09** 如图 26-80 所示，在指定面上绘制草图。执行“插入”|“切除”|“拉伸”命令，或者单击“特征”选项卡中的“切除 - 拉伸”按钮。弹出“切除 - 拉伸”面板，在“切除 - 拉伸”面板的“方向 1”中选择“完全贯穿”选项，单击“切除 - 拉伸”面板左上角的“确定”按钮，生成“切除 - 拉伸”特征，如图 26-81 所示。

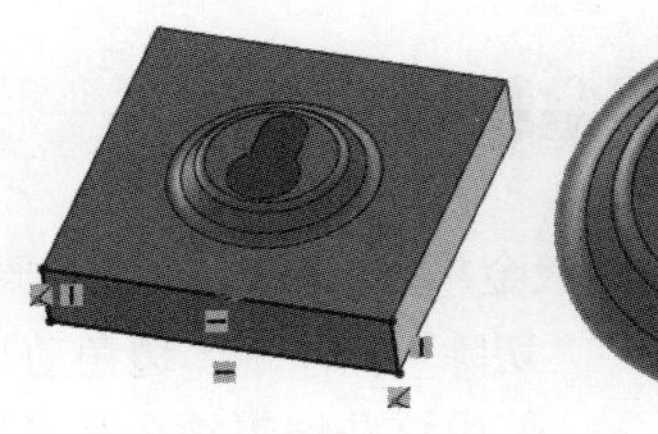

图 26-80

图 26-81

**10** 如图 26-82 所示，选择凸台底面作为基准面，单击“草图”选项卡中的“绘制草图”按钮。在基准面上绘制一个与凸台底面圆直径相同的圆，如图 26-83 所示。

图 26-82

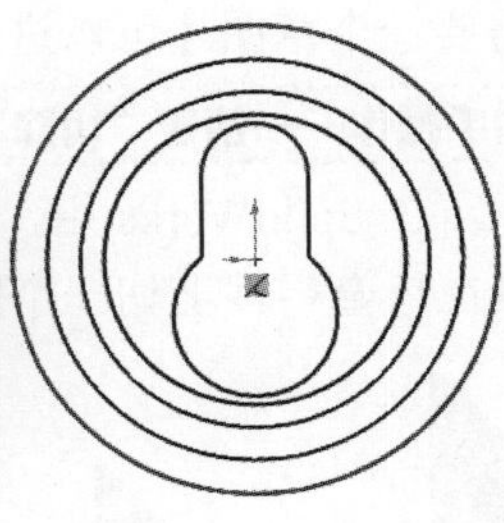

图 26-83

### 技术要点：

最后绘制的草图是成形工具的定位草图，是必须绘制的，否则不能将成形工具放置到钣金零件上。

**11** 将零件文件保存，然后在 Feature Manager 设计树中右击零件名称，在弹出的快捷菜单中选择“添加到库”命令，弹出“另存为”对话框，在该对话框中选择保存路径为：Design Library/forming tools/embosses，单击“保存”

按钮保存(S)，把新创建的成形工具保存在“设计库”中。

**技术要点：**

在创建孔的成形工具时，拉伸凸台的高度一定要与钣金零件的材料厚度相等。如果拉伸凸台的高度大于钣金零件的材料厚度，钣金零件的背面将多出一部分，如图26-84所示；如果拉伸凸台的高度小于钣金零件的材料厚度，成形工具将不能在钣金零件上创建成形孔，如图26-85所示。

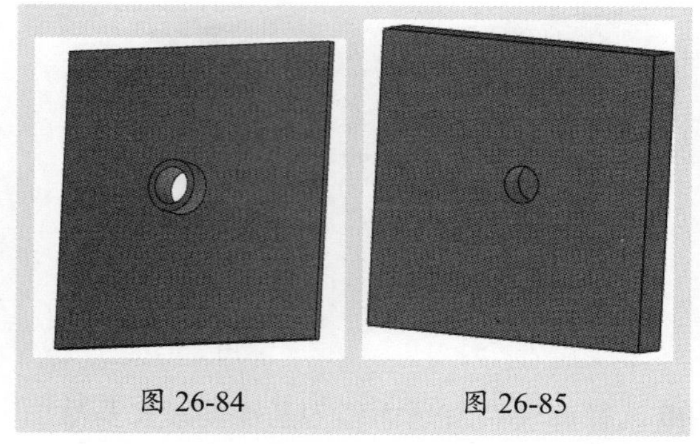

图 26-84　　图 26-85

## 26.6 编辑钣金特征

SolidWorks 2018 钣金模块提供了 6 种不同的编辑钣金特征工具来设计钣金零件，这 6 种编辑钣金特征分别是：“切除 - 拉伸”“边角剪切”“闭合角”“断裂边角”“将实体零件转换成钣金件”和“镜像”。使用这些编辑钣金特征工具可以对钣金零件进行编辑。

### 26.6.1 切除 - 拉伸

“钣金”选项卡中的“切除 - 拉伸”特征与“特征”选项卡中的“切除 - 拉伸”特征相似，需要一个草图才可以进切除拉伸设计。

**动手操作——创建“切除 - 拉伸”特征**

在 SolidWorks 中，使用“切除 - 拉伸”工具在钣金零件上切一个圆孔，如图 26-86 所示。

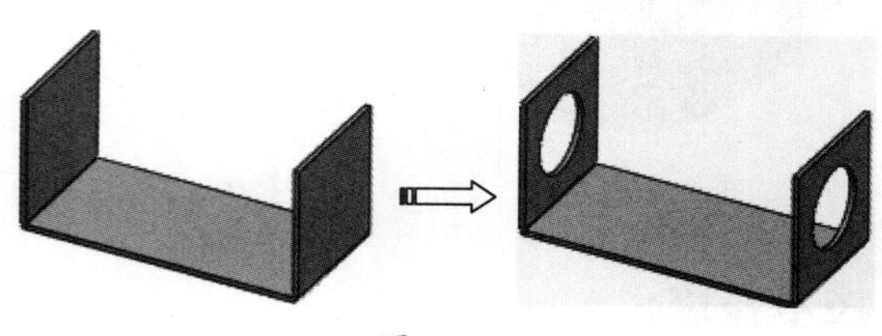

图 26-86

**操作步骤**

**01** 创建一个长为 100mm、宽为 50mm、两侧高为 50mm、厚度为 2mm 的钣金件，如图 26-87 所示。

**02** 执行菜单栏中的“插入”|“切除”|“切除 - 拉伸”命令，或者在“钣金”选项卡中单击“切除 - 拉伸”按钮，选择钣金零件的左端面为草绘基准面，并绘制草图，如图 26-88 所示，单击“退出草图”按钮。

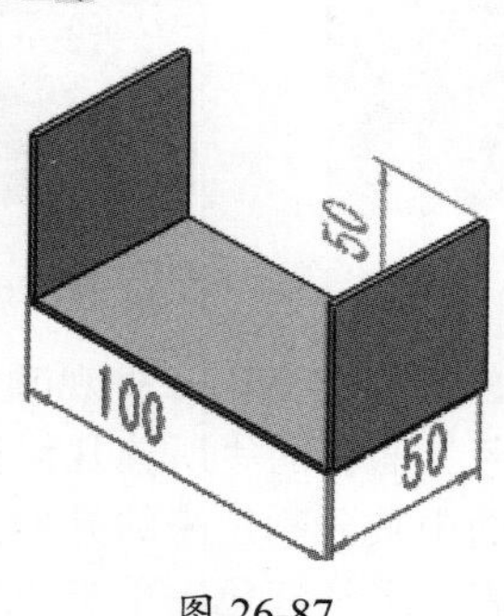


图 26-87

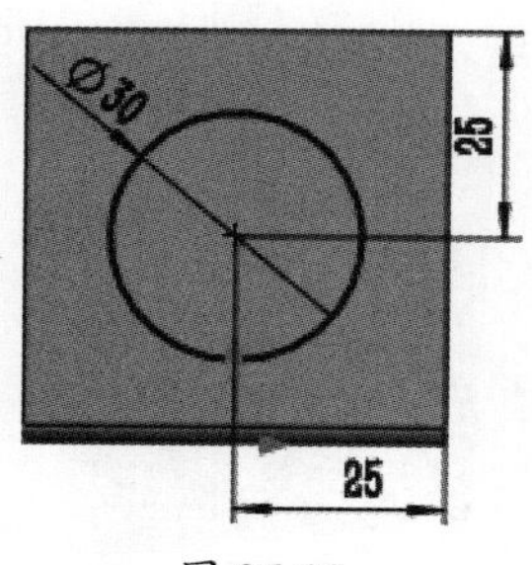


图 26-88

**03** 在“切除 - 拉伸 1”面板中的“终止条件”下拉列表中选择“完全贯穿”选项，如图

26-89 所示。然后单击“确定”按钮✓，生成“切除-拉伸”特征，如图 26-90 所示。

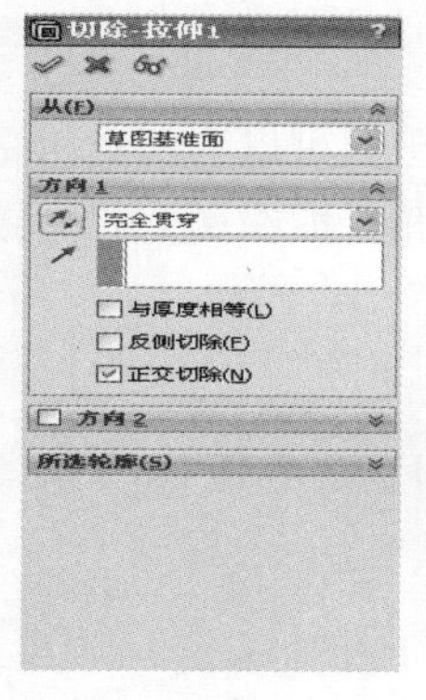

图 26-89

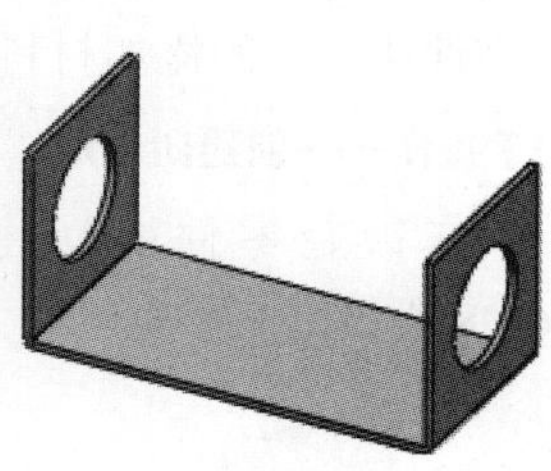

图 26-90

“钣金”选项卡中“切除-拉伸 1”面板的选项与“特征”选项卡中“切除-拉伸 1”面板的各选项区的选项、按钮的含义相同，在此就不重复介绍了。

在钣金零件的“折叠”和“展开”状态下都可以创建“切除-拉伸”特征，其操作过程分别如图 26-91 和图 26-92 所示。

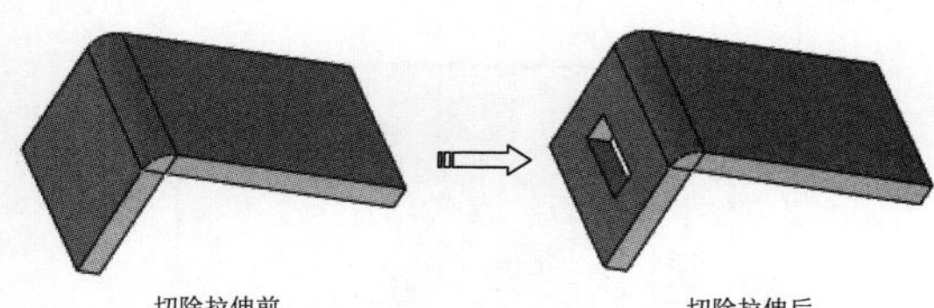


图 26-91

图 26-92

**技术要点：**

在展开的钣金上生成“切除-拉伸”特征，一般只有在折弯处才用。

## 26.6.2 边角－剪裁

使用“边角-剪切”工具可以把材料从展开的钣金零件的边线或面处切除。

**动手操作——创建边角剪裁**

在钣金零件上创建边角剪裁特征，如图 26-93 所示。

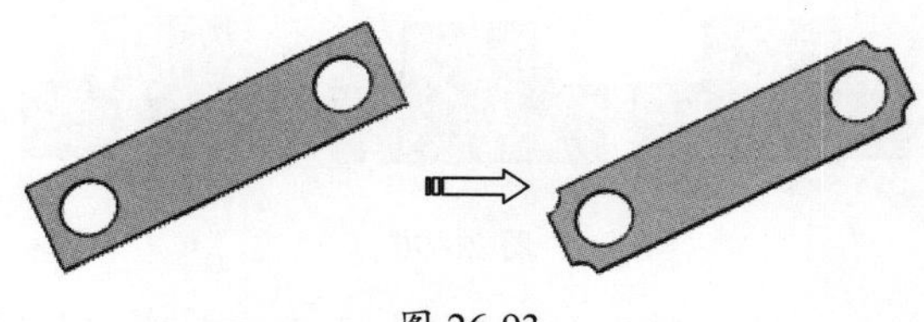

图 26-93

**操作步骤**

**01** 以上一个动手操作的钣金零件为例。

**02** 在“钣金”选项卡上单击“展开”按钮，将钣金零件整体展为平板。

**技术要点：**

“边角剪切”特征只能在展开的钣金零件上用，当钣金零件被折叠后，所生成的“边角剪切”特征将自动隐藏。

**03** 执行菜单栏中的“插入”|“钣金”|“边角剪裁”命令，或者在“钣金”选项卡中单击“边角剪裁”按钮。在“边角-剪裁 1”面板中单击“收集所有边角”按钮，在“释放槽类型”下拉列表中选择“圆形”选项。在“半径”栏中输入半径值为 10mm，如图 26-94 所示。单击“确定”按钮✓，生成边角剪裁特征，如图 26-95 所示。

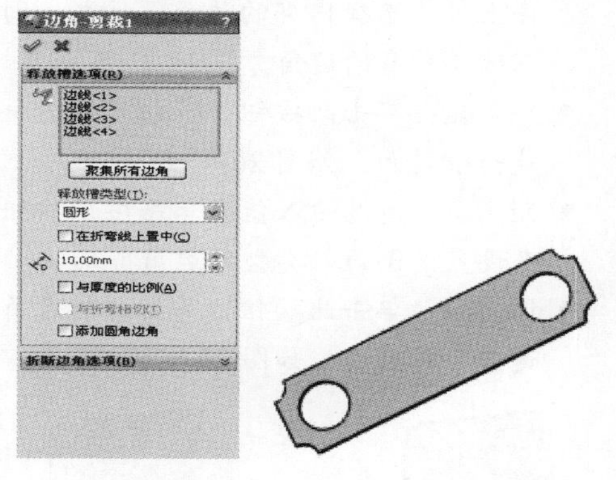

图 26-94　　图 26-95

“边角-剪裁 1”面板中主要选项、按钮的含义如下：

- 边角边线：在此栏中将显示选择好的边角边线。
- “聚集所有边角”按钮：单击此按钮，

系统会自动聚集所有边角边线。

- 释放槽类型：在其下拉列表中提供了3种不同的释放槽类型，如图26-96所示。

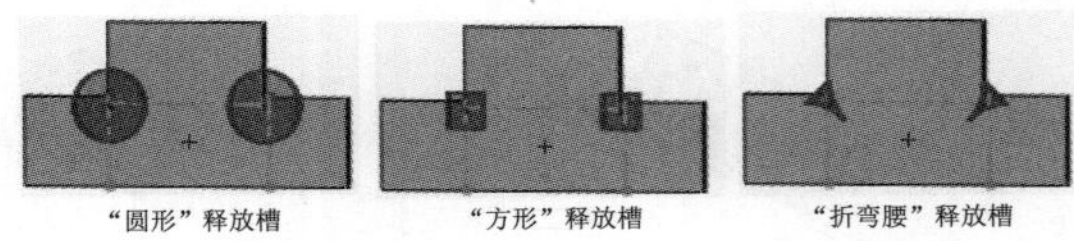


图 26-96

- 在折弯线上置中：勾选此复选框，释放槽位置的中心将自动放到折弯线上面；反之，则不在折弯线上。

**技术要点：**

只有在"圆形"和"方形"类型的释放槽下才能勾选"在折弯线上置中"复选框。

- 与厚度的比例：勾选此复选框，释放槽的大小将与钣金零件的厚度成比例。
- 与折弯相切：勾选此复选框，释放槽的大小将与折弯相切。此复选框只能在勾选"在折弯线上置中"后才能勾选。
- 添加圆角边角：勾选此复选框，可以将释放槽的尖角变为圆角。
- 边角边线和/或法兰面：在此栏中将显示所选的边角边线或法兰面。
- 仅内部边角：勾选此复选框，在钣金零件上只能选择内部的边角；反之，则可以选择所有的边角。
- 倒角：单击此按钮，剪切后的边角将是一个斜面，如图26-97所示。
- 距离：通过输入值或单击微调按钮，来设置"倒角"类型的边角剪切。
- 圆角：单击此按钮，剪切后的边角将是一个圆弧面，如图26-97所示。

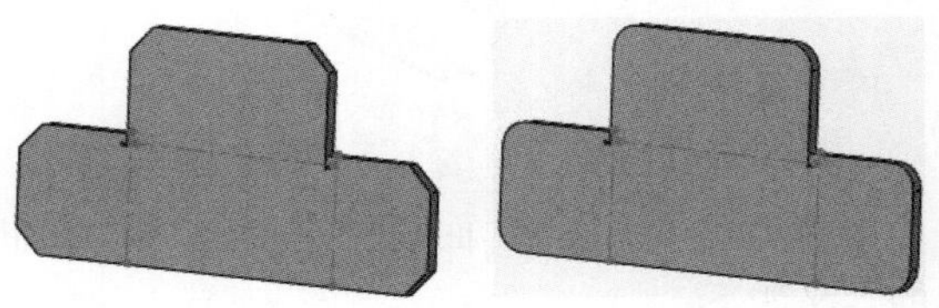


图 26-97

- 半径：通过输入值或单击微调按钮，来设置"圆角"类型的边角剪切。

## 26.6.3 闭合角

使用"闭合角"特征工具可以为两个相交的钣金零件之间添加闭合角，即在两个相交钣金零件法兰之间添加材料。

**动手操作——创建闭合角**

在钣金零件上创建闭合角特征，如图26-98所示。

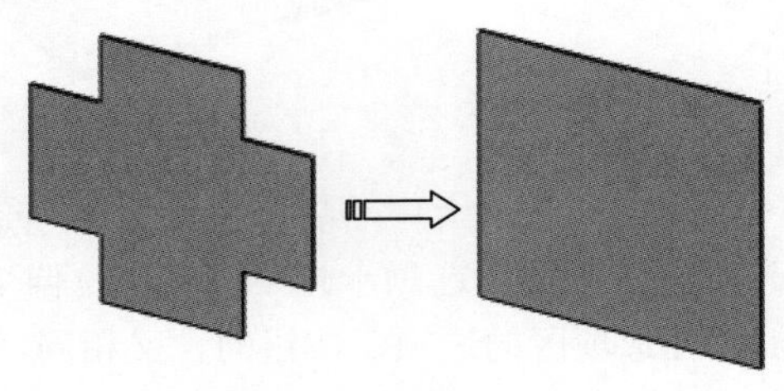

图 26-98

**操作步骤**

**01** 创建一个如图26-99所示的厚度为2mm的钣金零件。

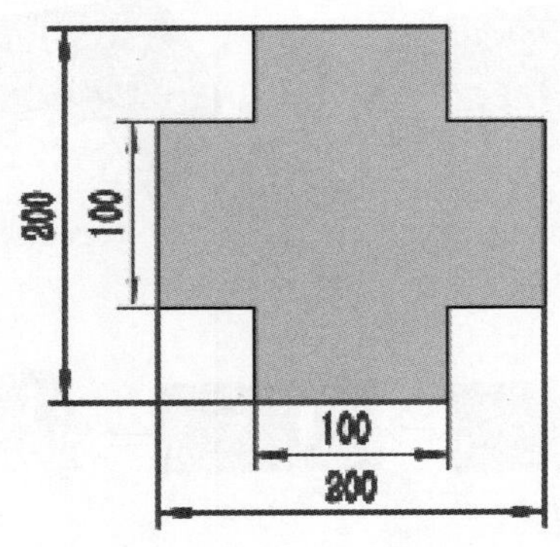


图 26-99

**02** 执行菜单栏中的"插入"|"钣金"|"闭合角"命令，或者在"钣金"选项卡上单击"闭合角"按钮。在钣金零件上依次选择"要延伸的面"和"要匹配的面"。选择好面后在"闭合角"面板中单击"对接"按钮，在"缝隙距离"栏中输入距离值0.1mm，如图26-100所示。然后单击"确定"按钮，生成闭合角特征，如图26-101所示。

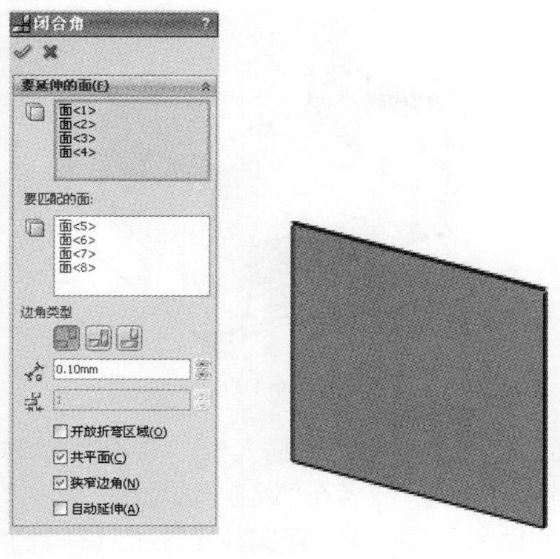


图 26-100　　　　图 26-101

“闭合角”面板中主要选项、按钮的含义如下。

- 要延伸的面：在此栏中显示选择的需要延伸的面。
- 要匹配的面：在此栏中显示选择的要匹配的面。
- 边角类型：确定生成“闭合角”的形状，其下提供了 3 种不同的类型，如图 26-102 所示。

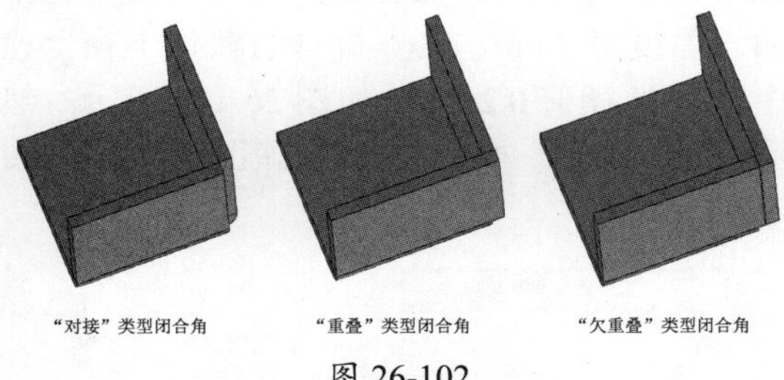


图 26-102

- 缝隙间距：通过输入值或单击微调按钮，来设置要延伸的面和要匹配的面之间的缝隙。
- 重叠 / 欠重叠比率：通过输入值或单击微调按钮，来设置要延伸的面和要匹配的面之间长度的比例。

**技术要点：**

“重叠/欠重叠”只能在“重叠”和“欠重叠”类型的闭合角中使用。

## 26.6.4 断开 - 边角

使用“断开 - 边角”特征工具可以把材料从折叠的钣金零件的边线或面中切除。

**动手操作——创建断开边角**

在钣金零件上创建断开边角特征，如图 26-103 所示。

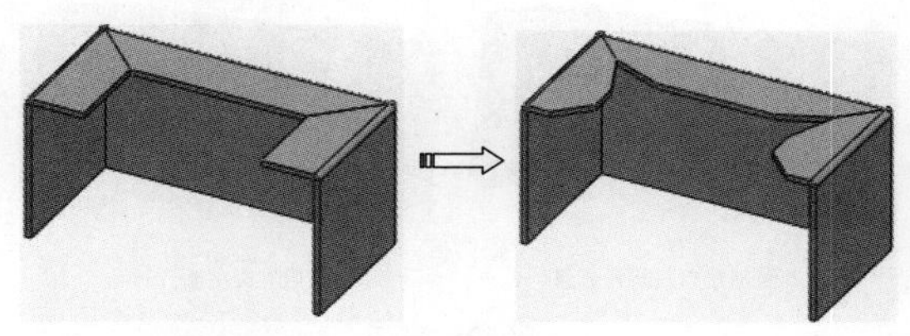

图 26-103

**操作步骤**

**01** 创建一个如图 26-104 所示的厚度为 2mm 的钣金零件。

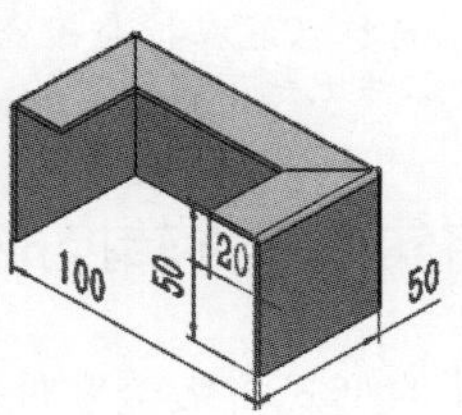


图 26-104

**02** 执行菜单栏中的“插入”|“钣金”|“断开 - 边角”命令，或者在“钣金”选项卡上单击“断开 - 边角”按钮。在钣金零件上依次选择“要断开的边角”。选择好边角后，在“断开 - 边角 1”面板中单击“倒角”按钮，在“距离”栏中输入距离值 10mm，如图 26-105 所示。单击“确定”按钮，生成断开边角特征，如图 26-106 所示。

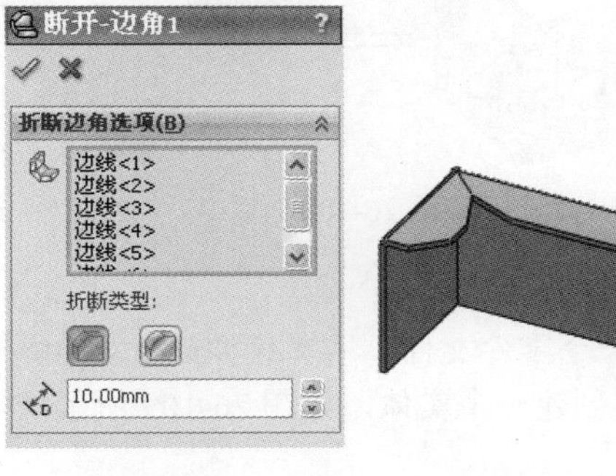


图 26-105　　　　图 26-106

“断开 - 边角 1”面板中主要选项、按钮的含义如下。

- 折断边角选项：在此栏中显示选择好的变形或法兰面。
- 折断类型：确定断开边角的形状，其下有两种不同的类型可供选择，即“倒角”和“圆角”，如图 26-107 所示。

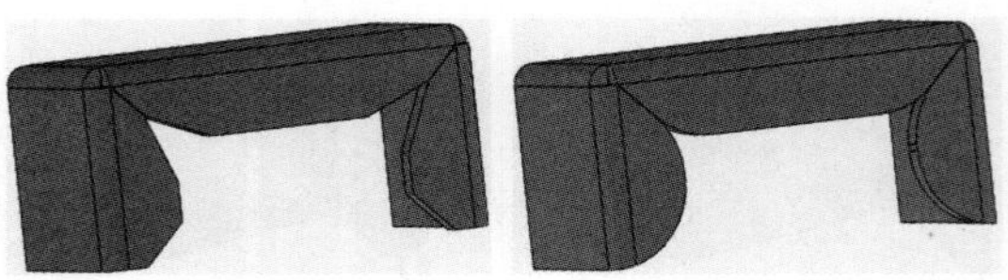


图 26-107

- 距离：通过输入值或单击微调按钮，来设置“倒角”类型折断的大小。

**技术要点：**

“断开-边角”特征只能在折叠钣金零件中使用，在展开的钣金零件上是不能使用的。

## 26.6.5 将实体零件转换成钣金零件

先以实体的形式将钣金零件的最终形状大概画出来，然后将实体零件转换成钣金零件，这样就方便多了。实现这个操作的工具称为“转换到钣金”。

**动手操作——将实体零件转换成钣金零件**

在 SolidWorks 中，将实体零件转换成钣金零件，如图 26-108 所示。

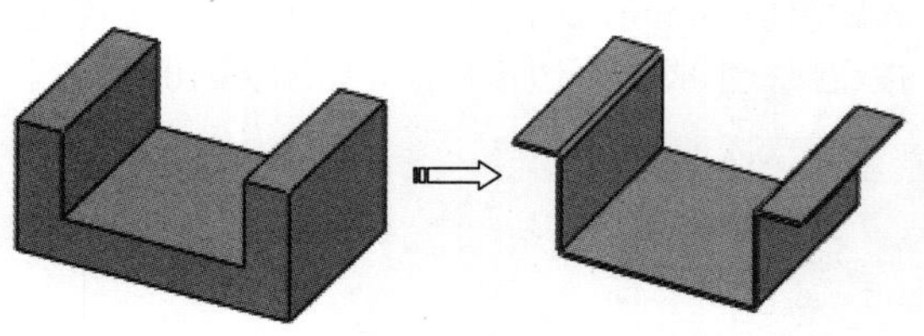

图 26-108

### 操作步骤

**01** 新建一个零件文件，用“拉伸凸台 / 基体”特征工具创建一个实体，如图 26-109 所示。

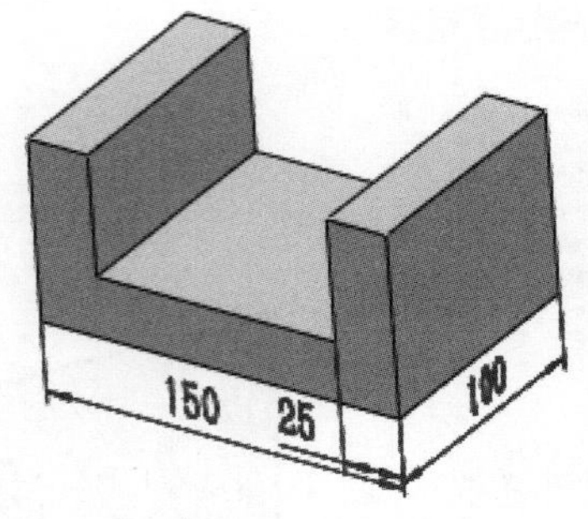


图 26-109

**02** 执行菜单栏中的“插入”|“钣金”|“转换到钣金”命令，或者在“钣金”选项卡中单击“转换到钣金”按钮。在实体零件上选择一个固定面作为固定实体，如图 26-110 所示。在实体零件上选取 4 条代表折弯的边线，如图 26-111 所示。

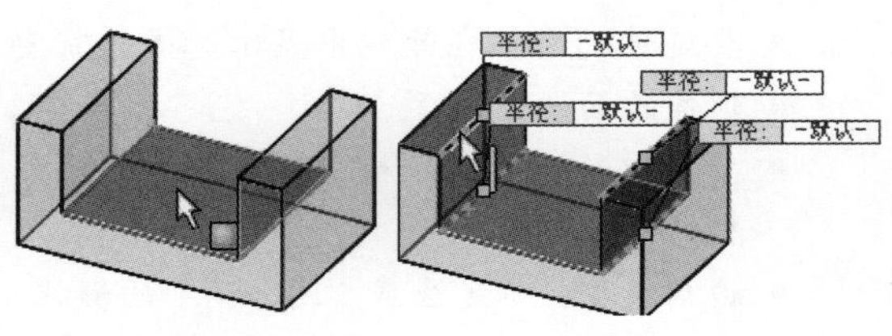


图 26-110　　图 26-111

**03** 在“转换实体 1”面板的“钣金厚度”栏中输入厚度值 2mm，在“折弯的默认半径”栏中输入半径值 0.2mm，如图 26-112 所示。然后单击“确定”按钮，生成钣金零件，如图 26-113 所示。

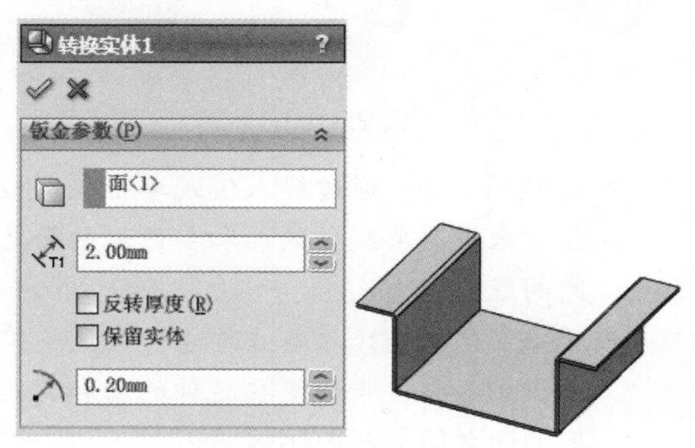


图 26-112　　图 26-113

“转换实体 1”面板中主要选项、按钮的含义如下。

- 选取固定实体：在此栏中显示选择好

的固定实体。

- 钣金厚度：通过输入值或单击微调按钮，来设置钣金零件的厚度。
- 折弯的默认半径：通过输入值或单击微调按钮，来设置钣金零件的折弯半径。
- 反转厚度：勾选此复选框，可以改变钣金零件厚度的生成方向。
- 选取代表折弯的边线/面：在此栏中显示选择好的折弯边线或面。
- 采集所有折弯 采集所有折弯(C)：单击此按钮系统将自动收集钣金零件上的所有折弯边线或面。

**技术要点：**

在为“选取代表折弯的边线/面”选取边线或面时，所选取的边线或面与固定面一定要处于同一边，否则将无法选取。

### 26.6.6 钣金设计中的镜像特征

在“钣金”选项卡中是没有“镜像”工具的，但在钣金设计中却时常需要“镜像”功能来进行设计，这样可以节约大量的设计时间。钣金设计中的镜像操作是通过“特征”选项卡中的“镜像”工具来实现的。

**动手操作——创建镜像特征**

在钣金零件上创建镜像特征，如图26-114所示。

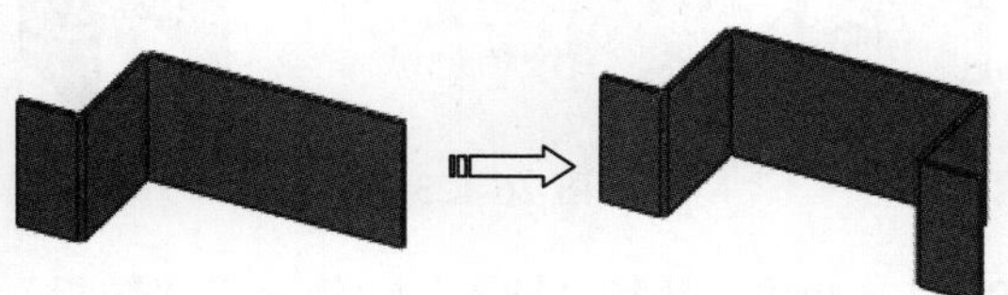

图 26-114

**操作步骤**

**01** 创建一个如图26-115所示的厚度为2mm的钣金件。

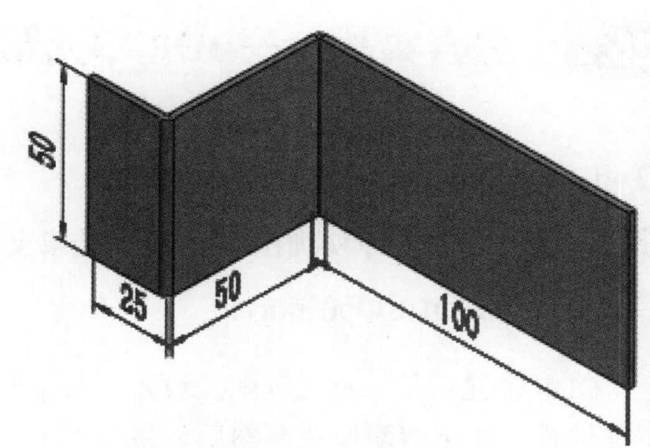


图 26-115

**02** 执行菜单栏中的“插入”|“阵列镜像”|“镜像”命令，或者在“特征”工具条中单击“镜像”按钮。在钣金零件上依次选择“要镜像的特征”，如图26-116所示。选择“右视基准面”作为镜像面，如图26-117所示。

图 26-116　　图 26-117

**03** 选择好的镜像特征和镜像面在“镜像1”面板中将逐一显示，如图26-118所示。单击“确定”按钮，生成镜像特征，如图26-119所示。

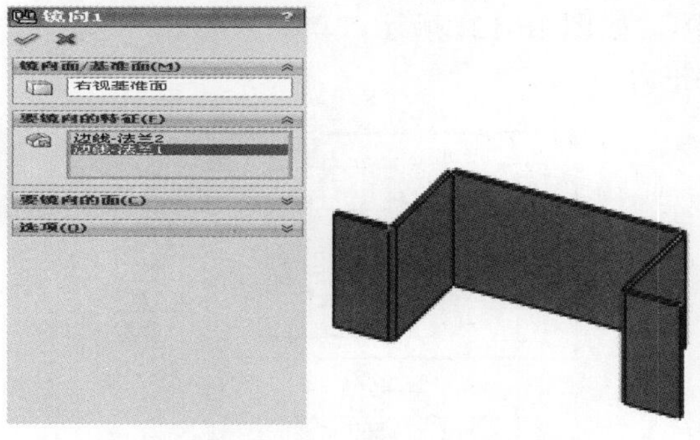


图 26-118　　图 26-119

钣金设计中的镜像特征面板中的选项与特征设计中的镜像特征面板中的选项相同，在此就不多介绍了。

## 26.7 综合实战——ODF 单元箱主体设计

◎ **引入素材：无**

◎ **结果文件：第26章实训操作\第26章结果文件\综合实战\ODF单元箱.sldprt**

◎ **视频文件：ODF单元箱.avi**

ODF 单元箱是一种光纤配线设备，其主要用来放置一体化熔配模块，然后再将其固定到配线架上，起中转的作用。ODF 单元箱主体的模型如图 26-120 所示。

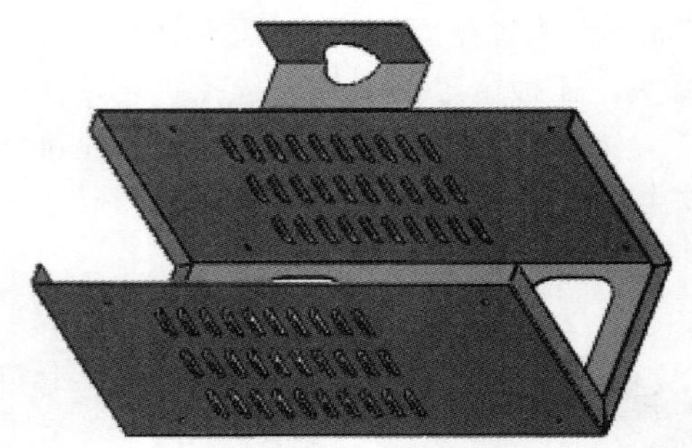

图 26-120

**操作步骤**

**01** 启动 SolidWorks 2018，然后新建一个模型文件。

**02** 绘制基体法兰草图。选择“前视基准面”作为绘制草图的基准面，在图形区域内绘制草图，如图 26-121 所示，单击“退出草图”按钮。

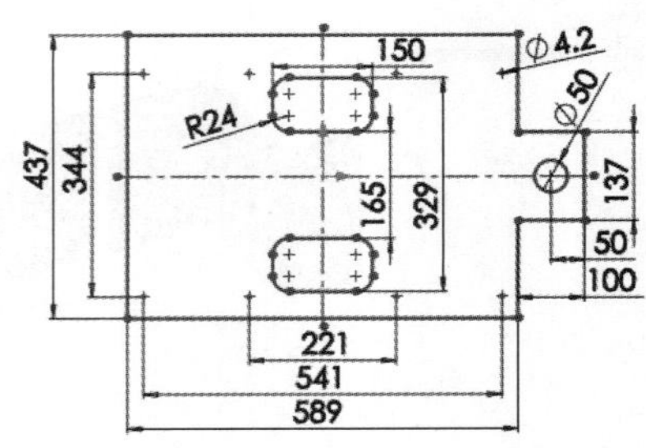


图 26-121

**03** 创建基体法兰。选中所绘制的草图，执行“插入”|“钣金”|“基体法兰”命令，或者单击“钣金”选项卡中的“基体法兰 / 薄片”按钮。在“基体法兰”面板中设置各个参数，然后单击“确定”按钮，生成基体法兰，如图 26-122 所示。

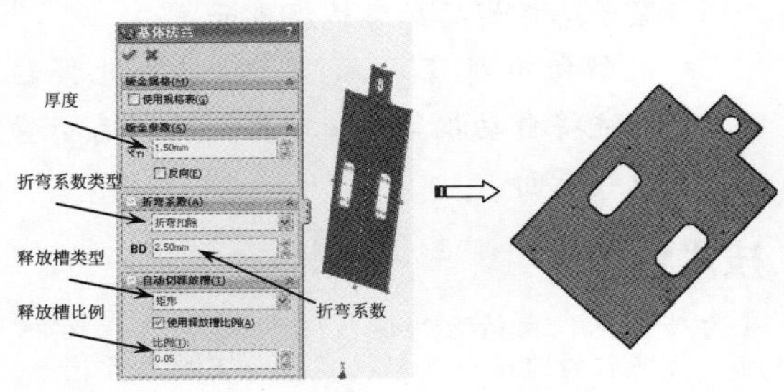


图 26-122

**04** 折弯基体法兰。执行“插入”|“钣金”|“绘制的折弯”命令，或者单击“钣金”选项卡中的“绘制的折弯”按钮。在钣金零件的表面上绘制两条直线，单击“退出草图”按钮。在“绘制的折弯 1”面板中设置各个参数，然后单击“确定”按钮，将基体法兰折弯，如图 26-123 所示。

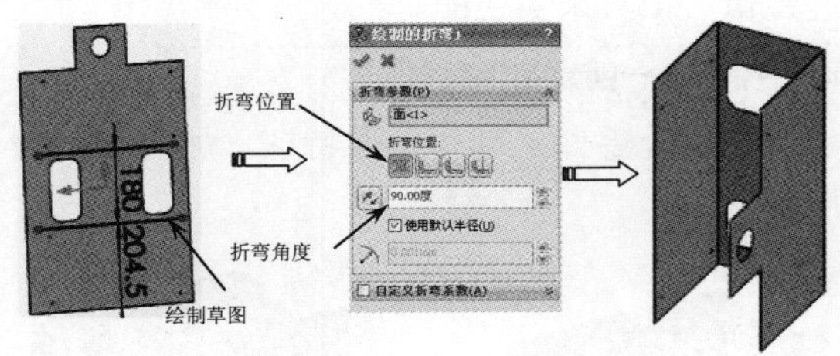


图 26-123

**05** 二次折弯。执行“插入”|“钣金”|“转折”命令，或者单击“钣金”选项卡中的“转折”按钮。在钣金零件的表面上绘制一条直线，单击“退出草图”按钮，退出草图后将弹出“转折 1”面板，在“转折 1”面板中设置各个参数，然后单击“确定”按钮，生成转折特征，如图 26-124 所示。

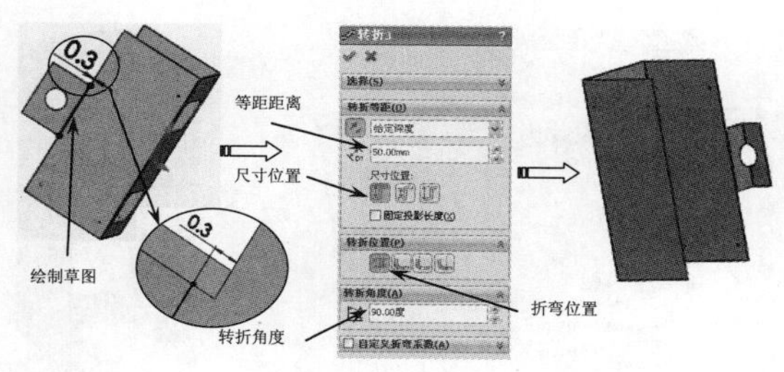


图 26-124

**06** 添加边缘。执行“插入”|“钣金”|“斜接法兰”命令，或者单击“钣金”选项卡中的“斜接法兰”按钮。在钣金零件上绘制一条直线。单击“退出草图”按钮，退出草图后将弹出“斜接法兰1”面板，在钣金零件上选择3条边，在“斜接法兰1”面板中设置各个参数，然后单击“确定”按钮，添加边缘，如图26-125所示。

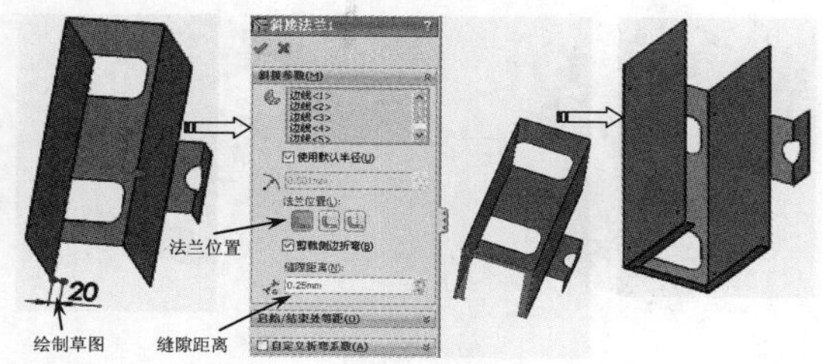


图 26-125

**07** 镜像边缘。执行“插入”|“特征”|“阵列/镜像”|“镜像”命令，或者单击“特征”选项卡中的“镜像”按钮。选择“上视基准面”作为镜像特征属性管理器中的“镜像面/基准面”，在钣金零件中选择“斜接法兰”作为镜像特征属性管理器中的“要镜像的特征”，然后单击“确定”按钮，将边缘镜像，如图26-126所示。

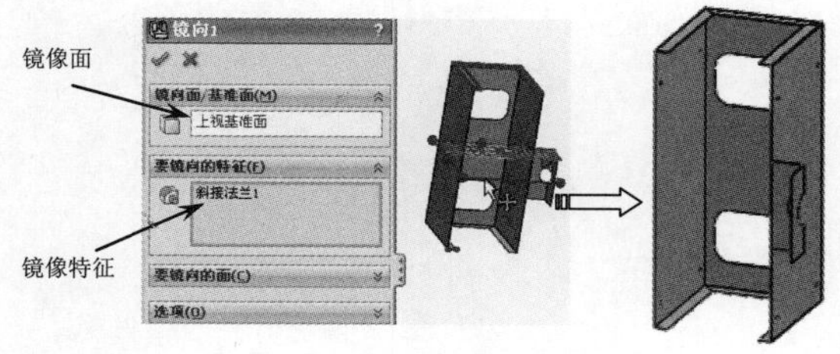


图 26-126

**08** 利用“成形”特征生成百叶窗。单击“任务窗格”中的“设计库”按钮，弹出“设计库”对话框，在“设计库”对话框中按照路径Design Library/forming tools/louvers 将 louvers 中的louvers拖动到钣金零件上，如图26-127所示。

图 26-127

**09** 确定百叶窗的位置。选中百叶窗草图，在弹出的快捷菜单中单击“编辑草图”按钮，执行“工具”|“草图工具”|“修改”命令，弹出“修改草图”对话框，在该对话框中的“旋转”栏中输入270，单击对话框中的“关闭”按钮；单击“智能尺寸”按钮，确定百叶窗的位置，单击“退出草图”按钮，如图26-128所示。

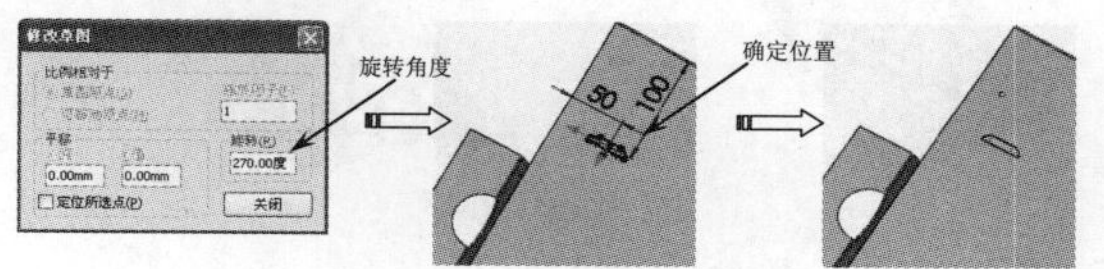


图 26-128

**10** 阵列百叶窗。执行“插入”|“特征”|“阵列/镜像”|“线性阵列”命令，或者单击“特征”选项卡中的“线性阵列”按钮，弹出“阵列（线性）1”面板。在钣金零件上分别选择两条边为“方向1”和“方向2”，在“阵列（线性）1”面板中设置各个参数，然后单击“确定”按钮，将百叶窗阵列，如图26-129所示。

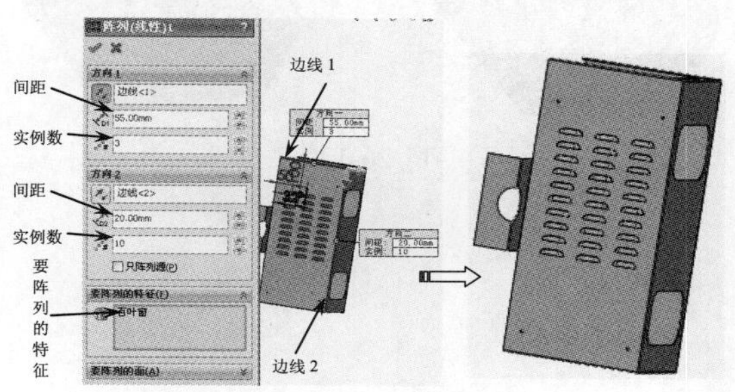


图 26-129

**11** 镜像百叶窗。执行“插入”|“特征”|“阵

列 / 镜像”|“镜像”命令，或者单击“特征”选项卡中的“镜像”按钮。选择“右视基准面”作为镜像面。在钣金零件上面选择阵列好的百叶窗作为特征，然后单击“确定”按钮，将百叶窗镜像，如图 26-130 所示。最后单击“保存”按钮，将其保存。

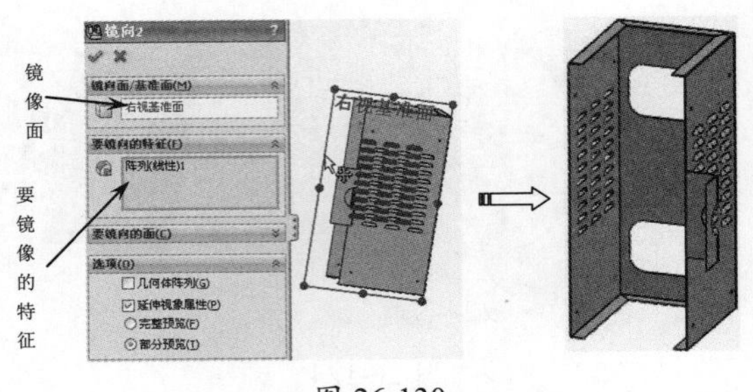

图 26-130

## 26.8 课后习题

### 1．创建加强筋

使用“边线法兰”命令创建加强筋，如图 26-131 所示。

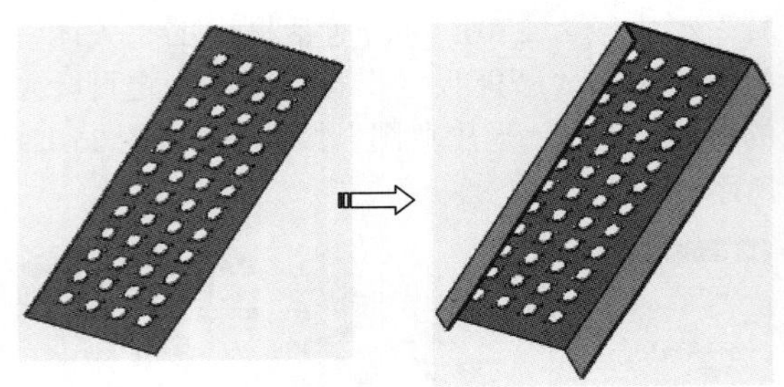
图 26-131

### 2．镜像操作

使用“镜像”命令对文件夹左侧板进行镜像处理，如图 26-132 所示。

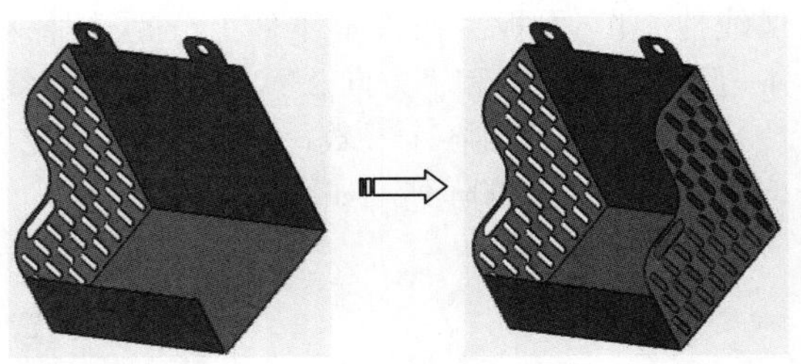
图 26-132

### 3．展开钣金

使用“展开”命令完成对零件的整体展开，如图 26-133 所示。

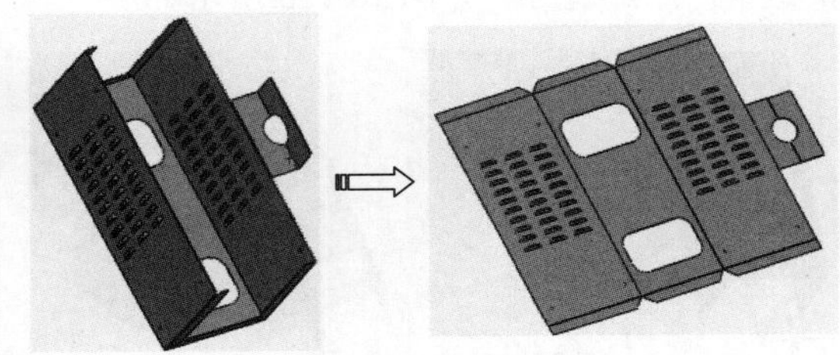
图 26-133

# 第27章 管道与线路设计

SolidWorks Routing 是用于管道与布线设计的专业插件。本章将主要介绍 Routing 插件的功能及管道与管筒线路的设计方法。本章内容主要包括自定义线路设计模板、添加零件到步路库中、通过各种自动和手工方法生成线路路径等。

- SolidWorks Routing概述
- Routing零部件设计
- 管道线路设计
- 管筒线路设计

## 27.1 SolidWorks Routing 概述

Routing 是 SolidWorks 的一个插件。Routing 通过自动完成管道设计任务，节省了时间，也减少了错误的发生。Routing 的强大管道设计功能可以使设计人员方便、自动地进行管道设计，减少管道生成路线，缩短了编辑、装配、排列管道的时间，从而达到提高设计效率、优化设计、快速投放市场和降低成本的目的。

### 27.1.1 Routing 插件的应用

要应用 Routing 插件，必须在安装 SolidWorks 时一同安装 Routing 插件，如图 27-1 所示。插件安装完成后，需要在装配模式下才能应用 Routing 插件。

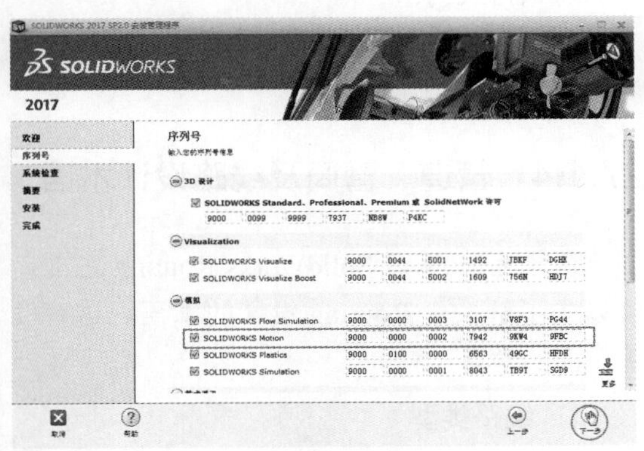


图 27-1

Routing 设计包括管道设计、软管设计和电气设计。Routing 被包含在 SolidWorks Office Premium 软件包中，在“SolidWorks 插件”选项卡中选择 SolidWorks Routing 命令，或者在菜单栏中执行“工具”|“插件”命令，在弹出的“插件”对话框中勾选 SolidWorks Routing 复选框，即可使用 Routing 了，如图 27-2 所示。

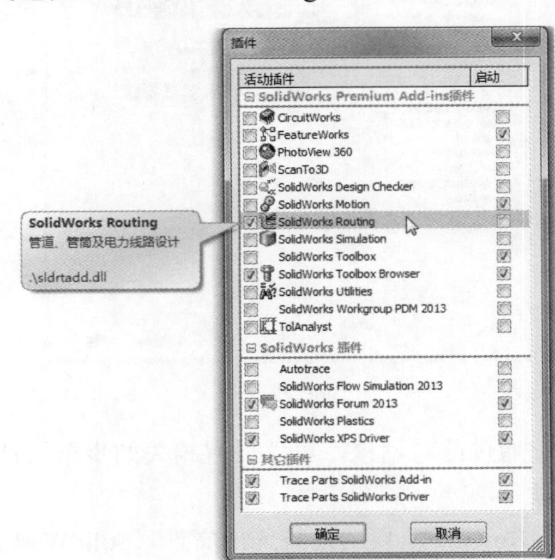


图 27-2

### 27.1.2 Routing 选项设置

Routing 依赖于那些包含标准电力、导管、管筒和管道零件的文件夹来步路。通过“搜索路径”可以查找到这些文件。其他的选项可以有选择性地设置步路时的状态，包括自动生成草图圆角、最小折弯半径检查等设置。

在菜单栏中执行“工具”|“步路”|“Routing 工具”|“Routing 选项设置”命令，打开“系统选项 - 步路 - 在零部件落差处自动步路”对话框，如图 27-3 所示。

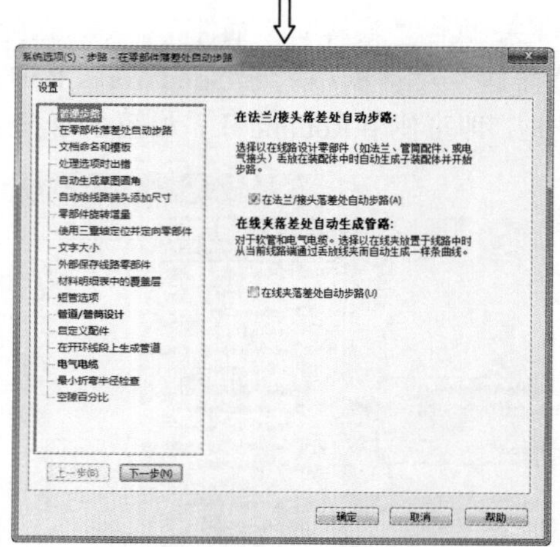

图 27-3

通过此对话框，可以设置相关的步路设计选项。

Routing 需要通过特殊的文件（SolidWorks 文件和文本文件）才能进行正确的操作。在菜单栏中执行“工具”|Routing|“Routing 工具”|Routing Library Manager 命令，打开 Routing Library Manager 窗口。在该窗口的“Routing 文件位置和设定”选项卡中，可以设置文件位置和 Routing 条目的选项，如图 27-4 所示。

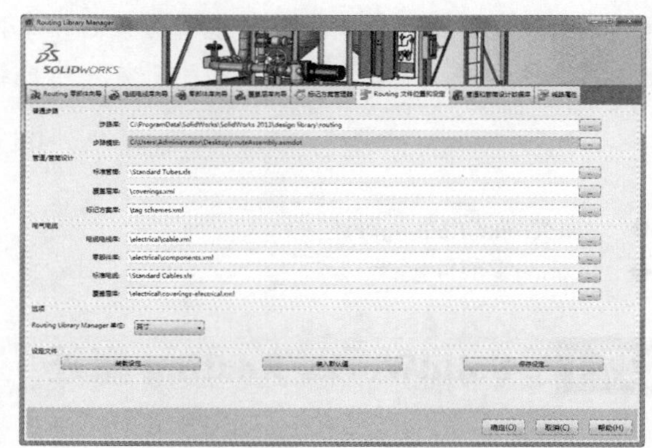

图 27-4

### 27.1.3 Routing 文件命名

Routing 零部件默认的命名规则与 PDMWorks® 及其他 PDM 插件的命名规则相同。通常，用户可按自己的习惯或者企业标准来命名。线路子装配体的默认格式为：

RouteAssy#-< 装配体名称 >.sldasm

线路子装配体中的电缆、管筒、管道零部件的默认格式为：

Cable（Tube/Pipe）-RouteAssy#-< 装配体名称 >.sldprt（配置）

### 27.1.4 管道、管筒及线路设计术语

初学者在学习 SolidWorks Routing 之前，可以先了解关于 Routing 设计的术语，这有助于后面的学习。

#### 1. 线路类型

使用 SolidWorks Routing 能够创建电路、电力导管、管筒和管道线路。线路有很多种，常见的有接线盒、电缆、铜杆、PVC、软管、

管道焊接和配件组合等，如图 27-5 所示。

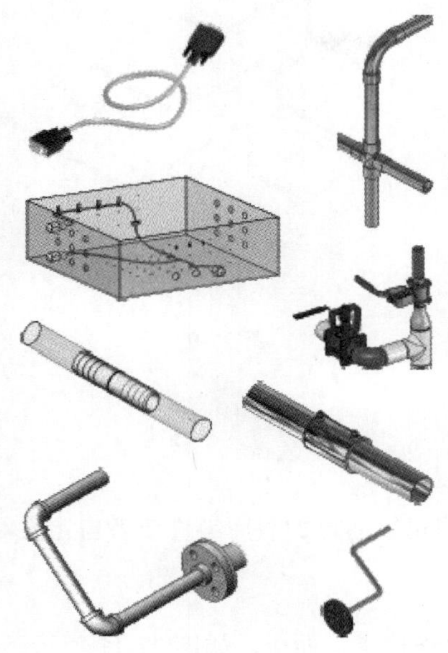

图 27-5

**2．线路点**

线路点是用于将附件定位在 3D 草图中的交叉点或端点，用图标来生成线路点。对于具有多个端口的接头，线路点位于轴线交叉点处的草图点；对于法兰，线路点位于圆柱面同轴心的点，当法兰与另一个法兰配合时，线路点位于配合面上。线路点的生成示意图如图 27-6 所示。

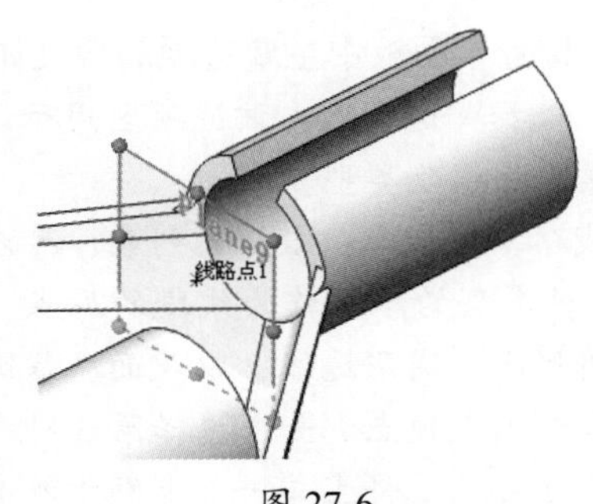


图 27-6

**3．连接点**

连接点是附件中的一个点，管道由此开始或终止。管段在管道装配体中总是从连接点开始的，或者最后连接到已装配好的装配体零件的连接点上。每个附件零件的每个端口都必须包含一个连接点，它决定相邻管道开始或终止的位置。

用图标来生成连接点，要根据管道连接的情况（管道是否伸进接头，是螺纹连接还是焊接等）来确定连接点的位置。连接点的生成示意图，如图 27-7 所示。

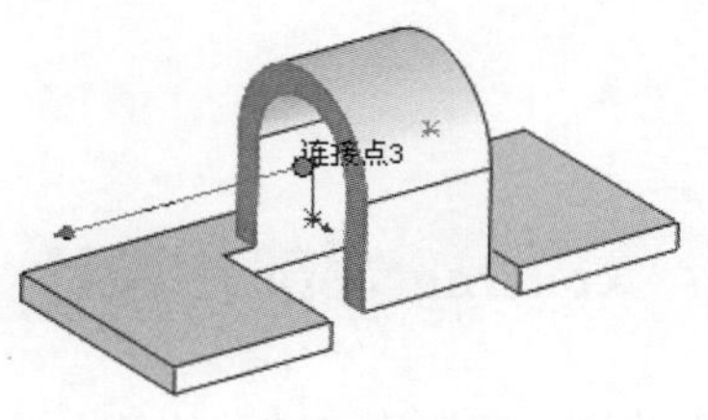


图 27-7

**4．附件**

在 SolidWorks Routing 的管道设计中，将除管道之外的其他与连接管道的零件都称为“管道附件”，简称为“附件”，如弯管、法兰、变径管和十字型接头等，如图 27-8 所示。附件都至少有一个连接点，但不一定有线路点。

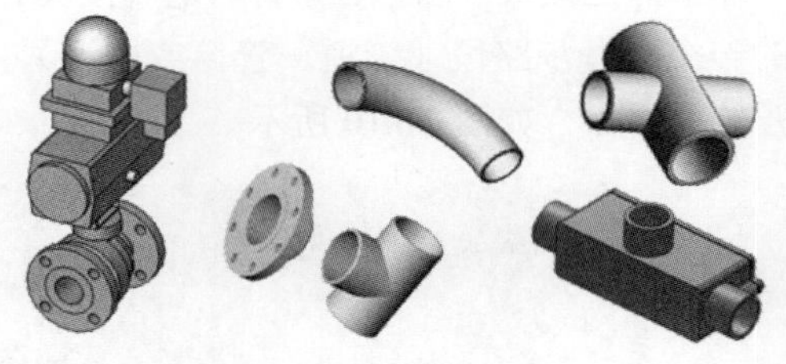

图 27-8

**5．线路子装配体**

线路子装配体是顶层装配体的零部件。当用户将某些零部件插入装配体时将自动生成一个线路子装配体。与其他类型的子装配体不同，零件在独立编辑窗口中生成线路子装配体后，可将其作为零部件插入更高层的装配体中。

**6．3D 草图**

子装配体中包含一个“路线 1”特征，通过“路线 1”特征可以完成对管道属性及路径的编辑。线路子装配体的线路取决于主装配体中根据零件位置绘制的 3D 草图，3D 草图与主要装配相关联，并且决定管道系统中管道、附件的位置与参数。

3D 草图决定了管道的位置和布局，管道附件的位置确定了每段管道的长度，如图 27-9 所示。包括整个 3D 草图在内的所有零件，均作一个特殊的子装配体存在。

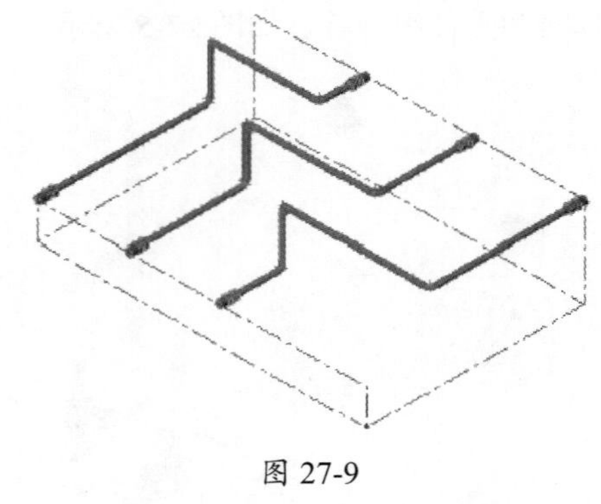

图 27-9

## 27.2 Routing 零部件设计

对于管道、管筒线路装配体及电缆零部件设计，用户可以通过加载库零件或者自定义零部件形状来完成。

### 27.2.1 连接点

在 SolidWorks 步路设计中，需要使用线路点和连接点对管道路线进行草图定位。管道附件至少有一个连接点，但不一定要有线路点。

连接点是接头（法兰、弯管、电气接头等）中的一个点，步路段（管道、管筒或电缆）由此开始或终止，如图 27-10 所示。

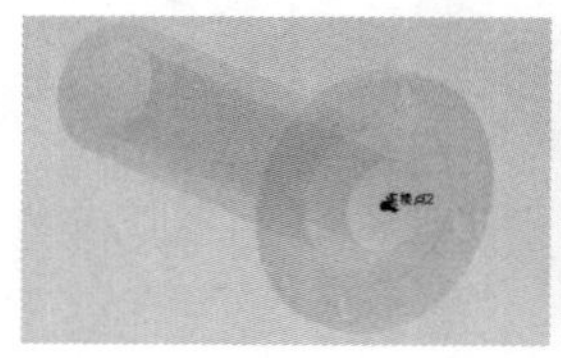

图 27-10

**技术要点：**

电力接头至少需要一个连接点，该连接点提供线路零部件和非线路零部件之间的过渡。

管路段只有在至少有一端附加在连接点时才能生成。每个接头零件的每个端口都必须包含一个连接点，定位于使相邻管道、管筒或电缆开始或终止的位置。

在“Routing 工具”工具条中单击“生成连接点”按钮，或者在菜单栏中执行 Routing|“Routing 工具”|“生成连接点”命令，显示“连接点”面板，如图 27-11 所示。

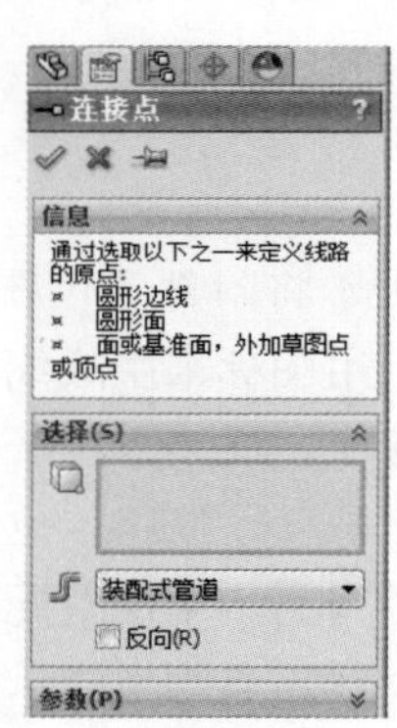


图 27-11

“连接点”面板中主要选项的含义如下。

- “选择”选项区：该选项区用于设置连接点的线路类型。
- 线路草图线：激活此列表，可以指定 6 种类型的参考作为线段的原点，包括圆形面、圆形边线，以及面、基准面、草图点或顶点。如果选择第 3 种类型作为连接点，将生成一条垂直于基准面或面的轴。
- 选择线路类型：用于选择线路材料类型，如电气、管筒和装配式管道。
- 子类型：子类型是电力线路类型的子选项，其下拉列表中包含 4 种电力材料子类型，如缆束、电缆/电线、导管和带状电缆。

### 技术要点：

若想将电线或电缆附加到导管线路，导管终端配件还必须包含缆束或电缆/电线连接点。

- “参数”选项区：该选项区用于设置各线路类型的参数。类型不同，参数选项也不同。电气线路的参数选项如图27-12所示；管道线路的参数选项如图27-13所示；管筒线路的参数选项如图27-14所示。

图 27-12　　图 27-13　　图 27-14

- 标称直径⊘：为管道、管筒及电气导管配件端口的标称直径。此尺寸与管道或管筒零件中的尺寸对应。单击“选择管道”按钮或“选择管筒”按钮，然后浏览到管道或管筒，并选择一个配置以使用其直径，如图27-15和图27-16所示。

图 27-15

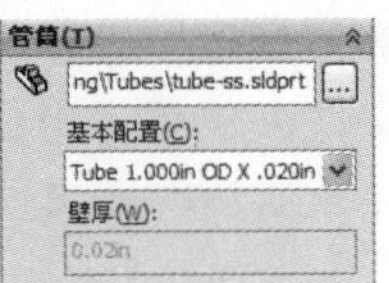


图 27-16

- 端头长度：指定在将接头或配件插入线路中时，从接头或配件所延伸的默认电缆端头长度。如果设定为0，将使用线路直径乘以1.5的端头长度。
- 额外内部电线长度：仅对于电气线路，输入一个增加电缆的切割长度的数值，以允许脱皮、切线，等等。

### 技术要点：

也可以在步路选项中设定空隙百分比来增加电缆的切割长度。所计算的电缆切割长度按空隙百分比增量，从而弥补实际安装中可能产生的下垂、扭结等。

- 最低直长度：指定在线路开端和末尾所需的直管筒的最小长度。
- 终端长度调整：仅对管筒而言，指定数值以添加到管筒的切除长度。
- 明细表栏区名称：过滤带匹配规格的配合零部件的选择。
- 明细表数值：如果配件只有一个配置，则输入与规格区域名关联的值。
- 端口ID：当从P&ID文件定义线路设计装配体时，指定设备步路端口。

**动手操作——利用连接点创建末端接头**

**操作步骤**

**01** 打开本例的源文件“滑动线夹套.sldprt”。

**02** 单击“Routing 工具”工具条中的 Routing Library Manager 按钮，打开 Routing Library Manager 窗口。

**03** 单击“Routing 零部件向导”图标，进入“选择线路类型”设置界面。选择“电气”单选按钮，再单击“下一步”按钮，如图27-17所示。

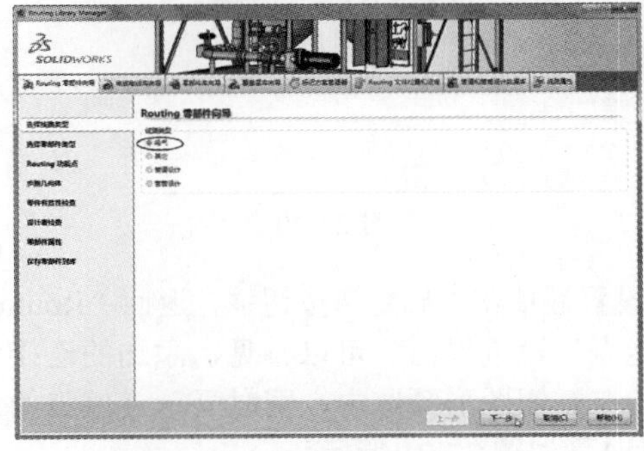


图 27-17

**04** 在弹出的“选择零部件类型”设置界面中，选择“接头”类型，再单击“下一步”按钮，如图27-18所示。

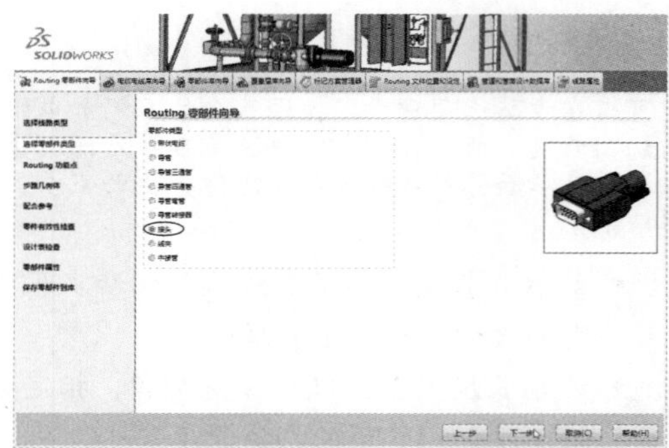

图 27-18

**05** 在随后弹出的"Routing 功能点"设置界面中，单击"添加"按钮，如图 27-19 所示。

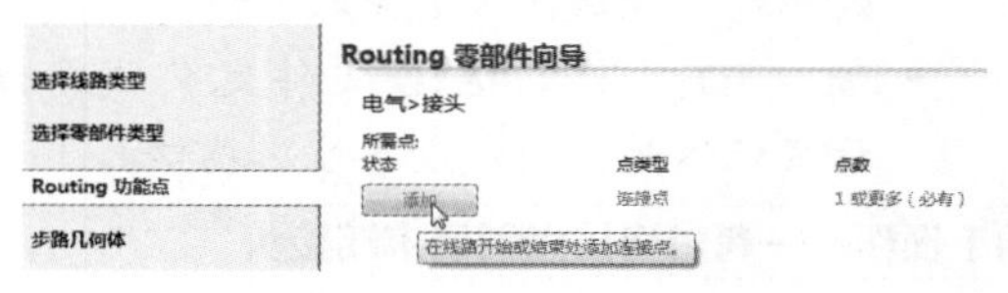


图 27-19

**06** 选择如图 27-20 所示的基准面 4 和点，并设置"标称直径"为 0.2500in。

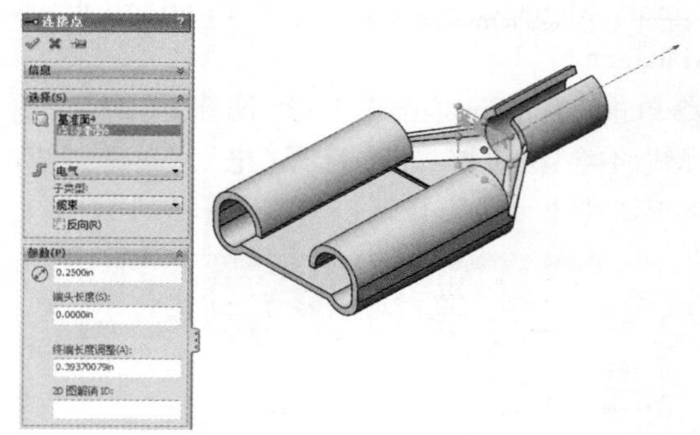

图 27-20

**07** 设置后单击"确定"按钮✔，返回"Routing 功能点"设置界面。可以看见，添加的连接点显示在右侧图形预览中，同时显示连接点的点数为 1，如图 27-21 所示。

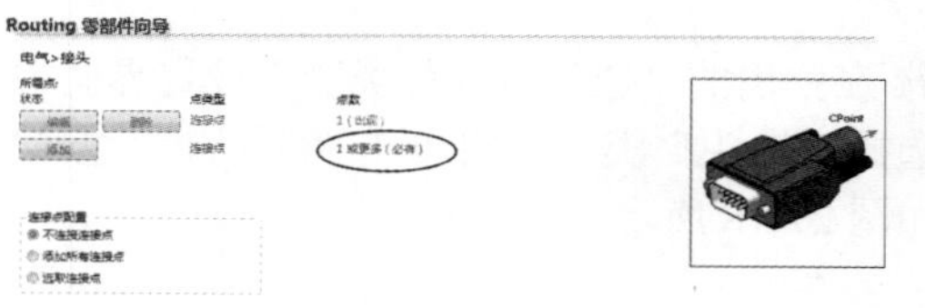

图 27-21

**08** 单击"下一步"按钮，进入"步路几何体"设置界面，表面不要求有特殊几何体，因此直接单击"下一步"按钮。

**技术要点：**

有些零部件还是需要添加特殊几何体的，例如变径管。

**09** 随后弹出"配合参考"设置界面，单击"添加"按钮，到图形区中选择配合参考，如图 27-22 所示。

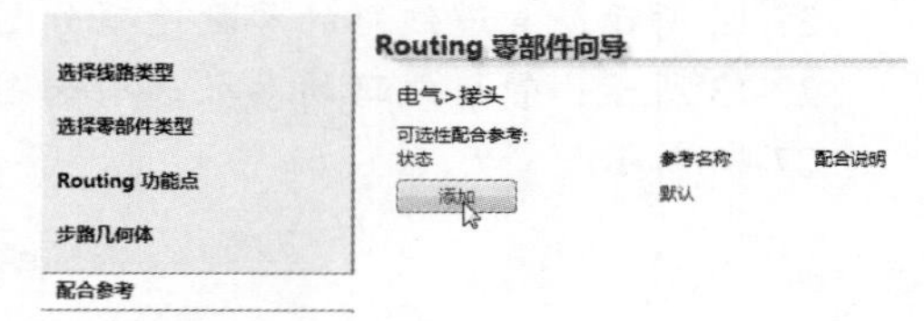


图 27-22

**10** 在图形区中分别选择第一参考、第二参考和第三参考，如图 27-23 所示。

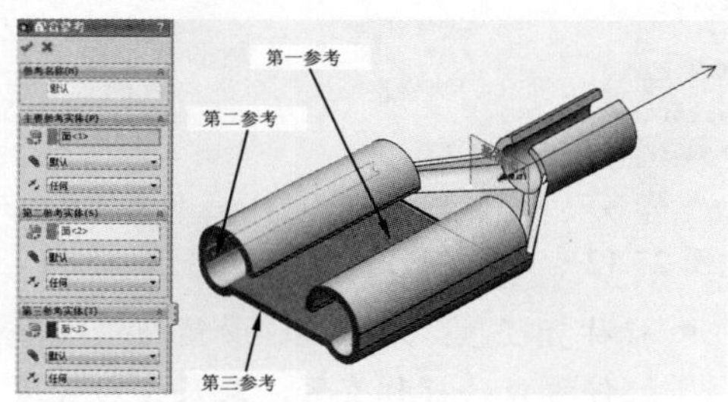


图 27-23

**11** 单击"配合参考"面板中的"确定"按钮✔，再次返回"配合参考"设置界面。

**12** 连续单击"下一步"按钮，直到弹出"保存零部件到库"设置界面。此界面显示零部件的库文件夹位置，单击"保存"按钮，将零部件保存在默认的库文件夹中，如图 27-24 所示。

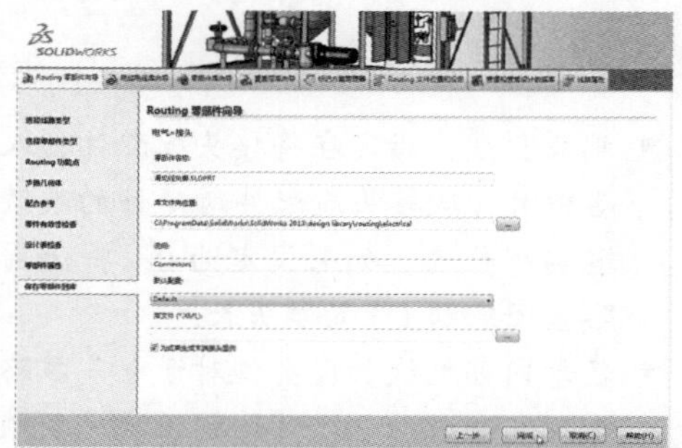

图 27-24

**13** 关闭 Routing Library Manager 窗口，在图形区中定义末端视图，如图 27-25 所示。

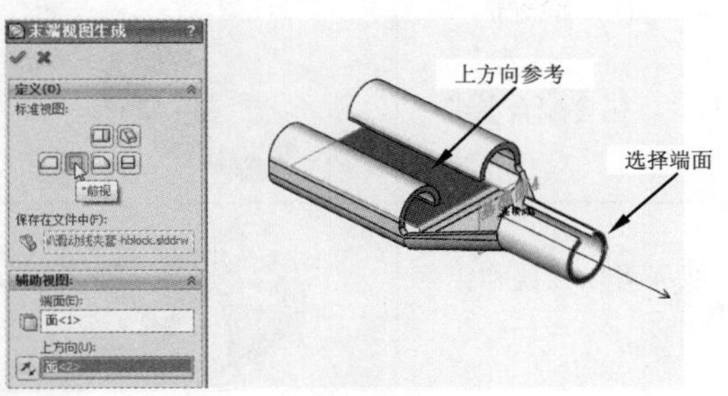

图 27-25

**14** 最后保存结果。

## 27.2.2　线路点

线路点是配件（法兰、弯管、电气接头等）中用于将配件定位在线路草图中的交叉点或端点的点。线路点定义了管道附件安装的位置，线路点也称步路点或管道点。

**技术要点：**

在具有多个端口的接头中（如T形或十字形），用户在添加线路点之前，必须在接头的轴线交叉点处生成一个草图点。

在“Routing 工具”工具条中单击“生成线路点”按钮，或者在菜单栏中执行 Routing|“Routing 工具”|“生成线路点”命令，显示“步路点”面板。选择要成为步路点的参考点，单击“确定”按钮，完成线路点的指定，如图 27-26 所示。

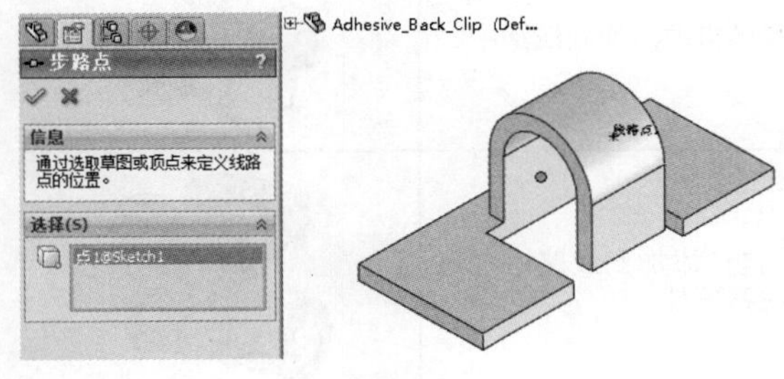

图 27-26

在选择草图点或顶点时，可按以下方法进行。

- 对于硬管道和管筒配件，在图形区域中选择一个草图点。
- 对于软管配件或电力电缆接头，在图形区域中选择一个草图点和一个平面。
- 在具有多个端口的配件中，选取轴线交叉点处的草图点。
- 在法兰中，选取与零件的圆柱面同轴心的点。如果法兰与另一个法兰配合，可以在配合面上选择一个点。

## 27.2.3　设计库零件

SolidWorks Routing 设计库中包含用于电力设计、管道设计和软管（管筒）设计的零件库，如图 27-27 所示。

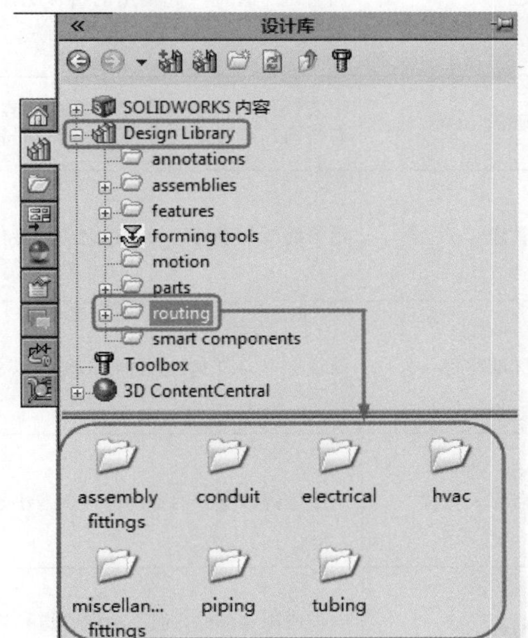

图 27-27

设计库方便了用户的装配设计操作，极大地提高了管道与管筒的设计效率。用户也可以将自定义设计的零件保存在设计库中，供后续设计使用。

几乎管道与管筒设计所需的零部件都可以从 SolidWorks Routing 设计库中找到。表 27-1 列出了设计库中常见的管道和管筒设计的零部件。

表 27-1　常见的管道与管筒库零件类型

| 零件名称 | 使用说明 | 图　解 |
| --- | --- | --- |
| 接头 | 特殊配件，一般用来连接线路及线路外的器件，包含配合参考 | |
| 线夹 | 电力或管筒线路的附件，用来约束线路。线夹可以预置和作为参考位置，或者在步路时拖动线路到任意位置 | |
| 导管 | 用来连接硬的管筒和电路。末端接头包括电力导管和电力连接点，串联的线路零部件，仅包含电力导管的线路点 | |
| 法兰 | 与管道、管筒一起使用的特殊配件。通常用来连接线路和线路外的器件，也包含配合参考 | |
| 管筒 | 沿着路线方向并终止于草图的终点或配件的零件。管筒通常带有折弯，可以是直角的，也可以是任意形式的 | |
| 管道 | 沿着路线位于弯管与法兰之间的零件 | |
| 标准弯管 | 路线上方向改变位置的零部件，以 90° 和 45° 折弯自动放置 | |
| 自定义弯管 | 用于方向改变处的零部件，折弯小于 90° ，但不等于 45° | |
| 配件 | 一类通用零部件，但不会像管道和弯管那样自动添加到线路中。包括 T 形管，变径管及四通管等 | |
| 装配体配件 | 装配体零部件，不会像管道和弯管那样自动添加到线路中。包括阀体、开关及其他含有多个零部件的线路配件 | |

## 27.2.4　管道和管筒零件设计

在管道和管筒零件中，每种类型和大小的原材料都用一个配置表示。在线路子装配体中，根据名义直径、管道标识号和切割长度，各个线段是管道或管筒零件的配置。

Routing 提供了一些样例管道和管筒零件。用户可通过编辑样例零件或生成自己的零件文件来创建管道和管筒零件。

用户自定义设计管道和管筒零件，必须满足以下条件。

**1．必有的几何体**

在 SolidWorks 中，零件是草图截面经由拉伸、旋转、扫描等创建而成的。在装配体的零件设计中，设计管道或管筒也需要确定管道截面或管筒截面。

要想在 SolidWorks Routing 中使零部件为管道或管筒截面，要求有以下项目：管道草图、拉伸（扫描 - 路径草图）和过滤草图（详见表 27-2 列出的项目）。

**表 27-2 使用管道或管筒截面要求的项目**

| 所需项目 | 说明 | 图解 |
|---|---|---|
| 管道草图 | 1. 命名为管道草图的前视图草图<br>2. 两个同心圆，置于草图原点，尺寸命名形式为“内径 @ 管道草图”和“外径 @ 管道草图” | Ø2.162 (内径)<br>Ø2.380 (外径) |
| 拉伸 | 1. 命名为“拉伸”的拉伸基体特征，在正 *Z* 轴方向中拉伸<br>2. 命名为“长度 @ 拉伸”的深度草图 | 2.000 ( 长度 ) |
| 扫描 - 路径草图（管筒） | 1. 在 3D 草图中，与管道草图垂直的直线<br>2. 在直线的端点和圆的圆心之间添加同轴心几何关系 | |
| 过滤草图 | 1. 命名为“过滤草图”的草图<br>2. 尺寸命名为“名义直径”的圆 | Ø2.000 (标称直径) |

**2．管道识别符号**

配置特定的属性命名为“$ 属性 @ 管道识别符号”，此值必须对每个配置都独特。该属性有以下特点：

- 定义零件为管道零件，这样当从属性管理器的“线路属性”面板中浏览管道零件时，软件可将其识别。
- 当保存装配体时，用作管道零件本地复本的默认名称。
- 每个配置必须具有独特值。

**3．规格符号**

配置特定的属性命名为“$ 属性 @ 规格”。该属性可用于“连接点的规格参数”以过滤管道和配件配置。

#### 4．系列零件设计表

系列零件设计表包括用户使用的原材料的每种尺寸的配置。在表格中必须包括以下参数：

- 内径@管道草图。
- 外径@管道草图。
- 名义直径@过滤草图。
- $PRP@管道标识符。

**技术要点：**

不要在系列零件设计表中包括“长度@拉伸”参数。此外，可以根据需要包括附加的参数，如单位长度的重量、费用、零件编号等属性的参数。

在管道（Pipes）和管筒（Tubes）零件中，每种类型和大小的原材料都用一个配置表示。在管道子装配体中，各个管段是管道和管筒零件的配置，以它的“名义直径”“管道标识号”和“切割长度”为基础。

### 27.2.5 弯管零件设计

Routing提供了一些样例弯管零件。用户可通过编辑样例零件或生成零件文件来创建自己的弯管零件。

在开始线路时，在属性管理器的“线路属性”面板中选择“总是使用弯管”选项，程序则在3D草图中存在圆角时自动插入弯管，用户也可以手动添加弯管。

要将零件识别为弯管零件，零件必须包含两个连接点，外加一个包含命名为折弯半径和折弯角度尺寸的草图（草图名为“弯管圆弧”）。

**技术要点：**

一个弯管零件可以包含多种不同类型和大小的弯管配置，包括不同的折弯角度和半径。

要自定义设计弯管零件，必须满足以下条件。

- 生成符合弯管“几何要求”的零件（几何要求见表27-3所示）。
- 在管道退出弯管处的两端生成连接点。此外，可以包括规格参数，这样可过滤弯管配置。
- 插入系列零件设计表以生成配置，可以在标题行中包括以下参数：
  - ➢ 折弯半径@弯管圆弧。
  - ➢ 折弯角度@弯管圆弧。
  - ➢ 直径@连接点1。
  - ➢ 直径@连接点2。
  - ➢ 规格@连接点1（推荐）。
  - ➢ 规格@连接点2（推荐）。
- 可以根据需要包括附加尺寸（外径、壁厚）和属性（零件编号、成本、单位长度的重量）。
- 在步路文件位置所指定的步路库中保存零件。

表27-3 设计弯管所需的几何要求

| 项 目 | 说 明 | 图 解 |
|---|---|---|
| 弯管圆弧 | 1. 命名为弯管圆弧的草图<br>2. 代表弯管的中心线的圆弧，尺寸命名为“折弯半径@弯管圆弧”和“折弯角度@弯管圆弧” | 90°（折弯角度）<br>R6.00（折弯半径） |
| 线路 | 1. 草图命名为线路，且位于垂直于圆弧一端的基准面上<br>2. 代表弯管外径的圆，尺寸命名为“直径@线路”<br>3. 在圆心和圆弧中心之间的尺寸命名为“折弯半径@线路”，且连接到“折弯半径@弯管圆弧” | Ø4.50（直径）<br>6.00（折弯半径） |
| 功能 | 1. 线路作为轮廓<br>2. 弯管圆弧作为路径<br>3. 薄壁特征选项来设定壁厚 | |

## 27.2.6　法兰零件

法兰经常用于管路末端，用来将管道或管筒连接到固定的零部件（例如泵或箱）上。法兰也可用来连接管道的长直管段。

Routing 提供了一些样例法兰零件，用户可通过编辑样例零件或生成自己的零件文件，以此创建自定义的法兰零件。

要自定义设计法兰零件，必须满足以下条件：

- 生成满足法兰"几何要求"的零件，如图 27-28 所示。

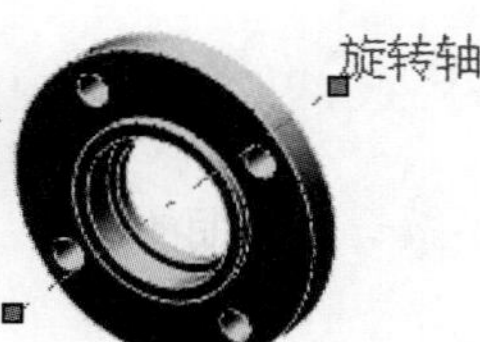


图 27-28

- 在管道退出法兰处生成一个连接点。连接点必须是与法兰的圆形边线同心，或者在法兰内具有正确的深度（如果管道或管筒延伸到法兰）。
- 生成线路点，线路点可使用户终止带法兰的线路，或者在线路上将法兰背靠背放置。
- 插入系列零件设计表，以生成配置。
- 在"步路文件设置"所指定的步路库中保存零件。

## 27.2.7　变径管零件

变径管用于更改所选位置的管道或管筒直径。变径管有两个带有不同直径参数值的连接点（CPoints）。

用户可以创建两种类型的变径管：同心变径管和偏心变径管。

### 1. 同心变径管

同心变径管必须在连接点（CPoints）中间包括线路点（RPoint），如图 27-29 所示。RPoint 可以让用户在草图段中点处插入同心变径管（使用草图选项卡上的"分割实体"工具，在草图段中央处插入点）。

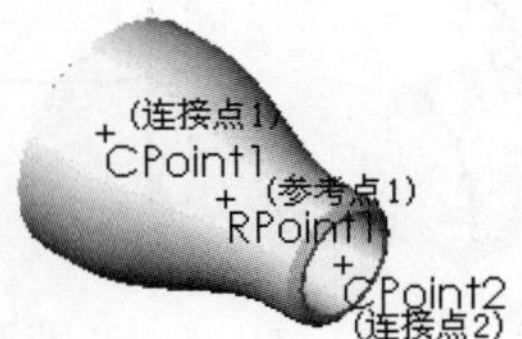


图 27-29

**技术要点：**

当添加同心变径管到草图段末端时，线路将穿越变径管，并且将有一短线路段添加到变径管之外，这样即可继续步路。

### 2. 偏心变径管

偏心变径管无线路点，如图 27-30 所示。依据规定，用户只可在草图线段的端点插入偏心变径管，而不是在草图线段的中点插入。

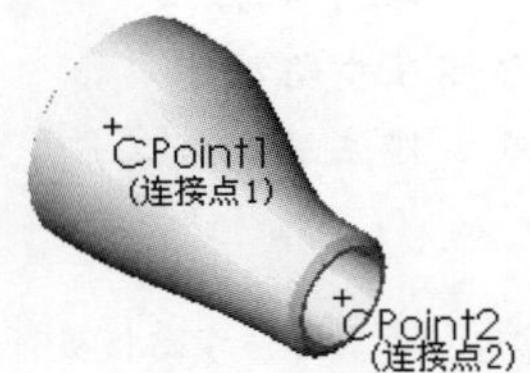


图 27-30

## 27.2.8　其他附件零件

用户可以在 3D 草图中的交叉点处添加 T 形接头、Y 形接头、十字形接头和其他多端口接头。

**技术要点：**

具有多分支的接头必须在每个端口有一个连接点，并在这些分支的交叉点处有一个管道点。

例如，T 形接头有三个连接点和一个线路点（参考点），当插入该接头时，线路点与 3D 草图中的交叉点重合，如图 27-31 所示。

附件零件的交叉点，须满足以下条件：

- 在 3D 草图中，T 形接头的直线主管必须由两个单独的线段而不是由一个连续的线段组成（因为直线主管必须由两个路线或管筒段组成，如图 27-32 所示。

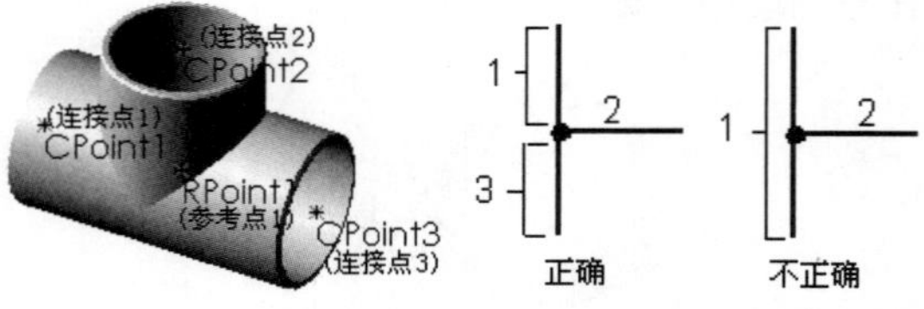


图 27-31　　图 27-32

- 十字形接头的直线主管也必须由分开的线段组成。
- 交叉点上草图直线的数量可以少于想要插入的附件中端口的数量。可按需要插入并对齐附件，然后再添加其余的草图线段。
- 可以在附件中生成一个轴，来控制附件在线路子装配体中的角度方向。此轴必须被命名为“竖直”，并且垂直于通过附件的路线。

**技术要点：**

如果在交叉点处有一条以上的构造性直线，程序将提示为对齐选择一条直线。

## 27.3 管道线路设计

要利用 SolidWorks Routing 进行管道设计，需要做一些前期的准备工作。前期准备工作包括以下内容：

- 新建管道装配体所需的零件文档。
- 将管道、配件（法兰、弯管、变径管及其他附件）、步路硬件（如线夹、托座）等零件文档存储在步路库中。
- 打开或创建主装配体文件，其中包含需要连接的零部件（箱、泵等）。

**Routing库文件路径**

Routing设计库包括步路库、步路模板、标准管筒、电缆/电线库、零部件库和标准电缆等库文件。
Routing各种库文件的浏览路径如下：C:\Documents and Settings\All Users\Application Data\SolidWorks\SolidWorks 2013

- 步路库：\design library\routing。
- 步路模板：\templates\routeAssembly.asmdot。
- 标准管筒：\design library\routing\Standard Tubes.xls。
- 电缆 / 电线库：\design library\routing\electrical\cable.xml。
- 零部件库：\design library\routing\electrical\components.xml。
- 标准电缆：\design library\routing\Standard Cables.xls。

### 27.3.1 管道步路选项设置

管道线路与其他线路不同（如电力线路、管筒线路等），其他线路均使用刚性管，在线段的端点处自动创建圆角，而管道路线在线路中添加弯管，同时使用自动步路工具和直角选项。

在“标准”选项卡中执行“选项”命令，弹出“系统选项”对话框。在“系统选项”选项卡中选择“步路”选项，然后在右边选项设置区域中取消勾选“自动给线路端头添加尺寸”复选框，然后将“连接和线路点的文字大小”的值根据设计需要进行更改，如图 27-33 所示。

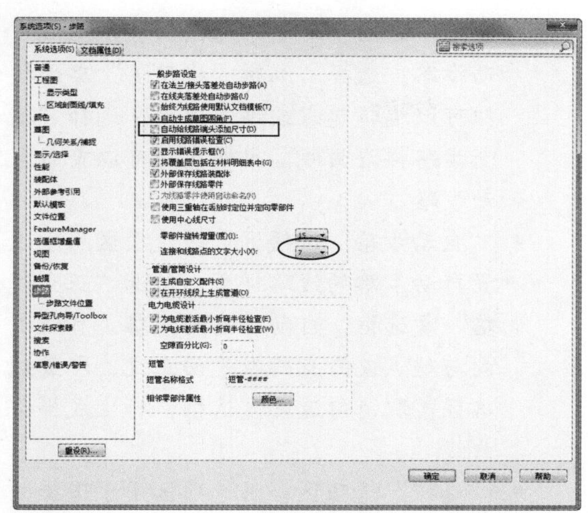

图 27-33

## 27.3.2　通过拖 / 放来开始

要设计管道线路，需使用“通过拖 / 放来开始”工具，通过将库零件拖动到装配体中开始第一个线路。

在“软管设计”工具条上单击“通过拖 / 放来开始”按钮，图形区右侧的“设计库”标签中将显示Routing文件夹下的库零件文件。选择一个库零件，将其拖动至装配体的合适处并释放鼠标指针，将弹出“选择配置”对话框，如图 27-34 所示。

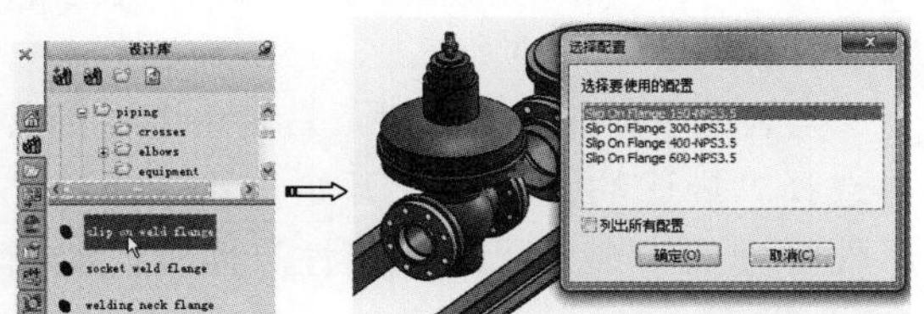


图 27-34

在“选择配置”对话框选择库零件的配置，然后单击“确定”按钮，属性管理器将显示“线路属性”面板。通过该面板，为第一个线路进行参数设置后，再单击“确定”按钮，即可创建管道的第一个线路，如图 27-35 所示。

若用户需要自定义管道路线，可以单击面板中的“取消”按钮，仅加载库零件而不生成第一个管道线路，如图 27-36 所示。

图 27-35

图 27-36

## 27.3.3　手工步路

在 SolidWorks Routing 中，3D 草图用来定义管道路线。绘制 3D 草图也称“手工步路”。草图绘制完成后，还可以直观地观察 3D 草图。

### 1. 绘制 3D 草图

在 3D 草图中，将通过从起点到终点绘制正交的线段以此完成管道步路。与 2D 草图绘制相同，3D 草图中线段将自动捕捉到水平或竖直几何关系。对于在不同平面中的草图，使用“直线”工具绘制起点后，按 Tab 键切换草绘平面，并完成直线绘制，如图 27-37 所示。

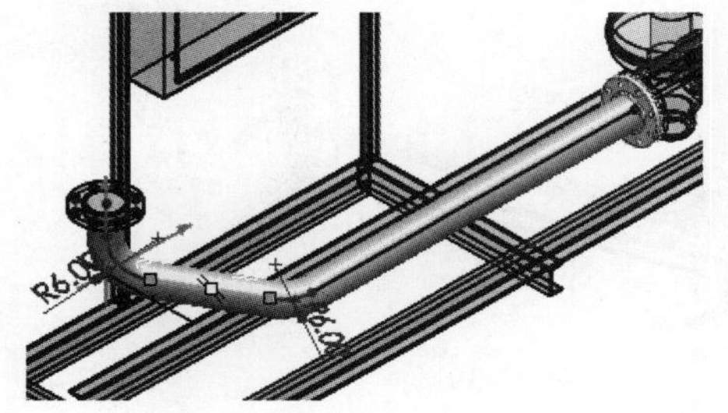

图 27-37

### 2. 显示 3D 空间

如要直观地显示 3D 空间中的草图，可以将单一视图设为二视图。在其中一个视图中用上色模式显示等轴测图，而在另一个视图中用线架图模式显示前视图或上视图，如图 27-38 所示。

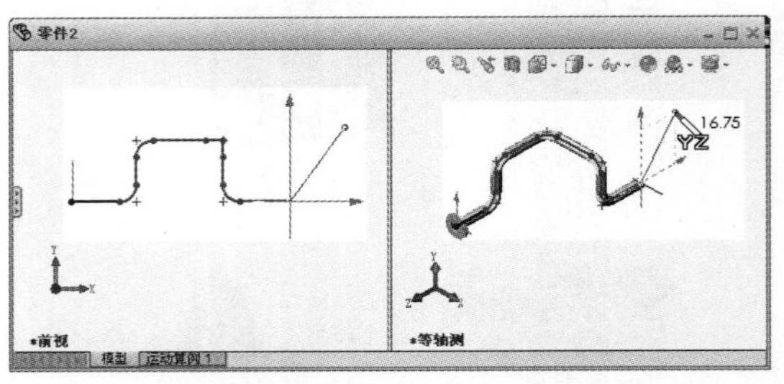

图 27-38

**技术要点：**

如要显示草图中虚拟的尖锐交角，可在“系统选项”的“草图”选项设置中，勾选“显示虚拟交点”复选框。

## 27.3.4 自动步路

使用“自动步路”工具，可以根据起点和终点的位置自动生成相切于端头的且带有圆角的 3D 草图。如图 27-39 所示为根据自动步路而生成的管道。

在“软管设计”选项卡中单击“自动步路”按钮，属性管理器中显示“自动步路”面板，如图 27-40 所示。

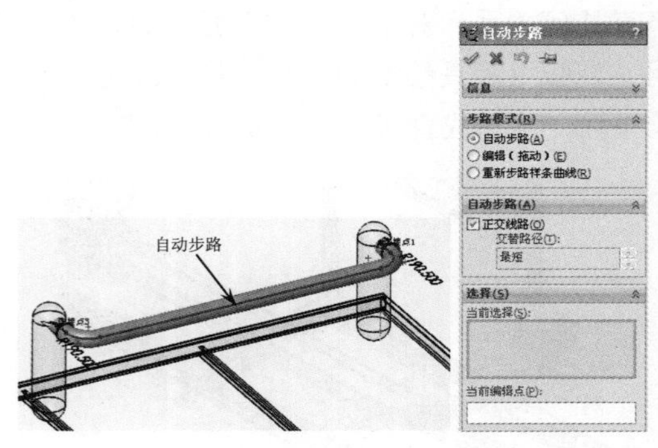

图 27-39　　图 27-40

“自动步路”面板中主要选项区的含义如下。

- “步路模式”选项区：该选项区包括 3 个步路模式单选按钮，即“自动步路”“编辑（拖动）”和“重新步路样条曲线”。选择“自动步路”单选按钮可以生成自动步路；选择“编辑（拖动）”单选按钮可以编辑起点或终点位置；选择“重新步路样条曲线”单选按钮可以重新自动步路。
- “自动步路”选项区：该选项区用于设置自动步路的线路样式。勾选“正交线路”复选框，自动步路的线路（直线）向与起点或终点所在平面正交，即最短路径。取消勾选此复选框，将生成样条曲线。
- “选择”选项区：该选项区用于选择并添加步路所用起点，以及要步路到的点、线夹轴或直线。激活“当前编辑点”，可以删除点。

## 27.3.5 开始步路

使用“开始步路”工具，从连接点开始，可以创建一定长度的管道。此段管道为步路设计的初始线路。当使用“通过拖 / 放来开始”工具载入步路库零件后，也会自动生成一段“开始步路”。

**技术要点：**

用户无须执行“通过拖/放来开始”命令来创建开始步路。可以在图形区右侧的设计库中直接拖动步路库零件到装配体中。

当装配中存在连接点时，右键选中连接点并选择“最近的命令”|“开始步路”命令，属性管理器中显示“线路属性”面板，如图 27-41 所示。

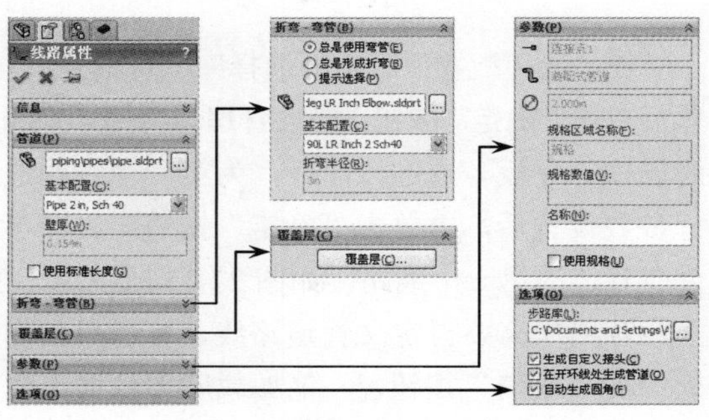

图 27-41

“线路属性”面板中主要选项区的含义如下。

- “管道”选项区：该选项区用于设置管道规格及是否使用标准长度。如果勾选“使用标准长度”复选框，用户可自定义“开始步路”的长度，以及是否插入耦合零件（如十字形接头、弯管等）。
- “折弯 - 弯管”选项区：该选项区可以确定管道线路中是否使用弯管或形成折弯。该选项区仅当有两个连接点以上且不在同一平面时，才会生成弯管或被折弯。
- “覆盖层”选项区：单击“覆盖层”按钮，可以为管道添加覆盖层。覆盖层就是金属或非金属涂层。
- “参数”选项区：该选项区用于设置管道参数，包括连接点、管道直径、规格及名称等。
- “选项”选项区：该选项区用于设置“开始步路”的选项。这包括自定义步路库、生成自定义接头、在开环先处生成管道、自动生成圆角。

通过“线路属性”面板完成“开始步路”的管道设置后，关闭该面板，然后在图形区右上角依次单击按钮与按钮，程序自动生成“开始步路”，如图 27-42 所示。

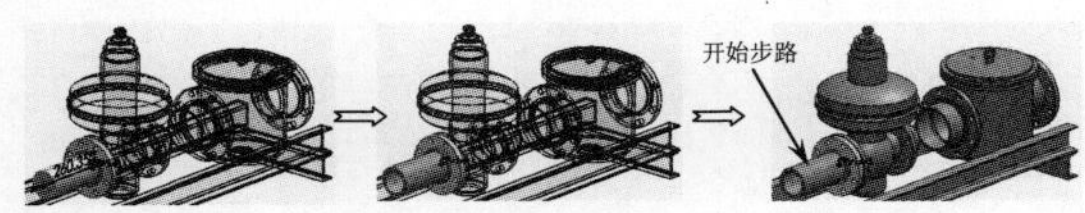


图 27-42

## 27.3.6 编辑线路

创建管道线路后，可以使用“编辑线路”工具来改变线路路径。在“软管设计”工具条中单击“编辑线路”按钮，激活管道 3D 草图编辑状态。在图形区中管道 3D 草图中双击要编辑的草图尺寸，可以通过打开的“修改”对话框重新输入尺寸数值，如图 27-43 所示。

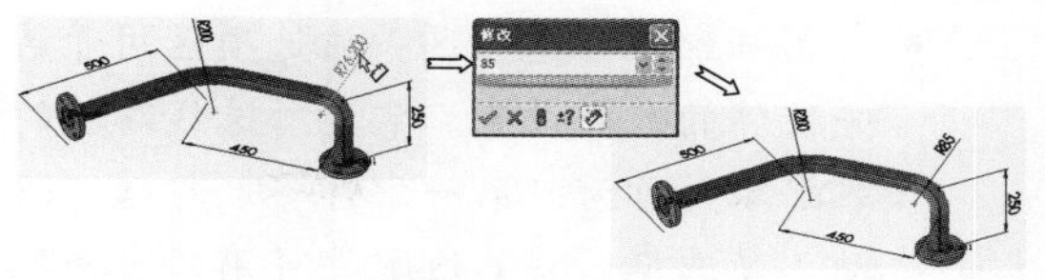


图 27-43

要改变管道路径，可以拖动 3D 草图至任意位置，但要保证圆角的尺寸符合生成条件，如图 27-44 所示。

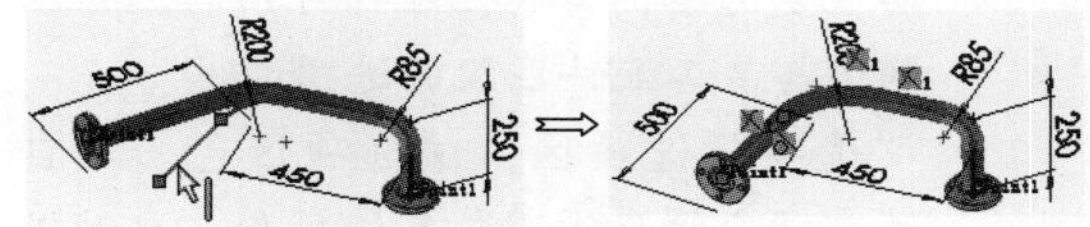


图 27-44

**技术要点：**

Routing设计只能在装配模式下进行，零件设计环境和工程图设计环境均不能使用此插件。

## 27.3.7 更改线路直径

通过使用“更改线路直径”工具，可以更改配件配置并通过为线路中所有单元（法兰、弯管、管道等）选择新的配置来更改管道或管筒线路的直径和规格。

在“软管设计”选项卡中单击“更改线路直径”按钮，属性管理器将显示“更改线路”面板，按信息提示在图形区选择要更改直径的某段线路后，属性管理器将显示用于更改线路直径的设置选项，如图 27-45 所示。

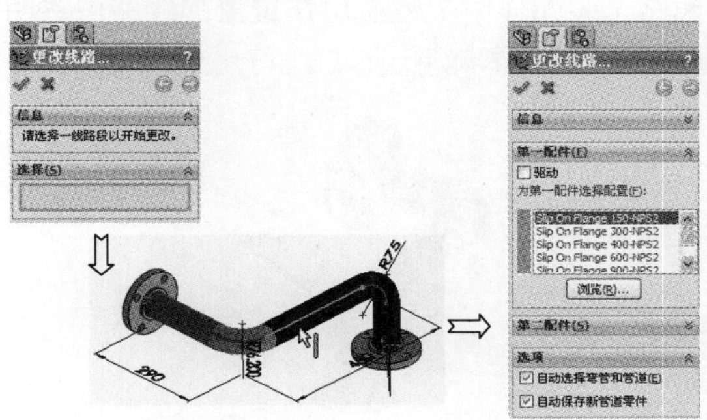


图 27-45

“更改线路”面板中主要选项区的含义如下。

- “第一配件”选项区：该选项区用于第一配件的配置设置。靠近所选线路段的装配零件称为“第一配件”。勾选“驱动”复选框，将其他配件可用的选择限制于与第一配件匹配的选择。
- “第二配件”选项区：该选项区用于第二配件的配置设置。远离所选线路段的装配零件称为“第二配件”。勾选“驱动”复选框，将其他配件可用的选择限制于与第二配件匹配的选择。
- “选项”选项区：该选项区包含“自动选择弯管和管道”复选框和“自动保存新管道零件”复选框。取消勾选“自动保存新管道零件”复选框，面板中将弹出“折弯”和“管道”选项区，如图27-46和图27-47所示。通过弹出的这两个选项区，可以选择折弯或管道零件的新配置来进行更改。

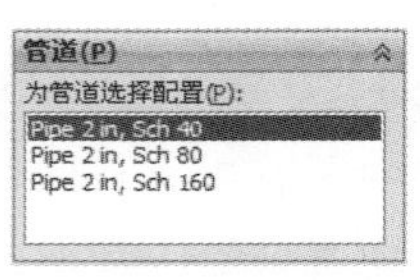


图 27-46

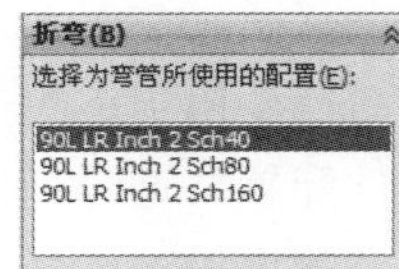


图 27-47

## 27.3.8 覆盖层

用户可以使用“覆盖层”工具将包含材料外观、厚度、尺寸及名称元素的覆盖层添加到线路子装配体中。覆盖层在覆盖的线路中透明显示，如图27-48所示。

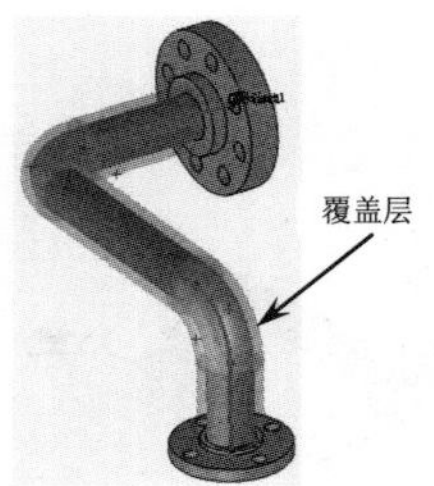


图 27-48

在“软管设计”选项卡中单击“覆盖层”按钮，属性管理器中显示“覆盖层”面板，如图27-49所示。

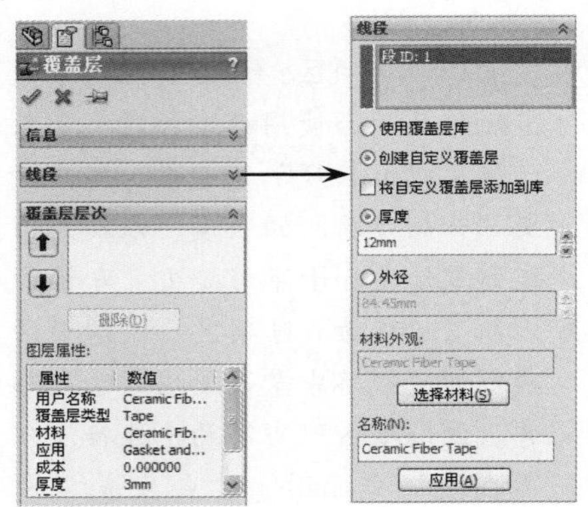


图 27-49

“覆盖层”面板中主要选项区的含义如下。

- “线段”选项区：通过该选项区，可以设置覆盖层是使用库还是自定义，自定义覆盖层后，可以将其添加进库中。单击“选择材料”按钮，在弹出的“材料”对话框中定义材料的属性、外观、剖面线、应用程序数据等，如图27-50所示。在“名称”文本框中可以为材料定义新的名称，然后单击“应用”按钮将其添加到“覆盖层”选项区的材料列表中。

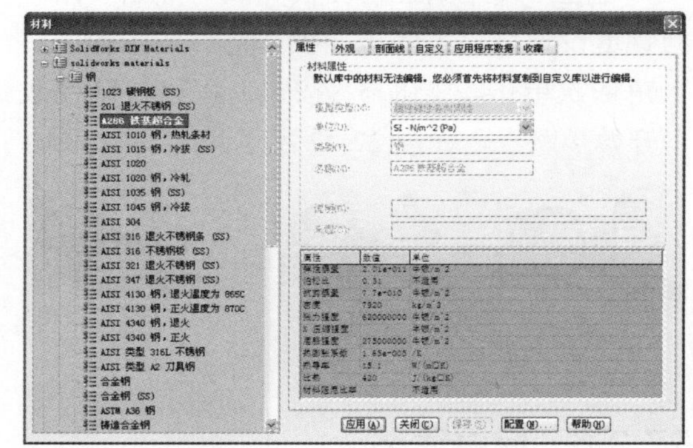

图 27-50

- “覆盖层层次”选项区：通过该选项区可以设置覆盖层的层属性。单击按钮或按钮，可以上选择或下选择覆盖层材料，单击“删除”按钮可删除选择的材料。“图层属性”列表中列出了覆盖层的属性参数。选择的材料不同，则显示的覆盖层属性参数也会不同。

**技术要点：**

若想将覆盖层只添加到线路的某部分，使用“分割线路”工具将线路分割。

**动手操作——支架管道设计**

本例将介绍在钢结构支架中设计管道线路的方法，如图 27-51 所示。

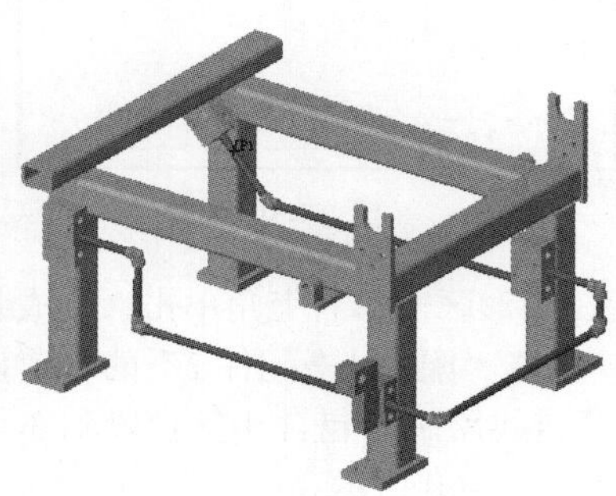

图 27-51

为了便于讲解和后续设计，将钢架中的 4 个配件分别编号为配件 1、配件 2、配件 3 和配件 4，如图 27-52 所示。

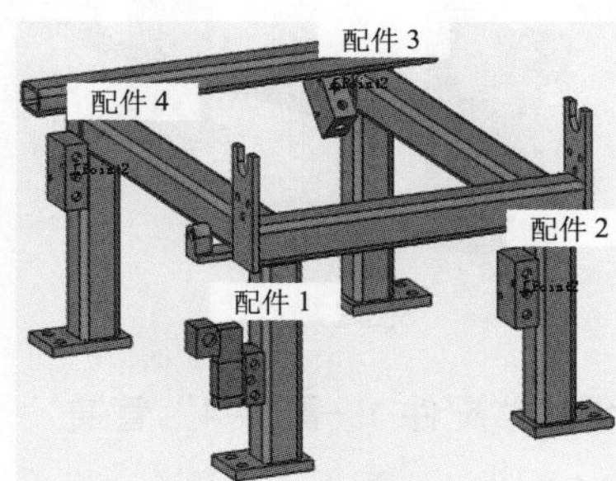


图 27-52

操作步骤

1．创建“配件 1—配件 2”管道

**01** 应用 SolidWorks Routing 插件，然后从素材中打开本例练习模型。

**02** 从打开的模型中可以看见，有 3 个配件显示了连接点，有 1 个配件则没有显示连接点，说明需要添加连接点才可创建管道。

**技术要点：**

一般情况下，连接点和线路点是默认显示的。若不显示，则在菜单栏中执行“视图”|“步路点”命令即可。

**03** 打开“系统选项”对话框，取消选中“步路”选项下的“自动给线路端头添加尺寸”复选框。

**04** 在“软管设计”选项卡中单击“起始于点”按钮，属性管理器中显示“连接点”面板。在“选择”选项区中的列表被自动激活的情况下，选择配件 1 中的一个孔边线作为管道起点参考，如图 27-53 所示。

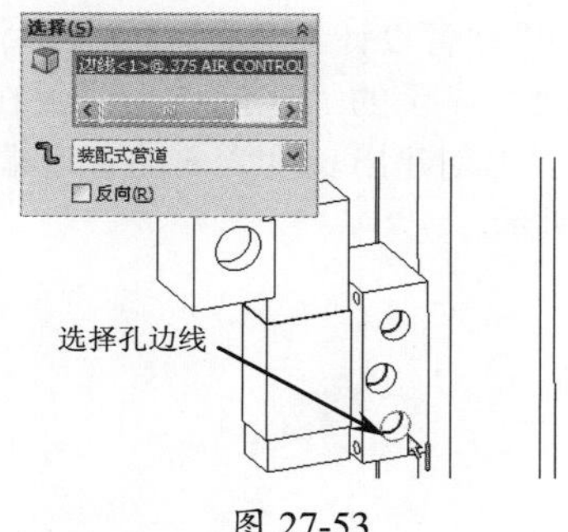


图 27-53

**05** 在“参数”选项区中单击“选择管道”按钮，面板中将显示“管道”选项区。在该选项区中通过浏览打开 threaded steel pipe. sldprt 管道部件，并选择基本配置为 Thread Pipe0.375in,Sch80，如图 27-54 所示。

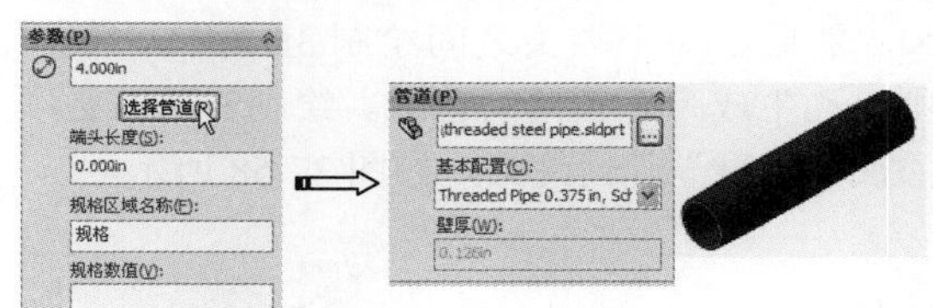


图 27-54

**06** 单击面板中的“确定”按钮，关闭“管道”选项区。

**07** 在“参数”选项区设置端头的长度为 1.000in，然后单击面板中的“确定”按钮。随后属性管理器再显示“线路属性”面板。

**08** 在“线路属性”面板的“折弯 - 弯管”选项区中通过浏览将 SolidWorks 2013\design library\routing\piping\threaded fittings (npt)\ threaded elbow--90deg.sldprt 库零件打开，如图 27-55 所示。

**09** 单击“线路属性”面板中的“确定”按钮，关闭面板。随后在配件 1 中自动创建管道端头，然后拖动端头至一定距离，并通过“点”

面板将长度参数设为6.000，如图27-56所示。

图 27-55　　　　图 27-56

**10** 同理，在“软管设计”选项卡中单击“添加点”按钮，通过显示的“连接点”面板在配件2的中间孔上也创建出长度为6的管道端头，如图27-57所示。

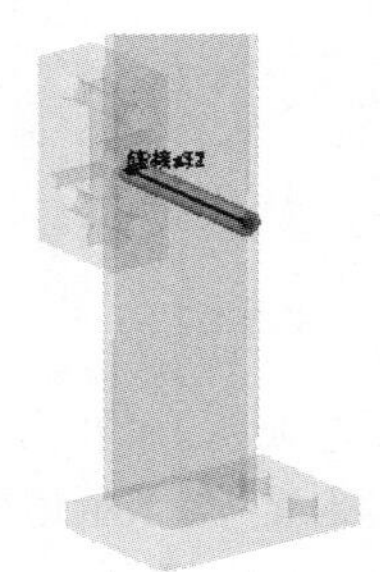

图 27-57

**11** 在“软管设计”选项卡中单击“直线”按钮，然后在两个端头之间绘制3D草图，程序则自动生成带有圆角的管道。绘制的草图必须添加“垂直”几何约束，如图27-58所示。

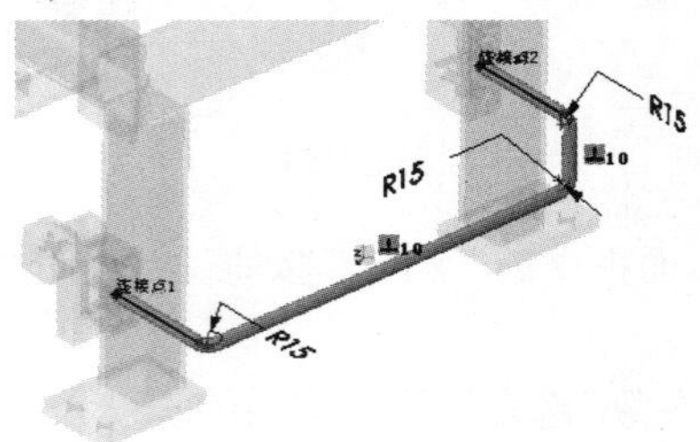


图 27-58

### 技术要点：

绘制的3D草图（或者是管段之间）必须是两两相互垂直的，否则不能正常加载弯管部件，并弹出警告信息。

**12** 单击图形区窗口右上角的“完成草图”按钮，退出草图。随后程序弹出“折弯 - 弯管”对话框，如图27-59所示。单击该对话框中的“确定”按钮，在管道折弯处自动添加弯管接头。

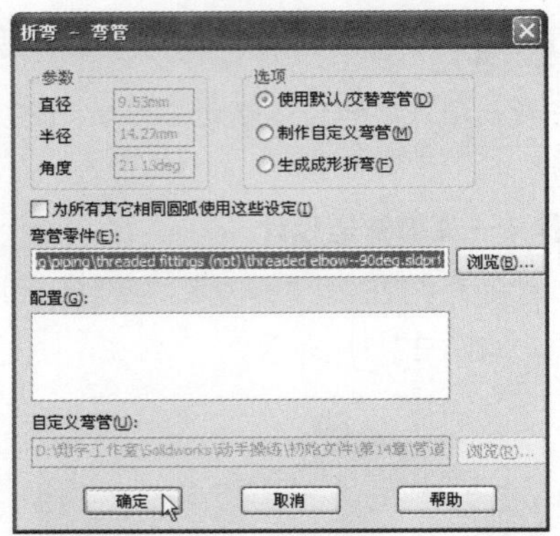


图 27-59

**13** 最后在图形区窗口右上角单击“完成装配”按钮，完成“配件1—配件2”的管道设计。设计的管道线路中，包含4条管段和3个弯管接头，如图27-60所示。

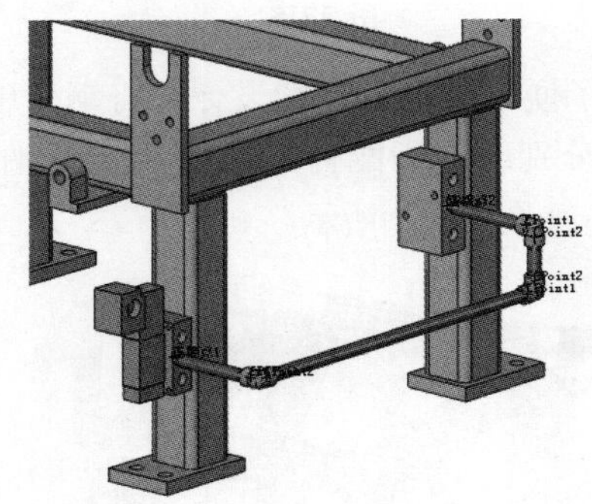

图 27-60

## 2. 创建“配件1—配件4”管道

创建“配件1—配件4”管道，将采用“自动步路”的方法来生成管道草图，并自动添加弯管部件。

**01** 使用“起始于点”工具，在配件1和配件4中各创建出管道端头，如图27-61所示。

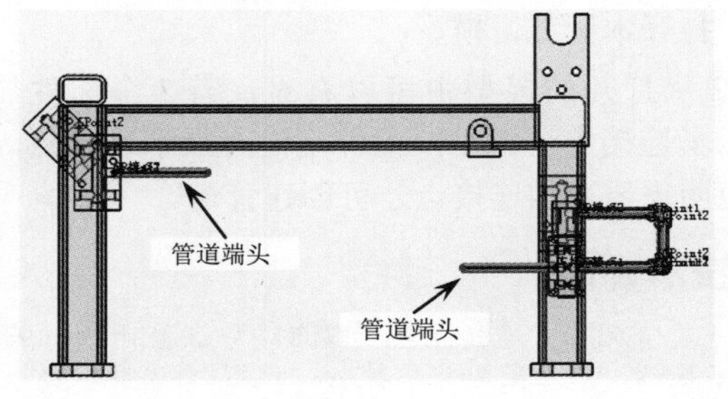


图 27-61

**02** 在“软管设计”选项卡中单击“自动步路”按钮，属性管理器显示“自动步路”面板。在图形区中选择两个管道端头的端点作为自动步路的起点与终点，随后图形区生成步路草图，并显示管道预览，单击“确定”按钮，完成管道草图的创建，如图 27-62 所示。

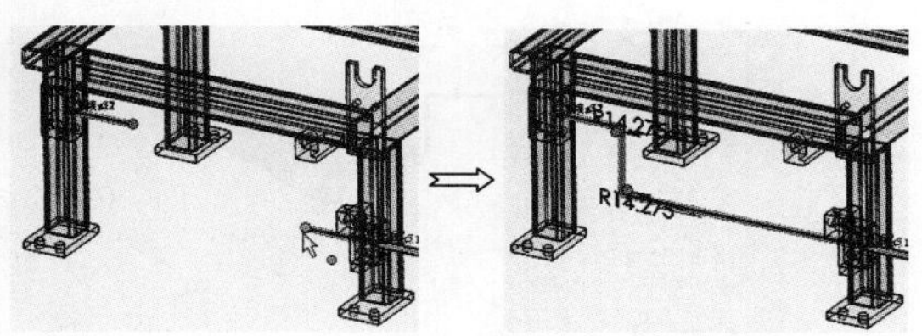

图 27-62

**03** 单击图形区窗口右上角的“完成草图”按钮，退出草图。随后程序在管道折弯处自动添加弯管接头。最后在图形区窗口右上角单击“完成装配”按钮，完成“配件 1—配件 4”管道的设计，如图 27-63 所示。

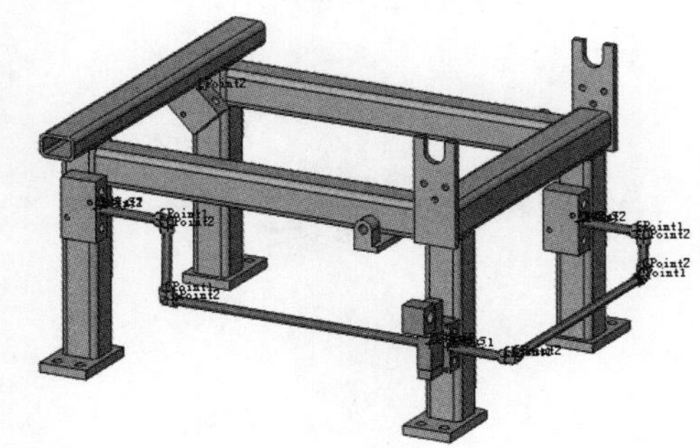

图 27-63

### 3．创建“配件 2—配件 3”管道

**01** 使用“起始于点”工具，在配件 2 和配件 3 中各创建出管道端头。其中一个端头长度为 6，另一个端头长度为 2，如图 27-64 所示。

**02** 使用“直线”工具，在两端头之间绘制如图 27-65 所示的 3D 草图。

**03** 单击图形区窗口右上角的“完成草图”按钮，退出草图。随后程序弹出“折弯 - 弯管”对话框，通过该对话框选择 threaded elbow--45deg.sldprt 的弯管类型。最后单击该对话框中的“确定”按钮，在管道折弯处自动添加 45° 弯管接头。

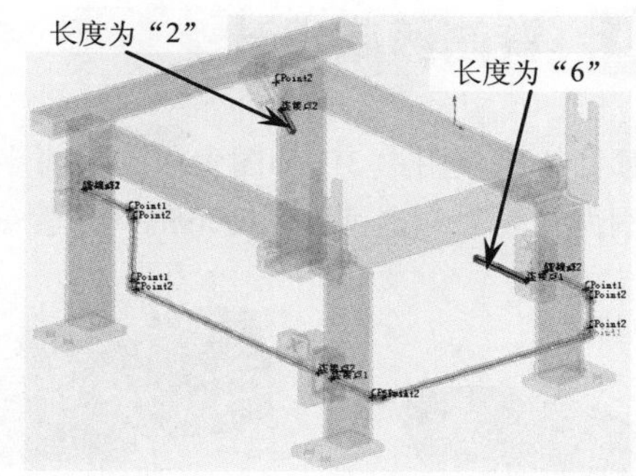


图 27-64

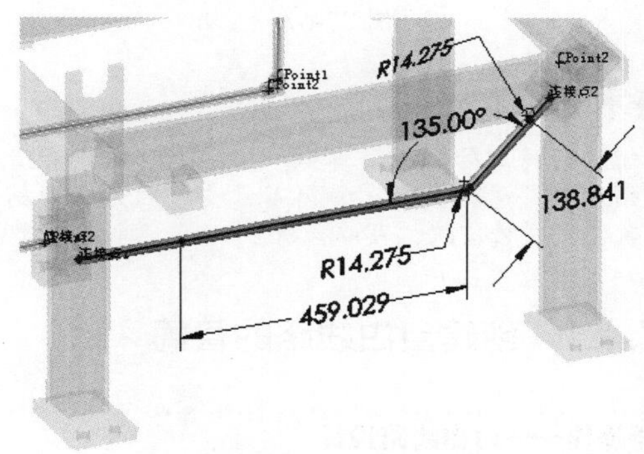


图 27-65

**04** 最后在图形区窗口右上角单击“完成装配”按钮，完成“配件 2—配件 3”的管道设计，如图 27-66 所示。

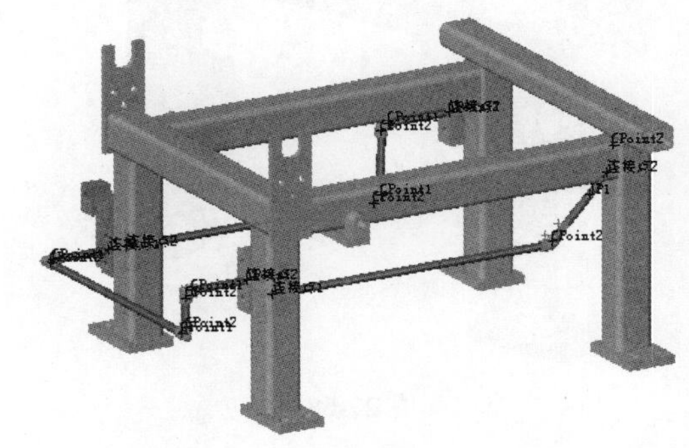

图 27-66

**技术要点：**

像这样的具有角度的草图，可以先绘制一个大概轮廓，然后使用尺寸进行约束。例如，图27-66中两直线的夹角为135°。

**05** 最后单击“标准”选项卡中的“保存”按钮，将管道设计的结果保存。

## 27.4 管筒线路设计

管筒线路使用由3D草图生成的管筒零件形成子装配体，包括管筒和配件。管筒可以是垂直的（刚性管筒），也可以是变形的（软管或韧性管），如图27-67所示。

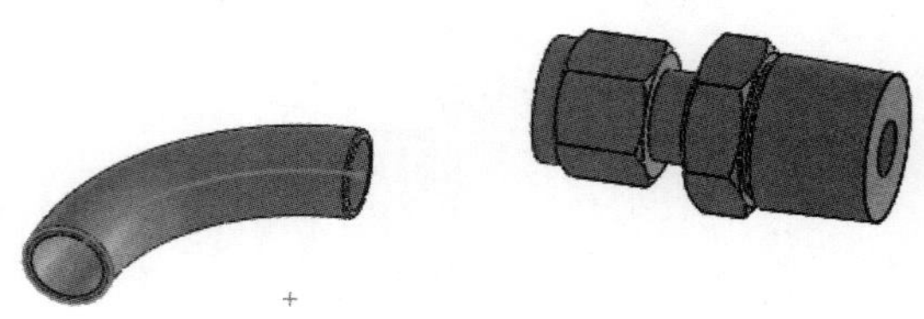

图 27-67

**技术要点：**

管筒的设计与管道设计类似，不同之处在于管道必须创建弯管接头，而管筒不需要。因为管筒属于软管，材料质软，可以弯折。

### 27.4.1 创建自由线路的管筒

**动手操作——自由线路设计**

管筒不同于管道，管筒可以是垂直的，也可以是变形的，例如软管、韧性管等。本例管筒设计的范例模型如图27-68所示。

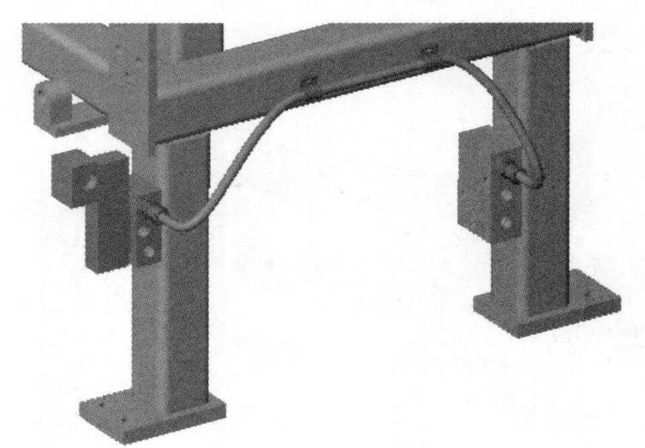

图 27-68

**操作步骤**

**01** 从素材中打开本例模型，模型中包括钢架及两个配件。

**02** 在配件1中右击连接点，并在弹出的快捷菜单中选择“开始步路”命令，属性管理器显示“线路属性”面板。

**03** 在“管筒”选项区中勾选“使用软管”复选框，在“折弯-弯管”选项区设置折弯半径为1in，如图27-69所示。

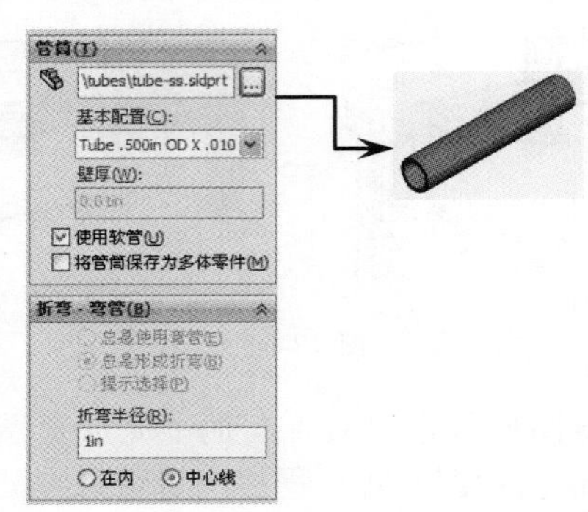


图 27-69

**04** 单击面板中的“确定”按钮✓，程序自动创建一段管筒，如图27-70所示。

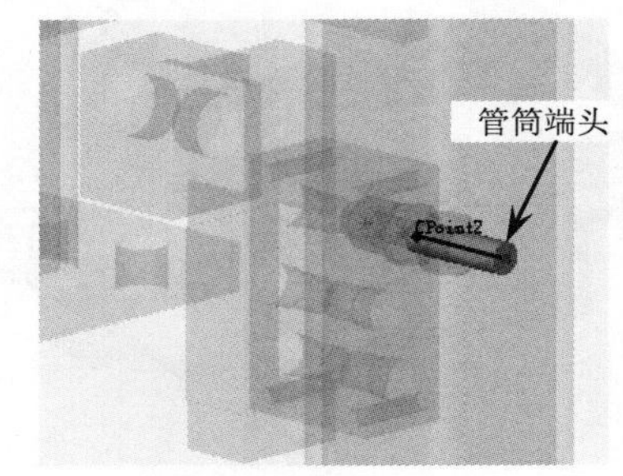


图 27-70

**05** 在配件2的连接点上右击，并在弹出的快捷菜单中选择“添加到线路”命令，随后在该连接点上自动创建一段管筒，如图27-71所示。

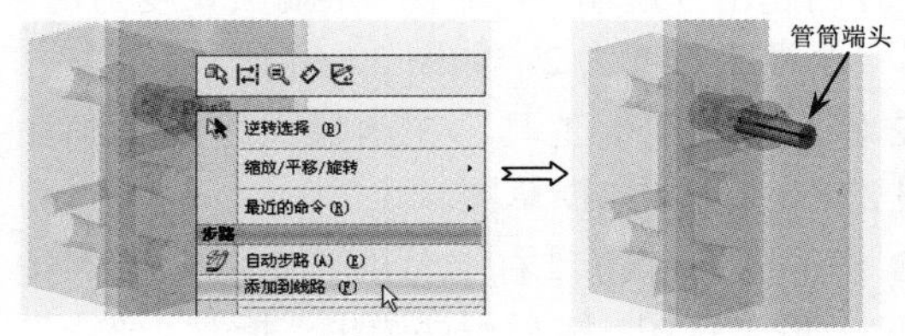


图 27-71

**06** 在“管筒设计”选项卡中单击“自动步路”按钮，属性管理器显示“自动步路”面板。

**07** 从设计库中将管筒线夹拖至钢架的小孔中，如图27-72所示。

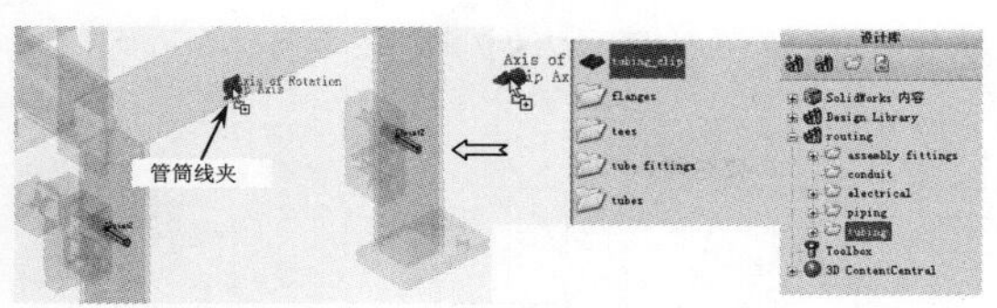


图 27-72

**08** 钢架有两个小孔，需要再次拖动管筒线夹到小孔中。载入管筒线夹后，在配件 1 中选择管筒端点和线夹的连接点，程序自动创建样条草图，并显示管筒预览，如图 27-73 所示。

**09** 继续选择另一线夹连接点和配件 2 中的管筒线路端点，以此创建出自动步路，如图 27-74 所示。

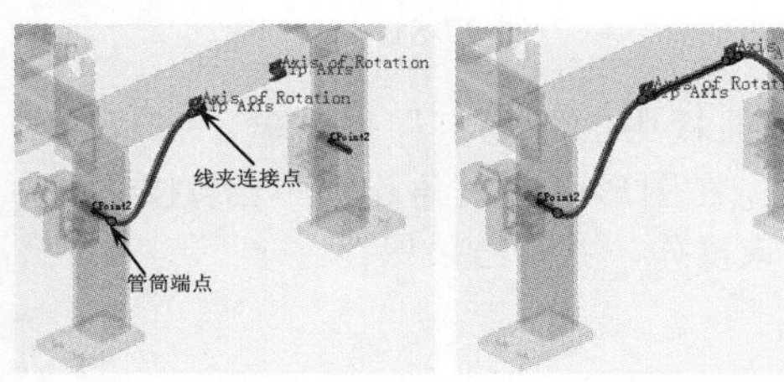


图 27-73　　图 27-74

**10** 最后单击“自动步路”中的“确定”按钮✔关闭面板。单击图形区窗口右上角的“完成草图”按钮，退出草图。最后单击图形区窗口右上角的“完成装配”按钮，完成管筒的设计，设计完成的管筒线路如图 27-75 所示。

图 27-75

## 27.4.2 创建正交线路的管筒

通过自动步路也可以创建正交线路。设置完“线路属性”后，在“编辑线路”模式创建草图，但仅能使用直角折弯。下面以实例来说明正交线路的管筒设计方法。

**动手操作——正交线路设计**

**操作步骤**

**01** 打开本例模型文件，如图 27-76 所示。

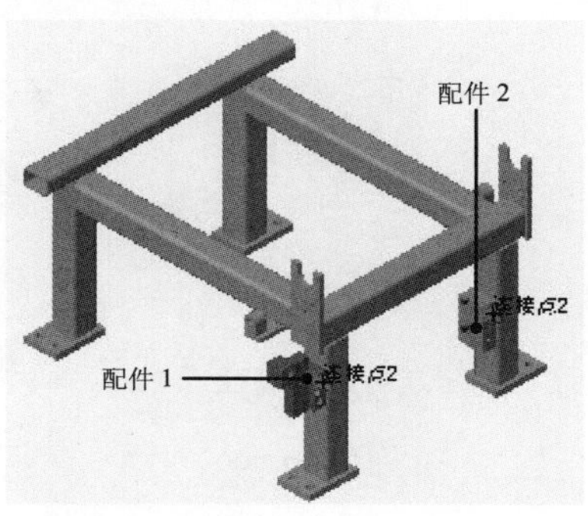


图 27-76

**02** 右击配件 1 中的连接点 2，然后选择“开始步路”命令，如图 27-77 所示。

图 27-77

**03** 随后打开“线路属性”面板，按默认设置，单击“确定”按钮✔。

**技术要点：**

注意，在面板中的“管筒”选项区中一定不要勾选“使用软管”复选框，因为此选项是用来设置自由线路的选项，如图27-78所示。

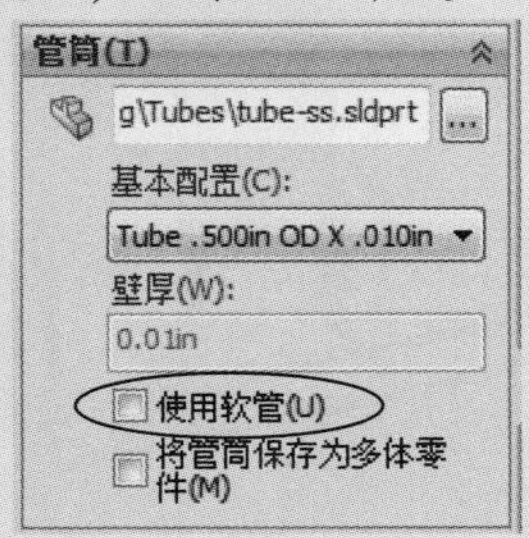


图 27-78

**04** 将管筒端头的长度设为60，如图27-79所示。

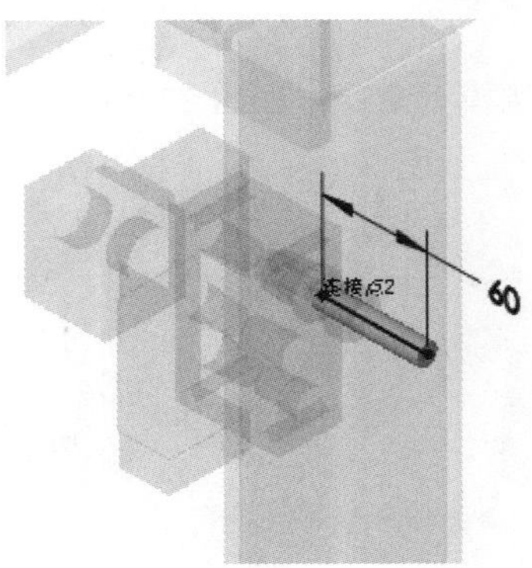

图 27-79

**05** 在配件2的连接点上右击并选择快捷菜单中的“添加到线路”命令，创建端头，然后将长度修改为70，如图27-80所示。

**06** 在菜单栏中执行Routing|“Routing工具”|“自动步路”命令，打开“自动步路”面板。然后选择两个端头草图上的点，随后自动创建正交的管筒线路，如图27-81所示。

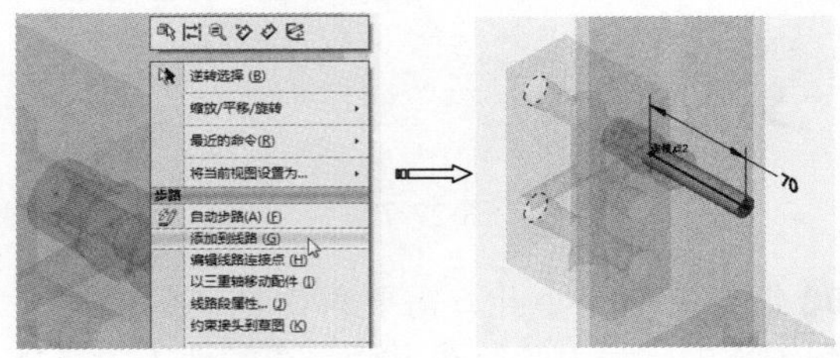

图 27-80

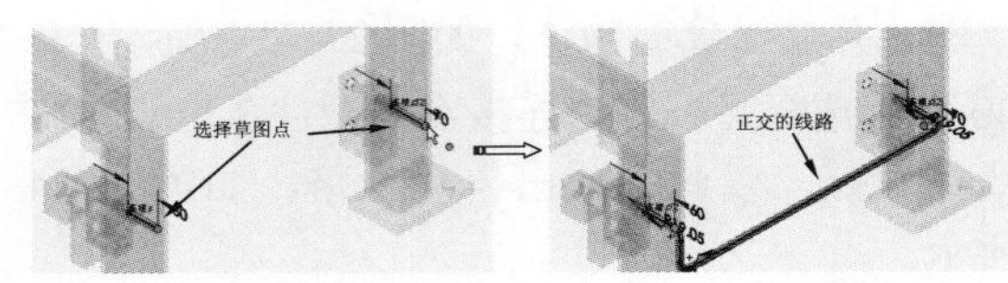


图 27-81

**07** 单击面板中的“确定”按钮✔，完成管筒的创建。在图形区右上角连续单击按钮和按钮结束操作，并将结果保存。

## 27.5 综合实战——锅炉管道系统设计

◎ **引入素材：无**

◎ **结果文件：第27章综合实战\第27章结果文件\锅炉管道系统设计\锅炉管道系统.sldasm**

◎ **视频文件：锅炉管道系统设计.avi**

本例的锅炉管道系统中包括两个锅炉装配体、3个管道架，以及其他管道附件，如管道体、阀门等，如图27-82所示。

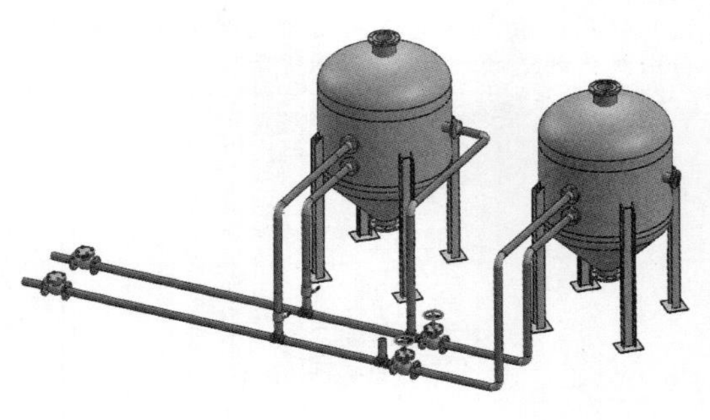

图 27-82

### 操作步骤

#### 1. 创建镜像锅炉的管道系统

**01** 新建装配体文件，如图27-83所示。先不装配零件，直接关闭“开始装配体”面板，如图27-84所示。

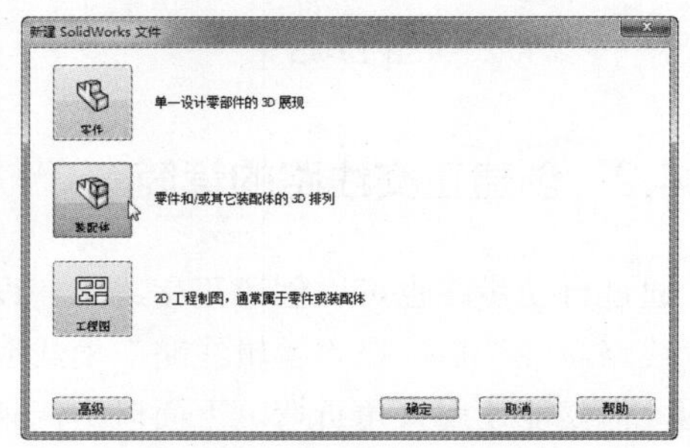


图 27-83

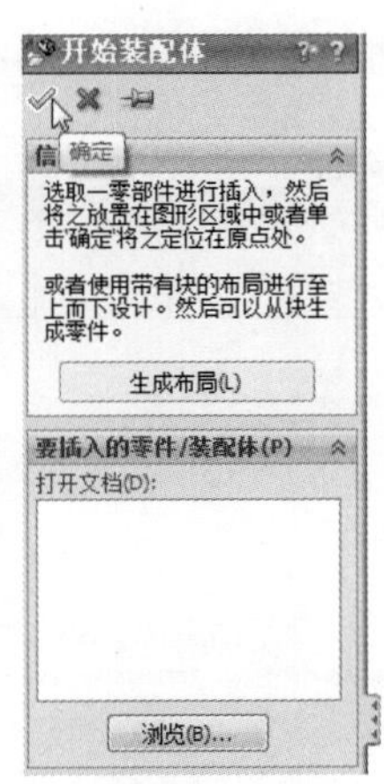

图 27-84

**02** 在设计库中，在 routing/piping/equipment 文件目录下，找到 sample-tank-05 锅炉装配体，然后将其拖到图形区中，如图 27-85 所示。

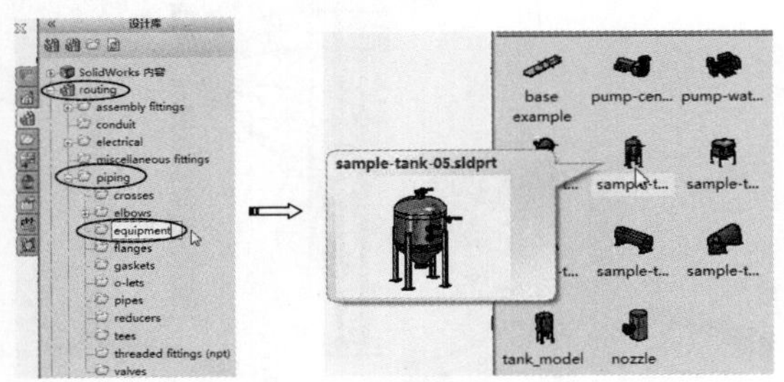

图 27-85

**03** 随后单击 SolidWorks 对话框中的“确定”按钮，然后将装配文件重新命名为“锅炉管道系统”并保存在计算机系统路径中，如图 27-86 所示。

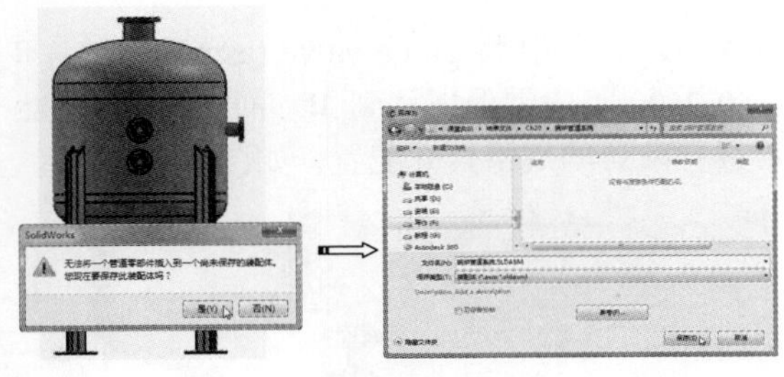

图 27-86

**04** 单击“线路属性”面板中的“取消”按钮，关闭此面板。完成第一个锅炉的加载，如图 27-87 所示。

**05** 单击“装配体”选项卡中的“配合”按钮，打开“重合 5”面板。然后选择锅炉装配体的原点和装配环境中的坐标系原点进行重合约束，如图 27-88 所示。

图 27-87

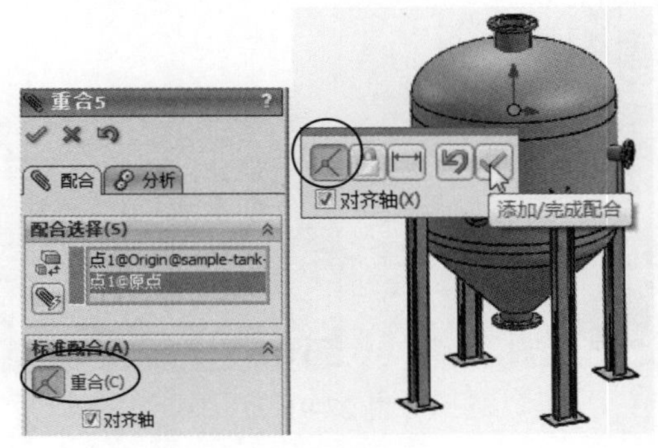

图 27-88

**06** 利用“基准面”工具创建一个新基准面 1，如图 27-89 所示。

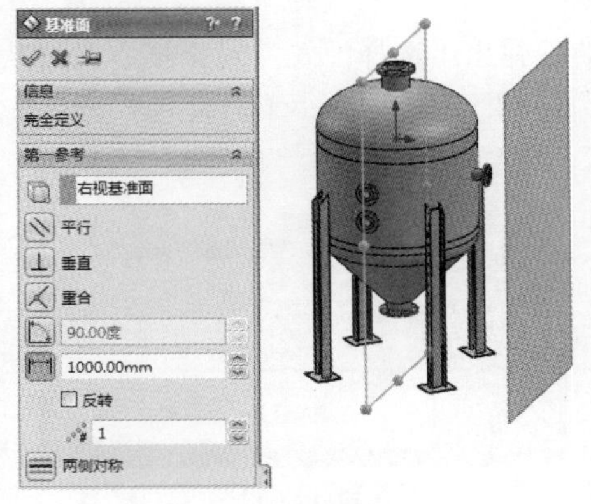

图 27-89

**07** 单击“镜像零部件”按钮，打开“镜像零部件”面板。选择基准面 1 作为镜像基准面，再选择锅炉装配体作为要镜像的零部件，最后单击“确定”按钮✓完成镜像操作，结果如图27-90所示。

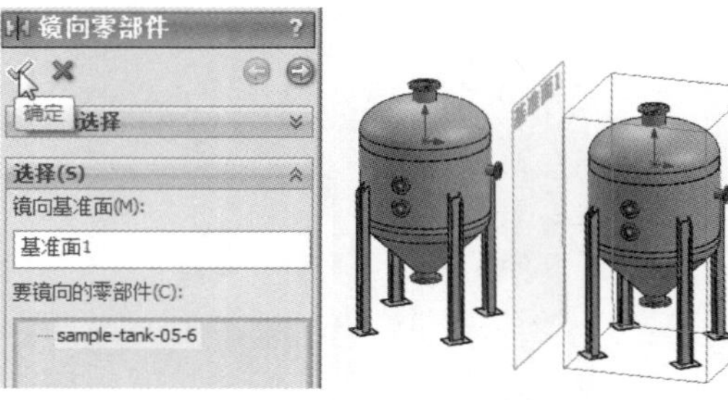


图 27-90

**08** 在设计库中将法兰零件拖到镜像锅炉装配体的管道接口上，如图27-91所示。

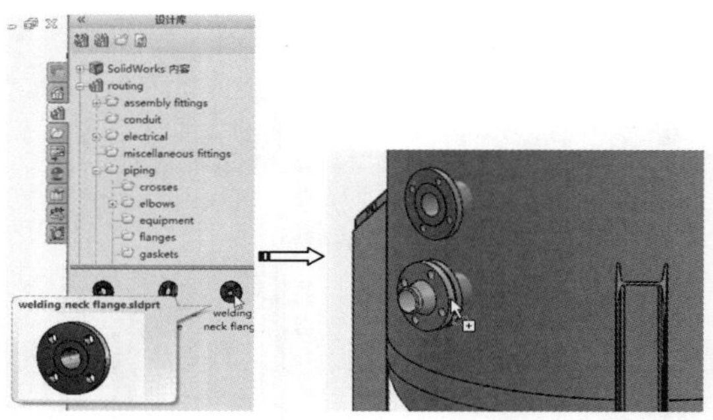


图 27-91

**技术要点：**

拖移法兰时，用鼠标指针拾取原管道接口的位置，Routing将自动选择适合管道接口的法兰规格尺寸。

**09** 随后弹出“选择配置”对话框。保留默认的配置并单击“确定”按钮，如图27-92所示。

图 27-92

**10** 在“线路属性”面板中也保留默认选项设置，再单击“确定”按钮✓，随后弹出“保存修改的文档”对话框，单击“保存所有”按钮完成保存，如图27-93所示。

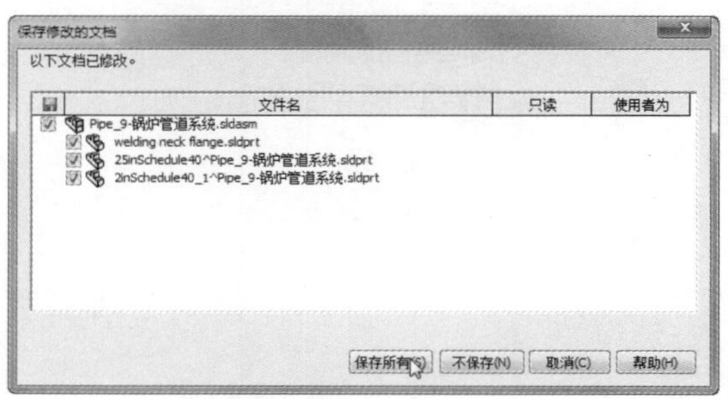


图 27-93

**11** 随后在3D草图环境中，修改端头长度为700，如图27-94所示。

**12** 利用“直线”命令，从端头端点出发绘制如图27-95所示的3D草图。

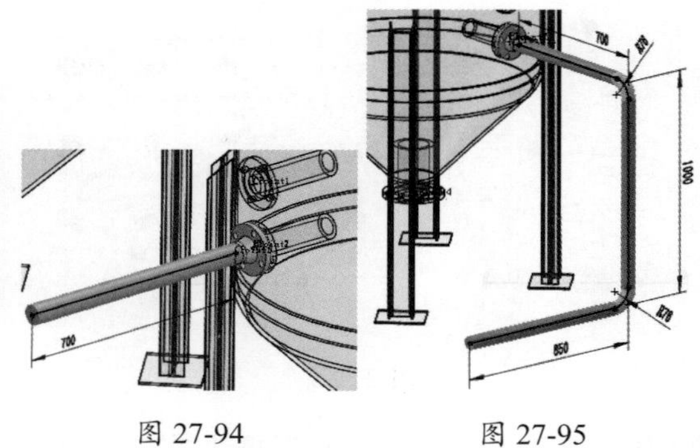


图 27-94　　图 27-95

**技术要点：**

绘制3D草图时，必须按Tab键实时切换草图平面。

**13** 在设计库中将globe valve (asme b16.34) fl-150-2500阀门零件拖移到3D草图的端点，然后选择默认的规格尺寸配置，如图27-96所示。

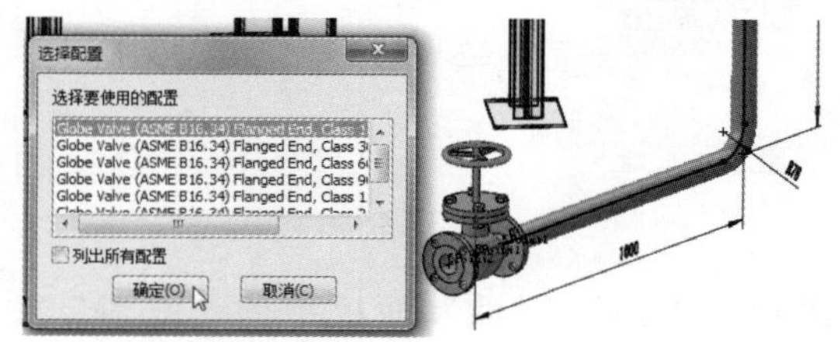


图 27-96

**14** 修改阀门端头的长度尺寸，如图27-97所示。

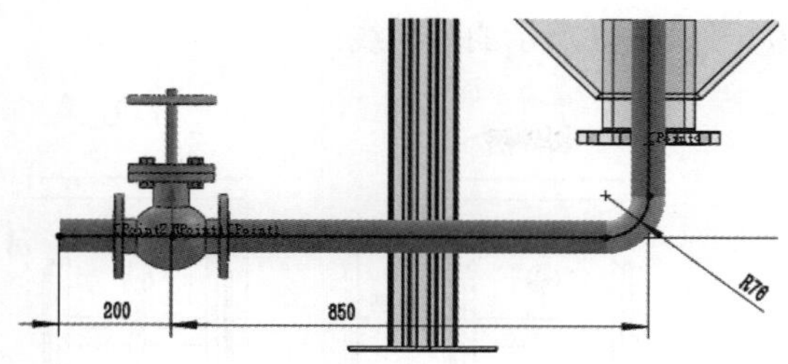


图 27-97

**15** 在设计库中，将 routing/piping/threaded fittings (npt) 文件目录下的 threaded tee（三通管）零件拖移到阀门端头上，如图 27-98 所示。

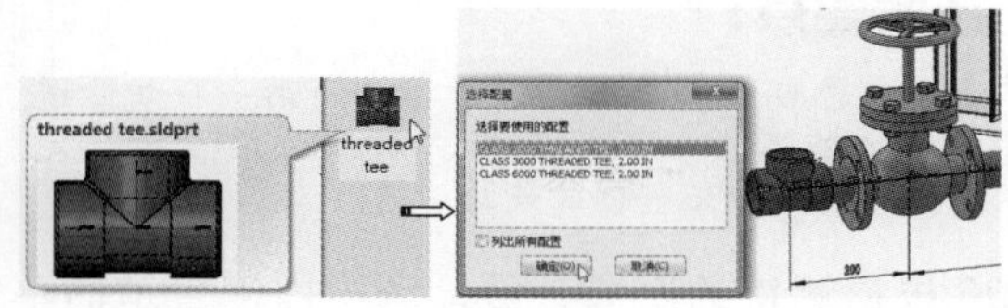


图 27-98

**16** 接着再修改三通管水平方向上的端头长度为 900，如图 27-99 所示。

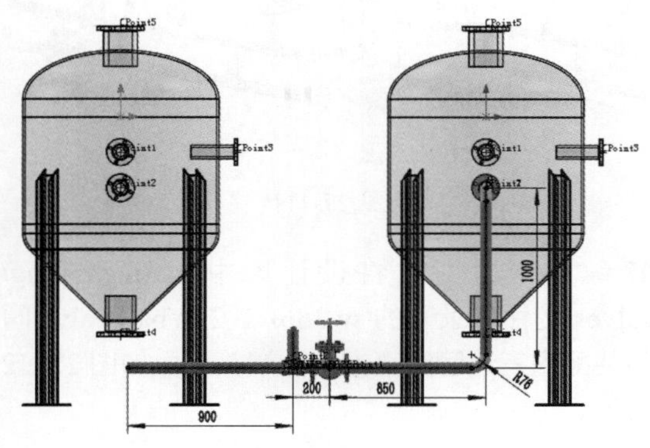


图 27-99

**17** 同理，再装配 threaded tee 三通管零件到前一个三通管端头上，如图 27-100 所示。

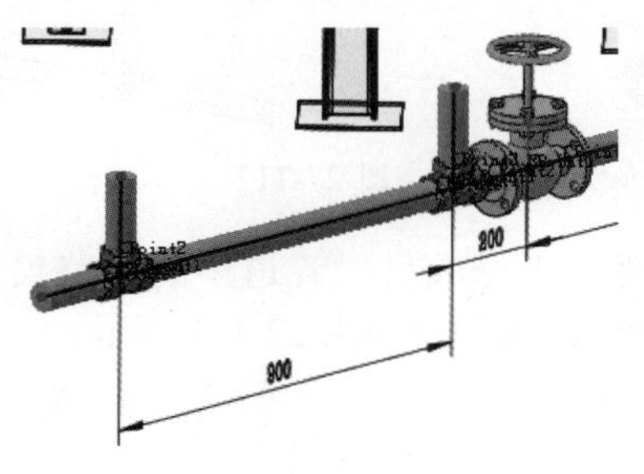


图 27-100

**18** 再修改后一个三通管的端头长度尺寸为 2000，如图 27-101 所示。

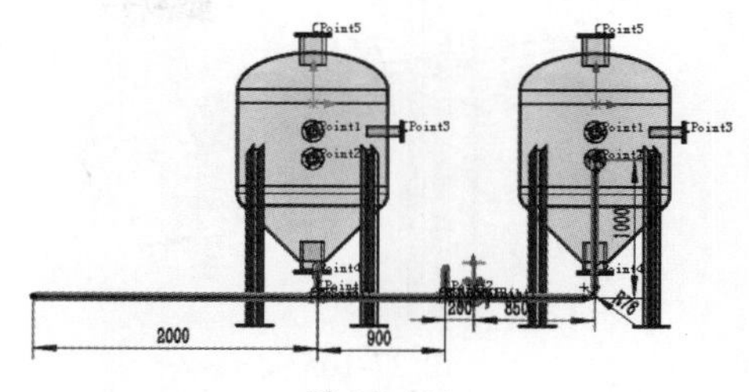


图 27-101

**19** 在设计库中，将 routing/piping/valves 文件目录下的 swing check valve fl -150-2500 型管道接头装配到端头上，如图 27-102 所示。

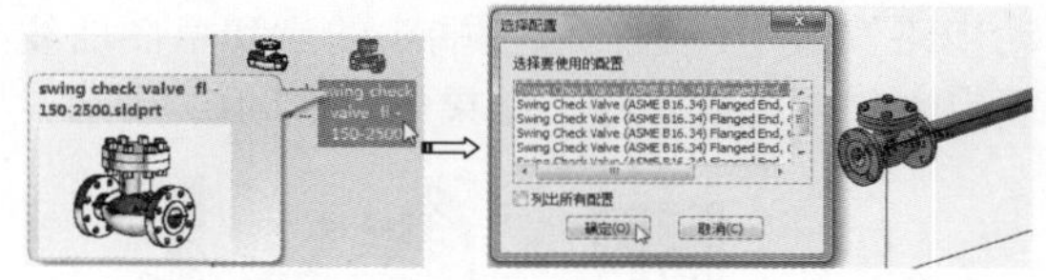

图 27-102

**20** 退出 3D 草图环境和装配体编辑模式。

**21** 同理，在镜像的锅炉装配体上，按前面的创建管道的方法，创建相邻管道接口的管道系统，结果如图 27-103 所示。

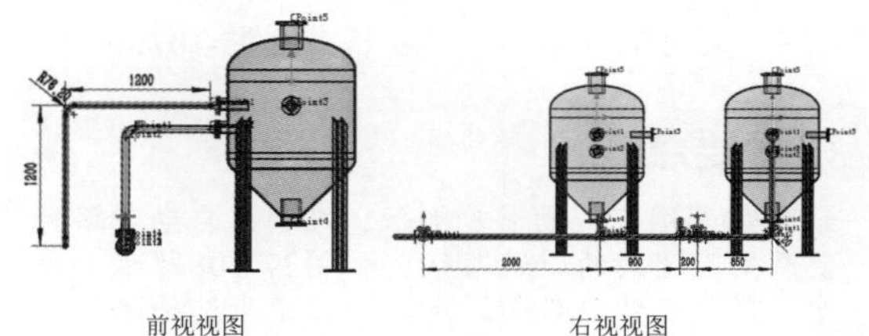


图 27-103

### 2. 创建第一个锅炉的管道系统

**01** 将 routing/piping/flanges 文件目录下的 welding neck flange 法兰装配到如图 27-104 所示的管道接口上。

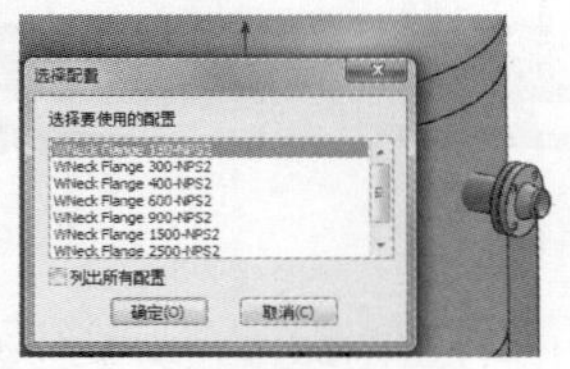

图 27-104

**02** 随后修改其端头长度，如图 27-105 所示。

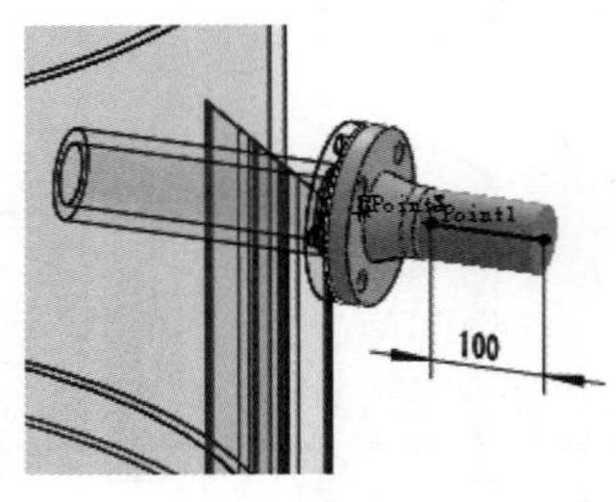


图 27-105

**03** 利用“直线”工具，在第一根管道的三通管接头上绘制直线，设置其长度为 900，如图 27-106 所示。

**04** 在菜单栏中执行 Routing|“Routing 工具”|“自动步路”命令，选择法兰端头的点和草图曲线端点来创建自动步路，结果如图 27-107 所示。

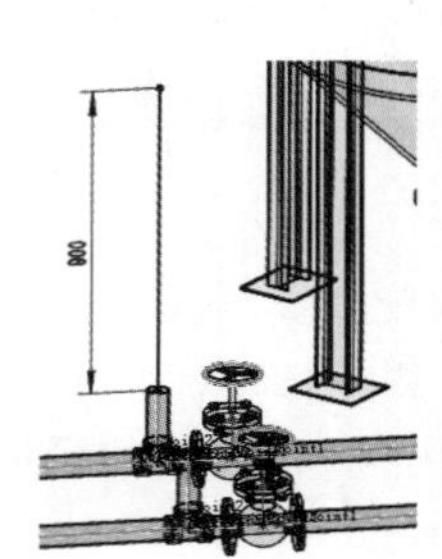


图 27-106　　图 27-107

## 技术要点：

如果3D草图直线的长度太短，在创建自动步路时会产生不理想的管道路线，如图27-108所示。此外，创建自动步路选择点时，必须先选择法兰端头上的点，否则会弹出警告提示，若强行创建管道，会产生不理想的效果，如图27-109所示。

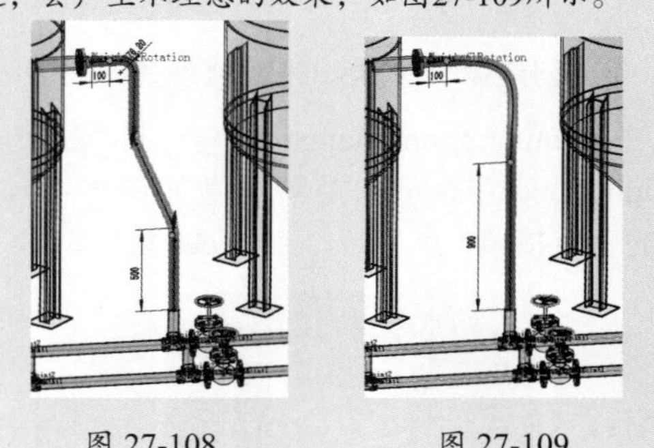

图 27-108　　图 27-109

**05** 完成后退出 3D 草图环境和装配体编辑模式。接下来需要改变管道中线路的尺寸。首先绘制如图 27-110 所示的辅助线。

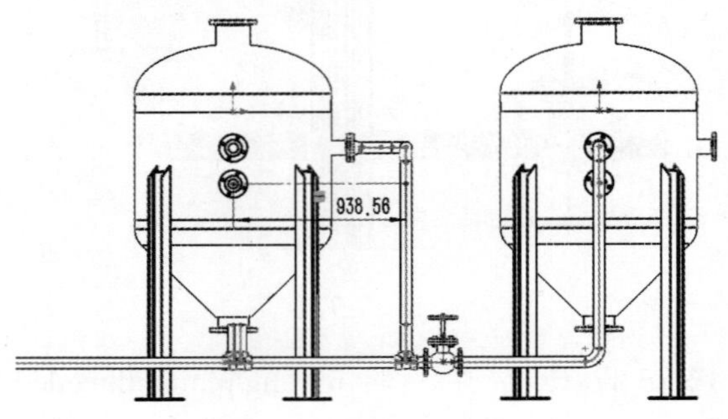


图 27-110

## 技术要点：

由于镜像锅炉的管道三通管接头与第一锅炉管道接口可能不在一个平面上，所以必须要精确定义，否则不能正确创建连接管道。

**06** 根据测得的距离参数，选中内侧管道的草图曲线，然后选择快捷菜单中的“编辑线路”命令，然后修改尺寸，如图 27-111 所示。

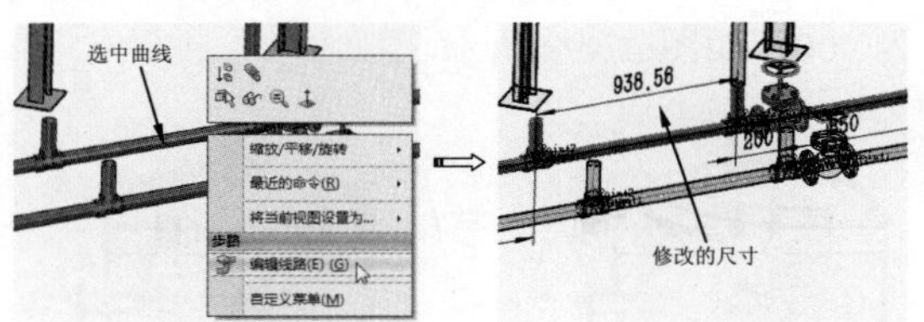


图 27-111

**07** 编辑尺寸后，将设计库中 routing/piping/valves 文件目录下的 sw3dps-1_2 in ball valve 阀门装配到三通管竖直方向的端头上，如图 27-112 所示。

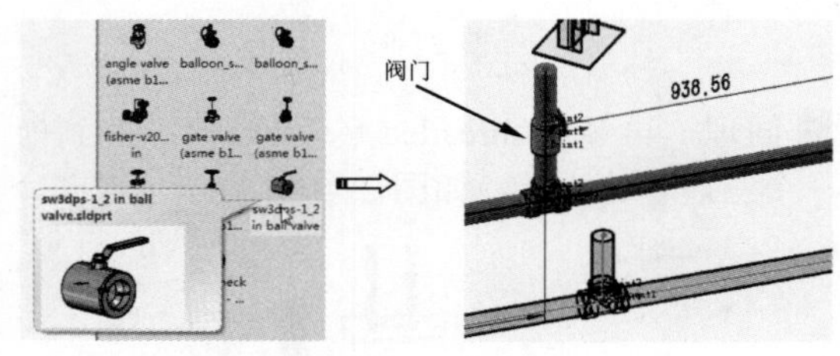


图 27-112

**08** 同理，再修改另一管道中的线路尺寸，并装配相同的阀门，如图 27-113 所示。

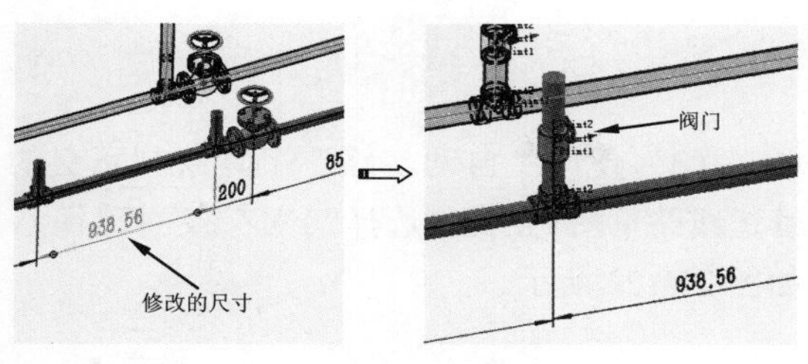


图 27-113

**09** 接下来再将法兰零件装配到如图 27-114 所示的管道接口上。

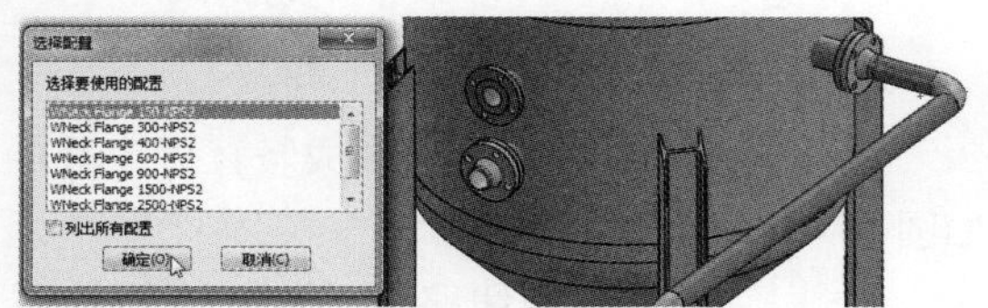

图 27-114

**10** 在三通管端头上绘制草图直线，将自动生成管道线路，如图 27-115 所示。

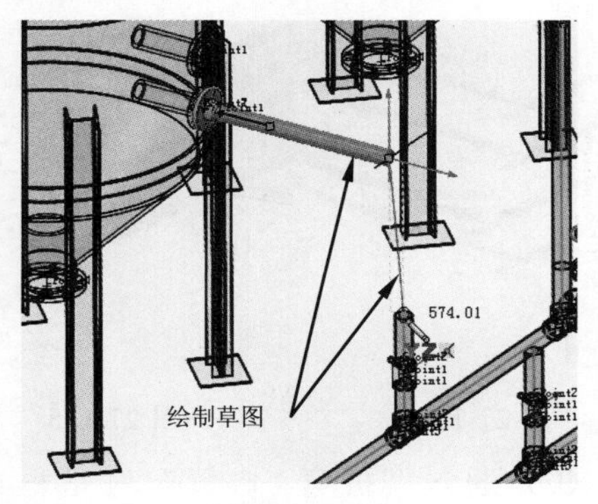


图 27-115

**11** 将草图曲线的所有几何约束（不包括尺寸约束）全部删除，如图 27-116 所示。

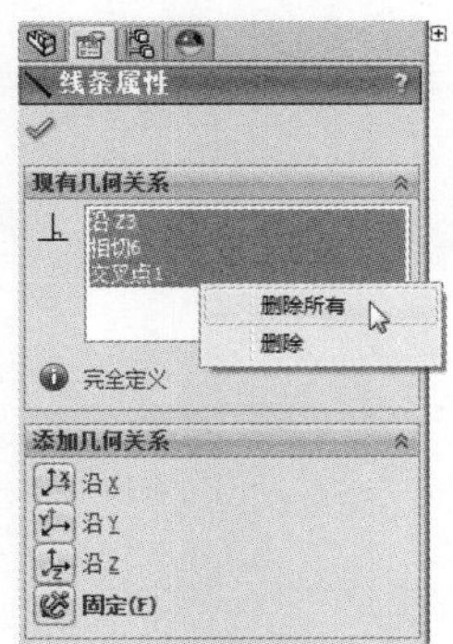


图 27-116

**12** 删除后重新约束两条草图直线，水平直线约束为“沿 *Z*”，竖直的直线约束为“沿 *Y*”，如图 27-117 所示。

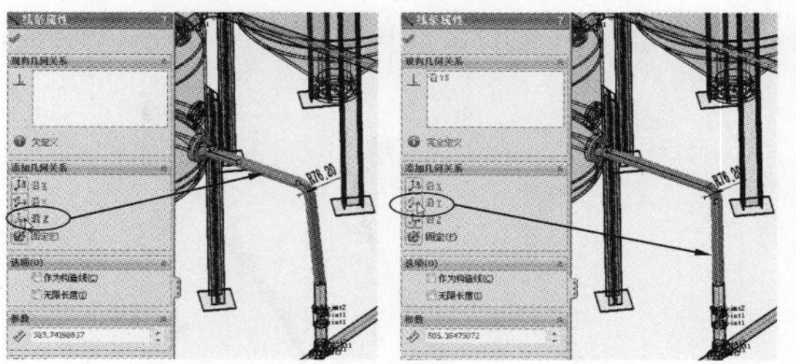

图 27-117

**13** 最后退出 3D 草图环境，打开“折弯 - 弯管”对话框。选择“制作自定义弯管”单选按钮，并选择弯管配置。退出装配体编辑模式，完成管道的创建，如图 27-118 所示。

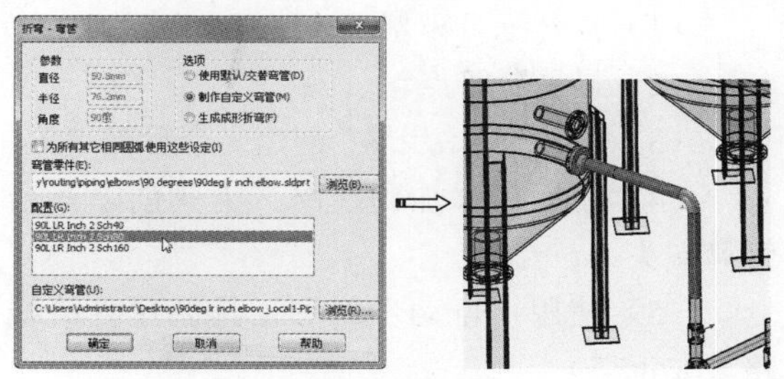

图 27-118

**技术要点：**

为什么会产生这样的情况呢？这是因为原先的约束被清除了，后面添加的约束还没有达到弯管折弯角度为90°的要求。

**14** 同理，按此方法创建相邻管道接口上的管道系统。至此完成了整个锅炉的管道系统设计，最终结果如图 27-119 所示。

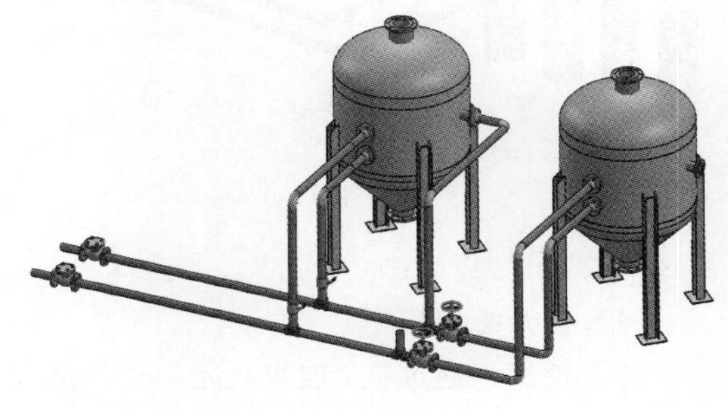

图 27-119

## 27.6 课后习题

### 1．管筒设计

本练习创建的管筒线路如图 27-120 所示。

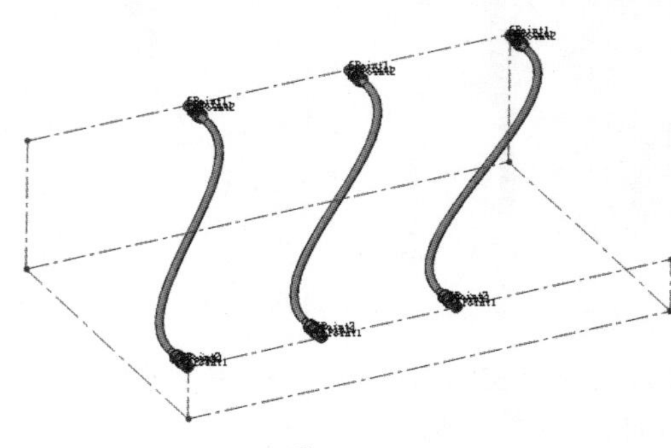

图 27-120

练习要求与步骤：

（1）打开练习模型。

（2）显示步路点。

（3）使用“开始步路”创建一个管筒端头。

（4）使用“添加到线路”工具创建其余管筒端头。

（5）使用“自动步路”工具创建管筒线路（非正交）。

（6）保存设计的管筒线路。

### 2．管道设计

本练习设计的管道线路如图 27-121 所示。

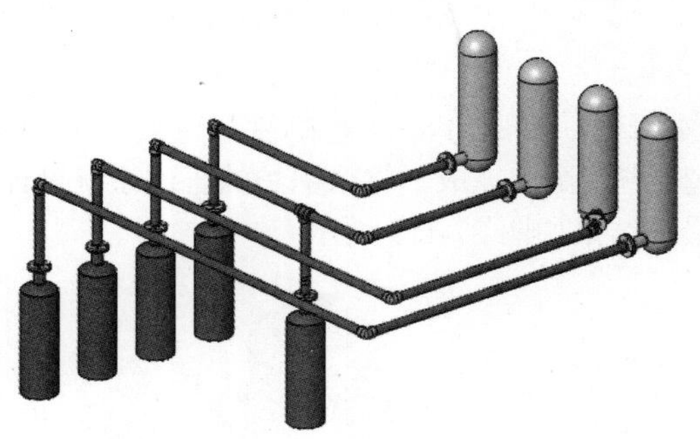

图 27-121

练习要求与步骤：

（1）打开练习模型。

（2）使用“通过拖 / 放来开始”工具从设计库中载入法兰，创建管道端头，如图 27-122 所示。

（3）使用“自动步路”工具绘制正交的管道线路草图（正交时选择“*YXZ*”交替路径），如图 27-123 所示。

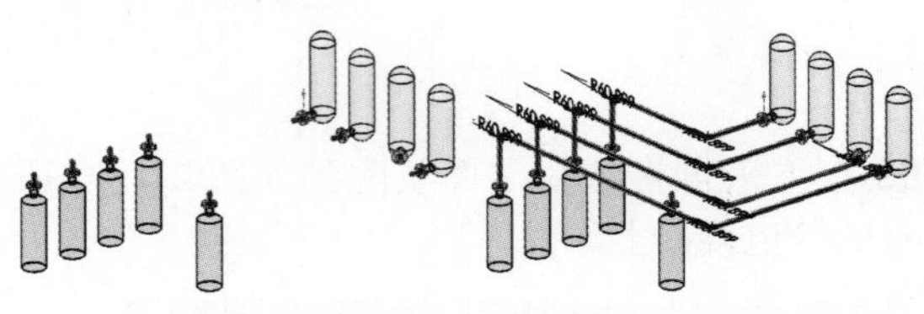

图 27-122　　图 27-123

（4）绘制 3D 草图，以生成竖直短管道，如图 27-124 所示。

（5）使用“分割线路”工具，以短管道与水平管道的交点进行分割。

（6）在分割点上载入三通接头，如图 27-125 所示。

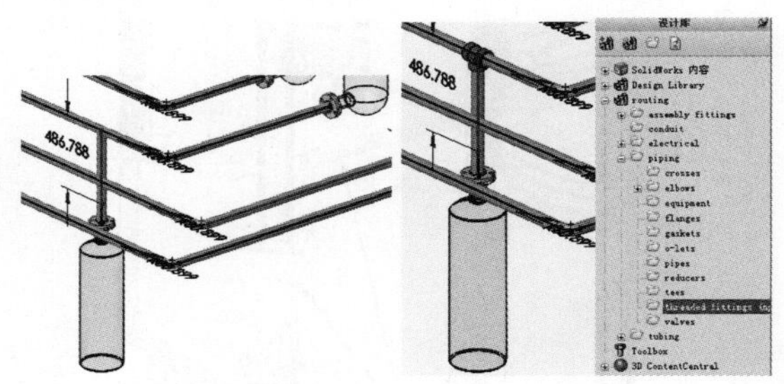

图 27-124　　图 27-125

（7）通过“折弯 - 弯管”对话框载入 90° 弯管接头。

（8）完成管道线路的创建，并保存结果。